Advanced Algebra
Study Guide and Special Lectures

高等代数
学习指导及专题讲座

安　军　编著

北京大学出版社
PEKING UNIVERSITY PRESS

图书在版编目 (CIP) 数据

高等代数学习指导及专题讲座 / 安军编著 . —北京 : 北京大学出版社 , 2022.7
ISBN 978-7-301-33151-4

Ⅰ . ①高… Ⅱ . ①安… Ⅲ . ①高等代数 – 高等学校 – 教学参考资料 Ⅳ . ① O15

中国版本图书馆 CIP 数据核字 (2022) 第 112966 号

书　　名	高等代数学习指导及专题讲座 GAODENG DAISHU XUEXI ZHIDAO JI ZHUANTI JIANGZUO
著作责任者	安军　编著
责 任 编 辑	尹照原
标 准 书 号	ISBN 978-7-301-33151-4
出 版 发 行	北京大学出版社
地　　址	北京市海淀区成府路 205 号　100871
网　　址	http://www.pup.cn　新浪微博 : @ 北京大学出版社
电 子 信 箱	zpup@pup.cn
电　　话	邮购部 010-62752015　发行部 010-62750672 编辑部 010-62752021
印 刷 者	三河市博文印刷有限公司
经 销 者	新华书店
	787 毫米 ×1092 毫米　16 开本　23.5 印张　590 千字
	2022 年 7 月第 1 版　2022 年 7 月第 1 次印刷
定　　价	60.00 元

内 容 提 要

本书是作者编著的教材《高等代数 (第二版)》配套的教学参考书. 全书共分两部分, 第一部分 (第一至九章) "学习指导", 内容包括: 知识概要、学习指导、问题思考和习题选解. "知识概要" 列出了教材各章的主要知识点; "学习指导" 对各章节的重点内容进行了深入的剖析, 很多知识是教师在课堂上没有讲, 但又是值得仔细研究的内容; "问题思考" 配置了一定数量的练习题引导学生进行基础和能力训练, 随后附有提示或解答; "习题选解" 对教材中的全部证明题和部分较难的计算题给出了详细解答. 第二部分 "专题讲座" (第十至二十章), 前面十个专题是针对考研学生进行知识和能力拓展的内容, 第十一个专题 "MATLAB 应用简介" 原本是教材第一版的第十章, 现移到本书中, 并对内容进行了调整和充实.

本书适合高等学校数学类、统计学类、经济学类、金融学类或其他理工科类相关专业作为高等代数课程的教学参考书, 也可供青年教师教学参考, 尤其适合考研学生作为高等代数的第一轮复习参考书.

前　　言

作者编写《高等代数学习指导及专题讲座》一书是基于如下四个方面的考虑:

第一, 对初次接触高等代数的大一学生, 往往觉得习题难度较大, 尤其是感觉证明题无从下手, 希望教师能给出提示或详细解答. 甚至有些基础较好的学生在做完习题后也不知道自己的过程是否正确, 希望有详细解答可供参考.

第二, 由于教学时数所限, 教师在课堂上只能讲解主要知识线索和解题方法, 部分内容必须留给学生课外自学. 对自学能力较强的学生来说, 做到这点或许并不难, 但是对于部分自学能力较弱的学生而言, 这可是一个巨大的挑战. 多数学生希望有一本合适的自学指导书可供参考, 毕竟有教学经验的老师能站在较高的起点, 看问题要透彻得多.

第三, 对于考研的学生来说, 仅仅学一遍教材, 会做教材上的习题, 感觉不够透彻和不够深入. 他们希望有本合适的考研复习参考书以弥补教材的不足, 扩展知识面, 尽快地全面掌握高等代数知识, 提升自己灵活运用知识的能力和水平.

第四, 对于初次从事高等代数教学的青年教师而言, 也希望手边有一本教学参考书, 帮助自己全面吃透教材, 减轻备课工作量.

正是为了解决以上问题, 作者编写了这本书教辅书, 以配合教材《高等代数 (第二版)》[1] (以下简称 "教材") 使用.

全书共分两部分, 第一部分 (第一至九章) 是 "学习指导". 内容包括: 知识概要、学习指导、问题思考和习题选解. 其中, "知识概要" 列出了教材各章的主要知识点, 具体内容在教材中都能找到; "学习指导" 对各章节的重点内容进行了深入剖析, 很多知识是教师在课堂上没时间讲, 但又是值得深入学习的内容; "问题思考" 则配置了一定数量的练习题引导学生进行基础和能力训练 (部分题目源自名校或全国统考考研原题), 并附有提示或详细解答; "习题选解" 针对教材中的全部证明题和部分较难的计算题给出了完整的解答. 第二部分是 "专题讲座" (第十至二十章). 前面十个专题是针对考研学生进行知识和能力拓展的内容, 最后一个专题 "MATLAB 应用简介" 原本是教材第一版的第十章, 现移到本书中, 并对内容进行了调整和充实.

读者在自学高等代数的过程中要注意如下几个问题:

第一, 代数学是抽象的, 而任何抽象的理论都是对具体问题的提炼和升华, 将这些抽象的理论回放到具体问题中, 其抽象性都将变得无影无踪. 所以, 我经常告诉学生, 学习高等代数的一个重要方法是 "举例、举例、再举例", 举例是理解抽象知识的最佳方法.

第二, 代数学是研究代数系统的结构理论和表示理论的一门数学学科, 将复杂的代数系统分解为若干个简单的子系统, 然后在每个子系统中研究相应的代数性质, 达到化繁为简的目的, 这是研究代数学的惯用手法. 所以说, 越是简单的, 可能就越是重要的. 比如, 在矩阵理论中, 基本矩阵、单位列向量、初等矩阵、(分块) 对角矩阵、矩阵的标准形 (等价标准形、相似标准形、合同标准形); 在空间理论中的基、维数、子空间、不变子空间等, 这些看似 "简单的" 理论却值得我们去特别关注.

第三, 以同构理论为基石, 有限维线性空间和线性变换的问题与向量和矩阵的问题是等价的. 从这个角度看, 一本高等代数书, 除开多项式理论而言, 实质上就是高等解析几何书. 于是本书的第一个专题讲座就谈 “高等代数的解析法与几何法”. 读者应经常将几何问题与解析问题相互对应和转换, 这是灵活掌握高等代数知识的一大法宝.

任何教材或学习指导书都不可能把高等代数的全部知识和方法囊括在内, 即使作者这样写了, 让学生不动脑筋去总结和思考也是百害无益的. 所以, 读者应在自已独立思考完成教材习题之后, 参考本书给出的解答, 并根据教材和本书所提供的思路进一步总结和归纳, 探索更好的方法, 或进行深入的分析和研究都很有必要. 不过, 作者深信, 如果你掌握了我们的教材及这本学习指导书的知识和方法, 你的高等代数将从入门到提高, 并达到一个相当熟练的水平.

感谢邹黎敏副教授、廖书教授、胡洵博士在作者修订教材及编写配套教辅书中所给予的支持和帮助, 感谢我的学生王灵栖等同学认真学习本书手稿, 并校正了诸多打印错误, 感谢重庆市教委高等教育教学改革研究项目 (编号: 213203)、重庆工商大学科研重点平台开放项目 (编号: KFJJ2018099) 及重庆工商大学自编教材项目的资助. 本书出版前在我校数学与应用数学、金融数学、数据计算及应用、统计学、数据科学与大数据技术、经济学、金融学等专业试用过. 尽管书稿历经数次校对修正, 终因作者的能力和水平所限, 错误或疏漏仍难避免, 恳请各位读者和专家批评指正.

安 军

2022 年 5 月

目　　录

第一部分　学习指导

第一部分

学习指导

第一章　行　列　式

§1.1　知识概要

1. 二阶、三阶行列式的定义 (对角线法则).

2. 逆序数、n 阶行列式的定义.

3. 行列式的性质、行列式按行 (列) 展开定理.

4. 拉普拉斯展开定理.

5. 克拉默法则 (非齐次线性方程组和齐次线性方程组的解).

§1.2　学习指导

1. 本章重点: 行列式的性质与计算, 克拉默法则. 难点: n 阶行列式的计算, 拉普拉斯展开定理.

2. 读者初学高等代数请务必注意以下几种重要的学习方法:

一是举例 (化抽象为具体, 加深理解). 数学是抽象的, 化抽象为具体的最有效方法就是举例. 我常常告诉学生要时刻记住是这七个字: 举例, 举例, 再举例. 教材《高等代数》[1] (以下简称 "教材") 注意引导读者举例, 比如在教材 §1.2 中, 关于 "逆序数" "n 阶行列式的定义" 等等, 都列举了不少例子进行解释. 这仅仅是开头, 后面很多地方要读者自己去举例. 比如在理解行列式的八条性质时, 读者应将每一个性质都用较低阶的 (如 $n=2,3$ 等) 行列式举例验证, 加深理解. 又如, 例 1.16 范德蒙德行列式, 举一个 2 阶、3 阶或 4 阶行列式计算下, 看看结果能否成立. 越是抽象的概念、定理和公式, 越要举例方可加深理解.

二是提炼、归纳和总结 (将知识压缩, 强化记忆). 学习数学概念、定理或公式, 首先要留意其中的关键词, 如 "存在" "任意" "唯一" "不全为零", 等等, 然后, 用一句简短的话提炼或归纳出它的含义, 并记住它. 比如, 在行列式的八条性质中, 性质 1 和性质 8 是关于 "行列式相等", 性质 3、性质 5、性质 6 是关于 "行列式值为零", 性质 2 是关于 "行列式反号", 性质 4 是关于 "行列式提公因式", 性质 7 是关于 "行列分离成两个行列式之和", 倒回去就是关于 "两个行列式相加". 于是在八条性质中, 关于 "相等" 的有 2 条, "等于零" 的有 3 条, 其余 3 条分别是 "反号" "提公因式" 和 "分离 (即分离成两个行列式相加)". 先记住这些简短的话, 然后再扩充, 就记住了这八条性质了.

另外, 要经常将前后知识进行对照比较 (即类比)、归纳和总结出其中共同的思想方法, 并记住和运用. 比如行列式的各种计算方法等, 后面章节可以看到, 教材加强了这方面的引导, 但更多的地方要求读者自己去归纳和总结. 数学知识内容丰富, 概念定理很多, 死记硬背是很难记住的, 除非你的记忆力超乎寻常. 但是, 经过自己的头脑整理、提炼、概括和压缩等加工之后, 将书本知识转化成自己的东西就容易记住了.

三是拓展和变形 (将知识扩张, 寻求变异思维). 如教材例 1.5(2), 稍做变形得到如下结论:

$$\begin{vmatrix} a_{11} & \cdots & a_{1,n-1} & a_1 \\ a_{21} & \cdots & a_2 & \\ \vdots & \iddots & & \\ a_n & & & \end{vmatrix} = \begin{vmatrix} & & & a_1 \\ & & a_2 & a_{2n} \\ & \iddots & \vdots & \vdots \\ a_n & \cdots & a_{n,n-1} & a_{nn} \end{vmatrix} = (-1)^{\frac{n(n-1)}{2}} a_1 a_2 \cdots a_n.$$

又如, 范德蒙德行列式

$$\begin{vmatrix} 1 & 1 & \cdots & 1 \\ x_1 & x_2 & \cdots & x_n \\ x_1^2 & x_2^2 & \cdots & x_n^2 \\ \vdots & \vdots & & \vdots \\ x_1^{n-1} & x_2^{n-1} & \cdots & x_n^{n-1} \end{vmatrix} = \prod_{1 \leqslant j < i \leqslant n} (x_i - x_j),$$

其结果是 “第二行右减左的连乘”. 如果写成转置的形式

$$\begin{vmatrix} 1 & x_1 & x_1^2 & \cdots & x_1^{n-1} \\ 1 & x_2 & x_2^2 & \cdots & x_2^{n-1} \\ \vdots & \vdots & \vdots & & \vdots \\ 1 & x_n & x_2^{n-1} & \cdots & x_n^{n-1} \end{vmatrix} = \prod_{1 \leqslant j < i \leqslant n} (x_i - x_j),$$

其结果是 “第二列下减上的连乘”.

又如, 考察教材习题第 1.22(1) 题, 如果改成计算

$$D_n = \begin{vmatrix} a & b & & & \\ b & a & b & & \\ & b & a & \ddots & \\ & & \ddots & \ddots & b \\ & & & b & a \end{vmatrix},$$

其结果将如何? 如果将主对角线斜下方的 b 全部换成 c, 结果会怎样? (参看 §1.3 第 8 题)

另外, 对一个数学命题, 要经常去研究它的逆命题或否命题能不能成立? 其逆否命题如何叙述? 改变命题的条件, 结论将会怎么样? 等等.

四是多做练习题 (运用知识, 熟能生巧). 做任何事情都需要 “经验和技能”, 而经验和技能的获得是靠不断地操作和练习来积累的. 学习数学也不例外, 做数学习题的过程正是运用知识、积累经验和提升技能的过程. 如果学数学不做习题, 则会学得一塌糊涂, 这是毋庸置疑的.

3. 教材 “补充例题” 的第一段总结了计算行列式的六种常用方法, 即化三角形法、降阶法、加边法、分离法、递推公式法和数学归纳法. 对一般的低阶数字行列式的计算通常用前面三种方法就能得到解决, 对于 n 阶行列式 (尤其是带字母的 n 阶行列式) 的计算, 则更多采用后面四种方法处理.

比如, 教材例 1.14 (这个例题的结论需要记住, 后面会用到它. 以后大家会看到, 高等代数中有很多例题或习题的结论都要记住), 教材上采用的是 "化三角形法" 很方便地解决了. 考虑到这个行列式各行除了主对角元是 b 外, 其他元素都相同, 元素的这个特点提示我们可以采用 "加边法", 先化成一个 $n+1$ 阶行列式

$$D_n = \begin{vmatrix} 1 & a & a & \cdots & a \\ 0 & b & a & \cdots & a \\ 0 & a & b & \cdots & a \\ \vdots & \vdots & \vdots & & \vdots \\ 0 & a & a & \cdots & b \end{vmatrix}$$

然后将第 $2 \sim n+1$ 行的每一行分别减去第一行, 则得到一个形如例 1.12 中解法 2 的爪形行列式

$$D_n = \begin{vmatrix} 1 & a & a & \cdots & a \\ -1 & b-a & 0 & \cdots & 0 \\ -1 & 0 & b-a & \cdots & 0 \\ \vdots & \vdots & \vdots & & \vdots \\ -1 & 0 & 0 & \cdots & b-a \end{vmatrix}.$$

考虑两种情况: (1) 若 $b=a$, 则原行列式值为零 (各行元素都相同); (2) 若 $b \neq a$, 则从第 2 列起, 每 1 列都乘以 $1/(b-a)$ 再加到第一列上, 得到一个 $n+1$ 阶上三角行列式

$$D_n = \begin{vmatrix} 1+na/(b-a) & a & a & \cdots & a \\ 0 & b-a & 0 & \cdots & 0 \\ 0 & 0 & b-a & \cdots & 0 \\ \vdots & \vdots & \vdots & & \vdots \\ 0 & 0 & 0 & \cdots & b-a \end{vmatrix},$$

于是可得结论成立. 如果将第 $2,3,\cdots,n$ 行分别减去第 1 行, 仍能得到爪形行列式, 留给读者自己练习.

继续考虑例 1.14, 先计算可得 $D_1 = b, D_2 = (b+a)(b-a), D_3 = (b+2a)(b-a)^2$, 于是猜想 $D_n = [b+(n-1)a](b-a)^{n-1}$. 下面对阶数 n 运用数学归结法证明 (数学归纳法是高等代数的重要方法之一, 请阅读教材附录 A). 对 1 阶行列式结论已成立. 假设结论对 $n(n \geqslant 1)$ 阶行列式结论也成立, 下面考虑 $n+1$ 行列式 D_{n+1}. 先用分离法把它拆成两个行列式相加, 然后降阶 (请特别留意如下形式的分离法, 跟例 1.12 解法 1 相同):

$$D_{n+1} = \begin{vmatrix} a & a & \cdots & a \\ a & b & \cdots & a \\ \vdots & \vdots & & \vdots \\ a & a & \cdots & b \end{vmatrix} + \begin{vmatrix} b-a & a & \cdots & a \\ 0 & b & \cdots & a \\ \vdots & \vdots & & \vdots \\ 0 & a & \cdots & b \end{vmatrix}$$

$$
=\begin{vmatrix} a & a & \cdots & a \\ 0 & b-a & \cdots & 0 \\ \vdots & \vdots & & \vdots \\ 0 & 0 & \cdots & b-a \end{vmatrix} + \begin{vmatrix} b-a & a & \cdots & a \\ 0 & b & \cdots & a \\ \vdots & \vdots & & \vdots \\ 0 & a & \cdots & b \end{vmatrix}
$$
$$
= a(b-a)^n + (b-a)D_n.
$$

将假设 $D_n = [b+(n-1)a](b-a)^{n-1}$ 代入即得

$$
D_{n+1} = a(b-a)^n + [b+(n-1)a](b-a)^n = (b+na)(b-a)^n.
$$

故结论对 $n+1$ 也成立, 由数学归纳法原理可知, $D_n = [b+(n-1)a](b-a)^{n-1}$ 成立.

再用递推法解决例 1.14. 先用上述方法对 D_n 分离、降阶后得到递推公式

$$
D_n = (b-a)D_{n-1} + a(b-a)^{n-1},
$$

当 $b=a$ 时, 易知 $D_n = 0$. 当 $b \neq a$ 时, 上式两边同除以 $(b-a)^n$ 得

$$
\frac{D_n}{(b-a)^n} = \frac{D_{n-1}}{(b-a)^{n-1}} + \frac{a}{b-a}.
$$

所以 $\{D_n/(b-a^n)\}$ 是等差数列, 求其通项公式即可得到 $D_n = [b+(n-1)a](b-a)^{n-1}$.

4. 根据数列的递推公式求通项公式在行列式计算中会经常用到, 通过研究教材例 1.15、例 1.25 及刚才讲的例 1.14 的方法, 归纳出如下几类递推数列求通项公式的常用方法:

类型一: $x_{n+1} = ax_n + b$. 先化为 (待定系数法可求 c)

$$
x_{n+1} - c = a(x_n - c),
$$

再利用等比数列的通项公式即可求出 x_n.

类型二: $x_{n+1} = ax_n + cb^n$. 先化为

$$
\frac{x_{n+1}}{b^{n+1}} = \frac{a}{b} \cdot \frac{x_n}{b^n} + \frac{c}{b},
$$

令 $y_n = x_n/b^n$, 则 $y_{n+1} = a'y_n + b'$, 归结为类型一即可求出 y_n, 最后求出 x_n.

类型三: $x_{n+2} = ax_{n+1} + bx_n$. 先化为 (待定系数法可求出 c)

$$
x_{n+2} - cx_{n+1} = (a-c)(x_{n+1} - cx_n).
$$

令 $y_n = x_{n+1} - cx_n$, 利用等比数列通项公式求出 y_n, 再可归结为类型二即可求出 x_n.

如果方程 $c-(a-c)c = b$ 有两个不相等的根 c_1, c_2, 由等比数列的通项公式可分别得到 $x_{n+1} - c_1x_n = a_1(a-c_1)^{n-1}$ 和 $x_{n+1} - c_2x_n = a_2(a-c_2)^{n-1}$, 两式相减可求出 x_n.

类型四: $x_{n+1} = ax_n + bn$. 先递推一步得 $x_n = ax_{n-1} + b(n-1)$, 两式相减化为

$$
x_{n+1} - x_n = a(x_n - x_{n-1}) + b.
$$

令 $y_n = x_{n+1} - x_n$ 即可归结为类型一求 y_n, 最后求出 x_n.

练习题: 给定如下数列初值及递推公式, 分别求其通项公式:

(1) 已知 $x_1 = 1$, $x_{n+1} = 2x_n + 3\,(n \geqslant 1)$, 求 x_n.

(2) 已知 $x_1 = 2$, $x_{n+1} = 2x_n + 3 \cdot 2^n\,(n \geqslant 1)$, 求 x_n.

(3) 已知 $x_1=5/6,\ x_{n+1}=x_n/3+1/2^{n+1}\,(n\geqslant 1)$, 求 x_n.

(4) 已知 $x_1=3,\ x_2=5,\ 3x_{n+2}-5x_{n+1}+2x_n=0\,(n\geqslant 1)$, 求 x_n.

(5) 已知 $x_1=1,\ x_2=2,\ x_{n+2}=2x_{n+1}/3+x_n/3\,(n\geqslant 1)$, 求 x_n.

(6) 已知 $x_1=x_2=1,\ x_{n+2}=x_{n+1}+x_n\,(n\geqslant 1)$, 求 x_n.

(7) 已知 $x_1=1,\ x_{n+1}=x_n+2n\,(n\geqslant 1)$, 求 x_n.

答案: (1) $x_n=2^{n+1}-3$; (2) $x_n=(3n-1)2^{n-1}$; (3) $x_n=3/2^n-2/3^n$; (4) $x_n=9(1-2^n/3^n)$; (5) $x_n=\dfrac{7}{4}-\dfrac{3}{4}\left(-\dfrac{1}{3}\right)^{n-1}$; (6) 见教材附录 A 例 A3; (7) $x_n=n^2-n+1$.

注意, 先用不完全归纳法猜测出结论, 然后再用数学归纳法进行证明, 也是一种常用的方法, 请读者试着用这种方法做一做前面 "练习题" 的第 (1), (2), (3), (7) 题.

5. "学而不思则罔", 学习贵在研究和思考, 所以经常总结思路与方法, 并探讨一题多解是学习数学的重要法宝. 比如, 教材例 1.7 的解法是: 先从第二列起将每一列都加到第一列, 然后从第二行起每一行减去第一行, 化成上三角行列式. 除此之外, 还可考虑 "加边法" 或 "分离法" (如例 1.12 解法 1), 也可以从第二行起每一行减去第一行, 然后化成一个副对角元全为 x, 副对角线下方全为零的 4 阶行列式, 利用例 1.5(2) 的结论即得.

再如教材例 1.24, 可以先分别计算 $n=1,2,3$ 的情形, 猜想出可能的结果, 然后用数学归纳法证明. 这在刚才讲的例 1.14 中出现过, 在例 1.25 "解法 3" 中也用到了.

6. 教材例 1.16 用数学归纳法证明了 n 阶范德蒙德行列式的公式, 这是需要记住的, 以后将直接应用这个结论. 读者试着考察 $n=2,3,4,5$ 的特殊情形.

7. 教材 §1.5 "拉普拉斯展开定理" 虽然标注了 "*" 号, 意为可选教学内容, 但是它所提供的行列式计算方法 (尤其是针对分块行列式的计算方法) 很有价值. 如果教师没有时间讲解, 建议学生课外自学. 例 1.20、习题第 1.17 题的结论需要记住, 以后可直接应用.

8. 行列式计算是高等代数的基础, 除了本章介绍的方法以外, 其他计算方法见教材第二章的 §2.3 中例 2.29、例 2.34, 习题第 2.45、2.46、2.60、2.61、2.64、2.65 题, 等等.

9. 克拉默法则主要是研究含 n 个未知量和 n 个方程的线性方程组的解的问题, 其中, n 元齐次方程组有非零解 (只有零解) 的充要条件是系数行列式 $D=0\,(D\neq 0)$, 这个结论很重要, 后面章节多次用到它.

10. 现在谈谈教材例 1.23 中关于多项式 "$\lambda^3-15\lambda^2+66\lambda-80$" 的因式分解问题 (教材第四章有介绍). 先将 80 的约数, 如 $\pm1,\pm2,\pm4,\cdots$, 等等, 代入计算发现 (从简到繁), 当 $\lambda=2$ 时多项式的值为 0, 于是断定它有因式 $\lambda-2$. 然后用教材例 4.1 或例 4.2 介绍的综合除法, 比如, 用例 4.1 的综合除法列式计算如下:

$$
\begin{array}{r|rrrr}
 & & \lambda^2 & -13\lambda & +40 \\
\hline
\lambda-2 & \lambda^3 & -15\lambda^2 & +66\lambda & -80 \\
 & \lambda^3 & -2\lambda^2 & & \\
\hline
 & & -13\lambda^2 & +66\lambda & \\
 & & -13\lambda^2 & +26\lambda & \\
\hline
 & & & 40\lambda & -80 \\
 & & & 40\lambda & -80 \\
\hline
 & & & & 0
\end{array}
$$

最后用十字相乘法分解因式 $\lambda^2-13\lambda+40=(\lambda-5)(\lambda-8)$, 即得

$$\lambda^3-15\lambda^2+66\lambda-80=(\lambda-2)(\lambda-5)(\lambda-8).$$

§1.3 问 题 思 考

一、问题思考

1. 由

$$D_n=\begin{vmatrix}1&1&\cdots&1\\1&1&\cdots&1\\\vdots&\vdots&&\vdots\\1&1&\cdots&1\end{vmatrix}=0,$$

证明: 奇偶排列各占一半.

2. 设 $b_i\neq 0\,(i=1,2,\cdots,n)$, 计算

$$D_n=\begin{vmatrix}1+b_1&2&\cdots&n\\1&2+b_2&\cdots&n\\\vdots&\vdots&&\vdots\\1&2&\cdots&n+b_n\end{vmatrix}.$$

3. 计算

$$D_n=\begin{vmatrix}a_1+b_1&a_1+b_2&\cdots&a_1+b_n\\a_2+b_1&a_2+b_2&\cdots&a_2+b_n\\\vdots&\vdots&&\vdots\\a_n+b_1&a_n+b_2&\cdots&a_n+b_n\end{vmatrix}\quad(n\geqslant 3).$$

4. 证明:

(1)

$$D_n=\begin{vmatrix}\cos\alpha&1&0&\cdots&0&0\\1&2\cos\alpha&1&\cdots&0&0\\0&1&2\cos\alpha&\cdots&0&0\\\vdots&\vdots&\vdots&&\vdots&\vdots\\0&0&0&\cdots&1&2\cos\alpha\end{vmatrix}=\cos n\alpha;$$

(2)

$$D_n=\begin{vmatrix}x&a&a&\cdots&a\\-a&x&a&\cdots&a\\-a&-a&x&\cdots&a\\\vdots&\vdots&\vdots&&\vdots\\-a&-a&-a&\cdots&x\end{vmatrix}=\frac{1}{2}\left[(x+a)^n+(x-a)^n\right].$$

5. 计算 4 阶行列式

$$D=\begin{vmatrix}1&1&1&1\\a&b&c&d\\a^2&b^2&c^2&d^2\\a^4&b^4&c^4&d^4\end{vmatrix}.$$

6. (南京大学考研试题) 设

$$D=\begin{vmatrix}a_{11}&a_{12}&\cdots&a_{1n}\\a_{21}&a_{22}&\cdots&a_{2n}\\\vdots&\vdots&&\vdots\\a_{n1}&a_{n2}&\cdots&a_{nn}\end{vmatrix},$$

A_{ij} 为 a_{ij} 的代数余子式 $(i,j=1,2,\cdots,n)$. 证明: 如果 D 的某一行的元素全为 1, 则

$$D=\sum_{1\leqslant i,j\leqslant n}A_{ij}.$$

7. (上海大学考研试题) 设 D 是形如上一题的 n 阶行列式, 且 D 的每一行元素之和等于 $a(a\neq 0)$. 证明:

(1) $\sum\limits_{j=1}^{n}A_{ji}=a^{-1}D$, 其中 A_{ij} 为元素 a_{ij} 的代数余子式;

(2) 如果 $a_{ij}(i,j=1,2,\cdots,n)$ 都是整数, 则 a 整除 D.

8. 设

$$D_n=\begin{vmatrix}a&b&&&\\c&a&b&&\\&\ddots&\ddots&\ddots&\\&&\ddots&a&b\\&&&c&a\end{vmatrix},$$

令 u, v 是方程 $x^2-ax+bc=0$ 的两个根. 证明:

(1) 如果 $u=v$, 则 $D_n=(n+1)u^n$;

(2) 如果 $u\neq v$, 则 $D_n=\dfrac{u^{n+1}-v^{n+1}}{u-v}$.

9. 计算 n 阶行列式

$$D_n=\begin{vmatrix}1&2&3&\cdots&n-1&n\\2&3&4&\cdots&n&1\\3&4&5&\cdots&1&2\\\vdots&\vdots&\vdots&&\vdots&\vdots\\n-1&n&1&\cdots&n-3&n-2\\n&1&2&\cdots&n-2&n-1\end{vmatrix}.$$

10. 计算柯西行列式

$$D_n = \begin{vmatrix} \dfrac{1}{a_1+b_1} & \dfrac{1}{a_1+b_2} & \cdots & \dfrac{1}{a_1+b_n} \\ \dfrac{1}{a_2+b_1} & \dfrac{1}{a_2+b_2} & \cdots & \dfrac{1}{a_2+b_n} \\ \vdots & \vdots & & \vdots \\ \dfrac{1}{a_n+b_1} & \dfrac{1}{a_n+b_2} & \cdots & \dfrac{1}{a_n+b_n} \end{vmatrix}.$$

二、提示或答案

1. 由行列式的定义即可获证.

2. 由加边法可得 $D_n = \prod\limits_{i=1}^{n} b_i \left(1 + \sum\limits_{j=1}^{n} j/b_j\right)$.

3. 分离法. 先按第一列拆开, 分成两个行列式相加 (行列式性质 7), 再按第二列拆开, 得到 4 个行列式相加, 发现其中两个行列式为零. 如此下去, 可得 $D_n = 0$.

4. (1) 按最后一行展开得 $D_n = 2\cos\alpha D_{n-1} - D_{n-2}$, 然后用第二数学归纳法即可.

(2) 先用例 1.12 "解法 2" 的分离法拆成两个行列式相加, 得到递推公式 $D_n = a(x+a)^{n-1} + (x-a)D_{n-1}$, 再由数学归纳法证明, 类似习题第 1.25 题. 也可以考虑加边法.

5. 构造 5 阶范德蒙德行列式

$$D' = \begin{vmatrix} 1 & 1 & 1 & 1 & 1 \\ a & b & c & d & x \\ a^2 & b^2 & c^2 & d^2 & x^2 \\ a^3 & b^3 & c^3 & d^3 & x^3 \\ a^4 & b^4 & c^4 & d^4 & x^4 \end{vmatrix},$$

然后按第 5 列展开得

$$D' = A_{15} + xA_{25} + x^2A_{35} + x^3A_{45} + x^4A_{55},$$

其中 x^3 的系数 $A_{45} = (-1)^{4+5}D = -D$. 先用范德蒙德行列式计算 D', 找到其中 x^3 系数得

$$D = (b-a)(c-a)(d-a)(c-b)(d-b)(d-c)(a+b+c+d).$$

6. 不妨假设 D 的第一行元素全为 1, 则

$$D = A_{11} + A_{12} + \cdots + A_{1n},$$

并且

$$A_{i1} + A_{i2} + \cdots + A_{in} = 0 \quad (i = 2, 3, \cdots, n).$$

故 $D = \sum\limits_{1\leqslant i,j\leqslant n} A_{ij}$.

7. (1) 对于固定的 $i = 1, 2, \cdots, n$, 先将 D 的各列都加到第 i 列上, 则第 i 列的元素全是 a,

提出 a 后按第 i 列展开即得 $a\sum\limits_{j=1}^{n}A_{ji}=D$;

(2) 注意到 D, a 及各 A_{ij} 都是整数, 由 (1) 即得所证.

8. 首先考虑 $n=5$ 的情形. 降阶得到 $D_5=aD_4-bcD_3$. 由已知, $a=u+v$, $bc=uv$, 因而 $D_5=(u+v)D_4-uvD_3$. 不难得到, $D_1=u+v$, $D_2=u^2+uv+v^2$, 当 $n\geqslant 3$ 时, $D_n=(u+v)D_{n-1}-uvD_{n-2}$. (1) 当 $u=v$ 时, 由前面的递推公式容易求得结果. (2) 当 $u\neq v$ 时, $D_1=(u^2-v^2)/(u-v)$, $D_2=(u^3-v^3)/(u-v)$, 假定对一切小于 n 时结论已成立 ($n\geqslant 3$), 代入递推公式可得结论对 D_n 也成立. 由数学归纳法可知, 结论成立.

9. 解法参考习题第 1.21(1) 题 "方法 2", 答案: $(-1)^{n(n-1)/2}n^{n-1}(n+1)/2$.

10. 将 $1\sim n-1$ 行分别减去第 n 行, 行提公因子 $a_n-a_i\,(i=1,2,\cdots,n-1)$, 列提公因子 $(a_n+b_i)^{-1}\,(i=1,2,\cdots,n)$ 得

$$D_n=\prod_{i=1}^{n-1}(a_n-a_i)\prod_{i=1}^{n}(a_n+b_i)^{-1}\begin{vmatrix}\dfrac{1}{a_1+b_1} & \dfrac{1}{a_1+b_2} & \cdots & \dfrac{1}{a_1+b_n}\\ \dfrac{1}{a_2+b_1} & \dfrac{1}{a_2+b_2} & \cdots & \dfrac{1}{a_2+b_n}\\ \vdots & \vdots & & \vdots\\ \dfrac{1}{a_{n-1}+b_1} & \dfrac{1}{a_{n-1}+b_2} & \cdots & \dfrac{1}{a_{n-1}+b_n}\\ 1 & 1 & \cdots & 1\end{vmatrix}.$$

将上式中行列式的第 $1\sim n-1$ 列分别减去第 n 列, 按最后一行展开, 列提公因子 $b_n-b_i\,(i=1,2,\cdots,n-1)$, 行提公因子 $(a_i+b_n)^{-1}\,(i=1,2,\cdots,n-1)$, 得

$$D_n=\prod_{i=1}^{n-1}(a_n-a_i)\prod_{i=1}^{n-1}(a_n+b_i)^{-1}\prod_{i=1}^{n-1}(b_n-b_i)\prod_{i=1}^{n-1}(a_i+b_n)^{-1}D_{n-1}.$$

依次递推, 注意

$$D_2=\frac{(a_2-a_1)(b_2-b_1)}{(a_1+b_1)(a_1+b_2)(a_2+b_1)(a_2+b_2)},$$

可得

$$D_n=\frac{\prod\limits_{1\leqslant i<j\leqslant n}(a_j-a_i)\prod\limits_{1\leqslant i<j\leqslant n}(b_j-b_i)}{\prod\limits_{i,j=1}^{n}(a_i+b_j)}.$$

注 研究柯西行列式的两种特殊情况: (1) 令 $b_i=a_i$, 进一步假定 $a_1,a_2,\cdots,a_n$ 是互不相同的正数, 请考察是否 $D_n>0$ 成立? (2) 令 $a_{ij}=1/(i+j)\,(i,j=1,2,\cdots,n)$, 请考察这个结果又是多少?

§1.4 习 题 选 解

1.6 由定义计算下列行列式:

(1) $D_4=\begin{vmatrix}2&3&4&1\\3&4&2&0\\1&3&0&0\\4&0&0&0\end{vmatrix}$; (2) $D_4=\begin{vmatrix}a_1&0&b_1&0\\0&c_1&0&d_1\\a_2&0&b_2&0\\0&c_2&0&d_2\end{vmatrix}$;

(3) $D_n=\begin{vmatrix}0&1&0&\cdots&0\\0&0&2&\cdots&0\\\vdots&\vdots&\vdots&&\vdots\\0&0&0&\cdots&n-1\\n&0&0&\cdots&0\end{vmatrix}$.

解 (1) $D_4=(-1)^{\tau(4321)}1\cdot2\cdot3\cdot4=24.$

(2) $D_4=(-1)^{\tau(1234)}a_1c_1b_2d_2+(-1)^{\tau(1432)}a_1d_1b_2c_2+(-1)^{\tau(3214)}b_1c_1a_2d_2$

$$+(-1)^{\tau(3412)}b_1d_1a_2c_2$$

$$=a_1b_2c_1d_2-a_1b_2c_2d_1-a_2b_1c_1d_2+a_2b_1c_2d_1$$

$$=(a_1b_2-a_2b_1)(c_1d_2-c_2d_1).$$

(3) $D_n=(-1)^{\tau(23\cdots n1)}n!=(-1)^{n-1}n!.$

1.7 由行列式定义证明:

$$D_5=\begin{vmatrix}a_1&a_2&a_3&a_4&a_5\\b_1&b_2&b_3&b_4&b_5\\c_1&c_2&0&0&0\\d_1&d_2&0&0&0\\e_1&e_2&0&0&0\end{vmatrix}=0.$$

证明 由行列式的定义可知

$$D_5=\sum_{j_1,j_2,\cdots,j_5}(-1)^{\tau(j_1j_2\cdots j_5)}a_{1j_1}a_{2j_2}a_{3j_3}a_{4j_4}a_{5j_5}.$$

注意到 $j_3,j_4,j_5\in\{1,2,3,4,5\}$, 这 3 个数中至少有一个取到 {3,4,5}中的某个数, 或者说, a_{3j_3}, a_{4j_4},a_{5j_5} 中至少有一个为零, 因而 $D_5=0$.

1.8 计算下列行列式:

(5) $D=\begin{vmatrix}3&1&1&1\\1&3&1&1\\1&1&3&1\\1&1&1&3\end{vmatrix}$; (6) $D=\begin{vmatrix}a^2+1&ab&ac\\ab&b^2+1&bc\\ac&bc&c^2+1\end{vmatrix}$.

解 (5) 从第 2 行起, 每行都加到第 1 行上, 则第 1 行的数全部变成 6, 然后将第 1 行的 6 提出来, 得到

$$D=6\begin{vmatrix}1&1&1&1\\1&3&1&1\\1&1&3&1\\1&1&1&3\end{vmatrix}\xlongequal[j=2,3,4]{r_j-r_1}6\begin{vmatrix}1&1&1&1\\0&2&0&0\\0&0&2&0\\0&0&0&2\end{vmatrix}=48.$$

(6)

$$D=\begin{vmatrix} a^2 & ab & ac \\ ab & b^2+1 & bc \\ ac & bc & c^2+1 \end{vmatrix}+\begin{vmatrix} 1 & ab & ac \\ 0 & b^2+1 & bc \\ 0 & bc & c^2+1 \end{vmatrix}$$

$$=\begin{vmatrix} a^2 & ab & ac \\ ab & b^2 & bc \\ ac & bc & c^2+1 \end{vmatrix}+\begin{vmatrix} a^2 & 0 & ac \\ ab & 1 & bc \\ ac & 0 & c^2+1 \end{vmatrix}+\begin{vmatrix} 1 & ab & ac \\ 0 & b^2+1 & bc \\ 0 & bc & c^2+1 \end{vmatrix}$$

$$=0+\begin{vmatrix} a^2 & 0 & ac \\ ab & 1 & bc \\ ac & 0 & c^2 \end{vmatrix}+\begin{vmatrix} a^2 & 0 & 0 \\ ab & 1 & 0 \\ ac & 0 & 1 \end{vmatrix}+\begin{vmatrix} 1 & ab & ac \\ 0 & b^2+1 & bc \\ 0 & bc & c^2+1 \end{vmatrix}$$

$$=0+0+a^2+\left(b^2+1\right)\left(c^2+1\right)-(bc)^2$$

$$=a^2+b^2+c^2+1.$$

注 第 1.8(6) 题用加边法更方便, 参考例 1.12, 请读者自己完成.

1.9 证明:

$$D=\begin{vmatrix} a & b & c & d \\ a & a+b & a+b+c & a+b+c+d \\ a & 2a+b & 3a+2b+c & 4a+3b+2c+d \\ a & 3a+b & 6a+3b+c & 10a+6b+3c+d \end{vmatrix}=a^4.$$

证明

$$D\xlongequal[j=2,3,4]{r_j-r_1}\begin{vmatrix} a & b & c & d \\ 0 & a & a+b & a+b+c \\ 0 & 2a & 3a+2b & 4a+3b+2c \\ 0 & 3a & 6a+3b & 10a+6b+3c \end{vmatrix}\xlongequal[r_4-3r_2]{r_3-2r_2}\begin{vmatrix} a & b & c & d \\ 0 & a & a+b & a+b+c \\ 0 & 0 & a & 2a+b \\ 0 & 0 & 3a & 7a+3b \end{vmatrix}$$

$$\xlongequal{r_4-3r_2}\begin{vmatrix} a & b & c & d \\ 0 & a & a+b & a+b+c \\ 0 & 0 & a & 2a+b \\ 0 & 0 & 0 & a \end{vmatrix}=a^4.$$

1.10 计算下列行列式:

(1) $\begin{vmatrix} 246 & 427 & 327 \\ 1014 & 543 & 443 \\ -342 & 721 & 621 \end{vmatrix}$; (5) $\begin{vmatrix} a & 1 & 0 & 0 \\ -1 & a & 1 & 0 \\ 0 & -1 & a & 1 \\ 0 & 0 & -1 & a \end{vmatrix}$; (6) $\begin{vmatrix} a_1+x & a_2 & a_3 & a_4 \\ -x & x & 0 & 0 \\ 0 & -x & x & 0 \\ 0 & 0 & -x & x \end{vmatrix}$.

解 (1)

$$\text{原式} \xlongequal{c_2-c_3} \begin{vmatrix} 246 & 100 & 327 \\ 1014 & 100 & 443 \\ -342 & 100 & 621 \end{vmatrix} \xlongequal[r_3-r_1]{r_2-r_1} \begin{vmatrix} 246 & 100 & 327 \\ 768 & 0 & 116 \\ -588 & 0 & 294 \end{vmatrix}$$

$$= -100 \begin{vmatrix} 768 & 116 \\ -588 & 294 \end{vmatrix} = -29400000.$$

(5) 将原行列式依第 1 列展开, 然后再递推得到

$$D_4 = aD_3 - (-1)\begin{vmatrix} 1 & 0 & 0 \\ -1 & a & 1 \\ 0 & -1 & a \end{vmatrix} = aD_3 + D_2$$

$$= a\,(aD_2 + D_1) + (a^2+1) = a^2(a^2+1) + a^2 + (a^2+1)$$

$$= a^4 + 3a^2 + 1.$$

(6) 将第 2,3,4 列都加到第 1 列上, 然后再按第 1 列展开得

$$\text{原式} = \begin{vmatrix} x+\sum\limits_{i=1}^{4} a_i & a_2 & a_3 & a_4 \\ 0 & x & 0 & 0 \\ 0 & -x & x & 0 \\ 0 & 0 & -x & x \end{vmatrix} = \left(x+\sum_{i=1}^{4} a_i\right)\begin{vmatrix} x & 0 & 0 \\ -x & x & 0 \\ 0 & -x & x \end{vmatrix} = x^3\left(x+\sum_{i=1}^{4} a_i\right).$$

1.11 计算下列行列式:

(1) $D_n = \begin{vmatrix} 2 & & & & 2 \\ -1 & 2 & & & 2 \\ & -1 & \ddots & & \vdots \\ & & \ddots & 2 & 2 \\ & & & -1 & 2 \end{vmatrix}$; (2) $D_n = \begin{vmatrix} x & y & 0 & \cdots & 0 & 0 \\ 0 & x & y & \cdots & 0 & 0 \\ \vdots & \vdots & \vdots & & \vdots & \vdots \\ 0 & 0 & 0 & \cdots & x & y \\ y & 0 & 0 & \cdots & 0 & x \end{vmatrix}$;

(3) $D_n = \begin{vmatrix} 2 & -1 & & \\ -1 & 2 & \ddots & \\ & \ddots & \ddots & -1 \\ & & -1 & 2 \end{vmatrix}$; (4) $D_{n+1} = \begin{vmatrix} a^n & (a-1)^n & \cdots & (a-n)^n \\ a^{n-1} & (a-1)^{n-1} & \cdots & (a-n)^{n-1} \\ \vdots & \vdots & & \vdots \\ a & a-1 & \cdots & a-n \\ 1 & 1 & \cdots & 1 \end{vmatrix}$.

解 (1) **方法 1** 按第 1 行展开得到递推公式 $D_n = 2D_{n-1} + 2$, 可化为

$$D_n + 2 = 2(D_{n-1} + 2).$$

注意到 $D_1 = 2$, 由等比数列通项公式得 $D_n + 2 = 4 \cdot 2^{n-1}$, 即 $D_n = 2^{n+1} - 2$.

方法 2 由 $r_2+\frac{1}{2}r_1, r_3+\frac{1}{2}r_2, \cdots, r_n+\frac{1}{2}r_{n-1}$ 得

$$D_n=\begin{vmatrix}2 & & & & 2\\ 0 & 2 & & & 3\\ & 0 & \ddots & & \vdots\\ & & \ddots & 2 & (2^{n-1}-1)/2^{n-3}\\ & & & 0 & (2^n-1)/2^{n-2}\end{vmatrix}=2^{n+1}-2.$$

(2) 按第 1 列展开即得 $D_n=x^n+(-1)^{n+1}y^n$.

(3) 按第 1 行展开得到递推公式 $D_n=2D_{n-1}-D_{n-2}$. 将它变形后再递推得到

$$D_n-D_{n-1}=D_{n-1}-D_{n-2}=\cdots=D_2-D_1=1.$$

注意到 $D_1=2$, 由等差数列通项公式即得 $D_n=n+1$.

(4) 按例 1.17 的方法先交换行 $n(n+1)/2$ 次, 再交换列 $n(n+1)/2$ 次. 注意到 $n(n+1)$ 是偶数, 由范德蒙德行列式得

$$D_{n+1}=(-1)^{\frac{n(n+1)}{2}+\frac{n(n+1)}{2}}\begin{vmatrix}1 & 1 & \cdots & 1\\ a-n & a-n+1 & \cdots & a\\ \vdots & \vdots & & \vdots\\ (a-n)^n & (a-n+1)^n & \cdots & a^n\end{vmatrix}=2!3!\cdots n!.$$

1.12 证明:

(3) $\begin{vmatrix}x_1^2+1 & x_1x_2 & \cdots & x_1x_n\\ x_2x_1 & x_2^2+1 & \cdots & x_2x_n\\ \vdots & \vdots & & \vdots\\ x_nx_1 & x_nx_2 & \cdots & x_n^2+1\end{vmatrix}=1+\sum\limits_{i=1}^n x_i^2.$

证明 本题采用加边法较为简单.

$$D_n=\begin{vmatrix}1 & x_1 & x_2 & \cdots & x_n\\ 0 & x_1^2+1 & x_1x_2 & \cdots & x_1x_n\\ 0 & x_2x_1 & x_2^2+1 & \cdots & x_2x_n\\ \vdots & \vdots & \vdots & & \vdots\\ 0 & x_nx_1 & x_nx_2 & \cdots & x_n^2+1\end{vmatrix}\xlongequal[j=2,3,\cdots,n+1]{r_j-x_{j-1}\cdot r_1}\begin{vmatrix}1 & x_1 & x_2 & \cdots & x_n\\ -x_1 & 1 & 0 & \cdots & 0\\ -x_2 & 0 & 1 & \cdots & 0\\ \vdots & \vdots & \vdots & & \vdots\\ -x_n & 0 & 0 & \cdots & 1\end{vmatrix}$$

$$\xlongequal[j=2,3,\cdots,n+1]{c_1+x_{j-1}\cdot c_j}\begin{vmatrix}1+\sum\limits_{i=1}^n x_i^2 & x_1 & x_2 & \cdots & x_n\\ 0 & 1 & 0 & \cdots & 0\\ 0 & 0 & 1 & \cdots & 0\\ \vdots & \vdots & \vdots & & \vdots\\ 0 & 0 & 0 & \cdots & 1\end{vmatrix}=1+\sum_{i=1}^n x_i^2.$$

1.13 设

$$D=\begin{vmatrix}3&0&1&0\\2&2&2&2\\0&-2&0&0\\1&2&0&-1\end{vmatrix},$$

M_{ij}, A_{ij} 分别表示元素 a_{ij} 的余子式和代数余子式, 试求:

(1) $A_{41}+A_{42}+A_{43}+A_{44}$;

(2) $M_{41}+M_{42}+M_{43}+M_{44}$;

(3) $3M_{13}+2A_{23}-M_{43}$.

解 (1) $A_{41}+A_{42}+A_{43}+A_{44}=\begin{vmatrix}3&0&1&0\\2&2&2&2\\0&-2&0&0\\1&1&1&1\end{vmatrix}=0.$

(2) $M_{41}+M_{42}+M_{43}+M_{44}=-A_{41}+A_{42}-A_{43}+A_{44}=\begin{vmatrix}3&0&1&0\\2&2&2&2\\0&-2&0&0\\-1&1&-1&1\end{vmatrix}=16.$

(3) $3M_{13}+2A_{23}-M_{43}=3A_{13}+2A_{23}+0A_{33}+A_{43}=\begin{vmatrix}3&0&3&0\\2&2&2&2\\0&-2&0&0\\1&2&1&-1\end{vmatrix}=0.$

1.14 设

$$D=\begin{vmatrix}2&-3&1&0\\-1&4&2&-1\\2&0&-1&2\\-3&2&0&1\end{vmatrix},$$

M_{ij}, A_{ij} 分别表示元素 a_{ij} 的余子式和代数余子式, 试求:

(1) $A_{12}+2A_{22}+3A_{32}-4A_{42}$;

(2) $M_{31}-2M_{32}-3M_{34}$.

解 (1)

$$A_{12}+2A_{22}+3A_{32}-4A_{42}=\begin{vmatrix}2&1&1&0\\-1&2&2&-1\\2&3&-1&2\\-3&-4&0&1\end{vmatrix}=-56.$$

(2)

$$M_{31}-2M_{32}-M_{34}=A_{31}+2A_{32}+3A_{34}=\begin{vmatrix}2&-3&1&0\\-1&4&2&-1\\1&2&0&3\\-3&2&0&1\end{vmatrix}=-88.$$

1.15 用拉普拉斯展开定理证明习题第 1.7 题.

证明 选定 D_5 的最后 3 行 (可以任意选, 参看定理 1.6), 无论选哪 3 列, 对一切 $1\leqslant j_1<j_2<j_3\leqslant 5$, 其所有的 3 阶子式

$$\left|\boldsymbol{M}\begin{pmatrix}3,4,5\\j_1,j_2,j_3\end{pmatrix}\right|=0.$$

由拉普拉斯展开定理可知

$$D_5=\sum_{1\leqslant j_1<j_2<j_3\leqslant 5}\left|\boldsymbol{M}\begin{pmatrix}3,4,5\\j_1,j_2,j_3\end{pmatrix}\right|\cdot\left|\boldsymbol{A}\begin{pmatrix}3,4,5\\j_1,j_2,j_3\end{pmatrix}\right|=0.$$

1.16 用拉普拉斯展开定理解例 1.13.

证明 选定 D 的第 1 行和第 n 行, 其所有的 2 阶子式中只有一个不是零, 其余的 2 阶子式都是零. 由于

$$\left|\boldsymbol{M}\begin{pmatrix}1,n\\1,n\end{pmatrix}\right|=a^2-b^2,\quad \left|\boldsymbol{A}\begin{pmatrix}1,n\\1,n\end{pmatrix}\right|=(-1)^{1+n+1+n}a^{n-2}=a^{n-2},$$

由拉普拉斯展开定理得

$$D=\left|\boldsymbol{M}\begin{pmatrix}1,n\\1,n\end{pmatrix}\right|\cdot\left|\boldsymbol{A}\begin{pmatrix}1,n\\1,n\end{pmatrix}\right|=a^{n-2}(a^2-b^2).$$

1.17 设 $|\boldsymbol{A}|,|\boldsymbol{B}|$ 分别是 m,n 阶行列式, 求证: $m+n$ 阶行列式

$$\begin{vmatrix}\boldsymbol{O}&\boldsymbol{A}\\\boldsymbol{B}&\boldsymbol{C}\end{vmatrix}=(-1)^{mn}|\boldsymbol{A}|\,|\boldsymbol{B}|.$$

证明 取定分块行列式的前 m 行, 其所有子式中

$$\left|\boldsymbol{M}\begin{pmatrix}1,2,\cdots,m\\n+1,n+2,\cdots,n+m\end{pmatrix}\right|=|\boldsymbol{A}|,$$

其余的子式全为零, 代数余子式

$$\left|\boldsymbol{A}\begin{pmatrix}1,2,\cdots,m\\n+1,n+2,\cdots,n+m\end{pmatrix}\right|=(-1)^{1+2+\cdots+m+n+1+n+2+\cdots+n+m}|\boldsymbol{B}|=(-1)^{mn}|\boldsymbol{B}|.$$

由拉普拉斯展开定理得

$$\begin{aligned}\begin{vmatrix}\boldsymbol{O}&\boldsymbol{A}\\\boldsymbol{B}&\boldsymbol{C}\end{vmatrix}&=\left|\boldsymbol{M}\begin{pmatrix}1,2,\cdots,m\\n+1,n+2,\cdots,n+m\end{pmatrix}\right|\cdot\left|\boldsymbol{A}\begin{pmatrix}1,2,\cdots,m\\n+1,n+2,\cdots,n+m\end{pmatrix}\right|\\&=(-1)^{mn}|\boldsymbol{A}|\,|\boldsymbol{B}|.\end{aligned}$$

1.21 计算行列式

(1) $D=\begin{vmatrix}1&2&3&4&5\\2&3&4&5&1\\3&4&5&1&2\\4&5&1&2&3\\5&1&2&3&4\end{vmatrix}$; (2) $D=\begin{vmatrix}a^2&b^2&c^2&d^2\\(a+1)^2&(b+1)^2&(c+1)^2&(d+1)^2\\(a+2)^2&(b+2)^2&(c+2)^2&(d+2)^2\\(a+3)^2&(b+3)^2&(c+3)^2&(d+3)^2\end{vmatrix}$.

解 (1) **方法 1**

$$D\xlongequal[j=2,3,4,5]{r_1+r_j}15\begin{vmatrix}1&1&1&1&1\\2&3&4&5&1\\3&4&5&1&2\\4&5&1&2&3\\5&1&2&3&4\end{vmatrix}\xlongequal[j=2,3,4,5]{r_j-j\cdot r_1}15\begin{vmatrix}1&1&1&1&1\\0&1&2&3&-1\\0&1&2&-2&-1\\0&1&-3&-2&-1\\0&-4&-3&-2&-1\end{vmatrix}$$

$$\xlongequal[r_5+4r_2]{r_3-r_2,r_4-r_2}15\begin{vmatrix}1&1&1&1&1\\0&1&2&3&-1\\0&0&0&-5&0\\0&0&-5&-5&0\\0&0&5&10&-5\end{vmatrix}\xlongequal{r_3\leftrightarrow r_4}-15\begin{vmatrix}1&1&1&1&1\\0&1&2&3&-1\\0&0&-5&-5&0\\0&0&0&-5&0\\0&0&5&10&-5\end{vmatrix}$$

$$\xlongequal{r_5+r_3}-15\begin{vmatrix}1&1&1&1&1\\0&1&2&3&-1\\0&0&-5&-5&0\\0&0&0&-5&0\\0&0&0&5&-5\end{vmatrix}\xlongequal{r_5+r_4}-15\begin{vmatrix}1&1&1&1&1\\0&1&2&3&-1\\0&0&-5&-5&0\\0&0&0&-5&0\\0&0&0&0&-5\end{vmatrix}=1875.$$

方法 2

$$D\xlongequal[i=2,3,4,5]{r_i-r_{i-1}}\begin{vmatrix}1&2&3&4&5\\1&1&1&1&-4\\1&1&1&-4&1\\1&1&-4&1&1\\1&-4&1&1&1\end{vmatrix}\xlongequal[i=2,3,4,5]{c_1+c_i}\begin{vmatrix}15&2&3&4&5\\0&1&1&1&-4\\0&1&1&-4&1\\0&1&-4&1&1\\0&-4&1&1&1\end{vmatrix}$$

$$\xlongequal{\text{按第 1 列展开}}15\begin{vmatrix}1&1&1&-4\\1&1&-4&1\\1&-4&1&1\\-4&1&1&1\end{vmatrix}\xlongequal[i=2,3,4]{c_1+c_i}15\begin{vmatrix}-1&1&1&-4\\-1&1&-4&1\\-1&-4&1&1\\-1&1&1&1\end{vmatrix}$$

$$\xlongequal[i=2,3,4]{c_i+c_1}15\begin{vmatrix}-1&0&0&-5\\-1&0&-5&0\\-1&-5&0&0\\-1&0&0&0\end{vmatrix}\xlongequal{\text{按最后一行展开}}15\begin{vmatrix}0&0&-5\\0&-5&0\\-5&0&0\end{vmatrix}=1875.$$

读者思考: 本题是由数字 $1,2,\cdots,5$ 构成的 5 阶矩阵的情形, 如果将它推广成一个由 $1,2,\cdots,n$ 构成的 n 阶矩阵, 又该如何计算? (见 §1.3 “问题思考” 第 8 题.)

(2)

$$D \xlongequal{r_i-r_1} \begin{vmatrix} a^2 & b^2 & c^2 & d^2 \\ 2a+1 & 2b+1 & 2c+1 & 2d+1 \\ 4a+4 & 4b+4 & 4c+4 & 4d+4 \\ 6a+9 & 6b+9 & 6c+9 & 6d+9 \end{vmatrix}$$

$$\xlongequal[r_4-3r_2]{r_3-2r_2} \begin{vmatrix} a^2 & b^2 & c^2 & d^2 \\ 2a+1 & 2b+1 & 2c+1 & 2d+1 \\ 2 & 2 & 2 & 2 \\ 6 & 6 & 6 & 6 \end{vmatrix} = 0.$$

1.22 计算 n 阶行列式

$$(1)\ D_n = \begin{vmatrix} 2a & a^2 & & \\ 1 & 2a & \ddots & \\ & \ddots & \ddots & a^2 \\ & & 1 & 2a \end{vmatrix}; \qquad (2)\ D_n = \begin{vmatrix} a+x_1 & a+x_2 & \cdots & a+x_n \\ a+x_1^2 & a+x_2^2 & \cdots & a+x_n^2 \\ \vdots & \vdots & & \vdots \\ a+x_1^n & a+x_2^n & \cdots & a+x_n^n \end{vmatrix};$$

解 (1) **方法 1** (数学归纳法)

$$D_1 = 2a, \quad D_2 = \begin{vmatrix} 2a & a^2 \\ 1 & 2a \end{vmatrix} = 3a^2, \quad D_3 = \begin{vmatrix} 2a & a^2 & 0 \\ 1 & 2a & a^2 \\ 0 & 1 & 2a \end{vmatrix} = 4a^3.$$

猜测 $D_n = (n+1)a^n$. 下面用数学归纳法证明.

当 $n=1, n=2$ 时结论已经成立. 假设结论对一切 $n \leqslant k (k \geqslant 2)$ 成立, 下面证明 $n=k+1$ 的情形.

将 D_{k+1} 依第 1 行展开得递推公式

$$D_{k+1} = 2aD_k - a^2 D_{k-1}.$$

将归纳假设代入上式得

$$D_{k+1} = 2a(k+1)a^k - a^2 k a^{k-1} = (k+2)a^{k+1}.$$

即当 $n=k+1$ 时结论也成立, 故对一切正整数 n, 都有 $D_n = (n+1)a^n$ 成立.

方法 2 (递推法) 将 D_n 依第 1 行展开得递推公式

$$D_n = 2aD_{n-1} - a^2 D_{n-2}.$$

简单计算可得 $D_1 = 2a, D_2 = 3a^2$, 故

$$D_n - aD_{n-1} = a(D_{n-1} - aD_{n-2}) = a^2(D_{n-2} - aD_{n-3}) = \cdots = a^{n-2}(D_2 - aD_1) = a^n.$$

于是

$$D_n = aD_{n-1} + a^n = a(aD_{n-2} + a^{n-1}) + a^n = a^2 D_{n-2} + 2a^n$$
$$= \cdots = a^{n-1}D_1 + (n-1)a^n = (n+1)a^n.$$

(2) 下面采用加边法, 并利用范德蒙德行列式的结果.

$$D_n = \begin{vmatrix} 1 & a & a & \cdots & a \\ 0 & a+x_1 & a+x_2 & \cdots & a+x_n \\ 0 & a+x_1^2 & a+x_2^2 & \cdots & a+x_n^2 \\ \vdots & \vdots & \vdots & & \vdots \\ 0 & a+x_1^n & a+x_2^n & \cdots & a+x_n^n \end{vmatrix}$$

$$\xlongequal[i=2,3,\cdots,n+1]{r_i - r_1} \begin{vmatrix} 1 & a & a & \cdots & a \\ -1 & x_1 & x_2 & \cdots & x_n \\ -1 & x_1^2 & x_2^2 & \cdots & x_n^2 \\ \vdots & \vdots & \vdots & & \vdots \\ -1 & x_1^n & x_2^n & \cdots & x_n^n \end{vmatrix}$$

$$= \begin{vmatrix} a+1 & a & a & \cdots & a \\ 0 & x_1 & x_2 & \cdots & x_n \\ 0 & x_1^2 & x_2^2 & \cdots & x_n^2 \\ \vdots & \vdots & \vdots & & \vdots \\ 0 & x_1^n & x_2^n & \cdots & x_n^n \end{vmatrix} + \begin{vmatrix} -a & a & a & \cdots & a \\ -1 & x_1 & x_2 & \cdots & x_n \\ -1 & x_1^2 & x_2^2 & \cdots & x_n^2 \\ \vdots & \vdots & \vdots & & \vdots \\ -1 & x_1^n & x_2^n & \cdots & x_n^n \end{vmatrix}$$

$$= (a+1)\prod_{i=1}^{n} x_i \begin{vmatrix} 1 & 1 & \cdots & 1 \\ x_1 & x_2 & \cdots & x_n \\ \vdots & \vdots & & \vdots \\ x_1^{n-1} & x_2^{n-1} & \cdots & x_n^{n-1} \end{vmatrix} - a \begin{vmatrix} 1 & 1 & 1 & \cdots & 1 \\ 1 & x_1 & x_2 & \cdots & x_n \\ 1 & x_1^2 & x_2^2 & \cdots & x_n^2 \\ \vdots & \vdots & \vdots & & \vdots \\ 1 & x_1^n & x_2^n & \cdots & x_n^n \end{vmatrix}$$

$$= (a+1)\prod_{i=1}^{n} x_i \prod_{1\leqslant s<t\leqslant n}(x_t - x_s) - a\prod_{1\leqslant s<t\leqslant n}(x_t - x_s)\prod_{i=1}^{n}(x_i - 1)$$

$$= \prod_{1\leqslant s<t\leqslant n}(x_t - x_s)\left[(a+1)\prod_{i=1}^{n} x_i - a\prod_{i=1}^{n}(x_i - 1)\right].$$

1.23 设

$$D = \begin{vmatrix} a_{11} & a_{12} & \cdots & a_{1n} \\ a_{21} & a_{22} & \cdots & a_{2n} \\ \vdots & \vdots & & \vdots \\ a_{n1} & a_{n2} & \cdots & a_{nn} \end{vmatrix},$$

A_{ij} 表示 a_{ij} 的代数余子式, 证明:

$$\begin{vmatrix} a_{11}+x & a_{12}+x & \cdots & a_{1n}+x \\ a_{21}+x & a_{22}+x & \cdots & a_{2n}+x \\ \vdots & \vdots & & \vdots \\ a_{n1}+x & a_{n2}+x & \cdots & a_{nn}+x \end{vmatrix} = D + x\sum_{i=1}^{n}\sum_{j=1}^{n} A_{ij}.$$

证法 1 加边法.

$$\begin{vmatrix} a_{11}+x & a_{12}+x & \cdots & a_{1n}+x \\ a_{21}+x & a_{22}+x & \cdots & a_{2n}+x \\ \vdots & \vdots & & \vdots \\ a_{n1}+x & a_{n2}+x & \cdots & a_{nn}+x \end{vmatrix}$$

$$= \begin{vmatrix} 1 & x & x & \cdots & x \\ 0 & a_{11}+x & a_{12}+x & \cdots & a_{1n}+x \\ 0 & a_{21}+x & a_{22}+x & \cdots & a_{2n}+x \\ \vdots & \vdots & \vdots & & \vdots \\ 0 & a_{n1}+x & a_{n2}+x & \cdots & a_{nn}+x \end{vmatrix}$$

$$\xlongequal[j=2,3,\cdots,n+1]{r_j - r_1} \begin{vmatrix} 1 & x & x & \cdots & x \\ -1 & a_{11} & a_{12} & \cdots & a_{1n} \\ -1 & a_{21} & a_{22} & \cdots & a_{2n} \\ \vdots & \vdots & \vdots & & \vdots \\ -1 & a_{n1} & a_{n2} & \cdots & a_{nn} \end{vmatrix}$$

$$\xlongequal{\text{按第 1 行展开}} D - x\begin{vmatrix} -1 & a_{12} & a_{13} & \cdots & a_{1n} \\ -1 & a_{22} & a_{23} & \cdots & a_{2n} \\ \vdots & \vdots & \vdots & & \vdots \\ -1 & a_{n2} & a_{n3} & \cdots & a_{nn} \end{vmatrix} + x\begin{vmatrix} -1 & a_{11} & a_{13} & \cdots & a_{1n} \\ -1 & a_{21} & a_{23} & \cdots & a_{2n} \\ \vdots & \vdots & \vdots & & \vdots \\ -1 & a_{n1} & a_{n3} & \cdots & a_{nn} \end{vmatrix}$$

$$+ \cdots + (-1)^{2+n} x\begin{vmatrix} -1 & a_{11} & a_{12} & \cdots & a_{1,n-1} \\ -1 & a_{21} & a_{22} & \cdots & a_{2,n-1} \\ \vdots & \vdots & \vdots & & \vdots \\ -1 & a_{n1} & a_{n2} & \cdots & a_{n,n-1} \end{vmatrix}$$

$$\xlongequal[\text{都按第 1 列展开}]{\text{各行列式}} D + x\sum_{i=1}^{n} A_{i1} + x\sum_{i=1}^{n} A_{i2} + \cdots + x\sum_{i=1}^{n} A_{in}$$

$$= D + x\sum_{i=1}^{n}\sum_{j=1}^{n} A_{ij}.$$

以上从倒数第 3 步至倒数第 2 步的行列式按第 1 列展开过程如下:

$$
\begin{aligned}
&-x\begin{vmatrix} -1 & a_{12} & a_{13} & \cdots & a_{1n} \\ -1 & a_{22} & a_{23} & \cdots & a_{2n} \\ \vdots & \vdots & \vdots & & \vdots \\ -1 & a_{n2} & a_{n3} & \cdots & a_{nn} \end{vmatrix} \\
&= x\cdot(-1)^{1+1}\begin{vmatrix} a_{22} & a_{23} & \cdots & a_{2n} \\ a_{32} & a_{33} & \cdots & a_{3n} \\ \vdots & \vdots & & \vdots \\ a_{n2} & a_{n3} & \cdots & a_{nn} \end{vmatrix} + x\cdot(-1)^{2+1}\begin{vmatrix} a_{12} & a_{13} & \cdots & a_{1n} \\ a_{32} & a_{33} & \cdots & a_{3n} \\ \vdots & \vdots & & \vdots \\ a_{n2} & a_{n3} & \cdots & a_{nn} \end{vmatrix} \\
&\quad + \cdots + x\cdot(-1)^{n+1}\begin{vmatrix} a_{12} & a_{13} & \cdots & a_{1n} \\ a_{22} & a_{23} & \cdots & a_{2n} \\ \vdots & \vdots & & \vdots \\ a_{n-1,2} & a_{n-1,3} & \cdots & a_{n-1,n} \end{vmatrix} \\
&= xA_{11} + xA_{21} + \cdots + xA_{n1};
\end{aligned}
$$

$$
\begin{aligned}
&x\begin{vmatrix} -1 & a_{11} & a_{13} & \cdots & a_{1n} \\ -1 & a_{21} & a_{23} & \cdots & a_{2n} \\ \vdots & \vdots & \vdots & & \vdots \\ -1 & a_{n1} & a_{n3} & \cdots & a_{nn} \end{vmatrix} \\
&= -x\cdot(-1)^{1+1}\begin{vmatrix} a_{21} & a_{23} & \cdots & a_{2n} \\ a_{31} & a_{33} & \cdots & a_{3n} \\ \vdots & \vdots & & \vdots \\ a_{n1} & a_{n3} & \cdots & a_{nn} \end{vmatrix} - x\cdot(-1)^{2+1}\begin{vmatrix} a_{11} & a_{13} & \cdots & a_{1n} \\ a_{31} & a_{33} & \cdots & a_{3n} \\ \vdots & \vdots & & \vdots \\ a_{n1} & a_{n3} & \cdots & a_{nn} \end{vmatrix} \\
&\quad - \cdots - x\cdot(-1)^{n+1}\begin{vmatrix} a_{11} & a_{13} & \cdots & a_{1n} \\ a_{21} & a_{23} & \cdots & a_{2n} \\ \vdots & \vdots & & \vdots \\ a_{n-1,1} & a_{n-2,3} & \cdots & a_{n-3,n} \end{vmatrix} \\
&= xA_{12} + xA_{22} + \cdots + xA_{n2};
\end{aligned}
$$

$$
\begin{aligned}
&(-1)^{2+n}x\begin{vmatrix} -1 & a_{11} & a_{12} & \cdots & a_{1,n-1} \\ -1 & a_{21} & a_{22} & \cdots & a_{2,n-1} \\ \vdots & \vdots & \vdots & & \vdots \\ -1 & a_{n1} & a_{n2} & \cdots & a_{n,n-1} \end{vmatrix} \\
&= (-1)^{3+n}x\cdot(-1)^{1+1}\begin{vmatrix} a_{21} & a_{22} & \cdots & a_{2,n-1} \\ a_{31} & a_{32} & \cdots & a_{3,n-1} \\ \vdots & \vdots & & \vdots \\ a_{n1} & a_{n2} & \cdots & a_{n,n-1} \end{vmatrix}
\end{aligned}
$$

$$+(-1)^{3+n}x\cdot(-1)^{2+1}\begin{vmatrix} a_{11} & a_{12} & \cdots & a_{1,n-1} \\ a_{31} & a_{32} & \cdots & a_{3,n-1} \\ \vdots & \vdots & & \vdots \\ a_{n1} & a_{n2} & \cdots & a_{n,n-1} \end{vmatrix}$$

$$+\cdots+(-1)^{3+n}x\cdot(-1)^{n+1}\begin{vmatrix} a_{11} & a_{12} & \cdots & a_{1,n-1} \\ a_{21} & a_{22} & \cdots & a_{2,n-1} \\ \vdots & \vdots & & \vdots \\ a_{n-1,1} & a_{n-1,2} & \cdots & a_{n-1,n-1} \end{vmatrix}$$

$$= xA_{1n} + xA_{2n} + \cdots + xA_{nn}.$$

证法 2 分离法.

$$\begin{vmatrix} a_{11}+x & a_{12}+x & \cdots & a_{1n}+x \\ a_{21}+x & a_{22}+x & \cdots & a_{2n}+x \\ \vdots & \vdots & & \vdots \\ a_{n1}+x & a_{n2}+x & \cdots & a_{nn}+x \end{vmatrix} = \begin{vmatrix} a_{11} & a_{12} & \cdots & a_{1n} \\ a_{21} & a_{22} & \cdots & a_{2n} \\ \vdots & \vdots & & \vdots \\ a_{n1} & a_{n2} & \cdots & a_{nn} \end{vmatrix} + \begin{vmatrix} x & a_{12} & \cdots & a_{1n} \\ x & a_{22} & \cdots & a_{2n} \\ \vdots & \vdots & & \vdots \\ x & a_{n2} & \cdots & a_{nn} \end{vmatrix}$$

$$+\cdots+\begin{vmatrix} a_{11} & a_{12} & \cdots & a_{1,n-1} & x \\ a_{21} & a_{22} & \cdots & a_{2,n-1} & x \\ \vdots & \vdots & & \vdots & \vdots \\ a_{n1} & a_{n2} & \cdots & a_{n,n-1} & x \end{vmatrix}$$

$$= D + x\sum_{i=1}^{n}\sum_{j=1}^{n}A_{ij}.$$

1.24 设多项式 $f(x) = a_0 + a_1x + a_2x^2 + \cdots + a_nx^n$ 有 $n+1$ 个不同的实数根, 证明: $f(x)$ 是零多项式, 即 $f(x) = 0$.

证明 设 $m_0, m_1, \cdots, m_n$ 多项式 $f(x)$ 的互不相同的 $n+1$ 个实数根, 则

$$\begin{cases} a_0 + m_0a_1 + m_0^2a_2 + \cdots + m_0^na_n = 0, \\ a_0 + m_1a_1 + m_1^2a_2 + \cdots + m_1^na_n = 0, \\ \cdots\cdots\cdots\cdots\cdots\cdots\cdots\cdots\cdots\cdots \\ a_0 + m_na_1 + m_n^2a_2 + \cdots + m_n^na_n = 0 \end{cases}$$

是关于未知量 $a_0, a_1, \cdots, a_n$ 的齐次方程组. 由于 $m_0, m_1, \cdots, m_n$ 互不相同, 其系数行列式

$$\begin{vmatrix} 1 & m_0 & m_0^2 & \cdots & m_0^n \\ 1 & m_1 & m_1^2 & \cdots & m_1^n \\ 1 & m_2 & m_2^2 & \cdots & m_2^n \\ \vdots & \vdots & \vdots & & \vdots \\ 1 & m_n & m_n^2 & \cdots & m_n^n \end{vmatrix} = \prod_{0\leqslant j<i\leqslant n}(m_i - m_j) \neq 0.$$

所以, 上述齐次方程组只有零解, 故 $f(x)=0$.

1.25　计算 n 阶行列式

$$D_n=\begin{vmatrix} a & b & b & \cdots & b \\ c & a & b & \cdots & b \\ c & c & a & \cdots & b \\ \vdots & \vdots & \vdots & & \vdots \\ c & c & c & \cdots & a \end{vmatrix}.$$

解　当 $b=c$ 时, 由例 1.14 得 $D_n=[a+(n-1)b](a-b)^{n-1}$. 下面考虑当 $b\neq c$ 时的情形.

方法 1 (综合运用分离法与递推法)

$$\begin{aligned} D_n &= \begin{vmatrix} a-b & 0 & 0 & \cdots & 0 \\ c & a & b & \cdots & b \\ c & c & a & \cdots & b \\ \vdots & \vdots & \vdots & & \vdots \\ c & c & c & \cdots & a \end{vmatrix} + \begin{vmatrix} b & b & b & \cdots & b \\ c & a & b & \cdots & b \\ c & c & a & \cdots & b \\ \vdots & \vdots & \vdots & & \vdots \\ c & c & c & \cdots & a \end{vmatrix} \\ &= (a-b)D_{n-1}+b\begin{vmatrix} 1 & 1 & 1 & \cdots & 1 \\ 0 & a-c & b-c & \cdots & b-c \\ 0 & 0 & a-c & \cdots & b-c \\ \vdots & \vdots & \vdots & & \vdots \\ 0 & 0 & 0 & \cdots & a-c \end{vmatrix} \\ &= (a-b)D_{n-1}+b(a-c)^{n-1}. \end{aligned}$$

注意到行列与它的转置行列式相等, 相当在原行列式中只是 b,c 互换, 其值不变, 因此,

$$D_n=(a-c)D_{n-1}+c(a-b)^{n-1}.$$

解联立方程组

$$\begin{cases} D_n-(a-b)D_{n-1}=b(a-c)^{n-1}, \\ D_n-(a-c)D_{n-1}=c(a-b)^{n-1} \end{cases}$$

得

$$D_n=\frac{b(a-c)^n-c(a-b)^n}{b-c}.$$

方法 2　数学归纳法. 经过简单的计算得到

$$D_1=\frac{b(a-c)-c(a-b)}{b-c},\quad D_2=\frac{b(a-c)^2-c(a-b)^2}{b-c},\quad D_3=\frac{b(a-c)^3-c(a-b)^3}{b-c}.$$

猜测

$$D_n=\frac{b(a-c)^n-c(a-b)^n}{b-c}.$$

下面用数学归纳法证明.

当 $n=1$ 时结论已成立. 假设结论对 $n=k(k\geqslant 1)$ 成立, 则当 $n=k+1$ 时, 由方法 1 得到递推公式

$$D_{k+1}=(a-c)D_k+c(a-b)^k.$$

将归纳假设代入上式得

$$D_{k+1}=(a-c)\frac{b(a-c)^k-c(a-b)^k}{b-c}+c(a-b)^k=\frac{b(a-c)^{k+1}-c(a-b)^{k+1}}{b-c}.$$

故当 $n=k+1$ 时结论也成立. 由数学归纳法原理可知, 结论对一切正整数 n 都成立.

第二章　矩　　阵

§2.1　知 识 概 要

1. 矩阵的运算: 加法、数乘、乘法与乘方、转置、分块.

2. 方阵的行列式、伴随矩阵、逆矩阵.

3. 初等变换与初等矩阵、分块初等变换与分块初等矩阵.

4. 矩阵的秩: 定义、计算和性质.

§2.2　学 习 指 导

1. 本章重点: 矩阵的运算, 逆矩阵, 初等变换及应用. 难点: (分块) 初等矩阵与 (分块) 初等变换, 矩阵秩的性质及应用.

2. 在教材 §2.1 的 2.1.2 小节中分别列出了矩阵线性运算的 "八条运算律", 它们分别是: (1) 加法的交换律; (2) 加法的结合律; (3) 右零元律 (左零元律也成立); (4) 右负元律 (左负元律也成立); (5)1 乘矩阵律; (6) 数乘矩阵的结合律; (7) 矩阵对数加法的分配律; (8) 数对矩阵加法的分配律. 其中前面 4 条是关于矩阵加法的运算律, 后面 4 条是关于数乘矩阵的运算律.

3. 在教材 §2.1 的 2.1.3 小节末尾列出了六条初学者应记住的 "特殊矩阵相乘的结果". 读者应逐条举例验证, 加深理解, 并概括成中文的表达方式, 加强记忆. 比如, 第 (3) 条概括成: 行向量乘矩阵等于行向量, 第 (4) 条概括成: 矩阵乘列向量等于列向量, 等等 (其他各条由读者自己概括).

现在考虑第 (5) 条的一种特例: 如果令 $\mathbf{1} = (1, 1, \cdots, 1)^{\mathrm{T}}$ 表示各元素都是 1 的 n 维列向量, $\boldsymbol{A} = (a_{ij})_{n\times n}$, 则

$$\mathbf{1}^{\mathrm{T}}\boldsymbol{A}\mathbf{1} = \sum_{i=1}^{n}\sum_{j=1}^{n} a_{ij},$$

刚好等于矩阵 $\boldsymbol{A}$ 的各元素之和.

第 (6) 条概括成: 两个同阶上 (下) 三角矩阵之积仍为上 (下) 三角矩阵, 且主对角元等于原来的两个三角矩阵的主对角元素之积 (直接用矩阵乘法规则就能得到, 也可以用数学归纳法证明, 请读者试试). 这个结论的特例: 把 "上 (下) 三角矩阵" 改成 "对角矩阵" 仍然成立. 这个结论可以推广为:

设 $\boldsymbol{A}$ 是 n 阶上 (下) 三角矩阵, 其主对角元分别是 $a_1, a_2, \cdots, a_n$, $f(x)$ 是 x 的多项式, 则 $f(\boldsymbol{A})$ 也是上 (下) 三角矩阵, 其主对角元分别是 $f(a_1), f(a_2), \cdots, f(a_n)$ (习题第 2.3(2) 题), 这

个性质对分块上三角矩阵也成立. 设 $\boldsymbol{A}$ 是分块上三角的方阵,

$$\boldsymbol{A}=\begin{pmatrix}\boldsymbol{A}_1 & \boldsymbol{A}_{12} & \cdots & \boldsymbol{A}_{1s}\\ & \boldsymbol{A}_2 & \cdots & \boldsymbol{A}_{2s}\\ & & \ddots & \vdots\\ & & & \boldsymbol{A}_s\end{pmatrix},$$

其中 $\boldsymbol{A}_1,\boldsymbol{A}_2,\cdots,\boldsymbol{A}_s$ 都是方阵, 则 (只要以下运算有意义)

$$f(\boldsymbol{A})=\begin{pmatrix}f(\boldsymbol{A}_1) & \boldsymbol{B}_{12} & \cdots & \boldsymbol{B}_{1s}\\ & f(\boldsymbol{A}_2) & \cdots & \boldsymbol{B}_{2s}\\ & & \ddots & \vdots\\ & & & f(\boldsymbol{A}_s)\end{pmatrix}.$$

4. 教材定理 2.1 说明, 矩阵 $\boldsymbol{A}$ 的各行、各列以及各元素都可以用 $\boldsymbol{A}$ 和单位行 (或列) 向量来表示, $\boldsymbol{A}$ 本身也是基本矩阵的线性组合. 这些结果在解决某些特殊矩阵运算中将带来诸多便利, 请读者务必注意 (如教材例 2.13, 例 2.14, 习题第 2.13、2.14 题, 例 2.33, 等等). 另外, n 阶基本矩阵还有如下性质 (教材习题第 2.18(2) 题):

$$\boldsymbol{E}_{ks}\boldsymbol{E}_{ij}=\delta_{si}\boldsymbol{E}_{kj}=\begin{cases}\boldsymbol{E}_{kj}, & \text{当 } s=i \text{ 时},\\ \boldsymbol{O}, & \text{当 } s\neq i \text{ 时},\end{cases}\quad \boldsymbol{E}_{ij}^2=\delta_{ij}\boldsymbol{E}_{ij}=\begin{cases}\boldsymbol{E}_{ij}, & \text{当 } i=j \text{ 时},\\ \boldsymbol{O}, & \text{当 } i\neq j \text{ 时},\end{cases}\tag{2.1}$$

其中 δ_{ij} 表示克罗内克符号.

5. 将 n 阶基本矩阵的性质 (2.1) 式用于解例 2.14.

例 2.14 解法 2 显然 $\boldsymbol{A}=\boldsymbol{E}_{12}+\boldsymbol{E}_{23}+\boldsymbol{E}_{34}$, 于是

$$\begin{aligned}\boldsymbol{A}^2&=(\boldsymbol{E}_{12}+\boldsymbol{E}_{23}+\boldsymbol{E}_{34})^2\\&=\boldsymbol{E}_{12}^2+\boldsymbol{E}_{23}^2+\boldsymbol{E}_{34}^2+\boldsymbol{E}_{12}\boldsymbol{E}_{23}+\boldsymbol{E}_{12}\boldsymbol{E}_{34}+\boldsymbol{E}_{23}\boldsymbol{E}_{12}+\boldsymbol{E}_{23}\boldsymbol{E}_{34}+\boldsymbol{E}_{34}\boldsymbol{E}_{12}+\boldsymbol{E}_{34}\boldsymbol{E}_{23}\\&=\boldsymbol{O}+\boldsymbol{O}+\boldsymbol{O}+\boldsymbol{E}_{13}+\boldsymbol{O}+\boldsymbol{O}+\boldsymbol{E}_{24}+\boldsymbol{O}+\boldsymbol{O}\\&=\boldsymbol{E}_{13}+\boldsymbol{E}_{24},\\ \boldsymbol{A}^3&=(\boldsymbol{E}_{13}+\boldsymbol{E}_{24})(\boldsymbol{E}_{12}+\boldsymbol{E}_{23}+\boldsymbol{E}_{34})\\&=\boldsymbol{E}_{13}\boldsymbol{E}_{12}+\boldsymbol{E}_{13}\boldsymbol{E}_{23}+\boldsymbol{E}_{13}\boldsymbol{E}_{34}+\boldsymbol{E}_{24}\boldsymbol{E}_{12}+\boldsymbol{E}_{24}\boldsymbol{E}_{23}+\boldsymbol{E}_{24}\boldsymbol{E}_{34}\\&=\boldsymbol{O}+\boldsymbol{O}+\boldsymbol{E}_{14}+\boldsymbol{O}+\boldsymbol{O}+\boldsymbol{O}\\&=\boldsymbol{E}_{14}.\end{aligned}$$

最后一步求 $\boldsymbol{A}^4$, 请读者自己完成. 用此性质改写教材例 2.32 的证明也有更简洁的写法.

6. 在教材习题第 2.16 题中引入了 n 阶排列矩阵 $\boldsymbol{P}_n=(\boldsymbol{e}_n,\boldsymbol{e}_{n-1},\cdots,\boldsymbol{e}_1)$, 可以得到:

(1) n 阶排列矩阵既是对称矩阵又是正交矩阵;

(2) 以 n 阶排列矩阵 $\boldsymbol{P}_n$ 左 (右) 乘 n 阶矩阵 $\boldsymbol{A}$, 相当于将矩阵 $\boldsymbol{A}$ 的第 1 行 (列) 与最后一行 (列) 交换, 第 2 行 (列) 与倒数第 2 行 (列) 交换, 第 3 行 (列) 与倒数第 3 行 (列) 交换, $\cdots$.

进一步研究, 还可以得到:

(3) $\boldsymbol{P}_n^k=\boldsymbol{I}_n$($k$ 为大于等于 0 的偶数), $\boldsymbol{P}_n^k=\boldsymbol{P}_n$($k$ 为大于等于 1 的奇数);

(4) $|\boldsymbol{P}_n|=(-1)^{n(n-1)/2}$, $\boldsymbol{P}_n^{-1}=\boldsymbol{P}_n$.

如果用 n 阶排列矩阵处理例 1.17 将会很方便. 事实上, 将 D_n 看成矩阵 $\boldsymbol{A}_n$ 的行列式, 即 $D_n=|\boldsymbol{A}_n|$, 则 $|\boldsymbol{P}_n\boldsymbol{A}_n|$ 正好是 n 阶范德蒙德行列式 (例 1.16), 故

$$D_n=|\boldsymbol{P}_n^2\boldsymbol{A}_n|=|\boldsymbol{P}_n|\cdot|\boldsymbol{P}_n\boldsymbol{A}_n|=(-1)^{n(n-1)/2}\prod_{1\leqslant j<i\leqslant n}(x_i-x_j).$$

对习题第 1.11(4) 题也可用此方法解决, 请读者自己完成.

7. 教材 §2.4 "初等变换与初等矩阵" 这一节相当重要, 理由有二: 第一, 初等变换是研究矩阵的重要工具, 贯穿高等代数始终; 第二, 任一可逆矩阵都可以表示成若干个初等矩阵的乘积, 因此, 一个矩阵乘以某个可逆矩阵, 就相当于施行了若干次初等变换. 值得特别关注的是矩阵的等价标准形分解 (定理 2.6、定理 2.7、推论 2.5) 是矩阵的重要分解方法之一, 在教材 §2.5 "矩阵的秩" 这节将看到它在处理矩阵秩的问题中有重要的应用价值.

8. 可逆上 (下) 三角矩阵的逆矩阵仍为上 (下) 三角矩阵 (这个性质对分块上 (下) 三角矩阵角成立, 请注意其逆矩阵的主对角元); 可逆 (反) 对称矩阵的逆矩阵仍为 (反) 对称矩阵. 奇数阶反对称矩阵行列式为零, 因而不可逆. 请读者自己证明 (提示: 第 1 问对下三角矩阵情形利用 $(\boldsymbol{A},\boldsymbol{I})\xrightarrow{r}(\boldsymbol{I},\boldsymbol{A})$ 得到; 第 2 问由逆矩阵的性质 $(\boldsymbol{A}^{-1})^{\mathrm{T}}=(\boldsymbol{A}^{\mathrm{T}})^{-1}$ 得到; 第 3 问利用教材 §2.3 中 2.3.1 小节方阵的行列式的性质得到). 设 $\boldsymbol{A}$ 是 n 阶正交矩阵, 则 $\boldsymbol{A}^{-1}=\boldsymbol{A}^{\mathrm{T}}$.

9. 教材 §2.3 的 2.5.2 小节总结了 n 阶矩阵可逆的等价刻画 (5 条). 读者在学完第三章、第六章和第七章后, 还可以总结出更多的关于 "矩阵可逆" 的等价说法, 请多加留意.

10. 从教材例 2.29、例 2.30 开始, 读者要逐渐学会运用分块初等矩阵或分块初等变换变换处理矩阵的相关问题, 这一点非常重要. 下面将例 2.29 的证明用另外一种方式写出来.

证明 由于

$$\begin{pmatrix}\boldsymbol{A} & \boldsymbol{O}\\ -\boldsymbol{I}_n & \boldsymbol{B}\end{pmatrix}\xrightarrow{r_1+\boldsymbol{A}r_2}\begin{pmatrix}\boldsymbol{O} & \boldsymbol{AB}\\ -\boldsymbol{I}_n & \boldsymbol{B}\end{pmatrix},$$

方阵的第三种分块初等变换不改变矩阵的行列式值, 故

$$\begin{vmatrix}\boldsymbol{A} & \boldsymbol{O}\\ -\boldsymbol{I}_n & \boldsymbol{B}\end{vmatrix}=\begin{vmatrix}\boldsymbol{O} & \boldsymbol{AB}\\ -\boldsymbol{I}_n & \boldsymbol{B}\end{vmatrix}=(-1)^n\begin{vmatrix}-\boldsymbol{I}_n & \boldsymbol{B}\\ \boldsymbol{O} & \boldsymbol{AB}\end{vmatrix}.$$

从而得到

$$|\boldsymbol{A}||\boldsymbol{B}|=(-1)^n|-\boldsymbol{I}_n||\boldsymbol{AB}|=(-1)^{2n}|\boldsymbol{AB}|.$$

其中后一个分块行列式也可以由习题第 1.17 题的结论得到

$$\begin{vmatrix}\boldsymbol{O} & \boldsymbol{AB}\\ -\boldsymbol{I}_n & \boldsymbol{B}\end{vmatrix}=(-1)^{n^2}|-\boldsymbol{I}_n||\boldsymbol{AB}|=(-1)^{n^2+n}|\boldsymbol{AB}|=|\boldsymbol{AB}|.$$

11. 与教材第一版相比, 对 §2.5 中的 2.5.3 小节 "矩阵秩的性质" 做了适当调整, 并增加了性质 3 (即教材第一版的例 2.35). 这里要特别强调 "分块初等变换不改变分块矩阵的秩", 这个结论在处理矩阵秩的问题中有重要的应用.

比如, 性质 6: 设 $\boldsymbol{A},\boldsymbol{B}$ 都是 $m\times n$ 矩阵, 则 $\mathrm{R}(\boldsymbol{A}\pm\boldsymbol{B})\leqslant\mathrm{R}(\boldsymbol{A})+\mathrm{R}(\boldsymbol{B})$. 下面给出更简洁的证法.

证明

$$\mathrm{R}(\boldsymbol{A}\pm\boldsymbol{B})\leqslant\mathrm{R}(\boldsymbol{A}\pm\boldsymbol{B},\boldsymbol{B})=\mathrm{R}(\boldsymbol{A},\boldsymbol{B})\leqslant\mathrm{R}(\boldsymbol{A})+\mathrm{R}(\boldsymbol{B}).$$

其中, 等号 "=" 这步就是利用矩阵的分块初等列变换: 将第一列减去 (或加上) 第二列, 最后一个不等号是由性质 4 得到的.

"矩阵的秩" 是本章的难点之一, 后面将设置 "专题讲座" 进行讨论.

12. 由教材 §2.1 的 2.1.3 小节我们知道, 两个 n 阶矩阵相乘一般不满足交换律. 如果 $\boldsymbol{A},\boldsymbol{B}$ 是两个 n 阶矩阵, 且 $\boldsymbol{AB}=\boldsymbol{BA}$, 则称 $\boldsymbol{A},\boldsymbol{B}$ 可交换. 例 2.6, 习题第 2.4 题、第 2.5 题, 例 2.32 都讨论了矩阵可交换的问题. 值得注意的是习题第 2.5 题: 与主对角元互不相同的对角矩阵可交换的矩阵只能是对角矩阵. 这个结论不能推广到分块对角矩阵的情形. 即是说, 设 $\boldsymbol{A}=\mathrm{diag}(\boldsymbol{A}_1,\boldsymbol{A}_2,\cdots,\boldsymbol{A}_s)$ 是分块对角矩阵, 其中 $\boldsymbol{A}_1,\boldsymbol{A}_2,\cdots,\boldsymbol{A}_s$ 分别是 $k_1,k_2,\cdots,k_s$ 阶矩阵, 且 $\boldsymbol{A}_i\neq\boldsymbol{A}_j\ (i\neq j)$, 则与 $\boldsymbol{A}$ 可交换的矩阵 $\boldsymbol{B}$ 未必是分块对角矩阵.

先说 "成立" 的情形, 比如例 2.6, $\boldsymbol{A}$ 是分块对角矩阵, $\boldsymbol{B}$ 与 $\boldsymbol{A}$ 可交换, $\boldsymbol{B}$ 也是分块对角矩阵. 再说 "不成立" 的情形, 设 $\boldsymbol{A}=\mathrm{diag}(\boldsymbol{E}_{12},\boldsymbol{E}_{12})$ 是分块对角矩阵, 其中 $\boldsymbol{E}_{12}$ 是二阶基本矩阵, 设

$$\boldsymbol{B}=\begin{pmatrix}\boldsymbol{O}&\boldsymbol{I}_2\\\boldsymbol{I}_2&\boldsymbol{O}\end{pmatrix},$$

$$\boldsymbol{AB}=\begin{pmatrix}\boldsymbol{O}&\boldsymbol{E}_{12}\\\boldsymbol{E}_{12}&\boldsymbol{O}\end{pmatrix}=\boldsymbol{BA},$$

可知 $\boldsymbol{B}$ 与 $\boldsymbol{A}$ 可交换, 但 $\boldsymbol{B}$ 不是分块对角矩阵.

但是, 对某种特殊的分块对角矩阵这个结论是成立的. 设

$$\boldsymbol{A}=\mathrm{diag}(a_1\boldsymbol{I}_{k_1},a_2\boldsymbol{I}_{k_2},\cdots,a_s\boldsymbol{I}_{k_s})$$

是分块对角矩阵, 其中 $\boldsymbol{I}_{k_1},\boldsymbol{I}_{k_2},\cdots,\boldsymbol{I}_{k_s}$ 分别是 $k_1,k_2,\cdots,k_s$ 阶单位矩阵, 当 $i\neq j$ 时, $a_i\neq a_j$. 则与 $\boldsymbol{A}$ 可交换的矩阵 $\boldsymbol{B}$ 是分块对角矩阵

$$\boldsymbol{B}=\mathrm{diag}(\boldsymbol{B}_1,\boldsymbol{B}_2,\cdots,\boldsymbol{B}_s),$$

其中 $\boldsymbol{B}_1,\boldsymbol{B}_2,\cdots,\boldsymbol{B}_s$ 分别是 $k_1,k_2,\cdots,k_s$ 阶矩阵 (对 s 用数学归纳法证明. 先证 $s=2$ 的情形, 假设结论对 $s(s\geqslant 2)$ 已成立, 再证结论对 $s+1$ 也成立).

13. 教材例 2.34 的结论称为 "**行列式的降阶定理**" (用结论 "第三种分块初等变换不改变行列式的值" 证得): 设 $\boldsymbol{A},\boldsymbol{D}$ 是两个非奇异矩阵, 则

$$\begin{vmatrix}\boldsymbol{A}&\boldsymbol{B}\\\boldsymbol{C}&\boldsymbol{D}\end{vmatrix}=|\boldsymbol{A}||\boldsymbol{D}-\boldsymbol{C}\boldsymbol{A}^{-1}\boldsymbol{B}|=|\boldsymbol{D}||\boldsymbol{A}-\boldsymbol{B}\boldsymbol{D}^{-1}\boldsymbol{C}|,\tag{2.2}$$

故

$$|\boldsymbol{A}-\boldsymbol{B}\boldsymbol{D}^{-1}\boldsymbol{C}|=\frac{|\boldsymbol{A}|}{|\boldsymbol{D}|}|\boldsymbol{D}-\boldsymbol{C}\boldsymbol{A}^{-1}\boldsymbol{B}|.\tag{2.3}$$

将其中减号改成加号结论也是成立的, 即

$$|\boldsymbol{A}+\boldsymbol{B}\boldsymbol{D}^{-1}\boldsymbol{C}|=\frac{|\boldsymbol{A}|}{|\boldsymbol{D}|}|\boldsymbol{D}+\boldsymbol{C}\boldsymbol{A}^{-1}\boldsymbol{B}|. \tag{2.4}$$

特别地, 在 (2.3) 或 (2.4) 式中, 分别取 $\boldsymbol{A}$, $\boldsymbol{D}$ 为单位矩阵, $\boldsymbol{B}$, $\boldsymbol{C}$ 分别是 $n\times m$ 和 $m\times n$ 矩阵, 则得到习题第 2.45 题的结论:

$$|\boldsymbol{I}_n\pm\boldsymbol{B}\boldsymbol{C}|=|\boldsymbol{I}_m\pm\boldsymbol{C}\boldsymbol{B}|. \tag{2.5}$$

如果取 $\boldsymbol{A}=\lambda\boldsymbol{I}_n$, $\boldsymbol{D}=\lambda\boldsymbol{I}_m$, $\lambda\neq 0$, $\boldsymbol{B}$, $\boldsymbol{C}$ 分别是 $n\times m$ 和 $m\times n$ 矩阵, 又得到教材习题第 2.46 题的结论:

$$|\lambda\boldsymbol{I}_n\pm\boldsymbol{B}\boldsymbol{C}|=\lambda^{n-m}|\lambda\boldsymbol{I}_m\pm\boldsymbol{C}\boldsymbol{B}|.$$

行列式降阶定理用于计算某些特殊行列式时会很方便. 比如, 教材习题第 1.12(3) 题, 令 $\boldsymbol{x}=(x_1,x_2,\cdots,x_n)^{\mathrm{T}}$, 由教材习题第 2.45 题结论 (2.5) 得

$$\begin{vmatrix} x_1^2+1 & x_1x_2 & \cdots & x_1x_n \\ x_2x_1 & x_2^2+1 & \cdots & x_2x_n \\ \vdots & \vdots & & \vdots \\ x_nx_1 & x_nx_2 & \cdots & x_n^2+1 \end{vmatrix}=\left|\boldsymbol{I}_n+\begin{pmatrix} x_1 \\ x_2 \\ \vdots \\ x_n \end{pmatrix}(x_1,x_2,\cdots,x_n)\right|$$

$$=1+\boldsymbol{x}^{\mathrm{T}}\boldsymbol{x}=1+\sum_{i=1}^{n}x_i^2.$$

又如, 设 $\boldsymbol{A}$ 是 n 阶可逆矩阵, $\boldsymbol{\alpha},\boldsymbol{\beta}$ 均为 n 维列向量, 由行列式的降阶定理可得

$$|\boldsymbol{A}+\boldsymbol{\alpha}\boldsymbol{\beta}^{\mathrm{T}}|=|\boldsymbol{A}|(1+\boldsymbol{\beta}^{\mathrm{T}}\boldsymbol{A}^{-1}\boldsymbol{\alpha}). \tag{2.6}$$

教材例 2.11 的矩阵 $\boldsymbol{H}$ 称为 n 阶**镜像矩阵** (见教材习题第 8.41 题), 由行列式的降阶定理得 $|\boldsymbol{H}|=-1$ (读者自己验证). 再看如下例题:

例 1 (全国考研数学一试题) 设 $\boldsymbol{\alpha}$ 是 n 维单位列向量 (即 $\boldsymbol{\alpha}^{\mathrm{T}}\boldsymbol{\alpha}=1$), 则 ( ).

(A) $\boldsymbol{I_n}-\boldsymbol{\alpha}\boldsymbol{\alpha}^{\mathrm{T}}$ 不可逆 (B) $\boldsymbol{I_n}+\boldsymbol{\alpha}\boldsymbol{\alpha}^{\mathrm{T}}$ 不可逆

(C) $\boldsymbol{I_n}+2\boldsymbol{\alpha}\boldsymbol{\alpha}^{\mathrm{T}}$ 不可逆 (D) $\boldsymbol{I_n}-2\boldsymbol{\alpha}\boldsymbol{\alpha}^{\mathrm{T}}$ 不可逆

解 由教材习题第 2.45 题结论, 即 (2.5) 式, 得到题中 4 个矩阵的行列式分别是 0, 2, 3, -1, 因而选 A.

类似地, 行列式降阶定理用于计算教材例 1.12、例 1.14、习题第 1.12(2) 题、习题第 2.43 题, 以及本章 "问题思考" 第 22 题中计算矩阵 $\boldsymbol{A}$ 的行列式的值等等, 都很方便, 请读者作为练习完成.

14. 如果 $\boldsymbol{A}$ 和 $\boldsymbol{B}$ 分别是 $n\times m$ 和 $m\times n$ 矩阵, 且 $m<n$, 则 $\boldsymbol{A}\boldsymbol{B}$ 是 n 阶降秩矩阵, 即 $\mathrm{R}(\boldsymbol{A}\boldsymbol{B})\leqslant m<n$, 因而 $|\boldsymbol{A}\boldsymbol{B}|=0$. 有时候将这个结论用于计算某些特殊的行列式, 也比较方便. 例如, 在第一章 §1.3 "问题思考" 的第 3 题, 计算

$$D_n=\begin{vmatrix} a_1+b_1 & a_1+b_2 & \cdots & a_1+b_n \\ a_2+b_1 & a_2+b_2 & \cdots & a_2+b_n \\ \vdots & \vdots & & \vdots \\ a_n+b_1 & a_n+b_2 & \cdots & a_n+b_n \end{vmatrix}\quad (n\geqslant 3).$$

把 D_n 看成两个矩阵乘积的行列式 (注意到 $n \geqslant 3, m = 2$) 可得

$$D_n = \left|\begin{pmatrix} a_1 & 1 \\ a_2 & 1 \\ \vdots & \vdots \\ a_n & 1 \end{pmatrix}\begin{pmatrix} 1 & 1 & \cdots & 1 \\ b_1 & b_2 & \cdots & b_n \end{pmatrix}\right| = 0.$$

请留意, 习题第 2.65 题是类似的.

15. 矩阵的分解是研究矩阵的重要方法之一, 比如矩阵的 "等价标准形分解", 即任一 $m \times n$ 矩阵都可以分解成可逆矩阵与等价标准形的乘积, 这个结论在处理矩阵的秩的问题时很方便. 由例 2.8 可以看到, 将某些特殊的矩阵分解成一些较简单的矩阵的代数和, 有时候也会带来诸多便利. 下面举几个例子加以说明.

例 2 设 $\boldsymbol{A} = \begin{pmatrix} a & b \\ b & a \end{pmatrix}$, n 是正整数, 计算 $\boldsymbol{A}^n$.

解 显然 $\boldsymbol{A} = a\boldsymbol{I}_2 + b\boldsymbol{P}_2$, 其中 $\boldsymbol{I}_2$, $\boldsymbol{P}_2$ 分别是二阶单位矩阵和二阶排列矩阵. 由二项式定理展开得

$$\boldsymbol{A}^n = (a\boldsymbol{I}_2 + b\boldsymbol{P}_2)^n = \sum_{k=0}^{n} \mathrm{C}_n^k a^{n-k} b^k \boldsymbol{P}_2^k.$$

由于 $\boldsymbol{P}_2^2 = \boldsymbol{I}_2$, 因此, 当 k 是奇数时, $\boldsymbol{P}_2^k = \boldsymbol{P}_2$; 当 k 是偶数时, $\boldsymbol{P}_2^k = \boldsymbol{I}_2$. 用 $[x]$ 表示不超过 x 的最大整数, 因此,

$$\boldsymbol{A}^n = \left(\sum_{k=0}^{[n/2]} \mathrm{C}_n^{2k} a^{n-2k} b^{2k}\right) \boldsymbol{I}_2 + \left(\sum_{k=0}^{[(n-1)/2]} \mathrm{C}_n^{2k+1} a^{n-2k-1} b^{2k+1}\right) \boldsymbol{P}_2.$$

故 $\boldsymbol{A} = \begin{pmatrix} a_n & b_n \\ b_n & a_n \end{pmatrix}$, 其中

$$a_n = \sum_{k=0}^{[n/2]} \mathrm{C}_n^{2k} a^{n-2k} b^{2k}, \quad b_n = \sum_{k=0}^{[(n-1)/2]} \mathrm{C}_n^{2k+1} a^{n-2k-1} b^{2k+1}.$$

例 3 设

$$\boldsymbol{A} = \begin{pmatrix} x & a & \cdots & a \\ a & x & \cdots & a \\ \vdots & \vdots & & \vdots \\ a & a & \cdots & x \end{pmatrix}, \quad \boldsymbol{B} = \begin{pmatrix} y & b & \cdots & b \\ b & y & \cdots & b \\ \vdots & \vdots & & \vdots \\ b & b & \cdots & y \end{pmatrix},$$

求 $\boldsymbol{AB}$.

解 显然

$$\boldsymbol{A} = (x-a)\boldsymbol{I}_n + a\boldsymbol{1}\boldsymbol{1}^{\mathrm{T}}, \quad \boldsymbol{B} = (y-b)\boldsymbol{I}_n + b\boldsymbol{1}\boldsymbol{1}^{\mathrm{T}},$$

其中 $\boldsymbol{1} = (1, 1, \cdots, 1)^{\mathrm{T}}$ 表示各元素都是 1 的 n 维列向量. 注意到 $\boldsymbol{1}^{\mathrm{T}}\boldsymbol{1} = n$, 因此,

$$\begin{aligned} \boldsymbol{AB} &= \left((x-a)\boldsymbol{I}_n + a\boldsymbol{1}\boldsymbol{1}^{\mathrm{T}}\right)\left((y-b)\boldsymbol{I}_n + b\boldsymbol{1}\boldsymbol{1}^{\mathrm{T}}\right) \\ &= (x-a)(y-b)\boldsymbol{I}_n + (ay + bx + (n-2)ab)\,\boldsymbol{1}\boldsymbol{1}^{\mathrm{T}}, \end{aligned}$$

其中 $\mathbf{1}\mathbf{1}^{\mathrm{T}}$ 是各元素皆为 1 的 n 阶矩阵, 即

$$\boldsymbol{AB}=\begin{pmatrix} z & c & \cdots & c \\ c & z & \cdots & c \\ \vdots & \vdots & & \vdots \\ c & c & \cdots & z \end{pmatrix}, \tag{2.7}$$

其中 $z=xy+(n-1)ab$, $c=ay+bx+(n-2)ab$.

注 本题用矩阵乘法定义直接计算也不难, 请读者注意比较.

例 4 设 n 阶矩阵

$$\boldsymbol{A}=\begin{pmatrix} 1 & 1 & \cdots & 1 \\ & 1 & \cdots & 1 \\ & & \ddots & \vdots \\ & & & 1 \end{pmatrix},$$

求 $\boldsymbol{A}^{-1}$.

解法 1 用矩阵的初等列变换

$$\begin{pmatrix} \boldsymbol{A} \\ \boldsymbol{I} \end{pmatrix}=\begin{pmatrix} 1 & 1 & \cdots & 1 \\ & 1 & \cdots & 1 \\ & & \ddots & \vdots \\ & & & 1 \\ \hline 1 & & & \\ & 1 & & \\ & & \ddots & \\ & & & 1 \end{pmatrix} \xrightarrow[j=n,n-1,\cdots,2]{c_j-c_{j-1}} \begin{pmatrix} 1 & & & \\ & 1 & & \\ & & \ddots & \\ & & & 1 \\ \hline 1 & -1 & & \\ & 1 & \ddots & \\ & & \ddots & -1 \\ & & & 1 \end{pmatrix},$$

故 $\boldsymbol{A}^{-1}=\begin{pmatrix} 1 & -1 & & \\ & 1 & \ddots & \\ & & \ddots & -1 \\ & & & 1 \end{pmatrix}$.

解法 2 令

$$\boldsymbol{N}=\begin{pmatrix} 0 & 1 & & \\ & 0 & \ddots & \\ & & \ddots & 1 \\ & & & 0 \end{pmatrix},$$

则 $\boldsymbol{A}=\boldsymbol{I}+\boldsymbol{N}+\cdots+\boldsymbol{N}^{n-1}$, 且 $\boldsymbol{N}^n=\boldsymbol{O}$. 故

$$\boldsymbol{A}(\boldsymbol{I}-\boldsymbol{N})=(\boldsymbol{I}+\boldsymbol{N}+\cdots+\boldsymbol{N}^{n-1})(\boldsymbol{I}-\boldsymbol{N})=\boldsymbol{I}-\boldsymbol{N}^n=\boldsymbol{I}$$

(见教材习题第 2.25 题). 从而

$$A^{-1}=(I-N)=\begin{pmatrix}1 & -1 & & \\ & 1 & \ddots & \\ & & \ddots & -1 \\ & & & 1\end{pmatrix}.$$

§2.3 问题思考

一、问题思考

1. 设 $\boldsymbol{A}$ 是 n 阶实矩阵, 且 $\boldsymbol{A}\boldsymbol{A}^{\mathrm{T}}=\boldsymbol{O}$, 证明: $\boldsymbol{A}=\boldsymbol{O}$.

2. (1) 证明: n 阶矩阵 $\boldsymbol{A}=\boldsymbol{O}$ 的充要条件是对任意 n 维列向量 $\boldsymbol{\alpha}$ 都有 $\boldsymbol{\alpha}^{\mathrm{T}}\boldsymbol{A}\boldsymbol{\alpha}=0$.

(2) 证明: n 阶矩阵 $\boldsymbol{A}$ 是反对称矩阵, 则对任意 n 维列向量 $\boldsymbol{\alpha}$ 必有 $\boldsymbol{\alpha}^{\mathrm{T}}\boldsymbol{A}\boldsymbol{\alpha}=0$.

3. 形如

$$\boldsymbol{A}=\begin{pmatrix}a_1 & a_2 & \cdots & \cdots & a_n \\ a_n & a_1 & a_2 & \cdots & a_{n-1} \\ \vdots & \ddots & \ddots & \ddots & \vdots \\ a_3 & a_4 & \ddots & a_1 & a_2 \\ a_2 & a_3 & \cdots & a_n & a_1\end{pmatrix}$$

的矩阵称为 n **阶循环矩阵**. 证明: 两个 n 阶循环矩阵之积仍为 n 阶循环矩阵.

4. 设 $\boldsymbol{A}$ 是主对角元全为零的 n 阶上三角矩阵, 证明: $\boldsymbol{A}^n=\boldsymbol{O}$.

5. 利用教材习题第 2.18(2) 题的结论 (即 (2.1) 式) 证明习题第 2.5 题.

6. 已知 n 阶矩阵 $\boldsymbol{A}$ 满足 $\boldsymbol{A}^3=\boldsymbol{I}, \boldsymbol{M}=\begin{pmatrix}\boldsymbol{O} & -\boldsymbol{I}_n \\ \boldsymbol{A} & \boldsymbol{O}\end{pmatrix}$, 求 $\boldsymbol{M}^{2000}$.

7. 求 $\boldsymbol{M}^n$, 其中

$$\boldsymbol{M}=\begin{pmatrix}1 & -1 & -1 & -1 \\ -1 & 1 & -1 & -1 \\ -1 & -1 & 1 & -1 \\ -1 & -1 & -1 & 1\end{pmatrix}.$$

8. (1) 已知三阶矩阵 $\boldsymbol{A}$ 按列分块为 $\boldsymbol{A}=(\boldsymbol{\alpha}_1,\boldsymbol{\alpha}_2,\boldsymbol{\alpha}_3)$, 且 $|\boldsymbol{A}|=5, \boldsymbol{B}=(\boldsymbol{\alpha}_1+2\boldsymbol{\alpha}_2, 3\boldsymbol{\alpha}_1+4\boldsymbol{\alpha}_2, 5\boldsymbol{\alpha}_3)$, 求 $|\boldsymbol{B}|$.

(2) (全国考研数学一试题) 设 $\boldsymbol{A}=(a_{ij})_{3\times 3}$ 是三阶矩阵, A_{ij} 是元素 a_{ij} 的代数余子式. 若 $\boldsymbol{A}$ 的每行元素之和均为 2, 且 $|\boldsymbol{A}|=3$, 求 $A_{11}+A_{21}+A_{31}$ 的值.

9. 设 D_n 是 n 阶行列式 $(n\geqslant 2)$, 从第二列起每一列都加上它的前一列, 第一列加上第 n 列, 得到的行列式记为 $\widetilde{D}_n$, 已知 $D_n=d$, 求 $\widetilde{D}_n$.

10. 设 $\boldsymbol{A}$ 是主对角元为 0, 其余元均为 1 的 n 阶矩阵, 求 $\boldsymbol{A}^{-1}$.

11. 求 $\boldsymbol{A}^{-1}$, 其中

$$\boldsymbol{A}=\begin{pmatrix}1&b&b^2&\cdots&b^{n-1}\\0&1&b&\cdots&b^{n-2}\\0&0&1&\cdots&b^{n-3}\\\vdots&\vdots&\vdots&&\vdots\\0&0&0&\cdots&1\end{pmatrix}.$$

12. 设 $\boldsymbol{\alpha},\boldsymbol{\beta}$ 都是 n 维列向量, 且 $\boldsymbol{\alpha}^{\mathrm{T}}\boldsymbol{\beta}=2$. 证明: $\boldsymbol{A}=\boldsymbol{I}_n-\dfrac{1}{3}\boldsymbol{\alpha}\boldsymbol{\beta}^{\mathrm{T}}$ 可逆, 并求 $\boldsymbol{A}^{-1}$.

13. 设 n 阶矩阵 $\boldsymbol{A},\boldsymbol{B}$ 及 $\boldsymbol{A}+\boldsymbol{B}$ 都可逆, 证明: $\boldsymbol{A}^{-1}+\boldsymbol{B}^{-1}$ 也可逆, 并求 $\boldsymbol{A}^{-1}+\boldsymbol{B}^{-1}$.

14. 设 $\boldsymbol{\alpha}=(1,2,\cdots,n)^{\mathrm{T}},\boldsymbol{A}=\operatorname{diag}(1,2,\cdots,n)$, 证明: $n+1$ 阶矩阵

$$\boldsymbol{B}=\begin{pmatrix}\boldsymbol{A}&\boldsymbol{\alpha}\\\boldsymbol{\alpha}^{\mathrm{T}}&b\end{pmatrix}$$

可逆, 其中 $b=\dfrac{1}{n!}+\sum\limits_{i=1}^{n}i$, 且 $\boldsymbol{B}^{-1}=\boldsymbol{B}^{*}$.

15. 设 $\boldsymbol{A},\boldsymbol{B}$ 都是 n 阶矩阵, 且 $\boldsymbol{A}+\boldsymbol{B}$ 可逆, $\boldsymbol{D}=\begin{pmatrix}\boldsymbol{A}&-\boldsymbol{B}\\-\boldsymbol{B}&\boldsymbol{A}\end{pmatrix}$.

(1) 求矩阵 $\boldsymbol{D}$ 的秩; (2) 求 $\boldsymbol{D}$ 可逆的充要条件; (3) 当 $\boldsymbol{D}$ 可逆时, 求 $\boldsymbol{D}^{-1}$.

16. 设 $\boldsymbol{A}$ 是 n 阶正交矩阵, 且 $|\boldsymbol{A}|<0$. 证明: $|\boldsymbol{A}+\boldsymbol{I}|=0$.

17. 已知 $\boldsymbol{A}$ 是 n 阶矩阵, 满足 $\boldsymbol{A}^2=\boldsymbol{I},\boldsymbol{A}\neq\boldsymbol{I}$. 证明: $|\boldsymbol{A}+\boldsymbol{I}|=0$.

18. 设 $\boldsymbol{A}$ 是 n 阶矩阵, 满足 $(\boldsymbol{A}+\boldsymbol{I})^m=\boldsymbol{O},m\in\mathbb{N}$. 证明: 矩阵 $\boldsymbol{A}$ 可逆.

19. 设 n 阶实矩阵 $\boldsymbol{A}\neq\boldsymbol{O}$, 且 $\boldsymbol{A}^{*}=\boldsymbol{A}^{\mathrm{T}}$, 证明: $\boldsymbol{A}$ 是可逆矩阵.

20. 设 $\boldsymbol{A}=(a_{ij})_{n\times n}$ 的各元素均为整数, 则 $\boldsymbol{A}^{-1}$ 的各元素均为整数的充要条件是

$$|\boldsymbol{A}|=\pm1.$$

21. 设 $\boldsymbol{A},\boldsymbol{B}$ 都是 n 阶矩阵,

(1) 若 $\boldsymbol{A}^2+\boldsymbol{A}\boldsymbol{B}+\boldsymbol{B}^2=\boldsymbol{O}$, 且矩阵 $\boldsymbol{B}$ 可逆, 证明: $\boldsymbol{A}+\boldsymbol{B}$ 可逆;

(2) 若 $\boldsymbol{A}\boldsymbol{B}=\boldsymbol{A}+\boldsymbol{B}$, 证明: $\boldsymbol{A}\boldsymbol{B}=\boldsymbol{B}\boldsymbol{A}$;

(3) 若 $\boldsymbol{A}-2\boldsymbol{B}=2\boldsymbol{A}\boldsymbol{B}$, 证明: $\boldsymbol{A}\boldsymbol{B}=\boldsymbol{B}\boldsymbol{A}$.

22. 设

$$\boldsymbol{A}=\begin{pmatrix}1&-1&-1&-1\\-1&1&-1&-1\\-1&-1&1&-1\\-1&-1&-1&1\end{pmatrix},$$

又 A_{ij} 是 a_{ij} 的代数余子式, 求 $\sum\limits_{i,j=1}^{4}A_{ij}$.

23. 设 $\boldsymbol{A}=(a_{ij})$ 是三阶非零矩阵, A_{ij} 是 a_{ij} 的代数余子式, 且满足 $A_{ij}+a_{ij}=0\,(i,j=1,2,3)$, 求 $|\boldsymbol{A}|$.

24. 设

$$\boldsymbol{A}=\begin{pmatrix}1&1&0&1\\1&0&1&0\\0&1&1&1\end{pmatrix},$$

求可逆矩阵 $\boldsymbol{P},\boldsymbol{Q}$, 使得

$$\boldsymbol{PAQ}=\begin{pmatrix}1&0&0&0\\0&1&0&0\\0&0&1&0\end{pmatrix}.$$

25. (1) 设 $\boldsymbol{A}$ 是 $m\times s$ 列满秩矩阵, 证明: 存在 m 阶可逆矩阵 $\boldsymbol{P}$, 使得

$$\boldsymbol{A}=\boldsymbol{P}\begin{pmatrix}\boldsymbol{I}_s\\\boldsymbol{O}\end{pmatrix}.$$

(2) 设 $\boldsymbol{A}$ 是 $m\times s$ 行满秩矩阵, 证明: 存在 s 阶可逆矩阵 $\boldsymbol{Q}$, 使得

$$\boldsymbol{A}=(\boldsymbol{I}_m,\boldsymbol{O})\boldsymbol{Q}.$$

26. 设 $\boldsymbol{A},\boldsymbol{B}$ 都是 n 阶矩阵, 证明:

(1) $\mathrm{R}(\boldsymbol{AB}+\boldsymbol{A}+\boldsymbol{B})\leqslant\mathrm{R}(\boldsymbol{A})+\mathrm{R}(\boldsymbol{B})$;

(2) $\mathrm{R}(\boldsymbol{AB}-\boldsymbol{I})\leqslant\mathrm{R}(\boldsymbol{A}-\boldsymbol{I})+\mathrm{R}(\boldsymbol{B}-\boldsymbol{I})$;

(3) 若 $\boldsymbol{B}$ 可逆, 且 $\mathrm{R}(\boldsymbol{I}-\boldsymbol{AB})+\mathrm{R}(\boldsymbol{I}+\boldsymbol{BA})=n$, 则 $\boldsymbol{A}$ 也可逆;

(4) 若 $\boldsymbol{B}$ 可逆, 且 $\boldsymbol{ABA}=\boldsymbol{B}^{-1}$, 则 $\mathrm{R}(\boldsymbol{I}-\boldsymbol{AB})+\mathrm{R}(\boldsymbol{I}+\boldsymbol{AB})=n$.

27. 设 n 阶矩阵 $\boldsymbol{A}$ 的秩为 r, 证明: 存在 n 阶可逆矩阵 $\boldsymbol{P}$, 使得 $\boldsymbol{PAP}^{-1}$ 的后 $n-r$ 行全为零.

28. 设 $\boldsymbol{A}$ 是 n 阶矩阵, 且 $\mathrm{R}(\boldsymbol{A})=n-1$, 证明: 存在 n 维非零向量 $\boldsymbol{\alpha},\boldsymbol{\beta}$, 使得 $\boldsymbol{A}^*=\boldsymbol{\alpha}\boldsymbol{\beta}^{\mathrm{T}}$, 且 $\boldsymbol{A\alpha}=\mathbf{0}$ 及 $\boldsymbol{\beta}^{\mathrm{T}}\boldsymbol{A}=\mathbf{0}$.

29. 设 $\boldsymbol{A},\boldsymbol{B}$ 都是 n 阶矩阵, 证明:

$$\begin{vmatrix}\boldsymbol{A}&\boldsymbol{B}\\\boldsymbol{B}&\boldsymbol{A}\end{vmatrix}=|\boldsymbol{A}+\boldsymbol{B}||\boldsymbol{A}-\boldsymbol{B}|.$$

30. 设 $a,b,c,d\in\mathbb{R}$, 计算 4 阶行列式

$$D_4=\begin{vmatrix}a&b&c&d\\-b&a&-d&c\\-c&d&a&-b\\-d&-c&b&a\end{vmatrix}.$$

31. (南开大学考研试题) 计算行列式

$$\begin{vmatrix} a & -a & -1 & 0 \\ a & -a & 0 & -1 \\ 1 & 0 & a & -a \\ 0 & 1 & a & -a \end{vmatrix}.$$

32. (南开大学考研试题) 设 $\boldsymbol{A},\boldsymbol{B}$ 为 n 阶实可逆矩阵, 且 $\boldsymbol{A}+\boldsymbol{B}$ 也是可逆矩阵, 如果 $(\boldsymbol{A}+\boldsymbol{B})^{-1}=\boldsymbol{A}^{-1}+\boldsymbol{B}^{-1}$, 证明: $|\boldsymbol{A}|=|\boldsymbol{B}|$.

33. (南开大学考研试题) 设 $\boldsymbol{A}=(a_{ij})_{n\times n}$ 满足 $a_{ij}=-a_{ji}\,(i,j=1,2,\cdots,n)$, 且 $|\boldsymbol{A}|=1$. 对任意 $x\in\mathbb{R}$, 求行列式

$$D_n=\begin{vmatrix} a_{11}+x & a_{12}+x & \cdots & a_{1n}+x \\ a_{21}+x & a_{22}+x & \cdots & a_{2n}+x \\ \vdots & \vdots & & \vdots \\ a_{n1}+x & a_{n2}+x & \cdots & a_{nn}+x \end{vmatrix}.$$

34. (武汉大学考研试题) 设 $a_j\neq 0$, $j=1,2,\cdots,n$, 计算 n 阶行列式

$$D_n=\begin{vmatrix} 0 & a_1+a_2 & \cdots & a_1+a_n \\ a_2+a_1 & 0 & \cdots & a_2+a_n \\ \vdots & \vdots & & \vdots \\ a_n+a_1 & a_n+a_2 & \cdots & 0 \end{vmatrix}.$$

35. 计算 n 阶行列式的值:

$$D_n=\begin{vmatrix} 0 & 2 & 3 & \cdots & n \\ 1 & 0 & 3 & \cdots & n \\ 1 & 2 & 0 & \cdots & n \\ \vdots & \vdots & \vdots & & \vdots \\ 1 & 2 & 3 & \cdots & 0 \end{vmatrix}.$$

36. 设 $a_j\neq 0\,(j=1,2,\cdots,n,\ n\geqslant 3)$,

$$\boldsymbol{M}=\begin{pmatrix} 0 & a_1+a_2 & \cdots & a_1+a_n \\ a_2+a_1 & 0 & \cdots & a_2+a_n \\ \vdots & \vdots & & \vdots \\ a_n+a_1 & a_n+a_2 & \cdots & 0 \end{pmatrix}.$$

证明: $\mathrm{R}(\boldsymbol{M}^*)=n$ 或 1, 其中 $\boldsymbol{M}^*$ 是 $\boldsymbol{M}$ 的伴随矩阵.

37. (南京师范大学考研试题) 设 $n \geqslant 3$, 行列式

$$D_n = \begin{vmatrix} a_{11} & a_{12} & \cdots & a_{1n} \\ a_{21} & a_{22} & \cdots & a_{2n} \\ \vdots & \vdots & & \vdots \\ a_{n1} & a_{n2} & \cdots & a_{nn} \end{vmatrix},$$

令 A_{ij} 表示元素 a_{ij} 的代数余子式 $(1 \leqslant i, j \leqslant n)$. 证明:

$$\begin{vmatrix} A_{11} & A_{12} & \cdots & A_{1,n-1} \\ A_{21} & A_{22} & \cdots & A_{2,n-1} \\ \vdots & \vdots & & \vdots \\ A_{n-1,1} & A_{n-1,2} & \cdots & A_{n-1,n-1} \end{vmatrix} = a_{nn} D_n^{n-2}.$$

38. (中国矿业大学期中考试题) 计算

$$D_{n+1} = \begin{vmatrix} (k_0+l_0)^n & (k_0+l_1)^n & \cdots & (k_0+l_n)^n \\ (k_1+l_0)^n & (k_1+l_1)^n & \cdots & (k_1+l_n)^n \\ \vdots & \vdots & & \vdots \\ (k_n+l_0)^n & (k_n+l_1)^n & \cdots & (k_n+l_n)^n \end{vmatrix}.$$

二、提示或答案

1. 令 $\boldsymbol{A} = (a_{ij})_{n\times n}$, 考虑 $\boldsymbol{A}\boldsymbol{A}^{\mathrm{T}}$ 的主对角元.

2. (1) 仅证充分性. 令 $\boldsymbol{\alpha} = \boldsymbol{e}_i$ 可得 $a_{ii} = 0$, 再令 $\boldsymbol{\alpha} = \boldsymbol{e}_i + \boldsymbol{e}_j (i \neq j)$, 又得 $a_{ij} = 0$.

(2) 注意 $\boldsymbol{\alpha}^{\mathrm{T}}\boldsymbol{A}\boldsymbol{\alpha}$ 是一个数, 求转置后其值不变.

3. 这是教材习题第 2.17 题的拓展.

4. 这是教材习题第 2.3(1) 题的拓展. 设 $\boldsymbol{A} = (a_{ij})_{n\times n}$, 当 $i \geqslant j$ 时 $a_{ij} = 0$. 将 $\boldsymbol{A}$ 表示成

$$\boldsymbol{A} = \sum_{i<j} a_{ij}\boldsymbol{E}_{ij}.$$

注意到当 $s \neq i$ 时, $\boldsymbol{E}_{ks}\boldsymbol{E}_{ij} = \boldsymbol{O}$, 故在 $\boldsymbol{A}^n$ 的乘法展开式中可能的非零项只能是具有形状 $\boldsymbol{E}_{ij_1}\boldsymbol{E}_{j_1j_2}\boldsymbol{E}_{j_2j_3}\cdots\boldsymbol{E}_{j_{n-1}j_n}$, 但角标必须满足条件 $1 \leqslant i < j_1 < j_2 < \cdots < j_n \leqslant n$. 显然这样的项是不存在的, 故 $\boldsymbol{A}^n = \boldsymbol{O}$.

注 多项式的高次幂展开式

$$(a_1 + a_2 + \cdots + a_m)^n = \sum_{0 \leqslant k_1, k_2, \cdots, k_m \leqslant n} \frac{n!}{k_1!k_2!\cdots k_m!} a_1^{k_1} a_2^{k_2} \cdots a_m^{k_m}, \tag{2.8}$$

其中 $k_1 + k_2 + \cdots + k_m = n$. 下面我们举例验证公式 (2.8) 当 $m = 3$, $n = 5$ 的情形:

$$\begin{aligned}(a+b+c)^5 = {} & a^5 + 5a^4b + 5a^4c + 10a^3b^2 + 20a^3bc + 10a^3c^2 + 10a^2b^3 \\ & + 30a^2b^2c + 30a^2bc^2 + 10a^2c^3 + 5ab^4 + 20ab^3c + 30ab^2c^2 \\ & + 20abc^3 + 5ac^4 + b^5 + 5b^4c + 10b^3c^2 + 10b^2c^3 + 5bc^4 + c^5.\end{aligned}$$

更多的例子, 如 $(a+b)^4,(a+b+c)^3,(a+b+c)^4$ 的展开式等等, 留给读者自己验证.

5. 设 $\boldsymbol{B}=(b_{ij})_{n\times n}=\sum_{i=1}^{n}\sum_{j=1}^{n}b_{ij}\boldsymbol{E}_{ij}$ 与 $\boldsymbol{A}=\mathrm{diag}(a_1,a_2,\cdots,a_n)=\sum_{i=1}^{n}a_i\boldsymbol{E}_{ii}$ 可交换. 由 $\boldsymbol{E}_{ij}\boldsymbol{E}_{kl}=\delta_{jk}\boldsymbol{E}_{il}$ 可得

$$\begin{aligned}\boldsymbol{AB}&=\left(\sum_{i=1}^{n}a_i\boldsymbol{E}_{ii}\right)\left(\sum_{k=1}^{n}\sum_{l=1}^{n}b_{kl}\boldsymbol{E}_{kl}\right)=\sum_{i=1}^{n}\sum_{k=1}^{n}\sum_{l=1}^{n}a_ib_{kl}\boldsymbol{E}_{ii}\boldsymbol{E}_{kl}\\&=\sum_{i=1}^{n}\sum_{l=1}^{n}a_ib_{il}\boldsymbol{E}_{il},\\\boldsymbol{BA}&=\left(\sum_{k=1}^{n}\sum_{l=1}^{n}b_{kl}\boldsymbol{E}_{kl}\right)\left(\sum_{i=1}^{n}a_i\boldsymbol{E}_{ii}\right)=\sum_{k=1}^{n}\sum_{l=1}^{n}\sum_{i=1}^{n}a_ib_{kl}\boldsymbol{E}_{kl}\boldsymbol{E}_{ii}\\&=\sum_{k=1}^{n}\sum_{l=1}^{n}a_lb_{kl}\boldsymbol{E}_{kl}=\sum_{i=1}^{n}\sum_{l=1}^{n}a_lb_{il}\boldsymbol{E}_{il}.\end{aligned}$$

由 $\boldsymbol{AB}=\boldsymbol{BA}$ 可知, $a_lb_{il}=a_ib_{il}$ 对一切 $i,l=1,2,\cdots,n$ 都成立. 当 $i\neq l$ 时, 由 $a_i\neq a_l$ 得 $b_{il}=0$, 故 $\boldsymbol{B}=\mathrm{diag}(b_{11},b_{22},\cdots,b_{nn})$ 是对角矩阵.

注 作为练习, 请读者应用基本矩阵的性质 (2.1) 式做教材习题第 2.4 题.

6. 注意 $\boldsymbol{M}^6=-\boldsymbol{I}_{2n}$, 可得 $\boldsymbol{M}^{2000}=\begin{pmatrix}\boldsymbol{A}&\boldsymbol{O}\\\boldsymbol{O}&\boldsymbol{A}\end{pmatrix}$.

7. 设

$$\boldsymbol{A}=\begin{pmatrix}1&-1\\-1&1\end{pmatrix},\quad \boldsymbol{B}=\begin{pmatrix}-1&-1\\-1&-1\end{pmatrix},\quad \boldsymbol{M}=\begin{pmatrix}\boldsymbol{A}&\boldsymbol{B}\\\boldsymbol{B}&\boldsymbol{A}\end{pmatrix}.$$

则 $\boldsymbol{A}^2+\boldsymbol{B}^2=4\boldsymbol{I}_2$. 当 $n=2k$ 时, $\boldsymbol{M}^n=4^k\boldsymbol{I}_4$; 当 $n=2k+1$ 时, $\boldsymbol{M}^n=4^k\boldsymbol{M}$, 这里 $k\in\mathbb{N}$.

8. (1) 注意 $\boldsymbol{B}=(\boldsymbol{\alpha}_1,\boldsymbol{\alpha}_2,\boldsymbol{\alpha}_3)\begin{pmatrix}1&3&0\\2&4&0\\0&0&5\end{pmatrix}$, 得到 $|\boldsymbol{B}|=-50$.

(2) 令 $\boldsymbol{\alpha}=(1,1,1)^{\mathrm{T}}$, 则 $\boldsymbol{A\alpha}=2\boldsymbol{\alpha}$. 从而 $\boldsymbol{A}^*\boldsymbol{A\alpha}=2\boldsymbol{A}^*\boldsymbol{\alpha}$, 故 $\boldsymbol{A}^*\boldsymbol{1}=\dfrac{3}{2}\boldsymbol{\alpha}$, 即 $\boldsymbol{A}^*$ 的各行元素之和都是 $\dfrac{3}{2}$, 因而 $A_{11}+A_{21}+A_{31}=\dfrac{3}{2}$.

9. 易知

$$\widetilde{D}_n=D_n\begin{vmatrix}1&1&0&\cdots&0&0\\0&1&1&\cdots&0&0\\0&0&1&\cdots&0&0\\\vdots&\vdots&\vdots&&\vdots&\vdots\\0&0&0&\cdots&1&1\\1&0&0&\cdots&0&1\end{vmatrix}=\left[1+(-1)^{n+1}\right]d.$$

10. 本题可以直接用矩阵的初等变换求逆矩阵, 也可以用 §2.2 “学习指导” 中例 2 的 (2.7)

式的结果得到

$$A^{-1}=\frac{1}{n-1}\begin{pmatrix}2-n & 1 & \cdots & 1\\ 1 & 2-n & \cdots & 1\\ \vdots & \vdots & & \vdots\\ 1 & 1 & \cdots & 2-n\end{pmatrix}.$$

11. 设

$$N=\begin{pmatrix}0 & 1 & 0 & \cdots & 0 & 0\\ 0 & 0 & 1 & \cdots & 0 & 0\\ \vdots & \vdots & \vdots & & \vdots & \vdots\\ 0 & 0 & 0 & \cdots & 0 & 1\\ 0 & 0 & 0 & \cdots & 0 & 0\end{pmatrix},$$

则

$$A=I+bN+b^2N^2+\cdots+b^{n-1}N^{n-1},\quad N^n=O.$$

由 $(I-bN)A=I-(bN)^n=I$, 可得 $A^{-1}=I-bN$.

12. 注意 $\alpha^{\mathrm{T}}\beta=\beta^{\mathrm{T}}\alpha=2$, 计算得到 $A^2=I_n-\frac{4}{9}\alpha\beta^{\mathrm{T}}$, 即 $4A-3A^2=I_n$, 从而可知 A 可逆, 且 $A^{-1}=4I_n-3A$. 在证明 A 可逆时, 可以用习题第 2.45 题的结论, 得到 $|A|=1-\frac{1}{3}\beta^{\mathrm{T}}\alpha=1-\frac{2}{3}=\frac{1}{3}\neq 0$, 从而知 A 可逆.

13. $A^{-1}+B^{-1}=A^{-1}(B+A)B^{-1}$.

14. 利用结论: 第三种分块初等变换不改变行列式的值.

15. (1) 做分块初等行变换即得

$$D=\begin{pmatrix}A & -B\\ -B & A\end{pmatrix}\to\begin{pmatrix}A+B & -(A+B)\\ O & A-B\end{pmatrix},$$

故 $\mathrm{R}(D)=n+\mathrm{R}(A-B)$.

(2) D 可逆 $\Leftrightarrow \mathrm{R}(A-B)=n\Leftrightarrow |A-B|\neq 0$.

(3) 当 D 可逆时, 令 $D^{-1}=\begin{pmatrix}X_1 & X_2\\ X_3 & X_4\end{pmatrix}$. 由

$$\begin{pmatrix}A & -B\\ -B & A\end{pmatrix}\begin{pmatrix}X_1 & X_2\\ X_3 & X_4\end{pmatrix}=\begin{pmatrix}I & O\\ O & I\end{pmatrix},$$

可得

$$X_1=(A-B)^{-1}-(A+B)^{-1}B(A-B)^{-1},\quad X_3=(A+B)^{-1}B(A-B)^{-1},$$
$$X_2=(A-B)^{-1}-(A+B)^{-1}A(A-B)^{-1},\quad X_4=(A+B)^{-1}A(A-B)^{-1}.$$

注 (1) 第三种 (分块) 初等变换不改变行列式的值; (2) 第 (3) 小题也可以将 D 和分块单位矩阵左右拼在一起施行初等行变换, 将左边部分变成单位矩阵, 右边部分就是 D^{-1}.

16. $|\boldsymbol{A}+\boldsymbol{I}|=|\boldsymbol{A}+\boldsymbol{A}\boldsymbol{A}^{\mathrm{T}}|=|\boldsymbol{A}||(\boldsymbol{I}+\boldsymbol{A})^{\mathrm{T}}|=|\boldsymbol{A}||\boldsymbol{I}+\boldsymbol{A}|$.

17. 由 $(\boldsymbol{A}+\boldsymbol{I})(\boldsymbol{A}-\boldsymbol{I})=\boldsymbol{O}$ 及 $\boldsymbol{A}-\boldsymbol{I}\neq\boldsymbol{O}$ 知, 齐次方程组 $(\boldsymbol{A}+\boldsymbol{I})\boldsymbol{x}=\boldsymbol{0}$ 有非零解, 故 $|\boldsymbol{A}+\boldsymbol{I}|=0$.

18. 由二项式定理展开、变形即得

$$\boldsymbol{A}(\boldsymbol{A}^{m-1}+\mathrm{C}_m^1\boldsymbol{A}^{m-2}+\cdots+\mathrm{C}_m^{m-1}\boldsymbol{I})=-\boldsymbol{I},$$

故 $\boldsymbol{A}$ 可逆.

19. 由题意得 $\boldsymbol{A}\boldsymbol{A}^*=\boldsymbol{A}\boldsymbol{A}^{\mathrm{T}}=|\boldsymbol{A}|\boldsymbol{I}$. 若 $|\boldsymbol{A}|=0$, 则 $\boldsymbol{A}\boldsymbol{A}^{\mathrm{T}}=\boldsymbol{O}$, 因而 $\boldsymbol{A}=\boldsymbol{O}$ 与已知矛盾, 故 $|\boldsymbol{A}|\neq 0$.

20. 注意到 $|\boldsymbol{A}|$ 为整数, 且 $|\boldsymbol{A}^{-1}||\boldsymbol{A}|=1$.

$\Rightarrow$: 若 $\boldsymbol{A}^{-1}$ 的各元素都为整数, 显然有 $|\boldsymbol{A}|=\pm1$.

$\Leftarrow$: 若 $|\boldsymbol{A}|=\pm1$, 由于 $\boldsymbol{A}^*$ 的各元素均为整数, 故 $\boldsymbol{A}^{-1}=\dfrac{1}{|\boldsymbol{A}|}\boldsymbol{A}^*=\pm\boldsymbol{A}^*$ 的各元素也是整数.

21. (1) 注意 $\boldsymbol{A}(\boldsymbol{A}+\boldsymbol{B})=-\boldsymbol{B}^2$, 再由 $|\boldsymbol{A}+\boldsymbol{B}|\neq 0$ 即知结论成立. 也可由 $\boldsymbol{B}^2$ 可逆及 $\mathrm{R}(\boldsymbol{A}+\boldsymbol{B})\geqslant\mathrm{R}(\boldsymbol{B}^2)=n$ 可知, $\mathrm{R}(\boldsymbol{A}+\boldsymbol{B})=n$, 结论成立.

(2) 由已知得 $(\boldsymbol{A}-\boldsymbol{I})(\boldsymbol{B}-\boldsymbol{I})=\boldsymbol{I}$, 因此 $(\boldsymbol{A}-\boldsymbol{I})^{-1}=\boldsymbol{B}-\boldsymbol{I}$. 于是, $(\boldsymbol{B}-\boldsymbol{I})(\boldsymbol{A}-\boldsymbol{I})=\boldsymbol{I}$, 展开、整理后与已知比较即得所证.

(3) 方法类似 (2), 原理: 若两个矩阵 $\boldsymbol{C}$, $\boldsymbol{D}$ 互逆, 则 $\boldsymbol{C}\boldsymbol{D}=\boldsymbol{D}\boldsymbol{C}=\boldsymbol{I}$.

22. 先求得 $|\boldsymbol{A}|=-16$, $\boldsymbol{A}^{-1}=\dfrac{1}{4}\boldsymbol{A}$, 从而得到 $\boldsymbol{A}^*=|\boldsymbol{A}|\boldsymbol{A}^{-1}$, 故 $\displaystyle\sum_{i,j=1}^{4}A_{ij}=32$.

23. 由题意知 $\boldsymbol{A}+\boldsymbol{A}^{*\mathrm{T}}=\boldsymbol{O}$, 其中 $\boldsymbol{A}^*$ 表示 $\boldsymbol{A}$ 的伴随矩阵, 从而可知

$$|\boldsymbol{A}^*|=|\boldsymbol{A}^{*\mathrm{T}}|=|-\boldsymbol{A}|=-|\boldsymbol{A}|.$$

又因为 $|\boldsymbol{A}^*|=|\boldsymbol{A}|^2$(教材习题第 2.21(2)(ii) 题), 故 $|\boldsymbol{A}|=-1$ 或 0. 由矩阵秩的性质 7 及 $\boldsymbol{A}+\boldsymbol{A}^{*\mathrm{T}}=\boldsymbol{O}$ 可知 $\mathrm{R}(\boldsymbol{A})=\mathrm{R}(\boldsymbol{A}^*)$, 故 $\mathrm{R}(\boldsymbol{A}^*)=3$, $|\boldsymbol{A}|=-1$.

24. 注意到

$$\boldsymbol{P}(\boldsymbol{A},\boldsymbol{I})=(\boldsymbol{P}\boldsymbol{A},\boldsymbol{P}),\quad \begin{pmatrix}\boldsymbol{P}\boldsymbol{A}\\ \boldsymbol{I}\end{pmatrix}\boldsymbol{Q}=\begin{pmatrix}\boldsymbol{P}\boldsymbol{A}\boldsymbol{Q}\\ \boldsymbol{Q}\end{pmatrix},$$

即分别施行初等行变换和初等列变换可同时找到所求的 $\boldsymbol{P}\boldsymbol{A}\boldsymbol{Q}$ 与可逆矩阵 $\boldsymbol{P}$, $\boldsymbol{Q}$. 因此先做如下初等行变换得

$$(\boldsymbol{A},\boldsymbol{I})=\left(\begin{array}{cccc:ccc}1&1&0&1&1&0&0\\1&0&1&0&0&1&0\\0&1&1&1&0&0&1\end{array}\right)\xrightarrow{r}\left(\begin{array}{cccc:ccc}1&0&0&0&1/2&1/2&-1/2\\0&1&0&1&1/2&-1/2&1/2\\0&0&1&0&-1/2&1/2&1/2\end{array}\right),$$

再做初等列变换得

$$\begin{pmatrix}1&0&0&0\\0&1&0&1\\0&0&1&0\\\hdashline 1&0&0&0\\0&1&0&0\\0&0&1&0\\0&0&0&1\end{pmatrix}\xrightarrow{c}\begin{pmatrix}1&0&0&0\\0&1&0&0\\0&0&1&0\\\hdashline 1&0&0&0\\0&1&0&-1\\0&0&1&0\\0&0&0&1\end{pmatrix}.$$

令

$$\boldsymbol{P}=\frac{1}{2}\begin{pmatrix}1&1&-1\\1&-1&1\\-1&1&1\end{pmatrix},\quad \boldsymbol{Q}=\begin{pmatrix}1&0&0&0\\0&1&0&-1\\0&0&1&0\\0&0&0&1\end{pmatrix},$$

则得到

$$\boldsymbol{PAQ}=\begin{pmatrix}1&0&0&0\\0&1&0&0\\0&0&1&0\end{pmatrix}.$$

25. (1) 由等价标准形分解定理可知, 存在 m 阶和 s 阶可逆矩阵 $\boldsymbol{P}_1$ 和 $\boldsymbol{Q}_1$, 使得

$$\boldsymbol{A}=\boldsymbol{P}_1\begin{pmatrix}\boldsymbol{I}_s\\\boldsymbol{O}\end{pmatrix}\boldsymbol{Q}_1=\boldsymbol{P}_1\begin{pmatrix}\boldsymbol{Q}_1\\\boldsymbol{O}\end{pmatrix}=\boldsymbol{P}_1\begin{pmatrix}\boldsymbol{Q}_1&\boldsymbol{O}\\\boldsymbol{O}&\boldsymbol{I}_{m-s}\end{pmatrix}\begin{pmatrix}\boldsymbol{I}_s\\\boldsymbol{O}\end{pmatrix}=\boldsymbol{P}\begin{pmatrix}\boldsymbol{I}_s\\\boldsymbol{O}\end{pmatrix},$$

其中 $\boldsymbol{P}=\boldsymbol{P}_1\begin{pmatrix}\boldsymbol{Q}_1&\boldsymbol{O}\\\boldsymbol{O}&\boldsymbol{I}_{m-s}\end{pmatrix}$ 是可逆矩阵.

(2) 存在 m 阶和 s 阶可逆矩阵 $\boldsymbol{P}_1$ 和 $\boldsymbol{Q}_1$, 使得

$$\boldsymbol{A}=\boldsymbol{P}_1(\boldsymbol{I}_m,\boldsymbol{O})\boldsymbol{Q}_1=(\boldsymbol{P}_1,\boldsymbol{O})\boldsymbol{Q}_1=(\boldsymbol{I}_m,\boldsymbol{O})\begin{pmatrix}\boldsymbol{P}_1&\boldsymbol{O}\\\boldsymbol{O}&\boldsymbol{I}_{s-m}\end{pmatrix}\boldsymbol{Q}_1=(\boldsymbol{I}_m,\boldsymbol{O})\boldsymbol{Q},$$

其中 $\boldsymbol{Q}=\begin{pmatrix}\boldsymbol{P}_1&\boldsymbol{O}\\\boldsymbol{O}&\boldsymbol{I}_{s-m}\end{pmatrix}\boldsymbol{Q}_1$ 是可逆矩阵.

26. (1) 注意 $\boldsymbol{AB}+\boldsymbol{A}+\boldsymbol{B}=\boldsymbol{A}(\boldsymbol{B}+\boldsymbol{I})+\boldsymbol{B}$, 利用秩的性质即得.

(2) 注意 $\boldsymbol{AB}-\boldsymbol{I}=\boldsymbol{A}(\boldsymbol{B}-\boldsymbol{I})+(\boldsymbol{A}-\boldsymbol{I})$, 利用秩的性质即得.

(3) 对分块对角矩阵 $\mathrm{diag}(\boldsymbol{I}-\boldsymbol{AB},\ \boldsymbol{I}+\boldsymbol{BA})$ 施行分块初等变换得 $\mathrm{diag}(\boldsymbol{I},\ \boldsymbol{I}+\boldsymbol{AB})$. 从而 $\mathrm{R}(\boldsymbol{I}+\boldsymbol{AB})=0$, 即 $\boldsymbol{AB}=-\boldsymbol{I}$, 故 $\boldsymbol{A}$ 可逆.

(4) 首先, $\mathrm{R}(\boldsymbol{I}+\boldsymbol{AB})+\mathrm{R}(\boldsymbol{I}-\boldsymbol{AB})\geqslant\mathrm{R}(2\boldsymbol{I})=n$. 其次, 由题意知 $(\boldsymbol{AB})^2=\boldsymbol{I}$, 从而 $(\boldsymbol{I}+\boldsymbol{AB})(\boldsymbol{I}-\boldsymbol{AB})=\boldsymbol{O}$, 所以 $\mathrm{R}(\boldsymbol{I}+\boldsymbol{AB})+\mathrm{R}(\boldsymbol{I}-\boldsymbol{AB})\leqslant n$.

27. 存在可逆矩阵 $\boldsymbol{P}$, $\boldsymbol{Q}$, 使得 $\boldsymbol{PAQ}=\mathrm{diag}(\boldsymbol{I}_r,\boldsymbol{O})$, 则

$$\boldsymbol{PAP}^{-1}=\boldsymbol{PAQQ}^{-1}\boldsymbol{P}^{-1}=\mathrm{diag}(\boldsymbol{I}_r,\boldsymbol{O})\boldsymbol{Q}^{-1}\boldsymbol{P}^{-1}$$

的后 $n-r$ 行全为零.

28. 由 $\mathrm{R}(\boldsymbol{A})=n-1$ 可知, $\mathrm{R}(\boldsymbol{A}^*)=1$. 由矩阵的满秩分解定理知, 存在 n 维非零向量 $\boldsymbol{\alpha}, \boldsymbol{\beta}$, 使得 $\boldsymbol{A}^*=\boldsymbol{\alpha}\boldsymbol{\beta}^{\mathrm{T}}$. 注意到 $|\boldsymbol{A}|=0$, 故

$$\boldsymbol{A}\boldsymbol{A}^*=\boldsymbol{A}\boldsymbol{\alpha}\boldsymbol{\beta}^{\mathrm{T}}=|\boldsymbol{A}|\boldsymbol{I}=\boldsymbol{O}\Rightarrow \boldsymbol{A}\boldsymbol{\alpha}=\boldsymbol{0},$$

同时,

$$\boldsymbol{A}^*\boldsymbol{A}=\boldsymbol{\alpha}\boldsymbol{\beta}^{\mathrm{T}}\boldsymbol{A}=|\boldsymbol{A}|\boldsymbol{I}=\boldsymbol{O}\Rightarrow \boldsymbol{\beta}^{\mathrm{T}}\boldsymbol{A}=\boldsymbol{0}.$$

29. 利用第三种分块初等变换不改变行列式的值.

30. **方法 1**

$$D_4^2=D_4D_4^{\mathrm{T}}=|(a^2+b^2+c^2+d^2)\boldsymbol{I}_4|=(a^2+b^2+c^2+d^2)^4.$$

所以, $D_4=\pm(a^2+b^2+c^2+d^2)^2$. 由行列式的定义可知, D_4 的展开式中有一项为 a^4, 故

$$D_4=(a^2+b^2+c^2+d^2)^2.$$

方法 2 令

$$\boldsymbol{A}=\begin{pmatrix}a & b\\ -b & a\end{pmatrix},\quad \boldsymbol{B}=\begin{pmatrix}-c & d\\ -d & -c\end{pmatrix},$$

则

$$D_4=\begin{vmatrix}\boldsymbol{A} & -\boldsymbol{B}^{\mathrm{T}}\\ \boldsymbol{B} & \boldsymbol{A}^{\mathrm{T}}\end{vmatrix},$$

并且

$$\boldsymbol{A}\boldsymbol{B}=\boldsymbol{B}\boldsymbol{A}=\begin{pmatrix}-ac-bd & ad-bc\\ -ad+bc & -ac-bd\end{pmatrix}.$$

若 $a=b=0$, 则 $|\boldsymbol{A}|=a^2+b^2=0$, $D_4=(-1)^4|\boldsymbol{B}||-\boldsymbol{B}^{\mathrm{T}}|=(c^2+d^2)^2$. 若 a,b 不同时为零, 则 $|\boldsymbol{A}|\neq 0$, 由 $\boldsymbol{A}\boldsymbol{A}^{\mathrm{T}}=(a^2+b^2)\boldsymbol{I}_2$, $\boldsymbol{B}\boldsymbol{B}^{\mathrm{T}}=(c^2+d^2)\boldsymbol{I}_2$ 及习题第 2.61 题的结论可知

$$D_4=|\boldsymbol{A}\boldsymbol{A}^{\mathrm{T}}+\boldsymbol{B}\boldsymbol{B}^{\mathrm{T}}|=|(a^2+b^2+c^2+d^2)\boldsymbol{I}_2|=(a^2+b^2+c^2+d^2)^2.$$

无论哪种情况都有

$$D_4=|\boldsymbol{A}\boldsymbol{A}^{\mathrm{T}}+\boldsymbol{B}\boldsymbol{B}^{\mathrm{T}}|=|(a^2+b^2+c^2+d^2)\boldsymbol{I}_2|=(a^2+b^2+c^2+d^2)^2.$$

方法 3 讨论三种情况: (1) 若 $a=0,b=0$, 容易得到 $D_4=(c^2+d^2)^2$; (2) 若 $a=0,b\neq 0$, 先 $c_3-(d/b)c_1$, $c_3-(c/b)c_2$, 再按第三列展开降阶; (3) 若 $a=0$, 先从第一列中提出 $1/a$(行列式第一列乘以 a), 然后 c_1+bc_2, c_1+cc_3, c_1+dc_4, 降阶即可.

31. 令 $\boldsymbol{A}=\begin{pmatrix}a & -a\\ a & -a\end{pmatrix}$, 则 $\boldsymbol{A}^2=\boldsymbol{O}$, 且

$$\text{原式}=\begin{vmatrix}\boldsymbol{A} & -\boldsymbol{I}_2\\ \boldsymbol{I}_2 & \boldsymbol{A}\end{vmatrix}\xlongequal[r_2-\boldsymbol{A}\cdot r_1]{r_1\leftrightarrow r_2}\begin{vmatrix}\boldsymbol{I}_2 & \boldsymbol{A}\\ \boldsymbol{O} & -\boldsymbol{I}_2\end{vmatrix}=|\boldsymbol{I}_2|\cdot|-\boldsymbol{I}_2|=1,$$

其中 "$r_1 \leftrightarrow r_2$" 是行列式的第 1 行和第 3 行交换, 同时第 2 行和第 4 行交换, 经过两次交换行列式的符号不变.

注 本题可以应用教材习题第 2.61 题的结论得到: 原式 $= |\boldsymbol{A}^2 + \boldsymbol{I}_2^2| = 1$. 关于教材习题 2.61 题的推广及应用参看专题讲座 "矩阵摄动法及其应用".

32. 由题意得

$$\boldsymbol{I} = (\boldsymbol{A}+\boldsymbol{B})(\boldsymbol{A}^{-1}+\boldsymbol{B}^{-1}) = \boldsymbol{B}\boldsymbol{A}^{-1} + \boldsymbol{A}\boldsymbol{B}^{-1} + 2\boldsymbol{I},$$

从而可得 $\boldsymbol{A}\boldsymbol{B}^{-1} = -\boldsymbol{I} - \boldsymbol{B}\boldsymbol{A}^{-1}$. 故

$$\boldsymbol{A}\boldsymbol{B}^{-1}\boldsymbol{A} = -\boldsymbol{A} - \boldsymbol{B}. \tag{2.9}$$

由问题的对称性, 在 (2.9) 式中, 将 $\boldsymbol{A}, \boldsymbol{B}$ 互换又得

$$\boldsymbol{B}\boldsymbol{A}^{-1}\boldsymbol{B} = -\boldsymbol{A} - \boldsymbol{B}. \tag{2.10}$$

比较 (2.9) 式和 (2.10) 式可得 $\boldsymbol{A}\boldsymbol{B}^{-1}\boldsymbol{A} = \boldsymbol{B}\boldsymbol{A}^{-1}\boldsymbol{B}$, 两边同时求行列式又得

$$|\boldsymbol{A}\boldsymbol{B}^{-1}\boldsymbol{A}| = |\boldsymbol{B}\boldsymbol{A}^{-1}\boldsymbol{B}| \Rightarrow |\boldsymbol{A}|^3 = |\boldsymbol{B}|^3 \Rightarrow |\boldsymbol{A}| = |\boldsymbol{B}|.$$

33. 记 $\mathbf{1} = (1, 1, \cdots, 1)^{\mathrm{T}}$ 表示各元素都是 1 的 n 维列向量. 注意到 $|\boldsymbol{A}| = 1$, 且 $\boldsymbol{A}$ 是反对称矩阵, 因而 $\boldsymbol{A}$ 可逆, 且 $\boldsymbol{A}^{-1}$ 也是反对称矩阵, 其各元素之和等于零, $\mathbf{1}^{\mathrm{T}}\boldsymbol{A}^{-1}\mathbf{1} = 0$. 由行列式的降阶定理可知

$$D_n = |\boldsymbol{A} + x\mathbf{1}\cdot\mathbf{1}^{\mathrm{T}}| = |\boldsymbol{A}|(1 + x\mathbf{1}^{\mathrm{T}}\boldsymbol{A}^{-1}\mathbf{1}) = 1.$$

34. 记

$$\boldsymbol{A} = 2\mathrm{diag}(a_1, a_2, \cdots, a_n), \quad \boldsymbol{B} = \begin{pmatrix} a_1 & 1 \\ a_2 & 1 \\ \vdots & \vdots \\ a_n & 1 \end{pmatrix}, \quad \boldsymbol{C} = \begin{pmatrix} 1 & 1 & \cdots & 1 \\ a_1 & a_2 & \cdots & a_n \end{pmatrix}.$$

由行列式的降阶定理得

$$\begin{aligned} D_n &= |-\boldsymbol{A} + \boldsymbol{B}\boldsymbol{C}| = |-\boldsymbol{A}||\boldsymbol{I}_2 - \boldsymbol{C}\boldsymbol{A}^{-1}\boldsymbol{B}| \\ &= (-2)^n a_1 a_2 \cdots a_n \left[\left(1 - \frac{n}{2}\right)^2 - \frac{1}{4}\sum_{i=1}^n a_i \sum_{j=1}^n \frac{1}{a_j}\right]. \end{aligned}$$

35. **方法 1** 注意到

$$\begin{pmatrix} 0 & 2 & 3 & \cdots & n \\ 1 & 0 & 3 & \cdots & n \\ 1 & 2 & 0 & \cdots & n \\ \vdots & \vdots & \vdots & & \vdots \\ 1 & 2 & 3 & \cdots & 0 \end{pmatrix} = \begin{pmatrix} -1 & 0 & \cdots & 0 \\ 0 & -2 & \cdots & 0 \\ \vdots & \vdots & & \vdots \\ 0 & 0 & \cdots & -n \end{pmatrix} + \begin{pmatrix} 1 \\ 1 \\ \vdots \\ 1 \end{pmatrix} (1, 2, \cdots, n),$$

然后利用行列式降阶定理得 $D_n=(-1)^n n!(1-n)$.

方法 2 利用行列式的加边法.

36. 沿用第 34 题的记号, 注意 $\boldsymbol{M}=\boldsymbol{BC}-\boldsymbol{A}$, 所以

$$\mathrm{R}(\boldsymbol{M})\geqslant \mathrm{R}(\boldsymbol{A})-\mathrm{R}(\boldsymbol{BC})\geqslant n-\mathrm{R}(\boldsymbol{B}).$$

由 $\mathrm{R}(\boldsymbol{B})=1$ 或 2, 得 $\mathrm{R}(\boldsymbol{M})\geqslant n-1$, 再由矩阵秩的性质 7 即知结论成立.

37. 方法 1 设 $\boldsymbol{A}=(a_{ij})_{n\times n}$, $|\boldsymbol{A}|=D_n$. 若 $D_n=0$, 即 $\mathrm{R}(\boldsymbol{A})\leqslant n-1$, 则 $\mathrm{R}(\boldsymbol{A}^*)\leqslant 1$. 而待证等式的左边恰好等于 $\boldsymbol{A}^*$ 的一个 $n-1$ 阶子式 (的转置), 因而等于零, 结论成立. 若 $D_n\neq 0$, 由 $\boldsymbol{A}^*\boldsymbol{A}=|\boldsymbol{A}|\boldsymbol{I}$ 知, $|\boldsymbol{A}^*|=|\boldsymbol{A}|^{n-1}$, $\boldsymbol{A}^*=|\boldsymbol{A}|\boldsymbol{A}^{-1}$. 所以

$$(\boldsymbol{A}^*)^*=|\boldsymbol{A}^*|(\boldsymbol{A}^*)^{-1}=|\boldsymbol{A}|^{n-1}\cdot\frac{1}{|\boldsymbol{A}|}\boldsymbol{A}=|\boldsymbol{A}|^{n-2}\boldsymbol{A}.$$

注意到

$$\boldsymbol{A}^*=\begin{vmatrix} A_{11} & A_{21} & \cdots & A_{n1}\\ A_{12} & A_{22} & \cdots & A_{n2}\\ \vdots & \vdots & & \vdots\\ A_{1n} & A_{2n} & \cdots & A_{nn}\end{vmatrix},$$

因此 $(\boldsymbol{A}^*)^*$ 的 (n,n) 元是

$$(-1)^{n+n}\begin{vmatrix} A_{11} & A_{21} & \cdots & A_{n-1,1}\\ A_{12} & A_{22} & \cdots & A_{n-1,2}\\ \vdots & \vdots & & \vdots\\ A_{1,n-1} & A_{2,n-1} & \cdots & A_{n-1,n-1}\end{vmatrix}=|\boldsymbol{A}|^{n-2}a_{nn},$$

即知

$$\begin{vmatrix} A_{11} & A_{12} & \cdots & A_{1,n-1}\\ A_{21} & A_{22} & \cdots & A_{2,n-1}\\ \vdots & \vdots & & \vdots\\ A_{n-1,1} & A_{n-1,2} & \cdots & A_{n-1,n-1}\end{vmatrix}=a_{nn}D_n^{n-2}.$$

方法 2 设 $\boldsymbol{A}=(a_{ij})_{n\times n}$, $|\boldsymbol{A}|=D_n$. 若 $D_n\neq 0$, 由

$$\begin{vmatrix} A_{11} & A_{12} & \cdots & A_{1,n-1} & A_{1n}\\ A_{21} & A_{22} & \cdots & A_{2,n-1} & A_{2n}\\ \vdots & \vdots & & \vdots & \vdots\\ A_{n-1,1} & A_{n-1,2} & \cdots & A_{n-1,n-1} & A_{n-1,n}\\ 0 & 0 & \cdots & 0 & 1\end{vmatrix}\cdot\begin{vmatrix} a_{11} & a_{21} & \cdots & a_{n1}\\ a_{12} & a_{22} & \cdots & a_{n2}\\ \vdots & \vdots & & \vdots\\ a_{1n} & a_{2n} & \cdots & a_{nn}\end{vmatrix}$$

$$=\begin{vmatrix} D_n & 0 & \cdots & 0 & 0\\ 0 & D_n & \cdots & 0 & 0\\ \vdots & \vdots & & \vdots & \vdots\\ 0 & 0 & \cdots & D_n & 0\\ a_{1n} & a_{2n} & \cdots & a_{n-1,n} & a_{nn}\end{vmatrix}=a_{nn}D_n^{n-1}$$

知结论成立. 若 $D_n=0$, 即 $\boldsymbol{A}$ 是奇异矩阵, 利用矩阵摄动法 (参考本书相关专题讲座) 即知结论成立.

38. 注意到 $(k_i+l_j)^n=\sum\limits_{m=0}^{n}\mathrm{C}_n^m k_i^{n-m}l_j^m\,(i,j=0,1,\cdots,n)$, 且 $n+1$ 阶排列矩阵 $\boldsymbol{P}_{n+1}=(\boldsymbol{e}_{n+1},\boldsymbol{e}_n,\cdots,\boldsymbol{e}_1)$(见习题第 2.16 题) 的行列式 $|\boldsymbol{P}_{n+1}|=(-1)^{n(n+1)/2}$, 因此,

$$D_{n+1}=\left|\begin{pmatrix} k_0^n & \mathrm{C}_n^1k_0^{n-1} & \cdots & \mathrm{C}_n^{n-1}k_0 & 1\\ k_1^n & \mathrm{C}_n^1k_1^{n-1} & \cdots & \mathrm{C}_n^{n-1}k_1 & 1\\ \vdots & \vdots & & \vdots & \vdots\\ k_n^n & \mathrm{C}_n^1k_n^{n-1} & \cdots & \mathrm{C}_n^{n-1}k_n & 1\end{pmatrix}\begin{pmatrix} 1 & 1 & \cdots & 1\\ l_0 & l_1 & \cdots & l_n\\ \vdots & \vdots & & \vdots\\ l_0^{n-1} & l_1^{n-1} & \cdots & l_n^{n-1}\\ l_0^n & l_1^n & \cdots & l_n^n\end{pmatrix}\right|$$

$$=(-1)^{\frac{n(n+1)}{2}}\prod_{m=1}^{n-1}\mathrm{C}_n^m\left|\begin{pmatrix} k_0^n & k_0^{n-1} & \cdots & k_0 & 1\\ k_1^n & k_1^{n-1} & \cdots & k_1 & 1\\ \vdots & \vdots & & \vdots & \vdots\\ k_n^n & k_n^{n-1} & \cdots & k_n & 1\end{pmatrix}\boldsymbol{P}_{n+1}\right|\cdot\begin{vmatrix} 1 & 1 & \cdots & 1\\ l_0 & l_1 & \cdots & l_n\\ \vdots & \vdots & & \vdots\\ l_0^{n-1} & l_1^{n-1} & \cdots & l_n^{n-1}\\ l_0^n & l_1^n & \cdots & l_n^n\end{vmatrix}$$

$$=(-1)^{\frac{n(n+1)}{2}}\prod_{m=1}^{n-1}\mathrm{C}_n^m\begin{vmatrix} 1 & k_0 & \cdots & k_0^{n-1} & k_0^n\\ 1 & k_1 & \cdots & k_1^{n-1} & k_1^n\\ \vdots & \vdots & & \vdots & \vdots\\ 1 & k_n & \cdots & k_n^{n-1} & k_n^n\end{vmatrix}\cdot\begin{vmatrix} 1 & 1 & \cdots & 1\\ l_0 & l_1 & \cdots & l_n\\ \vdots & \vdots & & \vdots\\ l_0^{n-1} & l_1^{n-1} & \cdots & l_n^{n-1}\\ l_0^n & l_1^n & \cdots & l_n^n\end{vmatrix}$$

$$=(-1)^{\frac{n(n+1)}{2}}\prod_{m=1}^{n-1}\mathrm{C}_n^m\prod_{0\leqslant j<i\leqslant n}(k_i-k_j)(l_i-l_j).$$

§2.4 习 题 选 解

2.4 求所有与 $\boldsymbol{A}$ 可交换的矩阵, 其中

(2) $\boldsymbol{A}=\begin{pmatrix}0&0&0\\1&0&0\\0&1&0\end{pmatrix}$.

解 设所有与 $\boldsymbol{A}$ 可交换的矩阵

$$\boldsymbol{B}=\begin{pmatrix}b_{11}&b_{12}&b_{13}\\b_{21}&b_{22}&b_{23}\\b_{31}&b_{32}&b_{33}\end{pmatrix}.$$

经过简单的计算可得

$$\boldsymbol{AB}=\begin{pmatrix}0&0&0\\b_{11}&b_{12}&b_{13}\\b_{21}&b_{22}&b_{23}\end{pmatrix},\quad \boldsymbol{BA}=\begin{pmatrix}b_{12}&b_{13}&0\\b_{22}&b_{23}&0\\b_{32}&b_{33}&0\end{pmatrix}.$$

由 $\boldsymbol{AB}=\boldsymbol{BA}$ 可知,

$$b_{11}=b_{22}=b_{33},\quad b_{21}=b_{32},\quad b_{12}=b_{13}=b_{23}=0.$$

令 $b_{11}=b_{22}=b_{33}=a, b_{21}=b_{32}=b, b_{31}=c$, 则有

$$\boldsymbol{B}=\begin{pmatrix}a&0&0\\b&a&0\\c&b&a\end{pmatrix}.$$

可知, $\boldsymbol{B}=a\boldsymbol{I}+b\boldsymbol{A}+c\boldsymbol{A}^2$, 即所有与 $\boldsymbol{A}$ 可交换的矩阵可以表示成 $\boldsymbol{A}$ 的多项式.

2.5 如果 $\boldsymbol{A}=\mathrm{diag}(a_1,a_2,\cdots,a_n)$ 是 n 阶对角矩阵, 当 $i\neq j$ 时, $a_i\neq a_j$, 其中 $i,j=1,2,\cdots,n$. 求证: 与 $\boldsymbol{A}$ 可交换的矩阵只能是对角矩阵.

解 设所有与 $\boldsymbol{A}$ 可交换的矩阵 $\boldsymbol{B}=(b_{ij})_{n\times n}$, 由于

$$\boldsymbol{AB}=\begin{pmatrix}a_1b_{11}&a_1b_{12}&\cdots&a_1b_{1n}\\a_2b_{21}&a_2b_{22}&\cdots&a_2b_{2n}\\\vdots&\vdots&&\vdots\\a_nb_{n1}&a_nb_{n2}&\cdots&a_nb_{nn}\end{pmatrix},\quad \boldsymbol{BA}=\begin{pmatrix}a_1b_{11}&a_2b_{12}&\cdots&a_nb_{1n}\\a_1b_{21}&a_2b_{22}&\cdots&a_nb_{2n}\\\vdots&\vdots&&\vdots\\a_1b_{n1}&a_2b_{n2}&\cdots&a_nb_{nn}\end{pmatrix}.$$

由 $\boldsymbol{AB}=\boldsymbol{BA}$ 可知,

$$a_ib_{ij}=a_jb_{ij}\quad(i\neq j).$$

注意到 $a_i\neq a_j\,(i\neq j)$, 故当 $i\neq j$ 时, $b_{ij}=0$, 即与 $\boldsymbol{A}$ 可交换的矩阵 $\boldsymbol{B}$ 是对角矩阵.

2.9 证明: 若 $\boldsymbol{A}$ 是 n 阶实对称矩阵, 且 $\boldsymbol{A}^2=\boldsymbol{O}$, 则 $\boldsymbol{A}=\boldsymbol{O}$.

证明 设 $\boldsymbol{A}=(a_{ij})_{n\times n}$ 是 n 阶实对称矩阵. 由 $a_{ij}=a_{ji}$ 可知, $\boldsymbol{A}^2$ 的主对角线的 (i,i) 元是

$$a_{i1}a_{1i}+a_{i2}a_{2i}+\cdots+a_{in}a_{ni}=\sum_{i=1}^{n}a_{ij}^2=0.$$

而 $a_{ij}\in\mathbb{R}$, 故对一切 $i,j\in\{1,2,\cdots,n\}$, 都有 $a_{ij}=0$, 即 $\boldsymbol{A}=\boldsymbol{O}$.

2.11 设 $\boldsymbol{A},\boldsymbol{B}$ 是 n 阶对称矩阵, 证明: $\boldsymbol{AB}$ 是对称矩阵的充要条件是 $\boldsymbol{AB}=\boldsymbol{BA}$.

证明 由于 $\boldsymbol{A},\boldsymbol{B}$ 是 n 阶对称矩阵, 因此, $\boldsymbol{A}^{\mathrm{T}}=\boldsymbol{A}, \boldsymbol{B}^{\mathrm{T}}=\boldsymbol{B}$. 所以

$$\boldsymbol{AB}\text{ 是对称矩阵}\Leftrightarrow(\boldsymbol{AB})^{\mathrm{T}}=\boldsymbol{B}^{\mathrm{T}}\boldsymbol{A}^{\mathrm{T}}=\boldsymbol{BA}=\boldsymbol{AB}.$$

2.15 设 $\boldsymbol{A}$ 是 $m\times n$ 矩阵, 证明: 如果对任一 n 维列向量 $\boldsymbol{x}$, 恒有 $\boldsymbol{Ax}=\boldsymbol{0}$, 则 $\boldsymbol{A}$ 是零矩阵, 即 $\boldsymbol{A}=\boldsymbol{O}$.

证明 将矩阵 $\boldsymbol{A}$ 按列分块成 $\boldsymbol{A}=(\boldsymbol{\alpha}_1,\boldsymbol{\alpha}_2,\cdots,\boldsymbol{\alpha}_n)$. 设 $\boldsymbol{e}_1,\boldsymbol{e}_2,\cdots,\boldsymbol{e}_n$ 是 n 维单位列向量, 由题意知

$$\boldsymbol{A}\boldsymbol{e}_i=\boldsymbol{\alpha}_i=\mathbf{0}\quad(i=1,2,\cdots,n),$$

即 $\boldsymbol{A}$ 的每一列都是零向量, 故 $\boldsymbol{A}=\boldsymbol{O}$.

2.16 我们称矩阵

$$\boldsymbol{P}_n=\begin{pmatrix} & & & 1\\ & & 1 & \\ & \iddots & & \\ 1 & & & \end{pmatrix}$$

为 n **阶排列矩阵**. 证明:

(1) n 阶排列阵 $\boldsymbol{P}_n$ 既是对称矩阵又是正交矩阵, 即 $\boldsymbol{P}_n^{\mathrm{T}}=\boldsymbol{P}_n,\boldsymbol{P}_n^{\mathrm{T}}\boldsymbol{P}_n=\boldsymbol{I}$;

(2) 设 $\boldsymbol{A}$ 是任一 n 阶矩阵, 以 n 阶排列矩阵 $\boldsymbol{P}_n$ 左 (右) 乘矩阵 $\boldsymbol{A}$, 等于将 $\boldsymbol{A}$ 的第 i 行 (列) 与第 $n-i+1$ 行 (列) 交换 $(i=1,2,\cdots,,n)$ 而得到的矩阵. 或者说, 等于将 $\boldsymbol{A}$ 的第 1 行 (列) 与最后一行 (列) 交换, 再将 $\boldsymbol{A}$ 的第 2 行 (列) 与倒数第 2 行 (列) 交换, 再将 $\boldsymbol{A}$ 的第 3 行 (列) 与倒数第 3 行 (列) 交换 $\cdots\cdots$ 全部交换完而得到的矩阵.

证明 (1) $\boldsymbol{P}_n^{\mathrm{T}}=\boldsymbol{P}_n$ 是显然的. 其次,

$$\begin{aligned}\boldsymbol{P}_n^{\mathrm{T}}\boldsymbol{P}_n&=(\boldsymbol{e}_n,\boldsymbol{e}_{n-1},\cdots,\boldsymbol{e}_1)\begin{pmatrix}\boldsymbol{e}_n^{\mathrm{T}}\\ \boldsymbol{e}_{n-1}^{\mathrm{T}}\\ \vdots\\ \boldsymbol{e}_1^{\mathrm{T}}\end{pmatrix}\\&=\boldsymbol{e}_n\boldsymbol{e}_n^{\mathrm{T}}+\boldsymbol{e}_{n-1}\boldsymbol{e}_{n-1}^{\mathrm{T}}+\cdots+\boldsymbol{e}_1\boldsymbol{e}_1^{\mathrm{T}}\\&=\boldsymbol{E}_{nn}+\boldsymbol{E}_{n-1,n-1}+\cdots+\boldsymbol{E}_{11}\\&=\boldsymbol{I}.\end{aligned}$$

(2) 设 $\boldsymbol{A}=(\boldsymbol{\alpha}_1,\boldsymbol{\alpha}_2,\cdots,\boldsymbol{\alpha}_n)$ 是矩阵 $\boldsymbol{A}$ 的列分块, 则右乘的情形

$$\begin{aligned}\boldsymbol{A}\boldsymbol{P}_n&=\boldsymbol{A}(\boldsymbol{e}_n,\boldsymbol{e}_{n-1},\cdots,\boldsymbol{e}_1)\\&=(\boldsymbol{A}\boldsymbol{e}_n,\boldsymbol{A}\boldsymbol{e}_{n-1},\cdots,\boldsymbol{A}\boldsymbol{e}_1)\\&=(\boldsymbol{\alpha}_n,\boldsymbol{\alpha}_{n-1},\cdots,\boldsymbol{\alpha}_1).\end{aligned}$$

再设 $\boldsymbol{A}=\begin{pmatrix}\boldsymbol{\beta}_1^{\mathrm{T}}\\ \boldsymbol{\beta}_2^{\mathrm{T}}\\ \vdots\\ \boldsymbol{\beta}_n^{\mathrm{T}}\end{pmatrix}$ 是矩阵 $\boldsymbol{A}$ 的行分块, 则左乘的情形

$$\boldsymbol{P}_n\boldsymbol{A}=\begin{pmatrix}\boldsymbol{e}_n^{\mathrm{T}}\\ \boldsymbol{e}_{n-1}^{\mathrm{T}}\\ \vdots\\ \boldsymbol{e}_1^{\mathrm{T}}\end{pmatrix}\boldsymbol{A}=\begin{pmatrix}\boldsymbol{e}_n^{\mathrm{T}}\boldsymbol{A}\\ \boldsymbol{e}_{n-1}^{\mathrm{T}}\boldsymbol{A}\\ \vdots\\ \boldsymbol{e}_1^{\mathrm{T}}\boldsymbol{A}\end{pmatrix}=\begin{pmatrix}\boldsymbol{\beta}_n^{\mathrm{T}}\\ \boldsymbol{\beta}_{n-1}^{\mathrm{T}}\\ \vdots\\ \boldsymbol{\beta}_1^{\mathrm{T}}\end{pmatrix}.$$

2.17 称

$$\boldsymbol{U}_n=\begin{pmatrix}0&1&0&\cdots&0&0\\0&0&1&\cdots&0&0\\\vdots&\vdots&\vdots&&\vdots&\vdots\\0&0&0&\cdots&0&1\\1&0&0&\cdots&0&0\end{pmatrix}_{n\times n},$$

为 n **阶基本循环矩阵**. (1) 证明:

$$\boldsymbol{U}_n^k=\begin{pmatrix}\boldsymbol{O}&\boldsymbol{I}_{n-k}\\\boldsymbol{I}_k&\boldsymbol{O}\end{pmatrix}\ (k=1,2,\cdots,n-1),\quad \boldsymbol{U}_n^n=\boldsymbol{I}_n.$$

证明 当 $k=1$ 时结论成立. 假设对某个 $k\,(1\leqslant k\leqslant n-2)$ 结论也成立, 即

$$\boldsymbol{U}_n^k=\begin{pmatrix}\boldsymbol{O}&\boldsymbol{I}_{n-k}\\\boldsymbol{I}_k&\boldsymbol{O}\end{pmatrix}=(\boldsymbol{e}_{n-k+1},\boldsymbol{e}_{n-k+2},\cdots,\boldsymbol{e}_n,\boldsymbol{e}_1,\boldsymbol{e}_2,\cdots,\boldsymbol{e}_{n-k}).$$

则

$$\begin{aligned}\boldsymbol{U}_n^{k+1}=\boldsymbol{U}_n^k\boldsymbol{U}_n&=\begin{pmatrix}\boldsymbol{O}&\boldsymbol{I}_{n-k}\\\boldsymbol{I}_k&\boldsymbol{O}\end{pmatrix}(\boldsymbol{e}_n,\boldsymbol{e}_1,\boldsymbol{e}_2,\cdots,\boldsymbol{e}_{n-1})\\&=(\boldsymbol{e}_{n-k},\boldsymbol{e}_{n-k+1},\cdots,\boldsymbol{e}_n,\boldsymbol{e}_1,\boldsymbol{e}_2,\cdots,\boldsymbol{e}_{n-k-1})\\&=\begin{pmatrix}\boldsymbol{O}&\boldsymbol{I}_{n-k-1}\\\boldsymbol{I}_{k+1}&\boldsymbol{O}\end{pmatrix},\\ \boldsymbol{U}_n^n=\boldsymbol{U}_n^{n-1}\boldsymbol{U}_n&=\begin{pmatrix}\boldsymbol{0}&1\\\boldsymbol{I}_{n-1}&\boldsymbol{0}\end{pmatrix}(\boldsymbol{e}_n,\boldsymbol{e}_1,\boldsymbol{e}_2,\cdots,\boldsymbol{e}_{n-1})\\&=(\boldsymbol{e}_1,\boldsymbol{e}_2,\cdots,\boldsymbol{e}_n)=\boldsymbol{I}_n.\end{aligned}$$

由数学归纳法原理可知, 结论成立.

2.18 (1) 设 $\boldsymbol{e}_i$ 是第 i 个 n 维单位列向量, $i_1,i_2,\cdots,i_n$ 是 $1,2,\cdots,n$ 的一个排列. 证明: $\boldsymbol{A}=(\boldsymbol{e}_{i_1},\boldsymbol{e}_{i_2},\cdots,\boldsymbol{e}_{i_n})$ 是 n 阶正交矩阵.

(2) 设 $\boldsymbol{E}_{ks},\boldsymbol{E}_{ij}$ 都是 n 阶基本矩阵, δ_{ij} 是克罗内克符号. 证明:

$$\boldsymbol{E}_{ks}\boldsymbol{E}_{ij}=\delta_{si}\boldsymbol{E}_{kj},\quad \boldsymbol{E}_{ij}^2=\delta_{ij}\boldsymbol{E}_{ij}.$$

证明 (1) **方法 1** 由 $\boldsymbol{e}_i^{\mathrm{T}}\boldsymbol{e}_j=\delta_{ij}$ 得

$$\boldsymbol{A}^{\mathrm{T}}\boldsymbol{A}=\begin{pmatrix}\boldsymbol{e}_{i_1}^{\mathrm{T}}\\ \boldsymbol{e}_{i_2}^{\mathrm{T}}\\ \vdots\\ \boldsymbol{e}_{i_n}^{\mathrm{T}}\end{pmatrix}(\boldsymbol{e}_{i_1},\boldsymbol{e}_{i_2},\cdots,\boldsymbol{e}_{i_n})$$

$$=\begin{pmatrix}\boldsymbol{e}_{i_1}^{\mathrm{T}}\boldsymbol{e}_{i_1} & \boldsymbol{e}_{i_1}^{\mathrm{T}}\boldsymbol{e}_{i_2} & \cdots & \boldsymbol{e}_{i_1}^{\mathrm{T}}\boldsymbol{e}_{i_n}\\ \boldsymbol{e}_{i_2}^{\mathrm{T}}\boldsymbol{e}_{i_1} & \boldsymbol{e}_{i_2}^{\mathrm{T}}\boldsymbol{e}_{i_2} & \cdots & \boldsymbol{e}_{i_2}^{\mathrm{T}}\boldsymbol{e}_{i_n}\\ \vdots & \vdots & & \vdots\\ \boldsymbol{e}_{i_n}^{\mathrm{T}}\boldsymbol{e}_{i_1} & \boldsymbol{e}_{i_n}^{\mathrm{T}}\boldsymbol{e}_{i_2} & \cdots & \boldsymbol{e}_{i_n}^{\mathrm{T}}\boldsymbol{e}_{i_n}\end{pmatrix}$$

$$=\begin{pmatrix}1 & 0 & \cdots & 0\\ 0 & 1 & \cdots & 0\\ \vdots & \vdots & & \vdots\\ 0 & 0 & \cdots & 1\end{pmatrix}=\boldsymbol{I}_n.$$

方法 2 由 $\boldsymbol{e}_i\boldsymbol{e}_j^{\mathrm{T}}=\boldsymbol{E}_{ij}$ 得,

$$\boldsymbol{A}\boldsymbol{A}^{\mathrm{T}}=(\boldsymbol{e}_{i_1},\boldsymbol{e}_{i_2},\cdots,\boldsymbol{e}_{i_n})\begin{pmatrix}\boldsymbol{e}_{i_1}^{\mathrm{T}}\\ \boldsymbol{e}_{i_2}^{\mathrm{T}}\\ \vdots\\ \boldsymbol{e}_{i_n}^{\mathrm{T}}\end{pmatrix}=\sum_{k=1}^{n}\boldsymbol{e}_{i_k}\boldsymbol{e}_{i_k}^{\mathrm{T}}=\sum_{k=1}^{n}\boldsymbol{E}_{i_ki_k}=\sum_{i=1}^{n}\boldsymbol{E}_{ii}=\boldsymbol{I}.$$

(2)

$$\boldsymbol{E}_{ks}\boldsymbol{E}_{ij}=\boldsymbol{e}_k\boldsymbol{e}_s^{\mathrm{T}}\boldsymbol{e}_i\boldsymbol{e}_j^{\mathrm{T}}=\boldsymbol{e}_k(\boldsymbol{e}_s^{\mathrm{T}}\boldsymbol{e}_i)\boldsymbol{e}_j^{\mathrm{T}}=\delta_{si}\boldsymbol{e}_k\boldsymbol{e}_j^{\mathrm{T}}=\delta_{si}\boldsymbol{E}_{kj},$$

$$\boldsymbol{E}_{ij}^2=\boldsymbol{E}_{ij}\boldsymbol{E}_{ij}=\delta_{ij}\boldsymbol{E}_{ij}.$$

2.21 (1) 设 $\boldsymbol{A}$ 是 n 阶矩阵, k 是非零常数, 证明:

(i) $(\boldsymbol{A}^{\mathrm{T}})^*=(\boldsymbol{A}^*)^{\mathrm{T}}$; (ii) $(k\boldsymbol{A})^*=k^{n-1}\boldsymbol{A}^*$.

(2) 设 $\boldsymbol{A}$ 是 n 阶可逆矩阵, 证明:

(i) $\boldsymbol{A}^*=|\boldsymbol{A}|\boldsymbol{A}^{-1}$; (ii) $|\boldsymbol{A}^*|=|\boldsymbol{A}|^{n-1}$;

(iii) $(\boldsymbol{A}^*)^*=|\boldsymbol{A}|^{n-2}\boldsymbol{A}$; (iv) $(\boldsymbol{A}^*)^{-1}=(\boldsymbol{A}^{-1})^*=|\boldsymbol{A}|^{-1}\boldsymbol{A}$.

证明 (1) (i) 由于 $(\boldsymbol{A}^{\mathrm{T}})^*$ 的 (i,j) 元是 $\boldsymbol{A}^{\mathrm{T}}$ 的 (j,i) 元的代数余子式, 也是 $\boldsymbol{A}$ 的 (i,j) 元的代数余子式, 等于 $(\boldsymbol{A}^*)^{\mathrm{T}}$ 的 (i,j) 元, 故 $(\boldsymbol{A}^{\mathrm{T}})^*=(\boldsymbol{A}^*)^{\mathrm{T}}$.

(ii) 注意到 $k\boldsymbol{A}$ 的任一元素的代数余子式是一个 $n-1$ 阶行列式, 其中每一行都可提一个公因子 k, 这相当于 $(k\boldsymbol{A})^*$ 中每一个元素都含有公因子 k^{n-1}, 把这个公因子提出去, 剩下的部分就是 $\boldsymbol{A}^*$, 故 $(k\boldsymbol{A})^*=k^{n-1}\boldsymbol{A}^*$.

(2) (i) 注意到 $\boldsymbol{A}$ 是 n 阶可逆矩阵, 因而 $|\boldsymbol{A}|\neq 0$. 由 $\boldsymbol{A}\boldsymbol{A}^*=|\boldsymbol{A}|\boldsymbol{I}$ 得 $\boldsymbol{A}^*=|\boldsymbol{A}|\boldsymbol{A}^{-1}$.

(ii) 在 $\boldsymbol{A}\boldsymbol{A}^*=|\boldsymbol{A}|\boldsymbol{I}$ 的两边同时求行列式得 $|\boldsymbol{A}|\cdot|\boldsymbol{A}^*|=|\boldsymbol{A}|^n$, 且 $|\boldsymbol{A}|\neq 0$, 故 $|\boldsymbol{A}^*|=|\boldsymbol{A}|^{n-1}$.

(iii) 由 $\boldsymbol{A}^*=|\boldsymbol{A}|\boldsymbol{A}^{-1}$ 得

$$(\boldsymbol{A}^*)^*=|\boldsymbol{A}^*|(\boldsymbol{A}^*)^{-1}=|\boldsymbol{A}|^{n-1}\cdot\frac{1}{|\boldsymbol{A}|}\boldsymbol{A}=|\boldsymbol{A}|^{n-2}\boldsymbol{A}$$

(iv) 由 $\boldsymbol{A}\boldsymbol{A}^*=|\boldsymbol{A}|\boldsymbol{I}$ 及 $|\boldsymbol{A}|\neq 0$ 知

$$(\boldsymbol{A}^*)^{-1}=(\boldsymbol{A}^{-1})^*=|\boldsymbol{A}|^{-1}\boldsymbol{A}.$$

2.23 设 $\boldsymbol{A},\boldsymbol{B}$ 都是 n 阶矩阵, 且 $|\boldsymbol{A}|=2,|\boldsymbol{B}|=-3$, 求 $|3\boldsymbol{A}^*\boldsymbol{B}^{-1}|$.

解 $|3\boldsymbol{A}^*\boldsymbol{B}^{-1}|=3^n|\boldsymbol{A}^*|\cdot|\boldsymbol{B}^{-1}|=3^n|\boldsymbol{A}|^{n-1}\cdot|\boldsymbol{B}^{-1}|=3^n\cdot 2^{n-1}\cdot(-3)^{-1}=-6^{n-1}$.

2.24 设矩阵 $\boldsymbol{A}$ 满足 $\boldsymbol{A}^2+3\boldsymbol{A}-2\boldsymbol{I}=\boldsymbol{O}$, 证明: $\boldsymbol{A}$ 及 $\boldsymbol{A}+\boldsymbol{I}$ 都可逆, 并求 $\boldsymbol{A}^{-1}$ 与 $(\boldsymbol{A}+\boldsymbol{I})^{-1}$.

证明 由已知得

$$\boldsymbol{A}\cdot\frac{1}{2}(\boldsymbol{A}+3\boldsymbol{I})=\boldsymbol{I},$$

故 $\boldsymbol{A}^{-1}=(\boldsymbol{A}+3\boldsymbol{I})/2$. 再有 $(\boldsymbol{A}+\boldsymbol{I})(\boldsymbol{A}+2\boldsymbol{I})=4\boldsymbol{I}$, 即

$$(\boldsymbol{A}+\boldsymbol{I})\cdot\frac{1}{4}(\boldsymbol{A}+2\boldsymbol{I})=\boldsymbol{I},$$

故 $(\boldsymbol{A}+\boldsymbol{I})^{-1}=(\boldsymbol{A}+2\boldsymbol{I})/4$.

2.26 求下列矩阵的逆矩阵:

$$(1)\ \boldsymbol{A}=\begin{pmatrix}1&1&0&0\\3&4&0&0\\0&0&5&2\\0&0&2&1\end{pmatrix};\qquad (2)\ \boldsymbol{A}=\begin{pmatrix}2&1&0&0\\3&2&0&0\\5&7&1&8\\-1&-3&-1&-6\end{pmatrix}.$$

解 (1) 注意到

$$\begin{pmatrix}1&1\\3&4\end{pmatrix}^{-1}=\begin{pmatrix}4&-1\\-3&1\end{pmatrix},\quad \begin{pmatrix}5&2\\2&1\end{pmatrix}^{-1}=\begin{pmatrix}1&-2\\-2&5\end{pmatrix},$$

因此,

$$\boldsymbol{A}^{-1}=\begin{pmatrix}4&-1&0&0\\-3&1&0&0\\0&0&1&-2\\0&0&-2&5\end{pmatrix}.$$

(2) 计算可得

$$\begin{pmatrix}2&1\\3&2\end{pmatrix}^{-1}=\begin{pmatrix}2&-1\\-3&2\end{pmatrix},\quad \begin{pmatrix}1&8\\-1&-6\end{pmatrix}^{-1}=\begin{pmatrix}-3&-4\\1/2&1/2\end{pmatrix},$$

$$\begin{aligned}&-\begin{pmatrix}1&8\\-1&-6\end{pmatrix}^{-1}\begin{pmatrix}5&7\\-1&-3\end{pmatrix}\begin{pmatrix}2&1\\3&2\end{pmatrix}^{-1}\\&=-\begin{pmatrix}-3&-4\\1/2&1/2\end{pmatrix}\begin{pmatrix}5&7\\-1&-3\end{pmatrix}\begin{pmatrix}2&-1\\-3&2\end{pmatrix}\\&=\begin{pmatrix}-5&7\\2&-2\end{pmatrix}.\end{aligned}$$

由例 2.22 可得

$$\boldsymbol{A}^{-1}=\begin{pmatrix}2&-1&0&0\\-3&2&0&0\\-5&7&-3&-4\\2&-2&1/2&1/2\end{pmatrix}.$$

2.27 已知矩阵 $\boldsymbol{A}$ 的伴随矩阵

$$\boldsymbol{A}^*=\begin{pmatrix}1&0&0&0\\0&1&0&0\\1&0&1&0\\0&-3&0&8\end{pmatrix},$$

且 $\boldsymbol{ABA}^{-1}=\boldsymbol{BA}^{-1}+3\boldsymbol{I}$, 求矩阵 $\boldsymbol{B}$.

解 经计算得 $|\boldsymbol{A}^*|=8=|\boldsymbol{A}|^3, |\boldsymbol{A}|=2$. 由已知得 $\boldsymbol{AB}=\boldsymbol{B}+3\boldsymbol{A}$, 即 $(\boldsymbol{A}-\boldsymbol{I})\boldsymbol{B}=3\boldsymbol{A}$, 所以

$$\boldsymbol{A}^*(\boldsymbol{A}-\boldsymbol{I})\boldsymbol{B}=3\boldsymbol{A}^*\boldsymbol{A}.$$

再由 $\boldsymbol{AA}^*=\boldsymbol{A}^*\boldsymbol{A}=2\boldsymbol{I}$ 可得

$$(2\boldsymbol{I}-\boldsymbol{A}^*)\boldsymbol{B}=6\boldsymbol{I},$$

故 $\boldsymbol{B}=6(2\boldsymbol{I}-\boldsymbol{A}^*)^{-1}$. 而

$$2\boldsymbol{I}-\boldsymbol{A}^*=\begin{pmatrix}1&0&0&0\\0&1&0&0\\-1&0&1&0\\0&3&0&-6\end{pmatrix},$$

故

$$\boldsymbol{B}=6(2\boldsymbol{I}-\boldsymbol{A}^*)^{-1}=\begin{pmatrix}6&0&0&0\\0&6&0&0\\6&0&6&0\\0&3&0&-1\end{pmatrix}.$$

2.28 已知 $\boldsymbol{A}$ 是 m 阶可逆矩阵, $\boldsymbol{C}$ 是 n 阶可逆矩阵, 试证:

$$\boldsymbol{X}=\begin{pmatrix}\boldsymbol{O}&\boldsymbol{A}\\\boldsymbol{C}&\boldsymbol{O}\end{pmatrix}$$

是可逆矩阵, 并求 $\boldsymbol{X}^{-1}$.

证明 设 $\boldsymbol{Y}=\begin{pmatrix}\boldsymbol{Y}_{11}&\boldsymbol{Y}_{12}\\\boldsymbol{Y}_{21}&\boldsymbol{Y}_{22}\end{pmatrix}$, 满足 $\boldsymbol{XY}=\boldsymbol{I}$, 即

$$\begin{pmatrix}\boldsymbol{O}&\boldsymbol{A}\\\boldsymbol{C}&\boldsymbol{O}\end{pmatrix}\begin{pmatrix}\boldsymbol{Y}_{11}&\boldsymbol{Y}_{12}\\\boldsymbol{Y}_{21}&\boldsymbol{Y}_{22}\end{pmatrix}=\begin{pmatrix}\boldsymbol{I}_1&\boldsymbol{O}\\\boldsymbol{O}&\boldsymbol{I}_2\end{pmatrix}.$$

由分块矩阵的乘法, 比较等式两端得

$$\begin{cases} \boldsymbol{A}\boldsymbol{Y}_{21} = \boldsymbol{I}_1, \\ \boldsymbol{A}\boldsymbol{Y}_{22} = \boldsymbol{O}, \\ \boldsymbol{C}\boldsymbol{Y}_{11} = \boldsymbol{O}, \\ \boldsymbol{C}\boldsymbol{Y}_{12} = \boldsymbol{I}_2. \end{cases}$$

解得 $\boldsymbol{Y}_{21} = \boldsymbol{A}^{-1}, \boldsymbol{Y}_{12} = \boldsymbol{C}^{-1}, \boldsymbol{A}\boldsymbol{Y}_{22} = \boldsymbol{Y}_{11} = \boldsymbol{O}$. 故 $\boldsymbol{X}$ 是可逆矩阵, 且

$$\boldsymbol{X}^{-1} = \begin{pmatrix} \boldsymbol{O} & \boldsymbol{C}^{-1} \\ \boldsymbol{A}^{-1} & \boldsymbol{O} \end{pmatrix}.$$

2.30 已知 $a_i \neq 0\,(i = 1, 2, \cdots, n)$, 求 $\boldsymbol{X}^{-1}$ 及 $\boldsymbol{X}^*$, 其中

$$\boldsymbol{X} = \begin{pmatrix} 0 & a_1 & 0 & \cdots & 0 & 0 \\ 0 & 0 & a_2 & \cdots & 0 & 0 \\ \vdots & \vdots & \vdots & & \vdots & \vdots \\ 0 & 0 & 0 & \cdots & 0 & a_{n-1} \\ a_n & 0 & 0 & \cdots & 0 & 0 \end{pmatrix}.$$

解 将矩阵 $\boldsymbol{X}$ 分块成 $\boldsymbol{X} = \begin{pmatrix} \boldsymbol{0} & \boldsymbol{A} \\ a_n & \boldsymbol{0} \end{pmatrix}$, 其中 $\boldsymbol{A} = \operatorname{diag}(a_1, a_2, \cdots, a_{n-1})$. 注意到 $|\boldsymbol{X}| = (-1)^{1+n} a_1 a_2 \cdots a_n$, 每一个 $a_i \neq 0\,(i = 1, 2, \cdots, n)$, 因此, 对角矩阵中 $\boldsymbol{A}$ 可逆, 且

$$\boldsymbol{A}^{-1} = \operatorname{diag}(a_1^{-1}, a_2^{-1}, \cdots, a_{n-1}^{-1}).$$

由习题第 2.28 题可知,

$$\boldsymbol{X}^{-1} = \begin{pmatrix} \boldsymbol{0} & a_n^{-1} \\ \boldsymbol{A}^{-1} & \boldsymbol{0} \end{pmatrix}, \quad \boldsymbol{X}^* = |\boldsymbol{X}|\boldsymbol{X}^{-1} = (-1)^{1+n} \prod_{i=1}^{n} a_i \boldsymbol{X}^{-1}.$$

2.31 若 $\boldsymbol{A} = \operatorname{diag}(\boldsymbol{A}_1, \boldsymbol{A}_2, \cdots, \boldsymbol{A}_n)$ 是分块对角矩阵, 且每一个子块 $\boldsymbol{A}_i\,(i = 1, 2, \cdots, n)$ 都是可逆矩阵, 证明: $\boldsymbol{A}$ 可逆, 且

$$\boldsymbol{A}^{-1} = \operatorname{diag}(\boldsymbol{A}_1^{-1}, \boldsymbol{A}_2^{-1}, \cdots, \boldsymbol{A}_n^{-1}).$$

特别地, 若 $\boldsymbol{\Lambda} = \operatorname{diag}(\lambda_1, \lambda_2, \cdots, \lambda_n)$ 是对角矩阵, $\lambda_i \neq 0\,(i = 1, 2, \cdots, n)$, 则 $\boldsymbol{\Lambda}$ 可逆, 且

$$\boldsymbol{\Lambda}^{-1} = \operatorname{diag}(\lambda_1^{-1}, \lambda_2^{-1}, \cdots, \lambda_n^{-1}).$$

证明 由分块矩阵相乘的性质得

$$\operatorname{diag}(\boldsymbol{A}_1, \boldsymbol{A}_2, \cdots, \boldsymbol{A}_n) \cdot \operatorname{diag}(\boldsymbol{A}_1^{-1}, \boldsymbol{A}_2^{-1}, \cdots, \boldsymbol{A}_n^{-1}) = \boldsymbol{I}.$$

故 $\boldsymbol{A}^{-1} = \operatorname{diag}(\boldsymbol{A}_1^{-1}, \boldsymbol{A}_2^{-1}, \cdots, \boldsymbol{A}_n^{-1})$.

2.32 证明: 若 $\boldsymbol{P}$ 是可逆矩阵, $\boldsymbol{A}=\boldsymbol{P\Lambda P}^{-1}$, 则 $\boldsymbol{A}^n=\boldsymbol{P\Lambda}^n\boldsymbol{P}^{-1}$.

证明 (数学归纳法) 当 $n=1$ 时结论已成立. 假设当 $n=k$ 时结论成立, 即 $\boldsymbol{A}^k=\boldsymbol{P\Lambda}^k\boldsymbol{P}^{-1}$, 则当 $n=k+1$ 时,

$$\boldsymbol{A}^{k+1}=\boldsymbol{A}^k\boldsymbol{A}=\boldsymbol{P\Lambda}^k\boldsymbol{P}^{-1}\cdot\boldsymbol{P\Lambda P}^{-1}=\boldsymbol{P\Lambda}^{k+1}\boldsymbol{P}^{-1},$$

结论也成立, 故 $\boldsymbol{A}^n=\boldsymbol{P\Lambda}^n\boldsymbol{P}^{-1}$ 对一切正整数 n 都成立.

2.42 用例 2.30 的两种方法做习题第 2.29 题.

2.29 设 $\boldsymbol{A},\boldsymbol{B}$ 都是 n 阶可逆矩阵, 试证: $\boldsymbol{D}=\begin{pmatrix}\boldsymbol{A} & \boldsymbol{A}\\ \boldsymbol{C}-\boldsymbol{B} & \boldsymbol{C}\end{pmatrix}$ 是可逆矩阵, 并求 $\boldsymbol{D}^{-1}$.

证法 1 由于

$$\left(\begin{array}{cc:cc}\boldsymbol{A} & \boldsymbol{A} & \boldsymbol{I} & \boldsymbol{O}\\ \boldsymbol{C}-\boldsymbol{B} & \boldsymbol{C} & \boldsymbol{O} & \boldsymbol{I}\end{array}\right)\xrightarrow{r_2-(\boldsymbol{C}-\boldsymbol{B})\boldsymbol{A}^{-1}\cdot r_1}\left(\begin{array}{cc:cc}\boldsymbol{A} & \boldsymbol{A} & \boldsymbol{I} & \boldsymbol{O}\\ \boldsymbol{O} & \boldsymbol{B} & (\boldsymbol{B}-\boldsymbol{C})\boldsymbol{A}^{-1} & \boldsymbol{I}\end{array}\right)$$

$$\xrightarrow{r_1-\boldsymbol{AB}^{-1}\cdot r_2}\left(\begin{array}{cc:cc}\boldsymbol{A} & \boldsymbol{O} & \boldsymbol{AB}^{-1}\boldsymbol{CA}^{-1} & -\boldsymbol{AB}^{-1}\\ \boldsymbol{O} & \boldsymbol{B} & (\boldsymbol{B}-\boldsymbol{C})\boldsymbol{A}^{-1} & \boldsymbol{I}\end{array}\right)$$

$$\xrightarrow[\boldsymbol{B}^{-1}\cdot r_2]{\boldsymbol{A}^{-1}\cdot r_1}\left(\begin{array}{cc:cc}\boldsymbol{I} & \boldsymbol{O} & \boldsymbol{B}^{-1}\boldsymbol{CA}^{-1} & -\boldsymbol{B}^{-1}\\ \boldsymbol{O} & \boldsymbol{I} & \boldsymbol{B}^{-1}(\boldsymbol{B}-\boldsymbol{C})\boldsymbol{A}^{-1} & \boldsymbol{B}^{-1}\end{array}\right).$$

故 $\boldsymbol{D}$ 可逆, 且

$$\boldsymbol{D}^{-1}=\begin{pmatrix}\boldsymbol{B}^{-1}\boldsymbol{CA}^{-1} & -\boldsymbol{B}^{-1}\\ \boldsymbol{B}^{-1}(\boldsymbol{B}-\boldsymbol{C})\boldsymbol{A}^{-1} & \boldsymbol{B}^{-1}\end{pmatrix}.$$

证法 2 注意到

$$\begin{pmatrix}\boldsymbol{I} & \boldsymbol{O}\\ -(\boldsymbol{C}-\boldsymbol{B})\boldsymbol{A}^{-1} & \boldsymbol{I}\end{pmatrix}\begin{pmatrix}\boldsymbol{A} & \boldsymbol{A}\\ \boldsymbol{C}-\boldsymbol{B} & \boldsymbol{C}\end{pmatrix}=\begin{pmatrix}\boldsymbol{A} & \boldsymbol{A}\\ \boldsymbol{O} & \boldsymbol{B}\end{pmatrix},$$

$$\begin{pmatrix}\boldsymbol{I} & -\boldsymbol{AB}^{-1}\\ \boldsymbol{O} & \boldsymbol{I}\end{pmatrix}\begin{pmatrix}\boldsymbol{A} & \boldsymbol{A}\\ \boldsymbol{O} & \boldsymbol{B}\end{pmatrix}=\begin{pmatrix}\boldsymbol{A} & \boldsymbol{O}\\ \boldsymbol{O} & \boldsymbol{B}\end{pmatrix},$$

$$\begin{pmatrix}\boldsymbol{A}^{-1} & \boldsymbol{O}\\ \boldsymbol{O} & \boldsymbol{B}^{-1}\end{pmatrix}\begin{pmatrix}\boldsymbol{A} & \boldsymbol{O}\\ \boldsymbol{O} & \boldsymbol{B}\end{pmatrix}=\begin{pmatrix}\boldsymbol{I} & \boldsymbol{O}\\ \boldsymbol{O} & \boldsymbol{I}\end{pmatrix}.$$

故矩阵 $\boldsymbol{D}$ 可逆, 且

$$\begin{aligned}\boldsymbol{D}^{-1}&=\begin{pmatrix}\boldsymbol{A}^{-1} & \boldsymbol{O}\\ \boldsymbol{O} & \boldsymbol{B}^{-1}\end{pmatrix}\begin{pmatrix}\boldsymbol{I} & -\boldsymbol{AB}^{-1}\\ \boldsymbol{O} & \boldsymbol{I}\end{pmatrix}\begin{pmatrix}\boldsymbol{I} & \boldsymbol{O}\\ -(\boldsymbol{C}-\boldsymbol{B})\boldsymbol{A}^{-1} & \boldsymbol{I}\end{pmatrix}\\&=\begin{pmatrix}\boldsymbol{B}^{-1}\boldsymbol{CA}^{-1} & -\boldsymbol{B}^{-1}\\ \boldsymbol{B}^{-1}(\boldsymbol{B}-\boldsymbol{C})\boldsymbol{A}^{-1} & \boldsymbol{B}^{-1}\end{pmatrix}.\end{aligned}$$

2.43 用两种方法求

$$\boldsymbol{A}=\left(\begin{array}{cc:cc}1 & 1 & 1 & 1\\ 1 & -1 & 1 & -1\\ \hdashline 1 & 1 & -1 & -1\\ 1 & -1 & -1 & 1\end{array}\right)$$

的逆矩阵:

(1) 用矩阵的初等变换法;

(2) 按 $\boldsymbol{A}$ 中的分块法, 利用分块矩阵的初等行变换 (注意各小块矩阵的特点).

解法 1 用矩阵的初等变换法求逆矩阵:

$$(\boldsymbol{A},\boldsymbol{I})=\left(\begin{array}{cccc:cccc}1&1&1&1&1&0&0&0\\1&-1&1&-1&0&1&0&0\\1&1&-1&-1&0&0&1&0\\1&-1&-1&1&0&0&0&1\end{array}\right)$$

$$\xrightarrow[i=2,3,4]{r_i-r_1}\left(\begin{array}{cccc:cccc}1&1&1&1&1&0&0&0\\0&-2&0&-2&-1&1&0&0\\0&0&-2&-2&-1&0&1&0\\0&-2&-2&0&-1&0&0&1\end{array}\right)$$

$$\xrightarrow{r_4-r_2}\left(\begin{array}{cccc:cccc}1&1&1&1&1&0&0&0\\0&-2&0&-2&-1&1&0&0\\0&0&-2&-2&-1&0&1&0\\0&0&-2&2&0&-1&0&1\end{array}\right)$$

$$\xrightarrow{r_4-r_3}\left(\begin{array}{cccc:cccc}1&1&1&1&1&0&0&0\\0&-2&0&-2&-1&1&0&0\\0&0&-2&-2&-1&0&1&0\\0&0&0&4&1&-1&-1&1\end{array}\right)$$

$$\xrightarrow[r_2\times(-1/2),r_3\times(-1/2)]{r_4\times 1/4}\left(\begin{array}{cccc:cccc}1&1&1&1&1&0&0&0\\0&1&0&1&1/2&-1/2&0&0\\0&0&1&1&1/2&0&-1/2&0\\0&0&0&1&1/4&-1/4&-1/4&1/4\end{array}\right)$$

$$\xrightarrow[r_1-r_2,r_1-r_3]{r_i-r_4,i=1,2,3}\left(\begin{array}{cccc:cccc}1&0&0&0&1/4&1/4&1/4&1/4\\0&1&0&0&1/4&-1/4&1/4&-1/4\\0&0&1&0&1/4&1/4&-1/4&-1/4\\0&0&0&1&1/4&-1/4&-1/4&1/4\end{array}\right).$$

因此, 矩阵 $\boldsymbol{A}$ 的逆矩阵为

$$\boldsymbol{A}^{-1}=\frac{1}{4}\begin{pmatrix}1&1&1&1\\1&-1&1&-1\\1&1&-1&-1\\1&-1&-1&1\end{pmatrix}.$$

解法 2 用分块矩阵的初等行变换, 令 $\boldsymbol{B}=\begin{pmatrix}1&1\\1&-1\end{pmatrix}$, 则 $\boldsymbol{A}=\begin{pmatrix}\boldsymbol{B}&\boldsymbol{B}\\\boldsymbol{B}&-\boldsymbol{B}\end{pmatrix}$.

$$(\boldsymbol{A},\boldsymbol{I})=\left(\begin{array}{cc:cc}\boldsymbol{B} & \boldsymbol{B} & \boldsymbol{I} & \boldsymbol{O}\\ \boldsymbol{B} & -\boldsymbol{B} & \boldsymbol{O} & \boldsymbol{I}\end{array}\right)\xrightarrow{r_2-r_1}\left(\begin{array}{cc:cc}\boldsymbol{B} & \boldsymbol{B} & \boldsymbol{I} & \boldsymbol{O}\\ \boldsymbol{O} & -2\boldsymbol{B} & -\boldsymbol{I} & \boldsymbol{I}\end{array}\right)$$

$$\xrightarrow[r_2\times(-1/2)]{r_1+\frac{1}{2}r_2}\left(\begin{array}{cc:cc}\boldsymbol{B} & \boldsymbol{O} & \frac{1}{2}\boldsymbol{I} & \frac{1}{2}\boldsymbol{I}\\ \boldsymbol{O} & \boldsymbol{B} & \frac{1}{2}\boldsymbol{I} & -\frac{1}{2}\boldsymbol{I}\end{array}\right)$$

$$\xrightarrow[\boldsymbol{B}^{-1}\cdot r_2]{\boldsymbol{B}^{-1}\cdot r_1}\left(\begin{array}{cc:cc}\boldsymbol{I} & \boldsymbol{O} & \frac{1}{2}\boldsymbol{B}^{-1} & \frac{1}{2}\boldsymbol{B}^{-1}\\ \boldsymbol{O} & \boldsymbol{I} & \frac{1}{2}\boldsymbol{B}^{-1} & -\frac{1}{2}\boldsymbol{B}^{-1}\end{array}\right).$$

又因为 $\boldsymbol{B}^{-1}=\frac{1}{2}\begin{pmatrix}1 & 1\\ 1 & -1\end{pmatrix}$, 故

$$\boldsymbol{A}^{-1}=\frac{1}{4}\begin{pmatrix}1 & 1 & 1 & 1\\ 1 & -1 & 1 & -1\\ 1 & 1 & -1 & -1\\ 1 & -1 & -1 & 1\end{pmatrix}.$$

2.44 设 $\boldsymbol{A}$ 是 n 阶非奇异矩阵, $\boldsymbol{\alpha}$ 是 n 维列向量, b 是常数, 证明: 矩阵

$$\boldsymbol{Q}=\begin{pmatrix}\boldsymbol{A} & \boldsymbol{\alpha}\\ \boldsymbol{\alpha}^{\mathrm{T}} & b\end{pmatrix}$$

可逆的充要条件是 $\boldsymbol{\alpha}^{\mathrm{T}}\boldsymbol{A}^{-1}\boldsymbol{\alpha}\neq b$.

证明 利用分块矩阵的第三种初等变换计算行列式

$$|\boldsymbol{Q}|=\begin{vmatrix}\boldsymbol{A} & \boldsymbol{\alpha}\\ \boldsymbol{\alpha}^{\mathrm{T}} & b\end{vmatrix}\xlongequal{r_2-\boldsymbol{\alpha}^{\mathrm{T}}\boldsymbol{A}^{-1}\cdot r_1}\begin{vmatrix}\boldsymbol{A} & \boldsymbol{\alpha}\\ \boldsymbol{0} & b-\boldsymbol{\alpha}^{\mathrm{T}}\boldsymbol{A}^{-1}\boldsymbol{\alpha}\end{vmatrix}=|\boldsymbol{A}|(b-\boldsymbol{\alpha}^{\mathrm{T}}\boldsymbol{A}^{-1}\boldsymbol{\alpha}).$$

注意到 $\boldsymbol{A}$ 是可逆矩阵, $|\boldsymbol{A}|\neq 0$, 故矩阵 $\boldsymbol{Q}$ 可逆 $\Leftrightarrow|\boldsymbol{Q}|\neq 0\Leftrightarrow\boldsymbol{\alpha}^{\mathrm{T}}\boldsymbol{A}^{-1}\boldsymbol{\alpha}\neq b$.

2.45 设 $\boldsymbol{A},\boldsymbol{B}$ 分别是 $n\times m$ 与 $m\times n$ 矩阵, 证明:

$$\begin{vmatrix}\boldsymbol{I}_m & \boldsymbol{B}\\ \boldsymbol{A} & \boldsymbol{I}_n\end{vmatrix}=|\boldsymbol{I}_n-\boldsymbol{A}\boldsymbol{B}|=|\boldsymbol{I}_m-\boldsymbol{B}\boldsymbol{A}|.$$

证明 利用分块矩阵的第三种初等变换计算行列式

$$\begin{vmatrix}\boldsymbol{I}_m & \boldsymbol{B}\\ \boldsymbol{A} & \boldsymbol{I}_n\end{vmatrix}\xlongequal{r_2-\boldsymbol{A}\cdot r_1}\begin{vmatrix}\boldsymbol{I}_m & \boldsymbol{B}\\ \boldsymbol{O} & \boldsymbol{I}_n-\boldsymbol{A}\boldsymbol{B}\end{vmatrix}=|\boldsymbol{I}_n-\boldsymbol{A}\boldsymbol{B}|;$$

$$\begin{vmatrix}\boldsymbol{I}_m & \boldsymbol{B}\\ \boldsymbol{A} & \boldsymbol{I}_n\end{vmatrix}\xlongequal{c_1-c_2\cdot\boldsymbol{A}}\begin{vmatrix}\boldsymbol{I}_m-\boldsymbol{B}\boldsymbol{A} & \boldsymbol{B}\\ \boldsymbol{O} & \boldsymbol{I}_n\end{vmatrix}=|\boldsymbol{I}_m-\boldsymbol{B}\boldsymbol{A}|.$$

2.46 设 $\boldsymbol{A},\boldsymbol{B}$ 分别是 $n\times m$ 与 $m\times n$ 矩阵, $\lambda\neq 0$, 证明:

$$|\lambda\boldsymbol{I}_n-\boldsymbol{A}\boldsymbol{B}|=\lambda^{n-m}|\lambda\boldsymbol{I}_m-\boldsymbol{B}\boldsymbol{A}|.$$

证明 注意到 $\lambda \neq 0$, 利用上题的方法.

$$\begin{vmatrix} \boldsymbol{I}_m & \boldsymbol{B} \\ \boldsymbol{A} & \lambda \boldsymbol{I}_n \end{vmatrix} \xlongequal{r_2-\boldsymbol{A}\cdot r_1} \begin{vmatrix} \boldsymbol{I}_m & \boldsymbol{B} \\ \boldsymbol{O} & \lambda \boldsymbol{I}_n - \boldsymbol{AB} \end{vmatrix} = |\lambda \boldsymbol{I}_n - \boldsymbol{AB}|.$$

另一方面,

$$\begin{aligned} \begin{vmatrix} \boldsymbol{I}_m & \boldsymbol{B} \\ \boldsymbol{A} & \lambda \boldsymbol{I}_n \end{vmatrix} &\xlongequal{c_1-c_2\cdot\lambda^{-1}\boldsymbol{A}} \begin{vmatrix} \boldsymbol{I}_m - \lambda^{-1}\boldsymbol{BA} & \boldsymbol{B} \\ \boldsymbol{O} & \lambda \boldsymbol{I}_n \end{vmatrix} \\ &= \lambda^n |\boldsymbol{I}_m - \lambda^{-1}\boldsymbol{BA}| \\ &= \lambda^{n-m} |\lambda \boldsymbol{I}_m - \boldsymbol{BA}|. \end{aligned}$$

故

$$|\lambda \boldsymbol{I}_n - \boldsymbol{AB}| = \lambda^{n-m} |\lambda \boldsymbol{I}_m - \boldsymbol{BA}|.$$

注 当 $n > m$ 时, 本题结论对 $\lambda = 0$ 也成立, 请读者思考为什么?

2.50 证明: 任何秩为 r 的矩阵都可以表示成 r 个秩为 1 的矩阵之和.

证明 设矩阵 $\boldsymbol{A}_{m\times n}$ 的秩为 r, 则存在 m 阶及 n 阶可逆矩阵 $\boldsymbol{P}, \boldsymbol{Q}$, 使得

$$\boldsymbol{A} = \boldsymbol{P}\begin{pmatrix} \boldsymbol{I}_r & \boldsymbol{O} \\ \boldsymbol{O} & \boldsymbol{O} \end{pmatrix}\boldsymbol{Q} = \boldsymbol{P}\sum_{i=1}^{r}\boldsymbol{E}_{ii}\boldsymbol{Q} = \sum_{i=1}^{r}\boldsymbol{P}\boldsymbol{E}_{ii}\boldsymbol{Q},$$

其中 $\boldsymbol{E}_{ii}$ 是表示 (i,i) 元为 1, 其余元为零的 $m \times n$ 基本矩阵. 由于 $\boldsymbol{P}, \boldsymbol{Q}$ 都是可逆矩阵, 因而, $\boldsymbol{P}\boldsymbol{E}_{ii}\boldsymbol{Q}$ 的秩为 1.

2.51 设 $\boldsymbol{A}$ 是 $m \times n$ 矩阵, 证明: $\mathrm{R}(\boldsymbol{A}) = 1$ 的充要条件是存在 m 维非零列向量 $\boldsymbol{\alpha}$ 和 n 维非零列向量 $\boldsymbol{\beta}$, 使得 $\boldsymbol{A} = \boldsymbol{\alpha}\boldsymbol{\beta}^{\mathrm{T}}$.

证明 以 $\boldsymbol{E}_{11}$ 表示 $(1,1)$ 元为 1, 其余元为零的 $m \times n$ 矩阵, $\boldsymbol{e}_m, \boldsymbol{e}_n$ 分别表示 m 维和 n 维单位列向量, 则 $\mathrm{R}(\boldsymbol{A}) = 1 \Leftrightarrow$ 存在 m 阶和 n 阶可逆矩阵 $\boldsymbol{P}, \boldsymbol{Q}$, 使得 $\boldsymbol{A} = \boldsymbol{P}\boldsymbol{E}_{11}\boldsymbol{Q} \Leftrightarrow \boldsymbol{A} = \boldsymbol{P}\boldsymbol{e}_m\boldsymbol{e}_n^{\mathrm{T}}\boldsymbol{Q} = \boldsymbol{\alpha}\boldsymbol{\beta}^{\mathrm{T}}$. 这里, $\boldsymbol{\alpha} = \boldsymbol{P}\boldsymbol{e}_m$, $\boldsymbol{\beta} = \boldsymbol{Q}^{\mathrm{T}}\boldsymbol{e}_n$ 分别是 m 维和 n 维的非零列向量.

2.52 证明矩阵的**满秩分解定理**: 设 $m \times n$ 矩阵 $\boldsymbol{A}$ 的秩为 r, 则必存在列满秩矩阵 $\boldsymbol{H}_{m\times r}$ 和行满秩矩阵 $\boldsymbol{L}_{r\times n}$, 使得 $\boldsymbol{A} = \boldsymbol{HL}$.

证明 存在 m 阶及 n 阶可逆矩阵 $\boldsymbol{P}, \boldsymbol{Q}$, 使得

$$\boldsymbol{A} = \boldsymbol{P}\begin{pmatrix} \boldsymbol{I}_r & \boldsymbol{O} \\ \boldsymbol{O} & \boldsymbol{O} \end{pmatrix}\boldsymbol{Q}.$$

注意到

$$\begin{pmatrix} \boldsymbol{I}_r & \boldsymbol{O} \\ \boldsymbol{O} & \boldsymbol{O} \end{pmatrix}_{m\times n} = \begin{pmatrix} \boldsymbol{I}_r \\ \boldsymbol{O} \end{pmatrix}_{m\times r} (\boldsymbol{I}_r, \boldsymbol{O})_{r\times n}.$$

令

$$\boldsymbol{H}_{m\times r} = \boldsymbol{P}\begin{pmatrix} \boldsymbol{I}_r \\ \boldsymbol{O} \end{pmatrix}, \quad \boldsymbol{L}_{r\times n} = (\boldsymbol{I}_r, \boldsymbol{O})\boldsymbol{Q},$$

则 $\boldsymbol{H}_{m\times r}, \boldsymbol{L}_{r\times n}$ 分别是列满秩矩阵和行满秩矩阵, 且 $\boldsymbol{A} = \boldsymbol{HL}$.

2.53 利用矩阵的满秩分解定理证明矩阵秩的性质 4.

性质 4 设 $\boldsymbol{A}$ 是 $m\times t$ 矩阵, 设 $\boldsymbol{B}$ 是 $m\times s$ 矩阵, 则

$$\max\{\mathrm{R}(\boldsymbol{A}),\mathrm{R}(\boldsymbol{B})\}\leqslant \mathrm{R}(\boldsymbol{A},\boldsymbol{B})\leqslant \mathrm{R}(\boldsymbol{A})+\mathrm{R}(\boldsymbol{B}).$$

证明 设 $\mathrm{R}(\boldsymbol{A})=r_1,\mathrm{R}(\boldsymbol{B})=r_2$. 由矩阵的满秩分解定理可知

$$\boldsymbol{A}=\boldsymbol{H}_1\boldsymbol{L}_1,\quad \boldsymbol{B}=\boldsymbol{H}_2\boldsymbol{L}_2,$$

其中 $\boldsymbol{H}_1,\boldsymbol{H}_2$ 分别是 $m\times r_1,m\times r_2$ 列满秩矩阵, $\boldsymbol{L}_1,\boldsymbol{L}_2$ 分别是 $r_1\times t,r_2\times s$ 行满秩矩阵. 注意到

$$(\boldsymbol{A},\boldsymbol{B})=(\boldsymbol{H}_1\boldsymbol{L}_1,\boldsymbol{H}_2\boldsymbol{L}_2)=(\boldsymbol{H}_1,\boldsymbol{H}_2)\begin{pmatrix}\boldsymbol{L}_1 & \boldsymbol{O}\\ \boldsymbol{O} & \boldsymbol{L}_2\end{pmatrix},$$

其中

$$\mathrm{R}(\boldsymbol{H}_1,\boldsymbol{H}_2)\leqslant r_1+r_2,\quad \mathrm{R}\begin{pmatrix}\boldsymbol{L}_1 & \boldsymbol{O}\\ \boldsymbol{O} & \boldsymbol{L}_2\end{pmatrix}=r_1+r_2,$$

故 $\mathrm{R}(\boldsymbol{A},\boldsymbol{B})\leqslant r_1+r_2$.

另一方面, $\mathrm{R}(\boldsymbol{A})\leqslant\mathrm{R}(\boldsymbol{A},\boldsymbol{B}),\mathrm{R}(\boldsymbol{B})\leqslant\mathrm{R}(\boldsymbol{A},\boldsymbol{B})$ 都是显然的, 故

$$\max\{\mathrm{R}(\boldsymbol{A}),\mathrm{R}(\boldsymbol{B})\}\leqslant \mathrm{R}(\boldsymbol{A},\boldsymbol{B})\leqslant \mathrm{R}(\boldsymbol{A})+\mathrm{R}(\boldsymbol{B}).$$

2.54 设 $\boldsymbol{A},\boldsymbol{B}$ 分别是 $m\times n,n\times s$ 矩阵, 若 $\boldsymbol{A}$ 是列满秩矩阵, 则 $\mathrm{R}(\boldsymbol{AB})=\mathrm{R}(\boldsymbol{B})$; 若 $\boldsymbol{B}$ 是行满秩矩阵, 则 $\mathrm{R}(\boldsymbol{AB})=\mathrm{R}(\boldsymbol{A})$.

证明 由 $\mathrm{R}(\boldsymbol{A})=n$ 知, 存在 m 阶和 n 阶可逆矩阵 $\boldsymbol{P},\boldsymbol{Q}$, 使得

$$\boldsymbol{A}=\boldsymbol{P}\begin{pmatrix}\boldsymbol{I}_n\\ \boldsymbol{O}\end{pmatrix}\boldsymbol{Q}.$$

因此,

$$\boldsymbol{AB}=\boldsymbol{P}\begin{pmatrix}\boldsymbol{I}_n\\ \boldsymbol{O}\end{pmatrix}\boldsymbol{QB}=\boldsymbol{P}\begin{pmatrix}\boldsymbol{QB}\\ \boldsymbol{O}\end{pmatrix}.$$

故

$$\mathrm{R}(\boldsymbol{AB})=\mathrm{R}(\boldsymbol{QB})=\mathrm{R}(\boldsymbol{B}).$$

2.55 设 $\boldsymbol{A}$ 是 n 阶**幂等矩阵**, 即 $\boldsymbol{A}^2=\boldsymbol{A}$, 证明: $\mathrm{R}(\boldsymbol{A})+\mathrm{R}(\boldsymbol{A}-\boldsymbol{I})=n$.

证明 由 $\boldsymbol{A}^2=\boldsymbol{A}$ 知, $\boldsymbol{A}(\boldsymbol{A}-\boldsymbol{I})=\boldsymbol{O}$. 由矩阵秩的性质 5 可知

$$\mathrm{R}(\boldsymbol{A})+\mathrm{R}(\boldsymbol{A}-\boldsymbol{I})\leqslant n.$$

另一方面, 由矩阵秩的性质 6 可知

$$\mathrm{R}(\boldsymbol{A})+\mathrm{R}(\boldsymbol{A}-\boldsymbol{I})\geqslant\mathrm{R}(\boldsymbol{A}-(\boldsymbol{A}-\boldsymbol{I}))=\mathrm{R}(\boldsymbol{I})=n,$$

所以

$$\mathrm{R}(\boldsymbol{A})+\mathrm{R}(\boldsymbol{A}-\boldsymbol{I})=n.$$

2.56 设 $\boldsymbol{A}$ 是 n 阶**对合矩阵**, 即 $\boldsymbol{A}^2=\boldsymbol{I}$, 证明: $\mathrm{R}(\boldsymbol{A}+\boldsymbol{I})+\mathrm{R}(\boldsymbol{A}-\boldsymbol{I})=n$.

证明 由 $\boldsymbol{A}^2=\boldsymbol{I}$ 知, $(\boldsymbol{A}+\boldsymbol{I})(\boldsymbol{A}-\boldsymbol{I}))=\boldsymbol{O}$. 由矩阵秩的性质 5 可知

$$\mathrm{R}(\boldsymbol{A}+\boldsymbol{I})+\mathrm{R}(\boldsymbol{A}-\boldsymbol{I})\leqslant n.$$

另一方面, 由矩阵秩的性质 6 可知

$$\mathrm{R}(\boldsymbol{A}+\boldsymbol{I})+\mathrm{R}(\boldsymbol{A}-\boldsymbol{I})\geqslant \mathrm{R}(\boldsymbol{A}+\boldsymbol{I}-(\boldsymbol{A}-\boldsymbol{I}))=\mathrm{R}(2\boldsymbol{I})=n.$$

所以

$$\mathrm{R}(\boldsymbol{A}+\boldsymbol{I})+\mathrm{R}(\boldsymbol{A}-\boldsymbol{I})=n.$$

2.57 设 $n\geqslant 2$, 三阶矩阵

$$\boldsymbol{A}=\begin{pmatrix}1&0&1\\0&2&0\\1&0&1\end{pmatrix},\quad \boldsymbol{B}=\begin{pmatrix}5&1&0\\0&5&2\\0&0&5\end{pmatrix},$$

分别求 $\boldsymbol{A}^n-2\boldsymbol{A}^{n-1}$ 与 $\boldsymbol{B}^n$.

解 (1) 令

$$\boldsymbol{P}_3=\begin{pmatrix}0&0&1\\0&1&0\\1&0&0\end{pmatrix}$$

是三阶排列矩阵 (见习题第 2.16 题), 则 $\boldsymbol{A}=\boldsymbol{I}+\boldsymbol{P}_3$. 由排列矩阵的性质知, $\boldsymbol{P}_3^2=\boldsymbol{I}$. 因此,

$$\boldsymbol{A}^2=(\boldsymbol{I}+\boldsymbol{P}_3)^2=2\boldsymbol{A},\quad \boldsymbol{A}^k=2^{k-1}\boldsymbol{A}\quad (k\geqslant 1).$$

故

$$\boldsymbol{A}^n-2\boldsymbol{A}^{n-1}=2^{n-1}\boldsymbol{A}-2\cdot 2^{n-2}\boldsymbol{A}=\boldsymbol{O}.$$

(2) 令

$$\boldsymbol{N}=\begin{pmatrix}0&1&0\\0&0&2\\0&0&0\end{pmatrix},$$

可得 $\boldsymbol{B}=5\boldsymbol{I}+\boldsymbol{N}$. 于是,

$$\boldsymbol{N}^2=\begin{pmatrix}0&0&2\\0&0&0\\0&0&0\end{pmatrix},\quad \boldsymbol{N}^k=\boldsymbol{O}\quad (k\geqslant 3).$$

由二项式定理得

$$\begin{aligned}\boldsymbol{B}^n&=(5\boldsymbol{I}+\boldsymbol{N})^n\\&=5^n\boldsymbol{I}+\mathrm{C}_n^1 5^{n-1}\boldsymbol{N}+\mathrm{C}_n^2 5^{n-2}\boldsymbol{N}^2\\&=\begin{pmatrix}5^n&n5^{n-1}&n(n-1)5^{n-2}\\0&5^n&2n5^{n-1}\\0&0&5^n\end{pmatrix}.\end{aligned}$$

注 本题前一个问可以不用排列矩阵, 直接计算 $\boldsymbol{A}^2, \boldsymbol{A}^3, \boldsymbol{A}^4$ 找到规律, 或者参照例 2.9 的方法都比较简单, 请读者自己验证.

2.58 设三阶可逆矩阵 $\boldsymbol{A}$ 的逆矩阵为

$$\boldsymbol{A}^{-1}=\begin{pmatrix}1&1&1\\1&2&1\\1&1&3\end{pmatrix},$$

分别求 $(\boldsymbol{A}^{-1})^*$, $(\boldsymbol{A}^*)^*$.

解 由

$$(\boldsymbol{A}^{-1},\boldsymbol{I})=\left(\begin{array}{ccc:ccc}1&1&1&1&0&0\\1&2&1&0&1&0\\1&1&3&0&0&1\end{array}\right)\xrightarrow[r_3-r_1]{r_2-r_1}\left(\begin{array}{ccc:ccc}1&1&1&1&0&0\\0&1&0&-1&1&0\\0&0&2&-1&0&1\end{array}\right)$$

$$\xrightarrow[r_1-r_2,r_1-r_3]{r_3\times 1/2}\left(\begin{array}{ccc:ccc}1&0&0&5/2&-1&-1/2\\0&1&0&-1&1&0\\0&0&1&-1/2&0&1/2\end{array}\right)$$

得到

$$\boldsymbol{A}=\frac{1}{2}\begin{pmatrix}5&-2&-1\\-2&2&0\\-1&0&1\end{pmatrix}.$$

因此, $|\boldsymbol{A}|=1/2$, 由习题第 2.21 题可得

$$(\boldsymbol{A}^{-1})^*=|\boldsymbol{A}|^{-1}\boldsymbol{A}=\begin{pmatrix}5&-2&-1\\-2&2&0\\-1&0&1\end{pmatrix},$$

$$(\boldsymbol{A}^*)^*=|\boldsymbol{A}|\boldsymbol{A}=\frac{1}{4}\begin{pmatrix}5&-2&-1\\-2&2&0\\-1&0&1\end{pmatrix}.$$

2.59 已知 $\boldsymbol{A}^3=\boldsymbol{O}$, 其中

$$\boldsymbol{A}=\begin{pmatrix}a&1&0\\1&a&-1\\0&1&a\end{pmatrix},$$

(1) 求 a 的值;

(2) 若矩阵 $\boldsymbol{X}$ 满足 $\boldsymbol{X}-\boldsymbol{X}\boldsymbol{A}^2-\boldsymbol{A}\boldsymbol{X}+\boldsymbol{A}\boldsymbol{X}\boldsymbol{A}^2=\boldsymbol{I}$, 求 $\boldsymbol{X}$.

解 (1) **方法 1** 显然 $|\boldsymbol{A}|=a^3$. 由 $\boldsymbol{A}^3=\boldsymbol{O}$ 知, $|\boldsymbol{A}|=0$, 故 $a=0$.

方法 2 令

$$\boldsymbol{B}=\begin{pmatrix}0&1&0\\1&0&-1\\0&1&0\end{pmatrix},$$

则

$$B^2 = \begin{pmatrix} 1 & 0 & -1 \\ 0 & 0 & 0 \\ 1 & 0 & -1 \end{pmatrix}, \quad B^3 = O.$$

由二项式定理得

$$A^3 = (aI + B)^3 = a^3 I + 3a^2 B + 3aB^2 = \begin{pmatrix} a^3+3a & 3a^2 & -3a \\ 3a^2 & a^3 & -3a^2 \\ 3a & 3a^2 & a^3-3a \end{pmatrix},$$

由 $A^3 = O$ 知 $a = 0$.

(2) 由 $X - XA^2 - AX + AXA^2 = I$ 得

$$(I - A)X(I - A^2) = I.$$

注意到 $A^3 = O$, 因此,

$$X = (I - A)^{-1}(I - A^2)^{-1} = \{(I - A^2)(I - A)\}^{-1} = (I - A - A^2)^{-1}.$$

又

$$I - A - A^2 = \begin{pmatrix} 0 & -1 & 1 \\ -1 & 1 & 1 \\ -1 & -1 & 2 \end{pmatrix},$$

由矩阵的初等行变换得

$$\left(\begin{array}{ccc:ccc} 0 & -1 & 1 & 1 & 0 & 0 \\ -1 & 1 & 1 & 0 & 1 & 0 \\ -1 & -1 & 2 & 0 & 0 & 1 \end{array}\right) \to \left(\begin{array}{ccc:ccc} 1 & 0 & 0 & 3 & 1 & -2 \\ 0 & 1 & 0 & 1 & 1 & -1 \\ 0 & 0 & 1 & 2 & 1 & -1 \end{array}\right).$$

故

$$X = \begin{pmatrix} 3 & 1 & -2 \\ 1 & 1 & -1 \\ 2 & 1 & -1 \end{pmatrix}.$$

2.60 设 A 是 n 阶方阵, $|A| = a$, B 为 m 阶方阵, $|B| = b$, 则 $\begin{vmatrix} O & 2A \\ 3B & O \end{vmatrix} = (\quad)$.

(A) $-6ab$ (B) $-2^n 3^m ab$ (C) $(-1)^{mn} 2^n 3^m ab$ (D) $(-1)^{m+n} 2^n 3^m ab$

解 由习题第 1.17 题的结论可知

$$\begin{vmatrix} O & 2A \\ 3B & O \end{vmatrix} = (-1)^{mn} |2A| \cdot |3B| = (-1)^{mn} 2^n 3^m ab,$$

因此, 答案选 C.

2.61 设 $\boldsymbol{A},\boldsymbol{B},\boldsymbol{C},\boldsymbol{D}$ 都是 n 阶矩阵, 且 $|\boldsymbol{A}|\neq 0,\boldsymbol{AC}=\boldsymbol{CA}$. 证明:

$$\begin{vmatrix}\boldsymbol{A} & \boldsymbol{B}\\ \boldsymbol{C} & \boldsymbol{D}\end{vmatrix}=|\boldsymbol{AD}-\boldsymbol{CB}|.$$

证明 由 $|\boldsymbol{A}|\neq 0$ 知, $\boldsymbol{A}$ 是可逆矩阵.

$$\begin{aligned}\begin{vmatrix}\boldsymbol{A} & \boldsymbol{B}\\ \boldsymbol{C} & \boldsymbol{D}\end{vmatrix} &\xlongequal{r_2-\boldsymbol{CA}^{-1}\cdot r_1}\begin{vmatrix}\boldsymbol{A} & \boldsymbol{B}\\ \boldsymbol{O} & \boldsymbol{D}-\boldsymbol{CA}^{-1}\boldsymbol{B}\end{vmatrix}\\ &=|\boldsymbol{A}(\boldsymbol{D}-\boldsymbol{CA}^{-1}\boldsymbol{B})|\\ &=|\boldsymbol{AD}-\boldsymbol{ACA}^{-1}\boldsymbol{B}|\\ &=|\boldsymbol{AD}-\boldsymbol{CB}|.\end{aligned}$$

以上最后一步是因为 $\boldsymbol{AC}=\boldsymbol{CA}$, 故 $\boldsymbol{ACA}^{-1}\boldsymbol{B}=\boldsymbol{CAA}^{-1}\boldsymbol{B}=\boldsymbol{CB}$.

2.62 已知 n 阶矩阵

$$\boldsymbol{A}=\left(\begin{array}{c:cccc} & 1 & & & \\ & & \frac{1}{2} & & \\ & & & \ddots & \\ & & & & \frac{1}{n-1}\\ \hdashline \frac{1}{n} & & & & \end{array}\right),$$

求 $\sum\limits_{i=1}^{n}\sum\limits_{j=1}^{n}A_{ij}$, 其中 $A_{ij}(i,j=1,2,\cdots,n)$ 是行列式 $|\boldsymbol{A}|$ 中元素 a_{ij} 的代数余子式.

解 令 $\boldsymbol{A}_1=\operatorname{diag}(1,1/2,\cdots,1/(n-1)),\boldsymbol{A}_2=1/n$. 由习题 2.28 的结论可知

$$\boldsymbol{A}^{-1}=\begin{pmatrix}\boldsymbol{O} & \boldsymbol{A}_1\\ \boldsymbol{A}_2 & \boldsymbol{O}\end{pmatrix}^{-1}=\begin{pmatrix}\boldsymbol{O} & \boldsymbol{A}_2^{-1}\\ \boldsymbol{A}_1^{-1} & \boldsymbol{O}\end{pmatrix}=\left(\begin{array}{cccc:c} & & & & n\\ \hdashline 1 & & & & \\ & 2 & & & \\ & & \ddots & & \\ & & & n-1 & \end{array}\right).$$

另一方面, 由于 $|\boldsymbol{A}|=(-1)^{n+1}/n!$, 故

$$\boldsymbol{A}^{*}=|\boldsymbol{A}|\boldsymbol{A}^{-1}=\frac{(-1)^{n+1}}{n!}\left(\begin{array}{cccc:c} & & & & n\\ \hdashline 1 & & & & \\ & 2 & & & \\ & & \ddots & & \\ & & & n-1 & \end{array}\right).$$

所以 $\sum_{i=1}^{n}\sum_{j=1}^{n}A_{ij}$ 等于 $\boldsymbol{A}^*$ 中各元素之和, 即

$$\sum_{i=1}^{n}\sum_{j=1}^{n}A_{ij}=(-1)^{n+1}\frac{n(n+1)}{2n!}.$$

2.63 已知 n 阶矩阵

$$\boldsymbol{A}=\begin{pmatrix}1+\frac{1}{n} & \frac{1}{n} & \cdots & \frac{1}{n}\\ \frac{1}{n} & 1+\frac{1}{n} & \cdots & \frac{1}{n}\\ \vdots & \vdots & & \vdots\\ \frac{1}{n} & \frac{1}{n} & \cdots & 1+\frac{1}{n}\end{pmatrix},$$

证明矩阵 $\boldsymbol{A}$ 可逆, 并求阵 $\boldsymbol{A}^{-1}$.

证明 由例 1.14 的结论可知,

$$|\boldsymbol{A}|=\left[1+\frac{1}{n}+(n-1)\frac{1}{n}\right]\left[1+\frac{1}{n}-\frac{1}{n}\right]^{n-1}=2\neq 0.$$

故矩阵 $\boldsymbol{A}$ 可逆. 令 $\boldsymbol{B}$ 表示各元素都是 1 的 n 阶矩阵, 则

$$\boldsymbol{B}^2=n\boldsymbol{B},\quad \boldsymbol{A}=\boldsymbol{I}+\frac{1}{n}\boldsymbol{B},\quad \boldsymbol{A}^2=\boldsymbol{I}+\frac{3}{n}\boldsymbol{B}.$$

因此, $3\boldsymbol{A}-\boldsymbol{A}^2=2\boldsymbol{I}$, 可得

$$\boldsymbol{A}^{-1}=\frac{1}{2}(3\boldsymbol{I}-\boldsymbol{A})=\begin{pmatrix}1-\frac{1}{2n} & -\frac{1}{2n} & \cdots & -\frac{1}{2n}\\ -\frac{1}{2n} & 1-\frac{1}{2n} & \cdots & -\frac{1}{2n}\\ \vdots & \vdots & & \vdots\\ -\frac{1}{2n} & -\frac{1}{2n} & \cdots & 1-\frac{1}{2n}\end{pmatrix}.$$

2.64 设 $s_k=x_1^k+x_2^k+\cdots+x_n^k\,(k=0,1,2,\cdots)$, 证明:

$$\boldsymbol{A}=\begin{vmatrix}s_0 & s_1 & \cdots & s_{n-1}\\ s_1 & s_2 & \cdots & s_n\\ \vdots & \vdots & & \vdots\\ s_{n-1} & s_n & \cdots & s_{2n-2}\end{vmatrix}=\prod_{1\leqslant j<i\leqslant n}(x_i-x_j)^2.$$

证明 由行列式的乘法及范德蒙德行列式可得

$$\boldsymbol{A}=\begin{vmatrix} s_0 & s_1 & \cdots & s_{n-1} \\ s_1 & s_2 & \cdots & s_n \\ \vdots & \vdots & & \vdots \\ s_{n-1} & s_n & \cdots & s_{2n-2} \end{vmatrix}$$

$$=\begin{vmatrix} n & \sum\limits_{i=1}^{n} x_i & \cdots & \sum\limits_{i=1}^{n} x_i^{n-1} \\ \sum\limits_{i=1}^{n} x_i & \sum\limits_{i=1}^{n} x_i^2 & \cdots & \sum\limits_{i=1}^{n} x_i^n \\ \vdots & \vdots & & \vdots \\ \sum\limits_{i=1}^{n} x_i^{n-1} & \sum\limits_{i=1}^{n} x_i^n & \cdots & \sum\limits_{i=1}^{n} x_i^{2n-2} \end{vmatrix}$$

$$=\begin{vmatrix} 1 & 1 & \cdots & 1 \\ x_1 & x_2 & \cdots & x_n \\ \vdots & \vdots & & \vdots \\ x_1^{n-1} & x_2^{n-1} & \cdots & x_n^{n-1} \end{vmatrix}\cdot\begin{vmatrix} 1 & x_1 & \cdots & x_1^{n-1} \\ 1 & x_2 & \cdots & x_2^{n-1} \\ \vdots & \vdots & & \vdots \\ 1 & x_n & \cdots & x_n^{n-1} \end{vmatrix}$$

$$=\prod_{1\leqslant j<i\leqslant n}(x_i-x_j)^2.$$

2.65 设

$$D_n=\begin{vmatrix} 1+x_1y_1 & 1+x_1y_2 & \cdots & 1+x_1y_n \\ 1+x_2y_1 & 1+x_2y_2 & \cdots & 1+x_2y_n \\ \vdots & \vdots & & \vdots \\ 1+x_ny_1 & 1+x_ny_2 & \cdots & 1+x_ny_n \end{vmatrix},$$

证明:

$$D_1=1+x_1y_1,\quad D_2=(x_1-x_2)(y_1-y_2),\quad D_n=0\quad (n\geqslant 3).$$

证明 $D_1=1+x_1y_1$, $D_2=\begin{vmatrix} 1+x_1y_1 & 1+x_1y_2 \\ 1+x_2y_1 & 1+x_2y_2 \end{vmatrix}=(x_1-x_2)(y_1-y_2)$.

当 $n\geqslant 3$ 时,

$$D_n=\begin{vmatrix} 1+x_1y_1 & 1+x_1y_2 & \cdots & 1+x_1y_n \\ 1+x_2y_1 & 1+x_2y_2 & \cdots & 1+x_2y_n \\ \vdots & \vdots & & \vdots \\ 1+x_ny_1 & 1+x_ny_2 & \cdots & 1+x_ny_n \end{vmatrix}$$

$$= \left| \begin{pmatrix} 1 & x_1 \\ 1 & x_2 \\ \vdots & \vdots \\ 1 & x_n \end{pmatrix} \begin{pmatrix} 1 & 1 & \cdots & 1 \\ y_1 & y_2 & \cdots & y_n \end{pmatrix} \right| = 0.$$

这是因为, 一个 $n \times 2$ 的矩阵与一个 $2 \times n$ 的矩阵之积, 得到一个 $n \times n$ 的矩阵, 其秩不超过 2, 小于阶数 $n(n \geqslant 3)$, 是降秩矩阵, 其行列式的值为零.

2.66 设 $\boldsymbol{A}$ 是 $n \times (n+1)$ 矩阵, 证明: 存在 $(n+1) \times n$ 矩阵 $\boldsymbol{B}$, 使得 $\boldsymbol{AB} = \boldsymbol{I}$ 的充要条件是设 $\boldsymbol{A}$ 是行满秩矩阵, 即 $\mathrm{R}(\boldsymbol{A}) = n$.

证明 充分性. 假设 $\boldsymbol{A}$ 是 $n \times (n+1)$ 行满秩矩阵, 则 $\boldsymbol{A}$ 可以通过初等列变换化为 $(\boldsymbol{I}, \boldsymbol{0})$ 的形式, 即存在可逆矩阵 $\boldsymbol{P}$, 使得 $\boldsymbol{AP} = (\boldsymbol{I}, \boldsymbol{0})$. 将矩阵 $\boldsymbol{P}$ 分块成 $\boldsymbol{P} = (\boldsymbol{B}, \boldsymbol{0})$, 则 $\boldsymbol{AP} = (\boldsymbol{AB}, \boldsymbol{0}) = (\boldsymbol{I}, \boldsymbol{0})$, 故 $\boldsymbol{AB} = \boldsymbol{I}$.

必要性. 假设存在 $(n+1) \times n$ 矩阵 $\boldsymbol{B}$, 使得 $\boldsymbol{AB} = \boldsymbol{I}$, 则 $\mathrm{R}(\boldsymbol{A}) \geqslant n$, 而矩阵 $\boldsymbol{A}$ 的秩不超过它的行数, 即 $\mathrm{R}(\boldsymbol{A}) \leqslant n$. 故 $\mathrm{R}(\boldsymbol{A}) = n$.

2.67 设 n 阶矩阵 $\boldsymbol{A}$ 的秩为 r, 证明: 必存在 n 阶可逆矩阵 $\boldsymbol{P}$, 使得

$$\boldsymbol{P}^{-1}\boldsymbol{AP} = \begin{pmatrix} \boldsymbol{B} \\ \boldsymbol{O} \end{pmatrix},$$

其中 $\boldsymbol{B}$ 是 $r \times n$ 行满秩矩阵.

证明 由于 n 阶矩阵 $\boldsymbol{A}$ 的秩为 r, 所以, 存在 n 阶可逆矩阵 $\boldsymbol{P}, \boldsymbol{Q}$, 使得

$$\boldsymbol{A} = \boldsymbol{P} \begin{pmatrix} \boldsymbol{I}_r & \boldsymbol{O} \\ \boldsymbol{O} & \boldsymbol{O} \end{pmatrix} \boldsymbol{Q} = \boldsymbol{P} \begin{pmatrix} \boldsymbol{I}_r & \boldsymbol{O} \\ \boldsymbol{O} & \boldsymbol{O} \end{pmatrix} \boldsymbol{QPP}^{-1}.$$

令 $\boldsymbol{B} = (\boldsymbol{I}_r, \boldsymbol{O})\boldsymbol{QP}$, 由 $\boldsymbol{P}, \boldsymbol{Q}$ 都是 n 阶可逆矩阵知, $\mathrm{R}(\boldsymbol{B}) = r$, 即 $\boldsymbol{B}$ 是 $r \times n$ 行满秩矩阵, 且有

$$\boldsymbol{P}^{-1}\boldsymbol{AP} = \begin{pmatrix} \boldsymbol{B} \\ \boldsymbol{O} \end{pmatrix}.$$

2.70 设 $\boldsymbol{A}$ 是秩为 r 的幂等矩阵, 即 $\boldsymbol{A}^2 = \boldsymbol{A}$, 证明: 必存在可逆矩阵 $\boldsymbol{P}$, 使得

$$\boldsymbol{P}^{-1}\boldsymbol{AP} = \begin{pmatrix} \boldsymbol{I}_r & \boldsymbol{O} \\ \boldsymbol{O} & \boldsymbol{O} \end{pmatrix}.$$

证明 由习题第 2.55 题可知, $\mathrm{R}(\boldsymbol{I} - \boldsymbol{A}) = n - r$. 设

$$\boldsymbol{A} = \boldsymbol{H}_1\boldsymbol{L}_1, \quad \boldsymbol{I} - \boldsymbol{A} = \boldsymbol{H}_2\boldsymbol{L}_2$$

均为满秩分解, 即 $\boldsymbol{H}_1 : n \times r$ 列满秩, $\boldsymbol{L}_1 : r \times n$ 行满秩; $\boldsymbol{H}_2 : n \times (n-r)$ 列满秩, $\boldsymbol{L}_2 : (n-r) \times n$ 行满秩. 则

$$(\boldsymbol{H}_1, \boldsymbol{H}_2) \begin{pmatrix} \boldsymbol{L}_1 \\ \boldsymbol{L}_2 \end{pmatrix} = \boldsymbol{H}_1\boldsymbol{L}_1 + \boldsymbol{H}_2\boldsymbol{L}_2 = \boldsymbol{A} + (\boldsymbol{I} - \boldsymbol{A}) = \boldsymbol{I},$$

$$\begin{pmatrix} \boldsymbol{L}_1 \\ \boldsymbol{L}_2 \end{pmatrix} (\boldsymbol{H}_1, \boldsymbol{H}_2) = \begin{pmatrix} \boldsymbol{L}_1\boldsymbol{H}_1 & \boldsymbol{L}_1\boldsymbol{H}_2 \\ \boldsymbol{L}_2\boldsymbol{H}_1 & \boldsymbol{L}_2\boldsymbol{H}_2 \end{pmatrix} = \boldsymbol{I}.$$

可得

$$\boldsymbol{L}_1\boldsymbol{H}_1 = \boldsymbol{I}_r, \quad \boldsymbol{L}_2\boldsymbol{H}_2 = \boldsymbol{I}_{n-r}, \quad \boldsymbol{L}_1\boldsymbol{H}_2 = \boldsymbol{O}, \quad \boldsymbol{L}_2\boldsymbol{H}_1 = \boldsymbol{O}.$$

$$\boldsymbol{L}_1\boldsymbol{A}\boldsymbol{H}_1 = \boldsymbol{L}_1(\boldsymbol{H}_1\boldsymbol{L}_1)\boldsymbol{H}_1 = \boldsymbol{L}_1\boldsymbol{H}_1 \cdot \boldsymbol{L}_1\boldsymbol{H}_1 = \boldsymbol{I}_r,$$

$$\boldsymbol{L}_2\boldsymbol{A}\boldsymbol{H}_2 = \boldsymbol{L}_2\boldsymbol{H}_1 \cdot \boldsymbol{L}_1\boldsymbol{H}_2 = \boldsymbol{O},$$

$$\boldsymbol{L}_1\boldsymbol{A}\boldsymbol{H}_2 = \boldsymbol{L}_1\boldsymbol{H}_1 \cdot \boldsymbol{L}_1\boldsymbol{H}_2 = \boldsymbol{O},$$

$$\boldsymbol{L}_2\boldsymbol{A}\boldsymbol{H}_1 = \boldsymbol{L}_2\boldsymbol{H}_1 \cdot \boldsymbol{L}_1\boldsymbol{H}_1 = \boldsymbol{O}.$$

因此,

$$\begin{pmatrix} \boldsymbol{L}_1 \\ \boldsymbol{L}_2 \end{pmatrix} \boldsymbol{A}(\boldsymbol{H}_1, \boldsymbol{H}_2) = \begin{pmatrix} \boldsymbol{L}_1\boldsymbol{A}\boldsymbol{H}_1 & \boldsymbol{L}_1\boldsymbol{A}\boldsymbol{H}_2 \\ \boldsymbol{L}_2\boldsymbol{A}\boldsymbol{H}_1 & \boldsymbol{L}_2\boldsymbol{A}\boldsymbol{H}_2 \end{pmatrix} = \begin{pmatrix} \boldsymbol{I}_r & \boldsymbol{O} \\ \boldsymbol{O} & \boldsymbol{O} \end{pmatrix}.$$

令 $\boldsymbol{P} = (\boldsymbol{H}_1, \boldsymbol{H}_2)$, 可得

$$\boldsymbol{P}^{-1}\boldsymbol{A}\boldsymbol{P} = \begin{pmatrix} \boldsymbol{I}_r & \boldsymbol{O} \\ \boldsymbol{O} & \boldsymbol{O} \end{pmatrix}.$$

2.71 设 $\boldsymbol{A}, \boldsymbol{B}, \boldsymbol{C}$ 分别是 $m \times s, s \times l, l \times n$ 矩阵, 证明:

$$\mathrm{R}(\boldsymbol{ABC}) \geqslant \mathrm{R}(\boldsymbol{AB}) + \mathrm{R}(\boldsymbol{BC}) - \mathrm{R}(\boldsymbol{B}).$$

这个结果称为**弗罗贝尼乌斯不等式**, 它是西尔维斯特不等式的推广.

证法 1 设 $\boldsymbol{B} = \boldsymbol{HL}$, 其中, $\boldsymbol{H} : s \times r$ 列满秩, $\boldsymbol{L} : r \times l$ 行满秩. 由西尔维斯特不等式 (例 2.36) 可得

$$\begin{aligned} \mathrm{R}(\boldsymbol{ABC}) &= \mathrm{R}(\boldsymbol{AHLC}) \\ &\geqslant \mathrm{R}(\boldsymbol{AH}) + \mathrm{R}(\boldsymbol{LC}) - r \\ &\geqslant \mathrm{R}(\boldsymbol{AHL}) + \mathrm{R}(\boldsymbol{HLC}) - r \\ &= \mathrm{R}(\boldsymbol{AB}) + \mathrm{R}(\boldsymbol{BC}) - \mathrm{R}(\boldsymbol{B}). \end{aligned}$$

证法 2 由于分块矩阵的初等变换不改变分块矩阵的秩, 下面应用这个结果证明.

$$\begin{aligned} \begin{pmatrix} \boldsymbol{ABC} & \boldsymbol{O} \\ \boldsymbol{O} & \boldsymbol{B} \end{pmatrix} &\xrightarrow{r_1 + \boldsymbol{A} \cdot r_2} \begin{pmatrix} \boldsymbol{ABC} & \boldsymbol{AB} \\ \boldsymbol{O} & \boldsymbol{B} \end{pmatrix} \\ &\xrightarrow{c_1 - c_2 \cdot \boldsymbol{C}} \begin{pmatrix} \boldsymbol{O} & \boldsymbol{AB} \\ -\boldsymbol{BC} & \boldsymbol{B} \end{pmatrix} \\ &\xrightarrow{c_1 \leftrightarrow c_2} \begin{pmatrix} \boldsymbol{AB} & \boldsymbol{O} \\ \boldsymbol{B} & -\boldsymbol{BC} \end{pmatrix}. \end{aligned}$$

故

$$\mathrm{R}(\boldsymbol{ABC}) + \mathrm{R}(\boldsymbol{B}) \geqslant \mathrm{R}(\boldsymbol{AB}) + \mathrm{R}(\boldsymbol{BC}),$$

移项即得所证.

2.72 设 $\boldsymbol{A}$ 是 n 阶矩阵, 证明:

$$\mathrm{R}(\boldsymbol{A}^3)+\mathrm{R}(\boldsymbol{A})\geqslant 2\mathrm{R}(\boldsymbol{A}^2).$$

证法 1 在上一题中令 $\boldsymbol{A}=\boldsymbol{B}=\boldsymbol{C}$ 即可得本题结论.

证法 2 由矩阵的分块初等变换得

$$\begin{pmatrix}\boldsymbol{A}^3 & \boldsymbol{O}\\ \boldsymbol{O} & \boldsymbol{A}\end{pmatrix}\xrightarrow{r_1+\boldsymbol{A}\cdot r_2}\begin{pmatrix}\boldsymbol{A}^3 & \boldsymbol{A}^2\\ \boldsymbol{O} & \boldsymbol{A}\end{pmatrix}\xrightarrow{c_1-\boldsymbol{A}\cdot c_2}\begin{pmatrix}\boldsymbol{O} & \boldsymbol{A}^2\\ -\boldsymbol{A}^2 & \boldsymbol{A}\end{pmatrix}\xrightarrow{r_1\leftrightarrow r_2}\begin{pmatrix}-\boldsymbol{A}^2 & \boldsymbol{A}\\ \boldsymbol{O} & \boldsymbol{A}^2\end{pmatrix}.$$

故

$$\mathrm{R}(\boldsymbol{A}^3)+\mathrm{R}(\boldsymbol{A})=\mathrm{R}\begin{pmatrix}\boldsymbol{A}^3 & \boldsymbol{O}\\ \boldsymbol{O} & \boldsymbol{A}\end{pmatrix}=\mathrm{R}\begin{pmatrix}-\boldsymbol{A}^2 & \boldsymbol{A}\\ \boldsymbol{O} & \boldsymbol{A}^2\end{pmatrix}\geqslant 2\mathrm{R}(\boldsymbol{A}^2).$$

2.73 设 $m\times n$ 矩阵 $\boldsymbol{A}$ 的秩为 $r>0$, 从 $\boldsymbol{A}$ 中任意划去 $m-s$ 行和 $n-t$ 列, 余下的元素按原来的位置构成矩阵 $\boldsymbol{B}$. 证明:

$$\mathrm{R}(\boldsymbol{B})\geqslant r+s+t-m-n.$$

证明 假设在矩阵 $\boldsymbol{A}$ 中划去 $m-s$ 行剩下的元素按原来位置构成的矩阵是 $\boldsymbol{B}_1$, 所划去的 $m-s$ 行按原来的顺序构成的矩阵是 $\boldsymbol{C}_1$. 则对矩阵 $\begin{pmatrix}\boldsymbol{B}_1\\ \boldsymbol{C}_1\end{pmatrix}$ 适当交换某些行后可得矩阵 $\boldsymbol{A}$, 由性质 4 得

$$\mathrm{R}(\boldsymbol{A})=\mathrm{R}\begin{pmatrix}\boldsymbol{B}_1\\ \boldsymbol{C}_1\end{pmatrix}\leqslant \mathrm{R}(\boldsymbol{B}_1)+\mathrm{R}(\boldsymbol{C}_1)\leqslant \mathrm{R}(\boldsymbol{B}_1)+m-s. \tag{2.11}$$

在矩阵 $\boldsymbol{B}_1$ 中划去 $n-t$ 列剩下的元素按原来位置构成的矩阵是 $\boldsymbol{B}_2$, 所划去的 $n-t$ 列按原来的顺序构成的矩阵是 $\boldsymbol{C}_2$. 同理可得

$$\mathrm{R}(\boldsymbol{B}_1)=\mathrm{R}\left(\boldsymbol{B}_2,\boldsymbol{C}_2\right)\leqslant \mathrm{R}(\boldsymbol{B}_2)+\mathrm{R}(\boldsymbol{C}_2)\leqslant \mathrm{R}(\boldsymbol{B}_2)+n-t. \tag{2.12}$$

注意到 $\mathrm{R}(\boldsymbol{A})=r$, $\boldsymbol{B}_2=\boldsymbol{B}$, 结合 (2.11), (2.12) 两式可得

$$r\leqslant \mathrm{R}(\boldsymbol{B})+n-t+m-s.$$

适当移项即得所证的结论.

2.74 设 $\boldsymbol{A}=(a_{ij})_{n\times n}$ 是奇异对称矩阵, A_{ij} 是 a_{ij} 的代数余子式, 证明:

$$A_{ij}^2=A_{ii}A_{jj}\quad (i,j=1,2,\cdots,n).$$

证明 由于 $\boldsymbol{A}=(a_{ij})_{n\times n}$ 是奇异对称矩阵, 则 $\mathrm{R}(\boldsymbol{A}^*)\leqslant 1$, 因此, $\boldsymbol{A}^*$ 的任一二阶子式

$$\begin{vmatrix}A_{ii} & A_{ji}\\ A_{ij} & A_{jj}\end{vmatrix}=A_{ii}A_{jj}-A_{ji}A_{ij}=0.$$

由 $\boldsymbol{A}$ 的对称性可知, $A_{ji}=A_{ij}$. 故

$$A_{ij}^2=A_{ii}A_{jj}\quad (i,j=1,2,\cdots,n).$$

第三章　线性方程组

§3.1　知识概要

1. (非) 齐次线性方程组有解的条件 (利用矩阵的初等行变换解线性方程组).

2. 数域、n 维向量空间、子空间 (生成的子空间) 的概念.

3. 线性组合、线性表示、向量组等价、线性相关、线性无关的概念, 线性相关 (无关) 的判定条件、性质等.

4. 极大无关组、向量组的秩的概念及求法、向量空间的基、维数和坐标的概念.

5. 齐次方程组的基础解系、(非) 齐次方程组解的通解、齐次方程组解空间的基与维数.

§3.2　学习指导

1. 本章重点: 线性方程组的解法, 向量组的线性相关性, 极大无关组与向量组的秩, 齐次方程组的基础解系. 难点: 线性相关性 (线性相关与线性无关) 的判别与性质, 极大无关组与向量组的秩.

2. 为了研究线性方程组解的结构, 考虑数域 $\mathbb{P}$ 上全体 n 维向量的集合 $\mathbb{P}^n$. 在教材 §3.2 的 3.2.2 小节定义了 $\mathbb{P}^n$ 中的向量加法和数量乘法, 并且满足八条运算律. 为方便记忆, 现将八条运算律分别命名为: (1) 加法交换律; (2) 加法结合律; (3) 右零元律 (左零元律也成立); (4) 右负元律 (左负元律也成立); (5) 1 乘向量律; (6) 数乘向量结合律; (7) 数对向量加法的分配律; (8) 向量对数加法的分配律.

3. 教材例 3.2 "注" 中提到, 例 3.2 通解的两种表达式等价, 下面给出证明.

证明　首先验证: 对任意固定的 λ_1, λ_2, 关于 k_1, k_2 的方程组

$$k_1\begin{pmatrix}1\\2\\0\\0\end{pmatrix}+k_2\begin{pmatrix}-1\\0\\2\\0\end{pmatrix}+\begin{pmatrix}-1\\0\\0\\-2\end{pmatrix}=\lambda_1\begin{pmatrix}1\\0\\-2\\0\end{pmatrix}+\lambda_2\begin{pmatrix}0\\1\\1\\0\end{pmatrix}+\begin{pmatrix}0\\0\\-2\\-2\end{pmatrix} \tag{3.1}$$

有解. 事实上, 将方程组 (3.1) 化为

$$k_1\begin{pmatrix}1\\2\\0\\0\end{pmatrix}+k_2\begin{pmatrix}-1\\0\\2\\0\end{pmatrix}=\begin{pmatrix}\lambda_1+1\\\lambda_2\\-2\lambda_1+\lambda_2-2\\0\end{pmatrix},$$

对其增广矩阵施行初等行变换化成行阶梯形得

$$\left(\begin{array}{cc:c}1 & -1 & \lambda_1+1\\ 2 & 0 & \lambda_2\\ 0 & 2 & -2\lambda_1+\lambda_2-2\\ 0 & 0 & 0\end{array}\right)\xrightarrow{r}\left(\begin{array}{cc:c}1 & -1 & \lambda_1+1\\ 0 & 2 & -2\lambda_1+\lambda_2-2\\ 0 & 0 & 0\\ 0 & 0 & 0\end{array}\right).$$

可以看到, 无论 λ_1, λ_2 取何值, 关于 k_1, k_2 的方程组 (3.1) 都有解.

反过来, 再验证: 对任意固定的 k_1, k_2, 关于 λ_1, λ_2 的方程组 (3.1) 也有解 (方法是类似的, 留给读者自己完成).

4. "线性表示", "线性方程组有解", "矩阵的秩" 这三者的关系: 向量 $\boldsymbol{\beta}$ 可由向量组 $\boldsymbol{\alpha}_1, \cdots, \boldsymbol{\alpha}_s$ 线性表示 $\Leftrightarrow$ 线性方程组 $x_1\boldsymbol{\alpha}_1+\cdots+x_s\boldsymbol{\alpha}_s=\boldsymbol{\beta}$ 有解 $\Leftrightarrow \mathrm{R}(\boldsymbol{A})=\mathrm{R}(\boldsymbol{A},\boldsymbol{\beta})$, 其中 $\boldsymbol{A}=(\boldsymbol{\alpha}_1,\cdots,\boldsymbol{\alpha}_s)$. 下面我们从不同的角度提炼这句话的意思:

(1) 从秩的角度看, $\mathrm{R}(\boldsymbol{A})=\mathrm{R}(\boldsymbol{A},\boldsymbol{\beta})$, 相当于 $\boldsymbol{\beta}$ 的全部信息已包含在 $\boldsymbol{A}$ 的列向量组 $\boldsymbol{\alpha}_1,\cdots,\boldsymbol{\alpha}_s$ 之中, 即 $\boldsymbol{\beta}$ 是一个 "多余的" 向量.

(2) 从几何的角度看, 设 $\mu(\boldsymbol{A})=L(\boldsymbol{\alpha}_1,\cdots,\boldsymbol{\alpha}_s)$ 是矩阵 $\boldsymbol{A}$ 的列向量生成的向量空间, $\boldsymbol{\beta}$ 是 $\boldsymbol{\alpha}_1,\cdots,\boldsymbol{\alpha}_s$ 的一个线性组合, 相当于 $\boldsymbol{\beta}\in\mu(\boldsymbol{A})$, 即 $\boldsymbol{\beta}$ 是空间 $\mu(\boldsymbol{A})$ 中的向量.

(3) 从数学建模的角度看, 只要组合系数 $x_1,\cdots,x_s$ 知道, 我们可以根据 $\boldsymbol{\alpha}_1,\cdots,\boldsymbol{\alpha}_s$ 的值代入组合表达式求得 $\boldsymbol{\beta}$ 的值. 或者说, $\boldsymbol{\beta}$ 可以用 $\boldsymbol{\alpha}_1,\cdots,\boldsymbol{\alpha}_s$ 的一个线性模型来预报.

(4) 从物理学的角度看, $\boldsymbol{\beta}$ 能被 $\boldsymbol{A}$ 的列向量组 "溶解" (线性表示).

5. 线性表示有传递性: 若向量组 (I) 可由向量组 (II) 线性表示, 向量组 (II) 可由向量组 (III) 线性表示, 则向量组 (I) 可由 (III) 线性表示. 事实上, (I) 可由 (II) 线性表示, 即知存在矩阵 $\boldsymbol{K}_1$, 使得 (I)=(II)$\boldsymbol{K}_1$. (II) 可由 (III) 线性表示, 亦知存在矩阵 $\boldsymbol{K}_2$, 使得 (II)=(III)$\boldsymbol{K}_2$. 从而 (I)=(III)$\boldsymbol{K}_2\boldsymbol{K}_1$, 即向量组 (I) 可由 (III) 线性表示.

令 $\boldsymbol{A}=(\boldsymbol{\alpha}_1,\cdots,\boldsymbol{\alpha}_s)$, $\boldsymbol{B}=(\boldsymbol{\beta}_1,\cdots,\boldsymbol{\beta}_r)$. 两个列向量组 $\boldsymbol{\alpha}_1,\cdots,\boldsymbol{\alpha}_s$ 与 $\boldsymbol{\beta}_1,\cdots,\boldsymbol{\beta}_r$ 等价 $\Leftrightarrow$ 存在 $r\times s$ 矩阵 $\boldsymbol{K}_1$, 使得 $\boldsymbol{A}=\boldsymbol{B}\boldsymbol{K}_1$, 及 $s\times r$ 矩阵 $\boldsymbol{K}_2$, 使得 $\boldsymbol{B}=\boldsymbol{A}\boldsymbol{K}_2\Leftrightarrow$ 矩阵方程 $\boldsymbol{A}=\boldsymbol{B}\boldsymbol{X}$ 及 $\boldsymbol{B}=\boldsymbol{A}\boldsymbol{Y}$ 都有解 $\Leftrightarrow \mathrm{R}(\boldsymbol{A})=\mathrm{R}(\boldsymbol{B})=\mathrm{R}(\boldsymbol{A},\boldsymbol{B})=\mathrm{R}(\boldsymbol{B},\boldsymbol{A})$, 即 $\boldsymbol{A}$, $\boldsymbol{B}$ 中任一个矩阵的列向量组能被另一个矩阵的列向量组 "溶解" (线性表示).

6. 相应地可以研究某个行向量可由一个行向量组线性表示、某个行向量组可由另一个行向量组线性表示、两个行向量组等价的条件. 设 $\boldsymbol{A}$, $\boldsymbol{B}$ 分别是 $m\times n$ 和 $s\times n$ 矩阵, 则 $\boldsymbol{A}$, $\boldsymbol{B}$ 的行向量组等价的充要条件是

$$\mathrm{R}(\boldsymbol{A})=\mathrm{R}(\boldsymbol{B})=\mathrm{R}\begin{pmatrix}\boldsymbol{A}\\ \boldsymbol{B}\end{pmatrix}.$$

7. "线性相关" 与 "线性无关" 是两个对立的概念, 将 "线性相关" 的定义 3.7 中关键的一句话 "存在一组不全为零的数 $k_1,\cdots,k_s$, 使得 $k_1\boldsymbol{\beta}_1+\cdots+k_s\boldsymbol{\beta}_s=\mathbf{0}$" 加以否定就是, "不存在一组不全为零的 $k_1,\cdots,k_s$, 使得 $k_1\boldsymbol{\beta}_1+\cdots+k_s\boldsymbol{\beta}_s=\mathbf{0}$". 为方便理解, 再将它改述成: "如果 $k_1\boldsymbol{\beta}_1+\cdots+k_s\boldsymbol{\beta}_s=\mathbf{0}$, 则必有 $k_1=\cdots=k_s=0$", 这就是 "线性无关" 的定义了.

8. 向量组的线性相关、线性无关是本章的重点也是难点之一, 其基本性质总结如下:

(1) 设 $\boldsymbol{\alpha}_1,\cdots,\boldsymbol{\alpha}_s$ 是 n 维列向量组, $\boldsymbol{A}=(\boldsymbol{\alpha}_1,\cdots,\boldsymbol{\alpha}_s)$, 则向量组 $\boldsymbol{\alpha}_1,\cdots,\boldsymbol{\alpha}_s$ 线性相关 (无关)$\Leftrightarrow$ 齐次方程组 $\boldsymbol{Ax}=\boldsymbol{0}$ 有非零解 (只有零解)$\Leftrightarrow$ 矩阵 $\boldsymbol{A}$ 是列降 (满) 秩矩阵, 即 $\mathrm{R}(\boldsymbol{A})<s\,(\mathrm{R}(\boldsymbol{A})=s)$.

(2) 两个 n 维向量线性相关 (无关)$\Leftrightarrow$ 对应分量成比例 (不成比例).

(3) $n+1$ 个 n 维向量组一定线性相关, 即向量个数多于向量维数, 则这个向量组一定线性相关.

(4) 单独一个 (非) 零向量线性 (无关) 相关. 如果一个向量组中含有零向量, 则这个向量组一定线性相关.

(5) 对一个线性无关的 p 维向量组 (I), 在每个向量的固定位置添加 q 个分量得到一个 $p+q$ 维的向量组 (II) 也是线性无关的. 把向量组 (II) 叫向量组 (I) 的 "加长组", 把向量组 (I) 叫向量组 (II) 的 "截断组" . 简单说, 截断组无关 $\Rightarrow$ 加长组无关 (向量维数增加). 等价地 (逆否命题), 加长组相关 $\Rightarrow$ 截断组相关 (向量维数减少).

(6) 若向量组的某个部分向量组线性相关, 则这个向量组线性相关. 等价地, 若向量组线性无关, 则它的任一部分向量组也线性无关. 简单地说, 部分相关 $\Rightarrow$ 整体相关 (向量个数增加), 或整体无关 $\Rightarrow$ 部分无关 (向量个数减少).

(7) 向量组线性相关 $\Leftrightarrow$ 其中至少有一个向量可由其余向量线性表示. 或者说, 向量组线性无关 $\Leftrightarrow$ 其中每一个向量都不能由其余向量线性表示.

(8) 如果某个向量组线性无关, 添加一个向量后线性相关, 则添加的向量可由原来的向量组线性表示, 且表示法是唯一的.

(9) 如果一个较多的向量组可由一个较少的向量组线性表示, 则较多向量组线性相关. 等价地, 如果一个线性无关向量组可由另一个向量组线性表示, 则无关组的向量个数不会多.

(10) 两个等价的线性无关的向量组必有相同的向量个数.

9. 极大无关组是向量组中包含向量个数最多的线性无关的部分组. 请注意它的两个等价定义 (定义 3.8 和定义 3.8$'$). 由于向量组的任意两个极大无关组是等价的, 因此, 它的任意两个极大无关组所包含的向量个数相同. 极大无关组所包含的向量个数叫这个向量组的秩. 寻找极大无关组的目的是要找到向量组中的 "典型代表", 即最简结构. 为什么称为 "最简结构" 呢? 这是因为, 如果向量组的秩为 r, 则向量组中任意 r 个线性无关的向量都是它的极大无关组, 其余向量都可由这个极大无关组线性表示. 而任意 $r-1$ 个线性无关的向量都不是它的极大无关组, 所以, 总有一个向量不能由这 $r-1$ 个向量线性表示. 从秩的角度看, 能够由极大无关组线性表示的向量是 "多余的" 向量.

现在我们从数学建模的角度来谈研究向量组的最简结构的意义. 大家知道, 对某些变量, 比如经济学中的国内生产总值 GDP、固定资产投资总额、出口贸易额、商品零售额, 等等 (通常将投资、消费和出口统称为拉动国民经济的 "三驾马车"), 经过一段时间的观测或统计就能得到若干个向量 (对有些变量可能要通过实验才能获得这些向量), 分别用 $\boldsymbol{\beta},\boldsymbol{\alpha}_1,\cdots,\boldsymbol{\alpha}_s$ 表示, 因而 "变量" 和 "向量" 实质上是一回事. 如果

$$\boldsymbol{\beta}=x_1\boldsymbol{\alpha}_1+\cdots+x_s\boldsymbol{\alpha}_s,$$

即变量 $\boldsymbol{\beta}$ 可以用 s 个变量 $\boldsymbol{\alpha}_1,\cdots,\boldsymbol{\alpha}_s$ 的线性模型来预测. 注意组合系数 $x_1,\cdots,x_s$ 是未知的, 需由各变量 $\boldsymbol{\alpha}_1,\cdots,\boldsymbol{\alpha}_s$ 及 $\boldsymbol{\beta}$ 的观测值 (或历史值) 来估计, 分别称 $x_1,\cdots,x_s$ 为待估参数. 在向量组 $\boldsymbol{\alpha}_1,\cdots,\boldsymbol{\alpha}_s$ 中, 如果某个变量 $\boldsymbol{\alpha}_i$, 比如 $\boldsymbol{\alpha}_s$, 可由 $\boldsymbol{\alpha}_1,\cdots,\boldsymbol{\alpha}_{s-1}$ 线性表示,

$$\boldsymbol{\alpha}_s = k_1\boldsymbol{\alpha}_1 + \cdots + k_{s-1}\boldsymbol{\alpha}_{s-1},$$

也就是说 $\boldsymbol{\alpha}_s$ 的全部信息可以用变量 $\boldsymbol{\alpha}_1, \cdots, \boldsymbol{\alpha}_{s-1}$ 的线性组合来解释, 出现 "信息重复". 比如选择 "人口数量" 和 "消费总额" 这两个变量去预测 GDP 时, 它们所包含的信息就高度重复了. 基于这个原因, 我们应该在原来的模型中把 $\boldsymbol{\alpha}_s$ 去掉, 得到一个更加精简的模型

$$\boldsymbol{\beta} = y_1\boldsymbol{\alpha}_1 + \cdots + y_{s-1}\boldsymbol{\alpha}_{s-1}.$$

理论上可以证明, 这时参数估计的精度将会更高, 预测效果也会更好. 所以就出现了这样一个问题, 如果选择变量过少可能会损失信息; 如果选择变量过多会出现重复信息 (线性相关). 那么到底应该从所选择的变量中筛选出哪些变量才不会损失信息, 也不会重复信息? 而向量组的 "极大无关组" 正好就是一组包含变量个数最多的 "信息互不重复" 的变量, 即 "极大无关组" 是一组信息既不损失, 又不重复的变量. 所以用这个极大无关组来建立一个最精简的模型去预测变量 $\boldsymbol{\beta}$, 待估参数个数达到最少, 参数估计的精度最高, 从而得到一个 "最好" 的线性预报模型. 从而可以看到, 研究向量组 (向量空间) 的最简结构 —— 极大无关组和秩 (基和维数) 确是一件意义非凡的事情.

除此案例之外, 本书在 §8.2 "学习指导" 中介绍了如何应用高等代数知识处理计算机图像识别问题. 在 §20.5 "希尔密码问题" 中, 介绍了高等代数在信息编码和解码中的应用, 都值得读者去认真研究.

10. 关于矩阵秩的定义有三种等价的叙述方式: 矩阵的秩是矩阵中最高阶非零子式的阶数 $\Leftrightarrow$ 如果矩阵中存在一个 r 阶子式不等于零, 而所有的 $r+1$ 阶子式全为零, 则矩阵的秩等于 $r \Leftrightarrow$ 矩阵的秩等于矩阵的行秩 (行向量组的秩) 也等于矩阵的列秩 (列向量组的秩). 秩刻画了线性方程组中最简方程的个数, 也刻画了向量组 (向量空间) 中的最简结构, 即极大无关组 (基) 所包含的向量个数.

11. 向量空间的 "基" 与 "维数" 和向量组中的 "极大无关组" 与 "秩" 这两组概念并无本质区别, 只不过是在不同场合下的不同称谓而已. 向量空间的基所包含向量的个数就是向量空间的维数, 基与维数完整地刻画了向量空间的最简结构. 读者务必注意: 对于向量组, 最重要的是 "极大无关组" 和 "秩"; 对于向量空间, 最重要的就是 "基" 和 "维数".

12. 从定理 3.11 的证明过程看, 初等列变换也不改变列向量组的线性关系, 为什么要用初等 "行" 变换来研究 "列" 向量组的线性相关性呢? 我们知道, 通过初等列变换化成列阶梯形 (或列最简形) 确实能找到列向量组的极大无关组, 但是找不到列向量组的线性关系. 或者说, 对于线性相关的列向量组而言, 即使化成列最简形也无法求出它们的线性组合系数. 读者不妨将教材例 3.13 或例 3.16 用初等列变换的方法试一下.

13. 线性方程组有解的判别条件: n 元线性方程组 $\boldsymbol{Ax} = \boldsymbol{b}$

(1) 无解 $\Leftrightarrow \mathrm{R}(\boldsymbol{A}) < \mathrm{R}(\boldsymbol{A}, \boldsymbol{b})$, 即列向量 $\boldsymbol{b}$ 不能被 $\boldsymbol{A}$ 的列向量组线性表示;

(2) 有唯一解 $\Leftrightarrow \mathrm{R}(\boldsymbol{A}) = \mathrm{R}(\boldsymbol{A}, \boldsymbol{b}) = n$. 前一个等号表示 $\boldsymbol{b}$ 能被 $\boldsymbol{A}$ 的列向量组线性表示, 后一个等号表示其增广矩阵恰有 n 个线性无关的行向量个数 (即最简方程的个数等于未知量的个数).

(3) 有无穷多解 $\Leftrightarrow \mathrm{R}(\boldsymbol{A}) = \mathrm{R}(\boldsymbol{A}, \boldsymbol{b}) < n$. 其中的等号表示 $\boldsymbol{b}$ 能被 $\boldsymbol{A}$ 的列向量组线性表示, 小于符号表示其增广矩阵中线性无关的行向量个数小于 n(即最简方程的个数小于未知量的个数).

14. n 元齐次方程组 $\boldsymbol{Ax}=\boldsymbol{0}$ 的全体解构成的集合 S 是线性空间 $\mathbb{P}^n$ 的子空间, 它的任一基础解系都是 S 的基, $\dim S=n-\mathrm{R}(\boldsymbol{A})=$ 自由未知量的个数. 系数矩阵的秩 $=$ 最简方程的个数. n 元非齐次线性方程组 $\boldsymbol{Ax}=\boldsymbol{b}\,(\boldsymbol{b}\neq\boldsymbol{0})$ 的全体解构成的集合 S' 是 $\mathbb{P}^n$ 的子集, 但不是 $\mathbb{P}^n$ 的子空间. S' 中的每一个向量 (方程组 $\boldsymbol{Ax}=\boldsymbol{b}$ 的通解) 都可以表示成 S 中的向量加上它的某个特解 (导出组的通解 + 特解).

15. 在前面的讨论中, $S=\{\boldsymbol{x}|\boldsymbol{Ax}=\boldsymbol{0},\boldsymbol{x}\in\mathbb{P}^n\}$, 设 $\boldsymbol{\alpha}_1,\cdots,\boldsymbol{\alpha}_s$ 是 $\boldsymbol{Ax}=\boldsymbol{0}$ 的一个基础解系, 则 S 是由 $\boldsymbol{\alpha}_1,\cdots,\boldsymbol{\alpha}_s$ 生成的子空间, 即 $S=L(\boldsymbol{\alpha}_1,\cdots,\boldsymbol{\alpha}_s)$. 设 $\boldsymbol{\beta}_1,\boldsymbol{\beta}_2$ 是 $\boldsymbol{Ax}=\boldsymbol{b}\,(\boldsymbol{b}\neq\boldsymbol{0})$ 的任意两个不同的特解, 即 $\boldsymbol{A\beta}_1=\boldsymbol{b}$ 且 $\boldsymbol{A\beta}_2=\boldsymbol{b}$, 但 $\boldsymbol{\beta}_1\neq\boldsymbol{\beta}_2$. 令

$$S_1'=\boldsymbol{\beta}_1+S=\{\boldsymbol{\beta}_1+k_1\boldsymbol{\alpha}_1+\cdots+k_s\boldsymbol{\alpha}_s|k_1,\cdots,k_s\in\mathbb{P}\},$$
$$S_2'=\boldsymbol{\beta}_2+S=\{\boldsymbol{\beta}_2+k_1\boldsymbol{\alpha}_1+\cdots+k_s\boldsymbol{\alpha}_s|k_1,\cdots,k_s\in\mathbb{P}\}.$$

于是, S_1',S_2' 都是 $\boldsymbol{Ax}=\boldsymbol{b}$ 的全部解, 即 $\boldsymbol{Ax}=\boldsymbol{b}$ 的解集有多种表示法. 请问: $S_1'=S_2'$ 是否成立? 或者说, 以上表示是否产生歧义? 答案是否定的, 下面给出证明:

任取 $\boldsymbol{x}\in S_1'$, 令 $\boldsymbol{x}=\boldsymbol{\beta}_1+k_1\boldsymbol{\alpha}_1+\cdots+k_s\boldsymbol{\alpha}_s$. 由于 $\boldsymbol{\beta}_1-\boldsymbol{\beta}_2\in S$, 因此, 存在 $l_1,\cdots,l_s\in\mathbb{P}$, 使得 $\boldsymbol{\beta}_1=\boldsymbol{\beta}_2+l_1\boldsymbol{\alpha}_1+\cdots+l_s\boldsymbol{\alpha}_s$. 故

$$\boldsymbol{x}=\boldsymbol{\beta}_2+(k_1+l_1)\boldsymbol{\alpha}_1+\cdots+(k_s+l_s)\boldsymbol{\alpha}_s\in S_2',$$

从而可知 $S_1'\subset S_2'$. 同理可得 $S_2'\subset S_1'$, 所以 $S_1'=S_2'$, 即以上表示法不会产生歧义.

用这个结果可以证明教材例 3.2 的 "注" 中所讲的两种表示法等价. 事实上, 只要证明带 k_1,k_2 的那两个向量都是导出组的基础解系, 不带 k_1,k_2 的那个向量都是原方程组的特解就行了, 请读者自己完成.

16. 从教材例 3.18~3.20、例 3.24~3.25 可以看到, 关于矩阵秩的性质也可以用向量组的极大无关组或齐次方程组基础解系的理论证明. 其中例 3.20 和例 3.25 的结论都应记住, 以后可以直接应用.

17. 设 $\boldsymbol{A}$ 是 $m\times s$ 列满秩矩阵, 即 $\mathrm{R}(\boldsymbol{A})=s\ \ (s\leqslant m)$, 则它与下列各种说法都等价:

(1) $\boldsymbol{A}$ 的列向量组线性无关;

(2) 齐次方程组 $\boldsymbol{Ax}=\boldsymbol{0}$ 只有零解;

(3) 若 $\boldsymbol{AB}=\boldsymbol{O}$, 则必有 $\boldsymbol{B}=\boldsymbol{O}$;

(4) 对任意 s 维向量 $\boldsymbol{b}\in\mathbb{P}^s$, 线性方程组 $\boldsymbol{A}^{\mathrm{T}}\boldsymbol{x}=\boldsymbol{b}$ 都有解;

(5) 对任意 m 维列向量 $\boldsymbol{\alpha}_1,\boldsymbol{\alpha}_2,\cdots,\boldsymbol{\alpha}_k$ 与向量组 $\boldsymbol{A\alpha}_1,\boldsymbol{A\alpha}_2,\cdots,\boldsymbol{A\alpha}_k$ 具有相同的线性相关性;

(6) 存在 m 阶可逆矩阵 $\boldsymbol{P}$, 使得 $\boldsymbol{A}=\boldsymbol{P}\begin{pmatrix}\boldsymbol{I}_s\\ \boldsymbol{O}\end{pmatrix}$;

(7) 对任意 $s\times n$ 矩阵 $\boldsymbol{B}$, 都有 $\mathrm{R}(\boldsymbol{AB})=\mathrm{R}(\boldsymbol{B})$;

(8) 存在 $m\times(m-s)$ 列满秩矩阵 $\boldsymbol{B}$, 使得 $(\boldsymbol{A},\boldsymbol{B})$ 是 m 阶满秩矩阵 (即可逆矩阵);

(9) 存在 $s\times m$ 矩阵 $\boldsymbol{B}$, 使得 $\boldsymbol{BA}=\boldsymbol{I}_s$;

(10) $\boldsymbol{A}^{\mathrm{T}}\boldsymbol{A}$ 是 s 阶满秩矩阵 (即可逆矩阵, $|\boldsymbol{A}^{\mathrm{T}}\boldsymbol{A}|\neq 0$).

18. 关于 "替换定理", 教材例 3.30 是用数学归纳法证明的, 下面给出另一种证法.

证法 2 令 $V_1 = L(\boldsymbol{\alpha}_1, \cdots, \boldsymbol{\alpha}_s)$, $V_2 = L(\boldsymbol{\beta}_1, \cdots, \boldsymbol{\beta}_t)$. 由已知 $\boldsymbol{\alpha}_1, \cdots, \boldsymbol{\alpha}_s \in V_2$, 故 $V_1 \subset V_2$, $s = \dim V_1 \leqslant \dim V_2 \leqslant t$. 所以, $\boldsymbol{\alpha}_1, \cdots, \boldsymbol{\alpha}_s, \boldsymbol{\beta}_1, \cdots, \boldsymbol{\beta}_t$ 线性相关, 存在不全为零的数 $k_i, l_j\ (i = 1, 2, \cdots, s;\ j = 1, 2, \cdots, t)$, 使得

$$k_1\boldsymbol{\alpha}_1 + \cdots + k_s\boldsymbol{\alpha}_s + l_1\boldsymbol{\beta}_1 + \cdots + l_t\boldsymbol{\beta}_t = \mathbf{0},$$

其中 $l_1, \cdots, l_t$ 不全为零, 否则与 $\boldsymbol{\alpha}_1, \cdots, \boldsymbol{\alpha}_s$ 线性无关矛盾. 不妨假定 $l_1 \neq 0$, 则 $\boldsymbol{\beta}_1$ 可由 $\boldsymbol{\beta}_2, \cdots, \boldsymbol{\beta}_t, \boldsymbol{\alpha}_1, \cdots, \boldsymbol{\alpha}_s$ 线性表示, 故

$$V_2 = L(\boldsymbol{\beta}_1, \cdots, \boldsymbol{\beta}_t, \boldsymbol{\alpha}_1, \cdots, \boldsymbol{\alpha}_s) = L(\boldsymbol{\beta}_2, \cdots, \boldsymbol{\beta}_t, \boldsymbol{\alpha}_1, \cdots, \boldsymbol{\alpha}_s) = U_2.$$

重复以上过程得到

$$U_s = L(\boldsymbol{\beta}_{t-s}, \cdots, \boldsymbol{\beta}_t, \boldsymbol{\alpha}_1, \cdots, \boldsymbol{\alpha}_s) = V_2 = L(\boldsymbol{\beta}_1, \cdots, \boldsymbol{\beta}_t).$$

故 $\boldsymbol{\beta}_1, \cdots, \boldsymbol{\beta}_t$ 等价于 $\boldsymbol{\beta}_{t-s}, \cdots, \boldsymbol{\beta}_t, \boldsymbol{\alpha}_1, \cdots, \boldsymbol{\alpha}_s$.

§3.3 问 题 思 考

一、问题思考

1. λ 取何值时, 方程组

$$\begin{cases} 2x_1 + \lambda x_2 - x_3 = 1, \\ \lambda x_1 - x_2 + x_3 = 2, \\ 4x_1 + 5x_2 - 5x_3 = -1. \end{cases}$$

无解, 有唯一解或有无穷多解? 并在有无穷多解时求出方程组的通解.

2. 设 $\boldsymbol{A}$ 是 $m \times n$ 矩阵, 问: 当矩阵 $\boldsymbol{A}$ 的秩满足什么条件时, 对任意 m 维向量 $\boldsymbol{b}$, 方程组 $\boldsymbol{Ax} = \boldsymbol{b}$ 都有解?

3. 设 $\boldsymbol{\alpha}_1, \boldsymbol{\alpha}_2, \boldsymbol{\alpha}_3$ 线性无关, 问 λ 取何值时, 向量组 $\boldsymbol{\alpha}_1 + \boldsymbol{\alpha}_2, \boldsymbol{\alpha}_2 + \boldsymbol{\alpha}_3, \lambda\boldsymbol{\alpha}_1 + \boldsymbol{\alpha}_3$ 也线性无关?

4. 若 $\boldsymbol{\alpha}_1, \boldsymbol{\alpha}_2, \cdots, \boldsymbol{\alpha}_s$ 线性无关, $\boldsymbol{\beta} = \boldsymbol{\alpha}_1 + \cdots + \boldsymbol{\alpha}_s$. 证明: $\boldsymbol{\beta} - \boldsymbol{\alpha}_1, \boldsymbol{\beta} - \boldsymbol{\alpha}_2, \cdots, \boldsymbol{\beta} - \boldsymbol{\alpha}_s$ 线性无关.

5. 设向量组 $\boldsymbol{\alpha}_1, \boldsymbol{\alpha}_2, \cdots, \boldsymbol{\alpha}_s$ 线性无关, $\boldsymbol{\alpha}_1, \boldsymbol{\alpha}_2, \cdots, \boldsymbol{\alpha}_s, \boldsymbol{\beta}, \boldsymbol{\gamma}$ 线性相关. 证明: $\boldsymbol{\beta}, \boldsymbol{\gamma}$ 中至少有一个可由 $\boldsymbol{\alpha}_1, \boldsymbol{\alpha}_2, \cdots, \boldsymbol{\alpha}_s$ 线性表示, 或者向量组 $\boldsymbol{\alpha}_1, \boldsymbol{\alpha}_2, \cdots, \boldsymbol{\alpha}_s, \boldsymbol{\beta}$ 与向量组 $\boldsymbol{\alpha}_1, \boldsymbol{\alpha}_2, \cdots, \boldsymbol{\alpha}_s, \boldsymbol{\gamma}$ 等价.

6. (南开大学考研试题) 设向量组 $\boldsymbol{\alpha}_1, \boldsymbol{\alpha}_2, \cdots, \boldsymbol{\alpha}_m$ 线性无关, 而 $\boldsymbol{\alpha}_2, \boldsymbol{\alpha}_3, \cdots, \boldsymbol{\alpha}_{m+1}$ 线性相关, 证明: $\boldsymbol{\alpha}_1$ 不能由 $\boldsymbol{\alpha}_2, \boldsymbol{\alpha}_3, \cdots, \boldsymbol{\alpha}_{m+1}$ 线性表示.

7. 设向量组 $\boldsymbol{\alpha}_1, \boldsymbol{\alpha}_2, \cdots, \boldsymbol{\alpha}_m (m \geqslant 2)$ 线性相关, $\boldsymbol{\alpha}_2, \boldsymbol{\alpha}_3, \cdots, \boldsymbol{\alpha}_{m+1}$ 线性无关, 问:

(1) $\boldsymbol{\alpha}_1$ 能否由 $\boldsymbol{\alpha}_2, \boldsymbol{\alpha}_3, \cdots, \boldsymbol{\alpha}_m$ 线性表示?

(2) $\boldsymbol{\alpha}_{m+1}$ 能否由 $\boldsymbol{\alpha}_1, \boldsymbol{\alpha}_2, \cdots, \boldsymbol{\alpha}_m$ 线性表示?

8. 设 $m \times n$ 矩阵 $\boldsymbol{A}$ 的秩为 r, 任取 $\boldsymbol{A}$ 的 r 个线性无关的行和 r 个线性无关的列, 证明: 其交叉处的元素构成的 r 阶子式不等于零.

9. (全国考研数学一试题) 设

$$\boldsymbol{A}=\begin{pmatrix}1&-1&-1\\-1&1&1\\0&-4&-2\end{pmatrix},\quad \boldsymbol{\xi}_1=\begin{pmatrix}-1\\1\\-2\end{pmatrix},$$

(1) 求满足 $\boldsymbol{A}\boldsymbol{\xi}_2=\boldsymbol{\xi}_1$, $\boldsymbol{A}^2\boldsymbol{\xi}_3=\boldsymbol{\xi}_1$ 的所有向量 $\boldsymbol{\xi}_2$, $\boldsymbol{\xi}_3$;

(2) 对 (1) 中的任意向量 $\boldsymbol{\xi}_2$, $\boldsymbol{\xi}_3$, 证明: $\boldsymbol{\xi}_1$, $\boldsymbol{\xi}_2$, $\boldsymbol{\xi}_3$ 线性无关.

10. 设 $\boldsymbol{A}$ 是秩为 r 的 $m\times n$ 矩阵, 证明: 存在可逆矩阵 $\boldsymbol{P}$, 使得 $\boldsymbol{AP}$ 的后 $n-r$ 列全为零, 且 $\boldsymbol{P}$ 的后 $n-r$ 列是齐次方程组 $\boldsymbol{Ax}=\boldsymbol{0}$ 的基础解系.

11. 设 $\boldsymbol{A}$ 是 n 阶实矩阵, 且 $\boldsymbol{A}+\boldsymbol{A}^{\mathrm{T}}=2\boldsymbol{I}$. 证明: $\boldsymbol{A}$ 是可逆矩阵.

12. 设 $\boldsymbol{A}$ 是秩为 r 的 n 阶矩阵, 证明: 存在秩为 $n-r$ 的 n 阶矩阵 $\boldsymbol{B}$ 和 $\boldsymbol{C}$, 使得 $\boldsymbol{AB}=\boldsymbol{O}$, $\boldsymbol{CA}=\boldsymbol{O}$.

13. 求一个三阶矩阵 $\boldsymbol{B}$, 使得

$$\boldsymbol{B}^*=\begin{pmatrix}1&1&1\\1&1&1\\1&1&1\end{pmatrix}.$$

14. 设 $\boldsymbol{A}$ 是 $m\times n$ 矩阵, $\boldsymbol{b}$ 是 m 维非零向量, 非齐次方程组 $\boldsymbol{Ax}=\boldsymbol{b}$ 的解集是 S.

(1) 如果 $S\neq\varnothing$, 且 $\mathrm{R}(\boldsymbol{A})=r$, 问: S 中线性无关的向量最多有多少个? 找出一组个数最多的线性无关的解向量.

(2) 如果对所有的 m 维非零向量 $\boldsymbol{b}$, $S\neq\varnothing$, 求 $\mathrm{R}(\boldsymbol{A})$.

15. 设 $\boldsymbol{A},\boldsymbol{B}$ 都是 n 阶矩阵, 证明: $\mathrm{R}(\boldsymbol{AB})=\mathrm{R}(\boldsymbol{B})$ 的充要条件是方程组 $\boldsymbol{ABx}=\boldsymbol{0}$ 的解是方程组 $\boldsymbol{Bx}=\boldsymbol{0}$ 的解, 这里 $\boldsymbol{x}=(x_1,x_2,\cdots,x_n)^{\mathrm{T}}$.

16. 在向量组 $\boldsymbol{\alpha}_1,\boldsymbol{\alpha}_2,\cdots,\boldsymbol{\alpha}_m(m\geqslant 2)$ 中, $\boldsymbol{\alpha}_m\neq\boldsymbol{0}$, 证明: 对任意数 $k_1,k_2,\cdots,k_{m-1}$, 向量组

$$\boldsymbol{\beta}_1=\boldsymbol{\alpha}_1+k_1\boldsymbol{\alpha}_m,\quad \boldsymbol{\beta}_2=\boldsymbol{\alpha}_2+k_2\boldsymbol{\alpha}_m,\quad \cdots,\quad \boldsymbol{\beta}_{m-1}=\boldsymbol{\alpha}_{m-1}+k_{m-1}\boldsymbol{\alpha}_m$$

都线性无关的充要条件是 $\boldsymbol{\alpha}_1,\boldsymbol{\alpha}_2,\cdots,\boldsymbol{\alpha}_m$ 线性无关.

17. 已知 $\boldsymbol{A}=(\boldsymbol{\alpha}_1,\boldsymbol{\alpha}_2,\boldsymbol{\alpha}_3,\boldsymbol{\alpha}_4)$ 是 4 阶矩阵, $\boldsymbol{\alpha}_1,\boldsymbol{\alpha}_2,\boldsymbol{\alpha}_3,\boldsymbol{\alpha}_4$ 是 4 维列向量, 其中 $\boldsymbol{\alpha}_2,\boldsymbol{\alpha}_3,\boldsymbol{\alpha}_4$ 线性无关, $\boldsymbol{\alpha}_1=2\boldsymbol{\alpha}_2-\boldsymbol{\alpha}_3$. 如果 $\boldsymbol{\beta}=\boldsymbol{\alpha}_1+\boldsymbol{\alpha}_2+\boldsymbol{\alpha}_3+\boldsymbol{\alpha}_4$, 求方程组 $\boldsymbol{Ax}=\boldsymbol{\beta}$ 的通解.

18. 设 $\boldsymbol{A}$ 是三阶矩阵, $\boldsymbol{\alpha}_1=(1,2,3)^{\mathrm{T}},\boldsymbol{\alpha}_2=(0,2,1)^{\mathrm{T}},\boldsymbol{\alpha}_3=(0,a,1)^{\mathrm{T}},\boldsymbol{\beta}=(1,0,0)^{\mathrm{T}}$. 若 $\boldsymbol{\alpha}_1,\boldsymbol{\alpha}_2,\boldsymbol{\alpha}_3$ 是方程组 $\boldsymbol{Ax}=\boldsymbol{\beta}$ 的三个解, 则 (　　).

(A) 当 $a=2$ 时, $\mathrm{R}(\boldsymbol{A})=1$　　(B) 当 $a=2$ 时, $\mathrm{R}(\boldsymbol{A})=2$

(C) 当 $a\neq 2$ 时, $\mathrm{R}(\boldsymbol{A})=1$　　(D) 当 $a\neq 2$ 时, $\mathrm{R}(\boldsymbol{A})=2$

19. (全国考研数学一试题) 已知 a 是常数, 三阶矩阵 $\boldsymbol{A}$ 可以经过初等列变换化为矩阵 $\boldsymbol{B}$, 其中

$$\boldsymbol{A}=\begin{pmatrix}1&2&a\\1&3&0\\2&7&-a\end{pmatrix},\quad \boldsymbol{B}=\begin{pmatrix}1&a&2\\0&1&1\\-1&1&1\end{pmatrix}.$$

(1) 求 a; (2) 求满足 $\boldsymbol{AP}=\boldsymbol{B}$ 的可逆矩阵 $\boldsymbol{P}$.

20. (南开大学考研试题) 设 $\boldsymbol{A}$ 是 n 阶矩阵, 其中 $n \geqslant 3$, 且 $\boldsymbol{A}$ 的第 i 行第 j 列的元素为 $(i-j)^2$, 求 $\boldsymbol{A}$ 的秩.

二、提示或答案

1. 当 $\lambda=-4/5$ 时, 方程组无解; 当 $\lambda \neq -4/5$ 且 $\lambda \neq 1$ 时, 方程组有唯一解; 当 $\lambda=1$ 时, 方程组有无穷多解, 其通解为

$$\boldsymbol{x}=k(0,1,1)^{\mathrm{T}}+(1,-1,0)^{\mathrm{T}},$$

其中 k 为任意数.

2. 当矩阵 $\boldsymbol{A}$ 是行满秩矩阵 (即 $\mathrm{R}(\boldsymbol{A})=m$) 时, 对任意 m 维向量 $\boldsymbol{b}$, 方程组 $\boldsymbol{Ax}=\boldsymbol{b}$ 都有解.

3. 由

$$(\boldsymbol{\alpha}_1+\boldsymbol{\alpha}_2,\boldsymbol{\alpha}_2+\boldsymbol{\alpha}_3,\lambda\boldsymbol{\alpha}_1+\boldsymbol{\alpha}_3)=(\boldsymbol{\alpha}_1,\boldsymbol{\alpha}_2,\boldsymbol{\alpha}_3)\begin{pmatrix}1&0&\lambda\\1&1&0\\0&1&1\end{pmatrix}$$

及习题第 3.14 题的结论知, $\lambda \neq -1$.

4. 类似上一题, 应用习题第 3.14 题的结论即得.

5. 假设 $\boldsymbol{\beta},\boldsymbol{\gamma}$ 都不能由 $\boldsymbol{\alpha}_1,\cdots,\boldsymbol{\alpha}_s$ 线性表示. 由条件知, 存在不全为零的数 $k_1,\cdots,k_s,b,c$ 使得 $k_1\boldsymbol{\alpha}_1+k_2\boldsymbol{\alpha}_2+\cdots+k_s\boldsymbol{\alpha}_s+b\boldsymbol{\beta}+c\boldsymbol{\gamma}=\mathbf{0}$. 其中 b,c 不全为零, 否则 $\boldsymbol{\alpha}_1,\boldsymbol{\alpha}_2,\cdots,\boldsymbol{\alpha}_s$ 线性相关, 这与已知矛盾. 如果 $b\neq 0, c=0$, 则 $\boldsymbol{\beta}$ 可由 $\boldsymbol{\alpha}_1,\boldsymbol{\alpha}_2,\cdots,\boldsymbol{\alpha}_s$ 线性表示, 如果 $b=0,c\neq 0$, 则 $\boldsymbol{\gamma}$ 可由 $\boldsymbol{\alpha}_1,\boldsymbol{\alpha}_2,\cdots,\boldsymbol{\alpha}_s$ 线性表示, 都与假定不符, 因此 b,c 都不为零.

6. 由 $\boldsymbol{\alpha}_1,\boldsymbol{\alpha}_2,\cdots,\boldsymbol{\alpha}_m$ 线性无关可知, $\boldsymbol{\alpha}_2,\boldsymbol{\alpha}_3,\cdots,\boldsymbol{\alpha}_m$ 线性无关. 又因为 $\boldsymbol{\alpha}_2,\boldsymbol{\alpha}_3,\cdots,\boldsymbol{\alpha}_{m+1}$ 线性相关, 故 $\boldsymbol{\alpha}_{m+1}$ 可由 $\boldsymbol{\alpha}_2,\boldsymbol{\alpha}_3,\cdots,\boldsymbol{\alpha}_m$ 线性表示. 假设

$$\boldsymbol{\alpha}_1=k_2\boldsymbol{\alpha}_2+\cdots+k_m\boldsymbol{\alpha}_m+k_{m+1}\boldsymbol{\alpha}_{m+1}.$$

因而 $\boldsymbol{\alpha}_1$ 可由 $\boldsymbol{\alpha}_2,\boldsymbol{\alpha}_3,\cdots,\boldsymbol{\alpha}_m$ 线性表示, 这与 $\boldsymbol{\alpha}_1,\boldsymbol{\alpha}_2,\cdots,\boldsymbol{\alpha}_m$ 线性无关矛盾.

7. (1) 能; (2) 不能.

8. 不妨假定矩阵 $\boldsymbol{A}$ 的前 r 行线性无关, 前 r 列线性无关. 将 $\boldsymbol{A}$ 写成分块矩阵

$$\boldsymbol{A}=\begin{pmatrix}\boldsymbol{A}_1&\boldsymbol{A}_2\\\boldsymbol{A}_3&\boldsymbol{A}_4\end{pmatrix},$$

其中 $\boldsymbol{A}_1$ 是 $r\times r$ 矩阵子块. 由题意知 $\boldsymbol{A}$ 的后 $n-r$ 列的每一列都是前 r 列的线性组合, 因此, $\boldsymbol{A}_2$ 的每一列是 $\boldsymbol{A}_1$ 的列向量的线性组合. 另一方面, $r\times n$ 矩阵 $(\boldsymbol{A}_1,\boldsymbol{A}_2)$ 的秩等于 r, 故 $(\boldsymbol{A}_1,\boldsymbol{A}_2)$ 的前 r 列线性无关, 即 $\boldsymbol{A}_1$ 的列向量线性无关, 故 $|\boldsymbol{A}_1|\neq 0$.

9. (1) 对矩阵 $(\boldsymbol{A},\boldsymbol{\xi}_1)$ 施行初等行变换化成行最简形, 解得 $\boldsymbol{\xi}_2=(-1/2,1/2,0)^{\mathrm{T}}+k(1/2,-1/2,1)^{\mathrm{T}}$, 其中 k 为任意数. 对矩阵 $(\boldsymbol{A}^2,\boldsymbol{\xi}_1)$ 施行初等行变换化成行最简形, 解得 $\boldsymbol{\xi}_3=(-1/2,0,0)^{\mathrm{T}}+k_1(-1,1,0)^{\mathrm{T}}+k_2(0,0,1)^{\mathrm{T}}$, 其中 k_1,k_2 为任意数.

(2) **证法 1** 由 (1) 知

$$|\boldsymbol{\xi}_1,\boldsymbol{\xi}_2,\boldsymbol{\xi}_3| = \begin{vmatrix} -1 & -1/2+k/2 & -1/2-k_1 \\ 1 & 1/2-k/2 & k_1 \\ -2 & k & k_2 \end{vmatrix} = -1/2 \neq 0,$$

故 $\boldsymbol{\xi}_1$, $\boldsymbol{\xi}_2$, $\boldsymbol{\xi}_3$ 线性无关.

证法 2 假设存在数 l_1,l_2,l_3, 使得 $l_1\boldsymbol{\xi}_1+l_2\boldsymbol{\xi}_2+l_3\boldsymbol{\xi}_3=\mathbf{0}$. 由题意知, $\boldsymbol{A}\boldsymbol{\xi}_1=\mathbf{0}$. 在前一式两端同时左乘矩阵 $\boldsymbol{A}$, 得 $l_2\boldsymbol{A}\boldsymbol{\xi}_2+l_3\boldsymbol{A}\boldsymbol{\xi}_3=\mathbf{0}$, 即

$$l_2\boldsymbol{\xi}_1+l_3\boldsymbol{A}\boldsymbol{\xi}_3=\mathbf{0}.$$

此式两端再左乘矩阵 $\boldsymbol{A}$ 得 $l_3\boldsymbol{A}^2\boldsymbol{\xi}_3=\mathbf{0}$, 即 $l_3\boldsymbol{\xi}_1=\mathbf{0}$, 故 $l_3=0$. 又得 $l_2\boldsymbol{\xi}_1=\mathbf{0}$, 故 $l_2=0$. 再得 $l_1\boldsymbol{\xi}_1=\mathbf{0}$, 从而 $l_1=l_2=l_3=0$, 故 $\boldsymbol{\xi}_1$, $\boldsymbol{\xi}_2$, $\boldsymbol{\xi}_3$ 线性无关.

10. 对 $\boldsymbol{A}$ 施行初等列变换, 使得 $\boldsymbol{A}$ 的后 $n-r$ 列全为零. 即对矩阵 $\begin{pmatrix}\boldsymbol{A}\\ \boldsymbol{I}\end{pmatrix}$ 施行初等列变换后化为

$$\begin{pmatrix}\boldsymbol{B}\\ \boldsymbol{P}\end{pmatrix} = \begin{pmatrix}\boldsymbol{B}_1 & \boldsymbol{O}\\ \boldsymbol{P}_1 & \boldsymbol{P}_2\end{pmatrix},$$

其中 $\boldsymbol{B}_1$ 是 $m\times r$ 矩阵, $\boldsymbol{P}_2$ 是 $n\times(n-r)$ 矩阵. 令

$$\boldsymbol{B}=(\boldsymbol{\beta}_1,\cdots,\boldsymbol{\beta}_r,\mathbf{0},\cdots,\mathbf{0}),\quad \boldsymbol{P}=(\boldsymbol{\eta}_1,\cdots,\boldsymbol{\eta}_r,\boldsymbol{\eta}_{r+1},\cdots,\boldsymbol{\eta}_n),\quad \boldsymbol{P}_2=(\boldsymbol{\eta}_{r+1},\cdots,\boldsymbol{\eta}_n).$$

则 $\boldsymbol{AP}=\boldsymbol{B}$, 有 $\boldsymbol{A}\boldsymbol{\eta}_{r+1}=\cdots=\boldsymbol{A}\boldsymbol{\eta}_n=\mathbf{0}$. 因 $\boldsymbol{P}$ 是非奇异矩阵, 故 $\boldsymbol{\eta}_{r+1},\cdots,\boldsymbol{\eta}_n$ 线性无关. 注意到 $\mathrm{R}(\boldsymbol{A})=r$, 故 $\boldsymbol{\eta}_{r+1},\cdots,\boldsymbol{\eta}_n$ 是齐次方程组 $\boldsymbol{Ax}=\mathbf{0}$ 的基础解系.

11. 反证法. 设 $\boldsymbol{A}$ 不可逆, 则齐次方程组 $\boldsymbol{Ax}=\mathbf{0}$ 有非零解 $\boldsymbol{x}\in\mathbb{R}^n$. 显然, $\boldsymbol{x}^{\mathrm{T}}\boldsymbol{A}^{\mathrm{T}}=\mathbf{0}$. 从而,

$$\boldsymbol{x}^{\mathrm{T}}(\boldsymbol{A}+\boldsymbol{A}^{\mathrm{T}})\boldsymbol{x}=2\boldsymbol{x}^{\mathrm{T}}\boldsymbol{I}\boldsymbol{x}=2\boldsymbol{x}^{\mathrm{T}}\boldsymbol{x}=0,$$

这与 $\boldsymbol{x}\neq\mathbf{0}$ 矛盾.

12. 设齐次方程组 $\boldsymbol{Ax}=\mathbf{0}$ 的基础解系为 $\boldsymbol{\xi}_1,\cdots,\boldsymbol{\xi}_{n-r}$, $\boldsymbol{\xi}_j\in L(\boldsymbol{\xi}_1,\cdots,\boldsymbol{\xi}_{n-r})$ $(j=n-r+1,\cdots,n)$, 令 $\boldsymbol{B}=(\boldsymbol{\xi}_1,\cdots,\boldsymbol{\xi}_{n-r},\boldsymbol{\xi}_{n-r+1},\cdots,\boldsymbol{\xi}_n)$, 则有 $\boldsymbol{AB}=\boldsymbol{O}$. 同理, 存在 n 阶矩阵 $\boldsymbol{D}$, 使得 $\boldsymbol{A}^{\mathrm{T}}\boldsymbol{D}=\boldsymbol{O}$. 令 $\boldsymbol{C}=\boldsymbol{D}^{\mathrm{T}}$, 即得 $\boldsymbol{CA}=\boldsymbol{O}$.

13. 首先 $\mathrm{R}(\boldsymbol{B}^*)=1$, 得知 $\mathrm{R}(\boldsymbol{B})=2$, $|\boldsymbol{B}|=0$. 设 $\boldsymbol{B}=(\boldsymbol{\alpha}_1,\boldsymbol{\alpha}_2,\boldsymbol{\alpha}_3)$. 由 $\boldsymbol{B}^*\boldsymbol{B}=|\boldsymbol{B}|\boldsymbol{I}=\boldsymbol{O}$ 知, $\boldsymbol{B}^*\boldsymbol{\alpha}_j=\mathbf{0}\,(j=1,2,3)$. 易知齐次方程组 $\boldsymbol{B}^*\boldsymbol{x}=\mathbf{0}$ 的一个基础解系 $(-1,1,0)^{\mathrm{T}}$, $(-1,0,1)^{\mathrm{T}}$. 取 $\boldsymbol{\alpha}_1=(-1,1,0)^{\mathrm{T}}$, $\boldsymbol{\alpha}_2=(-1,0,1)^{\mathrm{T}}$. 注意到 $\boldsymbol{\alpha}_1,\boldsymbol{\alpha}_2,\boldsymbol{\alpha}_3$ 线性相关, 令 $\boldsymbol{\alpha}_3=k_1\boldsymbol{\alpha}_1+k_2\boldsymbol{\alpha}_2$, 即

$$\boldsymbol{B}=\begin{pmatrix} -1 & -1 & -k_1-k_2 \\ 1 & 0 & k_1 \\ 0 & 1 & k_2 \end{pmatrix}.$$

由

$$B_{11}=\begin{vmatrix} 0 & k_1 \\ 1 & k_2 \end{vmatrix}=1,\quad B_{12}=-\begin{vmatrix} 1 & k_1 \\ 0 & k_2 \end{vmatrix}=1$$

可得 $k_1=k_2=-1$. 故取

$$\boldsymbol{B}=\begin{pmatrix}-1&-1&2\\1&0&-1\\0&1&-1\end{pmatrix},$$

即得所求.

14. 本题是教材习题第 3.27 题的变形.

(1) S 中最多有 $n-r+1$ 个线性无关的解向量. 设 $\boldsymbol{\alpha}_1,\cdots,\boldsymbol{\alpha}_{n-r}$ 是导出组 $\boldsymbol{Ax}=\mathbf{0}$ 的一个基础解系, $\boldsymbol{\beta}$ 是 $\boldsymbol{Ax}=\boldsymbol{b}$ 的一个特解, 则 $\boldsymbol{\beta},\boldsymbol{\beta}+\boldsymbol{\alpha}_1,\cdots,\boldsymbol{\beta}+\boldsymbol{\alpha}_{n-r}$ 是 S 中的一个线性无关的解向量 (证明参见习题第 3.27 题). 下证 S 中任意 $n-r+2$ 个向量都是线性相关的. 任取 $\boldsymbol{\eta}_1,\cdots,\boldsymbol{\eta}_t\in S\,(t=n-r+2)$, 则 $\boldsymbol{\eta}_2-\boldsymbol{\eta}_1,\boldsymbol{\eta}_3-\boldsymbol{\eta}_1,\cdots,\boldsymbol{\eta}_t-\boldsymbol{\eta}_1$ 都是导出组 $\boldsymbol{Ax}=\mathbf{0}$ 的解. 由于 $\mathrm{R}(\boldsymbol{A})=r$, 故 $n-r+1$ 个向量 $\boldsymbol{\eta}_2-\boldsymbol{\eta}_1,\boldsymbol{\eta}_3-\boldsymbol{\eta}_1,\cdots,\boldsymbol{\eta}_t-\boldsymbol{\eta}_1$ 线性相关, 因而存在不全为零的数 $k_1,k_2,\cdots,k_{t-1}$, 使得

$$k_1(\boldsymbol{\eta}_2-\boldsymbol{\eta}_1)+k_2(\boldsymbol{\eta}_3-\boldsymbol{\eta}_1)+\cdots+k_{t-1}(\boldsymbol{\eta}_t-\boldsymbol{\eta}_1)=\mathbf{0}.$$

整理得

$$-(k_1+k_2+\cdots+k_{t-1})\boldsymbol{\eta}_1+k_1\boldsymbol{\eta}_2+k_2\boldsymbol{\eta}_3+\cdots+k_{t-1}\boldsymbol{\eta}_t=\mathbf{0}.$$

由于 $k_1+k_2+\cdots+k_{t-1},k_1,\cdots,k_{t-1}$ 不全为零, 故 $\boldsymbol{\eta}_1,\boldsymbol{\eta}_2,\cdots,\boldsymbol{\eta}_t$ 线性相关, 从而 S 中任意多于 $n-r+1$ 个的向量组都线性相关. 故 $\boldsymbol{\beta},\boldsymbol{\beta}+\boldsymbol{\alpha}_1,\cdots,\boldsymbol{\beta}+\boldsymbol{\alpha}_{n-r}$ 是 S 中的向量个数最多的线性无关的向量组.

(2) 对每一个 m 维非零向量 $\boldsymbol{b}$ 都满足 $\mathrm{R}(\boldsymbol{A})=\mathrm{R}(\boldsymbol{A},\boldsymbol{b})$, 故 $\mathrm{R}(\boldsymbol{A})\geqslant m$, 又因为 $\mathrm{R}(\boldsymbol{A})\leqslant m$, 故 $\mathrm{R}(\boldsymbol{A})=m$.

15. 令 $S_1=\{\boldsymbol{x}|\boldsymbol{Bx}=\mathbf{0}\}$, $S_2=\{\boldsymbol{x}|\boldsymbol{ABx}=\mathbf{0}\}$, 显然 $S_1\subset S_2$.

$$\mathrm{R}(\boldsymbol{B})=\mathrm{R}(\boldsymbol{AB})\Leftrightarrow n-\mathrm{R}(\boldsymbol{B})=n-\mathrm{R}(\boldsymbol{AB})\Leftrightarrow \dim S_1=\dim S_2\Leftrightarrow S_1=S_2.$$

16. 充分性. 设 $l_1\boldsymbol{\beta}_1+l_2\boldsymbol{\beta}_2+\cdots+l_{m-1}\boldsymbol{\beta}_{m-1}=\mathbf{0}$, 由已知证得 $l_1=l_2=\cdots=l_{m-1}=0$.

必要性. 取 $k_1=k_2=\cdots=k_{m-1}=0$ 得 $\boldsymbol{\alpha}_1,\boldsymbol{\alpha}_2,\cdots,\boldsymbol{\alpha}_{m-1}$ 线性无关. 用反证法证明 $\boldsymbol{\alpha}_1,\cdots,\boldsymbol{\alpha}_{m-1},\boldsymbol{\alpha}_m$ 也线性无关. 否则 $\boldsymbol{\alpha}_m$ 可由 $\boldsymbol{\alpha}_1,\cdots,\boldsymbol{\alpha}_{m-1}$ 线性表示, 令 $\boldsymbol{\alpha}_m=l_1\boldsymbol{\alpha}_1+\cdots+l_{m-1}\boldsymbol{\alpha}_{m-1}$. 由于 $\boldsymbol{\alpha}_m\neq\mathbf{0}$, 故存在 $l_t\neq 0$. 再取 $k_t=-1/l_t$ 和 $k_i=0$ 当 $i\neq t$ 时. 则 $\boldsymbol{\beta}_t=\boldsymbol{\alpha}_t-\dfrac{1}{l_t}\boldsymbol{\alpha}_m$, 其他 $\boldsymbol{\beta}_i=\boldsymbol{\alpha}_i\,(i\neq t)$. 于是

$$\boldsymbol{\alpha}_m=\sum_{i\neq t}l_i\boldsymbol{\alpha}_i+l_t\left(\boldsymbol{\beta}_t+\frac{1}{l_t}\boldsymbol{\alpha}_m\right)=\sum_{i=1}^{m-1}l_i\boldsymbol{\beta}_i+\boldsymbol{\alpha}_m,$$

得到 $\displaystyle\sum_{i=1}^{m-1}l_i\boldsymbol{\beta}_i=\mathbf{0}$, 其中至少有一个 $l_t\neq 0$, 从而 $\boldsymbol{\beta}_1,\cdots,\boldsymbol{\beta}_{m-1}$ 线性相关, 已知矛盾.

17. $k(1,-2,1,0)^{\mathrm{T}}+(0,3,0,1)^{\mathrm{T}}$ (k 为任意数); 如果将特解取成 $(1,1,1,1)^{\mathrm{T}}$, 则通解为 $k(1,-2,1,0)^{\mathrm{T}}+(1,1,1,1)^{\mathrm{T}}$ (k 为任意数), 所以答案不唯一. 参考习题第 3.29 题的解答.

18. 解法 1 令

$$\boldsymbol{B}=(\boldsymbol{\alpha}_1,\boldsymbol{\alpha}_2,\boldsymbol{\alpha}_3)=\begin{pmatrix}1&0&0\\2&2&a\\3&1&1\end{pmatrix},\quad \boldsymbol{C}=\begin{pmatrix}1&1&1\\0&0&0\\0&0&0\end{pmatrix},$$

则 $\mathrm{R}(\boldsymbol{C})=1$, $\boldsymbol{AB}=\boldsymbol{C}$. 当 $a\neq 2$ 时, $\boldsymbol{B}$ 可逆, 故 $\mathrm{R}(\boldsymbol{A})=\mathrm{R}(\boldsymbol{C})=1$. 当 $a=2$ 时, $\mathrm{R}(\boldsymbol{B})=2$, 则 $\mathrm{R}(\boldsymbol{A})$ 可取 1 或 2, C 是正确答案.

解法 2 当 $a\neq 2$ 时, 易知 $\boldsymbol{\alpha}_1,\boldsymbol{\alpha}_2,\boldsymbol{\alpha}_3$ 线性无关, 因而 $\boldsymbol{\alpha}_1-\boldsymbol{\alpha}_3$, $\boldsymbol{\alpha}_2-\boldsymbol{\alpha}_3$ 也线性无关 (事实上, 设 $k_1(\boldsymbol{\alpha}_1-\boldsymbol{\alpha}_3)+k_2(\boldsymbol{\alpha}_2-\boldsymbol{\alpha}_3)=\mathbf{0}$, 即 $k_1\boldsymbol{\alpha}_1+k_2\boldsymbol{\alpha}_2-(k_1+k_2)\boldsymbol{\alpha}_3=\mathbf{0}$, 可得 $k_1=k_2=0$). 又 $\boldsymbol{\alpha}_1-\boldsymbol{\alpha}_3$, $\boldsymbol{\alpha}_2-\boldsymbol{\alpha}_3$ 是齐次方程组 $\boldsymbol{Ax}=\mathbf{0}$ 的解, 故 $\boldsymbol{Ax}=\mathbf{0}$ 的基础解系至少包含 2 个向量, 即 $3-\mathrm{R}(\boldsymbol{A})\geqslant 2$, 即知 $\mathrm{R}(\boldsymbol{A})\leqslant 1$. 另一方面, 显然 $\boldsymbol{A}\neq\boldsymbol{O}$, 即 $\mathrm{R}(\boldsymbol{A})\geqslant 1$, 从而 $\mathrm{R}(\boldsymbol{A})=1$. 当 $a=2$ 时, $\mathrm{R}(\boldsymbol{\alpha}_1,\boldsymbol{\alpha}_2,\boldsymbol{\alpha}_3)=2$, $\boldsymbol{\alpha}_1-\boldsymbol{\alpha}_2\neq\mathbf{0}$ 是 $\boldsymbol{Ax}=\mathbf{0}$ 的非零解, 可知 $3-\mathrm{R}(\boldsymbol{A})\geqslant 1$, $\mathrm{R}(\boldsymbol{A})\leqslant 2$. 由 $\boldsymbol{\beta}\neq\mathbf{0}$ 知, $\mathrm{R}(\boldsymbol{A})$ 可取 1 或 2, 故 C 是正确答案.

19. (1) 注意到 $\mathrm{R}(\boldsymbol{A})=\mathrm{R}(\boldsymbol{B})$, 经过初等行变换后

$$\boldsymbol{A}\to\begin{pmatrix}1&2&a\\0&1&-a\\0&0&0\end{pmatrix},\quad \boldsymbol{B}\to\begin{pmatrix}1&a&2\\0&1&1\\0&0&2-a\end{pmatrix},$$

故 $a=2$.

(2) 先做初等行变换化行最简形得到 (目的是简化计算)

$$(\boldsymbol{A},\boldsymbol{B})\to\left(\begin{array}{ccc:ccc}1&0&6&3&4&4\\0&1&-2&-1&-1&-1\\0&0&0&0&0&0\end{array}\right).$$

由于 $\boldsymbol{AP}=\boldsymbol{B}$, 因而就 $\boldsymbol{P}$ 的每一列可得到一个线性方程组, 分别解得

$$\boldsymbol{P}=\begin{pmatrix}-6k_1+3&-6k_2+4&-6k_3+4\\2k_1-1&2k_2-1&2k_3-1\\k_1&k_2&k_3\end{pmatrix}.$$

再对 $\boldsymbol{P}$ 做初等行变换得

$$\boldsymbol{P}\to\begin{pmatrix}1&1&1\\0&1&1\\0&0&k_3-k_2\end{pmatrix}.$$

由于 $\boldsymbol{P}$ 可逆, 故 $k_2\neq k_3$. 因此

$$\boldsymbol{P}=\begin{pmatrix}-6k_1+3&-6k_2+4&-6k_3+4\\2k_1-1&2k_2-1&2k_3-1\\k_1&k_2&k_3\end{pmatrix},$$

其中 k_1, k_2, k_3 是任意常数, 且 $k_2 \neq k_3$.

注 对第 (2) 小题, 如果不对 $(\boldsymbol{A}, \boldsymbol{B})$ 做初等行变换, 直接由 $\boldsymbol{AP} = \boldsymbol{B}$ 得到 3 个三元线性方程组, 也能解出矩阵 $\boldsymbol{P}$, 显然这样做麻烦得多, 读者可试试看.

20. 解法 1

$$
\boldsymbol{A} = \begin{pmatrix} 0 & 1^2 & 2^2 & \cdots & (n-1)^2 \\ 1^2 & 0 & 1^2 & \cdots & (n-2)^2 \\ 2^2 & 1^2 & 0 & \cdots & (n-3)^2 \\ \vdots & \vdots & \vdots & & \vdots \\ (n-2)^2 & (n-3)^2 & (n-4)^2 & \cdots & 1^2 \\ (n-1)^2 & (n-2)^2 & (n-3)^2 & \cdots & 0 \end{pmatrix}
$$

$$
\xrightarrow[i=n,n-1,\cdots,1]{r_i - r_{i-1}} \begin{pmatrix} 0 & 1^2 & 2^2 & \cdots & (n-1)^2 \\ 1 & -1 & -3 & \cdots & 3-2n \\ 3 & 1 & -1 & \cdots & 5-2n \\ \vdots & \vdots & \vdots & & \vdots \\ 2n-5 & 2n-7 & 2n-9 & \cdots & -3 \\ 2n-3 & 2n-5 & 2n-7 & \cdots & -1 \end{pmatrix}
$$

$$
\xrightarrow[i=n,n-1,\cdots,2]{r_i - r_{i-1}} \begin{pmatrix} 0 & 1 & 4 & \cdots & (n-1)^2 \\ 1 & -1 & -3 & \cdots & 3-2n \\ 2 & 2 & 2 & \cdots & 2 \\ \vdots & \vdots & \vdots & & \vdots \\ 2 & 2 & 2 & \cdots & 2 \\ 2 & 2 & 2 & \cdots & 2 \end{pmatrix}
$$

$$
\xrightarrow[i=4,5,\cdots,n]{r_i - r_3} \begin{pmatrix} 0 & 1 & 4 & \cdots & (n-1)^2 \\ 1 & -1 & -3 & \cdots & 3-2n \\ 2 & 2 & 2 & \cdots & 2 \\ 0 & 0 & 0 & \cdots & 0 \\ \vdots & \vdots & \vdots & & \vdots \\ 0 & 0 & 0 & \cdots & 0 \end{pmatrix} \xrightarrow{r_3 \times 1/2} \begin{pmatrix} 0 & 1 & 4 & \cdots & (n-1)^2 \\ 1 & -1 & -3 & \cdots & 3-2n \\ 1 & 1 & 1 & \cdots & 1 \\ 0 & 0 & 0 & \cdots & 0 \\ \vdots & \vdots & \vdots & & \vdots \\ 0 & 0 & 0 & \cdots & 0 \end{pmatrix}.
$$

由于

$$
\begin{vmatrix} 0 & 1 & 4 \\ 1 & -1 & -3 \\ 1 & 1 & 1 \end{vmatrix} = 4 \neq 0,
$$

故 $\mathrm{R}(\boldsymbol{A}) = 3$.

解法 2 对任意 $n \geqslant 3$, 显然矩阵 $\boldsymbol{A}$ 的前三列

$$\boldsymbol{\alpha}_1 = (0, 1, 4, 9, \cdots, (n-1)^2)^{\mathrm{T}},$$
$$\boldsymbol{\alpha}_2 = (1, 0, 1, 4 \cdots, (n-2)^2)^{\mathrm{T}},$$
$$\boldsymbol{\alpha}_3 = (4, 1, 0, 1, \cdots, (n-3)^2)^{\mathrm{T}}$$

线性无关 (矩阵 $\boldsymbol{A}$ 的左上角的三阶子式不等于零), 因此 $\mathrm{R}(\boldsymbol{A}) \geqslant 3$. 其次, 当 $n \geqslant 4$ 时, 对 $\boldsymbol{A}$ 的第 $k\,(k \geqslant 4)$ 列

$$\boldsymbol{\alpha}_k = ((k-1)^2, (k-2)^2, (k-3)^2, \cdots, (n-k)^2)^{\mathrm{T}},$$

下面考察向量组 $\boldsymbol{\alpha}_1, \boldsymbol{\alpha}_2, \boldsymbol{\alpha}_3, \boldsymbol{\alpha}_k$ 的线性相关性. 解线性方程组

$$x_1\boldsymbol{\alpha}_1 + x_2\boldsymbol{\alpha}_2 + x_3\boldsymbol{\alpha}_3 = \boldsymbol{\alpha}_k. \tag{3.2}$$

为此, 我们考虑 (3.2) 式的前三个方程构成的线性方程组

$$\begin{pmatrix} 0 & 1 & 4 \\ 1 & 0 & 1 \\ 4 & 1 & 0 \end{pmatrix} \begin{pmatrix} x_1 \\ x_2 \\ x_3 \end{pmatrix} = \begin{pmatrix} k^2 - 2k + 1 \\ k^2 - 4k + 4 \\ k^2 - 6k + 9 \end{pmatrix}, \tag{3.3}$$

容易解得

$$x_1 = (k^2 - 5k + 6)/2, \quad x_2 = -k^2 + 4k - 3, \quad x_3 = (k^2 - 3k + 2)/2. \tag{3.4}$$

下面验证 (3.4) 就是方程组 (3.2) 的解. 事实上, 对任意 $1 \leqslant j \leqslant n$,

$$\frac{1}{2}(k^2 - 5k + 6)(j-1)^2 + (-k^2 + 4k - 3)(j-2)^2 + \frac{1}{2}(k^2 - 3k + 2)(j-3)^2 = (j-k)^2.$$

这说明 (3.2) 式成立, 即 $\boldsymbol{\alpha}_1, \boldsymbol{\alpha}_2, \boldsymbol{\alpha}_3, \boldsymbol{\alpha}_k$ 线性相关性, 且组合系数与 n 无关, 故 $\mathrm{R}(\boldsymbol{A}) \leqslant 3$, 从而 $\mathrm{R}(\boldsymbol{A}) = 3$.

注 本题给出了两种解法, 前一种解法或许读者容易想到. 关于后一种方法作如下说明:

首先, 在方程组 (3.2) 中, 由于系数矩阵是列满秩的, 故方程组 (3.2) 有唯一解, 这是毋庸置疑的. 一般地, 如果方程组

$$\begin{pmatrix} \boldsymbol{A}_1 \\ \boldsymbol{A}_2 \end{pmatrix} \boldsymbol{x} = \begin{pmatrix} \boldsymbol{b}_1 \\ \boldsymbol{b}_2 \end{pmatrix} \tag{3.5}$$

的系数矩阵是列满秩的, 则它有唯一解. 进一步, 如果 $\boldsymbol{A}_1$ 也是列满秩矩阵, 则方程组

$$\boldsymbol{A}_1\boldsymbol{x} = \boldsymbol{b}_1 \tag{3.6}$$

也有唯一解, 且这个唯一解也是方程组

$$\boldsymbol{A}_2\boldsymbol{x} = \boldsymbol{b}_2 \tag{3.7}$$

的解, 因而是方程组 (3.5) 的唯一解, 这是因为

$$\begin{pmatrix} \boldsymbol{A}_1 \\ \boldsymbol{A}_2 \end{pmatrix} \boldsymbol{x} = \begin{pmatrix} \boldsymbol{b}_1 \\ \boldsymbol{b}_2 \end{pmatrix} \Leftrightarrow \begin{cases} \boldsymbol{A}_1\boldsymbol{x} = \boldsymbol{b}_1, \\ \boldsymbol{A}_2\boldsymbol{x} = \boldsymbol{b}_2. \end{cases}$$

从这个角度来讲, 我们前面 "验证 (3.4) 就是方程组 (3.2) 的解" 是多余的. 但由于在 "解法 2" 中我们没有谈及这个结论, 所以这个 "验证" 也是必要的.

其次, 由于向量组 $\boldsymbol{\alpha}_1, \boldsymbol{\alpha}_2, \boldsymbol{\alpha}_3, \boldsymbol{\alpha}_k$ 的每个向量各有 n 个分量, 因此, 方程组 (3.2) 的解 x_1, x_2, x_3 似乎应该与 n 有关. 但是, 由解方程组 (3.3) 所得到的解 (3.4) 却与 n 无关. 也就是说, 无论 $n\,(n \geqslant 4)$ 取多少, $\boldsymbol{\alpha}_k\,(4 \leqslant k \leqslant n)$ 都能由 $\boldsymbol{\alpha}_1, \boldsymbol{\alpha}_2, \boldsymbol{\alpha}_3$ 线性表示, 且表示系数与 n 无关只与 k 有关. 事实上, 我们只需要将 "解法 1" 的最后一个矩阵进一步施行初等行变换化成行最简形

$$\left(\begin{array}{ccc:cccc} 1 & 0 & 0 & 1 & 3 & \cdots & (n^2-5n+6)/2 \\ 0 & 1 & 0 & -3 & -8 & \cdots & -n^2+4n-3 \\ 0 & 0 & 1 & 3 & 6 & \cdots & (n^2-3n+2)/2 \\ 0 & 0 & 0 & 0 & 0 & \cdots & 0 \\ \vdots & \vdots & \vdots & \vdots & \vdots & & \vdots \\ 0 & 0 & 0 & 0 & 0 & \cdots & 0 \end{array}\right)$$

即可看出来. 无论 $n\,(n \geqslant 4)$ 取多少, $\boldsymbol{\alpha}_4, \boldsymbol{\alpha}_5, \cdots$, 由 $\boldsymbol{\alpha}_1, \boldsymbol{\alpha}_2, \boldsymbol{\alpha}_3$ 线性表示的表示系数都是唯一的, 且与 n 无关.

§3.4 习 题 选 解

3.5 设 $x_1 - x_2 = a_1, x_2 - x_3 = a_2, \cdots, x_n - x_1 = a_n$, 求证: 此方程组有解的充要条件是 $\sum\limits_{i=1}^{n} a_i = 0$.

解 将增广矩阵施行初等行变换化成行阶梯形

$$\left(\begin{array}{cccccc:c} 1 & -1 & 0 & \cdots & 0 & 0 & a_1 \\ 0 & 1 & -1 & \cdots & 0 & 0 & a_2 \\ \vdots & \vdots & \vdots & & \vdots & \vdots & \vdots \\ 0 & 0 & 0 & \cdots & 1 & -1 & a_{n-1} \\ -1 & 0 & 0 & \cdots & 0 & 1 & a_n \end{array}\right) \xrightarrow[i=1,2,\cdots,n-1]{r_n + r_i} \left(\begin{array}{cccccc:c} 1 & -1 & 0 & \cdots & 0 & 0 & a_1 \\ 0 & 1 & -1 & \cdots & 0 & 0 & a_2 \\ \vdots & \vdots & \vdots & & \vdots & \vdots & \vdots \\ 0 & 0 & 0 & \cdots & 1 & -1 & a_{n-1} \\ 0 & 0 & 0 & \cdots & 0 & 0 & \sum\limits_{i=1}^{n} a_i \end{array}\right),$$

得到 $\mathrm{R}(\boldsymbol{A}) = n-1$. 故此方程组有解 $\Leftrightarrow \mathrm{R}(\boldsymbol{A}, \boldsymbol{b}) = \mathrm{R}(\boldsymbol{A}) = n-1 \Leftrightarrow \sum\limits_{i=1}^{n} a_i = 0$.

3.6 已知行列式

$$\begin{vmatrix} a_1 & b_1 & c_1 \\ a_2 & b_2 & c_2 \\ a_3 & b_3 & c_3 \end{vmatrix} \neq 0,$$

证明: 线性方程组

$$\begin{cases} a_1x+b_1y=c_1, \\ a_2x+b_2y=c_2, \\ a_3x+b_3y=c_3 \end{cases}$$

无解.

证明 由已知得增广矩阵的秩为 3. 显然, 系数矩阵的秩不超过 2, 小于增广矩阵的秩, 故原方程组无解.

3.14 设向量组 $\boldsymbol{\alpha}_1,\boldsymbol{\alpha}_2,\cdots,\boldsymbol{\alpha}_n$ 线性无关, n 阶矩阵 $\boldsymbol{A}=(a_{ij})_{n\times n}$,

$$(\boldsymbol{\beta}_1,\boldsymbol{\beta}_2,\cdots,\boldsymbol{\beta}_n)=(\boldsymbol{\alpha}_1,\boldsymbol{\alpha}_2,\cdots,\boldsymbol{\alpha}_n)\boldsymbol{A}.$$

证明: 向量组 $\boldsymbol{\beta}_1,\boldsymbol{\beta}_2,\cdots,\boldsymbol{\beta}_n$ 线性无关的充要条件是 $|\boldsymbol{A}|\neq 0$.

证明 设 n 维列向量 $\boldsymbol{x}=(x_1,x_2,\cdots,x_n)^{\mathrm{T}}$ 满足

$$x_1\boldsymbol{\beta}_1+x_2\boldsymbol{\beta}_2+\cdots+x_n\boldsymbol{\beta}_n=(\boldsymbol{\beta}_1,\boldsymbol{\beta}_2,\cdots,\boldsymbol{\beta}_n)\boldsymbol{x}=(\boldsymbol{\alpha}_1,\boldsymbol{\alpha}_2,\cdots,\boldsymbol{\alpha}_n)\boldsymbol{A}\boldsymbol{x}=\boldsymbol{0}.$$

注意到 $\boldsymbol{\alpha}_1,\boldsymbol{\alpha}_2,\cdots,\boldsymbol{\alpha}_n$ 线性无关, 因此, 必有 $\boldsymbol{A}\boldsymbol{x}=\boldsymbol{0}$. 所以

$$\boldsymbol{\beta}_1,\boldsymbol{\beta}_2,\cdots,\boldsymbol{\beta}_n\text{ 线性无关}\Leftrightarrow \boldsymbol{x}=\boldsymbol{0}\Leftrightarrow \boldsymbol{A}\boldsymbol{x}=\boldsymbol{0}\text{ 只有零解}\Leftrightarrow |\boldsymbol{A}|\neq 0.$$

注 将本题稍做改动得到重要结论: 设向量组 (I): $\boldsymbol{\beta}_1,\boldsymbol{\beta}_2,\cdots,\boldsymbol{\beta}_m$ 可由向量组 (II): $\boldsymbol{\alpha}_1,\boldsymbol{\alpha}_2,\cdots,\boldsymbol{\alpha}_n$ 线性表示, 即存在 $n\times m$ 矩阵 $\boldsymbol{A}$, 使得

$$(\boldsymbol{\beta}_1,\boldsymbol{\beta}_2,\cdots,\boldsymbol{\beta}_m)=(\boldsymbol{\alpha}_1,\boldsymbol{\alpha}_2,\cdots,\boldsymbol{\alpha}_n)\boldsymbol{A},$$

且向量组 (II) 线性无关, 则向量组 (I) 线性无关 (相关) 的充要条件是 $\boldsymbol{A}$ 为列满秩 (降秩) 矩阵. (请读者自己证明)

3.17 设 $\boldsymbol{\alpha}_1=(1,1,0,0)^{\mathrm{T}},\boldsymbol{\alpha}_2=(1,0,1,1)^{\mathrm{T}},\boldsymbol{\beta}_1=(2,-1,3,3)^{\mathrm{T}},\boldsymbol{\beta}_2=(0,1,-1,-1)^{\mathrm{T}}$, 证明: $L(\boldsymbol{\alpha}_1,\boldsymbol{\alpha}_2)=L(\boldsymbol{\beta}_1,\boldsymbol{\beta}_2)$.

证明 矩阵的初等行变换得

$$(\boldsymbol{\alpha}_1,\boldsymbol{\alpha}_2,\boldsymbol{\beta}_1,\boldsymbol{\beta}_2)=\left(\begin{array}{cc:cc}1&1&2&0\\1&0&-1&1\\0&1&3&-1\\0&1&3&-1\end{array}\right)\xrightarrow{r}\left(\begin{array}{cc:cc}1&0&-1&1\\0&1&3&-1\\0&0&0&0\\0&0&0&0\end{array}\right).$$

于是,

$$(\boldsymbol{\beta}_1,\boldsymbol{\beta}_2)=(\boldsymbol{\alpha}_1,\boldsymbol{\alpha}_2)\begin{pmatrix}-1&1\\3&-1\end{pmatrix},\quad (\boldsymbol{\alpha}_1,\boldsymbol{\alpha}_2)=(\boldsymbol{\beta}_1,\boldsymbol{\beta}_2)\cdot\frac{1}{2}\begin{pmatrix}1&1\\3&1\end{pmatrix}.$$

故向量组 $\boldsymbol{\alpha}_1,\boldsymbol{\alpha}_2$ 与向量组 $\boldsymbol{\beta}_1,\boldsymbol{\beta}_2$ 等价, 因而 $L(\boldsymbol{\alpha}_1,\boldsymbol{\alpha}_2)=L(\boldsymbol{\beta}_1,\boldsymbol{\beta}_2)$.

3.20 设 $\boldsymbol{\beta}$ 可由向量组 $\boldsymbol{\alpha}_1,\boldsymbol{\alpha}_2,\cdots,\boldsymbol{\alpha}_s$ 线性表示, 但不能由 $\boldsymbol{\alpha}_1,\boldsymbol{\alpha}_2,\cdots,\boldsymbol{\alpha}_{s-1}$ 线性表示, 证明: 向量组 $\boldsymbol{\alpha}_1,\boldsymbol{\alpha}_2,\cdots,\boldsymbol{\alpha}_{s-1},\boldsymbol{\alpha}_s$ 与向量组 $\boldsymbol{\alpha}_1,\boldsymbol{\alpha}_2,\cdots,\boldsymbol{\alpha}_{s-1},\boldsymbol{\beta}$ 等价.

证明 由于 $\boldsymbol{\beta}$ 可由向量组 $\boldsymbol{\alpha}_1,\boldsymbol{\alpha}_2,\cdots,\boldsymbol{\alpha}_s$ 线性表示, 设 $\boldsymbol{\beta}=k_1\boldsymbol{\alpha}_1+k_2\boldsymbol{\alpha}_2+\cdots+k_s\boldsymbol{\alpha}_s$. 而 $\boldsymbol{\beta}$ 不能由 $\boldsymbol{\alpha}_1,\boldsymbol{\alpha}_2,\cdots,\boldsymbol{\alpha}_{s-1}$ 线性表示, 因此, $k_s\neq 0$. 所以

$$\boldsymbol{\alpha}_s=\frac{1}{k_s}\boldsymbol{\beta}-\frac{k_1}{k_s}\boldsymbol{\alpha}_1-\cdots-\frac{k_{s-1}}{k_s}\boldsymbol{\alpha}_{s-1},$$

即 $\boldsymbol{\alpha}_s$ 可由 $\boldsymbol{\alpha}_1,\cdots,\boldsymbol{\alpha}_{s-1},\boldsymbol{\beta}$ 线性表示. 因而, 向量组 $\boldsymbol{\alpha}_1,\boldsymbol{\alpha}_2,\cdots,\boldsymbol{\alpha}_{s-1},\boldsymbol{\alpha}_s$ 可由向量组 $\boldsymbol{\alpha}_1,\boldsymbol{\alpha}_2,\cdots,\boldsymbol{\alpha}_{s-1},\boldsymbol{\beta}$ 线性表示. 显然, 向量组 $\boldsymbol{\alpha}_1,\boldsymbol{\alpha}_2,\cdots,\boldsymbol{\alpha}_{s-1},\boldsymbol{\beta}$ 可由向量组 $\boldsymbol{\alpha}_1,\boldsymbol{\alpha}_2,\cdots,\boldsymbol{\alpha}_{s-1},\boldsymbol{\alpha}_s$ 线性表示, 故此二向量组等价.

3.21 设 $\boldsymbol{A},\boldsymbol{B}$ 都是 $m\times n$ 矩阵, 证明: $\mathrm{R}(\boldsymbol{A}\pm\boldsymbol{B})\leqslant\mathrm{R}(\boldsymbol{A})+\mathrm{R}(\boldsymbol{B})$.

证法 1 设 $\mathrm{R}(\boldsymbol{A})=s,\mathrm{R}(\boldsymbol{B})=t$, 并设 (I′): $\boldsymbol{\alpha}_{i_1},\boldsymbol{\alpha}_{i_2},\cdots,\boldsymbol{\alpha}_{i_s}$ 是矩阵 $\boldsymbol{A}$ 的列向量组 (记为 (I)): $\boldsymbol{\alpha}_1,\boldsymbol{\alpha}_2,\cdots,\boldsymbol{\alpha}_n$ 的一个极大无关组, (II′): $\boldsymbol{\beta}_{j_1},\boldsymbol{\beta}_{j_2},\cdots,\boldsymbol{\beta}_{j_t}$ 是矩阵 $\boldsymbol{B}$ 的列向量组 (记为 (II)): $\boldsymbol{\beta}_1,\boldsymbol{\beta}_2,\cdots,\boldsymbol{\beta}_n$ 是 $\boldsymbol{B}$ 的一个极大无关组. 将两个极大无关组 (I′) 与 (II′) 并在一起, 记为向量组 (III′). 注意到, (I) 可由 (I′) 线性表示, (II) 可由 (II′) 线性表示, 因此, 矩阵 $\boldsymbol{A}\pm\boldsymbol{B}$ 的列向量组 $\boldsymbol{\alpha}_1\pm\boldsymbol{\beta}_1,\boldsymbol{\alpha}_2\pm\boldsymbol{\beta}_2,\cdots,\boldsymbol{\alpha}_n\pm\boldsymbol{\beta}_n$ 可由向量组 (III′) 线性表示. 故

$$\mathrm{R}(\boldsymbol{A}\pm\boldsymbol{B})\leqslant s+t=\mathrm{R}(\boldsymbol{A})+\mathrm{R}(\boldsymbol{B}).$$

证法 2 注意到, 分块初等变换不改变分块矩阵的秩, 所以

$$\mathrm{R}(\boldsymbol{A})+\mathrm{R}(\boldsymbol{B})=\mathrm{R}\begin{pmatrix}\boldsymbol{A}&\boldsymbol{A}\\\boldsymbol{O}&\boldsymbol{B}\end{pmatrix}=\mathrm{R}\begin{pmatrix}\boldsymbol{A}&\boldsymbol{A}\pm\boldsymbol{B}\\\boldsymbol{O}&\boldsymbol{B}\end{pmatrix}\geqslant\mathrm{R}(\boldsymbol{A}\pm\boldsymbol{B}).$$

证法 3 考虑如下两个齐次线性方程组:

$$(\boldsymbol{A}\pm\boldsymbol{B})\boldsymbol{x}=\boldsymbol{0},\tag{3.8}$$

和

$$\begin{pmatrix}\boldsymbol{A}\\\boldsymbol{B}\end{pmatrix}\boldsymbol{x}=\boldsymbol{0}.\tag{3.9}$$

方程组 (3.9) 等价于 $\boldsymbol{A}\boldsymbol{x}=\boldsymbol{0}$ 且 $\boldsymbol{B}\boldsymbol{x}=\boldsymbol{0}$. 显然, 方程组 (3.9) 的解一定是方程组 (3.8) 的解, 即方程组 (3.9) 的解集包含于方程组 (3.8) 的解集中. 故

$$n-\mathrm{R}\begin{pmatrix}\boldsymbol{A}\\\boldsymbol{B}\end{pmatrix}\leqslant n-\mathrm{R}(\boldsymbol{A}\pm\boldsymbol{B}).$$

从而

$$\mathrm{R}(\boldsymbol{A}\pm\boldsymbol{B})\leqslant\mathrm{R}\begin{pmatrix}\boldsymbol{A}\\\boldsymbol{B}\end{pmatrix}\leqslant\mathrm{R}(\boldsymbol{A})+\mathrm{R}(\boldsymbol{B}).$$

注 证法 1~3 分别利用了如下结论:

(1) 矩阵的秩等于矩阵列 (行) 向量组的秩;

(2) 分块初等变换不改变分块矩阵的秩;

(3) n 元齐次线性方程组 $\boldsymbol{Ax}=\mathbf{0}$ 的解空间的维数 (即基础解系所包含的向量个数) 等于 $n-\mathrm{R}(\boldsymbol{A})$(定理 3.12).

3.22 证明: 设 $\boldsymbol{\alpha}_1,\boldsymbol{\alpha}_2,\cdots,\boldsymbol{\alpha}_n$ 是一组 n 维向量, 如果 n 维单位坐标向量 $\boldsymbol{e}_1,\boldsymbol{e}_2,\cdots,\boldsymbol{e}_n$ 能够由它线性表示, 则 $\boldsymbol{\alpha}_1,\boldsymbol{\alpha}_2,\cdots,\boldsymbol{\alpha}_n$ 线性无关.

证明 注意到 n 维单位坐标向量 $\boldsymbol{e}_1,\boldsymbol{e}_2,\cdots,\boldsymbol{e}_n$ 的秩是 n, 且 $\boldsymbol{e}_1,\boldsymbol{e}_2,\cdots,\boldsymbol{e}_n$ 可由 $\boldsymbol{\alpha}_1,\boldsymbol{\alpha}_2,\cdots,\boldsymbol{\alpha}_n$ 线性表示, 故向量组 $\boldsymbol{\alpha}_1,\boldsymbol{\alpha}_2,\cdots,\boldsymbol{\alpha}_n$ 的秩不能小于 n, 当然它也不能超过 n, 因而此向量组的秩等于 n. 故 $\boldsymbol{\alpha}_1,\boldsymbol{\alpha}_2,\cdots,\boldsymbol{\alpha}_n$ 线性无关.

3.23 设 $\boldsymbol{A}$ 是 $n\times m$ 矩阵, $\boldsymbol{B}$ 是 $m\times n$ 矩阵, 其中 $n<m$, 且 $\boldsymbol{AB}=\boldsymbol{I}_n$, 证明: $\boldsymbol{B}$ 的列向量组线性无关 (即 $\boldsymbol{B}$ 是列满秩矩阵).

证法 1 $\mathrm{R}(\boldsymbol{B})\geqslant\mathrm{R}(\boldsymbol{AB})=\mathrm{R}(\boldsymbol{I})=n$, 而 $\mathrm{R}(\boldsymbol{B})\leqslant\min\{m,n\}=n$, 故 $\mathrm{R}(\boldsymbol{B})=n$.

证法 2 设 $\boldsymbol{Bx}=\mathbf{0}$, 则 $\boldsymbol{ABx}=\boldsymbol{I}_n\boldsymbol{x}=\mathbf{0}$, 得到 $\boldsymbol{x}=\mathbf{0}$. 故齐次方程组 $\boldsymbol{Bx}=\mathbf{0}$ 只有零解, $\mathrm{R}(\boldsymbol{B})=n$.

证法 3 设 $\boldsymbol{B}=(\boldsymbol{\beta}_1,\boldsymbol{\beta}_2,\cdots,\boldsymbol{\beta}_n)$, 令 $k_1\boldsymbol{\beta}_1+k_2\boldsymbol{\beta}_2+\cdots+k_n\boldsymbol{\beta}_n=\mathbf{0}$, 即

$$(\boldsymbol{\beta}_1,\boldsymbol{\beta}_2,\cdots,\boldsymbol{\beta}_n)\begin{pmatrix}k_1\\k_2\\\vdots\\k_n\end{pmatrix}=\boldsymbol{B}\begin{pmatrix}k_1\\k_2\\\vdots\\k_n\end{pmatrix}=\mathbf{0}.$$

上式两边同时左乘矩阵 $\boldsymbol{A}$ 可得

$$\boldsymbol{AB}\begin{pmatrix}k_1\\k_2\\\vdots\\k_n\end{pmatrix}=\begin{pmatrix}k_1\\k_2\\\vdots\\k_n\end{pmatrix}=\mathbf{0},$$

即 $k_1=k_2=\cdots=k_n=0$, 故 $\boldsymbol{B}$ 的列向量组线性无关.

3.24 已知向量组 (I): $\boldsymbol{\alpha}_1,\boldsymbol{\alpha}_2,\boldsymbol{\alpha}_3$; (II): $\boldsymbol{\alpha}_1,\boldsymbol{\alpha}_2,\boldsymbol{\alpha}_3,\boldsymbol{\alpha}_4$; (III): $\boldsymbol{\alpha}_1,\boldsymbol{\alpha}_2,\boldsymbol{\alpha}_3,\boldsymbol{\alpha}_5$. 如果各向量组的秩分别为 $\mathrm{R(I)}=\mathrm{R(II)}=3,\mathrm{R(III)}=4$. 证明: 向量组 $\boldsymbol{\alpha}_1,\boldsymbol{\alpha}_2,\boldsymbol{\alpha}_3,\boldsymbol{\alpha}_5-\boldsymbol{\alpha}_4$ 的秩为 4.

证明 设 $k_1\boldsymbol{\alpha}_1+k_2\boldsymbol{\alpha}_2+k_3\boldsymbol{\alpha}_3+k_4(\boldsymbol{\alpha}_5-\boldsymbol{\alpha}_4)=\mathbf{0}$. 注意到 $\mathrm{R(I)}=3$, 因此, 向量组 (I) 线性无关. 若 $k_4=0$, 则必有 $k_1=\cdots=k_3=k_4=0$, 因而向量组 $\boldsymbol{\alpha}_1,\boldsymbol{\alpha}_2,\boldsymbol{\alpha}_3,\boldsymbol{\alpha}_5-\boldsymbol{\alpha}_4$ 线性无关, 其秩为 4, 结论获证.

若 $k_4\neq0$, 则

$$\boldsymbol{\alpha}_5=-\frac{k_1}{k_4}\boldsymbol{\alpha}_1-\frac{k_2}{k_4}\boldsymbol{\alpha}_2-\frac{k_3}{k_4}\boldsymbol{\alpha}_3+\boldsymbol{\alpha}_4.$$

由 $\mathrm{R(I)}=\mathrm{R(II)}=3$ 可知, $\boldsymbol{\alpha}_4$ 可由 $\boldsymbol{\alpha}_1,\boldsymbol{\alpha}_2,\boldsymbol{\alpha}_3$ 线性表示, 因此, $\boldsymbol{\alpha}_5$ 可由 $\boldsymbol{\alpha}_1,\boldsymbol{\alpha}_2,\boldsymbol{\alpha}_3$ 线性表示. 这说明, 向量组 (III) 线性相关, $\mathrm{R(III)}=3$, 这与已知 $\mathrm{R(III)}=4$ 矛盾, 故 $k_4=0$, 结论成立.

3.27 设 $\boldsymbol{\alpha}_1,\boldsymbol{\alpha}_2,\cdots,\boldsymbol{\alpha}_k$ 是齐次方程组 $\boldsymbol{Ax}=\mathbf{0}$ 的一个基础解系, 向量 $\boldsymbol{\beta}$ 满足 $\boldsymbol{A\beta}=\boldsymbol{b}\neq0$, 证明:

(1) 向量组 $\boldsymbol{\beta},\boldsymbol{\alpha}_1,\boldsymbol{\alpha}_2,\cdots,\boldsymbol{\alpha}_k$ 线性无关;

(2) 向量组 $\boldsymbol{\beta},\boldsymbol{\alpha}_1+\boldsymbol{\beta},\boldsymbol{\alpha}_2+\boldsymbol{\beta},\cdots,\boldsymbol{\alpha}_k+\boldsymbol{\beta}$ 也线性无关.

证明 (1) 设 $l\boldsymbol{\beta}+l_1\boldsymbol{\alpha}_1+l_2\boldsymbol{\alpha}_2+\cdots+l_k\boldsymbol{\alpha}_k=\mathbf{0}$, 两边同时左乘矩阵 $\boldsymbol{A}$, 则

$$l\boldsymbol{A}\boldsymbol{\beta}+l_1\boldsymbol{A}\boldsymbol{\alpha}_1+l_2\boldsymbol{A}\boldsymbol{\alpha}_2+\cdots+l_k\boldsymbol{A}\boldsymbol{\alpha}_k=\mathbf{0}.$$

注意到 $\boldsymbol{A}\boldsymbol{\alpha}_i=\mathbf{0}(i=1,2,\cdots,k)$, 故 $l\boldsymbol{A}\boldsymbol{\beta}=l\boldsymbol{b}=\mathbf{0}$. 但 $\boldsymbol{b}\neq\mathbf{0}$, 故 $l=0$, 从而 $l_1\boldsymbol{\alpha}_1+l_2\boldsymbol{\alpha}_2+\cdots+l_k\boldsymbol{\alpha}_k=0$. 又因为 $\boldsymbol{\alpha}_1,\boldsymbol{\alpha}_2,\cdots,\boldsymbol{\alpha}_k$ 线性无关, 因此, $l=l_1=l_2=\cdots=l_k=0$. 所以, $\boldsymbol{\beta},\boldsymbol{\alpha}_1,\boldsymbol{\alpha}_2,\cdots,\boldsymbol{\alpha}_k$ 线性无关.

(2) 设

$$\lambda\boldsymbol{\beta}+\lambda_1(\boldsymbol{\alpha}_1+\boldsymbol{\beta})+\lambda_2(\boldsymbol{\alpha}_2+\boldsymbol{\beta})+\cdots+\lambda_k(\boldsymbol{\alpha}_k+\boldsymbol{\beta})=\mathbf{0}.$$

整理得

$$\left(\lambda+\sum_{i=1}^{k}\lambda_i\right)\boldsymbol{\beta}+\sum_{i=1}^{k}\lambda_i\boldsymbol{\alpha}_i=\mathbf{0}.$$

由 (1) 的结论可知, $\lambda+\sum\limits_{i=1}^{k}\lambda_i=\lambda_1=\cdots=\lambda_k=0$, 必有 $\lambda=\lambda_1=\cdots=\lambda_k=0$, 故 $\boldsymbol{\beta},\boldsymbol{\alpha}_1+\boldsymbol{\beta},\boldsymbol{\alpha}_2+\boldsymbol{\beta},\cdots,\boldsymbol{\alpha}_k+\boldsymbol{\beta}$ 线性无关.

注 读者思考该题的逆命题: 设 $\boldsymbol{A}$ 是 $m\times n$ 矩阵, 如果非齐次方程组 $\boldsymbol{A}\boldsymbol{x}=\boldsymbol{b}$ 的全体解向量的极大无关组包含 $k+1$ 个向量, 问导出组组 $\boldsymbol{A}\boldsymbol{x}=\mathbf{0}$ 的基础解系是否包含 k 个向量? 或者说, $\mathrm{R}(\boldsymbol{A})=n-k$ 是否成立? (答案: 成立, 请给出证明.)

3.28 已知三阶矩阵 $\boldsymbol{B}\neq\boldsymbol{O}$, 且 $\boldsymbol{B}$ 的每一个列向量都是齐次方程组

$$\begin{cases} x_1+2x_2-2x_3=0,\\ 2x_1-x_2+\lambda x_3=0,\\ 3x_1+x_2-x_3=0 \end{cases}$$

的解, (1) 求 λ; (2) 证明: $|\boldsymbol{B}|=0$.

解 (1) 由题意知, 齐次方程组有非零解, 故系数行列式

$$|\boldsymbol{A}|=\begin{vmatrix}1&2&-2\\2&-1&\lambda\\3&1&-1\end{vmatrix}=5(\lambda-1)=0,$$

可得 $\lambda=1$.

(2) 对系数矩阵施行初等行变换化成行最简形

$$\boldsymbol{A}=\begin{pmatrix}1&2&-2\\2&-1&1\\3&1&-1\end{pmatrix}\to\begin{pmatrix}1&0&0\\0&1&-1\\0&0&0\end{pmatrix},$$

可知系数矩阵的秩 $\mathrm{R}(\boldsymbol{A})=2$, 所以, 齐次方程组的基础解系只包含一个解向量. 而 $\boldsymbol{B}\neq\boldsymbol{O}$, 故 $\mathrm{R}(\boldsymbol{B})=1$, $|\boldsymbol{B}|=0$.

3.29 已知 $\boldsymbol{A}=(\boldsymbol{\alpha}_1,\boldsymbol{\alpha}_2,\boldsymbol{\alpha}_3,\boldsymbol{\alpha}_4)$ 是 4 阶矩阵, $\boldsymbol{\alpha}_1,\boldsymbol{\alpha}_2,\boldsymbol{\alpha}_3,\boldsymbol{\alpha}_4$ 是 4 维列向量, 方程组 $\boldsymbol{A}\boldsymbol{x}=\boldsymbol{\beta}$ 的通解为

$$k(1,-2,4,0)^{\mathrm{T}}+(1,2,2,1)^{\mathrm{T}}.$$

令 $\boldsymbol{B}=(\boldsymbol{\alpha}_3,\boldsymbol{\alpha}_2,\boldsymbol{\alpha}_1,\boldsymbol{\beta}-\boldsymbol{\alpha}_4)$, 求线性方程组 $\boldsymbol{B}\boldsymbol{x}=\boldsymbol{\alpha}_1-\boldsymbol{\alpha}_2$ 的通解.

解 由已知得 $\mathrm{R}(\boldsymbol{A})=3$,

$$\boldsymbol{\alpha}_1-2\boldsymbol{\alpha}_2+4\boldsymbol{\alpha}_3=\boldsymbol{0},\quad \boldsymbol{\alpha}_1+2\boldsymbol{\alpha}_2+2\boldsymbol{\alpha}_3+\boldsymbol{\alpha}_4=\boldsymbol{\beta},$$

且 $\boldsymbol{\alpha}_2$, $\boldsymbol{\alpha}_3$, $\boldsymbol{\alpha}_4$ 线性无关, 所以, $\boldsymbol{\beta}-\boldsymbol{\alpha}_4=\boldsymbol{\alpha}_1+2\boldsymbol{\alpha}_2+2\boldsymbol{\alpha}_3$. 令 $\boldsymbol{x}=(x_1,x_2,x_3,x_4)^{\mathrm{T}}$, 则线性方程组 $\boldsymbol{B}\boldsymbol{x}=\boldsymbol{\alpha}_1-\boldsymbol{\alpha}_2$ 可化为

$$(x_3+x_4-1)\boldsymbol{\alpha}_1+(x_2+2x_4+1)\boldsymbol{\alpha}_2+(x_1+2x_4)\boldsymbol{\alpha}_3=\boldsymbol{0}.$$

将 $\boldsymbol{\alpha}_1=2\boldsymbol{\alpha}_2-4\boldsymbol{\alpha}_3$ 代入上式并整理得

$$(x_2+2x_3+4x_4-1)\boldsymbol{\alpha}_2+(x_1-4x_3-2x_4+4)\boldsymbol{\alpha}_3=\boldsymbol{0}.$$

由 $\boldsymbol{\alpha}_2,\boldsymbol{\alpha}_3$ 线性无关可知

$$\begin{cases} x_1-4x_3-2x_4+4=0,\\ x_2+2x_3+4x_4-1=0.\end{cases}$$

故方程组 $\boldsymbol{B}\boldsymbol{x}=\boldsymbol{\alpha}_1-\boldsymbol{\alpha}_2$ 的通解为

$$k_1(4,-2,1,0)^{\mathrm{T}}+k_2(2,-4,0,1)^{\mathrm{T}}+(-4,1,0,0)\quad (k_1,k_2\text{为任意数}).$$

3.30 对于非齐次方程组 $\boldsymbol{A}\boldsymbol{x}=\boldsymbol{b}$, 如果对任意数 k 都有

$$\mathrm{R}\begin{pmatrix}\boldsymbol{A} & \boldsymbol{b}\\ \boldsymbol{b}^{\mathrm{T}} & k\end{pmatrix}=\mathrm{R}(\boldsymbol{A}),$$

证明: 此方程组一定有解.

证明 显然,

$$\mathrm{R}(\boldsymbol{A})=\mathrm{R}\begin{pmatrix}\boldsymbol{A} & \boldsymbol{b}\\ \boldsymbol{b}^{\mathrm{T}} & k\end{pmatrix}\geqslant \mathrm{R}(\boldsymbol{A},\boldsymbol{b})\geqslant \mathrm{R}(\boldsymbol{A}),$$

所以 $\mathrm{R}(\boldsymbol{A})=\mathrm{R}(\boldsymbol{A},\boldsymbol{b})$, 故方程组 $\boldsymbol{A}\boldsymbol{x}=\boldsymbol{b}$ 一定有解.

3.31 已知 n 阶矩阵

$$\boldsymbol{A}=\begin{pmatrix}2a & 1 & & \\ a^2 & 2a & \ddots & \\ & \ddots & \ddots & 1\\ & & a^2 & 2a\end{pmatrix}.$$

满足方程组 $\boldsymbol{A}\boldsymbol{x}=\boldsymbol{\beta}$, 其中 $\boldsymbol{x}=(x_1,x_2,\cdots,x_n)^{\mathrm{T}},\boldsymbol{\beta}=(1,0,\cdots,0)^{\mathrm{T}}$.

(1) 求证: $|\boldsymbol{A}|=(n+1)a^n$;

(2) a 为何值时方程组有唯一解? 并求 x_1;

(3) a 为何值时方程组有无穷多解? 并求通解.

证明 (1) 参考习题第 1.22(1) 题.

(2) 当 $a \neq 0$ 时, $|\boldsymbol{A}| \neq 0$, 原方程组有唯一解.

$$D_1 = \begin{vmatrix} 1 & 1 & 0 & & \\ 0 & 2a & 1 & & \\ 0 & a^2 & 2a & \ddots & \\ & & \ddots & \ddots & 1 \\ & & & a^2 & 2a \end{vmatrix} = na^{n-1}.$$

由克拉默法则可知,

$$x_1 = \frac{D_1}{D} = \frac{na^{n-1}}{(n+1)a^n} = \frac{n}{(n+1)a}.$$

(3) 当 $a = 0$ 时, $|\boldsymbol{A}| = 0$, 原方程组

$$\begin{pmatrix} 0 & 1 & & & \\ & 0 & 1 & & \\ & & \ddots & \ddots & \\ & & & \ddots & 1 \\ & & & & 0 \end{pmatrix} \begin{pmatrix} x_1 \\ x_2 \\ \vdots \\ x_n \end{pmatrix} = \begin{pmatrix} 1 \\ 0 \\ \vdots \\ 0 \end{pmatrix}$$

有无穷多解, 其通解为

$$(0,1,0,\cdots,0)^{\mathrm{T}} + k(1,0,0,\cdots,0)^{\mathrm{T}} \quad (k \text{ 为任意数}).$$

3.32 设 $\boldsymbol{\alpha}_1, \boldsymbol{\alpha}_2$ 是非齐次线性方程组 $\boldsymbol{Ax} = \boldsymbol{b}$ 的两个不同解, $\boldsymbol{A}$ 是 $m \times n$ 矩阵, $\boldsymbol{\beta}$ 是其导出组 $\boldsymbol{Ax} = \boldsymbol{0}$ 的一个非零解. 证明:

(1) 向量组 $\boldsymbol{\alpha}_1, \boldsymbol{\alpha}_2 - \boldsymbol{\alpha}_1$ 线性无关;

(2) 若 $\mathrm{R}(\boldsymbol{A}) = n-1$, 则向量组 $\boldsymbol{\beta}, \boldsymbol{\alpha}_1, \boldsymbol{\alpha}_2$ 线性相关.

证明 (1) 设 $k_1\boldsymbol{\alpha}_1 + k_2(\boldsymbol{\alpha}_2 - \boldsymbol{\alpha}_1) = \boldsymbol{0}$, 两边同时左乘矩阵 $\boldsymbol{A}$ 得

$$k_1\boldsymbol{A\alpha}_1 + k_2\boldsymbol{A}(\boldsymbol{\alpha}_2 - \boldsymbol{\alpha}_1) = \boldsymbol{0}.$$

由 $\boldsymbol{A\alpha}_1 = \boldsymbol{A\alpha}_2 = \boldsymbol{b}$ 可知 $k_1\boldsymbol{b} = \boldsymbol{0}$, 而 $\boldsymbol{b} \neq \boldsymbol{0}$, 故 $k_1 = 0$. 再由 $\boldsymbol{\alpha}_1 \neq \boldsymbol{\alpha}_2$ 知 $k_2 = 0$. 故向量组 $\boldsymbol{\alpha}_1, \boldsymbol{\alpha}_2 - \boldsymbol{\alpha}_1$ 线性无关.

(2) 若 $\mathrm{R}(\boldsymbol{A}) = n-1$, 则齐次方程组 $\boldsymbol{Ax} = \boldsymbol{0}$ 的基础解系只含一个解向量, 而 $\boldsymbol{\beta}$ 是导出组 $\boldsymbol{Ax} = \boldsymbol{0}$ 的一个非零解, 故 $\boldsymbol{\beta}$ 是其导出组的一个基础解系. 又因为 $\boldsymbol{\alpha}_1 - \boldsymbol{\alpha}_2$ 也是导出组 $\boldsymbol{Ax} = \boldsymbol{0}$ 的一个非零解, 故 $\boldsymbol{\beta}, \boldsymbol{\alpha}_1 - \boldsymbol{\alpha}_2$ 线性相关. 存在非零常数 k, 使得 $\boldsymbol{\alpha}_1 - \boldsymbol{\alpha}_2 = k\boldsymbol{\beta}$, 即

$$k\boldsymbol{\beta} - \boldsymbol{\alpha}_1 + \boldsymbol{\alpha}_2 = \boldsymbol{0},$$

故向量组 $\boldsymbol{\beta}, \boldsymbol{\alpha}_1, \boldsymbol{\alpha}_2$ 线性相关.

3.33 设 $\boldsymbol{A}$ 是 $m \times n$ 矩阵, 它的 m 个行向量是 n 元齐次方程组 $\boldsymbol{Kx} = \boldsymbol{0}$ 的一个基础解系, 又 $\boldsymbol{B}$ 是 m 阶可逆矩阵. 证明: $\boldsymbol{BA}$ 的行向量也是 $\boldsymbol{Kx} = \boldsymbol{0}$ 的一个基础解系.

证明 由于 $\boldsymbol{A}$ 的行向量是齐次方程组 $\boldsymbol{Kx}=\boldsymbol{0}$ 的一个基础解系, 所以, $\boldsymbol{KA}^{\mathrm{T}}=\boldsymbol{O}$, 且 $n-\mathrm{R}(\boldsymbol{K})=m=\mathrm{R}(\boldsymbol{A})$. 又因为 $\boldsymbol{B}$ 是 m 阶可逆矩阵, 所以 $\mathrm{R}(\boldsymbol{BA})=m$. 再由

$$\boldsymbol{K}(\boldsymbol{BA})^{\mathrm{T}}=\boldsymbol{KA}^{\mathrm{T}}\boldsymbol{B}^{\mathrm{T}}=\boldsymbol{O}$$

可知, $\boldsymbol{BA}$ 的行向量也是 $\boldsymbol{Kx}=\boldsymbol{0}$ 的一个基础解系.

3.34 设 $\boldsymbol{A}$ 是 $m\times n$ 矩阵, $\boldsymbol{B}$ 是 $s\times n$ 矩阵. 证明: 齐次方程组 $\boldsymbol{Ax}=\boldsymbol{0}$ 与 $\boldsymbol{Bx}=\boldsymbol{0}$ 同解的充要条件是矩阵 $\boldsymbol{A}$ 与 $\boldsymbol{B}$ 的行向量组等价, 即存在 $m\times s$ 矩阵 $\boldsymbol{C}$ 及 $s\times m$ 矩阵 $\boldsymbol{D}$, 使得 $\boldsymbol{A}=\boldsymbol{CB}$, $\boldsymbol{B}=\boldsymbol{DA}$.

证明 充分性. 设 $\boldsymbol{x}$ 是 $\boldsymbol{Ax}=\boldsymbol{0}$ 的任一解, 由 $\boldsymbol{B}=\boldsymbol{DA}$ 可知, $\boldsymbol{Bx}=\boldsymbol{DAx}=\boldsymbol{0}$, 即 $\boldsymbol{x}$ 也是 $\boldsymbol{Bx}=\boldsymbol{0}$ 的解. 反之, 由 $\boldsymbol{A}=\boldsymbol{CB}$ 可得, 齐次方程组 $\boldsymbol{Bx}=\boldsymbol{0}$ 的任一解都是 $\boldsymbol{Ax}=\boldsymbol{0}$ 的解, 故这两个齐次方程组同解.

必要性. 由条件得方程组 $\boldsymbol{Ax}=\boldsymbol{0}$, $\boldsymbol{Bx}=\boldsymbol{0}$, $\begin{pmatrix}\boldsymbol{A}\\ \boldsymbol{B}\end{pmatrix}\boldsymbol{x}=\boldsymbol{0}$ 都同解, 因而有

$$\mathrm{R}(\boldsymbol{A})=\mathrm{R}(\boldsymbol{B})=\mathrm{R}\begin{pmatrix}\boldsymbol{A}\\ \boldsymbol{B}\end{pmatrix}.$$

故矩阵 $\boldsymbol{A}$, $\boldsymbol{B}$ 的行向量组等价, 所以, 存在 $m\times s$ 矩阵 $\boldsymbol{C}$ 及 $s\times m$ 矩阵 $\boldsymbol{D}$, 使得 $\boldsymbol{A}=\boldsymbol{CB}$, $\boldsymbol{B}=\boldsymbol{DA}$.

3.35 设 $\boldsymbol{A}$, $\boldsymbol{B}$ 都是 n 阶矩阵, 齐次方程组 $\boldsymbol{Ax}=\boldsymbol{0}$ 与 $\boldsymbol{Bx}=\boldsymbol{0}$ 同解, 且每一个方程组的基础解系都包含 m 个线性无关的解. 证明: $\mathrm{R}(\boldsymbol{A}-\boldsymbol{B})\leqslant n-m$.

证明 由上一题的结论可知, 存在 n 阶可逆矩阵 $\boldsymbol{P}$ 使得 $\boldsymbol{A}=\boldsymbol{PB}$. 再由 $\boldsymbol{Bx}=\boldsymbol{0}$ 的基础解系都包含 m 个线性无关的解向量知, $\mathrm{R}(\boldsymbol{B})=n-m$. 又因为

$$\boldsymbol{A}-\boldsymbol{B}=\boldsymbol{PB}-\boldsymbol{B}=(\boldsymbol{P}-\boldsymbol{I})\boldsymbol{B},$$

所以 $\mathrm{R}(\boldsymbol{A}-\boldsymbol{B})\leqslant\mathrm{R}(\boldsymbol{B})=n-m$.

3.36 已知齐次线性方程组

$$(\mathrm{I}):\begin{cases}a_{11}x_1+a_{12}x_2+\cdots+a_{1,2n}x_{2n}=0,\\ a_{21}x_1+a_{22}x_2+\cdots+a_{2,2n}x_{2n}=0,\\ \cdots\cdots\cdots\cdots\cdots\cdots\cdots\cdots\cdots\cdots\\ a_{n1}x_1+a_{n2}x_2+\cdots+a_{n,2n}x_{2n}=0,\end{cases}$$

的一个基础解系为

$$(b_{11},b_{12},\cdots,b_{1,2n})^{\mathrm{T}},\quad(b_{21},b_{22},\cdots,b_{2,2n})^{\mathrm{T}},\quad\cdots,\quad(b_{n1},b_{n2},\cdots,b_{n,2n})^{\mathrm{T}}.$$

试写出齐次方程组

$$(\mathrm{II}):\begin{cases}b_{11}y_1+b_{12}y_2+\cdots+b_{1,2n}y_{2n}=0,\\ b_{21}y_1+b_{22}y_2+\cdots+b_{2,2n}y_{2n}=0,\\ \cdots\cdots\cdots\cdots\cdots\cdots\cdots\cdots\cdots\cdots\\ b_{n1}y_1+b_{n2}y_2+\cdots+b_{n,2n}y_{2n}=0\end{cases}$$

的通解, 并说明理由.

证明 将方程组 (I) 简记为 $\boldsymbol{A}\boldsymbol{x}=\mathbf{0}$, 其已知的基础解系记为 $\boldsymbol{b}_1,\boldsymbol{b}_2,\cdots,\boldsymbol{b}_n$. 设矩阵 $\boldsymbol{B}=(\boldsymbol{b}_1,\boldsymbol{b}_2,\cdots,\boldsymbol{b}_n)$, 则 $\boldsymbol{AB}=\mathbf{0}$, 且 $\mathrm{R}(\boldsymbol{A})=\mathrm{R}(\boldsymbol{B})=n$. 记 $\boldsymbol{y}=(y_1,y_2,\cdots,y_n)^{\mathrm{T}}$, 则方程组 (II) 可简记为 $\boldsymbol{B}^{\mathrm{T}}\boldsymbol{y}=\mathbf{0}$, 其基础解系只能含有 n 个向量.

显然地, $\boldsymbol{B}^{\mathrm{T}}\boldsymbol{A}^{\mathrm{T}}=\mathbf{0}$. 将矩阵 $\boldsymbol{A}$ 的行向量记为 $\boldsymbol{\alpha}_1^{\mathrm{T}},\boldsymbol{\alpha}_2^{\mathrm{T}},\cdots,\boldsymbol{\alpha}_n^{\mathrm{T}}$. 由 $\mathrm{R}(\boldsymbol{A})=n$ 可知, $\boldsymbol{\alpha}_1,\boldsymbol{\alpha}_2,\cdots,\boldsymbol{\alpha}_n$ 是 (II) 的一个基础解系, 则方程组 (II) 的通解为

$$k_1\boldsymbol{\alpha}_1+k_2\boldsymbol{\alpha}_2+\cdots+k_n\boldsymbol{\alpha}_n\quad(k_1,k_2,\cdots,k_n\text{ 为任意数}).$$

3.37 设齐次线性方程组

$$\begin{cases}a_{11}x_1+a_{12}x_2+\cdots+a_{1n}x_n=0,\\a_{21}x_1+a_{22}x_2+\cdots+a_{2n}x_n=0,\\\cdots\cdots\cdots\cdots\cdots\cdots\cdots\cdots\\a_{n-1,1}x_1+a_{n-1,2}x_2+\cdots+a_{n-1,n}x_n=0\end{cases}$$

的系数矩阵为 $\boldsymbol{A}$, 将 $\boldsymbol{A}$ 的第 i 列划去后剩下的 $n-1$ 阶矩阵的行列式记为 $M_i\,(i=1,2,\cdots,n)$. 证明:

(1) $(M_1,-M_2,\cdots,(-1)^{n-1}M_n)^{\mathrm{T}}$ 是方程组的一个解;

(2) 如果 $\mathrm{R}(\boldsymbol{A})=n-1$, 则 $(M_1,-M_2,\cdots,(-1)^{n-1}M_n)^{\mathrm{T}}$ 是方程组的一个基础解系.

证明 (1) 将行列式

$$A_i=\begin{vmatrix}a_{11}&a_{12}&\cdots&a_{1n}\\a_{21}&a_{22}&\cdots&a_{2n}\\\vdots&\vdots&&\vdots\\a_{n-1,1}&a_{n-1,2}&\cdots&a_{n-1,n}\\a_{i1}&a_{i2}&\cdots&a_{in}\end{vmatrix}\quad(i=1,2,\cdots,n-1)$$

按最后一行展开得到

$$a_{i1}M_1-a_{i2}M_2+\cdots+(-1)^{n-1}a_{i1}M_n=0\quad(i=1,2,\cdots,n-1),$$

即 $(M_1,-M_2,\cdots,(-1)^{n-1}M_n)^{\mathrm{T}}$ 是原方程组的一个解.

(2) 如果 $\mathrm{R}(\boldsymbol{A})=n-1$, 则原方程组的基础解系只有一个非零向量, 而且原方程组的任一非零解都可以作为它的基础解系. 由 $\mathrm{R}(\boldsymbol{A})=n-1$ 知, 必有一个 $n-1$ 阶子式不等于零, 即存在某个 $M_i\neq0$, 故非零解 $(M_1,-M_2,\cdots,(-1)^{n-1}M_n)^{\mathrm{T}}$ 是原方程组的一个基础解系.

3.38 设 $\boldsymbol{A}$ 是 n 阶矩阵, k 是正整数, 且设 $\boldsymbol{A}^k\boldsymbol{\alpha}=\mathbf{0}$, 但 $\boldsymbol{A}^{k-1}\boldsymbol{\alpha}\neq\mathbf{0}$. 证明: 向量组 $\boldsymbol{\alpha},\boldsymbol{A\alpha},\cdots,\boldsymbol{A}^{k-1}\boldsymbol{\alpha}$ 线性无关.

证明 设 $l_0\boldsymbol{\alpha}+l_1\boldsymbol{A\alpha}+\cdots+l_{k-1}\boldsymbol{A}^{k-1}\boldsymbol{\alpha}=\mathbf{0}$. 两边同时左乘 $\boldsymbol{A}^{k-1}$ 得到

$$l_0\boldsymbol{A}^{k-1}\boldsymbol{\alpha}+l_1\boldsymbol{A}^k\boldsymbol{\alpha}+\cdots+l_{k-1}\boldsymbol{A}^{2(k-1)}\boldsymbol{\alpha}=\mathbf{0}.$$

由 $\boldsymbol{A}^s\boldsymbol{\alpha}=\mathbf{0},s\geqslant k$ 知, $l_0\boldsymbol{A}^{k-1}\boldsymbol{\alpha}=\mathbf{0}$. 而 $\boldsymbol{A}^{k-1}\boldsymbol{\alpha}\neq\mathbf{0}$, 故 $l_0=0$. 同理可得 $l_0=l_1=\cdots=l_{k-1}=0$, 故 $\boldsymbol{\alpha},\boldsymbol{A\alpha},\cdots,\boldsymbol{A}^{k-1}\boldsymbol{\alpha}$ 线性无关.

3.39 设向量组 $\boldsymbol{\beta}_1,\boldsymbol{\beta}_2,\cdots,\boldsymbol{\beta}_m$ 线性无关, 且可由向量组 $\boldsymbol{\alpha}_1,\boldsymbol{\alpha}_2,\cdots,\boldsymbol{\alpha}_s$ 线性表示. 证明: 存在 $\boldsymbol{\alpha}_k(1\leqslant k\leqslant s)$, 使得向量组 $\boldsymbol{\alpha}_k,\boldsymbol{\beta}_2,\cdots,\boldsymbol{\beta}_m$ 线性无关.

证明 (反证法) 假设对每一个 $\boldsymbol{\alpha}_k\,(k=1,2,\cdots,s)$, 都有 $\boldsymbol{\alpha}_k,\boldsymbol{\beta}_2,\cdots,\boldsymbol{\beta}_m$ 线性相关. 注意到 $\boldsymbol{\beta}_1,\boldsymbol{\beta}_2,\cdots,\boldsymbol{\beta}_m$ 线性无关, 因而 $\boldsymbol{\beta}_2,\boldsymbol{\beta}_3,\cdots,\boldsymbol{\beta}_m$ 线性无关, 所以, $\boldsymbol{\alpha}_k$ 可由向量组 $\boldsymbol{\beta}_2,\boldsymbol{\beta}_3,\cdots,\boldsymbol{\beta}_m$ 线性表示 $(k=1,2,\cdots,s)$. 故存在 $(m-1)\times s$ 矩阵 $\boldsymbol{B}$, 使得

$$(\boldsymbol{\alpha}_1,\boldsymbol{\alpha}_2,\cdots,\boldsymbol{\alpha}_s)=(\boldsymbol{\beta}_2,\boldsymbol{\beta}_3,\cdots,\boldsymbol{\beta}_m)\boldsymbol{B}.$$

另一方面, 由于 $\boldsymbol{\beta}_1,\boldsymbol{\beta}_2,\cdots,\boldsymbol{\beta}_m$ 可由向量组 $\boldsymbol{\alpha}_1,\boldsymbol{\alpha}_2,\cdots,\boldsymbol{\alpha}_s$ 线性表示, 因而存在 $s\times m$ 矩阵 $\boldsymbol{K}$, 使得

$$(\boldsymbol{\beta}_1,\boldsymbol{\beta}_2,\cdots,\boldsymbol{\beta}_m)=(\boldsymbol{\alpha}_1,\boldsymbol{\alpha}_2,\cdots,\boldsymbol{\alpha}_s)\boldsymbol{K}.$$

所以

$$(\boldsymbol{\beta}_1,\boldsymbol{\beta}_2,\cdots,\boldsymbol{\beta}_m)=(\boldsymbol{\beta}_2,\boldsymbol{\beta}_3,\cdots,\boldsymbol{\beta}_m)\boldsymbol{B}\boldsymbol{K}.$$

这说明, 向量 $\boldsymbol{\beta}_1$ 可由 $\boldsymbol{\beta}_2,\boldsymbol{\beta}_3,\cdots,\boldsymbol{\beta}_m$ 线性表示, 这与 $\boldsymbol{\beta}_1,\boldsymbol{\beta}_2,\cdots,\boldsymbol{\beta}_m$ 线性无关的已知矛盾, 故存在 $\boldsymbol{\alpha}_k(1\leqslant k\leqslant s)$ 使得向量组 $\boldsymbol{\alpha}_k,\boldsymbol{\beta}_2,\cdots,\boldsymbol{\beta}_m$ 线性无关.

3.40 在向量组 $\boldsymbol{\alpha}_1,\boldsymbol{\alpha}_2,\cdots,\boldsymbol{\alpha}_m$ 中, $\boldsymbol{\alpha}_1\neq\mathbf{0}$, 从第二个向量起, 每一个向量 $\boldsymbol{\alpha}_i$ 都不是它前面 $i-1$ 个向量的线性组合. 证明: 向量组 $\boldsymbol{\alpha}_1,\boldsymbol{\alpha}_2,\cdots,\boldsymbol{\alpha}_m$ 的秩为 m.

证明 (反证法) 假设它的秩小于 m, 即向量组 $\boldsymbol{\alpha}_1,\boldsymbol{\alpha}_2,\cdots,\boldsymbol{\alpha}_m$ 线性相关, 因此, 存在一组不全为零的数 $k_1,k_2,\cdots,k_m$, 使得

$$k_1\boldsymbol{\alpha}_1+k_2\boldsymbol{\alpha}_2+\cdots+k_m\boldsymbol{\alpha}_m=\mathbf{0}.$$

注意到 $\boldsymbol{\alpha}_1\neq\mathbf{0}$, 因此, $k_2,\cdots,k_m$ 中至少有一个数不等于 0, 否则, $k_1\boldsymbol{\alpha}_1=\mathbf{0}$ 将导致 $k_1=k_2=\cdots=k_m=0$. 假定 k_s 是其中最后一个不等于零的数, 则

$$\boldsymbol{\alpha}_s=-\frac{k_1}{k_s}\boldsymbol{\alpha}_1-\cdots-\frac{k_{s-1}}{k_s}\boldsymbol{\alpha}_{s-1}.$$

说明 $\boldsymbol{\alpha}_s$ 可由它前面的 $s-1$ 个向量线性表示, 矛盾. 故向量组 $\boldsymbol{\alpha}_1,\boldsymbol{\alpha}_2,\cdots,\boldsymbol{\alpha}_m$ 的秩为 m.

3.41 设向量组 (I): $\boldsymbol{\alpha}_1,\boldsymbol{\alpha}_2,\cdots,\boldsymbol{\alpha}_s$ 中的秩为 r, 从中任取 m 个向量得到向量组 (II): $\boldsymbol{\alpha}_{i_1},\boldsymbol{\alpha}_{i_2},\cdots,\boldsymbol{\alpha}_{i_m}$. 证明: $\mathrm{R(II)}\geqslant r+m-s$.

证明 设 $\mathrm{R(II)}=k$, 不妨假定 $\boldsymbol{\alpha}_{i_1},\boldsymbol{\alpha}_{i_2},\cdots,\boldsymbol{\alpha}_{i_k}$ 是向量组 (II) 的一个极大无关组, 将它扩充成 (I) 的一个极大无关组: $\boldsymbol{\alpha}_{i_1},\cdots,\boldsymbol{\alpha}_{i_k},\boldsymbol{\alpha}_{j_1},\cdots,\boldsymbol{\alpha}_{j_{r-k}}$, 则

$$\{\boldsymbol{\alpha}_{j_1},\boldsymbol{\alpha}_{j_2},\cdots,\boldsymbol{\alpha}_{j_{r-k}}\}\subset\{\boldsymbol{\alpha}_1,\boldsymbol{\alpha}_2,\cdots,\boldsymbol{\alpha}_s\}\setminus\{\boldsymbol{\alpha}_{i_1},\boldsymbol{\alpha}_{i_2},\cdots,\boldsymbol{\alpha}_{i_m}\}.$$

所以 $r-k\leqslant s-m$, 即 $\mathrm{R(II)}\geqslant r+m-s$.

3.42 设 $\boldsymbol{A}$ 是 n 阶矩阵, 证明: $\mathrm{R}(\boldsymbol{A}^n)=\mathrm{R}(\boldsymbol{A}^{n+1})=\mathrm{R}(\boldsymbol{A}^{n+2})=\cdots$.

证法 1 设 $\boldsymbol{A}^{n+1}\boldsymbol{x}=\mathbf{0}$, 但 $\boldsymbol{A}^n\boldsymbol{x}\neq\mathbf{0}$. 则由第 3.38 题可知, 向量组 $\boldsymbol{x},\boldsymbol{A}\boldsymbol{x},\cdots,\boldsymbol{A}^n\boldsymbol{x}$ 线性无关. 然而 $n+1$ 个 n 维向量必定线性相关, 故如果 $\boldsymbol{A}^{n+1}\boldsymbol{x}=\mathbf{0}$, 则必有 $\boldsymbol{A}^n\boldsymbol{x}=\mathbf{0}$, 即方程组 $\boldsymbol{A}^{n+1}\boldsymbol{x}=\mathbf{0}$ 的解都是 $\boldsymbol{A}^n\boldsymbol{x}=\mathbf{0}$ 的解. 反之, 方程组 $\boldsymbol{A}^n\boldsymbol{x}=\mathbf{0}$ 的解也必定是 $\boldsymbol{A}^{n+1}\boldsymbol{x}=\mathbf{0}$ 的解. 故 $n-\mathrm{R}(\boldsymbol{A}^n)=n-\mathrm{R}(\boldsymbol{A}^{n+1})$, 从而 $\mathrm{R}(\boldsymbol{A}^n)=\mathrm{R}(\boldsymbol{A}^{n+1})$. 同理可得

$$\mathrm{R}(\boldsymbol{A}^n)=\mathrm{R}(\boldsymbol{A}^{n+1})=\mathrm{R}(\boldsymbol{A}^{n+2})=\cdots.$$

证法 2 首先,

$$n \geqslant \mathrm{R}(\boldsymbol{A}^0) \geqslant \mathrm{R}(\boldsymbol{A}) \geqslant \mathrm{R}(\boldsymbol{A}^2) \geqslant \cdots \mathrm{R}(\boldsymbol{A}^{n+1}) \geqslant 0,$$

其中 $\boldsymbol{A}^0=\boldsymbol{I}$. 在 $0\sim n+1$ 之间共有 $n+2$ 个整数, 因而必存在 $k\in\{0,1,\cdots,n\}$, 使得 $\mathrm{R}(\boldsymbol{A}^k)=\mathrm{R}(\boldsymbol{A}^{k+1})$. 下证 $\mathrm{R}(\boldsymbol{A}^{k+1})=\mathrm{R}(\boldsymbol{A}^{k+2})$.

由 $\mathrm{R}(\boldsymbol{A}^k)=\mathrm{R}(\boldsymbol{A}^{k+1})$ 可知, 方程组 $\boldsymbol{A}^k\boldsymbol{x}=\boldsymbol{0}$ 与方程组 $\boldsymbol{A}^{k+1}\boldsymbol{x}=\boldsymbol{0}$ 同解. 令 $\boldsymbol{A}^{k+2}\boldsymbol{x}=\boldsymbol{0}$, 则 $\boldsymbol{A}^{k+1}\cdot\boldsymbol{A}\boldsymbol{x}=\boldsymbol{0}$, 即 $\boldsymbol{A}\boldsymbol{x}$ 是 $\boldsymbol{A}^{k+1}\boldsymbol{u}=\boldsymbol{0}$ 的解. 因而是 $\boldsymbol{A}^k\boldsymbol{u}=\boldsymbol{0}$ 的解, 即 $\boldsymbol{A}^k\cdot\boldsymbol{A}\boldsymbol{x}=\boldsymbol{0}$. 故 $\boldsymbol{A}^{k+1}\boldsymbol{x}=\boldsymbol{0}$. 这就说明, $\boldsymbol{A}^{k+2}\boldsymbol{x}=\boldsymbol{0}\Rightarrow\boldsymbol{A}^{k+1}\boldsymbol{x}=\boldsymbol{0}$. 反之, $\boldsymbol{A}^{k+1}\boldsymbol{x}=\boldsymbol{0}\Rightarrow\boldsymbol{A}^{k+2}\boldsymbol{x}=\boldsymbol{0}$ 是显然的. 故方程组 $\boldsymbol{A}^{k+1}\boldsymbol{x}=\boldsymbol{0}$ 与方程组 $\boldsymbol{A}^{k+2}\boldsymbol{x}=\boldsymbol{0}$ 同解. 从而有 $\mathrm{R}(\boldsymbol{A}^{k+1})=\mathrm{R}(\boldsymbol{A}^{k+2})$. 依次推下去, 有

$$\mathrm{R}(\boldsymbol{A}^n)=\mathrm{R}(\boldsymbol{A}^{n+1})=\mathrm{R}(\boldsymbol{A}^{n+2})=\cdots.$$

证法 3 前面部分同证法 1. 下证 $\mathrm{R}(\boldsymbol{A}^{k+1})=\mathrm{R}(\boldsymbol{A}^{k+2})$.

事实上, 由弗罗贝尼乌斯不等式可知

$$\mathrm{R}(\boldsymbol{A}^{k+2})=\mathrm{R}(\boldsymbol{A}\cdot\boldsymbol{A}^k\cdot\boldsymbol{A})\geqslant\mathrm{R}(\boldsymbol{A}^{k+1})+\mathrm{R}(\boldsymbol{A}^{k+1})-\mathrm{R}(\boldsymbol{A}^k).$$

于是 $\mathrm{R}(\boldsymbol{A}^{k+1})\leqslant\mathrm{R}(\boldsymbol{A}^{k+2})\leqslant\mathrm{R}(\boldsymbol{A}^{k+1})$. 即 $\mathrm{R}(\boldsymbol{A}^{k+1})=\mathrm{R}(\boldsymbol{A}^{k+2})$. 依次往下推即得所证.

3.43 设 $\boldsymbol{A}=(a_{ij})_{n\times n}$ 是 n 阶矩阵, 证明:

(1) 如果 $|a_{ii}|>\sum\limits_{j\neq i}|a_{ij}|\,(i=1,2,\cdots,n)$, 那么 $|\boldsymbol{A}|\neq 0$;

(2) 如果 $\boldsymbol{A}$ 是 n 阶实矩阵, 且 $a_{ii}>\sum\limits_{j\neq i}|a_{ij}|\,(i=1,2,\cdots,n)$, 那么 $|\boldsymbol{A}|>0$.

(满足条件 (1) 的矩阵 $\boldsymbol{A}$ 称为**严格对角占优矩阵**或**阿达马矩阵**, 因此, 阿达马矩阵是非奇异矩阵.)

证明 (1) 即证方程组 $\boldsymbol{A}\boldsymbol{x}=\boldsymbol{0}$ 只有零解. 假设 $\boldsymbol{A}\boldsymbol{x}=\boldsymbol{0}$ 有非零解 $\boldsymbol{x}=(x_1,x_2,\cdots,x_n)^{\mathrm{T}}$, 记 $|x_k|=\max\{|x_1|,|x_2|,\cdots,|x_n|\}>0$. 由线性方程组 $\boldsymbol{A}\boldsymbol{x}=\boldsymbol{0}$ 的第 k 个方程可得

$$|a_{kk}||x_k|\leqslant\sum_{j\neq k}|a_{kj}x_j|\leqslant\sum_{j\neq k}|a_{kj}||x_k|.$$

两边约去 $|x_k|$ 后得到一个与已知矛盾的结论, 故线性方程组 $\boldsymbol{A}\boldsymbol{x}=\boldsymbol{0}$ 只有零解, $|\boldsymbol{A}|\neq 0$.

(2) 设 $0\leqslant t\leqslant 1$, 令

$$\boldsymbol{A}(t)=\begin{pmatrix} a_{11} & a_{12}t & \cdots & a_{1n}t \\ a_{21}t & a_{22} & \cdots & a_{2n}t \\ \vdots & \vdots & & \vdots \\ a_{n1}t & a_{n2}t & \cdots & a_{nn} \end{pmatrix}.$$

则矩阵 $\boldsymbol{A}(t)$ 满足条件 (1), 因此, $|\boldsymbol{A}(1)|=|\boldsymbol{A}|\neq 0$. 假设 $|\boldsymbol{A}|<0$, 注意到 $|\boldsymbol{A}(0)|=a_{11}a_{22}\cdots a_{nn}>0$, 由连续函数的零点定理可知, 必存在 $t_1\in(0,1)$ 使得 $|\boldsymbol{A}(t_1)|=0$, 这与结论 (1) 矛盾, 故 $|\boldsymbol{A}|>0$.

第四章　多　项　式

§4.1　知 识 概 要

1. 整除理论: 带余除法、整除、最大公因式、互素等概念及性质.

2. 因式分解理论: 不可约多项式、因式分解、重因式、三个特殊数域上的因式分解.

3. 根的理论: 多项式函数、多项式的根、重根、代数基本定理、整系数多项式的有理根.

§4.2　学 习 指 导

1. 本章重点: 整除, 最大公因式, 互素, 不可约多项式, 重因式和重根, 因式分解的存在唯一性定理 (标准分解式), 复数 (实数) 域上多项式的标准分解式, 艾森斯坦判别法. 难点: 因式分解, 有理数域上多项式的可约性的判定.

2. 在理解数域 $\mathbb{P}$ 上的一元 n 次多项式

$$f(x)=a_nx^n+a_{n-1}x^{n-1}+\cdots+a_1x+a_0$$

的概念时, 要注意如下几点:

(1) $f(x)$ 的各项系数 a_i 都是数域 $\mathbb{P}$ 中的数, 称 $f(x)$ 为数域 $\mathbb{P}$ 上的多项式, 记作 $f(x)\in\mathbb{P}[x]$.

(2) x 是文字或符号, 当把 x 赋予不同的含义时, 相应地 $f(x)$ 也有不同的含义. 例如, 把 x 用数代入时, 则 $f(x)$ 是一个函数; 当把 x 用 s 阶矩阵 $\boldsymbol{A}_{s\times s}$ 代入时,

$$f(\boldsymbol{A})=a_n\boldsymbol{A}^n+a_{n-1}\boldsymbol{A}^{n-1}+\cdots+a_1\boldsymbol{A}+a_0\boldsymbol{I}_s$$

是一个 s 阶矩阵 (见第二章); 当把 x 用线性变换 σ 代入时, $f(\sigma)$ 是一个线性变换 (见第六章), 等等.

(3) 一元 n 次多项式完全由 $n+1$ 个系数所唯一决定, 因此定理 4.18 就说: 如果有 $n+1$ 个互不相同的数 $c_1,c_2,\cdots,c_{n+1}$, 使得 $f(c_i)=g(c_i)$, 则 $f(x)=g(x)$, 即满足条件 "这 $n+1$ 个值相等" 的一元 n 次多项式是唯一确定的. 教材中是利用反证法证明的, 读者可直接用例 4.17 证法 1 的方法完成这个证明.

3. 注意多项式理论与整数理论的区别与联系.

定义 1　设 a,b 是两个整数, 如果存在一个整数 d, 使得 $b=ad$, 则称 a **整除** b, 记作 $a|b$.

定义 2　设 a,b 是两个整数, 若整数 d 是 a,b 的公因数, 即 $d|a$, $d|b$, 并且 a,b 的任一公因数都是 d 的因数, 即对任一 $c\in\mathbb{Z}$, 且 $c|a$, $c|b$, 都有 $c|d$, 则称 d 是 a,b 的**最大公因数**.

定义 3　设 a,b 是两个整数, 如果 a 与 b 的最大公因数为 1, 则称 a,b **互素**.

将以上定义 1~3 中的 "整数" 换成 "多项式" 就分别得到多项式的整除、多项式的最大公因式、多项式互素的定义. 所以, 多项式的整除、最大公因式、互素的性质与整数的整除、最大公因数、互素的性质是类似的. 比如:

(1) 若 $a|b$, $b|c$, 则 $a|c$ (整除的传递性);

(2) 若 $a|b_i, c_i \in \mathbb{Z}\,(i=1,2,\cdots,n), d|b$, 则 $a|(b_1c_1+b_2c_2+\cdots+b_nc_n)$;

(3) 设 d 是整数 a,b 的最大公因数, 则存在整数 u,v, 使得 $ua+vb=d$;

(4) 两个整数 a,b 互素的充要条件是存在整数 u,v, 使得 $ua+vb=1$.

但是, 以下整数的性质与多项式的性质有区别:

(5) (带余除法) 设 a,b 是两个整数, 且 $a\neq 0$, 则存在唯一的一对整数 q 与 r, 使得

$$b=aq+r,\quad 0<r<|a|.$$

在多项式的带余除法中, 余式的次数的上界没有绝对值符号.

(6) 设 $a|b$, $b|a$, 则 $a=b$ 或 $a=-b$ (相差一个符号); 在多项式的相应性质中, 设 $\mathbb{P}$ 是一个数域, $f,g\in\mathbb{P}[x]$, 且 $f|g$, $g|f$, 则 f 与 g 相差一个常数倍数, 即 $f=cg$, $c\in\mathbb{P}$.

(7) 整数 a,b 的两个最大公因数至多相差一个符号; 多项式的两个最大公因式至多相差一个常数倍数.

另外, 在整数理论中 “素数” 的定义如下:

定义 4 设 p 是大于 1 的整数, 如果除了 ±1 和 $\pm p$ 外没有别的因数, 则称 p 是一个**素数**(又称为**质数**).

所以, 不能分解成两个大于 1 的整数之积的整数叫素数, 请注意这个概念与不可约多项式的区别和联系. 在数域 $\mathbb{P}$ 上不能分解成两个次数大于零的多项式之积 (只有平凡因式) 的多项式叫数域 $\mathbb{P}$ 上的不可约多项式, 不可约多项式与数域的关系非常密切.

相应地, 如下算术基本定理与多项式的因式分解定理 (标准分解式) 也是类似的.

定理 1 (算术基本定理) 每一个大于 1 的自然数, 都能分解成素因数的乘积, 如果不考虑因数的排列顺序, 这种分解方法是唯一的. 称

$$c=p_1^{k_1}p_2^{k_2}\cdots p_s^{k_s}$$

为 c 的标准分解式 (或典型分解式), 其中 $p_1,p_2,\cdots p_s$ 是互不相同的素数, $k_i>0$ 是正整数.

学习时需特别注意将多项式的这些知识和整数理论的相应知识关联起来. 实践证明, 经常关联新旧知识, 注意研究它们的区别与联系, 将大大提高理解和记忆的效率, 收到事半功倍的效果.

4. 注意 “数域” 概念在多项式理论中的作用.

数域的概念在多项式的因式分解理论、根的理论中扮演了重要的角色. 数域 $\mathbb{P}$ 上的不可约多项式是指在数域 $\mathbb{P}$ 上的次数大于零且不能分解成两个次数更低的多项式的乘积的多项式. 如果将数域扩大, 原来的可约性可能发生改变. 比如, x^2+1 是实数域上的不可约多项式, 但在复数域上, 它是可约的, $x^2+1=(x+\mathrm{i})(x-\mathrm{i})$. 如果改变了所考虑的数域, 根的情况也可能发生改变. 比如, 多项式 x^4-2 在有理数域上是不可约的, 因而没有有理根 (由此推知, $\sqrt[4]{2}$ 是无理数). 但在实数域上有 2 个实数根 $\pm\sqrt[4]{2}$, 在复数域上却有 4 个复数根: $\pm\sqrt[4]{2}$ 、$\pm\sqrt[4]{2}\mathrm{i}$.

但是, 多项式的整除性与数域无关. 设 $\mathbb{P},\overline{\mathbb{P}}$ 是两个数域, $\mathbb{P}\subset\overline{\mathbb{P}}$, $f,g\in\mathbb{P}[x]$, 则在数域 $\overline{\mathbb{P}}$ 上 $g|f$ 的充要条件是在数域 $\mathbb{P}$ 上 $g|f$(见教材例 4.23, 这个结论从综合除法及数域对四则运算的封闭性两个方面去想就很容易得到). 由于 “最大公因式” 是用整除的概念来定义的, 所以最大公因式与数域无关, 即在数域 $\overline{\mathbb{P}}$ 上, $(f,g)=d$ 的充要条件是在数域 $\mathbb{P}$ 上 $(f,g)=d$. 同时, 互

素的概念是用最大公因式定义的, 所以"互素"也与数域无关. 在数域 $\overline{\mathbb{P}}$ 上, $(f,g)=1$ 的充要条件是在数域 $\mathbb{P}$ 上 $(f,g)=1$(见教材例 4.23).

例 1 设 $p(x)$ 是数域 $\mathbb{P}$ 上的不可约多项式, $f(x)\in\mathbb{P}$, 如果 $p(x)$ 与 $f(x)$ 在复数域 $\mathbb{C}$ 上有公共根, 证明: $p(x)|f(x)$.

证明 由于 $p(x)$ 与 $f(x)$ 在复数域 $\mathbb{C}$ 上有公共根, 因此于 $p(x)$ 与 $f(x)$ 在复数域上不互素. 又因为互素的概念与数域无关, 故 $p(x)$ 与 $f(x)$ 在数域 $\mathbb{P}$ 上也不互素. 然而 $p(x)$ 是数域 $\mathbb{P}$ 上的不可约多项式, 它与 $f(x)$ 只有两种关系, 要么它们互素, 要么 $p(x)|f(x)$, 故只有 $p(x)|f(x)$ 成立. 证毕.

5. 注意因式分解与标准分解式的应用.

因式分解是将多项式分解成若干个不可约因式的方幂的乘积. 如果能将所考察的多项式分别表示成因式分解式 (或标准分解式), 其整除性、最大公因式、最小公倍式、互素、重因式、根、重根等问题都是显而易见的事情. 所以, 因式分解是解决多项式问题的关键环节, 也是多项式理论中最重要的思想方法.

例 2 设 $f\in\mathbb{P}[x]$ 是次数大于零的首 1 多项式, 证明: f 是一个不可约多项式的方幂的充要条件是, 对任意 $g\in\mathbb{P}$, 或者 $(f,g)=1$, 或者存在某个正整数 m, 使得 $f|g^m$.

证明 必要性. 设 $p\in\mathbb{P}[x]$ 是不可约多项式, $f|p^m$. 则对任意 $g\in\mathbb{P}$, 或者 $(p,g)=1$, 或者 $p|g$. 若 $(p,g)=1$, 则 $(f,g)=1$. 若 $p|g$, 则 $f|g^m$.

充分性. 设 $f=p_1^{k_1}p_2^{k_2}\cdots p_s^{k_s}$, 其中 $p_1,p_2,\cdots p_s$ 是互不相同的不可约多项式, $k_i>0$ 是正整数. 下面证明 $s=1$. 事实上, 如果 $s\geqslant 2$, 取 $g=p_1$. 显然, $g|f$, 因而 $(f,g)=1$ 不成立. 同时, 对任意正整数 m, $f|p_1^m$ 不成立, 即 $f|g^m$ 也不成立, 故 $s=1$. 证毕.

例 3 设 $f,g\in\mathbb{P}[x]$, 且 $(f,g)=1$. 证明: 对任意的正整数 m,n 都有 $(f^m,g^n)=1$.

本题分别假设 f,g 的标准分解式容易得到 f^m 与 g^n 互素的结论 (见教材例 4.11). 另外, 本题也可以用数学归纳法先得到 $(f,g^n)=1$, 然后固定 n, 得到 $(f^m,g^n)=1$. 其他证法由读者探索.

例 4 设 $f(x)$ 是实数域上次数大于零的多项式, 且对任意实数 c 都有 $f(c)>0$. 证明: $f(x)$ 一定可以表示成两个实系数多项式的平方和.

证明 由题意知, $f(x)$ 无实数根, 且 $\partial f(x)$ 为偶数. 将它看成复数域上的多项式, 其虚根共轭成对出现. 不妨假设它的全部虚根是 $a_1,\overline{a}_1,a_2,\overline{a}_2,\cdots,a_m,\overline{a}_m$, 则在复数域上

$$f(x)=a(x-a_1)(x-\overline{a}_1)(x-a_2)(x-\overline{a}_2)\cdots(x-a_m)(x-\overline{a}_m),$$

其中 a 是 $f(x)$ 的首项系数, $a_1,a_2,\cdots,a_m$ 中可能有些相同. 注意到

$$f(0)=aa_1\overline{a}_1a_2\overline{a}_2\cdots a_m\overline{a}_m=a|a_1|^2|a_2|^2\cdots|a_m|^2,$$

因而 $a>0$. 令

$$(x-a_1)(x-a_2)\cdots(x-a_m)=f_1(x)+\mathrm{i}f_2(x), \tag{4.1}$$

其中 $f_1(x),f_2(x)$ 都是实数域上的多项式. 对每一个实数 x, 等式 (4.1) 的两边同时取共轭运算, 得

$$(x-\overline{a}_1)(x-\overline{a}_2)\cdots(x-\overline{a}_m)=f_1(x)-\mathrm{i}f_2(x). \tag{4.2}$$

故将 x 看成文字的多项式等式 (4.2) 也成立 (理由是有无穷多个实数 x 使得 (4.2) 式左右两个多项式的值相等). 令 $g(x)=\sqrt{a}f_1(x)$, $h(x)=\sqrt{a}f_2(x)$, 则 $g(x),h(x)$ 都是实系数多项式, 且 $f(x)=g(x)^2+h(x)^2$. 证毕.

6. 注意重因式与重根的判别及应用.

教材的定理 4.16: 不可约多项式 $p(x)$ 是 $f(x)$ 的 k 重因式 $(k\geqslant 1)$, 则 $p(x)$ 是 $f'(x)$ 的 $k-1$ 重因式. 推论 4.4: $f(x)$ 没有重因式的充要条件是 $(f(x),f'(x))=1$. 这是两个熟知的重因式判别定理, 学习中应注意如下两个问题:

(1) 定理 4.16 的逆命题不成立. 即是说, 如果 $p(x)$ 是 $f'(x)$ 的 $k-1$ 重因式, 则 $p(x)$ 未必是 $f(x)$ 的 k 重因式. 例如, $f(x)=x^3+1$, 则 $f'(x)=3x^2$. x 是 $f'(x)$ 的二重因式, 但不是 $f(x)$ 的三重因式;

(2) $f(x)$ 的重因式应该在 $d(x)$ 的不可约因式中去寻找. 比如, 已知

$$(f(x),f'(x))=(x-1)(x+2)^3,$$

则 $x-1$ 是 $f(x)$ 的二重因式, $x+2$ 是 $f(x)$ 的 4 重因式. 又若 $f(x)=(x-1)^2(x+2)^4h(x)$, 则 $h(x)$ 无重因式. 用辗转相除法求最大公因式是寻找重因式的重要的方法.

(3) 多项式理论起源于研究一元高次方程的根, 因而多项式的根特别是重根一直是关注的重点. 显然, c 是 $f(x)$ 的 k 重根 $(k\geqslant 2)\Leftrightarrow x-c$ 是 $f(x)$ 的 k 重因式, 所以, 重根应该在重因式中去寻找. 由数学分析中的泰勒公式可以知道, 任何一元 n 次多项式 $f(x)$ 都能展开成

$$f(x)=f(c)+f'(c)(x-c)+\frac{f''(c)}{2!}(x-c)^2+\cdots+\frac{f^{(n)}(c)}{n!}(x-c)^n$$

的形式, 因此, c 是 $f(x)$ 的 $k(k\geqslant 2)$ 重根 $\Leftrightarrow f(c)=f'(c)=\cdots=f^{(k-1)}(c)=0, f^{(k)}(c)\neq 0$. 可以根据这个原理得到教材例 4.15 的第二种解法 (留给读者自己完成).

例 5 在有理数域上分解因式:

$$f(x)=x^6-2x^5+4x^4-4x^3+4x^2-2x+1.$$

解 显然 ± 1 都不是 $f(x)$ 的根, $f(x)$ 没有有理根, 即 $f(x)$ 在有理数域上无一次因式. 下面研究它有无重因式. 先求得

$$f'(x)=2(3x^5-5x^4+8x^3-6x^2+4x-1).$$

由辗转相除法得

$$(f(x),f'(x))=x^2-x+1.$$

故 $f(x)$ 有二重因式 x^2-x+1. 由综合除法得

$$f(x)=(x^2-x+1)^2(x^2+1),$$

即为所求的 $f(x)$ 在有理数域上的标准分解式.

对一些特殊的整系数一元高次方程求根也可以这样做. 先判断是否有有理根和重因式, 通过降次后再进行分解.

例 6 在复数域上求一元高次方程的根:

$$f(x)=x^7-x^6+3x^5-x^4+x^3+3x^2-2x+2.$$

解 此方程的有理根只可能是 $\pm1,\pm2$. 由综合除法知 -1 是单根, $f(x)=(x+1)g(x)$, 其中 $g(x)=x^6-2x^5+5x^4-6x^3+7x^2-4x+2$. 由辗转相除法得 $(g(x),g'(x))=x^2-x+1$. 再由综合除法得 $g(x)=(x^2-x+1)^2(x^2+2)$. 故

$$f(x)=(x+1)(x^2-x+1)^2(x^2+2).$$

从而得到原方程在复数域上的 3 个单根: $-1,-\sqrt{2}\mathrm{i},\sqrt{2}\mathrm{i}$, 及 2 个二重根: $\dfrac{1}{2}+\dfrac{\sqrt{3}}{2}\mathrm{i},\ \dfrac{1}{2}-\dfrac{\sqrt{3}}{2}\mathrm{i}$.

另一个值得注意的是, $g(x)|f(x)\Leftrightarrow g(x)$ 的每一个根都是 $f(x)$ 的根, 且这些根在 $g(x)$ 中的重数不高于它们在 $f(x)$ 中的重数. 根据这个性质我们可以证明多项式的整除性, 比如, 教材中习题第 4.26、第 4.28~4.31 题, 等等.

7. 注意有理数域上可约性的判定.

有理数域上的多项式的可约性问题都归结为整系数多项式 (进一步可归结为本原多项式) 的可约性问题, 所以只需考虑整系数多项式. 常见的整系数多项式可约性的判别有两种方法: 艾森斯坦判别法 (或适当代换后再用艾森斯坦判别法)、反证法. 对三次多项式还可以用判定是否有有理根的方法. 如果一元三次多项式在有理数域上可约, 则它在有理数域上能分解出一次因式, 因而它必有有理根.

例 7 设 $f(x)\in\mathbb{Z}[x]$(整系数多项式的全体), 且存在无穷多个整数 m 使得 $f(m)$ 是素数. 证明: $f(x)$ 是有理数域上的不可约多项式.

证明 反证法. 假设 $f(x)=g(x)h(x)$, 其中 $g(x),h(x)\in\mathbb{Z}[x]$. 对整数 m, $f(m)=g(m)h(m)$ 是素数, 因此, 整数因子 $g(m),h(m)$ 中至少有一个取 1 或 -1, 即是说, 整数 m 是某个多项式 $g(x)\pm1,h(x)\pm1$ 的根. 而这样的整数 m 有无穷多个, 故 $g(x)\pm1,h(x)\pm1$ 中至少有一个多项式有无穷多个整数根, 但这是不可能的, 所以 $f(x)$ 在有理数域上不可约. 证毕.

例 8 证明: 多项式 $f(x)=x^3+3x-1$ 在有理数域上不可约.

证法 1 令 $x=y+1$ 作代换, 然后取素数 $p=3$, 由艾森斯坦判别法可知, $f(x)$ 在有理数域上不可约. 证毕.

证法 2 反证法. 注意到 $f(x)$ 的有理根只能是 1 或 -1, 代入验证可知 ±1 都不是它的有理根, 故一元三次多项式 $f(x)$ 没有有理根, 从而 $f(x)$ 在有理数域上不可约. 证毕.

8. 注意, 在定理 4.27 中, “$f(1)/(s-r)$, $f(-1)/(s+r)$ 都是整数” 只是 “r/s 是 $f(x)$ 的有理根” 的必要条件而非充分条件. 也即是说, r/s 是 $f(x)$ 的有理根 $\Rightarrow f(1)/(s-r)$, $f(-1)/(s+r)$ 都是整数, 反之未必成立. 其逆否命题: 若 $f(1)/(s-r)$, $f(-1)/(s+r)$ 中存在某一个不是整数, 则 r/s 不是整系数多项式 $f(x)$ 的有理根. 因此, 定理 4.27 常用于判别 r/s 不是整系数多项式 $f(x)$ 的有理根的情形.

例如, 多项式 $f(x)=2x^3-3x^2+2x-5$, $f(1)=-4$, $f(-1)=-12$. 考察 $r/s=1/2$, 这时 $s=2,r=1,s+r=3,s-r=1$, 因此, $f(1)/(s-r)$ 及 $f(-1)/(s+r)$ 都是整数, 但 $f(1/2)=-9/2\neq0$, 即 1/2 不是 $f(x)$ 的有理根. 再考察 $r/s=5/2$, 这时 $s=2,r=5,s+r=7,s-r=-3$, 因此, $f(1)/(s-r)$ 不是整数, 故 $r/s=5/2$ 不是 $f(x)$ 的有理根.

9. "复数及运算" 在高中数学中已被弱化, 但在多项式理论中需要用到复数的基本概念及运算, 如共轭复数、复数的三角式与指数式、复数的乘方与开方等, 所以在学习多项式理论前自学这些知识 (见教材附录 B) 是很有必要的.

10. 本章包含了较多的严格的逻辑推理及证明. 常见的推理方法如类比法、演绎法、归纳法等, 及常见的证明方法如综合法、分析法、换元法、构造法、数学归纳法、反证法等等都在这章密集出现, 学习中要注意总结并运用这些方法训练自己的逻辑推理能力和数学语言表达能力.

11. 最后我们再次强调, 多项式理论本质上是一部 "分解" 理论. $g|f \Leftrightarrow f = gh$, 即多项式 f 可以分解成两个多项式 g, h 的乘积; 两个多项式互素 $\Leftrightarrow$ 这两个多项式的标准分解式中没有公因式 (除常数外); 多项式 f 在数域 $\mathbb{P}$ 上不可约 $\Leftrightarrow f$ 在数域 $\mathbb{P}$ 上不能分解成两个次数大于零的多项式的乘积; c 是多项式 f 的根 $\Leftrightarrow f = (x-c)g$ (注意根与数域有关), 等等. 细细想来, 整除理论、因式分解理论、根的理论, 都与多项式的 "分解" 有关.

§4.3 问 题 思 考

一、问题思考

1. 设 $a \neq 0, m, n \in \mathbb{N}$, 证明: $(x^m - a^m)|(x^n - a^n)$ 当且仅当 $m|n$.

2. 求 $f(x) = x^4 - 2x^2 - 3x - 2, g(x) = x^4 + 2x^3 - x - 2$ 的首 1 最大公因式 $d(x)$, 并求 $u(x), v(x)$ 使得

$$d(x) = u(x)f(x) + v(x)g(x).$$

3. 设 $f, g, h \in \mathbb{P}[x]$, 且 f, g 不全为 0. 证明:

$$(f \pm gh, g) = (f, g).$$

4. 设 $m, n, d \in \mathbb{N}$, 证明: $(x^m - 1, x^n - 1) = x^d - 1$ 当且仅当 $(m, n) = d$, 这里 (m, n) 表示 m, n 的最大公因数.

5. 设 $f_1(x), f_2(x), f_3(x)$ 是数域 $\mathbb{P}$ 上的非零多项式, 证明: $f_1(x), f_2(x), f_3(x)$ 两两互素的充要条件是存在数域 $\mathbb{P}$ 上的多项式 $u(x), v(x), w(x)$, 使得

$$u(x)f_1(x)f_2(x) + v(x)f_1(x)f_3(x) + w(x)f_2(x)f_3(x) = 1.$$

6. 证明: 非零多项式 $f_1, f_2, \cdots, f_n \in \mathbb{P}[x]\ (n \geqslant 2)$ 的首 1 最大公因式是所有多项式

$$u_1f_1 + u_2f_2 + \cdots + u_nf_n \quad (u_1, u_2, \cdots, u_n \in \mathbb{P}[x])$$

中次数最低的首 1 多项式.

7. 求多项式 $f(x) = x^4 + 6x^3 + 9x^2 - 4x - 12$ 在实数域上的标准分解式.

8. 求多项式 $f(x) = x^4 - 2\sqrt{2}x^3 + 3x^2 - 2\sqrt{2}x + 2$ 在复数域 $\mathbb{C}$ 上的标准分解式.

9. 分别求 t, 使下列多项式有重根, 并求相应重根的重数:

(1) $f(x) = x^3 + 12x^2 + tx + 64$; (2) $f(x) = x^3 + 3x^2 + tx + 1$.

10. 设 $\alpha_1, \alpha_2, \alpha_3$ 是多项式 $f(x) = x^3 + ax^2 + bx + c$ 的根, 其中 $c \neq 0$, 求下列各式的值:

(1) $\dfrac{1}{\alpha_1}+\dfrac{1}{\alpha_2}+\dfrac{1}{\alpha_3}$; (2) $\dfrac{1}{\alpha_1\alpha_2}+\dfrac{1}{\alpha_1\alpha_3}+\dfrac{1}{\alpha_2\alpha_3}$; (3) $\alpha_1^2+\alpha_2^2+\alpha_3^2$.

11. 设多项式 $f(x)=x^4+3x^3+5x^2+12x+4$ 的四个根分别是 $\alpha_1,\alpha_2,\alpha_3,\alpha_4$.

(1) 计算 $\alpha_1^2+\alpha_2^2+\alpha_3^2+\alpha_4^2$;

(2) 证明: $f(x)$ 至多有两个实数根.

12. 设 $\alpha_1,\alpha_2,\cdots,\alpha_n$ 是 n 次多项式

$$f(x)=a_nx^n+a_{n-1}x^{n-1}+\cdots+a_1x+a_0$$

在复数域 $\mathbb{C}$ 上的 n 个根, 求下列多项式的根:

(1) $a_0x^n+a_1x^{n-1}+\cdots+a_{n-1}x+a_n$;

(2) $a_nx^n+a_{n-1}bx^{n-1}+\cdots+a_1b^{n-1}x+a_0b^n$, 其中 b 是常数.

13. 设 $f(x),g(x),h(x),q(x)$ 是 x 的多项式, 且

$$f(x^5)+xg(x^5)+x^2h(x^5)=(x^4+x^3+x^2+x+1)q(x^5).$$

证明: $(x-1)|f(x)$.

14. 设 $p(x)$ 是数域 $\mathbb{P}$ 上的不可约多项式, $f(x)\in\mathbb{P}[x]$, 如果 $p(x)$ 与 $f(x)$ 在复数域 $\mathbb{C}$ 上有公共根 α, 证明: $p(x)|f(x)$.

15. 设 $f(x)$ 是数域 $\mathbb{P}$ 上的 n 次不可约多项式 $(n\geqslant 2)$, 证明: 在复数域 $\mathbb{C}$ 上, 若 $f(x)$ 某个根的倒数是 $f(x)$ 的根, 则 $f(x)$ 的每一个根的倒数也是 $f(x)$ 的根.

16. 求 $f(x)=3x^4+8x^3+6x^2+3x-2$ 的全部有理根.

17. 证明下列多项式在有理数域上不可约:

(1) x^4-x^3+2x+1; (2) x^3-5x+1; (3) $px^4+2px^3-px+(3p-1)$ (p 是素数).

18. 设 $f(x)\in\mathbb{Z}[x]$, 且 $f(0),f(1)$ 都是奇数, 证明: $f(x)$ 没有整数根.

19. 设 $f,\ g$ 是非零多项式, p 是首 1 不可约多项式, 且 $fg+f+g=p$. 证明: $(f,g)=1$.

20. 设 $f(x)=(x-a_1)(x-a_2)\cdots(x-a_n)+2$, 其中 $a_1,a_2,\cdots,a_n$ 是互异的偶数. 证明: $f(x)$ 在有理数域 $\mathbb{Q}$ 上不可约.

21. 设 $f,\ g\in\mathbb{P}[x]$, 且 $(f,g)=1$, $\boldsymbol{A}$ 是数域 $\mathbb{P}$ 上的 n 阶矩阵, 且 $f(\boldsymbol{A})=\boldsymbol{O}$. 证明: $g(\boldsymbol{A})$ 是可逆矩阵.

22. 证明: $1+\sqrt[3]{2}+\sqrt[3]{4}$ 是无理数.

23. 设 $f,\ g\in\mathbb{P}[x]$, 且 $(f,g)=1$, $\boldsymbol{A}$ 是数域 $\mathbb{P}$ 上的 n 阶矩阵. 证明: $f(\boldsymbol{A})g(\boldsymbol{A})=\boldsymbol{O}$ 的充要条件是 $\mathrm{R}(f(\boldsymbol{A}))+\mathrm{R}(g(\boldsymbol{A}))=n$.

24. 设 $\boldsymbol{A}$ 是 n 阶矩阵, 且 $\boldsymbol{A}^3=\boldsymbol{I}$, 证明: $\mathrm{R}(\boldsymbol{I}-\boldsymbol{A})+\mathrm{R}(\boldsymbol{I}+\boldsymbol{A}+\boldsymbol{A}^2)=n$.

25. (华东师大考研试题) 设 c_1,c_2,c_3 是多项式 $f(x)=2x^3-4x^2+6x-1$ 的三个复数根, 求 $(c_1c_2+c_3^2)(c_2c_3+c_1^2)(c_1c_3+c_2^2)$ 的值.

26. 求做一个一元三次方程, 使它的三个根分别是另一个一元三次方程

$$x^3+p_1x^2+p_2x+p_3=0$$

三个根的立方.

27. 计算行列式

$$D_n = \begin{vmatrix} 1 & 1 & \cdots & 1 \\ a_1 & a_2 & \cdots & a_n \\ a_1^2 & a_2^2 & \cdots & a_n^2 \\ \vdots & \vdots & & \vdots \\ a_1^{n-2} & a_2^{n-2} & \cdots & a_n^{n-2} \\ a_1^n & a_2^n & \cdots & a_n^n \end{vmatrix}.$$

二、提示或答案

1. 参考教材例 4.5.

2. $d(x) = x^2 + x + 1, u(x) = -\frac{1}{4}(x+1), v(x) = \frac{1}{4}(x-1)$.

3. 设 $d = (f, g)$, 则 $d|f$ 且 $d|g$, 因而 $d|(f \pm gh)$. 其次, 对任意 $d_1|g$ 且 $d_1|(f \pm gh) \Rightarrow d_1|f$, 都有 $d_1|d$. 故 $(f \pm gh, g) = d$.

4. 充分性是显然的, 下证必要性. 由于 $(x^d - 1)|(x^m - 1)$, $(x^d - 1)|(x^n - 1)$, 因此, $d|m$, $d|n$. 其次, 对任意 $d_1|m$ 且 $d_1|n$, 都有

$$(x^{d_1} - 1)|(x^m - 1),\ (x^{d_1} - 1)|(x^n - 1).$$

从而 $(x^{d_1} - 1)|(x^d - 1)$, 故 $d_1|d$, $(m, n) = d$.

5. 若 f_1, f_2, f_3 两两互素, 则存在 $u_i, v_i \in \mathbb{P}[x]\ (i = 1, 2, 3)$, 使得

$$u_1 f_1 + v_1 f_2 = 1, \quad u_2 f_1 + v_2 f_3 = 1, \quad u_3 f_2 + v_3 f_3 = 1.$$

三式相乘即得

$$u f_1 f_2 + v f_1 f_3 + w f_2 f_3 = 1,$$

其中

$$u = u_1 u_2 u_3 f_1 + u_2 u_3 v_1 f_2, \quad v = u_1 u_2 v_3 f_1 + u_1 u_3 v_2 f_2 + u_1 v_2 v_3 f_3,$$

$$w = u_2 v_1 v_3 f_1 + u_3 v_1 v_2 f_2 + v_1 v_2 v_3 f_3.$$

反之, 由定理 4.9(互素的充要条件) 易得 f_1, f_2, f_3 两两互素.

6. 设一切形如

$$u_1 f_1 + u_2 f_2 + \cdots + u_n f_n$$

的多项式中次数最低的首 1 多项式为 d_1, 又设 $d = (f_1, f_2, \cdots, f_n)$, 则 $d|f_i\ (i = 1, 2, \cdots, n)$, 故 $d|d_1$, 可得 $\partial(d) \leqslant \partial(d_1)$. 反之, 存在 $v_1, v_2, \cdots, v_n \in \mathbb{P}[x]$, 使得

$$d = v_1 f_1 + v_2 f_2 + \cdots + v_n f_n.$$

可知 $\partial(d_1) \leqslant \partial(d)$, 故 $\partial(d_1) = \partial(d)$. 而它们都是首 1 多项式, 故 $d = d_1$.

7. $f(x) = (x-1)(x+2)^2(x+3)$.

8. $f(x) = (x - \mathrm{i})(x + \mathrm{i})(x - \sqrt{2})^2$.

9. (1) 当 $t=48$ 时, 有三重根 -4; 当 $t=-60$ 时, 有二重根 2;

(2) 当 $t=3$ 时, 有三重根 -1; 当 $t=-15/4$ 时, 有二重根 $1/2$.

10. (1) $-b/c$; (2) a/c; (3) a^2-2b.

11. (1) -1; (2) 利用前一结果及反证法.

12. (1) $\alpha_1^{-1},\alpha_2^{-1},\cdots,\alpha_n^{-1}$; (2) $b\alpha_1,b\alpha_2,\cdots,b\alpha_n$.

13. 注意 $f(\varepsilon_k)=f(1)$, 这里 $\varepsilon_k(k=1,2,3,4)$ 是五次单位虚根 (见教材附录 B). 把任意三个五次单位虚根, 比如, $\varepsilon_1,\varepsilon_2,\varepsilon_3$, 分别代入已知等式得齐次方程组

$$\begin{cases} f(1)+\varepsilon_1 g(1)+\varepsilon_1^2 h(1)=0, \\ f(1)+\varepsilon_2 g(1)+\varepsilon_2^2 h(1)=0, \\ f(1)+\varepsilon_3 g(1)+\varepsilon_3^2 h(1)=0. \end{cases} \tag{4.3}$$

由于系数行列式

$$D=\begin{vmatrix} 1 & \varepsilon_1 & \varepsilon_1^2 \\ 1 & \varepsilon_2 & \varepsilon_2^2 \\ 1 & \varepsilon_3 & \varepsilon_3^2 \end{vmatrix}=(\varepsilon_3-\varepsilon_2)(\varepsilon_3-\varepsilon_1)(\varepsilon_2-\varepsilon_1)\neq 0,$$

所以, 齐次方程组 (4.3) 只有零解, 即 $f(1)=0$, 故 $(x-1)|f(x)$.

注 同理可得 $(x-1)|g(x)$, $(x-1)|h(x)$.

14. 证明: 由题意知, $p(x)$ 与 $f(x)$ 在复数域 $\mathbb{C}$ 上不互素, 由于互素的概念与数域无关, 因此, 它们在数域 $\mathbb{P}$ 上也不互素. 而 $p(x)$ 是数域 $\mathbb{P}$ 上的不可约多项式, 且 $p(x)$ 与 $f(x)$ 不互素, 故 $p(x)|f(x)$.

15. 证明: 令 $f(x)=a_nx^n+\cdots+a_1x+a_0\in\mathbb{P}[x],\alpha$ 是 $f(x)$ 的复数根, 且 $1/\alpha$ 也是 $f(x)$ 的根, 则

$$\alpha^n f(1/\alpha)=a_n+a_{n-1}\alpha+\cdots+a_1\alpha^{n-1}+a_0\alpha^n=0.$$

令 $g(x)=a_n+a_{n-1}x+\cdots+a_1x^{n-1}+a_0x^n$, 则 $f(x)$ 与 $g(x)$ 在复数域 $\mathbb{C}$ 上有公共根 α, 因而不互素, 由上一题结论知 $f(x)|g(x)$. 故 $f(x)$ 的每一个根都是 $g(x)$ 的根, 从而 $f(x)$ 的每一个根的倒数都是 $f(x)$ 的根. 证毕.

16. $f(x)$ 的全部有理根: $-2, 1/3$, 且均为单根.

17. (1) 首先 $f(x)=x^4-x^3+2x+1$ 无有理根, 因此, 它在有理数域上至多可以分解成两个二次因式乘积, 假设 $f(x)=(x^2+ax+b)(x^2+cx+d)$, 展开后比较系数得 $bd=1$, $ad+bc=2$, $a+c=-1$, $b+d+ac=0$, 导出矛盾;

(2) 无有理根.

(3) 令 $x=1/y$, 则 $y^4f(x)=p+2py-py^3+(3p-1)y^4$ 在有理数域上不可约.

18. 提示: 反证法.

19. 设 $(f,g)=d$, 易知 $d=1$ 或 $d=p$. 若 $d=p$, 设 $f=df_1$, $g=dg_1$, 则

$$df_1g_1+f_1+g_1=1.$$

比较等式两边的系数可知 $d=p$ 不可能成立, 故 $d=1$.

20. 仿例 4.26 和习题第 4.55 题. 反证法. 假设 $f(x)$ 在 $\mathbb{Q}$ 上可约, $f(x)=g(x)h(x)$, 其中 $g(x)$, $h(x)$ 的次数都小于 $f(x)$ 的次数. 由已知得 $f(a_i)=g(a_i)h(a_i)=2\,(i=1,2,\cdots,n)$. 从而

$g(a_i), h(a_i)$ 或为 ± 1 或为 ± 2. 不妨假设 $g(a_1)=\pm 1$, 由于 a_i 全为偶数, 因此, $g(x)$ 的常数项必为奇数, $g(a_i)\neq \pm 2$, 即只能 $g(a_i)=\pm 1$, 故 $h(a_i)=\pm 2$. 所以, $2g(a_i)-h(a_i)=0$. 注意到 $2g(x)-h(x)$ 的次数小于 n, a_i 两两互异, 所以, $2g(x)-h(x)=0$, 故 $f(x)=2g^2(x)$. 比较两边的首项系数, 左边是奇数, 右边是偶数, 矛盾.

21. 存在 $u, v\in \mathbb{P}[x]$, 使得 $fu+gv=1$. 因此,

$$f(\boldsymbol{A})u(\boldsymbol{A})+g(\boldsymbol{A})v(\boldsymbol{A})=\boldsymbol{I}.$$

22. 令 $a=1+\sqrt[3]{2}+\sqrt[3]{4}$, 则 a 是多项式 $f(x)=(x-1)^3-6(x-1)-6$ 的根, 但此多项在有理数域上不可约, 因而无有理根, 故 a 是无理数.

23. 前面部分类似第 21 题, 然后对分块矩阵做分块初等变换得到

$$\begin{pmatrix} f(\boldsymbol{A}) & \boldsymbol{O} \\ \boldsymbol{O} & g(\boldsymbol{A}) \end{pmatrix} \to \begin{pmatrix} f(\boldsymbol{A}) & \boldsymbol{I}_n \\ \boldsymbol{O} & g(\boldsymbol{A}) \end{pmatrix} \to \begin{pmatrix} f(\boldsymbol{A}) & \boldsymbol{I}_n \\ -f(\boldsymbol{A})g(\boldsymbol{A}) & \boldsymbol{O} \end{pmatrix} \to \begin{pmatrix} f(\boldsymbol{A})g(\boldsymbol{A}) & \boldsymbol{O} \\ \boldsymbol{O} & \boldsymbol{I}_n \end{pmatrix}.$$

24. 利用上一题的结论即得.

25. 本题利用韦达定理及三次方展开公式:

$$(a+b+c)^3=a^3+b^3+c^3+3a^2b+3a^2c+3ab^2+3b^2c+3ac^2+3bc^2+6abc.$$

解 由韦达定理得

$$p=c_1+c_2+c_3=2,\quad q=c_1c_2+c_1c_3+c_2c_3=3,\quad r=c_1c_2c_3=1/2.$$

$$\begin{aligned}
\text{原式}&=c_1^2c_2^2c_3^2+c_1c_2^4c_3+c_1^4c_2c_3+c_1c_2c_3^4+c_1^3c_2^3+c_2^3c_3^3+c_1^3c_3^3+c_1^2c_2^2c_3^2\\
&=2r^2+r(c_1^3+c_2^3+c_3^3)+(c_1c_2+c_1c_3+c_2c_3)^3-3c_1^2c_2^3c_3-3c_1^3c_2^2c_3\\
&\quad -3c_1c_2^3c_3^2-3c_1c_2^2c_3^3-3c_1^3c_2c_3^2-3c_1^2c_2c_3^3-6c_1^2c_2^2c_3^2\\
&=\frac{1}{2}+\frac{1}{2}(c_1^3+c_2^3+c_3^3)+27-3c_1c_2c_3(c_1c_2^2+c_1c_3^2+c_1^2c_2+c_1^2c_3+c_2c_3^2\\
&\quad +c_2^2c_3)-6\times\frac{1}{4}\\
&=26+\frac{1}{2}(c_1^3+c_2^3+c_3^3)-\frac{3}{2}(c_1c_2^2+c_1c_3^2+c_1^2c_2+c_1^2c_3+c_2c_3^2+c_2^2c_3)\\
&=26+\frac{1}{2}(p^3-3c_1^2c_2-3c_1^2c_3-3c_1c_2^2-3c_2^2c_3-3c_1c_3^2-3c_2c_3^2-6c_1c_2c_3)\\
&\quad -\frac{3}{2}(c_1^2c_2+c_1c_2^2+c_1^2c_3+c_1c_3^2+c_2^2c_3+c_2c_3^2)\\
&=26+\frac{1}{2}\times 8-\frac{6}{2}\times\frac{1}{2}-3\left[c_1(q-c_2c_3)+c_2(q-c_1c_3)+c_3(q-c_1c_2)\right]\\
&=30-\frac{3}{2}-3\left(3\times 2-3\times\frac{1}{2}\right)=15.
\end{aligned}$$

注 如下公式也可能会用到:

$$a^3+b^3+c^3-3abc=(a+b+c)(a^2+b^2+c^2-ab-ac-bc).$$

26. 应用公式:

$$a^3+b^3+c^3=(a+b+c)^3-3(a+b+c)(ab+bc+ac)+3abc$$

及韦达定理, 容易得到所求的一个一元三次方程为

$$x^3+(p_1^3+3p_1p_2-3p_3)x^2+(p_2^3-3p_1p_2p_3+3p_3^2)x+p_3^3=0.$$

27. 方法 1 类似第一章 "问题与思考" 第 5 题, 做范德蒙德行列式

$$D_{n+1}(x)=\begin{vmatrix}1&1&\cdots&1&1\\a_1&a_2&\cdots&a_n&x\\a_1^2&a_2^2&\cdots&a_n^2&x^2\\\vdots&\vdots&&\vdots&\vdots\\a_1^{n-2}&a_2^{n-2}&\cdots&a_n^{n-2}&x^{n-2}\\a_1^{n-1}&a_2^{n-1}&\cdots&a_n^{n-1}&x^{n-1}\\a_1^n&a_2^n&\cdots&a_n^n&x^n\end{vmatrix},$$

则

$$D_{n+1}(x)=\prod_{i=1}^{n}(x-a_i)\prod_{1\leqslant s<t\leqslant n}(a_t-a_s).$$

由于 D_n 是 $D_{n+1}(x)$ 中 x^{n-1} 的系数的相反数, 故得

$$D_n=\sum_{k=1}^{n}a_k\prod_{1\leqslant j<i\leqslant n}(a_i-a_j).$$

方法 2 如果存在 $1\leqslant i<j\leqslant n$, 使得 $a_i=a_j$, 则 $D_n=0$, 否则考虑如下线性方程组

$$\begin{cases}x_1+a_1x_2+\cdots+a_1^{n-1}x_n=a_1^n,\\x_1+a_2x_2+\cdots+a_2^{n-1}x_n=a_2^n,\\\cdots\cdots\cdots\cdots\cdots\cdots\cdots\cdots\cdots\\x_1+a_nx_2+\cdots+a_n^{n-1}x_n=a_n^n.\end{cases}\tag{4.4}$$

其系数行列式是 n 阶范德蒙德行列式 $D=\prod\limits_{1\leqslant j<i\leqslant n}(a_i-a_j)\neq 0$, 可知方程组 (4.4) 有唯一解, 且 $x_n=D_n^{\mathrm{T}}/D$. 对方程组 (4.4) 而言, 我们把 $x_1,x_2,\cdots,x_n$ 看成已知常数, 把 $a_1,a_2,\cdots,a_n$ 可看成是关于 t 的一元 n 次方程

$$t^n-x_nt^{n-1}-\cdots-x_2t-x_1=0$$

的 n 个根. 由韦达定理得 $x_n=a_1+a_2+\cdots+a_n$, 故

$$D_n=D_n^{\mathrm{T}}=x_nD=\sum_{k=1}^{n}a_k\prod_{1\leqslant j<i\leqslant n}(a_i-a_j).$$

对于存在 $1\leqslant i<j\leqslant n$ 使得 $a_i=a_j$ 的情形, 上式结论仍然成立.

§4.4 习题选解

4.8 已知多项式 $f(x)$ 分别除以 $x+1, x-1$ 的余数分别是 1,3, 求 $f(x)$ 除以 x^2-1 的余式.

解 设

$$f(x) = (x^2-1)g(x) + ax + b.$$

由题意知, $f(-1)=1, f(1)=3$. 因此, $-a+b=1, a+b=3$, 解得 $a=1, b=2$. 故 $f(x)$ 除以 x^2-1 的余式为 $x+2$.

4.9 已知多项式 $f(x)$ 分别除以 $x-1, x-2$ 的余数分别是 2, 5, 求 $f(x)$ 除以 $(x-1)(x-2)$ 的余式.

解 设

$$f(x) = (x-1)(x-2)g(x) + ax + b.$$

由题意知, $f(1)=2, f(2)=5$. 因此, $a+b=2, 2a+b=5$, 解得 $a=3, b=-1$. 故 $f(x)$ 除以的余式.$(x-1)(x-2)$ 的余式为 $3x-1$.

4.10 证明: $(x-a)|(x^n-a^n)$, 其中 n 是正整数.

证明 由

$$x^n - a^n = (x-a)(x^{n-1} + ax^{n-2} + \cdots + a^{n-1})$$

立得所证.

4.11 证明: $x|f(x)^k$ 的充要条件是 $x|f(x)$, 这里 k 是正整数.

证明 充分性是显然的, 下证必要性.

设 $x^s|f(x)^k$, 则 $f(x)^k = x^s g(x)$, 其中 $g(x)$ 中不含有因子 x, 且 $s \geqslant 1$. 事实上, s 必须是 k 的整数倍, 即 $f(x)$ 中必须含有因子 x. 否则, $f(x)^k$ 中不可能含有因子 x, 故 $x|f(x)$.

4.12 设 f, g_1, g_2, h_1, h_2 都是数域 $\mathbb{P}$ 上的多项式, 且有 $f|(g_1-g_2), f|(h_1-h_2)$. 证明: $f|(g_1h_1-g_2h_2)$.

证明 设 $k_1, k_2 \in \mathbb{P}[x]$ 满足

$$g_1 - g_2 = k_1 f, \quad h_1 - h_2 = k_2 f.$$

所以

$$g_1h_1 = (k_1f + g_2)(k_2f + h_2) = k_1k_2f^2 + g_2k_2f + h_2k_1f + g_2h_2.$$

整理得

$$g_1h_1 - g_2h_2 = (k_1k_2f + g_2k_2 + h_2k_1)f,$$

即 $f|(g_1h_1 - g_2h_2)$.

4.15 证明: 若 $d(x)$ 是 $f(x), g(x)$ 的一个公因式, 且 $d(x)$ 可以表示成 $f(x), g(x)$ 的组合, 即存在 $u(x), v(x)$ 使 $d(x) = u(x)f(x) + v(x)g(x)$, 则 $d(x)$ 是 $f(x), g(x)$ 的最大公因式.

证明 假设 $h(x)$ 是 $f(x), g(x)$ 的任一公因式, $h(x)|f(x), h(x)|g(x)$. 由 $d(x) = u(x)f(x) + v(x)g(x)$ 可知, $h(x)|d(x)$, 故 $d(x)$ 是 $f(x), g(x)$ 的最大公因式.

4.16 设 f, g 是不全为零的多项式, 证明:

(1) $(f,g) = (f \pm g, g)$;

(2) $(f,g)=(f+g,f-g)$.

证明 (1) 设 $(f,g)=d$, 则 $d|f, d|g$, 因而, $d|(f\pm g)$, d 是 $f\pm g$ 和 g 的公因式. 其次, 存在 $u,v\in\mathbb{P}[x]$ 使得 $uf+vg=d$, 所以 $u(f\pm g)+(v\mp u)g=d$. 由习题第 4.15 题可知, d 是 $f\pm g$ 和 g 的首 1 最大公因式, 故 $d=(f\pm g,g)$.

(2) 类似上一题的方法, $d|(f+g), d|(f-g)$, 因而 d 是 $f+g$ 和 $f-g$ 的公因式. 其次, 存在 $u,v\in\mathbb{P}[x]$, 使得 $uf+vg=d$. 所以

$$\frac{u+v}{2}(f+g)+\frac{u-v}{2}(f-g)=d.$$

由习题第 4.15 题可知, d 是 $f+g$ 和 $f-g$ 的首 1 最大公因式, 故 $d=(f+g,f-g)$.

4.17 证明: 若 $(f,g)=1$, 则 $(fg,f+g)=1$.

证明 由 $(f,g)=1$ 及例 4.10 知, $(f+g,f)=1, (f+g,g)=1$, 再由例 4.9 可知 $(fg,f+g)=1$.

4.18 证明: 若 $(f(x),g(x))=1$, 则 $(f(x^m),g(x^m))=1$, 其中 m 是正整数.

证明 由已知, 存在 $u(x),v(x)\in\mathbb{P}[x]$ 使得 $u(x)f(x)+v(x)g(x)=1$, 所以

$$u(x^m)f(x^m)+v(x^m)g(x^m)=1.$$

故 $(f(x^m),g(x^m))=1$.

4.21 若 $f(x)\neq 0$, 证明: $f(x)|g(x)$ 的充要条件是 $f^m(x)|g^m(x)$, 其中 m 是正整数.

证法 1 必要性是显然的, 下证充分性. 若 $f^m(x)|g^m(x)$, 其中 m 是正整数. 如果 $f(x)\nmid g(x)$, 设 $g(x)$ 的标准分解式为

$$g(x)=cp_1^{k_1}(x)p_2^{k_2}(x)\cdots p_s^{k_s}(x),$$

其中每一个 $p_j(x)$ 都是首 1 不可约多项式, 因而

$$g^m(x)=c^mp_1^{mk_1}(x)p_2^{mk_2}(x)\cdots p_s^{mk_s}(x).$$

由于 $f(x)\nmid g(x)$, 因而 $f^m(x)\nmid g^m(x)$, 这与已知矛盾, 故 $f(x)|g(x)$.

证法 2 必要性是显然的, 下证充分性. 若 $f^m(x)|g^m(x)$, 其中 m 是正整数. 设 $(f(x),g(x))=d(x)$, 则存在 $h_1(x),h_2(x)\in\mathbb{P}[x]$, 使得

$$f(x)=d(x)h_1(x),\quad g(x)=d(x)h_2(x),$$

且 $(h_1(x),h_2(x))=1$. 注意到

$$f^m(x)=d^m(x)h_1^m(x),\quad g^m(x)=d^m(x)h_2^m(x),$$

且 $(h_1^m(x),h_2^m(x))=1, (h_1^m(x),d^m(x))=1, f^m(x)|g^m(x)$, 故 $h_1^m(x)|1$, 即 $h_1(x)$ 只能是非零常数, 故 $f(x)=cd(x)$, 从而 $f(x)|g(x)$.

4.22 设 $(f(x),g(x))=d(x)$, 证明: $d^m(x)=(f^m(x),g^m(x))$, 其中 m 是正整数.

证明 设 $f(x)=d(x)u(x), g(x)=d(x)v(x)$. 由于 $(f(x),g(x))=d(x)$, 因而 $(u(x),v(x))=1$. 另一方面, $f^m(x)=d^m(x)u^m(x), g^m(x)=d^m(x)v^m(x)$, 且 $(u^m(x),v^m(x))=1$, 故

$$d^m(x)=(f^m(x),g^m(x)).$$

4.23 设 $p(x)\in\mathbb{P}[x]$ 是次数大于零的多项式, 证明: 如果对任意的 $f(x),g(x)\in\mathbb{P}[x]$, 只要 $p(x)|f(x)g(x)$, 就有 $p(x)|f(x)$, 或 $p(x)|g(x)$, 则 $p(x)$ 是数域 $\mathbb{P}$ 上的不可约多项式.

证明 如果 $p(x)$ 在数域 $\mathbb{P}$ 上可以分解成两个次数大于零的多项式之积, 不妨假设 $p(x) = p_1(x)p_2(x)$. 取 $f(x) = p_1(x), g(x) = p_2(x)$, 则 $p(x) \nmid f(x)$, 且 $p(x) \nmid g(x)$, 这与已知矛盾. 故 $p(x)$ 不能分解成两个次数大于零的多项式之积, 即 $p(x)$ 是数域 $\mathbb{P}$ 上的不可约多项式.

4.25 (3) 问 t 为何值时, $f(x) = x^3 - 3x + 2t + 8$ 有重根, 并求相应重根的重数.

解 $f'(x) = 3(x^2 - 1)$, 用 $\dfrac{1}{3}f'(x) = x^2 - 1$ 去除 $f(x)$, 得余式 $r_1(x) = -2(x - t - 4)$. 再用 $\widetilde{r}_1(x) = x - t - 4$ 去除 $\dfrac{1}{3}f'(x)$ 得余数 $r_2 = (t+3)(t+5)$. 故当 $t = -3$ 时, $r_2 = 0$, $(f'(x), f(x)) = x - 1$, 则 $f(x)$ 有二重根 1; 当 $t = -5$ 时, $r_2 = 0$, $(f'(x), f(x)) = x + 1$, 则 $f(x)$ 有二重根 -1.

4.27 设 $p(x)$ 是 $f'(x)$ 的 k 重因式, 能否说明 $p(x)$ 是 $f(x)$ 的 $k+1$ 重因式?

解 不能说明. 例如, 设 $f(x) = (x + 1)^3 + 1$, 则 $f'(x) = 3(x + 1)^2$. 令 $p(x) = x + 1$, $p(x)$ 是 $f'(x)$ 的二重因式. 但 $p(x)$ 不是 $f(x)$ 的三重因式.

4.29 证明: 若 $(x - 1)|f(x^n)$, 则 $(x^n - 1)|f(x^n)$.

证法 1 由已知 $(x-1)|f(x^n)$ 得 $f(1) = 0$, 因此, 对 1 的任一 n 次单位根 $\varepsilon_k, k=0,1,\cdots,n-1$ 都有 $f(\varepsilon_k^n) = f(1) = 0$. 而 $x^n - 1 = \prod\limits_{k=0}^{n-1}(x - \varepsilon_k)$, 即 $x^n - 1$ 的每一个根都是单根, 且都是 $f(x^n)$ 的根, 故 $(x^n - 1)|f(x^n)$.

注 以上运用了结论: 如果多项式 $f(x)$ 在复数域上的每一个根都是单根, 且都是多项式 $g(x)$ 的根, 则 $f(x)|g(x)$.

证法 2 由 $(x - 1)|f(x^n)$ 可知, $f(1) = 0$. 设 $f(x) = (x - 1)g(x)$, 则 $f(x^n) = (x^n - 1)g(x^n)$, 故 $(x^n - 1)|f(x^n)$.

4.30 证明: 如果 $(x^2 + x + 1)|f_1(x^3) + xf_2(x^3)$, 那么 $(x - 1)|f_1(x), (x - 1)|f_2(x)$.

证明 记多项式 $x^2 + x + 1$ 在复数域上的两个根分别是 ω_1 和 ω_2, 由题意知,

$$f_1(\omega_k^3) + \omega_k f_2(\omega_k^3) = 0 \quad (k = 1, 2),$$

即

$$\begin{cases} f_1(1) + \omega_1 f_2(1) = 0, \\ f_1(1) + \omega_2 f_2(1) = 0. \end{cases}$$

解得 $f_1(1) = f_2(1) = 0$, 故

$$(x - 1)|f_1(x), \quad (x - 1)|f_2(x).$$

4.31 证明: 对任意非负整数 m, n, k 都有

(1) $x^2 + x + 1|x^{n+2} + (x + 1)^{2n+1}$; (2) $x^2 + x + 1|x^{3m} + x^{3n+1} + x^{3k+2}$.

证明 (1) **证法 1** 多项式 $x^2 + x + 1$ 在复数域上的两个根 (单根) 分别是

$$\omega_1 = -\frac{1}{2} + \frac{\sqrt{3}}{2}\mathrm{i}, \quad \omega_2 = -\frac{1}{2} - \frac{\sqrt{3}}{2}\mathrm{i}.$$

显然, $\omega_1 + 1 = -\omega_2$, $\omega_2 + 1 = -\omega_1$, $\omega_1^3 = \omega_2^3 = 1$. 因此,

$$\omega_1^2 + \omega_1 + 1 = \omega_1^2 - \omega_2 = 0, \quad \omega_2^2 + \omega_2 + 1 = \omega_2^2 - \omega_1 = 0.$$

于是,

$$\omega_1^{n+2}+(\omega_1+1)^{2n+1}=\omega_1^{n+2}-\omega_2^{2n+1}=\omega_1^n\cdot\omega_2-\omega_2^{2n}\cdot\omega_2$$
$$=\omega_2(\omega_1^n-\omega_2^{2n})=\omega_2(\omega_1^n-\omega_1^n)=0.$$

同理可得

$$\omega_2^{n+2}+(\omega_2+1)^{2n+1}=0.$$

故 $(x^2+x+1)|x^{n+2}+(x+1)^{2n+1}$.

证法 2 对 n 用数学归纳法. 当 $n=0$ 时结论显然成立.

假设当 $n=k$ 时结论已成立, 则当 $n=k+1$ 时,

$$x^{k+3}+(x+1)^{2k+3}=x^{k+3}+(x^2+x+1)(x+1)^{2k+1}+x(x+1)^{2k+1}$$
$$=x[x^{k+2}+(x+1)^{2k+1}]+(x^2+x+1)(x+1)^{2k+1}.$$

再由归纳假设 $(x^2+x+1)|x^{k+2}+(x+1)^{2k+1}$ 知

$$(x^2+x+1)|x^{k+3}+(x+1)^{2k+3}.$$

(2) 记多项式 x^2+x+1 在复数域上的两个根分别是 ω_1 和 ω_2, 则

$$\omega_k^3=1,\quad \omega_k^2+\omega_k+1=0\quad (k=1,2).$$

因此,

$$\omega_k^{3m}+\omega_k^{3n+1}+\omega_k^{3k+2}=1+\omega_k+\omega_k^2=0\quad (k=1,2).$$

故 $(x^2+x+1)|x^{3m}+x^{3n+1}+x^{3k+2}$.

4.34 设 $f(x)=a_nx^n+a_{n-1}x^{n-1}+\cdots+a_1x+a_0$ 是复数域 $\mathbb{C}$ 上的 n 次多项式, $|a_n|\neq 0$, 令

$$A=\max\{|a_{n-1}|,|a_{n-2}|,\cdots,|a_0|\}.$$

证明: 对 $f(x)$ 的任一复根 α, 总有 $|\alpha|<1+A/|a_n|$.

证明 当 $A=0$ 时, 结论显然成立. 当 $A>0$ 时, 如果 $|x|>1+A/|a_n|$, 则

$$\left|a_{n-1}x^{n-1}+\cdots+a_1x+a_0\right|\leqslant|a_{n-1}x^{n-1}|+\cdots+|a_1x|+|a_0|$$
$$\leqslant A\left(|x^{n-1}|+\cdots+|x|+1\right)$$
$$=A\frac{|x|^n-1}{|x|-1}<|a_nx^n|,$$

此时, $f(x)\neq 0$, 故对于 $f(x)$ 的任一复根 α, 总有 $|\alpha|<1+A/|a_n|$.

4.37 证明: 奇次实系数多项式一定有实数根.

证明 在复数域上, 实系数多项式的虚根一定共轭成对出现, 故奇次实系数多项式一定有实数根.

4.39 判定下列多项式在有理数域上是否可约?

(5) x^6+x^3+1; (6) x^p+px+1, p 为奇素数.

解 (5) 令 $x=y+1$, 由二项式定理展开得

$$(y+1)^6+(y+1)^3+1=y^6+6y^5+15y^4+21y^3+18y^2+9y+3.$$

令 $p=3$, 由艾森斯坦判别法可知, $(y+1)^6+(y+1)^3+1$ 在有理数域上不可约, 因而 x^6+x^3+1 在有理数域上不可约.

(6) 令 $x=y-1$, 由二项式定理展开得

$$(y-1)^p+p(y-1)+1=y^p-py^{p-1}+\frac{p(p-1)}{2}y^{p-2}-\cdots-\frac{p(p-1)}{2}y^2+2py-p.$$

由 p 是奇素数及由艾森斯坦判别法可知 $(y-1)^p+p(y-1)+1$ 在有理数域上不可约, 从而, x^p+px+1 在有理数域上不可约.

4.40 设 p 是素数, n 是大于 1 的整数, 证明: $\sqrt[n]{p}$ 是无理数.

证明 由艾森斯坦判别法知 x^n-p 没有有理根, 故 $\sqrt[n]{p}$ 是无理数.

4.41 设 $p_1,p_2,\cdots,p_t$ 是 t 个互不相同的素数, n 是大于 1 的整数, 证明: $\sqrt[n]{p_1p_2\cdots p_t}$ 是无理数.

证明 由艾森斯坦判别法知 $x^n-p_1p_2\cdots p_t$ 没有有理根, 故 $\sqrt[n]{p_1p_2\cdots p_t}$ 是无理数.

4.42 设 $f(x)$ 是整系数多项式, 且 $f(0)$, $f(1)$ 都是奇数. 证明: $f(x)$ 不能有整数根.

证明 反证法. 假设 $f(x)$ 有整数根 q, 即 $f(x)=(x-q)g(x)$, 其中, $g(x)$ 是整系数多项式, 则对任意整数 k, 都有 $(k-q)|f(x)$, 因此, $(q-1)|f(1)$, $q|f(0)$. 由于 $q-1$ 与 q 的奇偶性不同, 而 $f(0)$, $f(1)$ 都是奇数, 这是不可能成立的, 故 $f(x)$ 不能有整数根.

4.43 设 $f(x)$ 是次数大于零的整系数多项式, 证明: 若 $1+\sqrt{2}$ 是 $f(x)$ 的根, 则 $1-\sqrt{2}$ 也是 $f(x)$ 的根.

证法 1 设 $f(x)=a_nx^n+\cdots+a_1x+a_0$, 令

$$\begin{aligned}f(1+\sqrt{2})&=a_n(1+\sqrt{2})^n+\cdots+a_1(1+\sqrt{2})+a_0\\&=u_n+v_n\sqrt{2},\end{aligned}$$

其中 u_n,v_n 都是整数. 显然, $f(1-\sqrt{2})=u_n-v_n\sqrt{2}$. 由 $f(1+\sqrt{2})=0$ 可知 $u_n=v_n=0$, 得 $f(1-\sqrt{2})=0$, 故 $1-\sqrt{2}$ 也是 $f(x)$ 的根.

证法 2 $\left[x-(1+\sqrt{2})\right]\left[x-(1-\sqrt{2})\right]=x^2-2x-1\in\mathbb{Z}[x]$. 设

$$f(x)=(x^2-2x-1)q(x)+r(x),$$

其中 $r(x)$ 为余式, 令 $r(x)=ax+b\in\mathbb{Q}[x]$, 由题意知 $f(1+\sqrt{2})=0$, 即得

$$a(1+\sqrt{2})+b=0,$$

故 $a=b=0$. 所以 $f(x)=(x^2-2x-1)q(x)$, 可知 $1-\sqrt{2}$ 也是 $f(x)$ 的根.

4.44 求多项式 $x^{1999}+1$ 除以 $(x-1)^2$ 所得的余式.

解 由二项式定理展开得

$$\begin{aligned}x^{1999}+1&=[(x-1)+1]^{1999}+1\\&=(x-1)^{1999}+1999(x-1)^{1998}+\cdots+1999(x-1)+1+1.\end{aligned}$$

可知, $x^{1999}+1$ 除以 $(x-1)^2$ 的余式为 $1999x-1997$.

4.45 设 $f(x),g(x),h(x),k(x)$ 是实系数多项式, 且

$$(x^2+1)h(x)+(x+1)f(x)+(x-2)g(x)=0,$$

$$(x^2+1)k(x)+(x-1)f(x)+(x+2)g(x)=0.$$

证明: $f(x),g(x)$ 都能被 x^2+1 整除.

证法 1 以 $x-1$ 和 $x+1$ 分别乘以前后方程的两边, 然后两式相减得

$$(x^2+1)[(x-1)h(x)-(x+1)k(x)]=6xg(x).$$

可知 $(x^2+1)|xg(x)$, 但 $(x^2+1,x)=1$, 故 $(x^2+1)|g(x)$.

同理, 以 $x+2$ 和 $x-2$ 分别乘以前后方程的两边, 然后两式相减得

$$(x^2+1)[(x+2)h(x)-(x-2)k(x)]=-6xf(x).$$

可知 $(x^2+1)|xf(x)$, 因而 $(x^2+1)|f(x)$.

证法 2 设 i 为虚数单位, $\mathrm{i}^2=-1$. 在已知的两个方程中分别以 i 代入得

$$\begin{cases}(\mathrm{i}+1)f(\mathrm{i})+(\mathrm{i}-2)g(\mathrm{i})=0,\\(\mathrm{i}-1)f(\mathrm{i})+(\mathrm{i}+2)g(\mathrm{i})=0.\end{cases}$$

其系数行列式

$$\begin{vmatrix}\mathrm{i}+1 & \mathrm{i}-2\\ \mathrm{i}-1 & \mathrm{i}+2\end{vmatrix}=6\mathrm{i}\neq 0.$$

因而 $f(\mathrm{i})=g(\mathrm{i})=0$. 同理可得 $f(-\mathrm{i})=g(-\mathrm{i})=0$, 故

$$(x^2+1)|f(x),\quad (x^2+1)|g(x).$$

4.46 已知 $(f(x),g(x))=1$, 且

$$h_1(x)=(x^2+x+1)f(x)+(x^2+1)g(x),$$
$$h_2(x)=(x+1)f(x)+xg(x).$$

证明: $(h_1(x),h_2(x))=1$.

证明 联立已知的两个方程解得

$$f(x)=-xh_1(x)+(x^2+1)h_2(x),$$
$$g(x)=(x+1)h_1(x)-(x^2+x+1)h_2(x).$$

由 $(f(x),g(x))=1$ 可知, 存在 $u(x),v(x)\in P[x]$, 使得

$$u(x)f(x)+v(x)g(x)=1.$$

将 $f(x), g(x)$ 代入上式并整理得

$$[-xu(x)+(x+1)v(x)]h_1(x)+[(x^2+1)u(x)-(x^2+x+1)v(x)]h_2(x)=1.$$

故 $(h_1(x), h_2(x))=1$.

4.47 证明: 数域 $\mathbb{P}$ 上的任一不可约多项式在复数域中无重根.

证明 设 $f(x)$ 是数域 $\mathbb{P}$ 上的不可约多项式, 则 $f'(x)$ 也是数域 $\mathbb{P}$ 上的多项式, 并且在数域 $\mathbb{P}$ 上, $(f(x), f'(x))=1$. 由例 4.23 可知, 两个多项式互素的性质不因为数域的扩大而改变, 故在复数域上, 仍有 $(f(x), f'(x))=1$. 故 $f(x)$ 在复数域上无重因式, 因而无重根.

4.48 设 n 是大于 1 的整数, $f(x)=x^{2n}-nx^{n+1}+nx^{n-1}-1$, 证明: 1 是 $f(x)$ 的三重根.

证明 当 $n=2$ 时, $f(x)=x^4-2x^3+2x-1=(x-1)^3(x+1)$, 结论成立.

当 $n=3$ 时, $f(x)=x^6-3x^4+3x^2-1=(x-1)^3(x+1)^3$, 结论仍成立.

当 $n>3$ 时, 由已知得

$$\begin{aligned}
f'(x)&=2nx^{2n-1}-n(n+1)x^n+n(n-1)x^{n-2},\\
f''(x)&=2n(2n-1)x^{2n-2}-n^2(n+1)x^{n-1}+n(n-1)(n-2)x^{n-3},\\
f'''(x)&=2n(2n-1)(2n-2)x^{2n-3}-n^2(n^2-1)x^{n-2}+n(n-1)(n-2)(n-3)x^{n-4}.
\end{aligned}$$

由计算得

$$f(1)=f'(1)=f''(1)=0, \quad f'''(1)\neq 0.$$

故 $x-1$ 是 $f(x)$ 的三重因式 (教材第四章推论 4.4), 因而 1 是 $f(x)$ 的三重根.

4.49 设 $f(x)$ 是数域 $\mathbb{P}$ 上的 $n(n\geqslant 2)$ 次多项式, 且 $f'(x)|f(x)$, 证明: $f(x)$ 有 n 重根.

证明 已知 $f'(x)|f(x)$, 注意到 $f'(x)$ 除以 $f(x)$ 的商是首项系数为 $1/n$ 的一次多项式, 不妨假定

$$nf(x)=(x-x_0)f'(x).$$

两边求导得

$$nf'(x)=f'(x)+(x-x_0)f''(x).$$

所以

$$f(x)=\frac{x-x_0}{n}f'(x)=\frac{(x-x_0)^2}{n(n-1)}f''(x)=\cdots=\frac{(x-x_0)^n}{n!}f^{(n)}(x)=a_0(x-x_0)^n,$$

其中 a_0 为 $f(x)$ 的首项系数.

4.50 设 $f(x)\in\mathbb{C}[x], f(x)\neq 0$, 且 $f(x)|f(x^n)$, 证明: $f(x)$ 的根只能是零或单位根.

证明 如果 x_0 是 $f(x)$ 的根, 由 $f(x)|f(x^n)$ 知, $f(x)$ 的根一定是 $f(x^n)$ 的根. 因而, $f(x_0^n)=0$, 即 x_0^n 也是 $f(x)$ 的根. 同样地, $(x_0^n)^n=x_0^{n^2}$ 也是 $f(x)$ 的根, 从而得到 $f(x)$ 的根的无穷序列:

$$x_0, \quad x_0^n, \quad x_0^{n^2}, \quad \cdots.$$

由于多项式的根不可能有无限多个, 故只能是 $x_0=0$, 或 $x_0^n=1$. 即 $f(x)$ 的根只能是零或 n 次单位根.

4.51 证明下列多项式在有理数域上不可约:

(1) $x^{p-1}+x^{p-2}+\cdots+x+1$, 已知 p 是素数;

(2) x^4-3x^3+2x+1;

(3) x^4-10x^2+1.

证明 (1) 记 $f(x)=x^{p-1}+x^{p-2}+\cdots+x+1$. 令 $x=y+1$, 则 $y=x-1$,

$$(x-1)f(x)=x^p-1=(y+1)^p-1.$$

因此,

$$yf(y+1)=y^p+\mathrm{C}_p^1y^{p-1}+\mathrm{C}_p^2y^{p-2}+\cdots+\mathrm{C}_p^{p-1}y+1-1.$$

从而

$$f(y+1)=y^{p-1}+py^{p-2}+\frac{p(p-1)}{2!}y^{p-3}+\cdots+p.$$

对每一项系数

$$\mathrm{C}_p^k=\frac{p(p-1)\cdots(p-k+1)}{k!}\quad(k=1,2,\cdots p-1)$$

素数 p 与 $k!$ 互素, 因而 $k!|(p-1)\cdots(p-k+1)$. 取素数 p, 可知

$$p|\mathrm{C}_p^k\ (k=1,2,\cdots,p),\quad p\nmid 1,\quad p^2\nmid p.$$

由艾森斯坦判别法可知 $f(x)$ 在有理数域上不可约.

(2) 记 $f(x)=x^4-3x^3+2x+1$. 如果 $f(x)$ 有有理根, 则有理根只能是 ±1. 由于 $f(\pm1)\neq0$, 故 $f(x)$ 无有理根. 因此, 如果 $f(x)$ 在有理数域上可约, 则它只能分解成两个二次因式的乘积. 设

$$f(x)=(x^2+ax+1)(x^2+bx+1),$$

或

$$f(x)=(x^2+ax-1)(x^2+bx-1).$$

分别将等式右端展开, 比较系数得

$$\begin{cases}a+b=-3,\\ ab+2=0,\\ a+b=2,\end{cases}\quad 或\quad \begin{cases}a+b=-3,\\ ab-2=0,\\ a+b=-2.\end{cases}$$

显然, 满足以上方程组的有理数 a,b 都不存在, 故 $f(x)$ 在有理数域上不可约.

(3) 记 $f(x)=x^4-10x^2+1$. 证明思路与书写过程与上题类似, 请读者自己完成.

4.52 设 $p(x)$ 是数域 $\mathbb{P}$ 上的不可约多项式, $f(x)\in\mathbb{P}[x]$, 如果 $p(x)$ 与 $f(x)$ 在复数域 $\mathbb{C}$ 上有公共根 α, 证明: $p(x)|f(x)$.

证明 由题意知, $p(x)$ 与 $f(x)$ 在复数域 $\mathbb{C}$ 上不互素. 由于互素的概念与数域无关, 因此, 它们在数域 $\mathbb{P}$ 上也不互素. 而 $p(x)$ 是数域 $\mathbb{P}$ 上的不可约多项式, 且 $p(x)$ 与 $f(x)$ 不互素, 故 $p(x)|f(x)$.

4.53 设 $f(x)$ 是数域 $\mathbb{P}$ 上的 n 次不可约多项式 $(n\geqslant2)$, 证明: 在复数域 $\mathbb{C}$ 上, 若 $f(x)$ 某个根的倒数是 $f(x)$ 的根, 则 $f(x)$ 的每一个根的倒数也是 $f(x)$ 的根.

证明 令 $f(x)=a_nx^n+\cdots+a_1x+a_0\in\mathbb{P}[x]$, α 是 $f(x)$ 的复数根, 且 $1/\alpha$ 也是 $f(x)$ 的根, 则

$$\alpha^n f(1/\alpha)=a_n+a_{n-1}\alpha+\cdots+a_1\alpha^{n-1}+a_0\alpha^n=0.$$

令 $g(x)=a_n+a_{n-1}x+\cdots+a_1x^{n-1}+a_0x^n$, 则 $f(x)$ 与 $g(x)$ 在复数域 $\mathbb{C}$ 上有公共根 α, 因而不互素, 由上一题结论知 $f(x)|g(x)$. 故 $f(x)$ 的每一个根都是 $g(x)$ 的根, 从而 $f(x)$ 的每一个根的倒数都是 $f(x)$ 的根.

4.54 设 $\sqrt{2}+\sqrt{3}$ 是整系数多项式 $f(x)$ 的实数根, 证明: $\sqrt{2}-\sqrt{3},-\sqrt{2}+\sqrt{3},-\sqrt{2}-\sqrt{3}$ 也是 $f(x)$ 的实数根.

证明 经过简单的计算可得,

$$\begin{aligned}&\left[x-\left(\sqrt{2}+\sqrt{3}\right)\right]\left[x-\left(\sqrt{2}-\sqrt{3}\right)\right]\left[x-\left(-\sqrt{2}+\sqrt{3}\right)\right]\left[x-\left(-\sqrt{2}-\sqrt{3}\right)\right]\\&=x^4-10x^2+1.\end{aligned}\tag{4.5}$$

令

$$f(x)=(x^4-10x^2+1)g(x)+ax^3+bx^2+cx+d,\tag{4.6}$$

其中 $g(x)$ 是整系数多项式, a,b,c,d 都是整数. 在 (4.6) 式中取 $x=\sqrt{2}+\sqrt{3}$ 得

$$\begin{aligned}0&=a\left(\sqrt{2}+\sqrt{3}\right)^3+b\left(\sqrt{2}+\sqrt{3}\right)^2+c\left(\sqrt{2}+\sqrt{3}\right)+d\\&=(11a+c)\sqrt{2}+(9a+c)\sqrt{3}+2b\sqrt{6}+(5b+d).\end{aligned}$$

因此, 最后一个多项式的各项系数等于零, 可得 $a=b=c=d=0$. 故 (4.6) 式变成

$$f(x)=(x^4-10x^2+1)g(x),\tag{4.7}$$

再由 (4.5) 和 (4.7) 式可得, $\sqrt{2}-\sqrt{3},-\sqrt{2}+\sqrt{3},-\sqrt{2}-\sqrt{3}$ 都是 $f(x)$ 的实数根.

4.55 设 $a_1,a_2,\cdots,a_n$ 是互不相同的整数 $(n\geqslant 2)$, 证明:

$$f(x)=\prod_{i=1}^{n}(x-a_i)-1$$

在有理数域上不可约.

证明 反证法. 假设 $f(x)$ 在有理数域上可约, 设 $f(x)=g(x)h(x)$, 其中 $g(x),h(x)$ 是次数大于零的首 1 整系数多项式. 将 $a_1,a_2,\cdots,a_n$ 分别代入上式两端得

$$f(a_i)=g(a_i)h(a_i)=-1\quad(i=1,2,\cdots n).$$

注意到, $g(a_i),h(a_i)$ 都是整数, 则 $g(a_i)=1,h(a_i)=-1$, 或 $g(a_i)=-1,h(a_i)=1$. 无论哪种情况, 都有

$$g(a_i)+h(a_i)=0\quad(i=1,2,\cdots n),$$

即 $g(x)+h(x)$ 有 n 个不同的根. 但是, $g(x)+h(x)$ 的次数必须小于 n, 它在复数域的根必须少于 n 个, 从而导致矛盾. 故 $f(x)$ 在有理数域上不可约.

4.56 设 $f(x)$ 是有理数域 $\mathbb{Q}$ 上的一个 m 次多项式 $(m \geqslant 1)$, n 是大于 m 的正整数. 证明: $\sqrt[n]{2}$ 不可能是 $f(x)$ 的实数根.

证明 由艾森斯坦判别法知 x^n-2 在 $\mathbb{Q}$ 上不可约. 因此, 在有理数域上 $(x^n-2, f(x))=1$. 由于多项式互素与数域无关 (例 4.23(2)), 所以, 在实数域上仍有 $(x^n-2, f(x))=1$. 然而 $\sqrt[n]{2}$ 是前者的实数根, 所以它不可能是后者的实数根.

4.57 设 $f_1, f_2, g_1, g_2 \in \mathbb{P}[x]$, 且 $(f_i, g_j)=1\,(i,j=1,2)$. 证明:

$$(f_1g_1, f_2g_2)=(f_1, f_2)(g_1, g_2).$$

证明 设 $d_1=(f_1,f_2)$, $d_2=(g_1,g_2)$, $d=(f_1g_1,f_2g_2)$. 先证 $d_1d_2|d$. 事实上, 由于 $d_1|f_1$, $d_1|f_2$, $linebreak, d_2|g_1$, $d_2|g_2$, 所以, $d_1d_2|f_1g_1$, $d_1d_2|f_2g_2$, 从而 $d_1d_2|d$.

再证 $d|d_1d_2$. 事实上, 由 $d|f_1g_1$ 及 $(f_1,g_1)=1$ 可知, $d=h_1h_2$, 且 $h_1|f_1$, $h_2|g_1$. 又 $d=h_1h_2|f_2g_2$, $(f_1,g_2)=(f_2,g_1)=1$, 所以, $h_1|f_2$, $h_2|g_2$. 故 $h_1|d_1$, $h_2|d_2$, $d=h_1h_2|d_1d_2$. 再由 d_1, d_2 都是首 1 多项式, 可得 $d=d_1d_2$.

4.58 设 $\boldsymbol{A}$ 是数域 $\mathbb{P}$ 上的 n 阶矩阵, $\boldsymbol{X}$ 是 n 维列向量, $f_1(x), f_2(x) \in \mathbb{P}[x], (f_1(x), f_2(x))=d(x)$. 齐次方程组

$$f_1(\boldsymbol{A})\boldsymbol{X}=\boldsymbol{0}, \quad f_2(\boldsymbol{A})\boldsymbol{X}=\boldsymbol{0}, \quad d(\boldsymbol{A})\boldsymbol{X}=\boldsymbol{0}$$

的解空间分别记为 S_1, S_2, S. 证明: $S_1\bigcap S_2=S$.

证明 由 $(f_1(x), f_2(x))=d(x)$ 知, 存在 $u(x), v(x) \in P[x]$, 使得

$$u(x)f_1(x)+v(x)f_2(x)=d(x).$$

因而,

$$u(\boldsymbol{A})f_1(\boldsymbol{A})+v(\boldsymbol{A})f_2(\boldsymbol{A})=d(\boldsymbol{A}).$$

对 $\forall \boldsymbol{X} \in S_1\bigcap S_2$, 有 $f_1(\boldsymbol{A})\boldsymbol{X}=f_2(\boldsymbol{A})\boldsymbol{X}=\boldsymbol{0}$, 从而有

$$d(\boldsymbol{A})\boldsymbol{X}=u(\boldsymbol{A})f_1(\boldsymbol{A})\boldsymbol{X}+v(\boldsymbol{A})f_2(\boldsymbol{A})\boldsymbol{X}=\boldsymbol{0}.$$

所以 $\boldsymbol{X} \in S$, 即 $S_1\bigcap S_2 \subset S$.

由于 $(f_1(x), f_2(x))=d(x)$, 因而存在 $h_1(x), h_2(x) \in P[x]$, 使得

$$f_1(x)=h_1(x)d(x), \quad f_2(x)=h_2(x)d(x).$$

所以, 对 $\forall \boldsymbol{X} \in S$, 有 $d(\boldsymbol{A})\boldsymbol{X}=\boldsymbol{0}$, 从而都有

$$f_1(\boldsymbol{A})\boldsymbol{X}=h_1(\boldsymbol{A})d(\boldsymbol{A})\boldsymbol{X}=\boldsymbol{0}, f_2(\boldsymbol{A})\boldsymbol{X}=h_2(\boldsymbol{A})d(\boldsymbol{A})\boldsymbol{X}=\boldsymbol{0}.$$

即 $S \subset S_1\bigcap S_2$. 故 $S_1\bigcap S_2=S$.

第五章 线性空间

§5.1 知识概要

1. 线性空间、子空间的概念.

2. 基、维数、坐标、基变换与坐标变换、过渡矩阵、扩基定理.

3. 子空间的交与和、子空间的维数公式、直和.

4. 线性映射、线性空间的同构.

§5.2 学习指导

1. 本章重点: 线性空间, 子空间, 基、维数、坐标, 子空间的交与和, 线性空间同构等概念, 扩基定理. 难点: 子空间的维数公式, 直和.

2. 线性空间 (又叫向量空间) 是不考虑集合的对象, 抽去它的具体内容, 用公理化的方法引进的一个代数系统. 线性空间包括三个要素: 非空集合 V、数域 $\mathbb{P}$、线性运算 (向量加法与数量乘法), 和八条运算律: (1) 加法交换律; (2) 加法结合律; (3) 右零元律 (左零元律也成立); (4) 右负元律 (左负元律也成立); (5) 1 乘向量律; (6) 数乘向量结合律; (7) 数对向量加法的分配律; (8) 向量对数加法的分配律. 其中前面 4 条运算律是关于向量加法的, 后面 4 条是关于数量乘法的. 数域 $\mathbb{P}$ 上的线性空间 V 有时候也简记为 $(V,\mathbb{P},+,\cdot)$, 其中 "$+,\cdot$" 分别表示向量加法和数量乘法.

3. 在线性空间中, 向量的线性表示、向量组等价、线性相关、线性无关、极大无关组、向量组的秩、向量空间的基、维数等概念与第三章中的相应概念一致. 那里所讨论的性质, 有些仅适用于数域 $\mathbb{P}$ 上的 n 维向量空间 $\mathbb{P}^n$, 有些性质适用于一般的线性空间. 比如, 在 §3.2 "学习指导" 中的第 8 条所总结的 10 个关于线性相关 (无关) 的性质中, (1), (2), (3), (5) 仅适用于 $\mathbb{P}$ 上的 n 维向量空间 $\mathbb{P}^n$, 其余 6 个都适用于一般的线性空间.

如果将 (3) 修正一下: n 维线性空间中任意 $n+1$ 个向量线性相关, 即向量个数多于空间维数时, 这个向量组一定线性相关. 这个结论是成立的.

4. 在线性空间中 $(V,\mathbb{P},+,\cdot)$ 中, 如果任一要素发生了变化所得到的线性空间都是不同的, 因而其维数、基、向量组的线性相关性等性质也可能不相同. 比如, 对同一个非空集合 V, 我们在不同的数域上定义相似的线性运算, 得到的线性空间是不同的.

例 1 将复数集 $\mathbb{C}$ 看成是实数域 $\mathbb{R}$ 上的线性空间 (对于通常的加法与乘法运算), 它是 2 维的, $1,\mathrm{i}$ 是它的一个基. 事实上, 对任意两个实数 $k_1,k_2\in\mathbb{R}$, 若 $k_1+k_2\mathrm{i}=0$, 则 $k_1=k_2=0$, 即 $1,\mathrm{i}$ 线性无关. 其次, 对于 $\mathbb{C}$ 中任一复数都可以由 $1,\mathrm{i}$ 线性表示, 即表示成 $a+b\mathrm{i}$ 的形式, 其中 $a,b\in\mathbb{R}$. 故 $1,\mathrm{i}$ 是 $\mathbb{C}$ 的一个基, $\dim\mathbb{C}=2$. 另外, 对于 $\mathbb{C}$ 中任意两个非零复数 $a+b\mathrm{i}$ 和 $c+d\mathrm{i}$ 线性相关 $\Leftrightarrow$ 实部与虚部对应成比例, 即 $a/c=b/d$. 比如, $1+2\mathrm{i}$ 和 $2+4\mathrm{i}$ 线性相关, 但 $1+2\mathrm{i}$ 和 $3-2\mathrm{i}$ 是线性无关的. $\mathbb{C}$ 中的任意 3 个复数线性相关.

如果将复数集 $\mathbb{C}$ 看成是复数域 $\mathbb{C}$ 上的线性空间 (对于通常的加法与乘法运算), 它是 1 维的, 1 是它的一个基. 因此, 对 $\mathbb{C}$ 中的任意两个复数都是线性相关的. 事实上, 只考虑两个非零复数 $a+b\mathrm{i}$ 和 $c+d\mathrm{i}$ 的情形. 取 $k_1=1, k_2=-(a+b\mathrm{i})/(c+d\mathrm{i})(k_1, k_2$ 不全为零), 则 $k_1(a+b\mathrm{i})+k_2(c+d\mathrm{i})=0$.

因此, 线性空间 $(\mathbb{C},\mathbb{R},+,\cdot)$ 与 $(\mathbb{C},\mathbb{C},+,\cdot)$, 非空集合都是复数集 $\mathbb{C}$, 数域分别是 $\mathbb{R}$ 和 $\mathbb{C}$, 线性运算 "$+,\cdot$" 的定义方式相同, 但它们是两个不同的线性空间.

5. 数域 $\mathbb{P}$ 上的全体 n 阶矩阵的集合记为 $\mathbb{P}^{n\times n}$(有的书上记为 $\boldsymbol{M}_n(\mathbb{P})$) 按通常的矩阵加法与数乘矩阵构成数域 $\mathbb{P}$ 上的线性空间. 由教材例 5.7 知道, $\dim\mathbb{P}^{n\times n}=n^2$. 由教材例 5.8 可知, 对任意 n 阶矩阵 $\boldsymbol{A}$, 存在正整数 m, 及一组不全为零的数 $a_0,a_1,\cdots,a_m$, 使得

$$a_0\boldsymbol{I}+a_1\boldsymbol{A}+a_2\boldsymbol{A}^2\cdots+a_m\boldsymbol{A}^m=\boldsymbol{O}.$$

用多项式 $f(x)$ 将上式简记为 $f(\boldsymbol{A})=\boldsymbol{O}$, $f(x)$ 叫矩阵 $\boldsymbol{A}$ 的一个零化多项式. 当 $a_0\neq 0$ 时, $\boldsymbol{A}$ 是可逆矩阵, 且 $\boldsymbol{A}^{-1}$ 可以表示成 $\boldsymbol{A}$ 的多项式:

$$\boldsymbol{A}^{-1}=-\frac{1}{a_0}\left(a_1\boldsymbol{I}+a_2\boldsymbol{A}\cdots+a_m\boldsymbol{A}^{m-1}\right).$$

6. 扩基定理表明, 线性空间 V 中任一满秩向量组 (即线性无关向量组) 都可以扩充成 V 的一个基.

例 2 设 $\boldsymbol{A}$ 是数域 $\mathbb{P}$ 上的 $n\times s$ 列满秩矩阵 $(s<n)$, 证明: 一定存在 $\mathbb{P}$ 上的 $n\times(n-s)$ 列满秩矩阵 $\boldsymbol{B}$, 使得 $(\boldsymbol{A},\boldsymbol{B})$ 是 n 阶满秩矩阵 (即可逆矩阵).

证明 设 $\boldsymbol{A}=(\boldsymbol{\alpha}_1,\boldsymbol{\alpha}_2,\cdots,\boldsymbol{\alpha}_{n-s})$, $\boldsymbol{\alpha}_1,\boldsymbol{\alpha}_2,\cdots,\boldsymbol{\alpha}_{n-s}\in\mathbb{P}^n$ 且线性无关. 由扩基定理可知, 存在 n 维列向量 $\boldsymbol{\alpha}_{n-s+1},\boldsymbol{\alpha}_{n-s+2},\cdots,\boldsymbol{\alpha}_n\in\mathbb{P}^n$, 使得 $\boldsymbol{\alpha}_1,\cdots,\boldsymbol{\alpha}_{n-s},\boldsymbol{\alpha}_{n-s+1},\cdots,\boldsymbol{\alpha}_n$ 是 $\mathbb{P}^n$ 的一个基, 令 $\boldsymbol{B}=(\boldsymbol{\alpha}_{n-s+1},\boldsymbol{\alpha}_{n-s+2},\cdots,\boldsymbol{\alpha}_n)$, 则 $(\boldsymbol{A},\boldsymbol{B})$ 是 n 阶满秩矩阵.

7. 线性空间中 "基" 和 "维数" 的概念分别与向量组中 "极大无关组" 和 "秩" 相对应, 二者的含义并无本质区别, 只不过是在不同场合的两种称谓而已. 对向量组来说, 最重要的是 "极大无关组" 和 "秩"; 对线性空间而言, 最重要的是 "基" 和 "维数", 维数是基所包含的向量个数. 任一非零线性空间都存在基, 基 (极大无关组) 可以有多个, 但维数 (秩) 却是线性空间 (向量组) 的 "不变量". "基" 和 "维数" (相应地, "极大无关组" 和 "秩") 分别刻画了线性空间 (相应地, 向量组) 的最简结构.

求某个线性空间的维数通常有两种方法: 一是先找到它的一个基 (即线性无关的生成元), 其向量个数即为空间维数; 二是证明该线性空间与另一线性空间同构, 而后者的维数是已知的, 由 "同构则同维" 即知所求空间的维数.

8. 选定线性空间 V 的一个基, 对任一向量 $\boldsymbol{\alpha}\in V$, 就能得到 $\boldsymbol{\alpha}$ 在这个基下的坐标 (即组合系数)$\boldsymbol{x}\in\mathbb{P}^n$, 并且, 向量 $\boldsymbol{\alpha}$ 与坐标 $\boldsymbol{x}$ 是一一对应的. 于是, 抽象的线性空间 V 中的向量问题就转化成了 $\mathbb{P}^n$ 中的向量 (坐标) 问题, 或者说一个几何问题转化成了代数问题, 这正是解析几何的基本思想.

9. 从一个基 $\boldsymbol{\varepsilon}_1,\boldsymbol{\varepsilon}_2,\cdots,\boldsymbol{\varepsilon}_n$ 到另一个基 $\boldsymbol{\eta}_1,\boldsymbol{\eta}_2,\cdots,\boldsymbol{\eta}_n$ 的过渡矩阵 $\boldsymbol{A}$ 表示为

$$(\boldsymbol{\eta}_1,\boldsymbol{\eta}_2,\cdots,\boldsymbol{\eta}_n)=(\boldsymbol{\varepsilon}_1,\boldsymbol{\varepsilon}_2,\cdots,\boldsymbol{\varepsilon}_n)\boldsymbol{A},$$

其中 $\boldsymbol{A}=(a_{ij})_{n\times n}$ 的第 j 列恰好是新基 $\boldsymbol{\eta}_j$ 在旧基 $\boldsymbol{\varepsilon}_1,\boldsymbol{\varepsilon}_2,\cdots,\boldsymbol{\varepsilon}_n$ 下的坐标 $(j=1,2,\cdots,n)$.

当选取的基发生改变时, 相应地某个向量的坐标也随之改变. 例如, 设 V 是 xOy 平面上的全体向量构成的线性空间, 以 $\boldsymbol{i}$, $\boldsymbol{j}$ 分别表示 x 轴和 y 轴上的单位向量, 它是 V 的一个基, 则平面上的每一个向量 $\boldsymbol{\alpha}$ 在这个基下都有一个坐标 $(x,y)^{\mathrm{T}}$. 我们将 x 轴和 y 轴按逆时针方向旋转一个角 θ, 则原来的基 $\boldsymbol{i}$, $\boldsymbol{j}$ 分别变成 $\boldsymbol{i}'$, $\boldsymbol{j}'$. 设向量 $\boldsymbol{\alpha}$ 在新基 $\boldsymbol{i}'$, $\boldsymbol{j}'$ 下的坐标分别是 $(x',y')^{\mathrm{T}}$, 基变换公式是

$$(\boldsymbol{i}',\boldsymbol{j}')=(\boldsymbol{i},\boldsymbol{j})\begin{pmatrix}\cos\theta & -\sin\theta\\ \sin\theta & \cos\theta\end{pmatrix},$$

相应地, 坐标变换公式是

$$\begin{pmatrix}x\\ y\end{pmatrix}=\begin{pmatrix}\cos\theta & -\sin\theta\\ \sin\theta & \cos\theta\end{pmatrix}\begin{pmatrix}x'\\ y'\end{pmatrix},$$

或写成

$$\begin{pmatrix}x'\\ y'\end{pmatrix}=\begin{pmatrix}\cos\theta & \sin\theta\\ -\sin\theta & \cos\theta\end{pmatrix}\begin{pmatrix}x\\ y\end{pmatrix},$$

这就是 xOy 平面的坐标旋转公式.

10. 对于线性空间 $(V,\mathbb{P},+,\cdot)$ 和 V 的非空子集 W, 当且仅当 W 对 V 的两种运算封闭时, $(W,\mathbb{P},+,\cdot)$ 也是一个线性空间, 称为 V 的子空间.

11. 由向量组 $\boldsymbol{\alpha}_1,\boldsymbol{\alpha}_2,\cdots,\boldsymbol{\alpha}_s$ 生成的子空间 $W=L(\boldsymbol{\alpha}_1,\boldsymbol{\alpha}_2,\cdots,\boldsymbol{\alpha}_s)$ 是包含 $\boldsymbol{\alpha}_1,\boldsymbol{\alpha}_2,\cdots,\boldsymbol{\alpha}_s$ 的最小的子空间, 其维数 $\dim W=\mathrm{R}(\boldsymbol{\alpha}_1,\boldsymbol{\alpha}_2,\cdots,\boldsymbol{\alpha}_s)$, 因而 $\boldsymbol{\alpha}_1,\boldsymbol{\alpha}_2,\cdots,\boldsymbol{\alpha}_s$ 的任一极大无关组都是 W 的一个基.

12. 子空间的维数公式 (V_1,V_2 是 V 的两个子空间):

$$\dim(V_1+V_2)=\dim V_1+\dim V_2-\dim(V_1\cap V_2)$$

与有限集的元素个数公式 (A,B 是两个有限集, $\mathrm{Card}(A)$ 表示集合 A 中的元素个数):

$$\mathrm{Card}(A\cup B)=\mathrm{Card}(A)+\mathrm{Card}(B)-\mathrm{Card}(A\cap B)$$

高度相似. 其原因有二: 第一, 维数就是基所包含的向量个数; 第二, V_1 的基与 V_2 的基的 "并" 与 "交" 分别是 V_1+V_2 与 $V_1\cap V_2$ 的基. 但两个公式的左边不同, V_1+V_2 是 V_1,V_2 的和, 它是包含 $V_1\cup V_2$ 的最小子空间, 而 $V_1\cup V_2$ 未必是子空间.

13. 设 V_1,V_2 是线性空间 V 的非平凡子空间, 如果它们有包含关系, 即 $V_1\subset V_2$, 或 $V_2\subset V_1$, 不容置疑, $V_1\cup V_2=V_2$ 或 V_1 是子空间. 但是, 当它们没有包含关系时, $V_1\cup V_2$ 不是子空间. 事实上, 任取 $\boldsymbol{\alpha}_1\in V_1,\boldsymbol{\alpha}_1\notin V_2,\boldsymbol{\alpha}_2\in V_2,\boldsymbol{\alpha}_2\notin V_1$, 则 $\boldsymbol{\alpha}_1+\boldsymbol{\alpha}_2\notin V_1\cup V_2$. 这时 $V_1\cup V_2$ 关于向量加法不封闭, 因而不是子空间. 其次, 这个结论也可以从例 5.32 得知, 任一线性空间都不能表示成有限个真子空间的并. 事实上, 当 V_1,V_2 没有包含关系时, 因 V_1,V_2 都是它的真子空间, 可知 $V_1\cup V_2$ 不是子空间. 但是, 任一 $n(n>1)$ 维线性空间都可以分解成若干个真子空间的和. 请注意比较子空间 "和" 与 "并" 的差异.

14. 子空间的维数公式是用扩基的方法证明的, 其基本思路是: 先设出 $V_1\cap V_2$ 的一个基, 分别把它扩充成 V_1 和 V_2 的一个基. 然后把这三部分并在一起, 证明它是 V_1+V_2 的基, 请留意这种证明思想是有用的.

15. 大家有没有想过, 如果 $W=V_1\oplus V_2$, 为什么定义 5.5 就称 V_1,V_2 "互为余子空间"? 我们知道, "余" 就是 "补" 的意思, "余集" 就是 "补集". 当 $W=V_1\oplus V_2$ 时, 难道 V_1 和 V_2 有某种意义上的 "互余 (补)" 的关系?

事实果真如此. 设 A: $\varepsilon_1,\cdots,\varepsilon_s$ 是 V_1 的基, B: $\varepsilon_{s+1},\cdots,\varepsilon_t$ 是 V_2 的基. 在 $W=V_1\oplus V_2$ 的前提下, 则 $A\cup B$, 即 $\Omega:\varepsilon_1,\cdots,\varepsilon_s,\varepsilon_{s+1},\cdots,\varepsilon_t$, 就是 W 的基. 把 Ω 看成全集, 则集合 A 与集合 B 刚好互为余 (补) 集, 所以我们称 V_1 与 V_2 "互为余子空间" 恰到好处.

还有一种理解是, W 中的每一个向量 $\boldsymbol{\alpha}$ 可以唯一表示成 $\boldsymbol{\alpha}=\boldsymbol{\alpha}_1+\boldsymbol{\alpha}_2$, 其中 $\boldsymbol{\alpha}_1\in V_1,\boldsymbol{\alpha}_2\in V_2$, 所以 V_1 和 V_2 有 "互余关系". 这种解释没有把 "余集" 的概念加入进来, 不如前一种解释恰当.

众所周知, 当全集给定时, 任何一个集合的余 (补) 集有且只有一个. 但是, 对于 n 维线性空间的非平凡子空间来说, 其余子空间却不止一个 (习题第 5.35 题). 正是由于这个原因, 反过来, 设 A: $\varepsilon_1,\cdots,\varepsilon_s$ 是 V_1 的一个基, 将它扩充成 W 的基: $\varepsilon_1,\cdots,\varepsilon_s,\varepsilon_{s+1},\cdots,\varepsilon_t$. 即使 $W=V_1\oplus V_2$, 但 B: $\varepsilon_{s+1},\cdots,\varepsilon_t$ 却未必是 V_2 的基.

举个例子来说, 设 $V=\mathbb{R}^2$, $V_1=L(\boldsymbol{e}_1)$, $V_2=L(\boldsymbol{e}_2)$, 其中 $\boldsymbol{e}_1=(1,0)^{\mathrm{T}}$, $\boldsymbol{e}_2=(0,1)^{\mathrm{T}}$. 当然有 $V=V_1\oplus V_2$. 将 V_1 的基 $\boldsymbol{e}_1$ 扩充成 V 的基 $\boldsymbol{e}_1,\boldsymbol{e}$, 其中 $\boldsymbol{e}=(1,1)^{\mathrm{T}}$. 由于 $\boldsymbol{e}\notin V_2$, 因而 $\boldsymbol{e}$ 不是 V_2 的基. 令 $V_3=L(\boldsymbol{e})$, 则 $V=V_1\oplus V_3$, 即 V_3 也是 V_1 的余子空间.

16. 证明 "$W=V_1\oplus V_2$" 通常需要证明如下两步: 先证 $W=V_1+V_2$, 即对任意 $\boldsymbol{\alpha}\in W$ 都可以分解成 $\boldsymbol{\alpha}=\boldsymbol{\alpha}_1+\boldsymbol{\alpha}_2$ 的形式, 其中, $\boldsymbol{\alpha}_1\in V_1$, $\boldsymbol{\alpha}_2\in V_2$; 再证明教材定理 5.6 中 (2) (3) (4) 中任一直和条件成立即可.

17. 将 n 维线性空间 V 分解成 s 个子空间的直和 $V=V_1\oplus V_2\oplus\cdots\oplus V_s$, 本质上说, 就是将 V 的某个基 $\varepsilon_1,\varepsilon_2,\cdots,\varepsilon_n$ 分解成没有公共部分的 s 组:

$$\varepsilon_1,\cdots,\varepsilon_{k_1};\quad \varepsilon_{k_1+1},\cdots,\varepsilon_{k_1+k_2};\quad \cdots;\quad \varepsilon_{n-k_s+1},\cdots,\varepsilon_n.$$

各组分别是 $V_1,V_2,\cdots,V_s$ 的基, $\dim V_i=k_i\,(i=1,2,\cdots,s)$, $k_1+k_2+\cdots+k_s=n$. 或者说, 分别在 $V_1,V_2,\cdots,V_s$ 中各取一个基, 它们并在一起刚好构成 V 的基.

18. 代数学是研究代数系统的结构理论和表示理论的一门学科, 通过子空间的直和分解, 把一个复杂的代数系统分解成若干个简单的子系统, 然后在每一个子系统中进行相应的研究, 达到化繁为简的目的. 所以, 子空间的直和分解是研究线性空间的一种重要的方法.

19. 数域 $\mathbb{P}$ 上的两个线性空间 V,U 同构是指在 V,U 之间存在一个同构映射 (即线性双射). 设 V 与 U 同构, $\sigma:V\to U$ 是同构映射, $\boldsymbol{\alpha}_1,\boldsymbol{\alpha}_2,\cdots,\boldsymbol{\alpha}_s\in V$, 则 $\boldsymbol{\alpha}_1,\boldsymbol{\alpha}_2,\cdots,\boldsymbol{\alpha}_s$ 与 $\sigma(\boldsymbol{\alpha}_1),\sigma(\boldsymbol{\alpha}_2),\cdots,\sigma(\boldsymbol{\alpha}_s)$ 具有相同的线性关系. 任一 n 维线性空间 V 都与 $\mathbb{P}^n$ 同构. 研究任一 n 维线性空间 V 的向量组的线性关系等价于研究 $\mathbb{P}^n$ 中同构映射下像元素 (即坐标) 的线性关系. 同构的观点是线性代数关键的理论, 其意义在于把抽象线性空间的问题转化成数域 $\mathbb{P}$ 上的 n 维向量或矩阵的问题, 开辟了线性空间新的研究方法, 即 "解析法".

§5.3 问题思考

一、问题思考

1. 在教材例 3.6 中, 将 $\mathbb{Q}(\sqrt{2})=\{a+b\sqrt{2}|a,b\in\mathbb{Q}\}$ 看成有理数域 $\mathbb{Q}$ 上的线性空间 (按通常的加数与数乘运算), 求它的维数和一个基. 如果将 $\mathbb{Q}(\sqrt{2})$ 看成实数域 $\mathbb{R}$ 上的线性空间 (按通常的加数与数乘运算), 求它的一个基和维数.

2. 已知 V 是数域 $\mathbb{P}$ 上的线性空间, $\boldsymbol{\alpha}_1,\boldsymbol{\alpha}_2,\cdots,\boldsymbol{\alpha}_n$ 是 V 的一个基, 令 $W=\left\{\sum\limits_{i=1}^{n}k_i\boldsymbol{\alpha}_i\Big|k_1,k_2,\cdots,k_n\in\mathbb{P},\sum\limits_{i=1}^{n}k_i=0\right\}$. 证明: W 是 V 的子空间, 并求 W 的一个基和维数.

3. 设 $W=\{\boldsymbol{A}|\boldsymbol{A}=\boldsymbol{A}^{\mathrm{T}},\boldsymbol{A}\in\mathbb{P}^{n\times n}\}$, 证明: W 是 $\mathbb{P}^{n\times n}$ 的子空间, 并求 W 的一个基和维数.

4. 在 n 维线性空间 $\mathbb{P}^n$ 中, 满足下列各条件的全体向量 $(x_1,x_2,\cdots,x_n)^{\mathrm{T}}$ 的集合 W 能否构成 $\mathbb{P}^n$ 的子空间? 如果能, 它的维数是多少?

(1) $x_1+x_2+\cdots+x_n=0$;

(2) $x_1x_2\cdots x_n=0$;

(3) $x_{i+2}=x_{i+1}+x_i\,(i=1,2,\cdots,n-2)$.

5. 求下列子空间的一个基与维数:

(1) $\mathbb{R}^3$ 的子空间 $L((2,-3,1)^{\mathrm{T}},(1,4,2)^{\mathrm{T}},(5,-2,4)^{\mathrm{T}})$;

(2) $\mathbb{P}[x]_3$ 的子空间 $L(x-1,1-x^2,x^2-x)$;

(3) $C[a,b]$ 的子空间 $L(\mathrm{e}^x,\mathrm{e}^{2x},\mathrm{e}^{3x})$.

6. 设 W 是 $\mathbb{R}^n$ 的一个非零子空间, 而对于 W 的每一个向量 $(a_1,a_2,\cdots,a_n)^{\mathrm{T}}$, 要么 $a_1=a_2=\cdots=a_n=0$, 要么每一个 a_i 都不等于零. 证明: $\dim W=1$.

7. 令 $V_1=\{\boldsymbol{A}|\boldsymbol{A}=\boldsymbol{A}^{\mathrm{T}},\boldsymbol{A}\in\mathbb{P}^{n\times n}\},V_2=\{\boldsymbol{A}|\boldsymbol{A}=-\boldsymbol{A}^{\mathrm{T}},\boldsymbol{A}\in\mathbb{P}^{n\times n}\}$, 证明:

$$\mathbb{P}^{n\times n}=V_1\oplus V_2.$$

8. 设 W 是数域 $\mathbb{P}$ 上形如

$$\boldsymbol{A}=\begin{pmatrix}a_1&a_2&\cdots&\cdots&a_n\\a_n&a_1&a_2&\cdots&a_{n-1}\\\vdots&\ddots&\ddots&\ddots&\vdots\\a_3&a_4&\ddots&a_1&a_2\\a_2&a_3&\cdots&a_n&a_1\end{pmatrix}$$

的循环矩阵的集合, 则 W 是 $\mathbb{P}^{n\times n}$ 的子空间, 求 W 的一个基和维数.

9. 设向量组 $\boldsymbol{\alpha}_1,\boldsymbol{\alpha}_2,\cdots,\boldsymbol{\alpha}_n$ 线性无关, $\boldsymbol{\alpha}_{n+1}=k_1\boldsymbol{\alpha}_1+k_2\boldsymbol{\alpha}_2+\cdots+k_n\boldsymbol{\alpha}_n$, 其中 $k_1,k_2,\cdots,k_n$ 不全为零. 证明: $\boldsymbol{\alpha}_1,\boldsymbol{\alpha}_2,\cdots,\boldsymbol{\alpha}_{n+1}$ 中任意 n 个向量线性无关.

10. 设 $\boldsymbol{A} \in \mathbb{P}^{n\times n}$ 是可逆矩阵, 将 $\boldsymbol{A}$ 分成两个子块 $\boldsymbol{A} = \begin{pmatrix} \boldsymbol{A}_1 \\ \boldsymbol{A}_2 \end{pmatrix}$, 设 V_1, V_2 分别是齐次方程组 $\boldsymbol{A}_1\boldsymbol{x} = \boldsymbol{0}$ 和 $\boldsymbol{A}_2\boldsymbol{x} = \boldsymbol{0}$ 的解空间. 证明: $\mathbb{P}^n = V_1 \oplus V_2$.

11. 证明: $\mathbb{P}^n$ 中的任一子空间都是某个 n 元齐次方程组的解空间 (定理 3.12 的逆命题).

12. 设 V_1, V_2, V_3 是线性空间 V 的三个子空间. 证明:

(1) $V_1 \cap V_2 + V_1 \cap V_3 = V_1 \cap (V_1 \cap V_2 + V_3)$;

(2) $(V_1 + V_2) \cap (V_1 + V_3) = V_1 + (V_1 + V_2) \cap V_3$.

13. (南开大学考研试题) 设 $\mathbb{P}$ 为数域, 定义 $n(n \geqslant 3)$ 阶矩阵 $\boldsymbol{A}$ 为

$$\boldsymbol{A} = \begin{pmatrix} 1 & 0 & 0 & \cdots & 0 & n \\ 0 & 1 & 0 & \cdots & 0 & 0 \\ \vdots & \vdots & \vdots & & \vdots & \vdots \\ 0 & 0 & 0 & \cdots & 1 & 0 \\ 0 & 0 & 0 & \cdots & 0 & 1 \end{pmatrix}.$$

(1) 证明: $\mathbb{P}^{n\times n}$ 中全体与 $\boldsymbol{A}$ 可交换的矩阵构成 $\mathbb{P}^{n\times n}$ 的一个线性子空间 $C(\boldsymbol{A})$;

(2) 求 $C(\boldsymbol{A})$ 的维数和一个基.

14. 设 V 是复数域 $\mathbb{C}$ 上的 m 维线性空间, $\boldsymbol{\alpha}_1, \boldsymbol{\alpha}_2, \cdots, \boldsymbol{\alpha}_m$ 是 V 的一个基. 当把 V 看成是实数域 $\mathbb{R}$ 上的线性空间时, 证明: $\dim V = 2m$.

15. 设 U, W 分别是数域 $\mathbb{P}$ 上的 m 维和 s 维线性空间, $U \times W = \{(u, w) | u \in U, w \in W\}$. 规定 $(k \in \mathbb{P})$:

$(u, w) = (u_1, w_1)$ 当且仅当 $u = u_1$, $w = w_1$;

$(u_1, w_1) + (u_2, w_2) = (u_1 + u_2, w_1 + w_2)$;

$k \cdot (u, w) = (ku, kw)$,

那么 $(U \times W, \mathbb{P}, +, \cdot)$ 是一个线性空间, 称为 U, W 的**积空间**或**直积**. 证明:

$$\dim(U \times W) = \dim U + \dim W,$$

并求出 $U \times W$ 的一个基.

16. (南开大学考研试题) 如果 $\boldsymbol{\mu}_1, \cdots, \boldsymbol{\mu}_n$ 是 $\mathbb{C}^{n\times 1}$ 的一个基, $\boldsymbol{\lambda}_1, \cdots, \boldsymbol{\lambda}_m$ 是 $\mathbb{C}^{1\times m}$ 的一个基, 证明: 矩阵集合 $\{\boldsymbol{\mu}_i\boldsymbol{\lambda}_j | 1 \leqslant i \leqslant n; 1 \leqslant j \leqslant m\}$ 是 $\mathbb{C}^{n\times m}$ 的一个基.

二、提示或答案

1. (1) 2 维, 1, $\sqrt{2}$ 是它的一个基; (2) 1 维, 1 是它的一个基.

2. 欲证 W 是 V 的子空间, 只需证 W 对 V 的线性运算封闭. 其次, 由 $\sum\limits_{i=1}^{n} k_i = 0$ 得 $k_n = -\sum\limits_{i=1}^{n-1} k_i$, 故对 W 的任一向量 $\boldsymbol{\alpha} = \sum\limits_{i=1}^{n} k_i\boldsymbol{\alpha}_i = \sum\limits_{i=1}^{n-1} k_i(\boldsymbol{\alpha}_i - \boldsymbol{\alpha}_n)$, 最后证明 $\boldsymbol{\alpha}_1 - \boldsymbol{\alpha}_n, \boldsymbol{\alpha}_2 - \boldsymbol{\alpha}_n, \cdots, \boldsymbol{\alpha}_{n-1} - \boldsymbol{\alpha}_n$ 线性无关, 即知它是 W 的一个基, $\dim W = n - 1$.

3. $\boldsymbol{E}_{ii}\,(i = 1, 2, \cdots, n)$, $\boldsymbol{E}_{ij} + \boldsymbol{E}_{ji}\,(1 \leqslant i < j \leqslant n)$ 是 W 的一个基, $\dim W = n(n+1)/2$.

4. (1) 能, $n-1$ 维; (2) 不能; (3) 能, 2 维.

5. (1) 2 维, $(2,-3,1)^{\mathrm{T}},(1,4,2)^{\mathrm{T}}$ 是它的一个基; (2) 2 维, $x-1,1-x^2$ 是它的一个基; (3) 3 维, $\mathrm{e}^x,\mathrm{e}^{2x},\mathrm{e}^{3x}$ 是它的一个基.

6. 显然 $\dim W\geqslant 1$. 设 $\dim W\geqslant 2$, $\boldsymbol{\alpha}=(a_1,a_2,\cdots,a_n)^{\mathrm{T}},\boldsymbol{\beta}=(b_1,b_2,\cdots,b_n)^{\mathrm{T}}$ 是 W 的两个线性无关的向量. 不妨假定

$$\lambda=\frac{a_1}{b_1}=\cdots=\frac{a_i}{b_i}\neq\frac{a_{i+1}}{b_{i+1}}\quad(1\leqslant i\leqslant n-1).$$

因此, $\boldsymbol{\alpha}-\lambda\boldsymbol{\beta}$ 的前面 i 个分量 $a_j-\lambda b_j=0\,(1\leqslant j\leqslant i)$, 第 $i+1$ 个分量 $a_{i+1}-\lambda b_{i+1}\neq 0$. 而 $\boldsymbol{\alpha}-\lambda\boldsymbol{\beta}\in W$, 这与 W 中的向量要么是零向量, 要么它的分量全不是零相矛盾.

7. 利用教材例 2.10 的结论及 $\dim V_1=n(n+1)/2,\dim V_2=n(n-1)/2$ 即可得到.

8. 设 $\boldsymbol{U}_n$ 是 n 阶基本循环矩阵 (参考习题第 2.17 题), 证明 $\boldsymbol{I},\boldsymbol{U}_n,\cdots,\boldsymbol{U}_n^{n-1}$ 线性无关, 它是 W 的一个基, 故 $\dim W=n$.

9. 反证法.

10. 由 $\boldsymbol{Ax}=\boldsymbol{0}$ 只有零解可知 $V_1\bigcap V_2=\{\boldsymbol{0}\}$. 下证 $\mathbb{P}^n=V_1+V_2$. 设 $\mathrm{R}(\boldsymbol{A}_1)=r$, 由于 $\boldsymbol{A}$ 是可逆矩阵, 因此, $\mathrm{R}(\boldsymbol{A}_2)=n-r$. 从而有 $\dim V_1=n-r,\dim V_2=r$. 在 V_1,V_2 中分别取一个基 $\boldsymbol{\varepsilon}_1,\cdots,\boldsymbol{\varepsilon}_{n-r}$ 和 $\boldsymbol{\eta}_1,\cdots,\boldsymbol{\eta}_r$, 现在证明: $\boldsymbol{\varepsilon}_1,\cdots,\boldsymbol{\varepsilon}_{n-r},\boldsymbol{\eta}_1,\cdots,\boldsymbol{\eta}_r$ 线性无关. 事实上, 假设

$$k_1\boldsymbol{\varepsilon}_1+\cdots+k_{n-r}\boldsymbol{\varepsilon}_{n-r}+l_1\boldsymbol{\eta}_1+\cdots+l_r\boldsymbol{\eta}_r=\boldsymbol{0}.$$

注意到 $k_1\boldsymbol{\varepsilon}_1+\cdots+k_{n-r}\boldsymbol{\varepsilon}_{n-r}\in V_1$, $l_1\boldsymbol{\eta}_1+\cdots+l_r\boldsymbol{\eta}_r\in V_2$, 且 $V_1\bigcap V_2=\{\boldsymbol{0}\}$, 故

$$k_1\boldsymbol{\varepsilon}_1+\cdots+k_{n-r}\boldsymbol{\varepsilon}_{n-r}=-l_1\boldsymbol{\eta}_1-\cdots-l_r\boldsymbol{\eta}_r=\boldsymbol{0}.$$

从而 $k_1=\cdots=k_{n-r}=l_1=\cdots=l_r=0$, 即得所证.

11. 设 $W=L(\boldsymbol{\alpha}_1,\cdots,\boldsymbol{\alpha}_s)$ 是 $\mathbb{P}^n$ 的子空间, $\dim W=s\,(0\leqslant s\leqslant n)$, 即 $\boldsymbol{\alpha}_1,\cdots,\boldsymbol{\alpha}_s$ 是 W 的基. 令 $\boldsymbol{A}=(\boldsymbol{\alpha}_1,\cdots,\boldsymbol{\alpha}_s)$ 是 $n\times s$ 矩阵, 因而存在可逆矩阵 $\boldsymbol{C}$, $\boldsymbol{D}$, 使得

$$\boldsymbol{CA}=\begin{pmatrix}\boldsymbol{I}_s & \boldsymbol{O}\\ \boldsymbol{O} & \boldsymbol{O}\end{pmatrix}\boldsymbol{D}^{-1}.$$

令 $\boldsymbol{B}=\begin{pmatrix}\boldsymbol{O} & \boldsymbol{O}\\ \boldsymbol{O} & \boldsymbol{I}_{n-s}\end{pmatrix}\boldsymbol{C}$, 则 $\mathrm{R}(\boldsymbol{B})=n-s$, 且

$$\boldsymbol{B}(\boldsymbol{\alpha}_1,\cdots,\boldsymbol{\alpha}_s)=\begin{pmatrix}\boldsymbol{O} & \boldsymbol{O}\\ \boldsymbol{O} & \boldsymbol{I}_{n-s}\end{pmatrix}\boldsymbol{CA}=\begin{pmatrix}\boldsymbol{I}_s & \boldsymbol{O}\\ \boldsymbol{O} & \boldsymbol{O}\end{pmatrix}\begin{pmatrix}\boldsymbol{O} & \boldsymbol{O}\\ \boldsymbol{O} & \boldsymbol{I}_{n-s}\end{pmatrix}\boldsymbol{D}^{-1}=\boldsymbol{O}.$$

从而可知, $\boldsymbol{B\alpha}_i=\boldsymbol{0}\,(1\leqslant i\leqslant s)$, 即每一个 $\boldsymbol{\alpha}_i$ 都是齐次方程组 $\boldsymbol{Bx}=\boldsymbol{0}$ 的解向量. 设 $\boldsymbol{Bx}=\boldsymbol{0}$ 的解空间为 S, 得 $W\subset S$. 而 $\dim S=\dim W=s$, 故 $W=S$, 结论成立.

12. (1) 对任意 $\boldsymbol{\alpha}+\boldsymbol{\beta}\in V_1\cap V_2+V_1\cap V_3$, 其中 $\boldsymbol{\alpha}\in V_1\cap V_2,\boldsymbol{\beta}\in V_1\cap V_3$ 都有 $\boldsymbol{\alpha}+\boldsymbol{\beta}\in V_1$, $\boldsymbol{\alpha}+\boldsymbol{\beta}\in V_1\cap V_2+V_3$. 因此,

$$V_1\cap V_2+V_1\cap V_3\subset V_1\cap(V_1\cap V_2+V_3).$$

反之, 设 $\boldsymbol{\alpha}+\boldsymbol{\beta}\in V_1\cap(V_1\cap V_2+V_3)$, 即 $\boldsymbol{\alpha}\in V_1\cap V_2$, $\boldsymbol{\beta}\in V_3$, 且 $\boldsymbol{\alpha}+\boldsymbol{\beta}\in V_1$. 则 $\boldsymbol{\beta}=(\boldsymbol{\alpha}+\boldsymbol{\beta})-\boldsymbol{\alpha}\in V_1$, 故 $\boldsymbol{\beta}\in V_1\cap V_3$. 所以, $\boldsymbol{\alpha}+\boldsymbol{\beta}\in V_1\cap V_2+V_1\cap V_3$, 因而

$$V_1\cap(V_1\cap V_2+V_3)\subset V_1\cap V_2+V_1\cap V_3.$$

(2) 设 $\boldsymbol{\alpha}\in(V_1+V_2)\cap(V_1+V_3)$, 则 $\boldsymbol{\alpha}=\boldsymbol{\alpha}_1+\boldsymbol{\beta}=\boldsymbol{\alpha}_2+\boldsymbol{\gamma}$, 其中 $\boldsymbol{\alpha}_1,\boldsymbol{\alpha}_2\in V_1$, $\boldsymbol{\beta}\in V_2$, $\boldsymbol{\gamma}\in V_3$. 故 $\boldsymbol{\gamma}=\boldsymbol{\alpha}_1+\boldsymbol{\beta}-\boldsymbol{\alpha}_2\in V_1+V_2$, 所以, $\boldsymbol{\gamma}\in(V_1+V_2)\cap V_3$. 这样, $\boldsymbol{\alpha}=\boldsymbol{\alpha}_2+\boldsymbol{\gamma}\in V_1+(V_1+V_2)\cap V_3$. 所以

$$(V_1+V_2)\cap(V_1+V_3)\subset V_1+(V_1+V_2)\cap V_3.$$

反之, 设 $\boldsymbol{\alpha}+\boldsymbol{\beta}\in V_1+(V_1+V_2)\cap V_3$, 其中 $\boldsymbol{\alpha}\in V_1$, $\boldsymbol{\beta}\in(V_1+V_2)\cap V_3$. 则 $\boldsymbol{\beta}=\boldsymbol{\beta}_1+\boldsymbol{\beta}_2$, 其中 $\boldsymbol{\beta}_1\in V_1$, $\boldsymbol{\beta}_2\in V_2$. 这样, $\boldsymbol{\alpha}+\boldsymbol{\beta}=\boldsymbol{\alpha}+\boldsymbol{\beta}_1+\boldsymbol{\beta}_2\in V_1+V_2$, 且 $\boldsymbol{\alpha}+\boldsymbol{\beta}\in V_1+V_3$. 所以

$$V_1+(V_1+V_2)\cap V_3\subset(V_1+V_2)\cap(V_1+V_3).$$

13. 本题与教材的例 5.18 无太多区别, 只考虑第 (2) 问. 记 $\boldsymbol{E}_{ij}$ 是 (i,j) 元为 1, 其余元均为 0 的 n 阶基本矩阵, 则 $\boldsymbol{A}=\boldsymbol{I}+n\boldsymbol{E}_{1n}$. 设 $\boldsymbol{B}=(b_{ij})_{n\times n}$ 是数域 $\mathbb{P}$ 上与 $\boldsymbol{A}$ 可交换的矩阵, 则 $\boldsymbol{B}=\sum\limits_{i,j=1}^{n}b_{ij}\boldsymbol{E}_{ij}$. 由 $\boldsymbol{AB}=\boldsymbol{BA}$ 可知, $\boldsymbol{E}_{1n}\boldsymbol{B}=\boldsymbol{B}\boldsymbol{E}_{1n}$. 又因为 $\boldsymbol{E}_{ks}\boldsymbol{E}_{ij}=\delta_{si}\boldsymbol{E}_{kj}$ (见本书第二章 (2.1) 式), 所以

$$\boldsymbol{E}_{1n}\boldsymbol{B}=\boldsymbol{E}_{1n}\left(\sum_{i,j=1}^{n}b_{ij}\boldsymbol{E}_{ij}\right)=\sum_{j=1}^{n}b_{nj}\boldsymbol{E}_{1j},$$

$$\boldsymbol{B}\boldsymbol{E}_{1n}=\left(\sum_{i,j=1}^{n}b_{ij}\boldsymbol{E}_{ij}\right)\boldsymbol{E}_{1n}=\sum_{i=1}^{n}b_{i1}\boldsymbol{E}_{in}.$$

从而得到

$$b_{11}=b_{nn},\quad b_{nj}=0,\quad b_{i1}=0,$$

其中 $j=1,2,\cdots,n-1,i=2,3,\cdots,n$, 即矩阵 $\boldsymbol{B}$ 具有如下形式

$$\boldsymbol{B}=\begin{pmatrix}a & * & \cdots & * & *\\ 0 & * & \cdots & * & *\\ \vdots & \vdots & & \vdots & \vdots\\ 0 & * & \cdots & * & *\\ 0 & 0 & \cdots & 0 & a\end{pmatrix}.$$

$C(\boldsymbol{A})$ 的一个基:

$$\boldsymbol{E}_{11}+\boldsymbol{E}_{nn},\boldsymbol{E}_{12},\boldsymbol{E}_{13},\cdots,\boldsymbol{E}_{1n},\boldsymbol{E}_{22},\boldsymbol{E}_{23},\cdots,\boldsymbol{E}_{2n},\cdots,\boldsymbol{E}_{n-1,2},\boldsymbol{E}_{n-1,3},\cdots,\boldsymbol{E}_{n-1,n},$$

其维数 $\dim C(\boldsymbol{A})=(n-1)^2+1$.

14. 对任一向量 $\boldsymbol{\beta}\in(V,\mathbb{C},+,\cdot)$, 存在唯一一组数 $k_1,k_2,\cdots,k_m\in\mathbb{C}$, 使得

$$\boldsymbol{\beta}=k_1\boldsymbol{\alpha}_1+k_2\boldsymbol{\alpha}_2+\cdots+k_m\boldsymbol{\alpha}_m.$$

设 $k_j = a_j + b_j\mathrm{i}\,(a_j, b_j \in \mathbb{R})$, 于是, $\boldsymbol{\beta} \in (V, \mathbb{R}, +, \cdot)$ 可表示为

$$\boldsymbol{\beta} = a_1\boldsymbol{\alpha}_1 + a_2\boldsymbol{\alpha}_2, \cdots + a_m\boldsymbol{\alpha}_m + b_1(\mathrm{i}\boldsymbol{\alpha}_1) + b_2(\mathrm{i}\boldsymbol{\alpha}_2) + \cdots + b_m(\mathrm{i}\boldsymbol{\alpha}_m).$$

上式表示 $\boldsymbol{\alpha}_1, \boldsymbol{\alpha}_2, \cdots, \boldsymbol{\alpha}_m, \mathrm{i}\boldsymbol{\alpha}_1, \mathrm{i}\boldsymbol{\alpha}_2, \cdots, \mathrm{i}\boldsymbol{\alpha}_m$ 是线性空间 $(V, \mathbb{R}, +, \cdot)$ 的一组生成元. 下证它们线性无关. 设

$$a_1\boldsymbol{\alpha}_1 + a_2\boldsymbol{\alpha}_2 + \cdots + a_m\boldsymbol{\alpha}_m + b_1(\mathrm{i}\boldsymbol{\alpha}_1) + b_2(\mathrm{i}\boldsymbol{\alpha}_2) + \cdots + b_m(\mathrm{i}\boldsymbol{\alpha}_m) = \mathbf{0},$$

即

$$(a_1 + b_1\mathrm{i})\boldsymbol{\alpha}_1 + (a_2 + b_2\mathrm{i})\boldsymbol{\alpha}_2 + \cdots + (a_m + b_m\mathrm{i})\boldsymbol{\alpha}_m = \mathbf{0}.$$

由 $\boldsymbol{\alpha}_1, \boldsymbol{\alpha}_2, \cdots, \boldsymbol{\alpha}_m$ 线性无关可知,

$$a_1 + b_1\mathrm{i} = a_2 + b_2\mathrm{i} = \cdots = a_m + b_m\mathrm{i} = 0.$$

可得 $a_1 = b_1 = a_2 = b_2 = \cdots = a_m = b_m = 0$, 故 $\boldsymbol{\alpha}_1, \boldsymbol{\alpha}_2, \cdots, \boldsymbol{\alpha}_m, \mathrm{i}\boldsymbol{\alpha}_1, \mathrm{i}\boldsymbol{\alpha}_2, \cdots, \mathrm{i}\boldsymbol{\alpha}_m$ 在线性空间 $(V, \mathbb{R}, +, \cdot)$ 中线性无关, 它是 $(V, \mathbb{R}, +, \cdot)$ 的一个基, 此线性空间的维数 $\dim V = 2m$.

15. 设 $\boldsymbol{\alpha}_1, \boldsymbol{\alpha}_2, \cdots, \boldsymbol{\alpha}_m$ 是 U 的一个基, $\boldsymbol{\beta}_1, \boldsymbol{\beta}_2, \cdots, \boldsymbol{\beta}_s$ 是 W 的一个基, 下证向量组

$$(\mathrm{I}):\ (\boldsymbol{\alpha}_1, \mathbf{0}), (\boldsymbol{\alpha}_2, \mathbf{0}), \cdots, (\boldsymbol{\alpha}_m, \mathbf{0}), (\mathbf{0}, \boldsymbol{\beta}_1), (\mathbf{0}, \boldsymbol{\beta}_2), \cdots, (\mathbf{0}, \boldsymbol{\beta}_s)$$

是 $U \times W$ 的一个基.

事实上, 对任一向量 $(\boldsymbol{\alpha}, \boldsymbol{\beta}) \in U \times W$, 由 $\boldsymbol{\alpha} \in U, \boldsymbol{\beta} \in W$ 可知, 存在 $a_1, a_2, \cdots, a_m, b_1, b_2, \cdots, b_s \in \mathbb{P}$, 使得

$$\boldsymbol{\alpha} = \sum_{i=1}^{m} a_i\boldsymbol{\alpha}_i, \quad \boldsymbol{\beta} = \sum_{j=1}^{s} b_j\boldsymbol{\beta}_j.$$

于是,

$$(\boldsymbol{\alpha}, \boldsymbol{\beta}) = \left(\sum_{i=1}^{m} a_i\boldsymbol{\alpha}_i, \sum_{j=1}^{s} b_j\boldsymbol{\beta}_j\right) = \sum_{i=1}^{m} a_i(\boldsymbol{\alpha}_i, \mathbf{0}) + \sum_{j=1}^{s} b_j(\mathbf{0}, \boldsymbol{\beta}_j),$$

即向量组 (I) 是线性空间 $U \times W$ 的一组生成元. 其次, 设

$$\sum_{i=1}^{m} x_i(\boldsymbol{\alpha}_i, \mathbf{0}) + \sum_{j=1}^{s} y_j(\mathbf{0}, \boldsymbol{\beta}_j) = (\mathbf{0}, \mathbf{0}),$$

则有

$$\sum_{i=1}^{m} x_i\boldsymbol{\alpha}_i = \mathbf{0}, \quad \sum_{j=1}^{s} y_j\boldsymbol{\beta}_j = \mathbf{0}.$$

由于 $\boldsymbol{\alpha}_1, \boldsymbol{\alpha}_2, \cdots, \boldsymbol{\alpha}_m$ 是 U 的基, $\boldsymbol{\beta}_1, \boldsymbol{\beta}_2, \cdots, \boldsymbol{\beta}_s$ 是 W 的基, 故 $x_1 = x_2 = \cdots = x_m = y_1 = y_2 = \cdots = y_s = 0$, 故向量组 (I) 是线性无关, 从而它是 $U \times W$ 的基,

$$\dim(U \times W) = \dim U + \dim W.$$

16. 证明 令 $\boldsymbol{A} = (\boldsymbol{\mu}_1, \boldsymbol{\mu}_2, \cdots, \boldsymbol{\mu}_n)$, $\boldsymbol{B} = \begin{pmatrix} \boldsymbol{\lambda}_1 \\ \boldsymbol{\lambda}_2 \\ \vdots \\ \boldsymbol{\lambda}_m \end{pmatrix}$, 则 $\boldsymbol{A}$, $\boldsymbol{B}$ 分别是复数域上的 n 阶和 m 阶可逆矩阵. 令

$$\sum_{i=1}^{n}\sum_{j=1}^{m}k_{ij}\boldsymbol{\mu}_i\boldsymbol{\lambda}_j=\boldsymbol{AKB}=\boldsymbol{O},$$

其中 $\boldsymbol{K}=(k_{ij})_{n\times m}\in\mathbb{C}^{n\times m}$. 由 $\boldsymbol{A}$, $\boldsymbol{B}$ 都是可逆矩阵知, $\boldsymbol{K}=\boldsymbol{O}$, 即 $k_{ij}=0\,(1\leqslant i\leqslant n;1\leqslant j\leqslant m)$, 故矩阵集合 $\{\boldsymbol{\mu}_i\boldsymbol{\lambda}_j|1\leqslant i\leqslant n;1\leqslant j\leqslant m\}$ 线性无关. 其次, $\forall\boldsymbol{X}\in\mathbb{C}^{n\times m}$, 令 $\boldsymbol{A}^{-1}\boldsymbol{X}\boldsymbol{B}^{-1}=\boldsymbol{D}=(d_{ij})_{n\times m}$, 则

$$\boldsymbol{X}=\boldsymbol{A}\cdot\boldsymbol{A}^{-1}\boldsymbol{X}\boldsymbol{B}^{-1}\cdot\boldsymbol{B}=\sum_{i=1}^{n}\sum_{j=1}^{m}d_{ij}\boldsymbol{\mu}_i\boldsymbol{\lambda}_j.$$

故 $\boldsymbol{X}$ 可由 $\{\boldsymbol{\mu}_i\boldsymbol{\lambda}_j|1\leqslant i\leqslant n;1\leqslant j\leqslant m\}$ 线性表示, 因而它是 $\mathbb{C}^{n\times m}$ 的一个基. 证毕.

§5.4 习 题 选 解

5.3 有两个向量组 (I): $\boldsymbol{\alpha}_1=(1,2,-1)^{\mathrm{T}},\boldsymbol{\alpha}_2=(0,-1,1)^{\mathrm{T}},\boldsymbol{\alpha}_3=(-1,0,1)^{\mathrm{T}}$; (II):$\boldsymbol{\beta}_1=(-1,1,-1)^{\mathrm{T}},\boldsymbol{\beta}_2=(0,1,1)^{\mathrm{T}},\boldsymbol{\beta}_3=(-1,1,1)^{\mathrm{T}}$. 证明: 它们都是线性空间 $\mathbb{R}^3$ 的基, 并求由基 (I) 到 (II) 的过渡矩阵和基变换公式.

解 对矩阵施行初等行变换

$$(\boldsymbol{\beta}_1,\boldsymbol{\beta}_2,\boldsymbol{\beta}_3)=\begin{pmatrix}-1&0&-1\\1&1&1\\-1&1&1\end{pmatrix}\to\begin{pmatrix}1&0&0\\0&1&0\\0&0&1\end{pmatrix},$$

$$(\boldsymbol{\alpha}_1,\boldsymbol{\alpha}_2,\boldsymbol{\alpha}_3,\boldsymbol{\beta}_1,\boldsymbol{\beta}_2,\boldsymbol{\beta}_3)=\left(\begin{array}{ccc:ccc}1&0&-1&-1&0&-1\\2&-1&0&1&1&1\\-1&1&1&-1&1&1\end{array}\right)$$

$$\to\left(\begin{array}{ccc:ccc}1&0&0&-1/2&1&1/2\\0&1&0&-2&1&0\\0&0&1&1/2&1&3/2\end{array}\right).$$

可以知道, 向量组 (I) 和 (II) 的秩都是 3, 而 $\dim\mathbb{R}^3=3$, 故它们都是线性空间间 $\mathbb{R}^3$ 的基. 由基 (I) 到 (II) 的过渡矩阵是

$$\boldsymbol{A}=\frac{1}{2}\begin{pmatrix}-1&2&1\\-4&2&0\\1&2&3\end{pmatrix}.$$

基变换公式为

$$(\boldsymbol{\beta}_1,\boldsymbol{\beta}_2,\boldsymbol{\beta}_3)=(\boldsymbol{\alpha}_1,\boldsymbol{\alpha}_2,\boldsymbol{\alpha}_3)\begin{pmatrix}-1/2&1&1/2\\-2&1&0\\1/2&1&3/2\end{pmatrix}.$$

5.4 在线性空间 $\mathbb{P}^{2\times2}$ 中, 证明: 向量组

$$\boldsymbol{A}_1=\begin{pmatrix}0&0\\0&1\end{pmatrix},\quad\boldsymbol{A}_2=\begin{pmatrix}0&0\\1&1\end{pmatrix},\quad\boldsymbol{A}_3=\begin{pmatrix}1&0\\1&1\end{pmatrix},\quad\boldsymbol{A}_4=\begin{pmatrix}1&1\\1&1\end{pmatrix}$$

是 $\mathbb{P}^{2\times 2}$ 的一个基, 并求向量 $\boldsymbol{A}=\begin{pmatrix} a & b \\ c & d \end{pmatrix}$ 在这个基下的坐标.

证明 设

$$x_1\boldsymbol{A}_1+x_2\boldsymbol{A}_2+x_3\boldsymbol{A}_3+x_4\boldsymbol{A}_4=\boldsymbol{O}.$$

得到方程组

$$\begin{cases} x_3+x_4=0, \\ x_4=0, \\ x_2+x_3+x_4=0, \\ x_1+x_2+x_3+x_4=0. \end{cases}$$

显然, $x_1=x_2=x_3=x_4=0$, 故向量组 $\boldsymbol{A}_1,\boldsymbol{A}_2,\boldsymbol{A}_3,\boldsymbol{A}_4$ 线性无关, 而 $\dim\mathbb{P}^{2\times 2}=4$, 故它是 $\mathbb{P}^{2\times 2}$ 的一个基.

设

$$\boldsymbol{A}=x_1\boldsymbol{A}_1+x_2\boldsymbol{A}_2+x_3\boldsymbol{A}_3+x_4\boldsymbol{A}_4,$$

解线性方程组

$$\begin{cases} x_3+x_4=a, \\ x_4=b, \\ x_2+x_3+x_4=c, \\ x_1+x_2+x_3+x_4=d \end{cases}$$

得

$$x_1=d-c, \quad x_2=c-a, \quad x_3=a-b, \quad x_4=b,$$

故向量 $\boldsymbol{A}$ 在基 $\boldsymbol{A}_1,\boldsymbol{A}_2,\boldsymbol{A}_3,\boldsymbol{A}_4$ 下的坐标是 $(d-c,c-a,a-b,b)^{\mathrm{T}}$.

5.6 在 $\mathbb{P}[x]_3$ 中, 求向量 $1+x+x^2$ 在基 $1,x-1,(x-2)(x-1)$ 下的坐标.

解 显然,

$$1+x+x^2=3+4(x-1)+(x-2)(x-1),$$

故向量 $1+x+x^2$ 在基 $1,x-1,(x-2)(x-1)$ 下的坐标是 $(3,4,1)^{\mathrm{T}}$.

5.7 设 V 是数域 $\mathbb{P}$ 上的三阶反对称矩阵构成的线性空间, 求 V 的维数, 并写出它的一个基.

解 显然有如下等式:

$$\begin{pmatrix} 0 & a & b \\ -a & 0 & c \\ -b & -c & 0 \end{pmatrix}=a\begin{pmatrix} 0 & 1 & 0 \\ -1 & 0 & 0 \\ 0 & 0 & 0 \end{pmatrix}+b\begin{pmatrix} 0 & 0 & 1 \\ 0 & 0 & 0 \\ -1 & 0 & 0 \end{pmatrix}+c\begin{pmatrix} 0 & 0 & 0 \\ 0 & 0 & 1 \\ 0 & -1 & 0 \end{pmatrix},$$

简记为

$$\boldsymbol{A}=a\boldsymbol{A}_1+b\boldsymbol{A}_2+c\boldsymbol{A}_3.$$

等式左边的矩阵 $\boldsymbol{A}$ 可代表任一三阶反对称矩阵, 右边的 3 个矩阵 $\boldsymbol{A}_1,\boldsymbol{A}_2,\boldsymbol{A}_3$ 显然是线性无关的, 故它是 V 的一个基, $\dim V=3$.

5.8 设 n 维线性空间 V 的坐标变换公式是

$$y_1=x_1,\quad y_2=x_2-x_1,\quad y_3=x_3-x_2,\quad \cdots,\quad y_n=x_n-x_{n-1},$$

求 V 的基变换公式.

解法 1 将坐标变换公式写成矩阵形式

$$\begin{pmatrix} y_1\\ y_2\\ \vdots\\ y_n\end{pmatrix}=\begin{pmatrix} 1 & & & \\ -1 & 1 & & \\ & \ddots & \ddots & \\ & & -1 & 1\end{pmatrix}\begin{pmatrix} x_1\\ x_2\\ \vdots\\ x_n\end{pmatrix}.$$

容易得到

$$\begin{pmatrix} 1 & & & \\ -1 & 1 & & \\ & \ddots & \ddots & \\ & & -1 & 1\end{pmatrix}^{-1}=\begin{pmatrix} 1 & 0 & \cdots & 0\\ 1 & 1 & \cdots & 0\\ \vdots & \vdots & & \vdots\\ 1 & 1 & \cdots & 1\end{pmatrix}.$$

因此, 从旧基 $\boldsymbol{\varepsilon}_1,\boldsymbol{\varepsilon}_2,\cdots,\boldsymbol{\varepsilon}_n$ 到新基 $\boldsymbol{\eta}_1,\boldsymbol{\eta}_2,\cdots,\boldsymbol{\eta}_n$ 的基变换公式是

$$(\boldsymbol{\eta}_1,\boldsymbol{\eta}_2,\cdots,\boldsymbol{\eta}_n)=(\boldsymbol{\varepsilon}_1,\boldsymbol{\varepsilon}_2,\cdots,\boldsymbol{\varepsilon}_n)\begin{pmatrix} 1 & 0 & \cdots & 0\\ 1 & 1 & \cdots & 0\\ \vdots & \vdots & & \vdots\\ 1 & 1 & \cdots & 1\end{pmatrix}.$$

解法 2 由坐标变换公式容易解得

$$\begin{cases} x_1=y_1,\\ x_2=y_1+y_2,\\ \cdots\cdots\cdots\cdots\cdots\cdots\\ x_n=y_1+y_2+\cdots+y_n.\end{cases}$$

写成矩阵形式为

$$\begin{pmatrix} x_1\\ x_2\\ \vdots\\ x_n\end{pmatrix}=\begin{pmatrix} 1 & 0 & \cdots & 0\\ 1 & 1 & \cdots & 0\\ \vdots & \vdots & & \vdots\\ 1 & 1 & \cdots & 1\end{pmatrix}\begin{pmatrix} y_1\\ y_2\\ \vdots\\ y_n\end{pmatrix}.$$

故从旧基 $\boldsymbol{\varepsilon}_1,\boldsymbol{\varepsilon}_2,\cdots,\boldsymbol{\varepsilon}_n$ 到新基 $\boldsymbol{\eta}_1,\boldsymbol{\eta}_2,\cdots,\boldsymbol{\eta}_n$ 的基变换公式是

$$(\boldsymbol{\eta}_1,\boldsymbol{\eta}_2,\cdots,\boldsymbol{\eta}_n)=(\boldsymbol{\varepsilon}_1,\boldsymbol{\varepsilon}_2,\cdots,\boldsymbol{\varepsilon}_n)\begin{pmatrix} 1 & 0 & \cdots & 0\\ 1 & 1 & \cdots & 0\\ \vdots & \vdots & & \vdots\\ 1 & 1 & \cdots & 1\end{pmatrix}.$$

5.10 设向量组 $\boldsymbol{\alpha}_1,\boldsymbol{\alpha}_2,\boldsymbol{\alpha}_3$ 是 $\mathbb{R}^3$ 的基, $\boldsymbol{\beta}_1=2\boldsymbol{\alpha}_1+2k\boldsymbol{\alpha}_3,\boldsymbol{\beta}_2=2\boldsymbol{\alpha}_2,\boldsymbol{\beta}_3=\boldsymbol{\alpha}_1+(k+1)\boldsymbol{\alpha}_3$.

(1) 证明: 向量组 $\boldsymbol{\beta}_1,\boldsymbol{\beta}_2,\boldsymbol{\beta}_3$ 也是 $\mathbb{R}^3$ 的基;

(2) 当 k 为何值时, 存在非零向量 $\boldsymbol{\xi}$ 在基 $\boldsymbol{\alpha}_1,\boldsymbol{\alpha}_2,\boldsymbol{\alpha}_3$ 和基 $\boldsymbol{\beta}_1,\boldsymbol{\beta}_2,\boldsymbol{\beta}_3$ 下的坐标相同, 并求所有的非零向量 $\boldsymbol{\xi}$.

解 (1) 设 $x_1\boldsymbol{\beta}_1+x_2\boldsymbol{\beta}_2+x_3\boldsymbol{\beta}_3=\mathbf{0}$, 由已知得

$$x_1(2\boldsymbol{\alpha}_1+2k\boldsymbol{\alpha}_3)+2x_2\boldsymbol{\alpha}_2+x_3\left[\boldsymbol{\alpha}_1+(k+1)\boldsymbol{\alpha}_3\right]=\mathbf{0},$$

即

$$(2x_1+x_3)\boldsymbol{\alpha}_1+2x_2\boldsymbol{\alpha}_2+[2kx_1+(k+1)x_3]\boldsymbol{\alpha}_3=\mathbf{0}.$$

由 $\boldsymbol{\alpha}_1,\boldsymbol{\alpha}_2,\boldsymbol{\alpha}_3$ 线性无关可知

$$\begin{cases}2x_1+ & & x_3=0,\\ & 2x_2 & =0,\\ 2kx_1+ & & (k+1)x_3=0.\end{cases}$$

解得 $x_1=x_2=x_3=0$, 即 $\boldsymbol{\beta}_1,\boldsymbol{\beta}_2,\boldsymbol{\beta}_3$ 线性无关, 因而它也是 $\mathbb{R}^3$ 的基.

(2) 设

$$\boldsymbol{\xi}=x_1\boldsymbol{\beta}_1+x_2\boldsymbol{\beta}_2+x_3\boldsymbol{\beta}_3=x_1\boldsymbol{\alpha}_1+x_2\boldsymbol{\alpha}_2+x_3\boldsymbol{\alpha}_3.$$

将已知代入并整理得

$$(x_1+x_3)\boldsymbol{\alpha}_1+x_2\boldsymbol{\alpha}_2+(2x_1+x_3)k\boldsymbol{\alpha}_3=\mathbf{0}.$$

于是,

$$\begin{cases}x_1+ & & x_3=0,\\ & x_2 & =0,\\ 2kx_1+ & & kx_3=0.\end{cases}$$

此方程组有非零解的充要条件是 $k=0$. 当 $k=0$ 时, $x_1=-x_3,x_2=0$. 故当 $k=0$ 时, 存在非零向量 $\boldsymbol{\xi}$ 在基 $\boldsymbol{\alpha}_1,\boldsymbol{\alpha}_2,\boldsymbol{\alpha}_3$ 和基 $\boldsymbol{\beta}_1,\boldsymbol{\beta}_2,\boldsymbol{\beta}_3$ 下的坐标相同, 此时,

$$\boldsymbol{\xi}=\lambda\boldsymbol{\alpha}_1-\lambda\boldsymbol{\alpha}_3\quad(\lambda\neq 0).$$

5.11 设向量组

$$\boldsymbol{\alpha}_1=\begin{pmatrix}1\\-1\\3\\-2\end{pmatrix},\quad \boldsymbol{\alpha}_2=\begin{pmatrix}-1\\4\\-1\\5\end{pmatrix},\quad \boldsymbol{\alpha}_3=\begin{pmatrix}2\\7\\5\\-2\end{pmatrix},\quad \boldsymbol{\alpha}_4=\begin{pmatrix}1\\-4\\8\\2\end{pmatrix},$$

求 $V=L(\boldsymbol{\alpha}_1,\boldsymbol{\alpha}_2,\boldsymbol{\alpha}_3,\boldsymbol{\alpha}_4)$ 的一个基和维数.

解 对矩阵施行初等行变换化行最简形得

$$(\boldsymbol{\alpha}_1,\boldsymbol{\alpha}_2,\boldsymbol{\alpha}_3,\boldsymbol{\alpha}_4)=\begin{pmatrix}1&-1&2&1\\-1&4&7&-4\\3&-1&5&8\\-2&5&-2&2\end{pmatrix}\xrightarrow{r}\begin{pmatrix}1&0&0&5\\0&1&0&2\\0&0&1&-1\\0&0&0&0\end{pmatrix}.$$

可以看出, $\boldsymbol{\alpha}_1,\boldsymbol{\alpha}_2,\boldsymbol{\alpha}_3$ 是向量组 $\boldsymbol{\alpha}_1,\boldsymbol{\alpha}_2,\boldsymbol{\alpha}_3,\boldsymbol{\alpha}_4$ 的一个极大无关组, $\boldsymbol{\alpha}_4=5\boldsymbol{\alpha}_1+2\boldsymbol{\alpha}_2-\boldsymbol{\alpha}_3$. 因而, $\boldsymbol{\alpha}_1,\boldsymbol{\alpha}_2,\boldsymbol{\alpha}_3$ 是 V 的一个基, $\dim V=3$.

5.12 在 $\mathbb{P}^{3\times 3}$ 中,

$$\boldsymbol{A}=\begin{pmatrix}1&1&0\\0&1&1\\0&0&1\end{pmatrix},$$

全体与 $\boldsymbol{A}$ 可交换的三阶矩阵构成的集合是 $\mathbb{P}^{3\times 3}$ 的子空间, 记为 $C(\boldsymbol{A})$, 求 $C(\boldsymbol{A})$ 的一个基和维数.

解 记

$$\boldsymbol{N}=\begin{pmatrix}0&1&0\\0&0&1\\0&0&0\end{pmatrix},$$

则

$$\boldsymbol{N}^2=\begin{pmatrix}0&0&1\\0&0&0\\0&0&0\end{pmatrix},\quad \boldsymbol{N}^k=\boldsymbol{O}\quad(k\geqslant 3).$$

任取 $\boldsymbol{X}=(x_{ij})_{3\times 3}\in C(\boldsymbol{A})$, 则

$$\boldsymbol{A}\boldsymbol{X}=(\boldsymbol{I}+\boldsymbol{N})\boldsymbol{X}=\boldsymbol{X}+\boldsymbol{N}\boldsymbol{X}=\boldsymbol{X}+\boldsymbol{X}\boldsymbol{N}=\boldsymbol{X}\boldsymbol{A}.$$

故 $\boldsymbol{N}\boldsymbol{X}=\boldsymbol{X}\boldsymbol{N}$. 由

$$\boldsymbol{N}\boldsymbol{X}=\begin{pmatrix}x_{21}&x_{22}&x_{23}\\x_{31}&x_{32}&x_{33}\\0&0&0\end{pmatrix},\quad \boldsymbol{X}\boldsymbol{N}=\begin{pmatrix}0&x_{11}&x_{12}\\0&x_{21}&x_{22}\\0&x_{31}&x_{32}\end{pmatrix}$$

可得

$$x_{21}=x_{31}=x_{32}=0,\quad x_{11}=x_{22}=x_{33},\quad x_{12}=x_{23}.$$

令 $x_{11}=x_{22}=x_{33}=a$, $x_{12}=x_{23}=b$, $x_{13}=c$, 则

$$\boldsymbol{X}=\begin{pmatrix}a&b&c\\0&a&b\\0&0&a\end{pmatrix}.$$

将 $\boldsymbol{X}$ 表示成

$$\boldsymbol{X}=a\boldsymbol{I}+b\boldsymbol{N}+c\boldsymbol{N}^2.$$

显然, $\boldsymbol{I},\boldsymbol{N},\boldsymbol{N}^2$ 线性无关, 且 $C(\boldsymbol{A})$ 中的每一个向量 (矩阵) 都可由 $\boldsymbol{I},\boldsymbol{N},\boldsymbol{N}^2$ 线性表示, 故 $\boldsymbol{I},\boldsymbol{N},\boldsymbol{N}^2$ 是 $C(\boldsymbol{A})$ 的一个基, $\dim C(\boldsymbol{A})=3$.

5.13 在 $\mathbb{P}^{2\times 2}$ 中, 设

$$V_1=\left\{\begin{pmatrix}a&b\\0&0\end{pmatrix}\middle|\, a,b\in\mathbb{P}\right\},\quad V_2=\left\{\begin{pmatrix}a&0\\c&0\end{pmatrix}\middle|\, a,c\in\mathbb{P}\right\}.$$

(1) 证明: V_1, V_2 都是 $\mathbb{P}^{2\times 2}$ 的子空间;

(2) 求 V_1+V_2 与 $V_1\cap V_2$ 的基和维数.

证明 (1) 显然 V_1 对 $\mathbb{P}^{2\times 2}$ 中的矩阵加法运算及数乘矩阵运算都封闭, V_2 亦如此, 故 V_1, V_2 都是 $\mathbb{P}^{2\times 2}$ 的子空间.

(2) 注意到 $V_1 = L(\boldsymbol{E}_{11}, \boldsymbol{E}_{12})$, $V_2 = L(\boldsymbol{E}_{11}, \boldsymbol{E}_{21})$, 其中 $\boldsymbol{E}_{ij}$ 是 (i,j) 元为 1, 其余元为 0 的二阶基本矩阵. 因此,

$$V_1+V_2 = L(\boldsymbol{E}_{11}, \boldsymbol{E}_{12}, \boldsymbol{E}_{21}),$$

即 $\boldsymbol{E}_{11}, \boldsymbol{E}_{12}, \boldsymbol{E}_{21}$ 是 V_1+V_2 的一个基, $\dim(V_1+V_2)=3$. 其次, $V_1\cap V_2 = L(\boldsymbol{E}_{11})$, 容易知道, $\dim(V_1\cap V_2)=1$, $\boldsymbol{E}_{11}$ 是 $V_1\cap V_2$ 的一个基.

5.14 设 $V_1 = L(\boldsymbol{\alpha}_1, \boldsymbol{\alpha}_2)$, $V_2 = L(\boldsymbol{\beta}_1, \boldsymbol{\beta}_2)$, 其中

$$\boldsymbol{\alpha}_1 = (1,2,1,0)^{\mathrm{T}}, \qquad \boldsymbol{\alpha}_2 = (-1,1,1,1)^{\mathrm{T}},$$
$$\boldsymbol{\beta}_1 = (2,-1,0,1)^{\mathrm{T}}, \qquad \boldsymbol{\beta}_2 = (1,-1,3,7)^{\mathrm{T}}.$$

分别求 V_1+V_2 与 $V_1\cap V_2$ 的一个基与维数.

解 由矩阵的初等行变换得

$$(\boldsymbol{\alpha}_1, \boldsymbol{\alpha}_2, \boldsymbol{\beta}_1, \boldsymbol{\beta}_2) = \begin{pmatrix} 1 & -1 & 2 & 1 \\ 2 & 1 & -1 & -1 \\ 1 & 1 & 0 & 3 \\ 0 & 1 & 1 & 7 \end{pmatrix} \to \begin{pmatrix} 1 & 0 & 0 & -1 \\ 0 & 1 & 0 & 4 \\ 0 & 0 & 1 & 3 \\ 0 & 0 & 0 & 0 \end{pmatrix}$$

由此可得

$$\dim(V_1+V_2) = \dim L(\boldsymbol{\alpha}_1, \boldsymbol{\alpha}_2, \boldsymbol{\beta}_1, \boldsymbol{\beta}_2) = \dim L(\boldsymbol{\alpha}_1, \boldsymbol{\alpha}_2, \boldsymbol{\beta}_1) = 3,$$

$\boldsymbol{\alpha}_1, \boldsymbol{\alpha}_2, \boldsymbol{\beta}_1$ 是 V_1+V_2 的一个基. 又因为 $\dim V_1 = \dim V_2 = 2$, 由维数公式得

$$\dim(V_1\cap V_2) = \dim V_1 + \dim V_2 - \dim(V_1+V_2) = 1.$$

由前面的行最简形矩阵得

$$\boldsymbol{\beta}_2 = -\boldsymbol{\alpha}_1 + 4\boldsymbol{\alpha}_2 + 3\boldsymbol{\beta}_1,$$

因此 $\boldsymbol{\alpha}_1 - 4\boldsymbol{\alpha}_2 = 3\boldsymbol{\beta}_1 - \boldsymbol{\beta}_2 \in V_1\cap V_2$, 故 $\boldsymbol{\alpha} = \boldsymbol{\alpha}_1 - 4\boldsymbol{\alpha}_2 = (5,-2,-3,-4)^{\mathrm{T}}$ 是 $V_1\cap V_2$ 的一个基.

5.15 设 $V_1 = L(\boldsymbol{\alpha}_1, \boldsymbol{\alpha}_2, \boldsymbol{\alpha}_3)$, $V_2 = L(\boldsymbol{\beta}_1, \boldsymbol{\beta}_2)$, 其中,

$$\begin{cases} \boldsymbol{\alpha}_1 = (2,1,4,3)^{\mathrm{T}}, \\ \boldsymbol{\alpha}_2 = (-1,1,-6,6)^{\mathrm{T}}, \\ \boldsymbol{\alpha}_3 = (-1,-2,2,-9)^{\mathrm{T}}; \end{cases} \qquad \begin{cases} \boldsymbol{\beta}_1 = (1,1,-2,7)^{\mathrm{T}}, \\ \boldsymbol{\beta}_2 = (2,4,4,9)^{\mathrm{T}}. \end{cases}$$

分别求 V_1+V_2 与 $V_1\cap V_2$ 的一个基与维数.

解 由矩阵的初等行变换得

$$(\boldsymbol{\alpha}_1, \boldsymbol{\alpha}_2, \boldsymbol{\alpha}_3, \boldsymbol{\beta}_1, \boldsymbol{\beta}_2) = \begin{pmatrix} 2 & -1 & -1 & 1 & 2 \\ 1 & 1 & -2 & 1 & 4 \\ 4 & -6 & 2 & -2 & 4 \\ 3 & 6 & -9 & 7 & 9 \end{pmatrix} \to \begin{pmatrix} 1 & 0 & -1 & 0 & 4 \\ 0 & 1 & -1 & 0 & 3 \\ 0 & 0 & 0 & 1 & -3 \\ 0 & 0 & 0 & 0 & 0 \end{pmatrix}$$

由此可得

$$\dim(V_1+V_2)=\dim L(\boldsymbol{\alpha}_1,\boldsymbol{\alpha}_2,\boldsymbol{\alpha}_3,\boldsymbol{\beta}_1,\boldsymbol{\beta}_2)=\dim L(\boldsymbol{\alpha}_1,\boldsymbol{\alpha}_2,\boldsymbol{\beta}_1)=3,$$

$\boldsymbol{\alpha}_1,\boldsymbol{\alpha}_2,\boldsymbol{\beta}_1$ 是 V_1+V_2 的一个基. 又因为 $\dim V_1=\dim V_2=2$, 由维数公式得

$$\dim(V_1\cap V_2)=\dim V_1+\dim V_2-\dim(V_1+V_2)=1.$$

由前面的行最简形矩阵得

$$\boldsymbol{\beta}_2=4\boldsymbol{\alpha}_1+3\boldsymbol{\alpha}_2-3\boldsymbol{\beta}_1,$$

因此 $4\boldsymbol{\alpha}_1+3\boldsymbol{\alpha}_2=3\boldsymbol{\beta}_1+\boldsymbol{\beta}_2\in V_1\cap V_2$, 故 $\boldsymbol{\alpha}=3\boldsymbol{\beta}_1+\boldsymbol{\beta}_2=(5,7,-2,30)^{\mathrm{T}}$ 是 $V_1\cap V_2$ 的一个基.

5.16 设 V_1,V_2 分别是齐次方程组 $x_1+x_2+\cdots+x_n=0$ 及 $x_1=x_2=\cdots=x_n$ 的解空间, 证明: $\mathbb{P}^n=V_1\oplus V_2$.

证法 1 两个齐次方程组的基础解系分别是

$$\boldsymbol{\xi}_1=\begin{pmatrix}-1\\1\\0\\\vdots\\0\end{pmatrix},\boldsymbol{\xi}_2=\begin{pmatrix}-1\\0\\1\\\vdots\\0\end{pmatrix},\cdots,\boldsymbol{\xi}_{n-1}=\begin{pmatrix}-1\\0\\0\\\vdots\\1\end{pmatrix},\quad \boldsymbol{\xi}=\begin{pmatrix}1\\1\\1\\\vdots\\1\end{pmatrix}.$$

于是 $V_1=L(\boldsymbol{\xi}_1,\boldsymbol{\xi}_2,\cdots,\boldsymbol{\xi}_{n-1}),V_2=L(\boldsymbol{\xi})$. 简单计算可知, 以 $\boldsymbol{\xi}_1,\boldsymbol{\xi}_2,\cdots,\boldsymbol{\xi}_{n-1},\boldsymbol{\xi}$ 为列的 n 阶行列式不等于零, 故 $\boldsymbol{\xi}_1,\boldsymbol{\xi}_2,\cdots,\boldsymbol{\xi}_{n-1},\boldsymbol{\xi}$ 线性无关. 所以

$$\dim(V_1+V_2)=\dim L(\boldsymbol{\xi}_1,\boldsymbol{\xi}_2,\cdots,\boldsymbol{\xi}_{n-1},\boldsymbol{\xi})=n,$$

再由 $V_1+V_2\subset\mathbb{P}^n$ 知, $\mathbb{P}^n=V_1\oplus V_2$.

证法 2 $\forall\boldsymbol{\alpha}\in\mathbb{P}^n$, $\boldsymbol{\alpha}=(x_1,x_2,\cdots,x_n)^{\mathrm{T}}$. 令 $\overline{x}=\dfrac{1}{n}\sum\limits_{i=1}^{n}x_i$, 则

$$\boldsymbol{\alpha}=(x_1-\overline{x},x_2-\overline{x},\cdots,x_n-\overline{x})^{\mathrm{T}}+\overline{x}(1,1,\cdots,1)^{\mathrm{T}},$$

这里 $(x_1-\overline{x},x_2-\overline{x},\cdots,x_n-\overline{x})^{\mathrm{T}}\in V_1,\overline{x}(1,1,\cdots,1)^{\mathrm{T}}\in V_2$, 于是 $\mathbb{P}^n=V_1+V_2$. 其次, $V_1\cap V_2=\{\mathbf{0}\}$, 故 $\mathbb{P}^n=V_1\oplus V_2$.

5.17 在 $\mathbb{R}^3$ 中, 记

$$V_1=\{(a,a,b)^{\mathrm{T}}|a,b\in\mathbb{R}\},\quad V_2=\{(a,2a,a)^{\mathrm{T}}|a\in\mathbb{R}\},$$

证明:

(1) V_1,V_2 都是 $\mathbb{R}^3$ 的子空间;

(2) $\mathbb{R}^3=V_1\oplus V_2$.

证明 (1) 任取 $\boldsymbol{\alpha}_1=(a_1,a_1,b_1)^{\mathrm{T}},\boldsymbol{\alpha}_2=(a_2,a_2,b_2)^{\mathrm{T}}\in\mathbb{R}^3,k\in\mathbb{R}$, 都有

$$\boldsymbol{\alpha}_1+\boldsymbol{\alpha}_2=(a_1+a_2,a_1+a_2,b_1+b_2)^{\mathrm{T}}\in V_1,\quad k\boldsymbol{\alpha}_1=(ka_1,ka_1,kb_1)^{\mathrm{T}}\in V_1.$$

因此, V_1 对于 $\mathbb{R}^3$ 中的向量加法和数乘两种运算都封闭, V_1 是 $\mathbb{R}^3$ 的子空间. 同理可得, V_2 也是 $\mathbb{R}^3$ 的子空间.

(2) 令 $\boldsymbol{\alpha}_1 = (1,1,0)^{\mathrm{T}}, \boldsymbol{\alpha}_2 = (0,0,1)^{\mathrm{T}}, \boldsymbol{\alpha}_3 = (1,2,1)^{\mathrm{T}}$, 显然 $\boldsymbol{\alpha}_1, \boldsymbol{\alpha}_2$ 线性无关, 且 $V_1 = L(\boldsymbol{\alpha}_1, \boldsymbol{\alpha}_2), V_2 = L(\boldsymbol{\alpha}_3), V_1 + V_2 = L(\boldsymbol{\alpha}_1, \boldsymbol{\alpha}_2, \boldsymbol{\alpha}_3) \subset \mathbb{R}^3$. 由于

$$|\boldsymbol{\alpha}_1, \boldsymbol{\alpha}_2, \boldsymbol{\alpha}_3| = \begin{vmatrix} 1 & 0 & 1 \\ 1 & 0 & 2 \\ 0 & 1 & 1 \end{vmatrix} = -1 \neq 0,$$

因此, 对任一 $\boldsymbol{\alpha} \in \mathbb{R}^3$, 方程组 $x_1\boldsymbol{\alpha}_1 + x_2\boldsymbol{\alpha}_2 + x_3\boldsymbol{\alpha}_3 = \boldsymbol{\alpha}$ 都有唯一解, 即 $\mathbb{R}^3$ 中的每一个向量都可以唯一分解成 V_1 与 V_2 中的向量之和, 故 $\mathbb{R}^3 = V_1 \oplus V_2$.

5.18 设 V_1, V_2 是线性空间 V 的子空间, 且 $V_1 \subset V_2$. 证明: 如果 $\dim V_1 = \dim V_2$, 则 $V_1 = V_2$.

证明 设 $\boldsymbol{\alpha}_1, \boldsymbol{\alpha}_2, \cdots, \boldsymbol{\alpha}_s$ 是 V_1 的一个基, 由 $V_1 \subset V_2$ 可知, 它是 V_2 的一个线性无关向量组, 而 $\dim V_1 = \dim V_2$, 因此, 它也是 V_2 的一个基, 故 $V_1 = V_2$.

5.19 设 $\boldsymbol{A}$ 是 n 阶矩阵, 且 $\mathrm{R}(\boldsymbol{A}) = \mathrm{R}(\boldsymbol{A}^2)$, 证明: 线性方程组 $\boldsymbol{Ax} = \boldsymbol{0}$ 与 $\boldsymbol{A}^2\boldsymbol{x} = \boldsymbol{0}$ 同解.

证明 设 V_1, V_2 分别是齐次方程组 $\boldsymbol{Ax} = \boldsymbol{0}$ 与 $\boldsymbol{A}^2\boldsymbol{x} = \boldsymbol{0}$ 的解空间. 显然, $V_1 \subset V_2$. 其次,

$$\dim V_1 = n - \mathrm{R}(\boldsymbol{A}) = n - \mathrm{R}(\boldsymbol{A}^2) = \dim V_2.$$

由上一题的结论可知, $V_1 = V_2$, 故两个方程组同解.

5.20 证明: 任一 n 维线性空间都可以分解成 n 个一维子空间的直和.

证明 设 V 是数域 $\mathbb{P}$ 上的任一 n 维线性空间, $\boldsymbol{\varepsilon}_1, \boldsymbol{\varepsilon}_2, \cdots, \boldsymbol{\varepsilon}_n$ 是 V 的一个基. 令

$$V_i = L(\boldsymbol{\varepsilon}_i) \quad (i = 1, 2, \cdots, n).$$

显然, 每一个 V_i 都是 V 的一维子空间, 且

$$V = V_1 \oplus V_2 \oplus \cdots \oplus V_n.$$

5.21 设 V_1, V_2, W_1, W_2 都是有限维线性空间 V 的子空间, 且 $V_1 \subset W_1, V_2 \subset W_2$,

$$V = V_1 \oplus V_2 = W_1 \oplus W_2.$$

证明: $V_1 = W_1, V_2 = W_2$.

证明 只需证明 $V_1 = W_1$. 假设 $V_1 \neq W_1$, 由 $V_1 \subset W_1$ 知, $\dim V_1 < \dim W_1$. 由已知 $V = W_1 \oplus W_2 = V_1 \oplus V_2$ 得

$$\dim W_2 = \dim V - \dim W_1 < \dim V - \dim V_1 = \dim V_2.$$

但由已知 $V_2 \subset W_2$, 可得 $\dim W_2 \geqslant \dim V_2$, 从而矛盾. 故 $V_1 = W_1$, 同理可得 $V_2 = W_2$.

5.22 设 V_1, V_2, V_3 都是数域 $\mathbb{P}$ 上线性空间, $\sigma: V_1 \to V_2, \tau: V_2 \to V_3$ 是同构映射, 证明: $\tau\sigma: V_1 \to V_3$ 是同构映射.

证明 先证 $\tau\sigma$ 是线性映射. 事实上, 任取 $\boldsymbol{\alpha}_1,\boldsymbol{\alpha}_2,\boldsymbol{\alpha}\in V_1, k\in\mathbb{P}$, 由于 τ,σ 都是线性映射, 所以有

$$\begin{aligned}\tau\sigma(\boldsymbol{\alpha}_1+\boldsymbol{\alpha}_2)&=\tau(\sigma(\boldsymbol{\alpha}_1+\boldsymbol{\alpha}_2))\\&=\tau(\sigma(\boldsymbol{\alpha}_1)+\sigma(\boldsymbol{\alpha}_2))\\&=\tau(\sigma(\boldsymbol{\alpha}_1))+\tau(\sigma(\boldsymbol{\alpha}_2))\\&=\tau\sigma(\boldsymbol{\alpha}_1)+\tau\sigma(\boldsymbol{\alpha}_2),\end{aligned}$$

$$\tau\sigma(k\boldsymbol{\alpha})=\tau(k\sigma(\boldsymbol{\alpha}))=k\tau(\sigma(\boldsymbol{\alpha}))=k\tau\sigma(\boldsymbol{\alpha}).$$

再证 $\tau\sigma$ 是双射. 由于 τ 是满射, 因此, 对任一 $\boldsymbol{\gamma}\in V_3$, 存在 $\boldsymbol{\beta}\in V_2$, 使得 $\tau(\boldsymbol{\beta})=\boldsymbol{\gamma}$. 而 σ 也是满射, 存在 $\boldsymbol{\alpha}\in V_1$, 使得

$$\tau\sigma(\boldsymbol{\alpha})=\tau(\sigma(\boldsymbol{\alpha}))=\tau(\boldsymbol{\beta})=\boldsymbol{\gamma},$$

即 $\tau\sigma$ 是满射. 其次, 由于 τ,σ 都是单射, 对于 V_1 中的任意两个不同的向量 $\boldsymbol{\alpha}_1,\boldsymbol{\alpha}_2$, 都有 $\sigma(\boldsymbol{\alpha}_1)\neq\sigma(\boldsymbol{\alpha}_2)$, 也有

$$\tau\sigma(\boldsymbol{\alpha}_1)=\tau(\sigma(\boldsymbol{\alpha}_1))\neq\tau(\sigma(\boldsymbol{\alpha}_2))=\tau\sigma(\boldsymbol{\alpha}_2).$$

因而, $\tau\sigma$ 是单射也是满射, 从而是双射. 故 $\tau\sigma: V_1\to V_3$ 是同构映射.

5.23 设 U,V 都是数域 $\mathbb{P}$ 上线性空间, $\sigma:V\to U$ 是同构映射, V_1 是 V 的子空间. 证明: $\sigma(V_1)$ 是 U 的子空间, 且 $\dim V_1=\dim\sigma(V_1)$.

证明 任取 $\boldsymbol{\beta}_1,\boldsymbol{\beta}_2\in\sigma(V_1)$, 则存在 $\boldsymbol{\alpha}_1,\boldsymbol{\alpha}_2\in V_1$, 使得 $\sigma(\boldsymbol{\alpha}_1)=\boldsymbol{\beta}_1,\sigma(\boldsymbol{\alpha}_2)=\boldsymbol{\beta}_2$. 因此,

$$\boldsymbol{\beta}_1+\boldsymbol{\beta}_2=\sigma(\boldsymbol{\alpha}_1)+\sigma(\boldsymbol{\alpha}_2)=\sigma(\boldsymbol{\alpha}_1+\boldsymbol{\alpha}_2)\in\sigma(V_1).$$

其次, 任取 $\boldsymbol{\beta}\in\sigma(V_1),k\in\mathbb{P}$, 存在 $\boldsymbol{\alpha}\in V_1$, 使得 $\boldsymbol{\beta}=\sigma(\boldsymbol{\alpha})$. 又 $k\boldsymbol{\alpha}\in V_1$, 从而有

$$k\boldsymbol{\beta}=k\sigma(\boldsymbol{\alpha})=\sigma(k\boldsymbol{\alpha})\in\sigma(V_1).$$

即 $\sigma(V_1)$ 对向量加法和数乘向量两种运算封闭, 故 $\sigma(V_1)$ 是 U 的子空间. 再由 $\sigma:V\to U$ 是同构映射可知, $\dim V_1=\dim\sigma(V_1)$.

5.24 设 U,V 都是数域 $\mathbb{P}$ 上线性空间, $\sigma:V\to U$ 是同构映射, V_1,V_2 是 V 的子空间. 证明:

(1) $\sigma(V_1+V_2)=\sigma(V_1)+\sigma(V_2),\sigma(V_1\cap V_2)=\sigma(V_1)\cap\sigma(V_2)$;

(2) 若 $W=V_1\oplus V_2$, 则 $\sigma(W)=\sigma(V_1)\oplus\sigma(V_2)$.

证明 (1) 由于 $V_1\subset V_1+V_2,V_2\subset V_1+V_2$, 因此,

$$\sigma(V_1)\subset\sigma(V_1+V_2),\quad \sigma(V_2)\subset\sigma(V_1+V_2).$$

注意到 $\sigma(V_1),\sigma(V_2),\sigma(V_1+V_2)$ 都是 U 的子空间, 所以

$$\sigma(V_1)+\sigma(V_2)\subset\sigma(V_1+V_2).$$

反过来, 任取 $\boldsymbol{\alpha} \in \sigma(V_1+V_2)$, 则存在 $\boldsymbol{\beta} \in V_1+V_2$, 使得 $\boldsymbol{\alpha}=\sigma(\boldsymbol{\beta})$. 又存在 $\boldsymbol{\beta}_1 \in V_1, \boldsymbol{\beta}_2 \in V_2$, 使得 $\boldsymbol{\beta}=\boldsymbol{\beta}_1+\boldsymbol{\beta}_2$. 故

$$\boldsymbol{\alpha}=\sigma(\boldsymbol{\beta}_1)+\sigma(\boldsymbol{\beta}_2) \in \sigma(V_1)+\sigma(V_2),$$

即

$$\sigma(V_1+V_2) \subset \sigma(V_1)+\sigma(V_2).$$

综上可知, $\sigma(V_1+V_2)=\sigma(V_1)+\sigma(V_2)$.

再证 (1) 的第二个等式. 由于 $V_1 \cap V_2 \subset V_1, V_1 \cap V_2 \subset V_2$, 因此,

$$\sigma(V_1 \cap V_2) \subset \sigma(V_1), \quad \sigma(V_1 \cap V_2) \subset \sigma(V_2).$$

从而, $\sigma(V_1 \cap V_2) \subset \sigma(V_1) \cap \sigma(V_2)$.

反之, 任取 $\boldsymbol{\gamma} \in \sigma(V_1) \cap \sigma(V_2)$, 则 $\boldsymbol{\gamma} \in \sigma(V_1), \boldsymbol{\gamma} \in \sigma(V_2)$. 因此, 存在 $\boldsymbol{\gamma}_1 \in V_1, \boldsymbol{\gamma}_2 \in V_2$, 使得 $\boldsymbol{\gamma}=\sigma(\boldsymbol{\gamma}_1)=\sigma(\boldsymbol{\gamma}_2)$. 注意到 σ 是单射, 从而 $\boldsymbol{\gamma}_1=\boldsymbol{\gamma}_2 \in V_1 \cap V_2$. 得到 $\boldsymbol{\gamma} \in \sigma(V_1 \cap V_2)$, 所以有 $\sigma(V_1) \cap \sigma(V_2) \subset \sigma(V_1 \cap V_2)$.

综上可知, $\sigma(V_1 \cap V_2)=\sigma(V_1) \cap \sigma(V_2)$.

(2) 由 (1) 知 $\sigma(W)=\sigma(V_1)+\sigma(V_2)$. 其次, 由于 $V_1 \cap V_2=\{0\}$, 再由 (1) 知, $\sigma(V_1) \cap \sigma(V_2)=\{\mathbf{0}\}$, 故 $\sigma(W)=\sigma(V_1) \oplus \sigma(V_2)$.

5.25 在 $\mathbb{P}^{2\times 2}$ 中, 矩阵

$$\boldsymbol{A}_1=\begin{pmatrix}1 & 2\\ 0 & 1\end{pmatrix}, \quad \boldsymbol{A}_2=\begin{pmatrix}1 & 0\\ 2 & 1\end{pmatrix}, \quad \boldsymbol{A}_3=\begin{pmatrix}2 & 3\\ 1 & 0\end{pmatrix}, \quad \boldsymbol{A}_4=\begin{pmatrix}2 & -1\\ 5 & 4\end{pmatrix},$$

记 $V=L(\boldsymbol{A}_1, \boldsymbol{A}_2, \boldsymbol{A}_3, \boldsymbol{A}_4)$, 求 V 的一个基及维数.

解 设 $\boldsymbol{E}_{11}, \boldsymbol{E}_{12}, \boldsymbol{E}_{21}, \boldsymbol{E}_{22}$ 是二阶基本矩阵, 它们是 $\mathbb{P}^{2\times 2}$ 的基, $\boldsymbol{A}_1, \boldsymbol{A}_2, \boldsymbol{A}_3, \boldsymbol{A}_4$ 关于这个基的坐标分别是

$$\boldsymbol{\alpha}_1=(1,2,0,1)^{\mathrm{T}}, \quad \boldsymbol{\alpha}_2=(1,0,2,1)^{\mathrm{T}},$$
$$\boldsymbol{\alpha}_3=(2,3,1,0)^{\mathrm{T}}, \quad \boldsymbol{\alpha}_4=(2,-1,5,4)^{\mathrm{T}}.$$

利用矩阵的初等行变换容易得到

$$\begin{pmatrix}1 & 1 & 2 & 2\\ 2 & 0 & 3 & -1\\ 0 & 2 & 1 & 5\\ 1 & 1 & 0 & 4\end{pmatrix} \xrightarrow{r} \begin{pmatrix}1 & 0 & 0 & 1\\ 0 & 1 & 0 & 3\\ 0 & 0 & 1 & -1\\ 0 & 0 & 0 & 0\end{pmatrix}.$$

因此, $\boldsymbol{\alpha}_1, \boldsymbol{\alpha}_2, \boldsymbol{\alpha}_3$ 是 $\boldsymbol{\alpha}_1, \boldsymbol{\alpha}_2, \boldsymbol{\alpha}_3, \boldsymbol{\alpha}_4$ 的一个极大无关组,

$$U=L(\boldsymbol{\alpha}_1, \boldsymbol{\alpha}_2, \boldsymbol{\alpha}_3, \boldsymbol{\alpha}_4)=L(\boldsymbol{\alpha}_1, \boldsymbol{\alpha}_2, \boldsymbol{\alpha}_3),$$

即 $\boldsymbol{\alpha}_1, \boldsymbol{\alpha}_2, \boldsymbol{\alpha}_3$ 是 U 的一个基, $\dim U=3$. 由于 V 与 U 同构, 所以, $\boldsymbol{A}_1, \boldsymbol{A}_2, \boldsymbol{A}_3$ 是 V 的一个基, $\dim V=3$.

注 取二阶基本矩阵 $\boldsymbol{E}_{11},\boldsymbol{E}_{12},\boldsymbol{E}_{21},\boldsymbol{E}_{22}$ 为 $\mathbb{P}^{2\times 2}$ 的基, 得到的坐标向量 $\boldsymbol{\alpha}_1,\boldsymbol{\alpha}_2,\boldsymbol{\alpha}_3,\boldsymbol{\alpha}_4$ 分别称为是矩阵 $\boldsymbol{A}_1,\boldsymbol{A}_2,\boldsymbol{A}_3,\boldsymbol{A}_4$ 按行拉直向量. 如果调整基的顺序为 $\boldsymbol{E}_{11},\boldsymbol{E}_{21},\boldsymbol{E}_{12},\boldsymbol{E}_{22}$, 则得到的坐标向量

$$\widetilde{\boldsymbol{\alpha}}_1=(1,0,2,1)^{\mathrm{T}},\quad \widetilde{\boldsymbol{\alpha}}_2=(1,2,0,1)^{\mathrm{T}},$$
$$\widetilde{\boldsymbol{\alpha}}_3=(2,1,3,0)^{\mathrm{T}},\quad \widetilde{\boldsymbol{\alpha}}_4=(2,5,-1,4)^{\mathrm{T}}.$$

分别称为是矩阵 $\boldsymbol{A}_1,\boldsymbol{A}_2,\boldsymbol{A}_3,\boldsymbol{A}_4$ 按列拉直向量. 相应的运算称作是矩阵的按行 (列) 拉直运算, 矩阵 $\boldsymbol{A}$ 的按列拉直向量也记作 $\mathrm{Vec}(\boldsymbol{A})$.

在按行 (列) 拉直运算 (映射) 下, $\mathbb{P}^{m\times n}$ 矩阵空间与 $\mathbb{P}^{mn}$ 向量空间同构. 请读者自己验证, 本题分别按行拉直与按列拉直两种运算处理结果是一样的.

5.26 在 $\mathbb{P}^{2\times 2}$ 中, 矩阵

$$\boldsymbol{A}_1=\begin{pmatrix}1&0\\1&0\end{pmatrix},\quad \boldsymbol{A}_2=\begin{pmatrix}1&1\\0&1\end{pmatrix},\quad \boldsymbol{A}_3=\begin{pmatrix}2&3\\-1&3\end{pmatrix},\quad \boldsymbol{A}_4=\begin{pmatrix}0&-1\\1&-1\end{pmatrix},$$

记 $V_1=L(\boldsymbol{A}_1,\boldsymbol{A}_2),V_2=L(\boldsymbol{A}_3,\boldsymbol{A}_4)$. 证明: V_1 与 V_2 同构.

证明 设 $\boldsymbol{E}_{11},\boldsymbol{E}_{12},\boldsymbol{E}_{21},\boldsymbol{E}_{22}$ 是二阶基本矩阵, 它们是 $\mathbb{P}^{2\times 2}$ 的基, $\boldsymbol{A}_1,\boldsymbol{A}_2,\boldsymbol{A}_3,\boldsymbol{A}_4$ 关于这个基的坐标分别是

$$\boldsymbol{\alpha}_1=(1,0,1,0)^{\mathrm{T}},\qquad \boldsymbol{\alpha}_2=(1,1,0,1)^{\mathrm{T}},$$
$$\boldsymbol{\alpha}_3=(2,3,-1,3)^{\mathrm{T}},\quad \boldsymbol{\alpha}_4=(0,-1,1,-1)^{\mathrm{T}}.$$

利用矩阵的初等行变换容易得到

$$\begin{pmatrix}1&1&2&0\\0&1&3&-1\\1&0&-1&1\\0&1&3&-1\end{pmatrix}\xrightarrow{r}\begin{pmatrix}1&0&-1&1\\0&1&3&-1\\0&0&0&0\\0&0&0&0\end{pmatrix}.$$

可以看到, $\boldsymbol{\alpha}_1,\boldsymbol{\alpha}_2$ 线性无关, $\boldsymbol{\alpha}_3,\boldsymbol{\alpha}_4$ 也线性无关. 由同构原理可知, 矩阵 $\boldsymbol{A}_1,\boldsymbol{A}_2$ 线性无关, 且 $\boldsymbol{A}_3,\boldsymbol{A}_4$ 也线性无关, 于是 $\dim V_1=\dim V_2=2$, 故 V_1 与 V_2 同构.

5.27 设 $V=\{(a,a+b,a-b)^{\mathrm{T}}|a,b\in\mathbb{P}\}$, 证明: V 是 $\mathbb{P}^3$ 的子空间, 且与 $\mathbb{P}^2$ 同构.

证明 由于 V 中的任一向量都可以表示成

$$(a,a+b,a-b)^{\mathrm{T}}=a(1,1,1)^{\mathrm{T}}+b(0,1,-1)^{\mathrm{T}}\quad (a,b\in\mathbb{P}),$$

令 $\boldsymbol{\varepsilon}_1=(1,1,1)^{\mathrm{T}},\boldsymbol{\varepsilon}_2=(0,1,-1)^{\mathrm{T}}$, 则 $V=L(\boldsymbol{\varepsilon}_1,\boldsymbol{\varepsilon}_2)$, 即 V 是由 $\boldsymbol{\varepsilon}_1,\boldsymbol{\varepsilon}_2$ 生成的 $\mathbb{P}^3$ 的子空间. 显然, $\boldsymbol{\varepsilon}_1,\boldsymbol{\varepsilon}_2$ 线性无关, 故 $\dim V=2$, 从而 V 与 $\mathbb{P}^2$ 同构.

5.28 设线性空间 V 中的向量组 $\boldsymbol{\alpha}_1,\boldsymbol{\alpha}_2,\boldsymbol{\alpha}_3,\boldsymbol{\alpha}_4$ 线性无关.

(1) 试问向量组: $\boldsymbol{\alpha}_1+\boldsymbol{\alpha}_2,\boldsymbol{\alpha}_2+\boldsymbol{\alpha}_3,\boldsymbol{\alpha}_3+\boldsymbol{\alpha}_4,\boldsymbol{\alpha}_4+\boldsymbol{\alpha}_1$ 是否线性相关, 说明理由;

(2) 求 $W=L(\boldsymbol{\alpha}_1+\boldsymbol{\alpha}_2,\boldsymbol{\alpha}_2+\boldsymbol{\alpha}_3,\boldsymbol{\alpha}_3+\boldsymbol{\alpha}_4,\boldsymbol{\alpha}_4+\boldsymbol{\alpha}_1)$ 的一个基及维数.

解 (1) 注意到

$$(\boldsymbol{\alpha}_1+\boldsymbol{\alpha}_2,\boldsymbol{\alpha}_2+\boldsymbol{\alpha}_3,\boldsymbol{\alpha}_3+\boldsymbol{\alpha}_4,\boldsymbol{\alpha}_4+\boldsymbol{\alpha}_1)=(\boldsymbol{\alpha}_1,\boldsymbol{\alpha}_2,\boldsymbol{\alpha}_3,\boldsymbol{\alpha}_4)\begin{pmatrix}1&0&0&1\\1&1&0&0\\0&1&1&0\\0&0&1&1\end{pmatrix}.$$

将后一个矩阵施行初等行变换化成行最简形

$$\begin{pmatrix}1&0&0&1\\1&1&0&0\\0&1&1&0\\0&0&1&1\end{pmatrix}\xrightarrow{r}\begin{pmatrix}1&0&0&1\\0&1&0&-1\\0&0&1&1\\0&0&0&0\end{pmatrix}.$$

可知其秩为 3, 故向量组: $\boldsymbol{\alpha}_1+\boldsymbol{\alpha}_2,\boldsymbol{\alpha}_2+\boldsymbol{\alpha}_3,\boldsymbol{\alpha}_3+\boldsymbol{\alpha}_4,\boldsymbol{\alpha}_4+\boldsymbol{\alpha}_1$ 线性相关.

(2) 由 (1) 知

$$\boldsymbol{\alpha}_4+\boldsymbol{\alpha}_1=(\boldsymbol{\alpha}_1+\boldsymbol{\alpha}_2)-(\boldsymbol{\alpha}_2+\boldsymbol{\alpha}_3)+(\boldsymbol{\alpha}_3+\boldsymbol{\alpha}_4),$$

且向量组

$$\boldsymbol{\alpha}_1+\boldsymbol{\alpha}_2,\boldsymbol{\alpha}_2+\boldsymbol{\alpha}_3,\boldsymbol{\alpha}_3+\boldsymbol{\alpha}_4$$

线性无关, 故 $\boldsymbol{\alpha}_1+\boldsymbol{\alpha}_2,\boldsymbol{\alpha}_2+\boldsymbol{\alpha}_3,\boldsymbol{\alpha}_3+\boldsymbol{\alpha}_4$ 是 W 的一个基, $\dim W=3$.

5.29 设 V 是实函数空间, V_1,V_2 均为 V 的子空间, 其中

$$V_1=L(1,x,\sin^2 x),\quad V_2=L(\cos 2x,\cos^2 x).$$

试分别求 $V_1,V_2,V_1\cap V_2,V_1+V_2$ 的一个基及维数.

解 由 $k_1+k_2x+k_3\sin^2 x=0\,(\forall x\in\mathbb{R})$ 知, $k_1=k_2=k_3=0$, 故 $1,x,\sin^2 x$ 线性无关, 它是 V_1 的一个基, $\dim V_1=3$. 由 $k_1\cos 2x+k_2\cos^2 x=0\,(\forall x\in\mathbb{R})=0$ 知, $k_1=k_2=0$. 因此, $\cos 2x,\cos^2 x$ 线性无关, $\dim V_2=2$. 再由 $\cos 2x=1-2\sin^2 x$ 及 $\cos^2 x=1-\sin^2 x$ 知, $V_2\subset V_1$, $V_1+V_2=V_1$, $V_1\cap V_2=V_2$.

注 在第 5.29 题中, 若将 V_1 更改为 "$V_1=L(1,x,\sin x)$", 其他条件不变, 求相应的基和维数, 结论如何?

答案: $\dim V_1=3,\dim V_2=2,\dim(V_1+V_2)=\dim L(1,x,\sin x,\sin^2 x)=4,\dim V_1\cap V_2=\dim L(1)=1,V_2=L(\cos 2x,\cos^2 x)=L(1,\sin^2 x)$.

5.30 在 $\mathbb{P}^{2\times 2}$ 中, 设

$$V_1=\left\{\begin{pmatrix}a&-a\\b&c\end{pmatrix}\middle|\, a,b,c\in\mathbb{P}\right\},\quad V_2=\left\{\begin{pmatrix}a&b\\-a&c\end{pmatrix}\middle|\, a,b,c\in\mathbb{P}\right\}.$$

(1) 证明: V_1,V_2 都是 $\mathbb{P}^{2\times 2}$ 的子空间;

(2) 分别求 V_1+V_2 与 $V_1\cap V_2$ 的一个基和维数.

证明 (1) 显然 V_1,V_2 对 $\mathbb{P}^{2\times 2}$ 中的矩阵加法和数乘矩阵运算封闭, 故然 V_1,V_2 都是 $\mathbb{P}^{2\times 2}$ 的子空间.

(2) 令 $\boldsymbol{A}_1=\boldsymbol{E}_{11}-\boldsymbol{E}_{12}$, 其中 $\boldsymbol{E}_{ij}$ 是第 (i,j) 元为 1, 其余元为 0 的二阶基本矩阵. 显然, $\boldsymbol{A}_1,\boldsymbol{E}_{21},\boldsymbol{E}_{22}$ 线性无关, 且 V_1 的每一个矩阵都可以由 $\boldsymbol{A}_1,\boldsymbol{E}_{21},\boldsymbol{E}_{22}$ 线性表示, 故 $\boldsymbol{A}_1,\boldsymbol{E}_{21},\boldsymbol{E}_{22}$ 是 V_1 的一个基, $\dim V_1=3$.

令 $\boldsymbol{A}_2=\boldsymbol{E}_{11}-\boldsymbol{E}_{21}$, 又 $\boldsymbol{A}_2,\boldsymbol{E}_{12},\boldsymbol{E}_{22}$ 线性无关, 且 V_2 的每一个矩阵都可由 $\boldsymbol{A}_2,\boldsymbol{E}_{12},\boldsymbol{E}_{22}$ 线性表示, 故 $\boldsymbol{A}_2,\boldsymbol{E}_{12},\boldsymbol{E}_{22}$ 是 V_2 的一个基, $\dim V_2=3$.

下面用矩阵的初等行变换法找向量组 $\boldsymbol{A}_1,\boldsymbol{E}_{21},\boldsymbol{E}_{22},\boldsymbol{A}_2,\boldsymbol{E}_{12}$ 一个极大无关组 (参见例 5.28 或习题第 5.25 题、5.26 题等, 也可用习题第 5.15 题的方法). 由

$$\begin{pmatrix}1&0&0&1&0\\-1&0&0&0&1\\0&1&0&-1&0\\0&0&1&0&0\end{pmatrix}\xrightarrow{r}\begin{pmatrix}1&0&0&0&-1\\0&1&0&0&1\\0&0&1&0&0\\0&0&0&1&1\end{pmatrix}$$

可知 $\boldsymbol{A}_1,\boldsymbol{E}_{21},\boldsymbol{E}_{22},\boldsymbol{A}_2$ 是其中一个极大无关组, $\boldsymbol{E}_{12}=-\boldsymbol{A}_1+\boldsymbol{E}_{21}+\boldsymbol{A}_2$. 故

$$V_1+V_2=L(\boldsymbol{A}_1,\boldsymbol{E}_{21},\boldsymbol{E}_{22},\boldsymbol{A}_2,\boldsymbol{E}_{12})=L(\boldsymbol{A}_1,\boldsymbol{E}_{21},\boldsymbol{E}_{22},\boldsymbol{A}_2),$$

得到 $\boldsymbol{A}_1,\boldsymbol{E}_{21},\boldsymbol{E}_{22},\boldsymbol{A}_2$ 是 V_1+V_2 的一个基, $\dim(V_1+V_2)=4$. 因而

$$\dim(V_1\cap V_2)=\dim V_1+\dim V_2-\dim(V_1+V_2)=2.$$

又 $\boldsymbol{A}_1-\boldsymbol{E}_{21}=\boldsymbol{A}_2-\boldsymbol{E}_{12}\in V_1\cap V_2,\boldsymbol{E}_{22}\in V_1\cap V_2$, 且 $\boldsymbol{A}_1-\boldsymbol{E}_{21},\boldsymbol{E}_{22}$ 线性无关, 故 $\boldsymbol{E}_{11}-\boldsymbol{E}_{12}-\boldsymbol{E}_{21},\boldsymbol{E}_{22}$ 是 $V_1\cap V_2$ 的一个基, $\dim(V_1\cap V_2)=2$.

5.31 设 V_1,V_2 均为 n 维线性空间 V 的子空间, 若

$$\dim(V_1+V_2)=\dim(V_1\cap V_2)+1,$$

证明: $V_1\subset V_2$, 或 $V_2\subset V_1$.

证明 由

$$\dim(V_1\cap V_2)\leqslant\dim V_1\leqslant\dim(V_1+V_2)=\dim(V_1\cap V_2)+1$$

可知

$$\dim V_1=\dim(V_1\cap V_2)\quad 或\quad \dim V_1=\dim(V_1+V_2).$$

若 $\dim V_1=\dim(V_1\cap V_2)$, 由于 $V_1\cap V_2\subset V_1$, 因此, $V_1=V_1\cap V_2,V_1\subset V_2$.

若 $\dim V_1=\dim(V_1+V_2)$, 由 $V_1\subset V_1+V_2$ 可知 $V_1=V_1+V_2,V_2\subset V_1$.

5.32 设 V_1,V_2 都是线性空间 V 的子空间, 证明: $V_1\cup V_2=V_1+V_2$ 成立的充要条件是 $V_1\subset V_2$, 或 $V_2\subset V_1$.

证明 充分性. 若 $V_1\subset V_2$, 则 $V_1\cup V_2=V_2=V_1+V_2$, 结论成立. 同理可得, 若 $V_2\subset V_1$, 结论也成立.

必要性. 若 $V_1\cup V_2=V_1+V_2$, 而 $V_1\not\subset V_2$ 且 $V_2\not\subset V_1$, 则至少存在向量 $\boldsymbol{\alpha}_1\in V_1$, $\boldsymbol{\alpha}_1\notin V_2$, 且存在 $\boldsymbol{\alpha}_2\in V_2$, $\boldsymbol{\alpha}_2\notin V_1$. 因此, $\boldsymbol{\alpha}_1+\boldsymbol{\alpha}_2\in V_1+V_2$, 但 $\boldsymbol{\alpha}_1+\boldsymbol{\alpha}_2\notin V_1\cup V_2$. 事实上, 若 $\boldsymbol{\alpha}_1+\boldsymbol{\alpha}_2\in V_1$, 将导致 $\boldsymbol{\alpha}_2\in V_1$, 不成立; 若 $\boldsymbol{\alpha}_1+\boldsymbol{\alpha}_2\in V_2$, 则导致 $\boldsymbol{\alpha}_1\in V_2$, 也不成立. 这样, $V_1\cup V_2=V_2=V_1+V_2$ 不成立, 与已知矛盾, 故 $V_1\subset V_2$, 或 $V_2\subset V_1$.

5.33 设 W_1,W_2,W_3 都是线性空间 V 的子空间, 其中 $W_1\subset W_2$, 且

$$W \cap W_1 = W \cap W_2, \quad W + W_1 = W + W_2,$$

证明: $W_1 = W_2$.

证明 由 $W \cap W_1 = W \cap W_2, W + W_1 = W + W_2$ 及维数定理得

$$\dim(W_i + W) = \dim W_i + \dim W - \dim(W_i \cap W) \quad (i = 1, 2).$$

因而,

$$\dim W_1 + \dim W = \dim W_2 + \dim W.$$

从而 $\dim W_1 = \dim W_2$, 又 $W_1 \subset W_2$, 故 $W_1 = W_2$.

5.34 设 W 是 n 维线性空间 V 的一个子空间, 且 $0 < \dim W < n$, 证明: W 在 V 中有不止一个余子空间.

证明 设 $\dim W = s$, $\boldsymbol{\alpha}_1, \boldsymbol{\alpha}_2, \cdots, \boldsymbol{\alpha}_s$ 是 W 的一个基, 将它扩充成 V 的一个基: $\boldsymbol{\alpha}_1, \boldsymbol{\alpha}_2, \cdots, \boldsymbol{\alpha}_s, \boldsymbol{\alpha}_{s+1}, \cdots, \boldsymbol{\alpha}_n$. 令 $W_1 = L(\boldsymbol{\alpha}_{s+1}, \boldsymbol{\alpha}_{s+2}, \cdots, \boldsymbol{\alpha}_n)$, 则 $V = W \oplus W_1$.

再令 $W_2 = L(\boldsymbol{\alpha}_1 + \boldsymbol{\alpha}_{s+1}, \boldsymbol{\alpha}_{s+2}, \cdots, \boldsymbol{\alpha}_n)$. 容易验证 $\boldsymbol{\alpha}_1, \cdots, \boldsymbol{\alpha}_s, \boldsymbol{\alpha}_1 + \boldsymbol{\alpha}_{s+1}, \boldsymbol{\alpha}_{s+2}, \cdots, \boldsymbol{\alpha}_n$ 线性无关, 因而是 V 的一个基, 且 $V = W \oplus W_2$.

注意到 $\boldsymbol{\alpha}_1 \notin W_1, \boldsymbol{\alpha}_{s+1} \in W_1$, 因而, $\boldsymbol{\alpha}_1 + \boldsymbol{\alpha}_{s+1} \notin W_1$, 但 $\boldsymbol{\alpha}_1 + \boldsymbol{\alpha}_{s+1} \in W_2$, 故 $W_1 \neq W_2$, 即 W 至少有两个余子空间 W_1, W_2.

5.35 证明: n 维线性空间 V 的每一个真子空间都是若干个 $n-1$ 维子空间的交.

证明 设 W 是 V 的真子空间, $\boldsymbol{\alpha}_1, \boldsymbol{\alpha}_2, \cdots, \boldsymbol{\alpha}_s$ 是 W 的一个基, 将它扩充成 V 的一个基: $\boldsymbol{\alpha}_1, \boldsymbol{\alpha}_2, \cdots, \boldsymbol{\alpha}_s, \boldsymbol{\alpha}_{s+1}, \cdots, \boldsymbol{\alpha}_n$. 令

$$\begin{aligned}
&W_1 = L(\boldsymbol{\alpha}_1, \boldsymbol{\alpha}_2, \cdots, \boldsymbol{\alpha}_s, \boldsymbol{\alpha}_{s+2}, \boldsymbol{\alpha}_{s+3}, \cdots, \boldsymbol{\alpha}_n), \\
&W_2 = L(\boldsymbol{\alpha}_1, \boldsymbol{\alpha}_2, \cdots, \boldsymbol{\alpha}_s, \boldsymbol{\alpha}_{s+1}, \boldsymbol{\alpha}_{s+3}, \cdots, \boldsymbol{\alpha}_n), \\
&\cdots\cdots\cdots\cdots\cdots\cdots\cdots\cdots\cdots\cdots\cdots\cdots \\
&W_{n-s} = L(\boldsymbol{\alpha}_1, \boldsymbol{\alpha}_2, \cdots, \boldsymbol{\alpha}_s, \boldsymbol{\alpha}_{s+1}, \boldsymbol{\alpha}_{s+2}, \cdots, \boldsymbol{\alpha}_{n-1}).
\end{aligned}$$

首先, $W \subset W_i\,(i = 1, 2, \cdots, n-s)$, 因而 $W \subset \bigcap\limits_{i=1}^{n-s} W_i$. 其次, 假设存在某个 $\boldsymbol{\alpha} \in \bigcap\limits_{i=1}^{n-s} W_i$, 但 $\boldsymbol{\alpha} \notin W$. 令

$$\boldsymbol{\alpha} = k_1\boldsymbol{\alpha}_1 + \cdots + k_s\boldsymbol{\alpha}_s + k_{s+1}\boldsymbol{\alpha}_{s+1} + \cdots + k_n\boldsymbol{\alpha}_n,$$

且 $k_{s+1}, \cdots, k_n$ 中至少有一个不为零. 不妨假定 $k_{s+1} \neq 0$, 这时, $\boldsymbol{\alpha} \notin W_1$, 这与 $\boldsymbol{\alpha} \in \bigcap\limits_{i=1}^{n-s} W_i$ 矛盾. 因而 $k_{s+1} = \cdots = k_n = 0$, 即 $\boldsymbol{\alpha} \in W$, 故 $W = \bigcap\limits_{i=1}^{n-s} W_i$, 且每个一个 W_i 都是 $n-1$ 维的子空间.

5.36 设 $\boldsymbol{A}$ 是数域 $\mathbb{P}$ 上的 n 阶矩阵, $\mathrm{R}(\boldsymbol{A}) = r$, $S(\boldsymbol{A}) = \{\boldsymbol{B} \in \mathbb{P}^{n\times n} | \boldsymbol{AB} = \boldsymbol{O}\}$. 证明:

$$\dim S(\boldsymbol{A}) = n(n-r).$$

证法 1 设 $\boldsymbol{\alpha}_1, \boldsymbol{\alpha}_2, \cdots, \boldsymbol{\alpha}_{n-r}$ 是齐次方程组 $\boldsymbol{Ax} = \boldsymbol{0}$ 的一个基础解系, 则 $\boldsymbol{B}$ 的每一个列向量可由它线性表示, 且表示法是唯一的. 令 $\boldsymbol{C} = (\boldsymbol{\alpha}_1, \boldsymbol{\alpha}_2, \cdots, \boldsymbol{\alpha}_{n-r})$, 因而, 存在唯一的

$(n-r)\times n$ 矩阵 $\boldsymbol{Q}$, 使得 $\boldsymbol{B}=\boldsymbol{C}\boldsymbol{Q}$(见定理 3.3), 则 $\sigma:\boldsymbol{B}\to\boldsymbol{Q}$ 是从 $S(\boldsymbol{A})$ 到 $\mathbb{P}^{(n-r)\times n}$ 上的双射. 下面证明 σ 是线性映射. 事实上, 任取 $\boldsymbol{B}_1,\boldsymbol{B}_2\in S(\boldsymbol{A}),k_1,k_2\in\mathbb{P}$. 令 $\sigma(\boldsymbol{B}_i)=\boldsymbol{Q}_i\,(i=1,2)$, 即 $\boldsymbol{B}_i=\boldsymbol{C}\boldsymbol{Q}_i=\boldsymbol{C}\sigma(\boldsymbol{B}_i)\,(i=1,2)$. 则

$$k_1\boldsymbol{B}_1+k_2\boldsymbol{B}_2=k_1\boldsymbol{C}\boldsymbol{Q}_1+k_2\boldsymbol{C}\boldsymbol{Q}_2=\boldsymbol{C}(k_1\boldsymbol{Q}_1+k_2\boldsymbol{Q}_2),$$

即

$$\sigma(k_1\boldsymbol{B}_1+k_2\boldsymbol{B}_2)=k_1\boldsymbol{Q}_1+k_2\boldsymbol{Q}_2=k_1\sigma(\boldsymbol{B}_1)+k_2\sigma(\boldsymbol{B}_2).$$

由定义 5.10 可知, $\sigma:S(\boldsymbol{A})\to\mathbb{P}^{(n-r)\times n}$ 是线性映射, 故 σ 是同构映射. 从而

$$\dim S(\boldsymbol{A})=\dim\mathbb{P}^{(n-r)\times n}=n(n-r).$$

证法 2 设 $\boldsymbol{\alpha}_1,\boldsymbol{\alpha}_2,\cdots,\boldsymbol{\alpha}_{n-r}$ 是齐次方程组 $\boldsymbol{A}\boldsymbol{x}=\boldsymbol{0}$ 的一个基础解系. 令 $\boldsymbol{B}_{ij}$ 是第 j 列为 $\boldsymbol{\alpha}_i$, 其他各列为 $\boldsymbol{0}$ 的 n 阶矩阵 $(i=1,2,\cdots,n-r;\ j=1,2,\cdots,n)$, 则 $\boldsymbol{B}_{ij}$, $(i=1,2,\cdots,n-r;\ j=1,2,\cdots,n)$ 线性无关, 且是 $S(\boldsymbol{A})$ 的一个基, 故 $\dim S(\boldsymbol{A})=n(n-r)$.

5.37 设 $\mathbb{C}^{n\times n}$ 是复数域 $\mathbb{C}$ 上的全体 n 阶矩阵按通常的运算构成的线性空间,

$$\boldsymbol{F}=\begin{pmatrix}0&0&\cdots&0&-a_n\\1&0&\cdots&0&-a_{n-1}\\\vdots&\vdots&&\vdots&\vdots\\0&0&\cdots&1&-a_1\end{pmatrix}.$$

(1) 设 $\boldsymbol{A}=(a_{ij})_{n\times n},\boldsymbol{A}\boldsymbol{F}=\boldsymbol{F}\boldsymbol{A}$, 证明:

$$\boldsymbol{A}=a_{n1}\boldsymbol{F}^{n-1}+a_{n-1,1}\boldsymbol{F}^{n-2}+\cdots+a_{21}\boldsymbol{F}+a_{11}\boldsymbol{I};$$

(2) 求 $\mathbb{C}^{n\times n}$ 的子空间 $C(\boldsymbol{F})=\{\boldsymbol{X}\in\mathbb{C}^{n\times n}|\boldsymbol{F}\boldsymbol{X}=\boldsymbol{X}\boldsymbol{F}\}$ 的维数.

证明 (1) 记 $\boldsymbol{A}=(\boldsymbol{\alpha}_1,\boldsymbol{\alpha}_2,\cdots,\boldsymbol{\alpha}_n),\boldsymbol{M}=a_{n1}\boldsymbol{F}^{n-1}+a_{n-1,1}\boldsymbol{F}^{n-2}+\cdots+a_{21}\boldsymbol{F}+a_{11}\boldsymbol{I}$. 欲证 $\boldsymbol{A}=\boldsymbol{M}$, 只需证这两个矩阵的各列相等即可. 设 $\boldsymbol{e}_i$ 是第 i 个单位列向量 $(i=1,2,\cdots,n)$.

记 $\boldsymbol{\beta}=(-a_n,-a_{n-1},\cdots,-a_1)^{\mathrm{T}}$, 则 $\boldsymbol{F}=(\boldsymbol{e}_2,\boldsymbol{e}_3,\cdots,\boldsymbol{e}_n,\boldsymbol{\beta})$. 注意到

$$\boldsymbol{F}\boldsymbol{e}_1=\boldsymbol{e}_2,\quad \boldsymbol{F}^2\boldsymbol{e}_1=\boldsymbol{F}\boldsymbol{e}_2=\boldsymbol{e}_3,\quad \cdots,\quad \boldsymbol{F}^{n-1}\boldsymbol{e}_1=\boldsymbol{F}\boldsymbol{e}_{n-1}=\boldsymbol{e}_n,\tag{5.1}$$

由 (5.1) 式可得

$$\begin{aligned}&\boldsymbol{M}\boldsymbol{e}_1=a_{n1}\boldsymbol{e}_n+a_{n-1,1}\boldsymbol{e}_{n-1}+\cdots+a_{11}\boldsymbol{e}_1=\boldsymbol{\alpha}_1=\boldsymbol{A}\boldsymbol{e}_1,\\&\boldsymbol{M}\boldsymbol{e}_2=\boldsymbol{M}\boldsymbol{F}\boldsymbol{e}_1=\boldsymbol{F}\boldsymbol{M}\boldsymbol{e}_1=\boldsymbol{F}\boldsymbol{A}\boldsymbol{e}_1=\boldsymbol{A}\boldsymbol{F}\boldsymbol{e}_1=\boldsymbol{A}\boldsymbol{e}_2,\\&\boldsymbol{M}\boldsymbol{e}_3=\boldsymbol{M}\boldsymbol{F}^2\boldsymbol{e}_1=\boldsymbol{F}^2\boldsymbol{M}\boldsymbol{e}_1=\boldsymbol{F}^2\boldsymbol{A}\boldsymbol{e}_1=\boldsymbol{A}\boldsymbol{F}^2\boldsymbol{e}_1=\boldsymbol{A}\boldsymbol{e}_3,\\&\cdots\cdots\cdots\cdots\cdots\cdots\cdots\cdots\cdots\cdots\\&\boldsymbol{M}\boldsymbol{e}_n=\boldsymbol{M}\boldsymbol{F}^{n-1}\boldsymbol{e}_1=\boldsymbol{F}^{n-1}\boldsymbol{M}\boldsymbol{e}_1=\boldsymbol{F}^{n-1}\boldsymbol{A}\boldsymbol{e}_1=\boldsymbol{A}\boldsymbol{F}^{n-1}\boldsymbol{e}_1=\boldsymbol{A}\boldsymbol{e}_n.\end{aligned}$$

故 $\boldsymbol{A}=\boldsymbol{M}$.

(2) 由 (1) 知 $C(\boldsymbol{F})=L(\boldsymbol{I},\boldsymbol{F},\cdots,\boldsymbol{F}^{n-1})$. 令

$$k_0\boldsymbol{I}+k_1\boldsymbol{F}+\cdots+k_{n-1}\boldsymbol{F}^{n-1}=\boldsymbol{0}.$$

等式两边同时右乘以 $\boldsymbol{e}_1$, 利用 (5.1) 式得

$$k_0\boldsymbol{I}\boldsymbol{e}_1+k_1\boldsymbol{F}\boldsymbol{e}_1+\cdots+k_{n-1}\boldsymbol{F}^{n-1}\boldsymbol{e}_1=k_0\boldsymbol{e}_1+k_1\boldsymbol{e}_2+\cdots+k_{n-1}\boldsymbol{e}_n=\boldsymbol{0}.$$

故 $k_0=k_1=\cdots=k_{n-1}=0$, 即 $\boldsymbol{I},\boldsymbol{F},\cdots,\boldsymbol{F}^{n-1}$ 线性无关, 因此, $\boldsymbol{I},\boldsymbol{F},\cdots,\boldsymbol{F}^{n-1}$ 是 $C(\boldsymbol{F})$ 的一个基, $\dim C(\boldsymbol{F})=n$.

注 此题为 2009 年第一届全国大学生数学竞赛 (数学类) 预赛试题.

5.38 设 $f_1(x),f_2(x)$ 是数域 $\mathbb{P}$ 上的多项式, $\boldsymbol{A}$ 是数域 $\mathbb{P}$ 上的 n 阶矩阵, $f(x)=f_1(x)f_2(x)$, V,V_1,V_2 分别是齐次方程组

$$f(\boldsymbol{A})\boldsymbol{X}=\boldsymbol{0},\quad f_1(\boldsymbol{A})\boldsymbol{X}=\boldsymbol{0},\quad f_2(\boldsymbol{A})\boldsymbol{X}=\boldsymbol{0}$$

的解空间, 其中 $\boldsymbol{X}$ 是数域 $\mathbb{P}$ 上的 n 维列向量.

(1) 证明: V_1,V_2 都是 V 的子空间;

(2) 如果 $(f_1(x),f_2(x))=1$, 证明: $V=V_1\oplus V_2$.

证明 (1) 由于 $f_1(\boldsymbol{A})f_2(\boldsymbol{A})=f_2(\boldsymbol{A})f_1(\boldsymbol{A})$, 显然, $V_1\subset V,V_2\subset V$, 线性空间 V_1,V_2 都是 V 的子空间.

(2) 由 $(f_1(x),f_2(x))=1$ 可知, 存在 $u(x),v(x)\in\mathbb{P}[x]$, 使得

$$u(x)f_1(x)+v(x)f_2(x)=1.$$

因此,

$$u(\boldsymbol{A})f_1(\boldsymbol{A})+v(\boldsymbol{A})f_2(\boldsymbol{A})=\boldsymbol{I}. \tag{5.2}$$

对任一 $\boldsymbol{X}\in V$, 则 $f(\boldsymbol{A})\boldsymbol{X}=\boldsymbol{0}$. 再由 (5.2) 式得

$$\boldsymbol{X}=u(\boldsymbol{A})f_1(\boldsymbol{A})\boldsymbol{X}+v(\boldsymbol{A})f_2(\boldsymbol{A})\boldsymbol{X}, \tag{5.3}$$

其中

$$f_2(\boldsymbol{A})\cdot u(\boldsymbol{A})f_1(\boldsymbol{A})\boldsymbol{X}=u(\boldsymbol{A})\cdot f_1(\boldsymbol{A})f_2(\boldsymbol{A})\boldsymbol{X}=u(\boldsymbol{A})f(\boldsymbol{A})\boldsymbol{X}=\boldsymbol{0},$$

即 $u(\boldsymbol{A})f_1(\boldsymbol{A})\boldsymbol{X}\in V_2$. 同时

$$f_1(\boldsymbol{A})\cdot v(\boldsymbol{A})f_2(\boldsymbol{A})\boldsymbol{X}=v(\boldsymbol{A})\cdot f_1(\boldsymbol{A})f_2(\boldsymbol{A})\boldsymbol{X}=v(\boldsymbol{A})f(\boldsymbol{A})\boldsymbol{X}=\boldsymbol{0},$$

即 $v(\boldsymbol{A})f_2(\boldsymbol{A})\boldsymbol{X}\in V_1$. 于是由 (5.3) 式得 $V=V_1+V_2$.

其次, 若 $\boldsymbol{X}\in V_1\cap V_2$, 由 $f_1(\boldsymbol{A})\boldsymbol{X}=f_2(\boldsymbol{A})\boldsymbol{X}=\boldsymbol{0}$ 及 (5.3) 式知 $\boldsymbol{X}=\boldsymbol{0}$, 故 $V=V_1\oplus V_2$.

注 习题第 5.38 题和第 4.58 题是习题第 6.65 题的 "解析版本", 定理 7.23 是它们的推广, 定理 7.22 (根子空间的直和分解定理) 是定理 7.23 的特例.

5.39 设 W,W_1,W_2 都是线性空间 V 的子空间, 且 $V=W_1\oplus W_2$, $W_1\subset W$. 证明:

$$\dim W=\dim W_1+\dim(W_2\cap W).$$

证明 只需证明 $W = W_1 \oplus (W_2 \cap W)$ 即可. 事实上, 任取 $\boldsymbol{\alpha} \in W \subset V$, 由 $V = W_1 \oplus W_2$ 可知, $\boldsymbol{\alpha} = \boldsymbol{\alpha}_1 + \boldsymbol{\alpha}_2\,(\boldsymbol{\alpha}_1 \in W_1, \boldsymbol{\alpha}_2 \in W_2)$. 而 $W_1 \subset W$, 故 $\boldsymbol{\alpha}_2 \in W$, 可知

$$\boldsymbol{\alpha}_2 \in W_2 \cap W, W = W_1 + (W_2 \cap W).$$

另一方面, 由 $W_1 \cap W_2 = \{\mathbf{0}\}$ 可知, $W_1 \cap (W_2 \cap W) \subset W_1 \cap W_2$, 即

$$W_1 \cap (W_2 \cap W) = \{\mathbf{0}\}.$$

故 $W = W_1 \oplus (W_2 \cap W)$, 从而

$$\dim W = \dim W_1 + \dim(W_2 \cap W).$$

5.40 设 $p(x)$ 是 $\mathbb{P}[x]$ 上的不可约多项式, a 是 $p(x)$ 的复数根, 令

$$\mathbb{K} = \{f(a)|f(x) \in \mathbb{P}[x]\}.$$

证明: $\mathbb{K}$ 是一个数域, 并且 $\mathbb{K}$ 作为数域 $\mathbb{P}$ 上的线性空间, 其维数等于不可约多项式 $p(x)$ 的次数.

证明 显然 $\mathbb{K}$ 包含 0,1, 且 $\mathbb{K}$ 对加、减、乘运算封闭, 下面证明 $\mathbb{K}$ 对除法运算封闭.

事实上, $\forall f(a), g(a) \in \mathbb{K}$, 且 $g(a) \neq 0$. 由于 $p(x)$ 是 $\mathbb{P}[x]$ 上的不可约多项式, 因而 $p(x)|g(x)$, 或 $(p(x), g(x)) = 1$. 由 $p(a) = 0, g(a) \neq 0$ 知, $p(x) \nmid g(x)$, 故 $(p(x), g(x)) = 1$. 所以, 存在 $u(x), v(x) \in \mathbb{P}[x]$, 使得

$$u(x)p(x) + v(x)g(x) = 1.$$

可得 $v(a)g(a) = 1$, 即 $g(a) = 1/v(a)$. 故

$$\frac{f(a)}{g(a)} = f(a)v(a) = h(a),$$

其中 $h(x) = f(x)v(x) \in \mathbb{P}[x]$, 从而 $h(a) \in \mathbb{K}$, 故 $\mathbb{K}$ 是数域. 设

$$p(x) = b_s x^s + b_{s-1}x^{s-1} + \cdots + b_1 x + b_0,$$

其中 $b_s \neq 0\,(s > 0)$. 由 $p(a) = 0$ 可知, a^s 可由 $a^{s-1}, \cdots, a, 1$ 线性表示. 因此, 任意 $f(a) \in \mathbb{K}$ 都可以由 $a^{s-1}, \cdots, a, 1$ 线性表示, 而 $a^{s-1}, \cdots, a, 1$ 线性无关, 故 $a^{s-1}, \cdots, a, 1$ 是线性空间 $\mathbb{K}$ 的一个基, $\dim \mathbb{K} = s$.

第六章　线 性 变 换

§6.1　知 识 概 要

1. 线性变换及其运算 (加法、数乘、乘法与乘方、逆运算).

2. 线性变换在某个基下的矩阵.

3. 特征值与特征向量 (特征多项式、哈密顿–凯莱定理).

4. 相似矩阵的性质, 矩阵的相似对角化.

5. 线性变换的值域与核的空间结构 (基与维数、维数公式).

6. 不变子空间.

§6.2　学 习 指 导

1. 本章重点: 线性变换在某个基下的矩阵, 特征值与特征向量, 相似矩阵的性质, 相似对角化. 难点: 哈密顿–凯莱定理, 线性变换的值域与核, 不变子空间.

2. 线性空间 $(V,\mathbb{P},+,\cdot)$ 上的线性变换 σ 是从 V 到 V 的线性映射. 教材定理 6.1 说明, 要确定 V 的线性变换, 只需确定它的全部基像就可以了, 没有必要确定 V 中 "每一个元素的像". 线性变换 σ 把 V 中的线性相关向量组映射成 $\mathrm{Im}\sigma \subset V$ 中的线性相关的向量组. 但是其否命题一般不成立, 即是说, 对于 V 中的线性无关向量组, 其像未必是线性无关. 这个结论成立的充要条件是 σ 是从 V 到 V 的满射.

3. 数域 $\mathbb{P}$ 上的线性空间 V 的全体线性变换构成的集合 $L(V)$, 关于线性变换的加法 "+" 与数乘 "·" 构成数域 $\mathbb{P}$ 上的线性空间, 即 $(L(V),\mathbb{P},+,\cdot)$ 也是一个线性空间, 其维数为 n^2.

4. 对于 $L(V)$ 中所定义的线性变换的乘法 (方幂及多项式运算)、可逆及逆运算, 其运算性质与矩阵中相应的运算性质并无差异, 这是因为 $L(V)$ 与 $\mathbb{P}^{n\times n}$ 同构. 比如, 线性变换的乘法一般不满足交换律, 即 $\sigma\tau \neq \tau\sigma$. 可是, 对于多项式 $f(x),g(x)\in\mathbb{P}[x]$, 由于方幂的可交换性 (即 $\sigma^m\sigma^n=\sigma^n\sigma^m$), 因而 $f(\sigma)g(\sigma)=g(\sigma)f(\sigma)$. 若 $\sigma,\tau\in L(V)$ 是可逆变换, 则 $\sigma\tau$ 也可逆, 且 $(\sigma\tau)^{-1}=\tau^{-1}\sigma^{-1}$, 类似性质与矩阵的相应性质都是一致的.

现在举例说明线性变换的乘法不满足交换律. 设 $V=\mathbb{R}[x]$, 对任意 $f(x)\in V$, 定义

$$\sigma(f(x))=\int_a^x f(x)\mathrm{d}x,\quad \tau(f(x))=f'(x),$$

则

$$\tau\sigma(f(x))=\tau\left(\int_a^x f(x)\mathrm{d}x\right)=f(x),$$

$$\sigma\tau(f(x))=\sigma\left(f'(x)\right)=\int_a^x f'(x)\mathrm{d}x=f(x)-f(a).$$

显然, 当 $f(a)\neq 0$ 时, $\sigma\tau\neq\tau\sigma$. 即 σ 与 τ 可交换当且仅当 $f(a)=0$.

5. 对于线性变换 σ 而言, 满射 $\Leftrightarrow$ 单射 $\Leftrightarrow$ 核是零空间, 即 $\ker\sigma=\{\mathbf{0}\}\Leftrightarrow$ 双射 (可逆映射)$\Leftrightarrow$ 同构映射 (教材定理 6.4).

6. 取定 V 的一个基 $\boldsymbol{\varepsilon}_1,\boldsymbol{\varepsilon}_2,\cdots,\boldsymbol{\varepsilon}_n$, 将第 i 个基像 $\sigma(\boldsymbol{\varepsilon}_i)$ 在这个基下的坐标作为第 i 列 $(i=1,2,\cdots,n)$ 所构成的 n 阶矩阵 $\boldsymbol{A}$, 称为线性变换 σ 在这个基下的矩阵, 简称线性变换 σ 的矩阵. 简言之, 线性变换的矩阵就是以基像的坐标为列的矩阵. 这是一个关键的概念, 它建立了 $L(V)$ 与 $\mathbb{P}^{n\times n}$ 的同构映射, 为线性空间的解析法奠定了理论基础.

7. 现在考察教材例 6.8 的 "注". 很容易求得 σ 在基 $\boldsymbol{E}_{11},\boldsymbol{E}_{12},\boldsymbol{E}_{21},\boldsymbol{E}_{22}$ 下的矩阵是

$$\boldsymbol{B}=\begin{pmatrix}a&0&b&0\\0&a&0&b\\0&c&0&d\end{pmatrix}.$$

记例 6.8 所得到的矩阵为 $\boldsymbol{A}$, 即 $\sigma(\boldsymbol{E}_{11},\boldsymbol{E}_{21},\boldsymbol{E}_{12},\boldsymbol{E}_{22})=(\boldsymbol{E}_{11},\boldsymbol{E}_{21},\boldsymbol{E}_{12},\boldsymbol{E}_{22})\boldsymbol{A}$. 矩阵 $\boldsymbol{B}$ 是 $\boldsymbol{A}$ 交换第 2,3 两行, 同时交换第 2,3 两列而得到的, 即 $\boldsymbol{B}=\boldsymbol{E}(2,3)\boldsymbol{A}\boldsymbol{E}(2,3)$, 其中 $\boldsymbol{E}(2,3)$ 是 4 阶单位矩阵交换第 2,3 两行所得到的初等矩阵. 下面证明这个事实. 注意到

$$(\boldsymbol{E}_{11},\boldsymbol{E}_{12},\boldsymbol{E}_{21},\boldsymbol{E}_{22})=(\boldsymbol{E}_{11},\boldsymbol{E}_{21},\boldsymbol{E}_{12},\boldsymbol{E}_{22})\boldsymbol{E}(2,3),$$

因此,

$$\begin{aligned}\sigma(\boldsymbol{E}_{11},\boldsymbol{E}_{12},\boldsymbol{E}_{21},\boldsymbol{E}_{22})&=\sigma\left((\boldsymbol{E}_{11},\boldsymbol{E}_{21},\boldsymbol{E}_{12},\boldsymbol{E}_{22})\boldsymbol{E}(2,3)\right)\\&=\sigma(\boldsymbol{E}_{11},\boldsymbol{E}_{21},\boldsymbol{E}_{12},\boldsymbol{E}_{22})\boldsymbol{E}(2,3)\\&=(\boldsymbol{E}_{11},\boldsymbol{E}_{21},\boldsymbol{E}_{12},\boldsymbol{E}_{22})\boldsymbol{A}\boldsymbol{E}(2,3)\\&=(\boldsymbol{E}_{11},\boldsymbol{E}_{12},\boldsymbol{E}_{21},\boldsymbol{E}_{22})\boldsymbol{E}(2,3)^{-1}\boldsymbol{A}\boldsymbol{E}(2,3).\end{aligned}$$

由于 $\boldsymbol{E}(2,3)^{-1}=\boldsymbol{E}(2,3)$, 故

$$\boldsymbol{B}=\boldsymbol{E}(2,3)^{-1}\boldsymbol{A}\boldsymbol{E}(2,3)=\boldsymbol{E}(2,3)\boldsymbol{A}\boldsymbol{E}(2,3).$$

在 $\boldsymbol{A}$ 在左右两边分别乘以初等矩阵 $\boldsymbol{E}(2,3)$, 其效用就是交换 $\boldsymbol{A}$ 的第 2,3 两行同时交换 $\boldsymbol{A}$ 第 2,3 两列. 注意这个 $\boldsymbol{E}(2,3)$ 恰好是两个基的过渡矩阵.

8. 教材习题第 6.8 题给出的线性变换 σ_1,σ_2 分别是 V 在子空间 V_1 和 V_2 上的投影 (见教材 §6.3 中 6.3.1 小节). 可以得到: 投影是幂等变换 (即 $\sigma_1^2=\sigma_1,\sigma_2^2=\sigma_2$); $\mathrm{Im}\sigma_1=\ker(\varepsilon-\sigma_1)$, $\ker\sigma_1=\mathrm{Im}(\varepsilon-\sigma_1)$. 有关 "投影" 概念, 请联系第八章学习.

9. 由于线性变换的矩阵与基的选取有关, 如果基的选取恰当, 得到的矩阵就比较简单, 可以简化计算. 于是, 我们考察同一线性变换在两个基下的矩阵的关系, 进而引入了 "矩阵相似" 的概念. 将这一过程简写如下: 设向量组 (I) 和向量组 (II) 分别是线性空间 V 的两个基, $\sigma\in L(V)$ 在这两个基下的矩阵分别是 $\boldsymbol{A}$ 和 $\boldsymbol{B}$, 即 σ(I)=(I)$\boldsymbol{A}$, σ(II)=(II)$\boldsymbol{B}$, 从基 (I) 到 (II) 的过渡矩阵是 $\boldsymbol{X}$, 即 (II)=(I)$\boldsymbol{X}$, 则 $\boldsymbol{B}=\boldsymbol{X}^{-1}\boldsymbol{A}\boldsymbol{X}$, 我们称 $\boldsymbol{A}$ 与 $\boldsymbol{B}$ 相似.

从定义 6.4 和定义 2.13 及推论 2.3 可以看出, "两个矩阵相似 $\Rightarrow$ 等价", 但 "两个矩阵等价 $\nRightarrow$ 相似", 或简单写成: "相似 $\rightleftarrows$ 等价".

10. 取定 n 维线性空间 V 的一个基, 线性变换的特征值和特征向量的问题就完全转化成了矩阵的特征值和特征向量的问题. §6.4 "特征值与特征向量" 及 §6.5 "矩阵的相似对角化" 是本章的重点之一. 矩阵可对角化的条件是各特征根的代数重数 (根的重数) 等于其几何重数 (对应特征方程的基础解系包含的向量个数, 即特征子空间的维数). 矩阵可对角化, 本质上说, 就其对应的线性变换而言, 可以选取这样一个基, 使该线性变换在这个基下的矩阵是对角矩阵. 其几何意义是线性空间可以分解成线性变换的各特征子空间的直和.

11. 教材定理 6.11 在复数域上研究矩阵相似的问题, 这个结果在理论上是很重要的. 关于定理 6.11 的深入讨论见教材定理 7.13 及本书后面的专题讲座 "酉空间" 中的舒尔定理.

12. 改变数域后特征多项式根的存在性可能改变, 所以矩阵能否对角化与数域有关. 试问: 两个矩阵相似是否数域有关? 如果相似, 其相似变换矩阵是否与它们在同一数域上?

例 1 设 $\boldsymbol{A},\boldsymbol{B}$ 是实数域上的两个 n 阶矩阵, 且 $\boldsymbol{A}$ 与 $\boldsymbol{B}$ 在复数域上相似 (即相似变换矩阵是复矩阵). 证明: $\boldsymbol{A},\boldsymbol{B}$ 在实数域上也相似 (即相似变换矩阵是实矩阵).

证明 由 $\boldsymbol{A}$ 与 $\boldsymbol{B}$ 在复数域上相似可知, 存在可逆矩阵 $\boldsymbol{X}=\boldsymbol{D}+\mathrm{i}\boldsymbol{M}$, 使得 $\boldsymbol{X}^{-1}\boldsymbol{A}\boldsymbol{X}=\boldsymbol{B}$, 其中 $\boldsymbol{D}$, $\boldsymbol{M}$ 是实数域上的矩阵. 由 $\boldsymbol{A}\boldsymbol{X}=\boldsymbol{X}\boldsymbol{B}$, 得

$$\boldsymbol{A}(\boldsymbol{D}+\mathrm{i}\boldsymbol{M})=(\boldsymbol{D}+\mathrm{i}\boldsymbol{M})\boldsymbol{B},$$

从而有 $\boldsymbol{A}\boldsymbol{D}=\boldsymbol{D}\boldsymbol{B}$, $\boldsymbol{A}\boldsymbol{M}=\boldsymbol{M}\boldsymbol{B}$. 故对任意实数 λ 都有

$$\boldsymbol{A}(\boldsymbol{D}+\lambda\boldsymbol{M})=(\boldsymbol{D}+\lambda\boldsymbol{M})\boldsymbol{B}.$$

由于 $|\boldsymbol{D}+\mathrm{i}\boldsymbol{M}|\neq 0$, 故多项式 $g(\lambda)=|\boldsymbol{D}+\lambda\boldsymbol{M}|\neq 0$. 因而存在实数 λ_0 使得 $|\boldsymbol{D}+\lambda_0\boldsymbol{M}|\neq 0$. 令 $\boldsymbol{X}_0=|\boldsymbol{D}+\lambda_0\boldsymbol{M}|$, 则 $\boldsymbol{X}_0$ 是 n 阶实矩阵, 且 $\boldsymbol{X}_0^{-1}\boldsymbol{A}\boldsymbol{X}_0=\boldsymbol{B}$, 即 $\boldsymbol{A},\boldsymbol{B}$ 在实数域上也相似, 其相似变换矩阵是实数域上的 n 阶矩阵. 证毕.

从例 1 可以知道, 两个 n 阶矩阵相似与数域无关, 这也可以从 §7.3 节定理 7.11 中得到答案. 从几何的角度看, 或者说把这个问题放到线性空间中考虑, 相似变换矩阵只不过是同一个线性变换在两个基下的过渡矩阵, 当然它们在同一个数域上.

13. 由定理 6.15 可知, 特征根的几何重数不超过代数重数, 因此任一线性变换 (矩阵) 的各特征子空间的维数之和不可能超过空间的维数 (矩阵的阶数).

14. 由定理 6.16 知, 线性变换 (矩阵) 的属于不同特征值的特征向量线性无关, 因此, 对任意两个不同的特征值, 其对应的特征子空间的交为零空间, 全体不同特征值所对应的特征子空间的和是直和.

由推论 6.3 可知, 线性变换 (矩阵) 可对角化 $\Leftrightarrow$ 各特征子空间的维数之和等于空间的维数 (矩阵的阶数)$\Leftrightarrow$ V 等于各特征子空间的直和 $\Leftrightarrow$ 将各特征子空间中任取一个基, 并在一起恰好是 V 的一个基.

15. 定理 6.19 说明, 值域是由基像生成的线性空间, 基像的极大无关组是值域的一个基. 核的基的坐标是齐次方程组 $\boldsymbol{A}\boldsymbol{x}=\boldsymbol{0}$ 的基础解系, 其中 $\boldsymbol{A}$ 是线性变换的矩阵.

矩阵秩的几何意义: n 阶矩阵 $\boldsymbol{A}$ 的秩 $=$ $\boldsymbol{A}$ 的列空间 (即列向量组生成的线性空间) 的维数 $=$ $\boldsymbol{A}$ 的行空间 (即行向量组生成的线性空间) 的维数 (定理 3.10)$=$ $\boldsymbol{A}$ 对应的线性变换 σ 的值域 $\mathrm{Im}\sigma$ 的维数 (定理 6.19). 以 $\mu(\boldsymbol{A})$ 表示矩阵 $\boldsymbol{A}$ 的列向量组生成的线性空间, 则

$$\mathrm{R}(\boldsymbol{A})=\dim\mu(\boldsymbol{A})=\dim\mu(\boldsymbol{A}^{\mathrm{T}})=\dim\mathrm{Im}\sigma=\mathrm{R}(\sigma).$$

16. 定理 6.20 是值域和核的维数定理, 并得到了关于值域与核的维数公式:

$$\dim \mathrm{Im}\sigma + \dim \ker \sigma = \dim V.$$

按照这个定理, 我们可以利用核的基去构造值域的一个基: 任取 $\ker \sigma$ 的基: $\boldsymbol{\varepsilon}_{r+1}, \cdots, \boldsymbol{\varepsilon}_n$, 将它扩充成 V 的基: $\boldsymbol{\varepsilon}_1, \cdots, \boldsymbol{\varepsilon}_r, \boldsymbol{\varepsilon}_{r+1}, \cdots, \boldsymbol{\varepsilon}_n$, 则 $\sigma(\boldsymbol{\varepsilon}_1), \cdots, \sigma(\boldsymbol{\varepsilon}_r)$ 恰好是值域 $\mathrm{Im}\sigma$ 的一个基. 反过来, 也可以利用值域的基去构造核的一个基: 任取值域 $\mathrm{Im}\sigma$ 的基: $\sigma(\boldsymbol{\varepsilon}_1), \cdots, \sigma(\boldsymbol{\varepsilon}_r)$, 将 $\boldsymbol{\varepsilon}_1, \cdots, \boldsymbol{\varepsilon}_r$ 扩充成 V 的基: $\boldsymbol{\varepsilon}_1, \cdots, \boldsymbol{\varepsilon}_r, \boldsymbol{\varepsilon}_{r+1}, \cdots, \boldsymbol{\varepsilon}_n$, 则 $\boldsymbol{\varepsilon}_{r+1}, \cdots, \boldsymbol{\varepsilon}_n$ 是核 $\ker \sigma$ 的基. 定理 6.20 对线性映射 $\sigma: V \to U$ 也成立 (参考相应的 "专题讲座"). 请读者注意比较两个维数公式: 值域与核的维数公式 (定理 6.20) 及子空间的维数公式 (定理 5.5) 的 "证明" 思路, 其共同点都是用扩基的方法.

17. 教材例 6.27 有必要深入研究它.

第一, 这个题目本身是一个矩阵问题, 却转化成了 "线性空间和线性变换" 的问题, 这种方法称为 "几何法". 反过来, 线性空间及线性变换的问题也可以转化成矩阵的问题研究, 这种方法称为 "解析法". 本题的解析法证明请看习题第 2.70 题, 关于几何法与解析法的深入讨论请看相应的 "专题讲座".

第二, n 阶矩阵 $\boldsymbol{A}$ 对应线性变换 σ(由同构理论知这是一一对应的), 因此, $\boldsymbol{A}^2 = \boldsymbol{A}$ 等价于 $\sigma^2 = \sigma$, 这个线性变换相应地称为**幂等变换**. 从题目结论看, 可以找到线性空间 V 的这样一个基 $\boldsymbol{\varepsilon}_1, \cdots, \boldsymbol{\varepsilon}_r, \boldsymbol{\varepsilon}_{r+1}, \cdots, \boldsymbol{\varepsilon}_n$, 使得幂等变换 σ 在这个基下的矩阵是对角矩阵 $\mathrm{diag}(\boldsymbol{I}_r, \boldsymbol{O})$. 于是, $\sigma(\boldsymbol{\varepsilon}_i) = \boldsymbol{\varepsilon}_i\,(i = 1, \cdots, r)$, $\sigma(\boldsymbol{\varepsilon}_j) = \boldsymbol{0}\,(j = r+1, \cdots, n)$. 这说明幂等变换 σ 是空间 V 在子空间 $U = L(\boldsymbol{\varepsilon}_1, \cdots, \boldsymbol{\varepsilon}_r)$ 上的投影. 如果令 $W = L(\boldsymbol{\varepsilon}_{r+1}, \cdots, \boldsymbol{\varepsilon}_n)$, $\tau = \sigma - \varepsilon$, 其中 ε 是恒等变换, 则 $V = U \oplus W$, 且 τ 也是幂等变换, τ 是 V 在其子空间 W 上的投影, $\sigma\tau = \tau\sigma = o$. 经过这么分析, 我们又回到习题第 6.8 题了. 值得注意的另一个有趣的结果: $\mathrm{Im}\sigma = \ker \tau$, $\mathrm{Im}\tau = \ker \sigma$.

第三, 由于相似矩阵有相同的秩和相同的迹, 所以, 由例 6.27 可知, 对任意 n 阶幂等矩阵 $\boldsymbol{A}$, 都有 $\mathrm{R}(\boldsymbol{A}) = \mathrm{tr}(\boldsymbol{A})$, 这个结论值得记住, 请阅读相应的专题讲座.

证法 3 沿用例 6.27 "证法 1" 的记号. σ 的特征值只能是 1 或 0, 本题即证 σ 可对角化. 由 $\boldsymbol{A}^2 = \boldsymbol{A}$ 知, $\sigma^2 = \sigma$, 即 $\sigma(\sigma - \varepsilon) = o$. $\forall \boldsymbol{\alpha} \in \mathrm{Im}\,(\sigma - \varepsilon)$, 因而存在 $\boldsymbol{\beta} \in V$, 使得 $\boldsymbol{\alpha} = (\sigma - \varepsilon)(\boldsymbol{\beta})$, 故

$$\sigma(\boldsymbol{\alpha}) = \sigma(\sigma - \varepsilon)(\boldsymbol{\beta}) = \boldsymbol{0},$$

即 $\boldsymbol{\alpha} \in \ker \sigma$, 亦即 $\mathrm{Im}\,(\sigma - \varepsilon) \subset \ker \sigma$(事实上, 由前面的讨论知 $\mathrm{Im}\,(\sigma - \varepsilon) = \ker \sigma$). 所以

$$\dim \ker \sigma + \dim \ker(\sigma - \varepsilon) \geqslant \dim \mathrm{Im}\,(\sigma - \varepsilon) + \dim \ker(\sigma - \varepsilon) = n. \tag{6.1}$$

设 V_1, V_0 分别是 σ 的属于特征值 1 和 0 的特征子空间, 即

$$V_1 = \{\boldsymbol{\alpha} \in V | \sigma(\boldsymbol{\alpha}) = \boldsymbol{\alpha}\}, \quad V_0 = \{\boldsymbol{\alpha} \in V | \sigma(\boldsymbol{\alpha}) = \boldsymbol{0}\}.$$

由 $\sigma(\boldsymbol{\alpha}) = \boldsymbol{\alpha} \Leftrightarrow (\sigma - \varepsilon)(\boldsymbol{\alpha}) = \boldsymbol{0}$ 知, $V_1 = \ker(\sigma - \varepsilon)$. 显然, $V_0 = \ker \sigma$. 由 (6.1) 式及定理 6.11 可知,

$$n \leqslant \dim \ker \sigma + \dim \ker(\sigma - \varepsilon) = \dim V_0 + \dim V_1 \leqslant n,$$

从而 $\dim V_0 + \dim V_1 = n$. 由推论 6.3 可知 σ, 矩阵 $\boldsymbol{A}$ 可对角化, 即存在可逆矩阵 $\boldsymbol{X}$, 使得 $\boldsymbol{X}^{-1}\boldsymbol{A}\boldsymbol{X} = \mathrm{diag}(\boldsymbol{I}_r, \boldsymbol{O})$, 其中 r 是特征根 1 的重数. 证毕.

18. 设 W 是线性空间 V 的子空间, $\sigma \in L(V)$. 如果对任意 $\boldsymbol{\alpha} \in W$, 都有 $\sigma(\boldsymbol{\alpha}) \in W$, 则称 W 是 V 的 σ 不变子空间, 简称 σ 子空间. 比如, 值域、核、特征子空间都是 σ 子空间. 研究 σ 子空间的意义有二:

其一, 如果把 σ 局限在 W 上, 则 $\sigma|_W$ 是 W 的线性变换. 因而可以通过研究 σ 在 W 上的性质去研究它在 V 上的性质 (如教材例 6.31(2)).

其二, 在 W 中任取一个基, 然后扩充成 V 的基, 则 σ 在这个基下的矩阵是分块上三角矩阵. 进一步地, 如果 V 是若干个 σ 子空间的直和, 则在每一个 σ 子空间中任取一个基, 把它并在一起构成 V 的基, 则 σ 在这个基下的矩阵是分块对角矩阵.

§6.3 问题思考

一、问题思考

1. 任取 $(x_1, x_2, \cdots, x_n)^{\mathrm{T}} \in \mathbb{P}^n$, 定义 $\sigma((x_1, x_2, \cdots, x_n)^{\mathrm{T}}) = (0, x_1, \cdots, x_{n-1})^{\mathrm{T}}$.

(1) 证明: σ 是 $\mathbb{P}^n$ 的线性变换, 且 $\sigma^n = o$;

(2) 分别求 $\ker\sigma$ 和 $\mathrm{Im}\,\sigma$ 的基和维数.

2. 设 V 是数域 $\mathbb{P}$ 上的三维线性空间, $\sigma \in L(V)$ 关于基 $\boldsymbol{\varepsilon}_1, \boldsymbol{\varepsilon}_2, \boldsymbol{\varepsilon}_3$ 的矩阵是

$$\boldsymbol{A} = \begin{pmatrix} a_{11} & a_{12} & a_{13} \\ a_{21} & a_{22} & a_{23} \\ a_{31} & a_{32} & a_{33} \end{pmatrix}.$$

(1) 求 σ 关于基 $\boldsymbol{\varepsilon}_3, \boldsymbol{\varepsilon}_2, \boldsymbol{\varepsilon}_1$ 的矩阵;

(2) 求 σ 关于基 $\boldsymbol{\varepsilon}_1, k\boldsymbol{\varepsilon}_2, \boldsymbol{\varepsilon}_3$ 的矩阵, 其中 $k \in \mathbb{P}, k \neq 0$;

(3) 求 σ 关于基 $\boldsymbol{\varepsilon}_1 + \boldsymbol{\varepsilon}_2, \boldsymbol{\varepsilon}_2, \boldsymbol{\varepsilon}_3$ 的矩阵.

3. 设 $\mathbb{R}[x]_5$ 是次数不超过 4 的一切实系数一元多项式组成的线性空间, 对于 $\mathbb{R}[x]_5$ 中的任意 $f(x)$, 以 $x^2 - 1$ 除所得的商及余式分别为 $q(x)$ 和 $r(x)$, 即 $f(x) = q(x)(x^2 - 1) + r(x)$. 设 φ 是 $\mathbb{R}[x]_5$ 到 $\mathbb{R}[x]_5$ 的映射, 使得 $\varphi(f(x)) = r(x)$. 证明: φ 是 $\mathbb{R}[x]_5$ 的线性变换, 并求它关于基 $1, x, x^2, x^3, x^4$ 的矩阵.

4. 已知 $\mathbb{R}^3$ 的线性变换 σ 在基 $\boldsymbol{\eta}_1 = (-1, 1, 1)^{\mathrm{T}}, \boldsymbol{\eta}_2 = (1, 0, -1)^{\mathrm{T}}, \boldsymbol{\eta}_3 = (0, 1, 1)^{\mathrm{T}}$ 下的矩阵是

$$\boldsymbol{A} = \begin{pmatrix} 1 & 0 & 1 \\ 1 & 1 & 0 \\ -3 & 2 & 1 \end{pmatrix}.$$

求 σ 在基 $\boldsymbol{e}_1 = (1, 0, 0)^{\mathrm{T}}, \boldsymbol{e}_2 = (0, 1, 0)^{\mathrm{T}}, \boldsymbol{e}_3 = (0, 0, 1)^{\mathrm{T}}$ 下的矩阵 $\boldsymbol{B}$ 及 σ 的值域 $\mathrm{Im}\,\sigma$ 及核 $\ker\sigma$.

5. 在 $\mathbb{P}^3$ 中, 试求关于基 $\boldsymbol{\varepsilon}_1 = (1, 0, 0)^{\mathrm{T}}, \boldsymbol{\varepsilon}_2 = (1, 1, 0)^{\mathrm{T}}, \boldsymbol{\varepsilon}_3 = (1, 1, 1)^{\mathrm{T}}$ 的矩阵为

$$\boldsymbol{A} = \begin{pmatrix} 1 & -1 & 2 \\ -1 & 0 & -1 \\ 1 & 2 & 2 \end{pmatrix}$$

的线性变换 σ.

6. 设 V 是数域 $\mathbb{P}$ 上的 n 维线性空间, $\sigma \in L(V)$. 证明:

(1) 如果 σ 在任一基下的矩阵都相同, 则 σ 是位似变换;

(2) 如果 V 中每一个非零向量都是 σ 的特征向量, 则 σ 也是位似变换.

7. (1) 设 $\boldsymbol{A}$ 是 n 阶实矩阵, 证明: $\mathrm{tr}(\boldsymbol{A}\boldsymbol{A}^{\mathrm{T}}) \geqslant 0$, 当且仅当 $\boldsymbol{A} = \boldsymbol{O}$ 时等号成立;

(2) 设 $\boldsymbol{A}, \boldsymbol{B}$ 是两个 n 阶实对称矩阵, 证明: $\mathrm{tr}[(\boldsymbol{A}\boldsymbol{B})^2] \leqslant \mathrm{tr}(\boldsymbol{A}^2\boldsymbol{B}^2)$;

(3) 证明: 对任意两个 n 阶矩阵 $\boldsymbol{A}, \boldsymbol{B}$, 都有 $\boldsymbol{A}\boldsymbol{B} - \boldsymbol{B}\boldsymbol{A} \neq \boldsymbol{I}$;

(4) 证明: n 阶实矩阵 $\boldsymbol{A}$ 是对称矩阵的充要条件是 $\boldsymbol{A}^2 = \boldsymbol{A}^{\mathrm{T}}\boldsymbol{A}$.

8. 求 $\boldsymbol{A}^{29}$ 的迹, 其中

$$\boldsymbol{A} = \begin{pmatrix} 0 & 0 & 1 & 0 \\ 1 & 0 & 0 & 1 \\ 0 & 1 & 0 & 0 \\ 0 & 0 & 1 & 0 \end{pmatrix}.$$

9. 已知 $x, y, z \in \mathbb{P}$, 令

$$\boldsymbol{A} = \begin{pmatrix} x & y & z \\ y & z & x \\ z & x & y \end{pmatrix}, \quad \boldsymbol{B} = \begin{pmatrix} z & x & y \\ x & y & z \\ y & z & x \end{pmatrix}, \quad \boldsymbol{C} = \begin{pmatrix} y & z & x \\ z & x & y \\ x & y & z \end{pmatrix},$$

(1) 证明: $\boldsymbol{A}, \boldsymbol{B}, \boldsymbol{C}$ 彼此相似;

(2) 设 $m = x + y + z$, 如果 $\boldsymbol{B}\boldsymbol{C} = \boldsymbol{C}\boldsymbol{B}$, 证明: 矩阵 $\boldsymbol{A}$ 的特征多项式为

$$f_{\boldsymbol{A}}(\lambda) = \lambda^2(\lambda - m).$$

10. 设

$$\boldsymbol{A} = \begin{pmatrix} 1 & 1 & 0 \\ 0 & 0 & 1 \\ 0 & -1 & 0 \end{pmatrix},$$

证明: $\boldsymbol{A}^n = -\boldsymbol{A}^{n-2} + \boldsymbol{A}^2 + \boldsymbol{I} (n \geqslant 3)$, 并求 $\boldsymbol{A}^{100}$.

11. 设 $\boldsymbol{A} \in \mathbb{R}^{n\times n}$, 对 $\forall \boldsymbol{\alpha} \in \mathbb{R}^n$, 且 $\boldsymbol{\alpha} \neq \boldsymbol{0}$, 都有 $\boldsymbol{\alpha}^{\mathrm{T}}\boldsymbol{A}\boldsymbol{\alpha} > 0$. 证明: $|\boldsymbol{A}| > 0$.

12. (哈尔滨工业大学考研试题) 设 $\boldsymbol{A}$ 是 n 阶实矩阵, 对任意非零向量 $\boldsymbol{\alpha} \in \mathbb{R}^n$, 都有 $\boldsymbol{\alpha}^{\mathrm{T}}\boldsymbol{A}\boldsymbol{\alpha} > \boldsymbol{\alpha}^{\mathrm{T}}\boldsymbol{\alpha}$. 证明: $|\boldsymbol{A}| > 1$.

13. (全国考研数学一试题) 设三阶矩阵 $\boldsymbol{A} = (\boldsymbol{\alpha}_1, \boldsymbol{\alpha}_2, \boldsymbol{\alpha}_3)$ 有 3 个不同的特征值, 且 $\boldsymbol{\alpha}_3 = \boldsymbol{\alpha}_1 + 2\boldsymbol{\alpha}_2$.

(1) 证明: $\mathrm{R}(\boldsymbol{A}) = 2$;

(2) 如果 $\boldsymbol{\beta} = \boldsymbol{\alpha}_1 + \boldsymbol{\alpha}_2 + \boldsymbol{\alpha}_3$, 求方程组 $\boldsymbol{A}\boldsymbol{x} = \boldsymbol{\beta}$ 的通解.

14. (全国考研数学一试题) 已知矩阵

$$\boldsymbol{A} = \begin{pmatrix} -2 & -2 & 1 \\ 2 & x & -2 \\ 0 & 0 & -2 \end{pmatrix}, \quad \boldsymbol{B} = \begin{pmatrix} 2 & 1 & 0 \\ 0 & -1 & 0 \\ 0 & 0 & y \end{pmatrix}$$

相似. (1) 求 x, y 的值; (2) 求可逆矩阵 $\boldsymbol{P}$, 使得 $\boldsymbol{P}^{-1}\boldsymbol{A}\boldsymbol{P}=\boldsymbol{B}$.

15. (全国考研数学一试题) 设 $\boldsymbol{A}$ 是二阶矩阵, $\boldsymbol{P}=(\boldsymbol{\alpha},\boldsymbol{A}\boldsymbol{\alpha})$, 其中 $\boldsymbol{\alpha}$ 是非零向量, 且不是 $\boldsymbol{A}$ 的特征向量.

(1) 证明: $\boldsymbol{P}$ 可逆;

(2) 设 $\boldsymbol{A}^2\boldsymbol{\alpha}+\boldsymbol{A}\boldsymbol{\alpha}-6\boldsymbol{\alpha}=\mathbf{0}$, 求 $\boldsymbol{P}^{-1}\boldsymbol{A}\boldsymbol{P}$, 判定 $\boldsymbol{A}$ 是否相似于对角矩阵.

16. 设 φ 是 n 维线性空间 V 的线性变换, λ_0 是 φ 的一个特征值. 证明: 对任意一组不全为零的数 $k_1,\cdots,k_n$ 都存在 V 的一个基 $\boldsymbol{\varepsilon}_1,\cdots,\boldsymbol{\varepsilon}_n$, 使得 $\boldsymbol{\alpha}=\sum\limits_{i=1}^{n}k_i\boldsymbol{\varepsilon}_i$ 是 φ 的属于特征值 λ_0 的特征向量.

17. 设 σ 是数域的上线性空间 V 的一个线性变换, 并且满足 $\sigma^2=\sigma$. 证明:

(1) $\ker\sigma=\{\boldsymbol{\xi}-\sigma(\boldsymbol{\xi})|\boldsymbol{\xi}\in V\}$;

(2) $V=\operatorname{Im}\sigma\oplus\ker\sigma$;

(3) 如果 τ 是 V 的一个线性变换, 那么 $\ker\sigma$ 和 $\operatorname{Im}\sigma$ 都在 τ 之下不变的充要条件是 $\sigma\tau=\tau\sigma$.

18. 设 $V=\mathbb{P}[x]_n$, $\sigma\in L(V)$, 且 $\sigma(f(x))=xf'(x)-f(x)$, $\forall f(x)\in V$.

(1) 分别求 $\dim\operatorname{Im}\sigma$ 和 $\dim\ker\sigma$;

(2) 证明: $V=\operatorname{Im}\sigma\oplus\ker\sigma$.

19. 设 $\sigma_1,\cdots,\sigma_s$ 是线性空间 V 的线性变换, 满足

$$\sigma_i^2=\sigma_i\ (i=1,\cdots,s),\quad \sigma_i\sigma_j=o\ (i,j=1,\cdots,s;i\neq j).$$

证明:

$$V=\operatorname{Im}\sigma_1\oplus\cdots\oplus\operatorname{Im}\sigma_s\oplus\left(\bigcap_{i=1}^{s}\ker\sigma_i\right).$$

20. 设 $\dim V=4,\sigma\in L(V),\sigma$ 在 V 的基 $\boldsymbol{\varepsilon}_1,\boldsymbol{\varepsilon}_2,\boldsymbol{\varepsilon}_3,\boldsymbol{\varepsilon}_4$ 下的矩阵是

$$\boldsymbol{A}=\begin{pmatrix}1&2&1&0\\0&1&0&0\\1&3&0&0\\0&4&2&1\end{pmatrix},$$

求 σ 的含 $\boldsymbol{\varepsilon}_1$ 的最小不变子空间 W, 写出 $\sigma|_W$ 在 W 的相应基下的矩阵.

21. 设 V 是复数域 $\mathbb{C}$ 上的 n 维线性空间, W 的 σ 的非平凡不变子空间. 证明: W 中至少有一个 σ 的特征向量.

22. 设 σ 是数域 $\mathbb{P}$ 上的 n 维线性空间 V 的线性变换, 证明: 总可以选择 V 的两个基 $\boldsymbol{\alpha}_1,\boldsymbol{\alpha}_2,\cdots,\boldsymbol{\alpha}_n$ 和 $\boldsymbol{\beta}_1,\boldsymbol{\beta}_2,\cdots,\boldsymbol{\beta}_n$, 使得对于 V 的任意向量 $\boldsymbol{\xi}$, 如果 $\boldsymbol{\xi}=\sum\limits_{i=1}^{n}x_i\boldsymbol{\alpha}_i$, 则 $\sigma(\boldsymbol{\xi})=\sum\limits_{i=1}^{r}x_i\boldsymbol{\beta}_i$, 这里 $0\leqslant r\leqslant n$ 是一个定数.

23. 设 V 是复数域 $\mathbb{C}$ 上的 n 维向量空间, $\sigma,\tau\in L(V)$, 且 $\sigma\tau=\tau\sigma$. 证明: 若 σ 有 r 个不同的特征值, 则 σ,τ 至少有 r 个公共特征向量, 且它们线性无关.

24. 设 $\boldsymbol{A}, \boldsymbol{B}$ 都是复数域上的 n 阶矩阵, 且 $\boldsymbol{AB} = \boldsymbol{BA}$. 证明: 若 $\boldsymbol{A}$ 有 n 个互不相同的特征值, 则存在可逆矩阵 $\boldsymbol{P}$, 使得 $\boldsymbol{P}^{-1}\boldsymbol{AP}$ 和 $\boldsymbol{P}^{-1}\boldsymbol{BP}$ 同时为对角矩阵.

25. 两个 n 阶矩阵 $\boldsymbol{A}, \boldsymbol{B}$ 可交换, 即 $\boldsymbol{AB} = \boldsymbol{BA}$, 且都可对角化. 证明: 存在可逆矩阵 $\boldsymbol{P}$, 使得 $\boldsymbol{P}^{-1}\boldsymbol{AP}$ 和 $\boldsymbol{P}^{-1}\boldsymbol{BP}$ 同时为对角矩阵.

26. 设 $\boldsymbol{A}, \boldsymbol{B}$ 分别是数域 $\mathbb{P}$ 上的 n 阶方阵和 m 阶方阵, 则存在非零的 $n \times m$ 矩阵 $\boldsymbol{X}$ 满足 $\boldsymbol{AX} = \boldsymbol{XB}$ 当且仅当 $\boldsymbol{A}, \boldsymbol{B}$ 有公共特征值.

27. 设 $\boldsymbol{A}, \boldsymbol{B}$ 是特征值均为正数的两个 n 阶实矩阵, 且 $\boldsymbol{A}^2 = \boldsymbol{B}^2$, 证明 $\boldsymbol{A} = \boldsymbol{B}$.

28. 设 V 是数域 $\mathbb{P}$ 上的 n 维线性空间, σ 是 V 的线性变换, 证明: σ 可以表示成可逆线性变换与幂等线性变换之积.

29. 设 $\boldsymbol{A}$, $\boldsymbol{B}$ 是两个 n 阶矩阵, $f(\lambda)$ 是 $\boldsymbol{A}$ 的特征多项式. 证明: $f(\boldsymbol{B})$ 是降秩矩阵当且仅当 $\boldsymbol{A}$, $\boldsymbol{B}$ 有公共特征值.

30. 设 $\sigma_1, \sigma_2, \cdots, \sigma_s$ 是线性空间 V 的 s 个两两不同的线性变换, 证明: 在 V 中必存在向量 $\boldsymbol{\alpha}$, 使得 $\sigma_1(\boldsymbol{\alpha}), \sigma_2(\boldsymbol{\alpha}), \cdots, \sigma_s(\boldsymbol{\alpha})$ 两两不同.

31. (南开大学考研试题) 设 $\boldsymbol{A} \in \mathbb{C}^{n\times n}$ 有 n 个互不相同的特征值 $\lambda_1, \cdots, \lambda_n$. 定义 $\mathbb{C}^{n\times n}$ 上的线性变换 $\mathrm{ad}_{\boldsymbol{A}}$ 如下:

$$\mathrm{ad}_{\boldsymbol{A}}(\boldsymbol{B}) = \boldsymbol{AB} - \boldsymbol{BA} \quad (\forall \boldsymbol{B} \in \mathbb{C}^{n\times n}).$$

证明: $\lambda_i - \lambda_j \,(1 \leqslant i, j \leqslant n)$ 是 $\mathrm{ad}_{\boldsymbol{A}}$ 的特征值.

32. (全国大学生数学竞赛试题) 设 $\boldsymbol{A} \in \mathbb{C}^{n\times n}$, 定义线性空间 $\mathbb{C}^{n\times n}$ 的线性变换 $\sigma_{\boldsymbol{A}}(\boldsymbol{X}) = \boldsymbol{AX} - \boldsymbol{XA}$. 证明: 当 $\boldsymbol{A}$ 可对角化时, $\sigma_{\boldsymbol{A}}$ 也可对角化.

二、提示或答案

1. (1) 略; (2) $\ker\sigma = \{k\boldsymbol{e}_n | k \in \mathbb{P}\}$, $\dim\ker\sigma = 1$, $\dim\mathrm{Im}\,\sigma = n-1$.

2. (1) $\begin{pmatrix} a_{33} & a_{32} & a_{31} \\ a_{23} & a_{22} & a_{21} \\ a_{13} & a_{12} & a_{11} \end{pmatrix}$; (2) $\begin{pmatrix} a_{11} & ka_{12} & a_{13} \\ a_{21}/k & a_{22} & a_{23}/k \\ a_{31} & ka_{32} & a_{33} \end{pmatrix}$;

(3) $\begin{pmatrix} a_{11}+a_{12} & a_{12} & a_{13} \\ a_{21}+a_{22}-a_{11}-a_{12} & a_{22}-a_{12} & a_{23}-a_{13} \\ a_{31}+a_{32} & a_{32} & a_{33} \end{pmatrix}$.

3. $\begin{pmatrix} 1 & 0 & 1 & 0 & 1 \\ 0 & 1 & 0 & 1 & 0 \\ 0 & 0 & 0 & 0 & 0 \\ 0 & 0 & 0 & 0 & 0 \\ 0 & 0 & 0 & 0 & 0 \end{pmatrix}$.

4. 先求得基变换公式

$$(\boldsymbol{e}_1, \boldsymbol{e}_2, \boldsymbol{e}_3) = (\boldsymbol{\eta}_1, \boldsymbol{\eta}_2, \boldsymbol{\eta}_3)\begin{pmatrix} -1 & 1 & -1 \\ 0 & 1 & -1 \\ 1 & 0 & 1 \end{pmatrix}.$$

所以, σ 在基 $\boldsymbol{e}_1,\boldsymbol{e}_2,\boldsymbol{e}_3$ 下的矩阵是

$$\boldsymbol{B}=\begin{pmatrix}-1&1&1\\1&1&0\\1&0&1\end{pmatrix}\begin{pmatrix}1&0&1\\1&1&0\\-3&2&1\end{pmatrix}\begin{pmatrix}-1&1&1\\0&1&-1\\1&0&1\end{pmatrix}=\begin{pmatrix}-1&1&-2\\4&0&2\\5&-2&4\end{pmatrix}.$$

计算得 $|\boldsymbol{B}|=6$, 所以 $\boldsymbol{B}$ 可逆. $\dim\operatorname{Im}\sigma=\mathrm{R}(\boldsymbol{B})=3$, $\operatorname{Im}\sigma=L(\sigma(\boldsymbol{e}_1),\sigma(\boldsymbol{e}_2),\sigma(\boldsymbol{e}_3))$, 因而

$$\begin{cases}\sigma(\boldsymbol{e}_1)=-6\boldsymbol{e}_1-6\boldsymbol{e}_2+6\boldsymbol{e}_3,\\\sigma(\boldsymbol{e}_2)=5\boldsymbol{e}_1+5\boldsymbol{e}_2-4\boldsymbol{e}_3,\\\sigma(\boldsymbol{e}_3)=-3\boldsymbol{e}_1-2\boldsymbol{e}_2+4\boldsymbol{e}_3\end{cases}$$

是 $\operatorname{Im}\sigma$ 的一个基. 而 $\dim\ker\sigma=3-\dim\operatorname{Im}\sigma=0$, 故 $\ker\sigma=\{\boldsymbol{0}\}$.

5. 从基 $\boldsymbol{e}_1,\boldsymbol{e}_2,\boldsymbol{e}_3$ 到基 $\varepsilon_1,\varepsilon_2,\varepsilon_3$ 的过渡矩阵

$$\boldsymbol{X}=\begin{pmatrix}1&1&1\\0&1&1\\0&0&1\end{pmatrix}.$$

故 σ 在基 $\boldsymbol{e}_1,\boldsymbol{e}_2,\boldsymbol{e}_3$ 下的矩阵是

$$\boldsymbol{B}=\boldsymbol{X}\boldsymbol{A}\boldsymbol{X}^{-1}=\begin{pmatrix}1&0&2\\0&2&-1\\1&1&0\end{pmatrix}.$$

设 $\boldsymbol{\alpha}=(x_1,x_2,x_3)^{\mathrm{T}}$, 则

$$\boldsymbol{B}\boldsymbol{\alpha}=\begin{pmatrix}1&0&2\\0&2&-1\\1&1&0\end{pmatrix}\begin{pmatrix}x_1\\x_2\\x_3\end{pmatrix}=\begin{pmatrix}x_1+2x_3\\2x_2-x_3\\x_1+x_2\end{pmatrix}.$$

故所求的线性变换是

$$\sigma((x_1,x_2,x_3)^{\mathrm{T}})=(x_1+2x_3,2x_2-x_3,x_1+x_2)^{\mathrm{T}}.$$

6. (1) **方法 1** 设 σ 在基 $\varepsilon_1,\varepsilon_2,\cdots,\varepsilon_n$ 下的矩阵为 $\boldsymbol{A}$, 对任一可逆矩阵 $\boldsymbol{X}$, 令

$$(\boldsymbol{\eta}_1,\boldsymbol{\eta}_2,\cdots,\boldsymbol{\eta}_n)=(\varepsilon_1,\varepsilon_2,\cdots,\varepsilon_n)\boldsymbol{X}.$$

则 $\boldsymbol{\eta}_1,\boldsymbol{\eta}_2,\cdots,\boldsymbol{\eta}_n$ 也是 V 的基, σ 在基 $\boldsymbol{\eta}_1,\boldsymbol{\eta}_2,\cdots,\boldsymbol{\eta}_n$ 下的矩阵是 $\boldsymbol{X}^{-1}\boldsymbol{A}\boldsymbol{X}$. 由条件知, $\boldsymbol{X}\boldsymbol{A}=\boldsymbol{A}\boldsymbol{X}$, 即 $\boldsymbol{A}$ 与一切可逆矩阵可交换. 取 $\boldsymbol{X}=\operatorname{diag}(1,2,\cdots,n)$ 得 $a_{ij}=0\,(i\neq j)$. 再取 $\boldsymbol{X}=\begin{pmatrix}\boldsymbol{0}&\boldsymbol{I}_{n-1}\\1&\boldsymbol{0}\end{pmatrix}$ 可得 $a_{11}=a_{22}=\cdots=a_{nn}=a$. 故 $\boldsymbol{A}$ 是数量矩阵, σ 是位似变换.

方法 2 前面部分同方法 1 得 $\boldsymbol{A}$ 与一切可逆矩阵可交换. 取可逆矩阵 $\boldsymbol{X}=\boldsymbol{I}+\boldsymbol{E}_{ij}\,(i,j=1,2,\cdots,n)$, 则 $\boldsymbol{A}$ 与所有 n 阶基本矩阵 $\boldsymbol{E}_{ij}$ 可交换, 故 $\boldsymbol{A}$ 与所有的 n 阶矩阵可交换, (由教材例 2.32) 可知 $\boldsymbol{A}$ 是数量矩阵, σ 是位似变换.

(2). 任取 σ 的两个特征根 λ_i,λ_j, 取 $\boldsymbol{\alpha}_i,\boldsymbol{\alpha}_j$ 分别是属于 λ_i,λ_j 的特征向量. 如果 $\lambda_i\neq\lambda_j$, 由习题第 6.35 题可知, $\boldsymbol{\alpha}_i+\boldsymbol{\alpha}_j$ 不是 σ 的特征向量, 与题意不合. 故 $\lambda_i=\lambda_j=\lambda\,(i,j=1,2,\cdots,n)$, 从而对任一向量 $\boldsymbol{\alpha}\in V$, 都有 $\sigma(\boldsymbol{\alpha})=\lambda\boldsymbol{\alpha}$.

7. (1) **方法 1** 令 $\boldsymbol{A}=(a_{ij})_{n\times n}$, 则 $\operatorname{tr}(\boldsymbol{A}\boldsymbol{A}^{\mathrm{T}})=\sum\limits_{i=1}^{n}\sum\limits_{j=1}^{n}a_{ij}^2\geqslant 0$, 当且仅当 $a_{ij}=0\,(i,j=1,2,\cdots,n)$ 时取等号.

方法 2 由第九章知, $\boldsymbol{A}\boldsymbol{A}^{\mathrm{T}}$ 是半正定矩阵, 其特征值大于或等于零, 故结论成立.

(2) 令 $\boldsymbol{C}=\boldsymbol{AB}-\boldsymbol{BA}$, 由 $\operatorname{tr}(\boldsymbol{C}\boldsymbol{C}^{\mathrm{T}})\geqslant 0$ 可得

$$\operatorname{tr}(\boldsymbol{ABBA}+\boldsymbol{BAAB})\geqslant\operatorname{tr}(\boldsymbol{ABAB}+\boldsymbol{BABA}).$$

再由 $\operatorname{tr}(\boldsymbol{ABBA})=\operatorname{tr}(\boldsymbol{A}^{\mathbf{2}}\boldsymbol{B}^{\mathbf{2}})$ 即得所证 (利用教材习题第 6.29 题结论).

(3) 如果 $\boldsymbol{AB}-\boldsymbol{BA}=\boldsymbol{I}$, 则左边的迹为 0, 而右边的迹为 n, 结论显然成立.

(4) 必要性显然. 充分性: 由已知得 $\operatorname{tr}\left[(\boldsymbol{A}-\boldsymbol{A}^{\mathrm{T}})(\boldsymbol{A}-\boldsymbol{A}^{\mathrm{T}})^{\mathrm{T}}\right]=0$, 再由 (1) 即得所证.

8. 容易求得 $\boldsymbol{A}$ 的特征多项式为 $f(\lambda)=\lambda(\lambda^3-2)$, 特征值分别是 0, $\sqrt[3]{2}$, $\sqrt[3]{2}\omega$, $\sqrt[3]{2}\overline{\omega}$, 其中 $\omega=-1/2+\sqrt{3}\mathrm{i}/2$(称为三次单位原根, 见教材 "附录 B 复数及其运算"). $\boldsymbol{A}^{29}$ 的特征值分别是 0, $512\sqrt[3]{4}$, $512\sqrt[3]{4}\omega^2$, $512\sqrt[3]{4}\overline{\omega}^2$, 故 $\operatorname{tr}(\boldsymbol{A}^{29})$ 等于其特征值之和等于 0.

9. (1) **证法 1** 令

$$\boldsymbol{U}=\begin{pmatrix}0&1&0\\0&0&1\\1&0&0\end{pmatrix}$$

是三阶基本循环矩阵 (教材习题第 2.17 题), 则 $\boldsymbol{U}$ 是正交矩阵, $\boldsymbol{U}^{-1}=\boldsymbol{U}^{\mathrm{T}}$. 由题意知

$$\boldsymbol{U}^{-1}\boldsymbol{A}=\boldsymbol{B},\quad \boldsymbol{BU}=\boldsymbol{C}.$$

得到 $\boldsymbol{U}^{-1}\boldsymbol{AU}=\boldsymbol{C}$, 故 $\boldsymbol{A}$ 与 $\boldsymbol{C}$ 相似. 另一方面, $\boldsymbol{A}=\boldsymbol{CU}$, 得到 $\boldsymbol{U}^{-1}\boldsymbol{CU}=\boldsymbol{B}$, 故 $\boldsymbol{C}$ 与 $\boldsymbol{B}$ 相似. 由相似的传递性可知, $\boldsymbol{A}$ 与 $\boldsymbol{B}$ 相似.

证法 2 设 V 是数域 $\mathbb{P}$ 上的三维线性空间, $\boldsymbol{\varepsilon}_1,\boldsymbol{\varepsilon}_2,\boldsymbol{\varepsilon}_3$ 是 V 的一个基, 线性变换 σ 在这个基下的矩阵是 $\boldsymbol{A}$, 即

$$\sigma(\boldsymbol{\varepsilon}_1,\boldsymbol{\varepsilon}_2,\boldsymbol{\varepsilon}_3)=(\boldsymbol{\varepsilon}_1,\boldsymbol{\varepsilon}_2,\boldsymbol{\varepsilon}_3)\boldsymbol{A}.$$

由于

$$(\boldsymbol{\varepsilon}_1,\boldsymbol{\varepsilon}_2,\boldsymbol{\varepsilon}_3)\boldsymbol{A}=(\boldsymbol{\varepsilon}_3,\boldsymbol{\varepsilon}_1,\boldsymbol{\varepsilon}_2)\boldsymbol{B}=(\boldsymbol{\varepsilon}_2,\boldsymbol{\varepsilon}_3,\boldsymbol{\varepsilon}_1)\boldsymbol{C},$$

故 σ 在基 $\boldsymbol{\varepsilon}_3,\boldsymbol{\varepsilon}_1,\boldsymbol{\varepsilon}_2$ 和基 $\boldsymbol{\varepsilon}_2,\boldsymbol{\varepsilon}_3,\boldsymbol{\varepsilon}_1$ 下的矩阵分别是 $\boldsymbol{B},\boldsymbol{C}$, 故矩阵 $\boldsymbol{A},\boldsymbol{B},\boldsymbol{C}$ 彼此相似.

(2) 计算得

$$\boldsymbol{CB}=\begin{pmatrix}a&a&b\\b&a&a\\a&b&a\end{pmatrix},\quad \boldsymbol{BC}=\begin{pmatrix}a&b&a\\a&a&b\\b&a&a\end{pmatrix},$$

其中 $a=xy+yz+xz, b=x^2+y^2+z^2$. 由 $\boldsymbol{BC}=\boldsymbol{CB}$ 可得 $a=b$, 从而得到

$$x^3+y^3+z^3-3xyz=(x+y+z)(x^2+y^2+z^2-xy-yz-zx)=0.$$

矩阵 $\boldsymbol{A}$ 的特征多项式

$$\begin{aligned} f(\lambda)&=\begin{vmatrix} \lambda-x & -y & -z \\ -y & \lambda-z & -x \\ -z & -x & \lambda-y \end{vmatrix} \\ &=\lambda^3-(x+y+z)\lambda^2+(x^3+y^3+z^3-3xyz) \\ &=\lambda^2(\lambda-m). \end{aligned}$$

注 如果 $\mathbb{P}=\mathbb{C}$, 由 $x^2+y^2+z^2=xy+yz+xz$ 得

$$(x-y)^2+(y-z)^2+(z-x)^2=0 \nRightarrow x=y=z=0.$$

10. 容易得到 $\boldsymbol{A}$ 的特征多项式 $f(\lambda)=\lambda^3-\lambda^2+\lambda-1$, 由哈密顿–凯莱定理知

$$\boldsymbol{A}^3-\boldsymbol{A}^2+\boldsymbol{A}-\boldsymbol{I}=\boldsymbol{O},$$

即 $\boldsymbol{A}^3=\boldsymbol{A}^2-\boldsymbol{A}+\boldsymbol{I}$. 前一个结论用数学归纳法即得, 再由已证的递推公式可得 $\boldsymbol{A}^{100}=\boldsymbol{I}$.

11. 设 $\boldsymbol{A\beta}=\lambda\boldsymbol{\beta}, \lambda\in\mathbb{C}, \boldsymbol{0}\neq\boldsymbol{\beta}\in\mathbb{C}^n, \lambda=a+b\mathrm{i}, \boldsymbol{\beta}=\boldsymbol{\eta}+\boldsymbol{\gamma}\mathrm{i}\,(\boldsymbol{\eta},\boldsymbol{\gamma}\in\mathbb{R}^n)$. 有

$$\boldsymbol{A}(\boldsymbol{\eta}+\boldsymbol{\gamma}\mathrm{i})=(a+b\mathrm{i})(\boldsymbol{\eta}+\boldsymbol{\gamma}\mathrm{i}),$$

$$\begin{cases} \boldsymbol{A\eta}=a\boldsymbol{\eta}-b\boldsymbol{\gamma}, \\ \boldsymbol{A\gamma}=a\boldsymbol{\gamma}+b\boldsymbol{\eta} \end{cases} \Rightarrow \begin{cases} \boldsymbol{\eta}^{\mathrm{T}}\boldsymbol{A\eta}=a\boldsymbol{\eta}^{\mathrm{T}}\boldsymbol{\eta}-b\boldsymbol{\eta}^{\mathrm{T}}\boldsymbol{\gamma}, \\ \boldsymbol{\gamma}^{\mathrm{T}}\boldsymbol{A\gamma}=a\boldsymbol{\gamma}^{\mathrm{T}}\boldsymbol{\gamma}+b\boldsymbol{\gamma}^{\mathrm{T}}\boldsymbol{\eta}. \end{cases}$$

两式相加得

$$\boldsymbol{\eta}^{\mathrm{T}}\boldsymbol{A\eta}+\boldsymbol{\gamma}^{\mathrm{T}}\boldsymbol{A\gamma}=a(\boldsymbol{\eta}^{\mathrm{T}}\boldsymbol{\eta}+\boldsymbol{\gamma}^{\mathrm{T}}\boldsymbol{\gamma})>0.$$

由 $\boldsymbol{\beta}\neq\boldsymbol{0}$ 知 $\boldsymbol{\eta}^{\mathrm{T}}\boldsymbol{\eta}+\boldsymbol{\gamma}^{\mathrm{T}}\boldsymbol{\gamma}>0$, 从而 $a>0$, 故 $\boldsymbol{A}$ 的实特征根全为正. 由于 $\boldsymbol{A}$ 的特征根, 除实数外, 虚根共轭成对出现, $|\boldsymbol{A}|$ 等于其特征根之积, 故 $|\boldsymbol{A}|>0$.

12. 设 $\boldsymbol{A\xi}=\lambda\boldsymbol{\xi}$. 若 $\lambda\in\mathbb{R}$, 由 $\boldsymbol{\xi}^{\mathrm{T}}\boldsymbol{A\xi}=\lambda\boldsymbol{\xi}^{\mathrm{T}}\boldsymbol{\xi}>\boldsymbol{\xi}^{\mathrm{T}}\boldsymbol{\xi}$ 及 $\boldsymbol{\xi}\neq\boldsymbol{0}$, 易知 $\lambda>1$. 若 λ 为虚数, 设 $\lambda=a+b\mathrm{i}, \boldsymbol{\xi}=\boldsymbol{\xi}_1+\boldsymbol{\xi}_2\mathrm{i}$, 其中 $a,b\in\mathbb{R}, \boldsymbol{\xi}_1,\boldsymbol{\xi}_2\in\mathbb{R}^n$. 由 $\boldsymbol{A\xi}_1=a\boldsymbol{\xi}_1-b\boldsymbol{\xi}_2, \boldsymbol{A\xi}_2=a\boldsymbol{\xi}_2+b\boldsymbol{\xi}_1$, 及 $\boldsymbol{\xi}_1,\boldsymbol{\xi}_2$ 不同时为零, 可以推知 $a>1$. 由于虚根共轭成对出现, $\lambda\overline{\lambda}=(a+b\mathrm{i})(a-b\mathrm{i})=a^2+b^2>1$, 从而可知 $|\boldsymbol{A}|=\lambda_1\lambda_2\cdots\lambda_n>1$(请自己写出完整的证明过程).

13. (1) 由于 $\boldsymbol{A}$ 的列向量组线性相关, 故 $|\boldsymbol{A}|=0$, 即 0 是 $\boldsymbol{A}$ 的特征值. 而 $\boldsymbol{A}$ 的 3 个特征值互不相同, 故另外两个特征值不能是 0, 且 $\boldsymbol{A}$ 可对角化, 故 $\mathrm{R}(\boldsymbol{A})=2$. (2) 齐次方程组 $\boldsymbol{Ax}=\boldsymbol{0}$ 的基础解系只有一个解向量. 令 $\boldsymbol{\xi}=(1,2,-1)^{\mathrm{T}}$, 由 $\boldsymbol{\alpha}_1+2\boldsymbol{\alpha}_2-\boldsymbol{\alpha}_3=\boldsymbol{0}$ 知, $(\boldsymbol{\alpha}_1,\boldsymbol{\alpha}_2,\boldsymbol{\alpha}_3)\boldsymbol{\xi}=\boldsymbol{A\xi}=\boldsymbol{0}$, 故 $\boldsymbol{\xi}$ 是齐次方程组 $\boldsymbol{Ax}=\boldsymbol{0}$ 的一个基础解系. 再令 $\boldsymbol{\xi}_0=(1,1,1)^{\mathrm{T}}$, 由 $\boldsymbol{\beta}=\boldsymbol{\alpha}_1+\boldsymbol{\alpha}_2+\boldsymbol{\alpha}_3$ 知, $(\boldsymbol{\alpha}_1,\boldsymbol{\alpha}_2,\boldsymbol{\alpha}_3)\boldsymbol{\xi}_0=\boldsymbol{\beta}$, 即 $\boldsymbol{\xi}_0$ 是方程组 $\boldsymbol{Ax}=\boldsymbol{\beta}$ 的一个特解. 故方程组 $\boldsymbol{Ax}=\boldsymbol{\beta}$ 的通解为 $k\boldsymbol{\xi}+\boldsymbol{\xi}_0$, 其中 k 为任意数.

14. (1) 根据相似矩阵的行列式值相等、迹相等可求得 $x=3$, $y=-2$; (2) 容易知道矩阵 $\boldsymbol{A}$, $\boldsymbol{B}$ 的特征值都是 2, −1, −2. 先求得可逆矩阵

$$\boldsymbol{P}_1=\begin{pmatrix}1&-2&-1\\-2&1&2\\0&0&4\end{pmatrix},\quad \boldsymbol{P}_2=\begin{pmatrix}1&-1&0\\0&3&0\\0&0&1\end{pmatrix},$$

使得 $\boldsymbol{P}_1^{-1}\boldsymbol{A}\boldsymbol{P}_1=\boldsymbol{P}_2^{-1}\boldsymbol{B}\boldsymbol{P}_2=\mathrm{diag}(2,-1,-2)$. 最后求得

$$\boldsymbol{P}=\boldsymbol{P}_1\boldsymbol{P}_2^{-1}=\begin{pmatrix}1&1/3&-1\\-2&-1/3&2\\0&0&4\end{pmatrix}.$$

15. (1) 注意 $\boldsymbol{\alpha}$ 与 $\boldsymbol{A\alpha}$ 不成比例, 故 $\boldsymbol{P}$ 的两列线性无关, 因而可逆. (2) 由已知得 $\boldsymbol{A}^2\boldsymbol{\alpha}=-\boldsymbol{A\alpha}+6\boldsymbol{\alpha}$, 故

$$\boldsymbol{AP}=(\boldsymbol{A\alpha},\boldsymbol{A}^2\boldsymbol{\alpha})=(\boldsymbol{A\alpha},-\boldsymbol{A\alpha}+6\boldsymbol{\alpha})=(\boldsymbol{\alpha},\boldsymbol{A\alpha})\begin{pmatrix}0&6\\1&-1\end{pmatrix},$$

从而 $\boldsymbol{P}^{-1}\boldsymbol{AP}=\begin{pmatrix}0&6\\1&-1\end{pmatrix}=\boldsymbol{B}$. 容易求得 $\boldsymbol{B}$ 的特征值是 −3, 2 互不相同, 故 $\boldsymbol{B}$ 可对角化, 因而 $\boldsymbol{A}$ 可相似对角化.

注 请比较本题第 (2) 问与教材例 3.27, 它们有诸多相似之处. 提醒读者, 教材例 3.27、例 3.28 都是全国考研数学试题, 例 3.28 与教材例 5.21、习题第 5.13 ∼ 5.15 题无甚差异.

16. 设 $\varphi(\boldsymbol{\alpha}_1)=\lambda_0\boldsymbol{\alpha}_1,\boldsymbol{\alpha}_1\neq\boldsymbol{0}$, 将 $\boldsymbol{\alpha}_1$ 扩充成 V 的基: $\boldsymbol{\alpha}_1,\boldsymbol{\alpha}_2,\cdots,\boldsymbol{\alpha}_n$. 令 $\boldsymbol{\beta}_1=(k_1,\cdots,k_n)^{\mathrm{T}}$ 将其扩充成 $\mathbb{P}^n$ 的基: $\boldsymbol{\beta}_1,\boldsymbol{\beta}_2,\cdots,\boldsymbol{\beta}_n$. 令 $\boldsymbol{B}=(\boldsymbol{\beta}_1,\boldsymbol{\beta}_2,\cdots,\boldsymbol{\beta}_n)$, 则 $(\boldsymbol{\varepsilon}_1,\boldsymbol{\varepsilon}_2,\cdots,\boldsymbol{\varepsilon}_n)=(\boldsymbol{\alpha}_1,\boldsymbol{\alpha}_2,\cdots,\boldsymbol{\alpha}_n)\boldsymbol{B}^{-1}$ 为 V 的基, 其中 $\boldsymbol{\alpha}_1=\sum\limits_{i=1}^{n}k_i\boldsymbol{\varepsilon}_i$.

17. (1) 略; (2) 略; (3) 充分性略, 只证必要性: 任取 $\boldsymbol{\alpha}\in V$, 由 (2) 可知, $\boldsymbol{\alpha}=(\boldsymbol{\alpha}-\sigma(\boldsymbol{\alpha}))+\sigma(\boldsymbol{\alpha})$. 所以,

$$\begin{aligned}(\sigma\tau)(\boldsymbol{\alpha})&=\sigma\tau\left[(\boldsymbol{\alpha}-\sigma(\boldsymbol{\alpha}))+\sigma(\boldsymbol{\alpha})\right]\\&=\sigma\left[\tau(\boldsymbol{\alpha}-\sigma(\boldsymbol{\alpha}))+\tau(\sigma(\boldsymbol{\alpha}))\right]\\&=\sigma(\tau(\boldsymbol{\alpha}-\sigma(\boldsymbol{\alpha})))+\sigma(\tau(\sigma(\boldsymbol{\alpha}))).\end{aligned}$$

又因为 $\boldsymbol{\alpha}-\sigma(\boldsymbol{\alpha})\in\ker\sigma$, 且 $\ker\sigma$ 在 τ 之下不变. 所以, $\tau(\boldsymbol{\alpha}-\sigma(\boldsymbol{\alpha}))\in\ker\sigma$, 因而 $\sigma(\tau(\boldsymbol{\alpha}-\sigma(\boldsymbol{\alpha})))=\boldsymbol{0}$. 而 $\mathrm{Im}\,\sigma$ 也在 τ 之下不变, 故 $\tau(\sigma(\boldsymbol{\alpha}))\in\mathrm{Im}\,\sigma$. 令 $\tau(\sigma(\boldsymbol{\alpha}))=\sigma(\boldsymbol{\beta})$, 则

$$\sigma(\tau(\sigma(\boldsymbol{\alpha})))=\sigma(\sigma(\boldsymbol{\beta}))=\sigma(\boldsymbol{\beta}).$$

于是,

$$(\sigma\tau)(\boldsymbol{\alpha})=\boldsymbol{0}+\sigma(\boldsymbol{\beta})=\sigma(\boldsymbol{\beta})=\tau(\sigma(\boldsymbol{\alpha}))=(\tau\sigma)(\boldsymbol{\alpha}).$$

故 $\sigma\tau=\tau\sigma$.

18. (1) 取 V 的一个基: $1,x,x^2,\cdots,x^{n-1}$, 其基像是 $-1,0,x^2,2x^3,\cdots,(n-1)x^{n-1}$. 值域 $\operatorname{Im}\sigma$ 的一个基是 $1,x^2,x^3,\cdots,x^{n-1}$, $\dim\operatorname{Im}\sigma=n-1$. x 是核 $\ker\sigma$ 的基, $\dim\ker\sigma=1$;

(2) 由 (1) 可得结论成立.

19. 令 $\sigma=\sigma_1+\cdots+\sigma_s$, $\tau=\varepsilon-\sigma_1-\cdots-\sigma_s$, 其中 ε 是恒等变换, 证明: σ 是幂等变换, 且

$$\operatorname{Im}\sigma=\operatorname{Im}\sigma_1+\cdots+\operatorname{Im}\sigma_s,\quad \ker\sigma=\operatorname{Im}\tau=\bigcap_{i=1}^{s}\ker\sigma_i,$$

再利用第 16 题的结论即得所证的结果.

20. 由题意得

$$\sigma(\boldsymbol{\varepsilon}_1)=\boldsymbol{\varepsilon}_1+\boldsymbol{\varepsilon}_3,\quad \sigma(\boldsymbol{\varepsilon}_2)=2\boldsymbol{\varepsilon}_1+\boldsymbol{\varepsilon}_2+3\boldsymbol{\varepsilon}_3+4\boldsymbol{\varepsilon}_4,\quad \sigma(\boldsymbol{\varepsilon}_3)=\boldsymbol{\varepsilon}_1+2\boldsymbol{\varepsilon}_4,\quad \sigma(\boldsymbol{\varepsilon}_4)=\boldsymbol{\varepsilon}_4.$$

由 $\sigma(\boldsymbol{\varepsilon}_1)\in W$ 可知, $\boldsymbol{\varepsilon}_3\in W$, 从而 $\boldsymbol{\varepsilon}_4\in W$. 由 $\sigma(\boldsymbol{\varepsilon}_i)\in W\,(i=1,3,4)$ 知 $L(\boldsymbol{\varepsilon}_1,\boldsymbol{\varepsilon}_3,\boldsymbol{\varepsilon}_4)\subset W$, 再由 W 的最小性知 $W\subset L(\boldsymbol{\varepsilon}_1,\boldsymbol{\varepsilon}_3,\boldsymbol{\varepsilon}_4)$, 故 $W=L(\boldsymbol{\varepsilon}_1,\boldsymbol{\varepsilon}_3,\boldsymbol{\varepsilon}_4)$.

$$\sigma(\boldsymbol{\varepsilon}_1,\boldsymbol{\varepsilon}_3,\boldsymbol{\varepsilon}_4)=(\boldsymbol{\varepsilon}_1,\boldsymbol{\varepsilon}_3,\boldsymbol{\varepsilon}_4)\begin{pmatrix}1&1&0\\1&0&0\\0&2&1\end{pmatrix}.$$

最后一个矩阵即为 $\sigma|_W$ 在 W 的基 $\boldsymbol{\varepsilon}_1,\boldsymbol{\varepsilon}_3,\boldsymbol{\varepsilon}_4$ 下的矩阵.

21. 取 W 的一个基 $\boldsymbol{\alpha}_1,\boldsymbol{\alpha}_2,\cdots,\boldsymbol{\alpha}_r$, 将它扩充成 V 的基 $\boldsymbol{\alpha}_1,\cdots,\boldsymbol{\alpha}_r,\boldsymbol{\alpha}_{r+1},\cdots,\boldsymbol{\alpha}_n$. σ 在 W 上的限制 $\sigma|_W$ 的特征多项式的次数 $r\geqslant 1$, 它在复数域 $\mathbb{C}$ 上至少有一个根 λ_0. 令 $\sigma|_W$ 在基 $\boldsymbol{\alpha}_1,\boldsymbol{\alpha}_2,\cdots,\boldsymbol{\alpha}_r$ 下的矩阵是 $\boldsymbol{A}_0$, 则 $(\lambda_0\boldsymbol{I}-\boldsymbol{A}_0)\boldsymbol{x}=\boldsymbol{0}$ 有非零解 $\boldsymbol{x}=(x_1,x_2,\cdots,x_r)^{\mathrm{T}}$. 因而 $\boldsymbol{\alpha}=x_1\boldsymbol{\alpha}_1+\cdots+x_r\boldsymbol{\alpha}_r\in W$ 是 $\sigma|_W$ 的属于特征值 λ_0 的特征向量, 故 $\sigma(\boldsymbol{\alpha})=\sigma|_W(\boldsymbol{\alpha})=\lambda_0\boldsymbol{\alpha}$.

22. 取 $\boldsymbol{\alpha}_{r+1},\cdots,\boldsymbol{\alpha}_n$ 为 $\ker\sigma$ 的一个基, 将它扩充成 V 的基: $\boldsymbol{\alpha}_1,\cdots,\boldsymbol{\alpha}_r,\boldsymbol{\alpha}_{r+1},\cdots,\boldsymbol{\alpha}_n$. 由定理 6.20 可知, $\sigma(\boldsymbol{\alpha}_1),\cdots,\sigma(\boldsymbol{\alpha}_r)$ 是 $\operatorname{Im}\sigma$ 的基. 由于 $\operatorname{Im}\sigma\subset V$, 把它扩充成 V 的基:

$$\sigma(\boldsymbol{\alpha}_1),\quad\cdots,\quad\sigma(\boldsymbol{\alpha}_r),\quad\boldsymbol{\beta}_{r+1},\quad\cdots,\quad\boldsymbol{\beta}_n.$$

令 $\boldsymbol{\beta}_i=\sigma(\boldsymbol{\alpha}_i)\,(i=1,2,\cdots,r)$. 则 $\boldsymbol{\beta}_1,\cdots,\boldsymbol{\beta}_r,\boldsymbol{\beta}_{r+1}\cdots,\boldsymbol{\beta}_n$ 是 V 的基, 且对任意 $\boldsymbol{\xi}\in V$, 若 $\boldsymbol{\xi}=\displaystyle\sum_{i=1}^{n}x_i\boldsymbol{\alpha}_i$, 则

$$\sigma(\boldsymbol{\xi})=\sum_{i=1}^{n}x_i\sigma(\boldsymbol{\alpha}_i)=\sum_{i=1}^{r}x_i\boldsymbol{\beta}_i,$$

这里 $r=\dim\operatorname{Im}\sigma$ 是 $0\sim n$ 中的某个整数.

23. 设 $\lambda_1,\cdots,\lambda_r$ 是 σ 的 r 个不同的特征值, λ_i 的特征子空间为 V_{λ_i}. 由 $\sigma\tau=\tau\sigma$ 知, 每一个 V_{λ_i} 都是 τ 子空间, 考虑 $\tau_i=\tau|_{V_{\lambda_i}}$, 参考教材例 6.31 即可获证.

24. 设 $\boldsymbol{A}$ 的特征值是 $\lambda_1,\lambda_2,\cdots,\lambda_n$, 由各 λ_i 互不相同知, $\boldsymbol{A}$ 可对角化, 即存在可逆矩阵 $\boldsymbol{P}$, 使得 $\boldsymbol{P}^{-1}\boldsymbol{A}\boldsymbol{P}=\boldsymbol{\Lambda}=\operatorname{diag}(\lambda_1,\lambda_2,\cdots,\lambda_n)$. 由于 $\boldsymbol{AB}=\boldsymbol{BA}$, 因此,

$$\boldsymbol{\Lambda}\cdot\boldsymbol{P}^{-1}\boldsymbol{BP}=\boldsymbol{P}^{-1}\boldsymbol{AP}\cdot\boldsymbol{P}^{-1}\boldsymbol{BP}=\boldsymbol{P}^{-1}\boldsymbol{BP}\cdot\boldsymbol{P}^{-1}\boldsymbol{AP}=\boldsymbol{P}^{-1}\boldsymbol{BP}\cdot\boldsymbol{\Lambda},$$

即 $\boldsymbol{\Lambda}$ 与 $\boldsymbol{P}^{-1}\boldsymbol{B}\boldsymbol{P}$ 可交换, 注意到 $\boldsymbol{\Lambda}$ 是主对角元互不相同的对角矩阵, 故 $\boldsymbol{P}^{-1}\boldsymbol{B}\boldsymbol{P}$ 也是对角矩阵.

注 由于矩阵 $\boldsymbol{A}$ 可对角化, 联系教材习题第 6.61 题得知 $\boldsymbol{B}=f(\boldsymbol{A})$ 也可对角化.

25. 设 $\lambda_1,\lambda_2,\cdots,\lambda_s$ 是矩阵 $\boldsymbol{A}$ 的互不相同的特征值, 则存在 n 阶可逆矩阵 $\boldsymbol{P}_1$, 使得

$$\boldsymbol{P}_1^{-1}\boldsymbol{A}\boldsymbol{P}_1=\mathrm{diag}(\lambda_1\boldsymbol{I}_{r_1},\lambda_2\boldsymbol{I}_{r_2},\cdots,\lambda_s\boldsymbol{I}_{r_s}).$$

由 $\boldsymbol{AB}=\boldsymbol{BA}$ 可知,

$$\boldsymbol{P}_1^{-1}\boldsymbol{A}\boldsymbol{P}_1\cdot\boldsymbol{P}_1^{-1}\boldsymbol{B}\boldsymbol{P}_1=\boldsymbol{P}_1^{-1}\boldsymbol{B}\boldsymbol{P}_1\cdot\boldsymbol{P}_1^{-1}\boldsymbol{A}\boldsymbol{P}_1,$$

故

$$\boldsymbol{P}_1^{-1}\boldsymbol{B}\boldsymbol{P}_1=\mathrm{diag}(\boldsymbol{B}_1,\boldsymbol{B}_2,\cdots,\boldsymbol{B}_s),$$

其中 $\boldsymbol{B}_i$ 是 r_i 阶矩阵. 由于 $\boldsymbol{B}$ 也可对角化, 故存在 r_i 阶可逆矩阵 $\boldsymbol{Q}_i$, 使得 $\boldsymbol{Q}_i^{-1}\boldsymbol{B}_i\boldsymbol{Q}_i$ 是 r_i 阶对角矩阵. 令 $\boldsymbol{P}_2=\mathrm{diag}(\boldsymbol{Q}_1,\boldsymbol{Q}_2,\cdots,\boldsymbol{Q}_s)$, 则 $\boldsymbol{P}_2^{-1}\boldsymbol{P}_1^{-1}\boldsymbol{B}\boldsymbol{P}_1\boldsymbol{P}_2$ 是对角矩阵, 且

$$\boldsymbol{P}_2^{-1}\boldsymbol{P}_1^{-1}\boldsymbol{A}\boldsymbol{P}_1\boldsymbol{P}_2=\mathrm{diag}(\lambda_1\boldsymbol{I}_{r_1},\lambda_2\boldsymbol{I}_{r_2},\cdots,\lambda_s\boldsymbol{I}_{r_s})$$

为对角矩阵, 结论成立.

26. 充分性: 设 λ 为 $\boldsymbol{A},\boldsymbol{B}$ 的公共特征值, 注意, $\boldsymbol{B}$ 和 $\boldsymbol{B}^{\mathrm{T}}$ 有相同的特征值. 设 $\boldsymbol{\alpha},\boldsymbol{\beta}$ 分别是 $\boldsymbol{A}$ 和 $\boldsymbol{B}^{\mathrm{T}}$ 的特征向量, 即

$$\boldsymbol{A}\boldsymbol{\alpha}=\lambda\boldsymbol{\alpha},\quad \boldsymbol{B}^{\mathrm{T}}\boldsymbol{\beta}=\lambda\boldsymbol{\beta}.$$

则 $\boldsymbol{X}=\boldsymbol{\alpha}\boldsymbol{\beta}^{\mathrm{T}}$ 是 $\boldsymbol{AX}=\boldsymbol{XB}$ 的一个非零解.

必要性: 设 $\boldsymbol{X}$ 是 $\boldsymbol{AX}=\boldsymbol{XB}$ 的非零解, $\mathrm{R}(\boldsymbol{X})=r$, 则存在 n 阶可逆矩阵 $\boldsymbol{P}$ 和 m 阶可逆矩阵 $\boldsymbol{Q}$, 使得

$$\boldsymbol{PXQ}=\begin{pmatrix}\boldsymbol{I}_r & \boldsymbol{O}\\ \boldsymbol{O} & \boldsymbol{O}\end{pmatrix}.$$

于是

$$\boldsymbol{PAP}^{-1}\cdot\boldsymbol{PXQ}=\boldsymbol{PXQ}\cdot\boldsymbol{Q}^{-1}\boldsymbol{BQ}.$$

令

$$\boldsymbol{PAP}^{-1}=\begin{pmatrix}\boldsymbol{A}_1 & \boldsymbol{A}_2\\ \boldsymbol{A}_3 & \boldsymbol{A}_4\end{pmatrix},\quad \boldsymbol{Q}^{-1}\boldsymbol{BQ}=\begin{pmatrix}\boldsymbol{B}_1 & \boldsymbol{B}_2\\ \boldsymbol{B}_3 & \boldsymbol{B}_4\end{pmatrix},$$

这里 $\boldsymbol{A}_1,\boldsymbol{B}_1$ 均为 r 阶方阵. 由此可得 $\boldsymbol{A}_1=\boldsymbol{B}_1,\boldsymbol{A}_3=\boldsymbol{O},\boldsymbol{B}_2=\boldsymbol{O}$, 于是 $\boldsymbol{A}_1=\boldsymbol{B}_1$ 的特征值均为 $\boldsymbol{A},\boldsymbol{B}$ 的公共特征值.

27. 方法 1 由 $\boldsymbol{A}^2=\boldsymbol{B}^2$ 可得

$$\boldsymbol{A}(\boldsymbol{A}-\boldsymbol{B})=\boldsymbol{A}^2-\boldsymbol{AB}=-(\boldsymbol{A}-\boldsymbol{B})\boldsymbol{B}.$$

若 $\boldsymbol{A}-\boldsymbol{B}\neq\boldsymbol{O}$, 则矩阵方程 $\boldsymbol{AX}=\boldsymbol{X}(-\boldsymbol{B})$ 有非零解. 由上一题的结论可知, $\boldsymbol{A}$ 和 $-\boldsymbol{B}$ 有公共特征值, 这与 $\boldsymbol{A}$, $\boldsymbol{B}$ 的特征值均为正数相矛盾.

方法 2 由前一题可知, $\boldsymbol{A}$ 和 $\boldsymbol{B}$ 有公共特征值 λ 和公共特征向量 $\boldsymbol{\alpha}$. 将 $\boldsymbol{\alpha}$ 扩充成一个可逆矩阵 $\boldsymbol{P}$, 使 $\boldsymbol{\alpha}$ 为 $\boldsymbol{P}$ 的第一列, 则

$$\boldsymbol{P}^{-1}\boldsymbol{A}\boldsymbol{P}=\begin{pmatrix}\lambda & \boldsymbol{\beta}^{\mathrm{T}}\\ \boldsymbol{0} & \boldsymbol{A}_1\end{pmatrix},\quad \boldsymbol{P}^{-1}\boldsymbol{B}\boldsymbol{P}=\begin{pmatrix}\lambda & \boldsymbol{\gamma}^{\mathrm{T}}\\ \boldsymbol{0} & \boldsymbol{B}_1\end{pmatrix}.$$

对矩阵的阶数应用数学归纳法即可完成证明.

28. 设 $\varepsilon_1,\varepsilon_2,\cdots,\varepsilon_n$ 是基, σ 在这个基下的矩阵是 $\boldsymbol{A}$, 存在可逆矩阵 $\boldsymbol{P},\boldsymbol{Q}$, 使得 $\boldsymbol{A}=\boldsymbol{P}\mathrm{diag}(\boldsymbol{I}_r,\boldsymbol{O})\boldsymbol{Q}$. 若 $r=0$, 则结论成立; 若 $r\neq 0$, 由 $\boldsymbol{A}=(\boldsymbol{P}\boldsymbol{Q})(\boldsymbol{Q}^{-1}\mathrm{diag}(\boldsymbol{I}_r,\boldsymbol{O})\boldsymbol{Q})$ 即得所证的结果.

注 本题是教材习题第 2.69 题的另一个版本.

29. 设 $\lambda_1,\cdots,\lambda_n$ 与 $\mu_1,\cdots,\mu_n$ 分别是 $\boldsymbol{A},\boldsymbol{B}$ 的特征值, 则 $f(\lambda)=\prod\limits_{i=1}^{n}(\lambda-\lambda_i)$, 从而

$$|f(\boldsymbol{B})|=\left|\prod_{i=1}^{n}(\boldsymbol{B}-\lambda_i\boldsymbol{I})\right|=(-1)^n\prod_{i=1}^{n}|\lambda_i\boldsymbol{I}-\boldsymbol{B}|=(-1)^n\prod_{i=1}^{n}\prod_{j=1}^{n}|\lambda_i-\mu_j|,$$

所以 $|f(\boldsymbol{B})|=0$, 当且仅当存在 i,j, 使得 $\lambda_i=\mu_j$.

30. 证法 1 令

$$V_{ij}=\{\boldsymbol{\alpha}|\boldsymbol{\alpha}\in V,\sigma_i(\boldsymbol{\alpha})=\sigma_j(\boldsymbol{\alpha})\}\quad (i,j=1,2,\cdots,s;\ i\neq j).$$

由于 $\boldsymbol{0}\in V_{ij}$, 故 V_{ij} 非空. 而 $\sigma_1,\sigma_2,\cdots,\sigma_s$ 两两不同, 所以, 对任意 $i,j=1,2,\cdots,s$, 总存在 $\boldsymbol{\beta}\in V$, 使得 $\boldsymbol{\beta}\notin V_{ij}$(否则, 若存在 $i,j=1,2,\cdots,s;\ i\neq j$, 对一切 $\boldsymbol{\beta}\in V$, 都有 $\boldsymbol{\beta}\in V_{ij}$, 导致 $\sigma_i=\sigma_j$, 与已知矛盾). 所以, V_{ij} 是 V 的真子集.

设 $\boldsymbol{\alpha},\boldsymbol{\beta}\in V_{ij}$, 由 $\sigma_i(\boldsymbol{\alpha})=\sigma_j(\boldsymbol{\alpha})$, $\sigma_i(\boldsymbol{\beta})=\sigma_j(\boldsymbol{\beta})$ 知, $\sigma_i(\boldsymbol{\alpha}+\boldsymbol{\beta})=\sigma_j(\boldsymbol{\alpha}+\boldsymbol{\beta})$, 即 $\boldsymbol{\alpha}+\boldsymbol{\beta}\in V_{ij}$. 其次, 对任意 $k\in\mathbb{P}$, $\boldsymbol{\alpha}\in V_{ij}$, 有 $\sigma_i(k\boldsymbol{\alpha})=k\sigma_i(\boldsymbol{\alpha})=\sigma_j(k\boldsymbol{\alpha})$, 因而 $k\boldsymbol{\alpha}\in V_{ij}$. 故 V_{ij} 是 V 的子空间.

由第五章例 5.32 可知, 存在 $\boldsymbol{\alpha}\in V$, 且 $\boldsymbol{\alpha}$ 不属于每一个真子空间 $V_{ij}\,(i,j=1,2,\cdots,s;\ i\neq j)$, 即 $\sigma_1(\boldsymbol{\alpha}),\sigma_2(\boldsymbol{\alpha}),\cdots,\sigma_s(\boldsymbol{\alpha})$ 两两不同. 证毕.

证法 2 令

$$\tau_{ij}=\sigma_i-\sigma_j\quad (i,j=1,2,\cdots,s;\ i\neq j),$$

则 $\tau_{ij}\,(i,j=1,2,\cdots,s;\ i\neq j)$ 是 V 的线性变换. 由 $\sigma_i\neq\sigma_j\,(i\neq j)$ 知, $\ker\tau_{ij}$ 是 V 的真子空间. 由第五章例 5.32 可知, 存在 $\boldsymbol{\alpha}\in V$, 且 $\boldsymbol{\alpha}$ 不属于每一个真子空间 $\ker\tau_{ij}\,(i,j=1,2,\cdots,s;\ i\neq j)$, 即 $\sigma_1(\boldsymbol{\alpha}),\sigma_2(\boldsymbol{\alpha}),\cdots,\sigma_s(\boldsymbol{\alpha})$ 两两不同. 证毕.

注 以上两种证法并无本质的区别, 后一种证法免去了证明 “V_{ij} 是子空间” 这步.

31. 证明 由于 $\boldsymbol{A}$ 的特征值 $\lambda_1,\cdots,\lambda_n$ 互不相同, 故矩阵 $\boldsymbol{A}$ 可对角化. 即存在可逆矩阵 $\boldsymbol{P}\in\mathbb{C}^{n\times n}$, 使得 $\boldsymbol{A}=\boldsymbol{P}\boldsymbol{\Lambda}\boldsymbol{P}^{-1}$, 其中 $\boldsymbol{\Lambda}=\mathrm{diag}(\lambda_1,\cdots,\lambda_n)$.

显然 $\boldsymbol{A}\neq\boldsymbol{O}$. 当 $i=j$ 时, 取 $\boldsymbol{B}=\boldsymbol{A}$, 则 $\mathrm{ad}_{\boldsymbol{A}}(A)=\boldsymbol{A}^2-\boldsymbol{A}^2=\boldsymbol{O}$, 即 0 是线性变换 $\mathrm{ad}_{\boldsymbol{A}}$ 的特征值. 当 $i\neq j$ 时, 下证 $\lambda_i-\lambda_j$ 是 $\mathrm{ad}_{\boldsymbol{A}}$ 的特征值.

令 $\boldsymbol{B}=\boldsymbol{P}\boldsymbol{B}_1\boldsymbol{P}^{-1}$, 其中 $\boldsymbol{B}_1=(b_{ks})_{n\times n}$, 则

$$\boldsymbol{A}\boldsymbol{B}-\boldsymbol{B}\boldsymbol{A}=\boldsymbol{P}\boldsymbol{\Lambda}\boldsymbol{P}^{-1}\cdot\boldsymbol{P}\boldsymbol{B}_1\boldsymbol{P}^{-1}-\boldsymbol{P}\boldsymbol{B}_1\boldsymbol{P}^{-1}\cdot\boldsymbol{P}\boldsymbol{\Lambda}\boldsymbol{P}^{-1}=\boldsymbol{P}(\boldsymbol{\Lambda}\boldsymbol{B}_1-\boldsymbol{B}_1\boldsymbol{\Lambda})\boldsymbol{P}^{-1}.$$

故

$$
\begin{aligned}
&|(\lambda_i-\lambda_j)\boldsymbol{I}-(\boldsymbol{AB}-\boldsymbol{BA})| \\
=&\left|\boldsymbol{P}\left[(\lambda_i-\lambda_j)\boldsymbol{I}-(\boldsymbol{\Lambda B}_1-\boldsymbol{B}_1\boldsymbol{\Lambda})\right]\boldsymbol{P}^{-1}\right| \\
=&|(\lambda_i-\lambda_j)\boldsymbol{I}-(\boldsymbol{\Lambda B}_1-\boldsymbol{B}_1\boldsymbol{\Lambda})| \\
=&\begin{vmatrix}
\lambda_i-\lambda_j & (\lambda_2-\lambda_1)b_{12} & \cdots & (\lambda_n-\lambda_1)b_{1n} \\
(\lambda_1-\lambda_2)b_{21} & \lambda_i-\lambda_j & \cdots & (\lambda_n-\lambda_2)b_{2n} \\
\vdots & \vdots & & \vdots \\
(\lambda_1-\lambda_n)b_{n1} & (\lambda_2-\lambda_n)b_{n2} & \cdots & \lambda_i-\lambda_j
\end{vmatrix}.
\end{aligned}
\tag{6.2}
$$

取

$$
b_{21}=\frac{\lambda_i-\lambda_j}{\lambda_1-\lambda_2},\quad b_{12}=\frac{\lambda_i-\lambda_j}{\lambda_2-\lambda_1},\quad b_{13}=\frac{\lambda_3-\lambda_2}{\lambda_2-\lambda_1}b_{23},\quad \cdots,\quad b_{1n}=\frac{\lambda_n-\lambda_2}{\lambda_n-\lambda_1}b_{2n},
$$

则 (6.2) 式中最后一个行列式的第 1,2 行相同, 其行列式值为 0, 即

$$
|(\lambda_i-\lambda_j)\boldsymbol{I}-(\boldsymbol{AB}-\boldsymbol{BA})|=0.
$$

而 $b_{12}\neq 0$, $b_{21}\neq 0$, 故 $\boldsymbol{B}=\boldsymbol{PB}_1\boldsymbol{P}^{-1}\neq\boldsymbol{O}$, 所以, $\lambda_i-\lambda_j$ 是 $\mathrm{ad}_{\boldsymbol{A}}$ 的特征值. 证毕.

32. 存在可逆矩阵 $\boldsymbol{P}$ 使得 $\boldsymbol{P}^{-1}\boldsymbol{AP}=\mathrm{diag}(\lambda_1,\lambda_2,\cdots,\lambda_n)=\boldsymbol{\Lambda}$. 取 $\mathbb{C}^{n\times n}$ 的一个基: $\boldsymbol{E}_{ij}$, $i,j=1,2,\cdots,n$, 则 $\boldsymbol{PE}_{ij}\boldsymbol{P}^{-1}$, $i,j=1,2,\cdots,n$ 也是 $\mathbb{C}^{n\times n}$ 的一个基. 注意到

$$
\begin{aligned}
\sigma_{\boldsymbol{A}}(\boldsymbol{PE}_{ij}\boldsymbol{P}^{-1})&=\boldsymbol{APE}_{ij}\boldsymbol{P}^{-1}-\boldsymbol{PE}_{ij}\boldsymbol{P}^{-1}\boldsymbol{A}\\
&=\boldsymbol{P}\left(\boldsymbol{\Lambda E}_{ij}-\boldsymbol{E}_{ij}\boldsymbol{\Lambda}\right)\boldsymbol{P}^{-1}\\
&=(\lambda_i-\lambda_j)\boldsymbol{PE}_{ij}\boldsymbol{P}^{-1}.
\end{aligned}
$$

即 $\sigma_{\boldsymbol{A}}$ 在 $\mathbb{C}^{n\times n}$ 的基 $\boldsymbol{PE}_{ij}\boldsymbol{P}^{-1}$, $i,j=1,2,\cdots,n$ 下的矩阵是对角矩阵

$$
\mathrm{diag}(\lambda_1-\lambda_1,\cdots,\lambda_1-\lambda_n,\cdots,\lambda_n-\lambda_1,\cdots,\lambda_n-\lambda_n).
$$

注 第 31 题是第 32 题的特例, 利用第 32 题的证法可以改进第 31 题的证明.

§6.4 习 题 选 解

6.2 设 $\boldsymbol{A}\in\mathbb{P}^{n\times n}$, 对任意 $\boldsymbol{X}\in\mathbb{P}^{n\times n}$, 定义 $\sigma(\boldsymbol{X})=\boldsymbol{XA}-\boldsymbol{AX}$. 证明: σ 是 $\mathbb{P}^{n\times n}$ 的线性变换.

证明 $\forall\boldsymbol{X},\boldsymbol{Y}\in\mathbb{P}^{n\times n},k\in\mathbb{P}$, 都有

$$
\begin{aligned}
\sigma(\boldsymbol{X}+\boldsymbol{Y})&=(\boldsymbol{X}+\boldsymbol{Y})\boldsymbol{A}-\boldsymbol{A}(\boldsymbol{X}+\boldsymbol{Y})=\boldsymbol{XA}-\boldsymbol{AX}+\boldsymbol{YA}-\boldsymbol{AY}=\sigma(\boldsymbol{X})+\sigma(\boldsymbol{Y}),\\
\sigma(k\boldsymbol{X})&=\boldsymbol{kXA}-\boldsymbol{AkX}=k(\boldsymbol{XA}-\boldsymbol{AX})=k\sigma(\boldsymbol{X}).
\end{aligned}
$$

故 σ 是 $\mathbb{P}^{n\times n}$ 的线性变换.

6.4 证明定理 6.4.

定理 6.4 设 V 是数域 $\mathbb{P}$ 上的 n 维线性空间, $\sigma\in L(V)$, 则下列说法等价:

(1) σ 可逆; (2) σ 是单射;

(3) σ 的核是零空间 $\{\mathbf{0}\}$; (4) σ 是满射, 即值域 $\operatorname{Im}\sigma=V$.

证明 (1) $\Rightarrow$ (2): 显然.

(2) $\Rightarrow$ (3): 设 σ 是单射, 则对 $\forall\boldsymbol{\alpha}_1,\boldsymbol{\alpha}_2\in V,\boldsymbol{\alpha}_1\neq\boldsymbol{\alpha}_2$, 都有 $\sigma(\boldsymbol{\alpha}_1)\neq\sigma(\boldsymbol{\alpha}_2)$, 即

$$\boldsymbol{\alpha}_1-\boldsymbol{\alpha}_2\neq\mathbf{0}\Rightarrow\sigma(\boldsymbol{\alpha}_1)-\sigma(\boldsymbol{\alpha}_2)=\sigma(\boldsymbol{\alpha}_1-\boldsymbol{\alpha}_2)\neq\mathbf{0}.$$

亦即 $\sigma(\boldsymbol{\alpha})=\mathbf{0}\Rightarrow\boldsymbol{\alpha}=\mathbf{0}$. 故 $\ker\sigma=\{\mathbf{0}\}$.

(3) $\Rightarrow$ (4): 设 $\ker\sigma=\{\mathbf{0}\},\varepsilon_1,\varepsilon_2,\cdots,\varepsilon_n$ 是 V 的一个基. 下证 $\sigma(\varepsilon_1),\sigma(\varepsilon_2),\cdots,\sigma(\varepsilon_n)$ 也是 V 的一个基, 只需证明 $\sigma(\varepsilon_1),\sigma(\varepsilon_2),\cdots,\sigma(\varepsilon_n)$ 线性无关.

事实上, 设 $\lambda_1\sigma(\varepsilon_1)+\lambda_2\sigma(\varepsilon_2)+\cdots+\lambda_n\sigma(\varepsilon_n)=\mathbf{0}$, 则

$$\sigma(\lambda_1\varepsilon_1+\lambda_2\varepsilon_2+\cdots+\lambda_n\varepsilon_n)=\mathbf{0}\Rightarrow\lambda_1\varepsilon_1+\lambda_2\varepsilon_2+\cdots+\lambda_n\varepsilon_n=\mathbf{0}.$$

由于 $\varepsilon_1,\varepsilon_2,\cdots,\varepsilon_n$ 线性无关, 故 $\lambda_1=\lambda_2=\cdots=\lambda_n=0$. 从而 $\sigma(\varepsilon_1),\sigma(\varepsilon_2),\cdots,\sigma(\varepsilon_n)$ 线性无关, 是 V 的一个基. $\operatorname{Im}\sigma=L(\sigma(\varepsilon_1),\sigma(\varepsilon_2),\cdots,\sigma(\varepsilon_n))=V,\sigma$ 是满射.

(4) $\Rightarrow$ (1): 设 σ 是满射, 为证 σ 可逆, 只需证明 σ 是单射.

任取 $\sigma(\varepsilon_1),\sigma(\varepsilon_2),\cdots,\sigma(\varepsilon_n)\in\operatorname{Im}\sigma$ 是 $\operatorname{Im}\sigma=V$ 的一个基, 由线性变换的性质可知, $\varepsilon_1,\varepsilon_2,\cdots,\varepsilon_n$ 线性无关, 因而也是 V 的一个基.

令 $\boldsymbol{\alpha},\boldsymbol{\beta}\in V,\boldsymbol{\alpha}=\sum\limits_{i=1}^{n}x_i\varepsilon_i,\boldsymbol{\beta}=\sum\limits_{i=1}^{n}y_i\varepsilon_i$, 且 $\boldsymbol{\alpha}\neq\boldsymbol{\beta}$. 如果 $\sigma(\boldsymbol{\alpha})=\sigma(\boldsymbol{\beta})$, 则

$$\mathbf{0}=\sigma(\boldsymbol{\alpha})-\sigma(\boldsymbol{\beta})=\sigma(\boldsymbol{\alpha}-\boldsymbol{\beta})=\sum_{i=1}^{n}(x_i-y_i)\sigma(\varepsilon_i).$$

由 $\sigma(\varepsilon_1),\sigma(\varepsilon_2),\cdots,\sigma(\varepsilon_n)$ 线性无关可知, $x_1-y_1=x_2-y_2=\cdots=x_n-y_n=0$, 从而 $x_1=y_1,x_2=y_2,\cdots,x_n=y_n$, 这与 $\boldsymbol{\alpha}\neq\boldsymbol{\beta}$ 矛盾. 所以 $\sigma(\boldsymbol{\alpha})\neq\sigma(\boldsymbol{\beta})$, 故 σ 是单射, 从而 σ 可逆.

6.5 设 $V=\mathbb{P}^3,\sigma$ 是 V 的线性变换, $\forall\boldsymbol{\alpha}=(a,b,c)^{\mathrm{T}}\in V,\sigma(\boldsymbol{\alpha})=(a-b,b-2c,c+3a)^{\mathrm{T}}$. 问 σ 是否为 V 的可逆线性变换? 为什么?

解 σ 是可逆线性变换. 事实上, 设 $\sigma(\boldsymbol{\alpha})=(a-b,b-2c,c+3a)^{\mathrm{T}}=\mathbf{0}$, 则 $a-b=0$, $b-2c=0$, $c+3a=0$. 解得 $a=b=c=0$, 故 $\ker\sigma=\{\mathbf{0}\}$, 由定理 6.4 可知, σ 是可逆线性变换.

6.6 设 σ,τ 都是线性变换, 且 $\sigma\tau-\tau\sigma=\varepsilon$. 证明: 对一切正整数 n,

$$\sigma^n\tau-\tau\sigma^n=n\sigma^{n-1}.$$

证明 数学归纳法. 当 $n=1$ 时, 由已知, 结论成立.

假设当 $n=k(k\geqslant 1)$ 时结论成立, 则当 $n=k+1$ 时,

$$\begin{aligned}\sigma^{k+1}\tau-\tau\sigma^{k+1}&=\sigma(\sigma^k\tau-\tau\sigma^k)+\sigma\tau\sigma^k-\tau\sigma^{k+1}\\&=\sigma k\sigma^{k-1}+(\varepsilon+\tau\sigma)\sigma^k-\tau\sigma^{k+1}\\&=k\sigma^k+\sigma^k\\&=(k+1)\sigma^k,\end{aligned}$$

结论也成立. 由数学归纳法原理可知, 结论对一切正整数 n 都成立.

6.7 设 σ,τ 都是可逆线性变换, 证明: $\sigma\tau$ 也是可逆线性变换, 且 $(\sigma\tau)^{-1}=\tau^{-1}\sigma^{-1}$.

证明 设 σ,τ 是线性空间 V 上的可逆线性变换, 则 $\mathrm{Im}\,\sigma=\mathrm{Im}\,\tau=V$. 因而,

$$\mathrm{Im}\,\sigma\tau=\sigma(\mathrm{Im}\,\tau)=\mathrm{Im}\,\sigma=V.$$

即 $\sigma\tau$ 是 V 的满射, 故 $\sigma\tau$ 是可逆变换, 且

$$(\sigma\tau)(\tau^{-1}\sigma^{-1})=\sigma(\tau\tau^{-1})\sigma^{-1}=\sigma\sigma^{-1}=\varepsilon.$$

即 $(\sigma\tau)^{-1}=\tau^{-1}\sigma^{-1}$.

6.8 设 V_1,V_2 都是线性空间 V 的子空间, 且 $V=V_1\oplus V_2$. 对任意 $\boldsymbol{\alpha}=\boldsymbol{\alpha}_1+\boldsymbol{\alpha}_2\in V(\boldsymbol{\alpha}_1\in V_1,\boldsymbol{\alpha}_2\in V_2)$, 设 $\sigma_1(\boldsymbol{\alpha})=\boldsymbol{\alpha}_1$, $\sigma_2(\boldsymbol{\alpha})=\boldsymbol{\alpha}_2$. 证明: σ_1,σ_2 都是 V 的线性变换, 且

$$\sigma_1^2=\sigma_1,\quad \sigma_2^2=\sigma_2,\quad \sigma_1\sigma_2=\sigma_2\sigma_1=o.$$

证明 $\forall\boldsymbol{\alpha},\boldsymbol{\beta}\in V,k\in\mathbb{P}$, 令

$$\boldsymbol{\alpha}=\boldsymbol{\alpha}_1+\boldsymbol{\alpha}_2,\quad \boldsymbol{\beta}=\boldsymbol{\beta}_1+\boldsymbol{\beta}_2\quad(\boldsymbol{\alpha}_1,\boldsymbol{\beta}_1\in V_1,\ \boldsymbol{\alpha}_2,\boldsymbol{\beta}_2\in V_2).$$

则

$$\begin{aligned}\sigma_1(\boldsymbol{\alpha}+\boldsymbol{\beta})&=\boldsymbol{\alpha}_1+\boldsymbol{\beta}_1=\sigma_1(\boldsymbol{\alpha})+\sigma_1(\boldsymbol{\beta}),\\ \sigma_1(k\boldsymbol{\alpha})&=k\boldsymbol{\alpha}_1=k\sigma_1(\boldsymbol{\alpha}).\end{aligned}$$

因此, σ_1 是 V 的线性变换. 同理可得, σ_2 也是 V 的线性变换.

由于 $\sigma_1^2(\boldsymbol{\alpha})=\sigma_1(\boldsymbol{\alpha}_1)=\boldsymbol{\alpha}_1=\sigma_1(\boldsymbol{\alpha})$, 故 $\sigma_1^2=\sigma_1$. 同理可得 $\sigma_2^2=\sigma_2$.

再由 $\sigma_1\sigma_2(\boldsymbol{\alpha})=\sigma_1(\boldsymbol{\alpha}_2)=\mathbf{0},\sigma_2\sigma_1(\boldsymbol{\alpha})=\sigma_2(\boldsymbol{\alpha}_1)=\mathbf{0}$ 知, $\sigma_1\sigma_2=\sigma_2\sigma_1=o$.

6.9 证明: 对任一 $n\times m$ 矩阵 $\boldsymbol{B}$, 都有

$$\sigma((\boldsymbol{\varepsilon}_1,\boldsymbol{\varepsilon}_2,\cdots,\boldsymbol{\varepsilon}_n)\boldsymbol{B})=\sigma(\boldsymbol{\varepsilon}_1,\boldsymbol{\varepsilon}_2,\cdots,\boldsymbol{\varepsilon}_n)\boldsymbol{B}.$$

证明 设 $\boldsymbol{B}=(b_{ij})_{n\times m}=(\boldsymbol{\alpha}_1,\boldsymbol{\alpha}_2,\cdots,\boldsymbol{\alpha}_m),(\boldsymbol{\eta}_1,\boldsymbol{\eta}_2,\cdots,\boldsymbol{\eta}_m)=(\boldsymbol{\varepsilon}_1,\boldsymbol{\varepsilon}_2,\cdots,\boldsymbol{\varepsilon}_n)\boldsymbol{B}$, 则对一切 $i=1,2,\cdots,m$,

$$\begin{aligned}\boldsymbol{\eta}_i&=b_{1i}\boldsymbol{\varepsilon}_1+b_{2i}\boldsymbol{\varepsilon}_2+\cdots+b_{ni}\boldsymbol{\varepsilon}_n=(\boldsymbol{\varepsilon}_1,\boldsymbol{\varepsilon}_2,\cdots,\boldsymbol{\varepsilon}_n)\boldsymbol{\alpha}_i,\\ \sigma(\boldsymbol{\eta}_i)&=b_{1i}\sigma(\boldsymbol{\varepsilon}_1)+b_{2i}\sigma(\boldsymbol{\varepsilon}_2)+\cdots+b_{ni}\sigma(\boldsymbol{\varepsilon}_n)=\sigma(\boldsymbol{\varepsilon}_1,\boldsymbol{\varepsilon}_2,\cdots,\boldsymbol{\varepsilon}_n)\boldsymbol{\alpha}_i.\end{aligned}$$

因此,

$$\begin{aligned}\sigma(\boldsymbol{\eta}_1,\boldsymbol{\eta}_2,\cdots,\boldsymbol{\eta}_m)&=(\sigma(\boldsymbol{\eta}_1),\sigma(\boldsymbol{\eta}_2),\cdots,\sigma(\boldsymbol{\eta}_m))\\ &=\sigma(\boldsymbol{\varepsilon}_1,\boldsymbol{\varepsilon}_2,\cdots,\boldsymbol{\varepsilon}_n)(\boldsymbol{\alpha}_1,\boldsymbol{\alpha}_2,\cdots,\boldsymbol{\alpha}_m)\\ &=\sigma(\boldsymbol{\varepsilon}_1,\boldsymbol{\varepsilon}_2,\cdots,\boldsymbol{\varepsilon}_n)\boldsymbol{B}.\end{aligned}$$

6.10 在线性空间 $\mathbb{R}^2$ 中, 分别取 x, y 轴上的单位向量 $\boldsymbol{e}_1, \boldsymbol{e}_2$ 作为它的基. 设 σ 是围绕坐标原点按逆时针方向旋转 θ 角的旋转变换. 证明:

(1) σ 是 $\mathbb{R}^2$ 的线性变换;

(2) σ 在基 $\boldsymbol{e}_1, \boldsymbol{e}_2$ 下的矩阵是

$$\begin{pmatrix} \cos\theta & -\sin\theta \\ \sin\theta & \cos\theta \end{pmatrix}.$$

证明 设 $\boldsymbol{\alpha} = (x, y)^{\mathrm{T}}$ 是 $\mathbb{R}^2$ 中的任一向量, 绕坐标原点逆时针旋转 θ 角后的向量为 $\sigma(\boldsymbol{\alpha}) = (x', y')^{\mathrm{T}}$. 假定 Ox 轴到向量 $\boldsymbol{\alpha}$ 的角为 φ, 则 Ox 轴到向量 $\sigma(\boldsymbol{\alpha})$ 的角为 $\theta + \varphi$. 令 $|\boldsymbol{\alpha}| = \sqrt{x^2 + y^2}$. 由 $x = |\boldsymbol{\alpha}|\cos\varphi, y = |\boldsymbol{\alpha}|\sin\varphi$ 得

$$\begin{aligned} x' &= |\boldsymbol{\alpha}|\cos(\theta + \varphi) \\ &= |\boldsymbol{\alpha}|(\cos\theta\cos\varphi - \sin\theta\sin\varphi) \\ &= x\cos\theta - y\sin\theta, \\ y' &= |\boldsymbol{\alpha}|\sin(\theta + \varphi) \\ &= |\boldsymbol{\alpha}|(\sin\theta\cos\varphi + \cos\theta\sin\varphi) \\ &= x\sin\theta + y\cos\theta. \end{aligned}$$

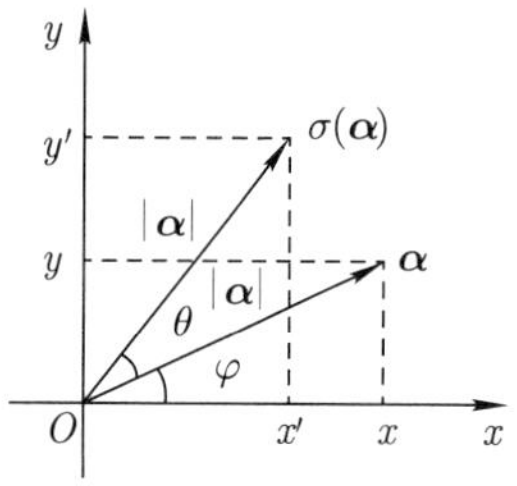

图 1

写成矩阵形式为

$$\begin{pmatrix} x' \\ y' \end{pmatrix} = \begin{pmatrix} \cos\theta & -\sin\theta \\ \sin\theta & \cos\theta \end{pmatrix} \begin{pmatrix} x \\ y \end{pmatrix}.$$

令上式中的矩阵为 $\boldsymbol{A}$, 则 $\sigma(\boldsymbol{\alpha}) = \boldsymbol{A}\boldsymbol{\alpha}$. 显然满足

$$\sigma(\boldsymbol{\alpha} + \boldsymbol{\beta}) = \sigma(\boldsymbol{\alpha}) + \sigma(\boldsymbol{\beta}), \quad \sigma(k\boldsymbol{\alpha}) = k\sigma(\boldsymbol{\alpha}).$$

即 σ 是 $\mathbb{R}^2$ 的线性变换. 简单计算可得

$$\sigma(\boldsymbol{e}_1, \boldsymbol{e}_2) = (\boldsymbol{e}_1, \boldsymbol{e}_2) \begin{pmatrix} \cos\theta & -\sin\theta \\ \sin\theta & \cos\theta \end{pmatrix}.$$

即旋转变换 σ 在基 $\boldsymbol{e}_1, \boldsymbol{e}_2$ 下的矩阵是

$$\begin{pmatrix} \cos\theta & -\sin\theta \\ \sin\theta & \cos\theta \end{pmatrix}.$$

6.11 在 $\mathbb{P}^{2\times 2}$ 中定义线性变换

$$\sigma(\boldsymbol{X}) = \boldsymbol{X} \begin{pmatrix} a & b \\ c & d \end{pmatrix}, \quad \tau(\boldsymbol{X}) = \begin{pmatrix} a & b \\ c & d \end{pmatrix} \boldsymbol{X} \begin{pmatrix} a & b \\ c & d \end{pmatrix}.$$

分别求 σ, τ 在基 $\boldsymbol{E}_{11}, \boldsymbol{E}_{12}, \boldsymbol{E}_{21}, \boldsymbol{E}_{22}$ 下的矩阵.

解 先求 σ 的基像:

$$\sigma(\boldsymbol{E}_{11})=\begin{pmatrix}1&0\\0&0\end{pmatrix}\begin{pmatrix}a&b\\c&d\end{pmatrix}=\begin{pmatrix}a&b\\0&0\end{pmatrix}=a\boldsymbol{E}_{11}+b\boldsymbol{E}_{12},$$
$$\sigma(\boldsymbol{E}_{12})=\begin{pmatrix}0&1\\0&0\end{pmatrix}\begin{pmatrix}a&b\\c&d\end{pmatrix}=\begin{pmatrix}c&d\\0&0\end{pmatrix}=c\boldsymbol{E}_{11}+d\boldsymbol{E}_{12},$$
$$\sigma(\boldsymbol{E}_{21})=\begin{pmatrix}0&0\\1&0\end{pmatrix}\begin{pmatrix}a&b\\c&d\end{pmatrix}=\begin{pmatrix}0&0\\a&b\end{pmatrix}=a\boldsymbol{E}_{21}+b\boldsymbol{E}_{22},$$
$$\sigma(\boldsymbol{E}_{22})=\begin{pmatrix}0&0\\0&1\end{pmatrix}\begin{pmatrix}a&b\\c&d\end{pmatrix}=\begin{pmatrix}0&0\\c&d\end{pmatrix}=c\boldsymbol{E}_{21}+d\boldsymbol{E}_{22}.$$

故 σ 在基 $\boldsymbol{E}_{11},\boldsymbol{E}_{12},\boldsymbol{E}_{21},\boldsymbol{E}_{22}$ 下的矩阵是

$$\begin{pmatrix}a&c&0&0\\b&d&0&0\\0&0&a&c\\0&0&b&d\end{pmatrix}.$$

先求 τ 的基像:

$$\tau(\boldsymbol{E}_{11})=\begin{pmatrix}a&b\\c&d\end{pmatrix}\begin{pmatrix}1&0\\0&0\end{pmatrix}\begin{pmatrix}a&b\\c&d\end{pmatrix}=a^2\boldsymbol{E}_{11}+ab\boldsymbol{E}_{12}+ac\boldsymbol{E}_{21}+bc\boldsymbol{E}_{22},$$
$$\tau(\boldsymbol{E}_{12})=\begin{pmatrix}a&b\\c&d\end{pmatrix}\begin{pmatrix}0&1\\0&0\end{pmatrix}\begin{pmatrix}a&b\\c&d\end{pmatrix}=ac\boldsymbol{E}_{11}+ad\boldsymbol{E}_{12}+c^2\boldsymbol{E}_{21}+cd\boldsymbol{E}_{22},$$
$$\tau(\boldsymbol{E}_{21})=\begin{pmatrix}a&b\\c&d\end{pmatrix}\begin{pmatrix}0&0\\1&0\end{pmatrix}\begin{pmatrix}a&b\\c&d\end{pmatrix}=ab\boldsymbol{E}_{11}+b^2\boldsymbol{E}_{12}+ad\boldsymbol{E}_{21}+bd\boldsymbol{E}_{22},$$
$$\tau(\boldsymbol{E}_{22})=\begin{pmatrix}a&b\\c&d\end{pmatrix}\begin{pmatrix}0&0\\0&1\end{pmatrix}\begin{pmatrix}a&b\\c&d\end{pmatrix}=bc\boldsymbol{E}_{11}+bd\boldsymbol{E}_{12}+cd\boldsymbol{E}_{21}+d^2\boldsymbol{E}_{22}.$$

故 τ 在基 $\boldsymbol{E}_{11},\boldsymbol{E}_{12},\boldsymbol{E}_{21},\boldsymbol{E}_{22}$ 下的矩阵是

$$\begin{pmatrix}a^2&ac&ab&bc\\ab&ad&b^2&bd\\ac&c^2&ad&cd\\bc&cd&bd&d^2\end{pmatrix}.$$

注 请读者思考: 如果交换基的排列顺序, 分别写出 σ,τ 在基 $\boldsymbol{E}_{11},\boldsymbol{E}_{21},\boldsymbol{E}_{12},\boldsymbol{E}_{22}$ 下的矩阵, 情况如何?

6.12 在 $\mathbb{P}^3$ 中, 定义线性变换: $\sigma((x_1,x_2,x_3)^{\mathrm{T}})=(2x_1-x_2,x_2+x_3,x_1)^{\mathrm{T}}$, 求 σ 在基 $\boldsymbol{e}_1,\boldsymbol{e}_2,\boldsymbol{e}_3$(单位列向量) 下的矩阵.

解　先求基像:

$$\begin{aligned}\sigma(\boldsymbol{e}_1)&=(2,0,1)^{\mathrm{T}}=2\boldsymbol{e}_1+\boldsymbol{e}_3,\\ \sigma(\boldsymbol{e}_2)&=(-1,1,0)^{\mathrm{T}}=-\boldsymbol{e}_1+\boldsymbol{e}_2,\\ \sigma(\boldsymbol{e}_3)&=(0,1,0)^{\mathrm{T}}=\boldsymbol{e}_2\end{aligned}$$

故 σ 在基 $\boldsymbol{e}_1,\boldsymbol{e}_2,\boldsymbol{e}_3$ 下的矩阵是

$$\begin{pmatrix}2&-1&0\\0&1&1\\1&0&0\end{pmatrix}.$$

6.16　设 $\boldsymbol{\varepsilon}_1,\boldsymbol{\varepsilon}_2,\boldsymbol{\varepsilon}_3$ 是三维线性空间 V 的基, 线性变换 σ 在这个基下的矩阵是

$$\boldsymbol{A}=\begin{pmatrix}0&3&-1\\1&-2&2\\4&1&-1\end{pmatrix}.$$

求 $\sigma(2\boldsymbol{\varepsilon}_1-\boldsymbol{\varepsilon}_2+5\boldsymbol{\varepsilon}_3)$ 在基 $\boldsymbol{\varepsilon}_1,\boldsymbol{\varepsilon}_2,\boldsymbol{\varepsilon}_3$ 下的坐标.

解

$$\begin{aligned}\sigma(2\boldsymbol{\varepsilon}_1-\boldsymbol{\varepsilon}_2+5\boldsymbol{\varepsilon}_3)&=2\sigma(\boldsymbol{\varepsilon}_1)-\sigma(\boldsymbol{\varepsilon}_2)+5\sigma(\boldsymbol{\varepsilon}_3)\\ &=(\sigma(\boldsymbol{\varepsilon}_1),\sigma(\boldsymbol{\varepsilon}_2),\sigma(\boldsymbol{\varepsilon}_3))\begin{pmatrix}2\\-1\\5\end{pmatrix}\\ &=(\boldsymbol{\varepsilon}_1,\boldsymbol{\varepsilon}_2,\boldsymbol{\varepsilon}_3)\begin{pmatrix}0&3&-1\\1&-2&2\\4&1&-1\end{pmatrix}\begin{pmatrix}2\\-1\\5\end{pmatrix}\\ &=(\boldsymbol{\varepsilon}_1,\boldsymbol{\varepsilon}_2,\boldsymbol{\varepsilon}_3)\begin{pmatrix}-8\\14\\2\end{pmatrix}.\end{aligned}$$

故 $\sigma(2\boldsymbol{\varepsilon}_1-\boldsymbol{\varepsilon}_2+5\boldsymbol{\varepsilon}_3)$ 在基 $\boldsymbol{\varepsilon}_1,\boldsymbol{\varepsilon}_2,\boldsymbol{\varepsilon}_3$ 下的坐标是 $(-8,14,2)^{\mathrm{T}}$.

6.17　设 σ 是 n 维线性空间 V 的线性变换, n 是大于 1 的整数, $\boldsymbol{\alpha}\in V,\sigma^{n-1}(\boldsymbol{\alpha})\neq 0$, 且 $\sigma^n(\boldsymbol{\alpha})=0$. 证明: $\boldsymbol{\alpha},\sigma(\boldsymbol{\alpha}),\sigma^2(\boldsymbol{\alpha}),\cdots,\sigma^{n-1}(\boldsymbol{\alpha})$ 是线性空间 V 的基, 并求 σ 在这个基下的矩阵.

证明　设 $\lambda_0\boldsymbol{\alpha}+\lambda_1\sigma(\boldsymbol{\alpha})+\cdots+\lambda_{n-1}\sigma^{n-1}(\boldsymbol{\alpha})=\mathbf{0}$, 两边同时施加 σ^{n-1} 运算得

$$\lambda_0\sigma^{n-1}(\boldsymbol{\alpha})+\lambda_1\sigma^n(\boldsymbol{\alpha})+\cdots+\lambda_{n-1}\sigma^{2(n-1)}(\boldsymbol{\alpha})=\sigma^{n-1}(\mathbf{0}),$$

由 $\sigma^m(\boldsymbol{\alpha})=\mathbf{0},m\geqslant n$ 得 $\lambda_0\sigma^{n-1}(\boldsymbol{\alpha})=\mathbf{0}$, 再由 $\sigma^{n-1}(\boldsymbol{\alpha})\neq\mathbf{0}$ 得 $\lambda_0=0$.

于是 $\lambda_1\sigma(\boldsymbol{\alpha})+\cdots+\lambda_{n-1}\sigma^{n-1}(\boldsymbol{\alpha})=\mathbf{0}$, 在此式两边再施加 σ^{n-2} 运算得

$$\lambda_1\sigma^{n-1}(\boldsymbol{\alpha})+\lambda_2\sigma^n(\boldsymbol{\alpha})+\cdots+\lambda_{n-1}\sigma^{2n-3}(\boldsymbol{\alpha})=\sigma^{n-2}(\mathbf{0}).$$

又得 $\lambda_1\sigma^{n-1}(\boldsymbol{\alpha})=\mathbf{0}$, 从而 $\lambda_1=0$. 如此继续下去可得 $\lambda_0=\lambda_1=\cdots=\lambda_{n-1}=0$, 故 n 个向量 $\boldsymbol{\alpha},\sigma(\boldsymbol{\alpha}),\cdots,\sigma^{n-1}(\boldsymbol{\alpha})$ 线性无关, 因而它是 n 维线性空间 V 的一个基. 再由

$$\sigma(\boldsymbol{\alpha},\sigma(\boldsymbol{\alpha}),\cdots,\sigma^{n-1}(\boldsymbol{\alpha}))=(\boldsymbol{\alpha},\sigma(\boldsymbol{\alpha}),\cdots,\sigma^{n-1}(\boldsymbol{\alpha}))\begin{pmatrix}0&&&\\1&0&&\\&\ddots&\ddots&\\&&1&0\end{pmatrix},$$

可得 σ 在这个基下的矩阵是上式最后一个矩阵 $\boldsymbol{J}(0,n)$.

6.21 证明: 对角矩阵 $\mathrm{diag}(\lambda_1,\lambda_2,\cdots,\lambda_n)$ 与 $\mathrm{diag}(\lambda_{i_1},\lambda_{i_2},\cdots,\lambda_{i_n})$ 相似, 其中 $i_1,i_2,\cdots,i_n$ 是 $1,2,\cdots,n$ 的一个排列.

证法 1 设 σ 是 n 维线性空间 V 的线性变换, 且 σ 在 V 的某个基 $\boldsymbol{\varepsilon}_1,\boldsymbol{\varepsilon}_2,\cdots,\boldsymbol{\varepsilon}_n$ 下的矩阵是 $\mathrm{diag}(\lambda_1,\lambda_2,\cdots,\lambda_n)$. 适当调整基的排列顺序, 则 σ 在 V 的基 $\boldsymbol{\varepsilon}_{i_1},\boldsymbol{\varepsilon}_{i_2},\cdots,\boldsymbol{\varepsilon}_{i_n}$ 下的矩阵是 $\mathrm{diag}(\lambda_{i_1},\lambda_{i_2},\cdots,\lambda_{i_n})$. 故 $\mathrm{diag}(\lambda_1,\lambda_2,\cdots,\lambda_n)$ 与 $\mathrm{diag}(\lambda_{i_1},\lambda_{i_2},\cdots,\lambda_{i_n})$ 相似.

证法 2 设 $\boldsymbol{e}_i$ 表示第 i 个 n 维单位列向量, $i_1,i_2,\cdots,i_n$ 是 $1,2,\cdots,n$ 的任一排列, 由习题第 2.18(1) 题可知, $\boldsymbol{P}=(\boldsymbol{e}_{i_1},\boldsymbol{e}_{i_2},\cdots,\boldsymbol{e}_{i_n})$ 是 n 阶正交矩阵. 因此, $\boldsymbol{P}^{-1}=\boldsymbol{P}^{\mathrm{T}}$, 且

$$\boldsymbol{P}\mathrm{diag}(\lambda_1,\lambda_2,\cdots,\lambda_n)\boldsymbol{P}^{-1}=\mathrm{diag}(\lambda_{i_1},\lambda_{i_2},\cdots,\lambda_{i_n}),$$

即得所证.

6.22 设 W 是 n 维线性空间 V 的子空间, 试证: 存在 V 的线性变换 σ, 其值域 $\mathrm{Im}\,\sigma=W$; 也存在线性变换 τ 其核 $\ker\tau=W$.

证明 设 $\boldsymbol{\varepsilon}_1,\boldsymbol{\varepsilon}_2,\cdots,\boldsymbol{\varepsilon}_s$ 是 W 的一个基, 将它扩充成 V 的一个基 $\boldsymbol{\varepsilon}_1,\boldsymbol{\varepsilon}_2,\cdots,\boldsymbol{\varepsilon}_s,\boldsymbol{\varepsilon}_{s+1},\cdots,\boldsymbol{\varepsilon}_n$. 令

$$\sigma(\boldsymbol{\varepsilon}_i)=\begin{cases}\boldsymbol{\varepsilon}_i, & i=1,2,\cdots,s,\\ \mathbf{0}, & i=s+1,s+2,\cdots,n,\end{cases}$$

则 σ 是对子空间 W 的投影变换, 且 $\mathrm{Im}\,\sigma=W$. 令

$$\tau(\boldsymbol{\varepsilon}_i)=\begin{cases}\mathbf{0}, & i=1,2,\cdots,s,\\ \boldsymbol{\varepsilon}_i, & i=s+1,s+2,\cdots,n,\end{cases}$$

则 τ 是 V 的线性变换, 且 $\ker\tau=W$.

6.29 证明:

(1) 设 $\boldsymbol{A},\boldsymbol{B}$ 是两个 n 阶矩阵, 则 $\mathrm{tr}(\boldsymbol{A}+\boldsymbol{B})=\mathrm{tr}(\boldsymbol{A})+\mathrm{tr}(\boldsymbol{B})$;

(2) 设 $\boldsymbol{A},\boldsymbol{B}$ 分别是 $m\times n$ 和 $n\times m$ 矩阵, 则 $\mathrm{tr}(\boldsymbol{AB})=\mathrm{tr}(\boldsymbol{BA})$.

证明 (1) 设 $\boldsymbol{A}=(a_{ij})_{n\times n},\boldsymbol{B}=(b_{ij})_{n\times n}$, 则

$$\mathrm{tr}(\boldsymbol{A}+\boldsymbol{B})=\sum_{i=1}^{n}(a_{ii}+b_{ii})=\sum_{i=1}^{n}a_{ii}+\sum_{i=1}^{n}b_{ii}=\mathrm{tr}(\boldsymbol{A})+\mathrm{tr}(\boldsymbol{B}).$$

(2) 设 $\boldsymbol{A}=(a_{ij})_{m\times n},\boldsymbol{B}=(b_{ij})_{n\times m}$, 则

$$\mathrm{tr}(\boldsymbol{AB})=\sum_{i=1}^{m}\sum_{k=1}^{n}a_{ik}b_{ki}=\sum_{i=1}^{n}\sum_{k=1}^{m}b_{ik}a_{ki}=\mathrm{tr}(\boldsymbol{BA}).$$

6.31 设三阶矩阵 $\boldsymbol{A}$ 满足 $\boldsymbol{A}\boldsymbol{\alpha}_i = i\boldsymbol{\alpha}_i\,(i=1,2,3)$, 其中

$$\boldsymbol{\alpha}_1 = (1,2,2)^{\mathrm{T}},\quad \boldsymbol{\alpha}_2 = (2,-2,1)^{\mathrm{T}},\quad \boldsymbol{\alpha}_3 = (-2,-1,2)^{\mathrm{T}}.$$

求矩阵 $\boldsymbol{A}$.

解 由 $\boldsymbol{A}\boldsymbol{\alpha}_1 = \boldsymbol{\alpha}_1, \boldsymbol{A}\boldsymbol{\alpha}_2 = 2\boldsymbol{\alpha}_2, \boldsymbol{A}\boldsymbol{\alpha}_3 = 3\boldsymbol{\alpha}_3$ 知, $\boldsymbol{\alpha}_1,\boldsymbol{\alpha}_2,\boldsymbol{\alpha}_3$ 是矩阵 $\boldsymbol{A}$ 的不同特征值的特征向量, 它们线性无关. 因而

$$\boldsymbol{A}(\boldsymbol{\alpha}_1,\boldsymbol{\alpha}_2,\boldsymbol{\alpha}_3) = (\boldsymbol{\alpha}_1, 2\boldsymbol{\alpha}_2, 3\boldsymbol{\alpha}_3).$$

因为矩阵 $(\boldsymbol{\alpha}_1,\boldsymbol{\alpha}_2,\boldsymbol{\alpha}_3)$ 可逆, 故

$$\boldsymbol{A} = (\boldsymbol{\alpha}_1, 2\boldsymbol{\alpha}_2, 3\boldsymbol{\alpha}_3)(\boldsymbol{\alpha}_1,\boldsymbol{\alpha}_2,\boldsymbol{\alpha}_3)^{-1}.$$

由矩阵的初等列变换得

$$\begin{pmatrix} 1 & 2 & -2 \\ 2 & -2 & -1 \\ 2 & 1 & 2 \\ \hdashline 1 & 4 & -6 \\ 2 & -4 & -3 \\ 2 & 2 & 6 \end{pmatrix} \xrightarrow{c} \begin{pmatrix} 1 & 0 & 0 \\ 0 & 1 & 0 \\ 0 & 0 & 1 \\ \hdashline 7/3 & 0 & -2/3 \\ 0 & 5/3 & -2/3 \\ -2/3 & -2/3 & 2 \end{pmatrix}.$$

故

$$\boldsymbol{A} = \frac{1}{3}\begin{pmatrix} 7 & 0 & -2 \\ 0 & 5 & -2 \\ -2 & -2 & 6 \end{pmatrix}.$$

6.32 设 $\boldsymbol{A}$ 为三阶矩阵, $\boldsymbol{\alpha}_1,\boldsymbol{\alpha}_2$ 是 $\boldsymbol{A}$ 的分别属于特征值 $-1,1$ 的特征向量, 向量 $\boldsymbol{\alpha}_3$ 满足 $\boldsymbol{A}\boldsymbol{\alpha}_3 = \boldsymbol{\alpha}_2 + \boldsymbol{\alpha}_3$.

(1) 证明: $\boldsymbol{\alpha}_1,\boldsymbol{\alpha}_2,\boldsymbol{\alpha}_3$ 线性无关;

(2) 令 $\boldsymbol{P} = (\boldsymbol{\alpha}_1,\boldsymbol{\alpha}_2,\boldsymbol{\alpha}_3)$, 求 $\boldsymbol{P}^{-1}\boldsymbol{A}\boldsymbol{P}$.

解 (1) 令

$$k_1\boldsymbol{\alpha}_1 + k_2\boldsymbol{\alpha}_2 + k_3\boldsymbol{\alpha}_3 = \mathbf{0}. \tag{6.3}$$

在 (6.3) 式两边同时左乘矩阵 $\boldsymbol{A}$ 得 $-k_1\boldsymbol{\alpha}_1 + k_2\boldsymbol{\alpha}_2 + k_3(\boldsymbol{\alpha}_2 + \boldsymbol{\alpha}_3) = \mathbf{0}$, 即

$$-k_1\boldsymbol{\alpha}_1 + (k_2+k_3)\boldsymbol{\alpha}_2 + k_3\boldsymbol{\alpha}_3 = \mathbf{0}. \tag{6.4}$$

由 (6.3), (6.4) 式得 $2k_1\boldsymbol{\alpha}_1 - k_3\boldsymbol{\alpha}_2 = \mathbf{0}$. 再由 $\boldsymbol{\alpha}_1,\boldsymbol{\alpha}_2$ 线性无关可知, $k_1 = k_3 = 0$, 而 $\boldsymbol{\alpha}_2 \neq \mathbf{0}$, 故 $k_2 = 0$, $\boldsymbol{\alpha}_1,\boldsymbol{\alpha}_2,\boldsymbol{\alpha}_3$ 线性无关.

(2) 由于

$$\boldsymbol{A}\boldsymbol{P} = \boldsymbol{A}(\boldsymbol{\alpha}_1,\boldsymbol{\alpha}_2,\boldsymbol{\alpha}_3) = (-\boldsymbol{\alpha}_1, \boldsymbol{\alpha}_2, \boldsymbol{\alpha}_2 + \boldsymbol{\alpha}_3) = (\boldsymbol{\alpha}_1,\boldsymbol{\alpha}_2,\boldsymbol{\alpha}_3)\begin{pmatrix} -1 & 0 & 0 \\ 0 & 1 & 1 \\ 0 & 0 & 1 \end{pmatrix},$$

故

$$P^{-1}AP=\begin{pmatrix}-1&0&0\\0&1&1\\0&0&1\end{pmatrix}.$$

6.35 设 λ_1,λ_2 是矩阵 $\boldsymbol{A}$ 的两个不同的特征值, $\boldsymbol{\alpha}_1,\boldsymbol{\alpha}_2$ 是矩阵 $\boldsymbol{A}$ 的分别对应于 λ_1,λ_2 的特征向量. 证明: $\boldsymbol{\alpha}_1+\boldsymbol{\alpha}_2$ 不是矩阵 $\boldsymbol{A}$ 的特征向量.

证法 1 反证法. 假设 $\boldsymbol{\alpha}_1+\boldsymbol{\alpha}_2$ 是矩阵 $\boldsymbol{A}$ 的属于特征值 λ 的特征向量, 则

$$\boldsymbol{A}(\boldsymbol{\alpha}_1+\boldsymbol{\alpha}_2)=\lambda(\boldsymbol{\alpha}_1+\boldsymbol{\alpha}_2).$$

由于 $\boldsymbol{A}\boldsymbol{\alpha}_1=\lambda_1\boldsymbol{\alpha}_1,\boldsymbol{A}\boldsymbol{\alpha}_2=\lambda_2\boldsymbol{\alpha}_2$. 因此

$$(\lambda-\lambda_1)\boldsymbol{\alpha}_1+(\lambda-\lambda_2)\boldsymbol{\alpha}_2=\mathbf{0}. \tag{6.5}$$

在 (6.5) 式的两边同时左乘矩阵 $\boldsymbol{A}$ 得

$$(\lambda-\lambda_1)\boldsymbol{A}\boldsymbol{\alpha}_1+(\lambda-\lambda_2)\boldsymbol{A}\boldsymbol{\alpha}_2=\mathbf{0},$$

即

$$(\lambda-\lambda_1)\lambda_1\boldsymbol{\alpha}_1+(\lambda-\lambda_2)\lambda_2\boldsymbol{\alpha}_2=\mathbf{0}. \tag{6.6}$$

由 $(6.5)\times\lambda_1-(6.6)$ 得

$$(\lambda-\lambda_2)(\lambda_1-\lambda_2)\boldsymbol{\alpha}_2=\mathbf{0}.$$

由于 $\lambda_1\neq\lambda_2,\boldsymbol{\alpha}_2\neq\mathbf{0}$, 所以 $\lambda=\lambda_2$, 再代入 (6.5) 式得 $(\lambda_2-\lambda_1)\boldsymbol{\alpha}_1=\mathbf{0}\Rightarrow\boldsymbol{\alpha}_1=\mathbf{0}$, 这与 $\boldsymbol{\alpha}_1$ 是特征向量不等于零矛盾. 故 $\boldsymbol{\alpha}_1+\boldsymbol{\alpha}_2$ 不是特征向量.

证法 2 反证法. 假设 $\boldsymbol{\alpha}_1+\boldsymbol{\alpha}_2$ 是矩阵 $\boldsymbol{A}$ 的属于特征值 λ 的特征向量, 则

$$\boldsymbol{A}(\boldsymbol{\alpha}_1+\boldsymbol{\alpha}_2)=\lambda(\boldsymbol{\alpha}_1+\boldsymbol{\alpha}_2)\Rightarrow\lambda_1\boldsymbol{\alpha}_1+\lambda_2\boldsymbol{\alpha}_2=\lambda(\boldsymbol{\alpha}_1+\boldsymbol{\alpha}_2).$$

即

$$(\lambda_1-\lambda)\boldsymbol{\alpha}_1+(\lambda_2-\lambda)\boldsymbol{\alpha}_2=\mathbf{0}.$$

由于矩阵 $\boldsymbol{A}$ 的属于不同特征值的特征向量线性无关 (定理 6.12), 故 $\lambda_1=\lambda_2=\lambda$, 这与已知 $\lambda_1\neq\lambda_2$ 矛盾, 故 $\boldsymbol{\alpha}_1+\boldsymbol{\alpha}_2$ 不是特征向量.

6.36 设 V 是数域 $\mathbb{P}$ 上的 n 维线性空间, $\sigma\in L(V)$, 证明: 如果 σ 在 V 的某个基下的矩阵不能对角化, 那么它在 V 的任一基下的矩阵也不能对角化. 即线性变换是否可对角化与基的选择无关, 是线性变换自身的性质.

证明 反证法. 假设 σ 在 V 的某个基 (I): $\varepsilon_1,\varepsilon_2,\cdots,\varepsilon_n$ 下的矩阵 $\boldsymbol{A}$ 不能对角化, 而在另一个基 (II): $\boldsymbol{\eta}_1,\boldsymbol{\eta}_2,\cdots,\boldsymbol{\eta}_n$ 下的矩阵 $\boldsymbol{B}$ 可以对角化, 则存在可逆矩阵 $\boldsymbol{C}$ 使得 $\boldsymbol{C}^{-1}\boldsymbol{B}\boldsymbol{C}=\boldsymbol{\Lambda}$ 是对角矩阵. 假设从基 (I) 到基 (II) 的过渡矩阵是 $\boldsymbol{X}$, 即 $\boldsymbol{B}=\boldsymbol{X}^{-1}\boldsymbol{A}\boldsymbol{X}$, 因而

$$\boldsymbol{C}^{-1}\boldsymbol{X}^{-1}\boldsymbol{A}\boldsymbol{X}\boldsymbol{C}=(\boldsymbol{X}\boldsymbol{C})^{-1}\boldsymbol{A}\boldsymbol{X}\boldsymbol{C}=\boldsymbol{\Lambda}.$$

令 $\boldsymbol{D}=\boldsymbol{X}\boldsymbol{C}$, 则 $\boldsymbol{D}$ 是可逆矩阵, 且 $\boldsymbol{D}^{-1}\boldsymbol{A}\boldsymbol{D}=\boldsymbol{\Lambda}$ 是对角矩阵, 这与 $\boldsymbol{A}$ 不能对角化矛盾.

6.37 在 $\mathbb{P}^{2\times 2}$ 中, 取 $\boldsymbol{A}=\begin{pmatrix}1&1\\0&1\end{pmatrix}$, 定义线性变换: $\sigma(\boldsymbol{X})=\boldsymbol{X}\boldsymbol{A}-\boldsymbol{A}\boldsymbol{X}$, $\boldsymbol{X}\in\mathbb{P}^{2\times 2}$.

(1) 对任意 $\boldsymbol{X}=\begin{pmatrix}a&b\\c&d\end{pmatrix}\in\mathbb{P}^{2\times 2}$, 求 $\sigma(\boldsymbol{X})$;

(2) 分别求 σ 的值域 $\operatorname{Im}\sigma$ 和核 $\ker\sigma$ 的一个基与维数.

解 (1)

$$\sigma(\boldsymbol{X})=\begin{pmatrix}a&b\\c&d\end{pmatrix}\begin{pmatrix}1&1\\0&1\end{pmatrix}-\begin{pmatrix}1&1\\0&1\end{pmatrix}\begin{pmatrix}a&b\\c&d\end{pmatrix}=\begin{pmatrix}-c&a-d\\0&c\end{pmatrix}.$$

(2) 显然

$$\begin{pmatrix}-c&a-d\\0&c\end{pmatrix}=c\begin{pmatrix}-1&0\\0&1\end{pmatrix}+(a-d)\begin{pmatrix}0&1\\0&0\end{pmatrix},$$

且 $\begin{pmatrix}-1&0\\0&1\end{pmatrix},\begin{pmatrix}0&1\\0&0\end{pmatrix}$ 线性无关, 因而是 $\operatorname{Im}\sigma$ 的一个基, $\dim\operatorname{Im}\sigma=2$,

$$\operatorname{Im}\sigma=L\left(\begin{pmatrix}-1&0\\0&1\end{pmatrix},\begin{pmatrix}0&1\\0&0\end{pmatrix}\right).$$

令

$$\begin{pmatrix}-c&a-d\\0&c\end{pmatrix}=\boldsymbol{O},$$

可得 $c=0,a=d$, 基础解系

$$\boldsymbol{\varepsilon}_1=\begin{pmatrix}1&0\\0&1\end{pmatrix},\quad \boldsymbol{\varepsilon}_2=\begin{pmatrix}0&1\\0&0\end{pmatrix}.$$

是 $\ker\sigma$ 的一个基, $\dim\ker\sigma=2$, $\ker\sigma=L(\boldsymbol{\varepsilon}_1,\boldsymbol{\varepsilon}_2)$.

6.38 设 σ 是 $\mathbb{R}^3$ 的线性变换, 对任意 $\boldsymbol{\alpha}=(x_1,x_2,x_3)^{\mathrm{T}}\in\mathbb{R}^3$ 都有

$$\sigma(\boldsymbol{\alpha})=(x_1+2x_2-x_3,x_2+x_3,x_1+x_2-2x_3)^{\mathrm{T}}.$$

分别求值域 $\operatorname{Im}\sigma$ 与核 $\ker\sigma$ 的一个基与维数.

解 取 $\mathbb{R}^3$ 的一个基 $\boldsymbol{e}_1,\boldsymbol{e}_2,\boldsymbol{e}_3$ 分别是三阶单位列向量, 则

$$\sigma(\boldsymbol{e}_1,\boldsymbol{e}_2,\boldsymbol{e}_3)=(\boldsymbol{e}_1,\boldsymbol{e}_2,\boldsymbol{e}_3)\begin{pmatrix}1&2&-1\\0&1&1\\1&1&-2\end{pmatrix}.$$

由矩阵的初等行变换得

$$\begin{pmatrix}1&2&-1\\0&1&1\\1&1&-2\end{pmatrix}\to\begin{pmatrix}1&0&-3\\0&1&1\\0&0&0\end{pmatrix},$$

因此, $\boldsymbol{\beta}_1=(1,0,1)^{\mathrm{T}}$, $\boldsymbol{\beta}_2=(2,1,1)^{\mathrm{T}}$ 是值域 $\mathrm{Im}\,\sigma$ 的一个基, $\dim\mathrm{Im}\,\sigma=2$. 解齐次方程组

$$\begin{cases}x_1=3x_3,\\x_2=-x_3,\end{cases}$$

得一个基础解系 $\boldsymbol{\beta}=(3,-1,1)^{\mathrm{T}}$ 是核 $\ker\sigma$ 的一个基, $\dim\ker\sigma=1$.

6.39 已知 σ 是 4 维线性空间 V 的线性变换, σ 在基 $\varepsilon_1,\varepsilon_2,\varepsilon_3,\varepsilon_4$ 下的矩阵是

$$(1)\ \boldsymbol{A}=\begin{pmatrix}1&1&2&3\\3&1&1&-1\\1&-2&1&1\\0&3&1&2\end{pmatrix};\quad (2)\ \boldsymbol{A}=\begin{pmatrix}1&1&2&2\\0&2&1&5\\2&0&3&-1\\1&1&0&4\end{pmatrix}.$$

求线性变换 σ 的值域 $\mathrm{Im}\,\sigma$ 和核 $\ker\sigma$ 的一个基与维数.

解 (1) 将矩阵 $\boldsymbol{A}$ 施行初等行变换化成行最简形

$$\begin{pmatrix}1&1&2&3\\3&1&1&-1\\1&-2&1&1\\0&3&1&2\end{pmatrix}\to\begin{pmatrix}1&0&0&-1\\0&1&0&0\\0&0&1&2\\0&0&0&0\end{pmatrix}.$$

可以知道, 矩阵 $\boldsymbol{A}$ 第 1,2,3 列是 $\boldsymbol{A}$ 的列向量组的一个极大无关组, 故

$$\sigma(\varepsilon_1)=\varepsilon_1+3\varepsilon_2+\varepsilon_3,$$
$$\sigma(\varepsilon_2)=\varepsilon_1+\varepsilon_2-2\varepsilon_3+3\varepsilon_4,$$
$$\sigma(\varepsilon_3)=2\varepsilon_1+\varepsilon_2+\varepsilon_3+\varepsilon_4$$

是值域 $\mathrm{Im}\,\sigma$ 的一个基, $\dim\mathrm{Im}\,\sigma=3$.

解齐次方程组 $x_1=x_4$, $x_2=0$, $x_3=-2x_4$, 得一个基础解系 $(1,0,-2,1)^{\mathrm{T}}$, 故 $\boldsymbol{\eta}=\varepsilon_1-2\varepsilon_3+\varepsilon_4$ 是核 $\ker\sigma$ 的一个基, $\dim\ker\sigma=1$.

(2) 由读者自己完成.

6.40 设 σ 是 n 维线性空间 V 的线性变换 $(n\geqslant 2)$, σ 在 V 的某个基下的矩阵是 $\boldsymbol{A}$, 且满足 $\boldsymbol{A}^n=\boldsymbol{O}$, $\boldsymbol{A}^{n-1}\neq\boldsymbol{O}$. 证明: $\dim\ker\sigma=\mathrm{R}\left(\boldsymbol{A}^{n-1}\right)=1$.

证明 由题意知, 存在非零向量 $\boldsymbol{\alpha}\in V$, 使得 $\sigma^{n-1}(\boldsymbol{\alpha})\neq\boldsymbol{0}$, 但 $\sigma^n(\boldsymbol{\alpha})=\boldsymbol{0}$. 由习题第 6.17 题的结论可知, $\boldsymbol{\alpha},\sigma(\boldsymbol{\alpha}),\cdots,\sigma^{n-1}(\boldsymbol{\alpha})$ 线性无关, 它是 V 的一个基, σ 在这个基下的矩阵是

$$\boldsymbol{J}(0,n)=\begin{pmatrix}0&&&\\1&0&&\\&\ddots&\ddots&\\&&1&0\end{pmatrix}.$$

由于同一个线性变换在两个不同的基下的矩阵相似, 因此, 矩阵 $\boldsymbol{A}$ 与 $\boldsymbol{J}(0,n)$ 相似. 所以, 矩阵 $\boldsymbol{A}^{n-1}$ 相似于 $\boldsymbol{J}(0,n)^{n-1}$, 故 $\mathrm{R}(\boldsymbol{A}^{n-1})=\mathrm{R}(\boldsymbol{J}(0,n)^{n-1})=1$.

下面证明: $\ker\sigma=\operatorname{Im}(\sigma^{n-1})$. 事实上, 任取 $\boldsymbol{\alpha}\in\operatorname{Im}(\sigma^{n-1})$, 则 $\sigma(\boldsymbol{\alpha})\in\operatorname{Im}(\sigma^n)=\{\mathbf{0}\}$, 即 $\sigma(\boldsymbol{\alpha})=\mathbf{0}$. 因而 $\boldsymbol{\alpha}\in\ker\sigma$, $\operatorname{Im}(\sigma^{n-1})\subset\ker\sigma$. 其次, 任取 $\boldsymbol{\alpha}\in\ker\sigma$, 则 $\sigma(\boldsymbol{\alpha})=\mathbf{0}\in\operatorname{Im}(\sigma^n)$. 因此, 存在 $\boldsymbol{\beta}\in\operatorname{Im}(\sigma^{n-1})$, 使得, $\boldsymbol{\alpha}=\sigma^{n-1}(\boldsymbol{\beta})\in\operatorname{Im}(\sigma^{n-1})$, 因而 $\ker\sigma\subset\operatorname{Im}(\sigma^{n-1})$. 故 $\ker\sigma=\operatorname{Im}(\sigma^{n-1})$ 成立, 从而 $\dim\ker\sigma=\mathrm{R}\left(\boldsymbol{A}^{n-1}\right)=1$.

6.41 设 $\sigma\in L(V)$, 证明:

(1) $\operatorname{Im}\sigma\subset\ker\sigma$ 当且仅当 $\sigma^2=o$;

(2) $\ker\sigma\subset\ker(\sigma^2)\subset\ker(\sigma^3)\subset\cdots\subset V$;

(3) $V\supset\operatorname{Im}\sigma\supset\operatorname{Im}(\sigma^2)\supset\operatorname{Im}(\sigma^3)\supset\cdots$.

证明 (1) $\Rightarrow$: $\forall\boldsymbol{\alpha}\in V,\sigma(\boldsymbol{\alpha})\in\operatorname{Im}\sigma\subset\ker\sigma$, 因此 $\sigma(\sigma(\boldsymbol{\alpha}))=\mathbf{0}$, 即 $\sigma^2=o$.

$\Leftarrow$: $\forall\boldsymbol{\beta}\in\operatorname{Im}\sigma,\exists\boldsymbol{\alpha}\in V$, 使得 $\sigma(\boldsymbol{\alpha})=\boldsymbol{\beta}$. 从而

$$\sigma(\boldsymbol{\beta})=\sigma^2(\boldsymbol{\alpha})=\mathbf{0}.$$

因此 $\boldsymbol{\beta}\in\ker\sigma$, 即 $\operatorname{Im}\sigma\subset\ker\sigma$.

(2) $\forall\boldsymbol{\alpha}\in\ker(\sigma^k)$, $k=1,2,\cdots$, 则 $\sigma^k(\boldsymbol{\alpha})=\mathbf{0}$. 因此

$$\sigma^{k+1}(\boldsymbol{\alpha})=\sigma(\sigma^k(\boldsymbol{\alpha}))=\sigma(\mathbf{0})=\mathbf{0},$$

即 $\boldsymbol{\alpha}\in\ker(\sigma^{k+1})$, 亦即 $\ker(\sigma^k)\subset\ker(\sigma^{k+1})\,(k=1,2,\cdots)$.

(3) $\forall\boldsymbol{\beta}\in\operatorname{Im}(\sigma^k)\,(k=2,3,\cdots)$, 则存在 $\boldsymbol{\alpha}\in V$ 使得 $\sigma^k(\boldsymbol{\alpha})=\boldsymbol{\beta}$. 令 $\boldsymbol{\gamma}=\sigma(\boldsymbol{\alpha})$, 则

$$\sigma^{k-1}(\boldsymbol{\gamma})=\sigma^k(\boldsymbol{\alpha})=\boldsymbol{\beta},$$

从而 $\boldsymbol{\beta}\in\operatorname{Im}(\sigma^{k-1})$, 即 $\operatorname{Im}(\sigma^k)\subset\operatorname{Im}(\sigma^{k-1})\,(k=2,3,\cdots)$.

6.42 举例说明: 虽然

$$\dim\operatorname{Im}\sigma+\dim\ker\sigma=n$$

成立, 但仍有可能 $\operatorname{Im}\sigma+\ker\sigma\neq V$, 并且 $\operatorname{Im}\sigma$ 的基与 $\ker\sigma$ 的基合起来未必是 V 的基.

解 令 $V=\mathbb{P}[x]_n,\forall f\in V,\sigma(f)=f'$, 则

$$\operatorname{Im}\sigma=\mathbb{P}[x]_{n-1},\quad \ker\sigma=\mathbb{P},\quad \dim\operatorname{Im}\sigma=n-1,\quad \dim\ker\sigma=1.$$

但 $\operatorname{Im}\sigma+\ker\sigma=\mathbb{P}[x]_{n-1}\neq V$. $\operatorname{Im}\sigma$ 的基 $1,x,\cdots,x^{n-2}$ 与 $\ker\sigma=\mathbb{P}$ 的基 1, 合起来 $1,x,\cdots,x^{n-2}$ 不是 V 的基.

6.43 设 $\boldsymbol{A}$ 是 n 阶对合矩阵, 即 $\boldsymbol{A}^2=\boldsymbol{I}$, 证明: 存在 n 阶可逆矩阵 $\boldsymbol{C}$, 使得

$$\boldsymbol{C}^{-1}\boldsymbol{A}\boldsymbol{C}=\operatorname{diag}(\boldsymbol{I}_r,-\boldsymbol{I}_{n-r}).$$

证明 由 $\boldsymbol{A}^2=\boldsymbol{I}$ 可知, $\boldsymbol{A}$ 的特征值只能是 1 或 -1. 不妨假定 1 和 -1 的代数重数分别是 r 和 $n-r$. 下证它们的几何重数也分别是 r 和 $n-r$.

特征值 1 的几何重数是指特征子空间 V_1 的维数, 等于齐次方程组 $(\boldsymbol{I}-\boldsymbol{A})\boldsymbol{x}=\mathbf{0}$ 的基础解系包含的向量个数, 等于 $n-\mathrm{R}(\boldsymbol{I}-\boldsymbol{A})$. 同样地, 特征值 -1 的几何重数等于特征子空间 V_{-1} 的维数, 等于 $n-\mathrm{R}(\boldsymbol{I}+\boldsymbol{A})$. 由定理 6.11 可知,

$$n-\mathrm{R}(\boldsymbol{I}-\boldsymbol{A})\leqslant r,\quad n-\mathrm{R}(\boldsymbol{I}+\boldsymbol{A})\leqslant n-r\Rightarrow n-\mathrm{R}(\boldsymbol{I}-\boldsymbol{A})+n-\mathrm{R}(\boldsymbol{I}+\boldsymbol{A})\leqslant n,$$

即

$$R(\boldsymbol{I}-\boldsymbol{A})+R(\boldsymbol{I}+\boldsymbol{A}) \geqslant n. \tag{6.7}$$

另一方面, 由 $(\boldsymbol{I}-\boldsymbol{A})(\boldsymbol{I}+\boldsymbol{A})=\boldsymbol{I}-\boldsymbol{A}^2=\boldsymbol{O}$ 知

$$R(\boldsymbol{I}-\boldsymbol{A})+R(\boldsymbol{I}+\boldsymbol{A}) \leqslant n.$$

从而

$$R(\boldsymbol{I}-\boldsymbol{A})+R(\boldsymbol{I}+\boldsymbol{A})=n.$$

故

$$n-R(\boldsymbol{I}-\boldsymbol{A})=r, \quad n-R(\boldsymbol{I}+\boldsymbol{A})=n-r.$$

所以 $\boldsymbol{A}$ 可以对角化, 即存在可逆矩阵 $\boldsymbol{C}$ 使得 $\boldsymbol{C}^{-1}\boldsymbol{A}\boldsymbol{C}=\operatorname{diag}(\boldsymbol{I}_r,-\boldsymbol{I}_{n-r})$.

如果 1 和 -1 中有一个数不是 $\boldsymbol{A}$ 的特征值, 不妨假定 -1 不是 $\boldsymbol{A}$ 的特征值, 而 1 是特征值, 这时 $|\boldsymbol{I}+\boldsymbol{A}|\neq 0$, 因而 $R(\boldsymbol{I}+\boldsymbol{A})=n$. 由前面的证明可知, $R(\boldsymbol{I}-\boldsymbol{A})=0$, 故 $\boldsymbol{A}=\boldsymbol{I}$, 这时 $r=n$, 结论也成立.

注 不用定理 6.11 也能得到 (6.7) 式. 事实上,

$$R(\boldsymbol{I}-\boldsymbol{A})+R(\boldsymbol{I}+\boldsymbol{A}) \geqslant R(\boldsymbol{I}-\boldsymbol{A}+\boldsymbol{I}+\boldsymbol{A})=R(2\boldsymbol{I})=n.$$

关于本题的 "几何法证明" 请看第十章 "高等代数的解析法与几何法" 例 4.

6.44 已知 $\sigma((a_1,a_2,a_3)^{\mathrm{T}})=(a_3,a_2,a_1)^{\mathrm{T}}$ 是 $\mathbb{P}^3$ 的一个线性变换, 判断下列 $\mathbb{P}^3$ 的子空间是否为 σ 子空间, 并说明理由:

(1) $W_1=\{(x_1,x_2,0)^{\mathrm{T}}|x_1,x_2\in\mathbb{P}\}$;

(2) $W_2=\{(x_1,0,x_2)^{\mathrm{T}}|x_1,x_2\in\mathbb{P}\}$.

解 (1) $\forall\boldsymbol{\alpha}=(x_1,x_2,0)^{\mathrm{T}}\in W_1, \sigma(\boldsymbol{\alpha})=(0,x_2,x_1)^{\mathrm{T}} \not\Rightarrow \sigma(\boldsymbol{\alpha})\in W_1$, 故 W_1 不是 σ 子空间.

(2) $\forall\boldsymbol{\alpha}=(x_1,0,x_2)^{\mathrm{T}}\in W_2, \sigma(\boldsymbol{\alpha})=(x_2,0,x_1)^{\mathrm{T}}\in W_2$, 故 W_2 是 σ 子空间.

6.45 设 $\boldsymbol{\varepsilon}_1,\boldsymbol{\varepsilon}_2,\boldsymbol{\varepsilon}_3$ 是三维线性空间 V 的基, 线性变换 σ 在这个基下的矩阵是

$$\boldsymbol{A}=\begin{pmatrix}1&-2&2\\-2&-2&4\\2&4&-2\end{pmatrix}.$$

(1) 设 $\boldsymbol{\alpha}_1=-2\boldsymbol{\varepsilon}_1+\boldsymbol{\varepsilon}_2, \boldsymbol{\alpha}_2=2\boldsymbol{\varepsilon}_1+\boldsymbol{\varepsilon}_3$. 证明: $W=L(\boldsymbol{\alpha}_1,\boldsymbol{\alpha}_2)$ 是 σ 子空间;

(2) 证明: V 可以分解成两个 σ 子空间 V_1,V_2 的直和: $V=V_1\oplus V_2$.

证明 (1)

$$\begin{aligned}\sigma(\boldsymbol{\alpha}_1)&=-2\sigma(\boldsymbol{\varepsilon}_1)+\sigma(\boldsymbol{\varepsilon}_2)\\&=-2(\boldsymbol{\varepsilon}_1-2\boldsymbol{\varepsilon}_2+2\boldsymbol{\varepsilon}_3)+(-2\boldsymbol{\varepsilon}_1-2\boldsymbol{\varepsilon}_2+4\boldsymbol{\varepsilon}_3)\\&=-4\boldsymbol{\varepsilon}_1+2\boldsymbol{\varepsilon}_2=2\boldsymbol{\alpha}_1\in W,\\\sigma(\boldsymbol{\alpha}_2)&=2\sigma(\boldsymbol{\varepsilon}_1)+\sigma(\boldsymbol{\varepsilon}_3)\\&=2(\boldsymbol{\varepsilon}_1-2\boldsymbol{\varepsilon}_2+2\boldsymbol{\varepsilon}_3)+(2\boldsymbol{\varepsilon}_1+4\boldsymbol{\varepsilon}_2-2\boldsymbol{\varepsilon}_3)\\&=4\boldsymbol{\varepsilon}_1+2\boldsymbol{\varepsilon}_3=2\boldsymbol{\alpha}_2\in W,\end{aligned}$$

故 W 是 σ 子空间.

(2) 由

$$|\lambda\boldsymbol{I}-\boldsymbol{A}|=\begin{vmatrix}\lambda-1 & 2 & -2\\ 2 & \lambda+2 & -4\\ -2 & -4 & \lambda+2\end{vmatrix}=(\lambda-2)^2(\lambda+7)=0$$

得特征值 $\lambda_1=\lambda_2=2, \lambda_3=-7$.

对 $\lambda_3=-7$, 由

$$-7\boldsymbol{I}-\boldsymbol{A}=\begin{pmatrix}-8 & 2 & -2\\ 2 & -5 & -4\\ -2 & -4 & -5\end{pmatrix}\xrightarrow{r}\begin{pmatrix}1 & 0 & 1/2\\ 0 & 1 & 1\\ 0 & 0 & 0\end{pmatrix}$$

得齐次方程组 $(-7\boldsymbol{I}-\boldsymbol{A})\boldsymbol{x}=\boldsymbol{0}$ 的一个基础解系 $(1,2,-2)^{\mathrm{T}}$.

对 $\lambda_1=2$, 由

$$2\boldsymbol{I}-\boldsymbol{A}=\begin{pmatrix}1 & 2 & -2\\ 2 & 4 & -4\\ -2 & -4 & 4\end{pmatrix}\xrightarrow{r}\begin{pmatrix}1 & 2 & -2\\ 0 & 0 & 0\\ 0 & 0 & 0\end{pmatrix}$$

得齐次方程组 $(2\boldsymbol{I}-\boldsymbol{A})\boldsymbol{x}=\boldsymbol{0}$ 的一个基础解系 $(-2,1,0)^{\mathrm{T}},(2,0,1)^{\mathrm{T}}$.

令 $\boldsymbol{\eta}_1=-2\boldsymbol{\varepsilon}_1+\boldsymbol{\varepsilon}_2$, $\boldsymbol{\eta}_2=2\boldsymbol{\varepsilon}_1+\boldsymbol{\varepsilon}_3$, $\boldsymbol{\eta}_3=\boldsymbol{\varepsilon}_1+2\boldsymbol{\varepsilon}_2-2\boldsymbol{\varepsilon}_3$, 则 $V_2=L(\boldsymbol{\eta}_1,\boldsymbol{\eta}_2)$, $V_{-7}=L(\boldsymbol{\eta}_3)$ 分别是特征值 2 和 -7 对应的特征子空间, 由 $\boldsymbol{A}$ 可对角化知, $V=V_2\oplus V_{-7}$, 即 V 可以分解成两个 σ 子空间 (特征子空间) 的直和.

注 由 (1) 知, $\boldsymbol{\alpha}_1,\boldsymbol{\alpha}_2$ 分别是特征值 2 对应的特征向量, 设 λ 是矩阵 $\boldsymbol{A}$ 的另一特征值, 而各特征值之和等于矩阵的迹, 故 $2+2+\lambda=1-2-2$, 可得 $\lambda=-7$.

6.46 设 $\boldsymbol{\varepsilon}_1,\boldsymbol{\varepsilon}_2,\boldsymbol{\varepsilon}_3$ 是三维线性空间 V 的一个基, 线性变换 σ 在这个基下的矩阵是

$$\boldsymbol{A}=\begin{pmatrix}1 & 2 & 2\\ 2 & 1 & 2\\ 2 & 2 & 1\end{pmatrix}.$$

证明: $W=L(-\boldsymbol{\varepsilon}_1+\boldsymbol{\varepsilon}_2,-\boldsymbol{\varepsilon}_1+\boldsymbol{\varepsilon}_3)$ 是 σ 子空间.

证明 由题意得

$$\sigma(\boldsymbol{\varepsilon}_1)=\boldsymbol{\varepsilon}_1+2\boldsymbol{\varepsilon}_2+2\boldsymbol{\varepsilon}_3,\quad \sigma(\boldsymbol{\varepsilon}_2)=2\boldsymbol{\varepsilon}_1+\boldsymbol{\varepsilon}_2+2\boldsymbol{\varepsilon}_3,\quad \sigma(\boldsymbol{\varepsilon}_3)=2\boldsymbol{\varepsilon}_1+2\boldsymbol{\varepsilon}_2+\boldsymbol{\varepsilon}_3.$$

任取 $\boldsymbol{\alpha}=k_1(-\boldsymbol{\varepsilon}_1+\boldsymbol{\varepsilon}_2)+k_2(-\boldsymbol{\varepsilon}_1+\boldsymbol{\varepsilon}_3)\in W$, 则有

$$\begin{aligned}\sigma(\boldsymbol{\alpha})&=k_1(-\sigma(\boldsymbol{\varepsilon}_1)+\sigma(\boldsymbol{\varepsilon}_2))+k_2(-\sigma(\boldsymbol{\varepsilon}_1)+\sigma(\boldsymbol{\varepsilon}_3))\\&=-k_1(-\boldsymbol{\varepsilon}_1+\boldsymbol{\varepsilon}_2)-k_2(-\boldsymbol{\varepsilon}_1+\boldsymbol{\varepsilon}_3)\in W,\end{aligned}$$

故 W 是 σ 子空间.

6.47 设 W 是线性变换 σ,τ 的不变子空间, 证明: W 分别是 $\sigma+\tau,\sigma\tau$ 的不变子空间.

证明 $\forall\boldsymbol{\alpha}\in W,\sigma(\boldsymbol{\alpha})\in W,\tau(\boldsymbol{\alpha})\in W$. 因此 $(\sigma+\tau)(\boldsymbol{\alpha})=\sigma(\boldsymbol{\alpha})+\tau(\boldsymbol{\alpha})\in W$, 故 W 是 $\sigma+\tau$ 的不变子空间. 同时, $(\sigma\tau)(\boldsymbol{\alpha})=\sigma(\tau(\boldsymbol{\alpha}))\in W$, 故 W 也是 $\sigma\tau$ 的不变子空间.

6.48 设 σ 是 n 维线性空间 V 的可逆线性变换, W 是 σ 的不变子空间, 证明: W 是 σ^{-1} 的不变子空间.

证明 $\forall \boldsymbol{\alpha} \in W, \sigma(\boldsymbol{\alpha}) \in W$, 而 σ 是一一映射, 所以 $\forall \boldsymbol{\alpha} \in W, \sigma^{-1}(\boldsymbol{\alpha}) \in W$, 故 W 也是 σ^{-1} 的不变子空间.

6.49 设 $\sigma, \tau \in L(V)$, 且 $\sigma\tau = \tau\sigma$, 证明: τ 的值域 $\operatorname{Im}\tau$、核 $\ker\tau$ 以及 τ 的特征子空间都是 σ 子空间.

证明 $\forall \boldsymbol{\alpha} \in \operatorname{Im}\tau, \exists \boldsymbol{\beta} \in V, \boldsymbol{\alpha} = \tau(\boldsymbol{\beta})$, 因此 $\sigma(\boldsymbol{\alpha}) = \sigma(\tau(\boldsymbol{\beta})) = \tau(\sigma(\boldsymbol{\beta})) \in \tau(V)$, 故 $\operatorname{Im}\tau$ 是 σ 子空间.

$\forall \boldsymbol{\alpha} \in \ker\tau, \tau(\boldsymbol{\alpha}) = \mathbf{0}$. 因此 $\tau(\sigma(\boldsymbol{\alpha})) = \sigma(\tau(\boldsymbol{\alpha})) = \sigma(\mathbf{0}) = \mathbf{0}$, 即 $\sigma(\boldsymbol{\alpha}) \in \ker\tau$, 故 $\ker\tau$ 也是 σ 子空间.

设 V_λ 是线性变换 τ 的属于特征值 λ 的特征子空间. $\forall \boldsymbol{\alpha} \in V_\lambda$, $\tau(\boldsymbol{\alpha}) = \lambda\boldsymbol{\alpha}$. 故

$$\tau(\sigma(\boldsymbol{\alpha})) = \sigma(\tau(\boldsymbol{\alpha})) = \lambda\sigma(\boldsymbol{\alpha}),$$

故 $\sigma(\boldsymbol{\alpha}) \in V_\lambda$, 即 V_λ 也是 σ 子空间.

6.50 设 V 是数域 $\mathbb{P}$ 上的 n 维线性空间, $\sigma \in L(V)$, W 是 V 的 σ 子空间, $f(\lambda) \in \mathbb{P}[\lambda]$. 证明: W 也是 V 的 $f(\sigma)$ 子空间.

证明 设

$$f(\lambda) = a_0 + a_1\lambda + \cdots + a_n\lambda^n.$$

对任意 $\boldsymbol{\alpha} \in W$, 由 $\sigma(\boldsymbol{\alpha}) \in W$ 得, $\sigma^k(\boldsymbol{\alpha}) \in W$, $k = 1, 2, \cdots, n$, 故 $f(\sigma) \in W$.

6.51 设 $\boldsymbol{A}$ 是三阶矩阵 $\boldsymbol{\alpha}_1, \boldsymbol{\alpha}_2, \boldsymbol{\alpha}_3$ 是三维非零向量, 若 $\boldsymbol{A}\boldsymbol{\alpha}_i = i\boldsymbol{\alpha}_i (i = 1, 2, 3)$, 令 $\boldsymbol{\alpha} = \boldsymbol{\alpha}_1 + \boldsymbol{\alpha}_2 + \boldsymbol{\alpha}_3$.

(1) 证明: $\boldsymbol{\alpha}, \boldsymbol{A}\boldsymbol{\alpha}, \boldsymbol{A}^2\boldsymbol{\alpha}$ 线性无关;

(2) 令 $\boldsymbol{P} = (\boldsymbol{\alpha}, \boldsymbol{A}\boldsymbol{\alpha}, \boldsymbol{A}^2\boldsymbol{\alpha})$, 求 $\boldsymbol{P}^{-1}\boldsymbol{A}\boldsymbol{P}$.

证明 (1) 注意 $\boldsymbol{A}^k\boldsymbol{\alpha}_i = i^k\boldsymbol{\alpha}_i (k \geqslant 1; i = 1, 2, 3)$,

$$\boldsymbol{A}\boldsymbol{\alpha} = \boldsymbol{\alpha}_1 + 2\boldsymbol{\alpha}_2 + 3\boldsymbol{\alpha}_3, \quad \boldsymbol{A}^2\boldsymbol{\alpha} = \boldsymbol{\alpha}_1 + 4\boldsymbol{\alpha}_2 + 9\boldsymbol{\alpha}_3.$$

令 $k_1\boldsymbol{\alpha} + k_2\boldsymbol{A}\boldsymbol{\alpha} + k_3\boldsymbol{A}^2\boldsymbol{\alpha} = \mathbf{0}$, 得

$$(k_1 + k_2 + k_3)\boldsymbol{\alpha}_1 + (k_1 + 2k_2 + 4k_3)\boldsymbol{\alpha}_2 + (k_1 + 3k_2 + 9k_3)\boldsymbol{\alpha}_3 = \mathbf{0}.$$

由于 $\boldsymbol{\alpha}_1, \boldsymbol{\alpha}_2, \boldsymbol{\alpha}_3$ 是矩阵 $\boldsymbol{A}$ 的属于不同特征值 $1, 2, 3$ 的特征向量, 故线性无关. 从而

$$\begin{cases} k_1 + \ \ k_2 + \ \ k_3 = 0, \\ k_1 + 2k_2 + 4k_3 = 0, \\ k_1 + 3k_2 + 9k_3 = 0. \end{cases}$$

易知 $k_1 = k_2 = k_3 = 0$, 故 $\boldsymbol{\alpha}, \boldsymbol{A}\boldsymbol{\alpha}, \boldsymbol{A}^2\boldsymbol{\alpha}$ 线性无关.

(2) 注意

$$\boldsymbol{P} = (\boldsymbol{\alpha}, \boldsymbol{A}\boldsymbol{\alpha}, \boldsymbol{A}^2\boldsymbol{\alpha}) = (\boldsymbol{\alpha}_1, \boldsymbol{\alpha}_2, \boldsymbol{\alpha}_3)\begin{pmatrix} 1 & 1 & 1 \\ 1 & 2 & 4 \\ 1 & 3 & 9 \end{pmatrix}. \tag{6.8}$$

令 $\boldsymbol{C}=(\boldsymbol{\alpha}_1,\boldsymbol{\alpha}_2,\boldsymbol{\alpha}_3)$, 则 $\boldsymbol{C}^{-1}\boldsymbol{A}\boldsymbol{C}=\mathrm{diag}(1,2,3)=\Lambda$. 再令 (6.8) 最后一个数字矩阵为 Q, 则

$$\boldsymbol{P}^{-1}\boldsymbol{A}\boldsymbol{P}=\boldsymbol{Q}^{-1}\boldsymbol{C}^{-1}\boldsymbol{A}\boldsymbol{C}\boldsymbol{Q}=\boldsymbol{Q}^{-1}\boldsymbol{\Lambda}\boldsymbol{Q}=\begin{pmatrix}0&0&6\\1&0&-11\\0&1&6\end{pmatrix}.$$

6.52 设 $\boldsymbol{A}$ 为三阶矩阵, $\boldsymbol{\alpha}_1,\boldsymbol{\alpha}_2,\boldsymbol{\alpha}_3$ 是 3 个线性无关的三维列向量, 且满足

$$\boldsymbol{A}\boldsymbol{\alpha}_1=\boldsymbol{\alpha}_1+\boldsymbol{\alpha}_2+\boldsymbol{\alpha}_3,\quad \boldsymbol{A}\boldsymbol{\alpha}_2=2\boldsymbol{\alpha}_2+\boldsymbol{\alpha}_3,\quad \boldsymbol{A}\boldsymbol{\alpha}_3=2\boldsymbol{\alpha}_2+3\boldsymbol{\alpha}_3.$$

(1) 求矩阵 $\boldsymbol{B}$ 使得 $\boldsymbol{A}(\boldsymbol{\alpha}_1,\boldsymbol{\alpha}_2,\boldsymbol{\alpha}_3)=(\boldsymbol{\alpha}_1,\boldsymbol{\alpha}_2,\boldsymbol{\alpha}_3)\boldsymbol{B}$;
(2) 求矩阵 $\boldsymbol{A}$ 的特征值;
(3) 求可逆矩阵 $\boldsymbol{P}$ 使得 $\boldsymbol{P}^{-1}\boldsymbol{A}\boldsymbol{P}$ 为对角矩阵.

解 (1) 由已知得

$$\begin{aligned}\boldsymbol{A}(\boldsymbol{\alpha}_1,\boldsymbol{\alpha}_2,\boldsymbol{\alpha}_3)&=(\boldsymbol{\alpha}_1+\boldsymbol{\alpha}_2+\boldsymbol{\alpha}_3,2\boldsymbol{\alpha}_2+\boldsymbol{\alpha}_3,2\boldsymbol{\alpha}_2+3\boldsymbol{\alpha}_3)\\&=(\boldsymbol{\alpha}_1,\boldsymbol{\alpha}_2,\boldsymbol{\alpha}_3)\begin{pmatrix}1&0&0\\1&2&2\\1&1&3\end{pmatrix},\end{aligned}$$

因此, 矩阵

$$\boldsymbol{B}=\begin{pmatrix}1&0&0\\1&2&2\\1&1&3\end{pmatrix}.$$

(2) 因为 $\boldsymbol{\alpha}_1,\boldsymbol{\alpha}_2,\boldsymbol{\alpha}_3$ 线性无关, 矩阵 $\boldsymbol{P}_1=(\boldsymbol{\alpha}_1,\boldsymbol{\alpha}_2,\boldsymbol{\alpha}_3)$ 可逆, 所以 $\boldsymbol{P}_1^{-1}\boldsymbol{A}\boldsymbol{P}_1=\boldsymbol{B}$, 即 $\boldsymbol{A}$ 与 $\boldsymbol{B}$ 相似. 由

$$|\lambda\boldsymbol{I}-\boldsymbol{B}|=\begin{vmatrix}\lambda-1&0&0\\-1&\lambda-2&-2\\-1&-1&\lambda-3\end{vmatrix}=(\lambda-1)^2(\lambda-4)$$

可知, 矩阵 $\boldsymbol{B}$ 的特征值是 $1,1,4$, 因而矩阵 $\boldsymbol{A}$ 的特征值也是 $1,1,4$.

(3) 对矩阵 $\boldsymbol{B}$: 由

$$\boldsymbol{I}-\boldsymbol{B}=\begin{pmatrix}0&0&0\\-1&-1&-2\\-1&-1&-2\end{pmatrix}\xrightarrow{r}\begin{pmatrix}1&1&2\\0&0&0\\0&0&0\end{pmatrix}$$

得齐次方程组 $(\boldsymbol{I}-\boldsymbol{B})\boldsymbol{x}=\boldsymbol{0}$ 的一个基础解系 $\boldsymbol{\beta}_1=(-1,1,0)^{\mathrm{T}}$, $\boldsymbol{\beta}_2=(-2,0,1)^{\mathrm{T}}$. 由

$$4\boldsymbol{I}-\boldsymbol{B}=\begin{pmatrix}3&0&0\\-1&2&-2\\-1&-1&1\end{pmatrix}\xrightarrow{r}\begin{pmatrix}1&0&0\\0&1&-1\\0&0&0\end{pmatrix}$$

得齐次方程组 $(4\boldsymbol{I}-\boldsymbol{B})\boldsymbol{x}=\boldsymbol{0}$ 的一个基础解系 $\boldsymbol{\beta}_3=(0,1,1)^{\mathrm{T}}$.

令 $\boldsymbol{P}_2=(\boldsymbol{\beta}_1,\boldsymbol{\beta}_2,\boldsymbol{\beta}_3)$, 则有 $\boldsymbol{P}_2^{-1}\boldsymbol{B}\boldsymbol{P}_2=\mathrm{diag}(1,1,4)=\boldsymbol{\Lambda}$. 于是 $\boldsymbol{P}_2^{-1}\boldsymbol{P}_1^{-1}\boldsymbol{A}\boldsymbol{P}_1\boldsymbol{P}_2=\boldsymbol{\Lambda}$. 故当

$$\boldsymbol{P}=\boldsymbol{P}_1\boldsymbol{P}_2=(\boldsymbol{\alpha}_1,\boldsymbol{\alpha}_2,\boldsymbol{\alpha}_3)\begin{pmatrix}-1&-2&0\\1&0&1\\0&1&1\end{pmatrix}=(-\boldsymbol{\alpha}_1+\boldsymbol{\alpha}_2,-2\boldsymbol{\alpha}_1+\boldsymbol{\alpha}_3,\boldsymbol{\alpha}_2+\boldsymbol{\alpha}_3)$$

时, $\boldsymbol{P}^{-1}\boldsymbol{A}\boldsymbol{P}=\boldsymbol{\Lambda}$ 是对角矩阵.

6.53 已知向量 $\boldsymbol{\alpha}=(1,k,1)^{\mathrm{T}}$ 是矩阵

$$\boldsymbol{A}=\begin{pmatrix}2&1&1\\1&2&1\\1&1&2\end{pmatrix}$$

的逆矩阵 $\boldsymbol{A}^{-1}$ 的特征向量, 试求常数 k 的值.

解 设 $\boldsymbol{A}^{-1}\boldsymbol{\alpha}=\lambda\boldsymbol{\alpha}$, 其中 $\lambda\neq 0$, 则 $\boldsymbol{A}\boldsymbol{\alpha}=\dfrac{1}{\lambda}\boldsymbol{\alpha}$, 即

$$\begin{pmatrix}2&1&1\\1&2&1\\1&1&2\end{pmatrix}\begin{pmatrix}1\\k\\1\end{pmatrix}=\begin{pmatrix}3+k\\2+2k\\3+k\end{pmatrix}=\frac{1}{\lambda}\begin{pmatrix}1\\k\\1\end{pmatrix}.$$

故 $\dfrac{2+2k}{k}=\dfrac{3+k}{1}$, 解得 $k=-2$ 或 1.

6.54 设 $\varepsilon_1,\varepsilon_2,\varepsilon_3$ 是线性空间 V 的一个基, σ 是 V 的线性变换, 且

$$\sigma(\varepsilon_1)=\varepsilon_1,\quad \sigma(\varepsilon_2)=\varepsilon_1+\varepsilon_2,\quad \sigma(\varepsilon_3)=\varepsilon_1+\varepsilon_2+\varepsilon_3.$$

(1) 证明: σ 是可逆线性变换;

(2) 求 $2\sigma-\sigma^{-1}$ 在基 $\varepsilon_1,\varepsilon_2,\varepsilon_3$ 下的矩阵.

证明 (1) 注意到

$$\sigma(\varepsilon_1,\varepsilon_2,\varepsilon_3)=(\varepsilon_1,\varepsilon_2,\varepsilon_3)\begin{pmatrix}1&1&1\\0&1&1\\0&0&1\end{pmatrix},$$

线性变换 σ 在基 $\varepsilon_1,\varepsilon_2,\varepsilon_3$ 下的矩阵

$$\boldsymbol{A}=\begin{pmatrix}1&1&1\\0&1&1\\0&0&1\end{pmatrix}$$

是可逆矩阵, 故 σ 是可逆变换.

(2) 线性变换 $2\sigma-\sigma^{-1}$ 在基 $\varepsilon_1,\varepsilon_2,\varepsilon_3$ 下的矩阵是

$$2\boldsymbol{A}-\boldsymbol{A}^{-1}=\begin{pmatrix}1&3&2\\0&1&3\\0&0&1\end{pmatrix}.$$

6.55 已知 $\sum\limits_{i=1}^{n} a_i = 0$, 求下列 n 阶实对称矩阵的 n 个特征值

$$\boldsymbol{A} = \begin{pmatrix} a_1^2+1 & a_1a_2+1 & \cdots & a_1a_n+1 \\ a_2a_1+1 & a_2^2+1 & \cdots & a_2a_n+1 \\ \vdots & \vdots & & \vdots \\ a_na_1+1 & a_na_2+1 & \cdots & a_n^2+1 \end{pmatrix}.$$

解 令

$$\boldsymbol{A} = \begin{pmatrix} a_1 & 1 \\ a_2 & 1 \\ \vdots & \vdots \\ a_n & 1 \end{pmatrix} \begin{pmatrix} a_1 & a_2 & \cdots & a_n \\ 1 & 1 & \cdots & 1 \end{pmatrix} = \boldsymbol{B}\boldsymbol{B}^{\mathrm{T}}.$$

由例 6.34 可知, $\boldsymbol{B}\boldsymbol{B}^{\mathrm{T}}$ 与 $\boldsymbol{B}^{\mathrm{T}}\boldsymbol{B}$ 有相同的非零特征值, 由 $\sum\limits_{i=1}^{n} a_i = 0$ 得

$$\boldsymbol{B}^{\mathrm{T}}\boldsymbol{B} = \begin{pmatrix} a_1 & a_2 & \cdots & a_n \\ 1 & 1 & \cdots & 1 \end{pmatrix} \begin{pmatrix} a_1 & 1 \\ a_2 & 1 \\ \vdots & \vdots \\ a_n & 1 \end{pmatrix} = \begin{pmatrix} \sum\limits_{i=1}^{n} a_i^2 & 0 \\ 0 & n \end{pmatrix}.$$

故矩阵 $\boldsymbol{A}$ 的特征值是 $\lambda_1 = \cdots = \lambda_{n-2} = 0,\ \lambda_{n-1} = \sum\limits_{i=1}^{n} a_i^2,\ \lambda_n = n$.

6.56 设 $\boldsymbol{A}$ 是数域 $\mathbb{P}$ 上的 n 阶矩阵, $f(\lambda) = |\lambda\boldsymbol{I} - \boldsymbol{A}|$ 是 $\boldsymbol{A}$ 的特征多项式, $g(\lambda) \in \mathbb{P}[\lambda]$. 证明: $g(\boldsymbol{A})$ 可逆的充要条件是 $(f(\lambda), g(\lambda)) = 1$.

证明 充分性. 设 $(f(\lambda), g(\lambda)) = 1$, 则存在 $u(\lambda),\ v(\lambda) \in \mathbb{P}[\lambda]$, 使得

$$u(\lambda)f(\lambda) + v(\lambda)g(\lambda) = 1.$$

再由 $f(\boldsymbol{A}) = \boldsymbol{O}$ 可得,

$$u(\boldsymbol{A})f(\boldsymbol{A}) + v(\boldsymbol{A})g(\boldsymbol{A}) = v(\boldsymbol{A})g(\boldsymbol{A}) = \boldsymbol{I}.$$

故 $g(\boldsymbol{A})$ 是可逆矩阵.

必要性. 设 $\lambda_1, \lambda_2, \cdots, \lambda_n$ 是矩阵 $\boldsymbol{A}$ 在复数域上的全部特征值, 则 $f(\lambda_i) = 0\,(i = 1, 2, \cdots, n)$, 因此, 矩阵 $g(\boldsymbol{A})$ 的全部特征值是 $g(\lambda_i)\,(i = 1, 2, \cdots, n)$. 注意到 $g(\boldsymbol{A})$ 是可逆矩阵, 故 $g(\lambda_i) \neq 0\,(i = 1, 2, \cdots, n)$, 所以, 在复数域上, $f(\lambda)$ 与 $g(\lambda)$ 无公共因式, 故 $(f(\lambda), g(\lambda)) = 1$.

6.57 设 V 是数域 $\mathbb{P}$ 上的 n 维线性空间, σ 是 V 的线性变换, U, W 都是 σ 子空间, 且 $V = U \oplus W$. 证明:

$$\ker(\sigma) = \ker(\sigma|_U) \oplus \ker(\sigma|_W).$$

证明 $\forall \boldsymbol{\alpha} \in \ker(\sigma)$, 令 $\boldsymbol{\alpha} = \boldsymbol{\alpha}_1 + \boldsymbol{\alpha}_2, \boldsymbol{\alpha}_1 \in U, \boldsymbol{\alpha}_2 \in W$, 则

$$\sigma(\boldsymbol{\alpha}) = \sigma(\boldsymbol{\alpha}_1) + \sigma(\boldsymbol{\alpha}_2) = \boldsymbol{0}.$$

注意到

$$\sigma(\boldsymbol{\alpha}_1) \in \operatorname{Im}(\sigma|_U) \subset U, \quad \sigma(\boldsymbol{\alpha}_2) \in \operatorname{Im}(\sigma|_W) \subset W, \quad U \cap W = \{\mathbf{0}\},$$

故 $\sigma(\boldsymbol{\alpha}_1) = \sigma(\boldsymbol{\alpha}_2) = \mathbf{0}$, 即 $\boldsymbol{\alpha}_1 \in \ker(\sigma|_U)$, $\boldsymbol{\alpha}_2 \in \ker(\sigma|_W)$, 所以

$$\ker(\sigma) = \ker(\sigma|_U) + \ker(\sigma|_W).$$

其次, $\ker(\sigma|_U) \subset U$, $\ker(\sigma|_W) \subset W$, $U \cap W = \{\mathbf{0}\}$, 有 $\ker(\sigma|_U) \cap \ker(\sigma|_W) = \{\mathbf{0}\}$, 故

$$\ker(\sigma) = \ker(\sigma|_U) \oplus \ker(\sigma|_W).$$

6.58 设 n 阶矩阵 $\boldsymbol{A}, \boldsymbol{B}$ 满足 $\mathrm{R}(\boldsymbol{A}) + \mathrm{R}(\boldsymbol{B}) < n$, 证明: $\boldsymbol{A}, \boldsymbol{B}$ 有公共的特征值和公共的特征向量.

证法 1 (解析法) 由 $\mathrm{R}(\boldsymbol{A}) + \mathrm{R}(\boldsymbol{B}) < n$ 知, $\mathrm{R}(\boldsymbol{A}) < n, \mathrm{R}(\boldsymbol{B}) < n$, 故 $|\boldsymbol{A}| = |\boldsymbol{B}| = 0$. 从而 $\boldsymbol{A}, \boldsymbol{B}$ 有公共的特征值 0. 解线性方程组

$$\begin{cases} \boldsymbol{A}\boldsymbol{x} = \mathbf{0}, \\ \boldsymbol{B}\boldsymbol{x} = \mathbf{0}, \end{cases}$$

其中 $\boldsymbol{x}$ 是未知 n 维列向量. 因为

$$\mathrm{R}\begin{pmatrix} \boldsymbol{A} \\ \boldsymbol{B} \end{pmatrix} \leqslant \mathrm{R}(\boldsymbol{A}) + \mathrm{R}(\boldsymbol{B}) < n,$$

因此上述方程组有非零解. 假设此非零解为 $\boldsymbol{x_0}$, 则 $\boldsymbol{x_0}$ 同时是矩阵 $\boldsymbol{A}$ 和矩阵 $\boldsymbol{B}$ 的属于特征值 0 的特征向量, 即公共特征向量.

证法 2 (几何法) 设 V 是 n 维线性空间, σ, τ 是 V 的线性变换, σ 与 τ 在基 $\boldsymbol{\varepsilon}_1, \boldsymbol{\varepsilon}_2, \cdots, \boldsymbol{\varepsilon}_n$ 下的矩阵分别是 $\boldsymbol{A}$ 和 $\boldsymbol{B}$. 由题意知, $\dim \operatorname{Im} \sigma + \dim \operatorname{Im} \tau < n$. 假定 $\dim \operatorname{Im} \sigma = r, \dim \operatorname{Im} \tau = s$, 则 $\dim \ker \sigma = n - r, \dim \ker \tau = n - s$. 再设 $\boldsymbol{\alpha}_1, \boldsymbol{\alpha}_2, \cdots, \boldsymbol{\alpha}_{n-r}$ 与 $\boldsymbol{\beta}_1, \boldsymbol{\beta}_2, \cdots, \boldsymbol{\beta}_{n-s}$ 分别是 $\ker \sigma$ 及 $\ker \tau$ 的一个基, 则

$$\ker \sigma + \ker \tau = L(\boldsymbol{\alpha}_1, \cdots, \boldsymbol{\alpha}_{n-r}, \boldsymbol{\beta}_1, \cdots, \boldsymbol{\beta}_{n-s},).$$

由维数公式得

$$\dim \ker \sigma + \dim \ker \tau = \dim(\ker \sigma + \ker \tau) + \dim(\ker \sigma \cap \ker \tau).$$

又

$$\dim \ker \sigma + \dim \ker \tau = n - r + n - s > n, \quad \dim(\ker \sigma + \ker \tau) \leqslant n.$$

所以

$$\dim(\ker \sigma \cap \ker \tau) > 0.$$

即 $\ker \sigma \cap \ker \tau \neq \{\mathbf{0}\}$. 故存在 $\boldsymbol{\gamma} \in \ker \sigma \cap \ker \tau$, $\boldsymbol{\gamma} \neq \mathbf{0}$, 使得 $\sigma(\boldsymbol{\gamma}) = \tau(\boldsymbol{\gamma}) = \mathbf{0}$, 即 $\boldsymbol{\gamma}$ 是线性变换 σ, τ 的公共特征值 0 对应的公共特征向量. 令 $\boldsymbol{x}$ 是 $\boldsymbol{\gamma}$ 在基 $\boldsymbol{\varepsilon}_1, \boldsymbol{\varepsilon}_2, \cdots, \boldsymbol{\varepsilon}_n$ 下的坐标, 则 $\boldsymbol{x}$ 是矩阵 $\boldsymbol{A}, \boldsymbol{B}$ 的公共值 0 对应的公共特征向量.

6.59 设 λ 是 n 阶矩阵 $\boldsymbol{A}$ 的特征值, 证明: 存在正整数 $k(1\leqslant k\leqslant n)$, 使得

$$|\lambda-a_{kk}|\leqslant\sum_{j\neq k}|a_{kj}|.$$

证明 设 $\boldsymbol{x}=(x_1,x_2,\cdots,x_n)^{\mathrm{T}}$ 是特征值 λ 对应的特征向量, 令 $|x_k|=\max\{|x_1|,|x_2|,\cdots,|x_n|\}$, 则 $|x_k|\neq 0$. 因此 $\boldsymbol{Ax}=\lambda\boldsymbol{x}$, 考虑该等式左右两边的第 k 行得到

$$\sum_{j=1}^{n}a_{kj}x_j=\lambda x_k\Rightarrow|\lambda-a_{kk}||x_k|\leqslant\sum_{j\neq k}^{n}|a_{kj}||x_j|\leqslant\sum_{j\neq k}^{n}|a_{kj}||x_k|,$$

两边约去 $|x_k|$ 即得所证.

6.60 设 $\boldsymbol{A},\boldsymbol{B}$ 是复数域上的两个 n 阶矩阵, 且 $\boldsymbol{AB}=\boldsymbol{BA}$, 证明: 存在可逆矩阵 $\boldsymbol{P}$, 使得 $\boldsymbol{P}^{-1}\boldsymbol{AP}$ 与 $\boldsymbol{P}^{-1}\boldsymbol{BP}$ 同为上三角矩阵.

证明 对矩阵 $\boldsymbol{A},\boldsymbol{B}$ 的阶数 n 运用数学归纳法.

当 $n=1$ 时, 结论显然成立. 假设当 $n=k(k\geqslant 1)$ 时结论已成立. 现在假设 $\boldsymbol{A},\boldsymbol{B}$ 都是复数域上的 $n=k+1$ 阶矩阵, 由 $\boldsymbol{AB}=\boldsymbol{BA}$ 及例 6.31 可知, $\boldsymbol{A},\boldsymbol{B}$ 至少有一个 ($k+1$ 维) 公共特征向量 $\boldsymbol{\alpha}_1\,(\boldsymbol{\alpha}_1\neq\boldsymbol{0})$. 设 $\boldsymbol{A\alpha}_1=\lambda_1\boldsymbol{\alpha}_1$, $\boldsymbol{B\alpha}_1=\lambda_2\boldsymbol{\alpha}_1$. 由扩基定理知, 存在 k 个向量 $\boldsymbol{\alpha}_2,\boldsymbol{\alpha}_3,\cdots,\boldsymbol{\alpha}_{k+1}$, 使得 $\boldsymbol{\alpha}_1,\boldsymbol{\alpha}_2,\cdots,\boldsymbol{\alpha}_{k+1}$ 线性无关, 因而 $\boldsymbol{P}_0=(\boldsymbol{\alpha}_1,\boldsymbol{\alpha}_2,\cdots,\boldsymbol{\alpha}_{k+1})$ 是 $k+1$ 阶可逆矩阵, 且

$$\boldsymbol{A}=\boldsymbol{P}_0\begin{pmatrix}\lambda_1&\boldsymbol{\beta}_1^{\mathrm{T}}\\\boldsymbol{0}&\boldsymbol{A}_1\end{pmatrix}\boldsymbol{P}_0^{-1},\quad\boldsymbol{B}=\boldsymbol{P}_0\begin{pmatrix}\lambda_2&\boldsymbol{\beta}_2^{\mathrm{T}}\\\boldsymbol{0}&\boldsymbol{B}_1\end{pmatrix}\boldsymbol{P}_0^{-1},$$

其中 $\boldsymbol{A}_1,\boldsymbol{B}_1$ 都是 k 阶矩阵. 由

$$\boldsymbol{AB}=\boldsymbol{P}_0\begin{pmatrix}\lambda_1\lambda_2&*\\\boldsymbol{0}&\boldsymbol{A}_1\boldsymbol{B}_1\end{pmatrix}\boldsymbol{P}_0^{-1}=\boldsymbol{BA}=\boldsymbol{P}_0\begin{pmatrix}\lambda_1\lambda_2&*\\\boldsymbol{0}&\boldsymbol{B}_1\boldsymbol{A}_1\end{pmatrix}\boldsymbol{P}_0^{-1}$$

可知 $\boldsymbol{A}_1\boldsymbol{B}_1=\boldsymbol{B}_1\boldsymbol{A}_1$. 由归纳假设知, 存在 k 阶可逆矩阵 $\boldsymbol{P}_1$, 使得 $\boldsymbol{P}_1^{-1}\boldsymbol{A}_1\boldsymbol{P}_1$ 与 $\boldsymbol{P}_1^{-1}\boldsymbol{B}_1\boldsymbol{P}_1$ 同为上三角矩阵. 令

$$\boldsymbol{P}=\boldsymbol{P}_0\begin{pmatrix}1&\boldsymbol{0}\\\boldsymbol{0}&\boldsymbol{P}_1\end{pmatrix},$$

则 $\boldsymbol{P}$ 是可逆矩阵, 且

$$\boldsymbol{P}^{-1}\boldsymbol{AP}=\begin{pmatrix}1&\boldsymbol{0}\\\boldsymbol{0}&\boldsymbol{P}_1^{-1}\end{pmatrix}\boldsymbol{P}_0^{-1}\boldsymbol{AP}_0\begin{pmatrix}1&\boldsymbol{0}\\\boldsymbol{0}&\boldsymbol{P}_1\end{pmatrix}=\begin{pmatrix}\lambda_1&*\\\boldsymbol{0}&\boldsymbol{P}_1^{-1}\boldsymbol{A}_1\boldsymbol{P}_1\end{pmatrix},$$

$$\boldsymbol{P}^{-1}\boldsymbol{BP}=\begin{pmatrix}1&\boldsymbol{0}\\\boldsymbol{0}&\boldsymbol{P}_1^{-1}\end{pmatrix}\boldsymbol{P}_0^{-1}\boldsymbol{BP}_0\begin{pmatrix}1&\boldsymbol{0}\\\boldsymbol{0}&\boldsymbol{P}_1\end{pmatrix}=\begin{pmatrix}\lambda_1&*\\\boldsymbol{0}&\boldsymbol{P}_1^{-1}\boldsymbol{B}_1\boldsymbol{P}_1\end{pmatrix}$$

都是上三角矩阵.

6.61 设 $\boldsymbol{A},\boldsymbol{B}$ 都是 n 阶实矩阵, $\boldsymbol{A}$ 有 n 个互不相同的特征值, 且 $\boldsymbol{AB}=\boldsymbol{BA}$. 证明: 存在非零实系数多项式 $f(x)$, 使得 $\boldsymbol{B}=f(\boldsymbol{A})$.

证明 由题意知, 存在可逆矩阵 $\boldsymbol{P}$, 使得

$$\boldsymbol{P}^{-1}\boldsymbol{AP}=\operatorname{diag}(\lambda_1,\lambda_2,\cdots,\lambda_n)=\boldsymbol{\Lambda}_1,$$

其中 $\lambda_1, \lambda_2, \cdots, \lambda_n$ 互不相同. 由 $\boldsymbol{AB}=\boldsymbol{BA}$ 知,

$$\boldsymbol{P}^{-1}\boldsymbol{BP}\boldsymbol{\Lambda}_1=\boldsymbol{P}^{-1}\boldsymbol{BAP}=\boldsymbol{P}^{-1}\boldsymbol{ABP}=\boldsymbol{P}^{-1}\boldsymbol{APP}^{-1}\boldsymbol{BP}=\boldsymbol{\Lambda}_1\boldsymbol{P}^{-1}\boldsymbol{BP}.$$

因此, $\boldsymbol{P}^{-1}\boldsymbol{BP}$ 与 $\boldsymbol{\Lambda}_1$ 可交换. 由于 $\boldsymbol{\Lambda}_1$ 是主对角元互不相同的对角矩阵, 由习题第 2.5 题可知, $\boldsymbol{P}^{-1}\boldsymbol{BP}$ 也是对角矩阵, 设 $\boldsymbol{P}^{-1}\boldsymbol{BP}=\operatorname{diag}(k_1,k_2,\cdots,k_n)=\boldsymbol{\Lambda}_2$. 由例 4.17 可知, 存在唯一次数不超过 $n-1$ 的多项式 $f(x)$, 使得 $f(\lambda_i)=k_i\,(i=1,2,\cdots,n)$, 即 $f(\boldsymbol{\Lambda}_1)=\boldsymbol{\Lambda}_2$, 从而得到 $\boldsymbol{P}^{-1}f(\boldsymbol{A})\boldsymbol{P}=\boldsymbol{P}^{-1}\boldsymbol{BP}$, 即 $f(\boldsymbol{A})=\boldsymbol{B}$.

6.62 设 V 是数域 $\mathbb{P}$ 上的 n 维线性空间, σ 是 V 的线性变换, 如果存在正整数 k, 使得 $\operatorname{Im}(\sigma^k)=\operatorname{Im}(\sigma^{k+j})$ 对一切正整数 j 成立, 证明: $\ker(\sigma^k)=\ker(\sigma^{k+j})$ 对一切正整数 j 也成立.

证明 由例 6.36 的证明可知, 存在介于 $0\sim n$ 之间的正整数 k, 使得 $\operatorname{Im}(\sigma^k)=\operatorname{Im}(\sigma^{k+j})$ $(j\geqslant 1)$. 因此, 对一切 $j\geqslant 1$,

$$\dim\ker(\sigma^{k+j})=\dim V-\dim\operatorname{Im}(\sigma^{k+j})=\dim V-\dim\operatorname{Im}(\sigma^k)=\dim\ker(\sigma^k).$$

再由 $\ker(\sigma^k)\subset\ker(\sigma^{k+j})$ 可知, $\ker(\sigma^k)=\ker(\sigma^{k+j})$ 对一切 $j\geqslant 1$ 也成立.

6.63 设 V 是数域 $\mathbb{P}$ 上的 n 维线性空间, σ, τ 都是 V 的线性变换, 满足 $\sigma\tau=o$, $\sigma+\tau=\varepsilon$, 其中 ε 是恒等变换. 证明:

(1) $V=\operatorname{Im}\sigma\oplus\operatorname{Im}\tau$;

(2) $\operatorname{Im}\tau=\ker\sigma$.

证明 先证 (2) 成立. 事实上, 对任意 $\boldsymbol{\alpha}\in V$, 由 $\sigma\tau=o$ 可知, $\sigma(\tau(\boldsymbol{\alpha}))=\mathbf{0}$, 即 $\tau(\boldsymbol{\alpha})\in\ker\sigma$, 因此, $\operatorname{Im}\tau\subset\ker\sigma$. 其次, 对任意 $\boldsymbol{\beta}\in\ker\sigma$, 则 $\sigma(\boldsymbol{\beta})=\mathbf{0}$. 由 $\sigma+\tau=\varepsilon$ 可知, $\tau(\boldsymbol{\beta})=\boldsymbol{\beta}\in\operatorname{Im}\tau$, 故 $\ker\sigma\subset\operatorname{Im}\tau$, 从而 $\operatorname{Im}\tau=\ker\sigma$.

再证 (1). 首先, 由 $\sigma+\tau=\varepsilon$ 可知, 对任意 $\boldsymbol{\alpha}\in V$, 都有 $\sigma(\boldsymbol{\alpha})+\tau(\boldsymbol{\alpha})=\boldsymbol{\alpha}$, 于是

$$V=\operatorname{Im}\sigma+\operatorname{Im}\tau.$$

其次, 由 (2) 的结论及定理 6.20 (维数公式) 知

$$\dim\operatorname{Im}\tau=\dim\ker\sigma=\dim V-\dim\operatorname{Im}\sigma,$$

故 $V=\operatorname{Im}\sigma\oplus\operatorname{Im}\tau$.

6.64 设 V 是数域 $\mathbb{P}$ 上的 n 维线性空间, σ, τ 都是 V 的线性变换, 其特征多项式分别是 $f(\lambda)$ 和 $g(\lambda)$, 且 $(f(\lambda),g(\lambda))=1$. 证明: $\ker g(\sigma)=\ker f(\tau)$.

证明 由题意知, 存在 $u(\lambda)$, $v(\lambda)\in P[\lambda]$, 使得 $u(\lambda)f(\lambda)+v(\lambda)g(\lambda)=1$. 设 ε 是恒等变换, 注意到 $f(\sigma)=g(\tau)=o$, 因此,

$$v(\sigma)g(\sigma)=u(\tau)f(\tau)=\varepsilon. \tag{6.9}$$

任取 $\boldsymbol{\alpha}\in\ker g(\sigma)$, 则 $g(\sigma)(\boldsymbol{\alpha})=\mathbf{0}$. 由 (6.9) 式得, $\boldsymbol{\alpha}=v(\sigma)g(\sigma)(\boldsymbol{\alpha})$, 所以

$$f(\tau)(\boldsymbol{\alpha})=f(\tau)\left(v(\sigma)g(\sigma)\right)(\boldsymbol{\alpha})=\left(f(\tau)v(\sigma)\right)g(\sigma)(\boldsymbol{\alpha})=\mathbf{0},$$

从而 $\ker g(\sigma)\subset\ker f(\tau)$. 同理可得 $\ker f(\tau)\subset\ker g(\sigma)$, 故 $\ker g(\sigma)=\ker f(\tau)$.

6.65 设 V 是数域 $\mathbb{P}$ 上的线性空间, σ 是 V 的线性变换, $f_1(x), f_2(x) \in \mathbb{P}[x]$, 且 $(f_1(x), f_2(x)) = 1$. 设 $f(x) = f_1(x)f_2(x)$, 证明:

$$\ker f(\sigma) = \ker f_1(\sigma) \oplus \ker f_2(\sigma).$$

证明 由题意知, 存在 $u(\lambda)$, $v(\lambda) \in \mathbb{P}[\lambda]$, 使得 $f_1(\lambda)u(\lambda) + f_2(\lambda)v(\lambda) = 1$, 因此,

$$f_1(\sigma)u(\sigma) + f_2(\sigma)v(\sigma) = \varepsilon, \tag{6.10}$$

其中 ε 是恒等变换. 对任意 $\boldsymbol{\alpha} \in \ker f(\sigma)$, 由 (6.10) 式可知

$$\boldsymbol{\alpha} = f_1(\sigma)u(\sigma)(\boldsymbol{\alpha}) + f_2(\sigma)v(\sigma)(\boldsymbol{\alpha}). \tag{6.11}$$

由于

$$f_2(\sigma)f_1(\sigma)u(\sigma)(\boldsymbol{\alpha}) = u(\sigma)f(\sigma)(\boldsymbol{\alpha}) = \mathbf{0},$$

因此, $f_1(\sigma)u(\sigma)(\boldsymbol{\alpha}) \in \ker f_2(\sigma)$, 同理可得 $f_2(\sigma)v(\sigma)(\boldsymbol{\alpha}) \in \ker f_1(\sigma)$. 故由 (6.11) 式可知,

$$\ker f(\sigma) = \ker f_1(\sigma) + \ker f_2(\sigma).$$

另一方面, 任取 $\boldsymbol{\alpha} \in \ker f_1(\sigma) \cap \ker f_2(\sigma)$, 则 $f_1(\sigma)(\boldsymbol{\alpha}) = f_2(\sigma)(\boldsymbol{\alpha}) = \mathbf{0}$. 由 (6.10) 式可得

$$\boldsymbol{\alpha} = u(\sigma)f_1(\sigma)(\boldsymbol{\alpha}) + v(\sigma)f_2(\sigma)(\boldsymbol{\alpha}) = \mathbf{0}.$$

故

$$\ker f(\sigma) = \ker f_1(\sigma) \oplus \ker f_2(\sigma).$$

注 习题第 6.65 题是习题第 5.38 题、第 4.58 题的 “几何版本”, 定理 7.23 是它们的推广, 定理 7.22 (根子空间的直和分解定理) 是定理 7.23 的特例.

第七章　矩阵相似标准形

§7.1　知识概要

1. λ 矩阵 (秩、可逆、逆矩阵、初等变换、等价)、行列式因子、等价标准形.

2. 不变因子与初等因子.

3. 矩阵相似的条件 (有相同的不变因子或有相同的初等因子).

4. 复数域上的初等因子与若尔当标准形.

5. 任一数域上的不变因子与有理标准形.

6. 最小多项式 (联系特征多项式、不变因子、矩阵可对角化).

7. 线性空间的直和分解 (分解成值域及核的直和、分解成根子的空间的直和).

§7.2　学习指导

1. 本章重点: "三个因子" (即行列式因子, 不变因子和初等因子), 等价标准形, 若尔当标准形, 最小多项式. 难点: 若尔当标准形, 有理标准形及最小多项式的应用, 循环子空间, 根子空间直和分解定理.

2. λ 矩阵的秩、可逆、逆矩阵、初等变换、等价等概念与数字矩阵的相应概念并无多大区别, 注意这里的第三种初等变换 "$r_i+\varphi(\lambda)r_j$" 与 "$c_i+\varphi(\lambda)c_j$" 中的 "$\varphi(\lambda)$" 是 λ 的多项式 (常数也是 λ 的多项式).

3. λ 矩阵 $\boldsymbol{A}(\lambda)$ 的 k 阶行列式因子 $D_k(\lambda)$ 是指 "$\boldsymbol{A}(\lambda)$ 中全部 k 阶子式的首 1 最大公因式". 若存在某个 k 阶子式是非零常数, 则 $D_k(\lambda)=1$. 初等变换不改变 λ 矩阵的秩和行列式因子 (定理 7.3), 所以求行列式因子通常的方法是用初等变换先求 $\boldsymbol{A}(\lambda)$ 的等价标准形.

4. $\boldsymbol{A}(\lambda)$ 的不变因子是其标准形的主对角线上的非零元 $d_1(\lambda),d_2(\lambda),\cdots,d_r(\lambda)$, 它跟行列式因子 $D_k(\lambda)$ 的关系是

$$D_k(\lambda)=d_1(\lambda)d_2(\lambda)\cdots d_k(\lambda)\quad(k=1,2,\cdots,r),$$

即

$$d_1(\lambda)=D_1(\lambda),\quad d_k(\lambda)=D_k(\lambda)/D_{k-1}(\lambda)\quad(k=1,2,\cdots,r).$$

5. 初等因子, 一般是指复数域上的初等因子, 是不变因子在复数域上的首 1 不可约因式方幂的全体. 例如, 若不变因子是 $1,1,\lambda-1,(\lambda-1)(\lambda+2)^2,(\lambda-1)^2(\lambda+2)^2$, 则初等因子为 $\lambda-1,\lambda-1,(\lambda-1)^2,(\lambda+2)^2,(\lambda+2)^2$.

6. 对 n 阶数字矩阵 $\boldsymbol{A}$, 称其特征矩阵 $\lambda\boldsymbol{I}-\boldsymbol{A}$ 的行列式因子、不变因子和初等因子分别为 $\boldsymbol{A}$ 的行列式因子、不变因子和初等因子.

7. 两个 n 阶数字矩阵相似的充要条件是它们有相同的不变因子 (或有相同的初等因子). 由于矩阵的不变因子与这个矩阵在同一个数域上, 所以, 两个 n 阶数字矩阵相似与数域无关 (请看本书 §6.2 “学习指导”).

8. 矩阵的两种重要的相似标准形: 复数域上的若尔当标准形 —— 由初等因子决定其若尔当块, 若不考虑各若尔当块的顺序, 则若尔当标准形是唯一的; 数域 $\mathbb{P}$ 上的有理标准形 —— 由不变因子决定其伴侣矩阵块, 与不变因子的顺序相同, 因而是唯一的.

9. 矩阵 $\boldsymbol{A}$ 的最小多项式 $m(\lambda)$ 是次数最低的首 1 零化多项式. 由哈密顿–凯莱定理知, $\boldsymbol{A}$ 的特征多项式 $f(\lambda)$ 是 $\boldsymbol{A}$ 的零化多项式, 因此, 最小多项式必存在且唯一. 最小多项式 $m(\lambda)$ 具有如下性质:

(1) $m(\lambda)$ 整除 $\boldsymbol{A}$ 的任一零化多项式. 特别地, $m(\lambda)|f(\lambda)$;

(2) $m(\lambda)$ 与 $f(\lambda)$ 有相同的根 (不计根的重数);

(3) $m(\lambda)$ 是 $\boldsymbol{A}$ 的最后一个不变因子;

(4) $\boldsymbol{A}$ 可对角化 $\Leftrightarrow m(\lambda)$ 无重根 (初等因子全是一次多项式);

(5) $\boldsymbol{A}$ 可逆 $\Leftrightarrow$ 最小多项式 $m(\lambda)$ 的常数项不等于零

$\Leftrightarrow$ 特征多项式 $f(\lambda)$ 的常数项不等于零

$\Leftrightarrow$ $\boldsymbol{A}$ 的特征值都不为零 (联系教材第 2.5.2 小节可逆矩阵的等价条件);

(6) 相似矩阵有相同的最小多项式;

(7) 若 $\boldsymbol{A}=\mathrm{diag}(\boldsymbol{A}_1,\cdots,\boldsymbol{A}_s)$, 各 $\boldsymbol{A}_i\,(i=1,\cdots,s)$ 是方阵, 则 $\boldsymbol{A}$ 的最小多项式 $m(\lambda)$ 等于各块的最小多项式 $m_i(\lambda)$ 的最小公倍式, 即 $m(\lambda)=[m_1(\lambda),\cdots,m_s(\lambda)]$.

10. 循环子空间的重要性在于它只需要线性变换和一个非零向量就可以决定, 且循环子空间是不变子空间. 对于循环空间, 线性变换在循环基下的矩阵是弗罗贝尼乌斯矩阵, 从而得到了有理标准形的几何意义. 循环空间的最小多项式与特征多项式相同.

幂零线性变换的重要性在于存在一个最小的正整数 m, 其 m 次方等于零变换, 因而, 幂零变换的若尔当标准形中每一个若尔当块的主对角元都是零, 于是引入了根子空间的概念, 得到了根子空间的直和分解定理. 根子空间实质上就是若尔当标准形中主对角元相同所对应的那些不变子空间的直和.

习题第 6.65 题: 设 V 是数域 $\mathbb{P}$ 上的线性空间, σ 是 V 的线性变换. 若 $f(x)=f_1(x)f_2(x)$, 且 $(f_1(x),f_2(x))=1$, 则

$$\ker f(\sigma)=\ker f_1(\sigma)\oplus\ker f_2(\sigma). \tag{7.1}$$

用数学归纳法将它推广为定理 7.23:

设 V 是数域 $\mathbb{P}$ 上的线性空间, σ 是 V 的线性变换, $f_1(x),f_2(x),\cdots,f_s(x)\in\mathbb{P}[x]$, 且 $(f_1(x),f_2(x),\cdots,f_s(x))=1$. 设 $f(x)=f_1(x)f_2(x)\cdots f_s(x)$, 则

$$\ker f(\sigma)=\ker f_1(\sigma)\oplus\ker f_2(\sigma)\oplus\cdots\oplus\ker f_s(\sigma). \tag{7.2}$$

教材习题第 5.38 题和第 4.58 题是 (7.1) 式的 “解析版本”. 将这些结论用于处理矩阵秩的问题有时候会很方便, 如教材习题第 2.55~2.56 题、第 7.26~7.27 题、本书第 4 章 “问题思考” 的第 23~24 题, 等等, 都可以由 (7.1) 或 (7.2) 式的 “解析版本” 得到. §7.3 “问题思考” 第 22 题是 (7.1) 式的直接应用. 参考文献: 安军. 线性变换核的一个性质及应用 [J]. 高等数学研究, 2022, 25(4): 68–69.

§7.3 问题思考

一、问题思考

1. 证明: 矩阵 $\boldsymbol{A}=\begin{pmatrix} a & 0 \\ 1 & b \end{pmatrix}$ 与矩阵 $\boldsymbol{B}=\begin{pmatrix} a & 0 \\ 0 & b \end{pmatrix}$ 相似的充要条件是 $a\neq b$.

2. (南开大学考研试题) 证明: 矩阵

$$\boldsymbol{A}=\begin{pmatrix} 0 & 1 & 2 \\ 1 & 0 & -2 \\ -1 & 1 & 3 \end{pmatrix},\quad \boldsymbol{B}=\begin{pmatrix} -1 & 1 & 3 \\ 3 & 0 & -4 \\ -2 & 1 & 4 \end{pmatrix}$$

不相似.

3. 求下列矩阵的行列式因子、不变因子、初等因子、若尔当标准形、有理标准形, 以及最小多项式:

(1) $\begin{pmatrix} 0 & 3 & 3 \\ -1 & 8 & 6 \\ 2 & -14 & -10 \end{pmatrix}$; (2) $\begin{pmatrix} -9 & 5 & -6 \\ -11 & 7 & -6 \\ 5 & -2 & 5 \end{pmatrix}$;

(3) $\begin{pmatrix} 2 & -2 & 1 \\ 5 & -4 & 2 \\ -1 & 1 & -1 \end{pmatrix}$; (4) $\begin{pmatrix} 3 & 0 & 2 \\ 11 & 1 & 8 \\ -9 & -2 & -8 \end{pmatrix}$.

4. 设 $a\neq 0$, 求 $\boldsymbol{J}(a,n)^2$ 的若尔当标准形.

5. 证明: 当 $a\neq 0$ 时, $\boldsymbol{J}(a,k)^s$ 的若尔当标准形是 $\boldsymbol{J}(a^s,k)\,(s\geqslant 1)$.

6. 求 $\boldsymbol{J}(0,n)^2$ 的若尔当标准形.

7. 求 $\boldsymbol{J}(0,5)^3$ 的若尔当标准形.

8. 求 $n(n\geqslant 3)$ 阶矩阵 $\boldsymbol{A}$ 的若尔当标准形, 其中

$$\boldsymbol{A}=\begin{pmatrix} a & 0 & 1 & & \\ & a & 0 & \ddots & \\ & & \ddots & \ddots & 1 \\ & & & \ddots & 0 \\ & & & & a \end{pmatrix}.$$

9. (清华大学考研试题) 设 V 是数域 $\mathbb{P}$ 上的 4 维线性空间, $\sigma\in L(V)$ 在基 $\boldsymbol{\varepsilon}_1,\cdots,\boldsymbol{\varepsilon}_4$ 下的矩阵是

$$\boldsymbol{A}=\begin{pmatrix} 1 & 2 & 0 & 0 \\ 0 & 1 & 0 & 0 \\ 1 & 3 & 1 & 0 \\ 0 & 4 & 2 & 1 \end{pmatrix}.$$

(1) 求 σ 的含 $\boldsymbol{\varepsilon}_1$ 的最小不变子空间 W;

(2) 记 σ_1 是 σ 在 W 上的限制, 求 σ 的方阵表示 $\boldsymbol{T}_1$ 的若尔当标准形 $\boldsymbol{J}_1$.

10. (华中师范大学考研试题) 设 $2n$ 阶方阵

$$\boldsymbol{A}=\begin{pmatrix}-\boldsymbol{I} & \boldsymbol{I}\\ \boldsymbol{I} & \boldsymbol{I}\end{pmatrix},$$

(1) 求 $\boldsymbol{A}$ 的特征多项式;

(2) 求 $\boldsymbol{A}$ 的最小多项式;

(3) 求 $\boldsymbol{A}$ 的若尔当标准形.

11. (东南大学考研试题) 设 $\boldsymbol{\alpha},\boldsymbol{\beta}$ 均为 n 维非零列向量, 记 $\boldsymbol{A}=\boldsymbol{\alpha}\boldsymbol{\beta}^{\mathrm{T}}$.

(1) 求 $\boldsymbol{A}$ 的最小多项式;

(2) 求 $\boldsymbol{A}$ 的若尔当标准形.

12. 设 $\boldsymbol{A}$ 为 n 阶矩阵, 且 $|\lambda\boldsymbol{I}-\boldsymbol{A}|=(\lambda-1)^n$. 证明: $\boldsymbol{A}$ 与 $\boldsymbol{A}^{-1}$ 相似.

13. 设 $\boldsymbol{A}$ 是秩为 r 的幂零矩阵, 即存在正整数 m, 使得 $\boldsymbol{A}^m=\boldsymbol{O}$. 证明: $\boldsymbol{A}^{r+1}=\boldsymbol{O}$.

14. 设 $\boldsymbol{A}$ 是 n 阶矩阵, 且零是 $\boldsymbol{A}$ 的 k 重特征根. 证明: $\mathrm{R}(\boldsymbol{A}^k)=n-k$.

15. (全国大学生数学竞赛试题) 设

$$\boldsymbol{B}=\begin{pmatrix}0 & 10 & 30\\ 0 & 0 & 2010\\ 0 & 0 & 0\end{pmatrix},$$

证明: $\boldsymbol{X}^2=\boldsymbol{B}$ 无解, 这里 $\boldsymbol{X}$ 是三阶未知复方阵.

16. (武汉大学考研试题) 设

$$\boldsymbol{B}=\begin{pmatrix}0 & 2011 & 11\\ 0 & 0 & 11\\ 0 & 0 & 0\end{pmatrix},$$

证明: $\boldsymbol{X}^2=\boldsymbol{B}$ 无解, 这里 $\boldsymbol{X}$ 是三阶未知复方阵.

17. 设矩阵

$$\boldsymbol{A}=\begin{pmatrix}2 & 6 & -15\\ 1 & 1 & -5\\ 1 & 2 & -6\end{pmatrix},$$

求 $\boldsymbol{A}^k$, 其中 k 是正整数.

18. 证明: 存在 n 阶实矩阵 $\boldsymbol{A}$, 满足 $\boldsymbol{A}^2+2\boldsymbol{A}+5\boldsymbol{I}=\boldsymbol{O}$ 的充要条件是 n 为偶数.

19. 设 $\boldsymbol{A},\boldsymbol{B}$ 都是二阶非零矩阵, 且 $\boldsymbol{AB}-\boldsymbol{BA}=\boldsymbol{A}$, 证明: $\boldsymbol{A}^2=\boldsymbol{O}$.

20. (哈尔滨工业大学考研试题) 设 $\boldsymbol{A},\boldsymbol{B}$ 都是二阶非零矩阵, 且 $\boldsymbol{AB}-\boldsymbol{BA}=\boldsymbol{A}^2$, $\mathrm{tr}(\boldsymbol{B})=0$, 证明: $\boldsymbol{B}^2=\boldsymbol{O}$.

21. (哈尔滨工业大学考研试题) 设 $\boldsymbol{A}$ 都是秩为 1 的三阶复矩阵, 求满足 $\boldsymbol{AB}=2\boldsymbol{BA}$ 的三阶复矩阵 $\boldsymbol{B}$ 的全体构成的复线性空间 V 的维数.

22. (西南大学考研试题) 设 V 是数域 $\mathbb{P}$ 上的 n 维线性空间, τ 是 V 的线性变换, τ 的特征多项式为 $f(\lambda)$. 证明: $f(\lambda)$ 在 $\mathbb{P}$ 上不可约的充要条件是 V 无关于 τ 的非平凡不变子空间.

二、提示或答案

1. 当 $a \neq b$ 时, 分别对特征矩阵 $\lambda \boldsymbol{I}_2 - \boldsymbol{A}$ 和 $\lambda \boldsymbol{I}_2 - \boldsymbol{B}$ 施行初等变换得等价标准形:

$$\lambda \boldsymbol{I}_2 - \boldsymbol{A} = \begin{pmatrix} \lambda - a & 0 \\ -1 & \lambda - b \end{pmatrix} \to \begin{pmatrix} 1 & 0 \\ 0 & (\lambda - a)(\lambda - b) \end{pmatrix},$$

$$\lambda \boldsymbol{I}_2 - \boldsymbol{B} = \begin{pmatrix} \lambda - a & 0 \\ 0 & \lambda - b \end{pmatrix} \to \begin{pmatrix} 1 & 0 \\ 0 & (\lambda - a)(\lambda - b) \end{pmatrix}.$$

因此, 矩阵 $\boldsymbol{A}, \boldsymbol{B}$ 有相同的不变因子: $1, (\lambda - a)(\lambda - b)$, 故 $\boldsymbol{A}, \boldsymbol{B}$ 相似.

当 $a = b$ 时, 类似上面求等价标准形可知, 矩阵 $\boldsymbol{A}$ 的不变因子是 $1, (\lambda - a)^2$, 矩阵 $\boldsymbol{B}$ 的不变因子是 $\lambda - a, \lambda - a$, 故 $\boldsymbol{A}, \boldsymbol{B}$ 不相似.

注 用初等因子来判断它们的相似性会简洁些. 对矩阵 $\boldsymbol{B}$ 而言, 其初等因子始终是 $\lambda - a, \lambda - b$; 对矩阵 $\boldsymbol{A}$ 而言, 类似前面求特征矩阵的等价标准形, 当 $a \neq b$ 时, 得其初等因子是 $\lambda - a, \lambda - b$, 当 $a = b$ 时其初等因子是 $(\lambda - a)^2$, 于是结论获证. 在求矩阵 $\boldsymbol{B}$ 的初等因子时, 可直接用教材定理 7.8 获得, 不需要对特征矩阵施行初等变换求等价标准形.

2. 容易求得两个矩阵的不变因子分别是 $1, \lambda - 1, (\lambda - 1)^2$ 和 $1, 1, (\lambda - 1)^3$. 其不变因子不相同, 故矩阵 $\boldsymbol{A}, \boldsymbol{B}$ 不相似. 下面仅就后一个矩阵计算其不变因子, 前一个是类似的, 留给读者练习. 由

$$\lambda \boldsymbol{I} - \boldsymbol{B} = \begin{pmatrix} \lambda + 1 & -1 & -3 \\ -3 & \lambda & 4 \\ 2 & -1 & \lambda - 4 \end{pmatrix} \xrightarrow{c_1 \leftrightarrow c_2} \begin{pmatrix} -1 & \lambda + 1 & -3 \\ \lambda & -3 & 4 \\ -1 & 2 & \lambda - 4 \end{pmatrix}$$

$$\xrightarrow[c_2 + (\lambda+1)c_1,\ c_3 - 3c_1]{r_2 + \lambda r_1,\ r_3 - r_1} \begin{pmatrix} -1 & 0 & 0 \\ 0 & \lambda^2 + \lambda - 3 & -3\lambda + 4 \\ 0 & -\lambda + 1 & \lambda - 1 \end{pmatrix}$$

$$\xrightarrow[c_3 + c_2]{c_1 \times (-1),\ r_2 \leftrightarrow r_3} \begin{pmatrix} 1 & 0 & 0 \\ 0 & -\lambda + 1 & 0 \\ 0 & \lambda^2 + \lambda - 3 & (\lambda - 1)^2 \end{pmatrix}$$

$$\xrightarrow[r_3 + r_2 \times 2]{r_3 + r_2 \times \lambda} \begin{pmatrix} 1 & 0 & 0 \\ 0 & -\lambda + 1 & 0 \\ 0 & -1 & (\lambda - 1)^2 \end{pmatrix}$$

$$\xrightarrow[r_3 - r_2 \times (\lambda - 1),\ r_3 \times (-1)]{r_2 \leftrightarrow r_3} \begin{pmatrix} 1 & 0 & 0 \\ 0 & -1 & (\lambda - 1)^2 \\ 0 & 0 & (\lambda - 1)^3 \end{pmatrix}$$

$$\xrightarrow[c_2 \times (-1)]{c_3 + r_3 \times (\lambda - 1)^2} \begin{pmatrix} 1 & 0 & 0 \\ 0 & 1 & 0 \\ 0 & 0 & (\lambda - 1)^3 \end{pmatrix}$$

可知矩阵 $\boldsymbol{B}$ 的不变因子是 $1, 1, (\lambda - 1)^3$.

注 本题也可以这样解释: 由于它们的特征值不相同, 故两个矩阵不相似 (因为相似矩阵必有相同的特征值).

3. (1) 不变因子: $1,1,\lambda(\lambda+1)^2$; (2) 不变因子: $1,1,(\lambda+1)(\lambda-2)^2$;

(3) 不变因子: $1,1,(\lambda+1)^3$; (4) 不变因子: $1,1,(\lambda+2)(\lambda+1)^2$.

4. 注意到 $|\lambda \boldsymbol{I}-\boldsymbol{J}(a,n)^2|=(\lambda-a^2)^n$, 故 $\boldsymbol{J}(a,n)^2$ 的最后一个不变因子 (最小多项式) 具有 $d_n(\lambda)=(\lambda-a^2)^k$ 的形式 $(1\leqslant k\leqslant n)$. 由于

$$(\boldsymbol{J}(a,n)^2-a^2\boldsymbol{I})^k=(\boldsymbol{J}(a,n)-a\boldsymbol{I})^k(\boldsymbol{J}(a,n)+a\boldsymbol{I})^k=\boldsymbol{O},$$

且 $a\neq 0$, $(\boldsymbol{J}(a,n)+a\boldsymbol{I})^k$ 可逆, 故 $(\boldsymbol{J}(a,n)-a\boldsymbol{I})^k=\boldsymbol{O}$, 推出 $k=n$. 可见, $(\lambda-a^2)^n$ 是 $\boldsymbol{J}(a,n)^2$ 的仅有的初等因子, 故 $\boldsymbol{J}(a,n)^2$ 的若尔当标准形是 $\boldsymbol{J}(a^2,n)$.

5. 仿照前一题的证法, 或参考教材习题第 7.29 题的 "证明".

6. 设 $\boldsymbol{A}=\boldsymbol{J}(0,n)^2$, 类似上一题得 $\boldsymbol{A}$ 的最后一个不变因子 (最小多项式) 具有 $d_n(\lambda)=\lambda^k$ 的形式 $(1\leqslant k\leqslant n)$. 因 $\boldsymbol{A}^k=\boldsymbol{O}\Leftrightarrow 2k\geqslant n$. λ^k 是 $\boldsymbol{A}$ 的最小多项式, 故 $k=[(n+1)/2]$, 这里 $[a]$ 表示不超过 a 的最大整数. 其次, $\lambda\boldsymbol{I}-\boldsymbol{A}$ 的左下角的 $n-2$ 阶子式为 $(-1)^{n-2}$, 故 $\boldsymbol{A}$ 的不变因子为 $1,\cdots,1,\lambda^{n-k},\lambda^k$. $\boldsymbol{A}$ 初等因子为 λ^{n-k},λ^k, 故 $\boldsymbol{A}$ 若尔当标准形为 $\mathrm{diag}(\boldsymbol{J}(0,n-k),\boldsymbol{J}(0,k))$.

7. 参考上一题解法, 答案: $\mathrm{diag}(\boldsymbol{0},\boldsymbol{J}(0,2),\boldsymbol{J}(0,2))$.

8. $\boldsymbol{A}=a\boldsymbol{I}+\boldsymbol{J}(0,n)^2$, 令 $k=[(n+1)/2]$, 由第 6 题的结论知 $\boldsymbol{A}$ 相似于

$$\mathrm{diag}(\boldsymbol{J}(a,n-k),\boldsymbol{J}(a,k)),$$

即为所求的若尔当标准形.

9. (1) 因为 $\varepsilon_1\in W$, 所以, $\sigma(\varepsilon_1)=\varepsilon_1+\varepsilon_3\in W$. 而 $\varepsilon_1,\sigma(\varepsilon_1)$ 线性无关, 又

$$\begin{aligned}\sigma^2(\varepsilon_1)&=\sigma(\varepsilon_1)+\sigma(\varepsilon_3)=(\varepsilon_1+\varepsilon_3)+(\varepsilon_3+2\varepsilon_4)=\varepsilon_1+2\varepsilon_3+2\varepsilon_4\\&\neq k_1\varepsilon_1+k_2\sigma(\varepsilon_1),\end{aligned}$$

且 $\varepsilon_1,\sigma(\varepsilon_1),\sigma^2(\varepsilon_1)$ 线性无关. 因此, 含 ε_1 的最小不变子空间

$$W=L(\varepsilon_1,\sigma(\varepsilon_1),\sigma^2(\varepsilon_1))=L(\varepsilon_1,\varepsilon_1+\varepsilon_3,\varepsilon_1+2\varepsilon_3+2\varepsilon_4)=L(\varepsilon_1,\varepsilon_3,\varepsilon_4).$$

(2) 由于

$$\sigma_1(\varepsilon_1)=\varepsilon_1+\varepsilon_3,\quad \sigma_1(\varepsilon_3)=\varepsilon_3+2\varepsilon_4,\quad \sigma_1(\varepsilon_4)=\varepsilon_4,$$

因此,

$$\sigma_1(\varepsilon_1,\varepsilon_3,\varepsilon_4)=(\varepsilon_1,\varepsilon_3,\varepsilon_4)\begin{pmatrix}1&0&0\\1&1&0\\0&2&1\end{pmatrix}=(\varepsilon_1,\varepsilon_3,\varepsilon_4)\boldsymbol{T}_1.$$

由于 $\boldsymbol{T}_1$ 的特征矩阵

$$\lambda\boldsymbol{I}-\boldsymbol{T}_1=\lambda\boldsymbol{I}-\begin{pmatrix}1&0&0\\1&1&0\\0&2&1\end{pmatrix}=\begin{pmatrix}\lambda-1&0&0\\-1&\lambda-1&0\\0&-2&\lambda-1\end{pmatrix}$$

的三阶行列式因子为 $(\lambda-1)^3$, 且二阶行列式因子 $D_2(\lambda)=1$, 从而 $\boldsymbol{T}_1$ 的不变因子为 $1,1,(\lambda-1)^3$. 故 $\boldsymbol{T}_1$ 的若尔当标准形为

$$\begin{pmatrix}1&0&0\\1&1&0\\0&1&1\end{pmatrix}.$$

10. (1) $\boldsymbol{A}$ 的特征多项式

$$|\lambda\boldsymbol{I}-\boldsymbol{A}|=\begin{vmatrix}(\lambda+1)\boldsymbol{I}&-\boldsymbol{I}\\-\boldsymbol{I}&(\lambda-1)\boldsymbol{I}\end{vmatrix}=\begin{vmatrix}\boldsymbol{O}&(\lambda^2-2)\boldsymbol{I}\\-\boldsymbol{I}&(\lambda-1)\boldsymbol{I}\end{vmatrix}=(\lambda^2-2)^n.$$

(2) 由 (1) 知 $\boldsymbol{A}$ 的最小多项式至少是 2 次多项式, 而 $\boldsymbol{A}^2-2\boldsymbol{I}=\boldsymbol{O}$, 所以, $\boldsymbol{A}$ 的最小多项式 $m(\lambda)=\lambda^2-2$.

(3) 由 (1) 知 $\boldsymbol{A}$ 的特征根为 $\sqrt{2},\cdots,\sqrt{2},-\sqrt{2},\cdots,-\sqrt{2}$(正负 $\sqrt{2}$ 各占 n 个), 而 $\boldsymbol{A}$ 的最小多项式无重根, 故 $\boldsymbol{A}$ 可对角化, $\boldsymbol{A}$ 的若尔当标准形为

$$\operatorname{diag}(\sqrt{2},\cdots,\sqrt{2},-\sqrt{2},\cdots,-\sqrt{2}).$$

11. (1) 设 $\boldsymbol{\alpha}=(a_1,a_2,\cdots,a_n)^{\mathrm{T}}$, $\boldsymbol{\beta}=(b_1,b_2,\cdots,b_n)^{\mathrm{T}}$, 其中, a_i,b_i 不全为零, 则 $\boldsymbol{A}$ 的特征多项式 (由教材习题第 2.46 题得)

$$f(\lambda)=|\lambda\boldsymbol{I}-\boldsymbol{A}|=\lambda^{n-1}(\lambda-a),$$

其中 $a=\boldsymbol{\beta}^{\mathrm{T}}\boldsymbol{\alpha}=\sum\limits_{i=1}^{n}a_ib_i$. 显然,

$$\boldsymbol{A}\neq\boldsymbol{O},\quad \boldsymbol{A}-a\boldsymbol{I}\neq\boldsymbol{O},\quad \boldsymbol{A}^2-a\boldsymbol{A}=\boldsymbol{O}.$$

故 $\boldsymbol{A}$ 的最小多项式为 $m(\lambda)=\lambda(\lambda-a)$.

(2) 由于 $\boldsymbol{A}$ 的最小多项式无重根, 故 $\boldsymbol{A}$ 可对角化, $\boldsymbol{A}$ 的特征值为 $0(n-1$ 重根) 和 a, 故 $\boldsymbol{A}$ 若尔当标准形为 $\boldsymbol{J}=\operatorname{diag}(a,0,\cdots,0)=a\boldsymbol{E}_{11}$.

12. 设 $\boldsymbol{A}$ 的若尔当标准形为 $\boldsymbol{J}=\operatorname{diag}(\boldsymbol{J}(1,k_1),\cdots,\boldsymbol{J}(1,k_s))$, 每一个若尔当块的逆矩阵为

$$\boldsymbol{J}(1,k_i)^{-1}=\begin{pmatrix}1&&&&\\-1&1&&&\\1&-1&1&&\\\vdots&\vdots&\vdots&\ddots&\\(-1)^{k_i-1}&(-1)^{k_i}&(-1)^{k_i-1}&\cdots&1\end{pmatrix}.$$

当 $k_i=1$ 时, 若尔当块 $\boldsymbol{J}(1,k_i)$ 与 $\boldsymbol{J}(1,k_i)^{-1}$ 相似. 当 $k_i\geqslant 2$ 时, 考察特征矩阵 $\lambda\boldsymbol{I}-\boldsymbol{J}(1,k_i)^{-1}$. 其行列式为 $(\lambda-1)^{k_i}$, 其 $(1,k_i)$ 元的余子式为 λ^{k_i-2}, 其 $(1,1)$ 元的余子式为 $(\lambda-1)^{k_i-1}$, 这两个余子式互素, 故 $\boldsymbol{J}(1,k_i)^{-1}$ 的 k_i-1 阶行列式因子为 1. 从而可知, $\boldsymbol{J}(1,k_i)^{-1}$ 的不变因子为 $1,\cdots,1,(\lambda-1)^{k_i}$, 初等因子为 $(\lambda-1)^{k_i}$. 而 $\boldsymbol{J}(1,k_i)$ 的初等因子也是 $(\lambda-1)^{k_i}$, 故 $\boldsymbol{J}(1,k_i)$ 与 $\boldsymbol{J}(1,k_i)^{-1}$ 相似, $\boldsymbol{J}$ 与 $\boldsymbol{J}^{-1}=\operatorname{diag}\left(\boldsymbol{J}(1,k_1)^{-1},\cdots,\boldsymbol{J}(1,k_s)^{-1}\right)$ 相似. 由相似的传递性得知 $\boldsymbol{A}$ 与 $\boldsymbol{A}^{-1}$ 相似.

13. 设 $\boldsymbol{A}$ 的若尔当标准形为 $\mathrm{diag}(\boldsymbol{J}(0,k_1),\cdots,\boldsymbol{J}(0,k_s))$. 由于 $\mathrm{R}(\boldsymbol{A})=r$, 所以, 每一个若尔当块的秩 $\mathrm{R}(\boldsymbol{J}(0,k_i))=k_i-1\leqslant r$, 即 $k_i\leqslant r+1$. 故 $\boldsymbol{J}(0,k_i)^{r+1}=\boldsymbol{O}$, 可得 $\boldsymbol{A}^{r+1}=\boldsymbol{O}$.

14. 利用矩阵 $\boldsymbol{A}$ 的若尔当标准形, 注意其特征值 0 对应的若尔当块 $\boldsymbol{J}(0,k_1),\cdots,\boldsymbol{J}(0,k_s)$, 其阶数 $k_i\leqslant k$, 故这些若尔当块的 k 次方全为 $\boldsymbol{O}$.

15. 方法 1 反证法. 假设存在矩阵 $\boldsymbol{A}$, 使得 $\boldsymbol{A}^2=\boldsymbol{B}$. 令 λ 是 $\boldsymbol{A}$ 的任一特征值, 则 λ^2 是 $\boldsymbol{A}^2=\boldsymbol{B}$ 的特征值. 由于 $\boldsymbol{B}$ 的特征值全为零, 故 $\lambda=0$. 故 $\boldsymbol{A}$ 的若尔当标准形只能是如下三种情况之一:

$$\boldsymbol{J}_1=\begin{pmatrix}0&0&0\\0&0&0\\0&0&0\end{pmatrix},\quad \boldsymbol{J}_2=\left(\begin{array}{cc:c}0&0&0\\1&0&0\\ \hdashline 0&0&0\end{array}\right),\quad \boldsymbol{J}_2=\begin{pmatrix}0&0&0\\1&0&0\\0&1&0\end{pmatrix}.$$

由于 $\boldsymbol{J}_1^2=\boldsymbol{J}_2^2=\boldsymbol{O}$, $\boldsymbol{J}_3^2=\boldsymbol{E}_{31}$, 所以, $\mathrm{R}(\boldsymbol{A}^2)=0$ 或 1, 与 $\boldsymbol{A}^2=\boldsymbol{B}$, $\mathrm{R}(\boldsymbol{B})=2$ 矛盾.

方法 2 反证法. 假设存在矩阵 $\boldsymbol{A}$, 使得 $\boldsymbol{A}^2=\boldsymbol{B}$. 注意到 $\boldsymbol{B}$ 的特征值全是 0, 因此 $\boldsymbol{A}$ 的特征值也全是 0. 而 $2=\mathrm{R}(\boldsymbol{B})=\mathrm{R}(\boldsymbol{A}^2)\leqslant\mathrm{R}(\boldsymbol{A})$, $|\boldsymbol{A}|=0$, 故 $\mathrm{R}(\boldsymbol{A})=2$, 所以, 存在可逆矩阵 $\boldsymbol{P}$, 使得 $\boldsymbol{A}=\boldsymbol{P}\boldsymbol{J}(0,2)\boldsymbol{P}^{-1}$. 于是 $\boldsymbol{B}=\boldsymbol{A}^2=\boldsymbol{P}\boldsymbol{J}(0,2)^2\boldsymbol{P}^{-1}=\boldsymbol{P}\boldsymbol{E}_{31}\boldsymbol{P}^{-1}$, 可得 $\mathrm{R}(\boldsymbol{B})=1$, 矛盾.

16. 与上一题类似.

17. 对矩阵 $\boldsymbol{A}$ 的特征矩阵施行初等变换

$$\lambda\boldsymbol{I}-\boldsymbol{A}=\begin{pmatrix}\lambda-2&-6&15\\-1&\lambda-1&5\\-1&-2&\lambda+6\end{pmatrix}\to\begin{pmatrix}1&0&0\\0&\lambda+1&0\\0&0&(\lambda+1)^2\end{pmatrix},$$

得到初等因子 $\lambda+1$, $(\lambda+1)^2$, 故矩阵 $\boldsymbol{A}$ 的若尔当标准形为

$$\boldsymbol{J}=\left(\begin{array}{c:cc}-1&0&0\\ \hdashline 0&-1&0\\0&1&-1\end{array}\right).$$

再求可逆矩阵 $\boldsymbol{P}=(\boldsymbol{\alpha}_1,\boldsymbol{\alpha}_2,\boldsymbol{\alpha}_3)$, 使得 $\boldsymbol{P}^{-1}\boldsymbol{A}\boldsymbol{P}=\boldsymbol{J}$, 即 $\boldsymbol{A}\boldsymbol{P}=\boldsymbol{P}\boldsymbol{J}$, 得到

$$\boldsymbol{A}\boldsymbol{\alpha}_1=-\boldsymbol{\alpha}_1,\ \boldsymbol{A}\boldsymbol{\alpha}_2=-\boldsymbol{\alpha}_2+\boldsymbol{\alpha}_3,\ \boldsymbol{A}\boldsymbol{\alpha}_3=-\boldsymbol{\alpha}_3.$$

解 $(\boldsymbol{A}+\boldsymbol{I})\boldsymbol{x}=\boldsymbol{0}$ 得到两个线性无关的解 $\boldsymbol{\beta}_1=(-2,1,0)^{\mathrm{T}}$ 和 $\boldsymbol{\beta}_2=(5,0,1)^{\mathrm{T}}$. 注意到 $(\boldsymbol{A}+\boldsymbol{I})\boldsymbol{x}=\boldsymbol{\beta}_i\,(i=1,2)$ 都无解, 故不能将 $\boldsymbol{\beta}_1$ 或 $\boldsymbol{\beta}_2$ 直接作为 $\boldsymbol{\alpha}_3$ 来求 $\boldsymbol{\alpha}_2$. 设 $\boldsymbol{\alpha}_3=k_1\boldsymbol{\beta}_1+k_2\boldsymbol{\beta}_2=(-2k_1+5k_2,k_1,k_2)^{\mathrm{T}}$, 代入线性方程组 $(\boldsymbol{A}+\boldsymbol{I})\boldsymbol{\alpha}_2=\boldsymbol{\alpha}_3$ 中, 由

$$\mathrm{R}(\boldsymbol{A}+\boldsymbol{I},\boldsymbol{\alpha}_3)=\mathrm{R}(\boldsymbol{A}+\boldsymbol{I})$$

得 $k_1=k_2$. 故取 $\boldsymbol{\alpha}_1=\boldsymbol{\beta}_1=(-2,1,0)^{\mathrm{T}},\boldsymbol{\alpha}_3=\boldsymbol{\beta}_1+\boldsymbol{\beta}_2=(3,1,1)^{\mathrm{T}}$, 解出 $\boldsymbol{\alpha}_2=(1,0,0)^{\mathrm{T}}$, 得

$$\boldsymbol{P}=\begin{pmatrix}-2&1&3\\1&0&1\\0&0&1\end{pmatrix}.$$

最后计算出

$$A^k = PJ^kP^{-1} = (-1)^{k-1}\begin{pmatrix} 3k-1 & 6k & -15k \\ k & 2k-1 & -5k \\ k & 2k & -5k-1 \end{pmatrix}.$$

18. 充分性. 设 n 为偶数, $n = 2k(k \geqslant 1)$, 令

$$\boldsymbol{F}_i = \begin{pmatrix} 0 & -5 \\ 1 & -2 \end{pmatrix}\ (i = 1, 2, \cdots, k), \quad \boldsymbol{A} = \operatorname{diag}(\boldsymbol{F}_1, \boldsymbol{F}_2, \cdots, \boldsymbol{F}_k),$$

则矩阵 $\boldsymbol{A}$ 满足题设条件.

必要性. 注意 $\boldsymbol{A}$ 的零化多项式 $d(\lambda) = \lambda^2 + 2\lambda + 5$ 在 $\mathbb{R}$ 上不可约, 因而 $d(\lambda)$ 是 $\mathbb{R}$ 上的矩阵 $\boldsymbol{A}$ 的最小多项式. 所以 $\boldsymbol{A}$ 的非常数不变因子是 $d(\lambda), d(\lambda), \cdots, d(\lambda)$ 的形式. 假定非常数不变因子有 k 个 $d(\lambda)$, 则 $\boldsymbol{A}$ 的阶数为 $n = 2k$, 是偶数.

19. 由 $\operatorname{tr}(\boldsymbol{AB}) = \operatorname{tr}(\boldsymbol{BA})$ 可知, $\operatorname{tr}(\boldsymbol{A}) = 0$. 又因为

$$\boldsymbol{AB} = (\boldsymbol{B} + \boldsymbol{I})\boldsymbol{A}, \quad \boldsymbol{BA} = \boldsymbol{A}(\boldsymbol{B} - \boldsymbol{I}),$$

若 $|\boldsymbol{A}| \neq 0$, 则

$$|\boldsymbol{B}| = |\boldsymbol{B} + \boldsymbol{I}| = |\boldsymbol{B} - \boldsymbol{I}|.$$

令 $|\boldsymbol{B}| = c$, 关于 x 的方程 $|\boldsymbol{B} + x\boldsymbol{I}| = c$ 是二次方程, 不可能有三个根 $-1, 0, 1$, 从而可知 $|\boldsymbol{A}| = 0$. 故 $\boldsymbol{A}$ 的两个特征根都是 0, $\boldsymbol{A}$ 的若尔当标准形为 $\begin{pmatrix} 0 & 0 \\ 1 & 0 \end{pmatrix}$, $\boldsymbol{A}^2 = \boldsymbol{O}$.

20. 由上一题的证明思路得 $\operatorname{tr}(\boldsymbol{A}^2) = 0$. 若 $|\boldsymbol{A}| \neq 0$, 易知 $|\boldsymbol{B}| = |\boldsymbol{B} + \boldsymbol{A}| = |\boldsymbol{B} + \boldsymbol{A}|$. 但关于 x 的方程 $|\boldsymbol{B}| = |\boldsymbol{B} + x\boldsymbol{A}|$ 至多是二次的, 它不可能有三个根 $-1, 0, 1$, 故 $|\boldsymbol{A}| = 0$. 说明 $\boldsymbol{A}$ 有特征根 0, 因而 $\boldsymbol{A}^2$ 有特征根 0, 可知的 $\boldsymbol{A}^2$ 两个特征根都是 0, 所以, $\boldsymbol{A}$ 的两个特征根都是 0. 因而存在可逆矩阵 $\boldsymbol{P}$ 使得 $\boldsymbol{P}^{-1}\boldsymbol{AP} = \begin{pmatrix} 0 & 0 \\ 1 & 0 \end{pmatrix}$, $\boldsymbol{A}^2 = \boldsymbol{O}$. 令 $\boldsymbol{P}^{-1}\boldsymbol{BP} = \begin{pmatrix} a & b \\ c & d \end{pmatrix}$, 由

$$\boldsymbol{P}^{-1}\boldsymbol{AP} \cdot \boldsymbol{P}^{-1}\boldsymbol{BP} - \boldsymbol{P}^{-1}\boldsymbol{BP} \cdot \boldsymbol{P}^{-1}\boldsymbol{AP} = \boldsymbol{P}^{-1}\boldsymbol{A}^2\boldsymbol{P} = \boldsymbol{O}$$

可得

$$\begin{pmatrix} 0 & 0 \\ 1 & 0 \end{pmatrix}\begin{pmatrix} a & b \\ c & d \end{pmatrix} - \begin{pmatrix} a & b \\ c & d \end{pmatrix}\begin{pmatrix} 0 & 0 \\ 1 & 0 \end{pmatrix} = \boldsymbol{O},$$

即 $\begin{pmatrix} 0 & 0 \\ a & b \end{pmatrix} = \begin{pmatrix} b & 0 \\ d & 0 \end{pmatrix} \Rightarrow b = 0, \ , a = d$. 再由 $\operatorname{tr}(\boldsymbol{B}) = \operatorname{tr}(\boldsymbol{P}^{-1}\boldsymbol{BP}) = a + d = 0$ 及 $a = d$ 可得 $a = d = 0$. 故 $\boldsymbol{P}^{-1}\boldsymbol{BP} = \begin{pmatrix} 0 & 0 \\ c & 0 \end{pmatrix}$, $\boldsymbol{B}$ 的两个特征根都是 0, 类似上一题根据 $\boldsymbol{B}$ 的若尔当标准形得知 $\boldsymbol{B}^2 = \boldsymbol{O}$.

21. 设 $\boldsymbol{A} = \boldsymbol{\alpha\alpha}^{\mathrm{T}}$, $\boldsymbol{\alpha} \in \mathbb{C}^3$, 且 $\boldsymbol{\alpha} \neq \boldsymbol{0}$. 令 $\lambda_0 = \boldsymbol{\alpha}^{\mathrm{T}}\boldsymbol{\alpha} \neq 0$. 由 $\boldsymbol{A}^2 = \lambda_0\boldsymbol{A}$ 知, $\boldsymbol{A}$ 的最小多项式 $m(\lambda) = \lambda^2 - \lambda_0\lambda$ 无重根, 故 $\boldsymbol{A}$ 可对角化. $\boldsymbol{A}$ 的特征值为 $\lambda_0, 0, 0$, 存在三阶可逆矩阵 $\boldsymbol{P}$, 使得

$\boldsymbol{P}^{-1}\boldsymbol{AP}=\mathrm{diag}(\lambda_0,0,0)$. 由 $\boldsymbol{AB}=2\boldsymbol{BA}$, 得

$$\boldsymbol{P}^{-1}\boldsymbol{AP}\cdot\boldsymbol{P}^{-1}\boldsymbol{BP}=2\boldsymbol{P}^{-1}\boldsymbol{BP}\cdot\boldsymbol{P}^{-1}\boldsymbol{AP}.$$

令 $\boldsymbol{P}^{-1}\boldsymbol{BP}=(c_{ij})_{3\times3}$, 故

$$\begin{pmatrix}\lambda_0c_{11}&\lambda_0c_{12}&\lambda_0c_{13}\\0&0&0\\0&0&0\end{pmatrix}=\begin{pmatrix}2\lambda_0c_{11}&0&0\\2\lambda_0c_{21}&0&0\\2\lambda_0c_{31}&0&0\end{pmatrix}.$$

从而可得 $c_{11}=c_{12}=c_{13}=c_{21}=c_{31}=0$. 因此

$$\boldsymbol{B}=\boldsymbol{P}\begin{pmatrix}0&0&0\\0&c_{22}&c_{23}\\0&c_{32}&c_{33}\end{pmatrix}\boldsymbol{P}^{-1}=\boldsymbol{P}(c_{22}\boldsymbol{E}_{22}+c_{23}\boldsymbol{E}_{23}+c_{32}\boldsymbol{E}_{32}+c_{33}\boldsymbol{E}_{33})\boldsymbol{P}^{-1}.$$

显然,

$$\boldsymbol{PE}_{22}\boldsymbol{P}^{-1},\quad \boldsymbol{PE}_{23}\boldsymbol{P}^{-1},\quad \boldsymbol{PE}_{32}\boldsymbol{P}^{-1},\quad \boldsymbol{PE}_{33}\boldsymbol{P}^{-1}$$

线性无关, 因而它是线性空间 $V=\{\boldsymbol{B}\in\mathbb{C}^{3\times3}|\boldsymbol{AB}=2\boldsymbol{BA}\}$ 的一个基, 故 $\dim V=4$.

注 本题与教材例 5.18 相似, 但那里的 $\boldsymbol{A}$ 是一个具体的矩阵, 而这里的 $\boldsymbol{A}$ 是抽象矩阵. 如果令 $\boldsymbol{A}=(a_{ij})_{3\times3}$, $\boldsymbol{B}=(b_{ij})_{3\times3}$, 仿照例 5.18 那样做, 显然这种方法不可取.

22. 必要性. 设 $f(\lambda)$ 在 $\mathbb{P}$ 上不可约, V 存在关于 τ 的非平凡不变子空间 W. 任取 W 的一个基 (I): $\boldsymbol{\varepsilon}_1,\cdots,\boldsymbol{\varepsilon}_r\ (1\leqslant r<n)$, 将它扩充成 V 的一个基 (II): $\boldsymbol{\varepsilon}_1,\cdots,\boldsymbol{\varepsilon}_r,\boldsymbol{\varepsilon}_{r+1},\cdots,\boldsymbol{\varepsilon}_n$. 假设 $\tau|_W$ 在基 (I) 下的矩阵是 $\boldsymbol{A}_1$, τ 在基 (II) 下的矩阵是 $\boldsymbol{A}$, 则

$$\boldsymbol{A}=\begin{pmatrix}\boldsymbol{A}_1&\boldsymbol{A}_2\\\boldsymbol{O}&\boldsymbol{A}_3\end{pmatrix}.$$

因而 $f(\lambda)=|\lambda\boldsymbol{I}_n-\boldsymbol{A}|=|\lambda\boldsymbol{I}_r-\boldsymbol{A}_1||\lambda\boldsymbol{I}_{n-r}-\boldsymbol{A}_3|=f_1(\lambda)f_2(\lambda)$, 这与 $f(\lambda)$ 在 $\mathbb{P}$ 上不可约矛盾, 故 V 不存在关于 τ 的非平凡不变子空间.

充分性. 设 V 不存在关于 τ 的非平凡不变子空间, 而 $f(\lambda)$ 在 $\mathbb{P}$ 上可约. 不妨假定 $f(\lambda)=f_1(\lambda)f_2(\lambda)$, $0<\partial f_i(\lambda)<n(i=1,2)$, $(f_1,f_2)=1$. 由于 $f(\tau)=o$, 因此 $\ker f(\tau)=V$. 由教材习题第 6.65 题可知,

$$V=\ker f(\tau)=\ker f_1(\tau)\oplus\ker f_2(\tau).$$

下证 $\ker f_1(\tau)$ 是 V 的非平凡 τ 不变子空间. 事实上, 若 $\ker f_1(\tau)=V$, 则 $\partial f_1(\lambda)=n$, 矛盾; 若 $\ker f_1(\tau)=\{\boldsymbol{0}\}$, 则 $\ker f_2(\tau)=V$, 从而 $\partial f_2(\lambda)=n$, 仍然矛盾, 故 $\ker f_1(\tau)$ 是非平凡的. 其次, 任取 $\boldsymbol{\alpha}\in\ker f_1(\tau)$, 都有 $f_1(\tau)(\boldsymbol{\alpha})=\boldsymbol{0}$. 因而

$$f_1(\tau)(\tau(\boldsymbol{\alpha}))=\tau(f_1(\tau)(\boldsymbol{\alpha}))=\tau(\boldsymbol{0})=\boldsymbol{0},$$

即 $\tau(\boldsymbol{\alpha})\in\ker f_1(\tau)$, $\ker f_1(\tau)$ 是 V 的 τ 不变子空间, 这与已知矛盾, 所以 $f(\lambda)$ 在 $\mathbb{P}$ 上不可约.

§7.4 习题选解

7.11 设 σ 是复数域上三维线性空间 V 的线性变换, 且 $\sigma^3 = 2\sigma^2 + \sigma - 2\varepsilon$, 其中 ε 是恒等变换, 证明: σ 可对角化.

证明 由 $\lambda^3 = 2\lambda^2 + \lambda - 2$ 得

$$(\lambda - 2)(\lambda - 1)(\lambda + 1) = 0,$$

可知 $f(\lambda) = (\lambda - 2)(\lambda - 1)(\lambda + 1)$ 是线性变换 σ 的零化多项式, 无重根. 最小多项式 $m(\lambda)$ 是 $f(\lambda)$ 的因式, 因而最小多项式 $m(\lambda)$ 也无重根, 故 σ 可对角化.

7.12 设 $\boldsymbol{A}$ 是数域 $\mathbb{P}$ 上的 n 阶矩阵, $m(\lambda)$ 是 $\boldsymbol{A}$ 的最小多项式, $f(\lambda) \in \mathbb{P}[x]$. 证明: 如果 $(f(\lambda), m(\lambda)) = 1$, 则 $f(\boldsymbol{A})$ 可逆.

证明 由 $(f(\lambda), m(\lambda)) = 1$ 知, 存在 $u(x), v(x) \in \mathbb{P}[x]$, 使得

$$u(x)f(x) + v(x)m(x) = 1.$$

再由

$$u(\boldsymbol{A})f(\boldsymbol{A}) + v(\boldsymbol{A})m(\boldsymbol{A}) = \boldsymbol{I}$$

及 $m(\boldsymbol{A}) = \boldsymbol{O}$ 得 $u(\boldsymbol{A})f(\boldsymbol{A}) = \boldsymbol{I}$, 故 $f(\boldsymbol{A})$ 可逆.

7.13 设 $\boldsymbol{A}$ 是分块上三角矩阵

$$\boldsymbol{A} = \begin{pmatrix} \boldsymbol{A}_1 & \boldsymbol{A}_3 \\ \boldsymbol{O} & \boldsymbol{A}_2 \end{pmatrix},$$

其中 $\boldsymbol{A}_1, \boldsymbol{A}_2$ 都是方阵, $m(\lambda), m_1(\lambda), m_2(\lambda)$ 分别是矩阵 $\boldsymbol{A}, \boldsymbol{A}_1, \boldsymbol{A}_2$ 的最小多项式, 证明: $m_i(\lambda) | m(\lambda)\ (i = 1, 2)$.

证明 由

$$m(\boldsymbol{A}) = \begin{pmatrix} m(\boldsymbol{A}_1) & * \\ \boldsymbol{O} & m(\boldsymbol{A}_2) \end{pmatrix} = \boldsymbol{O}$$

得 $m(\boldsymbol{A}_1) = \boldsymbol{O}, m(\boldsymbol{A}_2) = \boldsymbol{O}$, 即 $m(\lambda)$ 同时是 $\boldsymbol{A}_1, \boldsymbol{A}_2$ 的零化多项式. 故

$$m_i(\lambda) | m(\lambda) \quad (i = 1, 2).$$

7.14 设 n 阶矩阵 $\boldsymbol{A}$ 的最小多项式是 $m(\lambda)$, 且 $m(0) \neq 0$, 求矩阵

$$\boldsymbol{B} = \begin{pmatrix} \boldsymbol{A} & -\boldsymbol{A} & \boldsymbol{O} \\ \boldsymbol{A} & -\boldsymbol{A} & \boldsymbol{O} \\ \boldsymbol{O} & \boldsymbol{O} & \boldsymbol{A} \end{pmatrix}$$

的最小多项式.

解 由于 $m(0) \neq 0$, 故 0 不是 $\boldsymbol{A}$ 的特征根, 矩阵 $\boldsymbol{A}$ 可逆. 考虑分块矩阵

$$\boldsymbol{B}_1 = \begin{pmatrix} \boldsymbol{A} & -\boldsymbol{A} \\ \boldsymbol{A} & -\boldsymbol{A} \end{pmatrix}.$$

由矩阵的分块初等变换得

$$\lambda \boldsymbol{I}-\boldsymbol{B}_1=\begin{pmatrix}\lambda \boldsymbol{I}-\boldsymbol{A} & \boldsymbol{A}\\ -\boldsymbol{A} & \lambda \boldsymbol{I}+\boldsymbol{A}\end{pmatrix}\xrightarrow{c_1\leftrightarrow c_2}\begin{pmatrix}\boldsymbol{A} & \lambda \boldsymbol{I}-\boldsymbol{A}\\ \lambda \boldsymbol{I}+\boldsymbol{A} & -\boldsymbol{A}\end{pmatrix}$$

$$\xrightarrow{r_2-r_1}\begin{pmatrix}\boldsymbol{A} & \lambda \boldsymbol{I}-\boldsymbol{A}\\ \lambda \boldsymbol{I} & -\lambda \boldsymbol{I}\end{pmatrix}\xrightarrow[-\boldsymbol{A}\cdot r_2]{r_2-\lambda \boldsymbol{A}^{-1}r_1}\begin{pmatrix}\boldsymbol{A} & \lambda \boldsymbol{I}-\boldsymbol{A}\\ \boldsymbol{O} & \lambda^2 \boldsymbol{I}\end{pmatrix}$$

$$\xrightarrow[\boldsymbol{A}^{-1}r_1]{c_2+c_1}\begin{pmatrix}\boldsymbol{I} & \lambda \boldsymbol{A}^{-1}\\ \boldsymbol{O} & \lambda^2 \boldsymbol{I}\end{pmatrix}\xrightarrow{c_2-c_1\lambda \boldsymbol{A}^{-1}}\begin{pmatrix}\boldsymbol{I} & \boldsymbol{O}\\ \boldsymbol{O} & \lambda^2 \boldsymbol{I}\end{pmatrix}.$$

故 $\boldsymbol{B}_1$ 的最小多项式是 λ^2(事实上, 由 $\boldsymbol{B}_1^2=\boldsymbol{O}$, 但 $\boldsymbol{B}_1\neq\boldsymbol{O}$ 也可以得到这个结果). 由于 $m(0)\neq 0$, 所以, $(\lambda^2, m(\lambda))=1$. 由定理 7.19 可得, 分块对角矩阵

$$\begin{pmatrix}\boldsymbol{B}_1 & \boldsymbol{O}\\ \boldsymbol{O} & \boldsymbol{A}\end{pmatrix}$$

的最小多项式是 $\lambda^2 m(\lambda)$.

7.15 设 V 是数域 $\mathbb{P}$ 上的二维线性空间, $\sigma\in L(V)$, $\boldsymbol{\alpha}\in V$ 不是 σ 的特征向量. 证明: V 是向量 $\boldsymbol{\alpha}$ 生成的循环空间.

证明 由于 $\boldsymbol{\alpha}\in V$ 不是 σ 的特征向量, 因此, $\boldsymbol{\alpha}$, $\sigma(\boldsymbol{\alpha})$ 线性无关, 它是二维线性空间 V 的一个基, 所以, $V=L(\boldsymbol{\alpha},\sigma(\boldsymbol{\alpha}))$ 是循环空间.

7.16 设 $\boldsymbol{\alpha}_1,\boldsymbol{\alpha}_2,\cdots,\boldsymbol{\alpha}_n$ 是数域 $\mathbb{P}$ 上的 n 维线性空间 V 的一个基, 且它们都是 V 的线性变换 σ 的特征向量, 又 σ 有 n 个互不相同的特征根. 证明: V 是 σ 循环空间, 并找出此循环空间的一个循环向量.

证明 由于 σ 有 n 个互不相同的特征根, 故 σ 可对角化, 其最小多项式是 n 次多项式且无重根. 设 σ 的最小多项式为

$$m(\lambda)=\lambda^n+a_1\lambda^{n-1}+\cdots+a_n,$$

则

$$m(\sigma)=a_n\varepsilon+a_{n-1}\sigma+\cdots+a_1\sigma^{n-1}+\sigma^n=o,$$

其中 ε 是恒等变换. 假定 $\lambda_1,\lambda_2,\cdots,\lambda_n$ 是 σ 的 n 个互不相同的特征根, 且 $\sigma(\boldsymbol{\alpha}_i)=\lambda_i\boldsymbol{\alpha}_i\,(i=1,2,\cdots,n)$. 再令 $\boldsymbol{\alpha}=\sum\limits_{i=1}^n\boldsymbol{\alpha}_i$, 下证 $\boldsymbol{\alpha},\sigma(\boldsymbol{\alpha}),\cdots,\sigma^{n-1}(\boldsymbol{\alpha})$ 线性无关. 事实上, 设

$$k_0\boldsymbol{\alpha}+k_1\sigma(\boldsymbol{\alpha})+\cdots+k_{n-1}\sigma^{n-1}(\boldsymbol{\alpha})=\boldsymbol{0},$$

即

$$k_0\sum_{i=1}^n\boldsymbol{\alpha}_i+k_1\sigma\left(\sum_{i=1}^n\boldsymbol{\alpha}_i\right)+\cdots+k_{n-1}\sigma^{n-1}\left(\sum_{i=1}^n\boldsymbol{\alpha}_i\right)=\boldsymbol{0}.$$

可得

$$k_0\sum_{i=1}^n\boldsymbol{\alpha}_i+\sum_{i=1}^n k_1\lambda_i\boldsymbol{\alpha}_i+\cdots+\sum_{i=1}^n k_{n-1}\lambda_i^{n-1}\boldsymbol{\alpha}_i=\boldsymbol{0},$$

整理即得

$$\sum_{i=1}^{n}\left(k_0+k_1\lambda_i+\cdots+k_{n-1}\lambda_i^{n-1}\right)\boldsymbol{\alpha}_i=\mathbf{0}.$$

由 $\boldsymbol{\alpha}_1,\boldsymbol{\alpha}_2,\cdots,\boldsymbol{\alpha}_n$ 线性无关可知

$$k_0+k_1\lambda_i+\cdots+k_{n-1}\lambda_i^{n-1}=0\quad(i=1,2,\cdots,n).$$

由于 $\lambda_1,\lambda_2,\cdots,\lambda_n$ 互不相同, 此线性方程组的系数行列式为范德蒙德行列式且不等于零, 因而它只有零解, 故 $k_0=k_1=\cdots=k_{n-1}=0$, 即知 $\boldsymbol{\alpha},\sigma(\boldsymbol{\alpha}),\cdots,\sigma^{n-1}(\boldsymbol{\alpha})$ 线性无关. 所以, V 是 σ 循环空间, $\boldsymbol{\alpha}=\sum_{i=1}^{n}\boldsymbol{\alpha}_i$ 是 V 的循环向量.

7.17 设 V 是数域 $\mathbb{P}$ 上的 n 维线性空间, $\sigma\in L(V)$, 记

$$W=\{f(\sigma)|f(\lambda)\in\mathbb{P}[\lambda]\}.$$

证明: W 是 V 的 σ 循环子空间, 且 $\dim W$ 等于 σ 的最小多项式的次数.

证明 参考教材例 7.23. 设 $m(\lambda)$ 是 σ 的最小多项式, 且 $\partial(m(\lambda))=s\,(s\geqslant 1)$. 对任一 $f(\lambda)\in\mathbb{P}[\lambda]$, 设

$$f(\lambda)=q(\lambda)m(\lambda)+r(\lambda).$$

由 $m(\sigma)=o$ 可知, W 中的每一个向量都可以表示成

$$f(\sigma)=r(\sigma)=a_0\varepsilon+a_1\sigma+\cdots+a_{s-1}\sigma^{s-1}$$

的形式, 其中 ε 是恒等变换, 即 $f(\sigma)$ 可由 $\varepsilon,\sigma,\cdots,\sigma^{s-1}$ 线性表示. 其次, 假设存在不全为零的数 $k_0,k_1,\cdots,k_{s-1}$, 使得

$$k_0\varepsilon+k_1\sigma+\cdots+k_{s-1}\sigma^{s-1}=o.$$

令

$$f(\lambda)=k_0+k_1\lambda+\cdots+k_{s-1}\lambda^{s-1},$$

则 $f(\sigma)=o$. 而 $m(\lambda)$ 是 σ 的最小多项式, 必有 $s=\partial m(\lambda)\leqslant\partial f(\lambda)\leqslant s-1$, 这不可能成立, 故 $\varepsilon,\sigma,\cdots,\sigma^{s-1}$ 线性无关. 所以, W 是 V 的 σ 循环子空间,

$$W=L(\varepsilon,\sigma,\cdots,\sigma^{s-1}),\quad \dim W=\partial m(\lambda).$$

7.18 设 V 是复数域域 $\mathbb{C}$ 上的 n 维线性空间, V 的线性变换 σ 在基 $\boldsymbol{\varepsilon}_1,\boldsymbol{\varepsilon}_2,\cdots,\boldsymbol{\varepsilon}_n$ 下的矩阵是一个若尔当块 $\boldsymbol{J}$. 证明:

(1) V 中包含 $\boldsymbol{\varepsilon}_1$ 的 σ 子空间只有 V 自身;

(2) V 中任一非零 σ 子空间都包含 $\boldsymbol{\varepsilon}_n$;

(3) V 不能分解成两个非平凡 σ 子空间的直和.

证明 (1) 由题意得

$$\sigma(\boldsymbol{\varepsilon}_1,\boldsymbol{\varepsilon}_2,\cdots,\boldsymbol{\varepsilon}_n)=(\boldsymbol{\varepsilon}_1,\boldsymbol{\varepsilon}_2,\cdots,\boldsymbol{\varepsilon}_n)\begin{pmatrix}\lambda & & & \\ 1 & \lambda & & \\ & \ddots & \ddots & \\ & & 1 & \lambda\end{pmatrix},$$

即

$$\sigma(\varepsilon_1)=\lambda\varepsilon_1+\varepsilon_2,\quad \sigma(\varepsilon_2)=\lambda\varepsilon_2+\varepsilon_3,\quad \cdots,\quad \sigma(\varepsilon_{n-1})=\lambda\varepsilon_{n-1}+\varepsilon_n,$$

或写成

$$\varepsilon_2=\sigma(\varepsilon_1)-\lambda\varepsilon_1,\quad \varepsilon_3=\sigma(\varepsilon_2)-\lambda\varepsilon_2,\quad \cdots,\quad \varepsilon_n=\sigma(\varepsilon_{n-1})-\lambda\varepsilon_{n-1}.$$

设 W 是包含 ε_1 的 σ 子空间, 则 $\sigma(\varepsilon_1)$, $\lambda\varepsilon_1\in W$, 因而 $\varepsilon_2\in W$, 可得 $\sigma(\varepsilon_2)$, $\lambda\varepsilon_2\in W$, 故 $\varepsilon_3\in W$. 依次类推得 $\varepsilon_1,\varepsilon_2,\cdots,\varepsilon_n\in W$, 即 $W=V$.

(2) 设 V_0 是任一非零 σ 子空间, $\boldsymbol{\alpha}\in V_0$, $\boldsymbol{\alpha}\neq\mathbf{0}$, $\boldsymbol{\alpha}=x_1\varepsilon_1+x_2\varepsilon_2+\cdots+x_n\varepsilon_n$. 不妨假定 $x_1\neq 0$, 则

$$\begin{aligned}\sigma(\boldsymbol{\alpha})&=x_1\sigma(\varepsilon_1)+x_2\sigma(\varepsilon_2)+\cdots+x_n\sigma(\varepsilon_n)\\&=x_1(\lambda\varepsilon_1+\varepsilon_2)+x_2(\lambda\varepsilon_2+\varepsilon_3)+\cdots+x_n\lambda\varepsilon_n\\&=\lambda\boldsymbol{\alpha}+x_1\varepsilon_2+x_2\varepsilon_3+\cdots+x_{n-1}\varepsilon_n.\end{aligned}$$

令 $\boldsymbol{\beta}=x_1\varepsilon_2+x_2\varepsilon_3+\cdots+x_{n-1}\varepsilon_n$, 由 $\sigma(\boldsymbol{\alpha})$, $\lambda\boldsymbol{\alpha}\in V_0$ 知 $\boldsymbol{\beta}\in V_0$. 再求 $\sigma(\boldsymbol{\beta})$, 可推得 $x_1\varepsilon_3+x_2\varepsilon_4+\cdots+x_{n-2}\varepsilon_n\in V_0$. 继续做下去, 最后得 $x_1\varepsilon_n\in V_0$, 故 $\varepsilon_n\in V_0$.

(3) 设 V_1, V_2 是任意两个非平凡 σ 子空间. 由 (2) 知 $\varepsilon_n\in V_1\cap V_2$, 则 $V_1\cap V_2$ 至少包含一个非零向量 ε_n, 故 V 不能分解成两个非平凡 σ 子空间的直和.

7.19 设矩阵

$$\boldsymbol{A}=\begin{pmatrix}-1&1&0\\-4&3&0\\1&0&2\end{pmatrix}.$$

(1) 证明: 矩阵 $\boldsymbol{A}$ 不能对角化;

(2) 求 $\boldsymbol{A}^5-4\boldsymbol{A}^4+6\boldsymbol{A}^3-6\boldsymbol{A}^2+8\boldsymbol{A}-3\boldsymbol{I}$.

证明 (1) 将特征矩阵施行初等变换化成标准形得

$$\lambda\boldsymbol{I}-\boldsymbol{A}=\begin{pmatrix}\lambda+1&-1&0\\4&\lambda-3&0\\-1&0&\lambda-2\end{pmatrix}\to\begin{pmatrix}1&0&0\\0&1&0\\0&0&(\lambda-1)^2(\lambda-2)\end{pmatrix}.$$

其最小多项式

$$m(\lambda)=(\lambda-1)^2(\lambda-2)=\lambda^3-4\lambda^2+5\lambda-2$$

有重根, 故矩阵 $\boldsymbol{A}$ 不能对角化.

(2) 令

$$g(\lambda)=\lambda^5-4\lambda^4+6\lambda^3-6\lambda^2+8\lambda-3.$$

容易得到

$$g(\lambda)=(\lambda^2+1)m(\lambda)+3\lambda-1.$$

由于 $m(\boldsymbol{A})=\boldsymbol{O}$, 故

$$g(\boldsymbol{A})=3\boldsymbol{A}-\boldsymbol{I}=\begin{pmatrix}-4&3&0\\-12&8&0\\3&0&5\end{pmatrix}.$$

7.20 分别求下列矩阵:

$$(1)\ \boldsymbol{A}=\begin{pmatrix}1&2&3&4\\0&1&2&3\\0&0&1&2\\0&0&0&1\end{pmatrix};\quad (2)\ \boldsymbol{A}=\begin{pmatrix}3&-2&0&0\\2&-2&0&0\\0&0&-3&2\\0&0&-2&1\end{pmatrix}$$

的不变因子、初等因子、若尔当标准形及最小多项式.

解 (1) 在特征矩阵 $\lambda\boldsymbol{I}-\boldsymbol{A}$ 中, $(1,1)$ 元的余子式为 $(\lambda-1)^3$, 而 $(4,1)$ 元的余子式为 $-4\lambda(\lambda+1)$, 它们互素, 故三阶行列式因子为 1. $\boldsymbol{A}$ 的全部行列式因子为: $1, 1, 1, (\lambda-1)^4$, 也是它的不变因子, 其初等因子为 $(\lambda-1)^4$, 若尔当标准形为 $\boldsymbol{J}(1,4)$, 最小多项式为 $(\lambda-1)^4$.

(2) 显然, 左上角的二阶矩阵 $\begin{pmatrix}3&-2\\2&-2\end{pmatrix}$ 及右下角的二阶矩阵 $\begin{pmatrix}-3&2\\-2&1\end{pmatrix}$ 的最小多项式分别是 $(\lambda-2)(\lambda+1)$ 和 $(\lambda+1)^2$, 其最小公倍式为 $(\lambda-2)(\lambda+1)^2$ 是矩阵 $\boldsymbol{A}$ 的最小多项式. 从而可得 $\boldsymbol{A}$ 的不变因子为 $1, 1, \lambda+1, (\lambda-2)(\lambda+1)^2$, 初等因子为 $\lambda-2, \lambda+1, (\lambda+1)^2$, 若尔当标准形为 $\mathrm{diag}(2,-1,\boldsymbol{J}(-1,2))$.

7.22 对于下列矩阵:

$$(1)\ \boldsymbol{A}=\begin{pmatrix}2&-1&-1\\2&-1&-2\\-1&1&2\end{pmatrix};\quad (2)\ \boldsymbol{A}=\begin{pmatrix}-3&3&-2\\-7&6&-3\\1&-1&2\end{pmatrix}$$

分别求它们的若尔当标准形 $\boldsymbol{J}$, 并求可逆矩阵 $\boldsymbol{C}$, 使得 $\boldsymbol{C}^{-1}\boldsymbol{A}\boldsymbol{C}=\boldsymbol{J}$.

解 (1) 将特征矩阵施行初等变换得

$$\lambda\boldsymbol{I}-\boldsymbol{A}=\begin{pmatrix}\lambda-2&1&1\\-2&\lambda+1&2\\1&-1&\lambda-2\end{pmatrix}\to\begin{pmatrix}1&0&0\\0&\lambda-1&0\\0&0&(\lambda-1)^2\end{pmatrix}.$$

初等因子为 $\lambda-1, (\lambda-1)^2$, 矩阵 $\boldsymbol{A}$ 的若尔当标准形为

$$\boldsymbol{J}=\left(\begin{array}{c:cc}1&0&0\\\hdashline 0&1&0\\0&1&1\end{array}\right).$$

可知, 1 是矩阵 $\boldsymbol{A}$ 的三重特征根.

$$\boldsymbol{I}-\boldsymbol{A}=\begin{pmatrix}-1&1&1\\-2&2&2\\1&-1&-1\end{pmatrix}\to\begin{pmatrix}1&-1&-1\\0&0&0\\0&0&0\end{pmatrix}.$$

齐次方程组 $(\boldsymbol{I}-\boldsymbol{A})\boldsymbol{x}=\boldsymbol{0}$ 的一个基础解系

$$\boldsymbol{\alpha}_1=(1,1,0)^{\mathrm{T}},\quad \boldsymbol{\alpha}_3=(1,0,1)^{\mathrm{T}}. \tag{7.3}$$

令 $\boldsymbol{C}=(\boldsymbol{\alpha}_1,\boldsymbol{\alpha}_2,\boldsymbol{\alpha}_3)$, 由 $\boldsymbol{A}\boldsymbol{C}=\boldsymbol{C}\boldsymbol{J}$ 可知

$$\boldsymbol{A}\boldsymbol{\alpha}_1=\boldsymbol{\alpha}_1,\quad \boldsymbol{A}\boldsymbol{\alpha}_2=\boldsymbol{\alpha}_2+\boldsymbol{\alpha}_3,\quad \boldsymbol{A}\boldsymbol{\alpha}_3=\boldsymbol{\alpha}_3. \tag{7.4}$$

显然, 对于 (7.3) 式中的 $\boldsymbol{\alpha}_3=(1,0,1)^{\mathrm{T}}$, 导致 (7.4) 的中间一个关于 $\boldsymbol{\alpha}_2$ 的方程无解. 为此, 重新取 $\boldsymbol{\alpha}_3=(1,2,-1)^{\mathrm{T}}$, 由 $(\boldsymbol{A}-\boldsymbol{I})\boldsymbol{\alpha}_2=\boldsymbol{\alpha}_3$ 得一个特解 $\boldsymbol{\alpha}_2=(0,-1,0)^{\mathrm{T}}$. 于是相似变换矩阵

$$\boldsymbol{C}=\begin{pmatrix}1&0&1\\1&-1&2\\0&0&-1\end{pmatrix}.$$

(2) 容易求得矩阵 $\boldsymbol{A}$ 的特征值为 1, 2, 2.

对 $\lambda_1=1$, 解齐次方程组 $(\boldsymbol{I}-\boldsymbol{A})\boldsymbol{x}=\boldsymbol{0}$ 得它的一个基础解系 $\boldsymbol{\alpha}_1=(1,2,1)^{\mathrm{T}}$. $\lambda_1=1$ 对应一个若尔当块.

对 $\lambda_2=\lambda_3=2$, 解齐次方程组 $(2\boldsymbol{I}-\boldsymbol{A})\boldsymbol{x}=\boldsymbol{0}$ 得它的一个基础解系 $\boldsymbol{\alpha}_3=(-1,-1,1)^{\mathrm{T}}$. 所以, 特征值 2 对应一个二阶若尔当块 $\boldsymbol{J}(2,2)$.

由 $\boldsymbol{A}\boldsymbol{\alpha}_2=2\boldsymbol{\alpha}_2+\boldsymbol{\alpha}_3$ 得 $(\boldsymbol{A}-2\boldsymbol{I})\boldsymbol{\alpha}_2=\boldsymbol{\alpha}_3$. 再解齐次方程组 $(\boldsymbol{A}-2\boldsymbol{I})\boldsymbol{\alpha}_2=\boldsymbol{\alpha}_3$, 将其增广矩阵施行初等行变换得

$$\left(\begin{array}{ccc:c}-5&3&-2&-1\\-7&4&-3&-1\\1&-1&0&1\end{array}\right)\to\left(\begin{array}{ccc:c}1&0&1&1\\0&1&1&2\\0&0&0&0\end{array}\right).$$

取 $\boldsymbol{\alpha}_2=(-1,-2,0)^{\mathrm{T}}$. 令 $\boldsymbol{C}=(\boldsymbol{\alpha}_1,\boldsymbol{\alpha}_2,\boldsymbol{\alpha}_3)$, 则 $\boldsymbol{C}$ 是可逆矩阵, 且

$$\boldsymbol{C}^{-1}\boldsymbol{A}\boldsymbol{C}=\left(\begin{array}{c:cc}1&0&0\\\hdashline 0&2&0\\0&1&2\end{array}\right).$$

7.24 设 σ 是数域 $\mathbb{P}$ 上线性空间 V 的线性变换, $f(\lambda)$ 和 $m(\lambda)$ 分别是 σ 的特征多项式和最小多项式, 且

$$f(\lambda)=(\lambda+1)^3(\lambda-2)^2(\lambda+3),\quad m(\lambda)=(\lambda+1)^2(\lambda-2)(\lambda+3).$$

(1) 求 σ 的所有不变因子;

(2) 写出 σ 的若尔当标准形.

解 (1) 注意 $m(\lambda)$ 是最后一个不变因子 $d_6(\lambda)$, 各不变因子之积等于 $f(\lambda)$, 且 $d_i(\lambda)|d_{i+1}(\lambda)$ $(i=1,2,\cdots,5)$. 于是得到

$$d_1(\lambda)=\cdots=d_4(\lambda)=1,\quad d_5(\lambda)=(\lambda+1)(\lambda-2),\quad d_6(\lambda)=(\lambda+1)^2(\lambda-2)(\lambda+3).$$

(2) 初等因子

$$\lambda+1,\quad \lambda-2,\quad \lambda-2,\quad \lambda+3,\quad (\lambda+1)^2.$$

若尔当标准形

$$\operatorname{diag}\left(\operatorname{diag}(-3,-1,2,2),\boldsymbol{J}(-1,2)\right).$$

7.26 设 $m(\lambda)=\lambda^2-\lambda-2$ 是 n 阶矩阵 $\boldsymbol{A}$ 的最小多项式, 证明:

$$\mathrm{R}(\boldsymbol{A}+\boldsymbol{I})+\mathrm{R}(\boldsymbol{A}-2\boldsymbol{I})=n.$$

证明 由 $m(\lambda)=(\lambda-2)(\lambda+1)$ 可知, 最小多项式无重根, 因而矩阵 $\boldsymbol{A}$ 可对角化. 其特征值为 $-1, 2$, 特征子空间 V_{-1}, V_2 的维数之和等于 n. 而 $\dim V_{-1}=n-\mathrm{R}(\boldsymbol{A}+\boldsymbol{I})$, $\dim V_2=n-\mathrm{R}(\boldsymbol{A}-2\boldsymbol{I})$, 故

$$n-\mathrm{R}(\boldsymbol{A}+\boldsymbol{I})+n-\mathrm{R}(\boldsymbol{A}-2\boldsymbol{I})=n,$$

即得

$$\mathrm{R}(\boldsymbol{A}+\boldsymbol{I})+\mathrm{R}(\boldsymbol{A}-2\boldsymbol{I})=n.$$

7.27 设 n 阶矩阵 $\boldsymbol{A}$ 满足 $\boldsymbol{A}^3=3\boldsymbol{A}^2+\boldsymbol{A}-3\boldsymbol{I}$, 证明: 矩阵 $\boldsymbol{A}$ 可对角化, 且

$$\mathrm{R}(\boldsymbol{A}-3\boldsymbol{I})+\mathrm{R}(\boldsymbol{A}-\boldsymbol{I})+\mathrm{R}(\boldsymbol{A}+\boldsymbol{I})=2n.$$

证法 1 由题意知,

$$f(\lambda)=\lambda^3-3\lambda^2-\lambda+3=(\lambda-3)(\lambda-1)(\lambda+1)$$

是 $\boldsymbol{A}$ 的零化多项式, 且无重根. 由于最小多项式是任一零化多项式的因式, 因此, 矩阵 $\boldsymbol{A}$ 的最小多项式 $m(\lambda)$ 也无重根, 故 $\boldsymbol{A}$ 可对角化.

其次, 矩阵 $\boldsymbol{A}$ 的特征值可能是 -1, 或1, 或3. 如果这三个数都是 $\boldsymbol{A}$ 的特征值, 则由特征子空间的维数之和等于 n 可知

$$n-\mathrm{R}(\boldsymbol{A}+\boldsymbol{I})+n-\mathrm{R}(\boldsymbol{A}-\boldsymbol{I})+n-\mathrm{R}(\boldsymbol{A}-3\boldsymbol{I})=n,$$

整理即得所证. 如果这三个数中有两个数其是特征值, 第三个, 比如 -1, 不是特征值, 则 $|\boldsymbol{A}+\boldsymbol{I}|\neq 0$, $\mathrm{R}(\boldsymbol{A}+\boldsymbol{I})=n$. 再由 $n-\mathrm{R}(\boldsymbol{A}-\boldsymbol{I})+n-\mathrm{R}(\boldsymbol{A}-3\boldsymbol{I})=n$, 即

$$\mathrm{R}(\boldsymbol{A}-\boldsymbol{I})+\mathrm{R}(\boldsymbol{A}-3\boldsymbol{I})=n,$$

可得所证. 如果 $-1, 1, 3$ 中只有一个, 比如, 3 是特征值, 另外两个不是 $\boldsymbol{A}$ 的特征值, 则 $\boldsymbol{A}$ 的最小多项式是 $m(\lambda)=\lambda-3$, 因此, $\boldsymbol{A}-3\boldsymbol{I}=\boldsymbol{O}$, 且

$$\mathrm{R}(\boldsymbol{A}-\boldsymbol{I})=\mathrm{R}(\boldsymbol{A}+\boldsymbol{I})=n.$$

故欲证结论仍然成立.

证法 2 设 (I): $\varepsilon_1, \varepsilon_2, \cdots, \varepsilon_n$ 是 n 维线性空间 V 的基, 线性变换 σ 在这个基下的矩阵是 $\boldsymbol{A}$. 由题意知

$$\sigma^3-3\sigma^2-\sigma+3\varepsilon=(\sigma-3\varepsilon)(\sigma-\varepsilon)(\sigma+\varepsilon)=o,$$

其中 ε 是恒等变换. 令

$$f_1(x)=x-3,\quad f_2(x)=x-1,\quad f_3(x)=x+1,$$
$$f(x)=f_1(x)f_2(x)f_3(x)=x^3-3x^2-x+3.$$

显然 $(f_1, f_2, f_3)=1$, 由定理 7.23 可知

$$\ker f(\sigma)=\ker f_1(\sigma)\oplus\ker f_2(\sigma)\oplus\ker f_3(\sigma),$$

再由 $f(\sigma)=o$ 得 $\ker f(\sigma)=V$. 而 $f_1(\sigma)=\sigma-3\varepsilon$, $f_2(\sigma)=\sigma-\varepsilon$, $f_3(\sigma)=\sigma+\varepsilon$ 在基 (I) 下的矩阵分别是 $\boldsymbol{A}-3\boldsymbol{I}$, $\boldsymbol{A}-\boldsymbol{I}$, $\boldsymbol{A}+\boldsymbol{I}$, 因此,

$$\dim\ker f(\sigma)=n,\quad \dim\ker f_1(\sigma)=n-\mathrm{R}(\boldsymbol{A}-3\boldsymbol{I}),$$

$$\dim\ker f_2(\sigma)=n-\mathrm{R}(\boldsymbol{A}-\boldsymbol{I}),\quad \dim\ker f_3(\sigma)=n-\mathrm{R}(\boldsymbol{A}+\boldsymbol{I}).$$

故

$$n=n-\mathrm{R}(\boldsymbol{A}-3\boldsymbol{I})+n-\mathrm{R}(\boldsymbol{A}-\boldsymbol{I})+n-\mathrm{R}(\boldsymbol{A}+\boldsymbol{I}),$$

整理即获所证.

7.28 设 $\boldsymbol{A}$ 是 n 阶若尔当形矩阵, 则 $\boldsymbol{A}$ 与 $\boldsymbol{A}^{\mathrm{T}}$ 相似.

证法 1 由于 $\boldsymbol{A}$ 与 $\boldsymbol{A}^{\mathrm{T}}$ 有相同的不变因子, 故 $\boldsymbol{A}$ 与 $\boldsymbol{A}^{\mathrm{T}}$ 相似.

证法 2 注意到每一个若尔当块 $\boldsymbol{J}(\lambda,k)=\boldsymbol{P}_k\boldsymbol{J}(\lambda,k)^{\mathrm{T}}\boldsymbol{P}_k^{\mathrm{T}}$, 其中 $\boldsymbol{P}_k$ 是 k 阶排列矩阵 (见习题第 2.16 题), $\boldsymbol{P}_k^{\mathrm{T}}=\boldsymbol{P}_k^{-1}=\boldsymbol{P}_k$, 结论即获证.

7.29 在复数域上, n 阶矩阵 $\boldsymbol{A}$ 的特征根全是 1, $s\geqslant 1$ 是整数, 证明: $\boldsymbol{A}^s$ 与 $\boldsymbol{A}$ 相似.

证明 当 $a\neq 0$ 时, $\boldsymbol{J}(a,k)^s$ 的若尔当标准形只能是 $\boldsymbol{J}(a^s,k)$. 事实上, 若 $s=1$, 结论是显然的. 若 $s\geqslant 2$, 则

$$\boldsymbol{J}(a,k)^s=(a\boldsymbol{I}+\boldsymbol{J}(0,k))^s=a^s\boldsymbol{I}+sa^{s-1}\boldsymbol{J}(0,k)+\mathrm{C}_s^2a^{s-2}\boldsymbol{J}(0,k)^2+\cdots+\boldsymbol{J}(0,k)^s,$$

可知, $\boldsymbol{J}(a,k)^s$ 是主对角元为 a^s 的下三角矩阵, 故 $\boldsymbol{J}(a,k)^s$ 的特征多项式为 $(\lambda-a^s)^k$. 由于 $a\neq 0$, 因此,

$$\begin{aligned}(\boldsymbol{J}(a,k)^s-a^s\boldsymbol{I})^{k-1}&=\boldsymbol{J}(0,k)^{k-1}\left[sa^{s-1}\boldsymbol{I}+\mathrm{C}_s^2a^{s-2}\boldsymbol{J}(0,k)+\cdots+\boldsymbol{J}(0,k)^{s-1}\right]^{k-1}\\&=\boldsymbol{E}_{k1}\left[sa^{s-1}\boldsymbol{I}+\mathrm{C}_s^2a^{s-2}\boldsymbol{J}(0,k)+\cdots+\boldsymbol{J}(0,k)^{s-1}\right]^{k-1}\\&=s^{k-1}a^{(s-1)(k-1)}\boldsymbol{E}_{k1}\neq\boldsymbol{O}.\end{aligned}$$

故 $\boldsymbol{J}(a,k)^s$ 的最小多项式为 $(\lambda-a^s)^k$, 从而可知 $\boldsymbol{J}(a,k)^s$ 的若尔当标准形是 $\boldsymbol{J}(a^s,k)$.

取 $a=1$ 即知, $\boldsymbol{J}(1,k)^s$ 的若尔当标准形是 $\boldsymbol{J}(1,k)$, 即 $\boldsymbol{J}(1,k)^s$ 相似于 $\boldsymbol{J}(1,k)$, 故 $\boldsymbol{A}^s$ 与矩阵 $\boldsymbol{A}$ 有相同的若尔当标准形 (有相同的初等因子), 因而 $\boldsymbol{A}^s$ 与 $\boldsymbol{A}$ 相似.

注 对两个 n 阶矩阵 $\boldsymbol{A}$, $\boldsymbol{B}$ 和正整数 m, 一般情况下, $(\boldsymbol{AB})^m\neq\boldsymbol{A}^m\boldsymbol{B}^m$. 但是, 当 $\boldsymbol{AB}=\boldsymbol{BA}$ 时, $(\boldsymbol{AB})^m=\boldsymbol{A}^m\boldsymbol{B}^m$ 是成立的. 设 $f(x)$, $g(x)$ 是两个多项式, 而 $f(\boldsymbol{A})g(\boldsymbol{A})=g(\boldsymbol{A})f(\boldsymbol{A})$ 是成立的, 因此, $[f(\boldsymbol{A})g(\boldsymbol{A})]^m=f(\boldsymbol{A})^mg(\boldsymbol{A})^m$.

7.30 方阵 $\boldsymbol{A}$ 的特征值全是零当且仅当存在自然数 m, 使得矩阵 $\boldsymbol{A}^m=\boldsymbol{O}$.

证明 充分性. 设 λ 是矩阵 $\boldsymbol{A}$ 的特征值, 则 λ^m 是矩阵 $\boldsymbol{A}^m$ 的特征值, 由 $\lambda^m=0$ 知, $\lambda=0$.

必要性. 如果存在自然数 m, 使得矩阵 $\boldsymbol{A}^m=\boldsymbol{O}$, 因而在 $\boldsymbol{A}$ 的若尔当标准形中, 每一个若尔当块的主对角元均为零, 此故 $\boldsymbol{A}$ 的特征值全为零.

7.31 设 $\boldsymbol{A}$ 是秩为 r 的 n 阶矩阵, 且 $\boldsymbol{A}^2=\boldsymbol{O}$, 求 $\boldsymbol{A}$ 的全部初等因子.

解 显然 $\boldsymbol{A}$ 的特征值全为零, 在复数域上存在可逆矩阵 $\boldsymbol{P}$, 使得

$$\boldsymbol{A}=\boldsymbol{P}\mathrm{diag}(\boldsymbol{J}(0,k_1),\boldsymbol{J}(0,k_2),\cdots,\boldsymbol{J}(0,k_s))\boldsymbol{P}^{-1}.$$

由

$$A^2 = P\mathrm{diag}(J(0,k_1)^2, J(0,k_2)^2, \cdots, J(0,k_s)^2)P^{-1} = O$$

可知, $J(0,k_i)^2 = O\,(i=1,2,\cdots,s)$. 故每一个若尔当块至多是二阶的, 即 $1 \leqslant k_i \leqslant 2\,(i=1,2,\cdots,s)$. 注意到 $\mathrm{R}(J(0,1))=0$, $\mathrm{R}(J(0,2))=1$, 且

$$\mathrm{R}(A) = \mathrm{R}(J(0,k_1)) + \mathrm{R}(J(0,k_2)) + \cdots + \mathrm{R}(J(0,k_s)) = r,$$

故在 $k_1, k_2, \cdots, k_s$ 中有 r 个 2, 有 $n-2r$ 个 1, 即矩阵 A 的初等因子中有 r 个 λ^2 和 $n-2r$ 个 λ.

7.32 设 A 是 n 阶矩阵, 如果存在正整数 m, 满足 $A^{m-1} \neq O$ 且 $A^m = O$, 则称 A 是 m **次幂零矩阵**. 证明: 所有 n 阶 $n-1$ 次幂零矩阵相似.

证法 1 设 A 是 n 阶 $n-1$ 次幂零矩阵, 即 $A^{n-1}=O$, $A^k \neq O\,(k \leqslant n-2)$, 则矩阵 A 的最小多项式是 λ^{n-1}, 故 A 不变因子是 $1,\cdots,1,\lambda,\lambda^{n-1}$. 有相同不变因子的矩阵彼此相似, 故所有 n 阶 $n-1$ 次幂零矩阵相似.

证法 2 任一 n 阶 $n-1$ 次幂零矩阵的若尔当标准形只能是 $\mathrm{daig}\,(J(0,1), J(0,n-1))$ 的形式. 由相似的传递性知, 所有 n 阶 $n-1$ 次幂零矩阵相似.

7.33 设 A 是 n 阶矩阵, 且存在自然数 m, 使得 $A^m = I$. 证明: A 与对角矩阵相似, 且主对角线上的元素都是 m 次单位根 (方程 $x^m = 1$ 的根叫 m 次单位根).

证明 由 $\lambda^m = 1$ 可知, A 的特征值都是 m 次单位根. 考虑 A 的若尔当标准形. 由于 $A^m = I$, 因此, 每一个若尔当块的 m 次方幂都是单位阵, 这只在若尔当块是 1 阶的情形才能办到, 故 A 与对角矩阵相似.

注 由于 A 的零化多项式 $\lambda^m - 1$ 无重根, 因而 A 与对角矩阵相似.

7.34 证明: 任一 n 阶矩阵 A 都可以分解成 $A = M + N$ 的形式, 其中 M 是幂零矩阵, 即存在正整数 k , 使得 $M^k = O$, N 相似于对角矩阵, 且 $MN{=}NM$.

证明 对于 n 阶矩阵 A, 一定存在可逆矩阵 P, 使得 $A = PJP^{-1}$, 其中

$$J = \mathrm{diag}\,(J(\lambda_1,k_1), \cdots, J(\lambda_s,k_s))$$

是 A 的若尔当标准形. 将每一个若尔当块 $J(\lambda_i,k_i)$ 分解成 $J(\lambda_i,k_i) = J(0,k_i) + \lambda_i I_{k_i}$ 的形式. 注意到

$$J(0,k_i)^{k_i} = O, \quad J(0,k_i)^{k_i} \cdot \lambda_i I_{k_i} = \lambda_i I_{k_i} \cdot J(0,k_i)^{k_i},$$

令

$$M = P\mathrm{diag}\,(J(0,k_1), \cdots, J(0,k_s))\,P^{-1}, \quad N = P\mathrm{diag}\,(\lambda_1 I_{k_1}, \cdots, \lambda_1 I_{k_s})\,P^{-1}.$$

M 是幂零矩阵, 取 $k = \max\{k_1, \cdots, k_s\}$, 则 $M^k = O$, 且 N 相似于对角矩阵, $MN{=}NM$.

7.35 设 A 是 n 阶方阵, 且 $\mathrm{R}(A^k) = \mathrm{R}(A^{k+1})$, 其中 k 是正整数. 证明: 如果 A 有零特征值, 则零特征值对应的初等因子的最大次数不超过 k.

证明 设 A 的若尔当标准形为

$$C^{-1}AC = \mathrm{diag}(J_0, J_1, \cdots, J_s),$$

其中 J_0 是所有零特征值的若尔当块, 其他若尔当块 $J_i, i=1,2,\cdots,s$ 的特征值均非零.

设 t 是 $\boldsymbol{J}_0$ 中包含若尔当块的最大阶数, 它对应的初等因子为 λ^t, 下证 $t \leqslant k$. 事实上, 若 $t > k$, 则

$$\boldsymbol{C}^{-1}\boldsymbol{A}^k\boldsymbol{C} = \mathrm{diag}(\boldsymbol{J}_0^k, \boldsymbol{J}_1^k, \cdots, \boldsymbol{J}_s^k),$$
$$\boldsymbol{C}^{-1}\boldsymbol{A}^{k+1}\boldsymbol{C} = \mathrm{diag}(\boldsymbol{J}_0^{k+1}, \boldsymbol{J}_1^{k+1}, \cdots, \boldsymbol{J}_s^{k+1}).$$

由于 $\boldsymbol{J}_0^k \neq \boldsymbol{O}$, 所以, $\mathrm{R}(\boldsymbol{J}_0^k) > \mathrm{R}(\boldsymbol{J}_0^{k+1})$, 但 $\boldsymbol{J}_1, \cdots, \boldsymbol{J}_s$ 均可逆, 故

$$\mathrm{R}(\boldsymbol{J}_i^k) = \mathrm{R}(\boldsymbol{J}_i^{k+1}) \quad (i = 1, 2, \cdots, s).$$

从而 $\mathrm{R}(\boldsymbol{A}^k) > \mathrm{R}(\boldsymbol{A}^{k+1})$, 这与已知矛盾, 故 $t \leqslant k$.

7.36 证明: n 阶矩阵 $\boldsymbol{A}$ 可对角化当且仅当对 $\boldsymbol{A}$ 的每一个特征值 λ_i 都有

$$\mathrm{R}\left(\lambda_i \boldsymbol{I} - \boldsymbol{A}\right) = \mathrm{R}\left(\lambda_i \boldsymbol{I} - \boldsymbol{A}\right)^2.$$

证明 必要性是显然的, 下证充分性.

若 $\mathrm{R}\left(\lambda_i \boldsymbol{I} - \boldsymbol{A}\right) = \mathrm{R}\left(\lambda_i \boldsymbol{I} - \boldsymbol{A}\right)^2$, 则特征值 λ_i 所对应的各若尔当块都是 1 阶的, 故矩阵 $\boldsymbol{A}$ 可对角化.

7.37 设 $\boldsymbol{A}$ 是复数域上的 n 阶矩阵, $r = \mathrm{R}(\boldsymbol{A}) = \mathrm{R}(\boldsymbol{A}^2)$, 且 $0 < r < n$. 证明: 存在 r 阶可逆矩阵 $\boldsymbol{C}$, 使得 $\boldsymbol{A}$ 相似于

$$\begin{pmatrix} \boldsymbol{C} & \boldsymbol{O} \\ \boldsymbol{O} & \boldsymbol{O} \end{pmatrix}.$$

证明 由于 $\mathrm{R}(\boldsymbol{A}) = r$, 所以, 0 是矩阵 $\boldsymbol{A}$ 的 $n-r$ 重特征根. 假设在矩阵 $\boldsymbol{A}$ 的若尔当标准形中, 特征值 0 对应的若尔当块是 $\boldsymbol{J}(0, k_1), \cdots, \boldsymbol{J}(0, k_t)$, 则 $k_1 + \cdots + k_t = n - r$. 如果某个 $k_i \geqslant 2$, 则

$$\mathrm{R}(\boldsymbol{J}(0, k_i)) = k_i - 1 > \mathrm{R}(\boldsymbol{J}(0, k_i)^2) = k_i - 2.$$

对于那些非零特征值所对应的若尔当块

$$\mathrm{R}(\boldsymbol{J}(\lambda_j, s_j)) = \mathrm{R}(\boldsymbol{J}(\lambda_j, s_j)^2) = s_j,$$

其中 $\lambda_j \neq 0$. 由于每个矩阵的秩与它的若尔当标准形的秩相等, 而已知 $\mathrm{R}(\boldsymbol{A}^2) = \mathrm{R}(\boldsymbol{A}) = r$, 所以, 特征值 0 所对应的全部若尔当块都是 1 阶的. 将 $\boldsymbol{A}$ 的非零特征值对应的若尔当块构成一个分块对角矩阵

$$\boldsymbol{C} = \mathrm{diag}\left(\boldsymbol{J}((\lambda_1, s_1), \cdots, \boldsymbol{J}(\lambda_m, s_m))\right),$$

其中 $\lambda_j \neq 0\,(j = 1, \cdots, m)$, $s_1 + \cdots + s_m = r$. 则 $\boldsymbol{C}$ 是 r 阶可逆矩阵, 且 $\boldsymbol{A}$ 相似于

$$\begin{pmatrix} \boldsymbol{C} & \boldsymbol{O} \\ \boldsymbol{O} & \boldsymbol{O} \end{pmatrix}.$$

7.38 设 $\boldsymbol{A}$ 是数域 $\mathbb{P}$ 上的 n 阶矩阵, $g(\lambda)$ 是数域 $\mathbb{P}$ 上的多项式, $\partial g(\lambda) \geqslant 1$, $m(\lambda)$ 是 $\boldsymbol{A}$ 的最小多项式. 证明:

(1) 若 $g(\lambda) | m(\lambda)$, 则 $g(\boldsymbol{A})$ 是不可逆矩阵;

(2) 若 $(g(\lambda), m(\lambda)) = d(\lambda)$, 则 $\mathrm{R}(g(\boldsymbol{A})) = \mathrm{R}(d(\boldsymbol{A}))$;

(3) $g(\boldsymbol{A})$ 可逆当且仅当 $(g(\lambda), m(\lambda)) = 1$.

证明 (1) 若 $g(\lambda)|m(\lambda)$, 则 $g(\lambda)$ 的每一个因式都是 $m(\lambda)$ 的因式. 把数域扩大到复数域上, 假设

$$m(\lambda) = (\lambda - \lambda_1)^{r_1}(\lambda - \lambda_2)^{r_2} \cdots (\lambda - \lambda_s)^{r_s},$$

则 $g(\lambda)$ 的因式中必包含其中某个 $\lambda - \lambda_i\,(1 \leqslant i \leqslant s)$. 因此, 在 $g(\boldsymbol{A})$ 中必含有因式 $\boldsymbol{A} - \lambda_i \boldsymbol{I}$. 注意到 λ_i 是矩阵 $\boldsymbol{A}$ 在复数域上的特征值, 因而 $|\boldsymbol{A} - \lambda_i \boldsymbol{I}| = 0$, 故 $|g(\boldsymbol{A})| = 0$, 即 $g(\boldsymbol{A})$ 是不可逆矩阵.

(2) 由 $(g(\lambda), m(\lambda)) = d(\lambda)$ 知, 存在 $u(\lambda), v(\lambda) \in \mathbb{P}[\lambda]$, 使得

$$u(\lambda)g(\lambda) + v(\lambda)m(\lambda) = d(\lambda).$$

由 $m(\boldsymbol{A}) = \boldsymbol{O}$ 可知, $u(\boldsymbol{A})g(\boldsymbol{A}) = d(\boldsymbol{A})$, 于是, $\mathrm{R}(d(\boldsymbol{A})) \leqslant \mathrm{R}(g(\boldsymbol{A}))$. 另一方面, 存在 $h(\lambda) \in \mathbb{P}[\lambda]$, 使得 $g(\lambda) = d(\lambda)h(\lambda)$. 因此

$$g(\boldsymbol{A}) = d(\boldsymbol{A})h(\boldsymbol{A}),$$

得到 $\mathrm{R}(g(\boldsymbol{A})) \leqslant \mathrm{R}(d(\boldsymbol{A}))$, 故 $\mathrm{R}(g(\boldsymbol{A})) = \mathrm{R}(d(\boldsymbol{A}))$.

(3) **证法 1** 充分性. 由 $(g(\lambda), m(\lambda)) = 1$ 知, 存在 $u(\lambda), v(\lambda) \in \mathbb{P}[\lambda]$, 使得

$$u(\lambda)g(\lambda) + v(\lambda)m(\lambda) = 1.$$

由 $m(\boldsymbol{A}) = \boldsymbol{O}$ 可知, $u(\boldsymbol{A})g(\boldsymbol{A}) = \boldsymbol{I}$, 故 $g(\boldsymbol{A})$ 可逆.

必要性. 设 $(g(\lambda), m(\lambda)) = d(\lambda)$, 由 (2) 的结论可知, $\mathrm{R}(g(\boldsymbol{A})) = \mathrm{R}(d(\boldsymbol{A}))$. 再由 $g(\boldsymbol{A})$ 可逆知, $d(\boldsymbol{A})$ 也可逆. 设 $m(\lambda) = d(\lambda)k(\lambda)$, $k(\lambda) \in \mathbb{P}[\lambda]$, 则 $m(\boldsymbol{A}) = d(\boldsymbol{A})k(\boldsymbol{A}) = \boldsymbol{O}$. 可知 $k(\boldsymbol{A}) = \boldsymbol{O}$. 而 $m(\lambda)$ 是最小多项式, 所以, $m(\lambda)|k(\lambda) \Rightarrow \partial m(\lambda) = \partial k(\lambda)$, 从而得到 $d(\lambda) = 1$, 故 $g(\lambda)$ 与 $m(\lambda)$ 互素.

证法 2 设 $\boldsymbol{A}$ 在复数域 $\mathbb{C}$ 上的 n 个特征值分别是 $\lambda_1, \lambda_2, \cdots, \lambda_n$(重根按重数计算), 则 $g(\boldsymbol{A})$ 在 $\mathbb{C}$ 上的 n 个特征值分别是 $g(\lambda_1), g(\lambda_2), \cdots, g(\lambda_n)$, 且 $m(\lambda_i) = 0(i = 1, 2, \cdots, n)$. 于是, $g(\boldsymbol{A})$ 可逆 $\Leftrightarrow g(\lambda_i) \neq 0(i = 1, 2, \cdots, n) \Leftrightarrow (g(\lambda), m(\lambda)) = 1$.

第八章　欧 氏 空 间

§8.1　知 识 概 要

1. 欧氏空间的概念 (内积、向量的长度、夹角、柯西–施瓦茨不等式、投影与投影向量、度量矩阵、同构映射).

2. 正交向量组、施密特正交化、标准正交基.

3. 正交矩阵和正交变换.

4. 对称变换与实对称矩阵、正交对角化.

5. 子空间的正交性 (子空间正交、子空间的正交补、最小二乘法).

§8.2　学 习 指 导

1. 本章重点: 内积与欧氏空间, 正交向量组, 施密特正交标准化, 正交矩阵及正交变换的性质, 对称变换, 实对称矩阵的正交对角化. 难点: 子空间的正交性, 正交补.

2. 欧氏空间是实数域上定义了内积的线性空间. 由于向量内积的概念的引入, 使得我们可以定义欧氏空间中向量的长度 (模) 和夹角. 保持内积不变的线性双射叫欧氏空间的同构映射. 在同构意义下, 任意 n 维欧氏空间都与欧氏空间 $\mathbb{R}^n$ 同构, 从而可以利用解析法 (比如正交、投影、伸缩、旋转、反射等) 来研究欧氏空间的性质.

3. 常见的欧氏空间:

(1) $\mathbb{R}^n$: 对于任意 $\boldsymbol{\alpha}=(a_1,a_2,\cdots,a_n)^{\mathrm{T}}, \boldsymbol{\beta}=(b_1,b_2,\cdots,b_n)^{\mathrm{T}}\in\mathbb{R}^n$, 其内积定义为

$$(\boldsymbol{\alpha},\boldsymbol{\beta})=\sum_{i=1}^{n}a_ib_i=\boldsymbol{\alpha}^{\mathrm{T}}\boldsymbol{\beta}=\boldsymbol{\beta}^{\mathrm{T}}\boldsymbol{\alpha}.$$

(2) $\mathbb{R}^{m\times n}$: 对任意 $\boldsymbol{A}=(a_{ij})_{m\times n}, \boldsymbol{B}=(b_{ij})_{m\times n}\in\mathbb{R}^{m\times n}$, 其内积定义为 (教材习题第 8.2 题)

$$(\boldsymbol{A},\boldsymbol{B})=\mathrm{tr}(\boldsymbol{A}^{\mathrm{T}}\boldsymbol{B})=\sum_{i=1}^{m}\sum_{j=1}^{n}a_{ij}b_{ij}.$$

(3) $C[a,b]$: 对闭区间 $[a,b]$ 上的任意连续函数 $f(x),g(x)$, 其内积定义为

$$(f(x),g(x))=\int_a^b f(x)g(x)\mathrm{d}x.$$

4. 向量 $\boldsymbol{\alpha}$ 的长度 (又叫模): $|\boldsymbol{\alpha}|=\sqrt{(\boldsymbol{\alpha},\boldsymbol{\alpha})}$, 其主要性质:

(1) **正齐性**: $|k\boldsymbol{\alpha}|=|k||\boldsymbol{\alpha}|$;

(2) **柯西–施瓦茨不等式**: $|(\boldsymbol{\alpha},\boldsymbol{\beta})|\leqslant|\boldsymbol{\alpha}||\boldsymbol{\beta}|$, 当且仅当 $\boldsymbol{\alpha},\boldsymbol{\beta}$ 线性相关 (共线) 时取等号;

(3) **三角形不等式**: $|\boldsymbol{\alpha}+\boldsymbol{\beta}|\leqslant|\boldsymbol{\alpha}|+|\boldsymbol{\beta}|$.

5. 两个非零向量 $\boldsymbol{\alpha},\boldsymbol{\beta}$ 的夹角

$$\theta=\arccos\frac{(\boldsymbol{\alpha},\boldsymbol{\beta})}{|\boldsymbol{\alpha}||\boldsymbol{\beta}|}\quad(0\leqslant\theta\leqslant\pi).$$

若 $\theta=\pi/2$, 则称向量 $\boldsymbol{\alpha},\boldsymbol{\beta}$ 正交, 记为 $\boldsymbol{\alpha}\perp\boldsymbol{\beta}$. 规定零向量与任一向量正交. 称 $|\boldsymbol{\alpha}|\cos\theta$ 为向量 $\boldsymbol{\alpha}$ 在 $\boldsymbol{\beta}$ 上的投影, 称向量

$$\frac{|\boldsymbol{\alpha}|\cos\theta}{|\boldsymbol{\beta}|}\boldsymbol{\beta}$$

为向量 $\boldsymbol{\alpha}$ 在 $\boldsymbol{\beta}$ 上的投影向量. $\boldsymbol{\alpha}$ 在 $\boldsymbol{\beta}$ 上的投影可表示为 $(\boldsymbol{\alpha},\boldsymbol{\eta})$, 其中, $\boldsymbol{\eta}$ 是向量 $\boldsymbol{\beta}$ 的单位化向量 $\boldsymbol{\eta}=\boldsymbol{\beta}/|\boldsymbol{\beta}|$. $\boldsymbol{\alpha}$ 在 $\boldsymbol{\beta}$ 上的投影向量可表示为 $(\boldsymbol{\alpha},\boldsymbol{\eta})\boldsymbol{\eta}$. 无论是 "$\boldsymbol{\alpha}$ 在 $\boldsymbol{\beta}$ 上的投影", 还是 "$\boldsymbol{\alpha}$ 在 $\boldsymbol{\beta}$ 上的投影向量", 它们都与向量 $\boldsymbol{\beta}$ 的长度无关, 而只与 $\boldsymbol{\beta}$ 的方向有关.

6. 设 $\varepsilon_1,\varepsilon_2,\cdots,\varepsilon_n$ 是 n 维欧氏空间 V 的基, 令 $a_{ij}=(\varepsilon_i,\varepsilon_j)\,(i,j=1,2,\cdots,n)$, 称 n 阶矩阵 $\boldsymbol{A}=(a_{ij})_{n\times n}$ 为基 $\varepsilon_1,\varepsilon_2,\cdots,\varepsilon_n$ 的度量矩阵 (度量矩阵是对称矩阵, 在取定基后, 内积与度量矩阵一一对应). 假设向量 $\boldsymbol{\alpha},\boldsymbol{\beta}$ 在这个基下的坐标分别是 $\boldsymbol{x}=(x_1,x_2,\cdots,x_n)^{\mathrm{T}}$ 和 $\boldsymbol{y}=(y_1,y_2,\cdots,y_n)^{\mathrm{T}}$, 于是, 内积可以用坐标和度量矩阵来表示成

$$(\boldsymbol{\alpha},\boldsymbol{\beta})=\sum_{i=1}^{n}\sum_{j=1}^{n}a_{ij}x_iy_j=\boldsymbol{x}^{\mathrm{T}}\boldsymbol{A}\boldsymbol{y}.\tag{8.1}$$

特别地, 向量的长度可表示为

$$|\boldsymbol{\alpha}|=\sqrt{\sum_{i=1}^{n}\sum_{j=1}^{n}a_{ij}x_ix_j}=\sqrt{\boldsymbol{x}^{\mathrm{T}}\boldsymbol{A}\boldsymbol{x}}.\tag{8.2}$$

为方便记忆, 我们将内积形式地记作 $(\boldsymbol{\alpha},\boldsymbol{\beta})=\boldsymbol{\alpha}^{\mathrm{T}}\boldsymbol{\beta}$, 则 $a_{ij}=(\varepsilon_i,\varepsilon_j)=\varepsilon_i^{\mathrm{T}}\varepsilon_j$, 因此, 度量矩阵 $\boldsymbol{A}$ 可记作

$$\boldsymbol{A}=\begin{pmatrix}(\varepsilon_1,\varepsilon_1)&(\varepsilon_1,\varepsilon_2)&\cdots&(\varepsilon_1,\varepsilon_n)\\(\varepsilon_2,\varepsilon_1)&(\varepsilon_2,\varepsilon_2)&\cdots&(\varepsilon_2,\varepsilon_n)\\\vdots&\vdots&&\vdots\\(\varepsilon_n,\varepsilon_1)&(\varepsilon_n,\varepsilon_2)&\cdots&(\varepsilon_n,\varepsilon_n)\end{pmatrix}=\begin{pmatrix}\varepsilon_1^{\mathrm{T}}\\\varepsilon_2^{\mathrm{T}}\\\vdots\\\varepsilon_n^{\mathrm{T}}\end{pmatrix}(\varepsilon_1,\varepsilon_2,\cdots,\varepsilon_n)=\boldsymbol{B}^{\mathrm{T}}\boldsymbol{B},\tag{8.3}$$

其中 $\boldsymbol{B}=(\varepsilon_1,\varepsilon_2,\cdots,\varepsilon_n)$. 这种记法在 $\mathbb{R}^n$ 空间中是合理的 ($\boldsymbol{B}$ 是矩阵), 在其他欧氏空间中这种记法并不规范 ($\boldsymbol{B}$ 不是矩阵), 但是, 用这种思想去处理相关问题却很方便.

7. 类似于度量矩阵, 对欧氏空间中 V 的任一向量组 $\boldsymbol{\alpha}_1,\boldsymbol{\alpha}_2,\cdots,\boldsymbol{\alpha}_s$, 定义 $a_{ij}=(\boldsymbol{\alpha}_i,\boldsymbol{\alpha}_j)$ $(i,j=1,2,\cdots,s)$, 称 $\boldsymbol{G}(\boldsymbol{\alpha}_1,\cdots,\boldsymbol{\alpha}_s)=(a_{ij})_{s\times s}$ 为 $\boldsymbol{\alpha}_1,\boldsymbol{\alpha}_2,\cdots,\boldsymbol{\alpha}_s$ 的格拉姆矩阵 (教材习题第 8.14 题). 设 $\varepsilon_1,\varepsilon_2,\cdots,\varepsilon_n$ 是 V 的一个基, 其度量矩阵是 $\boldsymbol{A}$. 设

$$(\boldsymbol{\alpha}_1,\boldsymbol{\alpha}_2,\cdots,\boldsymbol{\alpha}_s)=(\varepsilon_1,\varepsilon_2,\cdots,\varepsilon_n)\boldsymbol{X}_{n\times s}=\boldsymbol{B}\boldsymbol{X}_{n\times s},$$

其中 $\boldsymbol{B}=(\varepsilon_1,\varepsilon_2,\cdots,\varepsilon_n)$, 矩阵 $\boldsymbol{X}_{n\times s}$ 的第 i 列是向量 $\boldsymbol{\alpha}_i$ 的坐标. 则

$$\boldsymbol{G}(\boldsymbol{\alpha}_1,\cdots,\boldsymbol{\alpha}_s)=\begin{pmatrix}\boldsymbol{\alpha}_1^{\mathrm{T}}\\\boldsymbol{\alpha}_2^{\mathrm{T}}\\\vdots\\\boldsymbol{\alpha}_s^{\mathrm{T}}\end{pmatrix}(\boldsymbol{\alpha}_1,\boldsymbol{\alpha}_2,\cdots,\boldsymbol{\alpha}_s)=\boldsymbol{X}^{\mathrm{T}}\boldsymbol{B}^{\mathrm{T}}\boldsymbol{B}\boldsymbol{X}=\boldsymbol{X}^{\mathrm{T}}\boldsymbol{A}\boldsymbol{X}.\tag{8.4}$$

这就是格拉姆矩阵与度量矩阵的关系. 现在已初见记号 (8.3) 式的优点了.

8. 不含零向量且两两正交的向量组叫正交向量组, 如果正交向量组的每一个向量都是单位向量, 则称为标准正交向量组. 如果欧氏空间的某个基是 (标准) 正交向量组, 则称为 (标准) 正交基. 关于正交向量组常见的性质总结如下:

(1) 正交向量组一定是线性无关的 (反之不成立);

(2) 勾股定理: 若 $\boldsymbol{\alpha}_1,\boldsymbol{\alpha}_2,\cdots,\boldsymbol{\alpha}_s$ 是正交向量组, 则

$$\left|\sum_{i=1}^{s}\boldsymbol{\alpha}_i\right|^2=\sum_{i=1}^{s}|\boldsymbol{\alpha}_i|^2;$$

(3) 欧氏空间的扩基定理: n 维欧氏空间 V 中的任一 (标准) 正交向量组都可以扩充成 V 的一个 (标准) 正交基;

(4) 向量组 $\boldsymbol{\alpha}_1,\boldsymbol{\alpha}_2,\cdots,\boldsymbol{\alpha}_s$ 是 n 维欧氏空间 V 的标准正交向量组 $\Leftrightarrow(\boldsymbol{\alpha}_i,\boldsymbol{\alpha}_j)=\delta_{ij}\,(i,j=1,2,\cdots,s)$.

(5) 设 $\boldsymbol{\varepsilon}_1,\boldsymbol{\varepsilon}_2,\cdots,\boldsymbol{\varepsilon}_n$ 是 n 维欧氏空间 V 的一个标准正交基, 对任一向量 $\boldsymbol{\alpha}\in V$, 设

$$\boldsymbol{\alpha}=x_1\boldsymbol{\varepsilon}_1+x_2\boldsymbol{\varepsilon}_2+\cdots+x_n\boldsymbol{\varepsilon}_n.$$

则第 i 个坐标 x_i 刚好是 $\boldsymbol{\alpha}$ 在 $\boldsymbol{\varepsilon}_i$ 上的投影, 即 $x_i=(\boldsymbol{\alpha},\boldsymbol{\varepsilon}_i)$.

(6) 任一标准正交基 $\boldsymbol{\varepsilon}_1,\boldsymbol{\varepsilon}_2,\cdots,\boldsymbol{\varepsilon}_n$ 的度量矩阵是 n 阶单位矩阵, $a_{ij}=(\boldsymbol{\varepsilon}_i,\boldsymbol{\varepsilon}_j)=\delta_{ij}\,(i,j=1,2,\cdots,n)$. 这时, 内积 (8.1)、长度 (8.2) 和夹角分别有如下简洁表达式:

$$(\boldsymbol{\alpha},\boldsymbol{\beta})=\sum_{i=1}^{n}x_iy_i=\boldsymbol{x}^{\mathrm{T}}\boldsymbol{y},\quad |\boldsymbol{\alpha}|=\sqrt{\sum_{i=1}^{n}x_i^2}=\sqrt{\boldsymbol{x}^{\mathrm{T}}\boldsymbol{x}},\quad \theta=\arccos\frac{\boldsymbol{x}^{\mathrm{T}}\boldsymbol{y}}{\sqrt{\boldsymbol{x}^{\mathrm{T}}\boldsymbol{x}}\cdot\sqrt{\boldsymbol{y}^{\mathrm{T}}\boldsymbol{y}}}.$$

(7) 设 $\boldsymbol{\varepsilon}_1,\boldsymbol{\varepsilon}_2,\cdots,\boldsymbol{\varepsilon}_n$ 是 n 维欧氏空间 V 的标准正交基, 由 (8.4) 式可知格拉姆行列式

$$|\boldsymbol{G}(\boldsymbol{\alpha}_1,\cdots,\boldsymbol{\alpha}_s)|=|\boldsymbol{X}^{\mathrm{T}}\boldsymbol{X}|.\tag{8.5}$$

在二维空间 (平面)$\mathbb{R}^2$ 中, $|\boldsymbol{G}(\boldsymbol{\alpha}_1,\boldsymbol{\alpha}_2)|$ 刚好是以 $\boldsymbol{\alpha}_1,\boldsymbol{\alpha}_2$ 为邻边的平行四边形的面积的平方; 在三维空间 $\mathbb{R}^3$ 中, $|\boldsymbol{G}(\boldsymbol{\alpha}_1,\boldsymbol{\alpha}_2,\boldsymbol{\alpha}_3)|$ 刚好等于以 $\boldsymbol{\alpha}_1,\boldsymbol{\alpha}_2,\boldsymbol{\alpha}_3$ 为邻边的平行六面体体积的平方 (请读者自己验证). 一般地, 若 $\boldsymbol{\alpha}_1,\cdots,\boldsymbol{\alpha}_s$ 线性无关, 则 $|\boldsymbol{G}(\boldsymbol{\alpha}_1,\cdots,\boldsymbol{\alpha}_s)|$ 是 V 中的 s 维超平行多面体体积的平方, 而 $\boldsymbol{\alpha}_1,\cdots,\boldsymbol{\alpha}_s$ 为此超平行多面体的棱向量. 关于格拉姆行列式更多的性质见教材例 8.18、习题第 8.14 题.

(8) 从一个标准正交基到另一个标准正交基的过渡矩阵是正交矩阵 (教材定理 8.9);

(9) 设 n 维欧氏空间 V 的一个标准正交向量组 $\boldsymbol{\varepsilon}_1,\boldsymbol{\varepsilon}_2,\cdots,\boldsymbol{\varepsilon}_m$, 对 V 中的任一向量 $\boldsymbol{\alpha}$, 则有如下贝塞尔不等式:

$$\sum_{i=1}^{m}|(\boldsymbol{\alpha},\boldsymbol{\varepsilon}_i)|^2\leqslant|\boldsymbol{\alpha}|^2,$$

等号成立当且仅当 $\boldsymbol{\alpha}\in L(\boldsymbol{\varepsilon}_1,\boldsymbol{\varepsilon}_2,\cdots,\boldsymbol{\varepsilon}_m)$ (教材习题第 8.13 题).

9. 设 (I): $\boldsymbol{\alpha}_1,\boldsymbol{\alpha}_2,\cdots,\boldsymbol{\alpha}_m$ 是欧氏空间 V 的线性无关的向量组, 则一定存在 V 的正交向量组 $\boldsymbol{\beta}_1,\boldsymbol{\beta}_2,\cdots,\boldsymbol{\beta}_m$ 与向量组 (I) 等价. 施密特正交化公式:

$$\begin{aligned}
&\boldsymbol{\beta}_1=\boldsymbol{\alpha}_1,\\
&\boldsymbol{\beta}_2=\boldsymbol{\alpha}_2-\frac{(\boldsymbol{\alpha}_2,\boldsymbol{\beta}_1)}{(\boldsymbol{\beta}_1,\boldsymbol{\beta}_1)}\boldsymbol{\beta}_1,\\
&\boldsymbol{\beta}_3=\boldsymbol{\alpha}_3-\frac{(\boldsymbol{\alpha}_3,\boldsymbol{\beta}_1)}{(\boldsymbol{\beta}_1,\boldsymbol{\beta}_1)}\boldsymbol{\beta}_1-\frac{(\boldsymbol{\alpha}_3,\boldsymbol{\beta}_2)}{(\boldsymbol{\beta}_2,\boldsymbol{\beta}_2)}\boldsymbol{\beta}_2,\\
&\cdots\cdots\cdots\cdots\cdots\cdots\\
&\boldsymbol{\beta}_m=\boldsymbol{\alpha}_m-\frac{(\boldsymbol{\alpha}_m,\boldsymbol{\beta}_1)}{(\boldsymbol{\beta}_1,\boldsymbol{\beta}_1)}\boldsymbol{\beta}_1-\frac{(\boldsymbol{\alpha}_m,\boldsymbol{\beta}_2)}{(\boldsymbol{\beta}_2,\boldsymbol{\beta}_2)}\boldsymbol{\beta}_2-\cdots-\frac{(\boldsymbol{\alpha}_m,\boldsymbol{\beta}_{m-1})}{(\boldsymbol{\beta}_{m-1},\boldsymbol{\beta}_{m-1})}\boldsymbol{\beta}_{m-1}.
\end{aligned}$$

然后令 $\boldsymbol{\gamma}_i=\boldsymbol{\beta}_i/|\boldsymbol{\beta}_i|$, 即可得到标准正交向量组 $\boldsymbol{\gamma}_1,\boldsymbol{\gamma}_2,\cdots,\boldsymbol{\gamma}_m$, 这个过程叫施密特正交标准化. 为了计算简便, 我们通常忽略掉 $\boldsymbol{\beta}_i$ 的一个倍数因子. 这是因为 "倍数因子" 至多改变向量的长度或反向, 而与向量组的 "正交性" 没有关系.

10. 令 $k_{ij}=(\boldsymbol{\alpha}_j,\boldsymbol{\beta}_i)/(\boldsymbol{\beta}_i,\boldsymbol{\beta}_i)\,(1\leqslant i<j\leqslant m)$, 施密特正交化公式可写成如下形式:

$$(\boldsymbol{\alpha}_1,\boldsymbol{\alpha}_2,\cdots,\boldsymbol{\alpha}_m)=(\boldsymbol{\beta}_1,\boldsymbol{\beta}_2,\cdots,\boldsymbol{\beta}_m)\begin{pmatrix}1&k_{12}&\cdots&k_{1m}\\0&1&\cdots&k_{2m}\\\vdots&\vdots&&\vdots\\0&0&\cdots&1\end{pmatrix},$$

或写成

$$(\boldsymbol{\beta}_1,\boldsymbol{\beta}_2,\cdots,\boldsymbol{\beta}_m)=(\boldsymbol{\alpha}_1,\boldsymbol{\alpha}_2,\cdots,\boldsymbol{\alpha}_m)\boldsymbol{R},$$

其中

$$\boldsymbol{R}=\begin{pmatrix}1&k_{12}&\cdots&k_{1m}\\0&1&\cdots&k_{2m}\\\vdots&\vdots&&\vdots\\0&0&\cdots&1\end{pmatrix}^{-1}.$$

由于主对角元全为 1 的上三角矩阵的逆矩阵仍是主对角元全为 1 的上三角矩阵, 故 $\boldsymbol{R}$ 是主对角元全为 1 的上三角矩阵.

在 $\mathbb{R}^n$ 中, 若 $m=n$, 将施密特正交化的结果进一步标准化得到

$$\begin{aligned}
(\boldsymbol{\alpha}_1,\boldsymbol{\alpha}_2,\cdots,\boldsymbol{\alpha}_n)&=(\boldsymbol{\beta}_1,\boldsymbol{\beta}_2,\cdots,\boldsymbol{\beta}_n)\begin{pmatrix}1&k_{12}&\cdots&k_{1n}\\0&1&\cdots&k_{2n}\\\vdots&\vdots&&\vdots\\0&0&\cdots&1\end{pmatrix}\\
&=(\frac{\boldsymbol{\beta}_1}{|\boldsymbol{\beta}_1|},\frac{\boldsymbol{\beta}_2}{|\boldsymbol{\beta}_2|},\cdots,\frac{\boldsymbol{\beta}_n}{|\boldsymbol{\beta}_n|})\begin{pmatrix}|\boldsymbol{\beta}_1|&0&\cdots&0\\0&|\boldsymbol{\beta}_2|&\cdots&0\\\vdots&\vdots&&\vdots\\0&0&\cdots&|\boldsymbol{\beta}_n|\end{pmatrix}\begin{pmatrix}1&k_{12}&\cdots&k_{1n}\\0&1&\cdots&k_{2n}\\\vdots&\vdots&&\vdots\\0&0&\cdots&1\end{pmatrix}
\end{aligned}$$

$$= (\frac{\beta_1}{|\beta_1|}, \frac{\beta_2}{|\beta_2|}, \cdots, \frac{\beta_n}{|\beta_n|}) \begin{pmatrix} |\beta_1| & |\beta_1|k_{12} & \cdots & |\beta_1|k_{1n} \\ 0 & |\beta_2| & \cdots & |\beta_2|k_{2n} \\ \vdots & \vdots & & \vdots \\ 0 & 0 & \cdots & |\beta_n| \end{pmatrix}$$

$$= QR,$$

这就是矩阵 $A = (\alpha_1, \alpha_2, \cdots, \alpha_n)$ 的 QR 分解 (教材定理 8.10).

11. 定理 8.10 讲的是可逆矩阵的 QR 分解, 将 "可逆" 二字去掉, 此结论推广如下:

定理 1 设 A 是 n 阶实矩阵, 则 A 可分解为 $A = QR$, 其中 Q 是正交矩阵, R 是上三角矩阵, 且 R 的主对角线元素全大于或等于零. 若 A 是可逆矩阵, 则这种分解是唯一的.

分析 仔细阅读教材定理 8.10 的证明可以发现, 其关键技术是将施密特正交化过程恰当地表达成矩阵相乘的形式. 注意到施密特正交化是针对 "线性无关向量组" 而言的, 于是我们必须对这一过程进行改造, 使之适用于线性相关的向量组.

证明 设 $A = (\alpha_1, \alpha_2, \cdots, \alpha_n)$, 定义 $\beta_1 = \alpha_1$. 若 $\beta_1 = 0$, 令 $\gamma_1 = 0$, 否则令 $\gamma_1 = \beta_1/|\beta_1|$. 定义 $\beta_2 = \alpha_2 - (\alpha_2, \gamma_1)\gamma_1$. 若 $\beta_2 = 0$, 令 $\gamma_2 = 0$, 否则令 $\gamma_2 = \beta_2/|\beta_2|$. 如此下去, 假设 $\gamma_1, \gamma_2, \cdots, \gamma_{k-1}$ 已经定义好了, 令

$$\beta_k = \alpha_k - \sum_{i=1}^{k-1} (\alpha_k, \gamma_i)\gamma_i.$$

若 $\beta_k = 0$, 令 $\gamma_k = 0$, 否则令 $\gamma_k = \beta_k/|\beta_k|\,(k = 1, 2, \cdots, n)$. 这样得到的向量组 $\gamma_1, \gamma_2, \cdots, \gamma_n$ 是两两正交的向量组, 其中每一个 γ_k 或者是零向量, 或者是单位向量, 并且

$$\alpha_k = \sum_{i=1}^{k-1} (\alpha_k, \gamma_i)\gamma_i + \beta_k = \sum_{i=1}^{k-1} (\alpha_k, \gamma_i)\gamma_i + |\beta_k|\gamma_k \quad (k = 1, 2, \cdots, n). \tag{8.6}$$

将 (8.6) 式写成

$$A = (\alpha_1, \alpha_2, \cdots, \alpha_n) = (\gamma_1, \gamma_2, \cdots, \gamma_n)R, \tag{8.7}$$

其中 R 是上三角矩阵, 其主对角元为 $|\beta_1|, |\beta_1|, \cdots, |\beta_n|$, 全大于或等于零.

如果 $\gamma_1, \gamma_2, \cdots, \gamma_n$ 中每一个向量都是单位向量, 令 $Q = (\gamma_1, \gamma_2, \cdots, \gamma_n)$, 则 Q 是正交矩阵, $A = QR$, 定理的前一部分得证. 如果 $\gamma_1, \gamma_2, \cdots, \gamma_n$ 中某些 $\gamma_k = 0$, 则去掉这些零向量后得到全体非零向量为 $\gamma_{i_1}, \gamma_{i_2}, \cdots, \gamma_{i_r}$, 将它扩充成 $\mathbb{R}^n$ 的一个标准正交基

$$u_1, u_2, \cdots, u_n,$$

其中 $u_j = \gamma_j\,(j = i_1, i_2, \cdots, i_r)$, 原来的非零向量 (也是单位向量)$\gamma_j$ 改写成 u_j 后在 $u_1, u_2, \cdots, u_n$ 中的位置顺序不变. 现在重新定义上三角矩阵 R 如下: 如果某个 $\gamma_k = 0$, 则将原来 R 的第 k 行全换成零, 这个新的上三角矩阵仍记为 R. 于是由 (8.7) 式得

$$A = (\alpha_1, \alpha_2, \cdots, \alpha_n) = (\gamma_1, \gamma_2, \cdots, \gamma_n)R = (u_1, u_2, \cdots, u_n)R, \tag{8.8}$$

其中最后一个 $\boldsymbol{R}$ 是重新定义过的上三角矩阵 $\boldsymbol{R}$. 令 $\boldsymbol{Q}=(\boldsymbol{u}_1,\boldsymbol{u}_2,\cdots,\boldsymbol{u}_n)$, 则 $\boldsymbol{Q}$ 是正交矩阵, 且 $\boldsymbol{A}=\boldsymbol{QR}$, 定理的前一部分得证.

定理的后一部分的证明如定理 8.10 "证明" 的最后部分. 证毕.

现在举个例子解释如上重新定义 $\boldsymbol{R}$ 得到 (8.8) 式的合理性. 假定 $n=3, \boldsymbol{\gamma}_2=\boldsymbol{0}$, 即 $|\boldsymbol{\beta}_2|=0$,

$$\boldsymbol{A}=(\boldsymbol{\gamma}_1,\boldsymbol{0},\boldsymbol{\gamma}_3)\begin{pmatrix}|\boldsymbol{\beta}_1| & k_{12} & k_{13}\\ 0 & 0 & k_{23}\\ 0 & 0 & |\boldsymbol{\beta}_3|\end{pmatrix}=(\boldsymbol{\gamma}_1,\boldsymbol{u}_2,\boldsymbol{\gamma}_3)\begin{pmatrix}|\boldsymbol{\beta}_1| & k_{12} & k_{13}\\ 0 & 0 & 0\\ 0 & 0 & |\boldsymbol{\beta}_3|\end{pmatrix}.$$

经过简单计算即可得知这个等式是成立的, 其中最后一个矩阵就是经过重新定义的上三角矩阵, 其主对角元全部大于或等于零.

定理 2 实方阵 $\boldsymbol{A}$ 可正交对角化的充要条件是 $\boldsymbol{A}$ 是实对称矩阵.

定理 2 的证明可由教材定理 8.10 和定理 8.15 得到, 也是本书 §18.2 推论 2 的特例.

12. 在 n 维欧氏空间中, 取定一个标准正基, 正交变换与正交矩阵是一一对应的. 由于任意两个标准正交基的过渡矩阵都是正交矩阵 (定理 8.9), 由正交矩阵的性质4及性质5知，正交变换在任一标准正交基下的矩阵是正交矩阵 $\Leftrightarrow$ 正交变换在某一标准正交基下的矩阵是正交矩阵. 事实上, "$\Rightarrow$" 显然成立，下面证明 "$\Leftarrow$": 设 n 维欧氏空间 V 的正交变换 σ 在某个标准正交基 (I): $\boldsymbol{\varepsilon}_1,\boldsymbol{\varepsilon}_2,\cdots,\boldsymbol{\varepsilon}_n$ 下的矩阵 $\boldsymbol{A}$ 是正交矩阵. 设 σ 在 V 的另一个标准正交基 (II): $\boldsymbol{\eta}_1,\boldsymbol{\eta}_2,\cdots,\boldsymbol{\eta}_n$ 下的矩阵是 $\boldsymbol{B}$, 且从基 (I) 到基 (II) 的过渡矩阵是 $\boldsymbol{X}$. 由定理 8.9 知, $\boldsymbol{X}$是正交矩阵. 再由定理 6.8 和定理 6.9 可知, $\boldsymbol{A}$ 与 $\boldsymbol{B}$ 相似, 且 $\boldsymbol{B}=\boldsymbol{X}^{-1}\boldsymbol{AX}$, 最后由正交矩阵的性质 4 和性质 5 知 $\boldsymbol{B}$ 也是正交矩阵, 即 "$\Leftarrow$" 成立. 正交变换的这个性质改成 "对称变换" 或 "反对称变换", 相应地 "正交矩阵" 改成 "对称矩阵" 或 "反对称矩阵", 结论也是成立的 (留给读者自己证明, 请注意 $\boldsymbol{X}^{-1}=\boldsymbol{X}^{\mathrm{T}}$).

提醒读者, 教材 §8.3 "正交矩阵与正交变换" 及 §8.4 "对称变换与实对称矩阵" 的内容是本章重点之一, 教材在这两节叙述较为详尽, 请仔细阅读.

13. 教材例 8.10 所给的正交变换叫镜面反射变换或镜像变换, 其对应的矩阵如教材例 2.11、例 8.12、习题第 8.22 题、第 8.41 题都有涉及, 请注意总结.

14. 设 $\boldsymbol{A}$ 是 n 阶实对称矩阵, 由教材定理 8.15 知, 存在 n 阶正交矩阵 $\boldsymbol{C}$, 使得 $\boldsymbol{A}=\boldsymbol{C\Lambda C}^{-1}$, 其中 $\boldsymbol{\Lambda}=\mathrm{diag}(\lambda_1,\lambda_2,\cdots,\lambda_n)$ 是对角矩阵. 令 $\boldsymbol{C}=(\boldsymbol{\alpha}_1,\boldsymbol{\alpha}_2,\cdots,\boldsymbol{\alpha}_n)$, 注意到 $\boldsymbol{C}^{-1}=\boldsymbol{C}^{\mathrm{T}}$,

$$\boldsymbol{\Lambda}=\lambda_1\boldsymbol{E}_{11}+\lambda_2\boldsymbol{E}_{22}+\cdots+\lambda_n\boldsymbol{E}_{nn},$$

及 $\boldsymbol{E}_{ii}=\boldsymbol{e}_i\boldsymbol{e}_i^{\mathrm{T}}$, 可得

$$\boldsymbol{A}=\boldsymbol{C}\sum_{i=1}^{n}\lambda_i\boldsymbol{E}_{ii}\boldsymbol{C}^{\mathrm{T}}=\sum_{i=1}^{n}\lambda_i\boldsymbol{Ce}_i(\boldsymbol{Ce}_i)^{\mathrm{T}}=\sum_{i=1}^{n}\lambda_i\boldsymbol{\alpha}_i\boldsymbol{\alpha}_i^{\mathrm{T}}. \tag{8.9}$$

矩阵 $\boldsymbol{A}$ 的全体特征值的集合称为 $\boldsymbol{A}$ 的**谱**, 所以, 表达式 (8.9) 称为矩阵 $\boldsymbol{A}$ 的**谱分解**. 值得注意的是, 谱分解中每一个矩阵 $\boldsymbol{P}_i=\boldsymbol{\alpha}_i\boldsymbol{\alpha}_i^{\mathrm{T}}$ 都是秩为 1 的幂等对称矩阵. 对任意 $\boldsymbol{x}\in\mathbb{R}^n$, 由于

$$\boldsymbol{P}_i\boldsymbol{x}=\boldsymbol{\alpha}_i\boldsymbol{\alpha}_i^{\mathrm{T}}\boldsymbol{x}=(\boldsymbol{\alpha}_i^{\mathrm{T}}\boldsymbol{x})\boldsymbol{\alpha}_i=(\boldsymbol{x},\boldsymbol{\alpha}_i)\boldsymbol{\alpha}_i,$$

所以, $\boldsymbol{P}_i\boldsymbol{x}$ 是向量 $\boldsymbol{x}$ 在 $\boldsymbol{\alpha}_i$ 上的投影, $\boldsymbol{P}_i$ 是投影矩阵. 因此, 对 $\mathbb{R}^n$ 中的任一向量 $\boldsymbol{x}$,

$$\boldsymbol{Ax}=\lambda_1(\boldsymbol{x},\boldsymbol{\alpha}_1)\boldsymbol{\alpha}_1+\lambda_2(\boldsymbol{x},\boldsymbol{\alpha}_2)\boldsymbol{\alpha}_2+\cdots+\lambda_n(\boldsymbol{x},\boldsymbol{\alpha}_n)\boldsymbol{\alpha}_n. \tag{8.10}$$

由于 $\boldsymbol{\alpha}_1,\boldsymbol{\alpha}_2,\cdots,\boldsymbol{\alpha}_n$ 是 $\mathbb{R}^n$ 的标准正交基, 因此, (8.10) 式说明, 对向量 $\boldsymbol{x}\in\mathbb{R}^n$ 施行对称变换 $\boldsymbol{Ax}$ 后, 在新基 $\boldsymbol{\alpha}_1,\boldsymbol{\alpha}_2,\cdots,\boldsymbol{\alpha}_n$ 下, $\boldsymbol{Ax}$ 的坐标分别是 $\lambda_1(\boldsymbol{x},\boldsymbol{\alpha}_1),\lambda_2(\boldsymbol{x},\boldsymbol{\alpha}_2),\cdots,\lambda_n(\boldsymbol{x},\boldsymbol{\alpha}_n)$. 对称矩阵的谱分解在统计学中是很有用的, 请读者特别留意.

15. 两个 n 阶实对称矩阵相似的充要条件是它们有相同的特征值. 请自己写出证明, 并利用这个结论证明教材例 6.14.

16. 两个子空间 V_1 与 V_2 正交是指 V_1 中的每一个向量与 V_2 中的每一个向量正交, 记作 $V_1\perp V_2$. 这与三维空间中两个平面互相垂直 (其中一个平面内存在某条直线与另一个平面垂直) 完全不是一回事.

17. 欧氏空间 V 的任一子空间 V_1 存在唯一的正交补 $V_1^{\perp}$, 且 $V_1^{\perp}$ 是 V_1 的余子空间, 即 $V=V_1\oplus V_1^{\perp}$. 注意, 若 V_1 是 V 的非平凡子空间, 则 V_1 的余子空间不止一个. 即在欧氏空间中, "非平凡子空间的正交补 $\rightleftarrows$ 余子空间". "正交补" 是欧氏空间的概念, 在一般的线性空间中, 由于没有 "内积" "正交" 的概念, 因而没有 "正交补" 的概念.

18. 由教材习题第 8.31 题可知

$$(V_1+V_2)^{\perp}=V_1^{\perp}\cap V_2^{\perp},\quad (V_1\cap V_2)^{\perp}=V_1^{\perp}+V_2^{\perp}.$$

欧氏空间的这个性质与集合论中的德摩根公式 (用 $\overline{A}$ 表示集合 A 的补集或余集):

$$\overline{A\cup B}=\overline{A}\cap\overline{B},\quad \overline{A\cap B}=\overline{A}\cup\overline{B}$$

高度相似. 大家想想这是什么原因?

从两个方面分析: 首先, 由例 5.20 可知, V_1 的基与 V_2 的基并在一起恰好是 V_1+V_2 的基; 其次, 设 A: $\varepsilon_1,\cdots,\varepsilon_s$ 是 V_1 的标准正交基, 将它扩充成 V 的标准正交基 $\Omega:\varepsilon_1,\cdots,\varepsilon_s,\varepsilon_{s+1},\cdots,\varepsilon_n$, 则 B: $\varepsilon_{s+1},\cdots,\varepsilon_n$ 就是 $V_1^{\perp}$ 的标准正交基 (这种 "扩基" 的做法不适合余子空间理论, 见 §5.2 "学习指导"). 这里集合 A 与集合 B 刚好互为补集 (Ω 是全集), 所以把 $V_1^{\perp}$ 与 V_1 叫做 "互为正交补", 这样的称呼恰如其分. 正是这个原因, 正交补的这个性质与德摩根公式高度相似.

19. 关于同时相似对角化问题. 教材习题第 8.46 题指出, 两个 n 阶实对称矩阵 $\boldsymbol{A},\boldsymbol{B}$ 可以同时对角化的充要条件是它们乘积可交换, 即 $\boldsymbol{AB}=\boldsymbol{BA}$. 如果去掉 "对称" 二字, 且把数域扩大到 "复数域", 则结论变成习题第 6.60 题: 复数域上两个 n 阶矩阵同时相似于上三角形矩阵的充要条件是它们乘积可交换. 类似地, 本书 §6.3 "问题思考" 第 23 题和第 24 题分别得到: (1) 在复数域上, 如果两个 n 阶矩阵可交换, 且其中一个矩阵有 n 个互不相同的特征值, 则这两个矩阵可同时对角化; (2) 两个 n 阶矩阵可交换, 且都可对角化, 则存在可逆矩阵 $\boldsymbol{P}$ 将它们同时对角化, 即 $\boldsymbol{P}^{-1}\boldsymbol{AP}$ 和 $\boldsymbol{P}^{-1}\boldsymbol{BP}$ 同时为对角矩阵. 在第九章中例 9.20 是关于 "同时合同对角化" 的结论, 这些结论值得读者去特别研究.

20. 现在我们用教材定理 8.15 证明教材例 6.14. 事实上, 设 n 维列向量 $\mathbf{1}=(1,1,\cdots,1)^{\mathrm{T}}$, 则 $\boldsymbol{A}=\mathbf{1}\mathbf{1}^{\mathrm{T}}$ 是 n 阶实对称矩阵. 由例 6.34(或习题第 2.46 题) 知

$$|\lambda\boldsymbol{I}_n-\boldsymbol{A}|=|\lambda\boldsymbol{I}_n-\mathbf{1}\mathbf{1}^{\mathrm{T}}|=\lambda^{n-1}(\lambda-\mathbf{1}^{\mathrm{T}}\mathbf{1})=\lambda^{n-1}(\lambda-n).$$

因而 $\boldsymbol{A}$ 的特征值是 n 和 $0(n-1$重根). 由定理 8.15 知, $\boldsymbol{A}$ 相似于 $\boldsymbol{B}=\mathrm{diag}(n,0,\cdots,0)$.

在求 $\boldsymbol{A}$ 的特征多项式时, 可不用例 6.34(或习题第 2.46 题), 直接应用例 1.14 得到

$$|\lambda \boldsymbol{I}_n - \boldsymbol{A}| = \lambda^{n-1}(\lambda - n).$$

21. 现在我们将实对称矩阵的特征值、特征向量、正交相似对角化等知识在计算机图像识别 (如人脸识别、指纹识别、车牌号码识别等) 中的应用作简单介绍. 欲让计算机完成图像识别任务, 如银行取款 (转账) 前的人脸识别 (验证), 需先将待识别 (验证) 的人脸进行扫描, 然后通过光电转换器将光学图像转成数字信号, 得到一个 $m \times n$ 的数字图像矩阵 $\boldsymbol{X}_0$, 称为测试样本. 接着判断测试样本 $\boldsymbol{X}_0$ 与已录入计算机注册库中的人脸的 N 个 $m \times n$ 图像矩阵 $\boldsymbol{X}_1, \boldsymbol{X}_2, \cdots, \boldsymbol{X}_N$ (称为训练样本) 是否为同一个人. 二维主成分分析法 (简记为 2DPCA) 是一种简单的降维判别方法, 其主要步骤是: 先求训练样本的均值和协方差矩阵

$$\overline{\boldsymbol{X}} = \frac{1}{N}\sum_{i=1}^{N}\boldsymbol{X}_i, \quad \boldsymbol{S} = \frac{1}{N}\sum_{i=1}^{N}(\boldsymbol{X}_i - \overline{\boldsymbol{X}})^{\mathrm{T}}(\boldsymbol{X}_i - \overline{\boldsymbol{X}}).$$

然后求 $\boldsymbol{S}$ 的特征值 $\lambda_1 \geqslant \lambda_2 \geqslant \cdots \geqslant \lambda_n$ 及相应的标准正交特征向量 $\boldsymbol{w}_1, \boldsymbol{w}_2, \cdots, \boldsymbol{w}_n$. 我们知道, 像素越高, 图像越清晰. 但是像素高的图像所对应的图像矩阵的阶数很大, 造成计算机处理困难, 甚至无法计算. 为了解决这个问题, 通常选取特征值较大的若干个特征值, 比如 $\lambda_1, \lambda_2, \cdots, \lambda_k$, 及相应的标准正交特征向量 $\boldsymbol{w}_1, \boldsymbol{w}_2, \cdots, \boldsymbol{w}_k$, 这里 $k < n$. 然后做线性变换 $\boldsymbol{F} = \overline{\boldsymbol{X}}\boldsymbol{W}$, 其中 $\boldsymbol{W} = (\boldsymbol{w}_1, \boldsymbol{w}_2, \cdots, \boldsymbol{w}_k)$, 得到样本图像的特征矩阵 $\boldsymbol{F}_{m\times k}$. 对于测试样本 $\boldsymbol{X}_0$ 也作同样的线性变换得到特征矩阵 $\boldsymbol{F}_0 = \boldsymbol{X}_0\boldsymbol{W}$. 最后, 计算 $\boldsymbol{F}_0$ 和 $\boldsymbol{F}$ 的距离, 当这个距离小于某个给定的正数时, 我们判定它们是同一个人, 否则就判定不是同一个人. 二维主成分分析法有效地降低了矩阵的维数, 达到了简化计算的目的. 有兴趣读者请阅读多元统计分析 (主成分分析、判别分析)、统计学习、机器学习或模式识别等相关文献和书籍.

矩阵的特征值、特征向量、相似对角化是线性代数的重要内容之一, 在医学、计算机图形学、经济计量分析等诸多领域都有广泛的应用, 也是历年研究生入学考试必考内容之一.

§8.3 问 题 思 考

一、问题思考

1. 设 $V = \mathbb{R}^{m\times n}$, 定义 $(\boldsymbol{A}, \boldsymbol{B}) = \mathrm{tr}(\boldsymbol{A}^{\mathrm{T}}\boldsymbol{B}), \boldsymbol{A}, \boldsymbol{B} \in V$. 证明: $(\boldsymbol{A}, \boldsymbol{B})$ 是 V 中的一个内积, 因而 V 是关于这个内积的欧氏空间.

2. 在欧氏空间 $C[-1,1]$ 中,

(1) 证明: $1, x, x^2, x^3$ 线性无关;

(2) 将 $1, x, x^2, x^3$ 正交标准化而得到 $C[-1,1]$ 的一组标准正交向量组.

3. 设 $\boldsymbol{\varepsilon}_1, \boldsymbol{\varepsilon}_2, \cdots, \boldsymbol{\varepsilon}_n$ 是 n 维欧氏空间 V 的一个基, $\boldsymbol{A}$ 是这个基的度量矩阵. 证明: 对 $\mathbb{R}^n$ 中的任意非零向量 $\boldsymbol{x}$, 都有 $\boldsymbol{x}^{\mathrm{T}}\boldsymbol{A}\boldsymbol{x} > 0$.

4. 设 $\boldsymbol{\varepsilon}_1, \boldsymbol{\varepsilon}_2, \cdots, \boldsymbol{\varepsilon}_n$ 是 n 维欧氏空间 V 的一个标准正交基, 证明: V 中的向量组 $\boldsymbol{\alpha}_1, \boldsymbol{\alpha}_2, \cdots, \boldsymbol{\alpha}_m$ 正交的充要条件是, 对任意 $1 \leqslant i, j \leqslant m$, 且 $i \neq j$, 都有

$$\sum_{t=1}^{n}(\boldsymbol{\alpha}_i, \boldsymbol{\varepsilon}_t)(\boldsymbol{\alpha}_j, \boldsymbol{\varepsilon}_t) = 0.$$

5. 设 $\boldsymbol{A}$ 是 n 阶正交矩阵, $\boldsymbol{\alpha}_1,\boldsymbol{\alpha}_2,\cdots,\boldsymbol{\alpha}_n$ 是线性无关的 n 维列向量. 若向量组

$$(\boldsymbol{A}+\boldsymbol{I})\boldsymbol{\alpha}_1,\quad (\boldsymbol{A}+\boldsymbol{I})\boldsymbol{\alpha}_2,\quad \cdots,\quad (\boldsymbol{A}+\boldsymbol{I})\boldsymbol{\alpha}_n$$

也线性无关, 证明: $|\boldsymbol{A}|=1$.

6. 设 $\boldsymbol{A}$ 是秩为 r 的 n 阶实对称矩阵, 证明:

(1) $\boldsymbol{A}$ 总可以表示成 $n-r$ 个秩为 $n-1$ 的实对称矩阵的乘积;

(2) $\boldsymbol{A}$ 总可以表示成 r 个幂等矩阵的线性组合.

7. 设 $\varepsilon_1,\varepsilon_2,\cdots,\varepsilon_n$ 是 n 维欧氏空间 V 的一个基. 对任意 $\boldsymbol{\alpha},\boldsymbol{\beta}\in V$, 证明:

(1) 如果 $\boldsymbol{\alpha}\perp\varepsilon_i\,(i=1,2,\cdots,n)$, 那么 $\boldsymbol{\alpha}=\mathbf{0}$;

(2) 如果 $(\boldsymbol{\alpha},\varepsilon_i)=(\boldsymbol{\beta},\varepsilon_i)\,(i=1,2,\cdots,n)$, 那么 $\boldsymbol{\alpha}=\boldsymbol{\beta}$.

8. 设 $\varepsilon_1,\varepsilon_2,\cdots,\varepsilon_n$ 与 $\boldsymbol{\eta}_1,\boldsymbol{\eta}_2,\cdots,\boldsymbol{\eta}_n$ 是 n 维欧氏空间 V 的两个标准正交基. 证明:

(1) 存在 V 的一个正交变换 σ, 使得 $\sigma(\varepsilon_i)=\boldsymbol{\eta}_i\,(i=1,2,\cdots,n)$;

(2) 对于 V 的任意正交变换 τ, 如果 $\tau(\varepsilon_1)=\boldsymbol{\eta}_1$, 那么 $L(\tau(\varepsilon_2),\cdots,\tau(\varepsilon_n))=L(\boldsymbol{\eta}_2,\cdots,\boldsymbol{\eta}_n)$.

9. 设 $\boldsymbol{A}$ 是 n 阶实矩阵, 证明: 若 $\boldsymbol{A}$ 满足如下三个条件中的两个, 则它一定满足第三个条件: (1) $\boldsymbol{A}$ 是正交矩阵; (2) $\boldsymbol{A}$ 是对称矩阵; (3) $\boldsymbol{A}$ 是对合矩阵, 即 $\boldsymbol{A}^2=\boldsymbol{I}$.

10. (全国考研数学一试题) 设 $\boldsymbol{\alpha}_1=(1,0,1)^{\mathrm{T}}$, $\boldsymbol{\alpha}_2=(1,2,1)^{\mathrm{T}}$, $\boldsymbol{\alpha}_3=(3,1,2)^{\mathrm{T}}$, 记 $\boldsymbol{\beta}_1=\boldsymbol{\alpha}_1$, $\boldsymbol{\beta}_2=\boldsymbol{\alpha}_2-k\boldsymbol{\beta}_1$, $\boldsymbol{\beta}_3=\boldsymbol{\alpha}_3-l_1\boldsymbol{\beta}_1-l_2\boldsymbol{\beta}_2$. 若 $\boldsymbol{\beta}_1$, $\boldsymbol{\beta}_2$, $\boldsymbol{\beta}_3$ 两两正交, 分别求 l_1, l_2 的值.

11. 设三阶实对称矩阵 $\boldsymbol{A}$ 满足

$$\boldsymbol{A}\begin{pmatrix}1&1\\1&-1\\0&0\end{pmatrix}=\begin{pmatrix}-1&1\\-1&-1\\0&0\end{pmatrix},$$

且 $\mathrm{R}(\boldsymbol{A})<3$, 求 $\boldsymbol{A}$.

12. (南京大学考研试题) 设

$$\boldsymbol{A}=\begin{pmatrix}1&1&2\\0&1&3\\2&2&1\end{pmatrix},$$

把 $\boldsymbol{A}$ 分解成一个正交矩阵和一个上三角矩阵的乘积.

13. (武汉大学考研试题) 已知矩阵

$$\boldsymbol{A}=\begin{pmatrix}1&1&1\\1&1&0\\1&0&1\end{pmatrix},$$

求正交矩阵 $\boldsymbol{Q}$ 和对角线元素为负的上三角矩阵 $\boldsymbol{R}$, 使得 $\boldsymbol{A}=\boldsymbol{QR}$.

14. (中国科学院大学考研试题) 设三阶实对称矩阵

$$\boldsymbol{A}=\begin{pmatrix}-4&2&2\\2&-1&4\\2&4&a\end{pmatrix},$$

已知 -5 是 $\boldsymbol{A}$ 的一个重数为 2 的特征值.

(1) 计算 a 的值;

(2) 求一个正交矩阵 $\boldsymbol{Q}$, 使得 $\boldsymbol{Q}^{-1}\boldsymbol{A}\boldsymbol{Q}$ 为对角矩阵.

15. 证明: 任一 n 阶正交矩阵一定正交相似于一个上三角矩阵.

16. (北京大学考研试题) 设 $\boldsymbol{A}$ 是三阶实矩阵, 且 $\boldsymbol{A}^{\mathrm{T}}\boldsymbol{A}=\boldsymbol{A}\boldsymbol{A}^{\mathrm{T}}$, $\boldsymbol{A}\neq\boldsymbol{A}^{\mathrm{T}}$.

(1) 证明: 存在正交矩阵 $\boldsymbol{P}$, 使得 $\boldsymbol{P}^{\mathrm{T}}\boldsymbol{A}\boldsymbol{P}=\begin{pmatrix}a&0&0\\0&b&c\\0&-c&b\end{pmatrix}$, 其中 a,b,c 都是实数;

(2) 若 $\boldsymbol{A}=(a_{ij})_{3\times 3}$, $\boldsymbol{A}^{\mathrm{T}}\boldsymbol{A}=\boldsymbol{A}\boldsymbol{A}^{\mathrm{T}}=\boldsymbol{I}$, 且 $|\boldsymbol{A}|=1$. 证明: 1 是 $\boldsymbol{A}$ 的一个特征值, 并求特征值 1 对应的特征向量.

17. 设 $\boldsymbol{A}$ 是 n 阶正交矩阵, $|\boldsymbol{A}|=1$. $\boldsymbol{\alpha}_1,\boldsymbol{\alpha}_2,\cdots,\boldsymbol{\alpha}_n$ 是一组线性无关的列向量, 且 $\boldsymbol{A}\boldsymbol{\alpha}_i=\boldsymbol{\alpha}_i\,(i=1,2,\cdots,n-1)$. 证明: $\boldsymbol{A}$ 是单位矩阵.

18. 设 $\boldsymbol{A}$ 是 $m\times n$ 实矩阵, $\boldsymbol{\beta}\in\mathbb{R}^m$. 证明: n 元线性方程组 $\boldsymbol{A}^{\mathrm{T}}\boldsymbol{A}\boldsymbol{x}=\boldsymbol{A}^{\mathrm{T}}\boldsymbol{\beta}$ 必有解.

19. (南京大学考研试题) 设 $\boldsymbol{A}$ 是三阶正交矩阵, 且 $|\boldsymbol{A}|=1$. 证明:

(1) $\boldsymbol{A}$ 有一个特征值是 1;

(2) $\boldsymbol{A}$ 的特征多项式可表示为 $f(\lambda)=\lambda^3-t\lambda^2+t\lambda-1$, 其中 $-1\leqslant t\leqslant 3$.

20. (华东师大、兰州大学考研试题) 证明: 特征值全为实数的正交矩阵是对称矩阵.

21. (华中科技大学考研试题) 证明: 不存在正交矩阵 $\boldsymbol{A},\boldsymbol{B}$ 满足 $\boldsymbol{A}^2=\boldsymbol{A}\boldsymbol{B}+\boldsymbol{B}^2$.

22. 设 $\boldsymbol{A}$ 是 $(n-1)\times n$ 整数矩阵, 且各行元素之和都等于零. 证明: $|\boldsymbol{A}\boldsymbol{A}^{\mathrm{T}}|=nk^2$, 其中 k 是某个整数;

23. 设 $\boldsymbol{A}$ 是 n 阶矩阵, 其元素是 1 或 -1, 且各行相互正交. 如果 $\boldsymbol{A}$ 有一个 $s\times t$ 子矩阵块的元素全为 1, 证明: $st\leqslant n$.

二、提示或答案

1. 设 $\boldsymbol{A}=(a_{ij})_{m\times n}$, $\boldsymbol{B}=(b_{ij})_{m\times n}$, 则

$$(\boldsymbol{A},\boldsymbol{B})=\mathrm{tr}(\boldsymbol{A}^{\mathrm{T}}\boldsymbol{B})=\sum_{i=1}^{m}\sum_{j=1}^{n}a_{ij}b_{ij}.$$

显然 $(\boldsymbol{A},\boldsymbol{B})=(\boldsymbol{B},\boldsymbol{A})$, 对称性成立. 设 $\boldsymbol{C}=(c_{ij})_{m\times n}$, 则

$$\begin{aligned}(\boldsymbol{A}+\boldsymbol{B},\boldsymbol{C})&=\sum_{i=1}^{m}\sum_{j=1}^{n}(a_{ij}+b_{ij})c_{ij}=\sum_{i=1}^{m}\sum_{j=1}^{n}a_{ij}c_{ij}+\sum_{i=1}^{m}\sum_{j=1}^{n}b_{ij}c_{ij}\\&=(\boldsymbol{A},\boldsymbol{C})+(\boldsymbol{B},\boldsymbol{C}).\end{aligned}$$

对任一 $k\in\mathbb{R}$, 都有

$$(k\boldsymbol{A},\boldsymbol{B})=\sum_{i=1}^{m}\sum_{j=1}^{n}(ka_{ij})b_{ij}=k\sum_{i=1}^{m}\sum_{j=1}^{n}(a_{ij})b_{ij}=k(\boldsymbol{A},\boldsymbol{B}),$$

故线性性成立. 最后,

$$(\boldsymbol{A},\boldsymbol{A})=\sum_{i=1}^{m}\sum_{j=1}^{n}a_{ij}^2\geqslant 0,$$

等号成立当且仅当 $\boldsymbol{A}=\boldsymbol{O}$, 即非负性成立.

2. (2)$\sqrt{2}/2, \sqrt{6}x/2, \sqrt{10}(3x^2-1)/4, \sqrt{14}(5x^3-3x)/4$.

3. 由于 $\boldsymbol{x}\neq\boldsymbol{0}$, 故 $\boldsymbol{\alpha}=(\boldsymbol{\varepsilon}_1,\boldsymbol{\varepsilon}_2,\cdots,\boldsymbol{\varepsilon}_n)\boldsymbol{x}$ 是 V 中的非零向量, 故 $(\boldsymbol{\alpha},\boldsymbol{\alpha})=\boldsymbol{x}^{\mathrm{T}}\boldsymbol{A}\boldsymbol{x}>0$.

4. 由 $\boldsymbol{\alpha}_i=\sum\limits_{t=1}^{n}(\boldsymbol{\alpha}_i,\boldsymbol{\varepsilon}_t)\boldsymbol{\varepsilon}_t,\ i=1,2,\cdots,m$, 可得

$$(\boldsymbol{\alpha}_i,\boldsymbol{\alpha}_j)=\left(\sum_{t=1}^{n}(\boldsymbol{\alpha}_i,\boldsymbol{\varepsilon}_t)\boldsymbol{\varepsilon}_t,\sum_{s=1}^{n}(\boldsymbol{\alpha}_j,\boldsymbol{\varepsilon}_s)\boldsymbol{\varepsilon}_s\right)=\sum_{t=1}^{n}(\boldsymbol{\alpha}_i,\boldsymbol{\varepsilon}_t)(\boldsymbol{\alpha}_j,\boldsymbol{\varepsilon}_t),$$

向量组 $\boldsymbol{\alpha}_1,\boldsymbol{\alpha}_2,\cdots,\boldsymbol{\alpha}_m$ 正交 $\Leftrightarrow(\boldsymbol{\alpha}_i,\boldsymbol{\alpha}_j)=0$.

5. 由

$$((\boldsymbol{A}+\boldsymbol{I})\boldsymbol{\alpha}_1,(\boldsymbol{A}+\boldsymbol{I})\boldsymbol{\alpha}_2,\cdots,(\boldsymbol{A}+\boldsymbol{I})\boldsymbol{\alpha}_n)=(\boldsymbol{A}+\boldsymbol{I})(\boldsymbol{\alpha}_1,\boldsymbol{\alpha}_2,\cdots,\boldsymbol{\alpha}_n)$$

可知, 矩阵 $((\boldsymbol{A}+\boldsymbol{I})\boldsymbol{\alpha}_1,(\boldsymbol{A}+\boldsymbol{I})\boldsymbol{\alpha}_2,\cdots,(\boldsymbol{A}+\boldsymbol{I})\boldsymbol{\alpha}_n)$ 与 $(\boldsymbol{\alpha}_1,\boldsymbol{\alpha}_2,\cdots,\boldsymbol{\alpha}_n)$ 均为可逆矩阵, 所以 $|\boldsymbol{A}+\boldsymbol{I}|\neq 0$. 由于 $\boldsymbol{A}$ 是正交矩阵, 故 $|\boldsymbol{A}|=\pm1$. 若 $|\boldsymbol{A}|=-1$, 则

$$|\boldsymbol{A}+\boldsymbol{I}|=|\boldsymbol{A}+\boldsymbol{A}\boldsymbol{A}^{\mathrm{T}}|=|\boldsymbol{A}||\boldsymbol{I}+\boldsymbol{A}|=-|\boldsymbol{A}+\boldsymbol{I}|,$$

从而 $|\boldsymbol{A}+\boldsymbol{I}|=0$ 矛盾, 故 $|\boldsymbol{A}|=1$.

6. (1) 存在正交矩阵 $\boldsymbol{Q}$, 使得

$$\boldsymbol{A}=\boldsymbol{Q}\mathrm{diag}(\lambda_1,\cdots,\lambda_r,0\cdots,0)\boldsymbol{Q}^{\mathrm{T}}=\boldsymbol{Q}\boldsymbol{\Lambda}\boldsymbol{Q}^{\mathrm{T}},$$

其中 $\lambda_1,\cdots,\lambda_r$ 是矩阵 $\boldsymbol{A}$ 的非零特征值. 记

$$\begin{aligned}\boldsymbol{D}_1&=\mathrm{diag}(\lambda_1,\cdots,\lambda_r,0,1\cdots,1),\\ \boldsymbol{D}_2&=\mathrm{diag}(1,\cdots,1,1,0\cdots,1)=\boldsymbol{I}-\boldsymbol{E}_{r+2,r+2},\\ &\cdots\cdots\cdots\cdots\cdots\cdots\cdots\cdots\cdots\cdots\\ \boldsymbol{D}_{n-r}&=\mathrm{diag}(1,\cdots,1,1,1\cdots,0)=\boldsymbol{I}-\boldsymbol{E}_{nn}.\end{aligned}$$

于是, $\boldsymbol{\Lambda}=\boldsymbol{D}_1\boldsymbol{D}_2\cdots\boldsymbol{D}_{n-r}$, 可得

$$\boldsymbol{A}=\boldsymbol{Q}\boldsymbol{D}_1\boldsymbol{Q}^{\mathrm{T}}\cdot\boldsymbol{Q}\boldsymbol{D}_2\boldsymbol{Q}^{\mathrm{T}}\cdots\boldsymbol{Q}\boldsymbol{D}_{n-r}\boldsymbol{Q}^{\mathrm{T}},$$

且每一个 $\boldsymbol{Q}\boldsymbol{D}_i\boldsymbol{Q}^{\mathrm{T}}$ 都是秩为 $n-1$ 的实对称矩阵 $(i=1,2,\cdots,n-r)$.

(2) $\boldsymbol{A}=\boldsymbol{Q}\boldsymbol{\Lambda}\boldsymbol{Q}^{\mathrm{T}}=\lambda_1\boldsymbol{Q}\boldsymbol{E}_{11}\boldsymbol{Q}^{\mathrm{T}}+\cdots+\lambda_r\boldsymbol{Q}\boldsymbol{E}_{rr}\boldsymbol{Q}^{\mathrm{T}}$, 其中每一个 $\boldsymbol{Q}\boldsymbol{E}_{ii}\boldsymbol{Q}^{\mathrm{T}}$ 都是秩为 1 的幂等矩阵.

7. (1) 令 $\boldsymbol{\alpha}=\sum\limits_{i=1}^{n}x_i\boldsymbol{\varepsilon}_i$, 则 $(\boldsymbol{\alpha},\boldsymbol{\alpha})=\left(\boldsymbol{\alpha},\sum\limits_{i=1}^{n}x_i\boldsymbol{\varepsilon}_i\right)=\sum\limits_{i=1}^{n}x_i(\boldsymbol{\alpha},\boldsymbol{\varepsilon}_i)=0$.

(2) 由 (1) 知 $(\boldsymbol{\alpha}-\boldsymbol{\beta},\boldsymbol{\varepsilon}_i)=0\Rightarrow\boldsymbol{\alpha}-\boldsymbol{\beta}=\boldsymbol{0}$.

8. (1) 设 $\boldsymbol{A}=(\boldsymbol{\alpha}_1,\boldsymbol{\alpha}_2,\cdots,\boldsymbol{\alpha}_n)$ 是从标准正交基 $\boldsymbol{\varepsilon}_1,\boldsymbol{\varepsilon}_2,\cdots,\boldsymbol{\varepsilon}_n$ 到标准正交基 $\boldsymbol{\eta}_1,\boldsymbol{\eta}_2,\cdots,\boldsymbol{\eta}_n$ 的过渡矩阵, 即

$$(\boldsymbol{\eta}_1,\boldsymbol{\eta}_2,\cdots,\boldsymbol{\eta}_n)=(\boldsymbol{\varepsilon}_1,\boldsymbol{\varepsilon}_2,\cdots,\boldsymbol{\varepsilon}_n)\boldsymbol{A}.$$

令 $\sigma(\boldsymbol{\varepsilon}_i)=(\boldsymbol{\varepsilon}_1,\boldsymbol{\varepsilon}_2,\cdots,\boldsymbol{\varepsilon}_n)\boldsymbol{\alpha}_i=\boldsymbol{\eta}_i\,(i=1,2,\cdots,n)$. 任取 $\boldsymbol{\alpha},\boldsymbol{\beta}\in V,\boldsymbol{\alpha}=\sum\limits_{i=1}^n x_i\boldsymbol{\varepsilon}_i,\ \boldsymbol{\beta}=\sum\limits_{j=1}^n y_j\boldsymbol{\varepsilon}_j$, 由 $(\boldsymbol{\varepsilon}_i,\boldsymbol{\varepsilon}_j)=(\boldsymbol{\eta}_i,\boldsymbol{\eta}_j)$ 可得

$$\begin{aligned}(\sigma(\boldsymbol{\alpha}),\sigma(\boldsymbol{\beta}))&=\left(\sum_{i=1}^n x_i\sigma(\boldsymbol{\varepsilon}_i),\sum_{j=1}^n y_j\sigma(\boldsymbol{\varepsilon}_j)\right)=\sum_{i=1}^n\sum_{j=1}^n x_iy_j\left(\sigma(\boldsymbol{\varepsilon}_i),\sigma(\boldsymbol{\varepsilon}_j)\right)\\&=\sum_{i=1}^n\sum_{j=1}^n x_iy_j\left(\boldsymbol{\eta}_i,\boldsymbol{\eta}_j\right)=\sum_{i=1}^n\sum_{j=1}^n x_iy_j\left(\boldsymbol{\varepsilon}_i,\boldsymbol{\varepsilon}_j\right)\\&=\left(\sum_{i=1}^n x_i\boldsymbol{\varepsilon}_i,\sum_{j=1}^n y_j\boldsymbol{\varepsilon}_j\right)=(\boldsymbol{\alpha},\boldsymbol{\beta}).\end{aligned}$$

故 σ 是正交变换.

(2) 令 $V_1=L(\tau(\boldsymbol{\varepsilon}_1))=L(\boldsymbol{\eta}_1)$. 由于 τ 是正交变换, 故 $\tau(\boldsymbol{\varepsilon}_1),\tau(\boldsymbol{\varepsilon}_2),\cdots,\tau(\boldsymbol{\varepsilon}_n)$ 是 V 的标准正交基, 故

$$V_1^{\perp}=L(\tau(\boldsymbol{\varepsilon}_2),\cdots,\tau(\boldsymbol{\varepsilon}_n))=L(\boldsymbol{\eta}_2,\cdots,\boldsymbol{\eta}_n).$$

9. 略.

10. $l_1=5/2,\ l_2=1/2$, 它们刚好是施密特正交化系数.

11. 设 $\boldsymbol{\alpha}_1=(1,1,0)^{\mathrm{T}},\boldsymbol{\alpha}_2=(1,-1,0)^{\mathrm{T}}$. 由题意知

$$\boldsymbol{A}\boldsymbol{\alpha}_1=-\boldsymbol{\alpha}_1,\quad \boldsymbol{A}\boldsymbol{\alpha}_2=\boldsymbol{\alpha}_2.$$

因此, -1 和 1 是矩阵 $\boldsymbol{A}$ 的特征值, 相应地 $\boldsymbol{\alpha}_1,\boldsymbol{\alpha}_2$ 分别是特征值 $-1,1$ 对应的特征向量. 由于 $\mathrm{R}(\boldsymbol{A})<3$, 故 $\boldsymbol{A}$ 的第三个特征值是 0. 设 $\boldsymbol{\alpha}_3=(x_1,x_2,x_3)^{\mathrm{T}}$ 是特征值 0 对应的特征向量. 而 $\boldsymbol{A}$ 是三阶实对称矩阵, 其特征值互不相同, 所以 $\boldsymbol{\alpha}_3$ 分别与 $\boldsymbol{\alpha}_1,\boldsymbol{\alpha}_2$ 正交, 即

$$\begin{cases}x_1+x_2=0,\\x_1-x_2=0.\end{cases}$$

注意到此方程组还有一个未知量 x_3, 故它的一个基础解系是 $\boldsymbol{\alpha}_3=(0,0,1)^{\mathrm{T}}$. 令

$$\boldsymbol{X}=\begin{pmatrix}1&1&0\\1&-1&0\\0&0&1\end{pmatrix},$$

则

$$\boldsymbol{A}=\boldsymbol{X}\operatorname{diag}(-1,1,0)\boldsymbol{X}^{-1}=\begin{pmatrix}0&-1&0\\-1&0&0\\0&0&0\end{pmatrix}.$$

12. 设矩阵 $\boldsymbol{A}=(\boldsymbol{\alpha}_1,\boldsymbol{\alpha}_2,\boldsymbol{\alpha}_3)$, 将 $\boldsymbol{A}$ 的列向量施行施密特正交化. 令

$$\begin{aligned}\boldsymbol{\beta}_1&=\boldsymbol{\alpha}_1=(1,0,2)^{\mathrm{T}},\\ \boldsymbol{\beta}_2&=\boldsymbol{\alpha}_2-\boldsymbol{\beta}_1=(0,1,0)^{\mathrm{T}},\\ \boldsymbol{\beta}_3&=\boldsymbol{\alpha}_3-\frac{4}{5}\boldsymbol{\beta}_1-3\boldsymbol{\beta}_2=\frac{3}{5}(2,0,-1)^{\mathrm{T}}.\end{aligned}$$

得到

$$\boldsymbol{\alpha}_1=\boldsymbol{\beta}_1,\quad \boldsymbol{\alpha}_2=\boldsymbol{\beta}_1+\boldsymbol{\beta}_2,\quad \boldsymbol{\alpha}_3=\frac{4}{5}\boldsymbol{\beta}_1+3\boldsymbol{\beta}_2+\boldsymbol{\beta}_3.$$

故

$$\begin{aligned}\boldsymbol{A}=(\boldsymbol{\alpha}_1,\boldsymbol{\alpha}_2,\boldsymbol{\alpha}_3)&=(\boldsymbol{\beta}_1,\boldsymbol{\beta}_2,\boldsymbol{\beta}_3)\begin{pmatrix}1&1&4/5\\0&1&3\\0&0&1\end{pmatrix}\\ &=\begin{pmatrix}1&0&6/5\\0&1&0\\2&0&-3/5\end{pmatrix}\begin{pmatrix}1&1&4/5\\0&1&3\\0&0&1\end{pmatrix}\\ &=\begin{pmatrix}1/\sqrt{5}&0&2/\sqrt{5}\\0&1&0\\2/\sqrt{5}&0&-1/\sqrt{5}\end{pmatrix}\begin{pmatrix}\sqrt{5}&0&0\\0&1&0\\0&0&3/\sqrt{5}\end{pmatrix}\begin{pmatrix}1&1&4/5\\0&1&3\\0&0&1\end{pmatrix}\\ &=\begin{pmatrix}1/\sqrt{5}&0&2/\sqrt{5}\\0&1&0\\2/\sqrt{5}&0&-1/\sqrt{5}\end{pmatrix}\begin{pmatrix}\sqrt{5}&\sqrt{5}&4/\sqrt{5}\\0&1&3\\0&0&3/\sqrt{5}\end{pmatrix}\end{aligned}$$

为所求矩阵 $\boldsymbol{A}$ 的 QR 分解.

13. 对向量组 $\boldsymbol{\alpha}_1=(1,1,1)^{\mathrm{T}}$, $\boldsymbol{\alpha}_2=(1,1,0)^{\mathrm{T}}$, $\boldsymbol{\alpha}_3=(1,0,1)^{\mathrm{T}}$ 施行施密特正交化. 取

$$\begin{aligned}\boldsymbol{\beta}_1&=\boldsymbol{\alpha}_1=(1,1,1)^{\mathrm{T}},\\ \boldsymbol{\beta}_2&=\boldsymbol{\alpha}_2-\frac{1}{3}\boldsymbol{\beta}_1=\frac{2}{3}(1,1,-2)^{\mathrm{T}},\\ \boldsymbol{\beta}_3&=\boldsymbol{\alpha}_3-\frac{2}{3}\boldsymbol{\beta}_1+\frac{1}{2}\boldsymbol{\beta}_2=\frac{1}{2}(1,-1,0)^{\mathrm{T}}.\end{aligned}$$

于是,

$$\boldsymbol{\alpha}_1=\boldsymbol{\beta}_1,\quad \boldsymbol{\alpha}_2=\frac{2}{3}\boldsymbol{\beta}_1+\boldsymbol{\beta}_2,\quad \boldsymbol{\alpha}_3=\frac{2}{3}\boldsymbol{\beta}_1-\frac{1}{2}\boldsymbol{\beta}_2+\boldsymbol{\beta}_3.$$

所以

$$\boldsymbol{A}=(\boldsymbol{\alpha}_1,\boldsymbol{\alpha}_2,\boldsymbol{\alpha}_3)=(\boldsymbol{\beta}_1,\boldsymbol{\beta}_2,\boldsymbol{\beta}_3)\begin{pmatrix}1&2/3&2/3\\0&1&-1/2\\0&0&1\end{pmatrix}$$

$$=\begin{pmatrix}1/\sqrt{3}&1/\sqrt{6}&1/\sqrt{2}\\1/\sqrt{3}&1/\sqrt{6}&-1/\sqrt{2}\\1/\sqrt{3}&-2/\sqrt{6}&0\end{pmatrix}\begin{pmatrix}\sqrt{3}&0&0\\0&\sqrt{6}/3&0\\0&0&\sqrt{2}/2\end{pmatrix}\begin{pmatrix}1&2/3&2/3\\0&1&-1/2\\0&0&1\end{pmatrix}$$

$$=\begin{pmatrix}-1/\sqrt{3}&-1/\sqrt{6}&-1/\sqrt{2}\\-1/\sqrt{3}&-1/\sqrt{6}&1/\sqrt{2}\\-1/\sqrt{3}&2/\sqrt{6}&0\end{pmatrix}\begin{pmatrix}-\sqrt{3}&-2/\sqrt{3}&-2/\sqrt{3}\\0&-\sqrt{6}/3&\sqrt{6}/6\\0&0&-\sqrt{2}/2\end{pmatrix}$$

为矩阵 $\boldsymbol{A}$ 的 QR 分解.

14. (1) 由 $\mathrm{R}(-5\boldsymbol{I}-\boldsymbol{A})=1$ 得 $a=-1$; (2) 由 $\mathrm{tr}(\boldsymbol{A})=-6=-5\times 2+\lambda_3$ 得 $\lambda_3=4$, 求得

$$\boldsymbol{Q}=\begin{pmatrix}-2/\sqrt{5}&2/(3\sqrt{5})&1/3\\1/\sqrt{5}&4/(3\sqrt{5})&2/3\\0&-5/(3\sqrt{5})&2/3\end{pmatrix},\quad \boldsymbol{Q}^{-1}\boldsymbol{A}\boldsymbol{Q}=\begin{pmatrix}-5&&\\&-5&\\&&4\end{pmatrix}.$$

15. 设 $\boldsymbol{A}$ 是 n 阶正交矩阵, 则存在可逆矩阵 $\boldsymbol{P}$, 使得 $\boldsymbol{A}=\boldsymbol{PJP}^{-1}$, 其中 $\boldsymbol{J}$ 是 $\boldsymbol{A}$ 的若尔当标准形矩阵 (取为上三角形矩阵). 设 $\boldsymbol{P}=\boldsymbol{QR}$ 是矩阵 $\boldsymbol{P}$ 的 QR 分解, 即 $\boldsymbol{Q}$ 是正交矩阵, $\boldsymbol{R}$ 是上三角矩阵, 则

$$\boldsymbol{A}=\boldsymbol{QRJR}^{-1}\boldsymbol{Q}^{-1}=\boldsymbol{QTQ}^{-1},$$

其中 $\boldsymbol{T}=\boldsymbol{RJR}^{-1}$ 是上三角矩阵.

16. 由题意知, 三阶实矩阵 $\boldsymbol{A}$ 必有一实特征值, 设这个实特征值为 a, $\boldsymbol{\xi}_1$ 是 a 对应的单位特征向量, $\boldsymbol{A\xi}_1=a\boldsymbol{\xi}_1$. 将 $\boldsymbol{\xi}_1$ 扩充成 $\mathbb{R}^3$ 的标准正交基 $\boldsymbol{\xi}_1,\boldsymbol{\xi}_2,\boldsymbol{\xi}_3$, 令 $\boldsymbol{P}=(\boldsymbol{\xi}_1,\boldsymbol{\xi}_2,\boldsymbol{\xi}_3)$, 则 $\boldsymbol{P}$ 是三阶正交矩阵. 再令 $\boldsymbol{P}^{\mathrm{T}}\boldsymbol{AP}=\boldsymbol{P}^{\mathrm{T}}(a\boldsymbol{\xi}_1,\boldsymbol{A\xi}_2,\boldsymbol{A\xi}_3)=\begin{pmatrix}a&\boldsymbol{\alpha}^{\mathrm{T}}\\\boldsymbol{0}&\boldsymbol{B}\end{pmatrix}$. 由 $\boldsymbol{AA}^{\mathrm{T}}=\boldsymbol{A}^{\mathrm{T}}\boldsymbol{A}$ 可知, $(\boldsymbol{P}^{\mathrm{T}}\boldsymbol{AP})(\boldsymbol{P}^{\mathrm{T}}\boldsymbol{AP})^{\mathrm{T}}=(\boldsymbol{P}^{\mathrm{T}}\boldsymbol{AP})^{\mathrm{T}}(\boldsymbol{P}^{\mathrm{T}}\boldsymbol{AP})$, 即

$$\begin{pmatrix}a&\boldsymbol{\alpha}^{\mathrm{T}}\\\boldsymbol{0}&\boldsymbol{B}\end{pmatrix}\begin{pmatrix}a&\boldsymbol{0}\\\boldsymbol{\alpha}&\boldsymbol{B}^{\mathrm{T}}\end{pmatrix}=\begin{pmatrix}a&\boldsymbol{0}\\\boldsymbol{\alpha}&\boldsymbol{B}^{\mathrm{T}}\end{pmatrix}\begin{pmatrix}a&\boldsymbol{\alpha}^{\mathrm{T}}\\\boldsymbol{0}&\boldsymbol{B}\end{pmatrix}.$$

可得

$$\begin{pmatrix}a^2+\boldsymbol{\alpha}^{\mathrm{T}}\boldsymbol{\alpha}&\boldsymbol{\alpha}^{\mathrm{T}}\boldsymbol{B}^{\mathrm{T}}\\\boldsymbol{B\alpha}&\boldsymbol{BB}^{\mathrm{T}}\end{pmatrix}=\begin{pmatrix}a^2&a\boldsymbol{\alpha}^{\mathrm{T}}\\a\boldsymbol{\alpha}&\boldsymbol{\alpha\alpha}^{\mathrm{T}}+\boldsymbol{B}^{\mathrm{T}}\boldsymbol{B}\end{pmatrix},$$

故 $\boldsymbol{\alpha}=\boldsymbol{0}$, $\boldsymbol{BB}^{\mathrm{T}}=\boldsymbol{B}^{\mathrm{T}}\boldsymbol{B}$, 即 $\boldsymbol{P}^{\mathrm{T}}\boldsymbol{AP}=\begin{pmatrix}a&\boldsymbol{0}\\\boldsymbol{0}&\boldsymbol{B}\end{pmatrix}$. 令 $\boldsymbol{B}=\begin{pmatrix}b_1&b_2\\b_3&b_4\end{pmatrix}$, 则

$$\begin{pmatrix}b_1&b_2\\b_3&b_4\end{pmatrix}\begin{pmatrix}b_1&b_3\\b_2&b_4\end{pmatrix}=\begin{pmatrix}b_1&b_3\\b_2&b_4\end{pmatrix}\begin{pmatrix}b_1&b_2\\b_3&b_4\end{pmatrix},$$

即

$$\begin{pmatrix} b_1^2+b_2^2 & b_1b_3+b_2b_4 \\ b_1b_3+b_2b_4 & b_3^2+b_4^2 \end{pmatrix} = \begin{pmatrix} b_1^2+b_3^2 & b_1b_2+b_3b_4 \\ b_1b_2+b_3b_4 & b_2^2+b_4^2 \end{pmatrix},$$

可得 $b_2^2=b_3^2$. 由于 $\boldsymbol{A}\neq\boldsymbol{A}^{\mathrm{T}}$, 故 $b_2=-b_3\neq 0$, 令 $b_2=c\neq 0$, 又 $c(-b_1+b_4)=c(b_1-b_4)$, 得到 $b_1=b_4$. 令 $b_1=b_4=b$, 即 $\boldsymbol{B}=\begin{pmatrix} b & c \\ -c & b \end{pmatrix}$, 故 $\boldsymbol{P}^{\mathrm{T}}\boldsymbol{A}\boldsymbol{P}=\begin{pmatrix} a & 0 & 0 \\ 0 & b & c \\ 0 & -c & b \end{pmatrix}$.

(2) 注意到 $\boldsymbol{A}\neq\boldsymbol{A}^{\mathrm{T}}$, 由 (1) 知 $c\neq 0$. 而 $\boldsymbol{A}$ 是三阶实正交矩阵, $\boldsymbol{A}$ 的特征值是三次单位根, 所以, $\boldsymbol{A}$ 有且仅有一个实特征值 1, 另外两个特征值为共轭虚数. 设 $\boldsymbol{x}$ 是特征值 1 对应的特征向量, 即 $\boldsymbol{A}\boldsymbol{x}=\boldsymbol{x}$, 则 $\boldsymbol{A}^{\mathrm{T}}\boldsymbol{A}\boldsymbol{x}=\boldsymbol{A}^{\mathrm{T}}\boldsymbol{x}\Rightarrow\boldsymbol{x}=\boldsymbol{A}^{\mathrm{T}}\boldsymbol{x}$. 得到 $\boldsymbol{A}\boldsymbol{x}=\boldsymbol{A}^{\mathrm{T}}\boldsymbol{x}$, 即 $(\boldsymbol{A}-\boldsymbol{A}^{\mathrm{T}})\boldsymbol{x}=\boldsymbol{0}$. 令 $u=a_{12}-a_{21}, v=a_{13}-a_{31}, w=a_{23}-a_{32}$, 由 $\boldsymbol{A}-\boldsymbol{A}^{\mathrm{T}}\neq\boldsymbol{O}$ 知, u,v,w 中至少有一个不等于零, 不妨假定 $u\neq 0$. 由矩阵的初等行变换可得

$$\boldsymbol{A}-\boldsymbol{A}^{\mathrm{T}}=\begin{pmatrix} 0 & u & v \\ -u & 0 & w \\ -v & -w & 0 \end{pmatrix}\to\begin{pmatrix} 1 & 0 & -w/u \\ 0 & 1 & v/u \\ 0 & 0 & 0 \end{pmatrix},$$

故 $\boldsymbol{x}=(w,-v,u)^{\mathrm{T}}$ 是方程组 $(\boldsymbol{A}-\boldsymbol{A}^{\mathrm{T}})\boldsymbol{x}=\boldsymbol{0}$ 的一个基础解系. 下证 $\boldsymbol{x}$ 是特征值 1 的特征向量. 事实上, 由 $\boldsymbol{A}(\boldsymbol{A}-\boldsymbol{A}^{\mathrm{T}})\boldsymbol{x}=\boldsymbol{0}$ 知, $(\boldsymbol{A}^2-\boldsymbol{I})\boldsymbol{x}=(\boldsymbol{A}+\boldsymbol{I})(\boldsymbol{A}-\boldsymbol{I})\boldsymbol{x}=\boldsymbol{0}$. 若 $|\boldsymbol{A}+\boldsymbol{I}|=0$, 将得到 $a=-1$, 且 $|\boldsymbol{A}|=-(b^2+c^2)=1$, 这与 $b,c\in\mathbb{R}$ 矛盾, 故 $|\boldsymbol{A}+\boldsymbol{I}|\neq 0$. 从而 $(\boldsymbol{A}-\boldsymbol{I})\boldsymbol{x}=\boldsymbol{0}$, $k\boldsymbol{x}$ 是特征值 1 对应的全部特征向量 $(k\neq 0)$.

17. 由题意知, 1 是 $\boldsymbol{A}$ 的 $n-1$ 重特征根. 注意到 $\boldsymbol{A}$ 是 n 阶正交矩阵, 且 $|\boldsymbol{A}|=1$, 故 $\boldsymbol{A}$ 的第 n 个特征根仍为 1. 由上一题结论可知, 存在正交矩阵 $\boldsymbol{Q}$ 及上三角矩阵 $\boldsymbol{T}$, 使得 $\boldsymbol{A}=\boldsymbol{Q}\boldsymbol{T}\boldsymbol{Q}^{-1}$, 其中 $\boldsymbol{T}$ 的主对角元全为 1. 由 $\boldsymbol{A}^{\mathrm{T}}=\boldsymbol{A}^{-1}$ 可得, $\boldsymbol{T}=\boldsymbol{I}$, 从而 $\boldsymbol{A}=\boldsymbol{I}$.

18. **证法 1** 设 $\mu(\boldsymbol{A})$ 是由 $\boldsymbol{A}$ 的列向量生成的子空间, 则 $\mu(\boldsymbol{A}^{\mathrm{T}}\boldsymbol{A})\subset\mu(\boldsymbol{A}^{\mathrm{T}})$. 注意到 $\mathrm{R}(\boldsymbol{A}^{\mathrm{T}}\boldsymbol{A})=\mathrm{R}(\boldsymbol{A}^{\mathrm{T}})$, 即 $\dim\mu(\boldsymbol{A}^{\mathrm{T}}\boldsymbol{A})=\dim\mu(\boldsymbol{A}^{\mathrm{T}})$, 故

$$\mu(\boldsymbol{A}^{\mathrm{T}}\boldsymbol{A})=\mu(\boldsymbol{A}^{\mathrm{T}}).$$

由 $\boldsymbol{A}^{\mathrm{T}}\boldsymbol{\beta}\in\mu(\boldsymbol{A}^{\mathrm{T}})$ 知, $\boldsymbol{A}^{\mathrm{T}}\boldsymbol{\beta}\in\mu(\boldsymbol{A}^{\mathrm{T}}\boldsymbol{A})$, 方程组 $\boldsymbol{A}^{\mathrm{T}}\boldsymbol{A}\boldsymbol{x}=\boldsymbol{A}^{\mathrm{T}}\boldsymbol{\beta}$ 必有解.

证法 2 由

$$\mathrm{R}(\boldsymbol{A}^{\mathrm{T}})=\mathrm{R}(\boldsymbol{A}^{\mathrm{T}}\boldsymbol{A})\leqslant\mathrm{R}(\boldsymbol{A}^{\mathrm{T}}\boldsymbol{A},\boldsymbol{A}^{\mathrm{T}}\boldsymbol{\beta})=\mathrm{R}(\boldsymbol{A}^{\mathrm{T}}(\boldsymbol{A},\boldsymbol{\beta}))\leqslant\mathrm{R}(\boldsymbol{A}^{\mathrm{T}})$$

可知, $\mathrm{R}(\boldsymbol{A}^{\mathrm{T}}\boldsymbol{A},\boldsymbol{A}^{\mathrm{T}}\boldsymbol{\beta})=\mathrm{R}(\boldsymbol{A}^{\mathrm{T}}\boldsymbol{A})$, 故方程组 $\boldsymbol{A}^{\mathrm{T}}\boldsymbol{A}\boldsymbol{x}=\boldsymbol{A}^{\mathrm{T}}\boldsymbol{\beta}$ 必有解.

19. (1) 注意到三阶正交矩阵 $\boldsymbol{A}$ 一定有一个实特征根, 且各特征根的模为 1, 虚根共轭成对出现, 而 $|\boldsymbol{A}|=1$, 故 $\boldsymbol{A}$ 有一个特征根 1.

(2) 由 (1) 知 $\boldsymbol{A}$ 的特征多项式可设为

$$f(\lambda)=(\lambda-1)(\lambda^2+a\lambda+b)=\lambda^3+(a-1)\lambda^2+(b-a)\lambda-b.$$

设 $\boldsymbol{A}$ 的特征根为 $1,\alpha,\overline{\alpha}$, 由根与系数的关系得

$$1+\alpha+\overline{\alpha}=1-a,\quad \alpha\overline{\alpha}+\alpha+\overline{\alpha}=1+\alpha+\overline{\alpha}=b-a,\quad \alpha\overline{\alpha}=b.$$

由前面两式得 $b=1$. 令 $a-1=t$, 则 $b-a=1-a=t$. 于是

$$f(\lambda)=\lambda^3-t\lambda^2+t\lambda-1.$$

由 $-2\leqslant\alpha+\overline{\alpha}\leqslant 2$ 知, $-1\leqslant t=1+\alpha+\overline{\alpha}\leqslant 3$, 故 $-1\leqslant t\leqslant 3$.

注 正交矩阵的特征值只可能是 ±1, 或 $\cos\theta\pm \mathrm{i}\sin\theta$.

20. 设 n 阶正交矩阵 $\boldsymbol{A}$ 的特征值 $\lambda_1,\cdots,\lambda_n$ 全为实数 (1 或 -1), 因此, 存在可逆矩阵 $\boldsymbol{P}$ 与主对角元是 $\lambda_1,\cdots,\lambda_n$ 的上三角矩阵 $\boldsymbol{J}$(比如取成上三角形的若尔当标准形矩阵), 使得

$$\boldsymbol{A}=\boldsymbol{P}\boldsymbol{J}\boldsymbol{P}^{-1}.$$

注意到矩阵相似与数域无关, 因此 $\boldsymbol{P}$ 也是实数域上的可逆矩阵. 由 QR 分解定理 (教材定理 8.10) 可知, 存在正交矩阵 $\boldsymbol{Q}$ 和上三角矩阵 $\boldsymbol{R}$ 使得 $\boldsymbol{P}=\boldsymbol{Q}\boldsymbol{R}$. 于是

$$\boldsymbol{A}=\boldsymbol{Q}\boldsymbol{R}\boldsymbol{J}\boldsymbol{R}^{-1}\boldsymbol{Q}^{-1}=\boldsymbol{Q}\boldsymbol{D}\boldsymbol{Q}^{-1},$$

其中 $\boldsymbol{D}=\boldsymbol{R}\boldsymbol{J}\boldsymbol{R}^{-1}$ 仍为上三角矩阵. 由于 $\boldsymbol{Q}^{-1}=\boldsymbol{Q}^{\mathrm{T}}$, 因此,

$$\boldsymbol{A}\boldsymbol{A}^{T}=\boldsymbol{Q}\boldsymbol{D}\boldsymbol{Q}^{-1}\cdot\boldsymbol{Q}\boldsymbol{D}^{\mathrm{T}}\boldsymbol{Q}^{-1}=\boldsymbol{Q}\boldsymbol{D}\boldsymbol{D}^{\mathrm{T}}\boldsymbol{Q}^{-1}=\boldsymbol{I},$$

可得 $\boldsymbol{D}\boldsymbol{D}^{\mathrm{T}}=\boldsymbol{I}$. 而可逆上三角矩阵的逆矩阵仍为上三角矩阵, 故 $\boldsymbol{D}^{-1}=\boldsymbol{D}^{\mathrm{T}}$ 是上三角矩阵, 也是下三角矩阵, 因而是对角矩阵. 从而可知 $\boldsymbol{A}$ 是对称矩阵.

注 请留意本题与教材习题第 8.45 题的区别.

21. 假设存在正交矩阵 $\boldsymbol{A},\boldsymbol{B}$ 满足 $\boldsymbol{A}^2=\boldsymbol{A}\boldsymbol{B}+\boldsymbol{B}^2$. 适当变形可得 $\boldsymbol{A}\boldsymbol{B}^{\mathrm{T}}=\boldsymbol{I}+\boldsymbol{A}^{\mathrm{T}}\boldsymbol{B}$, 两边求迹又得 $\mathrm{tr}(\boldsymbol{A}\boldsymbol{B}^{\mathrm{T}})=n+\mathrm{tr}(\boldsymbol{A}^{\mathrm{T}}\boldsymbol{B})$. 而 $\mathrm{tr}(\boldsymbol{A}\boldsymbol{B}^{\mathrm{T}})=\mathrm{tr}(\boldsymbol{A}^{\mathrm{T}}\boldsymbol{B})$, 故 $0=n$, 矛盾.

22. 记 $\boldsymbol{A}$ 的前 $n-1$ 列组成的 $n-1$ 阶子矩阵为 $\boldsymbol{B}$, 设 $\boldsymbol{1}=(1,1,\cdots,1)^{\mathrm{T}}$ 是各元素皆为 1 的 $n-1$ 维列向量, 则 $\boldsymbol{A}=(\boldsymbol{B},-\boldsymbol{B}\boldsymbol{1})$. 由行列式降阶定理 (或教材习题第 2.46 题) 得 $|\boldsymbol{I}_{n-1}+\boldsymbol{1}\boldsymbol{1}^{\mathrm{T}}|=1+\boldsymbol{1}^{\mathrm{T}}\boldsymbol{1}=n$. 因此,

$$\begin{aligned}|\boldsymbol{A}\boldsymbol{A}^{\mathrm{T}}|&=\left|(\boldsymbol{B},-\boldsymbol{B}\boldsymbol{1})\begin{pmatrix}\boldsymbol{B}^{\mathrm{T}}\\-\boldsymbol{1}^{\mathrm{T}}\boldsymbol{B}^{\mathrm{T}}\end{pmatrix}\right|\\&=\left|\boldsymbol{B}(\boldsymbol{I}_{n-1}+\boldsymbol{1}\boldsymbol{1}^{\mathrm{T}})\boldsymbol{B}^{\mathrm{T}}\right|=n|\boldsymbol{B}|^2.\end{aligned}$$

23. 以 $\boldsymbol{\alpha}_i^{\mathrm{T}}$ 表示 $\boldsymbol{A}$ 的第 i 行 $(i=1,2,\cdots,n)$, S,T 分别表示题中 $s\times t$ 子矩阵块的行与列标号的集合, 并令 $\boldsymbol{\gamma}=\sum\limits_{i\in S}\boldsymbol{\alpha}_i$. 由正交性得 $|\boldsymbol{\gamma}|^2=\sum\limits_{i\in S}\boldsymbol{\alpha}_i^{\mathrm{T}}\boldsymbol{\alpha}_i=sn$. 又 $\boldsymbol{\gamma}$ 的第 j 个分量为 $\sum\limits_{i\in S}a_{ij}$, 所以,

$$|\boldsymbol{\gamma}|^2=\sum_{j=1}^{n}\left(\sum_{i\in S}a_{ij}\right)^2\geqslant s^2t.$$

故 $s^2t\leqslant st$, 即 $st\leqslant n$.

§8.4 习题选解

8.2 在线性空间 $\mathbb{R}^{2\times2}$ 中, 对任意两个矩阵

$$\boldsymbol{A}=\begin{pmatrix}a_{11}&a_{12}\\a_{21}&a_{22}\end{pmatrix},\quad \boldsymbol{B}=\begin{pmatrix}b_{11}&b_{12}\\b_{21}&b_{22}\end{pmatrix},$$

定义二元实函数

$$(\boldsymbol{A},\boldsymbol{B})=\sum_{i=1}^{2}\sum_{j=1}^{2}a_{ij}b_{ij}=a_{11}b_{11}+a_{12}b_{12}+a_{21}b_{21}+a_{22}b_{22}.$$

(1) 证明: $(\boldsymbol{A},\boldsymbol{B})$ 是 $\mathbb{R}^{2\times2}$ 的内积, 因而 $\mathbb{R}^{2\times2}$ 是欧氏空间;

(2) 写出欧氏空间 $\mathbb{R}^{2\times2}$ 的柯西–施瓦茨不等式;

(3) 求向量

$$\boldsymbol{A}=\begin{pmatrix}1&-1\\-1&1\end{pmatrix},\quad \boldsymbol{B}=\begin{pmatrix}1&2\\2&1\end{pmatrix},$$

的长度和它们的夹角, 并求向量 $\boldsymbol{A}$ 在向量 $\boldsymbol{B}$ 上的投影向量.

证明 (1) (i) $(\boldsymbol{A},\boldsymbol{A})=\sum\limits_{i=1}^{2}\sum\limits_{j=1}^{2}a_{ij}^2\geqslant 0$, 当且仅当 $\boldsymbol{A}=\boldsymbol{O}$ 时等号成立;

(ii) 显然有 $(\boldsymbol{A},\boldsymbol{B})=(\boldsymbol{B},\boldsymbol{A})$;

(iii) 设 $\boldsymbol{C}=(c_{ij})_{2\times2}$, 则

$$(\boldsymbol{A}+\boldsymbol{B},\boldsymbol{C})=\sum_{i=1}^{2}\sum_{j=1}^{2}(a_{ij}+b_{ij})c_{ij}=\sum_{i=1}^{2}\sum_{j=1}^{2}a_{ij}c_{ij}+\sum_{i=1}^{2}\sum_{j=1}^{2}b_{ij}c_{ij}=(\boldsymbol{A},\boldsymbol{C})+(\boldsymbol{B},\boldsymbol{C});$$

(iv) 对任意 $k\in\mathbb{R}$

$$(k\boldsymbol{A},\boldsymbol{B})=\sum_{i=1}^{2}\sum_{j=1}^{2}(ka_{ij})b_{ij}=k\sum_{i=1}^{2}\sum_{j=1}^{2}a_{ij}b_{ij}=k(\boldsymbol{A},\boldsymbol{B}).$$

所以, $(\boldsymbol{A},\boldsymbol{B})$ 是 $\mathbb{R}^{2\times2}$ 的内积, 因而 $\mathbb{R}^{2\times2}$ 是欧氏空间.

(2) 欧氏空间 $\mathbb{R}^{2\times2}$ 的柯西–施瓦茨不等式: $|(\boldsymbol{A},\boldsymbol{B})|\leqslant|\boldsymbol{A}||\boldsymbol{B}|$, 即

$$\left|\sum_{i=1}^{2}\sum_{j=1}^{2}a_{ij}b_{ij}\right|\leqslant\sqrt{\sum_{i=1}^{2}\sum_{j=1}^{2}a_{ij}^2}\sqrt{\sum_{i=1}^{2}\sum_{j=1}^{2}b_{ij}^2}.$$

当且仅当 $a_{ij}=kb_{ij},i,j=1,2$ 时等号成立.

(3) $|\boldsymbol{A}|=\sqrt{(\boldsymbol{A},\boldsymbol{A})}=2,|\boldsymbol{B}|=\sqrt{10},(\boldsymbol{A},\boldsymbol{B})=-2,\cos\theta=\dfrac{-2}{2\times\sqrt{10}}=-\dfrac{1}{\sqrt{10}}$. $\boldsymbol{A}$ 在向量 $\boldsymbol{B}$ 上的投影向量为

$$\frac{|\boldsymbol{A}|\cos\theta}{|\boldsymbol{B}|}\boldsymbol{B}=-\frac{1}{5}\begin{pmatrix}1&2\\2&1\end{pmatrix}.$$

8.4 在欧氏空间 $\mathbb{R}^3$ 中, 求基 $\boldsymbol{\varepsilon}_1 = (1,-1,2)^{\mathrm{T}}, \boldsymbol{\varepsilon}_2 = (-3,0,-1)^{\mathrm{T}}, \boldsymbol{\varepsilon}_3 = (2,3,1)^{\mathrm{T}}$ 的度量矩阵.

解 由 $a_{ij} = (\boldsymbol{\varepsilon}_i, \boldsymbol{\varepsilon}_j)\,(i,j=1,2,3)$ 计算得

$$\boldsymbol{A} = \begin{pmatrix} 6 & -5 & 1 \\ -5 & 10 & -7 \\ 1 & -7 & 14 \end{pmatrix}.$$

8.6 证明: 对欧氏空间 V 中的任意向量 $\boldsymbol{\alpha}_1, \boldsymbol{\alpha}_2, \cdots, \boldsymbol{\alpha}_s$, 都有

$$|\boldsymbol{\alpha}_1 + \boldsymbol{\alpha}_2 + \cdots + \boldsymbol{\alpha}_s| \leqslant |\boldsymbol{\alpha}_1| + |\boldsymbol{\alpha}_2| + \cdots + |\boldsymbol{\alpha}_s|.$$

证明 由柯西–施瓦茨不等式得

$$\begin{aligned}\left|\sum_{i=1}^s \boldsymbol{\alpha}_i\right|^2 &= \left(\sum_{i=1}^s \boldsymbol{\alpha}_i, \sum_{j=1}^s \boldsymbol{\alpha}_j\right) = \sum_{i=1}^s |\boldsymbol{\alpha}_i|^2 + 2\sum_{1\leqslant i<j\leqslant s}(\boldsymbol{\alpha}_i, \boldsymbol{\alpha}_j) \\ &\leqslant \sum_{i=1}^s |\boldsymbol{\alpha}_i|^2 + 2\sum_{1\leqslant i<j\leqslant s}|\boldsymbol{\alpha}_i||\boldsymbol{\alpha}_j| = \left(\sum_{i=1}^s |\boldsymbol{\alpha}_i|\right)^2,\end{aligned}$$

即得所证.

8.8 证明: 在欧氏空间中, 平行四边形两条对角线的平方和等于四边的平方和, 即

$$|\boldsymbol{\alpha}+\boldsymbol{\beta}|^2 + |\boldsymbol{\alpha}-\boldsymbol{\beta}|^2 = 2(|\boldsymbol{\alpha}|^2 + |\boldsymbol{\beta}|^2).$$

证明 由 $|\boldsymbol{\alpha}\pm\boldsymbol{\beta}|^2 = |\boldsymbol{\alpha}|^2 + |\boldsymbol{\beta}|^2 \pm 2(\boldsymbol{\alpha}, \boldsymbol{\beta})$, 两式相加即得欲证.

8.12 证明: 欧氏空间中两个非零向量 $\boldsymbol{\alpha}, \boldsymbol{\beta}$ 正交的充要条件是对任意实数 k 都有

$$|\boldsymbol{\alpha} + k\boldsymbol{\beta}| \geqslant |\boldsymbol{\alpha}|.$$

证明 必要性.

$$|\boldsymbol{\alpha}+k\boldsymbol{\beta}|^2 = |\boldsymbol{\alpha}|^2 + k^2|\boldsymbol{\beta}|^2 + 2k(\boldsymbol{\alpha}, \boldsymbol{\beta}) = |\boldsymbol{\alpha}|^2 + k^2|\boldsymbol{\beta}|^2 \geqslant |\boldsymbol{\alpha}|^2.$$

充分性. 由 $|\boldsymbol{\alpha}+k\boldsymbol{\beta}| \geqslant |\boldsymbol{\alpha}|(\forall k\in\mathbb{R})$ 得

$$k^2|\boldsymbol{\beta}|^2 + 2k(\boldsymbol{\alpha}, \boldsymbol{\beta}) \geqslant 0 \quad (\forall k \in \mathbb{R}).$$

注意到 $|\boldsymbol{\beta}|^2 \neq 0$, 因此, $\Delta = 4(\boldsymbol{\alpha}, \boldsymbol{\beta})^2 \leqslant 0$, 故 $(\boldsymbol{\alpha}, \boldsymbol{\beta}) = 0$, $\boldsymbol{\alpha}$ 与 $\boldsymbol{\beta}$ 正交.

8.13 设 $\boldsymbol{\alpha}_1, \boldsymbol{\alpha}_2, \cdots, \boldsymbol{\alpha}_m$ 是 n 维欧氏空间 V 的一个正交向量组, $\boldsymbol{\alpha}$ 是 V 中的任一向量, 证明**贝塞尔不等式**:

$$\sum_{i=1}^m \frac{|(\boldsymbol{\alpha}, \boldsymbol{\alpha}_i)|^2}{|\boldsymbol{\alpha}_i|^2} \leqslant |\boldsymbol{\alpha}|^2,$$

等号成立的充要条件是 $\boldsymbol{\alpha} \in L(\boldsymbol{\alpha}_1, \boldsymbol{\alpha}_2, \cdots, \boldsymbol{\alpha}_m)$.

证明 将正交向量组 $\boldsymbol{\alpha}_1, \boldsymbol{\alpha}_2, \cdots, \boldsymbol{\alpha}_m$ 扩充成 V 的一个正交基 $\boldsymbol{\alpha}_1, \cdots, \boldsymbol{\alpha}_m, \boldsymbol{\alpha}_{m+1}, \cdots, \boldsymbol{\alpha}_n$.

设 $\boldsymbol{\alpha}=\sum\limits_{i=1}^{n}x_i\boldsymbol{\alpha}_i$, 则

$$(\boldsymbol{\alpha},\boldsymbol{\alpha}_i)=x_i|\boldsymbol{\alpha}_i|^2,\ |\boldsymbol{\alpha}|^2=\sum_{i=1}^{n}x_i^2|\boldsymbol{\alpha}_i|^2.$$

故

$$\sum_{i=1}^{m}\frac{|(\boldsymbol{\alpha},\boldsymbol{\alpha}_i)|^2}{|\boldsymbol{\alpha}_i|^2}=\sum_{i=1}^{m}x_i^2|\boldsymbol{\alpha}_i|^2\leqslant\sum_{i=1}^{n}x_i^2|\boldsymbol{\alpha}_i|^2=|\boldsymbol{\alpha}|^2.$$

等号成立当且仅当 $x_{m+1}=\cdots=x_n=0\Leftrightarrow\boldsymbol{\alpha}\in L(\boldsymbol{\alpha}_1,\boldsymbol{\alpha}_2,\cdots,\boldsymbol{\alpha}_m)$.

8.14 设 $\boldsymbol{\alpha}_1,\boldsymbol{\alpha}_2,\cdots,\boldsymbol{\alpha}_s$ 是 n 维欧氏空间 V 的一个向量组, $a_{ij}=(\boldsymbol{\alpha}_i,\boldsymbol{\alpha}_j)\,(i,j=1,2,\cdots,s)$, 称矩阵 $\boldsymbol{A}=(a_{ij})_{s\times s}$ 为向量组 $\boldsymbol{\alpha}_1,\boldsymbol{\alpha}_2,\cdots,\boldsymbol{\alpha}_s$ 的**格拉姆矩阵**, 记作 $\boldsymbol{G}(\boldsymbol{\alpha}_1,\cdots,\boldsymbol{\alpha}_s)$, 称 $|\boldsymbol{G}(\boldsymbol{\alpha}_1,\cdots,\boldsymbol{\alpha}_s)|$ 为向量组 $\boldsymbol{\alpha}_1,\boldsymbol{\alpha}_2,\cdots,\boldsymbol{\alpha}_s$ 的**格拉姆行列式**. 证明: 任一 s 阶格拉姆矩阵都可以表示成 $\boldsymbol{B}^{\mathrm{T}}\boldsymbol{B}$ 的形式, 其中 $\boldsymbol{B}$ 是 $n\times s$ 矩阵.

证明 设 $\boldsymbol{\varepsilon}_1,\boldsymbol{\varepsilon}_2,\cdots,\boldsymbol{\varepsilon}_n$ 是 n 维欧氏空间 V 的一个标准正交基, $\boldsymbol{\alpha}_i=\sum\limits_{k=1}^{n}b_{ki}\boldsymbol{\varepsilon}_k\,(i=1,2,\cdots,s)$, 则对任意 $i,j=1,2,\cdots,s$, 都有

$$a_{ij}=(\boldsymbol{\alpha}_i,\boldsymbol{\alpha}_j)=\left(\sum_{k=1}^{n}b_{ki}\boldsymbol{\varepsilon}_k,\sum_{l=1}^{n}b_{lj}\boldsymbol{\varepsilon}_l\right)=\sum_{k=1}^{n}\sum_{l=1}^{n}b_{ki}b_{lj}\,(\boldsymbol{\varepsilon}_k,\boldsymbol{\varepsilon}_l)=\sum_{k=1}^{n}b_{ki}b_{kj}.$$

令 $\boldsymbol{B}=(b_{ij})_{n\times s}$, 则

$$\boldsymbol{G}(\boldsymbol{\alpha}_1,\cdots,\boldsymbol{\alpha}_s)=\boldsymbol{B}^{\mathrm{T}}\boldsymbol{B}.$$

8.15 设 $\boldsymbol{\varepsilon}_1,\boldsymbol{\varepsilon}_2,\cdots,\boldsymbol{\varepsilon}_n$ 是 n 维欧氏空间 V 的基, $\sigma\in L(V)$, 证明: σ 是正交变换的充要条件是 $(\sigma(\boldsymbol{\varepsilon}_i),\sigma(\boldsymbol{\varepsilon}_j))=(\boldsymbol{\varepsilon}_i,\boldsymbol{\varepsilon}_j)$ 对一切 $i,j=1,2,\cdots,n$ 都成立.

证明 必要性是显然的, 下证充分性.

任取 $\boldsymbol{\alpha},\boldsymbol{\beta}\in V,\boldsymbol{\alpha}=\sum\limits_{i=1}^{n}x_i\boldsymbol{\varepsilon}_i,\boldsymbol{\beta}=\sum\limits_{j=1}^{n}y_j\boldsymbol{\varepsilon}_j$, 则

$$\begin{aligned}(\boldsymbol{\alpha},\boldsymbol{\beta})&=\sum_{i=1}^{n}\sum_{j=1}^{n}x_iy_j\,(\boldsymbol{\varepsilon}_i,\boldsymbol{\varepsilon}_j)=\sum_{i=1}^{n}\sum_{j=1}^{n}x_iy_j\,(\sigma(\boldsymbol{\varepsilon}_i),\sigma(\boldsymbol{\varepsilon}_j))\\&=\left(\sum_{i=1}^{n}x_i\sigma(\boldsymbol{\varepsilon}_i),\sum_{j=1}^{n}y_j\sigma(\boldsymbol{\varepsilon}_j)\right)=(\sigma(\boldsymbol{\alpha}),\sigma(\boldsymbol{\beta})).\end{aligned}$$

故 σ 是正交变换.

8.16 设 σ 是三维欧氏空间 $\mathbb{R}^3$ 的线性变换, 对任意 $x,y,z\in\mathbb{R}$ 都有

$$\sigma((x,y,z)^{\mathrm{T}})=(y,z,x)^{\mathrm{T}}.$$

证明: σ 是 $\mathbb{R}^3$ 的正交变换.

证法 1 取 $\boldsymbol{e}_1=(1,0,0)^{\mathrm{T}},\boldsymbol{e}_2=(0,1,0)^{\mathrm{T}},\boldsymbol{e}_3=(0,0,1)^{\mathrm{T}}$ 是 $\mathbb{R}^3$ 的标准正交基, 由题意得

$$\sigma(\boldsymbol{e}_1)=(0,0,1)^{\mathrm{T}}=\boldsymbol{e}_3,\quad\sigma(\boldsymbol{e}_2)=(1,0,0)^{\mathrm{T}}=\boldsymbol{e}_1,\quad\sigma(\boldsymbol{e}_3)=(0,1,0)^{\mathrm{T}}=\boldsymbol{e}_2.$$

故

$$\sigma(\boldsymbol{e}_1,\boldsymbol{e}_2,\boldsymbol{e}_3)=(\boldsymbol{e}_1,\boldsymbol{e}_2,\boldsymbol{e}_3)\begin{pmatrix}0&1&0\\0&0&1\\1&0&0\end{pmatrix}.$$

令

$$\boldsymbol{A}=\begin{pmatrix}0&1&0\\0&0&1\\1&0&0\end{pmatrix},$$

则 $\boldsymbol{A}^{\mathrm{T}}\boldsymbol{A}=\boldsymbol{I}$, 即 $\boldsymbol{A}$ 是正交矩阵, 故 σ 是 $\mathbb{R}^3$ 的正交变换.

证法 2 设 $\boldsymbol{\varepsilon}_1=(a_{11},a_{21},a_{31})^{\mathrm{T}},\boldsymbol{\varepsilon}_2=(a_{12},a_{22},a_{32})^{\mathrm{T}},\boldsymbol{\varepsilon}_3=(a_{13},a_{23},a_{33})^{\mathrm{T}}$ 是 $\mathbb{R}^3$ 的任一标准正交基. 先求出 $\sigma(\boldsymbol{\varepsilon}_1),\sigma(\boldsymbol{\varepsilon}_2),\sigma(\boldsymbol{\varepsilon}_3)$, 然后由 $(\sigma(\boldsymbol{\varepsilon}_i),\sigma(\boldsymbol{\varepsilon}_j))=(\boldsymbol{\varepsilon}_i,\boldsymbol{\varepsilon}_j)=\delta_{ij}$ 知, 基像 $\sigma(\boldsymbol{\varepsilon}_1),\sigma(\boldsymbol{\varepsilon}_2),\sigma(\boldsymbol{\varepsilon}_3)$ 仍是 $\mathbb{R}^3$ 的标准正交基, 即知 σ 是正交变换 (详细过程由读者写出).

8.17 证明: 正交变换的属于不同特征值的特征向量正交.

证明 欧氏空间 V 中的正交变换 σ(在实数域上) 的特征值只能是 1 或 -1, 设 $\boldsymbol{\alpha}_1,\boldsymbol{\alpha}_2$ 分别是 1 和 -1 对应的特征向量, 则 $\sigma(\boldsymbol{\alpha}_1)=\boldsymbol{\alpha}_1,\sigma(\boldsymbol{\alpha}_2)=-\boldsymbol{\alpha}_2$. 故

$$(\boldsymbol{\alpha}_1,\boldsymbol{\alpha}_2)=(\sigma(\boldsymbol{\alpha}_1),\sigma(\boldsymbol{\alpha}_2))=(\boldsymbol{\alpha}_1,-\boldsymbol{\alpha}_2)=-(\boldsymbol{\alpha}_1,\boldsymbol{\alpha}_2).$$

得 $(\boldsymbol{\alpha}_1,\boldsymbol{\alpha}_2)=0$, 即 $\boldsymbol{\alpha}_1,\boldsymbol{\alpha}_2$ 正交.

8.18 设 $\boldsymbol{e}_1,\boldsymbol{e}_2,\boldsymbol{e}_3$ 是 $\mathbb{R}^3$ 的标准正交基, 试求 $\mathbb{R}^3$ 的一个正交变换 σ, 使得 $\sigma(\boldsymbol{e}_3)$ 是平面 $x+y-1=0$ 的法向量.

解 $\sigma(\boldsymbol{e}_3)=(1/\sqrt{2},1/\sqrt{2},0)^{\mathrm{T}},\sigma(\boldsymbol{e}_1),\sigma(\boldsymbol{e}_2)$ 的坐标满足 $x+y=0$. 取平面 $x+y=0$ 上的两个标准正交向量

$$\boldsymbol{\alpha}_1=(0,0,1)^{\mathrm{T}},\quad \boldsymbol{\alpha}_2=(1/\sqrt{2},-1/\sqrt{2},0)^{\mathrm{T}},$$

令

$$\sigma(\boldsymbol{e}_1)=(0,0,1)^{\mathrm{T}},\quad \sigma(\boldsymbol{e}_2)=(1/\sqrt{2},-1/\sqrt{2},0)^{\mathrm{T}},$$

则所求的正交变换 σ 在标准正交基 $\boldsymbol{e}_1,\boldsymbol{e}_2,\boldsymbol{e}_3$ 下的矩阵是

$$\begin{pmatrix}0&1/\sqrt{2}&1/\sqrt{2}\\0&-1/\sqrt{2}&1/\sqrt{2}\\1&0&0\end{pmatrix}.$$

8.19 设 $\boldsymbol{\varepsilon}_1,\boldsymbol{\varepsilon}_2,\boldsymbol{\varepsilon}_3$ 是三维欧氏空间 V 的标准正交基, 试求 V 的一个正交变换 σ, 使得

$$\sigma(\boldsymbol{e}_1)=\frac{2}{3}\boldsymbol{\varepsilon}_1+\frac{2}{3}\boldsymbol{\varepsilon}_2-\frac{1}{3}\boldsymbol{\varepsilon}_3,\quad \sigma(\boldsymbol{e}_2)=\frac{2}{3}\boldsymbol{\varepsilon}_1-\frac{1}{3}\boldsymbol{\varepsilon}_2+\frac{2}{3}\boldsymbol{\varepsilon}_3.$$

解 设 $\sigma(\boldsymbol{e}_3)=x_1\boldsymbol{\varepsilon}_1+x_2\boldsymbol{\varepsilon}_2+x_3\boldsymbol{\varepsilon}_3$, 由 $(\sigma(\boldsymbol{e}_3),\sigma(\boldsymbol{e}_1))=(\sigma(\boldsymbol{e}_3),\sigma(\boldsymbol{e}_2))=0$ 可知,

$$\begin{cases}\dfrac{2}{3}x_1+\dfrac{2}{3}x_2-\dfrac{1}{3}x_3=0,\\[2mm]\dfrac{2}{3}x_1-\dfrac{1}{3}x_2+\dfrac{2}{3}x_3=0.\end{cases}$$

得一个基础解系 $(1,-2,-2)^{\mathrm{T}}$, 单位化得 $(1/3,-2/3,-2/3)^{\mathrm{T}}$, 取

$$\sigma(\boldsymbol{e}_3)=\frac{1}{3}\boldsymbol{\varepsilon}_1-\frac{2}{3}\boldsymbol{\varepsilon}_2-\frac{2}{3}\boldsymbol{\varepsilon}_3$$

即可.

8.20 对下列 $\boldsymbol{A}$, 分别求正交矩阵 $\boldsymbol{Q}$ 和上三角矩阵 $\boldsymbol{R}$, 使得 $\boldsymbol{A}=\boldsymbol{QR}$:

(1) $\boldsymbol{A}=\begin{pmatrix}1&2&-3\\2&3&0\\-2&-2&0\end{pmatrix}$; (2) $\boldsymbol{A}=\begin{pmatrix}2&3&-1\\0&0&-1\\0&1&2\end{pmatrix}$.

解 (1) 设 $\boldsymbol{A}=(\boldsymbol{\alpha}_1,\boldsymbol{\alpha}_2,\boldsymbol{\alpha}_3)$, 对列向量组 $\boldsymbol{\alpha}_1,\boldsymbol{\alpha}_2,\boldsymbol{\alpha}_3$ 施行施密特正交化. 取

$$\begin{aligned}
\boldsymbol{\beta}_1&=\boldsymbol{\alpha}_1,\\
\boldsymbol{\beta}_2&=\boldsymbol{\alpha}_2-\frac{(\boldsymbol{\alpha}_2,\boldsymbol{\beta}_1)}{(\boldsymbol{\beta}_1,\boldsymbol{\beta}_1)}\boldsymbol{\beta}_1=\begin{pmatrix}2\\3\\-2\end{pmatrix}-\frac{4}{3}\begin{pmatrix}1\\2\\-2\end{pmatrix}=\frac{1}{3}\begin{pmatrix}2\\1\\2\end{pmatrix},\\
\boldsymbol{\beta}_3&=\boldsymbol{\alpha}_3-\frac{(\boldsymbol{\alpha}_3,\boldsymbol{\beta}_1)}{(\boldsymbol{\beta}_1,\boldsymbol{\beta}_1)}\boldsymbol{\beta}_1-\frac{(\boldsymbol{\alpha}_3,\boldsymbol{\beta}_2)}{(\boldsymbol{\beta}_2,\boldsymbol{\beta}_2)}\boldsymbol{\beta}_2\\
&=\begin{pmatrix}-3\\0\\0\end{pmatrix}+\frac{1}{3}\begin{pmatrix}1\\2\\-2\end{pmatrix}+\frac{2}{3}\begin{pmatrix}2\\1\\2\end{pmatrix}=\frac{2}{3}\begin{pmatrix}-2\\2\\1\end{pmatrix}.
\end{aligned}$$

单位化得到

$$\boldsymbol{\gamma}_1=\frac{1}{3}\begin{pmatrix}1\\2\\-2\end{pmatrix}=\frac{1}{3}\boldsymbol{\beta}_1,\quad \boldsymbol{\gamma}_2=\frac{1}{3}\begin{pmatrix}2\\1\\2\end{pmatrix}=\boldsymbol{\beta}_2,\quad \boldsymbol{\gamma}_3=\frac{1}{3}\begin{pmatrix}-2\\2\\1\end{pmatrix}=\frac{1}{2}\boldsymbol{\beta}_3,$$

所以 $\boldsymbol{\alpha}_1=3\boldsymbol{\gamma}_1,\boldsymbol{\alpha}_2=4\boldsymbol{\gamma}_1+\boldsymbol{\gamma}_2,\boldsymbol{\alpha}_1=-\boldsymbol{\gamma}_1-2\boldsymbol{\gamma}_2+2\boldsymbol{\gamma}_3$, 即

$$\boldsymbol{A}=(\boldsymbol{\alpha}_1,\boldsymbol{\alpha}_2,\boldsymbol{\alpha}_3)=(\boldsymbol{\gamma}_1,\boldsymbol{\gamma}_2,\boldsymbol{\gamma}_3)\begin{pmatrix}3&4&-1\\0&1&-2\\0&0&2\end{pmatrix}=\boldsymbol{QR},$$

其中

$$\boldsymbol{Q}=\frac{1}{3}\begin{pmatrix}1&2&-2\\2&1&2\\-2&2&1\end{pmatrix},\quad \boldsymbol{R}=\begin{pmatrix}3&4&-1\\0&1&-2\\0&0&2\end{pmatrix}.$$

(2) 设 $\boldsymbol{A}=(\boldsymbol{\alpha}_1,\boldsymbol{\alpha}_2,\boldsymbol{\alpha}_3)$, 对列向量组 $\boldsymbol{\alpha}_1,\boldsymbol{\alpha}_2,\boldsymbol{\alpha}_3$ 施行施密特正交化. 取

$$\begin{aligned}
\boldsymbol{\beta}_1 &= \boldsymbol{\alpha}_1,\\
\boldsymbol{\beta}_2 &= \boldsymbol{\alpha}_2-\frac{3}{2}\boldsymbol{\beta}_1=\begin{pmatrix}3\\0\\1\end{pmatrix}-\frac{3}{2}\begin{pmatrix}2\\0\\0\end{pmatrix}=\begin{pmatrix}0\\0\\1\end{pmatrix},\\
\boldsymbol{\beta}_3 &= \boldsymbol{\alpha}_3+\frac{1}{2}\boldsymbol{\beta}_1-2\boldsymbol{\beta}_2=\begin{pmatrix}-1\\-1\\2\end{pmatrix}+\frac{1}{2}\begin{pmatrix}2\\0\\0\end{pmatrix}-2\begin{pmatrix}0\\0\\1\end{pmatrix}=\begin{pmatrix}0\\-1\\0\end{pmatrix}.
\end{aligned}$$

单位化可得 $\gamma_1=\dfrac{1}{2}\boldsymbol{\beta}_1$, $\gamma_2=\boldsymbol{\beta}_2$, $\gamma_3=\boldsymbol{\beta}_3$, 所以

$$\boldsymbol{\alpha}_1=2\gamma_1,\quad \boldsymbol{\alpha}_2=3\gamma_1+\gamma_2,\quad \boldsymbol{\alpha}_3=-\gamma_1+2\gamma_2+\gamma_3.$$

改写成

$$\boldsymbol{A}=(\boldsymbol{\alpha}_1,\boldsymbol{\alpha}_2,\boldsymbol{\alpha}_3)=(\gamma_1,\gamma_2,\gamma_3)\begin{pmatrix}2&3&-1\\0&1&2\\0&0&1\end{pmatrix}=\begin{pmatrix}1&0&0\\0&0&-1\\0&1&0\end{pmatrix}\begin{pmatrix}2&3&-1\\0&1&2\\0&0&1\end{pmatrix}=\boldsymbol{QR}.$$

8.21 设 $\boldsymbol{A},\boldsymbol{B}$ 都是 n 阶可逆实矩阵, 且 $\boldsymbol{A}^{\mathrm{T}}\boldsymbol{A}=\boldsymbol{B}^{\mathrm{T}}\boldsymbol{B}$. 证明: 存在正交矩阵 $\boldsymbol{U}$ 使得 $\boldsymbol{A}=\boldsymbol{UB}$.

证明 令 $\boldsymbol{U}=\boldsymbol{AB}^{-1}$, 则 $\boldsymbol{A}=\boldsymbol{UB}$. 由 $\boldsymbol{A}^{\mathrm{T}}\boldsymbol{A}=\boldsymbol{B}^{\mathrm{T}}\boldsymbol{B}$ 知, $(\boldsymbol{B}^{\mathrm{T}})^{-1}=\boldsymbol{BA}^{-1}(\boldsymbol{A}^{\mathrm{T}})^{-1}$. 因此

$$\boldsymbol{U}^{\mathrm{T}}=(\boldsymbol{AB}^{-1})^{\mathrm{T}}=(\boldsymbol{B}^{-1})^{\mathrm{T}}\boldsymbol{A}^{\mathrm{T}}=(\boldsymbol{B}^{\mathrm{T}})^{-1}\boldsymbol{A}^{\mathrm{T}}=\boldsymbol{BA}^{-1}(\boldsymbol{A}^{\mathrm{T}})^{-1}\boldsymbol{A}^{\mathrm{T}}=\boldsymbol{BA}^{-1}=\boldsymbol{U}^{-1},$$

即 $\boldsymbol{U}$ 是正交矩阵.

8.22 设 $\boldsymbol{\alpha},\boldsymbol{\beta}$ 是欧氏空间 V 的两个向量, 且 $|\boldsymbol{\alpha}|=|\boldsymbol{\beta}|$. 证明: 存在正交变换 σ 使得 $\sigma(\boldsymbol{\alpha})=\boldsymbol{\beta}$.

证明 注意到 $\boldsymbol{\alpha}-\boldsymbol{\beta}\neq\boldsymbol{0}$, $|\boldsymbol{\alpha}-\boldsymbol{\beta}|^2=2(\boldsymbol{\alpha},\boldsymbol{\alpha})-2(\boldsymbol{\alpha},\boldsymbol{\beta})$, 令 $\boldsymbol{\eta}=\dfrac{\boldsymbol{\alpha}-\boldsymbol{\beta}}{|\boldsymbol{\alpha}-\boldsymbol{\beta}|}$ 是单位向量, 则镜像变换

$$\sigma(\boldsymbol{\xi})=\boldsymbol{\xi}-2(\boldsymbol{\xi},\boldsymbol{\eta})\boldsymbol{\eta}\quad(\forall\boldsymbol{\xi}\in V)$$

是 V 的正交变换, 且

$$\begin{aligned}
\sigma(\boldsymbol{\alpha})&=\boldsymbol{\alpha}-2\left(\boldsymbol{\alpha},\frac{\boldsymbol{\alpha}-\boldsymbol{\beta}}{|\boldsymbol{\alpha}-\boldsymbol{\beta}|}\right)\frac{\boldsymbol{\alpha}-\boldsymbol{\beta}}{|\boldsymbol{\alpha}-\boldsymbol{\beta}|}\\
&=\boldsymbol{\alpha}-\frac{(\boldsymbol{\alpha},\boldsymbol{\alpha})-(\boldsymbol{\alpha},\boldsymbol{\beta})}{(\boldsymbol{\alpha},\boldsymbol{\alpha})-(\boldsymbol{\alpha},\boldsymbol{\beta})}(\boldsymbol{\alpha}-\boldsymbol{\beta})\\
&=\boldsymbol{\beta}.
\end{aligned}$$

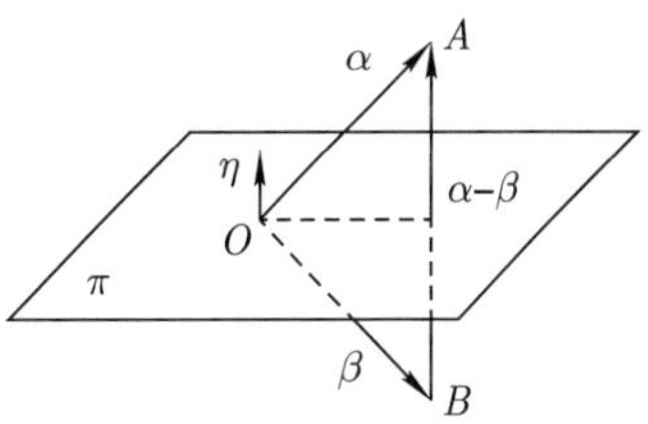

图 1

8.23 设 $\varepsilon_1,\varepsilon_2,\cdots,\varepsilon_n$ 是 n 维欧氏空间 V 的基, $\sigma\in L(V)$, 证明: σ 是对称变换的充要条件是 $(\sigma(\varepsilon_i),\varepsilon_j)=(\varepsilon_i,\sigma(\varepsilon_j))$ 对一切 $i,j=1,2,\cdots,n$ 都成立.

证明 必要性是显然的, 下证充分性.

任取 $\boldsymbol{\alpha},\boldsymbol{\beta}\in V$, $\boldsymbol{\alpha}=\sum\limits_{i=1}^{n}x_i\boldsymbol{\varepsilon}_i,\boldsymbol{\beta}=\sum\limits_{j=1}^{n}y_j\boldsymbol{\varepsilon}_j$, 则

$$\begin{aligned}(\sigma(\boldsymbol{\alpha}),\boldsymbol{\beta})&=\left(\sum_{i=1}^{n}x_i\sigma(\boldsymbol{\varepsilon}_i),\sum_{j=1}^{n}y_j\boldsymbol{\varepsilon}_j\right)=\sum_{i=1}^{n}\sum_{j=1}^{n}x_iy_j\left(\sigma(\boldsymbol{\varepsilon}_i),\boldsymbol{\varepsilon}_j\right)\\&=\sum_{i=1}^{n}\sum_{j=1}^{n}x_iy_j\left(\boldsymbol{\varepsilon}_i,\sigma(\boldsymbol{\varepsilon}_j)\right)=\left(\sum_{i=1}^{n}x_i\boldsymbol{\varepsilon}_i,\sum_{j=1}^{n}y_j\sigma(\boldsymbol{\varepsilon}_j)\right)\\&=(\boldsymbol{\alpha},\sigma(\boldsymbol{\beta}))\,,\end{aligned}$$

故 σ 是对称变换.

8.24 设 $\boldsymbol{A}$ 是 n 阶实对称矩阵, 且 $\boldsymbol{A}^2=\boldsymbol{A}$. 证明: 存在 n 阶正交矩阵 $\boldsymbol{C}$, 使得

$$\boldsymbol{C}^{-1}\boldsymbol{AC}=\begin{pmatrix}\boldsymbol{I}_r&\boldsymbol{O}\\\boldsymbol{O}&\boldsymbol{O}\end{pmatrix}.$$

证明 注意到 $\boldsymbol{A}$ 是幂等矩阵, 其特征值只能是 0 和 1, 设 1 是 $\boldsymbol{A}$ 的 r 重特征根. $\boldsymbol{A}$ 又是实对称矩阵, 则 $\boldsymbol{A}$ 可以正交对角化, 即存在 n 阶正交矩阵 $\boldsymbol{C}$, 使得

$$\boldsymbol{C}^{-1}\boldsymbol{AC}=\mathrm{diag}\,(\boldsymbol{I}_r,\boldsymbol{O})\,.$$

8.25 设 σ 是 n 维欧氏空间 V 的线性变换, 如果对任意向量 $\boldsymbol{\alpha},\boldsymbol{\beta}$, 都有

$$(\sigma(\boldsymbol{\alpha}),\boldsymbol{\beta})=-(\boldsymbol{\alpha},\sigma(\boldsymbol{\beta})),$$

则称 σ 是 V 的**反对称变换**. 证明: σ 是反对称变换的充要条件是 σ 在 V 的任一标准正交基下的矩阵是反对称矩阵.

证明 设 $\varepsilon_1,\varepsilon_2,\cdots,\varepsilon_n$ 是 n 维欧氏空间 V 的任一标准正交基, σ 在这个基下的矩阵是 $\boldsymbol{A}=(a_{ij})_{n\times n}$, 则

$$\sigma(\boldsymbol{\varepsilon}_j)=a_{1j}\boldsymbol{\varepsilon}_1+a_{2j}\boldsymbol{\varepsilon}_2+\cdots+a_{nj}\boldsymbol{\varepsilon}_n\quad(j=1,2,\cdots,n).$$

必要性. 注意到 $(\varepsilon_i,\varepsilon_j)=\delta_{ij}\,(i,j=1,2,\cdots,n)$, 因此,

$$a_{ij}=(\boldsymbol{\varepsilon}_i,\sigma(\boldsymbol{\varepsilon}_j))=-(\sigma(\boldsymbol{\varepsilon}_i),\boldsymbol{\varepsilon}_j)=-a_{ji}.$$

故 $\boldsymbol{A}$ 是反对称矩阵.

充分性. 设 $\boldsymbol{A}$ 是反对称矩阵. 对任意 $\boldsymbol{\alpha},\boldsymbol{\beta}\in V$, 令 $\boldsymbol{\alpha}=\sum\limits_{i=1}^{n}x_i\boldsymbol{\varepsilon}_i$, $\boldsymbol{\beta}=\sum\limits_{j=1}^{n}y_j\boldsymbol{\varepsilon}_j$, 则

$$(\sigma(\boldsymbol{\alpha}),\boldsymbol{\beta})=\left(\sum_{i=1}^{n}x_i\sigma(\boldsymbol{\varepsilon}_i),\sum_{j=1}^{n}y_j\boldsymbol{\varepsilon}_j\right)=\sum_{i=1}^{n}\sum_{j=1}^{n}x_iy_j(\sigma(\boldsymbol{\varepsilon}_i),\boldsymbol{\varepsilon}_j)=\sum_{i=1}^{n}\sum_{j=1}^{n}x_iy_ja_{ji},$$

$$(\boldsymbol{\alpha},\sigma(\boldsymbol{\beta}))=\left(\sum_{i=1}^{n}x_i\boldsymbol{\varepsilon}_i,\sum_{j=1}^{n}y_j\sigma(\boldsymbol{\varepsilon}_j)\right)=\sum_{i=1}^{n}\sum_{j=1}^{n}x_iy_j(\boldsymbol{\varepsilon}_i,\sigma(\boldsymbol{\varepsilon}_j))=\sum_{i=1}^{n}\sum_{j=1}^{n}x_iy_ja_{ij},$$

故 $(\sigma(\boldsymbol{\alpha}),\boldsymbol{\beta})=-(\boldsymbol{\alpha},\sigma(\boldsymbol{\beta})),\sigma$ 是反对称变换.

注 把习题第 8.15 题及第 8.23 题的结论推广到“反对称变换”的情形: 设 $\varepsilon_1,\varepsilon_2,\cdots,\varepsilon_n$ 是 n 维欧氏空间 V 的基, $\sigma\in L(V)$, 则 σ 是反对称变换的充要条件是 $(\sigma(\varepsilon_i),\varepsilon_j)=-(\varepsilon_i,\sigma(\varepsilon_j))$ 对一切 $i,j=1,2,\cdots,n$ 都成立 (留给读者自己证明).

8.26 在复数域 $\mathbb{C}$ 上, 证明:

(1) 反对称实矩阵的特征值是零或纯虚数;

(2) 正交矩阵的特征值只能是 ±1, 或 $\cos\theta\pm\mathrm{i}\sin\theta$.

证明 (1) 设 λ 是反对称实矩阵 $\boldsymbol{A}$ 的特征值, $\boldsymbol{\alpha}$ 是 λ 对应的特征向量, $\boldsymbol{\alpha}\neq0$, 则 $\overline{\boldsymbol{\alpha}^{\mathrm{T}}}\boldsymbol{\alpha}\neq0$,

$$\boldsymbol{A}\boldsymbol{\alpha}=\lambda\boldsymbol{\alpha}\Rightarrow\overline{\boldsymbol{\alpha}^{\mathrm{T}}\boldsymbol{A}^{\mathrm{T}}}=\overline{\lambda\boldsymbol{\alpha}^{\mathrm{T}}}\Rightarrow-\overline{\boldsymbol{\alpha}^{\mathrm{T}}}\boldsymbol{A}=\overline{\lambda\boldsymbol{\alpha}^{\mathrm{T}}}\Rightarrow-\overline{\boldsymbol{\alpha}^{\mathrm{T}}}\boldsymbol{A}\boldsymbol{\alpha}=\overline{\lambda\boldsymbol{\alpha}^{\mathrm{T}}}\boldsymbol{\alpha},$$

得到 $\lambda\overline{\boldsymbol{\alpha}^{\mathrm{T}}}\boldsymbol{\alpha}=-\overline{\lambda\boldsymbol{\alpha}^{\mathrm{T}}}\boldsymbol{\alpha}\Rightarrow\lambda+\overline{\lambda}=0$. 故 λ 只能是零或纯虚数.

(2) 设 λ 是正交矩阵 $\boldsymbol{A}$ 的特征值, $\boldsymbol{\alpha}$ 是 λ 对应的特征向量, $\boldsymbol{\alpha}\neq0$. 由于正交矩阵都是可逆矩阵, 因此, $\lambda\neq0$. 所以,

$$\lambda\boldsymbol{\alpha}=\boldsymbol{A}\boldsymbol{\alpha}\Rightarrow\overline{\lambda\boldsymbol{\alpha}^{\mathrm{T}}}=\overline{\boldsymbol{\alpha}^{\mathrm{T}}\boldsymbol{A}^{\mathrm{T}}}=\overline{\boldsymbol{\alpha}^{\mathrm{T}}}\boldsymbol{A}^{\mathrm{T}}=\overline{\boldsymbol{\alpha}^{\mathrm{T}}}\boldsymbol{A}^{-1}\Rightarrow\overline{\lambda\boldsymbol{\alpha}^{\mathrm{T}}}\boldsymbol{\alpha}=\overline{\boldsymbol{\alpha}^{\mathrm{T}}}\boldsymbol{A}^{-1}\boldsymbol{\alpha}=\frac{1}{\lambda}\overline{\boldsymbol{\alpha}^{\mathrm{T}}}\boldsymbol{\alpha}.$$

从而 $\overline{\lambda}\lambda\overline{\boldsymbol{\alpha}^{\mathrm{T}}}\boldsymbol{\alpha}=\overline{\boldsymbol{\alpha}^{\mathrm{T}}}\boldsymbol{\alpha}$. 再由 $\overline{\boldsymbol{\alpha}^{\mathrm{T}}}\boldsymbol{\alpha}>0$ 可知, $\overline{\lambda}\lambda=|\lambda|^2=1$, 故 $\lambda=\pm1$, 或 $\cos\theta\pm\mathrm{i}\sin\theta$.

8.27 已知三阶实对称矩阵 $\boldsymbol{A}$ 的特征值 $\lambda_1=-2,\lambda_2=\lambda_3=1$, 对应于 $\lambda_1=-2$ 的特征向量为 $\boldsymbol{\alpha}_1=(1,1,-1)^{\mathrm{T}}$. 求:

(1) 矩阵 $\boldsymbol{A}$ 的对应于 $\lambda_2=\lambda_3=1$ 的特征向量;

(2) 矩阵 $\boldsymbol{A}$.

解 设 $\boldsymbol{\alpha}=(x_1,x_2,x_3)^{\mathrm{T}}$ 是 $\lambda_2=\lambda_3=1$ 的特征向量, 由于实对称矩阵不同的特征值对应的特征向量是正交的, 因此,

$$\boldsymbol{\alpha}\perp\boldsymbol{\alpha}_1\Rightarrow x_1+x_2-x_3=0.$$

得基础解系 $\boldsymbol{\alpha}_2=(-1,1,0)^{\mathrm{T}},\boldsymbol{\alpha}_3=(1,0,1)^{\mathrm{T}}$. 令

$$\boldsymbol{C}=\begin{pmatrix}1&-1&1\\1&1&0\\-1&0&1\end{pmatrix}.$$

则

$$\boldsymbol{A}=\boldsymbol{C}\begin{pmatrix}-2&&\\&1&\\&&1\end{pmatrix}\boldsymbol{C}^{-1}=\begin{pmatrix}0&-1&1\\-1&0&1\\1&1&0\end{pmatrix}.$$

8.30 设 $\boldsymbol{\alpha}_1=(1,0,-1,2)^{\mathrm{T}},\boldsymbol{\alpha}_2=(-1,1,1,0)^{\mathrm{T}},V=L(\boldsymbol{\alpha}_1,\boldsymbol{\alpha}_2)$ 是 $\mathbb{R}^4$ 的子空间, 求 $V^{\perp}$ 的一个基及维数.

解 设 $\boldsymbol{\beta}=(x_1,x_2,x_3,x_4)^{\mathrm{T}}\in V^{\perp}$ 则 $\boldsymbol{\beta}\perp\boldsymbol{\alpha}_1,\boldsymbol{\beta}\perp\boldsymbol{\alpha}_2$. 因此,

$$\begin{cases}x_1\qquad-x_3+2x_4=0,\\-x_1+x_2+x_3\qquad=0.\end{cases}$$

将系数矩阵施行初等行变换化成行最简形得

$$\begin{pmatrix}1&0&-1&2\\-1&1&1&0\end{pmatrix}\to\begin{pmatrix}1&0&-1&2\\0&1&0&2\end{pmatrix}.$$

齐次方程组

$$\begin{cases}x_1=x_3-2x_4,\\x_2=\quad\ -2x_4.\end{cases}$$

的一个基础解系 $\boldsymbol{\beta}_1=(1,0,1,0)^{\mathrm{T}},\boldsymbol{\beta}_2=(-2,-2,0,1)^{\mathrm{T}}$. 因此, $V^{\perp}=L(\boldsymbol{\beta}_1,\boldsymbol{\beta}_2),\dim V^{\perp}=2$.

8.31 设 V_1,V_2 是欧氏空间 V 的两个子空间, 证明:

$$(V_1+V_2)^{\perp}=V_1^{\perp}\cap V_2^{\perp},\ (V_1\cap V_2)^{\perp}=V_1^{\perp}+V_2^{\perp}.$$

证明 (1) $\forall\boldsymbol{\alpha}\in(V_1+V_2)^{\perp}$, 即 $\boldsymbol{\alpha}\perp(V_1+V_2)$, 则

$$\boldsymbol{\alpha}\perp V_1,\boldsymbol{\alpha}\perp V_2\Rightarrow\boldsymbol{\alpha}\in V_1^{\perp},\boldsymbol{\alpha}\in V_2^{\perp}\Rightarrow\boldsymbol{\alpha}\in V_1^{\perp}\cap V_2^{\perp},$$

从而 $(V_1+V_2)^{\perp}\subset V_1^{\perp}\cap V_2^{\perp}$. 反之, $\forall\boldsymbol{\alpha}\in V_1^{\perp}\cap V_2^{\perp}$, 则

$$\boldsymbol{\alpha}\perp V_1,\boldsymbol{\alpha}\perp V_2\Rightarrow\boldsymbol{\alpha}\perp(V_1+V_2)\Rightarrow\boldsymbol{\alpha}\in(V_1+V_2)^{\perp}.$$

因而, $V_1^{\perp}\cap V_2^{\perp}\subset(V_1+V_2)^{\perp}$. 故 $(V_1+V_2)^{\perp}=V_1^{\perp}\cap V_2^{\perp}$.

(2) 在 (1) 中 V_1,V_2 分别用 $V_1^{\perp},V_2^{\perp}$ 代替, 得 $(V_1^{\perp}+V_2^{\perp})^{\perp}=V_1\cap V_2$, 即

$$(V_1\cap V_2)^{\perp}=V_1^{\perp}+V_2^{\perp}.$$

8.32 设 $\boldsymbol{\alpha}$ 是 n 维欧氏空间 V 的非零向量, $V_1=\{\boldsymbol{x}|\boldsymbol{x}\perp\boldsymbol{\alpha},\boldsymbol{x}\in V\}$. 证明:

(1) V_1 是 V 的子空间;

(2) $\dim V_1=n-1$.

证明 (1) 对任意的 $\boldsymbol{x},\boldsymbol{y}\in V_1,k\in R$, 有 $\boldsymbol{x}\perp\boldsymbol{\alpha},\boldsymbol{y}\perp\boldsymbol{\alpha}$, 即 $(\boldsymbol{x},\boldsymbol{\alpha})=0,(\boldsymbol{y},\boldsymbol{\alpha})=0$. 因此,

$$(\boldsymbol{x}+\boldsymbol{y},\boldsymbol{\alpha})=(\boldsymbol{x},\boldsymbol{\alpha})+(\boldsymbol{y},\boldsymbol{\alpha})=0.$$

从而 $\boldsymbol{x}+\boldsymbol{y}\perp\boldsymbol{\alpha},\boldsymbol{x}+\boldsymbol{y}\in V_1$. 另一方面, $(k\boldsymbol{x},\boldsymbol{\alpha})=k(\boldsymbol{x},\boldsymbol{\alpha})=0$, 即 $k\boldsymbol{x}\perp\boldsymbol{\alpha},k\boldsymbol{x}\in V_1$. V_1 对向量加法和数乘两种运算都封闭, 所以, V_1 是 V 的子空间.

(2) 将 $\boldsymbol{\alpha}$ 扩充成 V 的正交基 $\boldsymbol{\alpha},\boldsymbol{\alpha}_1,\cdots,\boldsymbol{\alpha}_{n-1}$, 则 $V_1=L(\boldsymbol{\alpha}_1,\cdots,\boldsymbol{\alpha}_{n-1}),V_1^{\perp}=L(\boldsymbol{\alpha}),V=V_1\oplus V_1^{\perp}$, 故 $\dim V_1=n-1$.

8.33 设 σ 是 n 维欧氏空间 V 的正交变换 (或反对称变换), 如果 V_1 是 V 的 σ 子空间, 证明 $V_1^{\perp}$ 也是 V 的 σ 子空间.

证明 对 $\forall\boldsymbol{\alpha}\in V_1^{\perp},\boldsymbol{\beta}\in V_1$, 都有 $(\boldsymbol{\alpha},\boldsymbol{\beta})=0$. 若 σ 是正交变换, 则有

$$(\sigma(\boldsymbol{\alpha}),\sigma(\boldsymbol{\beta}))=(\boldsymbol{\alpha},\boldsymbol{\beta})=0.$$

又因为 V_1 是 σ 子空间, $\sigma(\boldsymbol{\beta})\in V_1$. 而 σ 是正交变换, 也是可逆变换, $\sigma(V_1)=V_1$. 由 $\boldsymbol{\beta}\in V_1$ 的任意性可知, $\sigma(\boldsymbol{\alpha})\perp V_1$, 即 $\sigma(\boldsymbol{\alpha})\in V_1^{\perp}$, 故 $V_1^{\perp}$ 也是 V 的 σ 子空间.

若 σ 是反对称变换, 注意到 $\sigma(\boldsymbol{\beta})\in V_1$, 则

$$(\sigma(\boldsymbol{\alpha}),\boldsymbol{\beta})=-(\boldsymbol{\alpha},\sigma(\boldsymbol{\beta}))=0,$$

即仍有 $\sigma(\boldsymbol{\alpha})\perp V_1$, 即 $\sigma(\boldsymbol{\alpha})\in V_1^{\perp}$, 故 $V_1^{\perp}$ 也是 V 的 σ 子空间.

8.34 证明: 在 $\mathbb{R}^3$ 中, 点 (x_0,y_0,z_0) 到平面 $\pi: ax+by+cz=0$ 的距离等于

$$\frac{|ax_0+by_0+cz_0|}{\sqrt{a^2+b^2+c^2}}.$$

证明 $\boldsymbol{n}=(a,b,c)^{\mathrm{T}}$ 是平面 π 的法向量, 向量 $\boldsymbol{\alpha}=(x_0,y_0,z_0)^{\mathrm{T}}$ 在 $\boldsymbol{n}$ 上的投影长是

$$d=\frac{|(\boldsymbol{\alpha},\boldsymbol{n})|}{|\boldsymbol{n}|}=\frac{|ax_0+by_0+cz_0|}{\sqrt{a^2+b^2+c^2}},$$

即点 (x_0,y_0,z_0) 到平面: $\pi: ax+by+cz=0$ 的距离等于 $\dfrac{|ax_0+by_0+cz_0|}{\sqrt{a^2+b^2+c^2}}$.

注 在 n 维欧氏空间 $\mathbb{R}^n$ 中, 设 $\pi: \boldsymbol{w}^{\mathrm{T}}\boldsymbol{x}+\boldsymbol{b}=0$ 是超平面, 其中 $\boldsymbol{w}^{\mathrm{T}}=(w_1,w_2,\cdots,w_n)^{\mathrm{T}}$, $\boldsymbol{x}=(x_1,x_2,\cdots,x_n)^{\mathrm{T}}$, $\boldsymbol{b}=(b_1,b_2,\cdots,b_n)^{\mathrm{T}}$. 则 $\mathbb{R}^n$ 中任意一点 $\boldsymbol{x}_0=(x_{10},x_{20},\cdots,x_{n0})^{\mathrm{T}}$ 到平面 π 的距离

$$d=\frac{|\boldsymbol{w}^{\mathrm{T}}\boldsymbol{x}_0+\boldsymbol{b}|}{|\boldsymbol{w}|}.$$

8.35 设三阶实对称矩阵 $\boldsymbol{A}$ 的各行元素之和都是 3, 向量 $\boldsymbol{\alpha}_1=(-1,2,-1)^{\mathrm{T}}$, $\boldsymbol{\alpha}_2=(0,-1,1)^{\mathrm{T}}$ 是线性方程组 $\boldsymbol{A}\boldsymbol{x}=\boldsymbol{0}$ 的两个解向量.

(1) 求 $\boldsymbol{A}$ 的特征值与特征向量;

(2) 求正交矩阵 $\boldsymbol{Q}$ 对角矩阵 $\boldsymbol{\Lambda}$ 使得 $\boldsymbol{Q}^{\mathrm{T}}\boldsymbol{A}\boldsymbol{Q}=\boldsymbol{\Lambda}$;

(3) 求 $\boldsymbol{A}$ 及 $\left(\boldsymbol{A}-\dfrac{3}{2}\boldsymbol{I}\right)^6$.

解 (1) 显然, 3 是矩阵 $\boldsymbol{A}$ 的特征值, $\boldsymbol{\alpha}=(1,1,1)^{\mathrm{T}}$ 是 $\boldsymbol{A}$ 的属于特征值 3 的特征向量. 又因为 $\boldsymbol{A}\boldsymbol{\alpha}_1=\boldsymbol{A}\boldsymbol{\alpha}_2=\boldsymbol{0}$, 故 $\boldsymbol{\alpha}_1,\boldsymbol{\alpha}_2$ 是 $\boldsymbol{A}$ 的属于特征值 0 的特征向量. 矩阵 $\boldsymbol{A}$ 的特征值是 3, 0, 0.

$\lambda=3$ 的特征向量是 $k(1,1,1)^{\mathrm{T}}\,(k\neq 0)$;

$\lambda=0$ 的特征向量是 $k_1(-1,2,-1)^{\mathrm{T}}+k_2(0,-1,1)^{\mathrm{T}}\,(k_1,k_2$ 不全为 $0)$.

(2) 对 $\boldsymbol{\alpha}_1,\boldsymbol{\alpha}_2$ 施行施密特正交化.

$$\boldsymbol{\beta}_1=\boldsymbol{\alpha}_1=(-1,2,-1)^{\mathrm{T}},$$

$$\boldsymbol{\beta}_2=\boldsymbol{\alpha}_2-\frac{(\boldsymbol{\alpha}_2,\boldsymbol{\beta}_1)}{(\boldsymbol{\beta}_1,\boldsymbol{\beta}_1)}\boldsymbol{\beta}_1=\begin{pmatrix}0\\-1\\1\end{pmatrix}-\frac{-3}{6}\begin{pmatrix}-1\\2\\-1\end{pmatrix}=\frac{1}{2}\begin{pmatrix}-1\\0\\1\end{pmatrix}.$$

单位化得

$$\boldsymbol{\gamma}_1=\frac{1}{\sqrt{6}}\begin{pmatrix}-1\\2\\-1\end{pmatrix},\quad \boldsymbol{\gamma}_2=\frac{1}{\sqrt{2}}\begin{pmatrix}-1\\0\\1\end{pmatrix},\quad \boldsymbol{\gamma}_3=\frac{1}{\sqrt{3}}\begin{pmatrix}1\\1\\1\end{pmatrix}.$$

令

$$\boldsymbol{Q}=(\boldsymbol{\gamma}_1,\boldsymbol{\gamma}_2,\boldsymbol{\gamma}_3)=\begin{pmatrix}-1/\sqrt{6} & -1/\sqrt{2} & 1/\sqrt{3}\\ 2/\sqrt{6} & 0 & 1/\sqrt{3}\\ -1/\sqrt{6} & 1/\sqrt{2} & 1/\sqrt{3}\end{pmatrix},$$

得 $\boldsymbol{Q}^{\mathrm{T}}\boldsymbol{A}\boldsymbol{Q}=\boldsymbol{\Lambda}=\mathrm{diag}(0,0,3)$.

(3) 由 (2) 得

$$\boldsymbol{A}=\boldsymbol{Q}\boldsymbol{\Lambda}\boldsymbol{Q}^{-1}=\begin{pmatrix}1&1&1\\1&1&1\\1&1&1\end{pmatrix}.$$

记

$$\boldsymbol{B}=\boldsymbol{A}-\frac{3}{2}\boldsymbol{I}=\begin{pmatrix}-1/2&1&1\\1&-1/2&1\\1&1&-1/2\end{pmatrix},$$

则 $\boldsymbol{Q}^{-1}\boldsymbol{B}\boldsymbol{Q}=\dfrac{3}{2}\mathrm{diag}(-1,-1,1)$, 其中 $\boldsymbol{Q}=(\boldsymbol{\gamma}_1,\boldsymbol{\gamma}_2,\boldsymbol{\gamma}_3)$. 故

$$\boldsymbol{B}^6=\boldsymbol{Q}\boldsymbol{\Lambda}^6\boldsymbol{Q}^{-1}=\left(\frac{3}{2}\right)^6\boldsymbol{Q}\boldsymbol{I}\boldsymbol{Q}^{-1}=\frac{729}{64}\boldsymbol{I}.$$

8.36 设 $\varepsilon_1,\varepsilon_2,\varepsilon_3,\varepsilon_4$ 是欧氏空间 V 的标准正交基, $W=L(\boldsymbol{\alpha}_1,\boldsymbol{\alpha}_2,\boldsymbol{\alpha}_3)$, 其中

$$\begin{cases}\boldsymbol{\alpha}_1=\varepsilon_1+\varepsilon_2-\varepsilon_3+2\varepsilon_4,\\ \boldsymbol{\alpha}_2=\varepsilon_1-\varepsilon_2-\varepsilon_3-4\varepsilon_4,\\ \boldsymbol{\alpha}_3=\varepsilon_1+3\varepsilon_2-\varepsilon_3+8\varepsilon_4.\end{cases}$$

(1) 求 W 的一个标准正交基;

(2) 求 $W^{\perp}$ 的一个标准正交基;

(3) 求 $\boldsymbol{\alpha}=\varepsilon_1+4\varepsilon_2-4\varepsilon_3-\varepsilon_4$ 在 W 上的内射影.

解 (1) 将向量组 $\boldsymbol{\alpha}_1,\boldsymbol{\alpha}_2,\boldsymbol{\alpha}_3$ 在基 $\varepsilon_1,\varepsilon_2,\varepsilon_3,\varepsilon_4$ 下的矩阵施行初等行变换得

$$\begin{pmatrix}1&1&1\\1&-1&3\\-1&-1&-1\\2&-4&8\end{pmatrix}\to\begin{pmatrix}1&0&2\\0&1&-1\\0&0&0\\0&0&0\end{pmatrix}.$$

因此, $\boldsymbol{\alpha}_1,\boldsymbol{\alpha}_2$ 是 $\boldsymbol{\alpha}_1,\boldsymbol{\alpha}_2,\boldsymbol{\alpha}_3$ 的一个极大无关组, 下面进行施密特正交化.

$$\boldsymbol{\beta}_1=(1,1,-1,2)^{\mathrm{T}},$$

$$\boldsymbol{\beta}_2=\begin{pmatrix}1\\-1\\-1\\-4\end{pmatrix}-\frac{-7}{7}\begin{pmatrix}1\\1\\-1\\2\end{pmatrix}=2\begin{pmatrix}1\\0\\-1\\-1\end{pmatrix}.$$

单位化得

$$\gamma_1=\frac{1}{\sqrt{7}}(1,1,-1,2)^{\mathrm{T}},\quad \gamma_2=\frac{1}{\sqrt{3}}(1,0,-1,-1)^{\mathrm{T}}.$$

因此,

$$\boldsymbol{\eta}_1=\frac{1}{\sqrt{7}}(\boldsymbol{\varepsilon}_1+\boldsymbol{\varepsilon}_2-\boldsymbol{\varepsilon}_3+2\boldsymbol{\varepsilon}_4),\quad \boldsymbol{\eta}_2=\frac{1}{\sqrt{3}}(\boldsymbol{\varepsilon}_1-\boldsymbol{\varepsilon}_3-\boldsymbol{\varepsilon}_4)$$

是 W 的一个标准正交基.

(2) 对齐次方程组

$$\begin{cases} x_1+x_2-x_3+2x_4=0,\\ x_1-x_2-x_3-4x_4=0\end{cases}$$

化简得

$$\begin{cases} x_1=x_3+\ \ x_4,\\ x_2=\qquad -3x_4.\end{cases}$$

其一个基础解系

$$(1,0,1,0)^{\mathrm{T}},\quad (1,-3,0,1)^{\mathrm{T}}.$$

进行施密特正交化得

$$\widetilde{\boldsymbol{\beta}}_1=(1,0,1,0)^{\mathrm{T}},$$

$$\widetilde{\boldsymbol{\beta}}_2=\begin{pmatrix}1\\-3\\0\\1\end{pmatrix}-\frac{1}{2}\begin{pmatrix}1\\0\\1\\0\end{pmatrix}=\frac{1}{2}\begin{pmatrix}1\\-6\\-1\\2\end{pmatrix}.$$

单位化得

$$\widetilde{\gamma}_1=\frac{1}{\sqrt{2}}(1,0,1,0)^{\mathrm{T}},\quad \widetilde{\gamma}_2=\frac{1}{\sqrt{42}}(1,-6,-1,2)^{\mathrm{T}}.$$

因此,

$$\widetilde{\boldsymbol{\eta}}_1=\frac{1}{\sqrt{2}}(\boldsymbol{\varepsilon}_1+\boldsymbol{\varepsilon}_3),\quad \widetilde{\boldsymbol{\eta}}_2=\frac{1}{\sqrt{42}}(\boldsymbol{\varepsilon}_1-6\boldsymbol{\varepsilon}_2-\boldsymbol{\varepsilon}_3+2\boldsymbol{\varepsilon}_4)$$

是 $W^{\perp}$ 的一个标准正交基.

(3) 注意到 $\boldsymbol{\eta}_1,\boldsymbol{\eta}_2$ 是 W 的一个标准正交基, 先分别求向量 $\boldsymbol{\alpha}$ 在 $\boldsymbol{\eta}_1,\boldsymbol{\eta}_2$ 上的投影向量.

$$\widetilde{\boldsymbol{\alpha}}_1=(\boldsymbol{\alpha},\boldsymbol{\eta}_1)\boldsymbol{\eta}_1=\boldsymbol{\varepsilon}_1+\boldsymbol{\varepsilon}_2-\boldsymbol{\varepsilon}_3+2\boldsymbol{\varepsilon}_4,\quad \widetilde{\boldsymbol{\alpha}}_2=(\boldsymbol{\alpha},\boldsymbol{\eta}_2)\boldsymbol{\eta}_2=2(\boldsymbol{\varepsilon}_1-\boldsymbol{\varepsilon}_3-\boldsymbol{\varepsilon}_4).$$

故 $\boldsymbol{\alpha}$ 在 W 上的内射影是

$$\widetilde{\boldsymbol{\alpha}}=\widetilde{\boldsymbol{\alpha}}_1+\widetilde{\boldsymbol{\alpha}}_2=3\boldsymbol{\varepsilon}_1+\boldsymbol{\varepsilon}_2-3\boldsymbol{\varepsilon}_3.$$

8.37 证明: 在实数域上任何二阶正交矩阵都可以表示成如下形式之一:

$$\begin{pmatrix}\cos\theta & -\sin\theta\\ \sin\theta & \cos\theta\end{pmatrix},\quad 或\quad \begin{pmatrix}\cos\theta & \sin\theta\\ \sin\theta & -\cos\theta\end{pmatrix}.$$

证明 设

$$A=\begin{pmatrix}a & b\\ c & d\end{pmatrix}$$

是任意二阶正交矩阵, 由 $AA^{\mathrm{T}}=I$ 可知,

$$a^2+c^2=1,\quad b^2+d^2=1,\quad ab+cd=0.$$

由第一个等式, 存在一个角 α, 使得 $a=\cos\alpha, c=\pm\sin\alpha$. 由于

$$\cos\alpha=\cos(\pm\alpha),\quad \pm\sin\alpha=\sin(\pm\alpha),$$

因此, 令 $\theta=\alpha$或$-\alpha$, 则 $a=\cos\theta$, $c=\sin\theta$. 同理, 由 $b^2+d^2=1$ 知, 存在一个角 φ, 使得 $b=\cos\varphi$, $d=\sin\varphi$. 将 a,b,c,d 代入第三个等式得

$$\cos\theta\cos\varphi+\sin\theta\sin\varphi=0,$$

即 $\cos(\theta-\varphi)=0$. 于是 $\theta-\varphi=(2n+1)\pi/2\,(n\in\mathbb{Z})$, 故

$$\cos\varphi=\mp\sin\theta,\quad \sin\varphi=\pm\cos\theta.$$

所以,

$$A=\begin{pmatrix}\cos\theta & -\sin\theta\\ \sin\theta & \cos\theta\end{pmatrix},\quad 或\quad \begin{pmatrix}\cos\theta & \sin\theta\\ \sin\theta & -\cos\theta\end{pmatrix}.$$

8.38 设 σ 是 n 维欧氏空间 V 的对称变换, 证明:

(1) V 可以分解成 n 个一维 σ 子空间的直和;

(2) $\operatorname{Im}\sigma$ 是 $\ker\sigma$ 的正交补.

证明 (1) 由定理 8.16 可知, 存在 V 的一个标准正交基 $\varepsilon_1,\varepsilon_2,\cdots,\varepsilon_n$, σ 在这个基下的矩阵是对角矩阵 (可对角化). 令 $V_i=L(\varepsilon_i)$, 则

$$V=V_1\oplus V_2\oplus\cdots\oplus V_n,$$

且 $\sigma(V_i)\subset V_i$, $\dim V_i=1$, 即各 V_i 都是一维的 σ 子空间.

(2) 设 $\eta_1,\eta_2,\cdots,\eta_s$ 是 $\ker\sigma$ 的一个基, 对任一 $\alpha\in\operatorname{Im}\sigma$, 存在 $\beta\in V$, 使得 $\alpha=\sigma(\beta)$. 对一切 $j=1,2,\cdots,s$,

$$(\alpha,\eta_j)=(\sigma(\beta),\eta_j)=(\beta,\sigma(\eta_j))=(\beta,\mathbf{0})=0.$$

即 $\alpha\perp\eta_j\,(j=1,2,\cdots,s)$, 因此, $\alpha\in(\ker\sigma)^{\perp}$, $\operatorname{Im}\sigma\subset(\ker\sigma)^{\perp}$,

$$n-\dim\ker\sigma=\dim\operatorname{Im}\sigma\leqslant\dim(\ker\sigma)^{\perp}=n-\dim\ker\sigma.$$

故 $\dim\operatorname{Im}\sigma=\dim(\ker\sigma)^{\perp}$, 从而 $\operatorname{Im}\sigma=(\ker\sigma)^{\perp}$.

8.39 设 σ 是 n 维欧氏空间 V 的正交变换, 令

$$V_1=\{\alpha|\sigma(\alpha)=\alpha,\alpha\in V\},\quad V_2=\{\alpha-\sigma(\alpha)|\alpha\in V\}.$$

证明: $V=V_1\oplus V_2$.

证法 1 $\forall\boldsymbol{\alpha}\in V_1\cap V_2$, 则 $\boldsymbol{\alpha}=\sigma(\boldsymbol{\alpha})$, 且 $\exists\boldsymbol{\beta}\in V$ 使得 $\boldsymbol{\alpha}=\boldsymbol{\beta}-\sigma(\boldsymbol{\beta})$, 所以

$$(\boldsymbol{\alpha},\boldsymbol{\alpha})=(\boldsymbol{\alpha},\boldsymbol{\beta}-\sigma(\boldsymbol{\beta}))=(\boldsymbol{\alpha},\boldsymbol{\beta})-(\sigma(\boldsymbol{\alpha}),\sigma(\boldsymbol{\beta}))=0,$$

即 $\boldsymbol{\alpha}=\mathbf{0}$, 由此可知, V_1+V_2 是直和.

又 $V_1=\ker(\varepsilon-\sigma), V_2=\operatorname{Im}(\varepsilon-\sigma), \varepsilon$ 是恒等变换, 所以

$$\dim V_1+\dim V_2=\dim V=n.$$

故 $V=V_1\oplus V_2$.

证法 2 $\forall\boldsymbol{\alpha}\in V_1, \boldsymbol{\beta}-\sigma(\boldsymbol{\beta})\in V_2, \boldsymbol{\beta}\in V$, 由于 σ 是正交变换, 因此,

$$(\boldsymbol{\alpha},\boldsymbol{\beta}-\sigma(\boldsymbol{\beta}))=(\boldsymbol{\alpha},\boldsymbol{\beta})-(\boldsymbol{\alpha},\sigma(\boldsymbol{\beta}))=(\boldsymbol{\alpha},\boldsymbol{\beta})-(\sigma(\boldsymbol{\alpha}),\sigma(\boldsymbol{\beta}))=0.$$

所以 $\boldsymbol{\alpha}\perp V_2$, 即 $\boldsymbol{\alpha}\in V_2^{\perp}, V_1\subset V_2^{\perp}$.

其次, $\forall\boldsymbol{\alpha}\in V_2^{\perp}\subset V$, 则 $\boldsymbol{\alpha}-\sigma(\boldsymbol{\alpha})\in V_2$. 注意到正交变换保持内积不变, 且是可逆变换, 因此,

$$\begin{aligned}(\boldsymbol{\alpha}-\sigma(\boldsymbol{\alpha}),\boldsymbol{\alpha}-\sigma(\boldsymbol{\alpha}))&=(\boldsymbol{\alpha},\boldsymbol{\alpha}-\sigma(\boldsymbol{\alpha}))-(\sigma(\boldsymbol{\alpha}),\boldsymbol{\alpha}-\sigma(\boldsymbol{\alpha}))\\&=-(\sigma(\boldsymbol{\alpha}),\boldsymbol{\alpha}-\sigma(\boldsymbol{\alpha}))\quad(\text{因为 }(\boldsymbol{\alpha},\boldsymbol{\alpha}-\sigma(\boldsymbol{\alpha}))=0)\\&=-(\boldsymbol{\alpha},\sigma^{-1}(\boldsymbol{\alpha}-\sigma(\boldsymbol{\alpha})))\quad(\text{因为 }\sigma^{-1}\text{ 是正交变换})\\&=-(\boldsymbol{\alpha},\sigma^{-1}(\boldsymbol{\alpha})-\boldsymbol{\alpha})\\&=-(\boldsymbol{\alpha},\boldsymbol{\beta}-\sigma(\boldsymbol{\beta}))\quad(\text{令}\boldsymbol{\beta}=\sigma^{-1}(\boldsymbol{\alpha}))\\&=0\quad(\text{因为 }\boldsymbol{\beta}-\sigma(\boldsymbol{\beta})\in V_2,\boldsymbol{\beta}\in V).\end{aligned}$$

所以 $\boldsymbol{\alpha}=\sigma(\boldsymbol{\alpha}), \boldsymbol{\alpha}\in V_1$, 即 $V_2^{\perp}\subset V_1$, 故 $V_2^{\perp}=V_1$,

$$V=V_2^{\perp}\oplus V_2=V_1\oplus V_2.$$

8.40 设 $\boldsymbol{A}$ 是 n 阶反对称实矩阵, 即 $\boldsymbol{A}^{\mathrm{T}}=-\boldsymbol{A}$. 证明:

(1) $\boldsymbol{I}+\boldsymbol{A}, \boldsymbol{I}-\boldsymbol{A}$ 都是可逆矩阵;

(2) $\boldsymbol{U}=(\boldsymbol{I}-\boldsymbol{A})(\boldsymbol{I}+\boldsymbol{A})^{-1}$ 是正交矩阵.

证明 (1) 由于反对称实矩阵的特征值只能是零或纯虚数, 因此, $\boldsymbol{I}+\boldsymbol{A}, \boldsymbol{I}-\boldsymbol{A}$ 的特征值都不是零, 故 $\boldsymbol{I}+\boldsymbol{A}, \boldsymbol{I}-\boldsymbol{A}$ 都是可逆矩阵.

(2) **证法 1** 由哈密顿–凯莱定理知, 任一可逆矩阵都可以表示成它自己的多项式, 因此 $(\boldsymbol{I}-\boldsymbol{A})^{-1}$ 是 $\boldsymbol{I}-\boldsymbol{A}$ 的多项式, 因而是 $\boldsymbol{A}$ 的多项式, $(\boldsymbol{I}+\boldsymbol{A})^{-1}$ 也是 $\boldsymbol{A}$ 的多项式. 注意到 $\boldsymbol{A}$ 的任意两个多项式是可交换的, 因此,

$$\begin{aligned}\boldsymbol{U}\boldsymbol{U}^{\mathrm{T}}&=(\boldsymbol{I}-\boldsymbol{A})(\boldsymbol{I}+\boldsymbol{A})^{-1}\left[(\boldsymbol{I}-\boldsymbol{A})(\boldsymbol{I}+\boldsymbol{A})^{-1}\right]^{\mathrm{T}}\\&=(\boldsymbol{I}-\boldsymbol{A})(\boldsymbol{I}+\boldsymbol{A})^{-1}\left[(\boldsymbol{I}+\boldsymbol{A})^{-1}\right]^{\mathrm{T}}(\boldsymbol{I}-\boldsymbol{A})^{\mathrm{T}}\\&=(\boldsymbol{I}-\boldsymbol{A})(\boldsymbol{I}+\boldsymbol{A})^{-1}(\boldsymbol{I}-\boldsymbol{A})^{-1}(\boldsymbol{I}+\boldsymbol{A})\\&=(\boldsymbol{I}-\boldsymbol{A})(\boldsymbol{I}-\boldsymbol{A})^{-1}(\boldsymbol{I}+\boldsymbol{A})^{-1}(\boldsymbol{I}+\boldsymbol{A})\\&=\boldsymbol{I},\end{aligned}$$

故 $\boldsymbol{U}$ 是正交矩阵.

(2) **证法 2** 类似证法 1 得到 $\boldsymbol{U}^{\mathrm{T}}\boldsymbol{U}=\boldsymbol{I}$, 即知 $\boldsymbol{U}$ 是正交矩阵.

8.41 设 $\boldsymbol{u}$ 是 n 维实单位列向量, 即 $\boldsymbol{u}^{\mathrm{T}}\boldsymbol{u}=1$, 称 $\boldsymbol{H}=\boldsymbol{I}-2\boldsymbol{u}\boldsymbol{u}^{\mathrm{T}}$ 为 n **阶镜像矩阵**(由例 2.11 可知, $\boldsymbol{H}$ 是对称、正交矩阵). 设 σ 是 n 维欧氏空间 V 的线性变换, 证明:

(1) σ 是镜像变换的充要条件是, σ 在 V 的任一标准正交基下的矩阵是镜像矩阵;

(2) 设 $\boldsymbol{\alpha},\boldsymbol{\beta}$ 是两个不同的 n 维实列向量, 且长度相等, 即 $|\boldsymbol{\alpha}|=|\boldsymbol{\beta}|$, 则必存在 n 阶镜像矩阵 $\boldsymbol{H}$, 使得 $\boldsymbol{H}\boldsymbol{\alpha}=\boldsymbol{\beta}$.

证明 (1) 必要性. 设 $\varepsilon_1,\varepsilon_2,\cdots,\varepsilon_n$ 是 n 维欧氏空间 V 的一个标准正交基, $\boldsymbol{\eta}$ 是 V 的一个单位向量,

$$\sigma(\boldsymbol{\xi})=\boldsymbol{\xi}-2(\boldsymbol{\xi},\boldsymbol{\eta})\boldsymbol{\eta}\quad(\forall\boldsymbol{\xi}\in V).$$

假定单位向量 $\boldsymbol{\eta}$ 关于基 $\varepsilon_1,\varepsilon_2,\cdots,\varepsilon_n$ 的坐标是 $\boldsymbol{\alpha}=(x_1,x_2,\cdots,x_n)^{\mathrm{T}}$, 即 $\boldsymbol{\eta}=x_1\varepsilon_1+x_2\varepsilon_2+\cdots+x_n\varepsilon_n$, 则 $\boldsymbol{\alpha}$ 是 $\mathbb{R}^n$ 中的单位列向量. 对任意 $i=1,2,\cdots,n$,

$$\begin{aligned}\sigma(\varepsilon_i)&=\varepsilon_i-2(\varepsilon_i,\boldsymbol{\eta})\boldsymbol{\eta}=\varepsilon_i-2x_i\boldsymbol{\eta}\\&=-2x_ix_1\varepsilon_1-\cdots+(1-2x_i^2)\varepsilon_i-\cdots-2x_ix_n\varepsilon_n.\end{aligned}$$

因此, σ 在标准正交基 $\varepsilon_1,\varepsilon_2,\cdots,\varepsilon_n$ 下的矩阵

$$\boldsymbol{H}=\begin{pmatrix}1-2x_1^2&-2x_2x_1&\cdots&-2x_nx_1\\-2x_1x_2&1-2x_2^2&\cdots&-2x_nx_2\\\vdots&\vdots&&\vdots\\-2x_1x_n&-2x_2x_n&\cdots&1-2x_n^2\end{pmatrix}=\boldsymbol{I}-2\boldsymbol{\alpha}\boldsymbol{\alpha}^{\mathrm{T}}$$

是镜像矩阵.

充分性. 设 σ 在标准正交基 $\varepsilon_1,\varepsilon_2,\cdots,\varepsilon_n$ 下的矩阵 $\boldsymbol{H}=\boldsymbol{I}-2\boldsymbol{u}\boldsymbol{u}^{\mathrm{T}}$, 其中 $\boldsymbol{u}$ 是单位列向量, $\boldsymbol{u}=(a_1,a_2,\cdots,a_n)^{\mathrm{T}}$, 则

$$\sigma(\varepsilon_1,\varepsilon_2,\cdots,\varepsilon_n)=(\varepsilon_1,\varepsilon_2,\cdots,\varepsilon_n)\boldsymbol{H}.$$

假设 $\boldsymbol{\alpha}=a_1\varepsilon_1+a_2\varepsilon_2+\cdots+a_n\varepsilon_n$, 则 $\boldsymbol{\alpha}$ 是 V 中的单位向量. 任取 $\boldsymbol{\xi}\in V$, 令

$$\boldsymbol{\xi}=x_1\varepsilon_1+x_2\varepsilon_2+\cdots+x_n\varepsilon_n=(\varepsilon_1,\varepsilon_2,\cdots,\varepsilon_n)\boldsymbol{x},$$

其中 $\boldsymbol{x}=(x_1,x_2,\cdots,x_n)^{\mathrm{T}}$. 则 $(\boldsymbol{\xi},\boldsymbol{\alpha})=\displaystyle\sum_{i=1}^n a_ix_i=\boldsymbol{u}^{\mathrm{T}}\boldsymbol{x}=\boldsymbol{x}^{\mathrm{T}}\boldsymbol{u}$,

$$\begin{aligned}\sigma(\boldsymbol{\xi})&=\sigma(\varepsilon_1,\varepsilon_2,\cdots,\varepsilon_n)\boldsymbol{x}\\&=(\varepsilon_1,\varepsilon_2,\cdots,\varepsilon_n)\boldsymbol{H}\boldsymbol{x}\\&=\boldsymbol{\xi}-2(\varepsilon_1,\varepsilon_2,\cdots,\varepsilon_n)\boldsymbol{u}\boldsymbol{u}^{\mathrm{T}}\boldsymbol{x}\\&=\boldsymbol{\xi}-2(\boldsymbol{u}^{\mathrm{T}}\boldsymbol{x})(\varepsilon_1,\varepsilon_2,\cdots,\varepsilon_n)\boldsymbol{u}\\&=\boldsymbol{\xi}-2(\boldsymbol{\xi},\boldsymbol{\alpha})\boldsymbol{\alpha}.\end{aligned}$$

故 σ 是镜像变换.

(2) 令 $\boldsymbol{u}=\dfrac{\boldsymbol{\alpha}-\boldsymbol{\beta}}{|\boldsymbol{\alpha}-\boldsymbol{\beta}|}$, 则 $\boldsymbol{u}$ 是 V 的单位向量. 注意到 $|\boldsymbol{\alpha}-\boldsymbol{\beta}|^2=2(|\boldsymbol{\alpha}|^2-\boldsymbol{\alpha}^{\mathrm{T}}\boldsymbol{\beta})$,

$$\boldsymbol{\alpha}-2\boldsymbol{u}\boldsymbol{u}^{\mathrm{T}}\boldsymbol{\alpha}=\boldsymbol{\alpha}-2\frac{(\boldsymbol{\alpha}-\boldsymbol{\beta})^{\mathrm{T}}\boldsymbol{\alpha}}{2(|\boldsymbol{\alpha}|^2-\boldsymbol{\alpha}^{\mathrm{T}}\boldsymbol{\beta})}(\boldsymbol{\alpha}-\boldsymbol{\beta})=\boldsymbol{\alpha}-(\boldsymbol{\alpha}-\boldsymbol{\beta})=\boldsymbol{\beta}.$$

令 $\boldsymbol{H}=\boldsymbol{I}-2\boldsymbol{u}\boldsymbol{u}^{\mathrm{T}}$, 则 $\boldsymbol{\beta}=\boldsymbol{H}\boldsymbol{\alpha}$.

8.42 $\boldsymbol{A},\boldsymbol{B}$ 都是 n 阶正交矩阵, 且 $|\boldsymbol{A}|=-|\boldsymbol{B}|$. 证明: $|\boldsymbol{A}+\boldsymbol{B}|=0$.

证法 1 先证明: 如果正交矩阵 $\boldsymbol{U}$ 的行列式值为 -1, 则 -1 是 $\boldsymbol{U}$ 的特征值. 事实上,

$$|\boldsymbol{U}+\boldsymbol{I}|=|\boldsymbol{U}+\boldsymbol{U}\boldsymbol{U}^{\mathrm{T}}|=|\boldsymbol{U}||\boldsymbol{I}+\boldsymbol{U}^{\mathrm{T}}|=-|(\boldsymbol{I}+\boldsymbol{U})^{\mathrm{T}}|=-|\boldsymbol{I}+\boldsymbol{U}|,$$

故 $|\boldsymbol{I}+\boldsymbol{U}|=0$, 即 -1 是 $\boldsymbol{U}$ 的特征值.

我们知道, 正交矩阵都可逆, 其逆矩阵也是正交矩阵, 两个正交矩阵之积仍为正交矩阵. 由于 $|\boldsymbol{A}\boldsymbol{B}^{-1}|=|\boldsymbol{A}|/|\boldsymbol{B}|=-1$, 且 $\boldsymbol{A}\boldsymbol{B}^{-1}$ 是正交矩阵, 因此, $\boldsymbol{A}\boldsymbol{B}^{-1}$ 有特征值 -1. 故

$$|\boldsymbol{A}+\boldsymbol{B}|=|\boldsymbol{I}+\boldsymbol{A}\boldsymbol{B}^{-1}||\boldsymbol{B}|=0.$$

证法 2 注意到 $\boldsymbol{A}\boldsymbol{A}^{\mathrm{T}}=\boldsymbol{B}\boldsymbol{B}^{\mathrm{T}}=\boldsymbol{I}$. 因此,

$$\begin{aligned}|\boldsymbol{A}+\boldsymbol{B}|&=|\boldsymbol{A}\boldsymbol{A}^{\mathrm{T}}||\boldsymbol{A}+\boldsymbol{B}||\boldsymbol{B}\boldsymbol{B}^{\mathrm{T}}|\\&=|\boldsymbol{A}||\boldsymbol{A}^{\mathrm{T}}(\boldsymbol{A}+\boldsymbol{B})\boldsymbol{B}^{\mathrm{T}}||\boldsymbol{B}^{\mathrm{T}}|\\&=-|\boldsymbol{A}^{\mathrm{T}}+\boldsymbol{B}^{\mathrm{T}}|\\&=-|\boldsymbol{A}+\boldsymbol{B}|,\end{aligned}$$

从而得到 $|\boldsymbol{A}+\boldsymbol{B}|=0$.

8.43 设 V_1 是数域 $\mathbb{P}$ 上的齐次方程组 $\boldsymbol{A}\boldsymbol{x}=\boldsymbol{0}$ 的解空间, $\boldsymbol{A}=(a_{ij})_{m\times n}$. 令 $\boldsymbol{A}^{\mathrm{T}}=(\boldsymbol{\alpha}_1,\boldsymbol{\alpha}_2,\cdots,\boldsymbol{\alpha}_m)$, $V_2=\mu\left(\boldsymbol{A}^{\mathrm{T}}\right)$ 是由 $\boldsymbol{A}^{\mathrm{T}}$ 的列向量 (即 $\boldsymbol{A}$ 的行向量) 生成的子空间. 证明:

$$\mathbb{P}^n=V_1\oplus V_2.$$

证明 因为 V_1 中的向量都与 $\boldsymbol{\alpha}_1,\boldsymbol{\alpha}_2,\cdots,\boldsymbol{\alpha}_m$ 正交, 所以 $V_1\perp V_2$, 因而 V_1+V_2 是直和. 又因为 $\dim(V_1+V_2)=\dim V_1+\dim V_2=n$, 故 $\mathbb{P}^n=V_1\oplus V_2$.

8.44 设 $\boldsymbol{X}$ 是 $n\times k$ 列满秩矩阵, $\boldsymbol{P}_{\boldsymbol{X}}=\boldsymbol{X}\left(\boldsymbol{X}^{\mathrm{T}}\boldsymbol{X}\right)^{-1}\boldsymbol{X}^{\mathrm{T}}$ 是向平面 $\mu(\boldsymbol{X})$ 的投影矩阵 (见教材 §8.5 中 8.5.2 小节). 证明:

(1) $\boldsymbol{P}_{\boldsymbol{X}}$ 及 $\boldsymbol{I}-\boldsymbol{P}_{\boldsymbol{X}}$ 都是幂等对称矩阵;

(2) $\mathrm{R}(\boldsymbol{P}_{\boldsymbol{X}})=k$, 且 $\mathrm{R}(\boldsymbol{I}-\boldsymbol{P}_{\boldsymbol{X}})=n-k$.

证明 (1) 只证前一个结论, 后一个是类似的. 事实上, 易知 $\boldsymbol{P}_{\boldsymbol{X}}$ 是对称矩阵, 且

$$\boldsymbol{P}_{\boldsymbol{X}}^2=\boldsymbol{X}\left(\boldsymbol{X}^{\mathrm{T}}\boldsymbol{X}\right)^{-1}\boldsymbol{X}^{\mathrm{T}}\cdot\boldsymbol{X}\left(\boldsymbol{X}^{\mathrm{T}}\boldsymbol{X}\right)^{-1}\boldsymbol{X}^{\mathrm{T}}=\boldsymbol{X}\left(\boldsymbol{X}^{\mathrm{T}}\boldsymbol{X}\right)^{-1}\boldsymbol{X}^{\mathrm{T}}=\boldsymbol{P}_{\boldsymbol{X}},$$

因而 $\boldsymbol{P}_{\boldsymbol{X}}$ 是幂等矩阵.

(2) 注意到幂等矩阵的特征值只能是 1 或 0(习题第 6.27 题), 所以, 任一幂等矩阵的秩等于它的迹. 于是, 由迹的性质 (习题第 6.29 题) 可得

$$\mathrm{R}\left(\boldsymbol{P_X}\right)=\operatorname{tr}\left(\boldsymbol{X}\left(\boldsymbol{X}^{\mathrm{T}}\boldsymbol{X}\right)^{-1}\boldsymbol{X}^{\mathrm{T}}\right)=\operatorname{tr}\left(\left(\boldsymbol{X}^{\mathrm{T}}\boldsymbol{X}\right)^{-1}\boldsymbol{X}^{\mathrm{T}}\boldsymbol{X}\right)=\operatorname{tr}\left(\boldsymbol{I}_k\right)=k.$$

于是, $\boldsymbol{P_X}$ 有 k 个特征值是 1, 有 $n-k$ 个特征值是 0. 所以, 幂等矩阵 $\boldsymbol{I}-\boldsymbol{P_X}$ 有 $n-k$ 个特征值是 1, 有 k 个特征值是 0, 故

$$\mathrm{R}\left(\boldsymbol{I}-\boldsymbol{P_X}\right)=n-k.$$

8.45 设 $\boldsymbol{A}$ 是 n 阶实矩阵, 证明: 存在 n 阶正交矩阵 $\boldsymbol{Q}$, 使得 $\boldsymbol{Q}^{-1}\boldsymbol{A}\boldsymbol{Q}$ 成为三角形矩阵的充要条件是 $\boldsymbol{A}$ 的特征值全为实数.

证明 必要性. 注意到 $\boldsymbol{A},\boldsymbol{Q}$ 都是 n 阶实矩阵, $\boldsymbol{Q}^{-1}\boldsymbol{A}\boldsymbol{Q}$ 为实三角形矩阵 (不妨假定是上三角矩阵), 故它的特征值等于其主对角元, 等于 $\boldsymbol{A}$ 的特征值 (相似矩阵有相同的特征值), 也是实数.

充分性. 假设 $\boldsymbol{A}$ 的特征值全为实数, 则存在实可逆矩阵 $\boldsymbol{P}$, 使得 $\boldsymbol{A}=\boldsymbol{P}\boldsymbol{J}\boldsymbol{P}^{-1}$, 其中 $\boldsymbol{J}$ 是 $\boldsymbol{A}$ 的若尔当标准形矩阵 (每一个若尔当块取成是上三角矩阵). 由定理 8.10 可知, 存在正交矩阵 (正交矩阵是实可逆矩阵)$\boldsymbol{Q}$ 和主对角元全为正的上三角矩阵 $\boldsymbol{R}$, 使得 $\boldsymbol{P}=\boldsymbol{Q}\boldsymbol{R}$. 因此,

$$\boldsymbol{A}=\boldsymbol{Q}\boldsymbol{R}\boldsymbol{J}\left(\boldsymbol{Q}\boldsymbol{R}\right)^{-1}=\boldsymbol{Q}\boldsymbol{R}\boldsymbol{J}\boldsymbol{R}^{-1}\boldsymbol{Q}^{-1},$$

故 $\boldsymbol{Q}^{-1}\boldsymbol{A}\boldsymbol{Q}=\boldsymbol{R}\boldsymbol{J}\boldsymbol{R}^{-1}$ 是上三角矩阵.

注 可逆上 (下) 三角矩阵的逆矩阵仍是上 (下) 三角矩阵. 设 $\boldsymbol{R}$ 是上 (下) 三角矩阵, $g(x)$ 是任一多项式, 则 $g(\boldsymbol{R})$ 也是上 (下) 三角矩阵.

8.46 设 $\boldsymbol{A},\boldsymbol{B}$ 都是 n 阶实对称矩阵, 证明: 存在正交矩阵 $\boldsymbol{Q}$, 使得 $\boldsymbol{Q}^{-1}\boldsymbol{A}\boldsymbol{Q},\boldsymbol{Q}^{-1}\boldsymbol{B}\boldsymbol{Q}$ 同时为对角矩阵的充要条件是 $\boldsymbol{A},\boldsymbol{B}$ 可交换, 即 $\boldsymbol{A}\boldsymbol{B}=\boldsymbol{B}\boldsymbol{A}$.

证明 充分性. 假设 $\lambda_1,\lambda_2,\cdots,\lambda_s$ 是矩阵 $\boldsymbol{A}$ 的互不相同的特征根, 其中 λ_i 是 n_i 重特征根, $\sum\limits_{i=1}^{s}n_i=n$, 则存在正交矩阵 $\boldsymbol{C}$, 使得

$$\boldsymbol{C}^{-1}\boldsymbol{A}\boldsymbol{C}=\operatorname{diag}\left(\lambda_1\boldsymbol{I}_{n_1},\lambda_2\boldsymbol{I}_{n_2},\cdots,\lambda_s\boldsymbol{I}_{n_s}\right).$$

因为 $\boldsymbol{A}\boldsymbol{B}=\boldsymbol{B}\boldsymbol{A}$, 所以

$$\boldsymbol{C}^{-1}\boldsymbol{A}\boldsymbol{C}\cdot\boldsymbol{C}^{-1}\boldsymbol{B}\boldsymbol{C}=\boldsymbol{C}^{-1}\boldsymbol{A}\boldsymbol{B}\boldsymbol{C}=\boldsymbol{C}^{-1}\boldsymbol{B}\boldsymbol{A}\boldsymbol{C}=\boldsymbol{C}^{-1}\boldsymbol{B}\boldsymbol{C}\cdot\boldsymbol{C}^{-1}\boldsymbol{A}\boldsymbol{C},$$

即 $\boldsymbol{C}^{-1}\boldsymbol{A}\boldsymbol{C}$ 与 $\boldsymbol{C}^{-1}\boldsymbol{B}\boldsymbol{C}$ 可交换. 所以 $\boldsymbol{C}^{-1}\boldsymbol{B}\boldsymbol{C}$ 只能是分块对角矩阵, 设

$$\boldsymbol{C}^{-1}\boldsymbol{B}\boldsymbol{C}=\operatorname{diag}\left(\boldsymbol{B}_1,\boldsymbol{B}_2,\cdots,\boldsymbol{B}_s\right).$$

由于 $\boldsymbol{B}$ 是对称矩阵, $\boldsymbol{C}^{-1}\boldsymbol{B}\boldsymbol{C}$ 也是对称矩阵, 故每一个 $\boldsymbol{B}_i$ 也是对称矩阵, 因而存在正交矩阵 $\boldsymbol{C}_i\ (i=1,2,\cdots,s)$, 令 $\boldsymbol{R}=\operatorname{diag}\left(\boldsymbol{C}_1,\boldsymbol{C}_2,\cdots,\boldsymbol{C}_s\right)$, 使得

$$\boldsymbol{R}^{-1}\boldsymbol{B}\boldsymbol{R}=\operatorname{diag}\left(\boldsymbol{C}_1^{-1}\boldsymbol{B}_1\boldsymbol{C}_1,\boldsymbol{C}_2^{-1}\boldsymbol{B}_2\boldsymbol{C}_2,\cdots,\boldsymbol{C}_s^{-1}\boldsymbol{B}_s\boldsymbol{C}_s\right)=\operatorname{diag}(\mu_1,\mu_2,\cdots,\mu_n),$$

其中 $\mu_1,\mu_2,\cdots,\mu_n$ 是矩阵 $\boldsymbol{B}_1,\boldsymbol{B}_2,\cdots,\boldsymbol{B}_s$ 的全部特征值, 因而是矩阵 $\boldsymbol{B}$ 的特征值.

令 $\boldsymbol{Q}=\boldsymbol{C}\boldsymbol{R}$, 则

$$\begin{aligned}\boldsymbol{Q}^{-1}\boldsymbol{A}\boldsymbol{Q}&=\boldsymbol{R}^{-1}\boldsymbol{C}^{-1}\boldsymbol{A}\boldsymbol{C}\boldsymbol{R}\\&=\boldsymbol{R}^{-1}\operatorname{diag}\left(\lambda_1\boldsymbol{I}_{n_1},\lambda_2\boldsymbol{I}_{n_2},\cdots,\lambda_s\boldsymbol{I}_{n_s}\right)\boldsymbol{R}\\&=\operatorname{diag}(\lambda_1\boldsymbol{C}_1^{-1}\boldsymbol{C}_1,\lambda_2\boldsymbol{C}_2^{-1}\boldsymbol{C}_2,\cdots,\lambda_s\boldsymbol{C}_s^{-1}\boldsymbol{C}_s)\\&=\operatorname{diag}\left(\lambda_1\boldsymbol{I}_{n_1},\lambda_2\boldsymbol{I}_{n_2},\cdots,\lambda_s\boldsymbol{I}_{n_s}\right),\end{aligned}$$

同时,

$$\boldsymbol{Q}^{-1}\boldsymbol{B}\boldsymbol{Q}=\operatorname{diag}(\mu_1,\mu_2,\cdots,\mu_n).$$

必要性. 设存在正交矩阵 $\boldsymbol{Q}$, 使得

$$\boldsymbol{Q}^{-1}\boldsymbol{A}\boldsymbol{Q}=\operatorname{diag}\left(\lambda_1,\lambda_2,\cdots,\lambda_n\right)=\boldsymbol{\Lambda}_1,\ \boldsymbol{Q}^{-1}\boldsymbol{B}\boldsymbol{Q}=\operatorname{diag}(\mu_1,\mu_2,\cdots,\mu_n)=\boldsymbol{\Lambda}_2.$$

则 $\boldsymbol{A}=\boldsymbol{Q}\boldsymbol{\Lambda}_1\boldsymbol{Q}^{-1},\boldsymbol{B}=\boldsymbol{Q}\boldsymbol{\Lambda}_2\boldsymbol{Q}^{-1}$, 故

$$\boldsymbol{A}\boldsymbol{B}=\boldsymbol{Q}\boldsymbol{\Lambda}_1\boldsymbol{Q}^{-1}\boldsymbol{Q}\boldsymbol{\Lambda}_2\boldsymbol{Q}^{-1}=\boldsymbol{Q}\boldsymbol{\Lambda}_1\boldsymbol{\Lambda}_2\boldsymbol{Q}^{-1}=\boldsymbol{Q}\boldsymbol{\Lambda}_2\boldsymbol{\Lambda}_1\boldsymbol{Q}^{-1}=\boldsymbol{B}\boldsymbol{A}.$$

注 在证明充分性时用到了结论: 设 $\lambda_1,\lambda_2,\cdots,\lambda_s$ 互不相同, 则与分块对角矩阵

$$\operatorname{diag}\left(\lambda_1\boldsymbol{I}_{n_1},\lambda_2\boldsymbol{I}_{n_2},\cdots,\lambda_s\boldsymbol{I}_{n_s}\right)$$

可交换的矩阵只能是分块对角矩阵. 为了简化计算, 下面我们对 $s=2$ 的情形进行证明, 在其他情形下, 证明思路是一样的.

事实上, 假设 $\boldsymbol{A}\boldsymbol{B}=\boldsymbol{B}\boldsymbol{A}$, 其中

$$\boldsymbol{A}=\begin{pmatrix}\lambda_1\boldsymbol{I}_{n_1}&\boldsymbol{O}\\\boldsymbol{O}&\lambda_2\boldsymbol{I}_{n_2}\end{pmatrix},\quad \boldsymbol{B}=\begin{pmatrix}\boldsymbol{B}_1&\boldsymbol{B}_2\\\boldsymbol{B}_3&\boldsymbol{B}_4\end{pmatrix},$$

由

$$\boldsymbol{A}\boldsymbol{B}=\begin{pmatrix}\lambda_1\boldsymbol{B}_1&\lambda_1\boldsymbol{B}_2\\\lambda_2\boldsymbol{B}_3&\lambda_2\boldsymbol{B}_4\end{pmatrix}=\begin{pmatrix}\lambda_1\boldsymbol{B}_1&\lambda_2\boldsymbol{B}_2\\\lambda_1\boldsymbol{B}_3&\lambda_2\boldsymbol{B}_4\end{pmatrix}=\boldsymbol{B}\boldsymbol{A},$$

得 $\lambda_1\boldsymbol{B}_2=\lambda_2\boldsymbol{B}_2$, $\lambda_2\boldsymbol{B}_3=\lambda_1\boldsymbol{B}_3$. 再由 $\lambda_1\neq\lambda_2$ 可得 $\boldsymbol{B}_2=\boldsymbol{O},\boldsymbol{B}_3=\boldsymbol{O}$, 故 $\mathbf{B}$ 是分块对角矩阵.

当 $n_1=n_2=\cdots=n_s=1$ 时, 则得到: 若 $\lambda_1,\lambda_2,\cdots,\lambda_s$ 互不相同, 则与对角矩阵

$$\operatorname{diag}\left(\lambda_1,\lambda_2,\cdots,\lambda_s\right)$$

可交换的矩阵只能是对角矩阵 (习题第 2.5 题).

8.47 设 σ,τ 是 n 维欧氏空间 V 的两个线性变换, 且对任一 $\boldsymbol{\alpha}\in V$ 都有 $|\sigma(\boldsymbol{\alpha})|=|\tau(\boldsymbol{\alpha})|$. 证明:

(1) 对任意 $\boldsymbol{\alpha},\boldsymbol{\beta}\in V$ 都有 $(\sigma(\boldsymbol{\alpha}),\sigma(\boldsymbol{\beta}))=(\tau(\boldsymbol{\alpha}),\tau(\boldsymbol{\beta}))$;

(2) $\operatorname{Im}\sigma$ 与 $\operatorname{Im}\tau$ 同构.

证明 (1) 对任意 $\boldsymbol{\alpha},\boldsymbol{\beta}\in V$,

$$|\sigma(\boldsymbol{\alpha}+\boldsymbol{\beta})|^2=|\sigma(\boldsymbol{\alpha})+\sigma(\boldsymbol{\beta})|^2=|\sigma(\boldsymbol{\alpha})|^2+2\left(\sigma(\boldsymbol{\alpha}),\sigma(\boldsymbol{\beta})\right)+|\sigma(\boldsymbol{\beta})|^2,$$

$$|\tau(\boldsymbol{\alpha}+\boldsymbol{\beta})|^2=|\tau(\boldsymbol{\alpha})+\tau(\boldsymbol{\beta})|^2=|\tau(\boldsymbol{\alpha})|^2+2\left(\tau(\boldsymbol{\alpha}),\tau(\boldsymbol{\beta})\right)+|\tau(\boldsymbol{\beta})|^2.$$

由已知 $|\sigma(\boldsymbol{\alpha})|=|\tau(\boldsymbol{\alpha})|$, $|\sigma(\boldsymbol{\beta})|=|\tau(\boldsymbol{\beta})|$ 得 $(\sigma(\boldsymbol{\alpha}),\sigma(\boldsymbol{\beta}))=(\tau(\boldsymbol{\alpha}),\tau(\boldsymbol{\beta}))$.

(2) 只需证明 $\dim\operatorname{Im}\sigma=\dim\operatorname{Im}\tau$. 设 $\boldsymbol{\varepsilon}_1,\boldsymbol{\varepsilon}_2,\cdots,\boldsymbol{\varepsilon}_n$ 是 V 的一个标准正交基, σ,τ 在这个基下的矩阵分别是 $\boldsymbol{A},\boldsymbol{B}$, 即

$$\sigma\left(\boldsymbol{\varepsilon}_1,\boldsymbol{\varepsilon}_2,\cdots,\boldsymbol{\varepsilon}_n\right)=\left(\boldsymbol{\varepsilon}_1,\boldsymbol{\varepsilon}_2,\cdots,\boldsymbol{\varepsilon}_n\right)\boldsymbol{A},\ \tau\left(\boldsymbol{\varepsilon}_1,\boldsymbol{\varepsilon}_2,\cdots,\boldsymbol{\varepsilon}_n\right)=\left(\boldsymbol{\varepsilon}_1,\boldsymbol{\varepsilon}_2,\cdots,\boldsymbol{\varepsilon}_n\right)\boldsymbol{B}.$$

则 (由定理 6.19) $\dim\operatorname{Im}\sigma=\mathrm{R}(\boldsymbol{A})$, $\dim\operatorname{Im}\tau=\mathrm{R}(\boldsymbol{B})$. 由 (1) 的结论可知, 格拉姆矩阵 (习题第 8.14 题)

$$\boldsymbol{G}\left(\sigma(\boldsymbol{\varepsilon}_1),\sigma(\boldsymbol{\varepsilon}_2),\cdots,\sigma(\boldsymbol{\varepsilon}_n)\right)=\boldsymbol{G}\left(\tau(\boldsymbol{\varepsilon}_1),\tau(\boldsymbol{\varepsilon}_2),\cdots,\tau(\boldsymbol{\varepsilon}_n)\right),$$

即 $\boldsymbol{A}^{\mathrm{T}}\boldsymbol{A}=\boldsymbol{B}^{\mathrm{T}}\boldsymbol{B}$. 因而

$$\mathrm{R}(\boldsymbol{A})=\mathrm{R}\left(\boldsymbol{A}^{\mathrm{T}}\boldsymbol{A}\right)=\mathrm{R}\left(\boldsymbol{B}^{\mathrm{T}}\boldsymbol{B}\right)=\mathrm{R}(\boldsymbol{B}),$$

故 $\dim\operatorname{Im}\sigma=\dim\operatorname{Im}\tau$, 即 $\operatorname{Im}\sigma$ 与 $\operatorname{Im}\tau$ 同构.

第九章　二　次　型

§9.1　知 识 概 要

1. 二次型与矩阵, 矩阵的合同 (合同、相似与等价的区别与联系).

2. 二次型的标准形 (初等合同变换法、配方法、正交变换法).

3. 正定二次型 (规范形、惯性指数、正定、负定、非负定的定义及性质).

§9.2　学 习 指 导

1. 本章重点: 矩阵合同, 正交变换法化二次型为标准形, 正定二次型与正定矩阵的定义及性质, 赫尔维茨定理. 难点: 正定二次型 (矩阵) 的性质及应用.

2. n 元二次型 $f(\boldsymbol{x})=\boldsymbol{x}^{\mathrm{T}}\boldsymbol{A}\boldsymbol{x}$ 与 n 阶对称矩阵 $\boldsymbol{A}$ 一一对应, 因此, 二次型的问题可以完全转化成对称矩阵的问题 (教材只讨论实数域上的二次型, 除非有特别声明).

3. n 阶矩阵 $\boldsymbol{A}$ 与 $\boldsymbol{B}$ 合同是指存在可逆矩阵 $\boldsymbol{C}$, 使得 $\boldsymbol{C}^{\mathrm{T}}\boldsymbol{A}\boldsymbol{C}=\boldsymbol{B}$. 显然, "合同" 也是一种等价关系, 即具有反身性、对称性和传递性. 请读者注意两个矩阵 "合同"、"相似" 与 "等价" 的区别与联系.

4. 两个 n 阶对称矩阵 "合同"、"相似" 或 "等价" 可以完全由它们的特征值决定:

合同 $\Leftrightarrow$ 特征值中正、负和零的个数分别相同;

相似 $\Leftrightarrow$ 特征值相同;

等价 $\Leftrightarrow$ 非零特征值的个数相同 (即秩相等).

秩为 r 的 n 阶对称矩阵的特征值全为实数, 0 是它的 $n-r$ 重特征值. 注意, 如果取消 "对称" 二字, 这些结论可能不成立. 如二阶矩阵

$$\boldsymbol{A}=\begin{pmatrix}0&0\\1&0\end{pmatrix},$$

其特征值全为 0 (二重根), 但它的秩 $\mathrm{R}(\boldsymbol{A})=1$ (其他反例请读者自己举出).

5. 二次型的标准形, 也叫法式, 是指二次经过可逆线性变换 $\boldsymbol{x}=\boldsymbol{C}\boldsymbol{y}$ 后得到的如下只含平方项的形式:

$$f=k_1y_1^2+k_2y_2^2+\cdots+k_ny_n^2.$$

注意, 二次型的标准形不是唯一的. 化二次型为标准形通常有三种方式: 初等合同变换法、配方法和正交变换法.

6. 正交变换不改变向量的内积, 因而不改变向量的长度, 不改变向量的夹角, 不改变几何形状. 所以, 正交变换是应用最广的一种线性变换. 在解析几何中, 正交变换与平移变换统称为直角坐标变换. 用直角坐标变换化二次曲面 (曲线) 方程为标准方程的问题称为主轴问题, 它是判断二次方程属何种曲面 (曲线) 类型的重要方法.

7. 二次型的标准形不唯一, 但是它的规范形是唯一的 (惯性定理), 规范形完全由特征值的符号决定.

8. 如果对任意 $\boldsymbol{x} \in \mathbb{R}^n$, 且 $\boldsymbol{x} \neq \boldsymbol{0}$, 都有 $f(\boldsymbol{x}) = \boldsymbol{x}^{\mathrm{T}}\boldsymbol{A}\boldsymbol{x} > 0$ 恒成立, 则称二次型 f 是正定二次型, 称 $\boldsymbol{A}$ 是正定矩阵. 如果对任意 $\boldsymbol{x} \in \mathbb{R}^n$, 且 $\boldsymbol{x} \neq \boldsymbol{0}$, 都有 $f(\boldsymbol{x}) = \boldsymbol{x}^{\mathrm{T}}\boldsymbol{A}\boldsymbol{x} < 0$ 恒成立, 则称二次型 f 是负定二次型, 称 $\boldsymbol{A}$ 是负定矩阵.

若 $f(\boldsymbol{x}) = \boldsymbol{x}^{\mathrm{T}}\boldsymbol{A}\boldsymbol{x}$ 是正定二次型, 则以下任一条件都是它的充要条件:

(1) f 的正惯性指数等于 n (即变量个数);

(2) $\boldsymbol{A}$ 的特征值全为正;

(3) $\boldsymbol{A}$ 合同于 n 阶单位矩阵;

(4) 存在 n 阶可逆矩阵 $\boldsymbol{C}$, 使得 $\boldsymbol{A} = \boldsymbol{C}^{\mathrm{T}}\boldsymbol{C}$;

(5) 存在主对角元全为正的 n 阶上三角矩阵 $\boldsymbol{R}$, 使得 $\boldsymbol{A} = \boldsymbol{R}^{\mathrm{T}}\boldsymbol{R}$;

(6) 存在 $m \times n$ 列满秩矩阵 $\boldsymbol{H}$, 使得 $\boldsymbol{A} = \boldsymbol{H}^{\mathrm{T}}\boldsymbol{H}$;

(7) $\boldsymbol{A}$ 的各阶顺序主子式全为正 (赫尔维茨定理);

(8) $\boldsymbol{A}^{-1}$ 是正定矩阵;

(9) 存在正定矩阵 $\boldsymbol{B}$, 使得 $\boldsymbol{A} = \boldsymbol{B}^2$;

(10) 存在正定矩阵 $\boldsymbol{B}$, 且 $\boldsymbol{B}$ 与 $\boldsymbol{A}$ 合同 (初等合同变换不改变实对称矩阵的正定性).

9. 如果 $f(\boldsymbol{x}) = \boldsymbol{x}^{\mathrm{T}}\boldsymbol{A}\boldsymbol{x}$ 是正定二次型, 则必有

(1) $\boldsymbol{A}$ 的主对角元全为正, 即 $a_{ii} > 0\,(i = 1, 2, \cdots, n)$;

(2) $\boldsymbol{A}$ 的行列式大于零.

10. $f(\boldsymbol{x}) = \boldsymbol{x}^{\mathrm{T}}\boldsymbol{A}\boldsymbol{x}$ 是负定二次型的充要条件是 $\boldsymbol{A}$ 的奇数阶顺序主子式为负, 偶数阶顺序主子式为正 (赫尔维茨定理).

11. 如果对任意 $\boldsymbol{x} \in \mathbb{R}^n$, 都有 $f(\boldsymbol{x}) = \boldsymbol{x}^{\mathrm{T}}\boldsymbol{A}\boldsymbol{x} \geqslant 0$ 恒成立, 则称二次型 f 是半正定 (非负定) 二次型, 称矩阵 $\boldsymbol{A}$ 是半正定 (非负定) 矩阵. 如果对任意 $\boldsymbol{x} \in \mathbb{R}^n$, 都有 $f(\boldsymbol{x}) = \boldsymbol{x}^{\mathrm{T}}\boldsymbol{A}\boldsymbol{x} \leqslant 0$ 恒成立, 则称二次型 f 是半负定二次型, 称矩阵 $\boldsymbol{A}$ 是半负定矩阵.

若 $f(\boldsymbol{x}) = \boldsymbol{x}^{\mathrm{T}}\boldsymbol{A}\boldsymbol{x}$ 是半正定二次型, 则以下任一条件都是它的充要条件:

(1) f 的正惯性指数等于 $\boldsymbol{A}$ 的秩 (负惯性指数为零);

(2) $\boldsymbol{A}$ 的特征值全部大于或等于零;

(3) 存在矩阵 $\boldsymbol{C}$, 使得 $\boldsymbol{A} = \boldsymbol{C}^{\mathrm{T}}\boldsymbol{C}$ (注意 $\mathrm{R}(\boldsymbol{C}) = \mathrm{R}(\boldsymbol{A})$);

(4) 存在半正定矩阵 $\boldsymbol{B}$, 使得 $\boldsymbol{A} = \boldsymbol{B}^2$.

12. 半正定矩阵的行列式大于或等于零. 即使 $\boldsymbol{A}$ 的各阶顺序主子式全部大于或等于零, 二次型 $f(\boldsymbol{x}) = \boldsymbol{x}^{\mathrm{T}}\boldsymbol{A}\boldsymbol{x}$ 也未必是半正定的.

所谓矩阵 $\boldsymbol{A} = (a_{ij})_{n\times n}$ 的 k **阶主子式**是指形如

$$\left|\boldsymbol{M}\begin{pmatrix} i_1, i_2, \cdots, i_k \\ i_1, i_2, \cdots, i_k \end{pmatrix}\right| = \begin{vmatrix} a_{i_1 i_1} & a_{i_1 i_2} & \cdots & a_{i_1 i_k} \\ a_{i_2 i_1} & a_{i_2 i_2} & \cdots & a_{i_2 i_k} \\ \vdots & \vdots & & \vdots \\ a_{i_k i_1} & a_{i_k i_2} & \cdots & a_{i_k i_k} \end{vmatrix}$$

的 k 阶子式, 其中 $1 \leqslant i_1 < i_2 < \cdots < i_k \leqslant n$. 显然地, 对矩阵 $\boldsymbol{A}$ 施行若干次第一种初等合同变换 (交换行同时交换列) 后得到矩阵 $\boldsymbol{B}$, 则 $\boldsymbol{A}$ 的 k 阶主子式等于 $\boldsymbol{B}$ 的 k 阶顺序主子式. 反

过来, $\boldsymbol{A}$ 的 k 阶顺序主子式恰好是另一个与 $\boldsymbol{A}$ 合同的矩阵 $\boldsymbol{B}$ 的 k 阶主子式.

定理 1 设 n 阶矩阵 $\boldsymbol{A}=(a_{ij})_{n\times n}$ 的特征多项式为

$$f(\lambda)=|\lambda\boldsymbol{I}-\boldsymbol{A}|=\lambda^n-s_1\lambda^{n-1}+\cdots+(-1)^{n-1}s_{n-1}\lambda+(-1)^n s_n.$$

证明: 系数 s_k 是 $\boldsymbol{A}$ 的全部 k 阶主子式之和, 即

$$s_k=\sum_{1\leqslant i_1<i_2<\cdots<i_k\leqslant n}\begin{vmatrix}a_{i_1i_1} & a_{i_1i_2} & \cdots & a_{i_1i_k}\\ a_{i_2i_1} & a_{i_2i_2} & \cdots & a_{i_2i_k}\\ \vdots & \vdots & & \vdots\\ a_{i_ki_1} & a_{i_ki_2} & \cdots & a_{i_ki_k}\end{vmatrix}.$$

证明 将 $\boldsymbol{A}$ 的特征多项式写成

$$f(\lambda)=\begin{vmatrix}\lambda-a_{11} & -a_{12} & \cdots & -a_{1n}\\ -a_{21} & \lambda-a_{22} & \cdots & -a_{2n}\\ \vdots & \vdots & & \vdots\\ -a_{n1} & -a_{n2} & \cdots & \lambda-a_{nn}\end{vmatrix}=\begin{vmatrix}\lambda-a_{11} & 0-a_{12} & \cdots & 0-a_{1n}\\ 0-a_{21} & \lambda-a_{22} & \cdots & 0-a_{2n}\\ \vdots & \vdots & & \vdots\\ 0-a_{n1} & 0-a_{n2} & \cdots & \lambda-a_{nn}\end{vmatrix},$$

然后把它分离成 2^n 个行列式相加. 用拉普拉斯定理展开即得 λ^{n-k} 的系数是

$$(-1)^k s_k=(-1)^k\times\boldsymbol{A}$$

的全部 k 阶主子式之和.

例如, 当 $n=3$ 时,

$$f(\lambda)=|\lambda\boldsymbol{I}-\boldsymbol{A}|=\begin{vmatrix}\lambda-a_{11} & -a_{12} & -a_{13}\\ -a_{21} & \lambda-a_{22} & -a_{23}\\ -a_{31} & -a_{32} & \lambda-a_{33}\end{vmatrix}=\begin{vmatrix}\lambda-a_{11} & 0-a_{12} & 0-a_{13}\\ 0-a_{21} & \lambda-a_{22} & 0-a_{23}\\ 0-a_{31} & 0-a_{32} & \lambda-a_{33}\end{vmatrix},$$

把它分离成如下 8 个行列式相加:

$$\begin{vmatrix}\lambda & 0 & 0\\ 0 & \lambda & 0\\ 0 & 0 & \lambda\end{vmatrix},\quad\begin{vmatrix}\lambda & 0 & -a_{13}\\ 0 & \lambda & -a_{23}\\ 0 & 0 & -a_{33}\end{vmatrix},\quad\begin{vmatrix}\lambda & -a_{12} & 0\\ 0 & -a_{22} & 0\\ 0 & -a_{32} & \lambda\end{vmatrix},\quad\begin{vmatrix}-a_{11} & 0 & y0\\ -a_{21} & \lambda & 0\\ -a_{31} & 0 & \lambda\end{vmatrix},$$

$$\begin{vmatrix}\lambda & -a_{12} & -a_{13}\\ 0 & -a_{22} & -a_{23}\\ 0 & -a_{32} & -a_{33}\end{vmatrix},\quad\begin{vmatrix}-a_{11} & 0 & -a_{13}\\ -a_{21} & \lambda & -a_{23}\\ -a_{31} & 0 & -a_{33}\end{vmatrix},\quad\begin{vmatrix}-a_{11} & -a_{12} & 0\\ -a_{21} & -a_{22} & 0\\ -a_{31} & -a_{32} & \lambda\end{vmatrix},\quad\begin{vmatrix}-a_{11} & -a_{12} & -a_{13}\\ -a_{21} & -a_{22} & -a_{23}\\ -a_{31} & -a_{32} & -a_{33}\end{vmatrix}.$$

然后把每个行列式展开 (对第 2~4 个行列式用拉普拉斯定理展开, 第 5~7 个行列式按 λ 展开), 得到如下各项:

$$\lambda^3,\quad -a_{33}\lambda^2,\quad -a_{22}\lambda^2,\quad -a_{11}\lambda^2,\quad \begin{vmatrix}a_{22} & a_{23}\\ a_{32} & a_{33}\end{vmatrix}\lambda,\quad \begin{vmatrix}a_{11} & a_{13}\\ a_{31} & a_{33}\end{vmatrix}\lambda,\quad \begin{vmatrix}a_{11} & a_{12}\\ a_{21} & a_{22}\end{vmatrix}\lambda,\quad -|\boldsymbol{A}|.$$

因此,

$$f(\lambda)=|\lambda \boldsymbol{I}-\boldsymbol{A}|=\lambda^3-s_1\lambda^2+s_2\lambda-s_3,$$

其中 s_k 等于 $\boldsymbol{A}$ 的全部 k 阶主子式之和.

推论 1 设 $\lambda_1,\lambda_2,\cdots,\lambda_n$ 是 n 阶矩阵 $\boldsymbol{A}$ 在复数域上的 n 个特征根, 则

$$\begin{aligned}
&s_1=\lambda_1+\lambda_2+\cdots+\lambda_n;\\
&s_2=\lambda_1\lambda_2+\cdots+\lambda_1\lambda_n+\cdots+\lambda_{n-1}\lambda_n;\\
&s_3=\lambda_1\lambda_2\lambda_3+\lambda_1\lambda_2\lambda_4+\cdots+\lambda_{n-2}\lambda_{n-1}\lambda_n;\\
&\cdots\cdots\cdots\cdots\cdots\cdots\cdots\cdots\cdots\cdots\cdots\cdots\\
&s_{n-1}=\lambda_2\lambda_3\cdots\lambda_n+\lambda_1\lambda_3\cdots\lambda_n+\cdots+\lambda_1\lambda_2\cdots\lambda_{n-1};\\
&s_n=\lambda_1\lambda_2\cdots\lambda_n,
\end{aligned}$$

其中 s_k 是矩阵 $\boldsymbol{A}$ 的全部 k 阶主子式之和 $(k=1,2,\cdots,n)$.

定理 2 n 阶实对称矩阵 $\boldsymbol{A}$ 是半正定矩阵的充要条件是 $\boldsymbol{A}$ 的各阶主子式全部大于或等于零.

证明 必要性. 记 k 阶矩阵

$$\boldsymbol{A}_k=\boldsymbol{M}\begin{pmatrix} i_1,i_2,\cdots,i_k\\ i_1,i_2,\cdots,i_k\end{pmatrix},$$

$\boldsymbol{x}=(x_1,x_2,\cdots,x_n)^{\mathrm{T}}$, 取 $x_j=0,\ j\in\{1,2,\cdots,n\}\setminus\{i_1,i_2,\cdots,i_k\}$, $\widetilde{\boldsymbol{x}}=(x_{i_1},x_{i_2},\cdots,x_{i_k})^{\mathrm{T}}\,(k=1,2,\cdots,n)$. 由于 $\boldsymbol{A}$ 是半正定矩阵, 因此,

$$f(\boldsymbol{x})=\boldsymbol{x}^{\mathrm{T}}\boldsymbol{A}\boldsymbol{x}=\widetilde{\boldsymbol{x}}^{\mathrm{T}}\boldsymbol{A}_k\widetilde{\boldsymbol{x}}\geqslant 0,$$

即 $f(\widetilde{\boldsymbol{x}})=\widetilde{\boldsymbol{x}}^{\mathrm{T}}\boldsymbol{A}_k\widetilde{\boldsymbol{x}}$ 是 k 元半正定二次型, 故 $\boldsymbol{A}_k$ 是半正定矩阵, $|\boldsymbol{A}_k|\geqslant 0\,(k=1,2,\cdots,n)$.

充分性. 设 $\boldsymbol{A}$ 的各阶主子式全部大于或等于零, $|\boldsymbol{A}_m|$ 是 $\boldsymbol{A}$ 的 m 阶顺序主子式, $\boldsymbol{A}_m$ 是其对应的 m 阶矩阵.

$$\begin{aligned}
|\lambda\boldsymbol{I}_m+\boldsymbol{A}_m|&=\begin{vmatrix}\lambda+a_{11} & a_{12} & \cdots & a_{1m}\\ a_{21} & \lambda+a_{22} & \cdots & a_{2m}\\ \vdots & \vdots & & \vdots\\ a_{m1} & a_{m2} & \cdots & \lambda+a_{mm}\end{vmatrix}\\
&=\lambda^m+s_1\lambda^{m-1}+\cdots+s_{m-1}\lambda+s_m,
\end{aligned}$$

由定理 1 知, s_i 是 $\boldsymbol{A}_m$ 中全部 i 阶主子式之和, 因此 $s_i\geqslant 0\,(i=1,2,\cdots,m)$. 故当 $\lambda>0$ 时, $|\lambda\boldsymbol{I}_m+\boldsymbol{A}_m|>0\,(m=1,2,\cdots,n)$. 由赫尔维茨定理可知, $\lambda\boldsymbol{I}+\boldsymbol{A}$ 是正定矩阵, $\boldsymbol{A}$ 的特征值全是非负实数, 故 $\boldsymbol{A}$ 是半正定矩阵.

注 关于定理 1 的进一步讨论请参考: 安军. 特征多项式的一般表达式及其应用 [J]. 河南教育学院学报 (自然科学版), 2022, 31(3): 35–40.

13. 教材 §8.1 中的 8.1.2 小节讲到, 在欧氏空间中取定一个基, "度量矩阵由内积和基唯一决定" "任意两个向量的内积由度量矩阵唯一决定". 因此, 取定欧氏空间的一个基, 内积与度量矩阵相互唯一决定.

14. 欧氏空间中, 任一基的度量矩阵都是正定矩阵; 反之, 任一正定矩阵都是欧氏空间某个基的度量矩阵.

证明 结论的前一部分由教材习题第 9.27 题得到. 现证结论的后一部分成立.

事实上, 设 V 是 n 维欧氏空间, $\boldsymbol{A}$ 是 n 阶正定矩阵, 令 $\boldsymbol{A}=\boldsymbol{B}^{\mathrm{T}}\boldsymbol{B}$, 其中 $\boldsymbol{B}=(b_{ij})_{n\times n}$. 现在证明 $\boldsymbol{A}$ 是 V 的某个基的度量矩阵. 设 $\boldsymbol{\varepsilon}_1,\boldsymbol{\varepsilon}_2,\cdots,\boldsymbol{\varepsilon}_n$ 是 V 的标准正交基,

$$(\boldsymbol{\eta}_1,\boldsymbol{\eta}_2,\cdots,\boldsymbol{\eta}_n)=(\boldsymbol{\varepsilon}_1,\boldsymbol{\varepsilon}_2,\cdots,\boldsymbol{\varepsilon}_n)\boldsymbol{B},$$

即 $\boldsymbol{\eta}_i=\sum\limits_{k=1}^{n}b_{ki}\boldsymbol{\varepsilon}_k\,(i=1,2,\cdots,n)$. 由 $\boldsymbol{B}$ 可逆知 $\boldsymbol{\eta}_1,\boldsymbol{\eta}_2,\cdots,\boldsymbol{\eta}_n$ 也是 V 的基, 且

$$(\boldsymbol{\eta}_i,\boldsymbol{\eta}_j)=\left(\sum_{k=1}^{n}b_{ki}\boldsymbol{\varepsilon}_k,\sum_{l=1}^{n}b_{lj}\boldsymbol{\varepsilon}_l\right)=\sum_{k=1}^{n}\sum_{l=1}^{n}b_{ki}b_{lj}(\boldsymbol{\varepsilon}_k,\boldsymbol{\varepsilon}_l)=\sum_{k=1}^{n}b_{ki}b_{kj}=a_{ij},$$

故 $\boldsymbol{A}$ 是 V 的基 $\boldsymbol{\eta}_1,\boldsymbol{\eta}_2,\cdots,\boldsymbol{\eta}_n$ 的度量矩阵. 证毕.

例 证明: **希尔伯特矩阵** $\boldsymbol{A}=\left(\dfrac{1}{i+j+1}\right)_{n\times n}$ 是正定矩阵.

证明 事实上, 设 $V=\mathbb{R}[x]_n$, 内积定义为 $(f(x),g(x))=\displaystyle\int_0^1 f(x)g(x)\mathrm{d}x$, 则矩阵 $\boldsymbol{A}$ 恰好是 V 的基 $1,x,x^2,\cdots,x^{n-1}$ 的度量矩阵:

$$a_{ij}=(x^i,\,x^j)=\int_0^1 x^i\cdot x^j\mathrm{d}x=\frac{1}{i+j+1}\quad(i,j=0,1,\cdots,n-1).$$

由于度量矩阵都是正定矩阵, 故 $\boldsymbol{A}$ 是正定矩阵. 证毕.

15. 在线性空间中, 线性变换分别在两个基下的矩阵相似, 且相似变换矩阵是这两个基的过渡矩阵; 在欧氏空间中, 内积分别在两个基下的度量矩阵合同, 且合同变换矩阵也是这两个基的过渡矩阵.

16. 教材例 9.20 和习题第 8.46 题分别是关于 "同时合同对角化" 与 "同时相似对角化", 请读者要特别留意这两个结论的应用.

17. 欧氏空间的内积和度量矩阵的概念可以推广到一般线性空间中.

定义 1 设 $(V,\mathbb{P},+,\cdot)$ 是线性空间, 称映射 $f:V\to\mathbb{P}$ 是 V 上的**线性函数**, 如果对任意 $\boldsymbol{\alpha},\boldsymbol{\beta}$ 和 $k\in\mathbb{P}$, 都满足:

(1) **可加性**: $f(\boldsymbol{\alpha}+\boldsymbol{\beta})=f(\boldsymbol{\alpha})+f(\boldsymbol{\beta})$;

(2) **齐次性**: $f(k\boldsymbol{\alpha})=kf(\boldsymbol{\alpha})$.

显然, 线性函数是线性映射概念的推广. 比如, 在线性空间 $\mathbb{P}^{n\times n}$ 上定义 $f(\boldsymbol{A})=\mathrm{tr}(\boldsymbol{A})$ $(\boldsymbol{A}\in\mathbb{P}^{n\times n})$, 则 f 是 $\mathbb{P}^{n\times n}$ 上的线性函数. 又如, 取定 $\mathbb{P}^n$ 中的向量 $\boldsymbol{\alpha}=(a_1,a_2,\cdots,a_n)^{\mathrm{T}}$, 对任意 $\boldsymbol{x}=(x_1,x_2,\cdots,x_n)^{\mathrm{T}}\in\mathbb{P}^n$, 定义 $f(\boldsymbol{x})=\boldsymbol{\alpha}^{\mathrm{T}}\boldsymbol{x}=\sum\limits_{i=1}^{n}a_ix_i$, 则 f 是 $\mathbb{P}^n$ 上的线性函数. 类似线性函数的例子读者可以列举很多.

定理 3 设 $\boldsymbol{\varepsilon}_1,\boldsymbol{\varepsilon}_2,\cdots,\boldsymbol{\varepsilon}_n$ 是 n 维线性空间 $(V,\mathbb{P},+,\cdot)$ 的一个基, 对于 $\mathbb{P}$ 中的任意 n 个数 $a_1,a_2,\cdots,a_n$, 存在唯一的线性函数 f, 使得 $f(\boldsymbol{\varepsilon}_i)=a_i\,(i=1,2,\cdots,n)$.

定理 3 是教材定理 6.1 的推广 (请读者自己完成证明). 将线性空间 $(V, \mathbb{P}, +, \cdot)$ 中的全体线性函数构成的集合记为 V^*, 由定理 3 知 V^* 非空. 在 V^* 中定义线性函数的加法和数乘运算 "$+, \cdot$" 如下: 对任意 $f, g \in V^*$, $k \in \mathbb{P}$ 和 $\boldsymbol{\alpha} \in V$,

$$(f+g)(\boldsymbol{\alpha}) = f(\boldsymbol{\alpha}) + g(\boldsymbol{\alpha}), \quad (kf)(\boldsymbol{\alpha}) = kf(\boldsymbol{\alpha}).$$

这样定义的加法与数乘运算满足八条运算律, 因而 $(V^*, \mathbb{P}, +, \cdot)$ 也构成一个线性空间, 称为 V 的**对偶空间**.

定理 4 n 维线性空间 V 的对偶空间 V^* 是 n 维线性空间.

证明 设 $\varepsilon_1, \varepsilon_2, \cdots, \varepsilon_n$ 是 V 的一个基, 在 V 上定义 n 个线性函数 $f_1, f_2, \cdots, f_n$ 如下:

$$f_i(\varepsilon_j) = \delta_{ij} \quad (i, j = 1, 2, \cdots, n), \tag{9.1}$$

其中 δ_{ij} 是克罗内克函数. 下证 $f_1, f_2, \cdots, f_n$ 是 V^* 的一个基.

设 n 个数 $k_1, k_2, \cdots, k_n \in \mathbb{P}$, 满足

$$k_1 f_1 + k_2 f_2 + \cdots + k_n f_n = 0,$$

依次用 $\varepsilon_1, \varepsilon_2, \cdots, \varepsilon_n$ 代入得

$$k_1 f_1(\varepsilon_i) + k_2 f_2(\varepsilon_i) + \cdots + k_n f_n(\varepsilon_i) = 0,$$

即 $k_i f_i(\varepsilon_i) = 0$, 从而 $k_i = 0$, 故 $k_1 = k_2 = \cdots = k_n = 0$, $f_1, f_2, \cdots, f_n$ 线性无关.

其次, 对任意 $\boldsymbol{\alpha} \in V$, $f \in V^*$, 设 $\boldsymbol{\alpha} = x_1\varepsilon_1 + x_2\varepsilon_2 + \cdots + x_n\varepsilon_n$, 可得

$$f_i(\boldsymbol{\alpha}) = x_1 f_i(\varepsilon_1) + x_2 f_i(\varepsilon_2) + \cdots + x_n f_i(\varepsilon_n) = x_i f_i(\varepsilon_i) = x_i.$$

从而

$$f(\boldsymbol{\alpha}) = f_1(\boldsymbol{\alpha}) f(\varepsilon_1) + f_2(\boldsymbol{\alpha}) f(\varepsilon_2) + \cdots + f_n(\boldsymbol{\alpha}) f(\varepsilon_n).$$

这表明,

$$f = f(\varepsilon_1) f_1 + f(\varepsilon_2) f_2 + \cdots + f(\varepsilon_n) f_n,$$

即 f 可由 $f_1, f_2, \cdots, f_n$ 线性表示, 故 $f_1, f_2, \cdots, f_n$ 是 V^* 的一个基, $\dim V^* = n$. 证毕.

定义 2 设 $\varepsilon_1, \varepsilon_2, \cdots, \varepsilon_n$ 是 n 维线性空间 V 的一个基, V^* 是 V 的对偶空间, 由 (9.1) 式决定的 V^* 基 $f_1, f_2, \cdots, f_n$ 称为 $\varepsilon_1, \varepsilon_2, \cdots, \varepsilon_n$ 的**对偶基**.

由定理 4 可知, n 维线性空间 V 的对偶空间 V^* 与 $\mathbb{P}^n$ 同构.

定义 3 设 $(V, \mathbb{P}, +, \cdot)$ 是线性空间, $\boldsymbol{\alpha}, \boldsymbol{\beta} \in V$, 二元函数 $f(\boldsymbol{\alpha}, \boldsymbol{\beta})$ 称为是 V 上的**双线性函数**, 如果对任意 $\boldsymbol{\alpha}, \boldsymbol{\alpha}_1, \boldsymbol{\alpha}_2, \boldsymbol{\beta}, \boldsymbol{\beta}_1, \boldsymbol{\beta}_2 \in V$ 和 $k_1, k_2, l_1, l_2 \in \mathbb{P}$, 都有

(1) $f(k_1\boldsymbol{\alpha}_1 + k_2\boldsymbol{\alpha}_2, \boldsymbol{\beta}) = k_1 f(\boldsymbol{\alpha}_1, \boldsymbol{\beta}) + k_2 f(\boldsymbol{\alpha}_2, \boldsymbol{\beta})$;

(2) $f(\boldsymbol{\alpha}, l_1\boldsymbol{\beta}_1 + l_2\boldsymbol{\beta}_2) = l_1 f(\boldsymbol{\alpha}, \boldsymbol{\beta}_1) + l_2 f(\boldsymbol{\alpha}, \boldsymbol{\beta}_2)$.

特别地, 设 f 是线性空间 V 上的双线性函数, 如果对任意 $\boldsymbol{\alpha}, \boldsymbol{\beta} \in V$, 都有

$$f(\boldsymbol{\alpha}, \boldsymbol{\beta}) = f(\boldsymbol{\beta}, \boldsymbol{\alpha}), \quad \text{或} \quad f(\boldsymbol{\alpha}, \boldsymbol{\beta}) = -f(\boldsymbol{\beta}, \boldsymbol{\alpha}),$$

则称 f 是线性空间 V 上的**对称双线性函数**, 或**反对称双线性函数**.

双线性函数 $f(\boldsymbol{\alpha},\boldsymbol{\beta})$ 关于每个变量都是线性函数. 显然, 欧氏空间 V 的内积是对称双线性函数.

设 $\boldsymbol{A}\in\mathbb{P}^{n\times n}$, 对任意 $\boldsymbol{X},\boldsymbol{Y}\in\mathbb{P}^{n\times n}$, 则

$$f(\boldsymbol{X},\boldsymbol{Y})=\operatorname{tr}(\boldsymbol{X}^{\mathrm{T}}\boldsymbol{A}\boldsymbol{Y}) \tag{9.2}$$

是 $\mathbb{P}^{n\times n}$ 上的双线性函数. 对给定的 $\boldsymbol{A}\in\mathbb{P}^{n\times n}$ 及任意 $\boldsymbol{x},\boldsymbol{y}\in\mathbb{P}^{n}$, 则

$$f(\boldsymbol{x},\boldsymbol{y})=\boldsymbol{x}^{\mathrm{T}}\boldsymbol{A}\boldsymbol{y} \tag{9.3}$$

是 $\mathbb{P}^{n}$ 上的双线性函数. 如果 $\boldsymbol{A}=\boldsymbol{A}^{\mathrm{T}}$, 则 (9.2) 和 (9.3) 式分别是 $\mathbb{P}^{n\times n}$ 和 $\mathbb{P}^{n}$ 上的对称双线性函数.

定理 5 设 $\varepsilon_1,\varepsilon_2,\cdots,\varepsilon_n$ 是 n 维线性空间 $(V,\mathbb{P},+,\cdot)$ 的一个基, $a_{ij}\in\mathbb{P}\,(i,j=1,2,\cdots,n)$ 是 n^2 个数, 则存在 V 上唯一的双线性函数 $f(\boldsymbol{\alpha},\boldsymbol{\beta})$ 满足

$$f(\varepsilon_i,\varepsilon_j)=a_{ij}\quad(i,j=1,2,\cdots,n).$$

定理 5 的证明与定理 3 及教材定理 6.1 的证明都是类似的, 请读者自己完成.

定义 4 设 $\varepsilon_1,\varepsilon_2,\cdots,\varepsilon_n$ 是 n 维线性空间 V 的基, f 是 V 的双线性函数, 令 $f(\varepsilon_i,\varepsilon_j)=a_{ij}\,(i,j=1,2,\cdots,n)$, 称矩阵 $\boldsymbol{A}=(a_{ij})_{n\times n}$ 是 f 在基 $\varepsilon_1,\varepsilon_2,\cdots,\varepsilon_n$ 下的**度量矩阵**.

由定理 5 可知, n 维线性空间 V 的双线性函数与 n 阶矩阵是一一对应的. 线性空间的双线性函数的度量矩阵是欧氏空间的内积的度量矩阵的推广. 可以证明 (留给读者完成), f 是 n 维线性空间 V 的双线性函数, 则 f 是对称 (反对称) 双线性函数的充要条件是 f 在 V 的任一基下的度量矩阵都是对称 (反对称) 矩阵.

关于 "双线性函数" 本书不做深入讨论, 有兴趣的读者请读参考文献 [3] [4] [14] 等.

§9.3 问题思考

一、问题思考

1. 用正交变换法化二次型

$$f=5x_1^2+5x_2^2+2x_3^2-8x_1x_2-4x_1x_3+4x_2x_3$$

为标准形.

2. 化简下列二次曲面方程, 并判断它的类型:

$$x^2+2y^2+2z^2-4yz-2x+2\sqrt{2}y-6\sqrt{2}z+5=0.$$

3. 判断下列二次型是否为正定二次型:

(1) $f=x_1^2+4x_2^2+4x_3^2-2x_1x_2-2x_1x_3+4x_2x_3$;

(2) $f=x_1^2+2x_2^2-3x_3^2+4x_1x_2+2x_1x_3+2x_2x_3$.

4. 证明: $f=\sum\limits_{i=1}^{n}x_i^2+\sum\limits_{i=1}^{n-1}x_ix_{i+1}$ 是正定二次型.

5. 证明: $f=n\sum_{i=1}^{n}x_i^2-\left(\sum_{i=1}^{n}x_i\right)^2$ 是半正定二次型.

6. 设 $\boldsymbol{A}$ 是秩为 2 的三阶实对称矩阵, 且 $\boldsymbol{A}^2+2\boldsymbol{A}=\boldsymbol{O}$.

(1) 求 $\boldsymbol{A}$ 的全部特征值;

(2) 当 k 为何值时, 矩阵 $\boldsymbol{A}+k\boldsymbol{I}$ 是正定矩阵.

7. 设 $\boldsymbol{A}$ 是 n 阶实对称矩阵, 且 $\boldsymbol{A}^3-3\boldsymbol{A}^2+5\boldsymbol{A}-3\boldsymbol{I}=\boldsymbol{O}$. 证明: $\boldsymbol{A}$ 是正定矩阵.

8. 设 $\boldsymbol{A}, \boldsymbol{B}$ 都是 n 阶正定对称矩阵, 证明: $\boldsymbol{AB}$ 的特征值全是正实数.

9. 设 $\boldsymbol{A}$ 是 n 阶半正定矩阵, 证明: $f(\boldsymbol{x})=\boldsymbol{x}^{\mathrm{T}}\boldsymbol{A}\boldsymbol{x}, \boldsymbol{x}\in\mathbb{R}^n$ 是凸函数.

10. 设 $\boldsymbol{A}$ 是 n 阶正定矩阵, $\boldsymbol{0}\neq\boldsymbol{\alpha}_i\in\mathbb{R}^n\,(i=1,2,\cdots,n)$, 且 $\boldsymbol{\alpha}_i^{\mathrm{T}}\boldsymbol{A}\boldsymbol{\alpha}_j=0$ 对一切 $i,j=1,2,\cdots,n, i\neq j$ 成立. 证明: $\boldsymbol{\alpha}_1,\boldsymbol{\alpha}_2,\cdots,\boldsymbol{\alpha}_n$ 线性无关.

11. 设 $\boldsymbol{A}=(a_{ij})_{n\times n}$ 是正定矩阵, 对任意非零实数 $b_1,b_2,\cdots,b_n$, 证明: $\boldsymbol{B}=(a_{ij}b_ib_j)_{n\times n}$ 也是正定矩阵.

12. 设 $\boldsymbol{A}$ 是秩为 r 的 n 阶幂等对称矩阵, 证明: 存在 $n\times r$ 列满秩矩阵 $\boldsymbol{B}$, 使得 $\boldsymbol{A}=\boldsymbol{B}\boldsymbol{B}^{\mathrm{T}}$, 且 $\boldsymbol{B}^{\mathrm{T}}\boldsymbol{B}=\boldsymbol{I}_r$.

13. 设 $\boldsymbol{A}=\begin{pmatrix}\boldsymbol{A}_1\\ \boldsymbol{A}_2\end{pmatrix}$ 是 n 阶可逆实矩阵, $\boldsymbol{A}_1$, $\boldsymbol{A}_2$ 分别是 $p\times n$, $(n-p)\times n$ 矩阵. 证明:

(1) $f(\boldsymbol{x})=\boldsymbol{x}^{\mathrm{T}}\left(\boldsymbol{A}_1^{\mathrm{T}}\boldsymbol{A}_1-\boldsymbol{A}_2^{\mathrm{T}}\boldsymbol{A}_2\right)\boldsymbol{x}$ 的正、负惯性指数分别是 p, $n-p$;

(2) $\boldsymbol{A}_1^{\mathrm{T}}\boldsymbol{A}_1-\boldsymbol{A}_2^{\mathrm{T}}\boldsymbol{A}_2$ 是可逆矩阵.

14. 设 $\boldsymbol{A}$ 是 n 阶实矩阵, 且 $\boldsymbol{A}+\boldsymbol{A}^{\mathrm{T}}=\boldsymbol{I}$, 证明: 矩阵 $\boldsymbol{A}$ 可逆.

15. 设 $\boldsymbol{A}, \boldsymbol{B}$ 都是实对称矩阵, 证明: 分块对角矩阵

$$\boldsymbol{M}=\begin{pmatrix}\boldsymbol{A} & \boldsymbol{O}\\ \boldsymbol{O} & \boldsymbol{B}\end{pmatrix}$$

的正、负惯性指数分别等于 $\boldsymbol{A}, \boldsymbol{B}$ 的正、负惯性指数之和.

16. 设 $\boldsymbol{\alpha}$ 是 n 维列向量, 且 $\boldsymbol{\alpha}^{\mathrm{T}}\boldsymbol{\alpha}=1$, 求矩阵 $\boldsymbol{H}_n=\boldsymbol{I}_n-2\boldsymbol{\alpha}\boldsymbol{\alpha}^{\mathrm{T}}$ 的正负惯性指数.

17. 设 $\boldsymbol{A}$ 是 n 阶可逆实矩阵,

$$\boldsymbol{B}=\begin{pmatrix}\boldsymbol{O} & \boldsymbol{A}\\ \boldsymbol{A}^{\mathrm{T}} & \boldsymbol{O}\end{pmatrix},$$

求 $\boldsymbol{B}$ 的正负惯性指数.

18. 证明: 对任意 $m\times n$ 实矩阵 $\boldsymbol{A}$, 存在 m 阶和 n 阶正交矩阵 $\boldsymbol{P}$ 和 $\boldsymbol{Q}$, 使得

$$\boldsymbol{A}=\boldsymbol{P}\mathrm{diag}\,(\boldsymbol{\Lambda}_r,\boldsymbol{O})\,\boldsymbol{Q}, \tag{9.4}$$

其中 $\boldsymbol{\Lambda}_r=\mathrm{diag}\,(\lambda_1,\lambda_2,\cdots,\lambda_r)$, r 是矩阵 $\boldsymbol{A}$ 的秩, $\lambda_i>0\,(i=1,2,\cdots,r)$ 叫作矩阵 $\boldsymbol{A}$ 的**奇异值**, 这个结论叫矩阵 $\boldsymbol{A}$ 的**奇异值分解定理**.

19. (1) 证明: n 阶实对称矩阵 $\boldsymbol{A}$ 是正定的充要条件是, 可找到一个正定矩阵 $\boldsymbol{B}$, 使得 $\boldsymbol{A}=\boldsymbol{B}^2$.

(2) 给定

$$\begin{pmatrix} 20 & -2 & 4 \\ -2 & 17 & -2 \\ 4 & -2 & 20 \end{pmatrix},$$

求正定矩阵 $\boldsymbol{B}$, 使得 $\boldsymbol{A}=\boldsymbol{B}^2$.

20. 设 $\boldsymbol{A}$ 是 n 阶正定矩阵, $\boldsymbol{\alpha}$ 是 n 维实列向量, 且 $|\boldsymbol{A}-\boldsymbol{\alpha}\boldsymbol{\alpha}^{\mathrm{T}}|=|\boldsymbol{A}|$. 证明: $\boldsymbol{\alpha}=\boldsymbol{0}$.

21. 设 $\boldsymbol{A}$, $\boldsymbol{B}$ 是两个 n 阶实对称矩阵, $\boldsymbol{A}$ 正定, 证明: 复矩阵 $\boldsymbol{A}+\mathrm{i}\boldsymbol{B}$ 可逆.

22. 设半正定矩阵

$$\boldsymbol{A}=\begin{pmatrix} \boldsymbol{A}_{11} & \boldsymbol{A}_{12} \\ \boldsymbol{A}_{21} & \boldsymbol{A}_{22} \end{pmatrix},$$

其中 $\boldsymbol{A}_{11}$, $\boldsymbol{A}_{22}$ 都是方阵, 证明: $|\boldsymbol{A}|\leqslant|\boldsymbol{A}_{11}||\boldsymbol{A}_{22}|$.

23. (上海交大考研试题) 设 $\boldsymbol{B}$, $\boldsymbol{C}$ 分别是 $n\times k$ 和 $n\times(n-k)$ 实矩阵, 证明:

$$\begin{vmatrix} \boldsymbol{B}^{\mathrm{T}}\boldsymbol{B} & \boldsymbol{B}^{\mathrm{T}}\boldsymbol{C} \\ \boldsymbol{C}^{\mathrm{T}}\boldsymbol{B} & \boldsymbol{C}^{\mathrm{T}}\boldsymbol{C} \end{vmatrix}\leqslant|\boldsymbol{B}^{\mathrm{T}}\boldsymbol{B}||\boldsymbol{C}^{\mathrm{T}}\boldsymbol{C}|.$$

24. (中山大学考研试题) 设 $\boldsymbol{A},\boldsymbol{B}$ 分别是 n 阶实对称矩阵, 且 $\boldsymbol{A},\boldsymbol{B},\boldsymbol{A}-\boldsymbol{B}$ 都是正定矩阵. 证明: $\boldsymbol{B}^{-1}-\boldsymbol{A}^{-1}$ 也是正定矩阵.

25. 设二次型 $f=\sum\limits_{i=1}^{s}(a_{i1}x_1+\cdots+a_{in}x_n)^2$, 证明: f 的秩等于 $\boldsymbol{A}=(a_{ij})_{s\times n}$ 的秩.

26. 设 $f(x_1,x_2,\cdots,x_n)$ 是秩为 n 的二次型, 证明: 存在 $\mathbb{R}^n$ 的一个 $(n-|s|)/2$ 维子空间 V_1, 其中 s 为符号差, 使得对任一 $\boldsymbol{x}=(x_1,x_2,\cdots,x_n)^{\mathrm{T}}\in V_1$ 都有 $f(x_1,x_2,\cdots,x_n)=0$.

27. 设 $a_1,a_2,\cdots,a_n$ 是 n 个互不相同的正实数, 令 $a_{ij}=\dfrac{1}{a_i+a_j}\,(i,j=1,2,\cdots,n)$. 证明: $\boldsymbol{A}=(a_{ij})_{n\times n}$ 是正定矩阵.

28. 证明: 二次型 $f=\sum\limits_{i=1}^{n}\sum\limits_{j=1}^{n}(\lambda ij+i+j)x_ix_j\ (n>1)$ 的秩和符号差与 λ 无关.

29. (哈尔滨工业大学考研试题) 设 $\boldsymbol{A}$ 是 n 阶矩阵, 证明: 存在可逆矩阵 $\boldsymbol{P}$, 使得

$$\boldsymbol{P}^{\mathrm{T}}(\boldsymbol{A}^{\mathrm{T}}\boldsymbol{A}+\boldsymbol{A}^{\mathrm{T}}+\boldsymbol{A})\boldsymbol{P}=\boldsymbol{A}\boldsymbol{A}^{\mathrm{T}}+\boldsymbol{A}^{\mathrm{T}}+\boldsymbol{A}.$$

30. (哈尔滨工业大学考研试题) 设 $\boldsymbol{A}$ 是 n 阶实矩阵, 对任意非零向量 $\boldsymbol{\alpha}\in\mathbb{R}^n$ 都有 $\boldsymbol{\alpha}^{\mathrm{T}}\boldsymbol{A}\boldsymbol{\alpha}>\boldsymbol{\alpha}^{\mathrm{T}}\boldsymbol{\alpha}$. 证明: $|\boldsymbol{A}|>1$.

***31**. 设 $\boldsymbol{A}=(a_{ij})_{2\times 2}$, 求线性空间 $V=\mathbb{P}^{2\times 2}$ 上的双线性函数

$$f(\boldsymbol{X},\boldsymbol{Y})=\mathrm{tr}(\boldsymbol{X}^{\mathrm{T}}\boldsymbol{A}\boldsymbol{Y})\quad(\boldsymbol{X},\boldsymbol{Y}\in V)$$

在 V 的基 $\boldsymbol{E}_{11},\boldsymbol{E}_{21},\boldsymbol{E}_{12},\boldsymbol{E}_{22}$ 下的度量矩阵.

***32**. 设 f 是 n 维线性空间 V 的双线性函数, f 在 V 的两个基 (I): $\boldsymbol{\varepsilon}_1,\boldsymbol{\varepsilon}_2,\cdots,\boldsymbol{\varepsilon}_n$ 和 (II): $\boldsymbol{\eta}_1,\boldsymbol{\eta}_2,\cdots,\boldsymbol{\eta}_n$ 分别下的矩阵分别是 $\boldsymbol{A}=(a_{ij})_{n\times n}$ 和 $\boldsymbol{B}=(b_{ij})_{n\times n}$, 从基 (I) 到基 (II) 的过渡矩阵是 $\boldsymbol{C}$. 证明: $\boldsymbol{B}=\boldsymbol{C}^{\mathrm{T}}\boldsymbol{A}\boldsymbol{C}$, 即双线性函数在两个基下的度量矩阵是合同的.

***33**. 设 $\varepsilon_1,\varepsilon_2,\varepsilon_3$ 是三维线性空间 V 的一个基, f_1,f_2,f_3 是它的对偶基, 且

$$\boldsymbol{\eta}_1=\varepsilon_1-\varepsilon_3,\quad \boldsymbol{\eta}_2=\varepsilon_1+\varepsilon_2+\varepsilon_3,\quad \boldsymbol{\eta}_3=\varepsilon_2+\varepsilon_3.$$

证明: $\boldsymbol{\eta}_1,\boldsymbol{\eta}_2,\boldsymbol{\eta}_3$ 也是 V 的一个基, 并求其对偶基 (用 f_1,f_2,f_3 表示).

***34**. 设 (I): $\varepsilon_1,\varepsilon_2,\cdots,\varepsilon_n$ 和 (II): $\boldsymbol{\eta}_1,\boldsymbol{\eta}_2,\cdots,\boldsymbol{\eta}_n$ 是 n 维线性空间 V 的两个基, 其对偶基分别是 (I′): $f_1,f_2,\cdots,f_n$ 和 (II′): $g_1,g_2,\cdots,g_n$. 如果从基 (I) 到 (II) 的过渡矩阵是 $\boldsymbol{A}$, 从基 (I′) 到 (II′) 的过渡矩阵是 $\boldsymbol{B}$, 证明: $\boldsymbol{B}=(\boldsymbol{A}^{\mathrm{T}})^{-1}$.

二、提示或答案

1. $\boldsymbol{C}=\begin{pmatrix}\dfrac{1}{\sqrt{2}} & \dfrac{1}{3\sqrt{2}} & -\dfrac{2}{3}\\ \dfrac{1}{\sqrt{2}} & -\dfrac{1}{3\sqrt{2}} & \dfrac{2}{3}\\ 0 & \dfrac{4}{3\sqrt{2}} & \dfrac{1}{3}\end{pmatrix}$, 标准形为 $f=y_1^2+y_2^2+10y_3^2$.

2. $\dfrac{1}{4}x_2^2+y_2^2=z_2$, 椭圆抛物面.

3. (1) 正定; (2) 不是正定二次型.

4. **方法 1** 注意

$$f=\frac{1}{2}\left[2\sum_{i=1}^{n}x_i^2+2\sum_{i=1}^{n-1}x_ix_{i+1}\right]=\frac{1}{2}\left[\sum_{i=1}^{n-1}(x_i+x_{i+1})^2+x_1^2+x_n^2\right]\geqslant 0,$$

当且仅当 $x_1=x_2=\cdots=x_n=0$ 时, $f=0$. 故对任意 $\boldsymbol{x}\in\mathbb{R}^n$, 且 $\boldsymbol{x}\neq\boldsymbol{0}$, 都有 $f>0$, 即 f 是正定二次型.

方法 2 二次型 f 的矩阵为

$$\boldsymbol{A}=\begin{pmatrix}1 & 1/2 & 0 & \cdots & 0 & 0\\ 1/2 & 1 & 1/2 & \cdots & 0 & 0\\ 0 & 1/2 & 1 & \cdots & 0 & 0\\ \vdots & \vdots & \vdots & & \vdots & \vdots\\ 0 & 0 & 0 & \cdots & 1 & 1/2\\ 0 & 0 & 0 & \cdots & 1/2 & 1\end{pmatrix}.$$

记 n 阶矩阵 $\boldsymbol{A}$ 的行列式为 D_n, 将 D_n 按第 1 列展开得

$$D_n=D_{n-1}-\frac{1}{2}\begin{vmatrix}1/2 & 0 & 0 & 0 & \cdots & 0 & 0\\ 1/2 & 1 & 1/2 & 0 & \cdots & 0 & 0\\ 0 & 1/2 & 1 & 1/2 & \cdots & 0 & 0\\ \vdots & \vdots & \vdots & \vdots & & \vdots & \vdots\\ 0 & 0 & 0 & 0 & \cdots & 1 & 1/2\\ 0 & 0 & 0 & 0 & \cdots & 1/2 & 1\end{vmatrix}=D_{n-1}-\frac{1}{4}D_{n-2}.$$

于是得到

$$D_n-\frac{1}{2}D_{n-1}=\frac{1}{2}\left(D_{n-1}-\frac{1}{2}D_{n-2}\right).$$

令 $C_n=D_{n+1}-\frac{1}{2}D_n$, 得到 $C_{n+1}=\frac{1}{2}C_n$. 由 $D_1=1$, $D_2=\frac{3}{4}$ 知, $C_1=\frac{1}{4}$. 由等比数列的通项公式得 $C_n=\frac{1}{2^{n+1}}$. 在 $D_{n+1}-\frac{1}{2}D_n=\frac{1}{2^{n+1}}$ 的两边同时乘以 2^{n+1} 得

$$2^{n+1}D_{n+1}-2^nD_n=1.$$

由等差数列的通项公式得

$$2^nD_n=2D_1+(n-1)\times 1=n+1,$$

从而得到 $D_n=(n+1)/2^n$. 故矩阵 $\boldsymbol{A}$ 的 k 阶顺序主子式 $d_k=(k+1)/2^k>0\,(k=1,2,\cdots,n)$. 由赫尔维茨定理可知, 二次型 f 是正定二次型.

方法 3 在方法 2 中, $\boldsymbol{A}$ 的一、二阶顺序主子式分别是 $d_1=1>0, d_2=\frac{3}{4}>0$. 假设 $d_k>0(k\geqslant 1)$. 由方法 2 的结论知

$$d_{k+1}-\frac{1}{2}d_k=\left(d_2-\frac{1}{2}d_1\right)\times\left(\frac{1}{2}\right)^{k-1}=\left(\frac{1}{2}\right)^{k+1}\Rightarrow d_{k+1}=\frac{1}{2}d_k+\left(\frac{1}{2}\right)^{k+1}>0.$$

由数学归纳法原理可知, 所有顺序主子式 $d_k>0$, 故 f 是正定二次型.

5. 参考教材例 9.8.

6. (1) $0,-2,-2$; (2) $k>2$.

7. 提示: $\boldsymbol{A}$ 的特征值只可能是 1.

8. 存在可逆矩阵 $\boldsymbol{P}$, $\boldsymbol{Q}$, 使得 $\boldsymbol{A}=\boldsymbol{P}^{\mathrm{T}}\boldsymbol{P}$, $\boldsymbol{B}=\boldsymbol{Q}^{\mathrm{T}}\boldsymbol{Q}$. 因此,

$$\boldsymbol{QABQ}^{-1}=\boldsymbol{QP}^{\mathrm{T}}\boldsymbol{PQ}^{\mathrm{T}}\boldsymbol{QQ}^{-1}=(\boldsymbol{PQ}^{\mathrm{T}})^{\mathrm{T}}(\boldsymbol{PQ}^{\mathrm{T}}).$$

由于 $\boldsymbol{PQ}^{\mathrm{T}}$ 是可逆矩阵, 故 $\boldsymbol{QABQ}^{-1}$ 是正定矩阵, 其特征值全为正, 而 $\boldsymbol{QABQ}^{-1}$ 与 $\boldsymbol{AB}$ 相似, 故 $\boldsymbol{AB}$ 的特征值全为正.

9. 对任意 $\lambda\in(0,1)$ 及 $\boldsymbol{x},\boldsymbol{y}\in\mathbb{R}^n$,

$$f(\lambda\boldsymbol{x}+(1-\lambda)\boldsymbol{y})=\lambda^2\boldsymbol{x}^{\mathrm{T}}\boldsymbol{Ax}+(1-\lambda)^2\boldsymbol{y}^{\mathrm{T}}\boldsymbol{Ay}+2\lambda(1-\lambda)\boldsymbol{x}^{\mathrm{T}}\boldsymbol{Ay},$$

$$\begin{aligned}\lambda f(\boldsymbol{x})+(1-\lambda)f(\boldsymbol{y})-f(\lambda\boldsymbol{x}+(1-\lambda)\boldsymbol{y})&=\lambda(1-\lambda)\left(\boldsymbol{x}^{\mathrm{T}}\boldsymbol{Ax}+\boldsymbol{y}^{\mathrm{T}}\boldsymbol{Ay}-2\boldsymbol{x}^{\mathrm{T}}\boldsymbol{Ay}\right)\\&=\lambda(1-\lambda)(\boldsymbol{x}-\boldsymbol{y})^{\mathrm{T}}\boldsymbol{A}(\boldsymbol{x}-\boldsymbol{y})\geqslant 0,\end{aligned}$$

故

$$f(\lambda\boldsymbol{x}+(1-\lambda)\boldsymbol{y})\leqslant\lambda f(\boldsymbol{x})+(1-\lambda)f(\boldsymbol{y}).$$

10. 由 $\boldsymbol{A}$ 是正定矩阵可知, 存在可逆矩阵 $\boldsymbol{C}$, 使得 $\boldsymbol{A}=\boldsymbol{C}^{\mathrm{T}}\boldsymbol{C}$. 所以

$$\boldsymbol{\alpha}_i^{\mathrm{T}}\boldsymbol{A}\boldsymbol{\alpha}_j=\boldsymbol{\alpha}_i^{\mathrm{T}}\boldsymbol{C}^{\mathrm{T}}\boldsymbol{C}\boldsymbol{\alpha}_j=(\boldsymbol{C}\boldsymbol{\alpha}_i)^{\mathrm{T}}\boldsymbol{C}\boldsymbol{\alpha}_j=0,$$

对一切 $i,j=1,2,\cdots,n, i\neq j$ 成立, 意味着 $\boldsymbol{C\alpha}_1, \boldsymbol{C\alpha}_2,\cdots,\boldsymbol{C\alpha}_n$ 是正交向量组, 因而线性无关. 而 $\boldsymbol{C}$ 是可逆矩阵, 故 $\boldsymbol{\alpha}_1,\boldsymbol{\alpha}_2,\cdots,\boldsymbol{\alpha}_n$ 线性无关.

11. 方法 1 若 $\boldsymbol{x}=(x_1,x_2,\cdots,x_n)^{\mathrm{T}}\neq\boldsymbol{0}$, 则 $\widetilde{\boldsymbol{x}}=(b_1x_1,b_2x_2,\cdots,b_nx_n)^{\mathrm{T}}\neq\boldsymbol{0}$, 由正定矩阵的定义即可得证.

方法 2 设 $\boldsymbol{A}=(a_{ij})_{n\times n}=\boldsymbol{C}^{\mathrm{T}}\boldsymbol{C}$, 其中 $\boldsymbol{C}=(c_{ij})_{n\times n}$ 是可逆矩阵, 则 $a_{ij}=\sum\limits_{k=1}^{n}c_{ki}c_{kj}$, 因而 $a_{ij}b_ib_j=\sum\limits_{k=1}^{n}c_{ki}b_ic_{kj}b_j$. 令 $\boldsymbol{D}=\boldsymbol{C}\mathrm{diag}(b_1,b_2,\cdots,b_n)$, 则 $\boldsymbol{D}$ 也是可逆矩阵, 且 $\boldsymbol{A}=\boldsymbol{D}^{\mathrm{T}}\boldsymbol{D}$, 故 $\boldsymbol{A}$ 是正定矩阵.

12. 存在正交矩阵 $\boldsymbol{P}$ 使得 $\boldsymbol{A}=\boldsymbol{P}\mathrm{diag}(\boldsymbol{I}_r,\boldsymbol{O})\boldsymbol{P}^{\mathrm{T}}$, 令 $\boldsymbol{B}=\boldsymbol{P}\mathrm{diag}(\boldsymbol{I}_r,\boldsymbol{O})$ 即得.

13. (1)

$$f(\boldsymbol{x})=\boldsymbol{x}^{\mathrm{T}}\boldsymbol{A}^{\mathrm{T}}\begin{pmatrix}\boldsymbol{I}_p & \boldsymbol{O}\\ \boldsymbol{O} & -\boldsymbol{I}_{n-p}\end{pmatrix}\boldsymbol{Ax}=\boldsymbol{y}^{\mathrm{T}}\begin{pmatrix}\boldsymbol{I}_p & \boldsymbol{O}\\ \boldsymbol{O} & -\boldsymbol{I}_{n-p}\end{pmatrix}\boldsymbol{y},$$

其中 $\boldsymbol{y}=\boldsymbol{Ax}$. 由 $\boldsymbol{A}$ 可逆知, $f(\boldsymbol{x})$ 的正、负惯性指数分别是 $p, n-p$.

(2) 由

$$\boldsymbol{A}_1^{\mathrm{T}}\boldsymbol{A}_1-\boldsymbol{A}_2^{\mathrm{T}}\boldsymbol{A}_2=\left(\boldsymbol{A}_1^{\mathrm{T}},\boldsymbol{A}_2^{\mathrm{T}}\right)\begin{pmatrix}\boldsymbol{I}_p & \boldsymbol{O}\\ \boldsymbol{O} & -\boldsymbol{I}_{n-p}\end{pmatrix}\begin{pmatrix}\boldsymbol{A}_1\\ \boldsymbol{A}_2\end{pmatrix}=\boldsymbol{A}^{\mathrm{T}}\begin{pmatrix}\boldsymbol{I}_p & \boldsymbol{O}\\ \boldsymbol{O} & -\boldsymbol{I}_{n-p}\end{pmatrix}\boldsymbol{A}$$

知, 矩阵 $\boldsymbol{A}_1^{\mathrm{T}}\boldsymbol{A}_1-\boldsymbol{A}_2^{\mathrm{T}}\boldsymbol{A}_2$ 可逆.

14. 注意 $\boldsymbol{A}=(\boldsymbol{A}+\boldsymbol{A}^{\mathrm{T}})/2+(\boldsymbol{A}-\boldsymbol{A}^{\mathrm{T}})/2=\boldsymbol{I}/2+(\boldsymbol{A}-\boldsymbol{A}^{\mathrm{T}})/2$, 且后一项是反对称矩阵, 其特征值是 0 或纯虚数, 故 $\boldsymbol{A}$ 的特征值非零, 从而可逆.

15. 设 $\boldsymbol{A}, \boldsymbol{B}$ 的合同标准形分别是

$$\boldsymbol{A}_1=\mathrm{diag}(\boldsymbol{I}_{p_1},-\boldsymbol{I}_{q_1},\boldsymbol{O}),\quad \boldsymbol{B}_1=\mathrm{diag}(\boldsymbol{I}_{r_1},-\boldsymbol{I}_{s_1},\boldsymbol{O}).$$

显然, $\boldsymbol{M}$ 合同于 $\mathrm{diag}(\boldsymbol{A}_1,\boldsymbol{B}_1)$, 合同于 $\mathrm{diag}(\boldsymbol{I}_{p_1+r_1},-\boldsymbol{I}_{q_1+s_1},\boldsymbol{O})$. 故 $\boldsymbol{M}$ 的正、负惯性指数分别等于 p_1+r_1 和 q_1+s_1, 分别等于 $\boldsymbol{A}, \boldsymbol{B}$ 的正、负惯性指数之和.

注 (分块) 初等合同变换不改变 (分块) 对称矩阵的惯性指数 (参考教材例 9.22).

16. 解法 1 由教材例 8.12 可知, 镜像变换有 1 个特征值为 -1, 有 $n-1$ 个特征值为 1, 故 $\boldsymbol{H}_n$ 的正、负惯性指数分别是 $n-1$ 和 1.

解法 2 由教材例 6.34(或习题第 2.46 题) 的结论可知,

$$|\lambda\boldsymbol{I}-\boldsymbol{\alpha\alpha}^{\mathrm{T}}|=\lambda^{n-1}(\lambda-\boldsymbol{\alpha}^{\mathrm{T}}\boldsymbol{\alpha})=\lambda^{n-1}(\lambda-1).$$

故矩阵 $\boldsymbol{\alpha\alpha}^{\mathrm{T}}$ 的特征值中有 $n-1$ 个 0 和 1 个 1. 从而矩阵 $\boldsymbol{I}-2\boldsymbol{\alpha\alpha}^{\mathrm{T}}$ 的特征值中有 $n-1$ 个 1 和 1 个 -1, 因而 $\boldsymbol{H}_n$ 的正、负惯性指数分别是 $n-1$ 和 1.

解法 3 对分块矩阵

$$\boldsymbol{M}=\begin{pmatrix}\boldsymbol{I}_n & \sqrt{2}\boldsymbol{\alpha}\\ \sqrt{2}\boldsymbol{\alpha}^{\mathrm{T}} & 1\end{pmatrix}$$

施行分块初等合同变换得到

$$\boldsymbol{M}=\begin{pmatrix}\boldsymbol{I}_n & \sqrt{2}\boldsymbol{\alpha}\\ \sqrt{2}\boldsymbol{\alpha}^{\mathrm{T}} & 1\end{pmatrix}\xrightarrow[c_1-c_2\sqrt{2}\boldsymbol{\alpha}^{\mathrm{T}}]{r_1-\sqrt{2}\boldsymbol{\alpha}r_2}\begin{pmatrix}\boldsymbol{I}_n-2\boldsymbol{\alpha\alpha}^{\mathrm{T}} & \boldsymbol{0}\\ \boldsymbol{0} & 1\end{pmatrix},$$

同时, 由 $\boldsymbol{\alpha}^{\mathrm{T}}\boldsymbol{\alpha}=1$ 得

$$\boldsymbol{M}=\begin{pmatrix}\boldsymbol{I}_n & \sqrt{2}\boldsymbol{\alpha}\\ \sqrt{2}\boldsymbol{\alpha}^{\mathrm{T}} & 1\end{pmatrix}\xrightarrow[c_2-c_1\sqrt{2}\boldsymbol{\alpha}]{r_2-\sqrt{2}\boldsymbol{\alpha}_1^{\mathrm{Tr}}}\begin{pmatrix}\boldsymbol{I}_n & \boldsymbol{0}\\ \boldsymbol{0} & -1\end{pmatrix}.$$

故 $\boldsymbol{I}_n-2\boldsymbol{\alpha}\boldsymbol{\alpha}^{\mathrm{T}}$ 合同于 $\mathrm{diag}(\boldsymbol{I}_{n-1},-1)$, 即 $\boldsymbol{I}_n-2\boldsymbol{\alpha}\boldsymbol{\alpha}^{\mathrm{T}}$ 的正惯性指数等于 $n-1$, 负惯性指数为 1(也可由上一题的结论推出).

17. 由于 $\boldsymbol{A}$ 是 n 阶可逆实矩阵, 对分块矩阵 $\boldsymbol{B}$ 施行分块初等合同变换得

$$\boldsymbol{B}=\begin{pmatrix}\boldsymbol{O} & \boldsymbol{A}\\ \boldsymbol{A}^{\mathrm{T}} & \boldsymbol{O}\end{pmatrix}\xrightarrow[c_1(\boldsymbol{A}^{-1})^{\mathrm{T}},\ c_2(\boldsymbol{A}^{-1})^{\mathrm{T}}]{\boldsymbol{A}^{-1}r_1,\ \boldsymbol{A}^{-1}r_2}\begin{pmatrix}\boldsymbol{O} & \boldsymbol{I}_n\\ \boldsymbol{I}_n & \boldsymbol{O}\end{pmatrix}$$

$$\xrightarrow[c_1+c_2]{r_1+r_2}\begin{pmatrix}2\boldsymbol{I}_n & \boldsymbol{I}_n\\ \boldsymbol{I}_n & \boldsymbol{O}\end{pmatrix}\xrightarrow[c_2-\frac{1}{2}c_2]{r_2-\frac{1}{2}r_1}\begin{pmatrix}2\boldsymbol{I}_n & \boldsymbol{O}\\ \boldsymbol{O}_n & -\frac{1}{2}\boldsymbol{I}_n\end{pmatrix}.$$

故 $\boldsymbol{B}$ 的正、负惯性指数都等于 n.

18. 首先, $\boldsymbol{A}^{\mathrm{T}}\boldsymbol{A}$ 是半正定矩阵, 因而存在 n 阶正交矩阵 $\boldsymbol{C}$, 使得

$$\boldsymbol{C}^{\mathrm{T}}\boldsymbol{A}^{\mathrm{T}}\boldsymbol{A}\boldsymbol{C}=\mathrm{diag}\left(\lambda_1^2,\lambda_2^2,\cdots,\lambda_r^2,0,\cdots,0\right),$$

其中 $\lambda_1^2,\lambda_2^2,\cdots,\lambda_r^2$ 是矩阵 $\boldsymbol{A}^{\mathrm{T}}\boldsymbol{A}$ 的正特征值 (取 $\lambda_i>0, i=1,2,\cdots,r$). 令 $\boldsymbol{B}=\boldsymbol{A}\boldsymbol{C}$, 上式即为 $\boldsymbol{B}^{\mathrm{T}}\boldsymbol{B}=\mathrm{diag}\left(\Lambda_r^2,\boldsymbol{O}\right)$, 这里 $\boldsymbol{\Lambda}_r=\mathrm{diag}\left(\lambda_1,\lambda_2,\cdots,\lambda_r\right)$. 说明 $\boldsymbol{B}$ 的列向量正交, 且前 r 个列向量的长度分别是 $\lambda_1,\lambda_2,\cdots,\lambda_r$, 后 $n-r$ 个列向量为零向量. 于是, 存在正交矩阵 $\boldsymbol{P}$, 使得

$$\boldsymbol{A}\boldsymbol{C}=\boldsymbol{B}=\boldsymbol{P}\mathrm{diag}\left(\boldsymbol{\Lambda}_r,\boldsymbol{O}\right),$$

即得 $\boldsymbol{A}=\boldsymbol{P}\mathrm{diag}\left(\boldsymbol{\Lambda}_r,\boldsymbol{O}\right)\boldsymbol{Q}$, 其中 $\boldsymbol{Q}=\boldsymbol{C}^{-1}$ 仍为正交矩阵.

注 可以看到, 矩阵 $\boldsymbol{A}$ 的奇异值 $\lambda_1,\lambda_2,\cdots,\lambda_r$ 就是 $\boldsymbol{A}^{\mathrm{T}}\boldsymbol{A}$ 的正特征值的算术平方根.

19. (1) 必要性见教材例 9.10, 充分性利用 $\boldsymbol{A}$ 特征值全为正即可获证.

(2) 容易求得 $\boldsymbol{A}$ 的特征值是 16,16,25, 从而求得正交矩阵

$$\boldsymbol{Q}=\begin{pmatrix}1/\sqrt{5} & -4/3\sqrt{5} & 2/3\\ 2/\sqrt{5} & 2/3\sqrt{5} & -1/3\\ 0 & 5/3\sqrt{5} & 2/3\end{pmatrix},$$

满足 $\boldsymbol{A}=\boldsymbol{Q}\boldsymbol{\Lambda}\boldsymbol{Q}^{-1}$, 其中 $\boldsymbol{\Lambda}=\mathrm{diag}(16,16,25)$. 令 $\boldsymbol{B}=\boldsymbol{Q}\boldsymbol{\Lambda}_1\boldsymbol{Q}^{-1}$, 其中 $\boldsymbol{\Lambda}_1=\mathrm{diag}(4,4,5)$, 即为所求.

20. **方法 1** 由行列式降阶定理 (参看第二章) 知

$$|\boldsymbol{A}-\boldsymbol{\alpha}\boldsymbol{\alpha}^{\mathrm{T}}|=|\boldsymbol{A}|(1-\boldsymbol{\alpha}^{\mathrm{T}}\boldsymbol{A}^{-1}\boldsymbol{\alpha})=|\boldsymbol{A}|,$$

从而可得 $\boldsymbol{\alpha}^{\mathrm{T}}\boldsymbol{A}^{-1}\boldsymbol{\alpha}=0$. 由于 $\boldsymbol{A}$ 是正定矩阵, 因而 $\boldsymbol{A}^{-1}$ 也是正定的, 故 $\boldsymbol{\alpha}=\boldsymbol{0}$.

方法 2 设 $\boldsymbol{B}=\boldsymbol{\alpha}\boldsymbol{\alpha}^{\mathrm{T}}$, 则 $\boldsymbol{B}$ 是半正定矩阵. 又因为 $\boldsymbol{A}$ 是正定矩阵, 所以 (由教材例 9.20 可知), 存在可逆矩阵 $\boldsymbol{P}$, 使得

$$\boldsymbol{P}^{\mathrm{T}}\boldsymbol{A}\boldsymbol{P}=\boldsymbol{I},\quad \boldsymbol{P}^{\mathrm{T}}\boldsymbol{B}\boldsymbol{P}=\mathrm{diag}(\lambda,0,\cdots,0)=\boldsymbol{\Lambda},$$

其中 $\lambda=\boldsymbol{\alpha}^{\mathrm{T}}\boldsymbol{\alpha}$ 是 $\boldsymbol{B}$ 的特征根, 0 是 $\boldsymbol{B}$ 的 $n-1$ 重特征根. 因此,

$$|\boldsymbol{P}^{\mathrm{T}}||\boldsymbol{A}-\boldsymbol{\alpha}\boldsymbol{\alpha}^{\mathrm{T}}||\boldsymbol{P}|=|\boldsymbol{I}-\boldsymbol{\Lambda}|=1-\lambda=|\boldsymbol{P}^{\mathrm{T}}||\boldsymbol{A}||\boldsymbol{P}|=1,$$

故 $\lambda=0$, 可得 $\boldsymbol{\alpha}=\mathbf{0}$.

21. 由教材例 9.20 可知, 存在可逆矩阵 $\boldsymbol{P}$, 使得

$$\boldsymbol{P}^{\mathrm{T}}\boldsymbol{A}\boldsymbol{P}=\boldsymbol{I},\quad \boldsymbol{P}^{\mathrm{T}}\boldsymbol{B}\boldsymbol{P}=\operatorname{diag}(\lambda_1,\lambda_2,\cdots,\lambda_n),$$

其中 $\lambda_1,\lambda_2,\cdots,\lambda_n$ 是实数. 故

$$\boldsymbol{P}^{\mathrm{T}}(\boldsymbol{A}+\mathrm{i}\boldsymbol{B})\boldsymbol{P}=\operatorname{diag}(1+\mathrm{i}\lambda_1,1+\mathrm{i}\lambda_2,\cdots,1+\mathrm{i}\lambda_n).$$

等式右边的对角矩阵显然是可逆的, 因而 $\boldsymbol{A}+\mathrm{i}\boldsymbol{B}$ 是可逆矩阵.

22. 若 $\boldsymbol{A}$ 是半正定矩阵, 则 $|\boldsymbol{A}|=0$, 结论显然成立. 下面考虑 $\boldsymbol{A}$ 是正定矩阵的情形. 注意 $\boldsymbol{A}_{12}^{\mathrm{T}}=\boldsymbol{A}_{21}$, 且 $\boldsymbol{A}_{11}$ 可逆, 所以

$$\boldsymbol{A}=\begin{pmatrix}\boldsymbol{A}_{11} & \boldsymbol{A}_{12}\\ \boldsymbol{A}_{21} & \boldsymbol{A}_{22}\end{pmatrix}\xrightarrow[c_2-c_1\cdot(\boldsymbol{A}_{21}\boldsymbol{A}_{11}^{-1})^{\mathrm{T}}]{r_2-\boldsymbol{A}_{21}\boldsymbol{A}_{11}^{-1}\cdot r_1}\begin{pmatrix}\boldsymbol{A}_{11} & \boldsymbol{O}\\ \boldsymbol{O} & \boldsymbol{A}_{22}-\boldsymbol{A}_{21}\boldsymbol{A}_{11}^{-1}\boldsymbol{A}_{12}\end{pmatrix}.$$

从而可知 $\boldsymbol{A}_{22}-\boldsymbol{A}_{21}\boldsymbol{A}_{11}^{-1}\boldsymbol{A}_{12}$ 也是正定矩阵. 注意到 $\boldsymbol{A}_{21}\boldsymbol{A}_{11}^{-1}\boldsymbol{A}_{12}$ 是半正定矩阵, (由教材习题第 9.37 题推广的结论) 可知,

$$|\boldsymbol{A}_{22}|=\left|\left(\boldsymbol{A}_{22}-\boldsymbol{A}_{21}\boldsymbol{A}_{11}^{-1}\boldsymbol{A}_{12}\right)+\boldsymbol{A}_{21}\boldsymbol{A}_{11}^{-1}\boldsymbol{A}_{12}\right|\geqslant|\boldsymbol{A}_{22}-\boldsymbol{A}_{21}\boldsymbol{A}_{11}^{-1}\boldsymbol{A}_{12}|,$$

因此,

$$|\boldsymbol{A}|=|\boldsymbol{A}_{11}||\boldsymbol{A}_{22}-\boldsymbol{A}_{21}\boldsymbol{A}_{11}^{-1}\boldsymbol{A}_{12}|\leqslant|\boldsymbol{A}_{11}||\boldsymbol{A}_{22}|.$$

注 联系本题与教材习题第 9.35 和 9.36 题研究.

23. 令 $\boldsymbol{A}=(\boldsymbol{B},\boldsymbol{C})$, 则

$$\boldsymbol{A}^{\mathrm{T}}\boldsymbol{A}=\begin{pmatrix}\boldsymbol{B}^{\mathrm{T}}\\ \boldsymbol{C}^{\mathrm{T}}\end{pmatrix}(\boldsymbol{B},\boldsymbol{C})=\begin{pmatrix}\boldsymbol{B}^{\mathrm{T}}\boldsymbol{B} & \boldsymbol{B}^{\mathrm{T}}\boldsymbol{C}\\ \boldsymbol{C}^{\mathrm{T}}\boldsymbol{B} & \boldsymbol{C}^{\mathrm{T}}\boldsymbol{C}\end{pmatrix},$$

由上一题结论即得.

24. 由于 $\boldsymbol{A},\boldsymbol{B}$ 都是正定矩阵, 故存在可逆矩阵 $\boldsymbol{P}$, 使得

$$\boldsymbol{A}=\boldsymbol{P}^{\mathrm{T}}\boldsymbol{P},\quad \boldsymbol{B}=\boldsymbol{P}^{\mathrm{T}}\boldsymbol{\Lambda}\boldsymbol{P},\quad \boldsymbol{\Lambda}=\operatorname{diag}(\lambda_1,\cdots,\lambda_n),\ \lambda_i>0\quad(i=1,2,\cdots,n).$$

由 $\boldsymbol{A}-\boldsymbol{B}=\boldsymbol{P}^{\mathrm{T}}(\boldsymbol{I}-\boldsymbol{\Lambda})\boldsymbol{P}$ 是正定矩阵可知, $1-\lambda_i>0\quad(i=1,2,\cdots,n)$. 令 $\boldsymbol{P}^{-1}=\boldsymbol{Q}$, 从而

$$\boldsymbol{B}^{-1}-\boldsymbol{A}^{-1}=(\boldsymbol{P}^{\mathrm{T}}\boldsymbol{\Lambda}\boldsymbol{P})^{-1}-(\boldsymbol{P}^{\mathrm{T}}\boldsymbol{P})^{-1}=\boldsymbol{Q}(\boldsymbol{\Lambda}^{-1}-\boldsymbol{I})\boldsymbol{Q}^{\mathrm{T}}.$$

由于 $\lambda_i^{-1}-1>0\,(i=1,2,\cdots,n)$, 故 $\boldsymbol{\Lambda}^{-1}-\boldsymbol{I}=\operatorname{diag}(\lambda_1^{-1}-1,\cdots,\lambda_n^{-1}-1)$ 是正定矩阵, 易知 $\boldsymbol{B}^{-1}-\boldsymbol{A}^{-1}$ 是正定矩阵.

25. 令 $y_i=a_{i1}x_1+\cdots+a_{in}x_n\,(i=1,2,\cdots,s)$, $\boldsymbol{y}=(y_1,\cdots,y_s)^{\mathrm{T}}$. 则 $\boldsymbol{y}=\boldsymbol{A}\boldsymbol{x}$, 且 $f=\boldsymbol{y}^{\mathrm{T}}\boldsymbol{y}=\boldsymbol{x}^{\mathrm{T}}\boldsymbol{A}^{\mathrm{T}}\boldsymbol{A}\boldsymbol{x}$. 由 $\mathrm{R}(\boldsymbol{A}^{\mathrm{T}}\boldsymbol{A})=\mathrm{R}(\boldsymbol{A})$ 知结论成立.

26. 设二次型 f 的正惯性指数 p, 由于秩为 n, 故负惯性指数为 $n-p$, 经过可逆线变换 $\boldsymbol{x}=\boldsymbol{C}\boldsymbol{y}$ 后

$$f(\boldsymbol{x})=\boldsymbol{x}^{\mathrm{T}}\boldsymbol{A}\boldsymbol{x}=(\boldsymbol{C}\boldsymbol{y})^{\mathrm{T}}\boldsymbol{A}(\boldsymbol{C}\boldsymbol{y})=g(\boldsymbol{y})=y_1^2+\cdots+y_p^2-y_{p+1}^2-\cdots-y_n^2.$$

不妨假定 $p\leqslant n-p$, 则符号差 $s=n-p-p=n-2p$. 考虑 $\mathbb{R}^n$ 的子集

$$U=\{(y_1,\cdots,y_p,\underbrace{0,\cdots,0}_{n-2p\text{个}},y_1,\cdots,y_p)^{\mathrm{T}}|y_1,\cdots,y_p\in\mathbb{R}\}$$

构成 $\mathbb{R}^n$ 的子空间, 其维数为 p. 对任意向量 $\boldsymbol{y}\in U$ 代入 $g(\boldsymbol{y})$ 都有

$$g(\boldsymbol{y})=y_1^2+\cdots+y_p^2-y_1^2+\cdots-y_p^2=0.$$

令 $V_1=\{\boldsymbol{x}|\boldsymbol{x}=\boldsymbol{C}\boldsymbol{y},\boldsymbol{y}\in U\}$, 则 V_1 中的任一 $\boldsymbol{x}$ 代入 $f(\boldsymbol{x})$ 中有 $f(\boldsymbol{x})=g(\boldsymbol{y})=0$. 由于从 U 到 V_1 的映射: $\boldsymbol{y}\to\boldsymbol{x}=\boldsymbol{C}\boldsymbol{y}$ 是同构映射, 故 $\dim V_1=p=(n-s)/2$.

27. 在第一章 §1.2 "问题思考" 第 10 题的柯西行列式的结论中, 分别将 b_i, b_j 换成 a_i, a_j, 可得到矩阵 $\boldsymbol{A}$ 的各阶顺序主子式全大于零, 故 $\boldsymbol{A}$ 是正定矩阵.

28. 对二次型的矩阵施行初等合同变换 (参考教材例 9.2) 可化为 $\operatorname{diag}\left(\begin{pmatrix}0&-1\\-1&0\end{pmatrix},\boldsymbol{O}\right)$, 故经过满秩变换后 $f=-2y_1y_2$. 易知它的秩为 2, 符号差为 0, 与 λ 无关.

29. 先证: $\boldsymbol{A}^{\mathrm{T}}\boldsymbol{A}+\boldsymbol{A}^{\mathrm{T}}+\boldsymbol{A}$ 与 $\boldsymbol{A}\boldsymbol{A}^{\mathrm{T}}+\boldsymbol{A}^{\mathrm{T}}+\boldsymbol{A}$ 有相同的特征值. 事实上,

$$\boldsymbol{A}^{\mathrm{T}}\boldsymbol{A}+\boldsymbol{A}^{\mathrm{T}}+\boldsymbol{A}+\boldsymbol{I}=(\boldsymbol{A}^{\mathrm{T}}+\boldsymbol{I})(\boldsymbol{A}+\boldsymbol{I}),$$
$$\boldsymbol{A}\boldsymbol{A}^{\mathrm{T}}+\boldsymbol{A}^{\mathrm{T}}+\boldsymbol{A}+\boldsymbol{I}=(\boldsymbol{A}+\boldsymbol{I})(\boldsymbol{A}^{\mathrm{T}}+\boldsymbol{I}).$$

而 $(\boldsymbol{A}^{\mathrm{T}}+\boldsymbol{I})(\boldsymbol{A}+\boldsymbol{I})$ 与 $(\boldsymbol{A}+\boldsymbol{I})(\boldsymbol{A}^{\mathrm{T}}+\boldsymbol{I})$ 有相同的特征值, 故 $\boldsymbol{A}^{\mathrm{T}}\boldsymbol{A}+\boldsymbol{A}^{\mathrm{T}}+\boldsymbol{A}$ 与 $\boldsymbol{A}\boldsymbol{A}^{\mathrm{T}}+\boldsymbol{A}^{\mathrm{T}}+\boldsymbol{A}$ 有相同的特征值. 从而可知这两个矩阵合同, 存在可逆矩阵 $\boldsymbol{P}$, 使得

$$\boldsymbol{P}^{\mathrm{T}}(\boldsymbol{A}^{\mathrm{T}}\boldsymbol{A}+\boldsymbol{A}^{\mathrm{T}}+\boldsymbol{A})\boldsymbol{P}=\boldsymbol{A}\boldsymbol{A}^{\mathrm{T}}+\boldsymbol{A}^{\mathrm{T}}+\boldsymbol{A}.$$

30. 设 λ 是矩阵 $\boldsymbol{A}$ 在复数域上的特征根, $\boldsymbol{\xi}$ 是相应的特征向量, $\boldsymbol{\xi}\neq\boldsymbol{0}$. 若 λ 是实数, 由 $\boldsymbol{A}\boldsymbol{\xi}=\lambda\boldsymbol{\xi}$ 得 $\boldsymbol{\xi}^{\mathrm{T}}\boldsymbol{A}\boldsymbol{\xi}=\lambda\boldsymbol{\xi}^{\mathrm{T}}\boldsymbol{\xi}>\boldsymbol{\xi}^{\mathrm{T}}\boldsymbol{\xi}$, 知 $\lambda>1$. 若 λ 是复数, 设 $\lambda=\lambda_1+\mathrm{i}\lambda_2$, 相应的特征向量 $\lambda_1,\lambda_2\in\mathbb{R}$, $\boldsymbol{\xi}=\boldsymbol{\xi}_1+\mathrm{i}\boldsymbol{\xi}_2$, 其中 $\boldsymbol{\xi}_1,\boldsymbol{\xi}_2\in\mathbb{R}^n$, 且 $\boldsymbol{\xi}_1,\boldsymbol{\xi}_2$ 不同时为零. 于是

$$\boldsymbol{A}(\boldsymbol{\xi}_1+\mathrm{i}\boldsymbol{\xi}_2)=(\lambda_1+\mathrm{i}\lambda_2)(\boldsymbol{\xi}_1+\mathrm{i}\boldsymbol{\xi}_2),$$

可得 $\boldsymbol{A}\boldsymbol{\xi}_1=\lambda_1\boldsymbol{\xi}_1-\lambda_2\boldsymbol{\xi}_2$, $\boldsymbol{A}\boldsymbol{\xi}_2=\lambda_1\boldsymbol{\xi}_2+\lambda_2\boldsymbol{\xi}_1$. 因此,

$$\boldsymbol{\xi}_1^{\mathrm{T}}\boldsymbol{A}\boldsymbol{\xi}_1=\lambda_1\boldsymbol{\xi}_1^{\mathrm{T}}\boldsymbol{\xi}_1-\lambda_2\boldsymbol{\xi}_1^{\mathrm{T}}\boldsymbol{\xi}_2>\boldsymbol{\xi}_1^{\mathrm{T}}\boldsymbol{\xi}_1\Rightarrow(\lambda_1-1)\boldsymbol{\xi}_1^{\mathrm{T}}\boldsymbol{\xi}_1>\lambda_2\boldsymbol{\xi}_1^{\mathrm{T}}\boldsymbol{\xi}_2,$$

$$\boldsymbol{\xi}_2^{\mathrm{T}}\boldsymbol{A}\boldsymbol{\xi}_2=\lambda_1\boldsymbol{\xi}_2^{\mathrm{T}}\boldsymbol{\xi}_2+\lambda_2\boldsymbol{\xi}_2^{\mathrm{T}}\boldsymbol{\xi}_2>\boldsymbol{\xi}_2^{\mathrm{T}}\boldsymbol{\xi}_2\Rightarrow(\lambda_1-1)\boldsymbol{\xi}_2^{\mathrm{T}}\boldsymbol{\xi}_2>-\lambda_2\boldsymbol{\xi}_2^{\mathrm{T}}\boldsymbol{\xi}_1=-\lambda_2\boldsymbol{\xi}_1^{\mathrm{T}}\boldsymbol{\xi}_2.$$

从而可得

$$(\lambda_1-1)(\boldsymbol{\xi}_1^{\mathrm{T}}\boldsymbol{\xi}_1+\boldsymbol{\xi}_2^{\mathrm{T}}\boldsymbol{\xi}_2)>0\Rightarrow\lambda_1>1.$$

由于虚根共轭成对出现, 故 $\lambda\overline{\lambda}=\lambda_1^2+\lambda_2^2>1$. 设 $\lambda_1,\lambda_2,\cdots,\lambda_n$ 是 $\boldsymbol{A}$ 在复数域上的全部特征根, 故 $|\boldsymbol{A}|=\lambda_1\lambda_2\cdots\lambda_n>1$.

注 本题不能这样做: 由题意知 $\boldsymbol{\alpha}^{\mathrm{T}}(\boldsymbol{A}-\boldsymbol{I})\boldsymbol{\alpha}>0\Rightarrow\boldsymbol{A}-\boldsymbol{I}$ 是正定矩阵, 故 $\boldsymbol{A}$ 的特征值全部大于 1, 从而可得 $|\boldsymbol{A}|>1$. 理由是矩阵 $\boldsymbol{A}$ 的 "对称性" 未知, 因而 $\boldsymbol{A}-\boldsymbol{I}$ 未必是正定矩阵.

***31**. $\mathrm{diag}(\boldsymbol{A},\boldsymbol{A})$.

***32**. 类似教材例 9.17 的证明即可完成.

***33**. 证明部分由读者自己完成, 下面求 $\boldsymbol{\eta}_1,\boldsymbol{\eta}_2,\boldsymbol{\eta}_3$ 的对偶基. 令 $\boldsymbol{g}=(g_1,g_2,g_3)^{\mathrm{T}}$, $\boldsymbol{f}=(f_1,f_2,f_3)^{\mathrm{T}}$, $\boldsymbol{A}=(a_{ij})_{3\times3}$, 且 $\boldsymbol{g}=\boldsymbol{A}\boldsymbol{f}$. 由

$$\boldsymbol{I}=\begin{pmatrix}g_1\\g_2\\g_3\end{pmatrix}(\boldsymbol{\eta}_1,\boldsymbol{\eta}_2,\boldsymbol{\eta}_3)=\boldsymbol{A}\begin{pmatrix}f_1\\f_2\\f_3\end{pmatrix}(\boldsymbol{\eta}_1,\boldsymbol{\eta}_2,\boldsymbol{\eta}_3)=\boldsymbol{A}\begin{pmatrix}1&1&0\\0&1&1\\-1&1&1\end{pmatrix}$$

可得

$$\boldsymbol{A}=\begin{pmatrix}1&1&0\\0&1&1\\-1&1&1\end{pmatrix}^{-1}=\begin{pmatrix}0&1&-1\\1&-1&1\\-1&2&-1\end{pmatrix}.$$

故 $\boldsymbol{\eta}_1,\boldsymbol{\eta}_2,\boldsymbol{\eta}_3$ 的对偶基是 $g_1=f_2-f_3$, $g_2=f_1-f_2+f_3$, $g_3=-f_1+2f_2-f_3$.

***34**. 提示: 令 $\boldsymbol{A}=(a_{ij})_{n\times n}$, $\boldsymbol{B}=(b_{ij})_{n\times n}$. 注意 $f_i(\boldsymbol{\varepsilon}_j)=\delta_{ij}$, $g_i(\boldsymbol{\eta}_j)=\delta_{ij}$, 然后证明

$$b_{1j}a_{1i}+b_{2j}a_{2i}+\cdots+b_{nj}a_{ni}=\delta_{ij}\quad(i,j=1,2,\cdots,n),$$

只需根据过渡矩阵的定义计算 $g_j(\eta_i)$ 即可获得.

§9.4 习 题 选 解

9.5 证明: 两个对角矩阵

$$\boldsymbol{\Lambda}_1=\mathrm{diag}(\lambda_1,\lambda_2,\cdots,\lambda_n),\quad\boldsymbol{\Lambda}_2=\mathrm{diag}(\lambda_{i_1},\lambda_{i_2},\cdots,\lambda_{i_n})$$

合同, 其中 $i_1,i_2,\cdots,i_n$ 是 $1,2,\cdots,n$ 的一个排列.

证明 设 $\boldsymbol{e}_i$ 是 n 维单位列向量 $(i=1,2,\cdots,n)$, 令 $\boldsymbol{C}=(\boldsymbol{e}_{i_1},\boldsymbol{e}_{i_2},\cdots,\boldsymbol{e}_{i_n})$, 则 $\boldsymbol{C}$ 是 n 阶可逆矩阵, 且 $\boldsymbol{C}^{\mathrm{T}}\boldsymbol{\Lambda}_1\boldsymbol{C}=\boldsymbol{\Lambda}_2$, 故 $\boldsymbol{\Lambda}_1$ 与 $\boldsymbol{\Lambda}_2$ 合同.

9.6 设矩阵 $\boldsymbol{A}_1$ 与 $\boldsymbol{B}_1$ 合同, $\boldsymbol{A}_2$ 与 $\boldsymbol{B}_2$ 合同. 证明: 矩阵

$$\begin{pmatrix}\boldsymbol{A}_1&\boldsymbol{O}\\\boldsymbol{O}&\boldsymbol{A}_2\end{pmatrix}\quad与\quad\begin{pmatrix}\boldsymbol{B}_1&\boldsymbol{O}\\\boldsymbol{O}&\boldsymbol{B}_2\end{pmatrix}$$

合同.

证明 存在可逆矩阵 $\boldsymbol{C},\boldsymbol{D}$ 使得

$$\boldsymbol{C}^{\mathrm{T}}\boldsymbol{A}_1\boldsymbol{C}=\boldsymbol{B}_1,\quad\boldsymbol{D}^{\mathrm{T}}\boldsymbol{A}_2\boldsymbol{D}=\boldsymbol{B}_2.$$

令 $\boldsymbol{Q}=\begin{pmatrix}\boldsymbol{C} & \boldsymbol{O}\\ \boldsymbol{O} & \boldsymbol{D}\end{pmatrix}$, 则 $\boldsymbol{Q}$ 也是可逆矩阵, 且

$$\boldsymbol{Q}^{\mathrm{T}}\begin{pmatrix}\boldsymbol{A}_1 & \boldsymbol{O}\\ \boldsymbol{O} & \boldsymbol{A}_2\end{pmatrix}\boldsymbol{Q}=\begin{pmatrix}\boldsymbol{C}^{\mathrm{T}} & \boldsymbol{O}\\ \boldsymbol{O} & \boldsymbol{D}^{\mathrm{T}}\end{pmatrix}\begin{pmatrix}\boldsymbol{A}_1 & \boldsymbol{O}\\ \boldsymbol{O} & \boldsymbol{A}_2\end{pmatrix}\begin{pmatrix}\boldsymbol{C} & \boldsymbol{O}\\ \boldsymbol{O} & \boldsymbol{D}\end{pmatrix}=\begin{pmatrix}\boldsymbol{B}_1 & \boldsymbol{O}\\ \boldsymbol{O} & \boldsymbol{B}_2\end{pmatrix}.$$

9.7 设 $\boldsymbol{A}$ 是可逆对称矩阵, 证明:

(1) $\boldsymbol{A}^{-1}$ 与 $\boldsymbol{A}$ 合同;

(2) $\boldsymbol{A}^2$ 与 $\boldsymbol{I}$ 合同.

证明 (1) 由于 $\boldsymbol{A}$ 是可逆对称矩阵, 因此, $\boldsymbol{A}^{\mathrm{T}}\boldsymbol{A}^{-1}\boldsymbol{A}=\boldsymbol{A}$. 故 $\boldsymbol{A}^{-1}$ 与 $\boldsymbol{A}$ 合同.

(2) 由

$$(\boldsymbol{A}^{-1})^{\mathrm{T}}\boldsymbol{A}^2\boldsymbol{A}^{-1}=\boldsymbol{A}^{-1}\boldsymbol{A}^2\boldsymbol{A}^{-1}=\boldsymbol{I}$$

知 $\boldsymbol{A}^2$ 与 $\boldsymbol{I}$ 合同.

9.8 证明: n 阶矩阵 $\boldsymbol{A}$ 是反对称矩阵的充要条件是对任意 n 维向量 $\boldsymbol{x}$, 都有 $\boldsymbol{x}^{\mathrm{T}}\boldsymbol{A}\boldsymbol{x}=0$.

证明 必要性是显然的, 现证充分性. 假设对任意 n 维向量 $\boldsymbol{x}$ 都有 $\boldsymbol{x}^{\mathrm{T}}\boldsymbol{A}\boldsymbol{x}=0$. 令 $\boldsymbol{A}=(a_{ij})_{n\times n}$. 取 $\boldsymbol{x}=\boldsymbol{e}_i+\boldsymbol{e}_j$, 其中 $\boldsymbol{e}_k$ 是第 k 个单位列向量, 则

$$\begin{aligned}\boldsymbol{x}^{\mathrm{T}}\boldsymbol{A}\boldsymbol{x}&=\boldsymbol{e}_i^{\mathrm{T}}\boldsymbol{A}\boldsymbol{e}_i+\boldsymbol{e}_i^{\mathrm{T}}\boldsymbol{A}\boldsymbol{e}_j+\boldsymbol{e}_j^{\mathrm{T}}\boldsymbol{A}\boldsymbol{e}_i+\boldsymbol{e}_j^{\mathrm{T}}\boldsymbol{A}\boldsymbol{e}_j\\&=\boldsymbol{e}_i^{\mathrm{T}}\boldsymbol{A}\boldsymbol{e}_j+\boldsymbol{e}_j^{\mathrm{T}}\boldsymbol{A}\boldsymbol{e}_i\\&=a_{ij}+a_{ji}=0.\end{aligned}$$

即 $a_{ij}=-a_{ji}$, 对一切 $i,j=1,2,\cdots,n$ 成立, 故 $\boldsymbol{A}$ 是 n 阶反对称矩阵.

9.14 若二次型 $f(x_1,x_2,x_3)=ax_1^2+ax_2^2+(a-1)x_3^2+2x_1x_3-2x_2x_3$ 的规范型是 $y_1^2+y_2^2$, 求 a 的值.

解 二次型 f 的矩阵是

$$\boldsymbol{A}=\begin{pmatrix}a & 0 & 1\\ 0 & a & -1\\ 1 & -1 & a-1\end{pmatrix}.$$

由 $|\lambda\boldsymbol{I}-\boldsymbol{A}|=0$ 求得其特征值为 $a-2,a,a+1$. 由题意知, 其特征值中必有两个取正一个为零, 故 $a=2$.

9.15 设有 n 元二次型

$$f=(x_1+a_1x_2)^2+(x_2+a_2x_3)^2+\cdots+(x_{n-1}+a_{n-1}x_n)^2+(x_n+a_nx_1)^2,$$

其中 $a_1,a_2,\cdots,a_n$ 为实数, 试问: 当 $a_1,a_2,\cdots,a_n$ 满足什么条件时, 二次型 f 为正定二次型?

解 线性变换

$$y_1=x_1+a_1x_2,\quad y_2=x_2+a_2x_3,\quad \cdots,\quad y_{n-1}=x_{n-1}+a_{n-1}x_n,\quad y_n=x_n+a_nx_1$$

的矩阵为

$$C=\begin{pmatrix}1 & a_1 & & \\ & \ddots & \ddots & \\ & & 1 & a_{n-1} \\ a_n & & & 1\end{pmatrix}.$$

其行列式值为

$$|C|=1+(-1)^{n+1}a_1a_2\cdots a_n.$$

故当 $a_1a_2\cdots a_n\neq(-1)^n$ 时, $|C|\neq 0$, 此时, 二次型 $f=\sum_{i=1}^{n}y_i^2$ 是正定二次型.

9.16 已知矩阵

$$\boldsymbol{A}=\begin{pmatrix} & & 1\\ & 1 & \\ 1 & & \end{pmatrix},\quad \boldsymbol{B}=\begin{pmatrix}2 & & \\ & 1 & \\ & & -2\end{pmatrix},$$

(1) 证明: $\boldsymbol{A}$ 与 $\boldsymbol{B}$ 合同, 并求可逆矩阵 $\boldsymbol{C}$, 使得 $\boldsymbol{C}^{\mathrm{T}}\boldsymbol{AC}=\boldsymbol{B}$;

(2) 如果 $\boldsymbol{A}+k\boldsymbol{I}$ 与 $\boldsymbol{B}+k\boldsymbol{I}$ 合同, 求 k 的取值范围.

证明 (1) 容易求得前一个矩阵的特征值是 $1,1,-1$, 故矩阵 $\boldsymbol{A}$ 与 $\boldsymbol{B}$ 的特征值的符号相同, 即两正一负, 则 $\boldsymbol{A}$ 与 $\boldsymbol{B}$ 合同.

$$\begin{pmatrix}\boldsymbol{A}\\ \boldsymbol{I}\end{pmatrix}=\begin{pmatrix}0&0&1\\0&1&0\\1&0&0\\ \hdashline 1&0&0\\0&1&0\\0&0&1\end{pmatrix}\xrightarrow[c_1+c_3]{r_1+r_3}\begin{pmatrix}2&0&1\\0&1&0\\1&0&0\\ \hdashline 1&0&0\\0&1&0\\1&0&1\end{pmatrix}\xrightarrow[r_3\times 2,c_3\times 2]{r_3-\frac{1}{2}r_1,c_3-\frac{1}{2}c_1}\begin{pmatrix}2&0&0\\0&1&0\\0&0&-2\\ \hdashline 1&0&-1\\0&1&0\\1&0&1\end{pmatrix},$$

取

$$\boldsymbol{C}=\begin{pmatrix}1&0&-1\\0&1&0\\1&0&1\end{pmatrix}.$$

也可以用如下方法求可逆矩阵 $\boldsymbol{C}$: 先求得一正交矩阵

$$\boldsymbol{Q}=\begin{pmatrix}1/\sqrt{2}&0&-1/\sqrt{2}\\0&1&0\\1/\sqrt{2}&0&1/\sqrt{2}\end{pmatrix},$$

使得 $\boldsymbol{Q}^{\mathrm{T}}\boldsymbol{AQ}=\mathrm{diag}(1,1,-1)$, 然后令

$$\boldsymbol{C}=\mathrm{diag}(\sqrt{2},1,-\sqrt{2})\boldsymbol{Q}=\begin{pmatrix}1&0&-1\\0&1&0\\1&0&1\end{pmatrix},$$

则 $\boldsymbol{C}^{\mathrm{T}}\boldsymbol{AC}=\boldsymbol{B}$.

(2) 矩阵 $\boldsymbol{A}+k\boldsymbol{I}$ 的特征值是 $1+k,1+k,-1+k$, 矩阵 $\boldsymbol{B}+k\boldsymbol{I}$ 的特征值是 $2+k,1+k,-2+k$. 二矩阵合同的充要条件是其特征值的符号相同, 即

$$\begin{cases}1+k<0,\\2+k<0,\end{cases}\quad\text{或}\quad\begin{cases}1+k>0,\\-1+k<0,\end{cases}\quad\text{或}\quad\begin{cases}-1+k>0,\\-2+k>0.\end{cases}$$

解得 $k\in(-\infty,-2)\cup(-1,1)\cup(2,\infty)$.

9.17 设 $\boldsymbol{A}$ 是 n 阶对称矩阵, 证明: 当实数 t 充分大时, $t\boldsymbol{I}+\boldsymbol{A}$ 是正定矩阵.

证明 设 $\boldsymbol{A}$ 的特征值中最小一个是 λ_1, 则 $t\boldsymbol{I}+\boldsymbol{A}$ 的最小特征值是 $t+\lambda_1$. 故当 $t+\lambda_1>0$ 时, $t\boldsymbol{I}+\boldsymbol{A}$ 是正定矩阵.

9.18 设三阶对称矩阵 $\boldsymbol{A}$ 的特征值是 $-1,2,3$, 证明: 矩阵 $2\boldsymbol{A}^2-\boldsymbol{A}-\boldsymbol{I}$ 是正定矩阵.

证明 矩阵 $2\boldsymbol{A}^2-\boldsymbol{A}-\boldsymbol{I}$ 的特征值分别是 $2,5,14$, 故 $2\boldsymbol{A}^2-\boldsymbol{A}-\boldsymbol{I}$ 是正定矩阵.

9.19 证明: 任一 n 阶正定矩阵都可以写成 n 个半正定矩阵之和.

证明 设 $\boldsymbol{A}$ 是 n 阶正定矩阵, 则存在可逆矩阵 $\boldsymbol{C}$ 使得

$$\boldsymbol{A}=\boldsymbol{CC}^{\mathrm{T}}=\sum_{i=1}^{n}\boldsymbol{CE}_{ii}\boldsymbol{C}^{\mathrm{T}}.$$

显然, 每一个 $\boldsymbol{CE}_{ii}\boldsymbol{C}^{\mathrm{T}}=\boldsymbol{Ce}_i\boldsymbol{e}_i^{\mathrm{T}}\boldsymbol{C}^{\mathrm{T}}=(\boldsymbol{Ce}_i)(\boldsymbol{Ce}_i)^{\mathrm{T}}$ 都是半正定矩阵.

9.20 设 $\boldsymbol{A}$ 是 n 阶反对称矩阵, 证明: $\boldsymbol{I}-\boldsymbol{A}^2$ 是正定矩阵.

证法 1 由习题第 8.26 可知, 反对称矩阵的特征值是 0 或纯虚数, 因此, 矩阵 $\boldsymbol{I}-\boldsymbol{A}^2$ 的特征值全为正, 且是对称矩阵, 故是正定矩阵.

证法 2 注意到 $\boldsymbol{A}^{\mathrm{T}}=-\boldsymbol{A}$, 因此, 对任意 $\boldsymbol{x}\in\mathbb{R}^n$, 且 $\boldsymbol{x}\neq\boldsymbol{0}$, 都有 $-\boldsymbol{x}^{\mathrm{T}}\boldsymbol{A}^2\boldsymbol{x}=(\boldsymbol{Ax})^{\mathrm{T}}\cdot(\boldsymbol{Ax})\geqslant 0$. 所以,

$$\boldsymbol{x}^{\mathrm{T}}\left(\boldsymbol{I}-\boldsymbol{A}^2\right)\boldsymbol{x}=\boldsymbol{x}^{\mathrm{T}}\boldsymbol{x}+(\boldsymbol{Ax})^{\mathrm{T}}\cdot(\boldsymbol{Ax})>0,$$

从而对称矩阵 $\boldsymbol{I}-\boldsymbol{A}^2$ 是正定矩阵.

9.21 (1) 设 $\boldsymbol{A}$ 是 $m\times n$ 列满秩矩阵, 证明: $\boldsymbol{A}^{\mathrm{T}}\boldsymbol{A}$ 是正定矩阵.

(2) 设 $\boldsymbol{A},\boldsymbol{B}$ 都是 $m\times n$ 矩阵, 且 $\mathrm{R}(\boldsymbol{A}+\boldsymbol{B})=n$. 证明: $\boldsymbol{A}^{\mathrm{T}}\boldsymbol{A}+\boldsymbol{B}^{\mathrm{T}}\boldsymbol{B}$ 是 n 阶正定矩阵.

证明 (1) 对任意 $\boldsymbol{x}\in\mathbb{R}^n$, 且 $\boldsymbol{x}\neq\boldsymbol{0}$, 由 $\boldsymbol{A}$ 是 $m\times n$ 列满秩矩阵可得 $\boldsymbol{Ax}\neq\boldsymbol{0}$. 因此, $\boldsymbol{x}^{\mathrm{T}}\boldsymbol{A}^{\mathrm{T}}\boldsymbol{Ax}=(\boldsymbol{Ax})^{\mathrm{T}}\boldsymbol{Ax}>0$, 故 $\boldsymbol{A}^{\mathrm{T}}\boldsymbol{A}$ 是正定矩阵.

(2) **方法 1** 注意到

$$\boldsymbol{A}^{\mathrm{T}}\boldsymbol{A}+\boldsymbol{B}^{\mathrm{T}}\boldsymbol{B}=(\boldsymbol{A}^{\mathrm{T}},\boldsymbol{B}^{\mathrm{T}})\begin{pmatrix}\boldsymbol{A}\\\boldsymbol{B}\end{pmatrix}=\begin{pmatrix}\boldsymbol{A}\\\boldsymbol{B}\end{pmatrix}^{\mathrm{T}}\begin{pmatrix}\boldsymbol{A}\\\boldsymbol{B}\end{pmatrix},$$

再由 $\begin{pmatrix}\boldsymbol{A}\\\boldsymbol{B}\end{pmatrix}\xrightarrow{r_2+r_1}\begin{pmatrix}\boldsymbol{A}\\\boldsymbol{A}+\boldsymbol{B}\end{pmatrix}$ 可知, $\begin{pmatrix}\boldsymbol{A}\\\boldsymbol{B}\end{pmatrix}$ 是列满秩矩阵. 据 (1) 的结论知, $\boldsymbol{A}^{\mathrm{T}}\boldsymbol{A}+\boldsymbol{B}^{\mathrm{T}}\boldsymbol{B}$ 是正定矩阵.

方法 2 对任意 $\boldsymbol{x}\in\mathbb{R}^n$, 且 $\boldsymbol{x}\neq\boldsymbol{0}$, 由 $\boldsymbol{A}+\boldsymbol{B}$ 是 $m\times n$ 列满秩矩阵可知, $(\boldsymbol{A}+\boldsymbol{B})\boldsymbol{x}\neq\boldsymbol{0}$. 因而 $\boldsymbol{Ax}$ 和 $\boldsymbol{Bx}$ 不全为零. 故

$$\boldsymbol{x}^{\mathrm{T}}(\boldsymbol{A}^{\mathrm{T}}\boldsymbol{A}+\boldsymbol{B}^{\mathrm{T}}\boldsymbol{B})\boldsymbol{x}=(\boldsymbol{Ax})^{\mathrm{T}}\boldsymbol{Ax}+(\boldsymbol{Bx})^{\mathrm{T}}\boldsymbol{Bx}>0,$$

从而 $\boldsymbol{A}^{\mathrm{T}}\boldsymbol{A}+\boldsymbol{B}^{\mathrm{T}}\boldsymbol{B}$ 是正定矩阵.

9.22 设 $\lambda_1 \leqslant \lambda_2 \leqslant \cdots \leqslant \lambda_n$ 是 n 阶对称矩阵 $\boldsymbol{A}$ 的特征值, 证明: 对任意 n 维向量 $\boldsymbol{x}$, 都有

$$\lambda_1 \boldsymbol{x}^{\mathrm{T}}\boldsymbol{x} \leqslant \boldsymbol{x}^{\mathrm{T}}\boldsymbol{A}\boldsymbol{x} \leqslant \lambda_n \boldsymbol{x}^{\mathrm{T}}\boldsymbol{x}.$$

证法 1 注意到 $\boldsymbol{A}-\lambda_1\boldsymbol{I}$ 的特征值全部大于或等于零, 因此, $\boldsymbol{A}-\lambda_1\boldsymbol{I}$ 是半正定矩阵. 故对任意 n 维向量 $\boldsymbol{x}$, 都有

$$\boldsymbol{x}^{\mathrm{T}}(\boldsymbol{A}-\lambda_1\boldsymbol{I})\boldsymbol{x} = \boldsymbol{x}^{\mathrm{T}}\boldsymbol{A}\boldsymbol{x} - \lambda_1\boldsymbol{x}^{\mathrm{T}}\boldsymbol{x} \geqslant 0,$$

从而, $\boldsymbol{x}^{\mathrm{T}}\boldsymbol{A}\boldsymbol{x} \geqslant \lambda_1\boldsymbol{x}^{\mathrm{T}}\boldsymbol{x}$. 类似地, $\lambda_n\boldsymbol{I}-\boldsymbol{A}$ 是半正定矩阵, 对任意 n 维向量 $\boldsymbol{x}$, 都有

$$\boldsymbol{x}^{\mathrm{T}}(\lambda_n\boldsymbol{I}-\boldsymbol{A})\boldsymbol{x} = \lambda_n\boldsymbol{x}^{\mathrm{T}}\boldsymbol{x} - \boldsymbol{x}^{\mathrm{T}}\boldsymbol{A}\boldsymbol{x} \geqslant 0,$$

有 $\lambda_n\boldsymbol{x}^{\mathrm{T}}\boldsymbol{x} \geqslant \boldsymbol{x}^{\mathrm{T}}\boldsymbol{A}\boldsymbol{x}$. 故

$$\lambda_1 \boldsymbol{x}^{\mathrm{T}}\boldsymbol{x} \leqslant \boldsymbol{x}^{\mathrm{T}}\boldsymbol{A}\boldsymbol{x} \leqslant \lambda_n \boldsymbol{x}^{\mathrm{T}}\boldsymbol{x}.$$

证法 2 设 $\boldsymbol{Q}$ 是正交矩阵, 使得

$$\boldsymbol{A} = \boldsymbol{Q}\boldsymbol{\Lambda}\boldsymbol{Q}^{\mathrm{T}} = \boldsymbol{Q}\mathrm{diag}(\lambda_1, \lambda_2, \cdots, \lambda_n)\boldsymbol{Q}^{\mathrm{T}}.$$

对任意 n 维向量 $\boldsymbol{x}$, 令 $\boldsymbol{y}=\boldsymbol{Q}^{\mathrm{T}}\boldsymbol{x}$, 则有

$$\boldsymbol{x}^{\mathrm{T}}\boldsymbol{A}\boldsymbol{x} = \boldsymbol{x}^{\mathrm{T}}\boldsymbol{Q}\boldsymbol{\Lambda}\boldsymbol{Q}^{\mathrm{T}}\boldsymbol{x} = \boldsymbol{y}^{\mathrm{T}}\boldsymbol{\Lambda}\boldsymbol{y} = \lambda_1 y_1^2 + \lambda_2 y_2^2 + \cdots + \lambda_n y_n^2.$$

因此,

$$\lambda_1 \sum_{i=1}^{n} y_i^2 \leqslant \boldsymbol{x}^{\mathrm{T}}\boldsymbol{A}\boldsymbol{x} \leqslant \lambda_n \sum_{i=1}^{n} y_i^2.$$

注意到 $\boldsymbol{Q}$ 是正交矩阵,

$$\sum_{i=1}^{n} y_i^2 = \boldsymbol{y}^{\mathrm{T}}\boldsymbol{y} = \boldsymbol{x}^{\mathrm{T}}\boldsymbol{Q}\boldsymbol{Q}^{\mathrm{T}}\boldsymbol{x} = \boldsymbol{x}^{\mathrm{T}}\boldsymbol{x}.$$

故结论成立.

9.23 设 $\boldsymbol{A}$ 是 n 阶实对称矩阵, 证明: $\boldsymbol{A}$ 是正定矩阵的充要条件是存在可逆上三角矩阵 $\boldsymbol{R}$, 使得 $\boldsymbol{A}=\boldsymbol{R}^{\mathrm{T}}\boldsymbol{R}$ (称为正定矩阵的**楚列斯基分解**).

证明 充分性是显然的, 下面证明必要性. 设 $\boldsymbol{A}$ 是正定矩阵, 由推论 9.2(4) 可知, 存在可逆矩阵 $\boldsymbol{C}$ 使得 $\boldsymbol{A}=\boldsymbol{C}^{\mathrm{T}}\boldsymbol{C}$. 再由定理 8.10 可知, 存在正交矩阵 $\boldsymbol{Q}$ 和主对角元全为正的上三角矩阵 $\boldsymbol{R}$, 使得 $\boldsymbol{C}=\boldsymbol{Q}\boldsymbol{R}$, 故

$$\boldsymbol{A} = (\boldsymbol{Q}\boldsymbol{R})^{\mathrm{T}}\boldsymbol{Q}\boldsymbol{R} = \boldsymbol{R}^{\mathrm{T}}\boldsymbol{Q}^{\mathrm{T}}\boldsymbol{Q}\boldsymbol{R} = \boldsymbol{R}^{\mathrm{T}}\boldsymbol{R}.$$

注 可以证明: 正定矩阵的楚列斯基分解是唯一的, 并且对正定矩阵 $\boldsymbol{A}$ 还可以唯一地分解成 $\boldsymbol{A}=\boldsymbol{R}\boldsymbol{D}\boldsymbol{R}^{\mathrm{T}}$ 的形式, 其中 $\boldsymbol{R}$ 是主对角元为 1 的下三角矩阵, $\boldsymbol{D}$ 是对角矩阵, 其主对角元恰好是 $\boldsymbol{A}$ 的特征值. 请读者要特别留意矩阵的各种分解, 包括第二章讲的等价标准形分解, 第八章讲的 QR 分解 、谱分解, 还有第九章关于 (半) 正定矩阵的各种分解, 等等.

9.24 证明: 二次型

$$f(x_1,x_2,\cdots,x_n)=\sum_{i=1}^n x_i^2+\sum_{1\leqslant i<j\leqslant n}x_ix_j$$

是正定二次型.

证法 1 已知二次型的矩阵是

$$\boldsymbol{A}=\begin{pmatrix}1 & 1/2 & \cdots & 1/2\\ 1/2 & 1 & \cdots & 1/2\\ \vdots & \vdots & & \vdots\\ 1/2 & 1/2 & \cdots & 1\end{pmatrix},$$

其特征值是 $(n+1)/2, 1/2,\cdots,1/2$ 全为正, 故 $\boldsymbol{A}$ 是正定矩阵, f 是正定二次型.

证法 2 对任意 $\boldsymbol{x}=(x_1,x_2,\cdots,x_n)^{\mathrm{T}}\in\mathbb{R}^n$, 且 $\boldsymbol{x}\neq\boldsymbol{0}$, 都有

$$f(x_1,x_2,\cdots,x_n)=\frac{1}{2}\left\{2\sum_{i=1}^n x_i^2+2\sum_{1\leqslant i<j\leqslant n}x_ix_j\right\}=\frac{1}{2}\left\{\sum_{i=1}^n x_i^2+\left(\sum_{i=1}^n x_i\right)^2\right\}>0,$$

故 f 为正定二次型.

9.25 设 $\boldsymbol{A}$ 是 n 阶正定矩阵, $\boldsymbol{x}=(x_1,x_2,\cdots,x_n)^{\mathrm{T}}\in\mathbb{R}^n$, 证明:

$$p(\boldsymbol{x})=\frac{1}{2}\boldsymbol{x}^{\mathrm{T}}\boldsymbol{A}\boldsymbol{x}-\boldsymbol{x}^{\mathrm{T}}\boldsymbol{b}$$

在 $\boldsymbol{x}_0=\boldsymbol{A}^{-1}\boldsymbol{b}$ 处取得最小值, 且最小值 $p_{\min}=-\dfrac{1}{2}\boldsymbol{b}^{\mathrm{T}}\boldsymbol{A}^{-1}\boldsymbol{b}$, 其中 $\boldsymbol{b}$ 是一个固定的 n 维列向量.

证明 注意到 $\boldsymbol{x}_0^{\mathrm{T}}\boldsymbol{A}\boldsymbol{x}=\boldsymbol{x}^{\mathrm{T}}\boldsymbol{A}\boldsymbol{x}_0=\boldsymbol{x}^{\mathrm{T}}\boldsymbol{b}$, $\boldsymbol{x}_0^{\mathrm{T}}\boldsymbol{A}\boldsymbol{x}_0=\boldsymbol{b}^{\mathrm{T}}\boldsymbol{A}^{-1}\boldsymbol{b}$, 因此,

$$\begin{aligned}\frac{1}{2}(\boldsymbol{x}-\boldsymbol{x}_0)^{\mathrm{T}}\boldsymbol{A}(\boldsymbol{x}-\boldsymbol{x}_0)&=\frac{1}{2}\left(\boldsymbol{x}^{\mathrm{T}}\boldsymbol{A}\boldsymbol{x}-\boldsymbol{x}^{\mathrm{T}}\boldsymbol{A}\boldsymbol{x}_0-\boldsymbol{x}_0^{\mathrm{T}}\boldsymbol{A}\boldsymbol{x}+\boldsymbol{x}_0^{\mathrm{T}}\boldsymbol{A}\boldsymbol{x}_0\right)\\&=\frac{1}{2}\boldsymbol{x}^{\mathrm{T}}\boldsymbol{A}\boldsymbol{x}-\boldsymbol{x}^{\mathrm{T}}\boldsymbol{b}+\frac{1}{2}\boldsymbol{b}^{\mathrm{T}}\boldsymbol{A}^{-1}\boldsymbol{b}\\&=p(\boldsymbol{x})+\frac{1}{2}\boldsymbol{b}^{\mathrm{T}}\boldsymbol{A}^{-1}\boldsymbol{b}\geqslant 0.\end{aligned}$$

故 $p(\boldsymbol{x})\geqslant-\dfrac{1}{2}\boldsymbol{b}^{\mathrm{T}}\boldsymbol{A}^{-1}\boldsymbol{b}$, 当且仅当 $\boldsymbol{x}=\boldsymbol{x}_0=\boldsymbol{A}^{-1}\boldsymbol{b}$ 时等号成立.

9.26 设 $f(\boldsymbol{x})=\boldsymbol{x}^{\mathrm{T}}\boldsymbol{A}\boldsymbol{x}$ 是正定二次型, 证明:

$$(\boldsymbol{x}^{\mathrm{T}}\boldsymbol{y})^2\leqslant\boldsymbol{x}^{\mathrm{T}}\boldsymbol{A}\boldsymbol{x}\cdot\boldsymbol{y}^{\mathrm{T}}\boldsymbol{A}^{-1}\boldsymbol{y}.$$

证明 由柯西不等式即得

$$(\boldsymbol{x}^{\mathrm{T}}\boldsymbol{y})^2=(\boldsymbol{x}^{\mathrm{T}}\boldsymbol{A}^{1/2}\cdot\boldsymbol{A}^{-1/2}\boldsymbol{y})^2\leqslant\boldsymbol{x}^{\mathrm{T}}\boldsymbol{A}\boldsymbol{x}\cdot\boldsymbol{y}^{\mathrm{T}}\boldsymbol{A}^{-1}\boldsymbol{y}.$$

9.27 证明: 欧氏空间中任一基的度量矩阵是正定矩阵.

证法 1 设 $\boldsymbol{\varepsilon}_1,\boldsymbol{\varepsilon}_2,\cdots,\boldsymbol{\varepsilon}_n$ 是 n 维欧氏空间 V 的一个基, $a_{ij}=(\boldsymbol{\varepsilon}_i,\boldsymbol{\varepsilon}_j)\,(i,j=1,2,\cdots,n)$, $\boldsymbol{A}=(a_{ij})_{n\times n}$ 是这个基的度量矩阵. 对任意 n 维非零向量 $\boldsymbol{x}=(x_1,x_2,\cdots,x_n)^{\mathrm{T}}$, 令 $\boldsymbol{\alpha}=x_1\boldsymbol{\varepsilon}_1+x_2\boldsymbol{\varepsilon}_2+\cdots+x_n\boldsymbol{\varepsilon}_n$, 则 $\boldsymbol{\alpha}\neq\boldsymbol{0}$. 于是

$$x^{\mathrm{T}}Ax=\sum_{i=1}^{n}\sum_{j=1}^{n}a_{ij}x_ix_j=\sum_{i=1}^{n}\sum_{j=1}^{n}(\varepsilon_i,\varepsilon_j)x_ix_j=\left(\sum_{i=1}^{n}x_i\varepsilon_i,\sum_{j=1}^{n}x_j\varepsilon_j\right)=(\alpha,\alpha)>0,$$

故 A 是正定矩阵.

证法 2 设 (I): $\varepsilon_1,\varepsilon_2,\cdots,\varepsilon_n$ 是 n 维欧氏空间 V 的任一基, $a_{ij}=(\varepsilon_i,\varepsilon_j)\,(i,j=1,2,\cdots,n)$, $A=(a_{ij})_{n\times n}$ 是这个基的度量矩阵. 设 (II): $\eta_1,\eta_2,\cdots,\eta_n$ 是欧氏空间 V 的一个标准正交基, (I) 在标准正交基 (II) 下的矩阵是 $B=(b_{ij})_{n\times n}$, 则

$$\varepsilon_i=b_{1i}\eta_1+b_{2i}\eta_2+\cdots+b_{ni}\eta_n\quad(i=1,2,\cdots,n).$$

因此, 对一切 $i,j=1,2,\cdots,n$, 都有

$$a_{ij}=(\varepsilon_i,\varepsilon_j)=\left(\sum_{k=1}^{n}b_{ki}\eta_k,\sum_{l=1}^{n}b_{lj}\eta_l\right)=\sum_{k=1}^{n}\sum_{l=1}^{n}b_{kj}b_{lj}\,(\eta_k,\eta_l)=\sum_{k=1}^{n}b_{kj}b_{kj},$$

即 $A=B^{\mathrm{T}}B$, 再由 B 可逆知, A 是正定矩阵.

9.28 设 $\alpha_1,\alpha_2,\cdots,\alpha_s$ 是欧氏空间 V 的一个向量组, $a_{ij}=(\alpha_i,\alpha_j)\,(i,j=1,2,\cdots,s)$. 证明: $\alpha_1,\alpha_2,\cdots,\alpha_s$ 线性无关的充要条件是格拉姆矩阵 $G=(a_{ij})_{s\times s}$ 是正定矩阵.

证明 设 $x=(x_1,x_2,\cdots,x_s)^{\mathrm{T}},\alpha=x_1\alpha_1+x_2\alpha_2+\cdots+x_s\alpha_s$, 则

$$x^{\mathrm{T}}Gx=\sum_{i=1}^{s}\sum_{j=1}^{s}a_{ij}x_ix_j=\sum_{i=1}^{s}\sum_{j=1}^{s}(\alpha_i,\alpha_j)x_ix_j=\left(\sum_{i=1}^{s}x_i\alpha_i,\sum_{j=1}^{s}x_j\alpha_j\right)=(\alpha,\alpha).$$

因此,

$$\begin{aligned}\alpha_1,\alpha_2,\cdots,\alpha_s\text{线性无关}&\Leftrightarrow\text{对一切}x\neq 0,\text{都有}\alpha\neq 0,\\&\Leftrightarrow x^{\mathrm{T}}Gx=(\alpha,\alpha)>0,\\&\Leftrightarrow G\text{是正定矩阵}.\end{aligned}$$

9.29 设 A 是 n 阶对称矩阵, 证明: $\mathrm{R}(A)=n$ 的充要条件是存在 n 阶矩阵 B 使得 $AB+B^{\mathrm{T}}A$ 是正定矩阵.

证明 必要性. 取 $B=A$ 即知结论成立.

充分性. 假设 $\mathrm{R}(A)<n$, 则存在非零向量 $x\in\mathbb{P}^n$, 使得 $Ax=0$, $x^{\mathrm{T}}A=0$, 于是 $x^{\mathrm{T}}(AB+B^{\mathrm{T}}A)x=0$, 这与 $AB+B^{\mathrm{T}}A$ 是正定矩阵矛盾.

9.30 证明: n 阶对称矩阵 $A=(a_{ij})_{n\times n}$ 是正定矩阵当且仅当对一切正整数 $k=1,2,\cdots,n$, 以及任意 $1\leqslant i_1\leqslant i_2\leqslant\cdots\leqslant i_k\leqslant n$, 其 k 阶主子式都是正数, 即

$$\left|M\begin{pmatrix}i_1,i_2,\cdots,i_k\\i_1,i_2,\cdots,i_k\end{pmatrix}\right|=\begin{vmatrix}a_{i_1i_1}&a_{i_1i_2}&\cdots&a_{i_1i_k}\\a_{i_2i_1}&a_{i_2i_2}&\cdots&a_{i_2i_k}\\\vdots&\vdots&&\vdots\\a_{i_ki_1}&a_{i_ki_2}&\cdots&a_{i_ki_k}\end{vmatrix}>0.$$

证法 1 充分性由赫尔维茨定理即得. 仅证必要性. 事实上, 在如下二次型

$$f(x_1,x_2,\cdots,x_n)=\sum_{i=1}^{n}\sum_{j=1}^{n}a_{ij}x_ix_j$$

中, 将任一非零向量 $\boldsymbol{x}=(x_1,x_2,\cdots,x_n)^{\mathrm{T}}\in\mathbb{R}^n$, 且 $x_l=0, l\notin\{i_1,i_2,\cdots,i_k\}$, 代入得

$$f(\boldsymbol{x})=\sum_{s=1}^{k}\sum_{t=1}^{k}a_{i_si_t}x_{i_s}x_{i_t}>0.$$

故 k 阶主子阵 $\boldsymbol{M}\begin{pmatrix}i_1,i_2,\cdots,i_k\\ i_1,i_2,\cdots,i_k\end{pmatrix}$ 是正定矩阵, 从而主子式 $\left|\boldsymbol{M}\begin{pmatrix}i_1,i_2,\cdots,i_k\\ i_1,i_2,\cdots,i_k\end{pmatrix}\right|>0.$

证法 2 仅证必要性. 对矩阵 $\boldsymbol{A}$ 施行若干次第一种初等合同变换可得到矩阵 $\boldsymbol{B}$, 使得 $\boldsymbol{B}$ 的 k 阶顺序主子式恰好是 $\boldsymbol{A}$ 的 k 阶主子式 $\left|\boldsymbol{M}\begin{pmatrix}i_1,i_2,\cdots,i_k\\ i_1,i_2,\cdots,i_k\end{pmatrix}\right|$. 由于初等合同变换不改变矩阵的正定性, 故 $\boldsymbol{B}$ 也是正定矩阵, 由赫尔维茨定理即知结论成立.

9.31 设 $\boldsymbol{A}=(a_{ij})_{n\times n}$ 是正定矩阵, $\boldsymbol{x}=(x_1,x_2,\cdots,x_n)^{\mathrm{T}}$, 证明: 二次型

$$f(\boldsymbol{x})=\begin{vmatrix}\boldsymbol{A} & \boldsymbol{x}\\ \boldsymbol{x}^{\mathrm{T}} & 0\end{vmatrix}$$

是负定二次型.

证明 对任意 $\boldsymbol{x}\in\mathbb{R}^n$, 且 $\boldsymbol{x}\neq\boldsymbol{0}$, 由行列式降阶定理 (例 2.34) 及 $\boldsymbol{A}$ 是正定矩阵得

$$f(\boldsymbol{x})=|\boldsymbol{A}|\left(0-\boldsymbol{x}^{\mathrm{T}}\boldsymbol{A}^{-1}\boldsymbol{x}\right)=-|\boldsymbol{A}|\cdot\boldsymbol{x}^{\mathrm{T}}\boldsymbol{A}^{-1}\boldsymbol{x}<0.$$

故 $f(\boldsymbol{x})$ 是负定二次型.

9.32 设 $\boldsymbol{A}=(a_{ij})_{n\times n},\boldsymbol{B}=(b_{ij})_{n\times n}$ 都是正定矩阵, 证明: $\sum\limits_{i=1}^{n}\sum\limits_{i=1}^{n}a_{ij}b_{ij}>0.$

证明 由于 $\boldsymbol{A},\boldsymbol{B}$ 都是正定矩阵, 由例 9.21 可知, 阿达马乘积 $\boldsymbol{A}*\boldsymbol{B}=(a_{ij}b_{ij})_{n\times n}$ 也是正定矩阵. 令 $\boldsymbol{1}=(1,1,\cdots,1)^{\mathrm{T}}$, 因此,

$$\sum_{i=1}^{n}\sum_{i=1}^{n}a_{ij}b_{ij}=\boldsymbol{1}^{\mathrm{T}}(\boldsymbol{A}*\boldsymbol{B})\boldsymbol{1}>0.$$

9.33 设 $\boldsymbol{A}$ 是 m 阶矩阵,

$$\boldsymbol{M}=\begin{pmatrix}\boldsymbol{A} & \boldsymbol{B}\\ \boldsymbol{B}^{\mathrm{T}} & \boldsymbol{D}\end{pmatrix}$$

是 n 阶正定矩阵, $m<n$. 证明: $\boldsymbol{A}$, $\boldsymbol{D}$, $\boldsymbol{D}-\boldsymbol{B}^{\mathrm{T}}\boldsymbol{A}^{-1}\boldsymbol{B}$ 都是正定矩阵.

证明 设 $\boldsymbol{x}_1\in\mathbb{R}^m$, 且 $\boldsymbol{x}_1\neq\boldsymbol{0}$. 在 $\boldsymbol{x}_1$ 中添加 $n-m$ 个零得到一个 $\mathbb{R}^n$ 的非零向量 $\boldsymbol{x}=(\boldsymbol{x}_1^{\mathrm{T}},\boldsymbol{0})^{\mathrm{T}}\in\mathbb{R}^n$. 由 $\boldsymbol{M}$ 是 n 阶正定矩阵可知, $\boldsymbol{x}^{\mathrm{T}}\boldsymbol{M}\boldsymbol{x}=\boldsymbol{x}_1^{\mathrm{T}}\boldsymbol{A}\boldsymbol{x}_1>0$, 故 $\boldsymbol{A}$ 是 m 阶正定矩阵. 同理可得 $\boldsymbol{D}$ 是 $n-m$ 阶正定矩阵. 注意到

$$\begin{pmatrix}\boldsymbol{A} & \boldsymbol{B}\\ \boldsymbol{B}^{\mathrm{T}} & \boldsymbol{D}\end{pmatrix}\xrightarrow[c_2-c_1\cdot\boldsymbol{A}^{-1}\boldsymbol{B}]{r_2-\boldsymbol{B}^{\mathrm{T}}\boldsymbol{A}^{-1}\cdot r_1}\begin{pmatrix}\boldsymbol{A} & \boldsymbol{O}\\ \boldsymbol{O} & \boldsymbol{D}-\boldsymbol{B}^{\mathrm{T}}\boldsymbol{A}^{-1}\boldsymbol{B}\end{pmatrix}$$

它是将 $\boldsymbol{M}$ 施行一次分块初等合同变换得到一个分块对角矩阵. 而分块初等合同变换不改变分块矩阵的正定性, 故 $\boldsymbol{D}-\boldsymbol{B}^{\mathrm{T}}\boldsymbol{A}^{-1}\boldsymbol{B}$ 是正定矩阵.

9.34 设

$$\boldsymbol{A}=\begin{pmatrix} a_{11} & \boldsymbol{\alpha}^{\mathrm{T}} \\ \boldsymbol{\alpha} & \boldsymbol{B} \end{pmatrix}$$

是对称矩阵, 其中 a_{11} 是负数, $\boldsymbol{\alpha}$ 是 $n-1$ 维列向量, $\boldsymbol{B}$ 是 $n-1$ 阶正定矩阵. 证明:

(1) $\boldsymbol{B}-a_{11}^{-1}\boldsymbol{\alpha}\boldsymbol{\alpha}^{\mathrm{T}}$ 是正定矩阵;

(2) 二次型 $f=\boldsymbol{x}^{\mathrm{T}}\boldsymbol{A}\boldsymbol{x}$ 的符号差是 $n-2$.

证明 (1) 对任一非零向量 $\boldsymbol{x}\in\mathbb{R}^{n-1}$, 由 $\boldsymbol{x}^{\mathrm{T}}\boldsymbol{B}\boldsymbol{x}>0, \boldsymbol{x}^{\mathrm{T}}\boldsymbol{\alpha}\boldsymbol{\alpha}^{\mathrm{T}}\boldsymbol{x}\geqslant 0$ 知

$$\boldsymbol{x}^{\mathrm{T}}\boldsymbol{B}\boldsymbol{x}-a_{11}^{-1}\boldsymbol{x}^{\mathrm{T}}\boldsymbol{\alpha}\boldsymbol{\alpha}^{\mathrm{T}}\boldsymbol{x}>0,$$

故 $\boldsymbol{B}-a_{11}^{-1}\boldsymbol{\alpha}\boldsymbol{\alpha}^{\mathrm{T}}$ 是正定矩阵.

(2) 由 $a_{11}<0$ 及 (1) 知,

$$|\boldsymbol{A}|=\begin{vmatrix} a_{11} & \boldsymbol{\alpha}^{\mathrm{T}} \\ \boldsymbol{\alpha} & \boldsymbol{B} \end{vmatrix} \xlongequal{r_2-a_{11}^{-1}\boldsymbol{\alpha}\cdot r_1} \begin{vmatrix} a_{11} & \boldsymbol{\alpha}^{\mathrm{T}} \\ \boldsymbol{0} & \boldsymbol{B}-a_{11}^{-1}\boldsymbol{\alpha}\boldsymbol{\alpha}^{\mathrm{T}} \end{vmatrix}=a_{11}|\boldsymbol{B}-a_{11}^{-1}\boldsymbol{\alpha}\boldsymbol{\alpha}^{\mathrm{T}}|<0.$$

设 $\lambda_1,\lambda_2,\cdots,\lambda_n$ 是矩阵 $\boldsymbol{A}$ 的特征值, $\boldsymbol{C}$ 是正交矩阵, 且 $\boldsymbol{C}^{\mathrm{T}}\boldsymbol{A}\boldsymbol{C}=\operatorname{diag}(\lambda_1,\lambda_2,\cdots,\lambda_n)$. 对 $\boldsymbol{C}$ 进行分块

$$\boldsymbol{C}=\begin{pmatrix} c_{11} & \boldsymbol{\beta}_1^{\mathrm{T}} \\ \boldsymbol{\beta}_2 & \widetilde{\boldsymbol{C}} \end{pmatrix}.$$

由

$$\boldsymbol{C}^{\mathrm{T}}\boldsymbol{A}\boldsymbol{C}=\begin{pmatrix} c_{11}^2 a_{11} & \boldsymbol{0} \\ \boldsymbol{0} & \widetilde{\boldsymbol{C}}^{\mathrm{T}}\boldsymbol{B}\widetilde{\boldsymbol{C}} \end{pmatrix}=\operatorname{diag}(\lambda_1,\lambda_2,\cdots,\lambda_n)$$

知, $\widetilde{\boldsymbol{C}}^{\mathrm{T}}\boldsymbol{B}\widetilde{\boldsymbol{C}}=\operatorname{diag}(\lambda_2,\cdots,\lambda_n)$. 再由 (1) 知, $\lambda_2,\cdots,\lambda_n$ 全为正. 而 $|\boldsymbol{A}|<0$, 则 $\lambda_1=c_{11}^2a_{11}<0$. 故矩阵 $\boldsymbol{A}$ 有 $n-1$ 个正特征值, 1 个负特征值, 二次型 $f=\boldsymbol{x}^{\mathrm{T}}\boldsymbol{A}\boldsymbol{x}$ 的符号差是 $n-2$.

9.35 设 $\boldsymbol{A}=(a_{ij})_{n\times n}$ 是 n 阶半正定矩阵, 证明: $|\boldsymbol{A}|\leqslant a_{11}a_{22}\cdots a_{nn}$, 当且仅当 $\boldsymbol{A}$ 是对角矩阵时等号成立.

证明 若 $|\boldsymbol{A}|=0$, 结论显然成立. 假设 $|\boldsymbol{A}|\neq 0$, 即 $\boldsymbol{A}$ 是正定矩阵, 下面用数学归纳法证明.

当 $n=1$ 时结论显然成立. 假设结论对 $n-1$ 已经成立, 下面考虑 $\boldsymbol{A}$ 是 n 阶正定矩阵的情形. 对矩阵 $\boldsymbol{A}$ 分块并施行第三种初等行变换得

$$|\boldsymbol{A}|=\begin{vmatrix} \boldsymbol{A}_1 & \boldsymbol{\alpha} \\ \boldsymbol{\alpha}^{\mathrm{T}} & a_{nn} \end{vmatrix} \xlongequal{r_2-\boldsymbol{\alpha}^{\mathrm{T}}\boldsymbol{A}_1^{-1}\cdot r_1} \begin{vmatrix} \boldsymbol{A}_1 & \boldsymbol{\alpha} \\ \boldsymbol{0} & a_{nn}-\boldsymbol{\alpha}^{\mathrm{T}}\boldsymbol{A}_1^{-1}\boldsymbol{\alpha} \end{vmatrix}=|\boldsymbol{A}_1|(a_{nn}-\boldsymbol{\alpha}^{\mathrm{T}}\boldsymbol{A}_1^{-1}\boldsymbol{\alpha})>0.$$

注意到 $\boldsymbol{A}_1^{-1}$ 也是正定的, 因此, $\boldsymbol{\alpha}^{\mathrm{T}}\boldsymbol{A}_1^{-1}\boldsymbol{\alpha}\geqslant 0$. 从而

$$|\boldsymbol{A}|\leqslant a_{nn}|\boldsymbol{A}_1|.$$

由归纳假设 $|\boldsymbol{A}_1|\leqslant a_{11}a_{22}\cdots a_{n-1,n-1}$ 知 $|\boldsymbol{A}|\leqslant a_{11}a_{22}\cdots a_{nn}$ 成立. 再由数学归纳法原理知, 对一切自然数 n 结论成立.

9.36 设 $\boldsymbol{A}=(a_{ij})_{n\times n}$ 是 n 阶矩阵, 证明**阿达马不等式**:

$$|\boldsymbol{A}|^2\leqslant\prod_{i=1}^n\left(a_{1i}^2+a_{2i}^2+\cdots+a_{ni}^2\right).$$

证明 设 $\boldsymbol{B}=\boldsymbol{A}^{\mathrm{T}}\boldsymbol{A}=(b_{ij})_{n\times n}$, 则 $\boldsymbol{B}$ 是半正定矩阵, 且 $b_{ii}=a_{1i}^2+a_{2i}^2+\cdots+a_{ni}^2$. 由第 9.35 题结论可知,

$$|\boldsymbol{A}|^2=|\boldsymbol{B}|\leqslant b_{11}b_{22}\cdots b_{nn}=\prod_{i=1}^n(a_{1i}^2+a_{2i}^2+\cdots+a_{ni}^2).$$

9.37 设 $\boldsymbol{A},\boldsymbol{B}$ 都是 n 阶正定矩阵, 证明: $|\boldsymbol{A}+\boldsymbol{B}|\geqslant|\boldsymbol{A}|+|\boldsymbol{B}|$.

证明 由 $\boldsymbol{B}$ 是正定矩阵知, 存在可逆矩阵 $\boldsymbol{C}$ 使得 $\boldsymbol{C}^{\mathrm{T}}\boldsymbol{B}\boldsymbol{C}=\boldsymbol{I}$. 而 $\boldsymbol{C}^{\mathrm{T}}\boldsymbol{A}\boldsymbol{C}$ 仍为对称矩阵, 因而存在 n 阶正交矩阵 $\boldsymbol{Q}$ 使得 $\boldsymbol{Q}^{\mathrm{T}}\boldsymbol{C}^{\mathrm{T}}\boldsymbol{A}\boldsymbol{C}\boldsymbol{Q}=\mathrm{diag}(\lambda_1,\lambda_2,\cdots,\lambda_n,)$, 其中 $\lambda_1,\lambda_2,\cdots,\lambda_n$ 是矩阵 $\boldsymbol{C}^{\mathrm{T}}\boldsymbol{A}\boldsymbol{C}$ 的特征值. 令 $\boldsymbol{P}=\boldsymbol{C}\boldsymbol{Q}$, 则 $\boldsymbol{P}$ 是可逆矩阵, 且

$$\boldsymbol{P}^{\mathrm{T}}\boldsymbol{A}\boldsymbol{P}=\mathrm{diag}(\lambda_1,\lambda_2,\cdots,\lambda_n,),\quad \boldsymbol{P}^{\mathrm{T}}\boldsymbol{B}\boldsymbol{P}=\boldsymbol{I}.$$

故

$$|\boldsymbol{P}^{\mathrm{T}}(\boldsymbol{A}+\boldsymbol{B})\boldsymbol{P}|=\prod_{i=1}^n(1+\lambda_i)\geqslant1+\prod_{i=1}^n\lambda_i=|\boldsymbol{C}|^2(|\boldsymbol{B}|+|\boldsymbol{A}|).$$

可得

$$|\boldsymbol{P}|^2|\boldsymbol{A}+\boldsymbol{B}|\geqslant|\boldsymbol{C}|^2(|\boldsymbol{A}|+|\boldsymbol{B}|).$$

再由

$$|\boldsymbol{P}|^2=|\boldsymbol{P}\boldsymbol{P}^{\mathrm{T}}|=|\boldsymbol{C}\boldsymbol{Q}\boldsymbol{Q}^{\mathrm{T}}\boldsymbol{C}^{\mathrm{T}}|=|\boldsymbol{C}|^2$$

及 $|\boldsymbol{P}|\neq0$ 知, $|\boldsymbol{A}+\boldsymbol{B}|\geqslant|\boldsymbol{A}|+|\boldsymbol{B}|$.

注 假设 $\boldsymbol{A}$ 是 n 阶正定矩阵, $\boldsymbol{B}$ 是半正定矩阵, 则 $|\boldsymbol{A}+\boldsymbol{B}|\geqslant|\boldsymbol{A}|+|\boldsymbol{B}|$ 成立.

事实上, 以 $t\boldsymbol{I}+\boldsymbol{B}$ 代替 $\boldsymbol{B}$, 然后令 $t\to0$ 即可. 于是, 当 $\boldsymbol{A},\boldsymbol{B}$ 都是半正定矩阵时, 结论也成立 (请阅读专题讲座第十七章 “矩阵摄动法及应用”).

9.38 设 $\boldsymbol{A},\boldsymbol{B}$ 都是 n 阶正定矩阵, 证明:

(1) $\boldsymbol{AB}$ 的特征值全是正数;

(2) $\boldsymbol{AB}$ 是正定矩阵的充要条件是 $\boldsymbol{AB}=\boldsymbol{BA}$.

(1) **证法 1** 设 $\boldsymbol{A}=\boldsymbol{P}^{\mathrm{T}}\boldsymbol{P}$, $\boldsymbol{B}=\boldsymbol{Q}^{\mathrm{T}}\boldsymbol{Q}$, 其中 $\boldsymbol{P},\boldsymbol{Q}$ 都是 n 阶可逆矩阵, 则

$$\boldsymbol{Q}\boldsymbol{A}\boldsymbol{B}\boldsymbol{Q}^{-1}=\boldsymbol{Q}\boldsymbol{P}^{\mathrm{T}}\boldsymbol{P}\boldsymbol{Q}^{\mathrm{T}}\boldsymbol{Q}\boldsymbol{Q}^{-1}=\boldsymbol{Q}\boldsymbol{P}^{\mathrm{T}}\boldsymbol{P}\boldsymbol{Q}^{\mathrm{T}}=(\boldsymbol{P}\boldsymbol{Q}^{\mathrm{T}})^{\mathrm{T}}\boldsymbol{P}\boldsymbol{Q}^{\mathrm{T}}.$$

所以, 矩阵 $\boldsymbol{AB}$ 与 $(\boldsymbol{P}\boldsymbol{Q}^{\mathrm{T}})^{\mathrm{T}}\boldsymbol{P}\boldsymbol{Q}^{\mathrm{T}}$ 相似, 且后者是正定矩阵. 而相似的矩阵有相同的特征值, 故 $\boldsymbol{AB}$ 的特征值全是正数.

证法 2 设 $\boldsymbol{A}=\boldsymbol{P}^{\mathrm{T}}\boldsymbol{P}$, 可知 $\boldsymbol{AB}=\boldsymbol{P}^{\mathrm{T}}\boldsymbol{P}\boldsymbol{B}$ 与 $\boldsymbol{P}\boldsymbol{B}\boldsymbol{P}^{\mathrm{T}}$ 有相同的特征值 (参考例 6.34), 而后者是正定矩阵, 故 $\boldsymbol{AB}$ 的特征值全为正.

注 由证法 2 可知, 如果 $\boldsymbol{A},\boldsymbol{B}$ 都是 n 阶半正定矩阵, 则 $\boldsymbol{AB}$ 的特征值全是非负数.

(2) **证明** 必要性. $\boldsymbol{AB}$ 是正定矩阵, 因而是对称矩阵,

$$(\boldsymbol{AB})^{\mathrm{T}}=\boldsymbol{B}^{\mathrm{T}}\boldsymbol{A}^{\mathrm{T}}=\boldsymbol{BA}=\boldsymbol{AB}.$$

充分性. **方法 1** 注意到 $\boldsymbol{AB}$ 是实对称矩阵, 设 λ 是矩阵 $\boldsymbol{AB}$ 的任一特征值, $\boldsymbol{x}\neq\boldsymbol{0}$ 是相应的特征向量, 则

$$\boldsymbol{ABx}=\lambda\boldsymbol{x}\Rightarrow\boldsymbol{Bx}=\lambda\boldsymbol{A}^{-1}\boldsymbol{x}\Rightarrow\boldsymbol{x}^{\mathrm{T}}\boldsymbol{Bx}=\lambda\boldsymbol{x}^{\mathrm{T}}\boldsymbol{A}^{-1}\boldsymbol{x}>0\Rightarrow\lambda>0.$$

故 $\boldsymbol{AB}$ 是正定矩阵.

方法 2 由于 $\boldsymbol{A},\boldsymbol{B}$ 都是实对称矩阵, 且 $\boldsymbol{AB}=\boldsymbol{BA}$, 由习题第 8.44 题可知, $\boldsymbol{A},\boldsymbol{B}$ 可以同时正交对角化, 即存在正交矩阵 $\boldsymbol{Q}$, 使得

$$\boldsymbol{Q}^{\mathrm{T}}\boldsymbol{AQ}=\mathrm{diag}(\lambda_1,\lambda_2,\cdots,\lambda_n),\quad \boldsymbol{Q}^{\mathrm{T}}\boldsymbol{BQ}=\mathrm{diag}(\mu_1,\mu_2,\cdots,\mu_n).$$

由于 $\boldsymbol{A},\boldsymbol{B}$ 都是正定矩阵, 因而, $\lambda_i>0,\mu_i>0\,(i=1,2,\cdots,n)$. 又因为

$$\boldsymbol{Q}^{\mathrm{T}}\boldsymbol{ABQ}=\boldsymbol{Q}^{\mathrm{T}}\boldsymbol{AQ}\cdot\boldsymbol{Q}^{\mathrm{T}}\boldsymbol{BQ}=\mathrm{diag}(\lambda_1\mu_1,\lambda_2\mu_2,\cdots,\lambda_n\mu_n),$$

故 $\boldsymbol{AB}$ 是正定矩阵.

方法 3 由于 $\boldsymbol{A},\boldsymbol{B}$ 都是正定矩阵, 因而存在可逆矩阵 $\boldsymbol{A}_1,\boldsymbol{B}_1$, 使得

$$\boldsymbol{A}=\boldsymbol{A}_1^{\mathrm{T}}\boldsymbol{A}_1,\quad \boldsymbol{B}=\boldsymbol{B}_1^{\mathrm{T}}\boldsymbol{B}_1.$$

于是

$$(\boldsymbol{A}_1^{\mathrm{T}})^{-1}\boldsymbol{ABA}_1^{\mathrm{T}}=\boldsymbol{A}_1\boldsymbol{B}_1^{\mathrm{T}}\boldsymbol{B}_1\boldsymbol{A}_1^{\mathrm{T}}=(\boldsymbol{B}_1\boldsymbol{A}_1^{\mathrm{T}})^{\mathrm{T}}(\boldsymbol{B}_1\boldsymbol{A}_1^{\mathrm{T}}).$$

由 $\boldsymbol{B}_1\boldsymbol{A}_1^{\mathrm{T}}$ 可逆知, $(\boldsymbol{A}_1^{\mathrm{T}})^{-1}\boldsymbol{ABA}_1^{\mathrm{T}}$ 是正定矩阵, 故 $\boldsymbol{AB}$ 是正定矩阵.

第二部分

专题讲座

第十章　高等代数的解析法与几何法

§10.1　高等代数的解析法与几何法

除开 “多项式理论” 而言, 高等代数的主要内容是 “线性代数”, 线性代数可分为 “解析理论” 与 “几何理论”. 线性代数的解析理论是指矩阵理论, 几何理论是指线性空间及线性变换理论. 解析理论与几何理论分别对应高等代数的两种方法 —— 解析法与几何法.

研究矩阵的问题, 或线性空间、线性变换的问题, 往往可以同时用解析法 (又称代数法) 和几何法. 在同构原理下, 解析法与几何法是等价的. 两个线性空间同构是指在它们之间可以建立某个同构映射 (即线性双射). 数域 $\mathbb{P}$ 上的任意 n 维线性空间 V 都与 $\mathbb{P}^n$ 同构, V 与 $\mathbb{P}^n$ 具有相同的代数结构. 其次, 设 $L(V)$ 是 V 的全体线性变换组成的线性空间, $\mathbb{P}^{n\times n}$ 是数域 $\mathbb{P}$ 上的 n 阶矩阵组成的线性空间, $L(V)$ 与 $\mathbb{P}^{n\times n}$ 同构. 在同构理论的框架下, 线性空间 V 的任一向量对应于 $\mathbb{P}^n$ 的一个 n 维向量, V 的任一线性变换对应于 $\mathbb{P}^{n\times n}$ 的一个 n 阶矩阵. 用解析法处理线性空间和线性变换的问题, 或用几何法处理矩阵问题是等价的. 作为教材内容的补充, 本章试图通过若干例子探讨综合运用解析法与几何法解决高等代数问题.

§10.2　例 题 解 析

例 1　设 $\boldsymbol{A},\boldsymbol{B}$ 都是 n 阶矩阵, 且 $\boldsymbol{AB}=\boldsymbol{BA}$. 证明:

$$\mathrm{R}(\boldsymbol{A}+\boldsymbol{B})\leqslant \mathrm{R}(\boldsymbol{A})+\mathrm{R}(\boldsymbol{B})-\mathrm{R}(\boldsymbol{AB}).$$

证法 1 (解析法)　注意到

$$\begin{aligned}\begin{pmatrix}\boldsymbol{I}&\boldsymbol{I}\\\boldsymbol{O}&\boldsymbol{I}\end{pmatrix}\begin{pmatrix}\boldsymbol{A}&\boldsymbol{O}\\\boldsymbol{O}&\boldsymbol{B}\end{pmatrix}\begin{pmatrix}\boldsymbol{I}&-\boldsymbol{B}\\\boldsymbol{I}&\boldsymbol{A}\end{pmatrix}&=\begin{pmatrix}\boldsymbol{A}&\boldsymbol{B}\\\boldsymbol{O}&\boldsymbol{B}\end{pmatrix}\begin{pmatrix}\boldsymbol{I}&-\boldsymbol{B}\\\boldsymbol{I}&\boldsymbol{A}\end{pmatrix}\\&=\begin{pmatrix}\boldsymbol{A}+\boldsymbol{B}&-\boldsymbol{AB}+\boldsymbol{BA}\\\boldsymbol{B}&\boldsymbol{BA}\end{pmatrix}\\&=\begin{pmatrix}\boldsymbol{A}+\boldsymbol{B}&\boldsymbol{O}\\\boldsymbol{B}&\boldsymbol{BA}\end{pmatrix},\end{aligned}$$

所以

$$\mathrm{R}(\boldsymbol{A})+\mathrm{R}(\boldsymbol{B})=\mathrm{R}\begin{pmatrix}\boldsymbol{A}&\boldsymbol{O}\\\boldsymbol{O}&\boldsymbol{B}\end{pmatrix}\geqslant\mathrm{R}\begin{pmatrix}\boldsymbol{A}+\boldsymbol{B}&\boldsymbol{O}\\\boldsymbol{B}&\boldsymbol{BA}\end{pmatrix}\geqslant\mathrm{R}(\boldsymbol{A}+\boldsymbol{B})+\mathrm{R}(\boldsymbol{AB}).$$

证毕.

证法 2 (几何法)　记 $\mu(\boldsymbol{M})$ 表示矩阵 $\boldsymbol{M}$ 的列向量生成的线性空间, 则 $\mathrm{R}(\boldsymbol{M})=\dim\mu(\boldsymbol{M})$. 注意到 $\mu(\boldsymbol{AB})\subset\mu(\boldsymbol{A})$, 且 $\mu(\boldsymbol{AB})=\mu(\boldsymbol{AB})\subset\mu(\boldsymbol{B})$. 因此, $\mu(\boldsymbol{AB})\subset\mu(\boldsymbol{A})\cap\mu(\boldsymbol{B})$, 从而

$$\dim\mu(\boldsymbol{AB})\leqslant\dim(\mu(\boldsymbol{A})\cap\mu(\boldsymbol{B})).$$

由维数公式得

$$\begin{aligned}\dim(\mu(\boldsymbol{A})+\mu(\boldsymbol{B})) &= \dim\mu(\boldsymbol{A})+\dim\mu(\boldsymbol{B})-\dim(\mu(\boldsymbol{A})\cap\mu(\boldsymbol{B}))\\ &\leqslant \dim\mu(\boldsymbol{A})+\dim\mu(\boldsymbol{B})-\dim\mu(\boldsymbol{AB})\\ &= \mathrm{R}(\boldsymbol{A})+\mathrm{R}(\boldsymbol{B})-\mathrm{R}(AB).\end{aligned}$$

再由 $\mu(\boldsymbol{A}+\boldsymbol{B})\subset\mu(\boldsymbol{A})+\mu(\boldsymbol{B})$ 可知

$$\dim\mu(\boldsymbol{A}+\boldsymbol{B})\leqslant\dim(\mu(\boldsymbol{A})+\mu(\boldsymbol{B})).$$

故

$$\mathrm{R}(\boldsymbol{A}+\boldsymbol{B})\leqslant\dim(\mu(\boldsymbol{A})+\mu(\boldsymbol{B})).$$

证毕.

注 将例 1 用几何语言可叙述成: 设 V 是数域 $\mathbb{P}$ 上的 n 维线性空间, σ,τ 都是 V 的线性变换, 且 $\sigma\tau=\tau\sigma$. 证明:

$$\dim\mathrm{Im}(\sigma+\tau)\leqslant\dim\mathrm{Im}(\sigma)+\dim\mathrm{Im}(\tau)-\dim\mathrm{Im}(\sigma\tau).$$

当然可用几何法证明它, 请读者自己完成. 如果想用解析法证明它, 证明的开头这样叙述: 设 $\varepsilon_1,\varepsilon_2,\cdots,\varepsilon_n$ 是线性空间 V 的一个基, 线性变换 σ,τ 在这个基下矩阵分别是 $\boldsymbol{A},\boldsymbol{B}$, 则 $\sigma+\tau$ 在这个基下矩阵是 $\boldsymbol{A}+\boldsymbol{B}$, $\sigma\tau$ 在这个基下矩阵是 $\boldsymbol{AB}$, 有

$$\begin{gathered}\dim\mathrm{Im}(\sigma+\tau)=\mathrm{R}(\boldsymbol{A}+\boldsymbol{B}),\quad \dim\mathrm{Im}(\sigma)=\mathrm{R}(\boldsymbol{A}),\\ \dim\mathrm{Im}(\tau)=\mathrm{R}(\boldsymbol{B}),\quad \dim\mathrm{Im}(\sigma\tau)=\mathrm{R}(\boldsymbol{AB}).\end{gathered}$$

余下的过程按照 “证法 1” 的步骤进行.

例 2 设 V 是数域 $\mathbb{P}$ 上的 n 维线性空间, σ 是 V 的线性变换, 证明:

$$\dim\mathrm{Im}\left(\sigma^3\right)+\dim\mathrm{Im}(\sigma)\geqslant 2\dim\mathrm{Im}\left(\sigma^2\right).$$

证法 1 (几何法) 只需证明

$$\dim\mathrm{Im}(\sigma)-\dim\mathrm{Im}\left(\sigma^2\right)\geqslant\dim\mathrm{Im}\left(\sigma^2\right)-\dim\mathrm{Im}\left(\sigma^3\right).\tag{10.1}$$

注意到

$$\mathrm{Im}\left(\sigma^2\right)=\mathrm{Im}\left(\sigma|_{\mathrm{Im}\,\sigma}\right),\qquad \mathrm{Im}\left(\sigma^3\right)=\mathrm{Im}\left(\sigma|_{\mathrm{Im}(\sigma^2)}\right).$$

由值域及核的维数公式得

$$\dim\mathrm{Im}(\sigma)=\dim\mathrm{Im}\left(\sigma^2\right)+\dim\ker\left(\sigma|_{\mathrm{Im}(\sigma)}\right)$$

以及

$$\dim\mathrm{Im}\left(\sigma^2\right)=\dim\mathrm{Im}\left(\sigma^3\right)+\dim\ker\left(\sigma|_{\mathrm{Im}(\sigma^2)}\right).$$

因此, 欲证 (10.1) 式, 即证

$$\dim\ker\left(\sigma|_{\mathrm{Im}(\sigma)}\right)\geqslant\dim\ker\left(\sigma|_{\mathrm{Im}(\sigma^2)}\right).\tag{10.2}$$

任取 $\boldsymbol{\alpha} \in \ker\left(\sigma|_{\mathrm{Im}(\sigma^2)}\right)$, 则 $\alpha \in \mathrm{Im}\left(\sigma^2\right)$ 且 $\sigma(\boldsymbol{\alpha}) = 0$. 而 $\mathrm{Im}\left(\sigma^2\right) \subset \mathrm{Im}(\sigma)$, 故

$$\boldsymbol{\alpha} \in \mathrm{Im}(\sigma) \quad 且 \quad \sigma(\boldsymbol{\alpha}) = \mathbf{0},$$

即 $\boldsymbol{\alpha} \in \ker\left(\sigma|_{\mathrm{Im}(\sigma)}\right)$. 从而 $\ker\left(\sigma|_{\mathrm{Im}(\sigma^2)}\right) \subset \ker\left(\sigma|_{\mathrm{Im}(\sigma)}\right)$, 故 (10.2) 式成立. 证毕.

注 线性变换的值域空间及核空间分别有如下包含关系:

$$\mathrm{Im}(\sigma) \supset \mathrm{Im}\left(\sigma^2\right) \supset \cdots \supset \mathrm{Im}\left(\sigma^n\right) \supset \cdots,$$

$$\ker(\sigma) \subset \ker\left(\sigma^2\right) \subset \cdots \subset \ker\left(\sigma^n\right) \subset \cdots.$$

证法 2 (解析法) 设 $\boldsymbol{\varepsilon}_1, \boldsymbol{\varepsilon}_2, \cdots, \boldsymbol{\varepsilon}_n$ 是线性空间 V 的一个基, 线性变换 σ 在这个基下矩阵是 $\boldsymbol{A}$, 则 $\sigma^2, \sigma^3, \cdots$ 在这个基下矩阵分别是 $\boldsymbol{A}^2, \boldsymbol{A}^3, \cdots$, 且

$$\dim \mathrm{Im}(\sigma) = \mathrm{R}(\boldsymbol{A}), \quad \dim \mathrm{Im}\left(\sigma^2\right) = \mathrm{R}\left(\boldsymbol{A}^2\right), \quad \dim\mathrm{Im}\left(\sigma^3\right) = \mathrm{R}\left(\boldsymbol{A}^3\right), \quad \cdots.$$

因此只需证 $\mathrm{R}\left(\boldsymbol{A}^3\right) + \mathrm{R}(\boldsymbol{A}) \geqslant 2\mathrm{R}\left(\boldsymbol{A}^2\right)$ 成立即可. 事实上, 由分块矩阵的初等变换得

$$\begin{pmatrix} \boldsymbol{A}^3 & \boldsymbol{O} \\ \boldsymbol{O} & \boldsymbol{A} \end{pmatrix} \xrightarrow{r_1 + \boldsymbol{A} \cdot r_2} \begin{pmatrix} \boldsymbol{A}^3 & \boldsymbol{A}^2 \\ \boldsymbol{O} & \boldsymbol{A} \end{pmatrix} \xrightarrow{c_1 - c_2 \cdot \boldsymbol{A}} \begin{pmatrix} \boldsymbol{O} & \boldsymbol{A}^2 \\ -\boldsymbol{A}^2 & \boldsymbol{A} \end{pmatrix} \xrightarrow[r_1 \times (-1)]{r_1 \leftrightarrow r_2} \begin{pmatrix} \boldsymbol{A}^2 & -\boldsymbol{A} \\ \boldsymbol{O} & \boldsymbol{A}^2 \end{pmatrix}.$$

故

$$\mathrm{R}\left(\boldsymbol{A}^3\right) + \mathrm{R}(\boldsymbol{A}) = \mathrm{R}\begin{pmatrix} \boldsymbol{A}^3 & \boldsymbol{O} \\ \boldsymbol{O} & \boldsymbol{A} \end{pmatrix} = \mathrm{R}\begin{pmatrix} \boldsymbol{A}^2 & -\boldsymbol{A} \\ \boldsymbol{O} & \boldsymbol{A}^2 \end{pmatrix} \geqslant \mathrm{R}\begin{pmatrix} \boldsymbol{A}^2 & \boldsymbol{O} \\ \boldsymbol{O} & \boldsymbol{A}^2 \end{pmatrix} = 2\mathrm{R}\left(\boldsymbol{A}^2\right).$$

证毕.

注 分块初等行变换 "$r_1 + \boldsymbol{A} \cdot r_2$" 相当于左乘分块初等矩阵 $E(1, 2(\boldsymbol{A}))$; 分块初等列变换 "$c_1 - c_2 \cdot \boldsymbol{A}$" 相当于右乘分块初等矩阵 $E(2, 1(-\boldsymbol{A}))$, 其 "左行右列" 的相乘规则不可混淆, 因为矩阵乘法一般不满足交换律.

例 3 设 $\boldsymbol{A}, \boldsymbol{B}$ 都是 $m \times n$ 阶矩阵, 证明: 齐次方程组 $\boldsymbol{Ax} = \mathbf{0}$ 与 $\boldsymbol{Bx} = \mathbf{0}$ 同解的充要条件是存在 m 阶可逆矩阵 $\boldsymbol{P}$, 使得 $\boldsymbol{B} = \boldsymbol{PA}$.

充分性是显然的, 只证必要性即可.

证法 1 (解析法) 由条件知, 三个齐次方程组 $\boldsymbol{Ax} = \mathbf{0}$ 与 $\boldsymbol{Bx} = \mathbf{0}$ 及 $\begin{pmatrix} \boldsymbol{A} \\ \boldsymbol{B} \end{pmatrix} \boldsymbol{x} = \mathbf{0}$ 同解, 从而有

$$\mathrm{R}(\boldsymbol{A}) = \mathrm{R}(\boldsymbol{B}) = \mathrm{R}\begin{pmatrix} \boldsymbol{A} \\ \boldsymbol{B} \end{pmatrix}.$$

这说明, 分块矩阵 $\begin{pmatrix} \boldsymbol{A} \\ \boldsymbol{B} \end{pmatrix}$ 可以通过初等行变换化成 $\begin{pmatrix} \boldsymbol{A} \\ \boldsymbol{O} \end{pmatrix}$, 也可以化成 $\begin{pmatrix} \boldsymbol{O} \\ \boldsymbol{B} \end{pmatrix}$. 或者说, 矩阵 $\boldsymbol{B}$ 的每一个行向量可由矩阵 $\boldsymbol{A}$ 的行向量线性表示, 矩阵 $\boldsymbol{A}$ 的每一个行向量也可由矩阵 $\boldsymbol{B}$ 的行向量线性表示, 即矩阵 $\boldsymbol{A}, \boldsymbol{B}$ 的行向量等价. 事实上, 假设 $\mathrm{R}(\boldsymbol{A}) = r$, $\boldsymbol{\alpha}_1, \boldsymbol{\alpha}_2, \cdots, \boldsymbol{\alpha}_r$ 是矩阵 $\boldsymbol{A}$ 的行向量组的一个极大无关组. 如果 B 中存在某个行向量 $\boldsymbol{\beta}$ 不能由 $\boldsymbol{\alpha}_1, \boldsymbol{\alpha}_2, \cdots, \boldsymbol{\alpha}_r$ 线性表示, 则向量组 $\boldsymbol{\alpha}_1, \boldsymbol{\alpha}_2, \cdots, \boldsymbol{\alpha}_r, \boldsymbol{\beta}$ 线性无关, 故 $\mathrm{R}\begin{pmatrix} \boldsymbol{A} \\ \boldsymbol{B} \end{pmatrix} \geqslant r + 1$, 从而矛盾. 其反向结果的证明

是类似的, 故矩阵 $\boldsymbol{A},\boldsymbol{B}$ 的行向量组等价. 所以存在 m 阶可逆矩阵 $\boldsymbol{P}$, 使得 $\boldsymbol{B}^{\mathrm{T}}=\boldsymbol{A}^{\mathrm{T}}\boldsymbol{P}^{\mathrm{T}}$, 即 $\boldsymbol{B}=\boldsymbol{P}\boldsymbol{A}$. 证毕.

证法 2 (几何法) 设 $\boldsymbol{\alpha}_1,\boldsymbol{\alpha}_2,\cdots,\boldsymbol{\alpha}_m$ 和 $\boldsymbol{\beta}_1,\boldsymbol{\beta}_2,\cdots\boldsymbol{\beta}_m$ 分别是矩阵 $\boldsymbol{A},\boldsymbol{B}$ 的行向量的转置得到的列向量组, $\mu(\boldsymbol{A}^{\mathrm{T}})=L(\boldsymbol{\alpha}_1,\boldsymbol{\alpha}_2,\cdots,\boldsymbol{\alpha}_m)$, $\mu(\boldsymbol{B}^{\mathrm{T}})=L(\boldsymbol{\beta}_1,\boldsymbol{\beta}_2,\cdots\boldsymbol{\beta}_m)$. 令

$$W_1=\{\boldsymbol{x}|\boldsymbol{A}\boldsymbol{x}=\boldsymbol{0},\boldsymbol{x}\in\mathbb{P}^n\},W_2=\{\boldsymbol{x}|\boldsymbol{B}\boldsymbol{x}=\boldsymbol{0},\boldsymbol{x}\in\mathbb{P}^n\}.$$

由于每一个 $\boldsymbol{\alpha}_i^{\mathrm{T}}\boldsymbol{x}=\boldsymbol{0},\boldsymbol{\beta}_i^{\mathrm{T}}\boldsymbol{x}=\boldsymbol{0}\,(i=1,2,\cdots,m)$, 可知 $W_1\perp\mu(\boldsymbol{A}^{\mathrm{T}})$, $W_2\perp\mu(\boldsymbol{B}^{\mathrm{T}})$. 又因为

$$\dim\mu(\boldsymbol{A}^{\mathrm{T}})=\mathrm{R}(\boldsymbol{A}),\quad \dim W_1=n-\mathrm{R}(\boldsymbol{A}),$$

且

$$\dim\mu(\boldsymbol{B}^{\mathrm{T}})=\mathrm{R}(\boldsymbol{B}),\quad \dim W_2=n-\mathrm{R}(\boldsymbol{B}),$$

所以

$$\dim W_1+\dim\mu(\boldsymbol{A}^{\mathrm{T}})=\dim W_2+\dim\mu(\boldsymbol{B}^{\mathrm{T}})=\dim P^n=n.$$

故 $W_1=\mu(\boldsymbol{A}^{\mathrm{T}})^{\perp}$, $W_2=\mu(\boldsymbol{B}^{\mathrm{T}})^{\perp}$. 由条件 $W_1=W_2$ 可知, $\mu(\boldsymbol{A}^{\mathrm{T}})=\mu(\boldsymbol{B}^{\mathrm{T}})$. 从而向量组 $\boldsymbol{\alpha}_1,\boldsymbol{\alpha}_2,\cdots,\boldsymbol{\alpha}_m$ 和 $\boldsymbol{\beta}_1,\boldsymbol{\beta}_2,\cdots\boldsymbol{\beta}_m$ 等价, 所以存在 m 阶可逆矩阵 $\boldsymbol{P}$, 使得 $\boldsymbol{B}^{\mathrm{T}}=\boldsymbol{A}^{\mathrm{T}}\boldsymbol{P}^{\mathrm{T}}$, 即 $\boldsymbol{B}=\boldsymbol{P}\boldsymbol{A}$. 证毕.

注 将例 1 转换为几何语言可叙述为: 设 V,U 分别是数域 $\mathbb{P}$ 上的 n 维和 m 维线性空间, σ,τ 都是 $V\to U$ 的线性映射, 且 $\ker(\sigma)=\ker(\tau)$. 证明: 存在 U 上的可逆线性变换 ϕ, 使得 $\tau=\phi\sigma$.

证明 (几何法) 设 $\dim\mathrm{Im}\,(\sigma)=r$, 则 $\dim\ker(\sigma)=\dim\ker(\tau)=n-r$. 任取 $\ker(\sigma)=\ker(\tau)$ 的基 $\boldsymbol{\varepsilon}_{r+1},\cdots,\boldsymbol{\varepsilon}_n$, 将其扩充成 V 的基 $\boldsymbol{\varepsilon}_1,\cdots,\boldsymbol{\varepsilon}_r,\boldsymbol{\varepsilon}_{r+1},\cdots,\boldsymbol{\varepsilon}_n$, 则 $\sigma(\boldsymbol{\varepsilon}_1),\cdots,\sigma(\boldsymbol{\varepsilon}_r)$ 是 $\mathrm{Im}\,(\sigma)$ 的基, $\tau(\boldsymbol{\varepsilon}_1),\cdots,\tau(\boldsymbol{\varepsilon}_r)$ 是 $\mathrm{Im}\,(\tau)$ 的基. 再将 $\sigma(\boldsymbol{\varepsilon}_1),\cdots,\sigma(\boldsymbol{\varepsilon}_r)$ 扩充成 U 的基 $\sigma(\boldsymbol{\varepsilon}_1),\cdots,\sigma(\boldsymbol{\varepsilon}_r)$, $\boldsymbol{\eta}_{r+1},\cdots,\boldsymbol{\eta}_m$, 将 $\tau(\boldsymbol{\varepsilon}_1),\cdots,\tau(\boldsymbol{\varepsilon}_r)$ 也扩充成 U 的基 $\tau(\boldsymbol{\varepsilon}_1),\cdots,\tau(\boldsymbol{\varepsilon}_r),\widetilde{\boldsymbol{\eta}}_{r+1},\cdots,\widetilde{\boldsymbol{\eta}}_m$. 定义 U 上的线性变换 φ 如下:

$$\begin{aligned}&\varphi(\sigma(\boldsymbol{\varepsilon}_i))=\tau(\boldsymbol{\varepsilon}_i)\quad(i=1,\cdots,r),\\&\varphi(\boldsymbol{\eta}_j)=\widetilde{\boldsymbol{\eta}}_j\quad(j=r+1,\cdots m).\end{aligned}$$

显然 φ 是可逆的, 且 $\tau=\varphi\sigma$. 证毕.

例 4 用几何法证明教材习题第 6.43 题.

证明 (几何法) 设 V 是数域 $\mathbb{P}$ 上的 n 维线性空间, σ 是 V 的线性变换, $\varepsilon_1,\varepsilon_2,\cdots,\varepsilon_n$ 是 V 的一个基, σ 在这个基下的矩阵是 $\boldsymbol{A}$. 由 $\boldsymbol{A}^2-\boldsymbol{I}=\boldsymbol{O}$ 知

$$\sigma^2-\varepsilon=(\sigma+\varepsilon)(\sigma-\varepsilon)=o,$$

其中 ε 是恒等变换. 任取 $\boldsymbol{\alpha}\in\mathrm{Im}\,(\sigma-\varepsilon)$, 存在 $\boldsymbol{\beta}\in V$, 使得 $(\sigma-\varepsilon)(\boldsymbol{\beta})=\boldsymbol{\alpha}$, 从而可得

$$(\sigma+\varepsilon)(\boldsymbol{\alpha})=(\sigma+\varepsilon)(\sigma-\varepsilon)(\boldsymbol{\beta})=\boldsymbol{0}.$$

所以 $\boldsymbol{\alpha}\in\ker(\sigma+\varepsilon)$, 即 $\mathrm{Im}\,(\sigma-\varepsilon)\subset\ker(\sigma+\varepsilon)$, 故

$$\dim\ker(\sigma-\varepsilon)+\dim\ker(\sigma+\varepsilon)\geqslant\dim\ker(\sigma-\varepsilon)+\dim\mathrm{Im}\,(\sigma-\varepsilon)=n.$$

显然 σ 的特征值是 1 或 -1. 设 V_1 和 V_{-1} 分别是 σ 的属于特征值 1 和 -1 的特征子空间. 由 $\sigma(\boldsymbol{\alpha})=\boldsymbol{\alpha}\Leftrightarrow(\sigma-\varepsilon)(\boldsymbol{\alpha})=\mathbf{0}$ 知 $V_1=\ker(\sigma-\varepsilon)$, 同理 $V_{-1}=\ker(\sigma+\varepsilon)$. 因此,

$$n\leqslant\dim\ker(\sigma-\varepsilon)+\dim\ker(\sigma+\varepsilon)=\dim V_1+\dim V_{-1}\leqslant n,$$

故 $\dim V_1+\dim V_{-1}=n$. 由推论 6.3 可知, σ 可对角化, 即矩阵 $\boldsymbol{A}$ 可对角化, 故存在可逆矩阵 $\boldsymbol{C}$, 使得

$$\boldsymbol{C}^{-1}\boldsymbol{A}\boldsymbol{C}=\operatorname{diag}(\boldsymbol{I}_r,-\boldsymbol{I}_{n-r}),$$

其中 r 是特征根 1 的重数. 证毕.

注 读者可以用例 4 的 “几何法” 证明教材例 7.25、教材习题第 7.26~7.27 题.

以 “同构” 为桥梁, 将线性空间的向量及线性变换分别与 $\mathbb{P}^n$ 中的 n 维列向量 (坐标) 及 $\mathbb{P}^{n\times n}$ 中的 n 阶矩阵建立了一一对应关系, 从而可用列向量和矩阵来研究抽象的线性空间与线性变换的性质, 这是高等代数最精彩的华章. 同时, 将方程组、向量、矩阵等代数问题用线性空间和线性变换的理论来处理, 从而认清了问题的几何意义. 解析法与几何法是值得深入学习和研究的高等代数的重要的思想方法.

第十一章　矩阵秩不等式的五种证法

矩阵的秩是矩阵中最高阶非零子式的阶数, 规定零矩阵的秩为零. 矩阵的秩是矩阵的重要数字特征, 也是矩阵在初等变换、相似变换及合同变换下的不变量, 它在解线性方程组、线性空间与线性变换的理论中都有重要的应用. 矩阵秩的性质及应用既是高等代数的教学难点之一, 也是考研热点之一. 本专题旨在总结矩阵秩的常用性质, 研究矩阵秩不等式的五种证法及应用.

§11.1　矩阵秩的性质

将 $m\times n$ 矩阵 $\boldsymbol{A}$ 的秩记作 $\mathrm{R}(\boldsymbol{A})$. 显然, $\mathrm{R}(\boldsymbol{A})=\mathrm{R}(\boldsymbol{A}^{\mathrm{T}})$, $\mathrm{R}(\boldsymbol{A})\leqslant\min\{m,n\}$.

性质 1　初等变换不改变矩阵的秩.

因此, 求数字矩阵的秩可以通过初等行变换化成行阶梯形, 其非零行的行数就是该矩阵的秩. 这个性质对分块矩阵也成立, 即分块初等变换不改变分块矩阵的秩. 性质 1 也可以表述成如下性质 2.

性质 2　设 $\boldsymbol{A}$ 是 $m\times n$ 矩阵, $\boldsymbol{P},\boldsymbol{Q}$ 分别是 m,n 阶可逆矩阵, 则 $\mathrm{R}(\boldsymbol{PAQ})=\mathrm{R}(\boldsymbol{A})$.

性质 3 (等价标准形分解定理)　设 $m\times n$ 矩阵 $\boldsymbol{A}$ 的秩为 r, 则存在 m 阶和 n 阶可逆矩阵 $\boldsymbol{P},\boldsymbol{Q}$, 使得

$$\boldsymbol{A}=\boldsymbol{P}\begin{pmatrix}\boldsymbol{I}_r & \boldsymbol{O}\\ \boldsymbol{O} & \boldsymbol{O}\end{pmatrix}\boldsymbol{Q}.$$

性质 4 (满秩分解定理)　设 $m\times n$ 矩阵 $\boldsymbol{A}$ 的秩为 r, 则必存在列满秩矩阵 $\boldsymbol{H}_{m\times r}$ 及行满秩矩阵 $\boldsymbol{L}_{r\times n}$, 使得 $\boldsymbol{A}=\boldsymbol{HL}$.

这是性质 3 的推论. 事实上, 只需在性质 3 中令 $\boldsymbol{H}=\boldsymbol{P}\begin{pmatrix}\boldsymbol{I}_r\\ \boldsymbol{O}\end{pmatrix}$, $\boldsymbol{L}=\begin{pmatrix}\boldsymbol{I}_r,\boldsymbol{O}\end{pmatrix}\boldsymbol{Q}$ 即可.

性质 5　设 $\boldsymbol{A}$ 是 $m\times t$ 矩阵, $\boldsymbol{B}$ 是 $m\times s$ 矩阵, 则

$$\max\{\mathrm{R}(\boldsymbol{A}),\mathrm{R}(\boldsymbol{B})\}\leqslant\mathrm{R}(\boldsymbol{A},\boldsymbol{B})\leqslant\mathrm{R}(\boldsymbol{A})+\mathrm{R}(\boldsymbol{B}).$$

这个性质可做如下改动: 设 $\boldsymbol{A}$ 是 $t\times m$ 矩阵, $\boldsymbol{B}$ 是 $s\times m$ 矩阵, 则

$$\max\{\mathrm{R}(\boldsymbol{A}),\mathrm{R}(\boldsymbol{B})\}\leqslant\mathrm{R}\begin{pmatrix}\boldsymbol{A}\\ \boldsymbol{B}\end{pmatrix}\leqslant\mathrm{R}(\boldsymbol{A})+\mathrm{R}(\boldsymbol{B}).$$

性质 6 (西尔维斯特不等式)　设 $\boldsymbol{A}$ 是 $m\times n$ 矩阵, $\boldsymbol{B}$ 是 $n\times l$ 矩阵, 则

$$\mathrm{R}(\boldsymbol{A})+\mathrm{R}(\boldsymbol{B})-n\leqslant\mathrm{R}(\boldsymbol{AB})\leqslant\min\{\mathrm{R}(\boldsymbol{A}),\mathrm{R}(\boldsymbol{B})\}.$$

性质 7　设 $\boldsymbol{A},\boldsymbol{B}$ 分别是 $m\times s$ 和 $s\times n$ 矩阵, 若 $\boldsymbol{AB}=\boldsymbol{O}$, 则 $\mathrm{R}(\boldsymbol{A})+\mathrm{R}(\boldsymbol{B})\leqslant s$.

这是西尔维斯特不等式的特例. 事实上,

$$0 = \mathrm{R}(\boldsymbol{AB}) \geqslant \mathrm{R}(\boldsymbol{A}) + \mathrm{R}(\boldsymbol{B}) - s.$$

另外, 该性质可做如下推广: 设 $\boldsymbol{A}_1, \boldsymbol{A}_2, \cdots, \boldsymbol{A}_k$ 都是 n 阶矩阵, 且 $\boldsymbol{A}_1\boldsymbol{A}_2\cdots\boldsymbol{A}_k = \boldsymbol{O}$, 则

$$\mathrm{R}(\boldsymbol{A}_1) + \mathrm{R}(\boldsymbol{A}_2) + \cdots + \mathrm{R}(\boldsymbol{A}_k) \leqslant (k-1)n.$$

性质 8 设 $\boldsymbol{A}, \boldsymbol{B}$ 都是 $m \times n$ 矩阵, 则

$$\mathrm{R}(\boldsymbol{A} \pm \boldsymbol{B}) \leqslant \mathrm{R}(\boldsymbol{A}) + \mathrm{R}(\boldsymbol{B}).$$

性质 9 设 $\boldsymbol{A}, \boldsymbol{B}$ 是任意两个矩阵, 则

$$\mathrm{R}(\boldsymbol{A}) + \mathrm{R}(\boldsymbol{B}) = \mathrm{R}\begin{pmatrix} \boldsymbol{A} & \boldsymbol{O} \\ \boldsymbol{O} & \boldsymbol{B} \end{pmatrix} \leqslant \mathrm{R}\begin{pmatrix} \boldsymbol{A} & \boldsymbol{C} \\ \boldsymbol{O} & \boldsymbol{B} \end{pmatrix}$$

当 $\boldsymbol{A}$ 或 $\boldsymbol{B}$ 是可逆矩阵时, “$\leqslant$” 号取 “$=$” 号.

性质 10 (弗罗贝尼乌斯不等式) 设 $\boldsymbol{A}, \boldsymbol{B}, \boldsymbol{C}$ 分别是 $m \times s, s \times l, l \times n$ 矩阵, 则

$$\mathrm{R}(\boldsymbol{ABC}) \geqslant \mathrm{R}(\boldsymbol{AB}) + \mathrm{R}(\boldsymbol{BC}) - \mathrm{R}(\boldsymbol{B}).$$

这个性质给出了三个矩阵相乘的秩的下界, 它是西尔维斯特不等式 (性质 6) 的推广.

性质 11 对任意 $m \times n$ 矩阵 $\boldsymbol{A}$ 都有

$$\mathrm{R}(\boldsymbol{A}^{\mathrm{T}}\boldsymbol{A}) = \mathrm{R}(\boldsymbol{A}\boldsymbol{A}^{\mathrm{T}}) = \mathrm{R}(\boldsymbol{A}).$$

性质 12 设 $\boldsymbol{A}$ 是 n 阶矩阵, $\boldsymbol{A}^*$ 是 $\boldsymbol{A}$ 的伴随矩阵, 则

$$\mathrm{R}(\boldsymbol{A}^*) = \begin{cases} n, & 若\ \mathrm{R}(\boldsymbol{A}) = n, \\ 1, & 若\ \mathrm{R}(\boldsymbol{A}) = n-1, \\ 0, & 若\ \mathrm{R}(\boldsymbol{A}) < n-1. \end{cases}$$

性质 13 对任意 n 矩阵 $\boldsymbol{A}$, 存在非负整数 k, 使得

$$\mathrm{R}(\boldsymbol{A}^k) = \mathrm{R}(\boldsymbol{A}^{k+1}) = \mathrm{R}(\boldsymbol{A}^{k+2}) = \cdots.$$

根据性质 2, 如果 n 阶矩阵 $\boldsymbol{A}$ 是满秩矩阵, 则 $\boldsymbol{A}$ 的任意非负整数次方的秩都是 n 不变. 但是当 $\boldsymbol{A}$ 是降秩矩阵时, 一般来说, $\mathrm{R}(\boldsymbol{A}^k)$ 的秩会随着 k 的增大而减小. 性质 13 说明, 这个秩不会一直减小下去, 总有一个非负整数 k 使得 $\mathrm{R}(\boldsymbol{A}^k)$ 的秩不再减小. 性质 13 的多种证法参考: 安军. 一道高等代数习题讲评的教学 [J]. 高等数学研究, 21, 2018(1): 71—73.

§11.2 秩不等式的五种证法

矩阵秩不等式常有以下五种证法: 利用等价标准形分解定理或满秩分解定理; 利用分块初等变换; 利用列向量的极大无关组; 利用齐次方程组的基础解系; 利用线性空间的维数.

一、利用等价标准形分解定理或满秩分解定理

利用等价标准形分解定理或满秩分解定理证明矩阵秩的有关问题是最常用的方法.

例 1 利用等价标准形分解定理或满秩分解定理证明性质 5.

证法 1 左边不等式是显然的, 下面证明右边部分. 设 $\boldsymbol{A},\boldsymbol{B}$ 的秩分别是 r_1,r_2, 则存在可逆矩阵 $\boldsymbol{P}_1$ (m 阶), $\boldsymbol{Q}_1$ (t 阶), $\boldsymbol{P}_2$ (m 阶), $\boldsymbol{Q}_2$(s 阶), 使得

$$\boldsymbol{A}=\boldsymbol{P}_1\begin{pmatrix}\boldsymbol{I}_{r_1} & \boldsymbol{O}\\ \boldsymbol{O} & \boldsymbol{O}\end{pmatrix}\boldsymbol{Q}_1,\quad \boldsymbol{B}=\boldsymbol{P}_2\begin{pmatrix}\boldsymbol{I}_{r_2} & \boldsymbol{O}\\ \boldsymbol{O} & \boldsymbol{O}\end{pmatrix}\boldsymbol{Q}_2.$$

记 $\boldsymbol{\Lambda}_i=\operatorname{diag}(\boldsymbol{I}_{r_i},\boldsymbol{O})$ $(i=1,2)$, 则

$$(\boldsymbol{A},\boldsymbol{B})=(\boldsymbol{P}_1,\boldsymbol{P}_2)\begin{pmatrix}\boldsymbol{\Lambda}_1 & \boldsymbol{O}\\ \boldsymbol{O} & \boldsymbol{\Lambda}_2\end{pmatrix}\begin{pmatrix}\boldsymbol{Q}_1 & \boldsymbol{O}\\ \boldsymbol{O} & \boldsymbol{Q}_2\end{pmatrix}.$$

由性质 6 及性质 9 可知

$$\mathrm{R}(\boldsymbol{A},\boldsymbol{B})\leqslant \mathrm{R}\begin{pmatrix}\boldsymbol{\Lambda}_1 & \boldsymbol{O}\\ \boldsymbol{O} & \boldsymbol{\Lambda}_2\end{pmatrix}=r_1+r_2.$$

证毕.

证法 2 证明右边不等式用满秩分解定理有较为简洁的表达形式. 设 $\boldsymbol{A},\boldsymbol{B}$ 的秩分别是 r_1,r_2, 则存在 $m\times r_1$ 列满秩矩阵 $\boldsymbol{H}_1$, $r_1\times t$ 行满秩矩阵 $\boldsymbol{L}_1$ 和 $m\times r_2$ 列满秩矩阵 $\boldsymbol{H}_2$, $r_2\times s$ 行满秩矩阵 $\boldsymbol{L}_2$, 使得 $\boldsymbol{A}=\boldsymbol{H}_1\boldsymbol{L}_1$, $\boldsymbol{B}=\boldsymbol{H}_2\boldsymbol{L}_2$. 再由

$$(\boldsymbol{A},\boldsymbol{B})=(\boldsymbol{H}_1,\boldsymbol{H}_2)\begin{pmatrix}\boldsymbol{L}_1 & \boldsymbol{O}\\ \boldsymbol{O} & \boldsymbol{L}_2\end{pmatrix}$$

及性质 6、性质 9 可得

$$\mathrm{R}(\boldsymbol{A},\boldsymbol{B})\leqslant \mathrm{R}\begin{pmatrix}\boldsymbol{L}_1 & \boldsymbol{O}\\ \boldsymbol{O} & \boldsymbol{L}_2\end{pmatrix}=r_1+r_2.$$

证毕.

证法 3 直接利用性质 6 和性质 9 证明右边部分将更加简洁. 事实上,

$$(\boldsymbol{A},\boldsymbol{B})=(\boldsymbol{I}_m,\boldsymbol{I}_m)\begin{pmatrix}\boldsymbol{A} & \boldsymbol{O}\\ \boldsymbol{O} & \boldsymbol{B}\end{pmatrix},$$

故

$$\mathrm{R}(\boldsymbol{A},\boldsymbol{B})\leqslant \mathrm{R}\begin{pmatrix}\boldsymbol{A} & \boldsymbol{O}\\ \boldsymbol{O} & \boldsymbol{B}\end{pmatrix}=\mathrm{R}\,(\boldsymbol{A})+\mathrm{R}\,(\boldsymbol{B}).$$

证毕.

二、利用分块初等变换

对于抽象矩阵的秩的问题利用分块矩阵的分块初等变换也是一种常用的方法, 其中要特别注意性质 9 的灵活运用.

例 2 利用矩阵的分块初等变换法分别证明性质 5、性质 6、性质 8 和性质 10.

证明 性质 5 左边是显然的, 只证右边部分. 事实上,

$$\mathrm{R}(\boldsymbol{A})+\mathrm{R}(\boldsymbol{B})=\mathrm{R}\begin{pmatrix}\boldsymbol{A} & \boldsymbol{O}\\ \boldsymbol{O} & \boldsymbol{B}\end{pmatrix}=\mathrm{R}\begin{pmatrix}\boldsymbol{A} & \boldsymbol{B}\\ \boldsymbol{O} & \boldsymbol{B}\end{pmatrix}\geqslant \mathrm{R}\left(\boldsymbol{A},\boldsymbol{B}\right),$$

其中第 3 个等号用到分块初等变换: 将第 2 行加到第 1 行去. 分块初等变换不改变分块矩阵的秩.

对性质 6 先证其右边部分.

$$\mathrm{R}\left(\boldsymbol{AB}\right)\leqslant \mathrm{R}\left(\boldsymbol{AB},\boldsymbol{A}\right)=\mathrm{R}\left(\boldsymbol{O},\boldsymbol{A}\right)=\mathrm{R}\left(\boldsymbol{A}\right),$$

其中第 1 个等号用到分块初等变换: 将第 2 列乘矩阵 $-\boldsymbol{B}$ 加到第 1 列. 同理可得 $\mathrm{R}\left(\boldsymbol{AB}\right)\leqslant \mathrm{R}\left(\boldsymbol{B}\right)$.

再证性质 6 左边部分. 事实上,

$$\mathrm{R}(\boldsymbol{A})+\mathrm{R}(\boldsymbol{B})=\mathrm{R}\begin{pmatrix}\boldsymbol{A} & \boldsymbol{O}\\ \boldsymbol{O} & \boldsymbol{B}\end{pmatrix}\leqslant \mathrm{R}\begin{pmatrix}\boldsymbol{A} & \boldsymbol{O}\\ \boldsymbol{I}_n & \boldsymbol{B}\end{pmatrix}=\mathrm{R}\begin{pmatrix}\boldsymbol{O} & -\boldsymbol{AB}\\ \boldsymbol{I}_n & \boldsymbol{B}\end{pmatrix}\leqslant \mathrm{R}\left(\boldsymbol{AB}\right)+n,$$

其中第 2 个等号用到分块初等变换: 将第 2 行乘以 $-\boldsymbol{A}$ 加到第 1 行去, 最后一步用到性质 9.

再证性质 8.

$$\mathrm{R}(\boldsymbol{A})+\mathrm{R}(\boldsymbol{B})=\mathrm{R}\begin{pmatrix}\boldsymbol{A} & \boldsymbol{O}\\ \boldsymbol{O} & \boldsymbol{B}\end{pmatrix}=\mathrm{R}\begin{pmatrix}\boldsymbol{A} & \boldsymbol{A}\\ \boldsymbol{O} & \boldsymbol{B}\end{pmatrix}=\mathrm{R}\begin{pmatrix}\boldsymbol{A} & \boldsymbol{A}\pm\boldsymbol{B}\\ \boldsymbol{O} & \boldsymbol{B}\end{pmatrix}\geqslant \mathrm{R}\left(\boldsymbol{A}\pm\boldsymbol{B}\right),$$

其中第 2 个等号与第 3 个等号都分别用到了分块初等变换.

最后证明性质 10. 事实上, 由矩阵的分块初等变换得

$$\begin{pmatrix}\boldsymbol{ABC} & \boldsymbol{O}\\ \boldsymbol{O} & \boldsymbol{B}\end{pmatrix}\xrightarrow{r_1+\boldsymbol{A}r_2}\begin{pmatrix}\boldsymbol{ABC} & \boldsymbol{AB}\\ \boldsymbol{O} & \boldsymbol{B}\end{pmatrix}\xrightarrow{c_1-c_2\boldsymbol{C}}\begin{pmatrix}\boldsymbol{O} & \boldsymbol{AB}\\ -\boldsymbol{BC} & \boldsymbol{B}\end{pmatrix}.$$

故

$$\begin{aligned}\mathrm{R}(\boldsymbol{ABC})+\mathrm{R}(\boldsymbol{B})&=\mathrm{R}\begin{pmatrix}\boldsymbol{ABC} & \boldsymbol{O}\\ \boldsymbol{O} & \boldsymbol{B}\end{pmatrix}=\mathrm{R}\begin{pmatrix}\boldsymbol{O} & \boldsymbol{AB}\\ -\boldsymbol{BC} & \boldsymbol{B}\end{pmatrix}\\ &\geqslant \mathrm{R}\begin{pmatrix}\boldsymbol{O} & \boldsymbol{AB}\\ -\boldsymbol{BC} & \boldsymbol{O}\end{pmatrix}=\mathrm{R}(\boldsymbol{AB})+\mathrm{R}(\boldsymbol{BC}).\end{aligned}$$

证毕.

例 3 设 $m\times n$ 矩阵 $\boldsymbol{A}$ 的秩为 $r>0$, 从 $\boldsymbol{A}$ 中任意划去 $m-s$ 行和 $n-t$ 列, 余下的元素按原来的位置构成矩阵 $\boldsymbol{B}$. 证明:

$$\mathrm{R}(\boldsymbol{B})\geqslant r+s+t-m-n.$$

证明 假设在矩阵 $\boldsymbol{A}$ 中划去 $m-s$ 行剩下的元素按原来位置构成的矩阵是 $\boldsymbol{B}_1$, 所划去的 $m-s$ 行按原来的顺序构成的矩阵是 $\boldsymbol{C}_1$. 则对矩阵 $\begin{pmatrix}\boldsymbol{B}_1\\ \boldsymbol{C}_1\end{pmatrix}$ 适当交换某些行后可得矩阵 $\boldsymbol{A}$, 由性质 5 得

$$\mathrm{R}(\boldsymbol{A})=\mathrm{R}\begin{pmatrix}\boldsymbol{B}_1\\ \boldsymbol{C}_1\end{pmatrix}\leqslant \mathrm{R}(\boldsymbol{B}_1)+\mathrm{R}(\boldsymbol{C}_1)\leqslant \mathrm{R}(\boldsymbol{B}_1)+m-s. \tag{11.1}$$

在矩阵 $\boldsymbol{B}_1$ 中划去 $n-t$ 列剩下的元素按原来位置构成的矩阵是 $\boldsymbol{B}_2$, 所划去的 $n-t$ 列按原来的顺序构成的矩阵是 $\boldsymbol{C}_2$. 同理可得

$$\mathrm{R}(\boldsymbol{B}_1)=\mathrm{R}\left(\boldsymbol{B}_2,\boldsymbol{C}_2\right)\leqslant \mathrm{R}(\boldsymbol{B}_2)+\mathrm{R}(\boldsymbol{C}_2)\leqslant \mathrm{R}(\boldsymbol{B}_2)+n-t. \tag{11.2}$$

注意到 $\mathrm{R}(\boldsymbol{A})=r$, $\boldsymbol{B}_2=\boldsymbol{B}$, 结合 (11.1) 和 (11.2) 两式可得

$$r\leqslant \mathrm{R}(\boldsymbol{B})+n-t+m-s.$$

适当移项即得所证的结论. 证毕.

例 4 (全国考研数学一试题) 设 $\boldsymbol{A},\boldsymbol{B}$ 都是 n 阶矩阵, 则 ( ).

(A) $\mathrm{R}(\boldsymbol{A},\boldsymbol{AB})=\mathrm{R}(\boldsymbol{A})$ (B) $\mathrm{R}(\boldsymbol{A},\boldsymbol{BA})=\mathrm{R}(\boldsymbol{A})$

(C) $\mathrm{R}(\boldsymbol{A},\boldsymbol{B})=\max\{\mathrm{R}(\boldsymbol{A}),\mathrm{R}(\boldsymbol{B})\}$ (D) $\mathrm{R}(\boldsymbol{A},\boldsymbol{B})=\mathrm{R}(\boldsymbol{A}^{\mathrm{T}},\boldsymbol{B}^{\mathrm{T}})$

解 注意到 $(\boldsymbol{A},\boldsymbol{AB})\xrightarrow{c_2-c_1\boldsymbol{B}}(\boldsymbol{A},\boldsymbol{O})$, 分块初等变换不改变分块矩阵的秩, 选 A.

三、利用列向量的极大无关组

矩阵的秩等于矩阵的行秩 (行向量组的秩), 也等于矩阵的列秩 (列向量组的秩). 所以, 用矩阵的列向量组的极大无关组证明矩阵秩的不等式也是一种好方法.

例 5 利用列向量组的极大无关组证明性质 8.

证明 设 $\mathrm{R}(\boldsymbol{A})=s$, $\mathrm{R}(\boldsymbol{B})=t$,

$$\boldsymbol{A}=\left(\boldsymbol{\alpha}_1,\boldsymbol{\alpha}_2,\cdots,\boldsymbol{\alpha}_n\right),\boldsymbol{B}=\left(\boldsymbol{\beta}_1,\boldsymbol{\beta}_2,\cdots,\boldsymbol{\beta}_n\right).$$

并设 (I′): $\boldsymbol{\alpha}_{i_1},\boldsymbol{\alpha}_{i_2},\cdots,\boldsymbol{\alpha}_{i_s}$ 是矩阵 $\boldsymbol{A}$ 的列向量组 (记为 (I)) 的一个极大无关组. 设 (II′): $\boldsymbol{\beta}_{j_1},\boldsymbol{\beta}_{j_2},\cdots,\boldsymbol{\beta}_{j_t}$ 是矩阵 $\boldsymbol{B}$ 的列向量组 (记为 (II)) 的一个极大无关组. 将向量组 (I′) 与 (II′) 合并在一起的向量组记为向量组 (III′). 注意到 (I) 可由 (I′) 线性表示, (II) 可由 (II′) 线性表示. 因此, 矩阵 $\boldsymbol{A}\pm\boldsymbol{B}$ 的列向量组 $\boldsymbol{\alpha}_1\pm\boldsymbol{\beta}_1,\boldsymbol{\alpha}_2\pm\boldsymbol{\beta}_2,\cdots,\boldsymbol{\alpha}_n\pm\boldsymbol{\beta}_n$ 可由向量组 (III′) 线性表示, 故

$$\mathrm{R}(\boldsymbol{A}\pm\boldsymbol{B})\leqslant \mathrm{R}(\mathrm{III}')\leqslant s+t.$$

证毕.

四、利用齐次方程组的基础解系

n 元齐次方程组 $\boldsymbol{Ax}=\boldsymbol{0}$ 的基础解系包含 $n-\mathrm{R}(\boldsymbol{A})$ 个线性无关的解向量, 这个结论也经常用于证明矩阵秩的不等式.

例 6 利用齐次方程组的基础解系证明性质 8.

证明 考虑如下两个线性方程组

$$(\boldsymbol{A}\pm\boldsymbol{B})\boldsymbol{x}=\mathbf{0} \tag{11.3}$$

和

$$\begin{pmatrix}\boldsymbol{A}\\ \boldsymbol{B}\end{pmatrix}\boldsymbol{x}=\mathbf{0}. \tag{11.4}$$

方程组 (11.4) 等价于 $\boldsymbol{Ax}=\mathbf{0}$ 且 $\boldsymbol{Bx}=\mathbf{0}$. 显然, 方程组 (11.4) 的解一定是方程组 (11.3) 的解, 即后一个方程组的解集含于前一个方程组的解集中, 故

$$n-\mathrm{R}\begin{pmatrix}\boldsymbol{A}\\ \boldsymbol{B}\end{pmatrix}\leqslant n-\mathrm{R}\left(\boldsymbol{A}\pm\boldsymbol{B}\right).$$

从而

$$\mathrm{R}(\boldsymbol{A}\pm\boldsymbol{B})\leqslant\mathrm{R}\begin{pmatrix}\boldsymbol{A}\\ \boldsymbol{B}\end{pmatrix}\leqslant\mathrm{R}(\boldsymbol{A})+\mathrm{R}(\boldsymbol{B}).$$

证毕.

五、利用线性空间的维数

设 σ 是 n 维线性空间 V 的线性变换, σ 在 V 的基 $\boldsymbol{\varepsilon}_1,\boldsymbol{\varepsilon}_2,\cdots,\boldsymbol{\varepsilon}_n$ 下的矩阵是 $\boldsymbol{A}$, 则 σ 的值域的维数等于矩阵 $\boldsymbol{A}$ 的秩, 核空间的维数等于齐次方程组 $\boldsymbol{Ax}=\mathbf{0}$ 的解空间的维数, 即

$$\dim\operatorname{Im}\sigma=\mathrm{R}(\boldsymbol{A}),\quad \dim\ker\sigma=n-\mathrm{R}(\boldsymbol{A}).$$

依据这个结论, 我们可以将矩阵秩的问题转化成线性空间与线性变换的问题, 其中两个维数公式

$$\dim\operatorname{Im}\sigma+\dim\ker\sigma=\dim V=n,$$

$$\dim(V_1+V_2)=\dim V_1+\dim V_2-\dim(V_1\cap V_2)$$

起着桥梁的作用, 这里 V_1,V_2 分别是 V 的子空间, 其中前一个维数公式当 σ 是 $V\to U$ 的线性映射时仍然成立.

例 7 利用线性空间维数的方法证明西尔维斯特不等式 (性质 6) 当 $m=n=l$ 时的特殊情形.

证明 设 σ,τ 都是 n 维线性空间 V 的线性变换, 且在 V 的基 $\boldsymbol{\varepsilon}_1,\boldsymbol{\varepsilon}_2,\cdots,\boldsymbol{\varepsilon}_n$ 下的矩阵分别是 $\boldsymbol{A},\boldsymbol{B}$, 则西尔维斯特不等式转化为

$$\dim\operatorname{Im}\sigma+\dim\operatorname{Im}\tau-n\leqslant\dim\operatorname{Im}(\sigma\tau)\leqslant\min\left\{\dim\operatorname{Im}\sigma,\dim\operatorname{Im}\tau\right\}, \tag{11.5}$$

先证 (11.5) 式的左边部分. 事实上, 对任意 $\boldsymbol{\alpha}\in V,\sigma\tau(\boldsymbol{\alpha})=\sigma(\boldsymbol{\beta})$, 其中 $\boldsymbol{\beta}=\tau(\boldsymbol{\alpha})\in\operatorname{Im}\tau$. 定义 $\sigma|_\tau(\boldsymbol{\beta})=\sigma\tau(\boldsymbol{\alpha})$, 则 $\sigma|_\tau$ 是 $\operatorname{Im}\tau\to\operatorname{Im}\sigma|_\tau=\operatorname{Im}(\sigma\tau)$ 的线性映射, 由维数公式得

$$\dim\operatorname{Im}\tau=\dim\operatorname{Im}(\sigma\tau)+\dim\ker(\sigma\tau). \tag{11.6}$$

$\forall \boldsymbol{\alpha} \in \ker(\sigma\tau)$, 则 $\sigma\tau(\boldsymbol{\alpha}) = \mathbf{0}$, 即 $\tau(\boldsymbol{\alpha}) \in \ker\sigma$. 而 $\tau(\boldsymbol{\alpha}) \in \operatorname{Im}\tau \subset V$, 故 $\ker(\sigma\tau) = \ker\sigma \cap \operatorname{Im}\tau$. 因此,

$$\dim\ker(\sigma\tau) \leqslant \dim\ker\sigma = n - \dim\operatorname{Im}\sigma. \tag{11.7}$$

由 (11.6) 式及 (11.7) 式可得 (11.5) 式的前一个不等式成立.

再证 (11.5) 式的右边部分成立. 事实上, 由 $\operatorname{Im}(\sigma\tau) \subset \operatorname{Im}\sigma$ 可知,

$$\dim\operatorname{Im}(\sigma\tau) \leqslant \dim\operatorname{Im}\sigma.$$

另一方面, $\forall \boldsymbol{\alpha} \in \ker\tau$, $\tau(\boldsymbol{\alpha}) = \mathbf{0}$, 都有 $\sigma\tau(\boldsymbol{\alpha}) = \mathbf{0}$. 故

$$n - \dim\operatorname{Im}\tau = \dim\ker\tau \leqslant \dim\ker(\sigma\tau) = n - \dim\operatorname{Im}(\sigma\tau),$$

从而得到

$$\dim\operatorname{Im}(\sigma\tau) \leqslant \dim\operatorname{Im}\tau.$$

证毕.

在例 7 中, 当 n 阶矩阵 $\boldsymbol{A}, \boldsymbol{B}$ 都是满秩矩阵时, 西尔维斯特不等式的等号成立.

例 8 设 $\boldsymbol{A}, \boldsymbol{B}$ 都是 n 阶矩阵, 且 $\boldsymbol{AB} = \boldsymbol{BA}$. 证明:

$$\mathrm{R}(\boldsymbol{A}+\boldsymbol{B}) \leqslant \mathrm{R}(\boldsymbol{A}) + \mathrm{R}(\boldsymbol{B}) - \mathrm{R}(\boldsymbol{AB}).$$

证法 1 设 $\boldsymbol{A} = (\boldsymbol{\alpha}_1, \boldsymbol{\alpha}_2, \cdots, \boldsymbol{\alpha}_n)$, $\boldsymbol{B} = (\boldsymbol{\beta}_1, \boldsymbol{\beta}_2, \cdots, \boldsymbol{\beta}_n)$.

$$\mu(\boldsymbol{A}) = L(\boldsymbol{\alpha}_1, \boldsymbol{\alpha}_2, \cdots, \boldsymbol{\alpha}_n), \quad \mu(\boldsymbol{B}) = L(\boldsymbol{\beta}_1, \boldsymbol{\beta}_2, \cdots, \boldsymbol{\beta}_n)$$

分别表示由 $\boldsymbol{A}$ 的列向量组生成的子空间和 $\boldsymbol{B}$ 的列向量组生成的子空间, 则

$$\mu(\boldsymbol{A}) + \mu(\boldsymbol{B}) = L(\boldsymbol{\alpha}_1, \cdots, \boldsymbol{\alpha}_n, \boldsymbol{\beta}_1, \cdots, \boldsymbol{\beta}_n).$$

再令

$$\mu(\boldsymbol{A}+\boldsymbol{B}) = L(\boldsymbol{\alpha}_1+\boldsymbol{\beta}_1, \cdots, \boldsymbol{\alpha}_n+\boldsymbol{\beta}_n).$$

显然, $\mu(\boldsymbol{A}+\boldsymbol{B}) \subset \mu(\boldsymbol{A}) + \mu(\boldsymbol{B})$,

$$\begin{aligned}\dim\mu(\boldsymbol{A}+\boldsymbol{B}) &\leqslant \dim(\mu(\boldsymbol{A}) + \mu(\boldsymbol{B})) \\ &= \dim\mu(\boldsymbol{A}) + \dim\mu(\boldsymbol{B}) - \dim(\mu(\boldsymbol{A}) \cap \mu(\boldsymbol{B})).\end{aligned} \tag{11.8}$$

令 $\mu(\boldsymbol{AB}), \mu(\boldsymbol{BA})$ 分别是由 $\boldsymbol{AB}$ 的列向量生成的子空间和 $\boldsymbol{BA}$ 的列向量生成的子空间. 由 $\boldsymbol{AB} = \boldsymbol{BA}$ 可知, $\mu(\boldsymbol{AB}) = \mu(\boldsymbol{BA})$. 另一方面, $\mu(\boldsymbol{AB}) \subset \mu(\boldsymbol{A}), \mu(\boldsymbol{BA}) \subset \mu(\boldsymbol{B})$, 因此, $\mu(\boldsymbol{AB}) = \mu(\boldsymbol{BA}) \subset \mu(\boldsymbol{A}) \cap \mu(\boldsymbol{B})$. 从而 $\dim\mu(\boldsymbol{AB}) \leqslant \dim(\mu(\boldsymbol{A}) \cap \mu(\boldsymbol{B}))$. 由 (11.8) 式得

$$\dim\mu(\boldsymbol{A}+\boldsymbol{B}) \leqslant \dim\mu(\boldsymbol{A}) + \dim\mu(\boldsymbol{B}) - \dim\mu(\boldsymbol{AB}). \tag{11.9}$$

注意到

$$\mathrm{R}(\boldsymbol{A}+\boldsymbol{B}) = \dim\mu(\boldsymbol{A}+\boldsymbol{B}),\ \mathrm{R}(\boldsymbol{A}) = \dim\mu(\boldsymbol{A}),$$

$$\mathrm{R}(\boldsymbol{B})=\dim\mu(\boldsymbol{B}),\quad \mathrm{R}(\boldsymbol{AB})=\dim\mu(\boldsymbol{AB}),$$

由 (11.9) 式可得

$$\mathrm{R}(\boldsymbol{A}+\boldsymbol{B})\leqslant \mathrm{R}(\boldsymbol{A})+\mathrm{R}(\boldsymbol{B})-\mathrm{R}(\boldsymbol{AB}).$$

证毕.

证法 2 设 σ,τ 都是 n 维线性空间 V 的线性变换, 且在 V 的基 $\varepsilon_1,\varepsilon_2,\cdots,\varepsilon_n$ 下的矩阵分别是 $\boldsymbol{A},\boldsymbol{B}$. 则原命题转化为在已知 $\sigma\tau=\tau\sigma$ 的条件下证明:

$$\dim\mathrm{Im}\,(\sigma+\tau)\leqslant\dim\mathrm{Im}\,\sigma+\dim\mathrm{Im}\,\tau-\dim\mathrm{Im}\,(\sigma\tau).\tag{11.10}$$

事实上, $\mathrm{Im}\,(\sigma\tau)\subset\mathrm{Im}\,(\sigma),\mathrm{Im}\,(\tau\sigma)\subset\mathrm{Im}\,(\tau),\mathrm{Im}\,(\sigma\tau)=\mathrm{Im}\,(\tau\sigma)$. 因此, $\mathrm{Im}\,(\sigma\tau)\subset\mathrm{Im}\,(\sigma)\cap\mathrm{Im}\,(\tau)$, 从而

$$\dim\mathrm{Im}\,(\sigma\tau)\leqslant\dim(\mathrm{Im}\,(\sigma)\cap\mathrm{Im}\,(\tau)).\tag{11.11}$$

另一方面, 对任意 $\boldsymbol{\alpha}\in\mathrm{Im}\,(\sigma+\tau)$, 存在 $\boldsymbol{\beta}\in V$, 使得 $\boldsymbol{\alpha}=\sigma(\boldsymbol{\beta})+\tau(\boldsymbol{\beta})\in\mathrm{Im}\,\sigma+\mathrm{Im}\,\tau$, 即 $\mathrm{Im}\,(\sigma+\tau)\subset\mathrm{Im}\,\sigma+\mathrm{Im}\,\tau$. 因此,

$$\dim\mathrm{Im}\,(\sigma+\tau)\leqslant\dim(\mathrm{Im}\,\sigma+\mathrm{Im}\,\tau).\tag{11.12}$$

由维数公式得

$$\dim(\mathrm{Im}\,\sigma+\mathrm{Im}\,\tau)\leqslant\dim\mathrm{Im}\,\sigma+\dim\mathrm{Im}\,\tau-\dim(\mathrm{Im}\,\sigma\cap\mathrm{Im}\,\tau).\tag{11.13}$$

结合不等式 (11.11)—(11.13) 可得 (11.10) 式成立. 证毕.

证法 3 由 $\boldsymbol{AB}=\boldsymbol{BA}$ 得

$$\begin{pmatrix}\boldsymbol{A}&\boldsymbol{B}\\\boldsymbol{O}&\boldsymbol{B}\end{pmatrix}\begin{pmatrix}\boldsymbol{I}&\boldsymbol{B}\\\boldsymbol{I}&-\boldsymbol{A}\end{pmatrix}=\begin{pmatrix}\boldsymbol{A}+\boldsymbol{B}&\boldsymbol{O}\\\boldsymbol{B}&-\boldsymbol{AB}\end{pmatrix}.$$

故

$$\mathrm{R}(\boldsymbol{A})+\mathrm{R}(\boldsymbol{B})=\mathrm{R}\begin{pmatrix}\boldsymbol{A}&\boldsymbol{B}\\\boldsymbol{O}&\boldsymbol{B}\end{pmatrix}\geqslant\mathrm{R}\begin{pmatrix}\boldsymbol{A}+\boldsymbol{B}&\boldsymbol{O}\\\boldsymbol{B}&-\boldsymbol{AB}\end{pmatrix}\geqslant\mathrm{R}(\boldsymbol{A}+\boldsymbol{B})+\mathrm{R}(\boldsymbol{AB}).$$

此即

$$\mathrm{R}(\boldsymbol{A}+\boldsymbol{B})\leqslant \mathrm{R}(\boldsymbol{A})+\mathrm{R}(\boldsymbol{B})-\mathrm{R}(\boldsymbol{AB}).$$

证毕.

证法 4 设 $V_i\,(i=1,2,3,4)$ 分别是线性方程组

$$\boldsymbol{Ax}=\boldsymbol{0},\quad \boldsymbol{Bx}=\boldsymbol{0},\quad \boldsymbol{ABx}=\boldsymbol{0},\quad (\boldsymbol{A}+\boldsymbol{B})\boldsymbol{x}=\boldsymbol{0}$$

的解空间. 由 $\boldsymbol{AB}=\boldsymbol{BA}$ 可知

$$V_1+V_2\subset V_3.$$

事实上, $\forall\boldsymbol{x}\in V_1+V_2$, 都有 $\boldsymbol{x}=\boldsymbol{x}_1+\boldsymbol{x}_2$, 其中 $\boldsymbol{x}_1\in V_1,\boldsymbol{x}_2\in V_2$, 即 $\boldsymbol{Ax}_1=\boldsymbol{0}$ 且 $\boldsymbol{Bx}_2=\boldsymbol{0}$. 因此,

$$\boldsymbol{ABx}=\boldsymbol{BAx}_1+\boldsymbol{ABx}_2=\boldsymbol{0},$$

所以 $\boldsymbol{x} \in V_3$, 于是 $V_1 + V_2 \subset V_3$ 成立.

另外, $V_1 \cap V_2 \subset V_4$ 是显然的. 由维数公式得

$$\dim V_1 + \dim V_2 = \dim(V_1 + V_2) + \dim(V_1 \cap V_2) \leqslant \dim V_3 + \dim V_4. \tag{11.14}$$

将

$$\dim V_1 = n - \mathrm{R}(\boldsymbol{A}), \quad \dim V_2 = n - \mathrm{R}(\boldsymbol{B}),$$

$$\dim V_3 = n - \mathrm{R}(\boldsymbol{AB}), \quad \dim V_4 = n - \mathrm{R}(\boldsymbol{A} + \boldsymbol{B})$$

分别代入 (11.14) 整理即得

$$\mathrm{R}(\boldsymbol{A} + \boldsymbol{B}) \leqslant \mathrm{R}(\boldsymbol{A}) + \mathrm{R}(\boldsymbol{B}) - \mathrm{R}(\boldsymbol{AB}).$$

证毕.

关于例 8, 还有其他证法, 比如利用列向量的极大无关组等等, 这里不作详细介绍, 留给读者思考.

在高等代数课程中, 经常探讨一题多解, 对于深入理解代数理论与方法应用是很有益处的. 在以上介绍的五种证法中, 前面两种方法, 即 "利用等价标准形分解定理或满秩分解定理" 和 "利用分块初等变换", 是利用矩阵理论的处理方法, 称为解析法. 后面三种方法, 即 "利用列向量的极大无关组" "利用齐次方程组的基础解系" "利用线性空间的维数", 是利用线性空间理论的处理方法, 称为几何法. 有关 "解析法" 和 "几何法" 的深入讨论请看专题讲座第十章.

§11.3 考研试题举例

1. (厦门大学) 设 $m \times n$ 矩阵 $\boldsymbol{A}$ 的秩为 r, 证明: 存在 $m \times r$ 矩阵 $\boldsymbol{B}$ 和 $r \times n$ 矩阵 $\boldsymbol{C}$, 使得 $\boldsymbol{A} = \boldsymbol{BC}$.

2. (兰州大学) $\boldsymbol{A}$ 是 n 级矩阵, 证明:

$$\mathrm{R}(\boldsymbol{A}^*) = \begin{cases} n, & \text{当 } \mathrm{R}(\boldsymbol{A}) = n, \\ 1, & \text{当 } \mathrm{R}(\boldsymbol{A}) = n-1, \\ 0, & \text{当 } \mathrm{R}(\boldsymbol{A}) < n-1. \end{cases}$$

3. (兰州大学、武汉大学) 设 $\boldsymbol{A}, \boldsymbol{B}$ 是复数域上的 n 级矩阵, 且 $\boldsymbol{AB} = \boldsymbol{BA}$. 证明:

$$\mathrm{R}(\boldsymbol{A} + \boldsymbol{B}) \leqslant \mathrm{R}(\boldsymbol{A}) + \mathrm{R}(\boldsymbol{B}) - \mathrm{R}(\boldsymbol{AB}).$$

4. (武汉大学) 设 $\boldsymbol{A}, \boldsymbol{B}$ 是同阶方阵, 证明:

$$\mathrm{R}(\boldsymbol{AB} - \boldsymbol{I}) \leqslant \mathrm{R}(\boldsymbol{A} - \boldsymbol{I}) + \mathrm{R}(\boldsymbol{B} - \boldsymbol{I}).$$

5. (兰州大学) 设 $\boldsymbol{A} = (a_{ij})_{m\times n}, \boldsymbol{B} = (b_{ij})_{n\times s}$ 分别是数域 $\mathbb{P}$ 上的 $m \times n, n \times s$ 矩阵. 证明:

$$\mathrm{R}(\boldsymbol{AB}) \geqslant \mathrm{R}(\boldsymbol{A}) + \mathrm{R}(\boldsymbol{B}) - n.$$

6. (复旦大学) 设 $\boldsymbol{A},\boldsymbol{B},\boldsymbol{C}$ 是数域 $\mathbb{K}$ 上的 n 阶矩阵, $r(\boldsymbol{A})$ 表示矩阵 $\boldsymbol{A}$ 的秩, 证明:

$$\mathrm{R}(\boldsymbol{ABC}) \geqslant \mathrm{R}(\boldsymbol{AB}) + \mathrm{R}(\boldsymbol{BC}) - \mathrm{R}(\boldsymbol{B}).$$

7. (南京航空航天大学) 设多项式 $f(x) = x^4 - 2x^3 - 3x^2 + ax + b$, 且 $x^2 - x - 2|f(x)$. (1) 求 a,b 的值; (2) 如果 $f(x)$ 是某个 4 阶矩阵 $\boldsymbol{A}$ 的特征多项式, 求 $\boldsymbol{A}$ 的全部特征值; (3) 如果 $x^2 - x - 2$ 是某个 n 阶矩阵 $\boldsymbol{A}$ 的最小多项式, 证明:

$$\mathrm{R}(\boldsymbol{A}+\boldsymbol{I}) + \mathrm{R}(\boldsymbol{A}-2\boldsymbol{I}) = n.$$

8. (南京航空航天大学) 设 $m(\lambda)$ 是 n 阶矩阵 $\boldsymbol{A}$ 的最小多项式, $f(\lambda)$ 是一个次数大于零的多项式. 证明: (1) 如果 $f(\lambda)|m(\lambda)$, 则 $f(\boldsymbol{A})$ 不可逆; (2) 设 $d(\lambda)$ 是 $f(\lambda)$ 与 $m(\lambda)$ 的一个最大公因式, 则 $\mathrm{R}(f(\boldsymbol{A})) = \mathrm{R}(d(\boldsymbol{A}))$; (3) $f(\boldsymbol{A})$ 非奇异的充要条件是 $f(\lambda)$ 与 $m(\lambda)$ 互素.

9. (北京师范大学) 设 $\boldsymbol{A}$ 是 n 阶矩阵, 且满足 $\boldsymbol{A}^3 - 2\boldsymbol{A}^2 - \boldsymbol{A} + 2\boldsymbol{I} = \boldsymbol{O}$. 证明:

$$\mathrm{R}(\boldsymbol{A}-\boldsymbol{I}) + \mathrm{R}(\boldsymbol{A}+\boldsymbol{I}) + \mathrm{R}(\boldsymbol{A}-2\boldsymbol{I}) = 2n.$$

证明 由题意知 $(\boldsymbol{A}-\boldsymbol{I})(\boldsymbol{A}+\boldsymbol{I})(\boldsymbol{A}-2\boldsymbol{I}) = \boldsymbol{O}$, 因此,

$$f(\lambda) = \lambda^3 - 2\lambda^2 - \lambda + 2 = (\lambda-1)(\lambda+1)(\lambda-2)$$

是 $\boldsymbol{A}$ 的零化多项式. 由于最小多项式是任一零化多项式的因式, 因此, $\boldsymbol{A}$ 的最小多项式也无重根, 故矩阵 $\boldsymbol{A}$ 可对角化, 且 $\boldsymbol{A}$ 的特征根只能是 1, 或 -1, 或 2.

(1) 若 $1,-1,2$ 都是 $\boldsymbol{A}$ 的特征根, 则特征子空间 V_1, V_{-1}, V_2 的维数之和等于 n. 由 $\dim V_1 = n - \mathrm{R}(\boldsymbol{A}-\boldsymbol{I})$, $\dim V_{-1} = n - \mathrm{R}(\boldsymbol{A}+\boldsymbol{I})$, $\dim V_2 = n - \mathrm{R}(\boldsymbol{A}-2\boldsymbol{I})$ 可得

$$n - \mathrm{R}(\boldsymbol{A}-\boldsymbol{I}) + n - \mathrm{R}(\boldsymbol{A}+\boldsymbol{I}) + n - \mathrm{R}(\boldsymbol{A}-2\boldsymbol{I}) = n,$$

即

$$\mathrm{R}(\boldsymbol{A}-\boldsymbol{I}) + \mathrm{R}(\boldsymbol{A}+\boldsymbol{I}) + \mathrm{R}(\boldsymbol{A}-2\boldsymbol{I}) = 2n.$$

(2) 若 $1,-1,2$ 中只有一个数, 比如 1, 不是 $\boldsymbol{A}$ 的特征根, 则

$$n - \mathrm{R}(\boldsymbol{A}+\boldsymbol{I}) + n - \mathrm{R}(\boldsymbol{A}-2\boldsymbol{I}) = n, \quad \mathrm{R}(\boldsymbol{A}-\boldsymbol{I}) = n,$$

结论仍然成立.

(3) 若 $1,-1,2$ 中有两个数, 比如 1 和 -1, 不是 $\boldsymbol{A}$ 的特征根, 则

$$n - \mathrm{R}(\boldsymbol{A}-2\boldsymbol{I}) = n, \quad \mathrm{R}(\boldsymbol{A}+\boldsymbol{I}) = r(\boldsymbol{A}-\boldsymbol{I}) = n,$$

结论也成立. 证毕.

10. (全国考研数学一试题) 设 $\boldsymbol{A}$, $\boldsymbol{B}$ 为 n 阶实矩阵, 则下列结论不成立的是 (　　).

(A) $\mathrm{R}\begin{pmatrix} \boldsymbol{A} & \boldsymbol{O} \\ \boldsymbol{O} & \boldsymbol{A}^{\mathrm{T}}\boldsymbol{A} \end{pmatrix} = 2\mathrm{R}(\boldsymbol{A})$　　(B) $\mathrm{R}\begin{pmatrix} \boldsymbol{A} & \boldsymbol{AB} \\ \boldsymbol{O} & \boldsymbol{A}^{\mathrm{T}} \end{pmatrix} = 2\mathrm{R}(\boldsymbol{A})$

(C) $\mathrm{R}\begin{pmatrix} \boldsymbol{A} & \boldsymbol{BA} \\ \boldsymbol{O} & \boldsymbol{AA}^{\mathrm{T}} \end{pmatrix} = 2\mathrm{R}(\boldsymbol{A})$　　(D) $\mathrm{R}\begin{pmatrix} \boldsymbol{A} & \boldsymbol{O} \\ \boldsymbol{BA} & \boldsymbol{A}^{\mathrm{T}} \end{pmatrix} = 2\mathrm{R}(\boldsymbol{A})$

第十二章　线性映射

通过教材第六章的学习我们知道, 对数域 $\mathbb{P}$ 上的 n 维线性空间 V, 取定 V 的一个基, 则 V 的线性变与 n 阶矩阵一一对应. 设 $L(V)$ 是 V 的全体线性变换构成的集合, 在 $L(V)$ 上定义线性运算 (线性变换的加法与数乘), 则 $L(V)$ 也构成数域 $\mathbb{P}$ 上的线性空间, 且与 $\mathbb{P}^{n\times n}$ 同构. 于是可以将线性变换的问题与 n 阶矩阵的问题相互转化, 出现了所谓的 "几何法" 与 "解析法". 进一步地, 对数域 $\mathbb{P}$ 上的 n 维线性空间 V 和 m 维线性空间 U, 设 σ 是从 V 到 U 的线性映射, 在 V 和 U 中各取一个基, 如何将 σ 与一个 $m\times n$ 矩阵 $\boldsymbol{A}$ 建立起一一对应关系? 这样的线性映射有哪些性质? 这是本专题所要讨论的问题.

§12.1　线性映射与维数公式

本节将介绍线性映射的基本概念及值域与核的维数公式.

定义 1　设 V,U 是数域 $\mathbb{P}$ 上的线性空间, σ 是从 V 到 U 的映射, 且满足

(1) **可加性**: $\sigma(\boldsymbol{\alpha}+\boldsymbol{\beta})=\sigma(\boldsymbol{\alpha})+\sigma(\boldsymbol{\beta}), \forall\boldsymbol{\alpha},\boldsymbol{\beta}\in V$;

(2) **齐次性**: $\sigma(k\boldsymbol{\alpha})=k\sigma(\boldsymbol{\alpha}), \forall\boldsymbol{\alpha}\in V, k\in\mathbb{P}$,

则称 σ 是从 V 到 U 的**线性映射**. σ 具有可加性亦称 σ **保持向量加法运算**, σ 具有齐次性亦称 σ **保持数乘运算**. 可加性和齐次性统称**线性性**. 线性性等价于: 对任意 $\boldsymbol{\alpha},\boldsymbol{\beta}\in V$, $k_1,k_2\in\mathbb{P}$, 都有

$$\sigma(k_1\boldsymbol{\alpha}+k_2\boldsymbol{\beta})=k_1\sigma(\boldsymbol{\alpha})+k_2\sigma(\boldsymbol{\beta}).$$

如果 $U=V$, 则称 σ 是线性空间 V 的**线性变换**.

设 σ 是从 V 到 U 的线性映射, 分别称

$$\operatorname{Im}\sigma=\{\sigma(\boldsymbol{\alpha})|\boldsymbol{\alpha}\in V\},\quad \ker\sigma=\{\boldsymbol{\alpha}\in V|\sigma(\boldsymbol{\alpha})=\mathbf{0}\}$$

为线性映射 σ 的**值域**和**核**. 线性映射的值域和核也可以分别记作 $\sigma(V)$ 和 $\sigma^{-1}(\mathbf{0})$. 值域是 U 的子空间, 其维数叫 σ 的**秩**, 记作 $\mathrm{R}(\sigma)$. 核是 V 的子空间, 其维数叫作 σ 的**零度**.

例 1　从 $\mathbb{R}^2$ 到 $\mathbb{R}^3$ 的映射 $\sigma:(a_1,a_2)^{\mathrm{T}}\to(a_1,a_2,0)^{\mathrm{T}}$ 是线性映射, 且为单射, 其值域是三维空间的 xOy 平面, 核为零空间 $\{\mathbf{0}\}$. 如果 σ 是从 V 到 U 的线性映射, 且对一切 $\boldsymbol{\alpha}\in V$ 都有 $\sigma(\boldsymbol{\alpha})=\mathbf{0}$, 则称 σ 为**零映射**, 记作 o. 零映射的值域是零空间 $\{\mathbf{0}\}$, 核是 V.

例 2　设 $\boldsymbol{A}=(a_{ij})_{m\times n}\in\mathbb{P}^{m\times n}$, 对任意 $\boldsymbol{x}\in\mathbb{P}^n$, 定义 $\sigma(\boldsymbol{x})=\boldsymbol{A}\boldsymbol{x}$, 则 σ 是从 $\mathbb{P}^n$ 到 $\mathbb{P}^m$ 的线性映射.

例 3　设 $D[a,b]$ 和 $F[a,b]$ 分别是闭区间 $[a,b]$ 上的全体可微实函数和全体实函数的集合, 它们关于函数的加法和数乘运算分别构成实数域上的线性空间. 对任意 $f(x)\in D[a,b]$,

$$\sigma(f(x))=f'(x),$$

则 σ 是从 $D[a,b]$ 到 $F[a,b]$ 的线性映射, 其线性性容易从微分的运算性质得证. 这里的 $D[a,b]$ 和 $F[a,b]$ 都是无穷维线性空间, 高等代数只讨论有限维线性空间的情形.

设 V,U 是数域 $\mathbb{P}$ 上的线性空间, 从 V 到 U 的全体线性映射的集合记作 $\mathrm{Hom}_{\mathbb{P}}(V,U)$. 线性映射具有如下性质 (请读者自己证明): 设 $\sigma\in\mathrm{Hom}_{\mathbb{P}}(V,U)$, 则

(1) σ 把零向量映射成零向量;

(2) σ 把负向量映射成负向量;

(3) σ 保持向量组的线性组合;

(4) σ 把线性相关的向量组映射成线性相关的向量组;

(5) σ 是单射, 当且仅当 $\ker\sigma=\{\mathbf{0}\}$; σ 是满射, 当且仅当 $\mathrm{Im}\,\sigma=U$,

其中 (3) 可写成

$$\sigma\left(\sum_{i=1}^{s}k_i\boldsymbol{\alpha}_i\right)=\sum_{i=1}^{s}k_i\sigma(\boldsymbol{\alpha}_i).$$

(4) 的逆否命题是: 设向量组 $\sigma(\boldsymbol{\alpha}_1),\sigma(\boldsymbol{\alpha}_2),\cdots,\sigma(\boldsymbol{\alpha}_s)$ 是线性无关的, 则其原像向量组 $\boldsymbol{\alpha}_1,\boldsymbol{\alpha}_2,\cdots,\boldsymbol{\alpha}_s$ 也线性无关. 但性质 (4) 的否命题并不成立. 事实上, 若 $\boldsymbol{\alpha}\neq\mathbf{0}$, 则单独一个非零向量是线性无关的, 但 $o(\boldsymbol{\alpha})=\mathbf{0}$ 线性相关.

设 V,U 都是数域 $\mathbb{P}$ 上线性空间, $\dim V=n>0$, $\boldsymbol{\varepsilon}_1,\boldsymbol{\varepsilon}_2,\cdots,\boldsymbol{\varepsilon}_n$ 是 V 的一个基, $\sigma\in\mathrm{Hom}_{\mathbb{P}}(V,U)$. 则对任意 $\boldsymbol{\alpha}\in V$, 存在唯一一组数 $x_1,x_2,\cdots,x_n\in\mathbb{P}$, 使得 $\boldsymbol{\alpha}=x_1\boldsymbol{\varepsilon}_1+x_2\boldsymbol{\varepsilon}_2+\cdots+x_n\boldsymbol{\varepsilon}_n$, 所以,

$$\sigma(\boldsymbol{\alpha})=x_1\sigma(\boldsymbol{\varepsilon}_1)+x_2\sigma(\boldsymbol{\varepsilon}_2)+\cdots+x_n\sigma(\boldsymbol{\varepsilon}_n).$$

这说明

$$\mathrm{Im}\,\sigma=L(\sigma(\boldsymbol{\varepsilon}_1),\sigma(\boldsymbol{\varepsilon}_2),\cdots,\sigma(\boldsymbol{\varepsilon}_n)),\tag{12.1}$$

即 σ 由基像所唯一决定. 也即是说, 如果 $\tau\in\mathrm{Hom}_{\mathbb{P}}(V,U)$, 且 $\sigma(\boldsymbol{\varepsilon}_i)=\tau(\boldsymbol{\varepsilon}_i)\,(i=1,2,\cdots,n)$, 则 $\sigma=\tau$.

定理 1 设 V,U 是数域 $\mathbb{P}$ 上的线性空间, $\dim V=n$, $\sigma\in\mathrm{Hom}_{\mathbb{P}}(V,U)$. 设 $\sigma(\boldsymbol{\varepsilon}_1),\sigma(\boldsymbol{\varepsilon}_2),\cdots,\sigma(\boldsymbol{\varepsilon}_s)$ 是值域 $\mathrm{Im}\,\sigma$ 的一个基, 将 $\boldsymbol{\varepsilon}_1,\boldsymbol{\varepsilon}_2,\cdots,\boldsymbol{\varepsilon}_s$ 扩充成 V 的基

$$\boldsymbol{\varepsilon}_1,\quad\cdots,\quad\boldsymbol{\varepsilon}_s,\quad\boldsymbol{\varepsilon}_{s+1},\quad\cdots,\quad\boldsymbol{\varepsilon}_n,$$

则 $\boldsymbol{\varepsilon}_{s+1},\cdots,\boldsymbol{\varepsilon}_n$ 是核 $\ker\sigma$ 的基. 若令 $V_1=L(\boldsymbol{\varepsilon}_1,,\cdots,\boldsymbol{\varepsilon}_s)$, 则 $V=V_1\oplus\ker\sigma$.

证明 只需证明定理的后面部分. 任取 $\boldsymbol{\alpha}\in V$, 则 $\sigma(\boldsymbol{\alpha})\in\mathrm{Im}\,\sigma$, 因而存在 $k_1,k_2,\cdots,k_s\in\mathbb{P}$, 使得

$$\sigma(\boldsymbol{\alpha})=k_1\sigma(\boldsymbol{\varepsilon}_1)+k_2\sigma(\boldsymbol{\varepsilon}_2)+\cdots+k_s\sigma(\boldsymbol{\varepsilon}_s)=\sigma(k_1\boldsymbol{\varepsilon}_1+k_2\boldsymbol{\varepsilon}_2+\cdots+k_s\boldsymbol{\varepsilon}_s).$$

令 $\boldsymbol{\beta}=k_1\boldsymbol{\varepsilon}_1+k_2\boldsymbol{\varepsilon}_2+\cdots+k_s\boldsymbol{\varepsilon}_s$, 则有 $\sigma(\boldsymbol{\alpha})=\sigma(\boldsymbol{\beta})$, 即 $\sigma(\boldsymbol{\alpha}-\boldsymbol{\beta})=\mathbf{0}$, 即 $\boldsymbol{\alpha}-\boldsymbol{\beta}\in\ker\sigma$. 令 $\boldsymbol{\gamma}=\boldsymbol{\alpha}-\boldsymbol{\beta}$, 则有 $\boldsymbol{\alpha}=\boldsymbol{\beta}+\boldsymbol{\gamma}$, 即 $V=V_1+\ker\sigma$. 其次, 对任意 $\boldsymbol{\xi}\in V_1\cap\ker\sigma$, 都有 $\sigma(\boldsymbol{\xi})=\mathbf{0}$. 同时, 存在 $l_1,l_2,\cdots,l_s\in\mathbb{P}$, 使得

$$\boldsymbol{\xi}=l_1\boldsymbol{\varepsilon}_1+l_2\boldsymbol{\varepsilon}_2+\cdots+l_s\boldsymbol{\varepsilon}_s.$$

由于 $\sigma(\boldsymbol{\varepsilon}_1),\sigma(\boldsymbol{\varepsilon}_2),\cdots,\sigma(\boldsymbol{\varepsilon}_s)$ 是 $\mathrm{Im}\,\sigma$ 的基, 因而是线性无关向量组. 由

$$\sigma(\boldsymbol{\xi})=l_1\sigma(\boldsymbol{\varepsilon}_1)+l_2\sigma(\boldsymbol{\varepsilon}_2)+\cdots+l_s\sigma(\boldsymbol{\varepsilon}_s)=\mathbf{0}$$

知, $l_1 = l_2 = \cdots = l_s = 0$, 即 $\boldsymbol{\xi} = \mathbf{0}$, 因而 $V_1 \cap \ker\sigma = \{\mathbf{0}\}$, 故 $V = V_1 \oplus \ker\sigma$. 证毕.

推论 1 (**维数公式**) 设 V, U 是数域 $\mathbb{P}$ 上的线性空间, $\dim V = n$, $\sigma \in \mathrm{Hom}_{\mathbb{P}}(V, U)$, 则

$$\dim \mathrm{Im}\,\sigma + \dim\ker\sigma = \dim V. \tag{12.2}$$

证明 在定理 1 中, 由于 $\sigma(\boldsymbol{\varepsilon}_1), \sigma(\boldsymbol{\varepsilon}_2), \cdots, \sigma(\boldsymbol{\varepsilon}_s)$ 线性无关, 因而 $\boldsymbol{\varepsilon}_1, , \cdots, \boldsymbol{\varepsilon}_s$ 也线性无关, 故 $\dim V_1 = \dim \mathrm{Im}\,\sigma$. 再由 $V = V_1 \oplus \ker\sigma$ 即知维数公式 (12.2) 成立. 证毕.

显然线性变换的维数公式是公式 (12.2) 的特例.

推论 2 设 V, U 是数域 $\mathbb{P}$ 上的线性空间, $\dim V = n$, $\sigma \in \mathrm{Hom}_{\mathbb{P}}(V, U)$, 若 $\boldsymbol{\varepsilon}_{s+1}, , \cdots, \boldsymbol{\varepsilon}_n$ 是核 $\ker\sigma$ 的一个基, 将它扩充成 V 的基

$$\boldsymbol{\varepsilon}_1, \quad \cdots, \quad \boldsymbol{\varepsilon}_s, \quad \boldsymbol{\varepsilon}_{s+1}, \quad \cdots, \quad \boldsymbol{\varepsilon}_n,$$

则 $\sigma(\boldsymbol{\varepsilon}_1), \sigma(\boldsymbol{\varepsilon}_2), \cdots, \sigma(\boldsymbol{\varepsilon}_s)$ 是值域 $\mathrm{Im}\,\sigma$ 的基.

证明 由 (12.1) 式可知,

$$\mathrm{Im}\,\sigma = L(\sigma(\boldsymbol{\varepsilon}_1), \sigma(\boldsymbol{\varepsilon}_2), \cdots, \sigma(\boldsymbol{\varepsilon}_n)) = L(\sigma(\boldsymbol{\varepsilon}_1), \sigma(\boldsymbol{\varepsilon}_2), \cdots, \sigma(\boldsymbol{\varepsilon}_s)).$$

再由定理 1 可知,

$$\dim \mathrm{Im}\,\sigma = \dim V - \dim\ker\sigma = n - (n-s) = s,$$

故 $\sigma(\boldsymbol{\varepsilon}_1), \sigma(\boldsymbol{\varepsilon}_2), \cdots, \sigma(\boldsymbol{\varepsilon}_s)$ 是 $\mathrm{Im}\,\sigma$ 的基. 证毕.

§12.2 线性映射的运算

本节将在 $\mathrm{Hom}_{\mathbb{P}}(V, U)$ 中定义向量加法和数量乘法的概念, 从而得到它也数域 $\mathbb{P}$ 上的线性空间. 然后定义线性映射的乘法与逆映射的概念, 得到线性映射可逆的条件.

定义 2 设 V, U 是数域 $\mathbb{P}$ 上的线性空间, 而零映射属于 $\mathrm{Hom}_{\mathbb{P}}(V, U)$, 即 $\mathrm{Hom}_{\mathbb{P}}(V, U)$ 是数域 $\mathbb{P}$ 上的非空集合. 对任意 $\sigma, \tau \in \mathrm{Hom}_{\mathbb{P}}(V, U)$, 及 $\boldsymbol{\alpha} \in V$, $k \in \mathbb{P}$, 定义

$$(\sigma + \tau)(\boldsymbol{\alpha}) = \sigma(\boldsymbol{\alpha}) + \tau(\boldsymbol{\alpha}), \quad (k\sigma)(\boldsymbol{\alpha}) = k\sigma(\boldsymbol{\alpha}),$$

分别称 $\sigma + \tau$, $k\sigma$ 为线性映射 σ, τ 的**加法**与数 k 与线性映射 σ 的**乘法**(即**数量乘法**). 定义

$$(-\sigma)(\boldsymbol{\alpha}) = -\sigma(\boldsymbol{\alpha}),$$

称 $-\sigma$ 为线性映射 σ 的**负映射**. 可以验证, 对任意 $\sigma, \tau, \rho \in \mathrm{Hom}_{\mathbb{P}}(V, U)$, $k, l \in \mathbb{P}$ 有如下八条运算律:

(1) $\sigma + \tau = \tau + \sigma$;

(2) $\sigma + (\tau + \rho) = (\sigma + \tau) + \rho$;

(3) $\sigma + o = \sigma$;

(4) $\sigma + (-\sigma) = o$;

(5) $1\sigma = \sigma$;

(6) $k(l\sigma) = (kl)\sigma$;

(7) $k(\sigma+\tau)=k\sigma+k\tau$;

(8) $(k+l)\sigma=k\sigma+l\sigma$.

定理 2 设 V,U 是数域 $\mathbb{P}$ 上的线性空间, $\mathrm{Hom}_{\mathbb{P}}(V,U)$ 关于如上定义的向量加法与数量乘法构成数 $\mathbb{P}$ 上的线性空间.

定义 3 设 V,W,U 是数域 $\mathbb{P}$ 上的线性空间, 对任意 $\sigma\in\mathrm{Hom}_{\mathbb{P}}(V,W)$, $\tau\in\mathrm{Hom}_{\mathbb{P}}(W,U)$, 对任意 $\boldsymbol{\alpha}\in V$, 定义

$$(\tau\sigma)(\boldsymbol{\alpha})=\tau(\sigma(\boldsymbol{\alpha})),$$

称 $\tau\sigma$ 为线性映射 τ 与 σ 的**乘法**.

可以验证, $\tau\sigma\in\mathrm{Hom}_{\mathbb{P}}(V,U)$, 即 $\tau\sigma$ 是从 V 到 U 的线性映射. 显然, 线性映射的乘法不满足交换律, 但结合律成立: 设 V,W_1,W_2,U 都是数域 $\mathbb{P}$ 上的线性空间, 对任意 $\sigma\in\mathrm{Hom}_{\mathbb{P}}(V,W_1)$, $\tau\in\mathrm{Hom}_{\mathbb{P}}(W_1,W_2)$, $\rho\in\mathrm{Hom}_{\mathbb{P}}(W_2,U)$, 则

$$\sigma(\tau\rho)=(\sigma\tau)\rho.$$

定义 4 设 V 是数域 $\mathbb{P}$ 上的线性空间, $\sigma\in\mathrm{Hom}_{\mathbb{P}}(V,V)$, $k\geqslant 2$ 是正整数, 定义

$$\sigma^k=\sigma(\sigma^{k-1}),$$

称为线性变换 σ 的 k 次**幂**. 显然

$$\sigma^k\sigma^s=\sigma^{k+s},\quad (\sigma^k)^s=\sigma^{ks}.$$

定义 5 设 V 是数域 $\mathbb{P}$ 上的线性空间, 称 id_V 是线性空间 V 上的**恒等映射**, 如果对任意 $\boldsymbol{\alpha}\in V$, 都有 $\mathrm{id}_V(\boldsymbol{\alpha})=\boldsymbol{\alpha}$. 设 $\sigma\in\mathrm{Hom}_{\mathbb{P}}(V,U)$, 称线性映射 σ **可逆**, 如果存在 $\tau\in\mathrm{Hom}_{\mathbb{P}}(U,V)$, 满足

$$\tau\sigma=\mathrm{id}_V,\quad \sigma\tau=\mathrm{id}_U,$$

并称 τ 是 σ 的**逆映射**, 记作 $\tau=\sigma^{-1}$.

显然, $\sigma\in\mathrm{Hom}_{\mathbb{P}}(V,U)$ 可逆当且仅当 σ 既是单射又是满射, 即 σ 是双射.

§12.3 线性映射的矩阵

设 V,U 是数域 $\mathbb{P}$ 上的线性空间, 其维数分别是 n 和 m, 设 $\boldsymbol{\varepsilon}_1,\boldsymbol{\varepsilon}_2,\cdots,\boldsymbol{\varepsilon}_n$ 和 $\boldsymbol{\eta}_1,\boldsymbol{\eta}_2,\cdots,\boldsymbol{\eta}_m$ 分别是 V 和 U 的基. 对线性映射 $\sigma\in\mathrm{Hom}_{\mathbb{P}}(V,U)$, 令

$$\begin{cases}\sigma(\boldsymbol{\varepsilon}_1)=a_{11}\boldsymbol{\eta}_1+a_{21}\boldsymbol{\eta}_2+\cdots+a_{m1}\boldsymbol{\eta}_m,\\ \sigma(\boldsymbol{\varepsilon}_2)=a_{12}\boldsymbol{\eta}_1+a_{22}\boldsymbol{\eta}_2+\cdots+a_{m2}\boldsymbol{\eta}_m,\\ \cdots\cdots\cdots\cdots\cdots\cdots\cdots\cdots\cdots\cdots\cdots\\ \sigma(\boldsymbol{\varepsilon}_n)=a_{1n}\boldsymbol{\eta}_1+a_{2n}\boldsymbol{\eta}_2+\cdots+a_{mn}\boldsymbol{\eta}_m,\end{cases}$$

或写成

$$\sigma(\varepsilon_1,\varepsilon_2,\cdots,\varepsilon_n)=(\boldsymbol{\eta}_1,\boldsymbol{\eta}_2,\cdots,\boldsymbol{\eta}_m)\begin{pmatrix}a_{11}&a_{12}&\cdots&a_{1n}\\a_{21}&a_{22}&\cdots&a_{2n}\\\vdots&\vdots&&\vdots\\a_{m1}&a_{m2}&\cdots&a_{mn}\end{pmatrix},$$

则 $m\times n$ 矩阵

$$\boldsymbol{A}=\begin{pmatrix}a_{11}&a_{12}&\cdots&a_{1n}\\a_{21}&a_{22}&\cdots&a_{2n}\\\vdots&\vdots&&\vdots\\a_{m1}&a_{m2}&\cdots&a_{mn}\end{pmatrix}$$

称为线性映射σ **在 V 的基 $\varepsilon_1,\varepsilon_2,\cdots,\varepsilon_n$ 和 U 的基 $\boldsymbol{\eta}_1,\boldsymbol{\eta}_2,\cdots,\boldsymbol{\eta}_m$ 下的矩阵**.

例 4 对线性空间 $\mathbb{P}[x]_4$ 和 $\mathbb{P}[x]_3$, 令 $\sigma(f(x))=f'(x),\forall f(x)\in\mathbb{P}[x]_4$. 由于

$$\sigma(1)=0,\quad \sigma(x)=1,\quad \sigma(x^2)=2x,\quad \sigma(x^3)=3x^2,$$

因此,

$$\sigma(1,x,x^2,x^3)=(1,x,x^2)\begin{pmatrix}0&1&0&0\\0&0&2&0\\0&0&0&3\end{pmatrix},$$

上式最后一个矩阵是线性映射 σ 在 $\mathbb{P}[x]_4$ 的基 $1,x,x^2,x^3$ 和 $\mathbb{P}[x]_3$ 的基 $1,x,x^2$ 下的矩阵.

例 5 在例 1 中, $\sigma:(a_1,a_2)^{\mathrm{T}}\to(a_1,a_2,0)^{\mathrm{T}}$ 是从 $\mathbb{R}^2$ 到 $\mathbb{R}^3$ 的线性映射. 取 $\mathbb{R}^2$ 的一个基为二维单位列向量 $\boldsymbol{e}_1=(1,0)^{\mathrm{T}},\boldsymbol{e}_2=(0,1)^{\mathrm{T}}$, 取 $\mathbb{R}^3$ 的一个基是三维单位列向量 $\widetilde{\boldsymbol{e}}_1=(1,0,0)^{\mathrm{T}},\widetilde{\boldsymbol{e}}_2=(0,1,0)^{\mathrm{T}},\widetilde{\boldsymbol{e}}_3=(0,0,1)^{\mathrm{T}}$, 则

$$\sigma(\boldsymbol{e}_1,\boldsymbol{e}_2)=(\widetilde{\boldsymbol{e}}_1,\widetilde{\boldsymbol{e}}_2,\widetilde{\boldsymbol{e}}_3)\begin{pmatrix}1&0\\0&1\\0&0\end{pmatrix},$$

上式最后一个矩阵是 σ 在 $\mathbb{R}^2$ 的基 $\boldsymbol{e}_1,\boldsymbol{e}_2$ 和 $\mathbb{R}^3$ 的基 $\widetilde{\boldsymbol{e}}_1,\widetilde{\boldsymbol{e}}_2,\widetilde{\boldsymbol{e}}_3$ 下的矩阵.

定理 3 设 V,U 是数域 $\mathbb{P}$ 上的线性空间, 其维数分别是 n 和 m, $\varepsilon_1,\varepsilon_2,\cdots,\varepsilon_n$ 和 $\boldsymbol{\eta}_1,\boldsymbol{\eta}_2,\cdots,\boldsymbol{\eta}_m$ 分别是 V 和 U 的基. 线性映射 $\sigma\in\mathrm{Hom}_{\mathbb{P}}(V,U)$ 在这两个基下的矩阵是 $\boldsymbol{A}_{m\times n}$, 即

$$\sigma(\varepsilon_1,\varepsilon_2,\cdots,\varepsilon_n)=(\boldsymbol{\eta}_1,\boldsymbol{\eta}_2,\cdots,\boldsymbol{\eta}_m)\boldsymbol{A}_{m\times n}.$$

则 $\pi:\mathrm{Hom}_{\mathbb{P}}(V,U)\to\mathbb{P}^{m\times n}$, $\pi(\sigma)=\boldsymbol{A}\,(\forall\sigma\in\mathrm{Hom}_{\mathbb{P}}(V,U))$ 是从 $\mathrm{Hom}_{\mathbb{P}}(V,U)$ 到 $\mathbb{P}^{m\times n}$ 的同构映射, 即 $\mathrm{Hom}_{\mathbb{P}}(V,U)$ 与 $\mathbb{P}^{m\times n}$ 同构, 从而 $\dim\mathrm{Hom}_{\mathbb{P}}(V,U)=mn$.

证明 显然, 矩阵 $\boldsymbol{A}$ 的第 i 列, 刚好是第 i 个基像 $\sigma(\varepsilon_i)$ 在 U 的基 $\boldsymbol{\eta}_1,\boldsymbol{\eta}_2,\cdots,\boldsymbol{\eta}_m$ 下的坐标. 由于坐标是唯一的, 因此, 在 V 和 U 的基取定的条件下, 每个线性映射在这两个基下的矩阵都是唯一确定的, 即 $\mathrm{Hom}_{\mathbb{P}}(V,U)$ 中的线性映射与数域 $\mathbb{P}$ 上的 $m\times n$ 矩阵是一一对应关系, 即 π 是双射.

其次, 对任意 $\sigma,\tau\in \mathrm{Hom}_{\mathbb{P}}(V,U)$, 它们在这两个基下的矩阵分别是 $\boldsymbol{A}_{m\times n}$ 和 $\boldsymbol{B}_{m\times n}$, 则

$$\begin{aligned}(\sigma+\tau)(\varepsilon_1,\varepsilon_2,\cdots,\varepsilon_n)&=\sigma(\varepsilon_1,\varepsilon_2,\cdots,\varepsilon_n)+\tau(\varepsilon_1,\varepsilon_2,\cdots,\varepsilon_n)\\&=(\boldsymbol{\eta}_1,\boldsymbol{\eta}_2,\cdots,\boldsymbol{\eta}_m)\boldsymbol{A}+(\boldsymbol{\eta}_1,\boldsymbol{\eta}_2,\cdots,\boldsymbol{\eta}_m)\boldsymbol{B}\\&=(\boldsymbol{\eta}_1,\boldsymbol{\eta}_2,\cdots,\boldsymbol{\eta}_m)(\boldsymbol{A}+\boldsymbol{B}),\end{aligned}$$

即 $\sigma+\tau$ 在这两个基下的矩阵是 $\boldsymbol{A}+\boldsymbol{B}$, 故

$$\pi(\sigma+\tau)=\boldsymbol{A}+\boldsymbol{B}=\pi(\sigma)+\pi(\tau).$$

同理可证 $\pi(k\sigma)=k\boldsymbol{A}=k\pi(\sigma)$. 因而 π 是线性映射, 所以 π 是同构映射. 证毕.

推论 3 在定理 3 的条件下, 设 $\boldsymbol{\alpha}\in V$ 在基, $\varepsilon_1,\varepsilon_2,\cdots,\varepsilon_n$ 的坐标是 $\boldsymbol{x}\in\mathbb{P}^n$, $\sigma(\boldsymbol{\alpha})\in U$ 在基 $\boldsymbol{\eta}_1,\boldsymbol{\eta}_2,\cdots,\boldsymbol{\eta}_m$ 下的坐标是 $\boldsymbol{y}\in\mathbb{P}^m$, 则有 $\boldsymbol{y}=\boldsymbol{A}\boldsymbol{x}$.

证明 由于

$$\boldsymbol{\alpha}=(\varepsilon_1,\varepsilon_2,\cdots,\varepsilon_n)\boldsymbol{x},\quad \sigma(\boldsymbol{\alpha})=(\boldsymbol{\eta}_1,\boldsymbol{\eta}_2,\cdots,\boldsymbol{\eta}_m)\boldsymbol{y},$$

所以

$$\sigma(\boldsymbol{\alpha})=\sigma(\varepsilon_1,\varepsilon_2,\cdots,\varepsilon_n)\boldsymbol{x}=(\boldsymbol{\eta}_1,\boldsymbol{\eta}_2,\cdots,\boldsymbol{\eta}_m)\boldsymbol{A}\boldsymbol{x},$$

故 $\boldsymbol{y}=\boldsymbol{A}\boldsymbol{x}$.

定理 4 (线性映射的值域与核的结构定理) 设 V,U 是数域 $\mathbb{P}$ 上的线性空间, 其维数分别是 n 和 m. 线性映射 $\sigma\in\mathrm{Hom}_{\mathbb{P}}(V,U)$ 在 V 的基 $\varepsilon_1,\varepsilon_2,\cdots,\varepsilon_n$ 和 U 的基 $\boldsymbol{\eta}_1,\boldsymbol{\eta}_2,\cdots,\boldsymbol{\eta}_m$ 下的矩阵是 $\boldsymbol{A}_{m\times n}$,

(1) $\mathrm{Im}\,\sigma=L(\sigma(\varepsilon_1),\sigma(\varepsilon_2),\cdots,\sigma(\varepsilon_n))$;

(2) 如果 $\boldsymbol{\alpha}_{i_1},\boldsymbol{\alpha}_{i_2},\cdots,\boldsymbol{\alpha}_{i_s}$ 是 $\boldsymbol{A}$ 的列向量组 $\boldsymbol{\alpha}_1,\boldsymbol{\alpha}_2,\cdots,\boldsymbol{\alpha}_n$ 的一个极大无关组, 则相应地 $\sigma(\varepsilon_{i_1}),\sigma(\varepsilon_{i_2}),\cdots,\sigma(\varepsilon_{i_s})$ 是基像 $\sigma(\varepsilon_1),\sigma(\varepsilon_2),\cdots,\sigma(\varepsilon_n)$ 的一个极大无关组, 即

$$\dim\mathrm{Im}\,\sigma=\mathrm{R}(\sigma)=\mathrm{R}(\boldsymbol{A});$$

(3) 核 $\ker\sigma$ 中任一向量关于基 $\varepsilon_1,\varepsilon_2,\cdots,\varepsilon_n$ 的坐标都是齐次线性方程组 $\boldsymbol{A}\boldsymbol{x}=\boldsymbol{0}$ 的解, 因而, $\ker\sigma$ 的基的坐标是齐次线性方程组 $\boldsymbol{A}\boldsymbol{x}=\boldsymbol{0}$ 的一个基础解系, 核的维数

$$\dim\ker\sigma=n-\mathrm{R}(\boldsymbol{A}).$$

证明 (1) 对任一 $\boldsymbol{\alpha}\in V$, 设 $\boldsymbol{\alpha}$ 在基 $\varepsilon_1,\varepsilon_2,\cdots,\varepsilon_n$ 下的坐标是 $\boldsymbol{x}=(x_1,x_2,\cdots,x_n)^{\mathrm{T}}$, 即 $\boldsymbol{\alpha}=x_1\varepsilon_1+x_2\varepsilon_2+\cdots+x_n\varepsilon_n$. 于是,

$$\sigma(\boldsymbol{\alpha})=x_1\sigma(\varepsilon_1)+x_2\sigma(\varepsilon_2)+\cdots+x_n\sigma(\varepsilon_n),$$

故

$$\mathrm{Im}\,\sigma=L(\sigma(\varepsilon_1),\sigma(\varepsilon_2),\cdots,\sigma(\varepsilon_n)).$$

(2) 设 $\boldsymbol{A}=(\boldsymbol{\alpha}_1,\boldsymbol{\alpha}_2,\cdots,\boldsymbol{\alpha}_n)$ 是矩阵 $\boldsymbol{A}$ 的列分块矩阵. 设 $\mathrm{R}(\boldsymbol{A})=s$, 不妨假定 $\boldsymbol{\alpha}_1,\boldsymbol{\alpha}_2,\cdots,\boldsymbol{\alpha}_s$ 是列向量组 $\boldsymbol{\alpha}_1,\boldsymbol{\alpha}_2,\cdots,\boldsymbol{\alpha}_n$ 的一个极大无关组, 下证 $\sigma(\varepsilon_1),\sigma(\varepsilon_2),\cdots,\sigma(\varepsilon_s)$ 是基像 $\sigma(\varepsilon_1),\sigma(\varepsilon_2),\cdots,\sigma(\varepsilon_n)$ 的一个极大无关组.

事实上, 假定

$$k_1\sigma(\varepsilon_1)+k_2\sigma(\varepsilon_2)+\cdots+k_s\sigma(\varepsilon_s)=\mathbf{0}.$$

由 $\sigma(\varepsilon_1,\varepsilon_2,\cdots,\varepsilon_s)=(\boldsymbol{\eta}_1,\boldsymbol{\eta}_2,\cdots,\boldsymbol{\eta}_m)\boldsymbol{A}$ 可得

$$k_1(\boldsymbol{\eta}_1,\boldsymbol{\eta}_2,\cdots,\boldsymbol{\eta}_m)\boldsymbol{\alpha}_1+k_2(\boldsymbol{\eta}_1,\boldsymbol{\eta}_2,\cdots,\boldsymbol{\eta}_m)\boldsymbol{\alpha}_2+\cdots+k_s(\boldsymbol{\eta}_1,\boldsymbol{\eta}_2,\cdots,\boldsymbol{\eta}_m)\boldsymbol{\alpha}_s=\mathbf{0},$$

即

$$(\boldsymbol{\eta}_1,\boldsymbol{\eta}_2,\cdots,\boldsymbol{\eta}_m)(k_1\boldsymbol{\alpha}_1+k_2\boldsymbol{\alpha}_2+\cdots+k_s\boldsymbol{\alpha}_s)=\mathbf{0}.$$

而 $\boldsymbol{\eta}_1,\boldsymbol{\eta}_2,\cdots,\boldsymbol{\eta}_m$ 是 U 的基, 它是线性无关的, 故

$$k_1\boldsymbol{\alpha}_1+k_2\boldsymbol{\alpha}_2+\cdots+k_s\boldsymbol{\alpha}_s=\mathbf{0}.$$

再由 $\boldsymbol{\alpha}_1,\boldsymbol{\alpha}_2,\cdots,\boldsymbol{\alpha}_s$ 线性无关可得, $k_1=k_2=\cdots=k_s=0$. 故 $\sigma(\varepsilon_1),\sigma(\varepsilon_2),\cdots,\sigma(\varepsilon_s)$ 线性无关. 其次, 对任意 $\boldsymbol{\alpha}_i\ (i=1,2,\cdots,n)$, 假定 $\boldsymbol{\alpha}_i=x_{i1}\boldsymbol{\alpha}_1+x_{i2}\boldsymbol{\alpha}_2+\cdots+x_{is}\boldsymbol{\alpha}_s$, 则

$$\begin{aligned}\sigma(\varepsilon_i)&=(\boldsymbol{\eta}_1,\boldsymbol{\eta}_2,\cdots,\boldsymbol{\eta}_m)\boldsymbol{\alpha}_i\\&=x_{i1}(\boldsymbol{\eta}_1,\boldsymbol{\eta}_2,\cdots,\boldsymbol{\eta}_m)\boldsymbol{\alpha}_1+x_{i2}(\boldsymbol{\eta}_1,\boldsymbol{\eta}_2,\cdots,\boldsymbol{\eta}_m)\boldsymbol{\alpha}_2+\cdots+x_{is}(\boldsymbol{\eta}_1,\boldsymbol{\eta}_2,\cdots,\boldsymbol{\eta}_m)\boldsymbol{\alpha}_s\\&=x_{i1}\sigma(\varepsilon_1)+x_{i2}\sigma(\varepsilon_2)+\cdots+x_{is}\sigma(\varepsilon_s),\end{aligned}$$

即 $\sigma(\varepsilon_i)$ 可由 $\sigma(\varepsilon_1),\sigma(\varepsilon_2),\cdots,\sigma(\varepsilon_s)$ 线性表示, 故 $\sigma(\varepsilon_1),\sigma(\varepsilon_2),\cdots,\sigma(\varepsilon_s)$ 是基像 $\sigma(\varepsilon_1),\sigma(\varepsilon_2),\cdots,\sigma(\varepsilon_n)$ 的一个极大无关组. 由已证的结论 (1) 可知, $\dim\operatorname{Im}\sigma=\mathrm{R}(\sigma)=\mathrm{R}(\boldsymbol{A})=s$.

(3) 对每一个 $\boldsymbol{\alpha}\in\ker\sigma$, 都有 $\sigma(\boldsymbol{\alpha})=\mathbf{0}$. 由推论 3 可知, $\boldsymbol{\alpha}$ 关于基 $\varepsilon_1,\varepsilon_2,\cdots,\varepsilon_n$ 的坐标 $\boldsymbol{x}$ 满足 $\boldsymbol{Ax}=\mathbf{0}$. 反之, 对齐次方程组 $\boldsymbol{Ax}=\mathbf{0}$ 的任一解 $\boldsymbol{x}\in\mathbb{P}^n$, 以 $\boldsymbol{x}$ 为坐标的向量 $\boldsymbol{\alpha}\in\ker\sigma$. 事实上, 由 $\boldsymbol{\alpha}=(\varepsilon_1,\varepsilon_2,\cdots,\varepsilon_n)\boldsymbol{x}$ 知

$$\sigma(\boldsymbol{\alpha})=\sigma(\varepsilon_1,\varepsilon_2,\cdots,\varepsilon_n)\boldsymbol{x}=(\boldsymbol{\eta}_1,\boldsymbol{\eta}_2,\cdots,\boldsymbol{\eta}_m)\boldsymbol{Ax}=\mathbf{0},$$

故 $\boldsymbol{\alpha}\in\ker\sigma$. 设齐次方程组 $\boldsymbol{Ax}=\mathbf{0}$ 的解空间是 S, 由于坐标的唯一性容易证明, $\ker\sigma$ 与 S 之间存在一个同构映射, 所以这两个线性空间同构. 因而 $\ker\sigma$ 的基的坐标是齐次线性方程组 $\boldsymbol{Ax}=\mathbf{0}$ 的一个基础解系, 即得所证. 证毕.

矩阵秩的几何意义: $m\times n$ 矩阵 $\boldsymbol{A}$ 的秩 $=\boldsymbol{A}$ 的列空间 (即列向量组生成的线性空间) 的维数 $=\boldsymbol{A}$ 的行空间 (即行向量组生成的线性空间) 的维数 (教材定理 3.10)$=\boldsymbol{A}$ 对应的线性映射 σ 的值域 $\operatorname{Im}\sigma$ 的维数 (定理 4). 以 $\mu(\boldsymbol{A})$ 表示 $\boldsymbol{A}$ 的列向量组生成的线性空间, 则

$$\mathrm{R}(\boldsymbol{A})=\dim\mu(\boldsymbol{A})=\dim\mu(\boldsymbol{A}^{\mathrm{T}})=\dim\operatorname{Im}\sigma=\mathrm{R}(\sigma).$$

定理 5 设 V,U 是数域 $\mathbb{P}$ 上的线性空间, 其维数分别是 n 和 m. 线性映射 $\sigma\in\operatorname{Hom}_{\mathbb{P}}(V,U)$ 在 V 的基 $\varepsilon_1,\varepsilon_2,\cdots,\varepsilon_n$ 和 U 的基 $\boldsymbol{\eta}_1,\boldsymbol{\eta}_2,\cdots,\boldsymbol{\eta}_m$ 下的矩阵是 $\boldsymbol{A}_{m\times n}$, 则

(1) σ 是单射当且仅当 $\boldsymbol{A}$ 是列满秩矩阵;

(2) σ 是满射当且仅当 $\boldsymbol{A}$ 是行满秩矩阵.

证明 (1) σ 是单射等价于 “若 $\sigma(\boldsymbol{\alpha})=\mathbf{0}$, 则 $\boldsymbol{\alpha}=\mathbf{0}$”, 又等价于齐次方程组 $\boldsymbol{Ax}=\mathbf{0}$ 只有零解, 同样等价于 $\boldsymbol{A}$ 是列满秩矩阵.

(2) σ 是满射等价于 $\dim \operatorname{Im} \sigma = \dim U = \mathrm{R}(\boldsymbol{A}) = m$, 等价于 $\boldsymbol{A}$ 是行满秩矩阵. 证毕.

例 6 设 V 是 5 维线性空间, $\boldsymbol{\varepsilon}_1, \boldsymbol{\varepsilon}_2, \boldsymbol{\varepsilon}_3, \boldsymbol{\varepsilon}_4, \boldsymbol{\varepsilon}_5$ 是它的一个基, U 是 4 维线性空间, $\boldsymbol{\eta}_1, \boldsymbol{\eta}_2, \boldsymbol{\eta}_3, \boldsymbol{\eta}_4$ 是它的一个基, $\sigma \in \mathrm{Hom}_{\mathbb{P}}(V, U)$, 且

$$\sigma(\boldsymbol{\varepsilon}_1, \boldsymbol{\varepsilon}_2, \boldsymbol{\varepsilon}_3, \boldsymbol{\varepsilon}_4, \boldsymbol{\varepsilon}_5) = (\boldsymbol{\eta}_1, \boldsymbol{\eta}_2, \boldsymbol{\eta}_3, \boldsymbol{\eta}_4) \begin{pmatrix} 1 & -2 & 1 & -2 & -7 \\ 2 & 1 & -1 & 3 & -3 \\ -1 & 0 & 1 & 0 & 1 \\ 1 & 1 & 1 & 4 & -4 \end{pmatrix}.$$

分别求 $\operatorname{Im} \sigma$ 及 $\ker \sigma$ 的一个基与维数.

解 将最后一个矩阵施行初等行变换化成行最简形得

$$\boldsymbol{A} = \begin{pmatrix} 1 & -2 & 1 & -2 & -7 \\ 2 & 1 & -1 & 3 & -3 \\ -1 & 0 & 1 & 0 & 1 \\ 1 & 1 & 1 & 4 & -4 \end{pmatrix} \xrightarrow{r} \left(\begin{array}{ccc:cc} 1 & 0 & 0 & 1 & -3 \\ 0 & 1 & 0 & 2 & 1 \\ 0 & 0 & 1 & 1 & -2 \\ 0 & 0 & 0 & 0 & 0 \end{array}\right).$$

可知 $\dim \operatorname{Im} \sigma = \mathrm{R}(\boldsymbol{A}) = 3$, 值域 $\operatorname{Im} \sigma$ 的一个基:

$$\boldsymbol{\alpha}_1 = \boldsymbol{\eta}_1 + 2\boldsymbol{\eta}_2 - \boldsymbol{\eta}_3 + \boldsymbol{\eta}_4, \quad \boldsymbol{\alpha}_2 = -2\boldsymbol{\eta}_1 + \boldsymbol{\eta}_2 + \boldsymbol{\eta}_4, \quad \boldsymbol{\alpha}_3 = \boldsymbol{\eta}_1 - \boldsymbol{\eta}_2 + \boldsymbol{\eta}_3 + \boldsymbol{\eta}_4.$$

齐次方程组 $\boldsymbol{A}\boldsymbol{x} = \boldsymbol{0}$, 即

$$\begin{cases} x_1 = -x_4 + 3x_5, \\ x_2 = -2x_4 - x_5, \\ x_3 = -x_4 + 2x_5 \end{cases}$$

的一个基础解系: $\boldsymbol{\xi}_1 = (1, 2, 1, -1, 0)^{\mathrm{T}}$, $\boldsymbol{\xi}_2 = (3, -1, 2, 0, 1)^{\mathrm{T}}$. 故 $\dim \ker \sigma = 2$, 核 $\ker \sigma$ 的一个基是

$$\boldsymbol{\beta}_1 = \boldsymbol{\varepsilon}_1 + 2\boldsymbol{\varepsilon}_2 + \boldsymbol{\varepsilon}_3 - \boldsymbol{\varepsilon}_4, \quad \boldsymbol{\beta}_2 = 3\boldsymbol{\varepsilon}_1 - \boldsymbol{\varepsilon}_2 + 2\boldsymbol{\varepsilon}_3 + \boldsymbol{\varepsilon}_5.$$

例 7 设 σ 是 n 维线性空间 V 的线性变换, W 是 V 的子空间, 证明:

$$\dim \sigma(W) \geqslant \mathrm{R}(\sigma) + \dim W - n.$$

证法 1 (几何法) 将 σ 限制在 W 上得到线性映射: $\sigma|_W : W \to U$. 注意到

$$\ker \sigma|_W = \ker\sigma \cap W \subset \ker\sigma, \quad \operatorname{Im} \sigma|_W = \sigma(W),$$

因此, 由维数公式得

$$\dim \ker \sigma \geqslant \dim \ker \sigma|_W = \dim W - \dim \operatorname{Im} \sigma|_W = \dim W - \dim \sigma(W).$$

所以

$$\dim V - \dim \operatorname{Im} \sigma = \dim \ker \sigma \geqslant \dim W - \dim \sigma(W),$$

再由 $\dim V = n$, $\dim \mathrm{Im}\,\sigma = \mathrm{R}(\sigma)$ 可得

$$\dim \sigma(W) \geqslant \mathrm{R}(\sigma) + \dim W - n.$$

证毕.

证法 2 (解析法) 设 $\varepsilon_1, \varepsilon_2, \cdots, \varepsilon_s$ 是 W 的一个基, 线性变换 σ 在 V 的基 $\boldsymbol{\eta}_1, \boldsymbol{\eta}_2, \cdots, \boldsymbol{\eta}_n$ 下的矩阵是 $\boldsymbol{A}$, 即

$$\sigma(\boldsymbol{\eta}_1, \boldsymbol{\eta}_2, \cdots, \boldsymbol{\eta}_n) = (\boldsymbol{\eta}_1, \boldsymbol{\eta}_2, \cdots, \boldsymbol{\eta}_n)\boldsymbol{A}_{n\times n}.$$

并设

$$(\varepsilon_1, \varepsilon_2, \cdots, \varepsilon_s) = (\boldsymbol{\eta}_1, \boldsymbol{\eta}_2, \cdots, \boldsymbol{\eta}_n)\boldsymbol{B}_{n\times s}.$$

故

$$\sigma(\varepsilon_1, \varepsilon_2, \cdots, \varepsilon_s) = \sigma(\boldsymbol{\eta}_1, \boldsymbol{\eta}_2, \cdots, \boldsymbol{\eta}_n)\boldsymbol{B}_{n\times s} = (\boldsymbol{\eta}_1, \boldsymbol{\eta}_2, \cdots, \boldsymbol{\eta}_n)\boldsymbol{A}\boldsymbol{B}.$$

由定理 5 可知,

$$\sigma(W) = L(\sigma(\varepsilon_1), \sigma(\varepsilon_2), \cdots, \sigma(\varepsilon_s)),$$

因而 $\dim \sigma(W) = \mathrm{R}(\boldsymbol{AB})$. 其次, $\mathrm{R}(\sigma) = \mathrm{R}(\boldsymbol{A})$, $\dim W = \mathrm{R}(\boldsymbol{B})$. 故本题即证

$$\mathrm{R}(\boldsymbol{AB}) \geqslant \mathrm{R}(\boldsymbol{A}) + \mathrm{R}(\boldsymbol{B}) - n,$$

由弗罗贝尼乌斯不等式即得. 证毕.

证法 3 (解析法) 设 $\dim W = s$, $\varepsilon_1, \varepsilon_2, \cdots, \varepsilon_s$ 是 W 的一个基, 将它扩充成 V 的一个基 $\varepsilon_1, \cdots, \varepsilon_s, \varepsilon_{s+1}, \cdots, \varepsilon_n$. 设 σ 在这个基下的矩阵是 $\boldsymbol{A} = (\boldsymbol{A}_1, \boldsymbol{A}_2)$, 其中 $\boldsymbol{A}_1 : n\times s$, $\boldsymbol{A}_2 : n\times(n-s)$, 即

$$\sigma(\varepsilon_1, \cdots, \varepsilon_s, \varepsilon_{s+1}, \cdots, \varepsilon_n) = (\varepsilon_1, \cdots, \varepsilon_s, \varepsilon_{s+1}, \cdots, \varepsilon_n)(\boldsymbol{A}_1, \boldsymbol{A}_2).$$

由定理 4(1) 可知,

$$\mathrm{R}(\sigma) = \dim \mathrm{Im}\,\sigma = \mathrm{R}(\boldsymbol{A}), \quad \dim \sigma(W) = \mathrm{R}(\boldsymbol{A}_1).$$

注意到

$$\boldsymbol{A}_1 = (\boldsymbol{A}_1, \boldsymbol{A}_2) \cdot \boldsymbol{I}_n \cdot \begin{pmatrix} \boldsymbol{I}_s \\ \boldsymbol{O} \end{pmatrix} = \boldsymbol{A} \cdot \boldsymbol{I}_n \cdot \begin{pmatrix} \boldsymbol{I}_s \\ \boldsymbol{O} \end{pmatrix}$$

由弗罗贝尼乌斯不等式可知

$$\mathrm{R}(\boldsymbol{A}_1) \geqslant \mathrm{R}(\boldsymbol{A}) + \mathrm{R}\begin{pmatrix} \boldsymbol{I}_s \\ \boldsymbol{O} \end{pmatrix} - \mathrm{R}(\boldsymbol{I}_n) = \mathrm{R}(\sigma) + s - n.$$

证毕.

例 8 用几何法证明矩阵秩的性质 4 (教材 §2.5 的 2.5.3 小节): 设 $\boldsymbol{A}, \boldsymbol{B}$ 分别是 $m \times s$ 和 $m \times t$ 矩阵, 则

$$\max\{\mathrm{R}(\boldsymbol{A}), \mathrm{R}(\boldsymbol{A})\} \leqslant \mathrm{R}(\boldsymbol{A}, \boldsymbol{B}) \leqslant \mathrm{R}(\boldsymbol{A}) + \mathrm{R}(\boldsymbol{B}).$$

证明 设

$$\sigma : \mathbb{P}^{s+t} \to \mathbb{P}^m, \quad \sigma(\boldsymbol{\alpha}) = (\boldsymbol{A}, \boldsymbol{B})\boldsymbol{\alpha}, \quad \boldsymbol{\alpha} = (a_1, a_2, \cdots, a_{s+t})^{\mathrm{T}} \in \mathbb{P}^{s+t},$$

再令

$$\boldsymbol{\alpha}=(\boldsymbol{\alpha}_1^{\mathrm{T}},\boldsymbol{\alpha}_2^{\mathrm{T}})^{\mathrm{T}},\quad \boldsymbol{\alpha}_1=(a_1,\cdots,a_s)^{\mathrm{T}},\quad \boldsymbol{\alpha}_2=(a_{s+1},\cdots,a_{s+t})^{\mathrm{T}}.$$

则

$$\sigma(\boldsymbol{\alpha})=(\boldsymbol{A},\boldsymbol{B})\begin{pmatrix}\boldsymbol{\alpha}_1\\ \boldsymbol{\alpha}_2\end{pmatrix}=\boldsymbol{A}\boldsymbol{\alpha}_1+\boldsymbol{B}\boldsymbol{\alpha}_2=\sigma_1(\boldsymbol{\alpha}_1)+\sigma_2(\boldsymbol{\alpha}_2), \tag{12.3}$$

其中

$$\sigma_1:\mathbb{P}^s\to\mathbb{P}^m,\ \sigma_1(\boldsymbol{\alpha}_1)=\boldsymbol{A}\boldsymbol{\alpha}_1;\quad \sigma_2:\mathbb{P}^t\to\mathbb{P}^m,\ \sigma_2(\boldsymbol{\alpha}_2)=\boldsymbol{B}\boldsymbol{\alpha}_2.$$

(12.3) 式表明

$$\operatorname{Im}\sigma=\operatorname{Im}\sigma_1+\operatorname{Im}\sigma_2,$$

于是 $\operatorname{Im}\sigma_1\subset\operatorname{Im}\sigma$, $\operatorname{Im}\sigma_2\subset\operatorname{Im}\sigma$, 从而得到

$$\max\{\dim\operatorname{Im}\sigma_1,\operatorname{Im}\sigma_2\}\leqslant\dim\operatorname{Im}\sigma\leqslant\dim\operatorname{Im}\sigma_1+\dim\operatorname{Im}\sigma_2, \tag{12.4}$$

其中后一个不等式是由维数公式

$$\dim(V_1+V_2)=\dim V_1+\dim V_2-\dim(V_1\cap V_2)$$

得到的. 再由

$$\dim\operatorname{Im}\sigma=\mathrm{R}(\boldsymbol{A},\boldsymbol{B}),\quad \dim\operatorname{Im}\sigma_1=\mathrm{R}(\boldsymbol{A}),\quad \dim\operatorname{Im}\sigma_2=\mathrm{R}(\boldsymbol{B}),$$

及 (12.4) 式可知结论成立. 证毕.

例 9 设 $\boldsymbol{A},\boldsymbol{B}$ 分别是数域 $\mathbb{P}$ 上的 $n\times s$ 和 $s\times m$ 矩阵, $W=\{\boldsymbol{B}\boldsymbol{\alpha}|\boldsymbol{A}\boldsymbol{B}\boldsymbol{\alpha}=\mathbf{0},\ \boldsymbol{\alpha}\in\mathbb{P}^m\}$, 则 W 是 $\mathbb{P}^m$ 的子空间. 证明: $\dim W=\mathrm{R}(\boldsymbol{B})-\mathrm{R}(\boldsymbol{A}\boldsymbol{B})$.

证明 (几何法) 见教材第六章例 6.37. 证毕.

从例 8、例 9 可以看到, 矩阵秩的很多性质都可以根据线性映射的值域与核的维数公式得到圆满证明, 比如教材 §2.5 中矩阵秩的性质 2、性质 5、性质 6, 等等.

§12.4 习题与答案

1. 设线性映射 $\sigma:\mathbb{R}^3\to\mathbb{R}^2$ 定义为:

$$\sigma((x_1,x_2,x_3)^{\mathrm{T}})=(x_1+2x_2,x_1-x_2)^{\mathrm{T}},$$

求 σ 在 $\mathbb{R}^3$ 的基 $\boldsymbol{\alpha}_1=(1,1,1)^{\mathrm{T}},\boldsymbol{\alpha}_2=(0,1,1)^{\mathrm{T}},\boldsymbol{\alpha}_3=(0,0,1)^{\mathrm{T}}$ 和在 $\mathbb{R}^2$ 的基 $\boldsymbol{\beta}_1=(1,1)^{\mathrm{T}},\boldsymbol{\beta}_2=(1,0)^{\mathrm{T}}$ 下的矩阵.

2. 设

$$\boldsymbol{A}=\begin{pmatrix}1&1&-1\\2&1&2\\-1&0&3\end{pmatrix},$$

$V_1 = L(\boldsymbol{\alpha}_1, \boldsymbol{\alpha}_2)$ 是 $\mathbb{R}^3$ 的子空间, 其中 $\boldsymbol{\alpha}_1 = (1,1,1)^{\mathrm{T}}, \boldsymbol{\alpha}_2 = (0,1,2)^{\mathrm{T}}$. 定义 $\sigma(\boldsymbol{x}) = \boldsymbol{A}\boldsymbol{x}$ 是 V_1 到 $V_2 = \mathbb{R}^3$ 的线性映射.

(1) 求 σ 在 V_1 的基 $\boldsymbol{\alpha}_1, \boldsymbol{\alpha}_2$ 和 V_2 的基 $\boldsymbol{e}_1, \boldsymbol{e}_2, \boldsymbol{e}_3$ (三维单位列向量) 下的矩阵 $\boldsymbol{B}$;

(2) 求 $\boldsymbol{\alpha} = (3,2,1)^{\mathrm{T}} \in V_1$ 在基 $\boldsymbol{\alpha}_1, \boldsymbol{\alpha}_2$ 下的坐标及 $\sigma(\boldsymbol{\alpha})$.

3. 设 V, U 是数域 $\mathbb{P}$ 上的线性空间, 其维数分别是 n 和 m, 设 $\boldsymbol{\varepsilon}_1, \boldsymbol{\varepsilon}_2, \cdots, \boldsymbol{\varepsilon}_n$ 和 $\widetilde{\boldsymbol{\varepsilon}}_1, \widetilde{\boldsymbol{\varepsilon}}_2, \cdots, \widetilde{\boldsymbol{\varepsilon}}_n$ 分别是 V 的两个基, 且

$$(\widetilde{\boldsymbol{\varepsilon}}_1, \widetilde{\boldsymbol{\varepsilon}}_2, \cdots, \widetilde{\boldsymbol{\varepsilon}}_n) = (\boldsymbol{\varepsilon}_1, \boldsymbol{\varepsilon}_2, \cdots, \boldsymbol{\varepsilon}_n)\boldsymbol{X}.$$

$\boldsymbol{\eta}_1, \boldsymbol{\eta}_2, \cdots, \boldsymbol{\eta}_m$ 和 $\widetilde{\boldsymbol{\eta}}_1, \widetilde{\boldsymbol{\eta}}_2, \cdots, \widetilde{\boldsymbol{\eta}}_m$ 分别是 U 的两个基, 且

$$(\widetilde{\boldsymbol{\eta}}_1, \widetilde{\boldsymbol{\eta}}_2, \cdots, \widetilde{\boldsymbol{\eta}}_m) = (\boldsymbol{\eta}_1, \boldsymbol{\eta}_2, \cdots, \boldsymbol{\eta}_m)\boldsymbol{Y}.$$

又设 $\sigma \in \mathrm{Hom}_{\mathbb{P}}(V, U)$, 且

$$\sigma(\boldsymbol{\varepsilon}_1, \boldsymbol{\varepsilon}_2, \cdots, \boldsymbol{\varepsilon}_n) = (\boldsymbol{\eta}_1, \boldsymbol{\eta}_2, \cdots, \boldsymbol{\eta}_m)\boldsymbol{A},$$
$$\sigma(\widetilde{\boldsymbol{\varepsilon}}_1, \widetilde{\boldsymbol{\varepsilon}}_2, \cdots, \widetilde{\boldsymbol{\varepsilon}}_n) = (\widetilde{\boldsymbol{\eta}}_1, \widetilde{\boldsymbol{\eta}}_2, \cdots, \widetilde{\boldsymbol{\eta}}_m)\boldsymbol{B}.$$

证明: $\boldsymbol{B} = \boldsymbol{X}^{-1}\boldsymbol{A}\boldsymbol{Y}$, 即矩阵 $\boldsymbol{A}$ 与 $\boldsymbol{B}$ 等价.

4. 设 $\sigma \in \mathrm{Hom}_{\mathbb{P}}(V, W)$, $\tau \in \mathrm{Hom}_{\mathbb{P}}(W, U)$. 线性映射 σ 在 V 的基 $\boldsymbol{\varepsilon}_1, \boldsymbol{\varepsilon}_2, \cdots, \boldsymbol{\varepsilon}_n$ 和 W 的基 $\boldsymbol{\gamma}_1, \boldsymbol{\gamma}_2, \cdots, \boldsymbol{\gamma}_s$ 下的矩阵是 $\boldsymbol{A}_{s\times n}$, 线性映射 τ 在 W 的基 $\boldsymbol{\gamma}_1, \boldsymbol{\gamma}_2, \cdots, \boldsymbol{\gamma}_s$ 和 U 的基 $\boldsymbol{\eta}_1, \boldsymbol{\eta}_2, \cdots, \boldsymbol{\eta}_m$ 下的矩阵是 $\boldsymbol{B}_{m\times s}$. 证明: 线性映射 $\tau\sigma$ 在 V 的基 $\boldsymbol{\varepsilon}_1, \boldsymbol{\varepsilon}_2, \cdots, \boldsymbol{\varepsilon}_n$ 和 U 的基 $\boldsymbol{\eta}_1, \boldsymbol{\eta}_2, \cdots, \boldsymbol{\eta}_m$ 下的矩阵是 $\boldsymbol{B}\boldsymbol{A}$.

5. 设 V, U 是数域 $\mathbb{P}$ 上的线性空间, 其维数分别是 n 和 m, $\sigma \in \mathrm{Hom}_{\mathbb{P}}(V, U)$. 证明: 存在 V 的一个基 $\boldsymbol{\varepsilon}_1, \boldsymbol{\varepsilon}_2, \cdots, \boldsymbol{\varepsilon}_n$ 和 U 的一个基 $\boldsymbol{\eta}_1, \boldsymbol{\eta}_2, \cdots, \boldsymbol{\eta}_m$, 使得

$$\sigma(\boldsymbol{\varepsilon}_1, \boldsymbol{\varepsilon}_2, \cdots, \boldsymbol{\varepsilon}_n) = (\boldsymbol{\eta}_1, \boldsymbol{\eta}_2, \cdots, \boldsymbol{\eta}_m)\begin{pmatrix} \boldsymbol{I}_r & \boldsymbol{O} \\ \boldsymbol{O} & \boldsymbol{O} \end{pmatrix}.$$

6. 设 V 是 5 维线性空间, $\boldsymbol{\varepsilon}_1, \boldsymbol{\varepsilon}_2, \boldsymbol{\varepsilon}_3, \boldsymbol{\varepsilon}_4, \boldsymbol{\varepsilon}_5$ 是它的一个基, U 是 4 维线性空间, $\boldsymbol{\eta}_1, \boldsymbol{\eta}_2, \boldsymbol{\eta}_3, \boldsymbol{\eta}_4$ 是它的一个基, $\sigma \in \mathrm{Hom}_{\mathbb{P}}(V, U)$, 且

$$\sigma(\boldsymbol{\varepsilon}_1, \boldsymbol{\varepsilon}_2, \boldsymbol{\varepsilon}_3, \boldsymbol{\varepsilon}_4, \boldsymbol{\varepsilon}_5) = (\boldsymbol{\eta}_1, \boldsymbol{\eta}_2, \boldsymbol{\eta}_3, \boldsymbol{\eta}_4)\begin{pmatrix} 1 & 0 & -1 & 1 & 0 \\ 3 & -1 & -4 & 2 & -2 \\ 1 & 2 & 1 & 3 & 4 \\ -1 & 4 & 3 & -3 & 0 \end{pmatrix}.$$

分别求 $\mathrm{Im}\,\sigma$ 及 $\ker\sigma$ 的一个基与维数.

7. 利用线性映射值域及核的维数公式证明教材第二章 §2.5 矩阵秩的性质 2、性质 5 和性质 6.

8. 设 σ 是数域 $\mathbb{P}$ 上的 n 维线性空间 V 的线性变换, U 是 V 的子空间, 且 $\dim U = s$. 证明:

$$\dim\sigma(U) + \dim(\ker\sigma \cap U) = s.$$

9. 设 σ 是的 n 维线性空间 V 的线性变换, U 是 V 的子空间. 证明:

$$\dim V-\dim U\geqslant \dim\operatorname{Im}\sigma-\dim\operatorname{Im}\sigma|_U.$$

10. 设 $\sigma:\mathbb{P}^{n\times n}\to\mathbb{P}$ 是线性映射, 并且对任意 $\boldsymbol{A},\boldsymbol{B}\in\mathbb{P}^{n\times n}$ 都有 $\sigma(\boldsymbol{AB})=\sigma(\boldsymbol{BA})$. 证明: $\sigma=\lambda\mathrm{tr}$, 其中 $\lambda\in\mathbb{P}$.

11. (北京大学考研试题) 设 V 是实数域 $\mathbb{R}$ 上的 n 维线性空间, V 上的所有复函数组成的集合, 对于函数的加法及复数与函数的数量乘法, 构成复数域 $\mathbb{C}$ 上的线性空间, 记为 $\mathbb{C}^V$. 证明: 如果 $f_1,f_2,\cdots,f_{n+1}$ 是 $\mathbb{C}^V$ 中的 $n+1$ 个不同的函数, 并且满足

$$f_i(\boldsymbol{\alpha}+\boldsymbol{\beta})=f_i(\boldsymbol{\alpha})+f_i(\boldsymbol{\beta}),\quad \forall\boldsymbol{\alpha},\boldsymbol{\beta}\in V,$$

$$f_i(k\boldsymbol{\alpha})=kf_i(\boldsymbol{\alpha}),\quad \forall k\in\mathbb{R},\boldsymbol{\alpha}\in V,$$

对一切 $i=1,2,\cdots,n+1$ 都成立, 则 $f_1,f_2,\cdots,f_{n+1}$ 是 $\mathbb{C}^V$ 中线性相关的向量组.

提示或答案

1. $\boldsymbol{A}=\begin{pmatrix}0&-1&0\\3&3&0\end{pmatrix}$.

2. (1) $\boldsymbol{B}=\begin{pmatrix}1&-1\\5&5\\2&6\end{pmatrix}$; (2) $\boldsymbol{\alpha}=(\boldsymbol{\alpha}_1,\boldsymbol{\alpha}_2)\begin{pmatrix}3\\-1\end{pmatrix}$, $\sigma(\alpha)=(4,10,0)^{\mathrm{T}}$.

5. 参考第 3 题的结论, 利用矩阵的等价标准形分解定理.

6. $\dim\operatorname{Im}\sigma=3$, $\dim\ker\sigma=2$.

7. 先看性质 2. 定义线性映射 σ,τ 如下:

$$\mathbb{P}^n\xrightarrow{\tau(\boldsymbol{\alpha})=\boldsymbol{B\alpha}}\mathbb{P}^s\xrightarrow{\sigma(\boldsymbol{\beta})=\boldsymbol{A\beta}}\mathbb{P}^m.$$

显然, $\operatorname{Im}(\sigma\tau)\subset\operatorname{Im}(\sigma)$, 因此, $\mathrm{R}(\boldsymbol{AB})\leqslant\mathrm{R}(\boldsymbol{A})$. 其次, $\forall\boldsymbol{\alpha}\in\ker\tau$, 由 $\tau(\boldsymbol{\alpha})=\boldsymbol{0}$ 得 $(\sigma\tau)(\boldsymbol{\alpha})=\boldsymbol{0}$, 即 $\ker\tau\subset\ker(\sigma\tau)$, 因而 $\dim\ker\tau\leqslant\dim\ker(\sigma\tau)$. 故有

$$\dim\operatorname{Im}(\sigma\tau)=n-\dim\ker(\sigma\tau)\leqslant n-\dim\ker\tau=\dim\operatorname{Im}(\tau).$$

从而得到 $\mathrm{R}(\boldsymbol{AB})\leqslant\mathrm{R}(\boldsymbol{B})$. 在证明性质 5 时, 类似前面的方法定义线性映射 σ,τ, 注意 $\sigma\tau=o$ 是零映射, 可得 $\operatorname{Im}(\tau)\subset\ker\sigma$, 其余步骤留给读者自己完成. 再考虑性质 6. 由于 $(\sigma\pm\tau)(\boldsymbol{\alpha})=\sigma(\boldsymbol{\alpha})\pm\tau(\boldsymbol{\alpha})$, 因此, $\operatorname{Im}(\sigma\pm\tau)\subset\operatorname{Im}\sigma+\operatorname{Im}\tau$. 故

$$\dim\operatorname{Im}(\sigma\pm\tau)\leqslant\dim(\operatorname{Im}\sigma+\operatorname{Im}\tau)\leqslant\dim\operatorname{Im}\sigma+\dim\operatorname{Im}\tau.$$

8. 本题是例 9 的另一个版本. 事实上, 这里的 U 相当于在例 9 中 $\mathbb{P}^s$ 的一个子空间 $\{\boldsymbol{B\alpha}|\boldsymbol{\alpha}\in\mathbb{P}^m\}$, 其维数等于 $\mathrm{R}(\boldsymbol{B})$. 这里的 σ 相当在例 9 中构造一个线性变换 $\sigma(\boldsymbol{x})=\boldsymbol{Ax}$, $\boldsymbol{x}\in\mathbb{P}^s$, 而 $\dim(\ker\sigma\cap U)=\mathrm{R}(\boldsymbol{AB})$. 所以, 本题的第一种证法是: 在 $\mathbb{P}^n$ 上构造一个线性变换 $\tau(\boldsymbol{\alpha})=\boldsymbol{B\alpha}$, $\boldsymbol{\alpha}\in\mathbb{P}^n$, 其值域就是 $\operatorname{Im}\tau=U$, 然后利用例 9 的方法即可完成. 第二种证法是: 设

$\dim(\ker\sigma\cap U)=r\ (r\leqslant s)$, 设 $\varepsilon_1,\varepsilon_2,\cdots,\varepsilon_r$ 是 $\ker\sigma\cap U$ 的一个基, 然后把它扩充成 U 的一个基: $\varepsilon_1,\cdots,\varepsilon_r,\varepsilon_{r+1},\cdots,\varepsilon_s$. 最后证明 $\sigma(\varepsilon_{r+1}),\cdots,\sigma(\varepsilon_s)$ 是 U 的一个基. 类似定理 1 的证明或教材定理 6.20 的证明即可完成.

9. 注意 $\ker\sigma|_U=\ker\sigma\cap U\subset\ker\sigma$, 故 $\dim\ker\sigma|_U\leqslant\dim\ker\sigma$, 由维数公式即得所证.

10. 设 $\boldsymbol{E}(i,j)$ 是第一种类型的 n 阶初等矩阵, $\boldsymbol{E}_{ij}$ 是 (i,j) 元为 1 其余元为 0 的 n 阶基本矩阵. 注意到

$$\boldsymbol{E}(i,j)^{-1}\boldsymbol{E}_{ii}\boldsymbol{E}(i,j)=\boldsymbol{E}(i,j)\boldsymbol{E}_{ii}\boldsymbol{E}(i,j)=\boldsymbol{E}_{jj},$$

因此,

$$\sigma(\boldsymbol{E}_{jj})=\sigma(\boldsymbol{E}(i,j)^{-1}\boldsymbol{E}_{ii}\boldsymbol{E}(i,j))=\sigma(\boldsymbol{E}_{ii})\quad(i,j=1,2,\cdots,n).$$

设 $\sigma(\boldsymbol{E}_{11})=\cdots=\sigma(\boldsymbol{E}_{nn})=\lambda\in\mathbb{P}$. 由于

$$\boldsymbol{E}_{ks}\boldsymbol{E}_{ij}=\delta_{si}\boldsymbol{E}_{kj},\quad \boldsymbol{E}_{ij}\boldsymbol{E}_{ks}=\delta_{kj}\boldsymbol{E}_{is},$$

其中 δ_{ij} 是克罗内克符号. 因此,

$$\delta_{si}\sigma(\boldsymbol{E}_{kj})=\sigma(\boldsymbol{E}_{ks}\boldsymbol{E}_{ij})=\sigma(\boldsymbol{E}_{ij}\boldsymbol{E}_{ks})=\delta_{kj}\sigma(\boldsymbol{E}_{is}).$$

当 $i=s$ 时,

$$\sigma(\boldsymbol{E}_{kj})=\delta_{kj}\sigma(\boldsymbol{E}_{ii})=\delta_{kj}\lambda=\begin{cases}\lambda, & k=j,\\ 0, & k\neq j.\end{cases}$$

故对 $\forall\boldsymbol{A}=(a_{ij})_{n\times n}\in\mathbb{P}^{n\times n}$, 都有

$$\sigma(\boldsymbol{A})=\sum_{i=1}^n\sum_{j=1}^n a_{ij}\sigma(\boldsymbol{E}_{ij})=\sum_{i=1}^n a_{ii}\sigma(\boldsymbol{E}_{ii})=\lambda\mathrm{tr}(\boldsymbol{A}).$$

11. 设 $\varepsilon_1,\varepsilon_2,\cdots,\varepsilon_n$ 是 n 维线性空间 V 的一个基, 考虑关于 $l_1,l_2,\cdots,l_{n+1}\in\mathbb{C}$ 的线性方程组

$$l_1f_1(\varepsilon_i)+l_2f_2(\varepsilon_i)+\cdots+l_{n+1}f_{n+1}(\varepsilon_i)=0\quad(i=1,2,\cdots,n),\tag{12.5}$$

其系数矩阵 $\boldsymbol{A}=(f_j(\varepsilon_i))_{n\times(n+1)}$ 的秩 $\mathrm{R}(\boldsymbol{A})\leqslant n<n+1$ 是列降秩的, 故方程组 (12.5) 有非零解 $l_1,l_2,\cdots,l_{n+1}$. 设 $\boldsymbol{\alpha}=\sum\limits_{i=1}^n k_i\varepsilon_i(k_i\in\mathbb{R},\ i=1,2,\cdots,n)$ 是 V 的任一向量, 对于这组不全为零的数 $l_1,l_2,\cdots,l_{n+1}$,

$$\begin{aligned}&l_1f_1(\boldsymbol{\alpha})+l_2f_2(\boldsymbol{\alpha})+\cdots+l_{n+1}f_{n+1}(\boldsymbol{\alpha})\\ &=l_1f_1\left(\sum_{i=1}^n k_i\varepsilon_i\right)+l_2f_2\left(\sum_{i=1}^n k_i\varepsilon_i\right)+\cdots+l_{n+1}f_{n+1}\left(\sum_{i=1}^n k_i\varepsilon_i\right)\\ &=\sum_{i=1}^n k_i\left(l_1f_1(\varepsilon_i)+l_2f_2(\varepsilon_i)+\cdots+l_{n+1}f_{n+1}(\varepsilon_i)\right)\\ &=0,\end{aligned}$$

故 $f_1,f_2,\cdots,f_{n+1}$ 线性相关.

第十三章　矩阵的若尔当标准形及应用

研究矩阵的主要方法是“分解”. 出于不同的研究目的有不同的矩阵分解方法, 比如, 等价标准形分解、相似标准形分解、合同标准形分解、QR 分解、LU 分解、奇异值分解, 等等. 复数域上矩阵的若尔当标准形是最常用的相似标准形分解法, 它圆满地解决了复数域上矩阵的相似最简化问题, 是线性代数中最深刻的部分, 是线性代数理论的顶峰. 矩阵的若尔当标准形分解在解矩阵方程、微分方程等诸多领域都有广泛的应用, 也是历年研究生入学考试的热点内容之一. 本专题主要探讨如何利用特征多项式与特征值求矩阵的若尔当标准形, 以及矩阵若尔当标准形的应用等问题.

§13.1　根据特征值和矩阵的秩求若尔当标准形

应用初等因子求矩阵的若尔当标准形是最常用的方法, 教材中已有详细叙述, 在此不重复讨论. 本节主要介绍如何根据特征值求若尔当标准形.

我们知道, 矩阵 $\boldsymbol{A}$ 的每一个若尔当块只对应一个特征值, 反之, 每个特征值可能对应多个若尔当块. 每一个 k 阶若尔当块 $\boldsymbol{J}(\lambda_i, k)$ 对应于过渡矩阵 $\boldsymbol{X}$ 中的 k 个相邻的线性无关的列向量, 其中只有最后一个列向量是 λ_i 的特征向量, 前面 $k-1$ 个列向量都不是特征向量. 因此, 特征值 λ_i 有多少个线性无关的特征向量就对应多少个若尔当块. 如果 $\boldsymbol{A}$ 的若尔当标准形中有 s 个 k 阶若尔当块 $\boldsymbol{J}(\lambda_i, k)$, 则在矩阵 $(\lambda_i \boldsymbol{I} - \boldsymbol{A})^k$ 的若尔当标准形中, 原来 $\boldsymbol{A}$ 的若尔当标准标准形中那些阶数小于或等于 k 的若尔当块 $\boldsymbol{J}(\lambda_i, l)\,(l \leqslant k)$ 全部变成 $\boldsymbol{O}$ 矩阵子块, 因此至少有 s 个 k 阶矩阵子块是 $\boldsymbol{O}$ 子块.

例 1　设 4 阶矩阵 $\boldsymbol{A}$ 的若尔当标准标准形为

$$\boldsymbol{J} = \begin{pmatrix} 4 & & & \\ & 2 & & \\ & & 2 & 0 \\ & & 1 & 2 \end{pmatrix}$$

考虑主对角元为 2 的两个子块. 显然 $\lambda = 2$ 对应两个线性无关的特征向量 (处于相似变换矩阵的第 2 列和第 4 列), 在 $2\boldsymbol{I} - \boldsymbol{A}$ 中有一个 $\boldsymbol{O}$ 子块, 即

$$2\boldsymbol{I} - \boldsymbol{A} = \begin{pmatrix} -2 & & & \\ & 0 & & \\ & & 0 & 0 \\ & & 1 & 0 \end{pmatrix},$$

这时 $\mathrm{R}(2\boldsymbol{I} - \boldsymbol{A}) = 2$. 注意 $n = 4$, 且

$$a_1 = n - \mathrm{R}(2\boldsymbol{I} - \boldsymbol{A}) = 2,$$

恰好等于特征值 2 对应的阶数 $\geqslant 1$ 的若尔当块的个数 2. 在 $(2\boldsymbol{I}-\boldsymbol{A})^2$ 中, 原来主对角元是 2 的两个若尔当块都变成了 $\boldsymbol{O}$ 子块, 即

$$(2\boldsymbol{I}-\boldsymbol{A})^2=\begin{pmatrix} 4 & & & \\ & 0 & & \\ & & 0 & 0 \\ & & 0 & 0 \end{pmatrix},$$

这时 $\mathrm{R}\,(2\boldsymbol{I}-\boldsymbol{A})^2=1$. 而

$$a_2=\mathrm{R}\,(2\boldsymbol{I}-\boldsymbol{A})-\mathrm{R}\,(2\boldsymbol{I}-\boldsymbol{A})^2=1,$$

恰好等于特征值 2 所对应的阶数 $\geqslant 2$ 的若尔当块的个数 1. 可知 1 阶若尔当块 $\boldsymbol{J}(2,1)$ 的个数是 $a_1-a_2=1$. 进一步,

$$a_3=\mathrm{R}\,(2\boldsymbol{I}-\boldsymbol{A})^2-\mathrm{R}\,(2\boldsymbol{I}-\boldsymbol{A})^3=0,$$

等于特征值 2 所对应的阶数 $\geqslant 3$ 的若尔当块的个数 0, 因此 $a_2-a_3=1$, 等于若尔当块 $\boldsymbol{J}(2,2)$ 的个数 1.

例 2 设 4 阶矩阵 $\boldsymbol{A}$ 的若尔当标准标准形为

$$\boldsymbol{J}=\begin{pmatrix} 3 & & & \\ & 3 & & \\ & 1 & 3 & \\ & 0 & 1 & 3 \end{pmatrix},$$

矩阵 $\boldsymbol{A}$ 的特征值全为 3, 且有 2 个若尔当块. 这时, 特征值 3 对应的线性无关的特征向量仍然只有 2 个. 在 $3\boldsymbol{I}-\boldsymbol{A}$ 中有一个 $\boldsymbol{O}$ 子块, 即

$$3\boldsymbol{I}-\boldsymbol{A}=\begin{pmatrix} 0 & & & \\ & 0 & & \\ & 1 & 0 & \\ & 0 & 1 & 0 \end{pmatrix},$$

这时 $\mathrm{R}\,(3\boldsymbol{I}-\boldsymbol{A})=2$. 注意 $n=4$, 且

$$a_1=n-\mathrm{R}\,(3\boldsymbol{I}-\boldsymbol{A})=2,$$

恰好等于特征值 3 对应的阶数 $\geqslant 1$ 的若尔当块的个数 2. 由

$$(3\boldsymbol{I}-\boldsymbol{A})^2=\begin{pmatrix} 0 & & & \\ & 0 & & \\ & 0 & 0 & \\ & 1 & 0 & 0 \end{pmatrix},$$

可知 $\mathrm{R}\,(3\boldsymbol{I}-\boldsymbol{A})^2=1$, 且

$$a_2=\mathrm{R}\,(3\boldsymbol{I}-\boldsymbol{A})-\mathrm{R}\,(3\boldsymbol{I}-\boldsymbol{A})^2=1,$$

等于阶数 $\geqslant 2$ 的若尔当块的个数 1. 因此, 若尔当块 $\boldsymbol{J}(3,1)$ 的个数等于 $a_1 - a_2 = 1$. 进一步得到

$$a_3 = \mathrm{R}\,(3\boldsymbol{I} - \boldsymbol{A})^2 - \mathrm{R}\,(3\boldsymbol{I} - \boldsymbol{A})^3 = 1,$$

等于阶数 $\geqslant 3$ 的若尔当块的个数 1. 所以, 2 阶若尔当块 $\boldsymbol{J}(3,2)$ 的个数等于 $a_2 - a_3 = 0$. 再看

$$a_4 = \mathrm{R}\,(3\boldsymbol{I} - \boldsymbol{A})^3 - \mathrm{R}\,(3\boldsymbol{I} - \boldsymbol{A})^4 = 0,$$

等于阶数 $\geqslant 4$ 的若尔当块的个数 0, 因此, 3 阶若尔当块 $\boldsymbol{J}(3,3)$ 的个数等于 $a_3 - a_4 = 1$. 当然, 对这个 4 阶矩阵来说, 有一个一阶若尔当块 $\boldsymbol{J}(3,1)$, 没有二阶若尔当块 $\boldsymbol{J}(3,2)$, 剩下的肯定只有一个三阶若尔当块 $\boldsymbol{J}(3,3)$ 了.

根据以上讨论得出求若尔当标准形的另一种方法, 其一般步骤如下:

第一步: 求 $\boldsymbol{A}$ 的特征多项式 $f(\lambda) = |\lambda\boldsymbol{I} - \boldsymbol{A}|$;

第二步: 解方程 $f(\lambda) = 0$, 求出 $\boldsymbol{A}$ 的所有不同的特征根: $\lambda_1, \lambda_2, \cdots, \lambda_s$;

第三步: 对每个 λ_i, 计算 $a_k = \mathrm{R}\,(\lambda_i\boldsymbol{I} - \boldsymbol{A})^{k-1} - \mathrm{R}\,(\lambda_i\boldsymbol{I} - \boldsymbol{A})^k$ $(k = 1, 2, \cdots, s)$, 则 a_k 就等于若尔当块 $\boldsymbol{J}(\lambda_i, s)\,(s \geqslant k)$ 的个数;

第四步: 由 $a_k - a_{k+1}$ 可得到若尔当块 $\boldsymbol{J}(\lambda_i, k)$ 的个数, 最后写出相应的若尔当形矩阵 $\boldsymbol{J}$.

显然, 当 n 不大时, 这种方法也比较方便. 比如对三阶矩阵, 如果只有一个特征值 λ, 则它仅有如下三种情况:

(1) 若 $3 - \mathrm{R}\,(\lambda\boldsymbol{I}_3 - \boldsymbol{A}) = 1$, 则只有一个若尔当块 $\boldsymbol{J}(\lambda, 3)$;

(2) 若 $3 - \mathrm{R}\,(\lambda\boldsymbol{I}_3 - \boldsymbol{A}) = 2$, 则有两个若尔当块 $\boldsymbol{J}(\lambda, 1)$, $\boldsymbol{J}(\lambda, 2)$;

(3) 若 $3 - \mathrm{R}\,(\lambda\boldsymbol{I}_3 - \boldsymbol{A}) = 3$, 则有三个若尔当块 $\boldsymbol{J}(\lambda, 1)$, $\boldsymbol{J}(\lambda, 1)$, $\boldsymbol{J}(\lambda, 1)$.

例 3 求矩阵

$$\boldsymbol{A} = \begin{pmatrix} 3 & 0 & 8 \\ 3 & -1 & 6 \\ -2 & 0 & -5 \end{pmatrix}$$

的若尔当标准形.

解 先求出 $\boldsymbol{A}$ 的特征值,

$$f(\lambda) = |\lambda I - \boldsymbol{A}| = \begin{vmatrix} \lambda - 3 & 0 & -8 \\ -3 & \lambda + 1 & -6 \\ 2 & 0 & \lambda + 5 \end{vmatrix} = (\lambda + 1)^3,$$

由此便求出 $\boldsymbol{A}$ 的特征值为 $\lambda = -1$, 由初等行变换得

$$-\boldsymbol{I} - \boldsymbol{A} = \begin{pmatrix} -4 & 0 & -8 \\ -3 & 0 & -6 \\ 2 & 0 & 4 \end{pmatrix} \to \begin{pmatrix} 1 & 0 & 2 \\ 0 & 0 & 0 \\ 0 & 0 & 0 \end{pmatrix}.$$

可知 $\mathrm{R}(-\boldsymbol{I} - \boldsymbol{A}) = 1$, 因此, 矩阵 $\boldsymbol{A}$ 有 2 个若当块 $\boldsymbol{J}(-1,1)$, $\boldsymbol{J}(-1,2)$. 故 $\boldsymbol{A}$ 的若尔当标准形为

$$\left(\begin{array}{c:cc} -1 & 0 & 0 \\ \hdashline 0 & -1 & 0 \\ 0 & 1 & -1 \end{array}\right).$$

例 4 求矩阵

$$\boldsymbol{A}=\begin{pmatrix}-2 & 1 & 1 & -2\\ 5 & -4 & 2 & 9\\ -3 & 1 & 2 & -2\\ 2 & -4 & 3 & 8\end{pmatrix}$$

的若尔当标准形.

解 先求出 $\boldsymbol{A}$ 的特征值,

$$f(\lambda)=|\lambda\boldsymbol{I}-\boldsymbol{A}|=\begin{vmatrix}\lambda+2 & -1 & -1 & 2\\ -5 & \lambda+4 & -2 & -9\\ 3 & -1 & \lambda-2 & 2\\ -2 & 4 & -3 & \lambda-8\end{vmatrix}=(\lambda-1)^4,$$

所以 $\lambda=1$ 是 $\boldsymbol{A}$ 的 4 重特征根. 由初等行变换得

$$\boldsymbol{I}-\boldsymbol{A}=\begin{pmatrix}3 & -1 & -1 & 2\\ -5 & 5 & -2 & -9\\ 3 & -1 & -1 & 2\\ -2 & 4 & -3 & -7\end{pmatrix}\to\begin{pmatrix}1 & -7 & 7 & 12\\ 0 & 10 & -11 & -17\\ 0 & 0 & 0 & 0\\ 0 & 0 & 0 & 0\end{pmatrix}$$

可知 $\mathrm{R}(\boldsymbol{I}-\boldsymbol{A})=2$, $4-2=2$, 确定有两个若尔当块 $\boldsymbol{J}(1,s)$, $\boldsymbol{J}(1,k)$, $s+k=4$. 由初等行变换得

$$(\boldsymbol{I}-\boldsymbol{A})^2=\begin{pmatrix}3 & -1 & -1 & 2\\ -5 & 5 & -2 & -9\\ 3 & -1 & -1 & 2\\ -2 & 4 & -3 & -7\end{pmatrix}^2\to\begin{pmatrix}7 & 1 & -6 & -1\\ 0 & 0 & 0 & 0\\ 0 & 0 & 0 & 0\\ 0 & 0 & 0 & 0\end{pmatrix}$$

可知 $\mathrm{R}(\boldsymbol{I}-\boldsymbol{A})^2=1$. 故 $a_2=\mathrm{R}(\boldsymbol{I}-\boldsymbol{A})-\mathrm{R}(\boldsymbol{I}-\boldsymbol{A})^2=1$, 即一阶若尔当块 $\boldsymbol{J}(1,1)$ 只有一个, 剩下的肯定有一个三阶若尔当块 $\boldsymbol{J}(1,3)$. 所以, $\boldsymbol{A}$ 的若尔当标准形为

$$\boldsymbol{J}=\left(\begin{array}{c|ccc}1 & 0 & 0 & 0\\ \hline 0 & 1 & 0 & 0\\ 0 & 1 & 1 & 0\\ 0 & 0 & 1 & 1\end{array}\right).$$

从上面两个例子可以看到, 用特征根和矩阵秩的方法对三阶矩阵求若尔当标准形比较简单, 对 4 阶及以上的矩阵可能并不容易. 但是对于 4 阶矩阵, 如果有多个特征值, 可能用这种方法也会比较简单.

§13.2 若尔当标准形的应用举例

例 5 (华东师大考研试题) 设 $c\in\mathbb{C}$, 求 $\boldsymbol{J}(c,n)$ 的伴随矩阵 $\boldsymbol{J}(c,n)^*$ 的若尔当标准形.

解 若 $c=0$, 则 $\boldsymbol{J}(c,n)^*=(-1)^{n+1}\boldsymbol{E}_{n1}$, 易知 $\mathrm{R}(\boldsymbol{J}(c,n)^*)=1$, $\boldsymbol{J}(c,n)^*$ 的特征值全为 0, 故 $\boldsymbol{J}(c,n)^*$ 的若尔当标准形为 $\operatorname{diag}(\boldsymbol{O},\boldsymbol{J}(0,1))$.

若 $c\neq 0$, 则

$$\boldsymbol{J}(c,n)^{-1}=\begin{pmatrix}1/c & & & \\ -1/c^2 & 1/c & & \\ \vdots & \ddots & \ddots & \\ (-1)^{n+1}/c^n & \cdots & -1/c^2 & 1/c\end{pmatrix}.$$

从而可得

$$\boldsymbol{J}(c,n)^*=|\boldsymbol{J}(c,n)|\boldsymbol{J}(c,n)^{-1}=\begin{pmatrix}c^{n-1} & & & \\ -c^{n-2} & c^{n-1} & & \\ \vdots & \ddots & \ddots & \\ (-1)^{n+1} & \cdots & -c^{n-2} & c^{n-1}\end{pmatrix}.$$

通过行列式因子 (仿教材定理 7.12 的 "证明") 可以求得 $\lambda\boldsymbol{I}-\boldsymbol{J}(c,n)^*$ 的不变因子为 $1,\cdots,1,(\lambda-c^{n-1})^n$, 即得初等因子 $(\lambda-c^{n-1})^n$, 故 $\boldsymbol{J}(c,n)^*$ 的若尔当标准形为 $\boldsymbol{J}\left(c^{n-1},n\right)$.

例 6 (南京大学考研试题) 设 $\boldsymbol{A}$ 是 n 阶复矩阵, 证明: 存在一个 n 维列向量 $\boldsymbol{\alpha}$, 使得 $\boldsymbol{\alpha},\boldsymbol{A\alpha},\cdots,\boldsymbol{A}^{n-1}\boldsymbol{\alpha}$ 线性无关的充要条件是 $\boldsymbol{A}$ 的每一个特征值恰有一个线性无关的特征向量.

证明 必要性. 反证法. 设 $\boldsymbol{A}$ 的某个特征值 λ 有两个线性无关的特征向量, 则 λ 对应两个若尔当块, 分别设为 $\boldsymbol{J}(\lambda,k_1),\boldsymbol{J}(\lambda,k_2)$. 再设 $\boldsymbol{A}$ 的若尔当标准形为

$$\operatorname{diag}\left(\boldsymbol{J}(\lambda,k_1),\boldsymbol{J}(\lambda,k_2),\boldsymbol{J}_s\right),$$

其中 $\boldsymbol{J}_s$ 是一个 $s=n-(k_1+k_2)$ 阶的若尔当形矩阵. 由于 $\mathrm{R}(\lambda\boldsymbol{I}-\boldsymbol{J}(\lambda,k_i))=k_i-1\,(i=1,2)$, 因此, $\mathrm{R}(\lambda\boldsymbol{I}-\boldsymbol{A})=n-2$. 另一方面, 由 $\boldsymbol{\alpha},\boldsymbol{A\alpha},\cdots,\boldsymbol{A}^{n-1}\boldsymbol{\alpha}$ 线性无关可知, 矩阵 $\boldsymbol{X}=\left(\alpha,\boldsymbol{A\alpha},\cdots,\boldsymbol{A}^{n-1}\boldsymbol{\alpha}\right)$ 是 n 阶可逆矩阵. 设

$$\boldsymbol{A}^n\boldsymbol{\alpha}=b_0\boldsymbol{\alpha}+b_1\boldsymbol{A\alpha}+\cdots+b_{n-1}\boldsymbol{A}^{n-1}\boldsymbol{\alpha},$$

则 $\boldsymbol{X}^{-1}\boldsymbol{AX}=\boldsymbol{F}$, 其中

$$\boldsymbol{F}=\begin{pmatrix}0 & 0 & \cdots & 0 & b_0\\ 1 & 0 & \cdots & 0 & b_1\\ \vdots & \vdots & & \vdots & \vdots\\ 0 & 0 & \cdots & 1 & b_{n-1}\end{pmatrix}.$$

因此

$$\boldsymbol{X}^{-1}(\lambda\boldsymbol{I}-\boldsymbol{A})\boldsymbol{X}=\lambda\boldsymbol{I}-\boldsymbol{F}.$$

于是得到

$$\mathrm{R}(\lambda\boldsymbol{I}-\boldsymbol{A})=\mathrm{R}(\lambda\boldsymbol{I}-\boldsymbol{F})\geqslant n-1.$$

其中等号当且仅当

$$|\lambda\boldsymbol{I}-\boldsymbol{F}|=\lambda^n-b_{n-1}\lambda^{n-1}-\cdots-b_1\lambda-b_0=0$$

时成立, 从而得到矛盾. 因此 $\boldsymbol{A}$ 的每一个特征值只有一个线性无关的特征向量.

充分性. 设 $\boldsymbol{A}$ 的每个特征值恰有一个线性无关的特征向量, $\lambda_1,\cdots,\lambda_s$ 是 $\boldsymbol{A}$ 的全部互不相同的特征值, 则对每一个 $i=1,\cdots,s, \mathrm{R}(\lambda_i\boldsymbol{I}-\boldsymbol{A})=n-1$. 故每一个 λ_i 只对应一个若尔当块, 即矩阵 $\boldsymbol{A}$ 的若尔当标准形有 s 个若尔当块. 设 $\boldsymbol{A}$ 的若尔当标准形为

$$\operatorname{diag}\left(\boldsymbol{J}(\lambda_1,k_1),\cdots,\boldsymbol{J}(\lambda_s,k_s)\right).$$

由 $\lambda_1,\cdots,\lambda_s$ 互不相同可知, $\boldsymbol{A}$ 的最小多项式 (最后一个不变因子) 等于 $\boldsymbol{A}$ 的特征多项式, 设为

$$f(\lambda)=\lambda^n+a_1\lambda^{n-1}+\cdots+a_n.$$

注意到 n 次多项式 $f(\lambda)$ 恰好又是矩阵

$$\widetilde{\boldsymbol{F}}=\begin{pmatrix}0&0&\cdots&0&-a_n\\1&0&\cdots&0&-a_{n-1}\\\vdots&\vdots&&\vdots&\vdots\\0&0&\cdots&1&-a_1\end{pmatrix}$$

的最小多项式 (最后一个不变因子), 因此矩阵 $\boldsymbol{A}$ 与 $\widetilde{\boldsymbol{F}}$ 有相同的不变因子 $1,\cdots,1,f(\lambda)$, 因而 $\boldsymbol{A}$ 与 $\widetilde{\boldsymbol{F}}$ 相似. 即存在可逆矩阵 $\boldsymbol{X}=(\boldsymbol{\alpha}_1,\boldsymbol{\alpha}_2,\cdots,\boldsymbol{\alpha}_n)$, 使得 $\boldsymbol{AX}=\boldsymbol{X}\widetilde{\boldsymbol{F}}$. 取 $\boldsymbol{\alpha}=\boldsymbol{\alpha}_1$, 则

$$\boldsymbol{A\alpha}=\boldsymbol{A\alpha}_1=\boldsymbol{\alpha}_2,\quad\cdots,\quad\boldsymbol{A}^{n-1}\boldsymbol{\alpha}=\boldsymbol{\alpha}_n.$$

故 $\boldsymbol{\alpha},\boldsymbol{A\alpha},\cdots,\boldsymbol{A}^{n-1}\boldsymbol{\alpha}$ 线性无关.

例 7 (日本京都大学考研题) 设 λ 是非零复数, $\boldsymbol{A}\in\mathbb{C}^{n\times m},\boldsymbol{B}\in\mathbb{C}^{m\times n}, m,n$ 是正整数,

$$V=\left\{\boldsymbol{x}\in\mathbb{C}^m\middle|\exists k\in N,(\boldsymbol{BA}-\lambda\boldsymbol{I}_m)^k\boldsymbol{x}=\boldsymbol{0}\right\},$$

$$W=\left\{\boldsymbol{y}\in\mathbb{C}^n\middle|\exists k\in N,(\boldsymbol{AB}-\lambda\boldsymbol{I}_n)^k\boldsymbol{y}=\boldsymbol{0}\right\}.$$

证明: $\dim V=\dim W$.

证明 首先注意到 $|t\boldsymbol{I}_n-\boldsymbol{AB}|=t^{n-m}|t\boldsymbol{I}_m-\boldsymbol{BA}|, t\neq0$. 因此 $\boldsymbol{BA}$ 与 $\boldsymbol{AB}$ 有相同的非零特征值, 且每个非零特征值的代数重数也相同 (教材例 6.34, 习题第 2.46 题).

对于非零复数 λ, 如果 λ 不是 $\boldsymbol{AB}$ 的特征值, 则 $V=W=\{\boldsymbol{0}\}$, 结论成立. 现在考虑 λ 是 $\boldsymbol{AB}$ 的特征值的情形, 并设 λ 是 $\boldsymbol{AB}$ 的 r 重特征值. 令

$$W_k=\left\{\boldsymbol{y}\in\mathbb{C}^n\middle|(\boldsymbol{AB}-\lambda\boldsymbol{I}_n)^k\boldsymbol{y}=\boldsymbol{0}\right\},$$

其中 $k\in N$. 显然 $W=\bigcup\limits_{k=1}^{\infty}W_k$. 设 $\boldsymbol{AB}-\lambda\boldsymbol{I}_n$ 是线性空间 C^n 的线性变换 σ 在某个基下的矩阵, 则 $W_k=\ker\left(\sigma^k\right)$. 由线性变换核的性质可知, 当 $i<j$ 时, $W_i\subset W_j$.

另一方面, 设 $\boldsymbol{P}$ 是 n 阶可逆矩阵, $\boldsymbol{x},\boldsymbol{y}$ 是 n 维列向量, 注意到从 $\boldsymbol{x}$ 到 $\boldsymbol{Px}$ 的线性映射是可逆映射, 因此对任意 $m\times n$ 矩阵 $\boldsymbol{M}$, 线性空间 $\{\boldsymbol{x}|\boldsymbol{MPx}=\boldsymbol{0}\}$ 与 $\{\boldsymbol{y}|\boldsymbol{My}=\boldsymbol{0}\}$ 同构 (这里 $\boldsymbol{y}=\boldsymbol{Px}$ 是同构映射), 因而它们有相同的维数.

基于以上事实, 不妨假定 $\boldsymbol{AB}-\lambda\boldsymbol{I}_n$ 刚好就是它自己的若尔当标准形. 注意到 λ 是 $\boldsymbol{AB}$ 的 r 重特征值, 因而 0 是 $\boldsymbol{AB}-\lambda\boldsymbol{I}_n$ 的 r 重特征值. 设 $\boldsymbol{AB}-\lambda\boldsymbol{I}_n$ 的若尔当标准形中 0 对应的最高阶若尔当块 (0 可能对应多个若尔当块) 的阶数为 $s\,(s\leqslant r)$, 则

$$\mathrm{R}\left(\boldsymbol{AB}-\lambda\boldsymbol{I}_n\right)^s=\mathrm{R}\left(\boldsymbol{AB}-\lambda\boldsymbol{I}_n\right)^{s+l}=n-r.$$

因此 $W_s=W_{s+l}, l\geqslant 1$, 且 $\dim W_s=r$. 故 $W=\bigcup\limits_{k=1}^{\infty}W_k=W_s, \dim W=r$.

由于非零复数 λ 同为 $\boldsymbol{BA}$ 与 $\boldsymbol{AB}$ 的特征值, 且代数重数同为 r, 因此 0 也是 $\boldsymbol{BA}-\lambda\boldsymbol{I}_m$ 的 r 重特征值. 故在 $\boldsymbol{BA}-\lambda\boldsymbol{I}_m$ 的若尔当标准形中特征值 0 对应的最高阶若尔当块的阶数 u 也不超过 r. 令

$$V_k=\left\{\boldsymbol{x}\in\mathbb{C}^m \,|\, \left(\boldsymbol{BA}-\lambda\boldsymbol{I}_m\right)^k\boldsymbol{x}=\boldsymbol{0}\right\}.$$

其中 $k\in N$. 类似上面的推理可知, 有 $V_u=V_{u+l}\,(l\geqslant 1)$, 且 $\dim V_u=r$. 故 $V=\bigcup\limits_{k=1}^{\infty}V_k=V_u, \dim V=r$.

注 提醒读者, 当问题中出现了 "复数域上的 n 阶矩阵" 这样的字眼时, 往往第一反应就是 "可能要利用矩阵的若尔当标准形", 请注意这种思维定式.

§13.3 习题与答案

1. 求下列矩阵的若尔当标准形:

(1) $\boldsymbol{A}=\begin{pmatrix}4&5&-2\\-2&-2&1\\-1&-1&1\end{pmatrix}$; (2) $\boldsymbol{A}=\begin{pmatrix}4&-1&2\\3&0&-2\\3&-1&-1\end{pmatrix}$.

2. 设

$$\boldsymbol{A}=\begin{pmatrix}2&-1&2\\3&-2&-2\\3&-1&-3\end{pmatrix},$$

求 $\boldsymbol{A}$ 的若尔当标准形 $\boldsymbol{J}$, 并求可逆阵 $\boldsymbol{P}$, 使得 $\boldsymbol{P}^{-1}\boldsymbol{AP}=\boldsymbol{J}$.

3. 已知

$$\boldsymbol{A}=\begin{pmatrix}1&2&3&4\\0&1&2&3\\0&0&1&2\\0&0&0&1\end{pmatrix}.$$

(1) 求 $\boldsymbol{A}$ 的若尔当标准形 $\boldsymbol{J}$;

(2) 求可逆矩阵 $\boldsymbol{P}$, 使得 $\boldsymbol{P}^{-1}\boldsymbol{AP}=\boldsymbol{J}$;

(3) 证明: 矩阵 $\boldsymbol{B}$ 与 $\boldsymbol{A}$ 可交换当且仅当 $\boldsymbol{B}$ 是 $\boldsymbol{A}$ 的多项式.

4. (华中师范大学考研试题) 已知 $\boldsymbol{A}$ 为三阶矩阵, λ_0 是 $\boldsymbol{A}$ 的特征多项式的 3 重根, 证明: 当 $\mathrm{R}(\boldsymbol{A}-\lambda_0\boldsymbol{I})=1$ 时, 矩阵 $\boldsymbol{A}-\lambda_0\boldsymbol{I}$ 的非零列向量是 $\boldsymbol{A}$ 的属于特征值 λ_0 的一个特征向量.

5. 证明: 复数域上任一 n 阶矩阵都可以表示成两个 n 阶对称矩阵的乘积, 且其中一个是可逆矩阵.

6. (哈尔滨工业大学考研试题) 设 $\boldsymbol{A}$ 是复数域上的 n 阶矩阵, 其特征值全为 ± 1. 证明: $\boldsymbol{A}^{\mathrm{T}}$ 与 $\boldsymbol{A}^{-1}$ 相似.

7. (华东师范大学考研试题) 设 n 是奇数, $\boldsymbol{A}, \boldsymbol{B} \in M_n(\mathbb{C})$, 且 $\boldsymbol{A}^2 = \boldsymbol{O}$. 证明: $\boldsymbol{AB} - \boldsymbol{BA}$ 不可逆.

注　$M_n(\mathbb{C})$ 表示复数域 $\mathbb{C}$ 上的全体 n 阶矩阵的集合, 即 $\mathbb{C}^{n\times n}$, 这里的 M 代表英文 "Matrix", 即 "矩阵" 的意思.

8. (**菲廷 (Fitting) 定理**) 设 σ 是 n 维线性空间 V 的线性变换, 且存在非零特征值. 证明: 存在 σ 的不变子空间 V_1, V_2, 使得 $V = V_1 \oplus V_2$, 且 σ 在 V_1 上的限制 $\sigma|_{V_1}$ 是可逆的, 在 V_2 上的限制 $\sigma|_{V_2}$ 是幂零的.

9. 设 $\boldsymbol{A} \in \mathbb{P}^{4\times 4}$, $W = \{\boldsymbol{B} \in \mathbb{P}^{4\times 4} | \boldsymbol{AB} = \boldsymbol{BA}\}$.

(1) 证明: W 是 $\mathbb{P}^{4\times 4}$ 的子空间;

(2) 若 $\boldsymbol{A}$ 的全体非零不变因子是 $\lambda, \lambda^2(\lambda - 1)$, 求 $\dim W$.

提示或答案

1. (1) $\boldsymbol{J}(1,3)$; (2) $\mathrm{diag}(\boldsymbol{J}(1,1), \boldsymbol{J}(1,2))$.

2. $\boldsymbol{P} = \begin{pmatrix} 1 & 0 & 1 \\ -1 & 1 & 1 \\ 2 & -1 & 1 \end{pmatrix}$, $\boldsymbol{P}^{-1}\boldsymbol{AP} = \boldsymbol{J} = \left(\begin{array}{c:cc} -1 & 0 & 0 \\ \hdashline 0 & -1 & 0 \\ 0 & 1 & -1 \end{array}\right)$.

3. (1) 见习题第 7.20(1) 题;

(2) $\boldsymbol{P} = \begin{pmatrix} 8 & 12 & 4 & 0 \\ 0 & 4 & 3 & 0 \\ 0 & 0 & 2 & 0 \\ 0 & 0 & 0 & 1 \end{pmatrix}$;

(3) 参考习题第 2.4(2) 题.

4. 设矩阵 $\boldsymbol{A}$ 的若尔当标准形为

$$\boldsymbol{J} = \begin{pmatrix} \lambda_0 & 0 & 0 \\ 0 & \lambda_0 & 0 \\ 0 & 1 & \lambda_0 \end{pmatrix},$$

则存在可逆矩阵 $\boldsymbol{P}$, 使得 $\boldsymbol{P}^{-1}\boldsymbol{AP} = \boldsymbol{J}$. 于是

$$\boldsymbol{A} - \lambda_0 \boldsymbol{I} = \boldsymbol{P} \begin{pmatrix} 0 & 0 & 0 \\ 0 & 0 & 0 \\ 0 & 1 & 0 \end{pmatrix} \boldsymbol{P}^{-1}.$$

可知, $\boldsymbol{A} - \lambda_0\boldsymbol{I} \neq \boldsymbol{O}$, $(\boldsymbol{A} - \lambda_0\boldsymbol{I})^2 = \boldsymbol{O}$. 令 $\boldsymbol{A} - \lambda_0\boldsymbol{I} = (\boldsymbol{\alpha}_1, \boldsymbol{\alpha}_2, \boldsymbol{\alpha}_3)$. 由

$$(\boldsymbol{A} - \lambda_0\boldsymbol{I})^2 = (\boldsymbol{A} - \lambda_0\boldsymbol{I})(\boldsymbol{\alpha}_1, \boldsymbol{\alpha}_2, \boldsymbol{\alpha}_3) = \boldsymbol{O}$$

可知

$$A\boldsymbol{\alpha}_i = \lambda_0 \boldsymbol{\alpha}_i \quad (i = 1, 2, 3).$$

故当 $\boldsymbol{\alpha}_i \neq \mathbf{0}$ 时, $\boldsymbol{\alpha}_i$ 是 $\boldsymbol{A}$ 的属于特征值 λ_0 的特征向量.

5. 注意任一 k_i 阶若尔当块 $\boldsymbol{J}(\lambda_i, k_i)$ 都可以表示成

$$\boldsymbol{J}(\lambda_i, k_i) = \begin{pmatrix} \lambda_i & & & \\ 1 & \lambda_i & & \\ & \ddots & \ddots & \\ & & 1 & \lambda_i \end{pmatrix} = \begin{pmatrix} & & & \lambda_i \\ & & \lambda_i & 1 \\ & \iddots & \iddots & \\ \lambda_i & 1 & & \end{pmatrix} \begin{pmatrix} & & & 1 \\ & & 1 & \\ & \iddots & & \\ 1 & & & \end{pmatrix} = \boldsymbol{C}_i \boldsymbol{D}_i.$$

6. 设 $\boldsymbol{A}$ 的若尔当标准形为 $\boldsymbol{J}$, 则 $\boldsymbol{A}^{\mathrm{T}}$ 与 $\boldsymbol{J}^{\mathrm{T}}$ 相似, $\boldsymbol{A}^{-1}$ 与 $\boldsymbol{J}^{-1}$ 相似. 由相似的传递性, 只需证明 $\boldsymbol{J}^{\mathrm{T}}$ 与 $\boldsymbol{J}^{-1}$ 相似. 所以, 又只需证明 $\boldsymbol{J}(1,k)^{\mathrm{T}}$ 与 $\boldsymbol{J}(1,k)^{-1}$ 相似, 同时 $\boldsymbol{J}(-1,k)^{\mathrm{T}}$ 与 $\boldsymbol{J}(-1,k)^{-1}$ 相似即可.

注意到

$$(\boldsymbol{J}(1,k) - \boldsymbol{I}_k)^k = \boldsymbol{O}, \quad (\boldsymbol{J}(1,k) - \boldsymbol{I}_k)^{k-1} \neq \boldsymbol{O},$$

因此, $\boldsymbol{J}(1,k)$ 的最小多项式是 $m(\lambda) = (\lambda - 1)^k$. 从而 $\boldsymbol{J}(1,k)$ 的不变因子是 $1, \cdots, 1, (\lambda - 1)^k$, 可知, $\boldsymbol{J}(1,k)^{\mathrm{T}}$ 的不变因子也是 $1, \cdots, 1, (\lambda - 1)^k$. 另一方面,

$$\boldsymbol{I}_k = \boldsymbol{I}_k - (-\boldsymbol{J}(0,k))^k = (\boldsymbol{I}_k + \boldsymbol{J}(0,k))(\boldsymbol{I}_k - \boldsymbol{J}(0,k) + \cdots + (-\boldsymbol{J}(0,k))^{k-1}).$$

可知

$$\boldsymbol{J}(1,k)^{-1} = (\boldsymbol{I}_k + \boldsymbol{J}(0,k))^{-1} = \boldsymbol{I}_k - \boldsymbol{J}(0,k) + \cdots + (-\boldsymbol{J}(0,k))^{k-1}.$$

根据行列式因子, 容易证明 $\boldsymbol{J}(1,k)^{-1}$ 的不变因子也是 $1, \cdots, 1, (\lambda-1)^k$. 故 $\boldsymbol{J}(1,k)^{\mathrm{T}}$ 与 $\boldsymbol{J}(1,k)^{-1}$ 相似, 同理可证 $\boldsymbol{J}(-1,k)^{\mathrm{T}}$ 与 $\boldsymbol{J}(-1,k)^{-1}$ 相似.

7. 设 $n = 2k+1$ (k 是非负整数), 存在可逆矩阵 $\boldsymbol{P} \in M_n(\mathbb{C})$ 使得 $\boldsymbol{A} = \boldsymbol{P}\boldsymbol{J}\boldsymbol{P}^{-1}$, 其中 $\boldsymbol{J}$ 是 $\boldsymbol{A}$ 的若尔当标准形, 则有 $\boldsymbol{A}^2 = \boldsymbol{P}\boldsymbol{J}^2\boldsymbol{P}^{-1} = \boldsymbol{O}$. 由此可知, $\boldsymbol{J}$ 的若尔当块只能是 $\begin{pmatrix} 0 & 0 \\ 1 & 0 \end{pmatrix}$ 或 0 这两种, 故 $\mathrm{R}(\boldsymbol{A}) \leqslant k$. 于是,

$$\mathrm{R}(\boldsymbol{AB} - \boldsymbol{BA}) \leqslant \mathrm{R}(\boldsymbol{AB}) + \mathrm{R}(\boldsymbol{BA}) \leqslant \mathrm{R}(\boldsymbol{A}) + \mathrm{R}(\boldsymbol{A}) \leqslant 2k < 2k+1.$$

所以 $\boldsymbol{AB} - \boldsymbol{BA}$ 是降秩矩阵, 不可逆.

8. 若 σ 的特征值全部不等于零, 则 σ 可逆, 则取 $V_2 = \{\mathbf{0}\}$ 即可. 若 σ 的特征值不全为零, 设 $\lambda_1, \cdots, \lambda_r, 0\,(\lambda_i \neq 0; i = 1, \cdots, r;\ r < n)$ 是 σ 的互不相同的特征值, 则存在 V 的一个基 $\varepsilon_1, \varepsilon_2, \cdots, \varepsilon_n$, 使 σ 在这个基下的矩阵是若尔当标准形 $\boldsymbol{J}$, 即

$$\sigma(\varepsilon_1, \varepsilon_2, \cdots, \varepsilon_n) = (\varepsilon_1, \varepsilon_2, \cdots, \varepsilon_n)\boldsymbol{J}.$$

适当调整 $\boldsymbol{J}$ 中的若尔当块的顺序, 使主对角元非零的 $\lambda_1, \cdots, \lambda_r$ 的若尔当块连在一起放在左上角, 记为 $\boldsymbol{J}_1$; 主对角元全是零元的若尔当块连在一起右下角, 记为 $\boldsymbol{J}_2$, 即 $\boldsymbol{J} = \mathrm{diag}(\boldsymbol{J}_1, \boldsymbol{J}_2)$.

相应地调整基向量的顺序, 不妨假定 $\boldsymbol{J}_1, \boldsymbol{J}_2$ 所对应的基向量分别为 $\boldsymbol{\varepsilon}_1, \cdots, \boldsymbol{\varepsilon}_s$ 和 $\boldsymbol{\varepsilon}_{s+1}, \cdots, \boldsymbol{\varepsilon}_n$, 即

$$\sigma(\boldsymbol{\varepsilon}_1, \cdots, \boldsymbol{\varepsilon}_s) = (\boldsymbol{\varepsilon}_1, \cdots, \boldsymbol{\varepsilon}_s)\boldsymbol{J}_1, \quad \sigma(\boldsymbol{\varepsilon}_{s+1}, \cdots, \boldsymbol{\varepsilon}_n) = (\boldsymbol{\varepsilon}_{s+1}, \cdots, \boldsymbol{\varepsilon}_n)\boldsymbol{J}_2.$$

记

$$V_1 = L(\boldsymbol{\varepsilon}_1, \cdots, \boldsymbol{\varepsilon}_s), \quad V_2 = L(\boldsymbol{\varepsilon}_{s+1}, \cdots, \boldsymbol{\varepsilon}_n),$$

则 $V = V_1 \oplus V_2$, 且 V_1, V_2 都是 V 的 σ 不变子空间. 由于 $\sigma|_{V_1}$ 的特征值 $\lambda_1, \cdots, \lambda_r$ 非零, 故 $\sigma|_{V_1}$ 是可逆的. 由于 $\sigma|_{V_2}$ 的特征值全是零, 存在正整数 m, 使得 $\boldsymbol{J}_2^m = \boldsymbol{O}$, 所以 $\sigma|_{V_2}^m = o$, 即 $\sigma|_{V_2}$ 是幂零的.

9. (1) 略; (2) 存在可逆矩阵 $\boldsymbol{Q}$, 使得

$$\boldsymbol{Q}^{-1}\boldsymbol{A}\boldsymbol{Q} = \boldsymbol{J} = \left(\begin{array}{cc:cc} 0 & & & \\ 1 & & & \\ \hdashline & & 0 & \\ & & 1 & 0 \end{array}\right).$$

所以, 由 $\boldsymbol{Q}^{-1}\boldsymbol{A}\boldsymbol{Q}\boldsymbol{Q}^{-1}\boldsymbol{B}\boldsymbol{Q} = \boldsymbol{Q}^{-1}\boldsymbol{B}\boldsymbol{Q}\boldsymbol{Q}^{-1}\boldsymbol{A}\boldsymbol{Q}$ 可得

$$\boldsymbol{Q}^{-1}\boldsymbol{B}\boldsymbol{Q} = \begin{pmatrix} x_{11} & 0 & x_{13} & 0 \\ 0 & x_{22} & 0 & 0 \\ 0 & 0 & x_{33} & 0 \\ x_{41} & 0 & x_{43} & x_{33} \end{pmatrix},$$

故 $\dim W = 6$. 记 $\boldsymbol{E}_{ij}$ 表示 (i,j) 元为 1, 其余元为 0 的 4 阶基本矩阵, 则

$$\boldsymbol{Q}\boldsymbol{E}_{11}\boldsymbol{Q}^{-1}, \quad \boldsymbol{Q}\boldsymbol{E}_{13}\boldsymbol{Q}^{-1}, \quad \boldsymbol{Q}\boldsymbol{E}_{22}\boldsymbol{Q}^{-1}, \quad \boldsymbol{Q}\boldsymbol{E}_{41}\boldsymbol{Q}^{-1}, \quad \boldsymbol{Q}\boldsymbol{E}_{43}\boldsymbol{Q}^{-1}, \quad \boldsymbol{Q}(\boldsymbol{E}_{33} + \boldsymbol{E}_{44})\boldsymbol{Q}^{-1}$$

是 W 的一个基.

第十四章　幂等矩阵、对合矩阵与幂零矩阵

本专题将教材中涉及的三种特殊方阵: 幂等矩阵、对合矩阵与幂零矩阵的性质进行归纳和总结, 并对相关知识适当拓展. 由这三种特殊矩阵的概念和性质而得到线性空间相应的幂等变换、对合变换与幂零变换的概念及性质, 这里不做讨论, 请读者自己思考.

§14.1　幂 等 矩 阵

定义 1　设 $\boldsymbol{A}$ 是 n 阶矩阵, 如果 $\boldsymbol{A}^2=\boldsymbol{A}$, 则称 $\boldsymbol{A}$ 是**幂等矩阵**.

显然, 幂等矩阵包含两种极端情况: 单位矩阵和零矩阵.

定理 1　设 $\boldsymbol{A}$ 是 n 阶矩阵, 则下列命题等价:

(1) $\boldsymbol{A}$ 是幂等矩阵;

(2) $\boldsymbol{A}$ 的最小多项式为 $m(\lambda)=\lambda$, 或 $\lambda-1$, 或 $\lambda(\lambda-1)$;

(3) 存在 n 阶可逆矩阵 $\boldsymbol{P}$, 使得 $\boldsymbol{P}^{-1}\boldsymbol{A}\boldsymbol{P}=\mathrm{diag}(\boldsymbol{I}_r,\boldsymbol{O})$;

(4) $\mathrm{R}(\boldsymbol{A})+\mathrm{R}(\boldsymbol{I}-\boldsymbol{A})=n$;

(5) $\boldsymbol{A}$ 有满秩分解 $\boldsymbol{A}=\boldsymbol{H}\boldsymbol{L}$, 且 $\boldsymbol{L}\boldsymbol{H}=\boldsymbol{I}_r$, 其中, $\boldsymbol{H}$ 是秩为 r 的 $n\times r$ 矩阵 (列满秩), $\boldsymbol{L}$ 是秩为 r 的 $r\times n$ 矩阵 (行满秩), 其中 $r=\mathrm{R}(\boldsymbol{A})$.

证明　关于 (1) $\Rightarrow$ (2) $\Rightarrow$ (3) 的证明留给读者, 下面证明:

(3) $\Rightarrow$ (4): 显然 $\boldsymbol{P}^{-1}(\boldsymbol{I}-\boldsymbol{A})\boldsymbol{P}=\mathrm{diag}(\boldsymbol{O},\boldsymbol{I}_{n-r})$, 故 $\mathrm{R}(\boldsymbol{I}-\boldsymbol{A})=n-r$.

(4) $\Rightarrow$ (5): 由于 $\mathrm{R}(\boldsymbol{A})=r$, 故 $\boldsymbol{A}$ 有满秩分解 $\boldsymbol{A}=\boldsymbol{H}\boldsymbol{L}$ 是显然的. 现在证明 $\boldsymbol{L}\boldsymbol{H}=\boldsymbol{I}_r$.

由矩阵秩的降阶定理 (教材例 2.35) 可知,

$$\mathrm{R}(\boldsymbol{I}_n)+\mathrm{R}(\boldsymbol{I}_r-\boldsymbol{L}\boldsymbol{H})=\mathrm{R}(\boldsymbol{I}_r)+\mathrm{R}(\boldsymbol{I}_n-\boldsymbol{H}\boldsymbol{L}),$$

即

$$\mathrm{R}(\boldsymbol{I}_r-\boldsymbol{L}\boldsymbol{H})=r+\mathrm{R}(\boldsymbol{I}_n-\boldsymbol{A})-n=r+n-r-n=0.$$

故 $\boldsymbol{I}_r-\boldsymbol{L}\boldsymbol{H}=\boldsymbol{O}$, 亦即 $\boldsymbol{L}\boldsymbol{H}=\boldsymbol{I}_r$.

(5) $\Rightarrow$ (1): 由幂等矩阵的定义即得. 证毕.

性质 1　幂等矩阵的特征值只能是 0 或 1; 反之, 特征值为 0 或 1, 且可对角化的矩阵是幂等矩阵.

由性质 1 可知, 特征值为 0 或 1 的实对称矩阵是幂等矩阵.

性质 2　幂等矩阵的秩与迹相等, 即 $\mathrm{R}(\boldsymbol{A})=\mathrm{tr}(\boldsymbol{A})$.

性质 3　设 $\boldsymbol{A}$ 是幂等矩阵, 则 $\boldsymbol{I}-\boldsymbol{A}$ 也是幂等矩阵.

性质 4　设 $\boldsymbol{A}$ 是 n 阶幂等矩阵, 则 $\boldsymbol{A}$ 的伴随矩阵 $\boldsymbol{A}^*$ 也是幂等矩阵.

证明　若 $\mathrm{R}(\boldsymbol{A})=n$, 则 $\boldsymbol{A}=\boldsymbol{A}^*=\boldsymbol{I}$; 若 $\mathrm{R}(\boldsymbol{A})\leqslant n-2$, 则 $\boldsymbol{A}^*=\boldsymbol{O}$, 结论都成立.

现在考虑 $\mathrm{R}(\boldsymbol{A})=n-1$ 的情形. 此时 $\boldsymbol{A}$ 的特征值有 1 个 0 和 $n-1$ 个 1, 因此, 存在 n 阶可逆矩阵 $\boldsymbol{P}$, 使得 $\boldsymbol{A}=\boldsymbol{P}\mathrm{diag}(1,\cdots,1,0)\boldsymbol{P}^{-1}$. 令

$$\boldsymbol{A}_\varepsilon=\boldsymbol{P}\mathrm{diag}(1,\cdots,1,\varepsilon)\boldsymbol{P}^{-1},$$

其中 $\varepsilon\neq 0$, 则 $\boldsymbol{A}_\varepsilon$ 是可逆矩阵, 其伴随矩阵为

$$\boldsymbol{A}_\varepsilon^*=|\boldsymbol{A}_\varepsilon|\boldsymbol{A}_\varepsilon^{-1}=\varepsilon\boldsymbol{P}\mathrm{diag}(1,\cdots,1,\varepsilon^{-1})\boldsymbol{P}^{-1}=\boldsymbol{P}\mathrm{diag}(\varepsilon,\cdots,\varepsilon,1)\boldsymbol{P}^{-1}.$$

令 $\varepsilon\to 0$, 得

$$\boldsymbol{A}^*=\lim_{\varepsilon\to 0}\boldsymbol{A}_\varepsilon^*=\boldsymbol{P}\mathrm{diag}(0,\cdots,0,1)\boldsymbol{P}^{-1},$$

故 $\boldsymbol{A}^*$ 也是幂等矩阵. 证毕.

注 以上取极限的方法类似 "矩阵摄动法", 请参考相关专题讲座.

性质 5 任一幂等矩阵都可以分解成两个对称矩阵的乘积.

证明 存在可逆矩阵 $\boldsymbol{P}$, 使得

$$\boldsymbol{A}=\boldsymbol{P}\mathrm{diag}(\boldsymbol{I}_r,\boldsymbol{O})\boldsymbol{P}^{-1}=\boldsymbol{P}\mathrm{diag}(\boldsymbol{I}_r,\boldsymbol{O})\boldsymbol{P}^{\mathrm{T}}(\boldsymbol{P}^{\mathrm{T}})^{-1}\boldsymbol{P}^{-1}=\boldsymbol{S}_1\boldsymbol{S}_2,$$

其中 $\boldsymbol{S}_1=\boldsymbol{P}\mathrm{diag}(\boldsymbol{I}_r,\boldsymbol{O})\boldsymbol{P}^{\mathrm{T}}$, $\boldsymbol{S}_2=(\boldsymbol{P}^{\mathrm{T}})^{-1}\boldsymbol{P}^{-1}=(\boldsymbol{P}^{-1})^{\mathrm{T}}\boldsymbol{P}^{-1}$ 都是对称矩阵. 证毕.

定义 2 设 $\boldsymbol{A}=(\boldsymbol{\alpha}_1,\boldsymbol{\alpha}_2,\cdots,\boldsymbol{\alpha}_m)$ 是 $n\times m$ 矩阵, 称 $\boldsymbol{A}$ 的列向量生成的子空间 $L(\boldsymbol{\alpha}_1,\boldsymbol{\alpha}_2,\cdots,\boldsymbol{\alpha}_m)$ 为**矩阵 $\boldsymbol{A}$ 的列空间**, 记为 $\mu(\boldsymbol{A})$. 称齐次方程组 $\boldsymbol{Ax}=\boldsymbol{0}$ 的全体解向量构成的线性空间为**矩阵 $\boldsymbol{A}$ 的核**或**零空间**, 记为 $N(\boldsymbol{A})$.

性质 6 设 $\boldsymbol{A}$ 是数域 $\mathbb{P}$ 上的 n 阶幂等矩阵, 则

(1) $\mu(\boldsymbol{A})=N(\boldsymbol{I}-\boldsymbol{A})$;

(2) $N(\boldsymbol{A})=\mu(\boldsymbol{I}-\boldsymbol{A})$;

(3) $\mathbb{P}^n=\mu(\boldsymbol{A})\oplus N(\boldsymbol{A})$.

性质 6 (1) (2) 的证明留给读者, (3) 的证明见教材例 5.23.

性质 7 任一 n 阶矩阵都可以表示成一个可逆矩阵与一个幂等矩阵的乘积.

性质 7 的证明见教材习题第 2.69 题.

§14.2 对 合 矩 阵

定义 3 设 $\boldsymbol{A}$ 是 n 阶矩阵, 如果 $\boldsymbol{A}^2=\boldsymbol{I}$, 则称 $\boldsymbol{A}$ 是**对合矩阵**.

定理 2 设 $\boldsymbol{A}$ 是 n 阶矩阵, 则下列命题等价:

(1) $\boldsymbol{A}$ 是对合矩阵;

(2) $\boldsymbol{A}$ 的最小多项式为 $m(\lambda)=\lambda+1$, 或 $\lambda-1$, 或 $(\lambda+1)(\lambda-1)$;

(3) 存在 n 阶可逆矩阵 $\boldsymbol{P}$, 使得 $\boldsymbol{P}^{-1}\boldsymbol{AP}=\mathrm{diag}(\boldsymbol{I}_r,-\boldsymbol{I}_{n-r})$;

(4) $\mathrm{R}(\boldsymbol{A}+\boldsymbol{I})+\mathrm{R}(\boldsymbol{A}-\boldsymbol{I})=n$.

证明 关于 (1) ⇒ (2) ⇒ (3) ⇒ (4) 的证明留给读者, 下面只证 (4) ⇒ (1):

$$\begin{pmatrix} \boldsymbol{A}+\boldsymbol{I} & \boldsymbol{O} \\ \boldsymbol{O} & \boldsymbol{A}-\boldsymbol{I} \end{pmatrix} \xrightarrow{r_1-r_2} \begin{pmatrix} \boldsymbol{A}+\boldsymbol{I} & \boldsymbol{I}-\boldsymbol{A} \\ \boldsymbol{O} & \boldsymbol{A}-\boldsymbol{I} \end{pmatrix} \xrightarrow{c_1+c_2} \begin{pmatrix} 2\boldsymbol{I} & \boldsymbol{I}-\boldsymbol{A} \\ \boldsymbol{A}-\boldsymbol{I} & \boldsymbol{A}-\boldsymbol{I} \end{pmatrix}$$

$$\xrightarrow{r_2-\frac{1}{2}(\boldsymbol{A}-\boldsymbol{I})\cdot r_1} \begin{pmatrix} 2\boldsymbol{I} & \boldsymbol{I}-\boldsymbol{A} \\ \boldsymbol{O} & \frac{1}{2}(\boldsymbol{A}^2-\boldsymbol{I}) \end{pmatrix} \xrightarrow[c_1\times\frac{1}{2},\, c_2\times(-2)]{c_2-c_1\cdot\frac{1}{2}(\boldsymbol{I}-\boldsymbol{A})} \begin{pmatrix} \boldsymbol{I} & \boldsymbol{O} \\ \boldsymbol{O} & \boldsymbol{I}-\boldsymbol{A}^2 \end{pmatrix}.$$

由此可知

$$n = \mathrm{R}(\boldsymbol{A}+\boldsymbol{I}) + \mathrm{R}(\boldsymbol{A}-\boldsymbol{I}) = \mathrm{R}(\boldsymbol{I}) + \mathrm{R}(\boldsymbol{A}^2-\boldsymbol{I}) = n + \mathrm{R}(\boldsymbol{A}^2-\boldsymbol{I}),$$

即 $\mathrm{R}(\boldsymbol{A}^2-\boldsymbol{I})=0$, 故 $\boldsymbol{A}^2=\boldsymbol{I}$, 结论 (1) 成立. 证毕.

性质 1 对合矩阵的特征值只能是 -1 或 1; 反之, 特征值为 -1 或 1, 且可对角化的矩阵是对合矩阵.

性质 2 设 $\boldsymbol{A}$ 是 n 阶对合矩阵, 则 $\boldsymbol{A}^{-1}$ 及 $\boldsymbol{A}^*$ 也是对合矩阵.

性质 3 设 $\boldsymbol{A}$ 是数域 $\mathbb{P}$ 上的 n 阶对合矩阵, 则 $\mathbb{P}^n = \mu(\boldsymbol{A}+\boldsymbol{I}) \oplus N(\boldsymbol{A}-\boldsymbol{I})$.

§14.3 幂零矩阵

定义 4 设 $\boldsymbol{A}$ 是 n 阶矩阵, 如果存在正整数 m, 满足 $\boldsymbol{A}^{m-1}\neq\boldsymbol{O}$ 且 $\boldsymbol{A}^m=\boldsymbol{O}$, 则称 $\boldsymbol{A}$ 是 m 次**幂零矩阵**, 简称**幂零矩阵**.

性质 1 $\boldsymbol{A}$ 是幂零矩阵当且仅当 $\boldsymbol{A}$ 的特征值全是 0.

证明见教材习题第 7.30 题. 由性质 1 可知, 如果 n 阶矩阵 $\boldsymbol{A}$ 是主对角元全为零的上 (下) 三角矩阵, 则 $\boldsymbol{A}$ 是幂零矩阵.

性质 2 幂零矩阵不能对角化.

证明 显然幂零矩阵的最小多项式 $m(\lambda)=\lambda^m$ 有重根, 故不能对角化. 证毕.

另外, 如果幂零矩阵可以对角化, 由性质 1 知, 它一定是零矩阵, 但幂零矩阵不可能是零矩阵, 从而可知幂零矩阵不能对角化.

性质 3 设 $\boldsymbol{A}, \boldsymbol{B}$ 都是 n 阶矩阵, 且 $\boldsymbol{AB}$ 是幂零矩阵, 则 $\boldsymbol{BA}$ 也是幂零矩阵.

证明 因 $\boldsymbol{AB}$ 与 $\boldsymbol{BA}$ 有相同的特征值 (教材例 6.34), 再由性质 1 知结论成立. 证毕.

性质 4 对 n 阶 n 次幂零矩阵 $\boldsymbol{A}$, 不存在 n 阶 $\boldsymbol{B}$, 使得 $\boldsymbol{B}^2=\boldsymbol{A}$(见教材例 7.26).

性质 5 任意两个 n 阶 $n-1$ 次幂零矩阵相似 (见教材习题第 7.32 题).

性质 6 n 阶矩阵 $\boldsymbol{A}$ 是 m 次幂零矩阵, 若 n 维列向量 $\boldsymbol{\alpha}$ 满足 $\boldsymbol{A}^{m-1}\boldsymbol{\alpha}\neq\boldsymbol{0}$, 则向量组 $\boldsymbol{\alpha}, \boldsymbol{A\alpha}, \cdots, \boldsymbol{A}^{m-1}\boldsymbol{\alpha}$ 线性无关 (见教材习题第 3.38 题).

性质 7 任一 n 阶矩阵 $\boldsymbol{A}$ 都可以分解成 $\boldsymbol{A}=\boldsymbol{M}+\boldsymbol{N}$, 其中 $\boldsymbol{M}$ 是幂零矩阵, $\boldsymbol{N}$ 可对角化, 且 $\boldsymbol{MN}=\boldsymbol{NM}$(见教材习题第 7.33 题).

§14.4 习题与答案

1. (中山大学考研试题) 设 $\boldsymbol{A}, \boldsymbol{B}$ 均为 n 阶幂等矩阵, 且 $\boldsymbol{I}-\boldsymbol{A}-\boldsymbol{B}$ 可逆. 证明: $\mathrm{R}(\boldsymbol{A}) = \mathrm{R}(\boldsymbol{B})$.

2. (武汉大学考研试题) 设 $\boldsymbol{A}, \boldsymbol{B}$ 均为 n 阶非零矩阵, $\boldsymbol{A}^2 = \boldsymbol{A}$, 且 $\boldsymbol{I} - \boldsymbol{A} - \boldsymbol{B}$ 可逆. 证明: $\mathrm{R}(\boldsymbol{AB}) = \mathrm{R}(\boldsymbol{BA})$.

3. (中南大学考研试题) 设 $\boldsymbol{A}, \boldsymbol{B}$ 均为 n 阶幂等矩阵, 证明: 若 $\mathrm{R}(\boldsymbol{A}) \leqslant \mathrm{R}(\boldsymbol{B})$, 则 $\mathrm{R}(\boldsymbol{A}-\boldsymbol{I}) \leqslant \mathrm{R}(\boldsymbol{B} - \boldsymbol{I})$.

4. (华中科技大学考研试题) 设 $\boldsymbol{A}$ 是 3 阶对合矩阵, 且 $\boldsymbol{A} \neq \pm \boldsymbol{I}$, 证明: $\boldsymbol{A}+\boldsymbol{I}$ 与 $\boldsymbol{A}-\boldsymbol{I}$ 中有一个秩为 1, 另一个秩为 2.

5. 设 $\boldsymbol{A}, \boldsymbol{B}$ 均为 2 阶矩阵, 且 $\boldsymbol{A} = \boldsymbol{AB} - \boldsymbol{BA}$, 证明: $\boldsymbol{A}^2 = \boldsymbol{O}$.

6. 设 $\boldsymbol{A}$ 是 n 阶幂零矩阵, 证明: $\boldsymbol{A}$ 的伴随矩阵 $\boldsymbol{A}^*$ 也是幂零矩阵.

7. (全国大学生数学竞赛 (非数学类) 决赛试题) 设 n 阶方阵 $\boldsymbol{A}, \boldsymbol{B}$ 满足 $\boldsymbol{AB} = \boldsymbol{A}+\boldsymbol{B}$, 证明: 若存在正整数 k, 使 $\boldsymbol{A}^k = \boldsymbol{O}$, 则 $|\boldsymbol{B} + 2017\boldsymbol{A}| = |\boldsymbol{B}|$.

8. (全国大学生数学竞赛 (非数学类) 决赛试题) 设 $\boldsymbol{A}$ 是 n 阶幂零矩阵, 即满足 $\boldsymbol{A}^2 = \boldsymbol{O}$, 证明: 若 $\boldsymbol{A}$ 的秩为 s, 且 $1 \leqslant s < n/2$, 则存在 n 阶可逆矩阵 $\boldsymbol{P}$, 使得

$$\boldsymbol{P}^{-1}\boldsymbol{AP} = \begin{pmatrix} \boldsymbol{O} & \boldsymbol{I}_s & \boldsymbol{O} \\ \boldsymbol{O} & \boldsymbol{O} & \boldsymbol{O} \end{pmatrix}.$$

提示或答案

1. 证法 1　$n = \mathrm{R}(\boldsymbol{A}+\boldsymbol{B}-\boldsymbol{I}) \leqslant \mathrm{R}(\boldsymbol{A}) + \mathrm{R}(\boldsymbol{B}-\boldsymbol{I}) = \mathrm{R}(\boldsymbol{A}) + n - \mathrm{R}(\boldsymbol{B})$, 故 $\mathrm{R}(\boldsymbol{A}) \geqslant \mathrm{R}(\boldsymbol{B})$. 同理可得, $\mathrm{R}(\boldsymbol{B}) \geqslant \mathrm{R}(\boldsymbol{A})$, 从而 $\mathrm{R}(\boldsymbol{B}) = \mathrm{R}(\boldsymbol{A})$.

证法 2　由于 $(\boldsymbol{I}-\boldsymbol{A}-\boldsymbol{B})\boldsymbol{A} = \boldsymbol{B}(\boldsymbol{I}-\boldsymbol{A}-\boldsymbol{B})$, 且 $\boldsymbol{I}-\boldsymbol{A}-\boldsymbol{B}$ 可逆, 故 $\boldsymbol{A}, \boldsymbol{B}$ 相似, 其秩相等.

证法 3　设 S_1, T_1, S_2, T_2 分别是齐次方程组

$$\boldsymbol{Ax} = \boldsymbol{0}, \quad (\boldsymbol{I}-\boldsymbol{A})\boldsymbol{x} = \boldsymbol{0}, \quad \boldsymbol{Bx} = \boldsymbol{0}, \quad (\boldsymbol{I}-\boldsymbol{B})\boldsymbol{x} = \boldsymbol{0}$$

的解空间. 由于 $\boldsymbol{A}, \boldsymbol{B}$ 都是幂等矩阵, (由教材例 5.23) 可知 $\mathbb{P}^n = S_1 \oplus T_1 = S_2 \oplus T_2$.

下证 $S_1 = S_2$. 事实上, 对任意非零向量 $\boldsymbol{x} \in S_1 \subset \mathbb{P}^n$, 由 $\boldsymbol{I}-\boldsymbol{A}-\boldsymbol{B}$ 是可逆矩阵知,

$$(\boldsymbol{I}-\boldsymbol{A}-\boldsymbol{B})\boldsymbol{x} = (\boldsymbol{I}-\boldsymbol{B})\boldsymbol{x} \neq \boldsymbol{0},$$

即 $\boldsymbol{x} \notin T_2$, 因而 $\boldsymbol{x} \in S_2$, 故 $S_1 \subset S_2$. 同理可得 $S_2 \subset S_1$, 故 $S_1 = S_2$, 从而

$$\dim S_1 = n - \mathrm{R}(\boldsymbol{A}) = n - \mathrm{R}(\boldsymbol{B}) = \dim S_2,$$

所以 $\mathrm{R}(\boldsymbol{A}) = \mathrm{R}(\boldsymbol{B})$.

2. 由 $\boldsymbol{A}(\boldsymbol{I}-\boldsymbol{A}-\boldsymbol{B}) = -\boldsymbol{AB}$, 与 $(\boldsymbol{I}-\boldsymbol{A}-\boldsymbol{B})\boldsymbol{A} = -\boldsymbol{BA}$ 即得所证.

3. 应用定理 1(4) 即得所证.

4. 由对合矩阵的定义及定理 2(4) 即得.

5. 方法 1　设 λ_1, λ_2 是 $\boldsymbol{A}$ 的特征值, 由题意得

$$\lambda_1 + \lambda_2 = \mathrm{tr}(\boldsymbol{A}) = \mathrm{tr}(\boldsymbol{AB} - \boldsymbol{BA}) = 0,$$

$$\lambda_1^2 + \lambda_2^2 = \mathrm{tr}(\boldsymbol{A}^2) = \mathrm{tr}(\boldsymbol{A}(\boldsymbol{AB} - \boldsymbol{BA})) = 0.$$

从而可得 $\lambda_1 = \lambda_2 = 0$, 故 $\boldsymbol{A}$ 是幂零矩阵, $\boldsymbol{A}^2 = \boldsymbol{O}$.

方法 2 首先 $\mathrm{tr}(\boldsymbol{A})=0$. 其次 $|\boldsymbol{A}|=0$, 否则 $\boldsymbol{A}\boldsymbol{A}^{-1}=\boldsymbol{A}\boldsymbol{B}\boldsymbol{A}^{-1}-\boldsymbol{B}\boldsymbol{A}\boldsymbol{A}^{-1}=\boldsymbol{I}$, 两边取迹可得矛盾. 从而得 $\mathrm{R}(\boldsymbol{A})\leqslant 1$. 设 $\boldsymbol{A}=\boldsymbol{\alpha}\boldsymbol{\beta}^{\mathrm{T}}$, 其中 $\boldsymbol{\alpha},\boldsymbol{\beta}$ 都是二维列向量, 故 $\boldsymbol{A}^2=\mathrm{tr}(\boldsymbol{A})\boldsymbol{A}=\boldsymbol{O}$.

6. 使用矩阵摄动法 (类似幂等矩阵性质 4 的证明), 请看相关专题讲座. 若 $\mathrm{R}(\boldsymbol{A})\leqslant n-2$, 则 $\boldsymbol{A}^*=\boldsymbol{O}$, 结论已成立. 现在考虑 $\mathrm{R}(\boldsymbol{A})=n-1$ 的情形. 设 $\boldsymbol{P}$ 是 n 阶可逆矩阵, 使得

$$\boldsymbol{A}=\boldsymbol{P}\begin{pmatrix}0&1&&\\&0&\ddots&\\&&\ddots&1\\&&&0\end{pmatrix}\boldsymbol{P}^{-1}.$$

设 $\varepsilon\neq 0$,

$$\boldsymbol{A}_\varepsilon=\boldsymbol{A}+\varepsilon\boldsymbol{I}=\boldsymbol{P}\begin{pmatrix}\varepsilon&1&&\\&\varepsilon&\ddots&\\&&\ddots&1\\&&&\varepsilon\end{pmatrix}\boldsymbol{P}^{-1}.$$

从而可得

$$\boldsymbol{A}_\varepsilon^{-1}=\boldsymbol{P}\begin{pmatrix}1/\varepsilon&-1/\varepsilon^2&\cdots&(-1)^{n-1}/\varepsilon^n\\&1/\varepsilon&\ddots&\vdots\\&&\ddots&-1/\varepsilon^2\\&&&1/\varepsilon\end{pmatrix}\boldsymbol{P}^{-1}.$$

由 $\boldsymbol{A}_\varepsilon^*=|\boldsymbol{A}_\varepsilon|\boldsymbol{A}_\varepsilon^{-1}=\varepsilon^n\boldsymbol{A}_\varepsilon^{-1}$ 得, $\boldsymbol{A}^*=\lim\limits_{\varepsilon\to 0}\boldsymbol{A}_\varepsilon^*=\boldsymbol{O}$.

7. 由已知得 $(\boldsymbol{A}-\boldsymbol{I})(\boldsymbol{B}-\boldsymbol{I})=\boldsymbol{I}$, 从而有 $(\boldsymbol{A}-\boldsymbol{I})(\boldsymbol{B}-\boldsymbol{I})=(\boldsymbol{B}-\boldsymbol{I})(\boldsymbol{A}-\boldsymbol{I})$, 故 $\boldsymbol{A}\boldsymbol{B}=\boldsymbol{B}\boldsymbol{A}$. 若 $\boldsymbol{B}$ 可逆, 则 $\boldsymbol{B}^{-1}\boldsymbol{A}=\boldsymbol{A}\boldsymbol{B}^{-1}$, 从而 $(\boldsymbol{B}^{-1}\boldsymbol{A})^k=(\boldsymbol{B}^{-1})^k\boldsymbol{A}^k=\boldsymbol{O}$, 故 $\boldsymbol{B}^{-1}\boldsymbol{A}$ 的特征值全为 0, 从而 $\boldsymbol{I}+2017\boldsymbol{B}^{-1}\boldsymbol{A}$ 的特征值全为 1. 所以

$$|\boldsymbol{B}+2017\boldsymbol{A}|=|\boldsymbol{B}||\boldsymbol{I}+2017\boldsymbol{B}^{-1}\boldsymbol{A}|=|\boldsymbol{B}|.$$

若 $\boldsymbol{B}$ 不可逆, 则存在有理数列 $x_s\to 0$, 使得 $\boldsymbol{B}_s=\boldsymbol{B}+x_s\boldsymbol{I}$ 可逆, 且 $\boldsymbol{B}_s\boldsymbol{A}=\boldsymbol{A}\boldsymbol{B}_s$. 由已证的结论可得 $|\boldsymbol{B}_s+2017\boldsymbol{A}|=|\boldsymbol{B}_s|$. 令 $x_s\to 0$ 即得所证.

8. **证法 1** 存在可逆矩阵 $\boldsymbol{H},\boldsymbol{Q}$, 使得 $\boldsymbol{A}=\boldsymbol{H}\mathrm{diag}(\boldsymbol{I}_s,\boldsymbol{O})\boldsymbol{Q}$, 从而

$$\boldsymbol{A}^2=\boldsymbol{H}\mathrm{diag}(\boldsymbol{I}_s,\boldsymbol{O})\boldsymbol{Q}\boldsymbol{H}\mathrm{diag}(\boldsymbol{I}_s,\boldsymbol{O})\boldsymbol{Q}=\boldsymbol{O}.$$

对 $\boldsymbol{Q}\boldsymbol{H}$ 做相应的分块为 $\boldsymbol{Q}\boldsymbol{H}=\begin{pmatrix}\boldsymbol{B}_{11}&\boldsymbol{B}_{12}\\\boldsymbol{B}_{21}&\boldsymbol{B}_{22}\end{pmatrix}$, 则有

$$\begin{pmatrix}\boldsymbol{I}_s&\boldsymbol{O}\\\boldsymbol{O}&\boldsymbol{O}\end{pmatrix}\begin{pmatrix}\boldsymbol{B}_{11}&\boldsymbol{B}_{12}\\\boldsymbol{B}_{21}&\boldsymbol{B}_{22}\end{pmatrix}\begin{pmatrix}\boldsymbol{I}_s&\boldsymbol{O}\\\boldsymbol{O}&\boldsymbol{O}\end{pmatrix}=\begin{pmatrix}\boldsymbol{B}_{11}&\boldsymbol{O}\\\boldsymbol{O}&\boldsymbol{O}\end{pmatrix},$$

因此 $\boldsymbol{B}_{11}=\boldsymbol{O}, \boldsymbol{Q}=\begin{pmatrix}\boldsymbol{O} & \boldsymbol{B}_{12}\\ \boldsymbol{B}_{21} & \boldsymbol{B}_{22}\end{pmatrix}\boldsymbol{H}^{-1}$. 于是

$$\boldsymbol{A}=\boldsymbol{H}\begin{pmatrix}\boldsymbol{I}_s & \boldsymbol{O}\\ \boldsymbol{O} & \boldsymbol{O}\end{pmatrix}\begin{pmatrix}\boldsymbol{O} & \boldsymbol{B}_{12}\\ \boldsymbol{B}_{21} & \boldsymbol{B}_{22}\end{pmatrix}\boldsymbol{H}^{-1}=\boldsymbol{H}\begin{pmatrix}\boldsymbol{O} & \boldsymbol{B}_{12}\\ \boldsymbol{O} & \boldsymbol{O}\end{pmatrix}\boldsymbol{H}^{-1}.$$

故 $\mathrm{R}(\boldsymbol{A})=\mathrm{R}(\boldsymbol{B}_{12})=s$, 所以 $\boldsymbol{B}_{12}$ 是行满秩矩阵. 而 $s<n/2$, 存在可逆矩阵 $\boldsymbol{P}_1, \boldsymbol{P}_2$, 使得 $\boldsymbol{P}_1\boldsymbol{B}_{12}\boldsymbol{P}_2=(\boldsymbol{I}_s,\boldsymbol{O})$. 令 $\boldsymbol{P}=\boldsymbol{H}\begin{pmatrix}\boldsymbol{P}_1^{-1} & \boldsymbol{O}\\ \boldsymbol{O} & \boldsymbol{P}_2\end{pmatrix}$, 则有

$$\begin{aligned}\boldsymbol{P}^{-1}\boldsymbol{A}\boldsymbol{P}&=\begin{pmatrix}\boldsymbol{P}_1 & \boldsymbol{O}\\ \boldsymbol{O} & \boldsymbol{P}_2^{-1}\end{pmatrix}\boldsymbol{H}^{-1}\boldsymbol{A}\boldsymbol{H}\begin{pmatrix}\boldsymbol{P}_1^{-1} & \boldsymbol{O}\\ \boldsymbol{O} & \boldsymbol{P}_2\end{pmatrix}\\ &=\begin{pmatrix}\boldsymbol{P}_1 & \boldsymbol{O}\\ \boldsymbol{O} & \boldsymbol{P}_2^{-1}\end{pmatrix}\begin{pmatrix}\boldsymbol{O} & \boldsymbol{B}_{12}\\ \boldsymbol{O} & \boldsymbol{O}\end{pmatrix}\begin{pmatrix}\boldsymbol{P}_1^{-1} & \boldsymbol{O}\\ \boldsymbol{O} & \boldsymbol{P}_2\end{pmatrix}\\ &=\begin{pmatrix}\boldsymbol{O} & \boldsymbol{I}_s & \boldsymbol{O}\\ \boldsymbol{O} & \boldsymbol{O} & \boldsymbol{O}\end{pmatrix}.\end{aligned}$$

证法 2　设 $\boldsymbol{A}=(\boldsymbol{\alpha}_1,\boldsymbol{\alpha}_2,\cdots,\boldsymbol{\alpha}_n)$, 由 $\boldsymbol{A}^2=\boldsymbol{O}$ 知, 向量组 (I): $\boldsymbol{\alpha}_1,\boldsymbol{\alpha}_2,\cdots,\boldsymbol{\alpha}_n$ 的每一个向量都是齐次方程组 $\boldsymbol{A}\boldsymbol{x}=\boldsymbol{0}$ 的解. 不妨假设 (II): $\boldsymbol{\alpha}_1,\boldsymbol{\alpha}_2,\cdots,\boldsymbol{\alpha}_s$ 是向量组 (I) 的一个极大无关组, 由于 $\boldsymbol{A}\boldsymbol{x}=\boldsymbol{0}$ 的解空间的维数是 $n-s$ 且 $s<n/2$, 因此 $s<n-s$. 将 (II) 扩充成 $\boldsymbol{A}\boldsymbol{x}=\boldsymbol{0}$ 的解空间的一个基 (III): $\boldsymbol{\alpha}_1,\cdots,\boldsymbol{\alpha}_s,\boldsymbol{\gamma}_{s+1},\cdots,\boldsymbol{\gamma}_{n-2s}$. 记 $\boldsymbol{M}=(\boldsymbol{\alpha}_1,\boldsymbol{\alpha}_2,\cdots,\boldsymbol{\alpha}_s)$, 考察矩阵方程 $\boldsymbol{A}\boldsymbol{X}_{n\times s}=\boldsymbol{M}$. 由于 $\mathrm{R}(\boldsymbol{A})=\mathrm{R}(\boldsymbol{A},\boldsymbol{M})$, 则该方程有解 $\boldsymbol{X}=(\boldsymbol{\beta}_1,\cdots,\boldsymbol{\beta}_s)$, 且 $\mathrm{R}(\boldsymbol{X})\geqslant\mathrm{R}(\boldsymbol{M})$, 因而向量组 $\boldsymbol{\beta}_1,\cdots,\boldsymbol{\beta}_s$ 线性无关. 设

$$k_1\boldsymbol{\alpha}_1+\cdots+k_s\boldsymbol{\alpha}_s+l_1\boldsymbol{\beta}_1+\cdots+l_s\boldsymbol{\beta}_s+t_1\boldsymbol{\gamma}_{s+1}+\cdots+t_{n-2s}\boldsymbol{\gamma}_{n-2s}=\boldsymbol{0},$$

两边同时左乘矩阵 $\boldsymbol{A}$, 可得 $l_1\boldsymbol{\alpha}_1+\cdots+l_s\boldsymbol{\alpha}_s=\boldsymbol{0}$, 即有 $l_1=\cdots=l_s=0$, 进而可得

$$k_1=\cdots=k_s=t_1=\cdots=t_{n-2s}=0,$$

故向量组 $\boldsymbol{\alpha}_1,\cdots,\boldsymbol{\alpha}_s,\boldsymbol{\beta}_1,\cdots,\boldsymbol{\beta}_s,\boldsymbol{\gamma}_{s+1},\cdots,\boldsymbol{\gamma}_{n-2s}$ 线性无关. 记

$$\boldsymbol{P}=(\boldsymbol{\alpha}_1,\cdots,\boldsymbol{\alpha}_s,\boldsymbol{\beta}_1,\cdots,\boldsymbol{\beta}_s,\boldsymbol{\gamma}_{s+1},\cdots,\boldsymbol{\gamma}_{n-2s}),$$

则

$$\begin{aligned}\boldsymbol{A}\boldsymbol{P}&=(\boldsymbol{0},\cdots,\boldsymbol{0},\boldsymbol{\alpha}_1,\cdots,\boldsymbol{\alpha}_s,\boldsymbol{0},\cdots,\boldsymbol{0})\\ &=(\boldsymbol{\alpha}_1,\cdots,\boldsymbol{\alpha}_s,\boldsymbol{\beta}_1,\cdots,\boldsymbol{\beta}_s,\boldsymbol{\gamma}_{s+1},\cdots,\boldsymbol{\gamma}_{n-2s})\begin{pmatrix}\boldsymbol{O} & \boldsymbol{I}_s & \boldsymbol{O}\\ \boldsymbol{O} & \boldsymbol{O} & \boldsymbol{O}\end{pmatrix}\\ &=\boldsymbol{P}\begin{pmatrix}\boldsymbol{O} & \boldsymbol{I}_s & \boldsymbol{O}\\ \boldsymbol{O} & \boldsymbol{O} & \boldsymbol{O}\end{pmatrix}.\end{aligned}$$

证毕.

第十五章　关于正交矩阵与正交变换的深入讨论

设 V 是 n 维欧氏空间, σ 是 V 的线性变换, 如果对任意 $\boldsymbol{\alpha}, \boldsymbol{\beta} \in V$ 都有

$$(\sigma(\boldsymbol{\alpha}), \sigma(\boldsymbol{\beta})) = (\boldsymbol{\alpha}, \boldsymbol{\beta}),$$

则称 σ 是欧氏空间 V 的**正交变换**. 正交变换是可逆变换, 它在任一标准正交基下的矩阵都是正交矩阵. 所以, 选定一个标准正交基之后, 正交变换与正交矩阵一一对应. 由于正交变换不改变向量的内积, 因此, 正交变换不改向量长度, 也不改变向量的夹角. 从几何的角度看, 正交变换不改变几何形状 (注意, 平移变换不是线性变换, 因而不属于这里的考虑范围). 显然镜面反射也不改变几何形状, 基于这个原因, 我们就想, 施行一次正交变换是不是就等于施行了若干次镜面反射? 本章将深入研究正交变换的相似标准形, 即正交矩阵的相似标准形, 同时研究正交变换与镜面反射的关系.

§15.1　正交变换及正交矩阵的相似标准形

本节将从欧氏空间理论的角度研究正交变换的相似标准形, 从而得到正交矩阵的相似标准形, 然后再从矩阵理论的角度给出另一种证明. 这两种证法是等价的, 它们分别对应于前面讲的 "几何法" 和 "解析法".

引理 1　实数域 $\mathbb{R}$ 上的有限维线性空间 (不要求是欧氏空间) 的每一个线性变换都有一维或二维不变子空间.

证明　设 V 是实数域 $\mathbb{R}$ 上的 n 维线性空间, $\boldsymbol{\varepsilon}_1, \cdots, \boldsymbol{\varepsilon}_n$ 为 V 的一个基, σ 是 V 的线性变换, 且

$$\sigma(\boldsymbol{\varepsilon}_1, \cdots, \boldsymbol{\varepsilon}_n) = (\boldsymbol{\varepsilon}_1, \cdots, \boldsymbol{\varepsilon}_n)\boldsymbol{A}. \tag{15.1}$$

若 $\boldsymbol{A}$ 有实特征根, 即 σ 有特征值, 从而 V 存在关于 σ 的特征向量, 于是, 此时 V 存在一维的 σ 子空间.

若 $\boldsymbol{A}$ 没有实特征根, 设 $\lambda_0 = a + b\mathrm{i}\,(a, b \neq 0$为实数) 为 $\boldsymbol{A}$ 的一个复特征根, 则行列式 $|\lambda_0 \boldsymbol{I} - \boldsymbol{A}| = 0$. 于是齐次方程组 $(\lambda_0 \boldsymbol{I} - \boldsymbol{A})\boldsymbol{x} = \boldsymbol{0}$ 在复数域内有非零解, 设为

$$c_1 + d_1\mathrm{i}, \quad c_2 + d_2\mathrm{i}, \quad \cdots, \quad c_n + d_n\mathrm{i},$$

其中 $c_1, \cdots, c_n$ 与 $d_1, \cdots, d_n$ 都是实数, 且由 $b \neq 0$ 可知二者都不全为 0.

现令 $\boldsymbol{\alpha}_1 = (c_1, \cdots, c_n)^{\mathrm{T}}$, $\boldsymbol{\beta}_1 = (d_1, \cdots, d_n)^{\mathrm{T}}$, 则由 (15.1) 式知

$$((a + b\mathrm{i})\boldsymbol{I} - \boldsymbol{A})\,(\boldsymbol{\alpha}_1 + \boldsymbol{\beta}_1\mathrm{i}) = \boldsymbol{0},$$

即

$$\boldsymbol{A}\boldsymbol{\alpha}_1 + \boldsymbol{A}\boldsymbol{\beta}_1\mathrm{i} = (a\boldsymbol{\alpha}_1 - b\boldsymbol{\beta}_1) + (b\boldsymbol{\alpha}_1 + a\boldsymbol{\beta}_1)\mathrm{i}.$$

因此,

$$A\alpha_1 = a\alpha_1 - b\beta_1, \quad A\beta_1 = b\alpha_1 + a\beta_1. \tag{15.2}$$

再令

$$\alpha = c_1\varepsilon_1 + \cdots + c_n\varepsilon_n = (\varepsilon_1, \cdots, \varepsilon_n)\alpha_1, \quad \beta = d_1\varepsilon_1 + \cdots + d_n\varepsilon_n = (\varepsilon_1, \cdots, \varepsilon_n)\beta_1. \tag{15.3}$$

由 (15.1), (15.2) 和 (15.3) 式得

$$\sigma(\alpha) = (\varepsilon_1, \cdots, \varepsilon_n)A\alpha_1 = (\varepsilon_1, \cdots, \varepsilon_n)(a\alpha_1 - b\beta_1) = a\alpha - b\beta. \tag{15.4}$$

同理有

$$\sigma(\beta) = b\alpha + a\beta. \tag{15.5}$$

(15.4) 与 (15.5) 式表明, 子空间 $L(\alpha, \beta)$ 是 σ 不变子空间. 如果 α_1, β_1 线性相关, 由 (15.2) 式可知, A 有实特征根, 这与假设矛盾, 所以 α_1, β_1 线性无关. 从而 α, β 线性无关, 因此 $L(\alpha, \beta)$ 是二维 σ 子空间. 证毕.

引理 2 设 σ 是有限维欧氏空间 V 的正交变换, 若 W 是 V 的 σ 子空间, 则 $W^\perp$ 也是 V 的 σ 子空间.

证明见教材习题第 8.33 题.

推论 1 设 σ 是有限维欧氏空间 V 的正交变换, 则 V 可分解成若干个一维或二维 σ 子空间的直和.

证明 由引理 1 可知, V 存在一维或二维 σ 不变子空间 V_1. 由于 V 是有限维, 故

$$V = V_1 \oplus V_1^\perp.$$

由引理 2 知 $V_1^\perp$ 也是 V 的 σ 子空间, 从而 σ 也是 $V_1^\perp$ 的正交变换. 再对 $V_1^\perp$ 重复应用以上结论, 由于 V 是有限维的, 故 V 可分解成若干个一维或二维 σ 子空间的直和. 证毕.

引理 3 欧氏空间中正交变换如有特征值, 则特征值为 ± 1.

证明见教材例 8.13.

引理 4 设 σ 是二维欧氏空间 V 的正交变换, 且无实特征值, 则 σ 在 V 的某个标准正交基下的矩阵为

$$\begin{pmatrix} \cos\varphi & -\sin\varphi \\ \sin\varphi & \cos\varphi \end{pmatrix}.$$

证明 设 σ 在 V 的标准正交基 $\varepsilon_1, \varepsilon_2$ 下的矩阵为

$$A = \begin{pmatrix} a & b \\ c & d \end{pmatrix},$$

其特征多项式为

$$f(\lambda) = |\lambda I - A| = \lambda^2 - (a+d)\lambda + ad - bc.$$

注意到 σ 无实特征值, 故

$$\Delta=(a+d)^2-4(ad-bc)<0.$$

从而 $|\boldsymbol{A}|=ad-bc>0$. 但 $\boldsymbol{A}$ 是正交矩阵, 故 $|\boldsymbol{A}|=ad-bc=1$. 又由 $\boldsymbol{A}^{\mathrm{T}}=\boldsymbol{A}^{-1}$ 可得

$$\begin{pmatrix} a & c \\ b & d \end{pmatrix}=\begin{pmatrix} d & -b \\ -c & a \end{pmatrix},$$

于是 $d=a, b=-c$, 得到 $a^2+c^2=1$. 故存在 φ 使 $\cos\varphi=a$, $\sin\varphi=c$, 即 σ 在标准正交基 $\boldsymbol{\varepsilon}_1,\boldsymbol{\varepsilon}_2$ 下的矩阵为

$$\boldsymbol{A}=\begin{pmatrix} \cos\varphi & -\sin\varphi \\ \sin\varphi & \cos\varphi \end{pmatrix}.$$

证毕.

由推论 1、引理 3 和引理 4 即得

定理 1 设 σ 是 n 维欧氏空间 V 的一个正交变换, 则存在标准正交基, 使 σ 在此基下的矩阵为

$$\operatorname{diag}\left(\boldsymbol{I}_p,-\boldsymbol{I}_q,\begin{pmatrix} \cos\varphi_1 & -\sin\varphi_1 \\ \sin\varphi_1 & \cos\varphi_1 \end{pmatrix},\cdots,\begin{pmatrix} \cos\varphi_s & -\sin\varphi_s \\ \sin\varphi_s & \cos\varphi_s \end{pmatrix}\right). \tag{15.6}$$

注意到分块对角矩阵 (15.6) 也是正交矩阵. 若两个正交矩阵相似, 则其相似变换矩阵也是正交矩阵, 故由定理 1 可得如下结论:

定理 2 设 $\boldsymbol{A}$ 是 n 阶正交矩阵, 则存在正矩阵 $\boldsymbol{Q}$, 使得 $\boldsymbol{Q}^{\mathrm{T}}\boldsymbol{A}\boldsymbol{Q}$ 具有 (15.6) 的形状, 称分块对角矩阵 (15.6) 为**正交矩阵的相似标准形**.

前面用欧氏空间理论证明了 (几何法) 定理 2, 下面我们准备用矩阵理论重新给出定理 2 的证明 (解析法). 为此先证明如下引理:

引理 5 设 $\boldsymbol{A}$ 是 n 阶正交矩阵, $\lambda=a+b\mathrm{i}\,(a,b\in\mathbb{R},\ b\neq 0)$ 是 $\boldsymbol{A}$ 的特征值, $\boldsymbol{\alpha}=\boldsymbol{x}+\boldsymbol{y}\mathrm{i}\,(\boldsymbol{x},\boldsymbol{y}\in\mathbb{R}^n)$ 是相应的特征向量, 则 $|\boldsymbol{x}|=|\boldsymbol{y}|$, 且 $\boldsymbol{x}\perp\boldsymbol{y}$.

证明 注意到 $\boldsymbol{A}$ 是实矩阵, 且 $\boldsymbol{A}\boldsymbol{\alpha}=\lambda\boldsymbol{\alpha}$, $\boldsymbol{A}\boldsymbol{A}^{\mathrm{T}}=\boldsymbol{I}$, 因此,

$$\overline{\boldsymbol{\alpha}}^{\mathrm{T}}\overline{\boldsymbol{A}}^{\mathrm{T}}\boldsymbol{A}\boldsymbol{\alpha}=\overline{\lambda}\lambda\overline{\boldsymbol{\alpha}}^{\mathrm{T}}\boldsymbol{\alpha}.$$

可知 $|\boldsymbol{\alpha}|^2=|\lambda|^2|\boldsymbol{\alpha}|^2$, 故 $|\lambda|^2=1$, 即 $a^2+b^2=1$. 再由 $\boldsymbol{A}(\boldsymbol{x}+\boldsymbol{y}\mathrm{i})=(a+b\mathrm{i})(\boldsymbol{x}+\boldsymbol{y}\mathrm{i})$ 得

$$\begin{cases} \boldsymbol{A}\boldsymbol{x}=a\boldsymbol{x}-b\boldsymbol{y}, & (15.7)\\ \boldsymbol{A}\boldsymbol{y}=b\boldsymbol{x}+a\boldsymbol{y}. & (15.8) \end{cases}$$

由 (15.7) 式得

$$\boldsymbol{x}^{\mathrm{T}}\boldsymbol{A}^{\mathrm{T}}\boldsymbol{A}\boldsymbol{x}=(a\boldsymbol{x}^{\mathrm{T}}-b\boldsymbol{y}^{\mathrm{T}})(a\boldsymbol{x}-b\boldsymbol{y}),$$

注意到 $\boldsymbol{A}\boldsymbol{A}^{\mathrm{T}}=\boldsymbol{I}$, $\boldsymbol{x}^{\mathrm{T}}\boldsymbol{y}=\boldsymbol{y}^{\mathrm{T}}\boldsymbol{x}$, 从而可得

$$|\boldsymbol{x}|^2=a^2|\boldsymbol{x}|^2+b^2|\boldsymbol{y}|^2-2ab\boldsymbol{x}^{\mathrm{T}}\boldsymbol{y}.$$

而 $a^2+b^2=1$, 故有

$$2ab\boldsymbol{x}^{\mathrm{T}}\boldsymbol{y}=b^2(|\boldsymbol{y}|^2-|\boldsymbol{x}|^2). \tag{15.9}$$

由 (15.7) 和 (15.8) 式又可得

$$\boldsymbol{x}^{\mathrm{T}}\boldsymbol{A}^{\mathrm{T}}\boldsymbol{A}\boldsymbol{y}=(a\boldsymbol{x}^{\mathrm{T}}-b\boldsymbol{y}^{\mathrm{T}})(b\boldsymbol{x}+a\boldsymbol{y}),$$

展开即得

$$-2ab\boldsymbol{x}^{\mathrm{T}}\boldsymbol{y}=a^2(|\boldsymbol{y}|^2-|\boldsymbol{x}|^2). \tag{15.10}$$

将 (15.9) 与 (15.10) 两式相加, 注意到 $a^2+b^2=1$, $b\neq 0$, 可得

$$|\boldsymbol{x}|^2=|\boldsymbol{y}|^2,\quad \boldsymbol{x}^{\mathrm{T}}\boldsymbol{y}=0,$$

故结论成立 (若 $a=0,b=\pm 1$, 由 $\boldsymbol{x}^{\mathrm{T}}\boldsymbol{A}^{\mathrm{T}}\boldsymbol{A}\boldsymbol{y}=-b^2\boldsymbol{y}^{\mathrm{T}}\boldsymbol{x}$ 仍得 $\boldsymbol{x}^{\mathrm{T}}\boldsymbol{y}=0$). 证毕.

定理 2 的证法 2 对正交矩阵 $\boldsymbol{A}$ 的阶数 n 用数学归纳法.

当 $n=1$ 时, 结论显然成立. 当 $n=2$ 时, 由引理 4 可知, 结论也成立. 现在假定当阶数 $<n$ 时结论已成立, 考察 $\boldsymbol{A}$ 的阶数是 n 的情形.

(1) 若 $\boldsymbol{A}$ 有一个实特征值 λ_0, 将其单位特征向量 $\boldsymbol{x}_1$ 扩充成 $\mathbb{R}^n$ 的标准正交基 $\boldsymbol{x}_1,\boldsymbol{x}_2,\cdots,\boldsymbol{x}_n$, 从而

$$\boldsymbol{A}(\boldsymbol{x}_1,\boldsymbol{x}_2,\cdots,\boldsymbol{x}_n)=(\boldsymbol{x}_1,\boldsymbol{x}_2,\cdots,\boldsymbol{x}_n)\begin{pmatrix}\lambda_0 & \boldsymbol{y}^{\mathrm{T}}\\ 0 & \boldsymbol{A}_1\end{pmatrix},$$

这里 $\boldsymbol{A}_1$ 是 $n-1$ 阶方阵, $\boldsymbol{y}\in\mathbb{R}^{n-1}$. 令 $\boldsymbol{Q}_1=(\boldsymbol{x}_1,\boldsymbol{x}_2,\cdots,\boldsymbol{x}_n)$, 则

$$\boldsymbol{Q}_1^{-1}\boldsymbol{A}\boldsymbol{Q}_1=\begin{pmatrix}\lambda_0 & \boldsymbol{y}^{\mathrm{T}}\\ 0 & \boldsymbol{A}_1\end{pmatrix}.$$

将上式中右边的矩阵记为 $\boldsymbol{B}$. 因为 $\boldsymbol{Q}_1,\boldsymbol{A}$ 是正交矩阵, 所以 $\boldsymbol{B}$ 是正交矩阵, 故

$$\boldsymbol{B}\boldsymbol{B}^{\mathrm{T}}=\begin{pmatrix}\lambda_0 & \boldsymbol{y}^{\mathrm{T}}\\ \boldsymbol{0} & \boldsymbol{A}_1\end{pmatrix}\begin{pmatrix}\lambda_0 & \boldsymbol{0}\\ \boldsymbol{y} & \boldsymbol{A}_1^{\mathrm{T}}\end{pmatrix}=\begin{pmatrix}\lambda_0^2+\boldsymbol{y}^{\mathrm{T}}\boldsymbol{y} & \boldsymbol{y}^{\mathrm{T}}\boldsymbol{A}_1^{\mathrm{T}}\\ \boldsymbol{A}_1\boldsymbol{y} & \boldsymbol{A}_1\boldsymbol{A}_1^{\mathrm{T}}\end{pmatrix}=\begin{pmatrix}1 & \boldsymbol{0}\\ \boldsymbol{0} & \boldsymbol{I}_{n-1}\end{pmatrix}.$$

于是可得 $\lambda_0^2+\boldsymbol{y}^{\mathrm{T}}\boldsymbol{y}=1,\boldsymbol{A}_1\boldsymbol{A}_1^{\mathrm{T}}=\boldsymbol{I}_{n-1}$. 而 $\lambda_0^2=1$, 因此 $\boldsymbol{y}=0$, 即

$$\boldsymbol{B}=\begin{pmatrix}\lambda_0 & 0\\ 0 & \boldsymbol{A}_1\end{pmatrix},$$

其中 $\boldsymbol{A}_1$ 是正交矩阵. 由归纳假设, 存在 $n-1$ 阶正交矩阵 $\boldsymbol{Q}_2$, 使得

$$\boldsymbol{Q}_2^{-1}\boldsymbol{A}_1\boldsymbol{Q}_2=\mathrm{diag}\left(\boldsymbol{I}_p,-\boldsymbol{I}_q,\begin{pmatrix}\cos\varphi_1 & -\sin\varphi_1\\ \sin\varphi_1 & \cos\varphi_1\end{pmatrix},\cdots,\begin{pmatrix}\cos\varphi_s & -\sin\varphi_s\\ \sin\varphi_s & \cos\varphi_s\end{pmatrix}\right).$$

令

$$\boldsymbol{Q}=\boldsymbol{Q}_1\begin{pmatrix}1 & \\ & \boldsymbol{Q}_2\end{pmatrix},$$

则 $\boldsymbol{Q}$ 为 n 阶正交矩阵, 且

$$\boldsymbol{Q}^{-1}\boldsymbol{A}\boldsymbol{Q}=\operatorname{diag}\left(\lambda_0,\boldsymbol{I}_p,-\boldsymbol{I}_q,\begin{pmatrix}\cos\varphi_1 & -\sin\varphi_1\\ \sin\varphi_1 & \cos\varphi_1\end{pmatrix},\cdots,\begin{pmatrix}\cos\varphi_s & -\sin\varphi_s\\ \sin\varphi_s & \cos\varphi_s\end{pmatrix}\right).$$

由于 $\lambda_0=\pm1$, 故结论成立.

(2) 若 $\boldsymbol{A}$ 无实特征值. 设 $\lambda=a+b\mathrm{i}\,(b\neq0)$ 是 $\boldsymbol{A}$ 的一个复特征值, $\boldsymbol{x}+\boldsymbol{y}\mathrm{i}$ 为相应特征向量. 由引理 5 可知, $\boldsymbol{x}$ 与 $\boldsymbol{y}$ 正交, 且 $|\boldsymbol{x}|^2=|\boldsymbol{y}|^2$. 因 $|\lambda|=1$, 故可设 $\lambda=\cos\varphi-\mathrm{i}\sin\varphi$. 取 $\boldsymbol{x},\boldsymbol{y}$ 的单位化向量 $\boldsymbol{x}_1,\boldsymbol{x}_2$, 由

$$\boldsymbol{A}(\boldsymbol{x}_1+\boldsymbol{x}_2\mathrm{i})=(\cos\varphi-\mathrm{i}\sin\varphi)(\boldsymbol{x}_1+\boldsymbol{x}_2\mathrm{i})$$

可得

$$\boldsymbol{A}(\boldsymbol{x}_1,\boldsymbol{x}_2)=(\boldsymbol{x}_1,\boldsymbol{x}_2)\begin{pmatrix}\cos\varphi & -\sin\varphi\\ \sin\varphi & \cos\varphi\end{pmatrix}.$$

将 $\boldsymbol{x}_1,\boldsymbol{x}_2$ 扩充成 $\mathbb{R}^n$ 的标准正交基 $\boldsymbol{x}_1,\boldsymbol{x}_2,\cdots,\boldsymbol{x}_n$, 则

$$\boldsymbol{A}(\boldsymbol{x}_1,\boldsymbol{x}_2,\cdots,\boldsymbol{x}_n)=(\boldsymbol{x}_1,\boldsymbol{x}_2,\cdots,\boldsymbol{x}_n)\begin{pmatrix}\begin{pmatrix}\cos\varphi & -\sin\varphi\\ \sin\varphi & \cos\varphi\end{pmatrix} & \boldsymbol{C}\\ \boldsymbol{O} & \boldsymbol{A}_2\end{pmatrix},$$

其中 $\boldsymbol{C}$ 是 $2\times(n-2)$ 实矩阵, $\boldsymbol{A}_2$ 是 $n-2$ 阶实矩阵. 令 $\boldsymbol{Q}_1=(\boldsymbol{x}_1,\boldsymbol{x}_2,\cdots,\boldsymbol{x}_n)$, 则 $\boldsymbol{Q}_1$ 是正交矩阵且

$$\boldsymbol{Q}_1^{\mathrm{T}}\boldsymbol{A}\boldsymbol{Q}_1=\begin{pmatrix}\begin{pmatrix}\cos\varphi & -\sin\varphi\\ \sin\varphi & \cos\varphi\end{pmatrix} & \boldsymbol{C}\\ \boldsymbol{O} & \boldsymbol{A}_2\end{pmatrix}=\boldsymbol{B}.$$

因为 $\boldsymbol{Q}_1,\boldsymbol{A}$ 为正交矩阵, 所以 $\boldsymbol{B}$ 为正交矩阵, 故

$$\begin{pmatrix}\begin{pmatrix}\cos\varphi & -\sin\varphi\\ \sin\varphi & \cos\varphi\end{pmatrix} & \boldsymbol{C}\\ \boldsymbol{O} & \boldsymbol{A}_2\end{pmatrix}\begin{pmatrix}\begin{pmatrix}\cos\varphi & -\sin\varphi\\ \sin\varphi & \cos\varphi\end{pmatrix}^{\mathrm{T}} & \boldsymbol{O}\\ \boldsymbol{C}^{\mathrm{T}} & \boldsymbol{A}_2^{\mathrm{T}}\end{pmatrix}=\begin{pmatrix}\boldsymbol{I}_2 & \boldsymbol{O}\\ \boldsymbol{O} & \boldsymbol{I}_{n-2}\end{pmatrix}.$$

所以

$$\begin{pmatrix}\cos\varphi & -\sin\varphi\\ \sin\varphi & \cos\varphi\end{pmatrix}\begin{pmatrix}\cos\varphi & -\sin\varphi\\ \sin\varphi & \cos\varphi\end{pmatrix}^{\mathrm{T}}+\boldsymbol{C}\boldsymbol{C}^{\mathrm{T}}=\boldsymbol{I}_2,$$

$$\boldsymbol{A}_2\boldsymbol{C}^{\mathrm{T}}=\boldsymbol{O},\ \boldsymbol{A}_2\boldsymbol{A}_2^{\mathrm{T}}=\boldsymbol{I}_{n-2}.$$

故 $\boldsymbol{A}_2$ 是正交矩阵, 且 $\boldsymbol{C}=\boldsymbol{O}$, 即

$$\boldsymbol{B}=\begin{pmatrix}\begin{pmatrix}\cos\varphi & -\sin\varphi\\ \sin\varphi & \cos\varphi\end{pmatrix} & \boldsymbol{O}\\ \boldsymbol{O} & \boldsymbol{A}_2\end{pmatrix}.$$

由归纳假设, 存在 $n-2$ 阶正交矩阵 $\boldsymbol{Q}_2$, 使得

$$\boldsymbol{Q}_2^{-1}\boldsymbol{A}_2\boldsymbol{Q}_2=\operatorname{diag}\left(\boldsymbol{I}_r,-\boldsymbol{I}_s,\begin{pmatrix}\cos\varphi_1 & -\sin\varphi_1\\ \sin\varphi_1 & \cos\varphi_1\end{pmatrix},\cdots,\begin{pmatrix}\cos\varphi_l & -\sin\varphi_l\\ \sin\varphi_l & \cos\varphi_l\end{pmatrix}\right).$$

令

$$\boldsymbol{Q}=\boldsymbol{Q}_1\begin{pmatrix}\boldsymbol{I}_2 & \boldsymbol{O}\\ \boldsymbol{O} & \boldsymbol{Q}_2\end{pmatrix},$$

则 $\boldsymbol{Q}$ 为正交矩阵, 且

$$\boldsymbol{Q}^{-1}\boldsymbol{A}\boldsymbol{Q}=\operatorname{diag}\left(\begin{pmatrix}\cos\varphi & -\sin\varphi\\ \sin\varphi & \cos\varphi\end{pmatrix},\boldsymbol{I}_r,-\boldsymbol{I}_s,\begin{pmatrix}\cos\varphi_1 & -\sin\varphi_1\\ \sin\varphi_1 & \cos\varphi_1\end{pmatrix},\cdots,\begin{pmatrix}\cos\varphi_l & -\sin\varphi_l\\ \sin\varphi_l & \cos\varphi_l\end{pmatrix}\right).$$

适当调整主对角线各块的顺序便知, 结论对阶数为 n 的正交矩阵也成立. 由数学归纳法原理知, 结论成立. 证毕.

§15.2 镜面反射与镜像矩阵

设 $\boldsymbol{\eta}$ 是 n 维欧氏空间 V 的一个单位向量, 对任意 $\boldsymbol{\alpha}\in V$, 定义

$$\sigma(\boldsymbol{\alpha})=\boldsymbol{\alpha}-2(\boldsymbol{\alpha},\boldsymbol{\eta})\boldsymbol{\eta},$$

则 σ 是 V 的正交变换, 称为**镜面反射**或**镜像变换**(教材例 8.10). 设 $\boldsymbol{u}$ 是 n 维单位列向量, 即 $\boldsymbol{u}^{\mathrm{T}}\boldsymbol{u}=1$, 称

$$\boldsymbol{H}=\boldsymbol{I}-2\boldsymbol{u}\boldsymbol{u}^{\mathrm{T}}$$

为 n 阶**镜像矩阵**. 显然 $\boldsymbol{H}$ 是对称矩阵, 也是正交矩阵. 由于 $\boldsymbol{H}^2=\boldsymbol{H}$, 故 $\boldsymbol{H}^{-1}=\boldsymbol{H}$, 即 $\boldsymbol{H}^{-1}$ 也是镜像矩阵 (教材例 2.11, 习题第 8.41 题). 由教材习题第 8.41 题得

定理 3 设 σ 是 n 维欧氏空间 V 的线性变换, 则 σ 是镜面反射的充要条件是, σ 在 V 的任一标准正交基下的矩阵是镜像矩阵.

定理 4 设 $\boldsymbol{\alpha},\boldsymbol{\beta}$ 是欧氏空间 V 的两个模长相等的向量, 即 $|\boldsymbol{\alpha}|=|\boldsymbol{\beta}|$, 则存在镜面反射 σ 使得 $\sigma(\boldsymbol{\alpha})=\boldsymbol{\beta}$.

证明见教材习题第 8.22 题.

定理 5 n 维欧氏空间 V 的任一正交变换都可以表示成若干个镜面反射的乘积.

证明 对欧氏空间的维数 n 做数学归纳法.

当 $n=1$ 时, 取 $\boldsymbol{\varepsilon}$ 是 V 的一个标准正交基. 对 V 的任一正交变换 σ, 都有 $\sigma(\boldsymbol{\varepsilon})=\boldsymbol{\varepsilon}$ 或 $-\boldsymbol{\varepsilon}$. 对后一种情况 σ 已经是一个镜面反射. 对前一种情况, 令 $\tau(\boldsymbol{\alpha})=-\boldsymbol{\alpha}$, $\boldsymbol{\alpha}\in V$, 则 τ 是镜面反射, 且 $\sigma=\tau\tau$. 故当 $n=1$ 时, 结论成立.

假设对 $n-1\,(n\geqslant 2)$ 维欧氏空间 V 的正交变换结论已成立. 下面考虑 n 维欧氏空间 V 的任一正交变换 σ. 取定 V 的一个标准正交基 $\boldsymbol{\varepsilon}_1,\boldsymbol{\varepsilon}_2,\cdots,\boldsymbol{\varepsilon}_n$, 令

$$\sigma(\boldsymbol{\varepsilon}_i)=\boldsymbol{\eta}_i\quad(i=1,2,\cdots,n),$$

则 $\boldsymbol{\eta}_1, \boldsymbol{\eta}_2, \cdots, \boldsymbol{\eta}_n$ 仍是 V 的标准正交基.

注意到 $|\boldsymbol{\varepsilon}_1| = |\boldsymbol{\eta}_1| = 1$, 由定理 4 可知, 存在镜面反射 τ, 使得 $\tau(\boldsymbol{\varepsilon}_1) = \boldsymbol{\eta}_1$. τ 也是正交变换, 因此, $\tau(\boldsymbol{\varepsilon}_1) = \boldsymbol{\eta}_1, \tau(\boldsymbol{\varepsilon}_2), \cdots, \tau(\boldsymbol{\varepsilon}_n)$ 也是 V 的标准正交基. 令

$$W = L(\tau(\boldsymbol{\varepsilon}_2), \cdots, \tau(\boldsymbol{\varepsilon}_n)) = L(\boldsymbol{\eta}_2, \cdots, \boldsymbol{\eta}_n),$$

则 $W = L(\boldsymbol{\eta}_1)^{\perp}$, 且 $\tau(\boldsymbol{\varepsilon}_2), \cdots, \tau(\boldsymbol{\varepsilon}_n)$ 和 $\boldsymbol{\eta}_2, \cdots, \boldsymbol{\eta}_n$ 是 W 的两个标准正交基. 于是存在 W 的正交变换 σ', 使得 $\sigma'(\tau(\boldsymbol{\varepsilon}_i)) = \boldsymbol{\eta}_i\,(i = 2, \cdots, n)$. 由归纳假设可知, σ' 可以表示成若干个镜面反射的乘积

$$\sigma' = \tau_s \tau_{s-1} \cdots \tau_2,$$

其中每一个 τ_i 是由单位向量 $\boldsymbol{\gamma}_i \in W$ 决定的 W 的镜面反射, 即对任意 $\boldsymbol{x} \in W$, 都有

$$\tau_i(\boldsymbol{x}) = \boldsymbol{x} - 2(\boldsymbol{x}, \boldsymbol{\gamma}_i)\boldsymbol{\gamma}_i \quad (i = 2, \cdots, n).$$

现在将每一个 τ_i 扩展成 V 的一个镜面反射. 对任一 $\boldsymbol{\alpha} \in V$, 令

$$\tau_i^*(\boldsymbol{\alpha}) = \boldsymbol{\alpha} - 2(\boldsymbol{\alpha}, \boldsymbol{\gamma}_i)\boldsymbol{\gamma}_i \quad (i = 2, \cdots, s),$$

则 $\tau_i^*(\boldsymbol{\eta}_1) = \boldsymbol{\eta}_1$. 事实上, 由于 $\boldsymbol{\gamma}_i \in W$, 且 $\boldsymbol{\eta}_1$ 与 W 正交, 因此, $\boldsymbol{\eta}_1$ 与 $\boldsymbol{\gamma}_i$ 正交. 于是

$$\tau_i^*(\boldsymbol{\eta}_1) = \boldsymbol{\eta}_1 - 2(\boldsymbol{\eta}_1, \boldsymbol{\gamma}_i)\boldsymbol{\gamma}_i = \boldsymbol{\eta}_1.$$

这样,

$$(\tau_s^* \tau_{s-1}^* \cdots \tau_2^* \tau)(\boldsymbol{\varepsilon}_1) = (\tau_s^* \tau_{s-1}^* \cdots \tau_2^*)\tau(\boldsymbol{\varepsilon}_1) = (\tau_s^* \tau_{s-1}^* \cdots \tau_2^*)(\boldsymbol{\eta}_1) = \boldsymbol{\eta}_1.$$

又 $W = L(\tau(\boldsymbol{\varepsilon}_2), \cdots, \tau(\boldsymbol{\varepsilon}_n))$, 因此, 对一切 $i = 1, 2, \cdots, n$, 都有

$$(\tau_s^* \tau_{s-1}^* \cdots \tau_2^* \tau)(\boldsymbol{\varepsilon}_i) = \sigma'(\tau(\boldsymbol{\varepsilon}_i)) = \boldsymbol{\eta}_{\boldsymbol{i}} = \sigma(\boldsymbol{\varepsilon}_i).$$

然而, $\boldsymbol{\varepsilon}_1, \boldsymbol{\varepsilon}_2, \cdots, \boldsymbol{\varepsilon}_n$ 是 V 的标准正交基, 故对任意 $\boldsymbol{\alpha} \in V$, 都有

$$\sigma(\boldsymbol{\alpha}) = (\tau_s^* \tau_{s-1}^* \cdots \tau_2^* \tau)(\boldsymbol{\alpha}),$$

即 $\sigma = \tau_s^* \tau_{s-1}^* \cdots \tau_2^* \tau$ 是 s 个镜面反射的乘积. 由数学归纳法原理可知, 结论成立. 证毕.

至此, 我们证明了先前的设想, 施行一次正交变换等价于施行了若干镜面反射. 定理 5 的另一个版本是如下结论:

定理 6 任一 n 阶正交矩阵都可以表示成若干个镜像矩阵的乘积.

§15.3 二维与三维欧氏空间的正交变换

本节将讨论欧氏空间 $\mathbb{R}^2$ 和 $\mathbb{R}^3$ 中的正交变换的几何意义, 以此验证上一节定理 6 的正确性. 先看二维的情形.

设 σ 是二维欧氏空间 $\mathbb{R}^2$ 的正交变换, 则存在 $\mathbb{R}^2$ 的一个标准正交基 $\boldsymbol{\varepsilon}_1, \boldsymbol{\varepsilon}_2$, 使 σ 在这个基下的矩阵 $\boldsymbol{A}$ 具有如下几种情况:

(1) $\boldsymbol{A}=\boldsymbol{I}_2$ 或 $-\boldsymbol{I}_2$, 则 σ 是恒等变换或关于原点的反射变换 (等价于两次旋转变换).

(2) $\boldsymbol{A}=\mathrm{diag}(1,-1)$ 或 $\mathrm{diag}(-1,1)$, 则 σ 是关于 x 轴或 y 轴的对称变换 (都是旋转变换).

(3)

$$\boldsymbol{A}=\begin{pmatrix}\cos\varphi & -\sin\varphi\\ \sin\varphi & \cos\varphi\end{pmatrix},$$

这时 σ 是将平面的向量绕原点旋转一个角 φ 的旋转变换.

再看三维欧氏空间的情形. 设 σ 是欧氏空间 $\mathbb{R}^3$ 的正交变换, 则 σ 的特征多项式是实系数三次多项式, 因而至少有一个实数根. 故在 $\mathbb{R}^3$ 中存在一个标准正交基 $\varepsilon_1,\varepsilon_2,\varepsilon_3$, 使 σ 在这个基下的矩阵有如下几种情况:

(1) $\boldsymbol{A}=\boldsymbol{I}_3$ 或 $-\boldsymbol{I}_3$, 则 σ 是恒等变换或关于原点的对称变换;

(2) $\boldsymbol{A}=\mathrm{diag}(1,1,-1)$ 或 $\mathrm{diag}(1,-1,-1)$, 则 σ 是镜面反射变换或以直线为轴旋转 180 度的旋转变换 (即以直线为轴的反射变换);

(3) $\boldsymbol{A}=\begin{pmatrix}1 & 0 & 0\\ 0 & \cos\varphi & -\sin\varphi\\ 0 & \sin\varphi & \cos\varphi\end{pmatrix}$ 或 $\begin{pmatrix}-1 & 0 & 0\\ 0 & \cos\varphi & -\sin\varphi\\ 0 & \sin\varphi & \cos\varphi\end{pmatrix}$, 则 σ 是以直线为轴旋转 φ 角的旋转变换, 或先以直线为轴旋转 φ 角, 然后再做一次镜面反射变换. 事实上, 后一个矩阵可以分解成如下形式:

$$\begin{pmatrix}-1 & 0 & 0\\ 0 & \cos\varphi & -\sin\varphi\\ 0 & \sin\varphi & \cos\varphi\end{pmatrix}=\begin{pmatrix}-1 & 0 & 0\\ 0 & 1 & 0\\ 0 & 0 & 1\end{pmatrix}\begin{pmatrix}1 & 0 & 0\\ 0 & \cos\varphi & -\sin\varphi\\ 0 & \sin\varphi & \cos\varphi\end{pmatrix},$$

从中可以看到, 它对应一个旋转变换与一个镜面反射之乘积.

§15.4 应用举例

例 1 设 $\boldsymbol{A},\boldsymbol{B}$ 为 n 阶正交矩阵, 证明: $|\boldsymbol{A}|+|\boldsymbol{B}|=0$ 当且仅当 $n-\mathrm{R}(\boldsymbol{A}+\boldsymbol{B})$ 为奇数.

证明 因为正交矩阵的逆阵以及正交矩阵的乘积都是正交矩阵, 故 $\boldsymbol{A}\boldsymbol{B}^{-1}$ 还是正交矩阵. $|\boldsymbol{A}|+|\boldsymbol{B}|=0$ 等价于 $|\boldsymbol{A}\boldsymbol{B}^{-1}|=-1$. 又 $\mathrm{R}(\boldsymbol{A}+\boldsymbol{B})=\mathrm{R}(\boldsymbol{A}\boldsymbol{B}^{-1}+\boldsymbol{I}_n)$, 故只需证明 "若 $\boldsymbol{A}$ 是 n 阶正交矩阵, 则 $|\boldsymbol{A}|=-1$ 当且仅当 $n-\mathrm{R}(\boldsymbol{A}+\boldsymbol{I}_n)$ 为奇数" 即可.

由正交矩阵的相似标准形理论可知, 存在正交矩阵 $\boldsymbol{Q}$, 使得

$$\boldsymbol{Q}^{\mathrm{T}}\boldsymbol{A}\boldsymbol{Q}=\mathrm{diag}\left(\boldsymbol{I}_s,-\boldsymbol{I}_t,\begin{pmatrix}\cos\varphi_1 & -\sin\varphi_1\\ \sin\varphi_1 & \cos\varphi_1\end{pmatrix},\cdots,\begin{pmatrix}\cos\varphi_r & -\sin\varphi_r\\ \sin\varphi_r & \cos\varphi_r\end{pmatrix}\right),$$

其中 $\sin\varphi_i\neq 0\,(i=1,\cdots,r)$. 于是 $|\boldsymbol{A}|=(-1)^t$, 并且

$$\begin{aligned}&\boldsymbol{Q}^{\mathrm{T}}(\boldsymbol{A}+\boldsymbol{I}_n)\boldsymbol{Q}\\ &\quad=\mathrm{diag}\left(2,\cdots,2,0,\cdots,0,\begin{pmatrix}1+\cos\varphi_1 & -\sin\varphi_1\\ \sin\varphi_1 & 1+\cos\varphi_1\end{pmatrix},\cdots,\begin{pmatrix}1+\cos\varphi_r & -\sin\varphi_r\\ \sin\varphi_r & 1+\cos\varphi_r\end{pmatrix}\right),\end{aligned}$$

从而 $\mathrm{R}(\boldsymbol{A}+\boldsymbol{I}_n)=n-t$. 因此 $|\boldsymbol{A}|=-1$ 当且仅当 t 为奇数, 即当且仅当 $n-\mathrm{R}(\boldsymbol{A}+\boldsymbol{I}_n)$ 为奇数. 证毕.

例 2 设 $\boldsymbol{A}$ 为 n 阶正交矩阵, 证明: $\mathrm{R}(\boldsymbol{I}_n-\boldsymbol{A})=\mathrm{R}((\boldsymbol{I}_n-\boldsymbol{A})^2)$.

证法 1 由 $\boldsymbol{A}$ 是正交矩阵可知, 存在正交矩阵 $\boldsymbol{Q}$, 使得

$$\boldsymbol{Q}^{\mathrm{T}}\boldsymbol{A}\boldsymbol{Q}=\mathrm{diag}\left(\boldsymbol{I}_s,-\boldsymbol{I}_t,\begin{pmatrix}\cos\varphi_1 & -\sin\varphi_1\\ \sin\varphi_1 & \cos\varphi_1\end{pmatrix},\cdots,\begin{pmatrix}\cos\varphi_r & -\sin\varphi_r\\ \sin\varphi_r & \cos\varphi_r\end{pmatrix}\right),$$

其中 $\sin\varphi_i\neq 0\,(i=1,\cdots,r)$. 因此

$$\begin{aligned}&\boldsymbol{Q}^{\mathrm{T}}(\boldsymbol{I}_n-\boldsymbol{A})\boldsymbol{Q}\\ &=\mathrm{diag}\left(0,\cdots,0,2,\cdots,2,\begin{pmatrix}1-\cos\varphi_1 & \sin\varphi_1\\ -\sin\varphi_1 & 1-\cos\varphi_1\end{pmatrix},\cdots,\begin{pmatrix}1-\cos\varphi_r & \sin\varphi_r\\ -\sin\varphi_r & 1-\cos\varphi_r\end{pmatrix}\right),\end{aligned}$$

从而 $\mathrm{R}(\boldsymbol{I}_n-\boldsymbol{A})=n-s$. 同理可得 $\boldsymbol{Q}^{\mathrm{T}}(\boldsymbol{I}_n-\boldsymbol{A})^2\boldsymbol{Q}$ 的表达式, 并且此可得 $\mathrm{R}((\boldsymbol{I}_n-\boldsymbol{A})^2)=n-s$, 故结论成立. 证毕.

证法 2 注意到

$$\begin{aligned}(\boldsymbol{I}_n-\boldsymbol{A})^2&=(\boldsymbol{I}_n-\boldsymbol{A})(\boldsymbol{A}^{\mathrm{T}}\boldsymbol{A}-\boldsymbol{A})\\ &=-(\boldsymbol{I}_n-\boldsymbol{A})(\boldsymbol{I}_n-\boldsymbol{A}^{\mathrm{T}})\boldsymbol{A}\\ &=-(\boldsymbol{I}_n-\boldsymbol{A})(\boldsymbol{I}_n-\boldsymbol{A})^{\mathrm{T}}\boldsymbol{A},\end{aligned}$$

故由例 3.25 可得

$$\mathrm{R}((\boldsymbol{I}_n-\boldsymbol{A})^2)=\mathrm{R}((\boldsymbol{I}_n-\boldsymbol{A})(\boldsymbol{I}_n-\boldsymbol{A})^{\mathrm{T}})=\mathrm{R}(\boldsymbol{I}_n-\boldsymbol{A}).$$

证毕.

§15.5　习题与答案

1. 设 $\boldsymbol{A},\boldsymbol{B}$ 为 n 阶正交矩阵, 证明: $|\boldsymbol{A}|\cdot|\boldsymbol{B}|=1$ 的充要条件是 $n-\mathrm{R}(\boldsymbol{A}+\boldsymbol{B})$ 是偶数.

2. 利用定理 6 给出矩阵的 QR 分解定理的另一种证明.

矩阵的 QR 分解定理 设 $\boldsymbol{A}$ 是 n 阶实矩阵, 则 $\boldsymbol{A}$ 可分解为 $\boldsymbol{A}=\boldsymbol{Q}\boldsymbol{R}$, 其中 $\boldsymbol{Q}$ 是正交矩阵, $\boldsymbol{R}$ 是上三角矩阵, 且 $\boldsymbol{R}$ 的主对角线元素全大于或等于零. 若 $\boldsymbol{A}$ 是可逆矩阵, 则这种分解是唯一的.

3. 用解析法给出定理 6 的另一种证明.

4. 设 $\boldsymbol{A}$ 是 n 阶正交矩阵, 且 $|\boldsymbol{A}|=1$, 证明: 存在正交矩阵 $\boldsymbol{B}$, 使得 $\boldsymbol{A}=\boldsymbol{B}^2$.

提示或答案

1. 因 $n-\mathrm{R}(\boldsymbol{A}+\boldsymbol{B})=n-\mathrm{R}(\boldsymbol{A}(\boldsymbol{I}+\boldsymbol{A}^{-1}\boldsymbol{B}))=n-\mathrm{R}(\boldsymbol{I}+\boldsymbol{A}^{-1}\boldsymbol{B})$. 所以, $n-\mathrm{R}(\boldsymbol{A}+\boldsymbol{B})$ 为方阵 $\boldsymbol{A}^{-1}\boldsymbol{B}$ 的特征值 -1 的几何重数. 由 $\boldsymbol{A},\boldsymbol{B}$ 正交知, $\boldsymbol{A}^{-1}\boldsymbol{B}$ 正交. 设 $\boldsymbol{A}^{-1}\boldsymbol{B}$ 的正交相似标准形为

$$\mathrm{diag}\left(\boldsymbol{I}_s,-\boldsymbol{I}_t,\begin{pmatrix}\cos\varphi_1 & -\sin\varphi_1\\ \sin\varphi_1 & \cos\varphi_1\end{pmatrix},\cdots,\begin{pmatrix}\cos\varphi_l & -\sin\varphi_l\\ \sin\varphi_l & \cos\varphi_l\end{pmatrix}\right),$$

知 $\boldsymbol{A}^{-1}\boldsymbol{B}$ 的特征值 -1 的代数重数等于几何重数为 t, 于是

$$(-1)^t = |\boldsymbol{A}^{-1}\boldsymbol{B}| = |\boldsymbol{A}\boldsymbol{B}| = |\boldsymbol{A}|\cdot|\boldsymbol{B}|.$$

2. 对 $\boldsymbol{A}$ 的阶数 n 用数学归纳法. 当 $n=1$ 时, 结论显然成立. 假设对 $n-1$ 阶矩阵结论已成立. 下面考虑当 $\boldsymbol{A}$ 是 n 阶矩阵的情形.

设 $\boldsymbol{A}=(\boldsymbol{\alpha}_1,\boldsymbol{\alpha}_1,\cdots,\boldsymbol{\alpha}_n)$, 做 n 维列向量

$$\boldsymbol{\beta} = (|\boldsymbol{\alpha}_1|, 0, \cdots, 0)^{\mathrm{T}},$$

则 $|\boldsymbol{\alpha}_1| = |\boldsymbol{\beta}|$. 由定理 4 可知, 存在单位矩阵或镜像矩阵 $\boldsymbol{H}$, 使得 $\boldsymbol{H}\boldsymbol{\alpha}_1=\boldsymbol{\beta}$. 于是,

$$\boldsymbol{H}\boldsymbol{A} = (\boldsymbol{H}\boldsymbol{\alpha}_1, \boldsymbol{H}\boldsymbol{\alpha}_1, \cdots, \boldsymbol{H}\boldsymbol{\alpha}_n) = \begin{pmatrix} |\boldsymbol{\alpha}_1| & * \\ \boldsymbol{0} & \boldsymbol{A}_1 \end{pmatrix},$$

其中 $\boldsymbol{A}_1$ 是 $n-1$ 阶实矩阵. 由归纳假设, 存在 $n-1$ 阶正交矩阵 $\boldsymbol{Q}_1$ 和主对角元全大于或等于零的上三角矩阵 $\boldsymbol{R}_1$, 使得 $\boldsymbol{A}_1=\boldsymbol{Q}_1\boldsymbol{R}_1$. 容易验证, 单位矩阵或镜像矩阵 $\boldsymbol{H}$ 适合 $\boldsymbol{H}^2=\boldsymbol{I}_n$, 即 $\boldsymbol{H}^{-1}=\boldsymbol{H}$, 因此,

$$\boldsymbol{A} = \boldsymbol{H}\begin{pmatrix} |\boldsymbol{\alpha}_1| & * \\ \boldsymbol{0} & \boldsymbol{Q}_1\boldsymbol{R}_1 \end{pmatrix} = \boldsymbol{H}\begin{pmatrix} 1 & \boldsymbol{0} \\ \boldsymbol{0} & \boldsymbol{Q}_1 \end{pmatrix}\begin{pmatrix} |\boldsymbol{\alpha}_1| & * \\ \boldsymbol{0} & \boldsymbol{R}_1 \end{pmatrix}.$$

令

$$\boldsymbol{Q} = \boldsymbol{H}\begin{pmatrix} 1 & \boldsymbol{0} \\ \boldsymbol{0} & \boldsymbol{Q}_1 \end{pmatrix}, \quad \boldsymbol{R} = \begin{pmatrix} |\boldsymbol{\alpha}_1| & * \\ \boldsymbol{0} & \boldsymbol{R}_1 \end{pmatrix},$$

则为 $\boldsymbol{A}=\boldsymbol{Q}\boldsymbol{R}$ 适合要求. 至于当 $\boldsymbol{A}$ 是可逆矩阵时 QR 分解的唯一性的证明, 见教材定理 8.10 “证明” 的相关部分.

3. 现在对正交矩阵 $\boldsymbol{A}$ 的阶数 n 用数学归纳法.

当 $n=1$ 时, 结论显然成立. 假设对 $n-1$ 阶正交矩阵结论已成立. 下面考虑当 $\boldsymbol{A}$ 是 n 阶正交矩阵的情形.

设 $\boldsymbol{A}=(\boldsymbol{\alpha}_1,\boldsymbol{\alpha}_1,\cdots,\boldsymbol{\alpha}_n)$, 注意到 $\boldsymbol{\alpha}_1$ 是 n 维单位列向量, 由定理 8 可知, 存在 n 阶镜像矩阵 $\boldsymbol{H}_0$(注意单位矩阵是特殊的镜像矩阵), 使得 $\boldsymbol{H}_0\boldsymbol{\alpha}_1=\boldsymbol{e}_1$. 于是,

$$\boldsymbol{H}_0\boldsymbol{A} = (\boldsymbol{H}_0\boldsymbol{\alpha}_1, \boldsymbol{H}_0\boldsymbol{\alpha}_1, \cdots, \boldsymbol{H}_0\boldsymbol{\alpha}_n) = \begin{pmatrix} 1 & \boldsymbol{u}^{\mathrm{T}} \\ \boldsymbol{0} & \boldsymbol{A}_1 \end{pmatrix},$$

其中 $\boldsymbol{A}_1$ 是 $n-1$ 阶矩阵. 注意到 $\boldsymbol{A}$ 和镜像矩阵 $\boldsymbol{H}_0$ 都是正交矩阵, 因此,

$$\boldsymbol{H}_0\boldsymbol{A}\boldsymbol{A}^{\mathrm{T}}\boldsymbol{H}_0^{\mathrm{T}} = \begin{pmatrix} 1 & \boldsymbol{u}^{\mathrm{T}} \\ \boldsymbol{0} & \boldsymbol{A}_1 \end{pmatrix}\begin{pmatrix} 1 & \boldsymbol{0} \\ \boldsymbol{u} & \boldsymbol{A}_1^{\mathrm{T}} \end{pmatrix} = \begin{pmatrix} 1+\boldsymbol{u}^{\mathrm{T}}\boldsymbol{u} & \boldsymbol{u}^{\mathrm{T}}\boldsymbol{A}_1^{\mathrm{T}} \\ \boldsymbol{A}_1\boldsymbol{u} & \boldsymbol{A}_1\boldsymbol{A}_1^{\mathrm{T}} \end{pmatrix} = \begin{pmatrix} 1 & \boldsymbol{0} \\ \boldsymbol{0} & \boldsymbol{I}_{n-1} \end{pmatrix},$$

可得 $\boldsymbol{u}=\boldsymbol{0}$, $\boldsymbol{A}_1\boldsymbol{A}_1^{\mathrm{T}}=\boldsymbol{I}_{n-1}$. 因此, $\boldsymbol{A}_1$ 是 $n-1$ 阶正交矩阵, 且

$$\boldsymbol{H}_0\boldsymbol{A} = \begin{pmatrix} 1 & \boldsymbol{0} \\ \boldsymbol{0} & \boldsymbol{A}_1 \end{pmatrix}.$$

由归纳假设可知, 存在 $n-1$ 阶镜像矩阵 $\widetilde{\boldsymbol{H}}_1,\cdots,\widetilde{\boldsymbol{H}}_s$, 使得 $\boldsymbol{A}_1=\widetilde{\boldsymbol{H}}_1\cdots\widetilde{\boldsymbol{H}}_s$. 令

$$\boldsymbol{H}_i=\begin{pmatrix}1 & \boldsymbol{0}\\ \boldsymbol{0} & \widetilde{\boldsymbol{H}}_i\end{pmatrix},$$

现在证明 $\boldsymbol{H}_i$ 也是镜像矩阵. 事实上, 设 $\widetilde{\boldsymbol{H}}_i=\boldsymbol{I}_{n-1}-2\widetilde{\boldsymbol{u}}_i\widetilde{\boldsymbol{u}}_i^{\mathrm{T}}$, 其中 $\widetilde{\boldsymbol{u}}_i$ 是 $n-1$ 维单位列向量. 注意到 $\boldsymbol{u}_i=\begin{pmatrix}0\\ \widetilde{\boldsymbol{u}}_i\end{pmatrix}$ 是 n 维单位列向量 (这是因为 $|\boldsymbol{u}_i|=\sqrt{0+|\widetilde{\boldsymbol{u}}_i|^2}=1$), 且

$$\boldsymbol{H}_i=\begin{pmatrix}1 & \boldsymbol{0}\\ \boldsymbol{0} & \boldsymbol{I}_{n-1}-2\widetilde{\boldsymbol{u}}_i\widetilde{\boldsymbol{u}}_i^{\mathrm{T}}\end{pmatrix}=\begin{pmatrix}1 & \boldsymbol{0}\\ \boldsymbol{0} & \boldsymbol{I}_{n-1}\end{pmatrix}-2\begin{pmatrix}0 & \boldsymbol{0}\\ \boldsymbol{0} & \widetilde{\boldsymbol{u}}_i\widetilde{\boldsymbol{u}}_i^{\mathrm{T}}\end{pmatrix}=\boldsymbol{I}_n-2\boldsymbol{u}_i\boldsymbol{u}_i^{\mathrm{T}},$$

故 $\boldsymbol{H}_i$ 是镜像矩阵. 注意到 $\boldsymbol{H}_0^{-1}$ 仍为镜像矩阵, 由

$$\boldsymbol{A}=\boldsymbol{H}_0^{-1}\begin{pmatrix}1 & \boldsymbol{0}\\ \boldsymbol{0} & \boldsymbol{A}_1\end{pmatrix}=\boldsymbol{H}_0^{-1}\boldsymbol{H}_1\cdots\boldsymbol{H}_s$$

可知 n 阶正交矩阵 $\boldsymbol{A}$ 也能表示成若干个镜像矩阵之积. 由数学归纳法原理可知结论成立.

4. 存在可逆矩阵 $\boldsymbol{P}$, 使得 $\boldsymbol{A}=\boldsymbol{P\Lambda P}^{-1}$, 其中设 $\boldsymbol{\Lambda}$ 是正交矩阵 $\boldsymbol{A}$ 的相似标准形

$$\boldsymbol{\Lambda}=\operatorname{diag}\left(\boldsymbol{I}_s,-\boldsymbol{I}_t,\begin{pmatrix}\cos\varphi_1 & -\sin\varphi_1\\ \sin\varphi_1 & \cos\varphi_1\end{pmatrix},\cdots,\begin{pmatrix}\cos\varphi_l & -\sin\varphi_l\\ \sin\varphi_l & \cos\varphi_l\end{pmatrix}\right).$$

由于 $|\boldsymbol{A}|=1$, 因此 t 是偶数. 设 $t=2r$ (r 是非负整数). 令 $\boldsymbol{B}=\boldsymbol{P\Lambda}^{1/2}\boldsymbol{P}^{-1}$, 其中

$$\boldsymbol{\Lambda}^{1/2}=\operatorname{diag}(\boldsymbol{I}_s,\boldsymbol{U}_1,\cdots,\boldsymbol{U}_r,\boldsymbol{V}_1,\cdots,\boldsymbol{V}_l),$$

这里

$$\boldsymbol{U}_i=\begin{pmatrix}\cos\pi/2 & -\sin\pi/2\\ \sin\pi/2 & \cos\pi/2\end{pmatrix}\quad(i=1,2,\cdots,r),$$

$$\boldsymbol{V}_i=\begin{pmatrix}\cos\varphi_i/2 & -\sin\varphi_i/2\\ \sin\varphi_i/2 & \cos\varphi_i/2\end{pmatrix}\quad(i=1,2,\cdots,l),$$

于是, $\boldsymbol{A}=\boldsymbol{P\Lambda P}^{-1}=\boldsymbol{B}^2$.

第十六章　反对称矩阵的相似 (合同) 标准形

设 $\boldsymbol{A}=(a_{ij})_{n\times n}$ 是 n 阶矩阵, 如果 $\boldsymbol{A}^{\mathrm{T}}=-\boldsymbol{A}$, 则称 $\boldsymbol{A}$ 是 n 阶**反对称矩阵**. 由定义可知, 反对称矩阵的主对角元全为零, 且关于主对角线对称的元素反号, 即 $a_{ii}=0$, $a_{ij}=-a_{ji}$, $(i,j=1,2,\cdots,n;\ i\neq j)$. 奇数阶反对称矩阵的行列式为零. 我们已经熟悉了反对称矩阵的一些性质, 如任一 n 阶矩阵都可以表示成一个对称矩阵与一个反对称矩阵之和 (教材第二章), 反对称矩阵的特征值只能是零或纯虚数 (教材第八章), 等等. 本专题讨论反对称实矩阵的相似标准形及一般数域上反对称矩阵的合同标准形.

§16.1　反对称实矩阵的相似标准形

定理 1　设 $\boldsymbol{A}$ 是 n 阶反对称实矩阵, 则存在 n 阶正交矩阵 $\boldsymbol{Q}$, 使得

$$\boldsymbol{Q}^{\mathrm{T}}\boldsymbol{A}\boldsymbol{Q}=\operatorname{diag}\left(0,\cdots,0,\begin{pmatrix}0&b_1\\-b_1&0\end{pmatrix},\cdots,\begin{pmatrix}0&b_s\\-b_s&0\end{pmatrix}\right),\tag{16.1}$$

其中 $b_1,\cdots,b_s$ 为实数.

证明　考虑 n 维欧氏空间 $\mathbb{R}^n$ 上的反对称线性变换 $\sigma(\boldsymbol{x})=\boldsymbol{A}\boldsymbol{x}$, $\boldsymbol{x}\in\mathbb{R}^n$. 只需证明: 存在 $\mathbb{R}^n$ 的一个标准正交基, 使得 σ 在这个基下的矩阵是具有 (16.1) 式的形式.

下面对空间维数 n 用数学归纳法. 当 $n=1$ 时, $\boldsymbol{A}=(0)$, 结论成立. 假设对维数 $\leqslant n-1$ 的欧氏空间的反对称变换结论已经成立. 我们知道, 对于 n 维欧氏空间 $\mathbb{R}^n$ 上的反对称线性变换 σ 的特征值, 也即是 $\boldsymbol{A}$ 的特征值, 只能是 0 或纯虚数. 考虑如下两种情况:

(1) 如果 $\boldsymbol{A}$ 有 0 特征值, 设 $\boldsymbol{\alpha}_1$ 是属于特征值 0 的特征向量. 记 $V_1=L(\boldsymbol{\alpha}_1)^{\perp}$, 因 σ 是反对称变换, 则 V_1 是 σ 不变子空间, 且 $\sigma|_{V_1}$ 仍为反对称变换, $\dim V_1=n-1$. 由归纳假设可知, 存在 V_1 的标准正交基 $\boldsymbol{\alpha}_2,\boldsymbol{\alpha}_3,\cdots,\boldsymbol{\alpha}_n$, 使得 $\sigma|_{V_1}$ 在这个基下的矩阵 $\boldsymbol{A}_1$ 具有 (16.1) 式的形状. 而且, $\boldsymbol{\alpha}_1,\boldsymbol{\alpha}_2,\cdots,\boldsymbol{\alpha}_n$ 是 $\mathbb{R}^n$ 的标准正交基, σ 在这个基下的矩阵是

$$\boldsymbol{A}=\begin{pmatrix}0&\boldsymbol{0}\\\boldsymbol{0}&\boldsymbol{A}_1\end{pmatrix},$$

也是 (16.1) 式的形状.

(2) 如果 $\boldsymbol{A}$ 有纯虚数特征根 $b\mathrm{i}$, 其中 $b\in\mathbb{R}$, 且 $b\neq 0$. 设 $\boldsymbol{x}+\boldsymbol{y}\mathrm{i}$ 是相应的复特征向量, $\boldsymbol{x},\boldsymbol{y}\in\mathbb{R}^n$. 由 $\boldsymbol{A}(\boldsymbol{x}+\boldsymbol{y}\mathrm{i})=b\mathrm{i}(\boldsymbol{x}+\boldsymbol{y}\mathrm{i})$ 可得

$$\boldsymbol{A}\boldsymbol{x}=-b\boldsymbol{y},\quad \boldsymbol{A}\boldsymbol{y}=b\boldsymbol{x}.$$

由 σ 的反对称性及内积的对称性得

$$(\boldsymbol{A}\boldsymbol{x},\boldsymbol{x})=-(\boldsymbol{x},\boldsymbol{A}\boldsymbol{x})=-(\boldsymbol{A}\boldsymbol{x},\boldsymbol{x})=0,$$

故 $0=(\boldsymbol{Ax},\boldsymbol{x})=-b(\boldsymbol{y},\boldsymbol{x})$, 即 $\boldsymbol{x}$, $\boldsymbol{y}$ 正交. 由 σ 是反对称变换及内积的对称性可得

$$b((\boldsymbol{x},\boldsymbol{x})-(\boldsymbol{y},\boldsymbol{y}))=(\boldsymbol{Ay},\boldsymbol{x})+(\boldsymbol{Ax},\boldsymbol{y})=-(\boldsymbol{y},\boldsymbol{Ax})+(\boldsymbol{Ax},\boldsymbol{y})=0.$$

又由 $b\neq 0$ 可知, $(\boldsymbol{x},\boldsymbol{x})=(\boldsymbol{y},\boldsymbol{y})$. 不妨假定 $(\boldsymbol{x},\boldsymbol{x})=(\boldsymbol{y},\boldsymbol{y})=1$, $W_1=L(\boldsymbol{x},\boldsymbol{y})$, $W_2=W_1^{\perp}$, 则 $\boldsymbol{x},\boldsymbol{y}$ 是 W_1 的标准正交基. 由归纳假设可知, W_2 存在一个标准正交基 $\boldsymbol{\beta}_3,\boldsymbol{\beta}_4,\cdots,\boldsymbol{\beta}_n$, 使得 σ 在这个基下的矩阵是为 $\boldsymbol{A}_2$, 且具有 (16.1) 式的形状. 显然, $\boldsymbol{x},\boldsymbol{y},\boldsymbol{\beta}_3,\cdots,\boldsymbol{\beta}_n$ 是 $\mathbb{R}^n$ 的标准正交基, 且 σ 在这个基下的矩阵是

$$\begin{pmatrix} 0 & b & \\ -b & 0 & \\ & & \boldsymbol{A}_2 \end{pmatrix}. \tag{16.2}$$

如有需要, 重新排列 (16.2) 中主对角线各矩阵子块的顺序, 或者说, 重新排列基 $\boldsymbol{x},\boldsymbol{y},\boldsymbol{\beta}_3,\cdots,\boldsymbol{\beta}_n$ 的顺序, 使 σ 在重排后的这个基下的矩阵具有 (16.1) 的形状. 由于欧氏空间中线性变换在不同的标准正交基下的矩阵是正交相似的, 故结论对 n 维欧氏空间也成立, 由数学归纳法原理知, 结论成立. 证毕.

由定理 1 的证明过程即得

推论 1 设 $\boldsymbol{A}$ 为实反对称矩阵, 则相应于 $\boldsymbol{A}$ 的纯虚数特征值的特征向量, 其实部与虚部实向量的长度相等且相互正交.

例 1 设 $\boldsymbol{S}$ 是非零的反对称实矩阵, 证明:

(1) $|\boldsymbol{I}+\boldsymbol{S}|>1$;

(2) 设 $\boldsymbol{A}$ 是正定矩阵, 则 $|\boldsymbol{A}+\boldsymbol{S}|>|\boldsymbol{A}|$.

证明 (1) 由定理 1 可知, 存在正交矩阵 $\boldsymbol{Q}$, 使得

$$\boldsymbol{Q}^{\mathrm{T}}\boldsymbol{SQ}=\operatorname{diag}\left(0,\cdots,0,\begin{pmatrix} 0 & b_1 \\ -b_1 & 0 \end{pmatrix},\cdots,\begin{pmatrix} 0 & b_s \\ -b_s & 0 \end{pmatrix}\right),$$

其中 $b_1,\cdots,b_s$ 为实数. 因此,

$$\begin{aligned} |\boldsymbol{Q}^{\mathrm{T}}(\boldsymbol{I}+\boldsymbol{S})\boldsymbol{Q}| &= |\boldsymbol{Q}^{\mathrm{T}}\boldsymbol{Q}||\boldsymbol{I}+\boldsymbol{S}| \\ &= \left|\operatorname{diag}\left(1,\cdots,1,\begin{pmatrix} 1 & b_1 \\ -b_1 & 1 \end{pmatrix},\cdots,\begin{pmatrix} 1 & b_s \\ -b_s & 1 \end{pmatrix}\right)\right| \\ &= \prod_{k=1}^{s}(1+b_k)^2>1. \end{aligned}$$

(2) 由于 $\boldsymbol{A}$ 是正定矩阵, 故存在可逆矩阵 $\boldsymbol{C}$, 使得 $\boldsymbol{A}=\boldsymbol{C}^{\mathrm{T}}\boldsymbol{C}$. 由 $\boldsymbol{S}$ 是非零反对称矩阵知, $\boldsymbol{S}_1=(\boldsymbol{C}^{-1})^{\mathrm{T}}\boldsymbol{SC}^{-1}$ 仍是非零反对称矩阵. 由已证的结论 (1) 可得

$$|\boldsymbol{A}+\boldsymbol{S}|=|\boldsymbol{C}^{\mathrm{T}}(\boldsymbol{I}+\boldsymbol{S}_1)\boldsymbol{C}|=|\boldsymbol{C}^{\mathrm{T}}\boldsymbol{C}||\boldsymbol{I}+\boldsymbol{S}_1|>|\boldsymbol{A}|.$$

证毕.

§16.2 反对称矩阵的合同标准形

定理 2 设 $\boldsymbol{A}$ 是数域 $\mathbb{P}$ 上的 n 阶反对称矩阵, 则 $\boldsymbol{A}$ 合同于如下分块对角矩阵:

$$\operatorname{diag}\left(0,\cdots,0,\begin{pmatrix}0&1\\-1&0\end{pmatrix},\cdots,\begin{pmatrix}0&1\\-1&0\end{pmatrix}\right). \tag{16.3}$$

证明 对矩阵的阶数用数学归纳法证明.

当 $n=1$ 时, 反对称矩阵 $\boldsymbol{A}=(0)$, 结论成立. 下面考虑 $\boldsymbol{A}$ 是非零反对称矩阵的情形. 当 $n=2$ 时,

$$\boldsymbol{A}=\begin{pmatrix}0&b\\-b&0\end{pmatrix}=\begin{pmatrix}1&0\\0&b\end{pmatrix}^{\mathrm{T}}\begin{pmatrix}0&1\\-1&0\end{pmatrix}\begin{pmatrix}1&0\\0&b\end{pmatrix},$$

结论也成立.

假设当 $n\leqslant k-1\,(k\geqslant 3)$ 时结论成立, 现在考察当 $n=k$ 的情形. 设

$$\boldsymbol{A}=\begin{pmatrix}0&a_{12}&a_{13}&\cdots&a_{1k}\\-a_{12}&0&a_{23}&\cdots&a_{2k}\\-a_{13}&-a_{23}&0&\cdots&a_{3k}\\\vdots&\vdots&\vdots&&\vdots\\-a_{1k}&-a_{2k}&-a_{3k}&\cdots&0\end{pmatrix}.$$

若第一行和第一列全为零, 则结论成立. 否则, 经过行和列的同时初等变换 (初等合同变换), 使得 $a_{12}\neq 0$. 将第一行和第一列都乘以 $1/a_{12}$, 则将 $\boldsymbol{A}$ 合同于

$$\begin{pmatrix}0&1&b_{13}&\cdots&b_{1k}\\-1&0&a_{23}&\cdots&a_{2k}\\-b_{13}&-a_{23}&0&\cdots&a_{3k}\\\vdots&\vdots&\vdots&&\vdots\\-b_{1k}&-a_{2k}&-a_{3k}&\cdots&0\end{pmatrix}.$$

然后利用 1 和 -1, 将前面两行和两列的其他元素经过初等合同变换化为 0, 得到

$$\begin{pmatrix}0&1&0&\cdots&0\\-1&0&0&\cdots&0\\0&0&0&\cdots&a_{3k}\\\vdots&\vdots&\vdots&&\vdots\\0&0&-a_{3k}&\cdots&0\end{pmatrix}.$$

由归纳假设可知, 右下角的 $k-2$ 阶反对称矩阵合同于

$$\operatorname{diag}\left(0,\cdots,0,\begin{pmatrix}0&1\\-1&0\end{pmatrix},\cdots,\begin{pmatrix}0&1\\-1&0\end{pmatrix}\right).$$

从而可知, $\boldsymbol{A}$ 合同于

$$\operatorname{diag}\left(\begin{pmatrix}0&1\\-1&0\end{pmatrix},0,\cdots,0,\begin{pmatrix}0&1\\-1&0\end{pmatrix},\cdots,\begin{pmatrix}0&1\\-1&0\end{pmatrix}\right).$$

适当经过行列的交换可得结论对 $n=k$ 也成立. 由数学归纳法原理可知, 结论成立. 证毕.

例 2 (南开大学考研试题) 设 $\boldsymbol{A}$ 是 n 阶的反对称实矩阵, 证明:

(1) $|\boldsymbol{A}|\geqslant 0$;

(2) 如果 $\boldsymbol{A}$ 中的元素全为整数, 则 $|\boldsymbol{A}|$ 必为某个整数的平方.

证明 (1) 由于 $\boldsymbol{A}$ 的特征值是零或纯虚数, 且纯虚数共轭成对出现, 故 $|\boldsymbol{A}|$ 等于 $\boldsymbol{A}$ 的特征值之积, 且大于或等于零.

(2) 注意奇数阶反对称实矩阵的行列式等于零, 结论已成立. 下面用数学归纳法证明当阶数 n 是偶数的情形结论成立.

当 $n=2$ 时, 结论显然成立. 假设对于 $n=2k(k\geqslant 1)$ 时结论已成立, 下证当 $n=2(k+1)$ 时结论成立.

事实上, 将 $2k+2$ 阶反对称实矩阵 $\boldsymbol{A}$ 分块如下:

$$\boldsymbol{A}=\begin{pmatrix}\boldsymbol{A}_{2k}&\boldsymbol{B}\\-\boldsymbol{B}^{\mathrm{T}}&\boldsymbol{C}_2\end{pmatrix},$$

其中 $\boldsymbol{A}_{2k},\boldsymbol{C}_2$ 分别是 $2k$ 阶和二阶反对称实矩阵. 若 $|\boldsymbol{C}_2|\neq 0$, 由行列式降阶定理得

$$|\boldsymbol{A}|=|\boldsymbol{C}_2||\boldsymbol{A}_{2k}+\boldsymbol{B}\boldsymbol{C}_2^{-1}\boldsymbol{B}^{\mathrm{T}}|.$$

注意到 $(\boldsymbol{A}_{2k}+\boldsymbol{B}\boldsymbol{C}_2^{-1}\boldsymbol{B}^{\mathrm{T}})^{\mathrm{T}}=-(\boldsymbol{A}_{2k}+\boldsymbol{B}\boldsymbol{C}_2^{-1}\boldsymbol{B}^{\mathrm{T}})$, 即 $\boldsymbol{A}_{2k}+\boldsymbol{B}\boldsymbol{C}_2^{-1}\boldsymbol{B}^{\mathrm{T}})^{\mathrm{T}}$ 仍是反对称实矩阵, 由归纳假设可知结论成立.

若 $|\boldsymbol{C}_2|=0$, 则适当交换 $\boldsymbol{A}$ 的两行及相应的两列, 使得 $|\boldsymbol{C}_2|\neq 0$ (如果不能实现, 除非 $\boldsymbol{A}$ 的最后一列全为零, 这时 $|\boldsymbol{A}|=0$, 结论已成立), 由已证的结论知 $|\boldsymbol{A}|$ 为某个整数的平方, 结论成立.

由数学归纳法原理可知, 结论对一切 n 阶反对称实矩阵成立. 证毕.

§16.3 习题与答案

1. 证明: 反对称矩阵的秩为偶数.

2. 证明: 数域 $\mathbb{P}$ 上两个反对称矩阵合同的充要条件是它们有相同的秩.

3. 设 $\boldsymbol{A}$ 是 n 阶反对称实矩阵, $\boldsymbol{D}=\operatorname{diag}(\lambda_1,\lambda_2,\cdots,\lambda_n)$, $\lambda_i>0\,(i=1,2,\cdots,n)$. 证明: $|\boldsymbol{A}+\boldsymbol{D}|>0$.

4. 设 $\boldsymbol{A}$ 是 n 阶实矩阵, 且 $\boldsymbol{A}+\boldsymbol{A}^{\mathrm{T}}$ 是正定矩阵. 证明: $|\boldsymbol{A}|>0$.

5. 设 $\boldsymbol{A}$ 是 n 阶正定矩阵, $\boldsymbol{B}$ 为 n 阶反对称实矩阵. 证明: $\boldsymbol{A}-\boldsymbol{B}^2$ 是正定矩阵.

6. 设 $\boldsymbol{A}$ 反对称实矩阵, 证明: $\boldsymbol{I}-\boldsymbol{A}^{10}$ 是正定矩阵.

提示或答案

1. 由定理 2 即得.

2. 由定理 1 可知, 它们有相同的合同标准形, 由合同的传递性即知结论成立.

3. 由定理 1 即得.

4. 注意

$$\boldsymbol{A}=\frac{1}{2}(\boldsymbol{A}+\boldsymbol{A}^{\mathrm{T}})+\frac{1}{2}(\boldsymbol{A}-\boldsymbol{A}^{\mathrm{T}}),$$

由于 $\boldsymbol{A}+\boldsymbol{A}^{\mathrm{T}}$ 是正定矩阵, $\boldsymbol{A}-\boldsymbol{A}^{\mathrm{T}}$ 是反对称矩阵, 联系例 1(2) 即得所证.

5. **方法 1**　首先 $-\boldsymbol{B}^2=\boldsymbol{B}\boldsymbol{B}^{\mathrm{T}}$, $(\boldsymbol{A}-\boldsymbol{B}^2)^{\mathrm{T}}=\boldsymbol{A}-\boldsymbol{B}^2$. 其次, 对任意 $\boldsymbol{x}\in\mathbb{R}^n$, 且 $\boldsymbol{x}\neq\boldsymbol{0}$, 都有

$$\boldsymbol{x}^{\mathrm{T}}(\boldsymbol{A}-\boldsymbol{B}^2)\boldsymbol{x}=\boldsymbol{x}^{\mathrm{T}}\boldsymbol{A}\boldsymbol{x}+(\boldsymbol{B}\boldsymbol{x})^{\mathrm{T}}(\boldsymbol{B}\boldsymbol{x})>0.$$

方法 2　注意 $-\boldsymbol{B}^2=\boldsymbol{B}\boldsymbol{B}^{\mathrm{T}}$ 是半正定矩阵, 由教材例 9.20 可知, $\boldsymbol{A}$ 和 $-\boldsymbol{B}^2$ 可同时合同对角化, 因而 $\boldsymbol{A}-\boldsymbol{B}^2$ 合同于对角矩阵 $\mathrm{diag}(b_1^2+\lambda_1,\cdots,b_s^2+\lambda_s,\lambda_{s+1},\cdots,\lambda_n)$, 其中 $\lambda_i>0$, $b_i\in\mathbb{R}$.

6. 注意 $-\boldsymbol{A}^2=\boldsymbol{A}\boldsymbol{A}^{\mathrm{T}}$ 是半正定矩阵.

第十七章　矩阵摄动法及其应用

§17.1　矩阵摄动法

在矩阵理论中, 如果要将在非奇异 (可逆) 矩阵的条件下已经成立的某个命题推广到奇异 (不可逆) 矩阵的情形也成立, 则往往使用 "矩阵摄动法". 为了解释运用矩阵摄动法的基本步骤, 先从一个具体的例子谈起.

例 1　设 $\boldsymbol{A}, \boldsymbol{B}$ 是两个 n 阶矩阵, 证明: $\boldsymbol{AB}$ 与 $\boldsymbol{BA}$ 有相同的特征多项式, 从而有相同的特征值.

这是一个重要的命题, 读者应该记住. 教材在例 6.34 已经给出了两种证法, 现在我们探索第三种证法.

证明　如果 $\boldsymbol{A}$ 是非奇异矩阵, 由 $\boldsymbol{BA} = \boldsymbol{A}^{-1}\boldsymbol{ABA}$ 可知, $\boldsymbol{AB}$ 与 $\boldsymbol{BA}$ 相似, 因此, 它们有相同的特征多项式, 也有相同的特征值.

当 $\boldsymbol{A}$ 是奇异矩阵时, 设 n 阶矩阵 $\boldsymbol{A}$ 在复数域上的特征值是 $\lambda_1, \lambda_2, \cdots, \lambda_n$. 因此, 存在一有理数列 $x_k \to 0$, 使得 $x_k\boldsymbol{I} + \boldsymbol{A}$ 的特征值是 $\lambda_1 + x_k, \lambda_2 + x_k, \cdots, \lambda_n + x_k$ 都不为零, 故

$$|x_k\boldsymbol{I} + \boldsymbol{A}| \neq 0. \tag{17.1}$$

由已证的结果知, $(x_k\boldsymbol{I} + \boldsymbol{A})\boldsymbol{B}$ 与 $\boldsymbol{B}(x_k\boldsymbol{I} + \boldsymbol{A})$ 有相同的特征多项式, 即

$$|\lambda\boldsymbol{I} - (x_k\boldsymbol{I} + \boldsymbol{A})\boldsymbol{B}| = |\lambda\boldsymbol{I} - \boldsymbol{B}(x_k\boldsymbol{I} + \boldsymbol{A})|,$$

或写成

$$|(\lambda\boldsymbol{I} - \boldsymbol{AB}) - x_k\boldsymbol{B}| = |(\lambda\boldsymbol{I} - \boldsymbol{BA}) - x_k\boldsymbol{B}|.$$

对每个固定的 λ, 上式等号两边的行列式展开都是关于 x_k 的 n 次多项式, 因而关于 x_k 连续. 令 $x_k \to 0$, 得到

$$|\lambda\boldsymbol{I} - \boldsymbol{AB}| = |\lambda\boldsymbol{I} - \boldsymbol{BA}|.$$

证毕.

其中取 $\{x_k\}$ 为有理数列的原因是有理数域为最小的数域. 从这个例子我们看到, 运用矩阵摄动法证明与矩阵 $\boldsymbol{A}$ 有关的命题的步骤如下:

(1) 先证明当 $\boldsymbol{A}$ 是非奇异矩阵时命题成立;

(2) 当 $\boldsymbol{A}$ 是奇异矩阵时, 取这样的 x, 使得 $x\boldsymbol{I} + \boldsymbol{A}$ 是非奇异矩阵, 即 (17.1) 式成立. 再由前一步已证的结果推得命题对奇异矩阵也成立;

(3) 取极限或运用连续函数的介值定理.

§17.2　应 用 举 例

例 2　设 $\boldsymbol{A} = (a_{ij})_{n\times n}$ 是 n 阶矩阵, 证明:

(1) 如果 $|a_{ii}| > \sum\limits_{j\neq i}|a_{ij}|\,(i=1,2,\cdots,n)$, 那么 $|\boldsymbol{A}|\neq 0$;

(2) 如果 $\boldsymbol{A}$ 是 n 阶实矩阵, 且 $a_{ii} > \sum\limits_{j\neq i}|a_{ij}|\,(i=1,2,\cdots,n)$, 那么 $|\boldsymbol{A}|>0$.

这是教材习题第 3.43 题, 满足条件 (1) 的矩阵 $\boldsymbol{A}$ 称为**严格对角占优矩阵**或**阿达马矩阵**. 第 (1) 问的 "证明" 请看相应的习题选解. 对第 (2) 问, 习题选解中给出了 "证明", 下面运用矩阵摄动法给出另外一种证明:

(2) **证明** 由 (1) 知 $|\boldsymbol{A}|\neq 0$. 假设 $|\boldsymbol{A}|<0$, 考虑

$$f(x)=|x\boldsymbol{I}+\boldsymbol{A}|,$$

它是 x 的 n 次首 1 多项式. 当 x 充分大时, $f(x)>0$, 又 $f(0)=|\boldsymbol{A}|<0$, 由连续函数的介值定理可知, 存在 $x_0>0$, 使得 $f(x_0)=|x_0\boldsymbol{I}+\boldsymbol{A}|=0$. 显然 $x_0\boldsymbol{I}+\boldsymbol{A}$ 也是严格占优矩阵, 由 (1) 知 $|x_0\boldsymbol{I}+\boldsymbol{A}|\neq 0$, 得到矛盾, 故 $|\boldsymbol{A}|>0$. 证毕.

注 例 2 在运用矩阵摄动法时, 第 (2) 步是运用了连续函数的介值定理, 这与例 1 不同. 例 1 的第 (2) 步则是运用 $x_k\to 0$ 时得到所需的结论.

例 3 (中南大学考研试题) 设 $\boldsymbol{A}$, $\boldsymbol{B}$ 是两个 n 阶矩阵, 证明: $(\boldsymbol{AB})^*=\boldsymbol{B}^*\boldsymbol{A}^*$.

证明 若 $\boldsymbol{A}$, $\boldsymbol{B}$ 都是非奇异矩阵, 则 $\boldsymbol{A}^*=|\boldsymbol{A}|\boldsymbol{A}^{-1}$, $\boldsymbol{B}^*=|\boldsymbol{B}|\boldsymbol{B}^{-1}$, 从而

$$(\boldsymbol{AB})^*=|\boldsymbol{AB}|(\boldsymbol{AB})^{-1}=|\boldsymbol{A}||\boldsymbol{B}|\boldsymbol{B}^{-1}\boldsymbol{A}^{-1}=|\boldsymbol{B}|\boldsymbol{B}^{-1}\cdot|\boldsymbol{A}|\boldsymbol{A}^{-1}=\boldsymbol{B}^*\boldsymbol{A}^*.$$

对一般的方阵 $\boldsymbol{A}$, $\boldsymbol{B}$, 存在一有理数列 $x_k\to 0$, 使得 $x_k\boldsymbol{I}+\boldsymbol{A}$ 及 $x_k\boldsymbol{I}+\boldsymbol{B}$ 都是非奇异矩阵. 由前面已证明的结论可知

$$((x_k\boldsymbol{I}+\boldsymbol{A})(x_k\boldsymbol{I}+\boldsymbol{B}))^*=(x_k\boldsymbol{I}+\boldsymbol{B})^*(x_k\boldsymbol{I}+\boldsymbol{A})^*. \tag{17.2}$$

由连续性, 在 (17.2) 式中令 $x_k\to 0$ 即得所证. 证毕.

注 请对比专题讲座 "幂等矩阵、对合矩阵与幂零矩阵" 的 "习题与解答" 第 6 题.

例 4 设 $\boldsymbol{A}$, $\boldsymbol{B}$ 都是 n 阶半正定矩阵, 证明: $|\boldsymbol{A}+\boldsymbol{B}|\geqslant|\boldsymbol{A}|+|\boldsymbol{B}|$.

证明 如果 $\boldsymbol{A}$ 是正定矩阵, $\boldsymbol{B}$ 是半正定矩阵, 则结论是成立的 (见习题第 9.37 题的 "证明"). 当矩阵 $\boldsymbol{A}$ 和 $\boldsymbol{B}$ 都是半正定矩阵时, 则对任意 $x>0$, 都有 $x\boldsymbol{I}+\boldsymbol{A}$ 是正定矩阵. 由已证的结论可知

$$|(x\boldsymbol{I}+\boldsymbol{A})+\boldsymbol{B}|\geqslant|x\boldsymbol{I}+\boldsymbol{A}|+|\boldsymbol{B}|.$$

显然这个不等式两边展开都是 x 的多项式, 从而关于 x 是连续的, 令 $x\to 0$ 即得

$$|\boldsymbol{A}+\boldsymbol{B}|\geqslant|\boldsymbol{A}|+|\boldsymbol{B}|.$$

证毕.

§17.3 习题与答案

1. 设 $\boldsymbol{A}$, $\boldsymbol{B}$, $\boldsymbol{C}$, $\boldsymbol{D}$ 都是 n 阶矩阵, 考虑分块行列式

$$d=\begin{vmatrix}\boldsymbol{A} & \boldsymbol{B}\\ \boldsymbol{C} & \boldsymbol{D}\end{vmatrix},$$

(1) 若 $\boldsymbol{AC}=\boldsymbol{CA}$, 证明: $d=|\boldsymbol{AD}-\boldsymbol{CB}|$;

(2) 若 $\boldsymbol{AB}=\boldsymbol{BA}$, 证明: $d=|\boldsymbol{DA}-\boldsymbol{CB}|$.

2. 设 $\boldsymbol{A}$ 是 n 阶矩阵 $(n>2)$, 证明: $(\boldsymbol{A}^*)^*=|\boldsymbol{A}|^{n-2}\boldsymbol{A}$.

3. 设 $\boldsymbol{A}, \boldsymbol{B}$ 都是 n 阶矩阵, 且 $\boldsymbol{B}$ 是幂零矩阵, $\boldsymbol{AB}=\boldsymbol{BA}$. 证明: $|\boldsymbol{A}+\boldsymbol{B}|=|\boldsymbol{A}|$.

4. 设 $\boldsymbol{A}$ 是 n 阶半正定矩阵, $\boldsymbol{S}$ 是 n 阶非零的反对称实矩阵. 证明: $|\boldsymbol{A}+\boldsymbol{S}|>|\boldsymbol{A}|$.

5. 设 $\boldsymbol{A}=(a_{ij})$ 是 n 阶实矩阵, $a_{ij}=-a_{ji}(\forall i\neq j), a_{ii}\geqslant 0$, 证明: $|\boldsymbol{A}|\geqslant 0$.

6. 设 $\boldsymbol{A}$ 是 n 阶实矩阵, 且 $\boldsymbol{A}+\boldsymbol{A}^{\mathrm{T}}$ 是正定矩阵. 证明: $|\boldsymbol{A}|>0$.

7. 设 $\boldsymbol{A}=(a_{ij})_{n\times n}$ 是个实矩阵, 满足 $a_{ii}>0\,(1\leqslant i\leqslant n), a_{ij}<0\,(i\neq j)$, 且有

$$\sum_{j=1}^{n} a_{ij}=0 \quad (1\leqslant i\leqslant n),$$

证明: $\mathrm{R}(\boldsymbol{A})=n-1$.

8. 设 $|\boldsymbol{A}|=|(a_{ij})_{n\times n}|$ 是 n 阶行列式, A_{ij} 是其 (i,j) 元的代数余子式, 证明:

$$\begin{vmatrix} a_{11} & a_{12} & \cdots & a_{1n} & x_1 \\ a_{21} & a_{22} & \cdots & a_{2n} & x_2 \\ \vdots & \vdots & & \vdots & \vdots \\ a_{n1} & a_{n2} & \cdots & a_{nn} & x_n \\ y_1 & y_2 & \cdots & y_n & 1 \end{vmatrix}=|\boldsymbol{A}|-\sum_{i=1}^{n}\sum_{j=1}^{n} A_{ij}x_iy_j.$$

9. 设 $\boldsymbol{A}, \boldsymbol{B}$ 分别是 m, n 阶矩阵, 求分块对角阵 $\boldsymbol{C}$ 的伴随矩阵, 其中

$$\boldsymbol{C}=\begin{pmatrix} \boldsymbol{A} & \boldsymbol{O} \\ \boldsymbol{O} & \boldsymbol{B} \end{pmatrix}.$$

10. (全国考研数学一试题) 计算

$$D=\begin{vmatrix} a & 0 & -1 & 1 \\ 0 & a & 1 & -1 \\ -1 & 1 & a & 0 \\ 1 & -1 & 0 & a \end{vmatrix}.$$

提示或答案

1. (1) 这是教材习题第 2.61 的推广, 当 $\boldsymbol{A}$ 是非奇异矩阵时, 请看相关习题解答; 当 $\boldsymbol{A}$ 是奇异矩阵时, 存在一有理数列 $x_k\to 0$, 使得 $x_k\boldsymbol{I}+\boldsymbol{A}$ 是非奇异矩阵, 且

$$\begin{vmatrix} x_k\boldsymbol{I}+\boldsymbol{A} & \boldsymbol{B} \\ \boldsymbol{C} & \boldsymbol{D} \end{vmatrix}=|(x_k\boldsymbol{I}+\boldsymbol{A})\boldsymbol{D}-\boldsymbol{CB}|.$$

由连续性, 令 $x_k\to 0$ 即可.

(2) 类似上一问解答即可.

2. 方法 1 当 $\boldsymbol{A}$ 是非奇异矩阵时, 容易获得, 当 $\boldsymbol{A}$ 是奇异矩阵时, 类似前面例题用摄动法即可.

方法 2 当 $\boldsymbol{A}$ 是非奇异矩阵时, 容易获得结论成立. 当 $\boldsymbol{A}$ 是奇异矩阵时, 由等价标准形分解定理可知, 存在可逆矩阵 $\boldsymbol{P}, \boldsymbol{Q}$ 使得

$$\boldsymbol{A}=\boldsymbol{P}\begin{pmatrix}\boldsymbol{I}_r & \boldsymbol{O}\\ \boldsymbol{O} & \boldsymbol{O}\end{pmatrix}\boldsymbol{Q}=\boldsymbol{P}\boldsymbol{\Lambda}\boldsymbol{Q},$$

其中 $r<n$. 如果 $r\leqslant n-2$, 则 $\mathrm{R}(\boldsymbol{A})=0$, $\boldsymbol{\Lambda}=\boldsymbol{O}$, 结论成立. 如果 $r\leqslant n-1$, 则 $\mathrm{R}(\boldsymbol{A})=1$,

$$\boldsymbol{\Lambda}^*=\begin{pmatrix}1 & \mathbf{0}\\ \mathbf{0} & \boldsymbol{O}\end{pmatrix},$$

从而 $(\boldsymbol{\Lambda}^*)^*=\boldsymbol{O}$. 由例 3 可得

$$(\boldsymbol{A}^*)^*=(\boldsymbol{P}^*)^*(\boldsymbol{\Lambda}^*)^*(\boldsymbol{Q}^*)^*=\boldsymbol{O},$$

结论也成立.

3. 由条件知, $\boldsymbol{B}^n=\boldsymbol{O}$, $\boldsymbol{B}\boldsymbol{A}^{-1}=\boldsymbol{A}^{-1}\boldsymbol{B}$. 可得 $(\boldsymbol{B}\boldsymbol{A}^{-1})^n=(\boldsymbol{A}^{-1})^n\boldsymbol{B}^n=\boldsymbol{O}$, 故 $\boldsymbol{A}^{-1}\boldsymbol{B}$ 的特征值全是 0, 从而 $\boldsymbol{I}+\boldsymbol{A}^{-1}\boldsymbol{B}$ 的特征值全是 1, 所以

$$|\boldsymbol{A}|^{-1}|\boldsymbol{A}+\boldsymbol{B}|=|\boldsymbol{I}+\boldsymbol{A}^{-1}\boldsymbol{B}|=1,$$

即得 $|\boldsymbol{A}+\boldsymbol{B}|=|\boldsymbol{A}|$.

一般地, 存在一有理数列 $x_k\to 0$, 使得 $x_k\boldsymbol{I}+\boldsymbol{A}$ 是非奇异矩阵, 由已证的结论可知

$$|x_k\boldsymbol{I}+\boldsymbol{A}+\boldsymbol{B}|=|x_k\boldsymbol{I}+\boldsymbol{A}|,$$

由连续性, 令 $x_k\to 0$ 即可完成证明.

4. 本题是专题讲座 "反对称矩阵的相似 (合同) 标准形" 的例 1(2) 的推广, 当 $\boldsymbol{A}$ 是半正定矩阵时, 对一切 $x>0$, 都有 $x\boldsymbol{I}+\boldsymbol{A}$ 是正定矩阵, 类似例 4 即可完成证明.

5. 利用上一题的结论.

6. 令

$$\boldsymbol{A}=\frac{1}{2}(\boldsymbol{A}+\boldsymbol{A}^{\mathrm{T}})+\frac{1}{2}(\boldsymbol{A}-\boldsymbol{A}^{\mathrm{T}})=\boldsymbol{A}_1+\boldsymbol{A}_2,$$

其中 $\boldsymbol{A}_1=\boldsymbol{A}+\boldsymbol{A}^{\mathrm{T}}$ 是正定矩阵, $\boldsymbol{A}_2=\boldsymbol{A}-\boldsymbol{A}^{\mathrm{T}}$ 是反对称矩阵.

首先 $|\boldsymbol{A}|\neq 0$, 否则, 存在 $\boldsymbol{x}\neq 0$, 使得 $\boldsymbol{A}\boldsymbol{x}=\mathbf{0}$, 从而导致

$$0=\boldsymbol{x}^{\mathrm{T}}\boldsymbol{A}\boldsymbol{x}=\boldsymbol{x}^{\mathrm{T}}(\boldsymbol{A}_1+\boldsymbol{A}_2)\boldsymbol{x}=\boldsymbol{x}^{\mathrm{T}}\boldsymbol{A}_1\boldsymbol{x}>0,$$

矛盾. 所以 $|\boldsymbol{A}|\neq 0$. 下证 $|\boldsymbol{A}|>0$. 事实上, 假设 $|\boldsymbol{A}|<0$, 令 $f(t)=|\boldsymbol{A}_1+t\boldsymbol{A}_2|$. 由已知得 $f(t)\neq 0, \forall t\in[0,1]$. 而 $f(t)$ 在 $[0,1]$ 上连续, 且 $f(0)=|\boldsymbol{A}_1|>0$, $f(1)=|\boldsymbol{A}|<0$, 由连续函数的介值定理可知, 存在 $t_0\in(0,1)$, 使得 $f(t_0)=0$, 矛盾.

7. 容易看到 $|\boldsymbol{A}|=0$, 故 $\mathrm{R}(\boldsymbol{A})\leqslant n-1$, 又从条件可知 $\boldsymbol{A}$ 的 $n-1$ 阶子矩阵

$$\begin{pmatrix} a_{11} & a_{12} & \cdots & a_{1,n-1} \\ a_{21} & a_{22} & \cdots & a_{2,n-1} \\ \vdots & \vdots & & \vdots \\ a_{n-1,1} & a_{n-1,2} & \cdots & a_{n-1,n-2} \end{pmatrix}$$

是严格对角占优的, 据例 2 知 $|\boldsymbol{A}|>0$, $\mathrm{R}(\boldsymbol{A})\geqslant n-1$, 这样 $\mathrm{R}(\boldsymbol{A})=n-1$.

8. 证法 1 将上述行列式按最后一列展开, 展开式的第一项为

$$(-1)^{n+2}x_1\begin{vmatrix} a_{21} & a_{22} & \cdots & a_{2n} \\ \vdots & \vdots & & \vdots \\ a_{n1} & a_{n2} & \cdots & a_{nn} \\ y_1 & y_2 & \cdots & y_n \end{vmatrix}.$$

再将上面行列式按最后一行展开得到

$$(-1)^{n+2}x_1(-1)^{n-1}(y_1A_{11}+y_2A_{12}+\cdots+y_nA_{1n})=-\sum_{j=1}^{n}x_1y_jA_{1j}.$$

同理, 原行列式展开式的第 $i\,(1\leqslant i\leqslant n)$ 项为 $-\sum\limits_{j=1}^{n}x_iy_jA_{ij}$. 而最后一项为 $|\boldsymbol{A}|$, 因此原行列式的值为

$$|\boldsymbol{A}|-\sum_{i=1}^{n}\sum_{j=1}^{n}A_{ij}x_iy_j.$$

证法 2 设 $\boldsymbol{x}=(x_1,x_2,\cdots,x_n)^{\mathrm{T}}, \boldsymbol{y}=(y_1,y_2,\cdots,y_n)^{\mathrm{T}}$. 若 $\boldsymbol{A}$ 是非异阵, 由行列式降阶定理得

$$\begin{vmatrix} \boldsymbol{A} & \boldsymbol{x} \\ \boldsymbol{y}^{\mathrm{T}} & 1 \end{vmatrix}=|\boldsymbol{A}|(1-\boldsymbol{y}^{\mathrm{T}}\boldsymbol{A}^{-1}\boldsymbol{x})=|\boldsymbol{A}|-\boldsymbol{y}^{\mathrm{T}}\boldsymbol{A}^*\boldsymbol{x}.$$

对于一般的方阵 $\boldsymbol{A}$, 存在一有理数列 $t_k\to 0$, 使得 $t_k\boldsymbol{I}_n+\boldsymbol{A}$ 为非奇异矩阵. 由已证的结论可得

$$\begin{vmatrix} t_k\boldsymbol{I}_n+\boldsymbol{A} & \boldsymbol{x} \\ \boldsymbol{y}^{\mathrm{T}} & 1 \end{vmatrix}=|t_k\boldsymbol{I}_n+\boldsymbol{A}|-\boldsymbol{y}^{\mathrm{T}}(t_k\boldsymbol{I}_n+\boldsymbol{A})^*\boldsymbol{x}.$$

由多项式的连续性. 令 $t_k\to 0$, 即得

$$\begin{vmatrix} \boldsymbol{A} & \boldsymbol{x} \\ \boldsymbol{y}^{\mathrm{T}} & 1 \end{vmatrix}=|\boldsymbol{A}|-\boldsymbol{y}^{\mathrm{T}}\boldsymbol{A}^*\boldsymbol{x}=|\boldsymbol{A}|-\sum_{i=1}^{n}\sum_{j=1}^{n}A_{ij}x_iy_j.$$

9. 若 $\boldsymbol{A},\boldsymbol{B}$ 均为非异阵, 则

$$\boldsymbol{C}\begin{pmatrix}|\boldsymbol{B}|\boldsymbol{A}^* & \boldsymbol{O}\\ \boldsymbol{O} & |\boldsymbol{A}|\boldsymbol{B}^*\end{pmatrix}=\begin{pmatrix}\boldsymbol{A} & \boldsymbol{O}\\ \boldsymbol{O} & \boldsymbol{B}\end{pmatrix}\begin{pmatrix}|\boldsymbol{B}|\boldsymbol{A}^* & \boldsymbol{O}\\ \boldsymbol{O} & |\boldsymbol{A}|\boldsymbol{B}^*\end{pmatrix}$$
$$=\begin{pmatrix}|\boldsymbol{B}|\boldsymbol{A}\boldsymbol{A}^* & \boldsymbol{O}\\ \boldsymbol{O} & |\boldsymbol{A}|\boldsymbol{B}\boldsymbol{B}^*\end{pmatrix}=\begin{pmatrix}|\boldsymbol{A}||\boldsymbol{B}|\boldsymbol{I}_m & \boldsymbol{O}\\ \boldsymbol{O} & |\boldsymbol{A}|\boldsymbol{B}\boldsymbol{I}_n\end{pmatrix}$$
$$=|\boldsymbol{C}|\boldsymbol{I}_{m+n}=\boldsymbol{C}\boldsymbol{C}^*,$$

注意到 $\boldsymbol{C}$ 非奇异, 故由上式可得

$$\boldsymbol{C}^*=\begin{pmatrix}\boldsymbol{A} & \boldsymbol{O}\\ \boldsymbol{O} & \boldsymbol{B}\end{pmatrix}^*=\begin{pmatrix}|\boldsymbol{B}|\boldsymbol{A}^* & \boldsymbol{O}\\ \boldsymbol{O} & |\boldsymbol{A}|\boldsymbol{B}^*\end{pmatrix}.$$

对于一般的方阵 $\boldsymbol{A},\boldsymbol{B}$, 存在一有理数列 $x_k\to 0$, 使得 $x_k\boldsymbol{I}_n+\boldsymbol{A}$ 与 $x_k\boldsymbol{I}_n+\boldsymbol{B}$ 均为非奇异矩阵. 由非奇异矩阵情形的证明可得

$$\begin{pmatrix}x_k\boldsymbol{I}_m+\boldsymbol{A} & \boldsymbol{O}\\ \boldsymbol{O} & x_k\boldsymbol{I}_n+\boldsymbol{B}\end{pmatrix}^*=\begin{pmatrix}|x_k\boldsymbol{I}_n+\boldsymbol{B}|(x_k\boldsymbol{I}_m+\boldsymbol{A})^* & \boldsymbol{O}\\ \boldsymbol{O} & |x_k\boldsymbol{I}_m+\boldsymbol{A}|(x_k\boldsymbol{I}_n+\boldsymbol{B})^*\end{pmatrix}$$

注意到上式两边均为 $m+n$ 阶方阵, 其元素都是 x_k 的多项式, 从而关于 x_k 连续. 上边两边同时取极限, 令 $x_k\to 0$, 即有

$$\begin{pmatrix}\boldsymbol{A} & \boldsymbol{O}\\ \boldsymbol{O} & \boldsymbol{B}\end{pmatrix}^*=\begin{pmatrix}|\boldsymbol{B}|\boldsymbol{A}^* & \boldsymbol{O}\\ \boldsymbol{O} & \boldsymbol{A}|\boldsymbol{B}^*\end{pmatrix}.$$

10. 对原行列式进行分块, 利用第 1 题 (1) 小题 (参考教材习题第 2.61 题) 的结论, 容易得到 $D=a^4-4a^2$.

注 对比第二章 §2.2 中 “问题思考” 的第 30 题和第 31 题.

第十八章　酉　空　间

根据教材第八章可知, 欧氏空间是实数域上定义了内积的线性空间. 对复数域上的线性空间也类似定义内积, 于是得到复数域上的 "欧氏空间", 称为酉空间. 本专题讨论酉空间的概念及性质. 读者学完这一专题可以发现, 当把数域限定在 "复数域" 上时, 可以得到很多 "相当完美" 的结果. 这些结果的重要性不亚于以前学过的若尔当标准形理论、实对称矩阵相似对角化理论等等.

§18.1　酉空间的概念

定义 1　设 V 是复数域 $\mathbb{C}$ 上的线性空间, 对于 V 中的任意两个向量 $\boldsymbol{\alpha},\boldsymbol{\beta}$ 定义一个复数与之对应, 记这个复数为 $(\boldsymbol{\alpha},\boldsymbol{\beta})$, 且满足如下条件 ($\boldsymbol{\alpha},\boldsymbol{\beta},\boldsymbol{\gamma}\in V,\ k\in\mathbb{C}$):

(1) **非负性**: $(\boldsymbol{\alpha},\boldsymbol{\alpha})\geqslant 0$, 当且仅当 $\boldsymbol{\alpha}=\boldsymbol{0}$ 时取等号;

(2) **共轭对称性**: $(\boldsymbol{\alpha},\boldsymbol{\beta})=\overline{(\boldsymbol{\beta},\boldsymbol{\alpha})}$;

(3)**可加性**: $(\boldsymbol{\alpha}+\boldsymbol{\beta},\boldsymbol{\gamma})=(\boldsymbol{\alpha},\boldsymbol{\gamma})+(\boldsymbol{\beta},\boldsymbol{\gamma})$;

(4)**齐次性**: $(k\boldsymbol{\alpha},\boldsymbol{\beta})=k(\boldsymbol{\alpha},\boldsymbol{\beta})$.

则称 $(\boldsymbol{\alpha},\boldsymbol{\beta})$ 是向量 $\boldsymbol{\alpha},\boldsymbol{\beta}$ 的**内积**. 复数域上定义了内积的线性空间 V 称为**酉空间**或**复内积空间**.

欧氏空间与酉空间的差异在两个地方: 其一是数域不同, 前者限定在实数域上, 内积是一个实数, 后者限定在复数域上, 内积是一个复数; 其二是第 (2) 条不同, 前者是 "对称性", 后者是 "共轭对称性". 显然, 欧氏空间是酉空间的特例, 酉空间是欧氏空间的推广.

以下约定 $\boldsymbol{\alpha}^{\mathrm{H}}=\overline{\boldsymbol{\alpha}^{\mathrm{T}}}$, 显然有 $(\boldsymbol{\alpha}^{\mathrm{H}})^{\mathrm{H}}=\boldsymbol{\alpha}$.

例 1　在线性空间 $\mathbb{C}^n$ 中, 对任意向量 $\boldsymbol{\alpha}=(a_1,a_2,\cdots,a_n)^{\mathrm{T}}$, $\boldsymbol{\beta}=(b_1,b_2,\cdots,b_n)^{\mathrm{T}}$, 规定

$$(\boldsymbol{\alpha},\boldsymbol{\beta})=a_1\overline{b}_1+a_2\overline{b}_2+\cdots+a_n\overline{b}_n=\boldsymbol{\beta}^{H}\boldsymbol{\alpha},\tag{18.1}$$

则 (18.1) 式定义了 $\mathbb{C}^n$ 中的一个内积, 因而 $\mathbb{C}^n$ 是一个酉空间.

例 2　在线性空间 $\mathbb{C}^{m\times n}$ 中, 对任意两个复矩阵 $\boldsymbol{A}=(a_{ij})_{m\times n}$, $\boldsymbol{B}=(b_{ij})_{m\times n}$, 规定

$$(\boldsymbol{A},\boldsymbol{B})=\sum_{i=1}^{m}\sum_{j=1}^{n}a_{ij}\overline{b}_{ij}=\mathrm{tr}(\boldsymbol{A}\boldsymbol{B}^{\mathrm{H}}),\tag{18.2}$$

则 (18.2) 式定义了 $\mathbb{C}^{m\times n}$ 中的一个内积, 因而 $\mathbb{C}^{m\times n}$ 按此内积构成酉空间 (这里 $\boldsymbol{B}^{\mathrm{H}}=\overline{\boldsymbol{B}^{\mathrm{T}}}$).

酉空间的内积有如下性质 (与欧氏空间的性质相似):

定理 1　设 V 是酉空间, $\boldsymbol{\alpha},\boldsymbol{\beta},\boldsymbol{\alpha}_i,\boldsymbol{\beta}_i\in V$; $k,l_i,k_j\in\mathbb{C}$, 则有

(1) $(\boldsymbol{\alpha},k\boldsymbol{\beta})=\overline{k}(\boldsymbol{\alpha},\boldsymbol{\beta})$;

(2) $(\boldsymbol{\alpha},\boldsymbol{\beta}+\boldsymbol{\gamma})=(\boldsymbol{\alpha},\boldsymbol{\beta})+(\boldsymbol{\alpha},\boldsymbol{\gamma})$;

(3) $\left(\sum_{i=1}^{m} l_i\boldsymbol{\alpha}_i, \sum_{j=1}^{n} k_j\boldsymbol{\beta}_j\right) = \sum_{i=1}^{m}\sum_{j=1}^{n} l_i\overline{k}_j(\boldsymbol{\alpha}_i, \boldsymbol{\beta}_j)$;

(4) $|(\boldsymbol{\alpha}, \boldsymbol{\beta})|^2 \leqslant (\boldsymbol{\alpha}, \boldsymbol{\alpha})(\boldsymbol{\beta}, \boldsymbol{\beta})$, 等号成立当且仅当 $\boldsymbol{\alpha}, \boldsymbol{\beta}$ 线性相关 (**柯西–施瓦茨不等式**).

注意, $|(\boldsymbol{\alpha}, \boldsymbol{\beta})|^2 = (\boldsymbol{\alpha}, \boldsymbol{\beta})(\boldsymbol{\beta}, \boldsymbol{\alpha})$. 以上性质的证明都可以仿照欧氏空间的相应性质的证明写出来, 请读者自己完成. 类似欧氏空间的处理方法可以得到酉空间的度量矩阵.

设 V 是 n 维酉空间, $\boldsymbol{\varepsilon}_1, \boldsymbol{\varepsilon}_2, \cdots, \boldsymbol{\varepsilon}_n$ 是 V 的一个基, $\boldsymbol{\alpha}, \boldsymbol{\beta} \in V$, 且

$$\boldsymbol{\alpha} = \sum_{i=1}^{n} x_i\boldsymbol{\varepsilon}_i, \quad \boldsymbol{\beta} = \sum_{j=1}^{n} y_j\boldsymbol{\varepsilon}_j.$$

令 $a_{ij} = (\boldsymbol{\varepsilon}_i, \boldsymbol{\varepsilon}_j)\,(i, j = 1, 2, \cdots, n)$, 称复矩阵 $\boldsymbol{A} = (a_{ij})_{n\times n}$ 是酉空间 V 的基 $\boldsymbol{\varepsilon}_1, \boldsymbol{\varepsilon}_2, \cdots, \boldsymbol{\varepsilon}_n$ 的**度量矩阵**. 设 $\boldsymbol{x} = (x_1, x_2, \cdots, x_n)^{\mathrm{T}}$, $\boldsymbol{y} = (y_1, y_2, \cdots, y_n)^{\mathrm{T}}$, 则

$$(\boldsymbol{\alpha}, \boldsymbol{\beta}) = \left(\sum_{i=1}^{n} x_i\boldsymbol{\varepsilon}_i, \sum_{j=1}^{n} y_j\boldsymbol{\varepsilon}_j\right) = \sum_{i=1}^{n}\sum_{j=1}^{n} x_i\overline{y}_j\,(\boldsymbol{\varepsilon}_i, \boldsymbol{\varepsilon}_j) = \boldsymbol{x}^{\mathrm{T}}\boldsymbol{A}\overline{\boldsymbol{y}}.$$

故酉空间中任意两个向量的内积由度量矩阵唯一决定. 由内积的共轭对称性可知, 度量矩阵满足

$$\boldsymbol{A}^{\mathrm{H}} = \overline{\boldsymbol{A}^{\mathrm{T}}} = \boldsymbol{A}.$$

定义 2 设 $\boldsymbol{A} \in \mathbb{C}^{n\times n}$, 若 $\boldsymbol{A}^{\mathrm{H}} = \boldsymbol{A}$, 则称 $\boldsymbol{A}$ 是**埃尔米特** (Hermite) **矩阵**; 若 $\boldsymbol{A}^{\mathrm{H}} = -\boldsymbol{A}$, 则称 $\boldsymbol{A}$ 是**反埃尔米特矩阵**.

度量矩阵是埃米特矩阵. 对任一埃米特矩阵 $\boldsymbol{A}$, 都有 $|\boldsymbol{A}| = |\boldsymbol{A}^{\mathrm{H}}| = \overline{|\boldsymbol{A}|}$, 即 $|\boldsymbol{A}|$ 是实数. $\boldsymbol{A}$ 是反埃尔米特矩阵的充要条件是 $\mathrm{i}\boldsymbol{A}$ 是埃尔米特矩阵, 埃尔米特矩阵和反埃尔米特矩阵是实对称矩阵和实反对称矩阵的推广. 与欧氏空间相同, 定义 $|\boldsymbol{\alpha}| = \sqrt{(\boldsymbol{\alpha}, \boldsymbol{\alpha})}$ 为向量 $\boldsymbol{\alpha}$ 的**长度**或**模**. 两个非零向量 $\boldsymbol{\alpha}, \boldsymbol{\beta}$ 的夹角 θ 满足

$$\cos^2\theta = \frac{(\boldsymbol{\alpha}, \boldsymbol{\beta})(\boldsymbol{\beta}, \boldsymbol{\alpha})}{(\boldsymbol{\alpha}, \boldsymbol{\alpha})(\boldsymbol{\beta}, \boldsymbol{\beta})}.$$

当 $(\boldsymbol{\alpha}, \boldsymbol{\beta}) = 0$ 时, 称向量 $\boldsymbol{\alpha}, \boldsymbol{\beta}$ **正交**或**垂直**. 在 n 维酉空间 V 中, 类似可以定义正交向量组和标准正交基, 且任一线性无关向量组可以通过施密特正交化过程得到一个标准正交向量组, 并扩充成 V 的一个标准正交基.

定义 3 设 $\boldsymbol{A} \in \mathbb{C}^{n\times n}$, 若 $\boldsymbol{A}^{\mathrm{H}}\boldsymbol{A} = \boldsymbol{A}\boldsymbol{A}^{\mathrm{H}} = \boldsymbol{I}$, 则称 $\boldsymbol{A}$ 是**酉矩阵**.

酉矩阵是欧氏空间中正交矩阵的推广, 当酉矩阵是实矩阵时, 它就是正交矩阵. 酉矩阵有如下基本性质:

定理 2 设 $\boldsymbol{A} \in \mathbb{C}^{n\times n}$ 是酉矩阵, 则

(1) $\boldsymbol{A}$ 可逆, 且 $\boldsymbol{A}^{-1} = \boldsymbol{A}^{\mathrm{H}}$;

(2) $\boldsymbol{A}$ 的行列式的模等于 1;

(3) $\boldsymbol{A}^{\mathrm{H}}, \boldsymbol{A}^{-1}, \boldsymbol{A}^*$ 都是酉矩阵;

(4) 若 $\boldsymbol{B} \in \mathbb{C}^{n\times n}$ 是酉矩阵, 则 $\boldsymbol{AB}$ 也是酉矩阵;

(5) 对任意 n 维列向量 $\boldsymbol{x}$ 都有 $|\boldsymbol{Ax}| = |\boldsymbol{x}|$.

定理 3 设 $\boldsymbol{A}\in\mathbb{C}^{n\times n}$ 是酉矩阵的充要条件是 $\boldsymbol{A}$ 的 n 个列 (行) 向量是标准正交向量组 (即两两正交的单位向量).

定理 4 n 维酉空间中任意两个标准正交基的过渡矩阵是酉矩阵.

以上定理的证明与欧氏空间的相应定理的证明是类似的, 请读者自己写出.

§18.2 酉相似标准形

在复数域上, 任一 n 阶矩阵都相似于它的若尔当标准形矩阵, 而若尔当标准形矩阵是下三角矩阵 (也可以取成上三角矩阵), 其相似变换矩阵 (也叫相似过渡矩阵) 是可逆矩阵. 下面介绍的舒尔定理说的是把相似变换矩阵换成酉矩阵, 可得到类似的结论.

定理 5 (舒尔定理) 复数域上任意 n 阶矩阵都酉相似于一个下三角矩阵. 即对任意 $\boldsymbol{A}\in\mathbb{C}^{n\times n}$, 总存在酉矩阵 $\boldsymbol{U}$ 及下三角矩阵 $\boldsymbol{T}$, 使得

$$\boldsymbol{U}^{-1}\boldsymbol{A}\boldsymbol{U}=\boldsymbol{U}^{\mathrm{H}}\boldsymbol{A}\boldsymbol{U}=\boldsymbol{T},$$

其中 $\boldsymbol{T}$ 的主对角元恰好是 $\boldsymbol{A}$ 的全部特征值.

证明 对矩阵 $\boldsymbol{A}$ 的阶数 n 用数学归纳法. 当 $n=1$ 时结论显然成立, 假设对任意 $n-1$ 阶复矩阵结论已成立, 下面考虑 $\boldsymbol{A}$ 是 n 阶复矩阵的情形.

设 λ 是矩阵 $\boldsymbol{A}$ 的特征值, $\boldsymbol{u}$ 是相应的单位特征向量, 则 $\boldsymbol{A}\boldsymbol{u}=\lambda\boldsymbol{u}$. 构造 n 阶酉矩阵 $\boldsymbol{U}_1=(\boldsymbol{u}_1,\cdots,\boldsymbol{u}_{n-1},\boldsymbol{u})$, 则

$$\boldsymbol{U}_1^{\mathrm{H}}\boldsymbol{A}\boldsymbol{U}_1=\begin{pmatrix}\boldsymbol{A}_1 & \boldsymbol{0}\\ * & \lambda\end{pmatrix},$$

其中 $\boldsymbol{A}_1$ 是 $n-1$ 阶复矩阵. 由归纳假设, 存在 $n-1$ 阶酉矩阵 $\widetilde{\boldsymbol{U}}_2$, 使得

$$\widetilde{\boldsymbol{U}}_2^{-1}\boldsymbol{A}_1\widetilde{\boldsymbol{U}}_2=\widetilde{\boldsymbol{U}}_2^{\mathrm{H}}\boldsymbol{A}_1\widetilde{\boldsymbol{U}}_2=\boldsymbol{T}_2,$$

其中 $\boldsymbol{T}_2$ 是主对角元为 $\lambda_1,\cdots,\lambda_{n-1}$ 的 $n-1$ 阶下三角矩阵. 令 $\boldsymbol{U}_2=\begin{pmatrix}\widetilde{\boldsymbol{U}}_2 & \boldsymbol{0}\\ \boldsymbol{0} & 1\end{pmatrix}$, $\boldsymbol{U}=\boldsymbol{U}_1\boldsymbol{U}_2$, 则 $\boldsymbol{U}_2,\boldsymbol{U}$ 都是酉矩阵, 且

$$\boldsymbol{U}^{-1}\boldsymbol{A}\boldsymbol{U}=\boldsymbol{U}^{\mathrm{H}}\boldsymbol{A}\boldsymbol{U}=\boldsymbol{U}_2^{\mathrm{H}}(\boldsymbol{U}_1^{\mathrm{H}}\boldsymbol{A}\boldsymbol{U}_1)\boldsymbol{U}_2=\begin{pmatrix}\widetilde{\boldsymbol{U}}_2^{\mathrm{H}}\boldsymbol{A}_1\widetilde{\boldsymbol{U}}_2 & \boldsymbol{0}\\ * & \lambda\end{pmatrix}=\boldsymbol{T},$$

其中 $\boldsymbol{T}$ 是主对角元为 $\lambda_1,\cdots,\lambda_{n-1},\lambda$ 的下三角矩阵. 注意到相似矩阵有相同的特征值, 故 $\lambda_1,\cdots,\lambda_{n-1},\lambda$ 是 $\boldsymbol{T}$ 的特征值, 也是 $\boldsymbol{A}$ 的特征值. 证毕.

将舒尔定理中的 $\boldsymbol{T}$ 改为 "上三角矩阵" 结论仍然成立. 只需将上述证明过程适当修改即可, 也可以用排列矩阵处理 (见教材定理 6.12 的上一段), 请读者自己写出证明.

细心的读者可能已经注意到了, 教材定理 6.11 是舒尔定理的特例, 只不过那时没讲酉矩阵的概念, 对相似变换矩阵没有刻意限制, 所以那里未提及此名字. 由于酉矩阵有类似于正交矩阵的诸多优良的性质, 因此, 舒尔定理比定理 6.11 深刻得多. 其次, 舒尔定理与若尔当标准形定理 (教材定理 7.13) 类似, 舒尔定理限定了相似变换矩阵是 "酉矩阵", 其结果是酉相似于一个 "下三角矩阵" (或 "上三角矩阵"), 而若尔当标准形定理放宽了对相似变换矩阵的限

制, 得到的是相似于一个"若尔当标准形矩阵". 舒尔定理与若尔当标准形定理的侧重点不一样, 但是, 它们的应用都相当广泛. 可以这样说, 当问题中出现"复数域上的 n 阶矩阵"这样的字眼时, 第一反应就要想到"若尔当标准形"和"舒尔定理".

下面的推论可由舒尔定理直接得到 (请读者自己写出证明过程):

推论 1 埃尔米特矩阵 (或实对称矩阵) 的特征值全是实数.

推论 2 复方阵 $\boldsymbol{A}$ 酉相似于实对角矩阵 (即存在酉矩阵 $\boldsymbol{U}$, 使得 $\boldsymbol{U}^{\mathrm{H}}\boldsymbol{A}\boldsymbol{U}=\boldsymbol{\Lambda}$ 是对角矩阵) 的充要条件是 $\boldsymbol{A}$ 是埃尔米特矩阵.

本书 §8.2 定理 2 是推论 2 的特例. 推论 2 指出, 在复数域上, 除了埃尔米特矩阵以外没有别的方阵能酉相似于实对角矩阵. 既然都已经在复数域上研究矩阵, 似乎"实对角矩阵"这个限制意义并不大, 如果把"实对角矩阵"改为"复对角矩阵", 情况又如何呢?

定义 4 若 $\boldsymbol{A}\in\mathbb{C}^{n\times n}$ 满足 $\boldsymbol{A}\boldsymbol{A}^{\mathrm{H}}=\boldsymbol{A}^{\mathrm{H}}\boldsymbol{A}$, 则称 $\boldsymbol{A}$ 为**正规矩阵**.

容易验证, 酉矩阵 (正交矩阵)、埃尔米特矩阵 (实对称矩阵)、反埃尔米特矩阵 (实反对称矩阵)、对角矩阵都是正规矩阵, 因此, 正规矩阵包含了较多常见的矩阵.

定理 6 复方阵酉相似于对角矩阵的充要条件是它是正规矩阵.

证明 必要性. 设 $\boldsymbol{A}\in\mathbb{C}^{n\times n}$, 且存在 n 阶酉矩阵 $\boldsymbol{U}$ 满足 $\boldsymbol{U}^{\mathrm{H}}\boldsymbol{A}\boldsymbol{U}=\boldsymbol{\Lambda}=\mathrm{diag}(\lambda_1,\cdots,\lambda_n)$. 注意到 $\boldsymbol{U}^{\mathrm{H}}\boldsymbol{U}=\boldsymbol{U}\boldsymbol{U}^{\mathrm{H}}=\boldsymbol{I}$, $(\boldsymbol{U}^{\mathrm{H}})^{\mathrm{H}}=\boldsymbol{U}$, 因此, $\boldsymbol{A}=\boldsymbol{U}\boldsymbol{\Lambda}\boldsymbol{U}^{\mathrm{H}}$, 且

$$\boldsymbol{A}\boldsymbol{A}^{\mathrm{H}}=(\boldsymbol{U}\boldsymbol{\Lambda}\boldsymbol{U}^{\mathrm{H}})(\boldsymbol{U}\boldsymbol{\Lambda}\boldsymbol{U}^{\mathrm{H}})^{\mathrm{H}}=\boldsymbol{U}\boldsymbol{\Lambda}\overline{\boldsymbol{\Lambda}}\boldsymbol{U}^{\mathrm{H}}=\boldsymbol{U}\overline{\boldsymbol{\Lambda}}\boldsymbol{\Lambda}\boldsymbol{U}^{\mathrm{H}}=(\boldsymbol{U}\boldsymbol{\Lambda}\boldsymbol{U}^{\mathrm{H}})^{\mathrm{H}}(\boldsymbol{U}\boldsymbol{\Lambda}\boldsymbol{U}^{\mathrm{H}})=\boldsymbol{A}^{\mathrm{H}}\boldsymbol{A},$$

故 $\boldsymbol{A}$ 是正规矩阵.

充分性. 设 $\boldsymbol{A}$ 是正规矩阵, 由舒尔定理知, 存在酉矩阵 $\boldsymbol{U}$, 使得 $\boldsymbol{U}^{\mathrm{H}}\boldsymbol{A}\boldsymbol{U}=\boldsymbol{T}$ 是下三角矩阵. 于是

$$\boldsymbol{T}^{\mathrm{H}}\boldsymbol{T}=(\boldsymbol{U}^{\mathrm{H}}\boldsymbol{A}\boldsymbol{U})^{\mathrm{H}}(\boldsymbol{U}^{\mathrm{H}}\boldsymbol{A}\boldsymbol{U})=\boldsymbol{U}^{\mathrm{H}}\boldsymbol{A}^{\mathrm{H}}\boldsymbol{A}\boldsymbol{U}=\boldsymbol{U}^{\mathrm{H}}\boldsymbol{A}\boldsymbol{A}^{\mathrm{H}}\boldsymbol{U}=\boldsymbol{T}\boldsymbol{T}^{\mathrm{H}},$$

故 $\boldsymbol{T}$ 也是正规矩阵. 设 $\boldsymbol{T}=(t_{ij})_{n\times n}$, 当 $i<j$ 时, $t_{ij}=0$. 由 $\boldsymbol{T}^{\mathrm{H}}\boldsymbol{T}=\boldsymbol{T}\boldsymbol{T}^{\mathrm{H}}$, 比较等号两边矩阵的主对角线的元素得

$$|t_{11}|^2=\sum_{i=1}^{n}|t_{i1}|^2,\quad |t_{21}|^2+|t_{22}|^2=\sum_{i=2}^{n}|t_{i2}|^2,\quad \cdots,\quad \sum_{i=1}^{n}|t_{ni}|^2=|t_{nn}|^2.$$

从而可得 $t_{ij}=0\,(i>j)$, 即 $\boldsymbol{T}=\mathrm{diag}(t_{11},t_{22},\cdots,t_{nn})$ 是对角矩阵. 证毕.

因此, 酉矩阵 (正交矩阵)、埃尔米特矩阵 (实对称矩阵)、反埃尔米特矩阵 (实反对称矩阵) 都酉相似于对角矩阵. 由定理 6 的证明过程可知, 上 (下) 三角矩阵是酉矩阵当且仅当它是主对角元的模为 1 的对角矩阵.

§18.3 酉变换与埃尔米特变换

在欧氏空间中, 我们讨论了与内积密切相关的正交变换和对称变换, 在酉空间中也可以类似定义相应的线性变换, 分别命名为酉变换和埃尔米特变换.

定义 5 设 V 是酉空间, σ 是 V 的线性变换, 如果对任意 $\boldsymbol{\alpha},\boldsymbol{\beta}\in V$, 都有

$$(\sigma(\boldsymbol{\alpha}),\sigma(\boldsymbol{\beta}))=(\boldsymbol{\alpha},\boldsymbol{\beta}),$$

则称 σ 是 V 的**酉变换**. 因此, 酉变换是酉空间中保持内积不变的线性变换.

定理 7 酉空间 V 的线性变换 σ 是酉变换的充要条件是对任意 $\boldsymbol{\alpha}\in V$, 都有

$$(\sigma(\boldsymbol{\alpha}),\sigma(\boldsymbol{\alpha}))=(\boldsymbol{\alpha},\boldsymbol{\alpha}).$$

证明 必要性是显然的, 下面只证充分性. 对任意 $\boldsymbol{\alpha},\boldsymbol{\beta}\in V$,

$$(\sigma(\boldsymbol{\alpha}+\boldsymbol{\beta}),\sigma(\boldsymbol{\alpha}+\boldsymbol{\beta}))=(\boldsymbol{\alpha}+\boldsymbol{\beta},\boldsymbol{\alpha}+\boldsymbol{\beta}).$$

由于 σ 是线性变换, 可得

$$(\sigma(\boldsymbol{\alpha}),\sigma(\boldsymbol{\beta}))+(\sigma(\boldsymbol{\beta}),\sigma(\boldsymbol{\alpha}))=(\boldsymbol{\alpha},\boldsymbol{\beta})+(\boldsymbol{\beta},\boldsymbol{\alpha}). \tag{18.3}$$

将 (18.3) 式中的 $\boldsymbol{\alpha}$ 换成 $\mathrm{i}\boldsymbol{\alpha}$ 可得

$$\mathrm{i}(\sigma(\boldsymbol{\alpha}),\sigma(\boldsymbol{\beta}))-\mathrm{i}(\sigma(\boldsymbol{\beta}),\sigma(\boldsymbol{\alpha}))=\mathrm{i}(\boldsymbol{\alpha},\boldsymbol{\beta})-\mathrm{i}(\boldsymbol{\beta},\boldsymbol{\alpha}),$$

即

$$(\sigma(\boldsymbol{\alpha}),\sigma(\boldsymbol{\beta}))-(\sigma(\boldsymbol{\beta}),\sigma(\boldsymbol{\alpha}))=(\boldsymbol{\alpha},\boldsymbol{\beta})-(\boldsymbol{\beta},\boldsymbol{\alpha}). \tag{18.4}$$

由 (18.3) 式和 (18.4) 式得

$$(\sigma(\boldsymbol{\alpha}),\sigma(\boldsymbol{\beta}))=(\boldsymbol{\alpha},\boldsymbol{\beta}),$$

故 σ 是酉变换. 证毕.

定理 8 设 σ 是酉空间 V 的线性变换, 则下列命题等价:

(1) σ 是酉变换;

(2) σ 把 V 的任一标准正交基变为标准正交基;

(3) σ 在 V 的任一标准正交基下的矩阵都是酉矩阵.

定理 8 的证明留给读者. 显然, 酉变换是欧氏空间的正交变换的推广.

定义 6 设 V 是酉空间, σ 是 V 的线性变换, 如果对任意 $\boldsymbol{\alpha},\boldsymbol{\beta}\in V$ 都有

$$(\sigma(\boldsymbol{\alpha}),\boldsymbol{\beta})=(\boldsymbol{\alpha},\sigma(\boldsymbol{\beta})),$$

则称 σ 是 V 的一个**埃尔米特变换**.

埃尔米特变换是欧氏空间中的对称变换的推广, 它们的性质也是类似的.

定理 9 设 σ 是酉空间 V 的埃尔米特变换, 则 σ 的特征值都是实数, 且 σ 的不同特征值对应的特征向量正交.

证明 设 λ 是 σ 的特征值, $\boldsymbol{\alpha}$ 是 σ 的对应于 λ 的特征向量, 则有

$$\lambda(\boldsymbol{\alpha},\boldsymbol{\alpha})=(\lambda\boldsymbol{\alpha},\boldsymbol{\alpha})=(\sigma(\boldsymbol{\alpha}),\boldsymbol{\alpha})=(\boldsymbol{\alpha},\sigma(\boldsymbol{\alpha}))=(\boldsymbol{\alpha},\lambda\boldsymbol{\alpha})=\overline{\lambda}(\boldsymbol{\alpha},\boldsymbol{\alpha}).$$

由于 $(\boldsymbol{\alpha},\boldsymbol{\alpha})>0$, 所以 $\overline{\lambda}=\lambda$, 故 λ 是实数.

设 μ 是 σ 的另一个特征值, $\boldsymbol{\beta}$ 是 σ 的对应于 μ 的特征向量, 则有

$$\lambda(\boldsymbol{\alpha},\boldsymbol{\beta})=(\sigma(\boldsymbol{\alpha}),\boldsymbol{\beta})=(\boldsymbol{\alpha},\sigma(\boldsymbol{\beta}))=\mu(\boldsymbol{\alpha},\boldsymbol{\beta}).$$

由 $\lambda \neq \mu$ 可知 $(\boldsymbol{\alpha},\boldsymbol{\beta})=0$, 即 $\boldsymbol{\alpha},\boldsymbol{\beta}$ 正交. 证毕.

定理 10 n 维酉空间 V 的线性变换 σ 是埃尔米特变换的充要条件是 σ 在 V 的任一标准正交基下的矩阵都是埃尔米特矩阵.

定理 10 的证明留给读者自己完成. 由推论 2 和定理 4 可得:

定理 11 设 σ 是 n 维酉空间 V 的埃尔米特变换, 则存在 V 的一个标准正交基, 使 σ 在这个基下的矩阵为实对角矩阵.

§18.4 正 规 变 换

定义 7 设 σ,σ^* 是酉空间 V 的线性变换, 如果对任意 $\boldsymbol{\alpha},\boldsymbol{\beta}\in V$ 都有

$$(\sigma(\boldsymbol{\alpha}),\boldsymbol{\beta})=(\boldsymbol{\alpha},\sigma^*(\boldsymbol{\beta})),$$

则称 σ^* 是 σ 的**共轭变换**. 若 $\sigma^*=\sigma$, 即 $(\sigma(\boldsymbol{\alpha}),\boldsymbol{\beta})=(\boldsymbol{\alpha},\sigma(\boldsymbol{\beta}))$, 则称 σ 是**自共轭变换**, 因此, 自共轭变换就是埃尔米特变换.

例 3 设 σ_1,σ_2 都是 V 的线性变换, 如果对任意 $\boldsymbol{\alpha},\boldsymbol{\beta}\in V$ 都有

$$(\sigma_1(\boldsymbol{\alpha}),\boldsymbol{\beta})=(\sigma_2(\boldsymbol{\alpha}),\boldsymbol{\beta}),$$

则 $\sigma_1=\sigma_2$.

证明 由于

$$(\sigma_1(\boldsymbol{\alpha}),\boldsymbol{\beta})-(\sigma_2(\boldsymbol{\alpha}),\boldsymbol{\beta})=((\sigma_1-\sigma_2)(\boldsymbol{\alpha}),\boldsymbol{\beta})=0,$$

由 $\boldsymbol{\beta}$ 的任意性可知,

$$((\sigma_1-\sigma_2)(\boldsymbol{\alpha}),(\sigma_1-\sigma_2)(\boldsymbol{\alpha}))=0.$$

故 $(\sigma_1-\sigma_2)(\boldsymbol{\alpha})=\mathbf{0}$, 即 $\sigma_1(\boldsymbol{\alpha})=\sigma_2(\boldsymbol{\alpha})$, 从而可得 $\sigma_1=\sigma_2$. 证毕.

定理 12 设 σ 是 n 维酉空间 V 的线性变换, σ 在 V 的标准正交基 $\varepsilon_1,\varepsilon_2,\cdots,\varepsilon_n$ 下的矩阵是 $\boldsymbol{A}$, 则共轭变换 σ^* 在这个标准正交基下的矩阵是 $\boldsymbol{A}^{\mathrm{H}}=\overline{\boldsymbol{A}^{\mathrm{T}}}$.

定理 12 的证明类似于定理 10(参考教材例 8.14). 由定理 12 和例 3 可知, 任一线性变换 σ 的共轭变换是存在且唯一的. 由定义 7 及内积的共轭对称性可知 $(\sigma^*(\boldsymbol{\alpha}),\boldsymbol{\beta})=(\boldsymbol{\alpha},\sigma(\boldsymbol{\beta}))$, 因此 $(\sigma^*)^*=\sigma$.

定理 13 设 σ^* 是 σ 的共轭变换, 则 $\ker\sigma^*=(\operatorname{Im}\sigma)^{\perp}$, 或 $\ker\sigma=(\operatorname{Im}\sigma^*)^{\perp}$.

证明 若 $\boldsymbol{\alpha}\in\ker\sigma^*$, 则对任意 $\boldsymbol{\beta}\in V$, 由 $(\boldsymbol{\alpha},\sigma(\boldsymbol{\beta}))=(\sigma^*(\boldsymbol{\alpha}),\boldsymbol{\beta})=0$ 知, $\boldsymbol{\alpha}\in(\operatorname{Im}\sigma)^{\perp}$, 即 $\ker\sigma^*\subset(\operatorname{Im}\sigma)^{\perp}$. 反之, 设 $\boldsymbol{\alpha}\in(\operatorname{Im}\sigma)^{\perp}$, 即 $(\boldsymbol{\alpha},\sigma(\boldsymbol{\beta}))=0$, 则 $(\sigma^*(\boldsymbol{\alpha}),\boldsymbol{\beta})=0$. 由 $\boldsymbol{\beta}$ 的任意性可知 $\sigma^*(\boldsymbol{\alpha})=\mathbf{0}$, 即 $\boldsymbol{\alpha}\in\ker\sigma^*$, 从而 $(\operatorname{Im}\sigma)^{\perp}\subset\ker\sigma^*$. 故 $\ker\sigma^*=(\operatorname{Im}\sigma)^{\perp}$. 证毕.

定义 8 设 σ 是酉空间 V 的线性变换, σ^* 是 σ 的共轭变换, 如果 $\sigma^*\sigma=\sigma\sigma^*$(可交换), 则称 σ 是 V 的**正规变换**.

线性空间的任一线性变换又叫**线性算子**, 因此, 酉空间的共轭变换又叫**共轭算子**, 正规变换又叫**正规算子**. 酉空间的正规变换与正规矩阵一一对应. 正规变换有如下性质 (请读者自己验证, 或参考文献 [17] [18]):

(1) σ 是 V 的正规变换的充要条件是对任意 $\boldsymbol{\alpha},\boldsymbol{\beta}\in V$, 都有

$$(\sigma(\boldsymbol{\alpha}),\sigma(\boldsymbol{\beta}))=(\sigma^*(\boldsymbol{\alpha}),\sigma^*(\boldsymbol{\beta}));$$

(2) 设 σ 是 V 的正规变换, 则 $\operatorname{Im}\sigma=\operatorname{Im}\sigma^*$, $\ker\sigma=\ker\sigma^*$;

(3) 设 σ 是 V 的正规变换, $\boldsymbol{\alpha}$ 是 σ 的对应于特征值 λ 的特征向量, 则 $\boldsymbol{\alpha}$ 是 σ^* 的对应于特征值 $\overline{\lambda}$ 的特征向量;

(4) 设 σ 是 V 的正规变换, W 是 σ 的特征子空间, 则 $W^{\perp}$ 是 σ 的不变子空间;

(5) 设 σ 是 V 的正规变换, W 是 σ 及 σ^* 的不变子空间, 则 σ 也是 W 的正规变换.

§18.5 习题与答案

1. 设 $\boldsymbol{A}$ 是 n 阶复矩阵, 且 $\boldsymbol{A}^{\mathrm{H}}\boldsymbol{A}=\boldsymbol{A}^2$, 证明: $\boldsymbol{A}$ 是埃米特矩阵.

2. 设 $\boldsymbol{A},\boldsymbol{B}$ 分别是 n 阶埃尔米特矩阵和 n 阶反埃尔米特矩阵, $\boldsymbol{AB}=\boldsymbol{BA}$, 且 $\boldsymbol{A}-\boldsymbol{B}$ 是可逆矩阵. 证明: $(\boldsymbol{A}+\boldsymbol{B})(\boldsymbol{A}-\boldsymbol{B})^{-1}$ 是酉矩阵.

3. 证明: 反埃尔米特矩阵的特征值是 0 或纯虚数.

4. 设 $\boldsymbol{A}\in\mathbb{C}^{n\times n}$ 是正规矩阵, λ 是 $\boldsymbol{A}$ 的特征值, $\boldsymbol{x}$ 是矩阵 $\boldsymbol{A}$ 的对应于 λ 的特征向量. 证明: $\overline{\lambda}$ 是 $\boldsymbol{A}^{\mathrm{H}}$ 的特征值, $\boldsymbol{x}$ 是矩阵 $\boldsymbol{A}^{\mathrm{H}}$ 的对应于 $\overline{\lambda}$ 的特征向量.

5. 设 $\boldsymbol{A}\in\mathbb{C}^{n\times n}$ 是正规矩阵, λ,μ 是 $\boldsymbol{A}$ 的特征值, $\boldsymbol{x},\boldsymbol{y}$ 分别是矩阵 $\boldsymbol{A}$ 的对应于 λ,μ 的特征向量. 如果 $\lambda\neq\mu$, 证明: $\boldsymbol{x}$ 与 $\boldsymbol{y}$ 正交.

6. 设 σ,τ 都是酉空间 V 的线性变换, $\lambda\in\mathbb{C}$, 证明: σ,τ 的共轭变换有如下性质:

(1) $(\lambda\sigma)^*=\overline{\lambda}\sigma^*$; (2) $(\sigma+\tau)^*=\sigma^*+\tau^*$; (3) $(\sigma\tau)^*=\tau^*\sigma^*$.

7. 设 σ 都是酉空间 V 的线性变换, W 是 λ 不变子空间, 证明: $W^{\perp}$ 是 σ^* 不变子空间.

8. (南开大学考研试题) 设 σ,τ 是有限维欧氏空间 V 的线性变换, 并设 τ 的共轭变换是 τ^*. 如果 $\tau^*\sigma=o$, 证明: $\sigma+\tau$ 的秩等于 σ 的秩与 τ 的秩之和.

9. 证明: 复正规矩阵是酉矩阵的充要条件是它的特征值都是模长等于 1 的复数.

10. 证明: 复正规矩阵是埃米特矩阵的充要条件是它的特征值全是实数.

11. 证明: 对任意 $\boldsymbol{A}\in\mathbb{C}^{n\times n}$, 一定存在酉矩阵 $\boldsymbol{U}$ 和上三角矩阵 $\boldsymbol{T}$, 使得 $\boldsymbol{A}=\boldsymbol{UT}$, 其中 $\boldsymbol{T}$ 的主对角元是正实数, 且这种分解是唯一的.

12. 证明: 酉矩阵的特征值的模等于 1.

13. 设 $\boldsymbol{A}$ 是 n 阶酉矩阵, 证明: 存在酉矩阵 $\boldsymbol{U}$, 使得 $\boldsymbol{U}^{\mathrm{H}}\boldsymbol{AU}$ 是对角矩阵.

14. 设 $\boldsymbol{A},\boldsymbol{B}$ 都是 n 阶正交矩阵 (都是实矩阵), 证明: $|\boldsymbol{AB}|=1$ 当且仅当 $n-\mathrm{R}(\boldsymbol{A}+\boldsymbol{B})$ 为偶数.

15. 设 $\boldsymbol{A}$ 是 n 阶正规矩阵, $\lambda_1,\lambda_2,\cdots,\lambda_n$ 是它的特征值, $\mu_1,\mu_2,\cdots,\mu_n$ 是 $\boldsymbol{A}^{\mathrm{H}}\boldsymbol{A}$ 的特征值. 证明:

$$\mu_1+\mu_2+\cdots+\mu_n=|\lambda_1|^2+|\lambda_2|^2\cdots+|\lambda_n|^2.$$

16. 设 σ 是酉空间 V 的线性变换, 且 σ^* 是 σ 的共轭变换, 证明: σ 是酉变换的充要条件是 $\sigma^*=\sigma^{-1}$.

17. 设 σ 是正规变换, 证明: $\sigma(\boldsymbol{\alpha})=\boldsymbol{0}$ 的充要条件是 $\sigma^*(\boldsymbol{\alpha})=\boldsymbol{0}$.

18. (**舒尔不等式**) 设 $\lambda_1, \lambda_2, \cdots, \lambda_n$ 是 n 阶复矩阵 $\boldsymbol{A} = (a_{ij})_{n\times n}$ 的特征值, 证明:

$$\sum_{i=1}^{n} |\lambda_i|^2 \leqslant \sum_{i=1}^{n}\sum_{j=1}^{n} |a_{ij}|^2,$$

等号成立当且仅当 $\boldsymbol{A}$ 是复正规矩阵.

提示或答案

1. 由舒尔定理, 存在酉矩阵 $\boldsymbol{U}$ 使得 $\boldsymbol{U}^{\mathrm{H}}\boldsymbol{A}\boldsymbol{U} = \boldsymbol{T}$ 是上三角矩阵, 从而可得 $\boldsymbol{T}^{\mathrm{H}}\boldsymbol{T} = \boldsymbol{T}^2$, 推得 $\boldsymbol{T}$ 是对角矩阵, 再由推论 2 即知结论成立.

2. 令 $\boldsymbol{U} = (\boldsymbol{A}+\boldsymbol{B})(\boldsymbol{A}-\boldsymbol{B})^{-1}$, 可得

$$\begin{aligned}\boldsymbol{U}^{\mathrm{H}}\boldsymbol{U} &= \left[\overline{(\boldsymbol{A}+\boldsymbol{B})(\boldsymbol{A}-\boldsymbol{B})^{-1}}\right]^{\mathrm{T}}(\boldsymbol{A}+\boldsymbol{B})(\boldsymbol{A}-\boldsymbol{B})^{-1}\\ &= \left[\overline{(\boldsymbol{A}-\boldsymbol{B})^{-1}}\right]^{\mathrm{T}}\overline{(\boldsymbol{A}+\boldsymbol{B})^{\mathrm{T}}}(\boldsymbol{A}+\boldsymbol{B})(\boldsymbol{A}-\boldsymbol{B})^{-1}\\ &= (\boldsymbol{A}^{\mathrm{H}}-\boldsymbol{B}^{\mathrm{H}})^{-1}(\boldsymbol{A}^{\mathrm{H}}+\boldsymbol{B}^{\mathrm{H}})(\boldsymbol{A}+\boldsymbol{B})(\boldsymbol{A}-\boldsymbol{B})^{-1}\\ &= (\boldsymbol{A}+\boldsymbol{B})^{-1}(\boldsymbol{A}+\boldsymbol{B})(\boldsymbol{A}-\boldsymbol{B})(\boldsymbol{A}-\boldsymbol{B})^{-1}\\ &= \boldsymbol{I}.\end{aligned}$$

注 不难验证如下事实: 对任意两个 n 阶矩阵 $\boldsymbol{A}, \boldsymbol{B}$, 有 $\overline{\boldsymbol{A}\cdot\boldsymbol{B}} = \overline{\boldsymbol{A}}\cdot\overline{\boldsymbol{B}}$. 对任一 n 阶可逆矩阵 $\boldsymbol{A}$, 有 $\overline{\boldsymbol{A}^{-1}} = (\overline{\boldsymbol{A}})^{-1}$.

3. 参考教材习题第 8.26(1) 题.

4~7. 略.

8. 由 $\tau^*\sigma = o$ 得 $\operatorname{Im}\sigma \subset \ker\tau^*$. 再由定理 13 知, $\ker\tau^* = (\operatorname{Im}\tau)^{\perp}$. 故 $\operatorname{Im}\sigma \cap \operatorname{Im}\tau = \{\mathbf{0}\}$,

$$\dim(\operatorname{Im}\sigma + \operatorname{Im}\tau) = \dim\operatorname{Im}\sigma + \dim\operatorname{Im}\tau - \dim(\operatorname{Im}\sigma\cap\operatorname{Im}\tau) = \dim\operatorname{Im}\sigma + \dim\operatorname{Im}\tau.$$

9~10. 略.

11. 参考教材定理 8.10 的证明过程.

12. 由舒尔定理知存在酉矩阵 $\boldsymbol{U}$, 使得 $\boldsymbol{U}^{\mathrm{H}}\boldsymbol{A}\boldsymbol{U} = \boldsymbol{T}$ 是下三角矩阵, 且 $\boldsymbol{T}$ 的主对角元为 $\boldsymbol{A}$ 的特征值. 由 $\boldsymbol{I} = \boldsymbol{U}^{\mathrm{H}}\boldsymbol{A}^{\mathrm{H}}\boldsymbol{U}\cdot\boldsymbol{U}^{\mathrm{H}}\boldsymbol{A}\boldsymbol{U}$ 即可得结论成立.

13. 由舒尔定理知存在酉矩阵 $\boldsymbol{U}$, 使得 $\boldsymbol{U}^{\mathrm{H}}\boldsymbol{A}\boldsymbol{U} = \boldsymbol{T}$ 是下三角矩阵, 且 $\boldsymbol{T}$ 的主对角元的模等于 1(上题结论). 而 $\boldsymbol{T}$ 仍是酉矩阵, 其每一个列向量的模长都是 1(单位向量), 可知 $\boldsymbol{T}$ 是对角矩阵.

14. 注意 $|\boldsymbol{A}|, |\boldsymbol{B}| \in \{1, -1\}$, 故 $|\boldsymbol{A}\boldsymbol{B}| = |\boldsymbol{A}^{-1}\boldsymbol{B}|$. 注意到

$$\mathrm{R}(\boldsymbol{A}+\boldsymbol{B}) = \mathrm{R}\left[\boldsymbol{A}(\boldsymbol{I}+\boldsymbol{A}^{-1}\boldsymbol{B})\right],$$

令 $\boldsymbol{Q} = \boldsymbol{A}^{-1}\boldsymbol{B}$, 则原题转化为证明: $|\boldsymbol{Q}| = 1$ 当且仅当 $n - \mathrm{R}(\boldsymbol{I}+\boldsymbol{Q})$ 是偶数. 设 $\lambda_1, \lambda_2, \cdots, \lambda_n$ 是正交矩阵 $\boldsymbol{Q}$ 在复数域上的全部特征值, 则 $|\lambda_1| = |\lambda_2| = \cdots = |\lambda_n| = 1$, 故 $|\boldsymbol{Q}| = \lambda_1\lambda_2\cdots\lambda_n = (-1)^r$, 其中 r 是特征值 $\lambda_1, \lambda_2, \cdots, \lambda_n$ 中 -1 的个数. 又 $\boldsymbol{I}+\boldsymbol{Q}$ 的特征值分别是 $1+\lambda_1, 1+\lambda_2, \cdots, 1+\lambda_n$, 由舒尔定理知存在酉矩阵 $\boldsymbol{U}$, 使得 $\boldsymbol{U}^{\mathrm{H}}\boldsymbol{Q}\boldsymbol{U} = \mathrm{daig}(\lambda_1, \lambda_2, \cdots, \lambda_n)$, 故

$$\mathrm{R}(\boldsymbol{I}+\boldsymbol{Q}) = \mathrm{R}(\mathrm{diag}\,(1+\lambda_1, 1+\lambda_2, \cdots, 1+\lambda_n)) = n - r.$$

从而可知, $|\boldsymbol{Q}|=1$ 当且仅当 $n-\mathrm{R}(\boldsymbol{I}+\boldsymbol{Q})$ 是偶数.

注 本题与本书第十四章例 1 和第十四章 "习题与答案" 第 1 题相同.

15. 利用定理 6: 正规矩阵是唯一可酉相似于对角矩阵的复矩阵.

16. 若 σ 是酉变换, 则

$$(\boldsymbol{\alpha},\boldsymbol{\beta})=(\sigma(\boldsymbol{\alpha}),\sigma(\boldsymbol{\beta}))=(\sigma^*(\sigma(\boldsymbol{\alpha})),\boldsymbol{\beta})=(\sigma^*\sigma(\boldsymbol{\alpha}),\boldsymbol{\beta}).$$

由 $\boldsymbol{\alpha},\boldsymbol{\beta}$ 的任意性可知, $\sigma^*\sigma=\varepsilon$, 这里 ε 是 V 的恒等变换 (有的书上也用 id_V 表示 V 的恒等变换), 即 $\sigma^*=\sigma^{-1}$. 反之, 若 $\sigma^*=\sigma^{-1}$, 则

$$(\sigma(\boldsymbol{\alpha}),\sigma(\boldsymbol{\beta}))=(\sigma^*\sigma(\boldsymbol{\alpha}),\boldsymbol{\beta})=(\boldsymbol{\alpha},\boldsymbol{\beta}),$$

故 σ 是酉变换.

17. 利用正规变换的性质 (1).

18. 由舒尔定理可知, 存在酉矩阵 $\boldsymbol{U}$ 使得 $\boldsymbol{U}^{\mathrm{H}}\boldsymbol{A}\boldsymbol{U}=\boldsymbol{T}$ 是上三角矩阵. 设

$$\boldsymbol{T}=(t_{ij})_{n\times n},\ t_{ii}=\lambda_i,\ t_{ij}=0,\quad 1\leqslant j<i\leqslant n.$$

注意 $\boldsymbol{U}^{\mathrm{H}}\boldsymbol{A}\boldsymbol{A}^{\mathrm{H}}\boldsymbol{U}$ 的主对角元是

$$|t_{11}|^2+\sum_{i=2}^{n}|t_{1j}|^2,|t_{22}|^2+\sum_{i=3}^{n}|t_{2j}|^2,\cdots,|t_{nn}|^2.$$

$\boldsymbol{U}^{\mathrm{H}}\boldsymbol{A}^{\mathrm{H}}\boldsymbol{A}\boldsymbol{U}$ 的主对角元是

$$|t_{11}|^2,|t_{22}|^2+|t_{12}|^2,\cdots,|t_{nn}|^2+\sum_{i=1}^{n-1}|t_{in}|^2.$$

由于 $\mathrm{tr}(\boldsymbol{U}^{\mathrm{H}}\boldsymbol{A}\boldsymbol{A}^{\mathrm{H}}\boldsymbol{U})=\mathrm{tr}(\boldsymbol{U}^{H}\boldsymbol{A}^{H}\boldsymbol{A}\boldsymbol{U})=\mathrm{tr}(\boldsymbol{A}\boldsymbol{A}^{\mathrm{H}})$, 故

$$\sum_{i=1}^{n}|t_{ii}|^2+\sum_{1\leqslant i<j\leqslant n}|t_{ij}|^2=\mathrm{tr}(\boldsymbol{A}\boldsymbol{A}^{\mathrm{H}})=\sum_{i=1}^{n}\sum_{j=1}^{n}|a_{ij}|^2,\tag{18.5}$$

由 (18.5) 式及 $t_{ii}=\lambda_i\ (i=1,2,\cdots,n)$ 可得

$$\sum_{i=1}^{n}|\lambda_i|^2\leqslant\sum_{i=1}^{n}\sum_{j=1}^{n}|a_{ij}|^2,$$

等号成立当且仅当 $\boldsymbol{T}$ 是对角矩阵, 亦即 $\boldsymbol{A}$ 是复正规矩阵.

第十九章　商　空　间

在高等代数中，经常提到某个二元关系是等价关系，即它具有“反身性、对称性和传递性”. 比如，两个同型矩阵等价是一个等价关系，它具有反身性、对称性与传递性. 类似地，还有两个方阵相似、两个对称矩阵合同、两个线性空间同构、两个向量线性相关，等等，都是等价关系. 等价关系的重要意义在于对集合进行分类，也就是说，对于任一非空集合，可以依照某种等价关系进行分类. 比如，对 $\mathbb{P}^{n\times n}$，可以依照“两个矩阵等价”，即“秩相等”这种等价关系进行分类. 于是可以得到秩为 0 的矩阵，秩为 1 的矩阵，$\cdots$，秩为 n 的矩阵，总共 $n+1$ 类.

本章先讲整数的模 m 同余，得到了整数集模 m 同余类的概念. 然后介绍有限维线性空间对某个子空间的模 M 同余，在同余类中建立向量加法和数乘运算，从而得到商空间的概念，并讨论了商空间的空间结构.

§19.1　同余的概念

本节讨论两个整数同余的概念及相关性质，有关同余理论在信息编码的应用请见本书最后一章中的“希尔密码问题”.

定义 1　设 a,b,m 是三个整数，$m>0$，如果 $m|(b-a)$，则称 a 与 b **模** m **同余**，记作 $a\equiv b\,(\mathrm{mod}\,m)$.

例如，$15\equiv 3\,(\mathrm{mod}\,4)$，$11\equiv 2\,(\mathrm{mod}\,3)$，等等. 显然模 m 同余是等价关系，即它具有

(1) 反身性：$a\equiv a\,(\mathrm{mod}\,m)$；

(2) 对称性：若 $a\equiv b\,(\mathrm{mod}\,m)$，则 $b\equiv a\,(\mathrm{mod}\,m)$；

(3) 传递性：若 $a\equiv b\,(\mathrm{mod}\,m)$，$b\equiv c\,(\mathrm{mod}\,m)$，则 $a\equiv c\,(\mathrm{mod}\,m)$.

定理 1　若 $a\equiv b\,(\mathrm{mod}\,m)$，$c\equiv d\,(\mathrm{mod}\,m)$，则

$$a\pm c\equiv b\pm d\,(\mathrm{mod}\,m),\quad ac\equiv bd\,(\mathrm{mod}\,m).$$

若 $ab\equiv ac\,(\mathrm{mod}\,m)$，且 $(a,m)=1$，即 a 与 m 互素，则 $b\equiv c\,(\mathrm{mod}\,m)$.

证明　结论的前半部分由定义 1 可直接验证，下面只证结论的后半部分.

由于 $ab\equiv ac\,(\mathrm{mod}\,m)$，故 $m|a(b-c)$. 再由 $(a,m)=1$ 可知，$m|(b-c)$. 证毕.

例 1　今天是星期五，问：从今天起再过 10^{10} 天是星期几？

解法 1　由定理 1 可得

$$\begin{aligned}10&\equiv 3\,(\mathrm{mod}\,7),\\10^2&\equiv 3\times 10\equiv 30\equiv 2\,(\mathrm{mod}\,7),\\10^3&\equiv 3\times 2\equiv 6\,(\mathrm{mod}\,7),\\10^5&\equiv 2\times 6\equiv 12\equiv 5\,(\mathrm{mod}\,7),\\10^{10}&\equiv 5^2\equiv 25\equiv 4\,(\mathrm{mod}\,7).\end{aligned}$$

所以, 从今天起再过 10^{10} 天是星期二.

解法 2 由二项式展开及定理 1 可得

$$10^{10} \equiv (7+3)^{10} \equiv 3^{10} \equiv 9^5 \equiv 2^5 \equiv 4 \pmod 7,$$

故从今天起再过 10^{10} 天是星期二.

对任一正整数 m, 我们可以利用 "模 m 同余" 的关系将整数集进行分类. 把模 m 同余的整数归为一类, 得到余数分别为 $0,1,2,\cdots,m-1$ 的 m 个类, 分别记为 $[0],[1],[2],\cdots,[m-1]$, 其中 $[r]=\{r+km|k\in\mathbb{Z}\}$ 叫作**模 m 的同余类**. 因此, 两个数同属一类的充要条件是这两个数关于模 m 同余.

在模 m 的同余类中各取一个数称为这个同余类的一个**代表**, 它们组成的数组 $r_1,r_2,\cdots,r_m$ 叫作模 m 的一个**完全剩余系**. 数组 $0,1,\cdots,m-1$ 称为模 m 的**最小完全剩余系**. 显然, 在同余类 $[r]$ 中每一个数与 m 互素的充要条件是 $(r,m)=1$.

与 m 互素的同余类的个数记为 $\phi(m)$, 则 $\phi(m)$ 是 m 的函数, 称为 m 的**欧拉函数**. 如 $\phi(1)=1$, $\phi(6)=2$, $\phi(9)=6$, $\phi(11)=10$.

定理 2 (欧拉定理) 若 $(a,m)=1$, 则 $a^{\phi(m)}\equiv 1 \pmod m$.

关于欧拉定理的证明请看文献 [20]. 例如, 由 $\phi(11)=10$, $(20,11)=1$ 及欧拉定理得 $20^{10}\equiv 1 \pmod{11}$. 再如, 由 $\phi(30)=8$, $(19,30)=1$ 及欧拉定理得 $19^8\equiv 1\pmod{30}$. 所以,

$$19^{216}\equiv (19^8)^{27}\equiv 1^{27}\equiv 1 \pmod{30}.$$

推论 (费马定理) 若 m 是一个素数, 则对任意整数 a 都有 $a^m\equiv a\pmod m$.

证明 若 $m|a$, 则结论已成立. 若 $m\nmid a$, 注意到 $\phi(m)=m-1$, 由欧拉定理得 $a^{m-1}\equiv 1\pmod m$, 再由定理 1 知结论成立. 证毕.

例 2 11 是素数, 因此, $7^{12345}\equiv (7^{11})^{1122}\cdot 7^3\equiv 1^{1122}\cdot 7^3\equiv 2\pmod{11}$.

§19.2 商 空 间

本节先把整数模 m 同余的概念推广到线性空间, 然后导出商空间的概念. 设 V 是数域 $\mathbb{P}$ 上的线性空间, M 是 V 的子空间.

定义 2 设 $\boldsymbol{\alpha},\boldsymbol{\beta}\in V$, 且 $\boldsymbol{\beta}-\boldsymbol{\alpha}\in M$, 则称 $\boldsymbol{\beta}$ 与 $\boldsymbol{\alpha}$ **模 M 同余**, 记作 $\boldsymbol{\beta}\equiv\boldsymbol{\alpha}\pmod M$.

显然向量的模 M 同余也是一种等价关系, 它具有

(1) 反身性: $\boldsymbol{\alpha}\equiv\boldsymbol{\alpha}\pmod M$;

(2) 对称性: 若 $\boldsymbol{\alpha}\equiv\boldsymbol{\beta}\pmod M$, 则 $\boldsymbol{\beta}\equiv\boldsymbol{\alpha}\pmod M$;

(3) 传递性: 若 $\boldsymbol{\alpha}\equiv\boldsymbol{\beta}\pmod M$, $\boldsymbol{\beta}\equiv\boldsymbol{\gamma}\pmod M$, 则 $\boldsymbol{\alpha}\equiv\boldsymbol{\gamma}\pmod M$.

设 $\boldsymbol{\alpha}$ 是 V 的任一向量, 定义 V 的子集

$$\boldsymbol{\alpha}+M=\{\boldsymbol{\alpha}+\boldsymbol{m}|\boldsymbol{m}\in M\},$$

则称 $\boldsymbol{\alpha}+M$ 是一个**模 M 的同余类**, 称 $\boldsymbol{\alpha}$ 是这个同余类的一个**代表**. 显然,

$$\boldsymbol{\alpha}+M=\boldsymbol{\beta}+M \Leftrightarrow \boldsymbol{\alpha}\equiv\boldsymbol{\beta}\pmod M.$$

例 3 设 M 是 n 元齐次方程组 $\boldsymbol{Ax}=\boldsymbol{0}$ 的解空间, $\boldsymbol{\alpha}$ 是非齐次线性方程组 $\boldsymbol{Ax}=\boldsymbol{b}$ 的一个特解, 即 $\boldsymbol{A\alpha}=\boldsymbol{b}$. 则 $\boldsymbol{Ax}=\boldsymbol{b}$ 的解集可表示为

$$\boldsymbol{\alpha}+M=\{\boldsymbol{\alpha}+\boldsymbol{x}|\boldsymbol{x}\in M\}.$$

若 $\boldsymbol{\beta}$ 是 $\boldsymbol{Ax}=\boldsymbol{b}$ 的另一特解, 则 $\boldsymbol{\alpha}\equiv\boldsymbol{\beta}\,(\operatorname{mod} M)$, 故 $\boldsymbol{\alpha}+M=\boldsymbol{\beta}+M$(见 §3.2).

设 $\overline{V}$ 是 V 中全体模 M 的同余类的集合, 对任意 $\boldsymbol{\alpha},\boldsymbol{\beta}\in V$, $k\in\mathbb{P}$, 我们在 $\overline{V}$ 中定义向量加法和数乘运算如下:

$$(\boldsymbol{\alpha}+M)+(\boldsymbol{\beta}+M)=(\boldsymbol{\alpha}+\boldsymbol{\beta})+M,\quad k(\boldsymbol{\alpha}+M)=k\boldsymbol{\alpha}+M. \tag{19.1}$$

由 (19.1) 定义的向量加法与数乘运算与代表的选取无关, 因而这样的定义是合理的 (见习题第 6 题). 不难验证, 如此定义的向量加法和数乘运算满足八条运算律:

(1) $(\boldsymbol{\alpha}+M)+(\boldsymbol{\beta}+M)=(\boldsymbol{\beta}+M)+(\boldsymbol{\alpha}+M)$;

(2) $(\boldsymbol{\alpha}+M)+[(\boldsymbol{\beta}+M)+(\boldsymbol{\gamma}+M)]=[(\boldsymbol{\alpha}+M)+(\boldsymbol{\beta}+M)]+(\boldsymbol{\gamma}+M)$;

(3) $(\boldsymbol{\alpha}+M)+(\boldsymbol{0}+M)=\boldsymbol{\alpha}+M$;

(4) $(\boldsymbol{\alpha}+M)+(-\boldsymbol{\alpha}+M)=\boldsymbol{0}+M$;

(5) $1\cdot(\boldsymbol{\alpha}+M)=\boldsymbol{\alpha}+M$;

(6) $k[l(\boldsymbol{\alpha}+M)]=(kl)(\boldsymbol{\alpha}+M)$;

(7) $(k+l)(\boldsymbol{\alpha}+M)=k(\boldsymbol{\alpha}+M)+l(\boldsymbol{\alpha}+M)$;

(8) $k[(\boldsymbol{\alpha}+M)+(\boldsymbol{\beta}+M)]=k(\boldsymbol{\alpha}+M)+k(\boldsymbol{\beta}+M)$.

因此, $\overline{V}$ 关于 (19.1) 定义的向量加法与数乘构成数域 $\mathbb{P}$ 上的向量空间, 这个线性空间称为 V 对子空间 M 的**商空间**, 记作 V/M. 显然, 商空间 V/M 中的零向量就是 $\boldsymbol{0}+M=M$.

在不引起混淆的情况下, 为了书写方便, 我们将模 M 同余类 $\boldsymbol{\alpha}+M$ 简记为 $\overline{\boldsymbol{\alpha}}$. 比如, 以上运算律 (1) (2) (3) 可以分别简记为

$$\overline{\boldsymbol{\alpha}}+\overline{\boldsymbol{\beta}}=\overline{\boldsymbol{\beta}}+\overline{\boldsymbol{\alpha}},\quad \overline{\boldsymbol{\alpha}}+\overline{\boldsymbol{\beta}+\boldsymbol{\gamma}}=\overline{\boldsymbol{\alpha}+\boldsymbol{\beta}}+\overline{\boldsymbol{\gamma}},\quad \overline{\boldsymbol{\alpha}}+\overline{\boldsymbol{0}}=\overline{\boldsymbol{\alpha}}.$$

例 4 设 M 是 n 元齐次方程组 $\boldsymbol{Ax}=\boldsymbol{0}$ 的解空间, 对任意 $\boldsymbol{\alpha}\in\mathbb{P}^n$, 令 $\boldsymbol{A\alpha}=\boldsymbol{b}$, 则 $\boldsymbol{\alpha}$ 是方程组 $\boldsymbol{Ax}=\boldsymbol{b}$ 的一个特解. 因此, 模 M 同余类 $\boldsymbol{\alpha}+M$ 恰为方程组 $\boldsymbol{Ax}=\boldsymbol{b}$ 的解集. 所以, 商空间 $\mathbb{P}^n/M$ 中的每一个元素代表了某个线性方程组 $\boldsymbol{Ax}=\boldsymbol{b}$ 的解集.

例 5 在空间直角坐标系 $Oxyz$ 中, 将 xOy 平面 π 看成 $\mathbb{R}^3$ 的子空间 $M=\{(x,y,0)^{\mathrm{T}}|x,y\in\mathbb{R}\}$. 令 $\boldsymbol{\alpha}=(a_0,b_0,c_0)^{\mathrm{T}}$, 则对任一 $\boldsymbol{\beta}=(a,b,c)^{\mathrm{T}}$, 有 $\boldsymbol{\beta}\equiv\boldsymbol{\alpha}\,(\operatorname{mod} M)\Leftrightarrow c=c_0$. 故 $\boldsymbol{\alpha}$ 的模 M 同余类 $\boldsymbol{\alpha}+M$ 的几何意义是通过点 $(0,0,c_0)^{\mathrm{T}}$ 且平行于 π 的平面.

定理 3 设 V 是数域 $\mathbb{P}$ 上的 n 维线性空间, M 是 V 的 m 维子空间, 则 $\dim V/M=n-m$, 称 $\dim V/M$ 为子空间 M 在 V 中的**余维数**.

证明 设 $\varepsilon_1,\cdots,\varepsilon_m$ 是子空间 M 的基, 将其扩充成 V 的基 $\varepsilon_1,\cdots,\varepsilon_m,\varepsilon_{m+1},\cdots,\varepsilon_n$. 下面证明 $\overline{\varepsilon}_{m+1},\cdots,\overline{\varepsilon}_n$ 恰好是 V/M 的一个基.

首先, 设 $k_{m+1}\overline{\varepsilon}_{m+1}+\cdots+k_n\overline{\varepsilon}_n=\overline{\boldsymbol{0}}$, 则

$$\overline{k_{m+1}\varepsilon_{m+1}+\cdots+k_n\varepsilon_n}=\overline{\boldsymbol{0}}=\boldsymbol{0}+M,$$

故 $k_{m+1}\varepsilon_{m+1}+\cdots+k_n\varepsilon_n\in M$, 从而

$$k_{m+1}\varepsilon_{m+1}+\cdots+k_n\varepsilon_n=k_1\varepsilon_1+\cdots+k_m\varepsilon_m.$$

由 $\varepsilon_1,\cdots,\varepsilon_m,\varepsilon_{m+1},\cdots,\varepsilon_n$ 线性无关知, $k_{m+1}=\cdots=k_n=0$, 即 $\overline{\varepsilon}_{m+1},\cdots,\overline{\varepsilon}_n$ 线性无关.

其次, 对任意 $\overline{\boldsymbol{\alpha}}\in V/M$, 设 $\overline{\boldsymbol{\alpha}}=\boldsymbol{\alpha}+M$, 令

$$\boldsymbol{\alpha}=l_1\varepsilon_1+\cdots+l_m\varepsilon_m+l_{m+1}\varepsilon_{m+1}+\cdots+l_n\varepsilon_n.$$

由于 $\varepsilon_1,\cdots,\varepsilon_m\in M$, 因此, $\overline{\varepsilon}_1=\cdots=\overline{\varepsilon}_m=\overline{\mathbf{0}}$. 故

$$\begin{aligned}\overline{\boldsymbol{\alpha}}&=\overline{l_1\varepsilon_1+\cdots+l_m\varepsilon_m+l_{m+1}\varepsilon_{m+1}+\cdots+l_n\varepsilon_n}\\&=l_1\overline{\varepsilon}_1+\cdots+l_m\overline{\varepsilon}_m+l_{m+1}\overline{\varepsilon}_{m+1}+\cdots+l_n\overline{\varepsilon}_n\\&=l_{m+1}\overline{\varepsilon}_{m+1}+\cdots+l_n\overline{\varepsilon}_n,\end{aligned}$$

即 $\overline{\boldsymbol{\alpha}}$ 可由 $\overline{\varepsilon}_{m+1},\cdots,\overline{\varepsilon}_n$ 线性表示, 故 $\overline{\varepsilon}_{m+1},\cdots,\overline{\varepsilon}_n$ 是 V/M 的基, $\dim V/M=n-m$. 证毕.

由定理 3 可知, 若 $V=M\oplus W$, 则 V/M 与 W 同构 (同维即同构). 对任意 $\boldsymbol{\alpha}\in V$, 称映射 $\pi:\boldsymbol{\alpha}\to\boldsymbol{\alpha}+M$ 为线性空间 V 到商空间 V/M 的**标准映射**或**典范映射**. 显然标准映射是满射.

定理 4 设 V 是数域 $\mathbb{P}$ 上的线性空间, M 是 V 的子空间, $\varepsilon_1+M,\cdots,\varepsilon_s+M$ 是商空间 V/M 的一个基, $W=L(\varepsilon_1,\cdots,\varepsilon_s)$, 则 $V=M\oplus W$, 且 $\varepsilon_1,\cdots,\varepsilon_s$ 是 W 的基.

定理 4 的证明留给读者作练习 (见习题第 9 题), 这里没有告诉 V 是有限维线性空间, 因此不适合用扩基定理证明. 由定理 4 的结论可知, 如果知道了商空间 V/M 的一个基, 便可得到 V 的一个直和分解, 这是研究商空间的意义之一.

最后强调, 对于线性空间而言, 子空间、积空间 (看 §5.3 第 15 题) 和商空间是三种不同的制作新空间的方法. 请读者注意比较子空间、积空间与商空间的维数公式及其证法.

§19.3 习题与答案

1. 分别求 15^{12} 除以 12 的余数和 28^{11} 除以 11 的余数各是多少?

2. 证明: $10^7\equiv 3\,(\mathrm{mod}\,7)$, $3^{\phi(8)}\equiv 1\,(\mathrm{mod}\,8)$.

3. 证明: $\phi(14)=\phi(2)\phi(7)$, $\phi(12)\neq\phi(2)\phi(6)$.

4. 今天是星期六, 问: 从今天起再过 10^{2021} 天是星期几?

5. 设 V 是数域 $\mathbb{P}$ 上的 n 维线性空间, M 是 V 的子空间. 证明:

(1) $\boldsymbol{\beta}\in\boldsymbol{\alpha}+M\Leftrightarrow\boldsymbol{\alpha}+M=\boldsymbol{\beta}+M$;

(2) $\boldsymbol{\alpha}+M=\mathbf{0}+M\Leftrightarrow\boldsymbol{\alpha}\in M$;

(3) 若 $\boldsymbol{\alpha}+M\neq\boldsymbol{\beta}+M$, 则 $(\boldsymbol{\alpha}+M)\cap(\boldsymbol{\beta}+M)=\varnothing$.

6. 设 M 是线性空间 V 的子空间, 证明:

(1) 若 $\boldsymbol{\alpha}_1,\boldsymbol{\alpha}_2,\boldsymbol{\beta}_1,\boldsymbol{\beta}_2\in V$, $k\in\mathbb{P}$, 且 $\boldsymbol{\alpha}_i\equiv\boldsymbol{\beta}_i\,(\mathrm{mod}M)\,(i=1,2)$, 则

$$\boldsymbol{\alpha}_1+\boldsymbol{\alpha}_2\equiv\boldsymbol{\beta}_1+\boldsymbol{\beta}_2\,(\mathrm{mod}\,M),\quad k\boldsymbol{\alpha}_1\equiv k\boldsymbol{\beta}_1\,(\mathrm{mod}\,M);$$

(2) 由 (19.1) 定义的向量加法与数乘运算与代表的选取无关.

7. 设 M_1,M_2 都是线性空间 V 的子空间, 存在 $\boldsymbol{\alpha},\boldsymbol{\beta}\in V$, 使得 $\boldsymbol{\alpha}+M_1=\boldsymbol{\beta}+M_2$, 证明: $M_1=M_2$.

8. 设 $M_1, M_2, \cdots, M_s$ 都是线性空间 V 的子空间, $\boldsymbol{\alpha} \in V$, 证明:

$$\bigcap_{i=1}^{s}(\boldsymbol{\alpha}+M_i)=\boldsymbol{\alpha}+\bigcap_{i=1}^{s}M_i.$$

9. 证明定理 4.

10. (中山大学考研试题) 设 $f(x)=x^3+x^2+x+1, g(x)=x^3+2x^2+3x+4$, V 是数域 $\mathbb{F}$ 上的次数小于 4 的多项式组成的线性空间. 令 U 是由 $\{f,g\}$ 生成的子空间, 求商空间 V/U 的一个基.

11. 证明: 实数域上的全体 n 元二次型按合同等价类可分成 $(n+1)(n+2)/2$ 类.

提示或答案

1. 2; 6.

2~3. 略.

4. 注意 $\phi(7)=6, (10,7)=1$, 由欧拉定理得 $10^6 \equiv 1 \pmod 7$. 故

$$10^{2021} \equiv (10^6)^{336}\cdot 10^5 \equiv 10^5 \equiv 3^5 \equiv 5 \pmod 7,$$

即再过 10^{2021} 天是星期四.

5. 只证 (1), 其他两条请读者自己证明.

$\boldsymbol{\beta}\in\boldsymbol{\alpha}+M \Rightarrow \boldsymbol{\beta}=\boldsymbol{\alpha}+\boldsymbol{m}_0\,(\boldsymbol{m}_0\in M)$, 因此, 对任意 $\boldsymbol{m}\in M$, 都有 $\boldsymbol{\beta}+\boldsymbol{m}=\boldsymbol{\alpha}+(\boldsymbol{m}_0+\boldsymbol{m})\in\boldsymbol{\alpha}+M$, 即 $\boldsymbol{\beta}+M\subset\boldsymbol{\alpha}+M$. 同时, 又因为 $\boldsymbol{\alpha}=\boldsymbol{\beta}-\boldsymbol{m}_0$, 故 $\boldsymbol{\alpha}+\boldsymbol{m}=\boldsymbol{\beta}+(\boldsymbol{m}-\boldsymbol{m}_0)\in\boldsymbol{\beta}+M$, 得到 $\boldsymbol{\alpha}+M\subset\boldsymbol{\beta}+M$. 故 $\boldsymbol{\alpha}+M=\boldsymbol{\beta}+M$ 成立.

6. (1) 由 $\boldsymbol{\alpha}_i-\boldsymbol{\beta}_i\in M\,(i=1,2)$ 可知,

$$(\boldsymbol{\alpha}_1+\boldsymbol{\alpha}_2)-(\boldsymbol{\beta}_1+\boldsymbol{\beta}_2)=(\boldsymbol{\alpha}_1-\boldsymbol{\beta}_1)+(\boldsymbol{\alpha}_2-\boldsymbol{\beta}_2)\in M,$$

$$k\boldsymbol{\alpha}_1-k\boldsymbol{\beta}_1=k(\boldsymbol{\alpha}_1-\boldsymbol{\beta}_1)\in M,$$

故结论成立.

(2) 对任意 $\boldsymbol{\alpha}_2\in\overline{\boldsymbol{\alpha}}_1, \boldsymbol{\beta}_2\in\overline{\boldsymbol{\beta}}_1$, 由 (1) 知, $\overline{\boldsymbol{\alpha}}_1+\overline{\boldsymbol{\beta}}_1=\overline{\boldsymbol{\alpha}}_2+\overline{\boldsymbol{\beta}}_2, k\overline{\boldsymbol{\alpha}}_2=k\overline{\boldsymbol{\alpha}}_1$, 结论成立.

7. 由 $\boldsymbol{\alpha}+M_1=\boldsymbol{\beta}+M_2$ 可知, $\boldsymbol{\beta}\in\boldsymbol{\alpha}+M_1$, 即 $\boldsymbol{\beta}-\boldsymbol{\alpha}\in M_1$. 任取 $\boldsymbol{\gamma}\in M_2$, 则 $\boldsymbol{\beta}+\boldsymbol{\gamma}\in\boldsymbol{\alpha}+M_1$, 即 $(\boldsymbol{\beta}-\boldsymbol{\alpha})+\boldsymbol{\gamma}\in M_1$, 从而可得 $\boldsymbol{\gamma}\in M_1$, 故 $M_2\subset M_1$. 同理可得, $M_1\subset M_2$, 故 $M_1=M_2$.

8. 由 $\boldsymbol{\beta}\in\bigcap\limits_{i=1}^{s}(\boldsymbol{\alpha}+M_i)\Leftrightarrow\boldsymbol{\beta}-\boldsymbol{\alpha}\in M_i\,(i=1,2,\cdots,s)\Leftrightarrow\boldsymbol{\beta}\in\boldsymbol{\alpha}+\bigcap\limits_{i=1}^{s}M_i$ 知结论成立.

9. **证明** 任取 $\boldsymbol{\alpha}\in V$, 由于 $\boldsymbol{\varepsilon}_1+M,\cdots,\boldsymbol{\varepsilon}_s+M$ 是商空间 V/M 的一个基, 因此, 存在 $k_1,\cdots,k_s\in\mathbb{P}$, 使得

$$\boldsymbol{\alpha}+M=k_1(\boldsymbol{\varepsilon}_1+M)+\cdots+k_s(\boldsymbol{\varepsilon}_s+M)=(k_1\boldsymbol{\varepsilon}_1+\cdots+k_s\boldsymbol{\varepsilon}_s)+M,$$

即 $\boldsymbol{\alpha}-(k_1\boldsymbol{\varepsilon}_1+\cdots+k_s\boldsymbol{\varepsilon}_s)\in M$. 记 $\boldsymbol{\beta}=k_1\boldsymbol{\varepsilon}_1+\cdots+k_s\boldsymbol{\varepsilon}_s$, 则 $\boldsymbol{\beta}\in W$, 且 $\boldsymbol{\alpha}-\boldsymbol{\beta}\in M$. 令 $\boldsymbol{\gamma}=\boldsymbol{\alpha}-\boldsymbol{\beta}$, 则有 $\boldsymbol{\alpha}=\boldsymbol{\beta}+\boldsymbol{\gamma}$, 其中, $\boldsymbol{\beta}\in M, \boldsymbol{\gamma}\in W$, 故 $V=M+W$.

其次, 任取 $\boldsymbol{\eta} \in M \cap W$, 则存在 $l_1, \cdots, l_s \in \mathbb{P}$, 使得 $\boldsymbol{\eta} = l_1\boldsymbol{\varepsilon}_1 + \cdots + l_s\boldsymbol{\varepsilon}_s$. 注意, 商空间 V/M 中的零向量就是 M, 由 $\boldsymbol{\eta} \in M$ 知,

$$M = \boldsymbol{\eta} + M = l_1\boldsymbol{\varepsilon}_1 + \cdots + l_s\boldsymbol{\varepsilon}_s + M = l_1(\boldsymbol{\varepsilon}_1 + M) + \cdots + l_s(\boldsymbol{\varepsilon}_s + M).$$

而 $\boldsymbol{\varepsilon}_1 + M, \cdots, \boldsymbol{\varepsilon}_s + M$ 是 V/M 的一个基, 故 $l_1 = \cdots = l_s = 0$. 从而可得 $\boldsymbol{\eta} = \boldsymbol{0}$, 即 $M \cap W = \{\boldsymbol{0}\}$, 故 $V = M \oplus W$.

设 $\lambda_1\boldsymbol{\varepsilon}_1 + \cdots + \lambda_s\boldsymbol{\varepsilon}_s = \boldsymbol{0}$, 则

$$(\lambda_1\boldsymbol{\varepsilon}_1 + \cdots + \lambda_s\boldsymbol{\varepsilon}_s) + M = \boldsymbol{0} + M = M,$$

即

$$\lambda_1(\boldsymbol{\varepsilon}_1 + M) + \cdots + \lambda_s(\boldsymbol{\varepsilon}_s + M) = M.$$

从而可得 $\lambda_1 = \cdots = \lambda_s = 0$, 故 $\boldsymbol{\varepsilon}_1, \cdots, \boldsymbol{\varepsilon}_s$ 线性无关, 因而是 W 的一个基. 证毕.

10. $x^3, x^2, x, 1$ 是 V 的一个基, $\dim V = 4$. 显然 f, g 线性无关, $\dim U = 2$. 由

$$(f, g, x, 1) = (x^3, x^2, x, 1)\begin{pmatrix} 1 & 1 & 0 & 0 \\ 1 & 2 & 0 & 0 \\ 1 & 3 & 1 & 0 \\ 1 & 4 & 0 & 1 \end{pmatrix}$$

最后一个矩阵可逆知, $f, g, x, 1$ 也是 V 的一个基. 故 $x + U, 1 + U$ 是商空间 V/U 的一个基, $\dim V/U = 2$.

11. 矩阵的合同关系是一种等价关系, 因而可以按合同进行分类. 事实上, 只需对实数域上的全体 n 阶对称矩阵按合同分类即可. 我们知道, 任一 n 阶对称矩阵都合同于规范形 $\mathrm{diag}(\boldsymbol{I}_p, -\boldsymbol{I}_{r-p}, \boldsymbol{O})$, 其中 r 是秩. 由于取定 r 后, p 可以取 $0, 1, 2, \cdots, r$, 且 r 可以取 $0, 1, \cdots, n$. 故这样的规范形共有

$$1 + 2 + \cdots + (n+1) = \frac{1}{2}(n+1)(n+2)$$

类.

第二十章　MATLAB 应用简介

MATLAB (matrix laboratory) 是一款用于数值计算、编程和图形处理的软件, 被广泛用于工程计算、自动控制、数字信号处理、图像处理、通讯系统设计与仿真、财务与金融分析等领域. 它是当今世界上公认的功能最强大、最具影响力的科学计算软件之一.

本章 §20.1 介绍 MATLAB 入门知识; §20.2 和 §20.3 分别介绍 MATLAB 在处理行列式、矩阵和多项式计算中的简单应用; §20.4 简单介绍 MATLAB 编程方法; §20.5 通过 MATLAB 程序介绍了代数理论在信息编码中的一个应用. 读者通过本专题的学习, 能利用 MATLAB 软件快速准确地完成较复杂的代数运算以验证手工计算的正确性, 将更多精力用于理解运算逻辑, 无需在烦琐的计算上花费太多时间. 同时, 读者亦可了解代数理论知识与计算机软件相结合应用于解决实际问题的发展动向, 拓宽应用数学知识面, 提升学习兴趣. 由于 MATLAB 知识内容十分丰富, 更系统的介绍请参阅相关专业书籍.

本章将以 MATLAB 7.10.0(R2017a) 版本为准展开, 如果读者安装的其他版本, 请参考相关更新说明.

§20.1　MATLAB 入门

一、基本操作

双击 MATLAB 图标弹出命令行窗口, 点击左上角 “新建脚本” 弹出编辑器和命令行窗口如图 1 所示. 在编辑器窗口中输入:

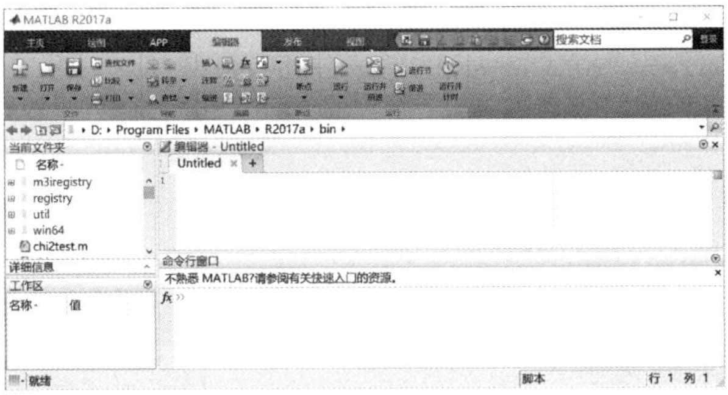

图 1

```
A=[1 -1; -1 2]  % 输入 2 阶矩阵 A.
    det(A)  % 求矩阵 A 的行列式值.
```

然后复制 (Ctrl+C) 并粘贴 (Ctrl+V) 到命令行窗口的提示符 “>>” 后面, 回车, 得到

```
>> A=[1 -1; -1 2]  % 输入 2 阶矩阵 A.
A =
    1.0000  -1.0000
```

```
    -1.0000   2.0000
det(A)  % 求矩阵 A 的行列式值.
ans =
    1.0000
```

程序行内的 “%” 后面的内容是对这行程序的解释, 方便阅读, 不参与运算, 不影响结果. 括号内的分号 “; ” 是换行的意思. 如果某行结束后没加分号 “; ”, 则显示这行的执行结果, 加了分号 “;”, 则不显示执行结果. 所以, 刚才在第 1 行录入矩阵 $\boldsymbol{A}$ 后没加分号, 回车后显示矩阵 $\boldsymbol{A}$. 程序第 2 行 “det” 是求方阵行列式的函数, MATLAB 有很多运算函数或绘图函数, 如果不清楚这些函数的用法, 可在命令行窗口中输入 “help 函数名” 查找. 也可以点击 help 窗口查找. 例如, 输入 “help det” 回车后得到

```
>> help det
DET Determinant.
    DET(X) is the determinant of the square matrix X.
...
```

等号 “=” 前面部分为称为变量, 变量名称根据自己需要确定, 但不能与 MATLAB 系统的特殊变量和常数名称混淆, 以免造成逻辑冲突. 等号后面部分是给变量赋值, 可以是数值、字符串或表达式, 回车后变量即保存在计算机内存中, 以后的程序行可调用已储存的变量, 如第 2 行调用矩阵 $\boldsymbol{A}$ 求行列式值. 由于第 2 行只调用了函数 “det(A)” 没指定变量名称及赋值等号, 所以结果显示为 “ans=”, 其中 ans 是 answer 的缩写, 系统将执行结果自动赋值给暂时变量 “ans” 并储存在系统内存中.

在 MATLAB 命令窗口中已经回车的程序行不能插入和修改, 所以, 一般情况下, 在编辑器窗口中输入或修改程序, 再复制粘贴到命令行窗口中运行.

clear 命令用于删除前面使用过的变量, 避免前后混淆. 如果只删除某些指定的变量, 则在 “clear” 后面添加待删除的变量名即可. 例如,

```
clear all  % 清除前面的所有变量.
r=2; n=10;  % 加分号的目的是不显示执行这行的结果.
r^n/factorial(n)
ans =
   2.8219e-004
```

其中 “r^n” 表示 r 的 n 次方, “factorial(n)” 是求整数 n 的阶乘, “2.8219e-004” 是 2.8219×10^{-4} 的意思, 字母 e 可以大写也可以小写.

例 1 已知三角形的边长分别是 7, 8, 9, 求三角形的面积.

分析 利用三角形面积的海伦公式

$$\text{area}=\sqrt{s(s-a)(s-b)(s-c)},$$

其中 $s=(a+b+c)/2$.

解 程序

```
clear all
a=7;b=8;c=9;
```

```
s=(a+b+c)/2;
area=sqrt(s*(s-a)*(s-b)*(s-c))  % sqrt 是算术平方根函数, ''*'' 表示乘号.
area =
    26.8328
```

至于 MATLAB 文件的保存与打开, 与通常的办公软件 Word 或 Excel 的操作无相异之处, 只不过是 MATLAB 文件的后缀名是.m.

二、常用数学函数

MATLAB 向用户提供了非常强大的函数库及运算程序包, 几乎概括了所有领域的计算工具, 以下只列出少数常用的 MATLAB 数学函数.

三角函数: `sin(x)`, `cos(x)`, `tan(x)`, `cot(x)`, `sec(x)`, `csc(x)`;

反三角函数: `asin(x)` (反正弦函数), `acos(x)` (反余弦函数), `atan(x)` (反正切函数);

指数对数函数: `exp(x)`, `log(x)` (自然对数), `log10(x)` (常用对数), `log2(x)` (以 2 为底 x 的对数), `sqrt(x)` (算术平方根);

排列组合函数: `factorial(n)` (整数 n 的阶乘), `prod(m:n)` (整数 m 到 n 的连乘, 其中 $m<n$), `perms(x)` (列举向量 $\boldsymbol{x}$ 的所有排列), `nchoosek(n,m)` (从 n 个元素中取 m 个元素的组合数), `combntns(x,m)` (列举从向量 $\boldsymbol{x}$ 中取出 m 个元素的所有组合);

其他函数: `abs(x)` (绝对值), `imag(x)` (复数的虚部), `real(x)` (复数的实部), `conj(x)` (共轭复数), `round(x)` (四舍五入取整数), `mod(x,y)` (求余数), `lcm(x,y)` (两个整数的最小公倍数), `gcd(x,y)` (两个整数的最大公约数), `isprime(x)` (判断是否为质数), `sum(x)` (数值向量 $\boldsymbol{x}$ 各元素求和), `mean(x)` (数值向量 $\boldsymbol{x}$ 各元素的算术平均), `var(x)` (数值向量 $\boldsymbol{x}$ 各元素的方差), `floor(x)` (不超过实数 x 的最大整数).

比如, 计算从 20 个元素中任取 5 个元素的组合数:

```
nchoosek(20,5)
ans =
    15504
```

注意, 在使用三角函数时, 自变量单位是 "弧度", 如果自变量单位是 "度", 则用 "`sind(x)`", "`cosd(x)`", "`tand(x)`" 等. 例如,

```
clear all
a=5.67; b=7.811;
exp(a+b)/log10(a+b)+1000*sin(pi/3)+cosd(90)
ans =
    6.3437e+005
```

其中 "`pi`" 为圆周率 3.14159 ⋯, "`6.3437e+005`" 表示 6.3437×10^5.

又如, 计算地球和太阳的万有引力.

```
clear all
G=6.67e-11;  % 引力恒量.
msun=1.987e30;  % 太阳质量.
mearth=5.975e24;  % 地球质量.
```

```
R=1.495e11; % 地球到太阳的距离.
F=G*msun*mearth/R^2; % 代入万有引力公式.
F =
    3.5431e+022
```

用 Matlab 进行统计抽样也会经常遇到的. 例如,

```
clear all
a=[2 3 5 8 12 0 4 7]; % 给定一组样本值.
n=length(a); % 计算样本容量 (即 a 中的样本值个数).
b=randi(n,1,5) % 从 1~n 中随机抽取 1*5 个数 (可重复抽样).
b =
    7 8 2 8 6
a(b) % 得到从 a 中随机抽取 (可重复) 序号为 b 的 5 个样本值.
ans =
    4 7 3 7 0
c=randperm(n,4) % 从 1~n 中随机抽取 4 个数 (无重复抽样).
c =
    7 3 1 8
a(c) % 得到从 a 中随机抽取 (无重复) 序号为 c 的 4 个样本值.
ans =
    4 5 2 7
Mth=find(a==max(a)) % 查找 a 中最大样本值的位置序号, 其中 ‘‘==’’ 用于判断两个值是否相等.
Mth =
    5
```

§20.2 MATLAB 在矩阵运算中的应用

一、基本矩阵运算函数

创建矩阵或向量一般用直接输入法, 比如行向量 $\boldsymbol{\alpha}^{\mathrm{T}}=(1,3,5,7)$ 和列向量 $\boldsymbol{\beta}^{\mathrm{T}}=(-1,2,-2)$ 可这样得到:

```
alpha=[1:2:7] % 初值为 1, 步长为 2, 终值为 7.
alpha =
    1  3  5  7
beta=[-1 2 -2]' % 撇号相当于转置.
beta =
    -1
    2
    -2
```

又如,

```
eye(2)  % 创建二阶单位矩阵.
ans =
    1   0
    0   1
A=[-1 2 3;2 -1 3;3 2 -1]
A =
    -1   2   3
    2   -1   3
    3   2   -1
det(A)  % 计算矩阵 A 的行列式.
ans =
    48
A(2,3) % 显示矩阵 A 第 2 行第 3 列的元素.
ans =
    3
A(:,1) % 显示矩阵 A 第 1 列的元素.
ans =
    -1
    2
    3
A(:,[1,2])  % 显示矩阵 A 第 1,2 两列的元素.
ans =
    -1   2
    2   -1
    3   2
C=[A eye(3)]  % 将矩阵 A 和三阶单位矩阵并列拼在一起.
C =
    -1   2   3   1   0   0
    2   -1   3   0   1   0
    3   2   -1   0   0   1
rref(C)  % 对矩阵 C 施行初等行变换化成行最简形.
ans =
    1.0000  0   0   -0.1042   0.1667   0.1875
    0   1.0000  0   0.2292   -0.1667   0.1875
    0   0   1.0000  0.1458   0.1667   -0.0625
format rat  % 改成有理数格式显示, 用 format short 或 format long 改回小数格式.
rref(C)
ans =
    1   0   0   -5/48   1/6   3/16
```

```
    0  1  0  11/48  -1/6  3/16
    0    0  1  7/48  1/6  -1/16
inv(A)  % 求矩阵 A 的逆矩阵.
ans =
    -5/48  1/6  3/16
    11/48  -1/6  3/16
    7/48  1/6  -1/16
B=[2 1;1 2;1 1];  % 矩阵 B 是一个 3 行 2 列的矩阵.
A*B  % 两个矩阵 A,B 相乘.
ans =
    3  6
    6  3
    7  6
X=inv(A)*B   % 解矩阵方程 AX=B, inv(A)*B 也可以写成 A\B.
X =
    0.1458  0.4167
    0.4792  0.0833
    0.3958  0.4167
C=[-3 2 -1;1 -1 3;2 1 -3];
X=C*inv(A)  % 解矩阵方程 XA=C, C*inv(A) 也可以写成 C/A.
X =
    0.6250    -1.0000    -0.1250
    0.1042     0.8333    -0.1875
    -0.4167  -0.3333     0.7500
A^2  % 矩阵 A 的平方, 即 A*A.
ans =
    14  2  0
    5  11  0
    -2  2  16
A.^2  % 矩阵 A 的每个元素平方.
ans =
    1  4  9
    4  1  9
    9  4  1
```

在运算符 +, −, *, /, ^前面加 “.” 和不加点的含义不同, 前者称为点运算. 比如

```
a=[-2  3  -3  -1  0  4  -1];
b=[1  -1  2  -2  2  -1  3];
a.*b  % 向量 a,b 对应元素的乘积.
ans =
```

```
    -2  -3  -6  2  0  -4  -3
a./b  % 向量 a,b 对应元素相除.
ans =
    -2.0000  -3.0000  -1.5000  0.5000  0   -4.0000  -0.3333
sum(a.^2)  % 向量 a 各元素的平方和.
ans =
    40
[v,d]=eig(A)  % 返回矩阵 A 的特征值 d 和特征向量 v.
v =
    -0.5774  -0.4575   0.3482
    -0.5774  -0.4575  -0.8704
    -0.5774   0.7625   0.3482
d =
    4.0000      0     0
    0     -4.0000     0
    0     0    -3.0000
```

类似矩阵运算的函数还很多, 以下列举一些前面没讲过的矩阵函数.

`dot(a,b)` 求向量 $\boldsymbol{a},\boldsymbol{b}$ 的内积;

`norm(a)` 求向量 $\boldsymbol{a}$ 的模长;

`ones(m,n)` 创建各元素都是 1 的 $m\times n$ 矩阵;

`repmat(a,m,n)` 创建各元素都是数 a 的 $m\times n$ 矩阵;

`zeros(m,n)` 创建各元素都是 0 的 $m\times n$ 零矩阵;

`diag(a)` 创建以向量 $\boldsymbol{a}$ 的元素为主对角元的对角矩阵;

`blkdiag(A,B)` 创建分块对角矩阵, 主对角元分别是 $\boldsymbol{A}$ 和 $\boldsymbol{B}$, 其中 $\boldsymbol{A},\boldsymbol{B}$ 是方阵;

`rot90(vander(a))` 创建范德蒙德矩阵, 其中 "a" 是向量, "rot90" 表示旋转 90 度;

`tril(A)` 将矩阵 $\boldsymbol{A}$ 的主对角线以上部分全部变成 0, 生成下三角矩阵.

`triu(A)` 将矩阵 $\boldsymbol{A}$ 的主对角线以下的部分全部变成 0, 生成上三角矩阵.

`rank(A)` 矩阵 $\boldsymbol{A}$ 的秩;

`trace(A)` 矩阵 $\boldsymbol{A}$ 的迹;

`orth(A)` 将矩阵 $\boldsymbol{A}$ 的列向量进行正交标准化;

`[Q,R]=qr(A)` 可逆矩阵 $\boldsymbol{A}$ 的 $\boldsymbol{QR}$ 分解, $\boldsymbol{A}=\boldsymbol{QR}$, 其中 $\boldsymbol{Q}$ 是正交矩阵, $\boldsymbol{R}$ 是上三角矩阵;

`[L,U]=lu(A)` 方阵 $\boldsymbol{A}$ 的 $\boldsymbol{LU}$ 分解, $\boldsymbol{A}=\boldsymbol{LU}$, 其中 $\boldsymbol{U}$ 是上三角矩阵, $\boldsymbol{L}$ 是下三角形或其变换矩阵;

`R=chol(A)` $\boldsymbol{R}$ 是非奇异上三角矩阵, $\boldsymbol{A}$ 是对称正定矩阵, 且 $\boldsymbol{A}=\boldsymbol{R}^{\mathrm{T}}\boldsymbol{R}$, 称为 $\boldsymbol{A}$ 的**楚列斯基分解**;

`[V,J]=jordan(A)` 返回方阵 $\boldsymbol{A}$ 的若尔当标准形 $\boldsymbol{J}$ 及矩阵 $\boldsymbol{V}$, 满足 $\boldsymbol{V}^{-1}\boldsymbol{A}\boldsymbol{V}=\boldsymbol{J}$;

`null(A)` 返回齐次方程组 $\boldsymbol{Ax}=\boldsymbol{0}$ 的一个基础解系;

`pinv(A)*b` 返回非齐次方程组 $\boldsymbol{Ax}=\boldsymbol{0}$ 的一个特解;

`minpoly(A)` 返回方阵 $\boldsymbol{A}$ 的最小多项式 (系数).

二、应用举例

例 2 用 MATLAB 程序解例 3.16.

解 将已知 5 个向量并列成一个矩阵, 施行初等行变换化成行最简形得到

```
A=[2  -1  -1  1  2;   1  1  -2  1  4;
  4  -6  2  -2  4;  3  6  -9  7  9];
rref(A)
ans =
    1  0  -1  0  4
    0  1  -1  0  3
    0  0  0  1  -3
    0  0  0  0  0
```

由此可知, 部分向量组 $\boldsymbol{\alpha}_1,\boldsymbol{\alpha}_2,\boldsymbol{\alpha}_4$ 是它的一个极大无关组, 且

$$\boldsymbol{\alpha}_3=-\boldsymbol{\alpha}_1-\boldsymbol{\alpha}_2,\quad \boldsymbol{\alpha}_5=4\boldsymbol{\alpha}_1+3\boldsymbol{\alpha}_2-3\boldsymbol{\alpha}_4.$$

例 3 用 MATLAB 程序解线性方程

$$\begin{cases} x_1-\ x_2-\ x_3+2x_4=1,\\ 2x_1-2x_2+\ x_3+\ x_4=5,\\ -x_1+\ x_2-2x_3+\ x_4=-4.\end{cases}$$

解法 1 先将增广矩阵进行初等行变换:

```
A_b=[1  -1  -1  2  1;  2  -2  1  1  5;  -1  1  -2  1  -4];
rref(A_b)
ans =
    1  -1  0  1  2
    0  0  1  -1  1
    0  0  0  0  0
```

得到如下简化的方程组

$$\begin{cases} x_1=x_2-x_4+2,\\ x_3=\qquad x_4+1.\end{cases}$$

分别取 $x_2=1,x_4=0$ 和 $x_2=0,x_4=1$ 得到导出组的一个基础解系

$$\boldsymbol{\alpha}_1=(1,1,0,0)^{\mathrm{T}},\quad \boldsymbol{\alpha}_2=(-1,0,1,1)^{\mathrm{T}}.$$

再令 $x_2=x_4=0$ 得原方程组的一个特解 $\boldsymbol{\gamma}=(2,0,1,0)^{\mathrm{T}}$. 因此, 原方程组的通解为

$$x=k_1\boldsymbol{\alpha}_1+k_2\boldsymbol{\alpha}_2+\boldsymbol{\gamma},$$

其中 k_1,k_2 为任意数.

解法 2 先求导出组 $\boldsymbol{A}\boldsymbol{x}=\boldsymbol{0}$ 的一个基础解系:

```
A=[1  -1  -1  2;  2  -2  1  1;  -1  1  -2  1]
```

```
N=null(A) % 返回导出组的一个基础解系.
N =
    -0.7567  0.1654
    -0.6278  -0.4538
    0.1289  -0.6192
    0.1289  -0.6192
```

再求原方程组的一个特解:

```
b=[1 5 -4]';
T=pinv(A)*b
T =
    1.0000
    -1.0000
    1.0000
    -0.0000
```

因此, 原方程组的通解为

$$\begin{pmatrix} x_1 \\ x_2 \\ x_3 \\ x_4 \end{pmatrix} = k_1 \begin{pmatrix} -0.7567 \\ -0.6278 \\ 0.1289 \\ 0.1289 \end{pmatrix} + k_2 \begin{pmatrix} 0.1654 \\ -0.4538 \\ -0.6192 \\ -0.6192 \end{pmatrix} + \begin{pmatrix} 1 \\ -1 \\ 1 \\ 0 \end{pmatrix},$$

其中 k_1, k_2 为任意数.

注 这两种解法结果表现形式不一样, 线性方程组通解的表达式不唯一 (见第三章).

例 4 用 MATLAB 求下列矩阵的特征多项式和最小多项式:

$$\boldsymbol{A} = \begin{pmatrix} 3 & -3 & 2 \\ -1 & 5 & -2 \\ -1 & 3 & 0 \end{pmatrix}.$$

解 以下引进符号变量 x 分别求矩阵 $\boldsymbol{A}$ 的特征多项式和最小多项式:

```
clear all
A=[3  -3  2;  -1  5  -2;  -1  3  0];
syms  x  % 引进符号变量 x
det(x*eye(3)-A)  % 求特征多项式
ans =
    x^3 - 8*x^2 + 20*x - 16
minpoly(A,x)  % 求最小多项式
ans =
    x^2 - 6*x + 8
```

§20.3 MATLAB 在多项式运算中的应用

一、算术运算

一元多项式 (简称多项式) 是由各项系数唯一决定的, 因此, 多项式可用它的系数向量来表示. 多项式的加减法按向量的加减法进行, 不过要注意向量的维数相同, 当维数不同时用 0 补足; 乘法用 conv 函数, 理解为多项式的卷积; 除法用 deconv 函数, 可得到商式和余式 (带余除法).

例 5 设多项式

$$f(x) = 4x^5 - 3x^4 + 5x^2 + 2x - 6, \quad g(x) = 2x^2 + x - 3,$$

求它们的和、差、积、商.

解

```
clear all
f=[4  -3  0  5  2  -6];
fx=poly2str(f,'x')   % 将向量转化为字符串表达式
fx =
    4*x^5 - 3*x^4 + 5*x^2 + 2*x - 6
g=[2 1 -3];
a=f+[0 0 0 g]  % 求和, g(x) 的高次幂系数用 0 补足与 f(x) 同次.
a =
    4  -3  0  7  3  -9
b=f-[0  0  0  g]  % 求差
b =
    4  -3  0  3  1  -3
c=conv(f,g)  % 求积
c =
    8  -2  -15  19  9  -25  -12   18
[div,rest]=deconv(f,g) % 求商式 div 和余式 rest (带余除法).
div =
    2.0000  -2.5000  4.2500  -3.3750
rest =
    0  0  0  0  18.1250  -16.1250
```

二、求值与求根

求多项式某个特定自变量的值用 polyval 函数, 当自变量是某个方阵时, 求矩阵多项式的值用 polyvalm 函数, 求多项式的根用 roots 函数.

例 6 继续考察例 5 中的多项式

```
f1=polyval(f,-4)  % 计算 f(-4).
f1 =
```

```
    -4798
x=[1  -1  2  -2  3  -3  6  -6];
f2=polyval(f,x)  % 同时求一组自变量的函数值.
f2 =
    2  -10  98  -166  774  -1182  27402  -34830
A=[1  2  -1;  -2  0  3;  -3  1  2];
polyvalm(f,A)   % 求矩阵多项式 f(A).
ans =
    -400  -152   223
    -268  -345  45
    -171  -265  -77
roots(f)  % 求多项式 f(x) 的根.
ans =
    -0.8384 + 0.5342i
    -0.8384 - 0.5342i
    0.7715 + 1.0593i
    0.7715 - 1.0593i
    0.8838
```

三、求导函数

对多项式的向量表达式用 polyder 函数求导函数.

例 7 继续考察例 5 中的多项式.

```
f=[4  -3  0  5  2  -6];
df=polyder(f)  % 求多项式 f(x) 的一阶导函数.
df =
    20  -12  0  10  2
dfx=poly2str(df,'x')
dfx =
    20*x^4 - 12*x^3 + 10*x + 2
ddf=polyder(df)
ddf =
    80  -36  0  10
ddfx=poly2str(ddf,'x')  % 求多项式 f(x) 的二阶导函数.
ddfx =
    80*x^3 - 36*x^2 + 10
```

也可以引入符号变量, 建立多项式的符号表达式, 用函数 diff(f,var,n) 求导函数, 其中 f 是符号表达式, var 是变量名, n 是求导的阶数, diff 也适用于求一般函数的导函数.

```
syms x  % 引入符号变量 x.
fx=4*x^5-3*x^4+5*x^2+2*x+6  % 建立符号表达式 f(x).
```

```
fx =
    4*x^5 - 3*x^4 + 5*x^2 + 2*x + 6
diff(fx,x,2)  % 求 f(x) 对变量 x 的二阶导函数.
ans =
    80*x^3 - 36*x^2 + 10
```

又如,

```
syms x y  % 引入两个符号变量 x,y.
gxy=sin(x)*exp(x^2)+x^3*y^2 +5*y^3-6  % 建立符号表达式 g(x,y).
gxy =
    x^3*y^2 + exp(x^2)*sin(x) + 5*y^3 - 6
diff(gxy,x)  % 将 g(x,y) 对 x 求一阶偏导函数, y 看成常数.
ans =
    3*x^2*y^2 + exp(x^2)*cos(x) + 2*x*exp(x^2)*sin(x)
diff(gxy,x,2)  % 将 g(x,y) 对 x 求二阶偏导函数, y 看成常数.
```

四、求最大公因式与最小公倍式

用符号表达式求两个多项式的最大公因式和最小公倍式, 与求两个整数的最大公约数和最小公倍数相同, 求最大公因式 (数) 用 gcd 函数, 求最小公倍式 (数)lcm 函数. 比如, 对例 5 的两个多项式求最大公因式.

```
syms x
fx=4*x^5 - 3*x^4 + 5*x^2 + 2*x - 6;
gx=2*x^2 + x - 3;
gcd(fx,gx)
ans =
    1
```

例 8 求多项式 $f(x)=x^4+x^3+2x^2+x+1$, $g(x)=x^3+2x^2+2x+1$ 的最大公因式和最小公倍式.

```
clear all
syms x
fx=x^4+x^3+2*x^2+x+1;
gx=x^3+2*x^2+2*x+1;
gcd(fx,gx)  % 求最大公因式.
ans =
    x^2 + x + 1
lcm(fx,gx)  % 求最小公倍式.
ans =
    x^5 + 2*x^4 + 3*x^3 + 3*x^2 + 2*x + 1
```

多项式 $f(x)$ 与 $g(x)$ 互素. 事实上, 从例 6 求得两个多项式的根来看, 在复数域上没有相同的根, 这两个多项式互素, 前后结果是吻合的.

例 9 求教材 §7.6 例 7.20 的矩阵 $\boldsymbol{A}$ 的最小多项式.

解 求矩阵 $\boldsymbol{A}$ 的最小多项式用 MATLAB 函数 minpoly(A,x), 程序如下:

```
clear all
syms x
A=[-1  1  1;  -6  4  2;  -3  1  3];
m=minpoly(A,x)
m =
    x^2 - 4*x + 4
```

下面列举几个符号表达式的常用运算函数, 更多的运算函数请查阅相关专业书籍.

factor(s) 对符号表达式分解因式;

expand(s) 对符号表达式进行展开;

simplify(s) 用函数规则对符号表达式化简;

eval(s) 将符号表达式转化成数值表达式;

diff(s) 对符号表达式求导函数;

int(s) 对符号表达式求不定积分;

int(s,a,b) 符号表达式在区间 $[a,b]$ 上求定积分, 返回符号表达式;

quad(s,x,a,b) 计算从 a 到 b 计算函数的数值积分, 误差为 10^{-6}.

§20.4 简单程序设计

一、关系运算与逻辑运算

关系运算用于比较数值、字符串或矩阵等变量之间的大小或不等关系, 其运算结果 "0" 表示命题为假, 结果为 "1" 表示命题为真. 常用的关系运算符有: >(大于), < (小于), ==(等于), ~= (不等于), >= (大于或等于), <=(小于或等于).

在 MATLAB 编程中, 有时候我们要用逻辑关系符将逻辑表达式或逻辑变量连接起来构成较复杂的逻辑表达式, 主要的逻辑运算符有三种: "&" 代表 "与", "|" 代表 "或", "~" 代表 "非". 例如:

```
clear all
x=2;
x>3  % 假命题.
ans =
    0
x<=2  % 真命题.
ans =
    1
```

又如,

```
A=[1  -1;  2  1];
B=[2  -1;  1  2];
A==B  % 比较矩阵 A,B 中哪些元素相等.
```

```
ans =
    0  1
    0  0
find(A>0)  % 找出矩阵 A 中大于 0 的元素的位置.
ans =
    1
    2
    4
(A>0)&(A<2)  % 找出矩阵 A 中大于 0 且小于 2 的元素.
ans =
    2×2  logical 数组
    1  0
    0  1
```

二、程序结构

尽管 MATLAB 提供了足够多的函数库和工具箱, 但人的需求千差万别, 仅靠这些基本函数无法满足特殊的或更复杂的要求, 这时, 我们可以通过编写程序函数解决这一问题.

程序设计是编程者实现算法的过程, 任何算法功能都通过三种基本程序结构: 顺序结构、选择结构和循环结构的某种组合来实现.

顺序结构 是最基本的结构, 它通过依次执行程序的各条语句或依次执行各个程序模块实现算法.

选择结构 是根据逻辑条件成立与否选择执行不同的程序模块. 选择结构通常有 if 语句和 switch 语句两种表示方式.

(1) if 语句. 基本格式为

```
if 表达式
  程序模块 1;
else
  程序模块 2;
end
```

对于多分支 if 语句, 当超过 2 个选择项时, 可以采用如下格式:

```
if 表达式 1
  程序模块 1;
  elseif 表达式 2
      程序模块 2;
  ...
elseif 表达式 n
    程序模块 n;
else
    程序模块 n+1;
```

end

(2) switch 语句. 在多分支 if 语句中, 当分支过多时, 程序可读性较差, 这时使用 switch 语句更好. 其格式为:

switch 表达式
  case 数值 1
    程序模块 1;
  case 数值 2
    程序模块 2;
  ⋯
otherwise
    程序模块 n;
end

循环结构 是计算机可以重复执行某一组语句的程序模块. 常用的循环语句有 for 语句和 while 语句两种.

(1) for 语句

for 循环变量=循环初始值: 步长: 循环终值
    循环体;
end

当循环变量的值大于终止值时, 循环结束

(2) while 语句

循环初值
while 表达式
    循环体;
end

当表达式结果为真时反复执行循环体内的语句, 直到循环表达式为假时, 退出循环.

三、程序设计举例

MATLAB 程序函数的格式是:

function 输出变量名=程序名称 (输入变量名)
    程序模块 % 解释各语句的含义方便以后阅读
end

注意, 自己编写的 MATLAB 程序函数必须先保存为一个 M 文件才可调用.

例 10 编写 MATLAB 程序分别求 3 阶和 4 阶希尔伯特矩阵 $a_{ij}=1/(i+j-1)\,(i,j=1,2,\cdots,n)$.

解 双击 MATLAB 图标弹出命令行窗口, 点击左上角 “新建脚本” 弹出编辑器和命令行窗口, 然后在编辑器窗口中输入

```
function H = hilbert(n)  % 生成 n 阶 Hilbert 矩阵.
for i=1:n
    for j=1:n
```

```
        H(i,j)=1/(i+j-1);  % 产生 Hilbert 矩阵的 (i,j) 元素.
    end
    end
    end
```

保存文件名 "hilbert.m", 点击确定. 刚才写好的 MATLAB 程序函数 (M 文件) 已保存到默认工作目录中. 记住: 先保存后调用.

循环变量 "`i=1:n`" 意思是 i 的初值为 1, 默认步长为 1, 终值为 n, 即 i 取值从 $1,2,\cdots$, 直到 n. 一般地, 如果步长为 k, 循环变量 "`i=m:k:n`", 意思是 i 取值从 $m,m+k,m+2k,\cdots$, 直到不超过 n 的最大整数.

下面调用已经保存的 MATLAB 程序函数分别求 3 阶和 4 阶希尔伯特矩阵. 在命令行窗口中输入:

```
clear
n=3;
hilbert(n)   % 调用已保存的程序函数.
ans =
    1.0000  0.5000  0.3333
    0.5000  0.3333  0.2500
    0.3333  0.2500  0.2000
```

MATLAB 默认的数值输出格式为小数格式, 如果想要得到分数格式, 则输入:

```
format rat  %format 是控制输出格式, rat 代表有理数.
n=3;
hilbert(n)
ans =
    1     1/2    1/3
    1/2   1/3   1/4
    1/3   1/4   1/5
```

如果想回到原来的输出格式, 则输入

```
format
```

即可.

例 11 编写 MATLAB 函数计算斐波那契数列在 1000 以内的各项 (斐波那契数列的各项统称为斐波那契数):

$$a_1=a_2=1,\quad a_{n+2}=a_{n+1}+a_n\quad (n\geqslant 1).$$

解 双击 MATLAB 图标弹出命令行窗口, 点击左上角 "新建脚本" 弹出编辑器和命令行窗口, 然后在编辑器窗口中输入

```
function a = fibonacci(n)
a(1)=1; a(2)=1;  % a 的第 1 项和第 2 项.
i=1;  % 设定循环变量初值.
while a(i)+a(i+1)<=n
```

```
        a(i+2)=a(i)+a(i+1);
        i=i+1;  % 循环变量增加 1.
    end
    end
```

保存文件名为 “fibonacci.m” 的 M 文件. 然后在命令窗口中输入:

```
clear
n=1000;
fibonacci(n)
ans =
    1  1  2  3  5  8  13  21  34  55  89  144  233  377  610  987
```

例 12 设函数

$$f(x,y)=\begin{cases}\sin\sqrt{x^2+y^2}/\sqrt{x^2+y^2}, & x>0,\ y>0,\\ 0, & \text{其他}.\end{cases}$$

编写 MATLAB 程序分别求函数值: $f(3,4)$, $f(4,-5)$.

解 编写如下 MATLAB 程序函数:

```
function f=myfunction01(x,y)
    if x>0 & y>0   % 逻辑运算符 &表示‘‘且’’, 即 and 的意思.
        r=sqrt(x^2+y^2);
        f=sin(r)/r;
    else f=0;
    end
  end
```

以文件名 “myfunction01.m” 保存在默认工作目录中, 然后在命令行窗口中输入:

```
clear
x=3;  y=4;
f1=myfunction01(x,y)
f1 =
    -0.1918
clear
x=4;  y=-5;
f3=myfunction01(x,y)
f3 =
    0
```

例 13 输入学生的高等代数考试成绩, 打印 “第 X 位考生《高等代数》成绩: X 分”, 如果分数在 90 分以上, 再打印 “恭喜你, 取得优秀成绩! ”; 如果分数在 80~90, 打印 “恭喜你, 取得良好成绩! ”; 如果分数在 60~80, 打印 “恭喜你, 及格啦! ”; 如果分数在 60 分以下, 打印 “很遗憾, 你没及格, 还要继续努力啊! ”.

解 在 MATLAB 编辑器窗口中输入

```
function p=scores(x)
for i=1:length(x);
    str = sprintf('\ n 第 % d 位考生《高等代数》成绩:
                % s 分',i,num2str(x(i)));
    disp(str);
    if x(i)>=90
        p=fprintf(' 恭喜你, 取得优秀成绩! \n');
    elseif x(i)>=80 & x(i)<90
        p=fprintf(' 恭喜你, 取得良好成绩! \n');
    elseif x(i)>=60 & x(i)<80
        p=fprintf(' 恭喜你, 及格啦! \n');
    else
        p=fprintf(' 很遗憾, 你没及格, 还要继续努力啊! \n');
  end
end
end
```

保存文件名为 “scores.m” 的 M 文件. 然后在命令窗口中输入 3 位学生的成绩测试如下.

```
clear
x=[98 61 42];
scores(x);
第 1 位考生《高等代数》成绩: 98 分
恭喜你, 取得优秀成绩!
第 2 位考生《高等代数》成绩: 61 分
恭喜你, 及格啦!
第 3 位考生《高等代数》成绩: 42 分
很遗憾, 你没及格, 还要继续努力啊!
```

针对以上程序做几点解释: “`length(x)`” 表示向量 x 的长度; “\n” 表示换行, 英文 new line 的意思; “`num2str(x(i))`” 表示将 x 的第 i 个值由数值型转化成字符串型, “`num2str`” 是 numeric to string 的意思; “&” 是逻辑运算符, 表示 “且” 的意思, 类似的逻辑运算符还有 “ | ”表示 “或”, “~” 表示 “非”. “`sprintf( )`” 转化成字符串格式; “%d” 和 “%s” 表示分别插入 “`i`” 和 “`num2str(x(i))`”, “s” 表示 “string” 串, 即字符串. 请读者思考: 这里的 “d” 表示什么? 如果把 “`num2str(x(i))`” 改为 “`x(i)`”, 是不是相应的 “%s” 应改为 “%d”? “`disp`” 即 display 是显示的意思, 至于 “`fpringf`” 的意义及用法请查阅帮助 (help).

例 14 编写 Matlab 程序验证

$$p_k = \frac{1}{2k-1}\mathrm{C}_{2k}^{k}2^{-2k}, \quad k \in \mathbb{N}$$

是某个离散型随机变量的概率分布列.

解 由概率论可知, $\{p_k\}$ 是某离散型随机变量的概率分布列的充要条件是

(1) $p_k \geqslant 0$(非负性);

(2) $\sum_{k=1}^{\infty} p_k = 1$ (规范性).

前者是显然的, 下面分别取 $n = 50, 100, 500, 1000, 2000$, 验证当 $k = 1, 2, \cdots, n$ 时各 p_k 之和是否随着 n 的增大而趋近于 1. 由于当 k 较大时, 用函数 "nchoosek(2k,k)" 计算组合数 C_{2k}^k 较为困难, 或无法计算. 所以我们将它拆成若干个数之积, 用函数 "prod( )" 计算各个 p_k, 然后求 $\{p_k\}$ 的前 n 项和, 即

$$\text{prob} = \sum_{k=1}^{n} \frac{1}{2k-1} C_{2k}^k 2^{-2k} = \sum_{k=1}^{n} \left(\frac{1}{2k-1} \cdot \frac{k+1}{4 \times 1} \cdot \frac{k+2}{4 \times 2} \cdots \frac{2k}{4 \times k} \right).$$

```
clear all
n=[50 100 500 1000 2000];
for i=1:length(n)
    for k=1:n(i)
        for j=1:k
            q(j)=(k+j)/(4*j);
        end
        p(k)=prod(q)/(2*k-1);   % 调用函数 prod 求各 q(j) 之积.
        clear q   % 清空上一轮循环中的变量 q, 否则将影响下一轮循环计算.
    end
    prob(i)=sum(p);
end
prob
prob =
    0.9204 0.9437 0.9748 0.9822 0.9874
```

对程序稍做修改, 可以将最外一层 for 循环改为 while 循环, 留作练习由读者自己完成.

编写 MATLAB 程序是一件很有乐趣, 很有意义的事情, 只有多练习才会越来越熟, 遇到不懂的问题经常在 MATLAB "帮助" 中查找, 或上网去寻找答案.

§20.5 希尔密码问题

本节介绍的希尔密码问题是代数理论在信息编码中应用的一个典型案例, 读者可以从中窥见数学与计算机软件相结合具有十分广阔的应用前景, 欲了解更多的应用案例请查阅相关文献或书籍.

"密码" 这一概念读者并不陌生, 无论在外交、军事上, 还是在商业活动中都有广泛的应用. 但是, 设计密码编译方案却需要较多数学和计算机知识, 因此, 密码学 (Cryptology) 通常被认为是数学和信息计算科学的分支. 在密码学中, 待加密的信息称为**明文**, 已加密的信息称为**密文**, 仅有收发双方知道的信息称为**密钥**. 在密钥控制下, 由明文变到密文的过程叫**加密**, 其逆过程叫**解密**.

希尔密码是 1929 年美国数学家 L. S. Hill 发明的运用矩阵和线性变换原理的替换密码. 下面简单介绍希尔密码的基本原理.

设 m 是一个正整数, 任一整数除以 m, 其余数只可能是 $0,1,2,\cdots,m-1$, 共 m 种情况. 设 a,b 是任意两个整数, 如果 $m\mid(a-b)$, 则称 a 与 b **模** m **同余**, 或称 a 与 b **模** m **相等**, 记作 $a=b\ (\mathrm{mod}\,m)$. 设 $\boldsymbol{A}=(a_{ij})_{s\times t},\boldsymbol{B}=(b_{ij})_{s\times t}$ 是两个同型矩阵, 如果 $a_{ij}=b_{ij}\ (\mathrm{mod}\,m)$ 对任意 i,j 都成立, 则称 $\boldsymbol{A},\boldsymbol{B}$ 是**模** m **相等矩阵**, 记作 $\boldsymbol{A}=\boldsymbol{B}\ (\mathrm{mod}\,m)$. 例如, 两个二阶矩阵

$$\boldsymbol{A}=\begin{pmatrix}9&11\\6&14\end{pmatrix},\quad \boldsymbol{B}\begin{pmatrix}3&5\\0&2\end{pmatrix}.$$

是模 6 相等矩阵, 即 $\boldsymbol{A}=\boldsymbol{B}\ (\mathrm{mod}\,6)$. 又如

$$\begin{pmatrix}15&7\\7&15\end{pmatrix}=\begin{pmatrix}1&0\\0&1\end{pmatrix}\ (\mathrm{mod}\,7)$$

是模 7 单位矩阵.

设 $G_m=\{0,1,2,\cdots,m-1\}$, 如果矩阵 $\boldsymbol{A}$ 中的每一个元素都是 G_m 中的数, 则称矩阵 $\boldsymbol{A}$ 属于集合 G_m.

定义 1 设 $\boldsymbol{A}$ 是属于集合 G_m 的 n 阶矩阵, 如果存在属于集合 G_m 的 n 阶矩阵 $\boldsymbol{B}$, 使得

$$\boldsymbol{AB}=\boldsymbol{BA}=\boldsymbol{I}\ (\mathrm{mod}\,m),$$

则称矩阵 $\boldsymbol{A}$ 为**模** m **可逆**, 矩阵 $\boldsymbol{B}$ 是矩阵 $\boldsymbol{A}$ 的**模** m **逆矩阵**, 记作 $\boldsymbol{B}=\boldsymbol{A}^{-1}\ (\mathrm{mod}\,m)$.

定义 2 设 a 是集合 G_m 的一个整数, 如果存在 G_m 的一个整数 b, 使得 $ab=1\ (\mathrm{mod}\,m)$, 则称 b 是 a 的**模** m **倒数**, 记作 $b=a^{-1}\ (\mathrm{mod}\,m)$.

数学上证明了如下重要结论:

定理 1 如果 a 与 m 无公共素数因子, 则 a 有唯一的模 m 倒数; 属于集合 G_m 的方阵 $\boldsymbol{A}$ 模 m 可逆的充要条件是 m 与 $|\boldsymbol{A}|$ 互素.

在 MATLAB 软件中, “`mod(x,m)`” 是模 m 运算函数, 其中 x 可以是一个整数, 也可以是各元素皆为整数的向量或矩阵, m 是正整数. 当 x 是各元素都为整数的向量或矩阵时, 该函数将每一个分量或矩阵中的每一个元素求模 m 运算后得到向量或矩阵.

例 15 取 $m=26$, 判断三阶矩阵

$$\boldsymbol{A}=\begin{pmatrix}3&7&5\\2&1&1\\6&4&3\end{pmatrix}$$

是否模 26 可逆, 如果可逆, 求 $\boldsymbol{A}$ 的模 26 逆矩阵.

解 容易求得 $|\boldsymbol{A}|=7$, 由于 7 与 26 互素, 因此矩阵 $\boldsymbol{A}$ 是模 26 可逆矩阵. 注意到

$$7\times15=1\ (\mathrm{mod}\,26),$$

因此, $7^{-1}=15\ (\mathrm{mod}\,26)$. 我们知道, $\boldsymbol{A}^{-1}=\dfrac{1}{|\boldsymbol{A}|}\boldsymbol{A}^*$. 所以, $\boldsymbol{A}$ 的模 26 逆矩阵 $\boldsymbol{A}^{-1}\ (\mathrm{mod}\,26)$ 等于 $\boldsymbol{A}^{-1}$ 乘以 105, 并取模 26 运算的结果. 用 MATLAB 编写程序计算得

```
clear all
A=[3  7  5;  2  1  1;  6  4  3];
```

```
d=det(A); % 得到 A 的行列式值为 7.
i=1; x=(26*i+1)/d;
while x~=fix(x) % fix 是取整函数, 这句意思是‘‘当 x 不等于整数时’’.
i=i+1;
x=(26*i+1)/d;
end % 当 x=15 时是整数跳出循环, 共循环 4 次, i=4.
a=26*i+1; % 算出 a=105.
invA=mod(inv(A)*a,26); % 求模 26 逆矩阵.
invA=round(invA) %round 是四舍五入取整函数.
invA =
    11  11  4
    0  23  1
    4  8  17
```

即矩阵 $\boldsymbol{A}$ 的模 26 逆矩阵为

$$\boldsymbol{A}^{-1}=\begin{pmatrix}11 & 11 & 4\\ 0 & 23 & 1\\ 4 & 8 & 17\end{pmatrix} \pmod{26}.$$

希尔密码编译方法: 设 $\boldsymbol{A}$ 是 s 阶密钥矩阵, 先将原文依次按 s 个字符编成一组, 设有 n 组. 每个字符按约定的字符数字对应表译成数字 (整数), 得到 n 个 s 维的明文向量 $\boldsymbol{\alpha}_1,\boldsymbol{\alpha}_2,\cdots,\boldsymbol{\alpha}_n$. 然后求各 $\boldsymbol{A}\boldsymbol{\alpha}_i$ 关于模 m 运算 (m 是字符数字对应表中字符的个数) 得到 n 个密文向量 $\boldsymbol{\beta}_1,\boldsymbol{\beta}_2,\cdots,\boldsymbol{\beta}_n$, 将密文向量译成字符即得密文. 类似的方法, 将密文向量分别左乘矩阵 $\boldsymbol{A}^{-1} \pmod{m}$ 得到明文向量, 将明文向量按字符数字对应表译成原文即可.

例 16 某外交部与特工之间约定采用希尔密码, 密钥为三阶矩阵

$$\boldsymbol{A}=\begin{pmatrix}1 & 2 & 1\\ 0 & 3 & 2\\ 3 & 1 & 0\end{pmatrix}.$$

约定 # 代表空格, 对应数字 0, 英文字母 a~z 依次对应整数 1~26. 现在外交部收到境外特工发来密文信息如下:

VCNESUJ#UVZKPSFRFLIPBUGHTLMUITZLFMHIXUA.

请问这段密文的原文是什么?

解 将密文每 3 个字符分成一组, 得到

VCN ESU J#U VZK PSF RFL IPB UGH TLM UIT ZLF MHI XUA.

将这 14 组密文对应的整数值列成 13 个三维向量. 在 MATLAB 中, 英文字母 a~z 分别对应数字 97~122, 符号 # 对应数字 35. 下面编写 MATLAB 程序计算明文:

```
clear all
str='vcnesuj#uvzkpsfrflipbughtlmuitzlfmhixua';
num=str+0; % 将字母与符号 # 转换成数字.
```

```
num=num-96;  % 调整数字.
num(num==-61)=0;  % 将符号 # 转换成 0.
n=length(num)/3;  % 计算字符组数.
miwen=reshape(num, 3, n);   % 生成 3 行 n 列的密文矩阵.
A=[1  2  1;  0  3  2;  3  1  0];
d=round(det(A))   % 可以看到此矩阵的行列式的值为 1.
invA=mod(inv(A), 27);
invA=round(invA);
[s,t]=size(miwen);  % 计算矩阵的行数与列数.
Mingwen=zeros(s,t);
for i=1:t
  Mingwen(:,i)=mod(invA*miwen(:,i), 27);
end
Mingwen=round(Mingwen);
for i=1:s
  for j=1:t
    if Mingwen(i,j)==0
      Mingwen(i,j)=Mingwen(i,j)+35;
    else Mingwen(i,j)=Mingwen(i,j)+96;
    end
  end
end
char=char(Mingwen')   % 将数字转换成字母与 # 号.
char =
    13×3 char 数组
    '#nu'
    'cle'
    'ar#'
    'tes'
    't#w'
    'ill'
    '#be'
    '#he'
    'ld#'
    'nex'
    't#f'
    'rid'
    'ay#'
```

翻译成原文即为:

Unclear test will be held next Friday.

注 在例 16 中, 我们求得 $|\boldsymbol{A}|=1$, $\boldsymbol{A}$ 是模 27 可逆矩阵, 且

$$\boldsymbol{A}^{-1}=\begin{pmatrix}25 & 1 & 1\\ 6 & 24 & 25\\ 18 & 5 & 3\end{pmatrix} \pmod{27}.$$

参 考 文 献

[1] 安军. 高等代数. 2 版. 北京: 北京大学出版社, 2022.

[2] 刘云英, 张益敏, 曹锡皞, 等. 高等代数习作课讲义. 北京: 北京师范大学出版社, 1987.

[3] 姚慕生, 谢启鸿. 高等代数. 3 版, 上海: 复旦大学出版社, 2015.

[4] 西北工业大学高等代数编写组. 高等代数. 北京: 科学出版社, 2008.

[5] 杨子胥. 高等代数. 2 版. 北京: 高等教育出版社, 2007.

[6] 许甫华, 张贤科. 高等代数解题方法. 2 版, 北京: 清华大学出版社, 2005.

[7] 胡适耕, 刘先忠. 高等代数: 定理 · 问题 · 方法. 北京: 科学出版社, 2007.

[8] 林亚南. 高等代数. 北京: 高等教育出版社, 2013.

[9] 林亚南, 林鹭, 杜妮, 等. 高等代数学习辅导. 北京: 高等教育出版社, 2020.

[10] 黄益生. 高等代数. 北京: 清华大学出版社, 2014.

[11] 李炯生, 查建国, 王新茂. 线性代数. 2 版. 合肥: 中国科学技术大学出版社, 2010.

[12] 许以超. 线性代数与矩阵论. 2 版. 北京: 高等教育出版社, 2008.

[13] 张禾瑞, 郝锕新. 高等代数. 5 版. 北京: 高等教育出版社, 2007.

[14] 北京大学数学系前代数小组. 高等代数. 5 版. 北京: 高等教育出版社, 2019.

[15] 王萼芳, 石明生. 高等代数辅导与习题解答. 北京: 高等教育出版社, 2007.

[16] 张远达. 线性代数原理. 上海: 上海教育出版社, 1980.

[17] 熊全淹、叶明训. 线性代数. 3 版. 北京: 高等教育出版社, 1987.

[18] 蓝以中. 高等代数简明教程: 上册: 高等代数简明教程: 下册. 2 版. 北京: 北京大学出版社, 2007.

[19] 丘维声. 高等代数: 上册; 高等代数: 下册. 3 版. 北京: 高等教育出版社, 2015.

[20] 施武杰, 戴桂生. 高等代数. 北京: 高等教育出版社, 2005.

[21] 孟道骥. 高等代数与解析几何: 上、下册. 3 版. 北京: 科学出版社, 2014.

[22] 徐仲, 等. 高等代数考研教案. 2 版. 西安: 西北工业大学出版社, 2009.

[23] 王树桂. 高等代数考研题解精粹. 成都: 西南交通大学出版社, 2014.

[24] 黎伯堂, 刘桂真. 高等代数解题技巧与方法. 济南: 山东科学技术出版社, 1999.

[25] 张天德, 吕洪波. 高等代数习题精选精解. 济南: 山东科学技术出版社, 2012.

[26] 陈现平, 张彬. 高等代数考研: 高频真题分类精解 300 例. 北京: 机械工业出版社, 2018.

[27] 刘洪星. 考研高等代数总复习: 精选名校真题. 2 版. 北京: 机械工业出版社, 2018.

[28] 王正文. 高等代数分析与研究. 济南: 山东大学出版社, 1994.

[29] 陈祥恩, 程辉, 乔虎生, 等. 高等代数专题选讲. 北京: 中国科学技术出版社, 2013.

[30] 樊恽, 郑延履, 刘合国. 线性代数学习指导. 北京: 科学出版社, 2003.

[31] 李尚志. 线性代数学习指导. 合肥: 中国科学技术大学出版社, 2015.

[32] 李师正. 高等代数解题方法与技巧. 北京: 高等教育出版社, 2004.

[33] 麻常利, 刘淑霞. 高等代数思维训练. 北京: 清华大学出版社, 2014.
[34] 王正林, 龚纯, 何倩. 精通 MATLAB 科学计算. 3 版. 北京: 电子工业出版社, 2012.
[35] 刘卫国. MATLAB 程序设计与应用. 2 版. 北京: 高等教育出版社, 2006.
[36] 陈怀琛, 高淑萍, 杨威. 工程线性代数: MATLAB 版. 北京: 电子工业出版社, 2007.
[37] 杨威, 高淑萍. 线性代数计算与应用指导: MATLAB 版. 西安: 西安电子科技大学出版社, 2009.